Koordinaten

Wolfram Neutsch

Koordinaten

Theorie und Anwendungen

Spektrum Akademischer Verlag Heidelberg · Berlin · Oxford

Autor:
Priv.-Doz. Dr. Wolfram Neutsch,
Universität Bonn

Die Deutsche Bibliothek – CIP-Einheitsaufnahme

Neutsch, Wolfram:
Koordinaten: Theorie und Anwendungen / Wolfram Neutsch – Heidelberg ;
Berlin ; Oxford : Spektrum, Akad. Verl., 1995
ISBN 3-86025-398-9

Einbandgestaltung: Kurt Bitsch, Birkenau
Druck und Verarbeitung: Strauss Offsetdruck GmbH, Mörlenbach

Spektrum Akademischer Verlag Heidelberg · Berlin · Oxford

EIN VERLAG DER SPEKTRUM FACHVERLAGE GMBH

BAND 1: THEORIE

A. GRUNDLAGEN

B. GEOMETRIE

C. Drehungen

D. Spiegelungen

BAND 2: ANWENDUNGEN

E. GITTER

F. Sphären

G. Koordinatensysteme

H. FORMELSAMMLUNG

ANHANG

Der Niederrheiner weiß nichts, kann aber alles erklären.

Hanns Dieter Hüsch

0. Einleitung

Koordinaten sind in Wissenschaft und Technik allgegenwärtig. Es gibt wohl kaum eine Frage von Bedeutung, zu deren Beantwortung sie nicht herangezogen werden müssen. Dabei hängt der Erfolg stark von der jeweils verwendeten Parametrisierung ab. Ein geschickter Ansatz kann völlig neue Lösungswege eröffnen, während eine ungeeignete Beschreibung die Bearbeitung zumindest erschwert, wenn nicht sogar ganz verhindert.

Es ist deshalb von ausschlaggebender Bedeutung, über die verfügbaren Systeme möglichst gut Bescheid zu wissen. Dabei sind oft gerade auf den ersten Blick "exotisch" anmutende Ideen besonders nützlich, sofern sie den von Fall zu Fall wechselnden Gegebenheiten angepaßt werden können.

Die Vielfalt aller denkbaren (oder auch nur der bisher veröffentlichten) Systeme ist völlig unüberschaubar; es liefert ja jeder Diffeomorphismus eines beliebigen Raumes auf ein Teilgebiet von $\mathbb{R}^n$ oder $\mathbb{C}^n$ eine n-elementige Kartierung, d.h. ein glattes Koordinatensystem.

Aus diesem Grund ist eine umfassende Darstellung der möglichen Bezugssysteme ausgeschlossen, wenn wir uns nicht mit allgemeinen und wenig expliziten Definitionen und Gleichungen begnügen wollen. Dem Praktiker, der an einer konkreten Anwendung interessiert ist, helfen diese aber kaum; er oder sie braucht ohne lange Rechnung unmittelbar einsetzbare Formeln.

Daher ist eine Beschränkung auf die wichtigsten speziellen Systeme unerläßlich.

Allerdings gibt es keine universell gültigen Regeln, nach denen man entscheiden kann, welche Koordinatensysteme für einen vorgelegten Zweck besonders geeignet sind. Das ist vielmehr eine Frage des Geschicks, mit dem der Bearbeiter sein Problem angeht. Andererseits macht gerade diese "künstlerische Freiheit" den Reiz der Fragestellung aus.

Der sachgemäße Einsatz von Koordinaten ist nur möglich, wenn hinreichend viele Alternativen zur Verfügung stehen, zwischen denen eine Wahl erfolgen kann. Leider ist es relativ schwierig, aus der vorhandenen Literatur genügend ausführliche Informationen über vergleichsweise selten gebrauchte, aber dennoch mitunter sehr nützliche Koordinatentypen zu extrahieren. Das hat mehrere Gründe.

Einerseits sind nur sehr wenige Systeme ausreichend gut dokumentiert; die meisten Formelsammlungen oder Lehrbücher begnügen sich mit den gängigsten, während etwas "ausgefallenere" Ansätze nur gelegentlich diskutiert werden, wobei dann i.a. auch nur die Definitionen beschrieben sind. Vor einer Verwendung der betreffenden Koordinaten sind deshalb jeweils mehr oder minder komplizierte Vorbetrachtungen und Hilfsrechnungen durchzuführen, die lästig sind und abschreckend wirken.

Es kommt hinzu, daß jeder Autor sein eigenes Bezeichnungsschema besitzt, wodurch der Vergleich zwischen verschiedenen Quellen mühselig wird.

All diese Gründe haben mich bereits vor etlichen Jahren veranlaßt, die Basisinformationen derjenigen Koordinaten zusammenzutragen, die ich bei meinen mathematischen, physikalischen und astronomischen Untersuchungen vorteilhaft fand.

Das geschah anfangs etwas willkürlich, später aber immer systematischer, wobei ich stets auf Übersichtlichkeit und Einheitlichkeit der Notation geachtet habe. Im Laufe der Zeit hat sich ein Nomenklaturschema herausgebildet, das diesen Idealen, wie ich finde, zumindest nahekommt.

Nachdem ich immer häufiger von Kollegen daraufhin angesprochen wurde, entschied ich mich, die Datensammlung in erheblich erweiterter Form zu publizieren.

Es stellte sich die Frage, welcher Umfang der Darstellung angemessen ist. Zuerst tendierte ich dazu, lediglich eine kommentierte und mit einer theoretischen Einführung versehene Formelsammlung harauszugeben, die in der Hauptsache aus Tabellen der wichtigen Daten wie Definitionen, Metrik, Differentialoperatoren etc., für möglichst viele Systeme bestehen sollte.

Meine eigene Erfahrung und, mehr noch, zahlreiche Gespräche mit Fachkollegen aus unterschiedlichen Gebieten haben mich aber sehr bald belehrt, daß diese Präsentation aus mehreren Gründen ungeeignet ist:

(1) Eine einfache Auflistung ist wertlos, wenn nicht gleichzeitig Entscheidungshilfen gegeben werden, welche Koordinaten man unter bestimmten Umständen einsetzen sollte. Das wichtigste Kriterium ist die Übereinstimmung der Symmetrieeigenschaften zwischen dem vorgelegten Problem und seiner Parametrisierung. Dementsprechend habe ich besonderen Wert auf eine Diskussion gerade dieses Aspekts gelegt.

(2) Zahlreiche Kartierungen entziehen sich einer strikten Schematisierung, wie sie eine reine Tabellenzusammenstellung zwangsläufig erfordert. Das

allein bedingt schon weitergehende Untersuchungen spezieller Ideen, die eher theoretischen Charakters sind.

(3) Während die tabulierten Koordinaten sich in aller Regel auf euklidische Räume (meist $\mathbb{R}^2$, $\mathbb{R}^3$ und $\mathbb{R}^4$) beziehen, sind auch Parametrisierungen anderer Bereiche von größtem Interesse. So wäre beispielsweise eine Besprechung unseres Themas ohne eine eingehende Erörterung von Drehungen oder allgemeiner Isometrien der in Frage kommenden Räume unvollständig. Die Darstellungstheorie sowie ihre praktischen Konsequenzen und Anwendungen nehmen deshalb auch eine führende Position in dieser Monographie ein; wir können sie geradezu als ein Zentralthema ansehen.

Womit wir bei der Inhaltsübersicht angelangt wären. Das Ganze gliedert sich in acht Teile, von denen die ersten sieben (A bis G) einen fortlaufenden Text bilden, während die Formelsammlung den Teil H ausmacht. Dabei ist Teil A historischen und technischen Vorbereitungen gewidmet, die Teile B bis E umfassen die eigentliche Theorie in ihren verschiedenen Schattierungen, Teil F beinhaltet einige wichtige Anwendungen, die sich auf die in vielen Zweigen der Naturwissenschaften besonders häufig vorkommende numerische Arbeit mit Kugelfunktionen beziehen. Schließlich bilden die Teile G und H eine Einheit; im ersten sind die Erläuterungen zu den in den Tabellen enthaltenen Gleichungen zu finden.

Beide Teile, G wie H, sind der Erörterung konkreter Koordinaten vorbehalten, wobei alle in H aufgelisteten Systeme auch mehr oder weniger ausführlich beschrieben sind. Die Wechselbeziehung zwischen den Teilen G und H ist aber nicht 1:1. Die theoretische Beschreibung enthält viel mehr Information als die Tabellen. Eine Reihe von speziellen Koordinaten ließ sich, wie oben bereits angedeutet, nicht in das Konzept des Teils H einfügen; sie sind infolgedessen auch nur in Teil G diskutiert. Dabei habe ich aber da, wo es notwendig war, auch Zahlenmaterial mit in den Text aufgenommen.

Beispielsweise ist die ausführliche Diskussion der in Geodäsie und Vermessungskunde oft gebrauchten Gauß-Krüger-Kartierungen in Kap. 29 durch viele numerische Reihenentwicklungen angereichert, wobei zum Nutzen des Lesers auch die sich auf der Grundlage der wichtigsten Erdellipsoide (von Bessel, Hayford und Krassowski) ergebenden konkreten Zahlen eingesetzt wurden.

Andererseits sind auch einige etwas ausgefallenere Parametrisierungen wie Roche- und Clairautkoordinaten beschrieben, deren relativ begrenzte praktische Einsatzbereiche eine zu ausführliche und aufwendige Präsentation nicht rechtfertigen würden.

Im Gegensatz dazu stehen die erst im letzten Jahrzehnt entwickelten Weyl-

oder Coxeterkoordinaten, die, wie ich glaube, in naher Zukunft wachsende Bedeutung erlangen werden. Sie sind immer dann geeignet, wenn eine Geometrie zugrunde liegt, die unter einer endlichen Symmetriegruppe invariant ist. Hier ist vor allem die Festkörperphysik (Kristallographie) angesprochen.

Es gibt bis heute keine umfassende Darstellung der Weylkoordinaten; alle vorliegenden Informationen sind in wenigen Originalarbeiten enthalten und dementsprechend schwierig zu finden. Im vorliegenden Buch wird erstmals der Versuch unternommen, eine Theorie dieser Kartierungsklasse zu entwickeln. Dabei sind neben einigen schon bekannten Beziehungen auch viele neue gefunden worden, die zahlreiche interessante Alternativwege eröffnen und auch für numerische Rechnungen einige Vorteile gegenüber konventionellen Methoden versprechen.

Überhaupt ist die oft aufgestellte Behauptung zu relativieren, einige Koordinatensysteme seien per se wesentlich wichtiger als die übrigen, weil sie viel universeller verwendbar seien. Sie trifft gewiß auf einige wenige Fälle zu, etwa kartesische oder (mit Einschränkungen) auch sphärische Koordinaten.

Darüber hinaus scheint aber meines Erachtens eine Vertauschung von Ursache und Wirkung vorzuliegen. Wenn man mit einem konkreten mathematischen Problem konfrontiert wird, wird man natürlich zuerst versuchen, mit bekannten Verfahren auszukommen, bevor man sich auf Neuland begibt. Daher werden die ausführlich beschriebenen "einfachen" Ansätze bevorzugt, auch wenn eventuell andere Möglichkeiten bessere Erfolge zeitigen. Es ist auch eines der Anliegen dieser Darstellung, hier eine etwas gleichmäßigere Gewichtung herbeizuführen.

Wieder zu den theoretischen Teilen A bis F zurückkehrend, bleiben zum Inhalt noch folgende Anmerkungen zu machen:

Das Herzstück des einleitenden Teils A ist Kap. 2, in dem ich die Definitionen und Sätze zusammengestellt und in einen textlichen Rahmen eingebettet habe, die wahrscheinlich vielen Benutzern des Buchs geläufig, aber dem einen oder anderen Anwender vielleicht doch etwas weniger vertraut sind. Der Sinn dieses Einschubs ist, diejenigen Informationen bereitzuhalten, auf die in den späteren Ausführungen immer wieder ohne nähere Erläuterung zurückgegriffen wird, also das, was man üblicherweise als mathematische "Folklore" bezeichnet.

Daneben ist auch die verwendete Notation erklärt. Die Nomenklatur ist im wesentlichen den gängigen Bezeichnungen, wie sie auch in anderen Büchern

und Zeitschriftenartikeln benutzt werden, angepaßt. Nur gelegentlich erwiesen sich Abweichungen als unumgänglich, die dann gesondert hervorgehoben sind.
Wenn alternative Symbolzuordnungen gebräuchlich sind, habe ich nach zwei Kriterien eine Wahl getroffen. Im allgemeinen wird die üblichere oder besser eingeführte, d.h. "bekanntere" Notation übernommen, es sei denn, dem stehen Zweckmäßigkeitsüberlegungen entgegen. Vor allem habe ich auf eine gute Merkbarkeit und Sinnfälligkeit der Symbole geachtet.
Die Leser, denen all dies bekannt ist, können Kap. 2 ohne Schaden überschlagen, sollten aber in Zweifelsfällen darauf zurückkommen. Diejenigen, die auf dem einen oder anderen mathematischen Gebiet nicht so bewandert sind, sollten durch ein Studium dieses Kapitels in die Lage versetzt werden, den Ausführungen ohne Schwierigkeiten (und ohne Zuhilfenahme weiterer Quellen) zu folgen.
Die Hauptthemen des Teils B sind zum einen die Abgrenzung des Koordinatenbegriffs und zum anderen die Bereitstellung einer Reihe von elementaren geometrischen Hilfsmitteln. Ich habe hier eine möglichst umfassende Definition gegeben, um allen Facetten Raum zu lassen, auch wenn für die meisten Anwendungen eine wesentlich engere Formulierung, wie sie vielfach bevorzugt wird, ausgereicht hätte.
Eine Beschränkung etwa auf reelle oder komplexe Komponenten hätte aber den Verlust einiger hochinteressanter und auch in praktischer Hinsicht sehr nützlicher Parametrisierungen bedeutet, um die es schade gewesen wäre.
Was den übrigen Inhalt des Teils B angeht, können wir uns kurz fassen. Er betrifft im wesentlichen die (differential-)geometrischen und funktionentheoretischen, d.h. die analytischen Grundlagen. Dabei werden aber auch die Belange der affinen und projektiven Geometrie nicht vernachlässigt.
Die in diesen und anderen Passagen des Buches enthaltenen Ausführungen sind immer so weit vorangetrieben, wie es in Anbetracht des beschränkten Platzes vertretbar schien. Ich habe, wo es möglich war, auch Informationen eingeschlossen, die etwas über den zu erwartenden Rahmen der praktischen Bedürfnisse hinausgehen. Dies soll etwaige weitergehende Entwicklungen erleichtern und zu einem besseren Überblick beitragen. Dabei war es (selten!) erforderlich, zur Abrundung auch einige Ergebnisse der neueren Forschung mit aufzunehmen, deren Beweise zu schwierig oder zu weitschweifig (und zum Teil auch nicht wichtig genug) sind, als daß sie hier gebracht werden könnten.
Meiner Meinung nach sind derartige Ergänzungen für ein tieferes Verständnis unseres Gegenstandes unverzichtbar.

In Teil C befassen wir uns mit der Parametrisierung von Drehungen, d.h. der Koordinatengebung auf orthogonalen Gruppen. Hier sind zahlreiche Verfahren diskutiert, in erster Linie solche algebraischen Ursprungs.
Nebenbei bemerkt, hat sich während des Schreibens eine gewisse Verschiebung des Schwerpunkts der vorliegenden Untersuchungen von einer hauptsächlich analytischen zu einer mehr algebraischen Interpretation vollzogen. Der Grund liegt in der Tatsache, daß die "eleganten" mathematischen Ideen immer die sind, die sich durch besondere Symmetrien auszeichnen. Das bedeutet nichts anderes als die Existenz einer "großen" Gruppe von Invarianzen.
Wir diskutieren einige Beschreibungen der Drehgruppen in beliebigen Dimensionen, die in der Praxis bedeutsame Anwendungen besitzen, auch einige speziell auf die besonders häufig benötigten niedrigen Dimensionen 2, 3 und 4 zugeschnittene, die nicht verallgemeinerungsfähig sind. Letztere basieren auf gewissen gruppentheoretischen Besonderheiten der komplexen Zahlen, Quaternionen und Cayley-Oktaven. Auch hier habe ich ein paar weitergehende Betrachtungen angefügt.
Die letzten drei Kapitel des Teils C enthalten mehrere außerhalb der Mathematik weniger bekannte, aber gleichwohl außerordentlich wichtige Konzepte.
In Kap. 12 diskutieren wir die sogenannten Hopfabbildungen, deren wirkliche Bedeutung bislang anscheinend nur von den (algebraischen) Topologen gewürdigt wird. (Sie werden später, in Kap. 24, ausgenutzt, um numerisch gute Integrationsverfahren zu entwickeln).
Daran anschließend findet sich eine eingehende Untersuchung der auch den Physikern geläufigen nichttrivialen Überlagerungen, vor allem von Drehgruppen. Dort klassifizieren wir die reellen und komplexen Cliffordalgebren und wenden sie auf die Theorie der Spinoren an. Die sich nebenbei ergebende Darstellungstheorie der dreidimensionalen Drehgruppe ist ihrerseits nicht nur für die Quantenmechanik fundamental; sie hat auch viele wesentlich darüber hinausgehende Einsatzfelder, von denen einige wenige auch im Text angesprochen sind.
Den Abschluß des Teils C bildet ein Kapitel über Lorentztransformationen, in dem außer den sehr bekannten reellen Formen auch etwas ungewöhnlichere Beschreibungen mittels komplexer Matrizen oder Quaternionen enthalten sind.
Neben den Drehungen sind unter den Isometrien der euklidischen Räume, d.h. den orthogonalen Transformationen, vor allem die Spiegelungen von Interesse.
Die Darstellungstheorie der von lauter solchen Reflexionen erzeugten Coxetergruppen, ergänzt um die Invariantentheorie (Satz von Molien), bildet da-

her den Gegenstand des Teils D. Die Ergebnisse sind den Mathematikern (oder wenigstens den Algebraikern) weitgehend bekannt; ich habe aber, auch wenn dies geringfügig den sonst eingehaltenen Rahmen überschreitet, eine komplette und in sich schlüssige Beschreibung angestrebt. Insbesondere wurden nicht nur die Weyldarstellungen aller endlichen Coxetergruppen explizit klassifiziert; es sind auch alle Invarianten vollständig aufgelistet, z.T. in mehreren Varianten.

Diese gelegentlich etwas länglichen Formeln bilden die Grundlage mancher späterer Untersuchung; wir wenden sie u.a. auf die Konstruktion von äußerst effizienten numerischen Integrationsverfahren auf Sphären an (Kap. 24 und 25, s.u.).

Die Ausführungen dieses Teils sind etwas schwieriger als die übrigen; ich habe aber versucht, sie in verständlicher Weise zu präsentieren, die auch mathematisch weniger versierten oder eher anwendungsorientierten Lesern einen Zugang zu diesem faszinierenden Themenkomplex ermöglicht.

Die in Teil E mit weitgehend elementaren Hilfsmitteln entwickelte Gittertheorie ist ebenfalls von fundamentaler Bedeutung für das Folgende. Leider ist hier eine auch nur einigermaßen umfassende Diskussion wegen ihres enormen Umfangs ausgeschlossen; deshalb werden nur die allerwichtigsten Ideen besprochen. Hierzu gehört ein kurzer Abriß der komplex-analytischen Eigenschaften der Thetafunktionen und eine knappe Behandlung der wichtigsten Gitter, namentlich der von Gosset bzw. Leech entdeckten. Hieran knüpfen wir noch einige Anmerkungen zu den aktuellsten Fortschritten bei den Untersuchungen der sporadischen Gruppen (ohne Beweise).

Nahezu alle zuvor behandelten Begriffe werden dann in Teil F zur Approximation von sphärischen Funktionen (Kugelflächenfunktionen) und ihrer Integration eingesetzt. Die Querverbindungen zur Potentialtheorie (Stichwort: harmonische Funktionen) werden aufgezeigt und in extenso behandelt. Wir diskutieren auch die dem Quantenmechaniker wohlvertrauten Strukturkonstanten, die beim Ausreduzieren von Tensordarstellungen der Drehimpulsalgebra auftreten (die Clebsch-Gordan-Koeffizienten und ihre Verwandten, die Wignersymbole, s. Abschn. 23.4).

Den Höhepunkt dieser Betrachtungen bilden die beiden Schlußkapitel des Teils F, die sich mit zwei alternativen Verfahren zur numerischen Integration auf Sphären (unterschiedlicher Dimension) auseinandersetzen.

Das erste (Kap. 23) beruht auf geometrischen und algebraischen Eigenschaften spezieller Gitter; Methoden dieser Art wurden erst vor wenigen Jahren entwickelt und haben sich wegen ihrer Qualität als sehr brauchbar erwiesen.

Ein zweiter, aus der Kombinatorik (endlichen Geometrie) stammender Weg existiert in Gestalt der ebenfalls erst kürzlich entdeckten sogenannten sphärischen Designs, das sind Integrationsverfahren mit gleichen Gewichten für alle Stützstellen, und insbesondere einer darin enthaltenen Unterklasse, die durch völlige Symmetrie der Konfiguration ausgezeichnet ist.
Viele der in Kap. 25 konstruierten Verfahren sind bislang nur in mathematischen Zeitschriften, nicht aber in Lehrbüchern verfügbar; manche wurden eigens für die vorliegende Darstellung neu entwickelt, darunter auch einige mit extrem hohen Approximationsgraden, also von entsprechend guter Qualität.
Wie oben bereits angedeutet, läßt sich nicht vermeiden, daß die einzelnen Beiträge nicht auf einem einheitlichen Niveau abgehandelt werden können. Es gibt im Zusammenhang mit Koordinaten nun einmal einfache und schwierige Fragen. Das braucht aber niemanden abzuschrecken; auch die komplexeren Passagen dürften noch einem weiten Kreis zugänglich sein.
Gelegentlich auftretende tiefergehende Beweise kann man ohne weiteres auslassen oder sich mit einem schnellen Überfliegen der Argumentation begnügen.
Die beiden Bände dieser Monographie wenden sich an Studenten der Mathematik, der Naturwissenschaften und der technischen Disziplinen sowie an Dozenten der genannten Gebiete und ganz besonders auch an Praktiker aus dem industriellen Bereich (Ingenieure). Es ist in erster Linie zum Selbststudium gedacht, kann jedoch zumindest partiell auch zur Unterstützung einschlägiger Vorlesungen herangezogen werden.
Vor allem die mit konkreten Systemen befaßten Teile und die Formelsammlung sind aber auch als Entscheidungshilfe für die Auswahl zweckmäßiger Koordinaten geeignet. Ich habe mich bemüht, alle Informationen so ausführlich und explizit wie nur möglich (und vom Umfang her vertretbar) wiederzugeben.
Zu jedem System sind deshalb nach den definierenden Relationen (aus denen alles weitere berechnet wurde) die Metrik in kontra- und kovarianter Form, die Koordinatendifferentiale und das Volumenelement angegeben. Es folgen jeweils die Christoffelsymbole und die wichtigsten Differentialoperatoren, nämlich Gradient (grad), Rotation (rot), Divergenz (div) und der Laplaceoperator (Δ). Lediglich bei den vierdimensionalen Systemen ist die in diesem Fall vergleichsweise uninteressante, aber sehr viel Platz einnehmende Rotation weggelassen. Sie kann bei Bedarf ohne großen Aufwand aus den Christoffelsymbolen ermittelt werden; die dazu benötigten Regeln sind angegeben.
Es ist wohl überflüssig zu betonen, daß ich keine Mühe gescheut habe, um

Fehlerquellen soweit es eben geht, auszuschalten. Alle Berechnungen sind nach Möglichkeit mittels Computeralgebra (Reduce) durchgeführt und direkt in die Textverarbeitungsdateien übertragen worden.
Von Hand wurden nur die anschließend noch notwendigen Layoutarbeiten vorgenommen, wobei ich das Abschreiben von Formeln oder längeren Zahlen sorgfältig vermieden habe. Natürlich werden dennoch viele Fehler meiner Aufmerksamkeit entgangen sein; das ist ganz unvermeidlich.
Alle Rechnungen, die es zuließen, wurden selbstverständlich unabhängig überprüft, z.T. durch Vergleich mit Angaben aus der Literatur (das hat zahlreiche Unstimmigkeiten in verschiedenen Publikationen zutage gefördert), fast immer aber durch Kontrollrechnungen mit anderen Programmen oder nach Alternativverfahren. Zuweilen erwiesen sich Spezialisierungen oder die numerische Untersuchung von Einzelfällen als nützlich.
Ich hoffe, daß die verbleibende Fehlerquote das Maß des Erträglichen nicht übersteigt und daß das Buch vielen ein nützlicher und willkommener Leitfaden sein wird.
Es bleibt mir nur die überaus angenehme Pflicht, all jenen zu danken, die durch kritische Anmerkungen, Diskussionen und das Einbringen neuer Gedanken oder Hinweise auf vorhandene, aber von mir übersehene Literatur usw. zum Gelingen des Projekts wesentlich beigetragen haben.
Ihre Zahl ist zu groß, als daß ich sie alle namentlich aufführen könnte. Ohne die anderen herabsetzen zu wollen, nenne ich stellvertretend nur Horst Fichtner und Klaus Scherer, denen ich für die Bereitschaft zu zahlreichen intensiven Diskussionen verbunden bin, und Reinhold Schaaf, der mich auf einen Fehler in einer früheren Publikation hinwies.
Mein besonderer Dank gilt ferner Günter Lay für seine Beratung (nicht nur) in Computerfragen, die von unschätzbarer Bedeutung war.
Die bei weitem größte Unterstützung verdanke ich aber meiner Mutter, Ingeborg Neutsch, die mich während der Anfertigung des Manuskripts jederzeit geduldig und aufmunternd ertragen hat. Bei ihr entschuldige ich mich auch für das Chaos, das ich durch herumliegendes Papier zeitweilig in ihrem Haus produziert habe. Danke!

A. GRUNDLAGEN

1. Entwicklung des Koordinatenbegriffs

1.1. Geographie

Mit dem in der Jungsteinzeit vollzogenen Übergang vom Nomadentum zu seßhafter Lebensweise wurde das Siedlungsgebiet in Parzellen aufgeteilt, die von Einzelpersonen oder Familien in Besitz genommen wurden. Hierdurch wird eine verbindliche Festlegung der Eigentumsgrenzen erforderlich. Einfache Kataster- oder Flurpläne, in denen die Ländereien bildhaft dargestellt sind, reichen nicht aus; vielmehr benötigt man eine möglichst genaue und eindeutige quantitative Fixierung.

Heute vermag niemand mehr zu sagen, wann und in welchem Kulturkreis dies erstmalig geschah, aber man kann doch annehmen, daß eine allmähliche Entwicklung stattgefunden hat, die von einer mehr deskriptiven Form nach und nach zu einer tabellarischen Auflistung wichtiger Geländepunkte, z.B. der Ecken von Grundstücken neben auffälligen natürlichen Formationen etc., führte.

Dabei verfiel man bald auf den naheliegenden Gedanken, ein **Achsenkreuz** auszuzeichnen, auf das man die fraglichen Positionen bezog. Die so definierten **kartesischen Koordinaten** sind nicht nur das einfachste Verfahren, das dem verfolgten Zweck dienlich ist, sie sind auch außerordentlich praktisch und flexibel. Daher haben über die Jahrtausende hinweg andere Beschreibungsmöglichkeiten nur eine untergeordnete Rolle gespielt.

Das gilt allerdings nur, solange lediglich eine Darstellung von begrenzten Gebieten, wie z.B. einzelnen Dörfern, Städten oder Distrikten, gewünscht wird. Die mit fortschreitender Erfahrung in Schiffbau und Navigation immer weiter ausgedehnten Entdeckungs- und Handelsfahrten erforderten aber bald die Parametrisierung der gesamten Erdoberfläche mit einem einheitlichen Koordinatensystem.

Die wahrscheinlich aufgrund chaldäischer Quellen bereits von **Pythagoras (ca. 580 - ca. 500 v.Chr.)** gelehrte und durch die Kreisform des **Horizonts** sowie des **Erdschattens** bei **Mondfinsternissen** belegte **Kugelgestalt der Erde** läßt die Verwendung von kartesischen Koordinaten nicht länger zu, sobald die **Krümmung** im darzustellenden Bereich merklich wird.

Stattdessen bedient man sich einer Beschreibung mittels zweier Winkel. Dabei geht man von der ebenfalls schon im klassischen Altertum geläufigen, aber im strengen Sinne erst 1851 von **Jean Bernard Léon Foucault (1819-1868)** nachgewiesenen **Rotationsbewegung** der Erde um eine raumfeste Achse aus, die zwei einander gegenüberliegende Punkte (**Nord-** und **Südpol**) physikalisch auszeichnet. Symmetrisch zwischen beiden liegt die durch den Erdmittelpunkt verlaufende **Äquatorebene**.

Als erste Koordinate eines Punktes P auf der Erdoberfläche nimmt man üblicherweise seine **geographische Breite** φ. Das ist der Winkel, den die Richtung vom Erdmittelpunkt nach P mit der Äquatorebene einschließt, und zwar nach Norden positiv gezählt.

Die Linien, auf denen φ konstant ist, sind die **Breitenkreise**, zu denen auch der **Äquator** ($\varphi = 0$) gehört. Ihre Orthogonalkurven sind gleichfalls Kreise, und zwar alle, die durch beide Pole gehen. Sie werden entsprechend als **Längenkreise** oder **Meridiane** bezeichnet.

Einer von ihnen wird willkürlich ausgewählt und erhält die **geographische Länge** 0. Für alle anderen Punkte, wie beispielsweise P, ist dann die (meistens, aber nicht immer nach Osten positiv gerechnete) Länge λ durch den am Nordpol gemessenen Winkel zwischen dem **Nullmeridian** ($\lambda = 0$) und dem durch P laufenden Längenkreis gegeben.

Die Lage des Nullmeridians ist nicht durch irgendwelche natürlichen Präferenzen eingeschränkt; man kann willkürlich darüber verfügen. Aus diesem Grund sind in der Vergangenheit sehr unterschiedliche Konventionen in Gebrauch gewesen.

Die meisten Länder (aber keineswegs alle) haben die Längenmessungen auf einen gut definierten Punkt, an dem genaue Messungen möglich sind, bezogen. Im allgemeinen wählte man den durch eine wichtige Sternwarte, etwa die der jeweiligen Hauptstadt, hindurchgehenden Längenkreis. Allerdings gab es auch andere, unzweckmäßigere Vereinbarungen.

Erst auf der in Washington abgehaltenen **Internationalen Meridiankonferenz** (Oktober 1884) wurde der Nullmeridian verbindlich festgelegt. Er geht durch ein **Passageinstrument** (**Meridiankreis**) des Observatoriums von **Greenwich**.

Wir nennen das aus λ und φ bestehende Koordinatensystem **geographisch**. In der Literatur wird auch häufig die Bezeichnung **"Polarkoordinaten"** benutzt, die wir jedoch für eine leichte Modifikation der geographischen Koordinaten reservieren wollen, welche entsteht, wenn wir die Breite φ durch den **Polarwinkel** $90°-\varphi$ (auch **Kobreite** genannt) ersetzen.

Breitenmessungen sind mit einfachen Mitteln durchführbar; es genügt z.B. die mit φ übereinstimmende **Polhöhe** aus den täglichen Höchst- und Niedrigstständen (**obere** bzw. **untere Kulmination**) von **Zirkumpolarsternen** abzuleiten.
Ein anderes, vor allem in der Nautik weitverbreitetes Verfahren ist das **"Schießen"** der Sonne oder eines Sterns mit einem Sextanten. Darunter versteht man die Messung des Winkels zwischen der Richtung zum Zielobjekt und dem **Horizont**.
Abgesehen von geringen Korrekturen wie der **Refraktion**, die durch die Beugung der Lichtstrahlen in der Erdatmosphäre hervorgerufen wird, oder der Berücksichtigung des durch die Erdkrümmung bedingten Unterschieds zwischen dem sichtbaren und dem **mathematischen Horizont** (s.u.), der sogenannten **Kimmtiefe**, die von der Höhe des Beobachters über dem Meeresspiegel abhängt, erhält man unmittelbar die Höhe des angepeilten Gestirns.
Aus der Kulminationshöhe läßt sich bei bekannter Position des Objekts am Himmel, die in Jahrbüchern (**Almanachs**) tabuliert ist, die Breite ableiten.
Im Gegensatz hierzu sind Längenbestimmungen wegen der willkürlichen Fixierung des Nullmeridians immer nur durch Vergleich zwischen zwei Stationen möglich. Sie erfordern eine genaue Kenntnis der Zeit, die in früheren Jahrhunderten nur unvollkommen realisiert werden konnte.
Vor allem der Schiffstransport von Uhren war äußerst problematisch. Deshalb lobte noch im Jahre 1714 das englische Parlament auf Anregung Newtons einen Preis von 20000 Pfund Sterling für ein Verfahren aus, das interkontinentale Längendifferenzen (Europa-Amerika) auf ein halbes Grad genau zu messen gestattet.
Er ging nach längerer Beratung an den Uhrmacher **John Harrison (1693-1776)**, der ein kardanisch aufgehängtes **Chronometer** konstruierte, welches auch bei schwerer See verhältnismäßig genau arbeitete.
Zuvor behalf man sich mit unterschiedlichen Methoden, von denen nur die wichtigsten Erwähnung finden mögen.
An Land besteht die Möglichkeit, durch **Triangulation**, also Ausmessen von **Dreiecksnetzen**, in denen eine Dreiecksseite nach Länge und Richtung bekannt sein muß, eine relative Lagebestimmung von vielen Punkten auszuführen. Kennt man den Erdradius, der auch gleichzeitig aus den Daten abgeleitet werden kann (**"Gradmessung"**), lassen sich auch Längenunterschiede ermitteln.
Auf See hingegen ist in Ermangelung fester Bezugspunkte dieses Vorgehen nicht durchführbar. Hier hat man astronomische Ereignisse herangezogen, die an verschiedenen Orten (annähernd) gleichzeitig stattfinden. Geeignet sind u.a. **Verfinsterungen** der **Jupitermonde**, die allerdings erst nach der Erfin-

dung des Fernrohrs beobachtbar waren, oder **Sternbedeckungen** durch den Erdmond.

Mit Aufkommen der elektrischen **Telegraphie** um 1830 durch **Carl Friedrich Gauß (1777-1855)** und **Wilhelm Eduard Weber (1804-1891)** sowie etwa gleichzeitig und unabhängig von diesen durch **Pawel Lwowitsch Schilling (1786-1837)** konnten schließlich Zeitsignale über große Entfernungen übertragen werden, womit die Schwierigkeit vollständig überwunden war.

Heute sind Messungen der Länge, außer in der unmittelbaren Nähe eines der beiden Pole, genauso sicher wie Breitenbestimmungen. Auf modernere Verfahren, wie sie in der Geodäsie angewendet werden, kommen wir noch einmal in Abschn. 1.4 zurück.

Für die Angabe von Sternpositionen sind in der Astronomie verschiedene Referenzsysteme gebräuchlich, die mathematisch-formal dem geographischen entsprechen. Aus diesem Grunde wollen wir sie nur summarisch auflisten. Genauere Informationen entnehme man der Fachliteratur, z.B. Bucerius [1967] oder Neutsch & Scherer [1992].

Man teilt die astronomischen Koordinaten grob in topo-, geo- und heliozentrische ein, je nachdem, ob der Bezugspunkt, von dem aus die Winkelzählungen erfolgen, am Ort des Beobachters liegt oder mit dem Mittelpunkt der Erde bzw. Sonne zusammenfällt.

Die am einfachsten zu realisierenden topozentrischen Koordinaten liefert das **Horizontsystem**. Es basiert auf der Richtung der lokalen Schwerkraft, die senkrecht nach unten zum **Fußpunkt** (**Nadir**) weist. Ihm diametral gegenüber liegt geradewegs über dem Beobachter der Scheitelpunkt (**Zenit**). Die durch den Koordinatenursprung orthogonal zur Verbindungslinie Zenit-Nadir verlaufende Ebene definiert den **(mathematischen) Horizont**.

Von ihm unterscheidet sich der wahre auf See um die durch die Krümmung der Erdoberfläche bedingte bereits oben erwähnte Kimmtiefe, an Land zusätzlich noch durch Geländeunebenheiten. Für astronomische Zwecke ist allein der mathematische Horizont maßgebend.

Der Erhebungswinkel eines Gestirns über dem Horizont ist seine **Höhe** h, an deren Stelle manchmal auch die **Zenitdistanz** $z = 90°-h$ benutzt wird. Die zweite Koordinate ist der entlang des Horizonts gemessene Orientierungswinkel, der als **Azimut** A bekannt ist.

Dabei sind allerdings in verschiedenen mit Navigation befaßten Berufssparten unterschiedliche Konventionen üblich, so daß beim Vergleich Vorsicht geboten ist.

In der Astronomie selbst wird zumeist eine Zählung vom Nordpunkt auf dem

Horizont über Osten, Süden und Westen bevorzugt, während etwa in der Schiffahrt gelegentlich entweder von Norden oder Süden aus nach Osten oder Westen gerechnet wird. Die Angabe N 35° W entspricht demnach einem Azimut von A = -35° oder auch A = 315°. Im Luftverkehr verwendet man noch andere Regelungen, usw.

Ein wesentlicher Nachteil des Horizontalsystems liegt darin, daß die Koordinaten eines Sterns sich allein schon aufgrund der Erdrotation ständig verändern, selbst wenn wir von den geringfügigen Positionsverschiebungen absehen, die durch **Eigenbewegung**, **Aberration** und **Parallaxe** hervorgerufen werden (sie alle liegen im Bogensekundenbereich).

Daher hat man bereits im Altertum andere Bezugssysteme eingeführt, die an der Richtung der Rotationsachse der Erde orientiert sind. Ihre Verlängerung trifft die gedachte **Himmelskugel** in Nord- und Südpol; der symmetrisch zwischen beiden verlaufende Großkreis ist der **(Himmels-)Äquator**.

Die Abweichung eines Sterns von diesem, nach Norden positiv gerechnet, ist seine **Deklination** δ. Der im Nordpol angelegte Winkel, den die Richtung zum Stern mit dem Meridian einschließt, ist der **Stundenwinkel** ϑ. Er wächst proportional zur Zeit, während die Deklination von der Zeit und dem Ort des Beobachters unabhängig ist. Das so definierte **rotierende Äquatorialsystem** verhält sich also viel einfacher als das Horizontsystem. Es war bereits **Hipparch (ca. 180 - ca. 125 v.Chr.)** bekannt.

Ebenfalls auf ihn geht der nächste Schritt zurück, auch den Stundenwinkel durch eine Größe zu ersetzen, die invariant und allein von der Sternposition im Raum bestimmt ist.

Dazu subtrahiert man zunächt vom Stundenwinkel die sogenannte **Sternzeit**, das ist ein gleichförmig verlaufendes Zeitmaß, welches während einer Umdrehung der Erde (näherungsweise $23^h56^m04^s$) um 360° wächst. Die Differenz ist zeitlich konstant, aber von Ort zu Ort verschieden. Ziehen wir noch die geographische Länge des Observatoriums ab, ergibt sich aber eine echte Koordinate, die **Rektaszension** α des Sterns.

Über eine dabei auftretende, an sich unwesentliche additive Konstante, die der Festlegung des Nullmeridians auf der Erde analog ist, wird dabei so verfügt, daß der **Frühlingspunkt** bei $\alpha = 0$ liegt. Letzterer ist der Punkt der Ekliptik, d.h. der scheinbaren Bahn der Sonne am Himmel, in dem sie von der südlichen zu nördlichen Hemisphäre überwechselt, was z.Zt. alljährlich um den 20. März herum geschieht. Rektaszension und Deklination zusammen bilden das **(raumfeste) Äquatorialsystem**.

Neben den genannten sind noch einige weitere Referenzsysteme in regelmäßigem astronomischem Gebrauch, z.B. **Ekliptikalkoordinaten**, die sich von den äquatorialen lediglich in der Wahl der Ekliptik als Grundebene unterscheiden. Die Parameter heißen jetzt ekliptikale Länge und Breite, wobei erstere wieder vom Frühlingspunkt gezählt wird, und zwar in dem Sinn, in dem sich die Sonne bewegt.

Beide Systeme sind um einen Winkel ε von ca. 23°26'21" (im Jahr 2000), die **Schiefe der Ekliptik**, gegeneinander geneigt. Die zur Umrechnung zwischen den genannten Koordinaten erforderlichen Formeln wollen wir hier nicht diskutieren; sie stehen in Neutsch & Scherer [1992] und können dort oder, mit Rechenbeispielen, in Gurnette & Woolley [1974] nachgesehen werden. Sie ergeben sich aber unter vielen Alternativen auch aus den Untersuchungen des Teils B des vorliegenden Buchs.

In der zitierten Literatur finden sich auch nähere Informationen über die zeitliche Variation, der die Lage des Frühlingspunkts durch die, ebenfalls von Hipparch entdeckte, **Präzessionsbewegung** der Erdachse unterliegt. Das gilt ebenfalls für die auf gravitative **Störungen** zurückgehende Veränderlichkeit der Ekliptikschiefe.

Da alle astronomischen Koordinatensysteme, auch die **galaktischen** (sie beziehen sich auf die Symmetrieebene unserer Milchstraße), von der gleichen Bauart sind, mögen diese kurzen und rudimentären Ausführungen genügen.

1.2. Affine und projektive Geometrie

Euklid (Eukleides, um 300 v. Chr.) entwickelt in seinem Hauptwerk **"Elemente"** die **Geometrie** als in sich logisch geschlossenes Lehrgebäude, das auf wenigen Grundvoraussetzungen (**Axiomen**) basiert.
Unter den 13 Büchern der "Elemente" sind für uns vor allem die ersten vier von Interesse. Sie gehen möglicherweise zum Teil auf frühere Autoren, namentlich **Hippokrates von Chios (2. Hälfte des 5. Jahrhunderts v. Chr.)**, zurück und befassen sich mit der Geometrie der **(euklidischen) Ebene**.
Dabei werden als Hilfsmittel nur Lineal und Zirkel zugelassen, die in bestimmter Weise verwendet werden müssen (nämlich zum Ziehen gerader Linien oder von Kreisen, von denen das Zentrum und ein Peripheriepunkt vorgegeben sind). Dabei kommt man noch ganz ohne Koordinaten aus. Die Korrektheit von Konstruktionen wird hauptsächlich mit Hilfe der Kongruenzsätze für Dreiecke bewiesen.
Erst **René Descartes (1596-1650)** bemüht sich um eine quantitative Festlegung von Punkten der Ebene, die es ermöglicht, geometrische Objekte und ihre Wechselbeziehungen zahlenmäßig zu erfassen und so die euklidischen Argumente durch Rechnungen zu ersetzen. Hieraus entstehen (allerdings erst später) die nach Descartes benannten **kartesischen Koordinatensysteme**, von denen bei ihm selbst erst gewisse Vorstufen diskutiert werden.
In moderner Sprache bedeutet die Einführung von kartesischen Koordinaten die Identifizierung der Punkte der euklidischen Ebene mit den Elementen des zweidimensionalen **(euklidischen) Vektorraums** $\mathbb{R}^2$. Geraden werden durch die auf ihnen liegenden Punkte, die sich jeweils als Lösungen linearer Bedingungen ergeben, repräsentiert, während den Kreisen gewisse quadratische Gleichungen zugeordnet sind (bezüglich der Details vgl. Kap. 7).
Diese Idee ist in vielfacher Hinsicht für die Mathematik von eminenter Bedeutung. Einerseits ermöglicht die koordinatenhafte Behandlung geometrischer Aufgaben häufig das Auffinden einfacherer Konstruktionen, zum anderen werden viele Aspekte auch erst im neuen, erweiterten Rahmen einer Beantwortung zugänglich.
Ein Beispiel ist die Untersuchung, welche geometrischen Aufgaben überhaupt mit Zirkel und Lineal ausführbar sind. Sie reduziert sich in Koordinaten ausgedrückt darauf, festzustellen, ob die Koordinaten der gesuchten Punkte

sich aus denen der gegebenen durch fortgesetztes Lösen linearer oder quadratischer Gleichungen, d.h. Kombination der vier Grundrechenarten mit dem Ausziehen von Quadratwurzeln, berechnen lassen.
Damit wird man automatisch auf zahlentheoretische Fragestellungen geführt. Als Beispiele erwähnen wir nur die Unmöglichkeit der euklidisch-konstruktiven Lösung des **Delischen Problems** (= **Würfelverdopplung**, also die Aufgabe, zu einem vorgelegten Würfel einen zu konstruieren, dessen Volumen doppelt so groß ist), die **Winkeldreiteilung** oder die **Quadratur des Kreises**.
Einer der Höhepunkte aus diesem Bereich ist die Konstruktion des **regulären Siebzehnecks** durch Gauß. Die **Zahlentheorie** erhielt gerade durch diese Untersuchung starke Impulse.
Eine andere, mehr im Sinne der Geometrie selbst liegende Erweiterung, die durch die Einführung von Koordinaten ermöglicht wurde, ist die Definition und Klassifikation von **(ebenen algebraischen) Kurven**. Wir werden sie in Kap. 7 ausführlich erörtern und erwähnen hier nur, daß die Kurven zweiten Grades im wesentlichen mit den bereits von **Apollonius von Perge (ca. 260 - ca. 190 v.Chr.)** systematisch untersuchten **Kegelschnitten** identisch sind.
Viel wichtiger als diese Errungenschaften ist aber der erkenntnistheoretische Gewinn, der durch den Descartesschen Ansatz vermittelt wurde. Die obige Darstellung macht die **affine Ebene** $\mathbb{R}^2$ zu einem **Modell** der euklidischen. Dadurch reduziert sich die Frage nach der **Widerspruchsfreiheit** der euklidischen Geometrie auf die der reellen Zahlen. Den hiermit verbundenen Streit zwischen verschiedenen philosophischen Schulen innerhalb der Mathematik (Konstruktivismus, Intuitionismus, etc.) wollen wir aber nicht kommentieren.
Stattdessen betrachten wir lieber noch eine andere Problematik, die mit einem bestimmten der euklidischen Axiome, und zwar dem berühmten **Parallelenpostulat**, verknüpft ist. Es besagt sinngemäß:
"Zu einer Geraden g und einem nicht auf g liegenden Punkt P existiert stets eine eindeutig bestimmte Gerade h, die P enthält, aber disjunkt zu g ist. Sie wird als die **Parallele** zu g durch P bezeichnet."
Diese Annahme ist ungleich komplizierter und viel weniger einsichtig als alle übrigen Axiome Euklids. Das nährte den Verdacht, diese Aussage könne eventuell aus den anderen Postulaten abgeleitet werden. Es wäre dann überflüssig, oder besser: als ein geometrischer Satz zu betrachten.
Alle Beweisversuche schlugen aber fehl, auch wenn das keineswegs in allen Fällen offensichtlich war. Bei genauer Analyse fand sich aber in jedem der

publizierten Argumente eine Lücke oder Inkonsequenz, zumeist darin bestehend, daß stillschweigend eine Voraussetzung benutzt wurde, die zwar einfacher als das Parallelenpostulat, aber doch mit diesem äquivalent war.
Auf diesem Wege wurden immerhin einige gleichwertige Formulierungen für die fragliche Aussage entdeckt, wie z.B. der bekannte Satz über die Winkelsumme im Dreieck (180°).
Erst Gauß zog daraus den Schluß, das Parallelenaxiom könne unter Umständen von den übrigen unabhängig sein. Um die nachfolgenden Überlegungen klarer darstellen zu können, wollen wir mit der heutigen Terminologie arbeiten und die Teile der euklidischen Theorie, die sich ohne Zuhilfenahme des Parallelitätsbegriffs beweisen lassen, also letztlich das inkriminierte Postulat nicht erfordern, als **absolute Geometrie** bezeichnen.
Die Frage kann damit auf die Kurzform gebracht werden, ob die absolute Geometrie einen echten Teil der euklidischen bildet (und wenn ja, welche Aussagen sie umfaßt), oder ob beide identisch sind.
Tatsächlich tritt die erste Alternative ein: das Parallelenaxiom ist unabhängig. Gauß beweist dies, indem er Realisierungen der absoluten Geometrie sucht, in denen das Parallelenpostulat nicht richtig ist. Einen ähnlichen Weg schlagen auch, ohne von Gauß' drei Jahrzehnte früher durchgeführten, aber nicht veröffentlichten Untersuchungen zu wissen, **Nikolai Iwanowitsch Lobatschewskij (1792-1856)** und **János Bólyai (1802-1860)** ein. Sehr einfache Modelle dieser **nichteuklidischen Geometrie**, von der zwei Varianten denkbar sind (es kann entweder keine oder aber unendlich viele Parallelen zu g durch P geben; je nachdem spricht man von **elliptischer** oder **hyperbolischer** Geometrie), wurden von **Christian Felix Klein (1849-1925)** und **Jules-Henri Poincaré (1854-1912)** gefunden. Sie stellen die (hyperbolisch-)nichteuklidische Ebene durch Teile der euklidischen dar und erweisen somit die Widerspruchsfreiheit der letzteren, wenn die der ersteren gilt.
Die Existenz der euklidischen Geometrie zieht somit die der nichteuklidischen nach sich (auch die elliptische Variante kann auf ähnliche Weise konstruiert werden).
Auch diese Ansätze zeigen den immensen Einfluß der Koordinatenschreibweise auf das Verständnis der Geometrie. Dennoch stellte sich bald heraus, daß die Eigenarten der affinen Ebene $\mathbb{R}^2$ die Notwendigkeit mit sich bringen, bei vielen Diskussion gewisse Ausnahmen gesondert zu behandeln.
Als Beispiel betrachten wir die Gleichung einer Geraden g in einem kartesischen (x,y)-Bezugssystem. Wir können sie auf verschiedene Weisen ausdrükken, etwa in der bekannten Punkt-Steigungs-Form oder der Achsenabschnitts-

form; s. Kap. 7.
Keine von beiden ist geeignet, alle Geraden zu erfassen. So kann die Punkt-Steigungs-Form nicht auf die y-Achse oder dazu parallele Geraden angewendet werden, während die Achsenabschnittsform versagt, wenn g durch den Koordinatenursprung (0,0) geht.
Die hierdurch bedingte Komplikation ist nicht wünschenswert; Ähnliches trifft auf die im Rahmen der affinen Geometrie zwangsläufige Unterscheidung zwischen parallelen und sich schneidenden Geradenpaaren zu.
Um beides zu vermeiden, erweitert **Jean Victor Poncelet (1788-1867)** die affine Ebene um eine Reihe von **"idealen"** oder **"uneigentlichen" Punkte**, von denen, wie wir in Kap. 7 näher erörtern werden, jeder mit den Geraden einer Parallelenschar, aber nicht mit den anderen, zusammenfällt oder **"inzidiert"**. Alle uneigentlichen Punkte zusammen bilden die **"unendlich ferne" Gerade**.
Durch die Hinzunahme dieser idealen Elemente wird die affine Ebene zur **projektiven** ausgedehnt, und die vorhin beschriebenen Sonderfälle lösen sich "in Wohlgefallen" auf. So sind etwa zwei Geraden im affinen Sinne parallel zueinander, wenn sie sich im Unendlichen schneiden.
Damit haben wir aber noch viel mehr erreicht. Zwei beliebige Geraden haben in der projektiven Auffassung immer genau einen gemeinsamen Punkt, ganz entsprechend der auch hier gültigen Beobachtung, daß zwei Punkte eine Gerade bestimmen.
Überhaupt besteht in der Geometrie der projektiven Ebene eine vollkommene Symmetrie zwischen Punkten und Geraden, die das **Dualitätsprinzip** von Poncelet (Satz 7.1.1) zum Ausdruck bringt.
Der hierfür zu zahlende Preis ist äußerst gering. Er besteht im wesentlichen darin, daß man anstelle der zwei affinen (kartesischen) drei **homogene** oder **projektive Koordinaten** zu verwenden hat, bei denen es nicht auf ihre absoluten Werte, sondern lediglich auf die Verhältnisse ankommt. Diese Idee kann man bis zum sogenannten **Baryzentrischen Kalkül** von **August Ferdinand Möbius (1790-1868)** zurückverfolgen.
Die Beschreibung von Punkten, Geraden und ihren Inzidenzrelationen in der projektiven Ebene läßt nichts zu wünschen übrig. Das wird jedoch anders, wenn wir Kurven höheren Grades betrachten. In der projektiven Theorie werden sie als Nullstellenmengen von **homogenen Polynomen** (d.h. **Formen**) charakterisiert. Dabei tritt jedoch das störende Problem auf, daß nicht alle algebraischen Gleichungen mit reellen Koeffizienten Lösungen in $\mathbb{R}$ besitzen.
Diese Schwierigkeit wird behoben, indem man zu einem algebraisch abge-

schlossenen Grundkörper, beispielsweise dem der **komplexen Zahlen** ($\mathbb{C}$) übergeht. In der projektiven Ebene über $\mathbb{C}$ sind dann alle Betrachtungen in systematischer Weise ausführbar, ohne daß Ausnahmefälle zu berücksichtigen wären.

Solange Stetigkeitsbetrachtungen keine Rolle spielen, können wir die Geometrie aber auch genausogut über irgendeinem anderen algebraisch abgeschlossenen Körper der Charakteristik 0, etwa über $\mathbb{A}$ (Menge aller algebraischen Zahlen) konstruieren. Das zeigt nebenbei die Existenz von Modellen der euklidischen wie der nichteuklidischen Theorie, die sich von dem anschaulich naheliegenden "naiven" wesentlich unterscheiden.

Natürlich muß und wird man sich nicht auf Ebenen, also zweidimensionale Strukturen, beschränken. In der Koordinatenschreibweise bereitet es keinerlei Schwierigkeiten, alle Untersuchungen auf höherdimensionale Räume zu übertragen. Wir diskutieren die einschlägigen Fragen am Ende des Kapitels 7.

In der Folgezeit sind auch Erweiterungen in andere Richtungen vorgenommen worden, die zur Entwicklung von ganz neuen und erheblich umfassenderen mathematischen Disziplinen (algebraische Geometrie im heutigen Sinne, Theorie der **Varietäten**, d.h. **algebraischen Mannigfaltigkeiten**, **Schemata** usw.) Anlaß gaben, die wir aber in diesem Buch leider nicht berücksichtigen können.

1.3. Differentialgeometrie

Die Ursprünge der **Infinitesimalrechnung** reichen bis weit in das klassische Altertum zurück.
So gelingt es beispielsweise **Archimedes (ca. 287-212 v.Chr.)**, Volumina und Oberflächen einfacher Körper wie Kugel, Zylinder, Kegel etc. zu ermitteln. Dabei bedient er sich des sogenannten **Ausschöpfungsverfahrens**, das auch als **Exhaustionsmethode** bekannt ist.
Von einem systematischen Vorgehen kann bei diesen frühen Vorläufern der **Integralrechnung** aber noch keine Rede sein. Das gilt auch noch für die Arbeiten von **Johannes Kepler (1571-1630)** oder **Bonaventura Cavalieri (1598-1647)**. Sowohl die **Keplersche Faßregel** als auch das 1635 aufgestellte **Cavalierische Prinzip** stellen Übertragungen der Archimedischen Betrachtungsweise auf allgemeinere Körper dar (z.B. auf Weinfässer, wodurch ein sehr wichtiges praktisches Bedürfnis befriedigt wird).
Gleichzeitig entwickeln sich auch erste Ansätze zur **Differentialrechnung**, die vor allem in den Tangentenbestimmungen durch Kepler (himmelsmechanische Anwendungen!) und **Pierre de Fermat (1601-1665)** frühe Höhepunkte erlebt. Aber auch diese Analysen basieren zumeist auf ad-hoc-Überlegungen, obgleich erste Anklänge einer umfassenden Theorie erkennbar werden.
Die Synthese beider Strömungen erfolgt dann in den zur selben Zeit, aber unabhängig voneinander durchgeführten Untersuchungen von **Gottfried Wilhelm Leibniz (1646-1716)** und **Isaac Newton (1643-1727)**.
Dabei sind die ersten Ergebnisse Newtons, welche die Differentialrechnung (oder, wie Newton selbst es ausdrückte: die Theorie der **Fluxionen**) betreffen, bereits um 1671 gefunden, aber zu Lebzeiten nicht veröffentlicht worden. Seine "Prinzipia", in denen er die moderne Mechanik begründet, kommen noch ohne Grenzwertbetrachtungen aus und argumentieren im klassisch-griechischen Sinn, d.h. geometrisch. Später folgt als Gegenstück die Theorie der **Fluentes** (= Integration).
Zwar kommt Leibniz erst 1684 zur Differentiation und 1686 zum Integralbegriff, stellt seine Methode aber frühzeitig dem wissenschaftlichen Publikum vor. Daher ist der alsbald durch einige "kleinere Geister" vom Zaun gebrochene höchst unerfreuliche Prioritätskonflikt eigentlich gegenstandslos, zumal beide Autoren (die sich zumindestens anfangs nicht an den Auseinan-

dersetzungen beteiligen) völlig andere Wege beschreiten.
In technischer Hinsicht erweist sich die Leibnizsche Auffassung als weit überlegen, da sie erheblich universeller einsetzbar ist als die eher physikalisch orientierten Ideen Newtons. Viele auch heute noch benutzte Symbole, wie dasjenige für das Differential (d) oder das Integralzeichen (∫) stammen von Leibniz. Auch darin gründet sich der Erfolg von dessen Interpretation gegenüber der seines Kontrahenten.
Erst in den letzten Jahrzehnten hat sich eine gewisse "Renaissance" der Newtonschen Analysis eingestellt; einige moderne Entwicklungen lassen sich als ihre Abkömmlinge ansehen.
Erste Anwendungen findet der neue Kalkül in der Physik, speziell in der **Hydrodynamik** durch **Leonhard Euler (1707-1783)**, **Daniel Bernoulli (1700-1782)** u.a. sowie in der **Himmelsmechanik**, zu der herausragende Beiträge von **Pierre Simon Laplace (1749-1827)**, **Joseph Louis Lagrange (1736-1813)**, **William Rowan Hamilton (1805-1865)** und **Carl Gustav Jacob Jacobi (1804-1851)** geleistet wurden.
In dieser Phase bleiben die Untersuchungen jedoch noch weitgehend auf Funktionen einer reellen oder komplexen Veränderlichen beschränkt, ohne daß der Funktionsbegriff selbst über ein intuitives Verständnis hinaus entwickelt wird. Die meisten Autoren behandeln ohne nähere Begründung nur **glatte**, d.h. beliebig oft differenzierbare Abbildungen. Die hierdurch zustandekommenden Verwirrungen lassen sich erst nach und nach aufhellen.
Die erforderliche Klärung und Systematisierung der Begriffe ist in erster Linie das Verdienst von **Augustin-Louis Cauchy (1789-1857)** und **Karl Theodor Wilhelm Weierstraß (1815-1897)**.
In unserem Zusammenhang ist aber die Entwicklung der Theorie mehrdimensionaler Räume und, in Verbindung hiermit, der Funktionen von mehreren Variablen wichtig. Sie erfolgt in verschiedene Richtungen.
Zum einen stellt **Hermann Günther Graßmann (1809-1877)** in seiner berühmten "Linealen Ausdehnungslehre" (Graßmann [1844]) eine algebraische Theorie höherdimensionaler Vektorräume vor.
Andererseits entwickeln zahlreiche Mathematiker, teilweise auch durch Probleme und Fragen der **Theoretischen Geodäsie** (Abschn. 1.4) angeregt, die **Differentialgeometrie** von (glatten) Flächen.
Anfangs setzt man voraus, daß diese in den dreidimensionalen euklidischen Raum $\mathbb{R}^3$ eingebettet seien. Erst Gauß macht sich in seiner **Flächentheorie** von dieser Einschränkung frei, indem er innere **(Gaußsche) Koordinaten** zugrundelegt.

Wenn auch noch äußere, also von der Einbettung abhängige Größen als wichtig angesehen werden, weist Gauß doch bereits auf die viel fundamentalere Bedeutung von solchen Eigenschaften hin, die sich allein durch Messungen in der Fläche selbst definieren und gegebenenfalls auch messen lassen (ein praktischer Bezug ist in seinen Arbeiten immer klar zu erkennen). Gerade in dieser Abstraktion von außerhalb der Fläche liegenden Räumen besteht der grundlegende Fortschritt gegebenüber früheren Flächentheorien.

Schließlich fügt **Bernhard Georg Friedrich Riemann (1826-1866)** beide Ideenkreise zu einem einheitlichen Ganzen zusammen. Seine Definition des Wortes **"Mannigfaltigkeit"** deckt sich allerdings nicht ganz mit der heutigen; sie unterscheidet sich u.a. in der Annahme einer **Metrik** und entspricht im wesentlichen dem, was wir heute einen **Riemannschen Raum** nennen.

Man kann nicht mehr sicher entscheiden, ob Riemann auch solche Mannigfaltigkeiten betrachtet, deren **Atlanten** (= Sammlungen **lokaler Koordinatensysteme**) mehr als eine Karte erfordern, oder ob er nur die zuläßt, für die ein globales Bezugssystem ausreicht. Das liegt daran, daß er seine Theorie im Rahmen seiner Antrittsvorlesung, Riemann [1854], der Öffentlichkeit vorlegt, wobei er auf die Nichtmathematiker im Auditorium Rücksicht nimmt und allzu formale Darstellungen vermeidet.

Dies ist aber nicht entscheidend. Alle wesentlichen Ansätze sind bereits vorhanden, auch wenn noch einige Jahrzehnte vergehen sollen, bis sich, namentlich durch die Beiträge von **Elwin Bruno Christoffel (1829-1900)**, **Eugenio Beltrami (1835-1900)**, **Gregorio Ricci-Curbastro (1853-1925)** und **Tullio Levi-Cività (1873-1941)** der moderne Mannigfaltigkeitsbegriff herausbildet.

Dabei ist eine zunehmende Abstrahierung und Generalisierung (schwächere Differenzierbarkeitsannahmen etc.) zu beobachten, die wir hier jedoch nicht in allen Verästelungen nachzeichnen können; zur Geschichte bis zum Anfang des 20. Jahrhunderts s. Scholz [1980].

Gleichzeitig geht die Entwicklung zunächst immer mehr in Richtung **Topologie**, obwohl schon frühzeitig auch algebraische Aspekte, zumindest gelegentlich, eine Rolle spielen. Wir heben nur den **absoluten Differentialkalkül** von **Élie Joseph Cartan (1869-1951)** hervor, weil er uns das entscheidende Mittel für viele geometrische Untersuchungen an die Hand gibt.

In diesem Zusammenhang sind für uns aber auch die Ideen ganz besonders wichtig, die **Marius Sophus Lie (1842-1899)** in einer Serie von Arbeiten ausbreitet.

Sein Grundgedanke ist die Verknüpfung von algebraischer und topologischer bzw. differentialgeometrischer Struktur. Zu diesem Zweck betrachtet er eine glatte Mannigfaltigkeit, auf der ein Produkt erklärt ist, das sie zu einer Gruppe macht, wobei Multiplikation und Inversion glatte Operationen sein sollen.

Derartige Objekte heißen heute **Liegruppen**. Sie treten in mathematischen und physikalischen Problemen sehr häufig auf, was sich zwanglos durch die Natürlichkeit ihrer Eigenschaften erklärt. Heute kommt kein Zweig der Physik mehr ohne sie aus.

Schon Lie [1970] selbst bemerkt, daß dann sogar ein analytischer Atlas gefunden werden kann, der mit dem gegebenen verträglich ist (s. Kap. 3). Andererseits kommt man mit wesentlich schwächeren Differenzierbarkeitsvoraussetzungen aus. Den Gipfelpunkt der diesbezüglichen Forschungen bildet die positive Lösung des **5. Hilbertschen Problems**, vgl. Abschn. 6.7.

Der entscheidende Ansatz für Lie und seine Nachfolger ist die nahezu bijektive Beziehung zwischen Liegruppen und **Liealgebren**. Die letzteren sind als Vektorräume einer Untersuchung erheblich leichter zugänglich als die Mannigfaltigkeiten selbst.

Beispielsweise basiert die Klassifikation der endlichdimensionalen einfachen Liegruppen, die sozusagen die Bausteine sind, aus denen alle anderen konstruiert werden können, auf der Lösung der entsprechenden Aufgabe für die zugehörigen Algebren durch **Wilhelm Karl Joseph Killing (1847-1923)** und Cartan (Killing [1888-1890], Cartan [1952-1953]).

1.4. Geodäsie und Kartographie

Die Hauptaufgaben der **Geodäsie** sind die Bestimmung von Figur und Schwerefeld der Erde.

Nach früheren spekulativen Erwägungen, die Erde könne eine auf dem Meer schwimmende Scheibe sein, setzte sich die durch **Pythagoras** und **Aristoteles (384-322 v.Chr.)** propagierte Kugelgestalt der Erde zwar weitgehend durch, s. Abschn. 1.1, blieb aber doch im gesamten Altertum und bis ins Mittelalter hinein heftig umstritten.

Das erste wichtige quantitative Ergebnis bezüglich der Größe der Erde erzielte **Eratosthenes von Kyrene (ca. 284 - ca. 200 v.Chr.)**. Er ging von der Beobachtung aus, daß zur Zeit der Sommersonnenwende (Ende Juni) die Sonne sich mittags in einem tiefen Brunnen nahe Syene (Assuan) spiegelte, also dort gerade senkrecht stand, während die Kulmination am gleichen Tag in Alexandria um 7°12', d.i. ein Fünfzigstel des gesamten Kreisumfangs, südlich des Zenits erfolgte.

Aus der näherungsweise bekannten Entfernung zwischen beiden Orten, die sich auf ca. 5000 Stadien belief, konnte er auf einen Erdumfang von 250000 Stadien schließen, was er später innerhalb der Meßgenauigkeit in 252000 verwandelte, um einen glatten Wert für den **Gradbogen**, nämlich 700 Stadien, zu erhalten (Hoppe [1966]).

Leider stehen einer Umrechnung auf das metrische System zwei Schwierigkeiten entgegen. Zum einen ist unbekannt, welches der verschiedenen zu seiner Zeit gebräuchlichen Stadien Eratosthenes verwendet hat; außerdem vermögen wir heute nicht mehr einzuschätzen, wie die Streckenberechnung ausgeführt wurde. Wahrscheinlich handelt es sich um eine Berechnung aus Reisezeiten und/oder Straßenlängen.

Die wirkliche Distanz in der Vogelfluglinie ist natürlich wegen der unvermeidlichen Kurven u.U. erheblich kürzer. Ob und wie Eratosthenes dies berücksichtigt hat und ob der von Wolf [1973] vorgeschlagene Abstand von 4325 Stadien (von dem der genannte Autor auch nicht sagt, worauf er basiert) korrekter ist, mag dahingestellt bleiben. In jedem Fall erhält man ein Ergebnis, das innerhalb von 5...10 % mit dem wirklichen Erdumfang übereinstimmt. In Anbetracht der primitiven Meßmethoden, die Eratosthenes zu Gebote standen, ist das eine erstaunliche Präzision.

Weitere echte Fortschritte ließen viele Jahrhunderte auf sich warten. Erst **Christiaan Huygens (1629-1695)** bereicherte 1669 die Geodäsie um einen wesentlich neuen Aspekt, indem er voraussagte, aufgrund der durch die **Rotation** entstehenden **Fliehkräfte** müsse der äquatoriale Radius ($a_Ä$) der Erde größer sein als der polare (a_P). Die Erdoberfläche sollte sich somit weit besser durch ein **abgeplattetes Sphäroid** approximieren lassen als durch eine Sphäre.

Newton berechnete aus den damals bekannten Daten den zu erwartenden Wert der **Abplattung** $f = (a_Ä - a_P)/a_Ä$, der sich als ungefähr 1:230 ergab. Dabei ging er von der Annahme aus, die Erde sei vollkommen elastisch, was, wie wir heute wissen, nicht zutrifft. Daher fällt die wirkliche Abplattung geringer aus.

Zur Entscheidung der Frage, ob die Erde sphärisch ($a_P = a_Ä$) oder besser durch ein abgeplattetes ($a_P < a_Ä$) oder im Gegenteil ein gestrecktes Ellipsoid ($a_P > a_Ä$) darstellbar ist, entsandte die Pariser Akademie der Wissenschaften zwei großangelegte Expeditionen mit dem Ziel, in der Nähe des Äquators (Peru) sowie in einem möglichst weit nördlich gelegenen Gebiet (Lappland) Gradmessungen auszuführen.

Dabei wurden entlang des Meridians zahlreiche trigonometrische Punkte definiert, deren relative Lage zueinander durch Triangulation bestimmt wurde. Nach direkter Längenbestimmung einer Seite des Dreiecksnetzes erhält man die Länge des (auf Meereshöhe umgerechneten) Bogens.

Ein Vergleich mit der astronomisch ermittelten Breitendifferenz zwischen den jeweils nördlichsten und südlichsten Netzpunkten liefert z.B. die einem Bogen von einem Grad entsprechende Strecke. Sie ist in Norrbotten deutlich größer als in Lateinamerika, was unmittelbar die Abplattung der Erde bestätigt.

Eine ausführliche und gut lesbare Beschreibung der beiden Expeditionen und der mit ihnen verbundenen, zum Teil durch mangelnde Erfahrung und Schlamperei bedingten Wechselfälle steht in Wolf [1973]. Dort sind auch die benutzten Reduktionsmethoden, Zwischen- und Endergebnisse mitgeteilt.

Zahlreiche europäische Herrscher gaben im 17., 18. und frühen 19. Jahrhundert ähnliche Triangulierungen in Auftrag, um **Dreiecksnetze 1. Ordnung** mit der maximal erreichbaren Genauigkeit zu berechnen.

Weitere minder wichtige ausgewählte Geländepunkte werden später in dieses System durch Relativmessungen eingebunden.

Unter den vielen derartigen Landesvermessungen sind einige von herausragender historischer Bedeutung. Als erste echte **Triangulation** ist die ab 1614

unter der Leitung von **Willebrord Snell (Snellius, 1591-1626)** durchgeführte **Niederländische Gradmessung** (Meridian zwischen Alkmaar und Breda) anzusehen, bei der schon alle wesentlichen später standardisierten Verfahren eingesetzt werden. Allerdings waren die Reduktionsrechnungen äußerst mühsam, weil es noch keine **Logarithmentafeln** gab.
Die Snellsche Methode findet auch bei vielen anderen Gradmessungen Anwendung, weshalb sich deren nähere Diskussion erübrigt.
Neue Ideen kommen erst später zum Tragen, wobei vornehmlich die **Hannöversche Landesvermessung** unter **Gauß** Erwähnung verdient. Hier werden gleich zwei wesentliche Neuerungen eingeführt. In praktischer Hinsicht bedeutsam ist die Erfindung des **Heliotrops**, eines drehbar gelagerten Spiegels, der vermittels reflektierten Sonnenlichts präzise Visuren über sehr lange Distanzen hinweg erlaubt. Dadurch sind wesentlich größere Dreiecksseiten einer direkten Messung zugänglich. Außerdem diente das Instrument als Telegraph, wodurch sich die Übermittlung von Informationen und Anweisungen erheblich beschleunigen ließ.
Viel wichtiger noch ist aber der konsequente Einsatz der von **Rudjer Josip Boskovic (1711-1787)** entdeckten und durch **Adrien-Marie Legendre (1752-1833)** sowie Gauß [1823] selbst zu der äußerst nützlichen Technik der Ausgleichsrechnung vervollkommneten **Methode der kleinsten Quadrate**. Sie wird von Gauß bei der Landesaufnahme des Königreichs Hannover erstmalig in Verbindung mit dem **Fehlerfortpflanzungsgesetz** zur simultanen Bestimmung des kompletten Netzes aller Dreiecke 1. Ordnung herangezogen, wodurch er eine höhere innere Konsistenz erreicht.
Friedrich Wilhelm Bessel (1784-1846) kombiniert alle ihm zugänglichen Ergebnisse von Gradmessungen, um ein an die wahre Figur der Erde (im Sinne der Ausgleichsrechnung) möglichst gut angepaßtes Rotationsellipsoid zu bestimmen.
Spätere Analysen, die auf einem verbesserten Datenmaterial beruhen, liefern leicht unterschiedliche Werte. Dennoch wird das Besselsche Sphäroid noch heute in Westeuropa als Referenzfläche für die **Gauß-Krüger-Koordinaten** (s. unten und Kap. 29) eingesetzt, während die osteuropäischen Länder das von Krassowski gefundene bevorzugen.
Von den übrigen Erdmodellen, die wir später noch ausführlicher zu würdigen haben, seien das von Hayford [1909] ermittelte sog. **Internationale Ellipsoid**, auf dem ebenfalls zahlreiche Kartenwerke basieren, und die von internationalen Organisationen wie der IAU oder der IUGG empfohlenen Bezugsflächen zitiert. Die genauen Abmessungen kann man in Kap. 29 nachschlagen.

Da die Erdoberfläche durch viele topographische Fluktuationen ohnehin stark von einem Sphäroid abweicht, ist es nicht allzu wichtig, welche der obengenannten Flächen als Grundlage der Kartierung oder Positionsbestimmung benutzt wird.
Wesentlich glatter verlaufen die Flächen, auf denen das Gesamtpotential U der Erde konstant ist. U setzt sich additiv zusammen aus einem rein gravitativen Anteil U_g und einer Komponente U_z, die die Zentrifugalbeschleunigung aufgrund der Rotation beschreibt. Nach Laplace [1799] genügt U_g der **Potentialgleichung** $\Delta U_g = 0$ und kann nach einer geeignet ausgewählten Basis des Raums der **Kugelflächenfunktionen** (Kap. 23) entwickelt werden.
Die ersten 10 oder 15 Ordnungen (einige hundert Terme) dieser Reihe lassen sich zuverlässig aus den Bahnen künstlicher Satelliten gewinnen. Gemeinsam quantifizieren sie das großräumige Gravitationsfeld. Lokale Störungen, die durch Ungleichförmigkeiten der Massenverteilung in der Erdkruste bedingt sind, wären erst bei sehr viel höheren Ordnungen zu erfassen. In begrenzten Gebieten (berühmtes Beispiel: am Abhang des Harzes) können örtliche **Lotabweichungen** von 10″ und mehr vom "erwarteten" Wert zustande kommen.
Eine der **Äquipotentialflächen** U = konst., und zwar diejenige, welche durch einen bestimmten Bezugspunkt hindurchläuft, ist als **Geoid** bekannt. In diesem Zusammenhang spielen auch **gravimetrische Untersuchungen** eine bedeutende Rolle.
Höhenmessungen werden entlang des lokalen U-Gradienten relativ zum Geoid ausgeführt. Leider besteht auch bei der Festlegung des Nullpunkts keine Einigkeit. Während z.B. die Länder im Westen Europas von einem um Gezeiten- und meteorologische Effekte bereinigten mittleren Wasserstand im Hafen von Amsterdam ausgehen, verwenden die osteuropäischen Staaten den um knapp 2 dm höher liegenden Kronstädter Pegel. In Deutschland ist der Bezug auf **Normalnull (NN)** üblich, das in möglichst guter Übereinstimmung mit der Amsterdamer Basishöhe durch einen vereinbarungsgemäß genau 37 m über NN liegenden **Normalhöhenpunkt** nahe Berlin definiert ist.
Bis vor kurzem war die trigonometrische Netzausgleichung die einzige Möglichkeit, eine Positionierungsgenauigkeit im Zentimeterbereich über Distanzen von mehreren hundert Kilometern erreichen. (Die typischen Seitenlängen der Dreiecke 1. Ordnung betragen ca. 30 bis 60 km).
In den letzten Jahren sind jedoch weitere Verfahren von ähnlicher Präzision hinzugekommen, die auf gänzlich anderen Prinzipien beruhen. Zu erwähnen ist hier hauptsächlich die direkte Entfernungsbestimmung durch Laserlicht, das von einem prismatischen Reflektor in sich zurückgeworfen wird. Aus der sehr

präzise meßbaren Laufzeit von der Quelle zum Spiegel und zurück erhält man unmittelbar die Distanz beider Punkte voneinander.
An die Stelle der Triangulationen können somit auch **Trilaterationen** treten. Die Positionierungsgenauigkeit ist nicht durch die Zeitbestimmung begrenzt, sondern durch den unbekannten Verlauf des Brechungsindex der Luft entlang des Lichtweges, der nur abgeschätzt werden kann. Unkontrollierbare witterungsabhängige Variationen führen zu Unsicherheiten bei der Berechnung von **Refraktion** und **Lichtgeschwindigkeit** in der Atmosphäre.
Dasselbe gilt für die im Zuge verschiedener Raumfahrtmissionen auf dem Mond aufgestellten Laserreflektoren. Auch sie erlauben Distanzbestimmungen bis auf wenige cm. Hier kommt aber neben den oben genannten Schwierigkeiten noch hinzu, daß die klassischen **Mondtheorien** bestenfalls die Position des Mondes im Raum auf 1 m genau vorhersagen können, während numerische Integrationen unter Berücksichtigung relativistischer Effekte über begrenzte Zeiträume etwas besser sind. Dennoch klafft immer noch eine Lücke zwischen Rechnung und Beobachtung von ein bis zwei Zehnerpotenzen.
Auf der gleichen Idee basiert auch die Entfernungsmessung mittels **Radar**. Sie wird im Planetensystem auf zwei Weisen eingesetzt: entweder läßt man das Signal passiv von einem hinreichend großen Körper (Mond, Mars, Venus) zurückwerfen, oder es wird eine Raumsonde als Verstärker und aktiver Transmitter benutzt.
Die in den letzten Jahren stark ausgebaute **Satellitengeodäsie** basiert u.a. auf einem System von Zeitzeichensendern, die sich in exakt bekannten Erdumlaufbahnen befinden. Wenn, von einem Ort auf der Erde aus gesehen, mindestens drei von ihnen über dem Horizont stehen, kann man aus den Ankunftzeiten der Signale auf die Position des Beobachters schließen.
Das Verfahren besticht durch seine Einfachheit, die eine Anwendung auch in unwegsamem Gelände (Gebirge etc.) oder Gebieten ohne bekannte Bezugspunkte (Wüsten, Grønland, Antarktis) ermöglichen. Allerdings erfordert es die Aufrechterhaltung einer Schar von Satelliten mit hochpräzisen (Atom-)Uhren und ist deshalb nicht ganz billig. Das bekannteste Netz dieser Art ist wohl das **Global Positioning System (GPS)**, das sich derzeit noch in der Aufbauphase befindet.
Eine andere hochgenaue Methode, mit der es möglich ist, die relativen Positionen von größeren Radioteleskopen über interkontinentale Abstände auf ± 1 cm genau zu bestimmen, ist die sogenannte **Very Long Baseline Interferometry (VLBI)**.
Dabei wird die Strahlung einer punktförmigen, weit entfernten Radioquelle

simultan von mehreren Observatorien aus gemessen und mit Zeitmarken von Atomuhren versehen auf Magnetbändern festgehalten. Später werden die Ergebnisse der einzelnen Stationen rechnerisch zur Interferenz gebracht. Daraus kann man die auf die Visierrichtung projizierte Basislänge zwischen je zwei der eingesetzten Teleskope ableiten.
Die Auflösung aller genannten Verfahren ist extrem hoch. Daher ist es unumgänglich notwendig, die zeitliche Veränderlichkeit der Erdoberfläche in die Reduktionen einzubeziehen.
Die wichtigsten periodischen Einflüsse sind die **Gezeitenkräfte** von Mond und Sonne, die auch in der "festen" Erde Tidenhübe von einigen Dezimetern hervorrufen. Da sie an die Bewegungen der beteiligten Himmelskörper gebunden sind, kann man sie durch Rechnung eliminieren.
Aber auch säkulare Effekte kommen heute in den der direkten Beobachtungen zugänglichen Bereich. Dazu gehört u.a. die von **Alfred Wegener (1880-1930)** vorhergesagte (und anfangs von vielen seiner Fachkollegen bespöttelte) **Kontinentalverschiebung** (Wegener [1915]), die in der moderneren Variante als **Plattentektonik** heute zu den etabliertesten und zugleich aktivsten Zweigen der **Geophysik** zählt.
Die einzelnen Lithosphärenplatten bewegen sich relativ zueinander mit Geschwindigkeiten von einigen cm/Jahr, was über eine Dekade hinweg summiert zu sehr deutlichen Beträgen aufläuft. Stellenweise werden auch 10 cm/Jahr erreicht.
Das ist nicht so wenig, wie man meinen mag. An der Grenze zwischen zwei Platten wird das gelegentlich direkt sichtbar. So gehört z.B. der Westen Íslands der nordamerikanischen Scholle an, während der Osten auf der eurasischen Platte liegt. Beide entfernen sich jährlich um etwa 2 cm voneinander. Durch einfache Markierungen an Brückengeländern u. dgl., die bei Rundfahrten gezeigt werden, läßt sich die über ein oder zwei Jahrzehnte akkumulierte Driftbewegung leicht und eindrucksvoll erkennen.
Durch die Bedürfnisse der Geodäsie wird Gauß zu einer Reihe von Arbeiten zur **Flächentheorie** angeregt. Dabei nimmt er ganz bewußt einen anderen Ausgangspunkt als seine Vorläufer.
Diese haben nämlich eine in $\mathbb{R}^3$ eingebettete Fläche $\mathfrak{F}$ (nur solche wurden damals diskutiert) als Lösungsmenge einer Gleichung, etwa $F(x,y,z) = 0$, definiert. F bedeutet dabei eine beliebige glatte Funktion der drei kartesischen Koordinaten.
Im Unterschied hierzu bemerkt Gauß, daß geodätische Messungen, wie z.B. Triangulationen, nur auf der Erdoberfläche selbst oder in ihrer unmittelba-

ren Nähe möglich sind. Daher legt er das Schwergewicht seiner Flächentheorie auf solche Eigenschaften, die nicht vom umgebenden Raum (an dem er, anders als später Riemann, festhält) abhängen.
Das verlangt eine Parametrisierung der Fläche $\mathfrak{F}$, die, entsprechend ihrer Zweidimensionalität, zwei **innere** oder, wie man heute zumeist sagt, **Gaußsche Koordinaten** u,v benötigt.
Die implizite Beziehung F(x,y,z) = 0 wird dabei durch explizite Formeln für die Flächenpunkte ersetzt: x = x(u,v); y = y(u,v); z = z(u,v). Von den Funktionen x,y,z nimmt Gauß stillschweigend an, sie seien beliebig oft differenzierbar. Mitunter sind nur Teile von $\mathfrak{F}$ in dieser Weise beschreibbar; das bereitet aber keine prinzipiellen Probleme.
Erst dieser Ansatz hat der namentlich durch Riemann initiierten **Differentialgeometrie** der Mannigfaltigkeiten den Weg freigemacht. Gauß selbst beschränkt sich allerdings noch auf den zweidimensionalen Fall.
Durch Restriktion der euklidischen Metrik des Einbettungsraums $\mathbb{R}^3$ auf $\mathfrak{F}$ ergibt sich für das Quadrat des Bogenlängenelements unmittelbar der Ausdruck $ds^2 = dx^2 + dy^2 + dz^2$. Substituieren wir die definierenden Gleichungen für x,y,z, so entsteht ein homogenes Polynom zweiten Grades in den Koordinatendifferentialen du und dv, die **1. Fundamentalform** von $\mathfrak{F}$. Sie ist gemäß ihrer Konstruktion positiv definit und erlaubt u.a. auch die Auffindung einer Variationsgleichung für die **Geodäten** auf $\mathfrak{F}$.
Die **Schnittkrümmungen** in einem festen Punkt P auf $\mathfrak{F}$ führen nach einem Satz von **Jean Frédéric Frenet (1816-1900)** ebenfalls auf eine (möglicherweise indefinite) quadratische Form, die als **2. Fundamentalform** von $\mathfrak{F}$ bezeichnet wird.
Als Maß für die Abweichung der Fläche von einer Ebene dient die **Gaußsche Krümmung**, der Quotient aus der Determinante der zweiten Fundamentalform und der der ersten.
Diese Entdeckung ist von nicht zu überschätzender Bedeutung, haben wir doch erstmalig eine absolute Invariante der Fläche vor uns, d.h. eine Größe, die nicht von der willkürlichen Auswahl der Gaußschen Koordinaten abhängt.
Das wahrscheinlich wichtigste Resultat der Flächentheorie ist das berühmte **Theorema egregium**, s. Gauß [1827]. Es besagt im wesentlichen, daß die Krümmung einer Fläche aus der Metrik und ihren ersten beiden Ableitungen nach den intrinsischen Koordinaten u,v berechnet werden kann.
Eine für uns interessante Folgerung ist, daß zwei Flächen $\mathfrak{F}$ und $\mathfrak{G}$ allenfalls dann aufeinander **abwickelbar** sind, wenn die Gaußkrümmungen in entsprechenden Punkten auf $\mathfrak{F}$ und $\mathfrak{G}$ übereinstimmen.

Eine Abwicklung ist eine **isometrische = längentreue** Bijektion zwischen $\mathfrak{F}$ und $\mathfrak{S}$. Sie ist zugleich **winkeltreu (konform)** und **flächenerhaltend**. Die Umkehrung der letzten Proposition ist auch richtig, vgl. Kap. 3 und 4.
Bereits ein Jahr zuvor fand Gauß eine Formel für das Integral der Gaußkrümmung, erstreckt über ein von Geodäten begrenztes Dreieck in $\mathfrak{F}$.
Er gibt ihm, dem Zeitgeist der Romantik folgend, den für heutige Ohren etwas bombastisch klingenden Namen **"Theorema elegantissimum"**. Seine Anwendungen reichen weit über Geodäsie und Differentialgeometrie hinaus.
Die **Integralkrümmung** einer geschlossenen Fläche $\mathfrak{F}$, das ist das über ganz $\mathfrak{F}$ erstreckte Integral der Gaußkrümmung, läßt sich durch Triangulation unmittelbar darauf zurückführen. Dabei ergibt sich ein Ausdruck für die Integralkrümmung, der nur **topologische Invarianten** wie die **Eulerzahl** oder das **Geschlecht** von $\mathfrak{F}$ enthält.
Diese erste Verbindung zwischen lokalen und globalen Aspekten wird von Gauß zwar entdeckt, aber nicht veröffentlicht (abgesehen von einigen Bemerkungen in seinen Briefen), so daß sie erst viel später durch **Pierre Ossian Bonnet (1819-1892)** unabhängig wiedergefunden und bewiesen wird.
Das seither als **Satz von Gauß-Bonnet** geläufige Resultat hat die Differentialgeometrie geprägt wie kein zweites. Viele Erweiterungen und Verallgemeinerungen haben bis auf den heutigen Tag die **algebraische Topologie** enorm bereichert.
Aber kehren wir zum eigentlichen Gegenstand unserer Betrachtungen zurück! Häufig ist die bildhafte Darstellung mittels Karten zur Veranschaulichung ortsabhängiger Daten am besten geeignet. Das gilt vor allem für die Wiedergabe von Geländeformationen.
Eine **Karte** (im geographischen Sinn) ist eine umkehrbar-eindeutige Abbildung (eines Teils) der Erdoberfläche auf einen in der euklidischen Ebene $\mathbb{R}^2$ liegenden Bereich, der etwa durch ein Stück Papier repräsentiert sein mag. Dabei verlangen wir, daß die Zuordnung in beiden Richtungen beliebig oft differenzierbar sein soll.
Es gibt natürlich unendlich viele Möglichkeiten, diesen Bedingungen zu genügen, und man kann keine allgemeingültigen Empfehlungen geben, welche von ihnen die günstigste ist. Je nach dem verfolgten Zweck sind ganz unterschiedliche Kriterien anzuwenden. Wir müssen uns deshalb auf einige prinzipielle mathematische Anmerkungen beschränken.
Schon aus topologischen Gründen ist eine singularitätenfreie Darstellung der gesamten Erdoberfläche durch eine einzige Karte ausgeschlossen, selbst wenn wir statt der oben angenommenen Glattheit nur die Stetigkeit der Ab-

bildung und ihrer Umkehrung fordern.
Wir setzen die Erde zunächst als kugelförmig voraus. Die (Gaußsche) Krümmung ihrer Oberfläche ist überall positiv, die der Ebene hingegen Null. Aufgrund des Theorema egregium kann es keine Karte geben, die einen endlichen Bereich der Sphäre isometrisch in die Ebene hinein abbildet. Jede Karte der Erde weist also unvermeidliche **Verzerrungen** auf.
Wir können auch nicht simultan Winkel- und Flächentreue erreichen, weil dies wieder mit der Isometrie gleichwertig wäre. Es ist aber sehr wohl möglich, eine der beiden genannten Bedingungen zu erfüllen.
Von den zahlreichen konformen Entwürfen skizzieren wir hier nur die beiden historisch wichtigsten; bezüglich weiterer Informationen s. Hoschek [1969].
Die konzeptionell einfachste Karte ist wohl die bereits von **Hipparch** beschriebene, evtl. aber noch ältere **stereographische Projektion**. Wir erhalten sie, indem wir als Bildbereich die Äquatorebene wählen und alle Punkte der Erdoberfläche vom Südpol aus perspektivisch abbilden.
Wir werden diese Transformation in Kap. 7 ausführlich diskutieren und sie danach auf eine Vielzahl von geometrischen Problemen anwenden. Ihre große Bedeutung liegt darin, daß sie Kreise wieder auf Kreise abbildet.
Für die Verwendung in der Seefahrt geeigneter ist ein anderer Entwurf, der auf **Gerardus Mercator (Gerhard Kremer, 1512-1594)** zurückgeht. Dabei verwendet man als Bildfläche zunächst einen die Erde im Äquator von außen berührenden Zylinder, auf den vom Erdmittelpunkt aus projiziert wird. Anschließend rollt man den Zylinder in die Ebene ab.
Die so gewonnene **Mercatorprojektion** ist ebenfalls winkeltreu, hat aber den von Navigatoren geschätzten Vorzug, daß Längen- und Breitenkreise durch lot- bzw. waagerechte Geraden wiedergegeben werden. Das erleichtert das Abstecken des Schiffkurses erheblich. Die beiden Pole rücken allerdings ins Unendliche; daher ist die Verwendung in (ant)arktischen Gewässern nur eingeschränkt zu empfehlen.
Als Beispiel eines flächentreuen Entwurfs erwähnen wir lediglich den von **Johann Heinrich Lambert (1728-1777)** vorgelegten, der eine am Nordpol tangential angelegte Bildebene benutzt. Wie alle flächentreuen Karten hat auch die von Lambert (die wohl auch bereits im Altertum bekannt war) den Nachteil extremer Verzerrungen in den Randbereichen.
Um diesen Effekt zu mildern, sind im Laufe der Jahrhunderte noch viele andere Vorschläge gemacht worden, die wir hier nicht diskutieren können.
Dabei kommen neben den flächen- oder winkeltreuen Karten auch solche in Betracht, die keine dieser beiden Eigenschaften haben, aber dafür die Verzer

rung über das dargestellte Gebiet (in irgendeinem Sinn) minimieren.
Die bislang gemachte Annahme einer kugelförmigen Erde ist für die meisten Anwendungen in der Geographie ausreichend. Die Tabulierung von Koordinaten einzelner trigonometrischer Punkte, wie sie bei der Landvermessung gefunden werden, verlangt aber ein genaueres Erdmodell, das die Abplattung berücksichtigt. Zum Abschluß dieses Überblicks wollen wir deshalb noch kurz einige der zur Kartierung von Sphäroiden vorgeschlagene Entwürfe diskutieren.
Der nächstliegende Gedanke ist natürlich, in Analogie zu den geographischen Koordinatensystemen zwei Winkel zu verwenden. Da die Erde auch im vorliegenden Fall noch rotationssymmetrisch um ihre durch die Pole verlaufende Figurenachse ist, können wir die geographische Länge direkt übernehmen. Wegen der Elliptizität der Meridiane gibt es aber mehrere Möglichkeiten, die Breite zu definieren.
Der im Erdzentrum gemessene Winkel zwischen Äquatorebene und der Richtung zum darzustellenden Punkt böte sich an, ist aber wegen der Unzugänglichkeit des Erdmittelpunkts nicht direkt realisierbar und deshalb ungeeignet. Besser (und allgemein gebräuchlich) ist daher die **Polhöhe**.
Mit den sphärischen Bezugssystemen hat das gerade beschriebene die durch ständig auftretende trigonometrische Funktionen bedingte Kompliziertheit der Berechnungen gemeinsam. Aus diesem Grund konstruiert Soldner eine Karte, bei der die Längen- und Breitenkreise durch lot- bzw. waagerechte Geraden repräsentiert sind, wobei der Äquator und alle Meridiane maßstäblich abgebildet werden.
Die so erklärten **Soldnerschen Koordinaten** ermangeln allerdings der Konformität. Um diesen Makel zu beheben, modifiziert Gauß den Ansatz, indem er einen Mittelmeridian auszeichnet, auf den er seine Rechnungen bezieht. Seine Untersuchungen bleiben jedoch rudimentär; erst Krüger [1912] schließt bei der Herausgabe des Nachlasses von Gauß die Lücken und entwickelt eine vollständige Theorie dieser **transversalen Merkatorprojektion**. Vor allem im deutschen Sprachgebiet spricht man deshalb auch von **Gauß-Krüger-Koordinaten**. Sie bilden die Grundlage für viele Landesvermessungen. Wir widmen ihnen das Kapitel 29 des vorliegenden Buches. Dort sind auch alle nötigen Formeln detailliert hergeleitet.

1.5. Spezielle Koordinaten

Jede Karte einer Mannigfaltigkeit definiert ein Koordinatensystem. Das gilt insbesondere auch für jeden Diffeomorphismus zwischen Teilgebieten eines euklidischen Raums. Die Vielfalt der Möglichkeiten ist also potentiell unbegrenzt, was eine erschöpfende Einzeluntersuchung aller denkbaren Fälle ausschließt und eine Klassifikation zumindest erschwert. Dennoch lassen sich einige generelle Regeln angeben, die bei der Auswahl einer geeigneten Parametrisierung zu beachten sind:

(1) Die **Invarianzgruppe** der verwendeten Koordinaten sollte der des zu lösenden Problems entsprechen. Dadurch kann eine erhebliche Arbeitsersparnis erzielt werden, da die Berechnung uninteressanter oder unnötiger Informationen vermieden wird.
Wird etwa verlangt, eine Differentialgleichung zu integrieren, und sind sowohl diese selbst als auch die Anfangs- oder Randbedingungen z.B. rotationssymmetrisch um eine Achse, so ist es fast immer nützlich, den zugehörigen Drehwinkel als eine der Koordinaten zu wählen. Das erlaubt eine dimensionsmäßige Reduktion.
Das Entsprechende gilt wegen des **Satzes von Noether** bei Vorhandensein einer beliebigen **Liegruppe** von Invarianzen; s. Kap. 6.

(2) Als weitere Entscheidungshilfe dient die Faustregel, nach Möglichkeit die "einfacheren" Koordinaten zu bevorzugen. Dabei kann und wird es aber von der jeweiligen Fragestellung abhängen, welches Komplexitätskriterium angebracht ist. Deshalb wollen wir es bei der etwas vagen Formulierung belassen.
Normalerweise wird man **orthogonale** Koordinaten bequemer finden als nichtorthogonale, weil **Metrik** und **Christoffelsymbole** (und damit auch die Standarddifferentialoperatoren grad, rot, div und Δ) weniger nicht verschwindende Komponenten beinhalten. Der Unterschied ist aber bei niedrigen Raumdimensionen relativ unbedeutend und wächst erst allmählich an.
Der aufgrund der größeren Zahl von Termen entstehende Mehraufwand wird gelegentlich durch eine angemessenere Beschreibung des vorgelegten Problems kompensiert, so daß auch nichtorthogonale Systeme in der Praxis wichtig werden können.

Ein Beispiel sind die in den Teilen D und G ausführlich diskutierten **Weylkoordinaten**, die bei Aufgaben mit (nichttrivialen) endlichen Symmetriegruppen mit Erfolg einsetzbar sind und auch in engem Zusammenhang mit den moderneren **numerischen Integrationsverfahren** zu sehen sind, die uns in Teil F beschäftigen werden.

Trotz der gerade angedeuteten Schwierigkeiten, die einer systematischen Einordnung der prinzipiell verfügbaren Koordinatengebungen entgegenstehen, ist es immerhin möglich, zumindest eine grobe Gliederung in mehrere Kategorien vorzunehmen.

Eine natürliche Einteilung haben wir ja bereits angesprochen. Aus den oben genannten Gründen werden fast ausschließlich orthogonale Koordinatensysteme (das sind die, bei denen die Achsen paarweise aufeinander senkrecht stehen) verwendet, auch wenn das, wie wir sehen werden, zuweilen historisch oder durch den persönlichen Geschmack bedingt und eigentlich nicht immer gerechtfertigt ist.

Daneben sind noch andere Ordnungsschemata von Interesse. Vielfach sind **algebraische Koordinatensysteme** in $\mathbb{R}^n$ - darunter verstehen wir natürlich solche, bei denen der Übergang zu den kartesischen Standardkoordinaten vermöge algebraischer Gleichungen erfolgt - handlicher als **transzendente**, weil man weitgehend den Einsatz von komplizierteren Funktionen vermeiden kann. Das geht häufig mit einer Beschleunigung der erforderlichen Rechnungen einher. Als Beispiele seien neben **kartesischen** und Weylkoordinaten noch die **konfokalen** genannt.

Generell gültige Empfehlungen lassen sich jedoch aus den genannten Gründen nicht geben; deshalb sind die in in der Formelsammlung (Teil H) beschriebenen Systeme alle in derselben Weise dargestellt. Dadurch soll dem Leser die eigene Entscheidung erleichtert werden.

Als Bedingung für die Aufnahme in die Liste wurde dabei die Anwendbarkeit in einem möglichst umfassenden Bereich angesehen, eine zugegeben unsystematische und von persönlichen Erfahrungen beeinflußte Auswahl.

In der Literatur werden zumeist die orthogonalen Koordinaten (über Gebühr) bevorzugt. Sie sind zwar in der Praxis wesentlich wichtiger als nichtorthogonale, weshalb sie auch die in Teil H enthaltenen Tabellen dominieren. Daneben wurden aber noch einige andere Parametrisierungen aufgenommen, von denen erwartet werden kann, daß sie sich als nützlich erweisen.

Wie oben angedeutet, ist es nicht möglich, alle potentiell konstruierbaren Koordinaten vollständig zu diskutieren. Dennoch besitzen die vergleichsweise wenigen häufiger benutzten Systeme einige Gemeinsamkeiten und Verwandtschaften.

Mathematisch zeichnen sie sich hauptsächlich durch besondere Symmetrieeigenschaften aus. Deshalb wurden die meisten von ihnen vor langer Zeit entdeckt bzw. erfunden, manche bereits im Altertum. Natürlich stimmt die Argumentation auch in der umgekehrten Richtung: Man versucht normalerweise zuerst, mit den schon bekannten Methoden auszukommen, bevor man neue entwikkelt.

Zu den ältesten numerischen Beschreibungen von Punktpositionen zählen die in den vorangegangenen Abschnitten im historischen Kontext ausführlicher dargestellten **kartesischen Koordinaten** ebenso wie die **sphärischen**. Zerlegen wir (in moderner Notation) den gewöhnlichen Ortsraum $\mathbb{R}^3$ in die direkte Summe $\mathbb{R}^1 \oplus \mathbb{R}^2$ und verwenden auf dem ersten Summanden die kanonische Parametrisierung, auf dem zweiten hingegen **Polarkoordinaten**, kommen wir zu einer Mischform, nämlich den **Zylinderkoordinaten**.

Genausogut kann man andere Aufspaltungen verwenden, um ähnlich zusammengesetzte **Hybridsysteme** aufzubauen. Ihre explizite Konstruktion bereitet keinerlei Probleme; ebensowenig die Berechnung der Komponenten der Metrik, der Christoffelsymbole, etc. Trotzdem haben wir einige von ihnen in die Tabellen aufgenommen.

Allen genannten Koordinaten ist neben der Orthogonalität noch eine weitere Eigenschaft gemeinsam, die wir noch hervorheben wollen. Viele wichtige Fragestellungen der Physik führen auf gewöhnliche oder partielle Differentialgleichungen zweiter Ordnung. Beispiele sind die Bewegung von Punktmassen in der Newtonschen Mechanik oder die zeitliche Veränderung von Fluiden in der Hydrodynamik (s. Kap. 5).

Je nachdem, ob die Koeffizientenmatrix der höchsten Ableitungen einer partiellen Differentialgleichung definit, semidefinit oder indefinit ist, spricht man bekanntlich von elliptischen, parabolischen und hyperbolischen Problemen.

Die einfachste elliptische Differentialgleichung zweiter Ordnung ist die, der das **Newtonsche Gravitationspotential** genügt, nämlich $\Delta U = 0$. Darin bedeutet Δ den in den Kapiteln 3, 22 und 23 ausführlich untersuchten **Laplace-Operator**.

Eine detaillierte Analyse derjenigen (Orthogonal-)Koordinaten in $\mathbb{R}^3$, die eine **Separation** der erwähnten **Potential-** oder sogar der ebenfalls in Kap. 5 abgeleiteten **Hamilton-Jacobigleichung** durch Produkt- oder Summenansätze erlauben, stammt von Stäckel. Eine ausführliche Würdigung der betreffenden Ergebnisse nehmen wir in Kap. 27 vor.

Außer den zuvor genannten kartesischen, sphärischen und zylindrischen gehören zu dieser großen und in praxi eminent wichtigen Familie noch viele weitere bekannte Typen von Koordinatensystemen, darunter **Ellipsoid-**, **Kegel-** und **Toruskoordinaten** nebst einigen weiteren.

Es gibt noch andere Möglichkeiten, orthogonale Systeme zu finden. Ein gelegentlich angewandtes Verfahren besteht darin, eine glatte reellwertige Funktion auf dem darzustellenden Gebiet als erste Koordinate auszuwählen und sie anschließend geeignet zu ergänzen. Ein Beispiel unter vielen sind die sogenannten **Rochekoordinaten**, die - wenn auch äußerst selten - in der Doppelsternastronomie gebraucht werden. In diesem Fall dient das Newtonsche Potential als Ausgangsfunktion.

Man kann das Verfahren auch modifizieren, indem man etwa von mehreren Funktionen ausgeht, deren Gradienten überall im Definitionsbereich paarweise aufeinander senkrecht stehen. Wir werden noch Gelegenheit haben, diese Idee zu verwirklichen.

Allen bisher angesprochenen Systemen ist gemeinsam, daß sie **direkt** sind. Das bedeutet: wir können die Standardparameter des Grundraums als explizite Funktionen der Koordinaten schreiben.

Demgegenüber verhalten sich die von Neutsch & Fichtner [1988] zur Bewältigung von Problemen mit endlichen Symmetriegruppen (vom Coxetertyp) vorgeschlagenen **Weylkoordinaten** grundsätzlich anders.

Bei ihnen ist die Situation gerade umgekehrt: es ist zwar möglich, die Weylkoordinaten als (polynomiale) Ausdrücke der kartesischen Komponenten auszudrücken, sie lassen sich aber im allgemeinen nicht auflösen. Das macht aber nichts wegen der besonderen Eigenschaften der **Coxetergruppen** und ihrer **Invariantenringe**, die wir in Teil D vollständig klassifizieren. Tatsächlich sind alle wesentlichen Informationen wie Metrik, Christoffelsymbole oder die Differentialoperatoren grad, rot, div und Δ explizit in den Koordinaten darstellbar, was wir für die praktisch wichtigsten Fälle (Dimensionen 2 bis 4) in Kap. 30 wirklich durchführen wollen.

2. Bezeichnungen und Konventionen

2.1. Mengen und topologische Räume

Es ist notwendig, gewisse Bezeichnungen zu verabreden, da in der Literatur eine Vielzahl von unterschiedlichen Konventionen und Notationssystemen gebräuchlich ist. Alle in diesem Kapitel aufgeführten Vereinbarungen und Sätze werden im gesamten Text beibehalten und ohne weitere Kommentare oder Erläuterungen benutzt.
Näheres findet sich in jedem einführenden Lehrbuch; deshalb verzichten wir auf die Wiedergabe der meist trivialen und allgemein bekannten bzw. offensichtlichen Beweise. Lediglich in einigen Fällen skizzieren wir die Beweisidee.
Wir verwenden die übliche Notation für **Mengen**. Eine Menge kann beschrieben werden durch Angabe ihrer **Elemente**, etwa

$$M = \left\{ x, y, z \right\}$$

oder durch eine Charakterisierung der Art

$$M = \left\{ x \;\middle|\; x \text{ hat die Eigenschaft } \mathcal{E}(x) \right\}$$

Das bedeutet: Ein Objekt y liegt genau dann in M ($y \in M$; anderenfalls wäre $y \notin M$), wenn es die Eigenschaft $\mathcal{E}$ besitzt, usw.
Das **kartesische Produkt** der Mengen A,B,C,... ist

$$A \times B \times C \times \ldots = \left\{ (a,b,c,\ldots) \;\middle|\; a \in A,\ b \in B,\ c \in C,\ \ldots \right\}$$

Die **logischen Symbole** haben die übliche Bedeutung: $\wedge$ ("und"), $\vee$ ("oder"), $\Rightarrow$ ("impliziert"), $\Leftarrow$ ("folgt aus") und $\Leftrightarrow$ ("gleichwertig mit").
Wenn A eine **Teilmenge** von B (also B **Obermenge** von A) ist, drücken wir dies durch $A \subseteq B$ oder $B \supseteq A$ aus. Hierbei darf $A = B$ sein. Wollen wir diesen Fall ausschließen, schreiben wir $A \subset B$ bzw. $B \supset A$. Es sei bemerkt, daß manche

Autoren eine andere Konvention benutzen, nämlich "$\subset$" und "$\supset$" an Stelle von "$\subseteq$" und "$\supseteq$". Die eben getroffene Vereinbarung hat aber den Vorzug, mit der üblichen Verwendung der Symbole "$\leq$" und "$\geq$" für Zahlen zu korrespondieren.
Den **Durchschnitt** zweier Mengen A und B nennen wir $A \cap B$, die **Vereinigungsmenge** $A \cup B$; die **Differenzmenge** schließlich ist

$$A \setminus B = \left\{ x \in A \;\middle|\; x \notin B \right\}$$

Entsprechend sind

$$\bigcap_{i \in \mathbb{I}} M_i = \left\{ x \;\middle|\; x \in M_i \text{ für alle } i \in \mathbb{I} \right\}$$

und

$$\bigcup_{i \in \mathbb{I}} M_i = \left\{ x \;\middle|\; x \in M_i \text{ für mindestens ein } i \in \mathbb{I} \right\}$$

der Durchschnitt und die Vereinigung der Mengen M_i, wobei i die **Indexmenge** $\mathbb{I}$ durchläuft.
Die **Mächtigkeit (Kardinalzahl)** von M wird mit #(M) oder # M bezeichnet.
Eine **Äquivalenzrelation** auf M ist eine Relation $\sim$, die **reflexiv** $(x \sim y)$, **symmetrisch** $(x \sim y \Rightarrow y \sim x)$ und **transitiv** $(x \sim y \wedge y \sim z \Rightarrow x \sim z)$ ist. Sie liefert eine Einteilung von M in disjunkte **Äquivalenzklassen** der Form

$$M_x = \left\{ y \in M \;\middle|\; y \sim x \right\}$$

Die Menge der Äquivalenzklassen bezüglich $\sim$ bezeichen wir mit $M/\sim$.
Die Menge aller **Abbildungen** von einer Menge A in eine Menge B nennen wir Abb(A,B) oder manchmal auch B^A. Ein typisches Element aus Abb(A,B) ist

$$\begin{aligned} f\colon\; & A \longrightarrow B \\ & x \longmapsto f(x) = x^f \end{aligned}$$

Strukturerhaltende Abbildungen zwischen gleichartigen Mengen A und B (wie z.B. Gruppen, Ringen, Vektorräumen, topologischen Räumen usw.) heißen **Homomorphismen** und bilden die Menge Hom(A,B). Ein bijektiver Homomorphismus ist ein **Isomorphismus**, wenn die Umkehrung die gleiche Eigenschaft hat. Schließlich ist ein **Endomorphismus** bzw. **Automorphismus** ein Homomorphismus bzw. Isomorphismus einer Menge zu sich selbst. Die Menge aller Automorphismen von A bildet eine Gruppe, Aut(A). (Es wird immer klar sein, welche algebraische oder topologische Struktur von A hierbei invariant sein soll). Die Notation $A \cong B$ bedeutet "A ist isomorph zu B".

Eine **Topologie** auf einer nichtleeren Menge X ist eine Familie $\mathfrak{O}_X$ von Teilmengen $U \subseteq X$, die dann **offene Mengen** heißen. Dabei müssen folgende drei Bedingungen erfüllt sein:

(1) die leere Menge und der Gesamtraum X selbst sind offen: $\emptyset, X \in \mathfrak{O}_X$;

(2) die Vereinigung von beliebig vielen offenen Mengen liegt wieder in $\mathfrak{O}_X$;

(3) das Gleiche gilt vom Durchschnitt zweier (und a fortiori auch endlich vieler) offener Mengen.

Für einen solchen **topologischen Raum** $(X,\mathfrak{O}_X)$ mit **Grundraum** X und **Topologie** $\mathfrak{O}_X$ schreiben wir i.a. kurz X, sofern keine Verwechslungen zu befürchten sind.

Als **Basis** der Topologie $\mathfrak{O}_X$ bezeichnet man eine Sammlung $\mathfrak{B} \subseteq \mathfrak{O}_X$ von offenen Mengen, wenn alle $U \in \mathfrak{O}_X$ Vereinigungen von Mengen aus $\mathfrak{B}$ sind.

Umgebungen eines Punktes $x \in X$ sind Teilmengen M von X, für die $x \in U \subseteq M$ mit einer geeigneten offenen Menge U gilt. In Sonderheit sind **offene Umgebungen** eines Punktes $x \in X$ einfach offene Mengen, die x enthalten.

Gibt es zu je zwei voneinander verschiedenen Punkten $x,y \in X$ jeweils Umgebungen U_x von x und U_y von y mit $U_x \cap U_y = \emptyset$, so ist $(X,\mathfrak{O}_X)$ ein **Hausdorffraum**.

Die Komplemente der offenen Mengen heißen **abgeschlossen**. Den **topologischen Abschluß** eines Teilraums $U \subseteq X$ in einem topologischen Raum X bezeichnet man mit U^-, den **offenen Kern** von U mit U^0. U^- ist die kleinste U umfassende abgeschlossene Teilmenge von X, während U^0 umgekehrt die größte in U enthaltene offene Menge bedeutet. Der **Rand** Rd(U) ist dann $U^-\backslash U^0$.

Eine Abbildung f: $X \longrightarrow Y$ zwischen zwei topologischen Räumen $(X,\mathfrak{O}_X)$ und $(Y,\mathfrak{O}_Y)$ ist **stetig**, wenn die Urbilder der offenen Mengen in Y offene Teilmengen von X sind. Eine gleichwertige Definition ergibt sich durch Ersetzen von "offen" durch "abgeschlossen". Offenbar ist die Komposition von stetigen Abbildungen auch stetig.

Topologische Isomorphismen nennt man üblicherweise **Homöomorphismen**. Besitzen die topologischen Räume X und Y außer der topologischen auch noch eine **differenzierbare Struktur**, so bedeutet $C^k(A,B)$ die Menge der sog. "C^k-Abbildungen", also der **k-mal stetig differenzierbaren Abbildungen** von A nach

B. Die C^0-Abbildungen sind demnach gerade die **stetigen**, während $C^\infty(A,B)$ die beliebig oft differenzierbaren (aber nicht notwendig analytischen!) Abbildungen zwischen A und B enthält. **Diffeomorphismen** von A nach B sind C^∞-Isomorphismen und bilden den Raum Diff(A,B).

$(X,\mathfrak{D}_X)$ heißt **zusammenhängend**, wenn es außer ∅ und X keine weiteren Teilmengen von X gibt, die sowohl offen als auch abgeschlossen sind. Allgemein zerfällt X in paarweise disjunkte **(Zusammenhangs-)Komponenten**, das sind die maximalen zusammenhängenden Teilmengen von X. Unter einem **Gebiet** in X versteht man eine zusammenhängende offene Teilmenge von X.

Eine **(offene) Jordankurve** oder ein **Weg** in X ist eine stetige Abbildung γ des Intervalls [0,1] in den Raum X. Der **Anfangspunkt** der Kurve ist $\gamma(0)$, ihr **Endpunkt** $\gamma(1)$. Fallen beide zusammen, sprechen wir von einer **geschlossenen Jordankurve** oder Schlinge.

Gibt es in X zu je zwei Punkten $x_0, x_1 \in X$ einen Weg, der beide verbindet, also eine Jordankurve γ mit $\gamma(0) = x_0$ und $\gamma(1) = x_1$, so nennt man X **wegzusammenhängend**. Ein solcher Raum ist notwendig zusammenhängend; für Teilmengen von $\mathbb{R}^n$ oder $\mathbb{C}^n$ und allgemeiner für Mannigfaltigkeiten (s. Kap. 3) gilt auch die Umkehrung.

Zwei Jordankurven γ_0, γ_1 in X sind **homotop** zueinander, wenn es eine stetige Abbildung F: $[0,1]\times[0,1] \longrightarrow X$ gibt, die für alle $t \in [0,1]$ die Gleichungen $F(0,t) = \gamma_0(t)$ und $F(1,t) = \gamma_1(t)$ erfüllt. Das besagt, daß die beiden Kurven (durch F) "stetig ineinander verformt" werden können.

Ein wegzusammenhängender Raum X heißt **einfach zusammenhängend**, wenn je zwei Kurven, die dieselben Punkte verbinden, zueinander homotop sind.

Eine **Überlagerung** des zusammenhängenden topologischen Raums X ist ein ebenfalls zusammenhängender Raum $\overline{X}$, zusammen mit einer surjektiven stetigen Abbildung υ: $\overline{X} \longrightarrow X$, die **lokal injektiv** ist, d.h., für alle $\overline{x} \in \overline{X}$ gibt es eine Umgebung $\overline{U} \ni \overline{x}$, so daß die Einschränkung von υ auf $\overline{U}$ bijektiv ist.

Ein zusammenhängender topologischer Raum X, der keine **echte Überlagerung** $(\overline{X} \neq X)$ besitzt, ist einfach zusammenhängend, und umgekehrt.

Einige Symbole sind für konkrete Mengen reserviert: ∅ ist die **leere Menge**; $\mathbb{N}$ die Menge der **natürlichen Zahlen** 1,2,3,..., $\mathbb{N}_0 = \mathbb{N} \cup \{0\}$; $\mathbb{Z}$ bezeichnet die **ganzen**, $\mathbb{R}$ die **reellen**, $\mathbb{C}$ die **komplexen Zahlen**, $\mathbb{H}$ die **Quaternionen** etc. $\mathbb{Z}$ ist ein **Ring**, $\mathbb{R}$ und $\mathbb{C}$ sind **Körper**, $\mathbb{H}$ ein **Schiefkörper**. Die jeweiligen algebraischen Strukturen betrachten wir stets als mitgegeben, desgleichen bei $\mathbb{R}, \mathbb{C}, \mathbb{H}$ die **natürliche Topologie**.

2.2. Gruppen

Es werden in diesem Buch nur die elementarsten Kenntnisse aus der Gruppentheorie vorausgesetzt.

Zur Notation:

Das **neutrale Element** oder **Einselement** in einer Gruppe G ist 1 (wenn G additiv geschrieben ist, verwenden wir auch gelegentlich 0 = **Nullelement**). Die **triviale Gruppe** {1} wird ebenfalls mit 1 bezeichnet. Alle vom neutralen verschiedenen Elemente bilden die Menge $G^{\#}$.

Das **Komplexprodukt** zweier Teilmengen $A, B \subseteq G$ einer Gruppe G schreiben wir einfach AB:

$$A\,B = \left\{ a \cdot b \;\middle|\; a \in A,\ b \in B \right\}$$

Der **inverse Komplex** zu A ist

$$A^{-1} = \left\{ a^{-1} \;\middle|\; a \in A \right\}$$

Falls einer der beiden Faktoren nur aus einem Element besteht, wird normalerweise anstatt {a}B oder A{b} jeweils die Abkürzung aB bzw. Ab verwendet.

Für die Aussage, U sei **Untergruppe** von G, verwenden wir das Zeichen $\leq$:

$$U \leq G \iff U \subseteq G \wedge UU = U^{-1} = U$$

was wir auch durch $G \geq U$ ausdrücken. Entsprechend bedeutet $U < G$ oder $G > U$, daß U **echte Untergruppe** ist, also $U \leq G$ und $U \neq G$.

Das **Erzeugnis** $\langle A \rangle$ einer Teilmenge $A \subseteq G$ ist die kleinste Untergruppe U von G, die A enthält. Falls $\langle A \rangle = G$ ist, wird G von A **erzeugt**. Besitzt G ein Erzeugendensystem aus einem einzigen Element: $G = \langle x \rangle$, so ist G **zyklisch**.

Die **Ordnung** einer Gruppe G ist ihre Mächtigkeit # G, die Ordnung eines Elements x gleich der Ordnung von $\langle x \rangle$; der **Index** von $U \leq G$ in G ist die Anzahl der **(Links-)Nebenklassen**,

$$[G:U] = \# \left\{ x\,U \;\middle|\; x \in G \right\}$$

Für endliche Gruppen gilt $[G:U] = \#(G)/\#(U)$. Elemente der Ordnung 2 heißen **Involutionen**.

Ein **Normalteiler** der Gruppe G ist eine Untergruppe N mit $xN = Nx$ für jedes $x \in G$. Die **Faktorgruppe** von G nach dem Normalteiler N schreiben wir

$$G/N = \left\{ x\,N \;\middle|\; x \in G \right\}$$

Die **Konjugierten** eines Elements a oder einer Teilmenge A in G unter der Aktion von $b \in G$ sind

$$a^b = b^{-1}\,a\,b$$

und

$$A^b = b^{-1}\,A\,b$$

Der **Kommutator** von a und b aus G ist

$$[a,b] = a^{-1}\,b^{-1}\,a\,b$$

während für Untergruppen $A,B \leq G$ die von allen $[a,b]$ $(a \in A,\ b \in B)$ erzeugte Gruppe mit $[A,B]$ bezeichnet wird. Beachte, daß $[b,a] = [a,b]^{-1}$, hingegen $[B,A] = [A,B]$ ist. Die Elemente a und b **kommutieren (miteinander)** oder **sind vertauschbar**, wenn $[a,b] = 1$ ist. Analog **kommutieren** A und B **elementweise**, falls $[A,B] = 1$.

Die **Kommutatorgruppe** von G ist $G' = [G,G]$. G heißt **abelsch** oder **kommutativ**, wenn $G' = 1$ ist. Die Faktorgruppe G/N nach einem Normalteiler N ist genau dann abelsch, wenn $G' \leq N$ gilt. Eine nichtabelsche Gruppe G, die außer 1 und G keine weiteren Normalteiler besitzt, ist **einfach**.

G heißt **auflösbar**, wenn die **abgeleitete Reihe** von G, nämlich

$$G,\quad G' = [G,G],\ G'' = [G',G'],\ G^{(3)} = [G'',G''],\ \ldots$$

nach endlich vielen Gliedern abbricht: $G^{(n)} = 1$ für ein geeignetes $n \in \mathbb{N}$.

Der **Zentralisator** (in G) eines Elements oder einer Teilmenge A aus G ist

$$C_G(A) = \left\{ x \in G \;\middle|\; [A,x] = 1 \right\}$$

und der **Normalisator**:

$$N_G(A) = \left\{ x \in G \;\middle|\; A^x = A \right\}$$

Das **Zentrum** schließlich ist die aus allen $z \in G$, deren Zentralisator ganz G ist, gebildete Gruppe

$$Z(G) = \left\{ z \in G \;\middle|\; [z,x] = 1 \text{ für alle } x \in G \right\} = C_G(G)$$

In diesem Buch benutzen wir die Konventionen von Conway et al. [1985], bekannt als **"ATLAS"-Notation**. Sie zeichnen sich durch besondere Einfachheit und Eleganz aus.

So wird beispielsweise die zyklische Gruppe der (endlichen) Ordnung k mit der Zahl k bezeichnet, **direkte Produkte** mittels eines Kreuzes (×), so daß 8 die zyklische, hingegen 2×2×2 (wofür man abkürzend 2^3 schreibt) die **elementar-abelsche** Gruppe der Ordnung 8 bedeuten.

Eine **Erweiterung** einer Gruppe A mit einer zweiten, B, ist eine Gruppe A·B, die einen zu A isomorphen Normalteiler A_0 mit Faktorgruppe $A{\cdot}B/A_0 \cong B$ enthält.

Spezielle Arten von Erweiterungen sind zu unterscheiden. Neben den erwähnten direkten Produkten sind dies vor allem die allgemeineren **zerfallenden Erweiterungen** oder semidirekten Produkte. Hier wird vorausgesetzt, daß es ein **Komplement** zu A_0 in $G = A{\cdot}B$ gibt, das ist eine Untergruppe $B_0 \cong B$ mit $A_0 \cap B_0 = 1$ und $A_0B_0 = B_0A_0 = G$. Wir schreiben dann mitunter G = A:B. Man beachte, daß letztere Bezeichnung für semidirekte Produkte reserviert ist, während der Ausdruck A·B nichts über die Art der Erweiterung besagt. Es ist üblich, A_0 mit A und B_0 mit B zu identifizieren.

Eine **Schurerweiterung** (Schur [1911]) ist eine nichtzerfallende Erweiterung A∧B, bei der der Normalteiler A im Zentrum und in der Kommutatorgruppe von A·B liegt. Alle A, für die die Schurerweiterung A∧B existiert, sind Faktorgruppen einer durch B bis auf Isomorphie eindeutig bestimmten unter ihnen, des sog. **Schurmultiplikators** $\mathcal{M}(B)$ von B. Die Erweiterung $\mathcal{M}(B)\wedge B$ ist aber i.a. nicht eindeutig. Es gibt also zu gegebenem B normalerweise keine "universelle" Schurerweiterung.

(Warnung: Es kann zu vorgelegten A und B viele nichtisomorphe Gruppen der Form A·B oder auch A:B geben; nur das direkte Produkt ist durch seine Faktoren immer wohlbestimmt).

Außer der Möglichkeit, Gruppen durch konkrete Objekte zu beschreiben, etwa als Matrizen- oder Permutationsgruppen oder als Erweiterungen von solchen, kann man auch **Präsentationen** zur Definition heranziehen. Die (universelle) Gruppe G mit Erzeugenden x_i, $i \in \mathbb{I}$, und **definierenden Relationen** $R_j = 1$, $j \in \mathbb{J}$, wird mit

$$G = \langle x_i,\ i \in \mathbb{I} \mid R_j,\ j \in \mathbb{J} \rangle$$

bezeichnet. Der Spezialfall $\mathbb{J} = \emptyset$ führt auf die **freie Gruppe** in den Erzeugenden x_i:

$$\mathbb{F}_{\mathbb{I}} = \langle x_i,\ i \in \mathbb{I} \rangle = \langle x_i,\ i \in \mathbb{I} \mid \rangle$$

$\mathbb{F}_{\mathbb{I}}$ heißt **freie Gruppe vom Rang** n, wenn $\# \mathbb{I} = n < \infty$ ist. Meist ist es unmöglich zu erkennen, ob eine gegebene Präsentation die triviale oder irgendeine andere Gruppe definiert, oder allgemein, welche Eigenschaften die Gruppe besitzt. Ausnahmen treten nur in den einfachsten Fällen auf, etwa bei den **Coxeterpräsentationen** aus Kap. 15 oder in Beispielen wie der **Diedergruppe** der Ordnung 2n:

$$D_{2n} = \langle a,b \mid a^2 = b^2 = (ab)^n = 1 \rangle$$

Eine **Permutation** einer beliebigen Menge Ω ist eine Bijektion von Ω auf sich. Alle Permutationen von Ω bilden die **symmetrische Gruppe** $S(\Omega)$ von Ω, deren Isomorphietyp nicht von Ω, sondern nur von ihrer Mächtigkeit abhängt. Deshalb schreibt man auch S_n, wenn $\# \Omega = n < \infty$ ist.

Mit $(a_1, a_2, \ldots, a_{k-1}, a_k)$ bezeichnen wir die Permutation, die jedes a_i auf a_{i+1} abbildet $(1 \le i \le k-1)$, während a_k auf a_1 übergeht und alle übrigen evtl. noch in Ω vorkommenden Elemente invariant bleiben. Eine derartige Permutation ist ein **Zyklus** der **Länge** k (oder auch **k-Zyklus**). Zyklen der Länge 1 sind **Fixpunkte**; 2-Zyklen nennt man auch **Transpositionen**.

Ist Ω endlich, kann man jede Permutation $\pi \in S(\Omega)$ als endliches Produkt von Transpositionen schreiben. Dabei ist die Anzahl der Faktoren nicht eindeu-

tig durch π bestimmt, wohl aber deren Parität (Anzahl mod 2). Je nachdem, welche der beiden Möglichkeiten vorliegt, nennen wir π eine **gerade** oder **ungerade Permutation**. Das **Signum** von π, $\mathrm{sgn}(\pi)$, ist dann jeweils + 1 oder - 1. Ein Zyklus der Länge k ist eine gerade oder ungerade Permutation, je nachdem, ob seine Länge ungerade oder gerade ist (genau umgekehrt!). Statt $\mathrm{sgn}(a,b,c,\dots)$ benutzen wir mitunter auch die Symbole $\varepsilon_{abc\dots}$ oder $\varepsilon^{abc\dots}$.
Die Zuordnung $\pi \longmapsto \mathrm{sgn}(\pi)$ ist ein Homomorphismus von $S(\Omega)$ in die multiplikative Gruppe $\{\pm 1\}$, dessen Kern (also die Menge der geraden Permutationen) die **alternierende Gruppe** auf Ω ist. Sie wird mit $A(\Omega)$ bzw. A_n bezeichnet. Für $n \geq 2$ ist A_n ein Normalteiler vom Index 2 in S_n.
Zwei Zyklen kommutieren miteinander, wenn sie disjunkt sind. Jede Permutation π von $\Omega = \{1,\dots,n\}$ läßt sich bis auf die Reihenfolge der Faktoren und eine willkürliche Festlegung des jeweiligen Anfangsgliedes auf genau eine Weise als Produkt von disjunkten Zyklen darstellen. Um es zu finden, brauchen wir nur ein Element $a_1 \in \Omega$ auszusuchen, sein Bild mit a_2 zu bezeichnen, dessen Bild mit a_3 usw., bis irgendwann (nach endlich vielen Schritten) wieder $a_{k+1} = a_1$ erreicht wird. Der erste Zyklus ist dann $(a_1,\dots,a_k)$, die weiteren ergeben sich, wenn wir in der Restmenge $\Omega\setminus\{a_i\}$ ein b_1 auswählen und das Verfahren solange fortsetzen, wie noch nicht alle Ziffern aus Ω berücksichtigt sind.
Wenn in dieser kanonischen **Zyklenzerlegung** die Anzahl der i-Zyklen gleich k_i ist, sagen wir, π habe die **(Zyklen-)Struktur** $\|1^{k_1},2^{k_2},3^{k_3},\dots\|$, wofür wir aus Zweckmäßigkeitsgründen auch naheliegende Abkürzungen verwenden; z.B. schreiben wir statt $\|1^2,2^1,3^1,4^0,5^0,6^0,7^0\|$ einfach $\|1^2,2,3\|$ u. dgl.
Die alternierende Gruppe A_n ist einfach, wenn $n \geq 5$ ist, und dann der einzige nichttriviale Normalteiler von S_n. Als einzige alternierende Gruppe von endlichem Grad besitzt A_4 einen nichttrivialen Normalteiler, nämlich die **(Kleinsche) Vierergruppe**, die aus dem Einselement und den drei **Doppeltranspositionen** besteht. Die Vierergruppe ist isomorph zu 2^2.
Die Untergruppen von $S(\Omega)$ sind die **Permutationsgruppen** auf Ω. Die **Bahn** oder der **Transitivitätsbereich** von $x \in \Omega$ unter $G \leq S(\Omega)$ ist die Menge

$$x^G = \left\{ x^\varphi \;\middle|\; \varphi \in G \right\}$$

G heißt **transitiv** auf Ω, wenn $x^G = \Omega$ ist. Die Transitivitätsbereiche unter der **Konjugation** $x \longmapsto x^\gamma$, $x,\gamma \in G$, sind die **Konjugationsklassen** von G.
Der **Gruppenring** $\mathbb{K}[G]$ der Gruppe G über einem Körper $\mathbb{K}$ ist die Menge aller

formalen Summen der Gestalt

$$\mathbb{K}[G] = \left\{ \sum_{\gamma \in G} k_\gamma \gamma \;\middle|\; k_\gamma \in \mathbb{K},\ \gamma \in G \right\}$$

mit der Multiplikationsregel $k_1\gamma_1 \cdot k_2\gamma_2 = (k_1k_2)(\gamma_1\gamma_2) \in \mathbb{K}[G]$. Dies ist in der Tat ein Ring mit 1.

Unter den wohlbekannten allgemeinen Sätzen der Gruppentheorie heben wir hier nur hervor:

Satz 2.2.1 (Homomorphiesatz):

Sei $\varphi \in \mathrm{Hom}(G,H)$ ein Gruppenhomomorphismus. Dann ist der **Kern** von φ,

$$\mathrm{Kern}\ \varphi = \left\{ x \in G \;\middle|\; \varphi(x) = 1 \right\}$$

ein Normalteiler von G; das **Bild** von φ,

$$\mathrm{Bild}\ \varphi = \left\{ x^\varphi \;\middle|\; x \in G \right\}$$

ist eine Untergruppe von H, und es gilt

$$\mathrm{Bild}\ \varphi \cong G \,/\, \mathrm{Kern}\ \varphi$$

Umgekehrt ist jeder Normalteiler Kern eines geeigneten Homomorphismus.

2.3. Matrizen

In diesem Abschnitt stellen wir einige elementare Informationen aus der linearen Algebra zusammen.

Die Menge der **(m,n)-Matrizen** (m **Zeilen**, n **Spalten**) mit Koeffizienten aus $\mathbb{K}$ bezeichnen wir mit $\mathbb{K}^{(m,n)}$. Hierbei bedeutet $\mathbb{K}$ stets einen Ring, der meist entweder der Körper der reellen ($\mathbb{K} = \mathbb{R}$) oder der der komplexen ($\mathbb{K} = \mathbb{C}$) Zahlen sein wird.

Die **Komponenten** der Matrix $M \in \mathbb{K}^{(m,n)}$ sind $M_{ij} \in \mathbb{K}$ $(1 \le i \le m,\ 1 \le j \le n)$.

Die **Transponierte** von M ist also z.B. die Matrix ${}^tM$ aus $\mathbb{K}^{(n,m)}$ mit

$$ {}^tM_{ij} = M_{ji} $$

Die **Komplex-konjugierte** einer Zahl oder Matrix bezeichnen wir durch Überstreichen: $\overline{M}$, das **Matrixprodukt** zweier Matrizen $A \in \mathbb{K}^{(k,m)}$ und $B \in \mathbb{K}^{(m,n)}$ mit $AB \in \mathbb{K}^{(k,n)}$.

Wenn m = n ist, heißt M **quadratisch**.

Die **Nullmatrix** der Dimension (n,n) wird mit 0_n oder 0 bezeichnet, die **Einheitsmatrix** mit 1_n oder 1. Das Symbol 0 wird auch für den **Nullvektor** verwendet.

$\mathrm{Diag}(\lambda_1,\ldots,\lambda_n)$ ist die **Diagonalmatrix** der Dimension (n,n) mit Koeffizienten $\lambda_i \in \mathbb{K}$, nämlich die Matrix $M \in \mathbb{K}^{(n,n)}$, für die

$$ M_{ij} = \begin{cases} \lambda_i & \text{für } i = j \\ 0 & \text{sonst} \end{cases} $$

ist. Die Matrix M heißt **monomial**, wenn sie in jeder Zeile und Spalte genau einen von 0 verschiedenen Koeffizienten aufweist. Ist dieser immer gleich 1, so sprechen wir von einer **Permutationsmatrix**.

Eine monomiale Matrix M ist in der Form $M = D_1 \cdot P = P \cdot D_2$ mit einer Permutationsmatrix P und Diagonalmatrizen D_1 und D_2 darstellbar. Die Faktoren P, D_1 und D_2 sind durch M eindeutig bestimmt.

Die volle **monomiale Gruppe** der Dimension n über $\mathbb{K}$, die aus allen Monomialmatrizen besteht, ist isomorph zu $(\mathbb{K}^{\times})^n : S_n$. Der Normalteiler $(\mathbb{K}^{\times})^n$ enthält die Diagonalmatrizen, der Faktor ist durch die Untergruppe der Permutationsmatrizen realisiert.

Eine **Skalarmatrix** ist eine Diagonalmatrix der Form $\lambda \cdot 1 = \mathrm{Diag}(\lambda,\ldots,\lambda)$, d.h. ein Vielfaches (mit Faktor $\lambda \in \mathbb{K}$) der Einheitsmatrix.

Der Raum $\mathbb{K}^{(1,n)}$ wird auch mit $\mathbb{K}^n$ abgekürzt, seine Elemente, die **Zeilenvektoren**, nennen wir auch einfach **Vektoren** über $\mathbb{K}$ (der **Dimension** n). Die hierzu transponierten **Spaltenvektoren** liegen im **Dualraum** $\mathbb{K}^{(n,1)}$.

Das Bild eines Vektors v unter einer **linearen Abbildung** oder Funktion f schreiben wir f(v) oder mitunter auch v^f. Die Zusammensetzung (Komposition) mehrerer Abbildungen f,g,h,... (erst f, dann g, dann h, usw.) ist dann von der Form

$$h \circ g \circ f(v) \quad = \quad h(g(f(v))) \quad = \quad v^{fgh}$$

Der Vorzug der letzten Notation dürfte offenkundig sein: (1) treten f,g,h in der natürlichen Reihenfolge der Anwendung auf und (2) sparen wir die Klammerung. Außerdem sind Zeilenvektoren drucktechnisch günstiger als Spaltenvektoren, da sie weniger Platz erfordern. Aus diesen Gründen haben wir die Elemente aus $\mathbb{K}^n$ als Zeilen erklärt. Selbstverständlich würde die Benutzung von Spalten (mit Anwendung der Matrizen von links) zu äquivalenten Beschreibungen führen. Sie ist auch sehr gebräuchlich.

Die **Spur** einer (n,n)-Matrix M ist

$$\mathrm{Sp}(M) \quad = \quad \sum_{i=1}^{n} M_{ii}$$

während det(M) die **Determinante** bedeutet. M ist **singulär**, wenn det(M) = 0 ist, sonst **regulär (invertierbar)**. Im letzteren Fall ist M^{-1} die **Inverse**. Sie ist durch jede der beiden Gleichungen $M\,M^{-1} = 1$ und $M^{-1}\,M = 1$ charakterisiert.

Allgemein ist M^k die k-te **Potenz** von M ($k \in \mathbb{Z}$; falls $k < 0$ ist, muß M regulär sein). Wir haben $M^0 = 1$ und $M^1 = M$.

Die **Dimension** eines Vektorraums V über $\mathbb{K}$ (= Mächtigkeit einer $\mathbb{K}$-Basis von V) bezeichnen wir mit $\dim_{\mathbb{K}}(V)$, also z.B. $\dim_{\mathbb{K}}(\mathbb{K}^n) = n$. Wenn keine Mißverständnisse zu befürchten sind, lassen wir den Index "$\mathbb{K}$" weg und schreiben einfach dim V.

Die Gruppe aller umkehrbaren $\mathbb{K}$-linearen Abbildungen eines n-dimensionalen Vektorraums $V \cong \mathbb{K}^n$ über dem Körper $\mathbb{K}$ ist $GL(V) \cong GL(\mathbb{K}^n)$, die dazu isomorphe Gruppe der invertierbaren (n,n)-Matrizen mit Koeffizienten aus $\mathbb{K}$ nennen wir die **lineare Gruppe** $GL_n(\mathbb{K})$ über $\mathbb{K}$. Die Unterscheidung wird aber häufig keine Rolle spielen.
Weiter sind die Normalteiler $SL(V) \cong SL(\mathbb{K}^n)$ bzw. $SL_n(\mathbb{K})$ (**spezielle lineare Gruppe**) durch die Zusatzbedingung "Determinante = 1" in den entsprechenden GL ausgezeichnet. Die Faktorgruppen sind isomorph zur multiplikativen Gruppe des Grundkörpers:

$$GL(V)/SL(V) \cong GL(\mathbb{K}^n)/SL(\mathbb{K}^n) \cong GL_n(\mathbb{K})/SL_n(\mathbb{K}) \cong \mathbb{K}^\times = \mathbb{K} \setminus \{0\}$$

Der **λ-Eigenraum** ($\lambda \in \mathbb{C}$) einer komplexen (n,n)-Matrix M ist die Menge

$$ER(\lambda,M) = \left\{ v \in \mathbb{C}^n \;\middle|\; v\,M = \lambda\,v \right\}$$

und die **Multiplizität** von λ ist die Dimension von $ER(\lambda,M)$:

$$mult_M(\lambda) = \dim ER(\lambda,M)$$

Zahlen $\lambda \in \mathbb{C}$ mit $mult_M(\lambda) > 0$, also $ER(\lambda,M) \neq 0$ (Nullraum), nennt man **Eigenwerte** von M. Sie bilden (entsprechend der Multiplizität gerechnet) das **Spektrum** der Matrix M:

$$EW(M) = \left\{ \lambda \in \mathbb{C} \;\middle|\; mult_M(\lambda) > 0 \right\}$$

Die Summe aller Eigenwerte von M (mit Multiplizitäten) ist gleich der Spur, das Produkt der Eigenwerte gleich der Determinante.
Die i-te Zeile der Matrix $M \in \mathbb{K}^{(m,n)}$ ist das Bild des i-ten Basisvektors unter der durch M repräsentierten linearen Abbildung φ von $\mathbb{K}^m$ nach $\mathbb{K}^n$. Der **Kern** von M oder φ ist

$$\text{Kern } M = \text{Kern } \varphi = \left\{ v \in \mathbb{K}^m \;\middle|\; v^\varphi = v\,M = 0 \right\} = ER(0,M)$$

während das **Bild** von $\mathbb{K}^m$ der von den Zeilenvektoren von M aufgespannte Unterraum Bild M = Bild φ in $\mathbb{K}^n$ ist. Die Dimension des Bildes ist der **Rang** von M bzw. φ:

$$\text{Rang } M = \text{Rang } \varphi = \dim \text{Bild } \varphi$$

Rang M ist demnach die maximale Anzahl linear unabhängiger Zeilen (oder Spalten) in M. Darüber hinaus haben wir

Satz 2.3.1:

(a) Seien U und V Vektorräume über $\mathbb{K}$ und $\varphi: U \longrightarrow V$ linear. Der Faktorraum von U nach dem Kern von φ ist kanonisch isomorph zum Bild von φ:

$$U \,/\, \text{Kern}(\varphi) \cong \text{Bild}(\varphi) \subseteq V$$

(**Homomorphiesatz** für Vektorräume). Für die Dimensionen gilt

$$\dim \text{Kern}(\varphi) + \dim \text{Bild}(\varphi) = \dim U$$

(b) Der von zwei Unterräumen A und B in V erzeugte Raum $\langle A,B\rangle$ hat die Dimension

$$\dim \langle A,B\rangle = \dim A + \dim B - \dim (A\cap B)$$

(**Dimensionssatz**).

Eine komplexe (n,n)-Matrix M heißt **hermitesch**, wenn ${}^t\overline{M} = M$, und **schiefhermitesch**, wenn ${}^t\overline{M} = -M$ ist. Ist M reell, so reduzieren sich diese Bedingungen auf ${}^tM = M$ bzw. ${}^tM = -M$ und M ist **symmetrisch (schiefsymmetrisch)**. Entsprechend nennt man eine invertierbare Matrix $M \in \mathbb{C}^{(n,n)}$ **unitär**, falls ${}^t\overline{M} = M^{-1}$ (also ${}^t\overline{M}\,M = M\,{}^t\overline{M} = 1$) ist, und **orthogonal**, wenn M unitär und reell ist (${}^tM = M^{-1}$ oder gleichwertig ${}^tM\,M = M\,{}^tM = 1$).
Alle unitären Matrizen bilden die mit $GU_n(\mathbb{C})$ bezeichnete **unitäre Gruppe**; diejenigen mit Determinante 1 die Untergruppe $SU_n(\mathbb{C})$ (**spezielle unitäre Gruppe**). Entsprechend dind die **orthogonale Gruppe** $GO_n(\mathbb{R})$ und die **spezielle orthogonale Gruppe** $SO_n(\mathbb{R})$ definiert.
Zu diesen Matrixtypen gesellt sich noch ein weiterer, von dem wir zwar kei-

nen Gebrauch machen, der aber doch Beachtung verdient. Gemeint sind die **symplektischen** Matrizen, die nur in gerader Dimension (n = 2k), dafür aber über beliebigen Körpern erklärt sind. Wir zeichnen eine Matrix $\mathbb{J}$ aus, die einer symplektischen (= schiefsymmetrischen) Form entspricht.
Welcher der unterschiedlichen Konventionen wir uns bedienen, ist gleichgültig; wir setzen

$$\mathbb{J} = \left(\begin{array}{c|c} 0_k & 1_k \\ \hline -1_k & 0_k \end{array}\right)$$

wobei die Schreibweise andeutet, daß sich $\mathbb{J}$ in der skizzierten Weise aus 4 **Kästchen** des Formats (n, n) aufbaut.
Die Matrix $M \in \mathbb{K}^{(2k,2k)}$ soll als **symplektisch** bezeichnet werden, wenn sie die Gleichung

$$M\, \mathbb{J}\, {}^tM = \mathbb{J}$$

erfüllt. Die Menge aller derartigen M ist die **symplektische Gruppe** $Sp_{2k}(\mathbb{K})$ der Dimension 2k über dem Grundkörper $\mathbb{K}$.
Eine **Darstellung** der Gruppe G auf einem $\mathbb{K}$-Vektorraum V ist ein Homomorphismus D von G in GL(V). Die Dimension von V heißt der **Grad** von D.
Der **Charakter** von D ist die Abbildung von G nach $\mathbb{K}$, die jedem $x \in G$ die Spur der **Darstellungsmatrix** D(x) zuordnet. Sie ist eine **Klasseninvariante**, ändert sich also nicht, wenn wir x durch ein Konjugiertes ersetzen.
Eine **(absolute) Minimaldarstellung** von G ist eine **treue** (= injektive) Darstellung von möglichst kleinem Grad. Begriffe wie "Minimaldarstellung in Charakteristik p", "orthogonale (unitäre, symplektische) Darstellung" etc. sind in der offensichtlichen Weise definiert.
Zwei Darstellungen D_1 und D_2 von G auf demselben Raum sind **äquivalent**, wenn es eine invertierbare Matrix $T \in GL(V)$ gibt mit $D_2(x) = T^{-1} D_1(x)\, T$ für alle $x \in G$.
Die **direkte Summe** zweier Matrizen $M \in \mathbb{K}^{(m,m)}$ und $N \in \mathbb{K}^{(n,n)}$ ist die **Blockmatrix**

$$M \oplus N = \left(\begin{array}{c|c} M & 0 \\ \hline 0 & N \end{array}\right)$$

während das **Tensorprodukt** oder **Kroneckerprodukt** $M \otimes N$ durch die Blockmatrix

$$M \otimes N = \left[\begin{array}{c|c|c} M_{11}\cdot N & \dots & M_{1n}\cdot N \\ \hline \dots & \dots & \dots \\ \hline M_{n1}\cdot N & \dots & M_{nn}\cdot N \end{array}\right]$$

repräsentiert wird. Eine **irreduzible Jordanmatrix** ist von der Gestalt

$$J_n(\lambda) = \begin{pmatrix} \lambda & 0 & 0 & \dots & 0 & 0 & 0 \\ 1 & \lambda & 0 & \dots & 0 & 0 & 0 \\ 0 & 1 & \lambda & \dots & 0 & 0 & 0 \\ & \dots & & & & \dots & \\ 0 & 0 & 0 & \dots & \lambda & 0 & 0 \\ 0 & 0 & 0 & \dots & 1 & \lambda & 0 \\ 0 & 0 & 0 & \dots & 0 & 1 & \lambda \end{pmatrix} \in \mathbb{K}^{(n,n)}$$

wohingegen eine **Jordanmatrix** eine direkte Summe von endlich vielen $J_n(\lambda)$ (mit evtl. unterschiedlichen $n \in \mathbb{N}$ und $\lambda \in \mathbb{K}$) ist.
Jede (quadratische) Matrix $M \in \mathbb{K}^{(n,n)}$ läßt sich auf **Jordansche Normalform** transformieren, d.h. es gibt eine invertierbare Matrix $T \in \mathbb{K}^{(n,n)}$, so daß $M^T = T^{-1}MT$ eine Jordanmatrix ist. Wenn letztere diagonal ist, also eine direkte Summe von lauter $J_1(\lambda)$, sagt man, M sei **diagonalisierbar**.
Die Normalform ist im wesentlichen eindeutig bestimmt: Die irreduziblen Faktoren liegen bis auf Reihenfolge fest.
Eine komplexe (n,n)-Matrix hat n Eigenwerte, die nicht notwendig alle verschieden sind. Sie sind die Nullstellen λ_i des **charakteristischen Polynoms**

$$\det(\lambda\cdot 1-M) = (\lambda-\lambda_1)\cdot\ldots\cdot(\lambda-\lambda_n)$$

Die Bedingung

$$\det(\lambda\cdot 1-M) = 0$$

wird oft als **Eigenwertgleichung** oder **Säkulargleichung** bezeichnet. Das **Minimalpolynom** von M ist das (eindeutig bestimmte) Polynom der Form

$$P(t) = t^k + C_{k-1} t^{k-1} + \ldots + C_1 t + C_0$$

für das $P(M) = 0$ ist, während kein Polynom von niedrigerem Grad als k die gleiche Eigenschaft hat.
Die Eigenwerte von $J_n(\lambda)$ sind alle gleich λ; das Minimalpolynom ist $(t-\lambda)^n$, also gleich dem charakteristischen Polynom. Es gilt der wichtige

Satz 2.3.2 (Hamilton-Cayley):
Hat $M \in \mathbb{K}^{(n,n)}$ die Eigenwerte $\lambda_1,\ldots,\lambda_n$ (mit Multiplizitäten gezählt), so ist

$$(M-\lambda_1 \cdot 1)(M-\lambda_2 \cdot 1)\ldots(M-\lambda_{n-1} \cdot 1)(M-\lambda_n \cdot 1) = 0$$

Dies bedeutet, daß das Minimalpolynom ein Teiler des charakteristischen Polynoms ist. Sind alle Eigenwerte paarweise verschieden (alle Multiplizitäten gleich 1), stimmen beide überein.

Beweisidee:
Reduktion auf Jordanform.

Eine (n,n)-Matrix M über $\mathbb{K} \in \{\mathbb{R},\mathbb{C}\}$ heißt **normal**, wenn sie mit ihrer konjugiert-transponierten ${}^t\overline{M}$ vertauschbar ist. Die Klasse der normalen Matrizen ist sehr groß. Sie umfaßt u.a. alle hermiteschen und schiefhermiteschen (also auch die symmetrischen und schiefsymmetrischen), die unitären (und orthogonalen) und die Diagonalmatrizen.
Das Minimalpolynom einer normalen Matrix hat nur einfache Nullstellen. Daraus folgt insbesondere die Diagonalisierbarkeit normaler Matrizen.
Wir benötigen noch einige Informationen über Eigenwerte:
Sämtliche Eigenwerte einer hermiteschen (symmetrischen) Matrix sind reell, die einer schiefhermiteschen (schiefsymmetrischen) rein imaginär. Unitäre, also speziell auch orthogonale Matrizen haben nur Eigenwerte vom Betrag 1.
Der von $A,B,C,\ldots \in \mathbb{K}^{(n,n)}$ erzeugte **Matrizenring** ist der kleinste Unterring des **vollen Matrizenrings** $\mathbb{K}^{(n,n)}$, der $A,B,C,\ldots$ enthält. Er wird mit

$\mathbb{K}[A,B,C,\dots]$ bezeichnet. Das Zentrum von $\mathbb{K}^{(n,n)}$ besteht genau aus den Skalarmatrizen $\lambda\cdot 1$, $\lambda \in \mathbb{K}$.

Rationale Funktionen einer (n,n)-Matrix A sind in der offensichtlichen Weise definiert, wobei ein Quotient der Form $f(A)/g(A)$ (f,g Polynome) als $f(A)(g(A))^{-1}$ oder $(g(A))^{-1}f(A)$ interpretiert werden kann. Beide Ausdrücke sind gleich, da f(A) und g(A) kommutieren.

Eine Folge oder Summe von Matrizen konvergiert, wenn dies für jede Komponente einzeln gilt. Eine **Potenzreihe** in A,

$$f(A) = \sum_{k=0}^{\infty} f_k A^k$$

($f_k \in \mathbb{C}$) konvergiert absolut, wenn das Entsprechende für die n komplexen Reihen

$$f(\lambda_i) = \sum_{k=0}^{\infty} f_k \lambda_i^k$$

gilt ($\lambda_1,\dots,\lambda_n$ = Eigenwerte von A).

Beispielsweise konvergiert die **Exponentialfunktion**

$$e^A = \exp(A) = \sum_{k=0}^{\infty} \frac{1}{k!} A^k$$

für alle quadratischen Matrizen absolut. Die Exponentialabbildung spielt in der Theorie der Mannigfaltigkeiten eine außerordentlich wichtige Rolle.

Man beachte aber, daß das **Additionstheorem** der Exponentialfunktion

$$\exp(a+b) = \exp(a)\exp(b)$$

nur auf kommutierende Matrizen direkt übertragbar ist, während exp(A+B) sich für $[A,B] \neq 0$ im allgemeinen von exp(A) exp(B) unterscheidet.

Analog zu exp(A) definieren wir auch sin(A), cos(A), ln(1+A) (wenn alle Eigenwertbeträge < 1 sind), etc.

2.4. Multilinearformen und Tensoren

Seien $\mathbb{K}$ ein beliebiger Körper und U, V Vektorräume (von endlicher Dimension) über $\mathbb{K}$. Mit $\mathrm{Hom}_{\mathbb{K}}(U,V)$ bezeichnen wir die Menge aller **$\mathbb{K}$-linearen Abbildungen** ("**$\mathbb{K}$-Homomorphismen**") von U nach V, also der $f\colon U \longrightarrow V$ mit

$$f(\alpha a+\beta b) = \alpha\, f(a) + \beta\, f(b)$$

für alle $\alpha, \beta \in \mathbb{K}$, $a, b \in U$. Diese bilden in natürlicher Weise ebenfalls einen $\mathbb{K}$-Vektorraum der Dimension

$$\dim \mathrm{Hom}_{\mathbb{K}}(U,V) \;=\; \dim_{\mathbb{K}} U \cdot \dim_{\mathbb{K}} V$$

Sofern keine Mißverständnisse möglich sind, werden wir gelegentlich den Index "$\mathbb{K}$" weglassen, um die Bezeichnung nicht unnötig kompliziert zu machen. Einen Spezialfall bildet der **Dualraum** von V:

$$V^* \;=\; \mathrm{Hom}_{\mathbb{K}}(V,\mathbb{K})$$

der die gleiche Dimension wie V hat. Seine Elemente, also die linearen Abbildungen von V in den Grundkörper, heißen **lineare Funktionale** auf V oder **1-Formen**. Zwischen ihnen und den **Vektoren** in V existiert eine kanonische **Paarung**

$$\langle .,. \rangle : \;\; V \times V^* \;\longrightarrow\; \mathbb{K}$$

die $v \in V$ und $\omega \in V^*$ auf

$$\langle v, \omega \rangle \;=\; \omega(v)$$

abbildet. Mit ihrer Hilfe läßt sich jeder Basis

$$\mathfrak{B} \;=\; \left\{ e_1, \ldots, e_n \right\}$$

von V ($n = \dim_{\mathbb{K}} V$) die **duale Basis**

$$\mathfrak{B}^* = \left\{ e^1, \ldots, e^n \right\}$$

in V^* eindeutig durch die Vorschrift

$$\langle e_i, e^j \rangle = e^j(e_i) = \delta_i^j = \begin{cases} 1 \text{ für } i=j \\ 0 \text{ sonst} \end{cases}$$

zuordnen. Die zu $\mathfrak{B}^*$ duale Basis von $V^{**} = V$ ist dann wieder $\mathfrak{B}$. Für die zu $\langle .,. \rangle$ **duale Paarung** schreiben wir statt $\langle .,. \rangle^*$ meist einfach wieder $\langle .,. \rangle$:

$$\langle \omega, v \rangle = \langle \omega, v \rangle^* = \langle v, \omega \rangle$$

Durch diese Festlegung wird die Beziehung zwischen den zueinander dualen Räumen V und V^* symmetrisch, und beide sind völlig gleichberechtigt.
Im weiteren Verlauf werden sehr viele Formeln vorkommen, bei denen über einen doppelt auftretenden Index summiert wird. Zur Vereinfachung der Notation vereinbart man deshalb üblicherweise die

Einstein-Konvention:
In allen Ausdrücken, die einen oberen und einen unteren Index enthalten, die mit demselben Buchstaben bezeichnet sind, soll über alle erlaubten Werte dieses Index summiert werden.

Es bedeutet also z.B., wenn i zwischen 1 und 4 variiert, die Abkürzung $a^{ij}\, b_{jk}$ dasselbe wie

$$a^{i1}\, b_{1k} + a^{i2}\, b_{2k} + a^{i3}\, b_{3k} + a^{i4}\, b_{4k}$$

Die Einsteinkonvention wird im gesamten Buch konsequent befolgt werden; Ausnahmen werden immer gesondert angegeben.
Die **(kontravarianten) Koordinaten** eines Vektors $v \in V$ bezüglich der Basis $\mathfrak{B}$ sind die durch

$$v = v^i e_i$$

definierten Zahlen v^i aus dem Grundkörper $\mathbb{K}$. Entsprechend erklären wir die **kovarianten Koordinaten** von v relativ zu $\mathfrak{B}$ mittels der dualen Basis gemäß

$$v = v_i e^i$$

Da die e^i nach ihrer Definition 1-Formen sind, haben wir weiter

$$v^i = \langle v, e^i \rangle$$

$$v_i = \langle v, e_i \rangle$$

Bei einem **Basiswechsel** von $\mathfrak{B}$ bzw. $\mathfrak{B}^*$ auf die zueinander dualen Basen

$$\bar{\mathfrak{B}} = \left\{ \bar{e}_1, \ldots, \bar{e}_n \right\}$$

und

$$\bar{\mathfrak{B}} = \left\{ \bar{e}^1, \ldots, \bar{e}^n \right\}$$

ergeben sich entsprechend die transformierten Koordinaten

$$\bar{v}^i = \langle v, \bar{e}^i \rangle$$

$$\bar{v}_i = \langle v, \bar{e}_i \rangle$$

die von den alten jeweils linear abhängen (und umgekehrt). Daher gilt

$$\bar{e}_i = C_i{}^j e_j$$

mit einer geeigneten **Transformationsmatrix** C. Wir können ebensogut die Umkehrtransformation betrachten:

$$c_i - \bar{C}_i{}^j \bar{e}_j$$

Darüber hinaus gibt es noch zwei weitere Varianten:

$$\bar{e}^i = {}^*C^i{}_j\, e^j$$

sowie

$$e^i = {}^*\bar{C}^i{}_j\, \bar{e}^j$$

In allen diesen Formeln ist sorgfältig auf die Stellung der Indizes zu achten. Offenbar sind die Matrizen $\bar{C}$ und ${}^*\bar{C}$ invers zu C bzw. ${}^*C$:

$$\bar{C} = C^{-1}$$

$${}^*\bar{C} = {}^*C^{-1}$$

Insbesondere liegen C und ${}^*C$ in $GL(\mathbb{K}^n)$. Aus der Definition der Dualität der Basen e^i und e_i folgt schließlich, daß C und ${}^*C$ zueinander **invers-transponierte (kontragrediente) Matrizen** sind:

$${}^*C = {}^tC^{-1}$$

Das **Tensorprodukt** der $\mathbb{K}$-Vektorräume $V_1,\ldots,V_k$ besteht aus allen **multilinearen Abbildungen** vom direkten Produkt der Dualräume $V_1^*,\ldots,V_k^*$ in den Grundkörper $\mathbb{K}$. Es wird mit $V_1\otimes\ldots\otimes V_k$ bezeichnet. Da für das direkte (kartesische) Produkt das Assoziativitätsgesetz gilt, folgt auch für das Tensorprodukt die natürliche Identifikation

$$U \otimes (V \otimes W) = (U \otimes V) \otimes W = U \otimes V \otimes W$$

und entsprechend mit mehr als drei Faktoren. Außerdem haben wir

$$\dim_{\mathbb{K}}(V_1\otimes\ldots\otimes V_k) = \dim_{\mathbb{K}}(V_1)\cdot\ldots\cdot\dim_{\mathbb{K}}(V_k)$$

Es existiert ferner ein natürlicher Isomorphismus

$$\mathrm{Hom}_{\mathbb{K}}(U,V) \cong U^* \otimes V$$

Eine **Algebra** über $\mathbb{K}$ ist ein Paar $\mathcal{A} = (V, \circ)$, bestehend aus einem $\mathbb{K}$-Vektorraum V und einem bilinearen **Produkt**

$$\circ : \begin{array}{l} V \times V \longrightarrow V \\ (u,v) \longmapsto u \circ v \end{array}$$

Gilt ferner (für alle $a,b,c \in V$) die Regel

$$a \circ (b \circ c) = (a \circ b) \circ c$$

so heißt die Algebra $\mathcal{A}$ **assoziativ**; falls

$$a \circ b = b \circ a$$

ist, **kommutativ**, usw.
Die wichtigsten Beispiele assoziativer Algebren sind durch die **Matrizenalgebren** $\mathbb{K}^{(n,n)}$ (mit dem Matrixprodukt) gegeben. Eine **Darstellung** vom **Grad** n einer $\mathbb{K}$-Algebra $\mathcal{A}$ ist ein Homomorphismus von $\mathcal{A}$ in $\mathbb{K}^{(n,n)}$. Injektive Darstellungen nennen wir (wie bei Gruppen) **treu**.
Das Tensorprodukt von k Vektoren $v_i \in V_i$ $(1 \le i \le k)$ ist die durch

$$v_1 \otimes \ldots \otimes v_k(\omega_1, \ldots, \omega_k) = \langle v_1, \omega_1 \rangle \cdot \ldots \cdot \langle v_k, \omega_k \rangle = \omega_1(v_1) \cdot \ldots \cdot \omega_k(v_k)$$

für alle 1-Formen $\omega_i \in V_i^*$ definierte Abbildung. Es liegt in $V_1 \otimes \ldots \otimes V_k$; allerdings sind nicht alle Elemente dieses Raumes als Produkte darstellbar.
Wir wollen noch vereinbaren, daß das leere Tensorprodukt (mit 0 Faktoren) von Vektorräumen über $\mathbb{K}$ als der 1-dimensionale $\mathbb{K}$-Vektorraum, d.h. $\mathbb{K}$ selbst, zu interpretieren ist.
Ein wichtiger Spezialfall liegt vor, wenn alle V_i gleich einem festen Vektorraum V gewählt werden. Wir schreiben dann V^k für das k-fache Produkt, also formal

$$V^0 = \mathbb{K}$$

$$V^n = V^{n-1} \otimes V \quad (n \in \mathbb{N})$$

Die **Tensoralgebra** S(V) über V ist die direkte Summe dieser Potenzräume:

$$S(V) = V^0 \oplus V^1 \oplus V^2 \oplus \ldots$$

Diese Aufspaltung von S(V) ist in der Tat eine **Graduierung** bezüglich des Tensorprodukts, da das Produkt eines Elements aus V^k mit einem aus V^m immer in V^{k+m} liegt. Die in V^k liegenden Objekte nennt man auch **homogen** vom **Grad** k.

Die Tensoralgebra S(V) enthält ein Ideal $\mathfrak{I}$, das von den Produkten der Form $v \otimes v$ erzeugt wird:

$$\mathfrak{I} = \langle v \otimes v \mid v \in V \rangle$$

$\mathfrak{I}$ ist also das kleinste Ideal in S(V), das alle $v \otimes v$ enthält. Es ist selbst graduiert, weil die Erzeugenden homogen sind: Setzen wir

$$\mathfrak{I}_k = \mathfrak{I} \cap V^k$$

so ergibt sich die Zerlegung von $\mathfrak{I}$ in homogene Anteile:

$$\mathfrak{I} = \mathfrak{I}_0 \oplus \mathfrak{I}_1 \oplus \mathfrak{I}_2 \oplus \ldots$$

Daraus wiederum folgt, daß auch die **Graßmannalgebra**

$$\Lambda(V) = S(V)/\mathfrak{I} = \Lambda^0(V) \oplus \Lambda^1(V) \oplus \Lambda^2(V) \oplus \ldots$$

graduiert ist. Der k-te homogene Anteil von $\Lambda(V)$ ist

$$\Lambda^k(V) = V^k / (V^k \cap \mathfrak{I})$$

Die Tensormultiplikation "$\otimes$" auf S(V), die, wie gesehen, mit der Graduierung verträglich ist, induziert ein Produkt auf $\Lambda(V)$, das als **äußeres Produkt** oder **Keilprodukt** (wegen des verwendeten Symbols "$\wedge$") bezeichnet wird. Es ist, wie schon das Tensorprodukt, bilinear und assoziativ,

$$\alpha \wedge (\beta \wedge \gamma) = (\alpha \wedge \beta) \wedge \gamma = \alpha \wedge \beta \wedge \gamma$$

für alle $\alpha, \beta, \gamma \in \Lambda(V)$, hat aber darüber hinaus noch eine weitere fundamentale Eigenschaft:

$$\beta \wedge \alpha = (-1)^{kl} \alpha \wedge \beta$$

wenn $\alpha \in \Lambda^k(V)$ und $\beta \in \Lambda^l(V)$ ist. Die Elemente aus $\Lambda^k(V^*)$ heißen **k-Formen**. Falls $e_1,\dots,e_n$ eine Basis von V ist, bilden die Produkte der Form $e_{i_1} \otimes \dots \otimes e_{i_k}$ mit beliebigen $i_1,\dots,i_k \in \{1,\dots,n\}$ eine Basis von V^k und entsprechend diejenigen $e_{i_1} \wedge \dots \wedge e_{i_k}$, welche die Zusatzbedingung $i_1 < \dots < i_k$ erfüllen, eine für $\Lambda^k(V)$. Das impliziert

$$\dim V^k = n^k$$

sowie

$$\dim \Lambda^k(V) = \binom{n}{k}$$

und

$$\dim \Lambda(V) = \sum_{k=0}^{n} \dim \Lambda^k(V) = 2^n$$

Insbesondere ist $\Lambda^k(V) = 0$ für $k > n$.

Ein **Tensor** (über V) der **Stufe** (r,s) ist ein Element T aus

$$\mathfrak{T}^r_s(V) = V^{*r} \otimes V^s$$

und seine **Komponenten** bezüglich der Basis

$$\mathfrak{B} = \left\{ e_1,\dots,e_n \right\}$$

von V und der dualen Basis

$$\mathfrak{B}^* = \left\{ e^1,\dots,e^n \right\}$$

von V^* sind

$$T^{a_1 \dots a_r}{}_{b_1 \dots b_s} = T\left(e^{a_1} \otimes \dots \otimes e^{a_r} \otimes e_{b_1} \otimes \dots \otimes e_{b_s}\right)$$

Umgekehrt können wir einen Tensor auch in Koordinaten schreiben, indem wir ihn als Linearkombination der Basisprodukte ausdrücken:

$$T = T^{a_1 \dots a_r}{}_{b_1 \dots b_s} \, e_{a_1} \otimes \dots \otimes e_{a_r} \otimes e^{b_1} \otimes \dots \otimes e^{b_s}$$

Daraus und aus der Koordinatenunabhängigkeit (die erst die geometrische Relevanz des Tensorbegriffs begründet) ergibt sich unmittelbar die Regel für die Umrechnung auf die Koordinaten

$$\bar{T}^{a_1 \dots a_r}{}_{b_1 \dots b_s} = T\left(\bar{e}^{a_1} \otimes \dots \otimes \bar{e}^{a_r} \otimes \bar{e}_{b_1} \otimes \dots \otimes \bar{e}_{b_s}\right)$$

bezüglich eines anderen dualen Basissystems

$$\bar{\mathfrak{B}} = \left\{ \bar{e}_1, \dots, \bar{e}_n \right\}$$

$$\bar{\mathfrak{B}}^* = \left\{ \bar{e}^1, \dots, \bar{e}^n \right\}$$

für V und V^* unter Anwendung der Transformationsgesetze der e_i bzw. e^i zu

$$\bar{T}^{a_1 \dots a_r}{}_{b_1 \dots b_s} = C^{a_1}{}_{i_1} \dots C^{a_r}{}_{i_r} \, C_{b_1}{}^{j_1} \dots C_{b_s}{}^{j_s} \, T^{i_1 \dots i_r}{}_{j_1 \dots j_s}$$

Ein Tensor T heißt **kontravariant** bzw. **kovariant**, wenn seine Komponentendarstellung nur kontravariante (= obere) bzw. kovariante (= untere) Indizes aufweist. Die kontravarianten Tensoren der Stufe r sind also die (r,0)-Tensoren, die kovarianten die Elemente aus $\mathfrak{T}^0_r(V)$.

Für derartige Tensoren (und nur für diese) ist es möglich, Symmetriebedingungen zu stellen. Sie sind für viele Anwendungen von entscheidender Bedeutung.

Wir nennen einen kontra- oder kovarianten Tensor T über V **symmetrisch**, wenn der Wert von $T(\alpha_1,...\alpha_r)$ für beliebige α_i aus V^* bzw. V nicht von der Reihenfolge der Argumente abhängt.

Analog ist T **schiefsymmetrisch**, wenn $T(\alpha_1,...\alpha_r)$ unter geraden Permutationen der α_i invariant ist, aber bei ungeraden das Vorzeichen wechselt.

Diese Definitionen lassen sich auch in der Koordinatenschreibweise formulieren. T ist symmetrisch (schiefsymmetrisch), wenn die Komponenten nicht von der Reihenfolge der Indizes abhängen (bei ungeraden Permutationen das Vorzeichen wechseln).

Wir können die in $\Lambda^k(V)$ liegenden Objekte daher auch als schiefsymmetrische k-fach kontravariante Tensoren über V interpretieren. Die k-Formen sind dann die dazu dualen schiefsymmetrischen k-fach kovarianten Tensoren.

Eine **Derivation** ist ein **Endomorphismus** D von S(V), der der Bedingung

$$D(\alpha\otimes\beta) \quad = \quad D(\alpha) \otimes \beta + \alpha \otimes D(\beta)$$

genügt. Ebenso sind Derivationen auf $\Lambda(V)$ erklärt, natürlich mit dem Keilprodukt anstelle der Tensormultiplikation:

$$D(\alpha\wedge\beta) \quad = \quad D(\alpha) \wedge \beta + \alpha \wedge D(\beta)$$

In $\Lambda(V)$ sind allerdings die **Antiderivationen** wichtiger, bei denen die Produktformel durch

$$D(\alpha\wedge\beta) \quad = \quad D(\alpha) \wedge \beta + (-1)^k \alpha \wedge D(\beta)$$

ersetzt ist ($\alpha \in \Lambda^k(V)$, $\beta \in \Lambda^m(V)$).

D hat den **Grad** s, wenn darüber hinaus für alle $k \in \mathbb{N}_0$

$$D(V^k) \quad \subseteq \quad V^{k+s}$$

beziehungsweise

$$D(\Lambda^k(V)) \quad \subseteq \quad \Lambda^{k+s}(V)$$

gilt.

2.5. Polynome

Bei den Untersuchungen des Kapitels 30 über Weylkoordinaten werden wir einige wohlbekannte Aussagen über Ringe und Polynome benötigen, die wir hier kurz zusammenstellen. Mehr Hintergrundmaterial zu diesem Themenkomplex findet sich in jedem Lehrbuch der Algebra, wie z.B. dem von van der Waerden [1966,1967]. Dort können auch die meist einfachen Beweise nachgeschlagen werden.

Wir wollen vereinbaren, daß alle betrachteten Ringe ein mit 1 bezeichnetes **Einselement** besitzen. Eine **Basis** eines solchen **Ringes** R ist eine Teilmenge $\mathfrak{B}$, die R **erzeugt**.

Dies bedeutet, daß es keinen $\mathfrak{B}$ enthaltenden echten Unterring von R gibt.

Unter einem **Ideal** in R wird stets ein **zweiseitiges Ideal** verstanden, also eine Teilmenge $\mathfrak{I} \subseteq R$, die mit einem Element i auch alle Ausdrücke der Form ri oder ir, $r \in R$, enthält.

Ein **Nullteiler** in R ist ein Element $a \neq 0$, zu dem ein $b \in R \setminus \{0\}$ existiert mit $ab = 0$ oder $ba = 0$. Ein **Integritätsbereich** ist ein kommutativer Ring mit 1, der keine Nullteiler enthält.

Ein **Monom** über R in den Unbestimmten $t_1, \ldots, t_n$ ist ein Ausdruck der Gestalt

$$r\, t_1^{\alpha_1} \ldots t_n^{\alpha_n}$$

wobei der **Koeffizient** r in R liegt und die **Exponenten** α_i nichtnegative ganze Zahlen sind. Der **Grad** eines Monoms ist die Summe der Exponenten:

$$\mathrm{Grad}\left(r\, t_1^{\alpha_1} \ldots t_n^{\alpha_n}\right) = \alpha_1 + \ldots + \alpha_n$$

Ein **Polynom** schließlich ist eine Summe von endlich vielen solchen Monomen. Sein Grad ist gleich dem maximalen Grad der in ihm auftretenden Monome ("**Terme**"). Haben alle Terme den gleichen Grad, so heißt das Polynom **homogen**. Vereinbarungsgemäß ordnen wir dem **Nullpolynom** den Grad $-\infty$ zu.

Die Menge aller Polynome über R in den Unbestimmten $t_1, \ldots, t_n$ bildet in natürlicher Weise einen Ring, der mit $R[t_1, \ldots, t_n]$ bezeichnet wird und als der durch **Adjunktion** der t_i aus R entstandene Ring bekannt ist.

Jeder zu $R[t_1,...,t_n]$ isomorphe Ring wird auch als **Polynomring** über R bezeichnet. Die Zahl n der Variablen, der **Transzendenzgrad** des Rings, ist dabei unabhängig von der Auswahl der t_i, die selbst nicht eindeutig bestimmt sind.

Die Summe zweier Polynome hat einen Grad, der höchstens gleich dem größeren der Summandengrade ist, während für Produkte sogar die Gleichung

$$\mathrm{Grad}(P_1 \cdot P_2) = \mathrm{Grad}(P_1) + \mathrm{Grad}(P_2)$$

gilt, falls R ein Integritätsbereich ist.

Das Polynom $A \in R[t_1,...,t_n]$ ist ein **Teiler** von $B \in R[t_1,...,t_n]$ (und B ein **Vielfaches** von A), wenn es ein Polynom H gibt mit $A \cdot H = B$. Wir schreiben hierfür auch $A|B$ ("A **teilt** B").

Zu zwei Polynomen $f,g \in \mathbb{K}[t]$ in einer Variablen t über dem Körper $\mathbb{K}$ erklären wir durch die Bedingungen $f = q \cdot g + r$ und $\mathrm{Grad}(r) < \mathrm{Grad}(g)$ den **Quotienten** q und den **Rest** r.

Unter allen gemeinsamen Faktoren von f und g gibt es einen, der maximalen Grad und führenden Koeffizienten 1 hat. Wir nennen ihn den **größten gemeinsamen Teiler** von f und g; symbolisch ggT(f,g). Quotient, Rest und ggT(f,g) sind durch f und g eindeutig bestimmt.

Ein Polynom h teilt genau dann sowohl f als g, wenn $h|\mathrm{ggT}(f,g)$ ist. Es ist dann auch ein Teiler des Restes r, und umgekehrt.

Diese Beobachtung gibt Anlaß zum **Euklidischen Algorithmus**: Sind die beiden von Null verschiedenen Polynome $f_0, f_1 \in \mathbb{K}[t]$ gegeben, konstruieren wir aus beiden den Rest der Division von f_0 durch f_1 und nennen ihn f_2. Anschließend iterieren wir das Verfahren, indem wir mit f_1 und f_2 dasselbe machen wie mit den Ausgangspolynomen. Das liefert ein neues Polynom f_3, usw. In der Folge $f_1, f_2, f_3, ...$ nimmt der Grad beständig ab. Nach endlich vielen Schritten kommen wir daher zu einem $n \in \mathbb{N}$, für das $f_{n-1} \neq f_n = 0$ gilt. Dann ist

$$\mathrm{ggT}(f_0,f_1) = \mathrm{ggT}(f_1,f_2) = \ldots = \mathrm{ggT}(f_{n-1},f_n) = f_{n-1}$$

Der Euklidische Algorithmus stellt eine äußerst effiziente Methode zur Berechnung des größten gemeinsamen Teilers dar.

Meist werden wir mit Polynomen über dem Körper $\mathbb{R}$ der reellen Zahlen zu tun haben. Für diese führen wir noch einige Abkürzungen ein.

Unsere Notation für die Menge aller homogenen Polynome vom Grad k in n Variablen $x_1,\ldots,x_n$ ist

$$\mathrm{Pol}_k(x_1,\ldots,x_n) = \mathrm{Pol}_k(x) = \mathrm{Pol}_k(\mathbb{R}^n)$$

wobei die beiden letzten vereinfachten Ausdrücke so zu interpretieren sind, daß die Variablen zu einem Vektor

$$x = (x_1,\ldots,x_n)$$

zusammengefaßt werden. Zweckmäßig ist noch die gelegentlich verwendete Bezeichnung $\mathrm{Pol}_{\leq k}(x)$ u.ä. für den Vektorraum aller Polynome in x mit Grad $\leq k$. Den (unendlich-dimensionalen) Raum $\mathbb{R}[x_1,\ldots,x_n]$ aller reellen Polynome beliebig hohen Grades in $x_1,\ldots,x_n$ nennen wir mitunter auch

$$\mathrm{Pol}(x_1,\ldots,x_n) = \mathrm{Pol}(x) = \mathrm{Pol}(\mathbb{R}^n)$$

Allgemeiner heißt eine Funktion $F\colon \mathbb{K}^n \longrightarrow \mathbb{K}$ über einem Körper $\mathbb{K}$ homogen vom Grad k, wenn für alle $x = (x_1,\ldots,x_n) \in \mathbb{K}^n$ und alle $\lambda \in \mathbb{K}$

$$F(\lambda x) = F(\lambda x_1,\ldots,\lambda x_n) = \lambda^k F(x_1,\ldots,x_n) = \lambda^k F(x)$$

ist. Ein notwendiges und hinreichendes Kriterium für die Homogenität liefert der

<u>Satz 2.5.1 (Euler):</u>
Eine reelle oder komplexe Funktion $F(x_1,\ldots,x_n)$ ist genau dann homogen vom Grad k, wenn sie die Identität

$$\sum_{i=1}^{n} x_i \frac{\partial}{\partial x_i} F(x_1,\ldots,x_n) = k\, F(x_1,\ldots,x_n)$$

erfüllt.

<u>Beweis:</u>
Differenziere die Definitionsgleichung nach λ und setze $\lambda = 1$.

Ein kommutativer Ring R (mit 1!) heißt **noethersch**, wenn jedes Ideal von R eine endliche Basis besitzt. Diese Bedingung ist für sehr viele wichtige Ringe erfüllt und läßt sich auch in mannigfache andere gleichwertige Formulierungen fassen, worauf wir aber hier nicht näher eingehen wollen.
Von fundamentaler Bedeutung ist der folgende **Hilbertsche Basissatz**:

Satz 2.5.2:

Hat jedes Ideal in einem Ring R eine endliche Basis, so gilt dies auch für alle durch Adjunktion von endlich vielen Variablen daraus hervorgehenden Ringe $R[t_1, \ldots, t_n]$. Insbesondere sind Polynomringe über noetherschen Ringen selbst noethersch.

Beweisskizze:

Da man die t_i sukzessive hinzunehmen kann, genügt es zu zeigen, daß in $R[t]$ jedes Ideal $\mathfrak{J}$ eine endliche Basis besitzt.
Die führenden Koeffizienten (= Koeffizienten von $t^{\mathrm{Grad}(P)}$) aller in $\mathfrak{J}$ liegenden Polynome P bilden ersichtlich ein Ideal $\mathfrak{J}_0$ in R, wenn wir die 0 einbeziehen. Nach Voraussetzung besitzt $\mathfrak{J}_0$ eine endliche Basis

$$\mathfrak{B}_0 = \left\{ \alpha_1, \ldots, \alpha_k \right\}$$

Zu jedem α_i suchen wir ein Polynom $P_i \in \mathfrak{J}$ und setzen

$$N = \max \left\{ \mathrm{Grad}(P_i) \;\middle|\; 1 \le i \le k \right\}$$

Modulo des von den P_i erzeugten Teilideals können wir jedes Polynom $P \in \mathfrak{J}$ durch eines vom Grad höchstens N-1 ersetzen.
In allen so gefundenen reduzierten Polynomen betrachten wir die Koeffizienten von t^{N-1}, die mit der 0 gemeinsam wieder ein R-Ideal bilden. Eine beliebige endliche Basis des letzteren fügen wir zu $\mathfrak{B}_0$ hinzu und wiederholen den Schritt mit N-2 anstelle N-1, dann mit N-3, usw.
Am Schluß haben wir eine endliche Menge $\mathfrak{B}$ gefunden mit der Eigenschaft, daß

jedes Element aus $\mathfrak{J}$ sich modulo des von $\mathfrak{B}$ aufgespannten Ideals auf 0 reduzieren läßt, also in diesem enthalten ist. Das bedeutet aber nichts anderes, als daß $\mathfrak{J}$ von $\mathfrak{B}$ aufgespannt wird.

B. GEOMETRIE

3. MANNIGFALTIGKEITEN

3.1. Stetige Koordinatensysteme

Jeder Mathematiker, Naturwissenschaftler oder Techniker besitzt eine intuitive Vorstellung von "Koordinatensystemen"; dennoch existiert kein allgemeiner Konsens über die bestmögliche Abgrenzung dieses Begriffs.
Solange man lediglich an einer Behandlung konkreter Probleme interessiert ist, besteht auch keine Notwendigkeit für eine strenge Definition.
Die Leser, die das vorliegende Buch nur als Quelle für spezielle Koordinaten benutzen wollen, können daher ohne Schaden den Rest dieses Abschnitts überschlagen; denjenigen aber, welche sich auch mit den theoretischen Aspekten beschäftigen möchten, dürfte es dienlich sein, wenn wir auch eine formale Fixierung dessen geben, was im folgenden unter "Koordinaten" verstanden werden soll.
Zur Erläuterung betrachten wir einige Beispiele. Man unterscheidet häufig zwei Klassen von Systemen, die wir grob als "kontinuierliche" bzw. "diskrete" bezeichnen können.
Die erste Kategorie enthält die eigentlichen Koordinatensysteme, die den wesentlichen Inhalt dieses Buchs ausmachen. Hierhin gehören etwa im gewöhnlichen Ortsraum $\mathbb{R}^3$ oder allgemeiner in $\mathbb{R}^n$ die kartesischen, schiefwinkligen, konfokalen, Polar-, Zylinder-, Toruskoordinaten etc. Ähnliche Konstruktionen gibt es auch für andere Räume, wie Sphären, Tori oder die Oberflächen von Ellipsoiden. Auch für sie werden wir zahlreiche Beschreibungsmöglichkeiten finden, es sollen aber auch Parametrisierungen allgemeinerer Räume, z.B. der orthogonalen Gruppen, diskutiert werden.
Diesen Räumen ist gemeinsam, daß sie nicht nur eine topologische, sondern auch eine differenzierbare Struktur besitzen, die durch die Koordinaten respektiert wird.
Alle genannten Bereiche sind **(Riemannsche) Mannigfaltigkeiten**, deren für uns wichtige geometrische Eigenschaften den Gegenstand dieses Kapitels bilden. Dabei beschränken wir uns allerdings auf reelle glatte Mannigfaltigkeiten, zu denen alle zu diskutierenden Räume gehören. Die Nomenklatur

schließt sich an Neutsch & Scherer [1992] an, wo auch erheblich allgemeinere Strukturen berücksichtigt sind.
Gelegentlich wird es aber zweckmäßig sein, auch komplexe Koordinaten zu betrachten. Das führt auf den völlig analogen Begriff der komplexen Mannigfaltigkeit und bietet keinerlei neue Schwierigkeiten dar. Man muß nur die Karten als Abbildungen in einen Vektorraum über $\mathbb{C}$ (statt $\mathbb{R}$) auffassen.
An ganz wenigen Stellen (Kap. 12 und 24) werden wir eine noch allgemeinere Situation betrachten, indem wir als Parameterbereich den Schiefkörper $\mathbb{H}$ der **(Hamiltonschen) Quaternionen** oder den Alternativring $\mathbb{O}$ der **Cayley-Oktaven** zulassen. Dann wird der Bildraum ein Modul über dem betreffenden Ring sein.
Von entscheidender Bedeutung ist die **Injektivität** der Koordinatenzuordnung: wir wollen ja eine eindeutige Charakterisierung eines Punktes durch seine Koordinaten haben.
Während wir unter Umständen die Differenzierbarkeitsvoraussetzungen lockern könnten (wir werden dies jedoch i.a. nicht tun), ist die **Stetigkeit** der Transformation und ihrer Umkehrung essentiell. Sie gewährleistet, daß die räumlichen Verhältnisse getreu wiedergegeben werden, indem "benachbarte" Punkte wieder auf benachbarte übergehen. Koordinatensysteme sind also **Homöomorphismen** des Raumes M (oder offener Teilmengen $U \subseteq M$) in gewisse (endlich-dimensionale) Vektorräume oder Moduln.
Das verlangt insbesondere die Angabe einer geeigneten Topologie auf dem Bildraum. Wir benutzen stets die **natürliche Topologie**, die sich als **Produkttopologie** aus der der reellen Zahlen ergibt, wenn wir für $\mathbb{K} = \mathbb{R}, \mathbb{C}, \mathbb{H}, \mathbb{O}$ den Modul $V \cong \mathbb{K}^n$ als $\mathbb{R}$-Vektorraum der jeweiligen Dimension n, 2n, 4n, 8n auffassen.
Diese Vorbereitungen führen auf

<u>Definition 3.1.1:</u>
Sei $\mathbb{K}$ einer der folgenden vier Integritätsbereiche:
(1) der Körper $\mathbb{R}$ der **reellen Zahlen** selbst ($\dim_{\mathbb{R}}(\mathbb{R}) = 1$);
(2) der Körper $\mathbb{C}$ der **komplexen Zahlen** ($\dim_{\mathbb{R}}(\mathbb{C}) = 2$);
(3) der nichtkommutative Schiefkörper $\mathbb{H}$ der **(Hamiltonschen) Quaternionen** ($\dim_{\mathbb{R}}(\mathbb{H}) = 4$);
(4) der weder kommutative noch assoziative Alternativring $\mathbb{O}$ der **Cayley-Oktaven** ($\dim_{\mathbb{R}}(\mathbb{O}) = 8$).
Ein **Koordinatensystem** (über $\mathbb{K}$) eines topologischen Raums M ist eine injektive Abbildung

$$\kappa : U \longmapsto V \cong \mathbb{K}^n$$

von einer offenen Teilmenge $U \subseteq M$ in einen $\mathbb{K}$-Modul V endlicher Dimension (n). Die **Koordinaten** eines Punktes $x \in M$ sind die Komponenten des Bildpunktes

$$\kappa(x) = (x_1, \ldots, x_n) \in \mathbb{K}^n$$

Bemerkungen:

(a) Wir schließen ausdrücklich diskrete Koordinaten, wie etwa solche von Punkten eines **(Kristall-)Gitters** oder den Feldern eines **Schachbretts**, aus.
In derartigen Fällen wäre es nicht sinnvoll, Stetigkeitsannahmen zu machen, da der zu beschreibende Raum (Gitter bzw. Brett) keine natürliche Topologie hat. An ihre Stelle träte die Bedingung, daß benachbarte Positionen oder Felder Koordinaten erhalten, die sich nur um höchstens ± 1 unterscheiden. Da diese Strukturen gänzlich andere Methoden erfordern, erscheint ein Verzicht auf ihre Diskussion angebracht. Gitter werden dennoch später eine große Rolle spielen (Teile E und F).

(b) Es mag auf den ersten Blick so erscheinen, als ob die Zulassung quaternionaler oder oktavieller Koordinaten eine "künstliche" Erweiterung ohne tiefergehende Bedeutung sei. Das trifft aber keineswegs zu; wir werden (Teil C) finden, daß gerade die Einführung von Koordinaten aus $\mathbb{H}$ oder $\mathbb{O}$ interessante Einblicke in die geometrische Struktur gewisser Räume, namentlich der 2- und 3-dimensionalen Sphären und der zugehörigen Drehgruppen, liefert.

(c) Die angeführten Grundräume $\mathbb{R}, \mathbb{C}, \mathbb{H}, \mathbb{O}$ sind die einzigen endlichmdimensionalen Algebren über $\mathbb{R}$, welche Integritätsbereiche sind. Den überaus schwierigen und komplizierten Beweis dieser Aussage können wir hier nicht erörtern; man ziehe betreffs dieses Problems den Artikel von Hirzebruch [1983] oder die dort zitierte Originalliteratur heran.

3.2. Glatte Mannigfaltigkeiten

Sehr häufig begegnet man bei Anwendungen Koordinatensystemen, die über die normalen Stetigkeitsanforderungen hinaus beliebig oft differenzierbar ("glatt") sind.

Es lohnt sich daher, die Theorie in diesem Spezialfall, der erheblich weitergehende Aussagen erlaubt, genauer zu erörtern, bevor wir auf konkrete Ansätze zu sprechen kommen.

Natürlich ist es erforderlich, auch auf dem Grundraum M des Koordinatensystems eine differenzierbare Struktur vorauszusetzen. Technisch wird dies durch Einführung des Begriffs der (reellen) C^∞-Mannigfaltigkeit bewerkstelligt, den wir als nächstes betrachten:

Definition 3.2.1:

Eine **(reelle) Mannigfaltigkeit** (genauer: **C^∞-Mannigfaltigkeit** ohne Rand) der **Dimension** $n \in \mathbb{N}$ besteht aus einem **Hausdorffraum** M mit abzählbarer Basis und einem sogenannten **Atlas** $\mathfrak{U}$.

Der Atlas ist eine Menge von n-dimensionalen reellen Koordinatensystemen (**"Karten"**),

$$\mathfrak{U} = \mathfrak{U}_M = \left\{ \varphi\colon U_\varphi \longrightarrow \mathbb{R}^n \right\}$$

so daß

(a) die Definitionsbereiche der Karten ganz M überdecken:

$$\bigcup_{\varphi \in \mathfrak{U}} U_\varphi = M$$

und

(b) für je zwei Karten $\alpha, \beta \in \mathfrak{U}$ die **Koordinatentransformation** (der **"Kartenwechsel"**) $\alpha \circ \beta^{-1}$ eine C^∞-Abbildung, also beliebig oft differenzierbar ist.

Anders gesagt: Kartenwechsel sind Diffeomorphismen.

Bemerkungen:

(1) Der Kartenwechsel $\alpha\circ\beta^{-1}$ geht von der offenen Menge $\beta(U_\alpha \cap U_\beta) \subseteq \mathbb{R}^n$ auf $\alpha(U_\alpha \cap U_\beta)$, gleichfalls eine offene Teilmenge von $\mathbb{R}^n$. Die Differenzierbarkeitsbedingung ist daher wohldefiniert.

(2) **Komplexe Mannigfaltigkeiten** erhalten wir, wenn wir überall "$\mathbb{R}$" durch "$\mathbb{C}$" ersetzen. Die für unsere Zwecke wichtigen Beispiele sind die **Liegruppen** (Kap. 6).

(3) Entsprechend sind C^s-Mannigfaltigkeiten ($s \in \mathbb{N}_0$) oder **analytische Mannigfaltigkeiten** erklärt. Im Falle s = 0 (dann fällt die Bedingung (b) weg) nennt man sie auch **topologische Mannigfaltigkeiten**. Wir machen jedoch von dieser Verallgemeinerung keinen Gebrauch.

(4) Wir werden häufig (wie auch bei topologischen Räumen usw.) von der Mannigfaltigkeit M sprechen, wenn klar ist, welcher Atlas gemeint ist.

(5) Die Existenz einer abzählbaren Basis der Topologie von M ermöglicht unter gewissen Umständen die Ausdehnung **lokal** (das heißt in der Umgebung einzelner Punkte) definierter Felder auf die gesamte Mannigfaltigkeit. Sie ist auch eine wesentliche Voraussetzung für die Definition von **Integralen** auf Mannigfaltigkeiten. Wir werden allerdings nur elementar auswertbare Integrale über Gebiete im euklidischen Raum $\mathbb{R}^n$ oder auf der Sphäre $\mathbb{S}^n$ behandeln, die eine allgemeine Theorie nicht erfordern.
Der an weitergehenden Informationen interessierte Leser möge zu diesem Thema Neutsch & Scherer [1992] oder irgendein Lehrbuch der Differentialgeometrie zu Rate ziehen.

(6) Die Annahme, M sei hausdorffsch, ist von Bedeutung für die Untersuchung der Konvergenz von Punktfolgen in M.

(7) Das Wort "glatt" wird weiterhin stets als Synonym für "C^∞" oder "beliebig oft (stetig) differenzierbar" verwendet.

(8) Beispiele von Mannigfaltigkeiten sind der **euklidische Raum** $\mathbb{R}^n$, die **n-Sphäre** $\mathbb{S}^n$ oder der **n-dimensionale Torus**

$$\mathbb{T}^n = \mathbb{R}^n / \mathbb{Z}^n \cong \mathbb{S}^1 \times \ldots \times \mathbb{S}^1$$

(n Faktoren $\mathbb{S}^1$) mit der Produkttopologie. In allen Fällen verwenden wir die offensichtlichen Atlanten.
Die Liste ließe sich nahezu beliebig verlängern.

(9) Wenn $x \in U_\varphi$ ist, sagen wir: "Die Karte φ enthält den Punkt x" oder "x ist auf φ verzeichnet", u. dgl.

Dank der vorausgesetzten Glattheit können wir auch Differenzierbarkeitsaussagen über Abbildungen zwischen Mannigfaltigkeiten machen:

<u>Definition 3.2.2:</u>

(a) Sei $s \in \mathbb{N}\cup\{0,\infty\}$. Eine Abbildung

$$f: M \longrightarrow N$$

zwischen zwei Mannigfaltigkeiten M und N heißt an der Stelle $x \in M$ **s-fach stetig differenzierbar**, wenn für geeignete Karten $\kappa \in \mathfrak{U}_M$ und $\lambda \in \mathfrak{U}_N$, die x bzw. f(x) enthalten, die zusammengesetzte Abbildung $\lambda\circ f\circ\kappa^{-1}$ am Punkt $\kappa(x)$ die genannte Eigenschaft hat.

(b) Darüber hinaus heißt f selbst s-fach stetig differenzierbar oder **C^s-Abbildung**, falls diese Forderung in allen $x \in M$ erfüllt ist.

Man bestätigt leicht, daß andere Karten $\bar{\kappa}$ und $\bar{\lambda}$ eine gleichwertige Bedingung liefern, da (jedenfalls im nichtleeren Durchschnitt der Definitionsbereiche)

$$\bar{\lambda}\circ f\circ\bar{\kappa}^{-1} = (\bar{\lambda}\circ\lambda^{-1})\circ(\lambda\circ f\circ\kappa^{-1})\circ(\kappa\circ\bar{\kappa}^{-1})$$

ist und die Koordinatentransformationen $\bar{\lambda}\circ\lambda^{-1}$ sowie $\kappa\circ\bar{\kappa}^{-1}$ als glatt vorausgesetzt waren. Daher ist die beschriebene Annahme von der Auswahl der Karten κ und λ unabhängig und stellt eine geometrische Eigenschaft der Abbildung f selbst dar.

Nur an solchen "intrinsischen" Aussagen ist man in der Differentialgeometrie interessiert; Begriffe, die eine spezielle Verfügung über die zu verwendenden Karten erfordern, treten dagegen stark in den Hintergrund.

3.3. Kurven und Tangentialräume

Die Charakterisierung aller 1-dimensionalen Mannigfaltigkeiten macht keinerlei Schwierigkeiten:

Satz 3.3.1:

(a) Jede zusammenhängende eindimensionale Mannigfaltigkeit ist entweder zu $\mathbb{R}$ oder zu S^1 diffeomorph.

(b) Beide Fälle schließen sich gegenseitig aus: $\mathbb{R}$ und S^1 sind nicht einmal topologisch äquivalent.

Es gibt also nur zwei wesentlich voneinander verschiedene Typen zusammenhängender Mannigfaltigkeiten der Dimension 1: die Menge $\mathbb{R}$ der reellen Zahlen und die Peripherie S^1 des Einheitskreises. Auf eine Wiedergabe des einfachen Beweises wollen wir verzichten.
Dieses Resultat gibt Anlaß zu

Definition 3.3.1:
Eine **Kurve** in der Mannigfaltigkeit M ist eine glatte Abbildung

$$\gamma: I \longrightarrow M$$

wobei I eine zusammenhängende 1-dimensionale Mannigfaltigkeit bedeutet.
Je nachdem, ob I zu $\mathbb{R}$ oder zu S^1 homöomorph ist, wollen wir γ als **offene** oder **geschlossene** Kurve bezeichnen.
Im ersten Fall nehmen wir - soweit nicht ausdrücklich anders verfügt wird - stets an, I sei ein offenes Intervall in $\mathbb{R}$.

Bis auf weiteres bezeichne M stets eine (glatte reelle) n-dimensionale Mannigfaltigkeit. Die Menge der Kurven durch einen festen Punkt $x \in M$ zerfällt in natürlicher Weise in Äquivalenzklassen:

Definition 3.3.2:

Zwei offene Kurven $\gamma_1: I_1 \longrightarrow M$ und $\gamma_2: I_2 \longrightarrow M$ **berühren sich** in $x \in M$, wenn für geeignete Parameterwerte $t_1 \in I_1$ und $t_2 \in I_2$

$$\gamma_1(t_1) = \gamma_2(t_2) = x$$

gilt und eine x enthaltende Karte $\kappa \in \mathfrak{U}_M$ existiert mit

$$\frac{d}{dt}(\kappa\circ\gamma_1)\Big|_{t=t_1} = \frac{d}{dt}(\kappa\circ\gamma_2)\Big|_{t=t_2}$$

Die Klassen der hierdurch gegebenen Äquivalenzrelation nennt man **Tangentialvektoren** an M mit **Fußpunkt** x. Sie bilden den **Tangentialraum** TM_x.
Den Tangentialvektor der Kurve $\gamma: I \longrightarrow M$ beim **Parameterwert** $t \in I$, also an der **Stelle** $x = \gamma(t)$, bezeichnen wir mit $\gamma'(t) \in TM_x$.

Man zeigt leicht mit Hilfe der **Kettenregel**, daß die Einteilung in Tangentialvektoren unabhängig von dem ausgewählten κ ist.
Es gibt noch eine andere Charakterisierung der Tangentialvektoren, die mitunter praktisch ist:

Satz 3.3.2:

Zwei Kurven γ_1 und γ_2 in M mit

$$\gamma_1(t_1) = \gamma_2(t_2) = x$$

berühren sich genau dann an der Stelle x, wenn für alle glatten (oder für alle C^1-)Funktionen $f: M \longrightarrow \mathbb{R}$ die Bedingung

$$\frac{d}{dt}(f\circ\gamma_1)\Big|_{t=t_1} = \frac{d}{dt}(f\circ\gamma_2)\Big|_{t=t_2}$$

erfüllt ist.

Tangentialvektoren sind Differentialoperatoren, die auf glatte Funktionen angewandt werden können:

Definition 3.3.3:

Sei $x \in M$ und $v \in TM_x$. Die **Richtungsableitung** einer C^∞-Funktion f nach dem Vektor v lautet

$$v(f) = \lim_{h \to 0} \frac{f(\gamma(t+h))-f(\gamma(t))}{h}$$

wobei γ eine offene Kurve in M mit $\gamma(t) = x$ und $\gamma'(t) = v$ ist.

Es ist klar, daß es dabei auf die spezielle Festlegung von γ nicht ankommt. Tangentialräume haben eine natürliche Vektorraumstruktur, die durch die Karten vermittelt wird:

Satz 3.3.3:

(a) Sei M eine (reelle) Mannigfaltigkeit der Dimension n. Dann ist für alle $x \in M$:

$$TM_x \cong \mathbb{R}^n$$

wobei die Addition von Tangentialvektoren bei x und ihre Multiplikation mit reellen Zahlen mit Hilfe einer x enthaltenden Karte κ in der offensichtlichen Weise definiert sind.

(b) Die so gefundene Vektorraumstruktur ist (im Gegensatz zu den Koordinaten der Vektoren!) unabhängig von κ. Das bedeutet: Jeder Kartenwechsel induziert eine lineare Abbildung auf TM_x. Sie ist durch die Multiplikation mit der **Jacobimatrix** der Transformation gegeben.

Beweis:

Triviales Nachrechnen; bleibe dem Leser überlassen.

Jede Karte κ induziert auch eine natürliche Basis auf den Tangentialräumen der Punkte im Definitionsbereich U_κ. Wir haben nämlich

Satz 3.3.4:

Seien M eine Mannigfaltigkeit der Dimension n, $\kappa \in \mathfrak{U}_M$ eine Karte. Wir setzen für alle $x \in U_\kappa$

$$\kappa(x) = (x^1,\ldots,x^n) \in \mathbb{R}^n$$

Zu jedem $i \in \{1,\ldots,n\}$ gibt es ein offenes Intervall $I_i \ni x^i$, so daß die **i-te Koordinatenlinie** durch x, das ist die Kurve $\kappa_i\colon I_i \longrightarrow M$ mit

$$\kappa_i(t) = \kappa^{-1}(x^1,\ldots,x^{i-1},t,x^{i+1},\ldots,x^n)$$

für alle $t \in I_i$ erklärt ist. Ihr Tangentialvektor $\kappa_i'(x^i)$ an der Stelle x wird mit ∂_i bezeichnet.

(a) In den durch κ gegebenen Koordinaten ist

$$\partial_i = \frac{\partial}{\partial x^i}$$

Letzteres ist als Richtungsableitung entlang der Koordinatenlinien,

$$\partial_i f = \partial_i(f) = \frac{\partial f}{\partial x^i}$$

zu interpretieren.

(b) Die **Koordinatenableitungen** $(\partial_1,\ldots,\partial_n)$ bilden eine Basis von TM_x. Insbesondere läßt sich jeder Tangentialvektor $v \in TM_x$ eindeutig nach den ∂_i entwickeln:

$$v = v^i\,\partial_i$$

(c) Die v-Aktion auf der Menge der glatten Funktionen ist eine **Derivation**:

$$v(fg) = v^i\,\partial_i(fg) = v^i\,\frac{\partial(fg)}{\partial x^i} = v(f)\cdot g + f\cdot v(g)$$

3.4. Vektorbündel

Zur Definition von Vektor- und allgemeiner Tensorfeldern müssen wir eine Hilfskonstruktion heranziehen, die auch ein eigenständiges Interesse verdient.

Es macht nämlich keinen Sinn, von der "Menge aller Tangentialvektoren" einer Mannigfaltigkeit M sprechen zu wollen, da die Vektoren immer nur im Zusammenhang mit ihren jeweiligen Fußpunkten erklärbar sind. Tangentialräume in zwei verschiedenen Punkten $x, y \in M$ sind zwar zueinander isomorph; es gibt jedoch keine "kanonische" Zuordnung der Vektoren aus TM_x zu denen aus TM_y.

Deshalb müssen wir als Ersatz für die Vereinigung aller Tangentialräume an M das sogenannte Tangentialbündel benutzen:

Definition 3.4.1:

Sei M eine Mannigfaltigkeit.

(a) Das **Tangentialbündel** von M ist

$$TM = \left\{ (x, v_x) \;\middle|\; x \in M,\ v_x \in TM_x \right\}$$

(b) Die **Projektion** des Bündels ist die Abbildung, welche jedem Paar aus TM die erste Komponente, also den **Fußpunkt**, zuordnet:

$$\begin{aligned} \pi : \quad TM &\longrightarrow M \\ (x, v) &\longmapsto x \end{aligned}$$

Die wichtigste Eigenschaft von TM ist

Satz 3.4.1:

(a) Das Tangentialbündel TM einer n-dimensionalen (glatten) Mannigfaltigkeit M ist selbst eine C^∞-Mannigfaltigkeit (der doppelten Dimension

2n).

Der Atlas $\mathfrak{U}_{TM}$ besteht dabei aus den **induzierten Karten** $\tilde{\kappa}$ mit $\kappa \in \mathfrak{U}_M$, definiert vermittels

$$\tilde{\kappa}(x,v) = (x^1,\dots,x^n;v^1,\dots,v^n) \in \mathbb{R}^n \times \mathbb{R}^n \cong \mathbb{R}^{2n}$$

wenn

$$\kappa(x) = (x^1,\dots,x^n)$$

die Koordinaten des Fußpunkts und $(v^1,\dots,v^n)$ die des Vektors v bezüglich der durch κ kanonisch festgelegten Basis von TM_x sind:

$$v = v^i \partial_i$$

(b) Die Projektion π: TM $\longrightarrow$ M ist beliebig oft differenzierbar.

Beweis:

Wir betrachten zwei Karten α und β von M mit Definitionsbereichen U_α und U_β. Dann sind die induzierten Karten $\tilde{\alpha}$ und $\tilde{\beta}$ auf den jeweiligen Urbildern unter π erklärt. Die Glattheit des Übergangs $\beta\circ\alpha^{-1}$ von α zu β ist für die x-Koordinaten trivial, während sie für die v-Koordinaten aus der Definition der partiellen Ableitungen ∂_i folgt.

Das zeigt, daß

$$\mathfrak{U}_{TM} = \left\{ \tilde{\kappa} \;\middle|\; \kappa \in \mathfrak{U}_M \right\}$$

ein Atlas der Mannigfaltigkeit TM ist. Die Glattheit von π ist unmittelbar klar.

Ähnliche Strukturen wie das Tangentialbündel treten in Verbindung mit Mannigfaltigkeiten häufig auf. Daher ist es sinnvoll, eine Formalisierung der soeben ausgeführten Konstruktion anzustreben, die auch allgemeinere Fälle umfaßt.

Das kann auf verschiedenen Niveaus geschehen. Für unsere gegenwärtigen Absichten reicht der folgende Begriff aus:

Definition 3.4.2:
Sei M eine n-dimensionale Mannigfaltigkeit. Ein N-dimensionales **Vektorbündel** ($N \in \mathbb{N}$) über M ist ein Tripel (M,B,π), bestehend aus
(1) dem **Grundraum** M selbst,
(2) einer zweiten Mannigfaltigkeit B (= "**Bündel**") der Dimension n+N, sowie
(3) einer glatten und surjektiven Abbildung π: $B \longrightarrow M$, der **(Bündel-)Projektion**.

Zusätzlich wird angenommen, daß eine nichtleere Familie von **Trivialisierungen** Φ_i ($i \in \mathbb{I}$) existiert mit den Eigenschaften
(a) Jedes Φ_i ist ein Diffeomorphismus von $\pi^{-1}(U_i)$ auf $U_i \times \mathbb{R}^N$. Hier bedeutet $U_i \subseteq M$ eine offene Menge.
(b) Die U_i überdecken ganz M:

$$\bigcup_{i\in\mathbb{I}} U_i = M$$

(c) Die Trivialisierungen respektieren die **Fasern** $\pi^{-1}(x)$:

$$\pi_i \circ \Phi_i = \pi\Big|_{\pi^{-1}(U_i)}$$

worin π_i die natürliche Projektion von $U_i \times \mathbb{R}^n$ auf U_i bezeichnet.
(d) Zu je zwei Indizes $i,j \in \mathbb{I}$ mit $U_i \cap U_j \neq \emptyset$ liefert die Einschränkung von $\Phi_j \circ \Phi_i^{-1}$ auf eine Faser

$$\pi_i^{-1}(x) = \{x\} \times \mathbb{R}^N$$

einen Isomorphismus von $\mathbb{R}^N$ als Vektorraum, induziert also eine Abbildung aus $GL(\mathbb{R}^N)$.

Das Tangentialbündel stellt das einfachste Beispiel dar.
Der Begriff des Vektorbündels mag etwas technisch erscheinen, aber seine Bedeutung liegt in der durch ihn erzielbaren Ökonomie. Praktisch alle Konstruktionen, die mit Vektorräumen ausführbar sind, wie z.B. Bilden des Dualraums, Tensorprodukte, Graßmannprodukt oder direkte Summen lassen sich

auf Vektorbündel übertragen, indem man einfach die jeweilige Prozedur auf alle Fasern $\pi^{-1}(x)$, $x \in M$, separat anwendet.

Da der Bündelraum B selbst eine Mannigfaltigkeit ist, sind wir auch in der Lage, C^{∞}-Felder von Vektoren, Tensoren etc. zu erklären. Dazu brauchen wir lediglich das soeben Gesagte geringfügig formalisiert zusammenzufassen.

Das entscheidende Hilfsmittel hierfür ist

Definition 3.4.3:

Ein **(glatter) Schnitt** in einem Vektorbündel (M, B, π) ist eine C^{∞}-Abbildung

$$\sigma : \quad M \longrightarrow B$$

die, mit der Projektion kombiniert, die Identität auf dem Grundraum M ergibt:

$$\pi \circ \sigma \; = \; id_M$$

Es ist üblich und zweckmäßig, das Bild von x unter σ in der Form $(x, \sigma(x))$ zu schreiben; es ist also ein Element aus der Faser von x. Wir wollen diesem Brauch folgen.

Wir beginnen die Konstruktion weiterer Bündel mit der Dualisierung von TM.

Definition 3.4.4:

(a) Der **Kotangentialraum** in einem Punkt x der n-dimensionalen Mannigfaltigkeit M ist der Dualraum T^*M_x des Tangentialraums TM_x. Seine Elemente heißen **lokale 1-Formen**.

(b) Entsprechend ist das **Kotangentialbündel** T^*M von M das **duale Bündel** zu TM, nämlich

$$T^*M \; = \; \left\{ (x, \omega_x) \;\middle|\; x \in M, \; \omega_x \in T^*M_x \right\}$$

Völlig analog ist

Definition 3.4.5:

(a) Das **Tensorbündel** der **Stufe** (r,s) über der Mannigfaltigkeit M ist die Menge

$$\mathfrak{T}^r_s(M) = \left\{ (x,T) \;\middle|\; x \in M,\ T \in TM^r_x \otimes T^*M^s_x \right\}$$

aller mit Fußpunkt versehenen (r,s)-Tensoren über dem jeweiligen Tangentialraum.

(b) Ein **Tensorfeld** der Stufe (r,s) auf M ist ein glatter Schnitt in $\mathfrak{T}^r_s(M)$.
Darin sind folgende Spezialfälle enthalten:
Die glatten reellwertigen Funktionen auf M sind die (0,0)-Tensorfelder; die **Vektorfelder** sind Tensorfelder der Stufe (1,0), die **1-Formen** solche der Stufe (0,1).
Die Menge $\mathfrak{T}^1_0(M)$ aller Vektorfelder auf M bezeichnen wir gelegentlich auch mit $\mathfrak{V}(M)$.

(c) Das **Graßmannbündel**

$$\Lambda M = \Lambda(M) = \left\{ (x,\omega) \;\middle|\; x \in M,\ \omega \in \Lambda(T^*M_x) \right\}$$

und das Bündel

$$\Lambda^k M = \Lambda^k(M) = \left\{ (x,\omega) \;\middle|\; x \in M,\ \omega \in \Lambda^k(T^*M_x) \right\}$$

aller **alternierenden Differentialformen** bzw. derjenigen der **Stufe** k (= **k-Formen**) sind entsprechend definiert, allerdings über dem Kotangentialbündel T^*M statt über TM. Sie können (kanonisch) als die vollständig antisymmetrischen Tensoren der Stufe (0,k) interpretiert werden.

(d) Die glatten Schnitte in $\Lambda(M)$ heißen **(globale alternierende) Differentialformen**, die in $\Lambda^k(M)$ **(globale) k-Formen**. Das **äußere** oder **Graßmannprodukt** ist wie die Tensormultiplikation faserweise erklärt.

3.5. Differential und äußere Ableitung

Eine glatte Abbildung transformiert einander berührende Kurven in ebensolche. Dadurch entsteht eine natürliche Beziehung zwischen den Tangentialvektoren des Urbild- und denen des Bildraums, die eine weitgehende Verallgemeinerung der Ableitung einer (reellen) C^∞-Funktion darstellt:

Definition 3.5.1:

Sei $F: M \longrightarrow N$ glatt. Das **Differential** von F ist die Abbildung $DF: TM \longrightarrow TN$ der Tangentialbündel, welche für alle offenen Kurven $\gamma: I \longrightarrow M$ und alle Parameterwerte $t \in I \subseteq \mathbb{R}$ der Bedingung

$$DF(\gamma(t), \gamma'(t)) = (F \circ \gamma(t), (F \circ \gamma)'(t))$$

genügt.

Die wichtigsten Eigenschaften des Differentials sind

Satz 3.5.1:

(a) Das Differential DF von $F: M \longrightarrow N$ bildet den Tangentialraum TM_x, $x \in M$, linear in $TN_{F(x)}$ ab.

(b) Wählen wir Karten $\kappa \in \mathfrak{U}_M$ und $\lambda \in \mathfrak{U}_N$, so daß für typische Punkte $x \in M$ und $y \in N$

$$\kappa(x) = (x^1, \ldots, x^m)$$

und

$$\lambda(y) = (y^1, \ldots, y^n)$$

ist, so erhalten wir das Differential DF in Koordinaten:

$$DF(x,v) = (y,w)$$

mit

$$w = v \frac{\partial y}{\partial x}$$

oder komponentenweise

$$(w^1,\ldots,w^n) = (v^1,\ldots,v^m) \frac{\partial(y^1,\ldots,y^n)}{\partial(x^1,\ldots,x^m)}$$

Die darin auftretende **Jacobimatrix** von F lautet explizit

$$\frac{\partial(y^1,\ldots,y^n)}{\partial(x^1,\ldots,x^m)} = \begin{pmatrix} \frac{\partial y^1}{\partial x^1} & \ldots & \frac{\partial y^n}{\partial x^1} \\ \ldots & \ldots & \ldots \\ \frac{\partial y^1}{\partial x^m} & \ldots & \frac{\partial y^n}{\partial x^m} \end{pmatrix}$$

In Tensornotation entsteht die gleichwertige Formel

$$w^a = v^b \frac{\partial y^a}{\partial x^b}$$

Beweis:
Kettenregel.

Ein wichtiger Spezialfall des Differentials verdient Erwähnung. Wir setzen $N = \mathbb{R}$ und identifizieren

$$TN_x = T\mathbb{R}_x \cong \mathbb{R}$$

(dies ist eine kanonische Zuordnung!).

Definition 3.5.2:

Wir schreiben das Differential DF von $f: M \longrightarrow \mathbb{R}$ in der Form

$$Df(x,v) = (f(x), df(v))$$

Die hierdurch erklärte 1-Form df wird **äußere Ableitung** oder **Gradient** von f genannt.

Bemerkung:

Häufig wird in der Literatur auch df als Differential von f bezeichnet. Um Verwechslungen auszuschließen, wollen wir aber lieber die obige Nomenklatur verwenden.

Die Aktion von df auf dem Tangentialbündel TM ist von besonderem Interesse.

Satz 3.5.2:

(a) Das Differential einer glatten Funktion $f: M \longrightarrow \mathbb{R}$ wirkt auf ein Vektorfeld $v \in \mathfrak{B}(M)$ gemäß

$$df(v) = v(f)$$

(Richtungsableitung von f entlang des lokalen v-Vektors).

(b) Mit der Vereinbarung, künftig $f_{,a}$ als Abkürzung von $\partial_a f$ zu verwenden, liest sich df in Koordinaten wie folgt:

$$df(\partial_a) = f_{,a}$$

oder auch

$$df = f_{,a}\, dx^a$$

wenn wir die **Koordinatendifferentiale** dx^a benutzen.

(c) Die dx^a bilden die zu den partiellen Ableitungen ∂_a duale Basis des Kotangentialraums.

Beweis:

Wenn wir wie üblich die i-te Koordinatenabbildung zur Karte κ mit κ_i bezeichnen ($1 \le i \le n$), ist

$$df(\partial_a) = \lim_{h \to 0} \frac{f(\kappa_a(x^a+h)) - f(\kappa_a(x^a))}{h}$$

Das stimmt nach Definition 3.3.3 mit dem Wert von $\partial_v f = v(f)$ an der Stelle $x = \kappa^{-1}(x^1,\ldots,x^n)$ überein und ergibt Behauptung (a) sowie durch Spezialisieren $f \to x^a$ weiter

$$dx^a(v) = \partial_v(x^a) = v^b\,\partial_b\,x^a = v^b\,\delta^a_b = v^a$$

und folglich

$$f_{,a}\,dx^a(v) = f_{,a}\,v^a = v^a\,\partial_a(f) = v(f)$$

mit beliebigem $v \in \mathfrak{B}(M)$. Das ist (b), und (c) erhalten wir als eine triviale Konsequenz.

Die äußere Ableitung läßt sich definitionsgemäß auf alle glatten Funktionen = Tensorfelder der Stufe (0,0) = 0-Formen auf einer Mannigfaltigkeit M anwenden. Sie besitzt eine Erweiterung auf alle k-Formen, mit der wir uns als nächstes zu beschäftigen haben.

Wir verlangen von der fraglichen Ableitung "d" viererlei:

(1) Es handele sich um einen Differentiationsoperator, die Leibnizsche Produktregel sei also erfüllt.
Die entsprechende Annahme, d sei eine Derivation bezüglich "$\wedge$", kollidiert jedoch mit der Nichtkommutativität des Graßmannprodukts. An ihrer Statt tritt die Bedingung, daß d eine Antiderivation sein solle.

(2) Die äußere Ableitung bilde k-Formen auf (k+1)-Formen ab, sei also vom Grad 1.

(3) Sie muß sich für 0-Formen auf den schon bekannten Fall reduzieren.

(4) Zweimalige Anwendung von d liefert 0: dd = 0. Durch diese von **Élie Cartan** aufgestellte Regel wird d zu einem **Kettenoperator** im Sinne der Ho-

mologietheorie, analog (dual) zu der entsprechenden Eigenschaft des **Randes** einer orientierten Mannigfaltigkeit. Zwischen beiden Begriffen besteht ein Zusammenhang, der über den (verallgemeinerten) **Satz von Stokes** vermittelt wird. Da wir jedoch nur elementare Integrale auszuwerten haben, soll die entsprechende **Integrationstheorie** auf (orientierten) Mannigfaltigkeit in diesem Buch nicht näher untersucht werden. Der an derartigen Fragen interessierte Leser sei auf Neutsch & Scherer [1992] verwiesen.

Diese Voraussetzungen führen uns zu

<u>Definition 3.5.3:</u>

Die **äußere Ableitung** oder **Cartanableitung** auf (dem Graßmannbündel über) einer Mannigfaltigkeit M ist die Antiderivation

$$d : \Lambda M \longrightarrow \Lambda M$$

vom Grad 1, die für 0-Formen f die nach Definition 3.5.2 gegebene 1-Form df liefert und der **Cartanregel**

$$d\,d = 0$$

Genüge leistet.

Unter diesen Voraussetzungen ist d eindeutig bestimmt. Es gilt nämlich

<u>Satz 3.5.3:</u>

In Koordinaten ausgedrückt, ist die Cartanableitung die lineare Abbildung $d\colon \Lambda M \longrightarrow \Lambda M$, die für jede glatte Funktion $f\colon M \longrightarrow \mathbb{R}$ und beliebige Koordinaten $x^1,\dots,x^n$ auf M

$$d\left(f\cdot dx^{i_1}\wedge\dots\wedge dx^{i_k}\right) = df \wedge dx^{i_1} \wedge \dots \wedge dx^{i_k}$$

erfüllt.

In Verbindung mit Differentialformen existiert noch eine weitere wichtige Abbildung, die unter dem Namen "Pullback" bekannt ist. (Eindeutschungen wie "Rückholung" o.dgl. sind, weil unschön, nicht üblich).

Definition 3.5.4:
Seien M und N Mannigfaltigkeiten und f: M ⟶ N glatt. Das **Pullback** vermittels f ist die (rückwärts gerichtete!) Abbildung

$$f^* : \Lambda N \longrightarrow \Lambda M$$

die eindeutig charakterisiert ist durch Linearität und Vertauschbarkeit mit der äußeren Ableitung,

$$f^* d\omega = d(f^* \omega)$$

($\omega \in \Lambda M$), zusammen mit der Formel

$$f^*(g) = g \circ f$$

für alle $g \in \Lambda^0 M$.

Eine ausführliche Berechnung ergibt schließlich

Satz 3.5.4:
Das Pullback durch f: M ⟶ N ist die lineare Abbildung $f^* : \Lambda N \longrightarrow \Lambda M$, so daß

$$f^*\left[h\cdot dx^{i_1}\wedge\ldots\wedge dx^{i_k}\right] = (h\circ f)\, df^{i_1} \wedge \ldots \wedge df^{i_k}$$

gilt, wobei $f^i = \kappa_i \circ f$ die i-te Koordinatenfunktion von f bezüglich der verwendeten Karte $\kappa \in \mathfrak{U}_N$ bezeichnet.

Jedes Vektorfeld induziert verschiedene Differentiationsprozesse, die die

Richtungsableitung (Satz 3.5.2) verallgemeinern:

Definition 3.5.5:

Sei $v \in \mathfrak{B}(M)$.

(a) Die **Lie-Ableitung** nach v ist die Derivation bezüglich $\otimes$, die sich für einen (0,0)-Tensor f auf die Richtungsableitung

$$L_v f = v(f)$$

reduziert, während sie bei Anwendung auf ein Vektorfeld $u \in \mathfrak{B}(M)$ den **Kommutator** liefert:

$$L_v u = [v,u] = v\,u - u\,v$$

(b) Die **innere Ableitung** nach v ist die Antiderivation $i_v: \Lambda(M) \longrightarrow \Lambda(M)$, die auf $\Lambda^0(M)$ verschwindet und für eine 1-Form $\alpha \in \Lambda^1(M)$ auf

$$i_v(\alpha) = \alpha(v)$$

führt.

Die Eindeutigkeit ergibt sich in beiden Fällen aus dem folgenden Satz, der die für die explizite Berechnung nötigen Ausdrücke für L_v und i_v in Koordinaten wiedergibt, sowie eine wichtige Beziehung zwischen beiden Differentialoperatoren herstellt:

Satz 3.5.5:

(a) Die Lie-Ableitung eines Tensors

$$T = T^{a_1 \dots a_r}{}_{b_1 \dots b_s}\, \partial_{a_1} \otimes \dots \otimes \partial_{a_r} \otimes dx^{b_1} \otimes \dots \otimes dx^{b_s}$$

der Stufe (r,s) nach dem Vektorfeld v ist in Komponenten

$$L_v T^{a_1 \ldots a_r}{}_{b_1 \ldots b_s} = T^{a_1 \ldots a_r}{}_{b_1 \ldots b_s , m} V^m$$

$$- T^{m \ldots a_r}{}_{b_1 \ldots b_s} V^{a_1}{}_{, m} - \ldots$$

$$+ T^{a_1 \ldots a_r}{}_{m \ldots b_s} V^m{}_{, b_1} + \ldots$$

wobei in der angedeuteten Weise zu jedem oberen (unteren) Index von T ein negativer (positiver) Summand auftritt. $L_v T$ ist also ein Tensor der gleichen Stufe wie T.

(b) Entsprechend ist die innere Ableitung der k-Form

$$\omega = f(x^1, \ldots, x^n)\, dx^{a_1} \wedge \ldots \wedge dx^{a_k}$$

die (k-1)-Form

$$i_v(\omega) = f \sum_{m=1}^{k} (-1)^{m-1} v^{a_m} dx^{a_1} \wedge \ldots \wedge dx^{a_{m-1}} \wedge dx^{a_{m+1}} \wedge \ldots \wedge dx^{a_k}$$

(c) Beide Differentialoperatoren sind über die in ganz $\Lambda(M)$ bestehende Relation

$$L_v = d \circ i_v + i_v \circ d$$

miteinander verknüpft. Es gilt also für jede Differentialform ω die Gleichung

$$L_v(\omega) = d(i_v \omega) + i_v(d\omega)$$

<u>Beweis:</u>

Beide Seiten der fraglichen Formel in (a) stellen Derivationen dar, wie eine direkte Rechnung bestätigt. Daher brauchen wir nur ihre Korrektheit für Tensoren der Stufen (0,0), (1,0) und (0,1) zu überprüfen. In den beiden ersten Fällen (Funktionen und Vektorfelder) stimmt die Gleichung nach Definition; für 1-Formen α erhalten wir wegen der Leibnizregel

$$L_v(\alpha_m u^m) = L_v(\alpha_m)\, u^m + \alpha_m L_v(u^m) = L_v(\alpha_m)\, u^m + \alpha_m \left[u^m_{,s}\, v^s - u^s\, v^m_{,s}\right]$$

worin u ein beliebiges Vektorfeld bedeutet. Andererseits ist $\alpha(u) \in \Lambda^0(M)$:

$$L_v(\alpha_m u^m) = v^s\, \partial_s(\alpha_m u^m) = v^s \left[\alpha_{m,s}\, u^m + \alpha_m\, u^m_{,s}\right]$$

und nach Koeffizientenvergleich kommt

$$L_v(\alpha_m)\, u^m = v^s\, \alpha_{m,s}\, u^m + \alpha_m\, u^s\, v^m_{,s}$$

heraus. Das ist äquivalent mit dem gewünschten Ausdruck.
Ähnlich ergibt sich (b) über den Zwischenschritt

$$i_v(\omega) = f \sum_{m=1}^{k} dx^{a_1} \wedge \ldots \wedge dx^{a_{m-1}} \wedge i_v(dx^{a_m}) \wedge dx^{a_{m+1}} \wedge \ldots \wedge dx^{a_k}$$

der eine unmittelbare Konsequenz der Antiderivationseigenschaft von i_v ist, und anschließende Umordnung sowie Benutzung von

$$i_v(dx^a) = dx^a(v) = v(x^a) = v^a$$

Behauptung (c) schließlich folgt aus der elementaren, durch direktes Einsetzen zu verifizierenden Beobachtung, daß für jede Differentialform ω

$$L_v(d\omega) = d(L_v\omega)$$

ist; bei Beschränkung auf $\Lambda(M)$ also Cartandifferential und Lie-Ableitung vertauschbar sind. Gleiches gilt für $d\circ i_v + i_v\circ d$ anstelle von L_v, denn die Cartanregel $dd = 0$ impliziert

$$d\circ(d\circ i_v + i_v\circ d) = d\circ i_v\circ d = (d\circ i_v + i_v\circ d)\circ d$$

Dadurch reduziert sich die Aussage auf den Spezialfall einer 0-Form ω. Dann gilt aber

$$(d\circ i_v + i_v\circ d)(\omega) = d(0) + i_v(d\omega) = i_v(d\omega) = d\omega(v) = v(\omega) = L_v(\omega)$$

3.6. Zerlegung der Eins

Die Integration von Differentialformen maximalen Ranges stellt eine direkte Verallgemeinerung des **Riemannschen Integrals** (glatter Funktionen) in $\mathbb{R}^n$ dar.

Die Grundidee ist sehr einfach. Betrachten wir zuerst den Spezialfall, daß die Mannigfaltigkeit M mit einer einzigen Karte $\kappa: M \longrightarrow \mathbb{R}^n$ überdeckt sei, die den typischen Punkt $\xi \in M$ auf $x = (x^1,\ldots,x^n) \in \mathbb{R}^n$ abbilden möge. Die zu integrierende Form $\omega \in \Lambda^n(M)$ läßt sich dann in den durch κ gegebenen Koordinaten gemäß

$$\omega(x) \;=\; f(x^1,\ldots,x^n)\, dx^1 \wedge \ldots \wedge dx^n$$

schreiben, worin $f: \kappa(M) \longrightarrow \mathbb{R}$ eine geeignete glatte Funktion ist. Wir setzen dann

$$\int_M \omega \;=\; \int\!\!\ldots\!\!\int_{x\in\kappa(M)} f(x^1,\ldots,x^n)\, dx^1 \ldots dx^n$$

(als Riemann-Integral verstanden).

Viel schwieriger ist jedoch der allgemeine Fall, bei dem M zu seiner Überdeckung mehrere oder auch evtl. unendlich viele Karten erfordert. Dann muß man das Integral in Teile zerlegen, die der vorher gemachten Einschränkung genügen. Dabei tritt ein Konvergenzproblem auf. Seine Lösung gelingt durch die Konstruktion einer sogenannten "Zerlegung der Eins" (Definition 3.6.2), die auf jeder Mannigfaltigkeit möglich ist, wobei wir sogar noch gewisse Zusatzeigenschaften verlangen können (Satz 3.6.3), die dafür sorgen, daß in den fraglichen Summen immer nur endlich viele Terme einen Beitrag leisten.

Diese Bemerkungen mögen genügen, um ein intuitives Verständnis des Integralbegriffs für Mannigfaltigkeiten zu entwickeln.

Der Rest dieses Abschnitts dient einer mathematisch sauberen Ausarbeitung der gerade diskutierten Ansätze. Er wurde nur der Vollständigkeit zuliebe aufgenommen und kann ohne Bedenken ausgelassen werden, wenn man die Existenz einer Zerlegung der Eins akzeptiert.

Wir verabreden einige Bezeichnungen aus der mengentheoretischen Topologie.

Definition 3.6.1:

Sei M ein topologischer Raum.

Eine **(offene) Überdeckung** von M ist eine Familie

$$\mathfrak{U} = \left\{ U_i \;\middle|\; i \in \mathbb{I} \right\}$$

von offenen Teilmengen $U_i \subseteq M$, deren Vereinigung ganz M ist. $\mathfrak{U}$ heißt **lokalendlich**, wenn jedes $x \in M$ eine offene Umgebung besitzt, die nur mit endlich vielen U_i gemeinsame Punkte hat.

Eine Überdeckung

$$\mathfrak{V} = \left\{ V_j \;\middle|\; j \in \mathbb{J} \right\}$$

ist eine **Verfeinerung** von $\mathfrak{U}$, falls für alle $j \in \mathbb{J}$ ein $i \in \mathbb{I}$ existiert mit $V_j \subseteq U_i$. Die Bezeichnung **"Teilüberdeckung"** hat die offensichtliche Bedeutung.

Man nennt M **parakompakt**, wenn jede offene Überdeckung von M eine offene lokalendliche Verfeinerung besitzt, und **quasikompakt**, falls zu jeder Überdeckung eine endliche Teilüberdeckung existiert. Ein quasikompakter Hausdorffraum ist **kompakt**.

Der **Träger** Trg(f) einer stetigen Funktion $f\colon M \longrightarrow \mathbb{R}$ ist der topologische Abschluß der Menge aller $x \in M$ mit $f(x) \neq 0$.

Damit kommen wir zum zentralen Begriff, der uns sowohl die Konstruktion gewisser globaler Felder als auch die Integration von Differentialformen maximaler Stufe ermöglichen wird:

Definition 3.6.2:

(a) Unter einer **Zerlegung der Eins** auf dem topologischen Raum M verstehen wir eine Menge

$$\mathcal{Z} = \left\{ \varphi_j \;\middle|\; j \in \mathbb{J} \right\}$$

von C^∞-Funktionen $\varphi_j: M \longrightarrow \mathbb{R}$, die den folgenden Bedingungen genügen:

(1) Die Menge der Träger $Trg(\varphi_j)$ ist lokalendlich;

(2) es ist stets $\varphi_j(x) \geq 0$; sowie

(3) für alle x ist

$$\sum_{j \in \mathbb{J}} \varphi_j(x) = 1$$

(b) Wir sagen, $\mathcal{Z}$ sei der offenen Überdeckung

$$\mathfrak{U} = \left\{ U_i \;\middle|\; i \in \mathbb{I} \right\}$$

untergeordnet, wenn man zu jedem $j \in \mathbb{J}$ ein $i \in \mathbb{I}$ finden kann, so daß $Trg(\varphi_j) \subseteq U_i$ ist.

Die unter (a) aufgeführte Summe enthält wegen (1) nur endlich viele nichtverschwindende Beiträge, ist also wohldefiniert.

Bemerkenswert ist, daß es Zerlegungen der Eins auf jeder Mannigfaltigkeit (und sogar noch auf erheblich allgemeineren Räumen) gibt. Mit ihrer Hilfe wird es uns gelingen, die eingangs erwähnten Schwierigkeiten bei der Erklärung von Integralen zu überwinden.

Von den Bezeichnungen abgesehen, schließen wir uns im wesentlichen der Argumentation von Warner [1983] an, wo sogar etwas mehr bewiesen wird. Die hier wiedergegebene Version ist aber für unsere Zwecke ausreichend und erlaubt gewisse Vereinfachungen der Überlegungen gegenüber den Betrachtungen im soeben zitierten Buch.

Wir benötigen einen Hilfssatz, das auch für sich genommen interessant ist:

Satz 3.6.1:

Jede offene Überdeckung einer Mannigfaltigkeit M besitzt eine abzählbare Verfeinerung, die aus lauter offenen Mengen mit kompakten Abschlüssen besteht.

Beweis:

Wir setzen $\dim(M) = n$. Zu jedem $x \in M$ können wir eine Karte κ auswählen, die x in ihrem Definitionsbereich U_κ enthält. Das Bild $\kappa(U_\kappa)$ ist dann eine offene Umgebung von $\kappa(x)$ in $\mathbb{R}^n$. Daher gibt es eine positive reelle Zahl ε, so daß die abgeschlossene Kugel K mit Radius ε und Mittelpunkt $\kappa(x)$ ganz in $\kappa(U_\kappa)$ liegt. Weil κ ein Homöomorphismus ist, ist das Urbild $\kappa^{-1}(K)$ eine kompakte Umgebung von x. Da $x \in M$ beliebig war, ist M parakompakt.

Ferner ist die Mannigfaltigkeit M per definitionem ein Hausdorffraum mit abzählbarer Basis $\mathfrak{B} = \{B_1, B_2, B_3, \ldots\}$. Wir führen die Bezeichnung

$$\mathfrak{C} = \left\{ B \in \mathfrak{B} \;\middle|\; B^- \text{ kompakt} \right\}$$

ein und betrachten eine beliebige nichtleere offene Menge U und einen darin liegenden Punkt u.

Wegen der Parakompaktheit von M existiert eine offene Umgebung W von u, deren Abschluß W^- kompakt ist. Wir dürfen o.B.d.A. annehmen, daß $W^- \subseteq U$ ist.

Als offene Menge ist W die Vereinigung geeigneter Basismengen B_i. Für jedes darin vorkommenden B_i ist B_i^- eine (abgeschlossene) Teilmenge der kompakten Menge W^- und damit selbst kompakt. Die beteiligten B_i sind somit in der Kollektion $\mathfrak{C}$ enthalten.

Führen wir diese Überlegung für alle $u \in U$ durch, so bekommen wir eine Ausschöpfung von U durch $\mathfrak{C}$-Mengen. Da U eine beliebige (von $\emptyset$ verschiedene) offene Menge war, ist $\mathfrak{C}$ selbst eine Basis (und als Teilmenge von $\mathfrak{B}$ abzählbar).

Wir fassen das bisherige Ergebnis zusammen:

M besitzt eine abzählbare Basis $\mathfrak{C} = \{C_1, C_2, C_3, \ldots\}$, wobei jedes C_i einen kompakten Abschluß hat.

Wir konstruieren eine weitere Serie von offenen Teilmengen $D_1, D_2, D_3, \ldots$ in M nach folgender Vorschrift:

Als erstes setzen wir $m_1 = 1$ und $D_1 = C_1$.

Angenommen, es seien bereits $m_k \in \mathbb{N}$ und $D_k \subseteq M$ erklärt, wobei

$$D_k = C_1 \cup \ldots \cup C_{m_k}$$

gelten möge. D_k hat dann einen kompakten Abschluß D_k^-, der von den Mengen $D_k^- \cap C_i$ überdeckt wird. Wegen der Kompaktheit gibt es ein $\mu \in \mathbb{N}$ mit

$$D_k^- \subseteq C_1 \cup \ldots \cup C_\mu$$

Wir wählen ein solches $\mu > m_k$ aus, nennen es m_{k+1} und definieren

$$D_{k+1} = C_1 \cup \ldots \cup C_\mu$$

Die durch diese Rekursion gefundene Folge $D_1, D_2, D_3, \ldots$ ist eine offene Überdeckung von M (weil dasselbe für $\mathfrak{C}$ zutrifft).
Alle D_i haben kompakte Abschlüsse D_k^-, und es gilt $D_k^- \subseteq D_{k+1}$. Sei

$$\mathfrak{U} = \left\{ U_i \;\middle|\; i \in \mathbb{I} \right\}$$

eine offene Überdeckung von M. Für alle $k \in \mathbb{N}$ ist $D_{k+2}^- \setminus D_{k+1}$ kompakt und in der offenen Menge $D_{k+3} \setminus D_k^-$ enthalten. Somit ist

$$\left\{ U_i \cap \left(D_{k+3} \setminus D_k^-\right) \;\middle|\; i \in \mathbb{I} \right\}$$

eine Überdeckung von $D_{k+2}^- \setminus D_{k+1}$. Die Kompaktheit erlaubt die Auswahl einer endlichen Teilüberdeckung, die wir $\mathfrak{B}_k$ nennen. Ebenso finden wir eine endliche Teilüberdeckung in der Überdeckung

$$\left\{ U_i \cap D_3 \;\middle|\; i \in \mathbb{I} \right\}$$

von $D_2^- \subseteq D_3$. Ersichtlich ist

$$\mathfrak{B} = \mathfrak{B}_0 \cup \mathfrak{B}_1 \cup \mathfrak{B}_2 \cup \ldots$$

eine lokalendliche Verfeinerung von $\mathfrak{U}$. $\mathfrak{B}$ ist als Vereinigung von abzählbar vielen endlichen Familien selbst abzählbar, und jedes Mitglied von $\mathfrak{B}$ ist offen mit kompaktem Abschluß. $\mathfrak{B}$ ist daher die gesuchte Verfeinerung.

Wir formulieren auch den nächsten Zwischenschritt als separates Lemma.

Satz 3.6.2:

Zu jedem Punkt x einer Mannigfaltigkeit M und jeder offenen Umgebung U von x gibt es eine kompakte Menge K mit $x \in K \subset U$ und eine glatte, nirgends negative Funktion $f: M \longrightarrow \mathbb{R}$ mit kompaktem Träger, die außerhalb U verschwindet und auf K den konstanten Wert 1 hat.

Beweis:

Es reicht, die Aussage für irgendeine in U liegende x-Umgebung anstelle von U zu beweisen, da sie dann auch für U selbst richtig ist.

Wir wählen eine Karte κ mit Definitionsbereich $U_\kappa \ni x$ und ersetzen U durch $U \cap U_\kappa$. Mittels κ überträgt sich die Behauptung auf $\mathbb{R}^n$, so daß wir uns auf den Spezialfall $M = \mathbb{R}^n$ beschränken können (natürlich ergänzen wir alle Funktionen außerhalb ihres Definitionsbereichs durch 0).

Außerdem ist es noch erlaubt, $x = 0$ anzunehmen (man wende eine Translation an!), sowie nach einer gegebenenfalls nötigen weiteren Reduktion der Umgebung U als offene Kugel

$$U = \left\{ y \in \mathbb{R}^n \;\middle|\; |y| < 2\,\varepsilon \right\}$$

des Radius $2\,\varepsilon$ und Mittelpunkt 0 vorauszusetzen. Hierbei ist ε eine geeignete positive reelle Zahl.

Nach diesen Vorbereitungen setzen wir

$$K = \left\{ y \in \mathbb{R}^n \;\middle|\; |y| \le \varepsilon \right\}$$

und suchen eine beliebige nichtnegative C^∞-Funktion $h: \mathbb{R} \longrightarrow \mathbb{R}$, die für positive Argumente größer als Null ist und sonst verschwindet, beispielsweise

$$h(t) = \begin{cases} \exp(-t^{-1}) & (t>0) \\ 0 & (t\le 0) \end{cases}$$

Dann leistet die durch

$$f(y) = \frac{h\left(2\varepsilon - |y|\right)}{h\left(2\varepsilon - |y|\right) + h\left(|y| - \varepsilon\right)}$$

definierte Funktion $f\colon \mathbb{R}^n \longrightarrow \mathbb{R}$ das Verlangte.

Damit kommen wir zum Schlüsselresultat dieses Abschnitts.

Satz 3.6.3:

Sei

$$\mathfrak{U} = \left\{ U_i \;\middle|\; i \in \mathbb{I} \right\}$$

eine offene Überdeckung der (glatten) Mannigfaltigkeit M. Dann gibt es eine abzählbare Zerlegung

$$\mathcal{Z} = \left\{ \varphi_1, \varphi_2, \varphi_3, \ldots \right\}$$

der Eins, die $\mathfrak{U}$ untergeordnet ist und deren sämtliche Funktionen φ_i kompakte Träger haben.

Beweis:

Wie in Satz 3.6.1 konstruieren wir eine Serie D_1, D_2, D_3 von offenen Mengen mit den dort genannten Eigenschaften: D_k^- ist kompakt und in D_{k+1} enthalten, und alle D_k überdecken M. Wir fügen noch $D_0 = \emptyset$ hinzu.
Sei $x \in M$. Wir erklären $N(x)$ als die größte Zahl $\nu \in \mathbb{N}_0$, so daß $x \notin D_\nu^-$ ist und wählen ein $i(x) \in \mathbb{I}$ mit $x \in U_{i(x)}$. Nach Satz 3.6.2 gibt es eine nichtnegative reellwertige C^∞-Funktion f_x auf M, deren Träger kompakt und in $U_i \cap \left[D^-_{i(x)+2} \setminus D_{i(x)}\right]$ enthalten ist und die darüber hinaus in einer gewissen Umgebung W_x von x den Wert 1 hat.
Wir halten nun k fest und lassen x die kompakte Menge $D_k^- \setminus D_{k-1}$ durchlaufen. Die zugehörigen W_x bilden eine Überdeckung von $D_k^- \setminus D_{k-1}$, aus der wir eine beliebige endliche Teilüberdeckung aussuchen. Dies führt auf eine endliche Kollektion $\mathcal{K}_k$ von Funktionen f_x für jedes k. Sammeln wir diese Funktionen-

systeme der Reihe nach, so entsteht eine abzählbare Funktionenfamilie

$$\mathcal{K} = \mathcal{K}_1 \cup \mathcal{K}_2 \cup \mathcal{K}_3 \cup \dots = \left\{ \psi_1, \psi_2, \psi_3, \dots \right\}$$

wenn wir abkürzungshalber einfach ψ_j statt f_{x_j} schreiben. Die zugeordneten Umgebungen bilden eine lokalendliche offene Überdeckung

$$\left\{ W_1, W_2, W_3, \dots \right\}$$

von M. Die Summe

$$\Psi = \sum_{j \in \mathbb{N}} \psi_j$$

ist somit wohldefiniert und auf ganz M positiv. Die normierten Funktionen

$$\varphi_j = \frac{\psi_j}{\Psi}$$

bilden eine Zerlegung der Eins mit den verlangten Zusatzeigenschaften.

3.7. Orientierte Mannigfaltigkeiten

Die topologische Gruppe $GL(\mathbb{R}^n) \cong GL_n(\mathbb{R})$ aller umkehrbaren linearen Transformationen von $\mathbb{R}^n$ auf sich zerfällt in zwei Zusammenhangskomponenten, die wir $GL^+(\mathbb{R}^n) \cong GL_n^+(\mathbb{R})$ und $GL^-(\mathbb{R}^n) \cong GL_n^-(\mathbb{R})$ nennen, wobei "+" und "-" die Vorzeichen der jeweiligen Determinanten angeben.
Die Menge $GL^+(\mathbb{R}^n)$ der **orientierungserhaltenden** Abbildungen ist ein Normalteiler vom Index 2 in $GL_n(\mathbb{R})$, während die **orientierungsumkehrenden** Transformationen die einzige nichttriviale Nebenklasse $GL^-(\mathbb{R}^n)$ bilden.
Mit dieser Einteilung korrespondiert eine Bipartition der (geordneten) Basen von $\mathbb{R}^n$ in zwei **Orientierungsklassen**. Die Basis $b_1,\ldots,b_n$ heißt **positiv** oder **negativ orientiert**, je nachdem, in welcher Komponente von $GL(\mathbb{R}^n)$ die Transformation liegt, die für alle i den i-ten Einheitsvektor e_i auf b_i abbildet (die zugehörige Matrix hat die Zeilenvektoren $b_1,\ldots,b_n$).
Die positive Klasse ist also diejenige, welche die Standardbasis $e_1,\ldots,e_n$ enthält.
Es liegt nahe, diese Idee auf Mannigfaltigkeiten zu übertragen.

Definition 3.7.1:

(a) Die Karten κ und λ der Mannigfaltigkeit M sind **gleich(sinnig) orientiert**, wenn die Jacobideterminante des Kartenwechsels $\lambda\circ\kappa^{-1}$ überall positiv ist.

(b) Trifft diese Bedingung auf alle Kartenpaare κ,λ aus dem M-Atlas $\mathfrak{A}$ zu, nennen wir $\mathfrak{A}$ (und M selbst) **orientiert**.

(c) Schließlich ist die Mannigfaltigkeit $(M,\mathfrak{A})$ **orientierbar**, falls es einen mit $\mathfrak{A}$ verträglichen Atlas $\mathfrak{A}'$ auf M gibt, der orientiert ist.

Der **euklidische Raum** $\mathbb{R}^n$, die **Sphäre** $\mathbb{S}^n$ und der **Torus** $\mathbb{T}^n \cong \mathbb{S}^1\times\ldots\times\mathbb{S}^1$ sind orientiert, während das **Möbiusband** und die **Kleinsche Flasche** zu den bekanntesten nichtorientierbaren Mannigfaltigkeiten gehören. Wir werden die beiden letztgenannten nicht benötigen und verzichten daher auf eine nähere Beschreibung. Um aber wenigstens ein konkretes Beispiel zu geben, sei ohne Beweis erwähnt, daß der **reell-projektive Raum** $\mathbb{P}^n\mathbb{R}$ für ungerade n orientierbar ist, nicht aber für gerade n.

Jede Karte κ auf der n-dimensionalen Mannigfaltigkeit M, die einen Punkt $x \in M$ enthält, induziert auf $TM_x \cong \mathbb{R}^n$ eine Orientierung. Ähnliches trifft auf den Kotangentialraum T^*M_x zu. Relativ zu κ gleichsinnig orientierte Karten liefern offenbar dieselbe Orientierung wie κ. Daraus erhalten wir ohne weiteres für Tangential- und Kotangentialbündel

Satz 3.7.1:
Die Orientierbarkeit einer der drei Mannigfaltigkeiten M, TM, T^*M zieht die der übrigen nach sich.

In ganz ähnlicher Weise können wir auch Differentialformen klassifizieren:

Definition 3.7.2:
Seien M eine n-dimensionale Mannigfaltigkeit und $\omega \in \Lambda^n(M)$ eine Differentialform **maximaler Stufe** auf M. Wir nennen ω eine **Volumenform**, wenn $\omega(x) \neq 0$ ist für alle $x \in M$.
Alle Volumenformen auf M ergeben sich aus einer unter ihnen, beispielsweise ω, durch Heranmultiplizieren einer nirgends verschwindenden glatten Funktion $f\colon M \longrightarrow \mathbb{R}$ und sind daher von der Gestalt $f\omega$. Wir sagen, ω und $f\omega$ seien **gleich orientiert**, wenn die **Quotientenfunktion** f positiv ist.
Lokal vereinbaren wir, daß die Orientierung der Differentialformen stets in Übereinstimmung mit der der 1-Formen gewählt werde, d.h., wenn die Koordinatendifferentiale $dx^1,\ldots,dx^n$ eine positiv (negativ) orientierte Basis von T^*M_x bilden, soll auch die Volumenform $dx^1\wedge\ldots\wedge dx^n$ als positiv (negativ) gelten.

Die direkte Überprüfung der Orientiertheit eines vorgelegten Atlas kann sehr aufwendig sein. Das gilt umso mehr für die Möglichkeit, einen orientierten Atlas zu finden, der mit einem gegebenen verträglich ist. Deshalb ist das folgende Orientierbarkeitskriterium von Interesse:

Satz 3.7.2:

Die Mannigfaltigkeit M ist genau dann orientierbar, wenn es eine Volumenform auf M gibt.

Beweis:

Es sei $\mathfrak{U}$ ein Atlas von M, dessen Karten κ zusammenhängende Definitionsbereiche U_κ besitzen (das ist keine Einschränkung; jeder Atlas läßt sich auf diese Form bringen, indem man die Karten durch ihre Restriktionen auf die Zusammenhangskomponenten ersetzt).

Eine Volumenform ω liefert zu jeder Karte $\kappa \in \mathfrak{U}$ eine glatte reellwertige Funktion, die auf $\kappa(U_\kappa)$ definiert ist durch

$$\kappa^*\left(dx^1\wedge\ldots\wedge dx^n\right) = f\ \omega$$

Dabei ist $(x^1,\ldots,x^n)$ der dem Punkt $x \in M$ durch κ zugeordnete Koordinatenvektor in $\mathbb{R}^n$. Da f nicht Null werden kann, ist es im zusammenhängenden Bereich $\kappa(U_\kappa)$ entweder strikt positiv oder strikt negativ. Je nachdem, welcher der beiden Fälle vorliegt, nennen wir κ positiv oder negativ orientiert. Es ist klar, daß dies eine Orientierungsklasse auf M definiert.

Umgekehrt nehmen wir an, $\mathfrak{U}$ sei orientiert. Dann gibt es für je zwei beliebige Karten κ und λ aus $\mathfrak{U}$ eine positive Funktion f mit

$$(\lambda\circ\kappa^{-1})^*\left(dx^1\wedge\ldots\wedge dx^n\right) = f\ dx^1 \wedge \ldots \wedge dx^n$$

Daraus folgt, wenn wir

$$\omega_\kappa = \kappa^*\left(dx^1\wedge\ldots\wedge dx^n\right)$$

und

$$\omega_\lambda = \lambda^*\left(dx^1\wedge\ldots\wedge dx^n\right)$$

setzen, die Beziehung

$$\omega_\lambda = (\lambda^* f)\ \omega_\kappa = (f\circ\lambda)\ \omega_\kappa$$

und die Quotientenfunktion $f \circ \lambda$ ist positiv in $U_\kappa \cap U_\lambda$. Wir brauchen nur eine Zerlegung

$$\mathfrak{Z} = \left\{ \varphi_i \;\middle|\; i \in \mathfrak{I} \right\}$$

der Eins zu suchen, die der durch den Atlas gegebenen Überdeckung

$$\mathfrak{U} = \left\{ U_\kappa \;\middle|\; \kappa \in \mathfrak{A} \right\}$$

untergeordnet ist, und die Summe

$$\omega = \sum \varphi_i \, \kappa_i$$

zu bilden (κ_i ist so zu wählen, daß $U_{\kappa_i} \supseteq \mathrm{Trg}(\varphi_i)$ gilt). Die Bestätigung, daß ω eine (überall positive) Volumenform ist, bleibe dem Leser als triviale Übung überlassen.

In ähnlicher Weise kann man häufig durch geeignete Zerlegungen der Eins aus "stückweise" definierten Formen oder Feldern globale aufbauen. Diese Methode zählt zu den wichtigsten Verfahren in der Differentialgeometrie.

3.8. Integration von Differentialformen

Die weitaus bedeutsamste Anwendung des voranstehenden Abschnitts ist die Integration von Differentialformen. Wie schon angedeutet, wird sie als Verallgemeinerung des Riemann-Integrals auf (kompakten Bereichen in) $\mathbb{R}^n$ erklärt.

Die Definition des letzteren als gemeinsamen Limes von Ober- und Untersummen setzen wir, ebenso wie die einfachsten Rechenregeln, als bekannt voraus.

Die Übertragbarkeit auf Mannigfaltigkeiten hängt wesentlich vom Transformationsverhalten des Riemann-Integrals ab, das durch die in Satz 3.8.1 formulierte Substitutionsregel zum Ausdruck kommt. Um sie für unsere geplante Erweiterung vorzubereiten, brauchen wir

Definition 3.8.1:

Das **Riemann-Integral** einer glatten Funktion $f\colon B \longrightarrow \mathbb{R}$, wobei $B \subset \mathbb{R}^n$ ein kompakter Bereich ist, fassen wir als Integral über die vermöge

$$\omega(x) = f(x^1,\dots,x^n)\, dx^1 \wedge \dots \wedge dx^n$$

gebildete n-Form $\omega \in \Lambda^n(b)$ auf und schreiben

$$\int_B \omega = \int \dots \int_B f(x^1,\dots,x^n)\, dx^1 \dots dx^n$$

Beachte, daß die Orientierung hier eine Rolle spielt, da das Riemannsche Volumenelement $dx^1 \dots dx^n$ unabhängig von der Reihenfolge der Faktoren ist, während die Volumenform $dx^1 \wedge \dots \wedge dx^n$ bei ungeraden Permutationen das Vorzeichen wechselt. Deshalb ist die folgende Aussage nur für orientierungserhaltende Transformationen richtig; bei Orientierungsumkehr müßten wir ein Minuszeichen einfügen.

Satz 3.8.1:

Bei einer orientierungserhaltenden umkehrbaren stetig differenzierbaren Transformation τ: $B \longrightarrow \mathbb{R}^n$, wobei $B \subset \mathbb{R}^n$ einen kompakten Bereich bedeutet, gilt für jede auf dem Bildbereich $B^\tau = \tau(B)$ gegebene n-Form $\psi \in \Lambda(B^\tau)$ die **Substitutionsregel**

$$\int_{\tau(B)} \psi = \int_B \tau^* \psi$$

Beweis:

Wir bezeichnen die Orientierung (**"Signum"**) einer Basis des $\mathbb{R}^n$ mit sgn(...). Bildet τ den typischen Punkt $x = (x^1,\dots,x^n)$ auf $y = (y^1,\dots,y^n)$ ab, so liefert die aus der reellen Analysis geläufige Version der Substitutionsregel nach kurzer Rechnung die Behauptung:

$$\int_{\tau(B)} \psi = \operatorname{sgn}(dy^1,\dots,dy^n) \int_{y\in\tau(B)} f(y^1,\dots,y^n)\, dy^1 \wedge \dots \wedge dy^n$$

$$= \operatorname{sgn}(dx^1,\dots,dx^n) \int_{x\in B} f\circ\tau(x) \det \frac{\partial(y^1,\dots,y^n)}{\partial(x^1,\dots,x^n)}\, dx^1 \wedge \dots \wedge dx^n$$

$$= \int_{x\in B} f\circ\tau(x)\, df^1 \wedge \dots \wedge df^n = \int_B \tau^* \omega$$

Es ist sinnvoll, den Integralbegriff für Differentialformen in zwei Schritten einzuführen:

Definition 3.8.2:

Es seien M eine n-dimensionale Mannigfaltigkeit, $\mathfrak{U}$ ein orientierter Atlas auf M und $\omega \in \Lambda^n(M)$ eine n-Form mit kompaktem Träger.

(a) Wenn es eine auf ganz M definierte Karte κ gibt, die dem Punkt $x \in M$ die Koordinaten $(x^1,\dots,x^n) \in \mathbb{R}^n$ zuordnet, und f: $\kappa(M) \longrightarrow \mathbb{R}$ die durch

$$\omega(x) = f(x^1,\dots,x^n)\, dx^1 \wedge \dots \wedge dx^n$$

charakterisierte glatte Funktion ist, setzen wir

$$\int_M \omega = \int \dots \int_{\kappa(M)} f(x^1, \dots, x^n)\, dx^1 \dots dx^n$$

(b) Im allgemeinen Fall suchen wir eine lokalendliche abzählbare Zerlegung der Eins mit kompakten Trägern, etwa

$$\mathcal{Z} = \left\{ \varphi_1, \varphi_2, \varphi_3, \dots \right\}$$

die der Überdeckung

$$\mathfrak{U} = \left\{ U_\kappa \;\middle|\; \kappa \in \mathfrak{A} \right\}$$

durch die Definitionsbereiche aller Karten untergeordnet ist. Wir wählen für jedes $k \in \mathbb{N}$ eine Karte $\kappa_k \in \mathfrak{A}$, deren Definitionsbereich U_k den Träger von φ_k umfaßt. Das **Integral** von ω ist dann

$$\int_M \omega = \sum_{k \in \mathbb{N}} \int_{U_k} \varphi_k\, \omega$$

Das sieht viel schlimmer aus als es ist.

Natürlich müssen wir noch beweisen, daß es sich wirklich um eine korrekte Definition handelt.

Die Existenz und Endlichkeit des Riemann-Integrals in (a) ergibt sich aus der Kompaktheit von $\kappa(\mathrm{Trg}(\omega))$ und der Stetigkeit des Integranden.

Ersetzen wir κ durch eine andere den Anforderungen genügende Karte λ, so bleibt aufgrund des Satzes 3.8.1 das Integral unverändert. Die unter (a) gegebene Größe ist damit wohldefiniert.

Daß es eine Zerlegung der Eins mit den in (b) genannten Eigenschaften gibt, folgt aus Satz 3.6.3. Die Teilintegrale haben nach dem gerade ausgeführten Argument endliche, von den benutzten κ_k unabhängige Werte.

Hätten wir eine andere Zerlegung der Eins genommen, z.B.

$$\mathcal{Z}' = \left\{ \psi_1, \psi_2, \psi_3, \dots \right\}$$

mit Karten λ_j anstelle von κ_i, so wäre dasselbe herausgekommen:

$$\sum_{i\in\mathbb{N}} \int_{U_i} \varphi_i\, \omega = \sum_{i\in\mathbb{N}} \sum_{j\in\mathbb{N}} \int_{U_i} \varphi_i\, \psi_j\, \omega = \sum_{j\in\mathbb{N}} \sum_{i\in\mathbb{N}} \int_{V_j} \psi_j\, \varphi_i\, \omega = \sum_{j\in\mathbb{N}} \int_{V_j} \psi_j\, \omega$$

Damit ist auch (b) eine korrekte Definition. Daß beide Teile miteinander in Einklang stehen, also (a) ein Spezialfall von (b) ist, bestätigen wir, indem wir dort $\mathfrak{U} = \{\kappa\}$ setzen und die Zerlegung der Eins benutzen, die nur aus der Funktion φ: $M \longrightarrow \{1\}$ besteht.

Durch separate Anwendung des Satzes 3.8.1 auf jedes Teilintegral erhalten wir unmittelbar den äußerst wichtigen

Satz 3.8.2:

Sei τ: $M \longrightarrow N$ ein Diffeomorphismus zwischen zwei orientierten Mannigfaltigkeiten der Dimension n. Dann gilt für jede n-Form ω auf N mit kompaktem Träger die **Substitutionsregel**

$$\int_N \omega = \int_M \tau^* \omega$$

3.9. Der Satz von Stokes

Neben der im letzten Abschnitt untersuchten Substitutionsregel besitzt das Integral auf einer orientierten Mannigfaltigkeit noch eine weitere Besonderheit, die von eminenter Bedeutung ist. Sie ist unter dem Namen **"Satz von Stokes"** bekannt, obwohl Stokes selbst nur eine sehr eingeschränkte Variante bewiesen hat.

Wir brauchen, bevor wir die für unsere Zwecke geeignete Fassung formulieren, allerdings noch

Definition 3.9.1:

Wir bezeichnen mit $\mathbb{R}^n_+$ den **positiven Halbraum** in $\mathbb{R}^n$, das ist die Menge aller Vektoren, deren erste Koordinate nicht negativ ist:

$$\mathbb{R}^n_+ = \left\{ (x^1,\ldots,x^n) \;\middle|\; x^i \in \mathbb{R} \,;\; x^1 \geq 0 \right\}$$

Ein **regulärer Bereich** in einer orientierten Mannigfaltigkeit M der Dimension n ist eine Teilmenge $B \subseteq M$, zu der es für jeden Randpunkt $x \in Rd(B)$ eine Karte $\kappa\colon U_\kappa \longrightarrow \mathbb{R}^n$ gibt, die x auf 0 abbildet und außerdem

$$\kappa(U_\kappa \cap B) = \kappa(U_\kappa) \cap \mathbb{R}^n_+$$

erfüllt.

Der Sinn dieser Bedingung ist natürlich, daß der Rand von B hinreichend "gutartig" sein soll. Man bestätigt durch direktes Einsetzen der Definitionen (das wir dem Leser als einfache Übung überlassen)

Satz 3.9.1:

Der Rand eines regulären Bereichs $B \subseteq M$ ist eine orientierte Untermannigfaltigkeit der Kodimension 1 in M.

Die Orientierung ergibt sich dabei aus der von M durch Übertragung von $\mathbb{R}^n$ nach folgender Regel: Wir erklären, wie üblich, die Standardbasis $e^1,\dots,e^n$ von $\mathbb{R}^n$ als positiv, ebenso die verkürzte Basis $e^2,\dots,e^n$ von $Rd(\mathbb{R}^n_+) \cong \mathbb{R}^{n-1}$. Die Einschränkung $\kappa|_{Rd(B)}$ einer orientierten Karte κ von M auf Rd(B) trägt dann die gleiche Orientierung wie κ selbst.
Während Rd(B) den topologischen Raum aller Randpunkte von B bedeutet, schreiben wir ∂B für die soeben definierte (orientierte) Mannigfaltigkeit mit Punktmenge Rd(B).

Der Satz von Stokes lautet in der benötigten Gestalt

Satz 3.9.2:
Sei M eine n-dimensionale orientierte Mannigfaltigkeit und $\alpha \in \Lambda^{n-1}(M)$ mit kompaktem Träger. Dann ist für jeden regulären Bereich B

$$\int_{\partial B} \alpha = \int_B d\alpha$$

Speziell für B = M erhalten wir

$$\int_M d\alpha = 0$$

Beweis:
Die Argumentation verläuft weitgehend parallel zu der des Satzes 3.8.2; deshalb sollen nur die Hauptabweichungen ausführlich diskutiert werden.
Die Behauptung impliziert natürlich, daß alle benötigten Integrale existieren. Das wird sich nebenbei ergeben.
Wir gehen von der durch die Definitionsbereiche der Karten eines orientierten Atlas $\mathfrak{U}_M$ induzierten Überdeckung von B aus, die in der Einschränkung auf ∂B eine analoge Überdeckung des Randes liefert. Danach wählen wir eine untergeordnete Zerlegung der Eins für B (und erhalten gleichzeitig eine von ∂B), die dieselben Eigenschaften hat wie die im Beweis des Satzes 3.8.2. Beide Seiten der Gleichung spalten dann in Teilintegrale auf, und es reicht aus, die Formel für jeden einzelnen Summanden zu verifizieren. Das bedeutet

(wie auch schon früher) eine Reduktion auf den Spezialfall, daß der Integrationsbereich durch eine einzige Karte, sagen wir $\kappa\colon U_\kappa \longrightarrow \mathbb{R}^n$, abgedeckt wird: $B \subseteq U_\kappa$.
Dann dürfen wir, wie eine Anwendung von κ zeigt, B als regulären Bereich in $\mathbb{R}^n_+$ annehmen. Setzen wir noch die zu integrierenden Formen auf ganz $\mathbb{R}^n$ fort, indem wir außerhalb von B durch Null ergänzen, verbleibt die folgende Behauptung:
Jedes $\alpha \in \Lambda^{n-1}(\mathbb{R}^n)$, dessen Träger kompakt ist, genügt der Formel

$$\int_{\partial\mathbb{R}^n_+} \alpha = \int_{\mathbb{R}^n_+} d\alpha$$

Wir zerlegen α, nachdem wir die Standardkoordinaten des $\mathbb{R}^n$ eingeführt haben, in Bestandteile der Form

$$\alpha_k = f_k(x^1,\ldots,x^n)\, dx^1 \wedge \ldots \wedge dx^{k-1} \wedge dx^{k+1} \wedge \ldots \wedge dx^n$$

worin k von 1 bis n läuft und die f_k glatte Funktionen sind. Es genügt natürlich, den Satz für jedes α_k separat nachzurechnen. Es ist

$$d\,\alpha_k = (-1)^{k-1} \frac{\partial f_k}{\partial x^k}\, dx^1 \wedge \ldots \wedge dx^n$$

und der **Satz von Fubini** führt nach einfacher Umformung auf den ersten Teil der Proposition.
Die zweite Gleichung folgt unmittelbar aus $\partial M = \emptyset$.

Bemerkung:
Der Beweis des Satzes von Stokes läßt sich wortwörtlich auf die entsprechende Aussage übertragen, die sich ergibt, wenn wir anstelle der glatten $(n-1)$-Form α eine C^1-Form verwenden. Die Cartanableitung $d\alpha$ ist dann noch stetig (C^0) und damit integrabel.
Von dieser erheblichen Verallgemeinerung werden wir in den Kapiteln 6 (Funktionentheorie; **Satz von Cauchy**) und 22 (**Potentialtheorie**) Gebrauch machen. Darüber hinaus sind in der Literatur noch wesentlich weitergehende Generalisierungen diskutiert worden, die wir jedoch nicht benötigen.

4. Riemannsche Räume

4.1. Der Metriktensor

Wie schon eingangs des Kapitels 3 angekündigt, werden wir unsere Untersuchungen auf Mannigfaltigkeiten beschränken, auf denen ein invariantes Längenmaß existiert. Ein solches ist realisiert durch die Vorgabe eines **Bogenlängenelements** ds, wie z.B. im euklidischen Raum $\mathbb{R}^n$, wo es durch

$$ds^2 = (dx^1)^2 + \ldots + (dx^n)^2$$

(in kartesischen Koordinaten x^i) berechnet werden kann.
Die spezielle Gestalt von ds^2 bleibt nicht erhalten, wenn wir die x^i durch irgendwelche anderen Koordinaten ersetzen. Ein Kartenwechsel induziert jedoch eine lineare Transformation des Kotangentialraums von $\mathbb{R}^n$, so daß die Differentiale dx^i, gebildet an einem festen Punkt $x \in \mathbb{R}^n$, lediglich mit der invertierbaren Jacobimatrix zu multiplizieren sind.
Dabei geht ds^2 wieder in eine quadratische Form über, deren Signatur (n,0) gleichfalls invariant ist. Sie muß und wird aber im allgemeinen nicht mehr diagonal sein, d.h., es können in den neuen Koordinaten y^i "gemischte" Terme $dy^i \cdot dy^j$ $(i \neq j)$ vorkommen.
Generell repräsentieren wir das Bogenlängenelementquadrat ds^2 durch einen (0,2)-Tensor, die "Metrik" g, lassen aber (im Gegensatz zu Riemann selbst) auch indefinite g zu. Nur die Forderung, daß die Determinante von g nirgends verschwindet, ist unverzichtbar. Die präzise Formulierung lautet:

<u>Definition 4.1.1:</u>

(a) Unter einer **Metrik** auf der n-dimensionalen Mannigfaltigkeit M verstehen wir ein nirgendwo ausgeartetes (0,2)-Tensorfeld g, dessen Signatur auf ganz M konstant ist.
Das Paar (M,g) heißt dann eine **Riemannsche Mannigfaltigkeit** oder ein **Riemannscher Raum.**

(b) Sind g_{ab} die Koordinaten der Metrik bezüglich einer geeigneten Karte, so bezeichnen wir die Koeffizienten der inversen Matrix mit g^{ab}. Sie

bilden ebenfalls die Komponenten eines Tensors, allerdings von der Stufe (2,0). Wir nennen die zu den g^{ab} gehörige Form der Metrik die **kontravariante**, die mit den g_{ab} die **kovariante**.
Allgemeiner können wir analog zu dem Beispiel

$$T^{ab}{}_{c}{}^{d} = g^{ap} g_{cq} T_{p}{}^{bqd}$$

Indizes von Tensoren "verschieben". Man beachte die Indexstellung und daß wir beide Modifikationen mit demselben Buchstaben bezeichnet haben.

(c) Die **(Bogen-)Länge** einer offenen Kurve γ: $I \longrightarrow M$ zwischen den Parameterwerten $t_1, t_2 \in I \subseteq \mathbb{R}$ ist durch das Kurvenintegral von t_1 nach t_2 über das **Bogenlängenelement** ds gegeben, welches in beliebigen Koordinaten $x^1, \ldots, x^n$ aus

$$ds^2 = g_{ab}\, dx^a\, dx^b$$

ermittelt werden kann:

$$l(\gamma; t_1, t_2) = \int_{t_1}^{t_2} \sqrt{g_{ab}\, \dot{x}^a\, \dot{x}^b}\, dt$$

worin die Punkte wie üblich Ableitungen nach dem Kurvenparameter t bezeichnen.
Ist der obige Ausdruck für ds^2 positiv, heißt γ **zeitartig**, bei negativem ds^2 **raumartig**, und schließlich **nullartig**, wenn $ds^2 = 0$ ist. Wir lassen bei der Definition der Bogenlänge nur zeitartige Kurven zu, so daß der Radikand immer ≥ 0 ist.

(d) Eine **Geodäte** zwischen den Punkten $x, y \in M$ ist eine von x nach y laufende Kurve, für die die Bogenlänge im Vergleich mit "benachbarten" Kurven einen stationären Wert annimmt, also die erste Variation δl mit festgehaltenen Anfangs- und Endpunkten verschwindet.

Aus der **Variationsrechnung** ist bekannt, daß Extremalprobleme wie das obige für die Geodäten in M sich auf Systeme von gewöhnlichen Differentialgleichung zurückführen lassen. Wir teilen sie ohne Beweis mit.

Satz 4.1.1:

Die Variationsaufgabe

$$\delta \int_{t_1}^{t_2} L(x^i, \dot{x}^i, t)\, dt = 0$$

mit der glatten **Lagrangefunktion** $L(x^i, \dot{x}^i, t)$ und fixierten Randbedingungen $x^i(t_1)$ und $x^i(t_2)$ ist gleichwertig mit den **Euler-Lagrange-Gleichungen**

$$\frac{d}{dt} \frac{\partial L}{\partial \dot{x}^i} = \frac{\partial L}{\partial x^i}$$

für alle i.

Daraus leiten wir eine Vektordifferentialgleichung für die Geodäten her:

Satz 4.1.2:

Die Geodäten auf M, dim M = n, sind in beliebigen Koordinaten $(x^1, \dots, x^n)$ durch die Gleichungen

$$\ddot{x}^a + \Gamma^a_{\ bc}\, \dot{x}^b\, \dot{x}^c = 0$$

(mit der Bogenlänge als Parameter) charakterisiert. Darin haben wir zur Abkürzung die **Christoffelsymbole**

$$\Gamma^a_{\ bc} = \frac{1}{2} g^{ad} \left[g_{dc,b} + g_{bd,c} - g_{bc,d} \right]$$

verwendet.

Beweis:

Das Variationsproblem, welches die Kurve festlegt, hat die in Satz 4.1.1 beschriebene Form. Die Lagrangefunktion ist

$$L = \frac{ds}{dt} = \sqrt{g_{ab}\,\dot{x}^a\,\dot{x}^b}$$

wenn wir zunächst die unabhängige Variable t beliebig wählen.
Die d-te Euler-Lagrange-Gleichung ist

$$\frac{\partial L}{\partial x^d} = \frac{d}{dt}\,\frac{\partial L}{\partial \dot{x}^d}$$

also, eingesetzt,

$$\frac{g_{bc,d}\,\dot{x}^b\dot{x}^c}{2\,L} = \frac{d}{dt}\,\frac{g_{bc}\left[\delta^b_d\dot{x}^c + \dot{x}^b\delta^c_d\right]}{2\,L} = \frac{d}{dt}\,\frac{g_{dc}\dot{x}^c + g_{bd}\dot{x}^b}{2\,L}$$

$$= \frac{Lg_{dc}\ddot{x}^c + Lg_{bd}\ddot{x}^b + Lg_{dc,b}\dot{x}^b\dot{x}^c + Lg_{bd,c}\dot{x}^b\dot{x}^c - \dot{L}g_{dc}\dot{x}^c - \dot{L}g_{bd}\dot{x}^b}{2\,L^2}$$

Nach vollzogener Differentiation sind wir jetzt berechtigt, den Parameter t gleich der Bogenlänge s zu setzen. Dann ist $L = 1$ und $\dot{L} = 0$, und die obige Formel vereinfacht sich erheblich:

$$g_{db}\,\ddot{x}^b + \frac{1}{2}\left[g_{dc,b} + g_{bd,c} - g_{bc,d}\right]\dot{x}^b\,\dot{x}^c = 0$$

Hier ist natürlich der Punkt als Ableitung nach s zu interpretieren. Multiplikation mit g^{ad} liefert die Behauptung.

Beschränken wir die Betrachtung auf hinreichend kleine Umgebungen, so sind die Geodäten die kürzesten Linien zwischen den Endpunkten. Für große Gebiete wäre das im allgemeinen nicht richtig (Beispiel: zwei antipodische Punkte auf S^2).

4.2. Christoffelsymbole und kovariante Ableitungen

Die im voranstehenden Abschnitt 4.1 definierten **Christoffelsymbole** verhalten sich unter Koordinatentransformation nicht wie Tensoren, sondern nach der Regel

$$\bar{\Gamma}^{i}{}_{jk} = \Gamma^{a}{}_{bc} \frac{\partial \bar{x}^{i}}{\partial x^{a}} \frac{\partial x^{b}}{\partial \bar{x}^{j}} \frac{\partial x^{c}}{\partial \bar{x}^{k}} - \frac{\partial^{2} \bar{x}^{i}}{\partial x^{a} \partial x^{b}} \frac{\partial x^{a}}{\partial \bar{x}^{j}} \frac{\partial x^{b}}{\partial \bar{x}^{k}}$$

wie man durch eine einfache Rechnung bestätigt. Die Transformationsregel für einen (1,2)-Tensor $T^{a}{}_{bc}$ wäre dagegen

$$\bar{T}^{i}{}_{jk} = T^{a}{}_{bc} \frac{\partial \bar{x}^{i}}{\partial x^{a}} \frac{\partial x^{b}}{\partial \bar{x}^{j}} \frac{\partial x^{c}}{\partial \bar{x}^{k}}$$

also nur der erste Term. Der zweite Beitrag rührt von der Nichtlinearität des Kartenwechsels her; es handelt sich im wesentlichen um die Ableitung der Jacobimatrix.

Trotzdem ist die linke Seite der in Satz 4.1.2 gefundenen Geodätengleichung ein Vektor = (1,0)-Tensor. Das ist natürlich zu erwarten, da das Variationsproblem, das uns auf die fragliche Formel führte, invariant unter Kartenwechseln ist.

Daraus folgt, daß auch die $\ddot{x}^{a}$ nicht die Komponenten eines Tensors bilden können. In der Tat überprüft man diese Bemerkung unmittelbar durch Einsetzen in die Definitionen.

Wir wollen uns aber hier nicht damit aufhalten und untersuchen gleich den allgemeineren Fall partieller Ableitungen von Tensoren.

Es ist uns bereits bekannt, daß für jede C^{∞}-Funktion f auf M die $f_{,a}$ Komponenten eines (0,1)-Tensors sind, nämlich des **Gradienten**

$$df = f_{,a}\, dx^{a}$$

Differenzieren wir hingegen ein Vektorfeld $v \in \mathfrak{B}(M)$ partiell, so erhalten wir Komponenten $v^a{}_{,b}$, die sich bei Übergang auf neue Koordinaten $\bar{x}^a$ anstelle der x^a gemäß

$$\bar{v}^i{}_{,j} = \bar{\partial}_j \bar{v}^i = \bar{\partial}_j \left[v^a \frac{\partial \bar{x}^i}{\partial x^a} \right] = v^a{}_{,j} \frac{\partial \bar{x}^i}{\partial x^a} + v^a \frac{\partial^2 \bar{x}^i}{\partial x^a \partial x^b} \frac{\partial x^b}{\partial \bar{x}^j}$$

verhalten.

Diese Beziehung erinnert sehr an diejenige der Christoffelsymbole. Eine genauere Inspektion zeigt, daß die beiden Zusatzterme in der Kombination

$$v^a{}_{;b} = v^a{}_{,b} + \Gamma^a{}_{bc}\, v^c$$

sich genau kompensieren, d.h., die $v^a{}_{;b}$ bilden die Komponenten eines Tensors der Stufe (1,1).

Die soeben durchgeführte Prozedur läßt sich offenbar eindeutig als Derivation auf alle Tensorfelder ausdehnen:

Definition 4.2.1:

Als **kovariante Ableitung** eines Tensors der Stufe (r,s) auf der Mannigfaltigkeit M nach der k-ten Koordinate bezeichnen wir die Derivation bezüglich "$\otimes$", welche für skalare Funktionen f die partielle Koordinatenableitung $f_{,k}$ liefert und für ein Vektorfeld v, in Komponenten ausgedrückt,

$$v^a{}_{;k} = v^a{}_{,k} + \Gamma^a{}_{kp}\, v^p$$

ergibt.

Allgemein finden wir

Satz 4.2.1:

Die kovariante Ableitung eines (r,s)-Tensors T nach dem Index k ist der (in Koordinatenform hingeschriebene) Tensor

$$T^{a_1 \dots a_r}{}_{b_1 \dots b_s ; k} = T^{a_1 \dots a_r}{}_{b_1 \dots b_s , k}$$
$$+ \Gamma^{a_1}{}_{kp} T^{p \dots a_r}{}_{b_1 \dots b_s} + \dots$$
$$- \Gamma^{p}{}_{kb_1} T^{a_1 \dots a_r}{}_{p \dots b_s} - \dots$$

der Stufe (r,s+1). Dabei ist jeweils ein additiver Term für jeden oberen (kontravarianten) und ein subtraktiver für jeden unteren (kovarianten) Index in der angegebenen Weise hinzuzufügen.

Beweis:

Wir wissen bereits, daß sich die genannten Ausdrücke bei (0,0)- und (1,0)-Tensoren auf die obigen reduzieren und jeweils Tensoren der richtigen Stufe liefern.
Einsetzen in die Leibnizregel führt uns zur angegebenen Formel.

Kovariante Ableitungen kann man auch dann einführen, wenn keine Metrik auf M vorgegeben ist, sondern lediglich ein **affiner Zusammenhang**, d.i. ein System von n^3 glatten Funktionen (dim M = n), die in einem Koordinatensystem frei wählbar sind und dann durch die eingangs beschriebene Formel auf andere Karten von M fortgesetzt werden.
Wir gehen auf diese Möglichkeit, die auch entsprechend in Bezug auf die Geodätengleichung gilt (diese enthält ja nur die $\Gamma^a{}_{bc}$), nicht näher ein, weil wir keine Verwendung dafür haben. Umfassendere Informationen vermittelt jedes moderne Buch über Differentialgeometrie.
Aus den nach Abschn. 4.1 berechneten Christoffelsymbolen

$$\Gamma^a{}_{bc} = \frac{1}{2} g^{ad} \left[g_{dc,b} + g_{bd,c} - g_{bc,d} \right]$$

geht der sogenannte **Levi-Cività-Zusammenhang** hervor. Zu seinen wichtigsten Besonderheiten gehört die **Torsionsfreiheit**:

$$\Gamma^a{}_{bc} = \Gamma^a{}_{cb}$$

Eine andere Eigenschaft ist von großer Bedeutung, da aus ihr die Vertauschbarkeit von Indexverschiebungen mittels des Metriktensors und kovarianten Differentiationen folgt. Die Metrik ist nämlich **"kovariant konstant"**:

Satz 4.2.2:

Alle kovarianten Ableitungen des Metriktensors verschwinden,

$$g_{ab;c} = 0$$

$$g^{ab}{}_{;c} = 0$$

$$\delta^a_{b;c} = 0$$

Beweis:

Es ist nach Satz 4.2 und der Definition der Christoffelsymbole

$$g_{ab;c} = g_{ab,c} - \Gamma^d{}_{ca}\, g_{db} - \Gamma^d{}_{cb}\, g_{ad} = 0$$

Die kontravarianten Komponenten von g sind als Koeffizienten der inversen Matrix rationale Funktionen der g_{ab} und daher nach Kettenregel ebenfalls kovariant konstant. Schließlich ergibt die Derivationseigenschaft von ";"

$$\delta^a_{b;c} = (g^{ad}\, g_{db})_{;c} = g^{ad}{}_{;c}\, g_{db} + g^{ad}\, g_{db;c} = 0$$

Ein verwandtes Problem, das ebenfalls auf kovariante Ableitungen führt, ist die Verallgemeinerung des aus der Geometrie des $\mathbb{R}^n$ geläufigen Begriffs "Parallelverschiebung".

Während es in $\mathbb{R}^n$ aufgrund der linearen Struktur möglich ist, die **Parallelität** zweier Vektoren u(x) und v(y) auch bei voneinander verschiedenen Fußpunkten x und y koordinatenunabhängig zu erklären, nämlich durch die Bedingung $u^i(x) = v^i(y)$, ist dies in allgemeineren Räumen nicht möglich, da keine direkte Beziehung zwischen den Tangentialräumen in zwei Punkten x und y einer Mannigfaltigkeit M besteht.

Die naheliegende Idee, die Parallelität durch die obige Beziehung zu defi-

nieren, ist von der jeweils benutzten Karte abhängig und deshalb nicht verwendbar.
Trotzdem können wir in Riemannschen Räumen (und allgemeiner in Mannigfaltigkeiten mit affinem Zusammenhang) zumindest die Parallelität eines Vektorfelds mit sich selbst entlang einer Kurve γ erklären:

Definition 4.2.2:
Levi-Cività-Paralleltransport eines Vektorfelds $v \in \mathfrak{B}(M)$ auf dem Riemannschen Raum (M,g) entlang der offenen Kurve $\gamma\colon I \longrightarrow M$ liegt vor, falls für alle $t \in I$ die Richtungsableitung von v^a entlang des Tangentialvektors $\gamma'(t)$ verschwindet. In geeigneten Koordinaten, für die

$$\gamma(t) = (x^1(t),\ldots,x^n(t))$$

gilt, lautet die Bedingung demnach

$$\gamma^b\, v^a{}_{;b} = 0$$

Hierunter subsumieren sich wegen des Satzes 4.1.2 auch die Geodäten. Wir brauchen dazu nur die dort gefundene Differentialgleichung durch Einführen der Koordinaten u^a des Tangentialvektors an γ auf die Form

$$\dot{u}^a + \Gamma^a{}_{bc}\, u^b u^c = 0$$

oder auch

$$u^b \left[u^a{}_{,b} + \Gamma^a{}_{bc}\, u^c \right] = u^b\, u^a{}_{;b} = 0$$

zu bringen. So ergibt sich

Satz 4.2.3:
Eine Kurve γ in einem Riemannschen Raum ist genau dann eine Geodäte, wenn ihr Tangentialvektor γ' entlang γ selbst (Levi-Cività-)paralleltransportiert wird.

Es ist auch möglich, die Koordinatenversion der Formel für die Lie-Ableitung mit kovarianten Ableitungen anstelle von partiellen auszudrücken. Wir brauchen dazu nur die Kommata durch Strichpunkte zu ersetzen:

Satz 4.2.4:

Die Lie-Ableitung eines (r,s)-Tensorfeldes T nach $v \in \mathfrak{V}(M)$ ist in Koordinaten

$$
\begin{aligned}
L_v T^{a_1 \ldots a_r}{}_{b_1 \ldots b_s} &= T^{a_1 \ldots a_r}{}_{b_1 \ldots b_s ; k} v^k \\
&- T^{k \ldots a_r}{}_{b_1 \ldots b_s} v^{a_1}{}_{;k} - \ldots \\
&+ T^{a_1 \ldots a_r}{}_{k \ldots b_s} v^k{}_{;b_1} + \ldots
\end{aligned}
$$

Beweis:

Nach Ersetzen der kovarianten Differentiationen durch deren Definitionen stellt man fest, daß sich sämtliche Christoffelsymbole wegheben. Es bleibt die entsprechende Gleichung in partiellen Koordinaten, deren Gültigkeit uns bereits aus Satz 3.5.5 geläufig ist.

4.3. Normalkoordinaten

Wie aus Definition 3.3.3 hervorgeht, sind Tangentialvektoren Differentialoperatoren. Ein Vektorfeld auf einer n-dimensionalen Mannigfaltigkeit kann daher als ein System von n gewöhnlichen Differentialgleichungen in ebensovielen abhängigen Variablen aufgefaßt werden (man muß es nur in Koordinaten ausdrücken). Die Lösung besteht dann in einer Kurve, deren Tangentialvektoren überall durch das Vektorfeld bestimmt sind. Die geometrische Beschreibung dieses Sachverhalts ist

Definition 4.3.1:

Sei $v \in \mathfrak{B}(M)$ ein Vektorfeld auf der Mannigfaltigkeit M. Unter einer **Integralkurve** von v mit **Anfangspunkt** $x \in M$ verstehen wir eine auf dem die Null enthaltenden offenen Intervall $I \subseteq \mathbb{R}$ erklärte Kurve, welche den Bedingungen

$$\gamma(0) = x$$

und

$$\gamma'(t) = v(\gamma(t))$$

für alle Parameter $t \in I$ gehorcht.
Wenn keine echte **Erweiterung** von γ existiert, die die gleiche Eigenschaft besitzt, d.h. keine Integralkurve $\bar{\gamma}\colon \bar{I} \longrightarrow M$ von v mit $I \subset \bar{I} \subseteq \mathbb{R}$, so heißt γ **maximal**.

Zu den fundamentalsten Sätzen der Theorie der Differentialgleichungen gehört (vgl. Kamke [1964]) die Beobachtung, daß jedes System gewöhnlicher Differentialgleichungen, dessen Koeffizienten glatte Funktionen sind, für jeden Anfangspunkt genau eine Lösung hat, die in einer geeigneten Umgebung existiert und glatt ist.
Auf dem Beweis dieser Aussage, die etwa mit der Integrationsmethode von **Picard** und **Lindelöf** ohne weiteres zu erbringen ist, gehen wir hier aus Platz-

gründen nicht näher ein.
Wir beschränken uns darauf, die entsprechende Behauptung in der Sprache der Differentialgeometrie auszudrücken.

Satz 4.3.1:
Jedes auf einer Mannigfaltigkeit M definierte Vektorfeld v besitzt für alle $x \in M$ eine jeweils eindeutig durch x und v festgelegte maximale Integralkurve mit Anfangspunkt x.

Für uns ist vor allem eine Anwendung auf Geodäten wichtig. Zwar ist deren Differentialgleichung von zweiter Ordnung; mit einem simplen Trick läßt sie sich aber auf die für den voranstehenden Satz erforderliche Gestalt bringen.
Dazu brauchen wir lediglich eine den Anfangspunkt enthaltende Karte von M, etwa κ, zu nehmen. Sie ordnet dem typischen Element (x,v) des Tangentialbündels TM die Koordinaten $(x^a; v^a)$ zu.
Durch die Abbildung

$$(x^a; v^a) \longmapsto \left(v^a; -\Gamma^a_{bc} v^b v^c\right)$$

erklären wir ein Vektorfeld auf TM, welches nach Satz 4.3.1 eine eindeutige (maximale) Integralkurve besitzt. Wegen Satz 4.1.2 ist diese aber nichts anderes als die Geodäte, die in x mit dem Tangentialvektor v(x) beginnt. Wir haben daher

Satz 4.3.2:
Zu jedem Punkt x auf der Mannigfaltigkeit M und jedem $v_x \in TM_x$ gibt es eine eindeutig bestimmte maximale Geodäte γ mit Anfangspunkt $\gamma(0) = x$ und Tangentialvektor $\gamma'(0) = v_x$.

Für den Augenblick wollen wir die durch die Anfangsbedingungen (x,v) nach dem soeben gefundenen Resultat festgelegte Geodäte als $\gamma_{x,v}$ bezeichnen. Sie ist zumindest auf einem offenen Intervall um 0 definiert, daher können wir für alle $(x,v) \in TM$ eine positive Zahl $\rho(x,v)$ finden, so daß der Definiti-

onsbereich von $\gamma_{x,v}$ das offene Intervall zwischen $-\rho(x,v_x)$ und $+\rho(x,v_x)$ einschließt.
Wir fixieren jetzt den Punkt $x \in M$ und wählen eine beliebige x enthaltende Karte $\kappa \in \mathfrak{U}_M$. Die induzierte Karte $\tilde{\kappa}$ (vgl. Satz 3.4.1) möge für ein typisches $v \in TM_x$ die Koordinaten $(v^1,\dots,v^n) \in \mathbb{R}^n$ liefern. Das euklidische Skalarprodukt auf $\mathbb{R}^n$ bezeichnen wir wie immer mit

$$\langle u,v\rangle = u^t v$$

Wegen der Kompaktheit der Standardsphäre Ω_n in $TM_x \cong \mathbb{R}^n$ existiert dann die Zahl

$$\rho_x = \min\left\{ \rho(x,v) \;\middle|\; \langle v,v\rangle = 1 \right\}$$

und ist > 0. Durch Umparametrisieren finden wir weiter

$$\gamma_{x,sv}(t) = \gamma_{x,v}(st)$$

Die Gleichung ist so zu interpretieren, daß, falls eine Seite erklärt ist, dies auch für die andere zutrifft und beide dann übereinstimmen.
Speziell ergibt sich mit $t = 1$, daß zu jedem $v \in \mathbb{R}^n$ mit $\langle v,v\rangle \le \rho_x$ der Punkt $\gamma_{x,v}(1) \in M$ wohldefiniert ist. Wir haben also

<u>Satz 4.3.3:</u>
Zu jedem Punkt x des n-dimensionalen Riemannschen Raums M gibt es eine Umgebung V_x des Nullvektors in TM_x, so daß für alle $v \in V_x$ die Geodäte mit den Anfangsbedingungen (x,v) zumindest bis zum Parameter 1 ausgedehnt werden kann.
Die durch

$$v \longmapsto \exp_x(v) = \gamma_{x,v}(1)$$

erklärte Zuordnung $\exp_x : V_x \longrightarrow M$ heißt **Exponentialabbildung** an der Stelle x. Sie ist offensichtlich C^∞.

Von besonderer Bedeutung, namentlich in der Physik, sind Riemannsche Mannigfaltigkeiten mit $\rho_x = \infty$ für alle x. Das motiviert die Einführung einer eigenen Bezeichnung.

<u>Definition</u> <u>4.3.2:</u>
Ein Riemannscher Raum M bzw. seine Metrik g heißen **geodätisch vollständig**, wenn zu jedem Paar $(x,v) \in TM$ die Geodäte mit Anfangspunkt x und Anfangsrichtung v bis zu beliebig großen reellen Werten ihres Parameters ausgedehnt werden kann.

Fast alle der von uns betrachteten Riemannschen Mannigfaltigkeiten erfüllen diese Bedingung. Trivial ist die Umformulierung

<u>Satz</u> <u>4.3.4:</u>
Eine Riemannsche Mannigfaltigkeit (M,g) ist genau dann geodätisch vollständig, wenn die Exponentialabbildung $\exp_x$ für jedes $x \in M$ den Definitionsbereich TM_x hat.

Die obige Konstruktion erlaubt die Einführung ausgezeichneter Koordinatensysteme. Zu diesem Zweck gehen wir von der Feststellung aus, daß $\exp_x$ am Ort x nach dem Satz über implizite Funktionen lokal umkehrbar ist. Das ermöglicht die

<u>Definition</u> <u>4.3.3:</u>
Seien (M,g) ein Riemannscher Raum der Dimension n und x ein Punkt in M. Wir wählen eine Umgebung $W_x \subseteq V_x$ von $0 \in TM_x$, so daß $\exp_x|_{W_x}$ injektiv ist. Die Umkehrabbildung sei

$$f : U_x \longrightarrow TM_x$$

Als **Normalkoordinaten** des Punktes $y \in U_x$ bezüglich der Basis $e_1,\dots,e_n$ von TM_x bezeichnen wir die Komponenten y^i, die sich nach

$$f(y) = y^i e_i$$

ergeben. Die Stelle x selbst bezeichnen wir als den **Ursprung** des beschriebenen Systems.

Der Grund für die Einführung dieses Konzepts liegt in

Satz 4.3.5:
Im Ursprung eines Normalkoordinatensystems verschwinden alle Christoffelsymbole.

Beweis:
Ergibt sich aus einer einfachen Rechnung, die wir hier nicht ausführen wollen.

4.4. Krümmung

Die Auswahl der zur Beschreibung einer Mannigfaltigkeit M herangezogenen Karten ist in weitem Rahmen willkürlich. Viele verschiedene Ansätze führen zu gleichwertigen Darstellungen. Wichtig sind nur die jeweils durch den Atlas gegebenen differenziellen Eigenschaften.

Definition 4.4.1:

Zwei Atlanten $\mathfrak{U}$ und $\mathfrak{U}'$ auf demselben Grundraum M heißen **miteinander verträglich**, wenn sie auf M die gleiche differenzierbare Struktur induzieren. Im allgemeinen identifizieren wir die Mannigfaltigkeiten $(M,\mathfrak{U})$ und $(M,\mathfrak{U}')$.

Natürlich ist das eine Äquivalenzrelation auf der Klasse aller Atlanten von M. Eine praktisch verwendbarere Formulierung ist

Satz 4.4.1:

Die Verträglichkeit der Atlanten $\mathfrak{U}$ und $\mathfrak{U}'$ auf M ist gleichbedeutend damit, daß alle Kartenwechsel $\kappa\circ\kappa'^{-1}$ bzw. $\kappa'\circ\kappa^{-1}$ mit $\kappa \in \mathfrak{U}$ und $\kappa' \in \mathfrak{U}'$ Diffeomorphismen sind.
Das tritt genau dann ein, wenn die Vereinigung $\mathfrak{U} \cup \mathfrak{U}'$ selbst ein Atlas ist.

Häufig ist es schwierig zu entscheiden, ob zwei vorgelegte Atlanten verträglich sind oder ob zwei verschiedene Beschreibungen "dieselbe" Mannigfaltigkeit (im Sinne von Definition 4.4.1) liefern.
Die in den folgenden Kapiteln genannten Beispiele von Koordinatensystemen etwa der euklidischen Räume legen ein beredtes Zeugnis für diese Aussage ab.
Obgleich alle miteinander verträglichen Atlanten prinzipiell gleichberechtigt sind, kommt es doch oft vor, daß spezielle Koordinaten bequemer sind als andere. (Das ist der Anlaß gewesen, dieses Buch zu schreiben!). Normalerweise hängt die beste Wahl vom beabsichtigten Verwendungszweck ab; man-

che Mannigfaltigkeiten besitzen jedoch auch mathematisch durch besondere Einfachheit ausgezeichnete Charakterisierungen.
Das gilt beispielsweise bei Riemannschen Räumen für Karten, bezüglich derer die Metrik konstante Komponenten hat. Für sie führen wir einen eigenen Namen ein, der durch die Erfahrungen in der Flächentheorie nahegelegt wird.

Definition 4.4.2:
Eine Karte κ auf der Riemannschen Mannigfaltigkeit (M,g) heißt **flach**, wenn die Komponenten g_{ab} der Metrik konstant sind, also alle Christoffelsymbole $\Gamma^a{}_{bc}$ (bezüglich κ) verschwinden.
Entsprechend ist ein **flacher Atlas** ein solcher, der nur aus flachen Karten besteht.
Schließlich heißt der Raum selbst flach, falls der Atlas $\mathfrak{U}_M$ mit einem flachen Atlas $\mathfrak{U}'_M$ verträglich ist.
Das Gegenteil von "flach" ist **"gekrümmt"**.

In einem flachen Koordinatensystem reduzieren sich die kovarianten Ableitungen auf die partiellen. Für beliebige Vektorfelder $v \in \mathfrak{B}(M)$ gilt dann

$$v^a{}_{;c;d} = v^a{}_{,c,d} = v^a{}_{,d,c} = v^a{}_{;d;c}$$

Die darin enthaltene Relation

$$v^a{}_{;c;d} = v^a{}_{;d;c}$$

bleibt auch in einer gekrümmten Karte richtig, da sie als Tensorgesetz unabhängig von den Koordinaten ist.
In gekrümmten Räumen ist sie jedoch nicht für alle v wahr. Stattdessen haben wir

$$\begin{aligned} v^a{}_{;c;d} = {} & v^a{}_{,c,d} + \Gamma^a{}_{cb}\, v^b{}_{,d} + \Gamma^a{}_{db}\, v^b{}_{,c} - \Gamma^b{}_{dc}\, v^a{}_{,b} \\ & + \left(\Gamma^a{}_{cb,d} + \Gamma^a{}_{de}\, \Gamma^e{}_{bc} - \Gamma^a{}_{eb}\, \Gamma^e{}_{dc}\right) v^b \end{aligned}$$

einen Ausdruck, der unter der Permutation $c \Leftrightarrow d$ normalerweise nicht invariant ist.

Es liegt deshalb nahe, die Differenz $v^a{}_{;c;d} - v^a{}_{;d;c}$, oder vielmehr den von v unabhängigen Faktor darin, als Maß der Raumkrümmung heranzuziehen. Eine leichte Rechnung ergibt

Satz 4.4.2:
Die zweiten kovarianten Ableitungen eines beliebigen Vektorfeldes $v \in \mathfrak{B}(M)$ auf dem Riemannschen Raum M erfüllen die Bedingung

$$v^a{}_{;c;d} - v^a{}_{;d;c} = R^a{}_{bcd}\, v^b$$

wobei mit $R^a{}_{bcd}$ die Komponenten eines (1,3)-Tensorfeldes, des **Riemannschen Krümmungstensors**, bezeichnet wurden. Explizit lauten sie

$$R^a{}_{bcd} = \Gamma^a{}_{cb,d} - \Gamma^a{}_{db,c} + \Gamma^a{}_{ds}\, \Gamma^s{}_{bc} - \Gamma^a{}_{cs}\, \Gamma^s{}_{db}$$

Die analoge Regel für eine 1-Form $\omega \in \Lambda^1(M)$ ist

$$\omega_{b;c;d} - \omega_{b;d;c} = - R^a{}_{bcd}\, \omega_a$$

während für glatte Funktionen $F: M \longrightarrow \mathbb{R}$ stattdessen

$$F_{;c;d} - F_{;d;c} = 0$$

gilt.

Beweis:
Der genannte Ausdruck für die in der Differenz $v^a{}_{;c;d} - v^a{}_{;d;c}$ als Abkürzung eingeführten Größen $R^a{}_{bcd}$ ergibt sich durch eine einfache Rechnung aus der obigen Formel für die zweifachen kovarianten Ableitungen.
Die restlichen Beziehungen erhalten wir ebenfalls durch Einsetzen unter Ausnutzung der Derivationseigenschaft der Differentiation.
Daß die $R^a{}_{bcd}$ Tensorkomponenten sind, ist eine direkte Konsequenz aus Satz 4.2.1, der Transformationsregel und der entsprechenden Eigenschaft der v^a.

Der Riemanntensor besitzt zahlreiche Symmetrien, die wir am besten in der vollständig kovariant geschriebenen Version erkennen.

Satz 4.4.3:

(a) Die Riemann-Krümmung von (M,g) läßt sich aus

$$
\begin{aligned}
R_{abcd} = {} & \frac{1}{2} \Big[g_{ac,b,d} - g_{ad,b,c} - g_{bc,a,d} + g_{bd,a,c} \Big] \\
& + \frac{1}{4} g^{ef} \Big[g_{ea,c}\, g_{fb,d} - g_{ea,d}\, g_{fb,c} + g_{ec,a}\, g_{fd,b} - g_{ed,a}\, g_{fc,b} \\
& \quad + g_{ea,c}\, g_{fd,b} - g_{ea,d}\, g_{fc,b} + g_{eb,d}\, g_{fc,a} - g_{eb,c}\, g_{fd,a} \\
& \quad + g_{ea,d}\, g_{bc,f} - g_{ea,c}\, g_{bd,f} + g_{eb,c}\, g_{ad,f} - g_{eb,d}\, g_{ac,f} \\
& \quad + g_{ed,a}\, g_{bc,f} - g_{ec,a}\, g_{bd,f} + g_{ec,b}\, g_{ad,f} - g_{ed,b}\, g_{ac,f} \\
& \quad + g_{ac,e}\, g_{bd,f} - g_{ad,e}\, g_{bc,f} \Big]
\end{aligned}
$$

berechnen.

(b) Bei Vertauschung von a mit b oder c mit d wechselt R_{abcd} das Vorzeichen, während es unter der Permutation (a,b) ⇔ (c,d) invariant bleibt:

$$R_{abcd} = - R_{bacd} = - R_{abdc} = + R_{cdab}$$

usw.

Beweis:

Teil (a) ergibt sich aus Satz 4.4.2 durch Einsetzen der Christoffelsymbole und elementare Umformungen, womit dann (b) unmittelbar vermittels einer Inspektion der einzelnen Terme als Konsequenz erkennbar wird.

Wir sahen bereits, daß der Riemanntensor $R^a{}_{bcd}$ im flachen Raum verschwindet. Umgekehrt ist $R^a{}_{bcd} = 0$ eine Integrabilitätsbedingung, die die Flachheit von M nach sich zieht. Daher haben wir das in der Praxis sehr nützliche Kriterium

Satz 4.4.4:

Der Riemannsche Raum (M, g) ist genau dann flach, wenn

$$R^{a}{}_{bcd} = \Gamma^{a}{}_{cb,d} - \Gamma^{a}{}_{db,c} + \Gamma^{a}{}_{ds}\,\Gamma^{s}{}_{bc} - \Gamma^{a}{}_{cs}\,\Gamma^{s}{}_{db} = 0$$

ist.

Bemerkungen:

(a) Soweit in den im vorliegenden Abschnitt wiedergegebenen Formeln die Metrik nicht ausdrücklich vorkommt, gelten sie auch unter allgemeineren Umständen, worauf wir aber nicht zurückkommen werden; man vergleiche die Situation mit der in Neutsch & Scherer [1992].

(b) Im euklidischen Raum ist die Riemannsche Krümmung zwar identisch Null, ebenso wie die unten diskutierten aus ihr abgeleiteten Größen; dennoch sind die soeben gefundenen Beziehungen z.B. als Rechenkontrolle bei der Bestimmung der $\Gamma^{a}{}_{bc}$ von enormem Wert.

Zwei Identitäten der $R^{a}{}_{bcd}$ sind besonders interessant:

Satz 4.4.5:

Der Krümmungstensor einer Riemannschen Mannigfaltigkeit genügt den als 1. und 2. **Bianchi-Identität** bekannten Gleichungen

$$R^{a}{}_{bcd} + R^{a}{}_{cdb} + R^{a}{}_{dbc} = 0$$

sowie

$$R^{a}{}_{bcd;e} + R^{a}{}_{bde;c} + R^{a}{}_{bec;d} = 0$$

Beweis:

Hier ist es unzweckmäßig, die Rechnung in beliebigen Koordinaten durchzuführen, da die große Zahl der auftretenden Terme lästig ist.
Ein besseres Vorgehen besteht in der Festlegung eines Punkts $x \in M$ und der Verwendung von Normalkoordinaten mit Ursprung x. Dann fallen alle Christof-

felsymbole $\Gamma^a_{bc}(x)$ weg; es bleiben nur ihre Ableitungen übrig. Das verringert den Arbeitsaufwand erheblich. Die trivialen Details der Deduktion bleiben dem Leser überlassen.

Wir erwähnen noch einige mit R^a_{bcd} verwandte Tensoren:

Definition 4.4.3:
Der **Riccitensor** eines Riemannschen Raums ist die Verjüngung des Riemanntensors gemäß

$$R_{ab} = R^c_{acb}$$

während der **Krümmungsskalar** gleich

$$R = g^{ab} R_{ab}$$

oder auch

$$R = g^{ab} R^c_{acb} = g^{ac} g^{bd} R_{abcd}$$

gesetzt wird. Als **Einsteintensor** bezeichnet man den Ausdruck

$$G_{ab} = R_{ab} - \frac{1}{2} g_{ab} R$$

Aus den Bianchi-Identitäten ergibt sich ein für die **allgemeine Relativitätstheorie** fundamentales Resultat,

Satz 4.4.6:
Der Einsteintensor ist divergenzfrei:

$$G^{ab}_{;b} = 0$$

und symmetrisch,

$$G_{ab} = G_{ba}$$

Die letztgenannte Eigenschaft wird (in Riemannschen Räumen) vom Riccitensor geteilt,

$$R_{ab} = R_{ba}$$

Beweis:

Die in Satz 4.4.3 aufgeführten Symmetrien ziehen

$$R_{bd} = g^{ac} R_{abcd} = g^{ca} R_{cdab} = R_{db}$$

nach sich; daraus folgt das Nämliche in Bezug auf G_{ab}.

Die verlangte Differentialgleichung erhalten wir aus Satz 4.4.5. Es ist

$$0 = R^{ab}{}_{ab;e} + R^{ab}{}_{be;a} + R^{ab}{}_{ea;b} = R_{;e} - R^{ba}{}_{be;a} - R^{ab}{}_{ae;b}$$

$$= R_{;e} - 2 R^{a}{}_{e;a}$$

was unmittelbar die Behauptung liefert.

Sozusagen "pure Krümmung" vermittelt der Weyltensor, der sich ebenfalls als Modifikation von $R^{a}{}_{bcd}$ ergibt.

Definition 4.4.4:

Der **Weyltensor** eines Riemannschen Raums der Dimension $n \geq 3$ ist

$$W^{a}{}_{bcd} = R^{a}{}_{bcd} + \frac{1}{n-2} \left[g_{bd} R^{a}{}_{c} - g_{bc} R^{a}{}_{d} + \delta^{a}{}_{c} R_{bd} - \delta^{a}{}_{d} R_{bc} \right] + \frac{1}{(n-1)\cdot(n-2)} \left[\delta^{a}{}_{d} g_{bc} - \delta^{a}{}_{c} g_{bd} \right] R$$

Er hat die gleichen Symmetrien wie der Riemanntensor, im Unterschied zu diesem aber lauter verschwindende Verjüngungen. Seine Bedeutung liegt in der Tatsache, daß zwei Mannigfaltigkeiten der Dimension $n \geq 4$ mit Metrik genau dann aufeinander längentreu abbildbar ("**abwickelbar**") sind, wenn die Weyltensoren in einander entsprechenden Punkten gleich sind.

Bei Dimension 3 verschwindet $W^a{}_{bcd}$ identisch; wir wollen dies aber hier nicht vertiefen und verzichten auf eine eingehendere Diskussion der Weylkrümmung.

Wir weisen lediglich noch darauf hin, daß die Anzahl der unabhängigen unter den n^4 Komponenten des Riemanntensors wegen der Symmetrien und der 1. Bianchi-Identität nur

$$\frac{1}{12}\, n^2\, (n^2-1)$$

also der Reihe nach 1,6,20 für n = 2,3,4, beträgt.

Im Spezialfall der **Flächentheorie** (n = 2) sind R_{1212}, R_{1221}, R_{2112}, R_{2121} die einzigen nicht identisch verschwindenden Koeffizienten. Eine genaue Rechnung zeigt, daß der Krümmungsskalar gleich dem (-2)-fachen der **Gaußkrümmung** K ist:

$$R = -2K$$

Da K die im wesentlichen einzige Krümmungsinvariante einer Fläche ist, s. Gauß [1827], war ein derartiges Ergebnis (abgesehen vom Vorfaktor) von vorneherein zu erwarten.

4.5. Rauminhalt

Für manche Untersuchungen von Tangential-, Kotangential- oder anderen Vektorbündeln über einer Mannigfaltigkeit reichen die durch die Karten definierten Koordinatensysteme nicht aus. Häufig hilft aber eine naheliegende Verallgemeinerung weiter:

Definition 4.5.1:

(a) Ein **kovariantes n-Bein** auf einer n-dimensionalen Mannigfaltigkeit M ist ein System von n Vektorfeldern $e_1,\dots,e_n$, so daß in allen $x \in M$ die lokalen Vektoren $e_1(x),\dots,e_n(x)$ eine Basis des Tangentialraums TM_x bilden.

(b) Entsprechend ist ein **kontravariantes n-Bein** ein n-Tupel $e^1,\dots,e^n$ von 1-Formen, die überall eine Basis $e^1(x),\dots,e^n(x)$ des Kotangentialraums liefern.

(c) Zwei n-Beine $e^1,\dots,e^n$ und $e_1,\dots,e_n$ sind **dual** zueinander, wenn an jeder Stelle die Dualitätsbedingung

$$\langle e^i(x), e_j(x)\rangle = \delta^i_j$$

erfüllt ist.

(d) M heißt **parallelisierbar**, wenn es ein **globales n-Bein** auf M gibt.

Es ist klar, daß es zu jedem (kontra- oder kovarianten) n-Bein auf M ein eindeutig bestimmtes duales gibt, das man durch punktweise Konstruktion der Dualbasis finden kann (die glatte Abhängigkeit vom Ort folgt aus dem Satz über implizite Funktionen). Deshalb ist es gleichgültig, von welchem Typ das in Teil (d) vorausgesetzte n-Bein ist.
Die Parallelisierbarkeit zweier Mannigfaltigkeiten M und N hat die des direkten Produkts $M \times N$ zur Folge.
Man sieht zudem leicht ein, daß $\mathbb{R}$ und $\mathbb{S}^1$ parallelisierbar sind, also auch der **euklidische Raum**

$$\mathbb{R}^n = \mathbb{R} \times \ldots \times \mathbb{R}$$

und der **Torus**

$$\mathbb{T}^n = \mathbb{S}^1 \times \ldots \times \mathbb{S}^1$$

Eine wesentlich interessantere Frage ist, welche **Sphären** parallelisierbar sind. Sie führt auf tiefliegende Zusammenhänge mit Algebra und algebraischer Topologie (**K-Theorie**). Wir werden in Abschn. 11.5 ausführlicher darauf zurückkommen.

Die folgenden Begriffe sind direkte Übertragungen der entsprechenden Eigenschaften von Koordinatensystemen.

Definition 4.5.2:

Ein kovariantes n-Bein $e_1,\ldots,e_n$ auf einem n-dimensionalen Riemannschen Raum M mit Metrik g heißt **orthogonal**, wenn für alle $i \neq j$ die Gleichung $g(e_i,e_j) = 0$ besteht. Ist darüber hinaus $g(e_i,e_i) = \pm 1$, also für alle $i,j \in \{1,\ldots,n\}$ die Bedingung

$$g(e_i,e_j) = \pm \delta^i{}_j$$

erfüllt, so nennen wir $e_1,\ldots,e_n$ **orthonormiert**. Das Analoge gilt für kontravariante n-Beine.

In Bezug auf ein orthonormales Koordinatensystem sind alle Komponenten des Metriktensors gleich 1,-1 oder 0 und aus Stetigkeitsgründen konstant. Damit verschwinden alle Christoffelsymbole und a fortiori auch der Riemanntensor. Orthonormalkoordinaten können daher nur in flachen Mannigfaltigkeiten existieren.

Ganz im Gegensatz hierzu kann man jedes vorgegebene n-Bein orthonormalisieren, indem man etwa das bekannte Verfahren von Gram und Schmidt simultan in allen Punkten des Raumes anwendet. Es ist unmittelbar einzusehen, daß dies auf ein orthonormales n-Bein führt. Diese Beobachtung nutzen wir zur Einführung einer ausgezeichneten Volumenform auf orientierten Riemannschen Räumen.

Satz 4.5.1:

Sei M ein orientierter n-dimensionaler Riemannscher Raum. Wir wählen zu jedem $x \in M$ eine positiv orientierte Basis $\alpha^1,\dots,\alpha^n$ des Kotangentialraums T^*M_x aus und setzen

$$\omega_R(x) = \alpha^1 \wedge \dots \wedge \alpha^n$$

Vermöge der Zuordnung $x \longmapsto \omega_R(x)$ wird eine nirgends verschwindende n-Form $\omega_R \in \Lambda^n(M)$ definiert, die als **Riemannsche Volumenform** bekannt ist.
Das Integral

$$\mathrm{vol}\ M = \int_M \omega_R$$

von ω_R über M wird als der **Rauminhalt** oder das **(Riemannsche) Volumen** von M bezeichnet. Ebenso definieren wir das Volumen eines Teilbereichs $B \subseteq M$ durch

$$\mathrm{vol}\ B = \int_B \omega_R$$

sofern das Integral existiert.

Bemerkung:

Die letzte Festsetzung ist eine echte Verallgemeinerung, da das Integral über B auch dann einen wohlbestimmten Wert haben kann, wenn B keine Mannigfaltigkeit ist. Als Beispiel mag die abgeschlossene n-dimensionale Einheitskugel

$$K_n = \left\{ x \in \mathbb{R}^n \;\middle|\; |x| \le 1 \right\}$$

dienen. Sie hat ein endliches Volumen (Satz 4.5.3), die Randpunkte, welche die Sphäre Ω_n bilden, besitzen aber keine zu $\mathbb{R}^n$ homöomorphen Umgebungen, was für Punkte einer Mannigfaltigkeit der Fall sein müßte.
Tatsächlich ist K_n eine **Mannigfaltigkeit mit Rand**. Wir werden diese jedoch

im weiteren Verlauf unserer Betrachtungen nicht benötigen und verzichten daher auf eine eingehende Diskussion.

Beweis:

Hätten wir eine andere Basis von T^*M_x gewählt, z.B. $\beta^1,\dots,\beta^n$, wäre dasselbe $\omega_R(x)$ herausgekommen; denn nach den Regeln der linearen Algebra ist

$$\beta^1 \wedge \dots \wedge \beta^n = \det(\tau)\, \alpha^1 \wedge \dots \wedge \alpha^n$$

wobei τ die umkehrbare lineare Abbildung des Kotangentialraums auf sich bedeutet, die durch $\tau(\alpha^i) = \beta^i$ eindeutig bestimmt ist.

Wegen der vorausgesetzten Orthonormalität der α^i wie auch der β^i ist $\det(\tau)$ vom Betrag 1; darüber hinaus ist τ orientierungserhaltend, also $\det(\tau) > 0$. Zusammen bedeutet dies $\det(\tau) = 1$ und

$$\alpha^1 \wedge \dots \wedge \alpha^n = \beta^1 \wedge \dots \wedge \beta^n$$

Damit ist $\omega_R(x)$ unabhängig von der Auswahl der Basis α^i und von Null verschieden, weil die α^i linear unabhängig sind.

Interpretieren wir schließlich $\alpha^1,\dots,\alpha^n$ als lokale Werte eines in einer Umgebung von x definierten orthonormalen n-Beins (das man durch das Gram-Schmidt-Verfahren aus den Koordinatendifferentialen $dx^1,\dots,dx^n$ einer geeigneten Karte erhält), sehen wir, daß $\omega_R(x)$ eine C^∞-Funktion von x und somit eine n-Form ist.

Für spätere Anwendung notieren wir noch

Satz 4.5.2:

Die Standardkoordinaten eines Punkts $x \in \mathbb{R}^n$ werden wie üblich mit $x^1,\dots,x^n$ bezeichnet.

(a) Die Riemannsche Volumenform von $\mathbb{R}^n$ ist einfach das **Euklidische Volumenelement**

$$\omega_E(x) = dx^1 \wedge \dots \wedge dx^n$$

(b) Für die (n-1)-Sphäre

$$\Omega_n = \left\{ x \in \mathbb{R}^n \;\middle|\; |x| = 1 \right\} \cong \mathbb{S}^{n-1}$$

läßt sich ω_R auf die Form

$$\omega_S(x) = \sum_{i=1}^{n} (-1)^i x^i \, dx^1 \wedge \ldots \wedge dx^{i-1} \wedge dx^{i+1} \wedge \ldots dx^n$$

bringen.

Beweis:

(a) ist trivial. Wir bezeichnen mit r den euklidischen Abstand des Punktes $(x^1,\ldots,x^n) \in \mathbb{R}^n$ vom Ursprung. Dann haben wir

$$r^2 = (x^1)^2 + \ldots + (x^n)^2$$

woraus wir durch Differenzieren die Beziehung

$$r\,dr = x^1\,dx^1 + \ldots + x^n\,dx^n$$

ableiten. Die Sphäre Ω_n ist die Lösungsmenge der Gleichung $r = 1$ in $\mathbb{R}^n$. Deshalb ergibt die Einschränkung einer (n-1)-Form $\omega \in \Lambda^{n-1}(\mathbb{R}^n)$ auf Ω_n die gesuchte sphärische Volumenform, sofern

$$dr \wedge \omega = \omega_R = dx^1 \wedge \ldots \wedge dx^n$$

erfüllt ist. Durch direktes Ausmultiplizieren bestätigen wir, daß dies auf $\omega = \omega_S$ zutrifft.

Das Volumen von $\mathbb{R}^n$ ist natürlich ∞. Hingegen haben kompakte Bereiche stets endliche Volumina. Konkret benötigen wir für die in Teil F (Kap. 24 und 25) durchzuführenden Untersuchungen den

Satz 4.5.3:

(a) Die n-dimensionale Vollkugel K_n vom Radius 1 hat den Inhalt

$$\operatorname{vol} K_{2k} = \frac{\pi^k}{k!}$$

bei gerader Dimension n = 2k und

$$\operatorname{vol} K_{2k+1} = \frac{k!}{(2k+1)!} 2^{2k+1} \pi^k$$

falls n = 2k+1 ungerade ist. Beide Formeln kombinieren sich zu der für alle Dimensionen gültigen

$$\operatorname{vol} K_n = \frac{\pi^{n/2}}{\Gamma\left(\frac{n}{2}+1\right)}$$

(b) Die Oberfläche der Kugel ist

$$\operatorname{vol} \Omega_{2k} = \frac{2\,\pi^k}{(k-1)!}$$

bzw.

$$\operatorname{vol} \Omega_{2k+1} = \frac{k!}{(2k)!} 2^{2k+1} \pi^k$$

oder, wenn wir den allgemeineren Ausdruck mit der Gammafunktion bevorzugen,

$$\operatorname{vol} \Omega_n = \frac{2\,\pi^{n/2}}{\Gamma\left(\frac{n}{2}\right)}$$

(c) Zwischen Volumen und Oberfläche besteht die **Archimedische Beziehung**

$$\operatorname{vol}(\Omega_n) = n \cdot \operatorname{vol}(K_n)$$

Beweis:

Für den Augenblick bezeichnen wir die abgeschlossene m-dimensionale Kugel

vom Radius r mit $K_m(r)$.
Die Berechung des Volumens von $K_m(r)$ läßt sich durch Umskalieren elementar auf das von $K_m(1) = K_m$ zurückführen:

$$\mathrm{vol}\ K_m(r) = r^m \ \mathrm{vol}\ K_m$$

Die im Beweis des Satzes 4.5.2 benutzte Beziehung $\omega_R = dr\wedge\omega_S$ zwischen den Volumenformen im euklidischen Raum und auf der Sphäre ergibt

$$\mathrm{vol}\ \Omega_n = \frac{\partial}{\partial r}\ \mathrm{vol}\ K_n(r)\Big|_{r=1} = \mathrm{vol}\ K_n(r)\ \frac{\partial r^n}{\partial r}\Big|_{r=1} = n\cdot\mathrm{vol}\ K_n$$

also den Satz von Archimedes. Dieser wiederum erlaubt es, die Formel für vol Ω_n aus der für vol K_n abzuleiten.
Der Durchschnitt der Hyperebene $x^n = c \in [-1,1]$ mit $K_n = K_n(1)$ ist eine zu $K_{n-1}(r)$ isomorphe Kugel des Radius

$$r = \sqrt{1-c^2}$$

Wir erhalten

$$\mathrm{vol}\ K_n = \int_{c=-1}^{1} \mathrm{vol}\ K_{n-1}\left(\sqrt{1-c^2}\right) dc = \int_{c=-1}^{1} \left[1-c^2\right]^{(n-1)/2} \mathrm{vol}\ K_{n-1}\ dc$$

also für den Quotienten zweier aufeinanderfolgender Inhalte

$$\frac{\mathrm{vol}\ K_n}{\mathrm{vol}\ K_{n-1}} = \int_{c=-1}^{1} \left[1-c^2\right]^{(n-1)/2} dc = \int_{\alpha=0}^{\pi} \sin^n\alpha\ d\alpha$$

Dabei haben wir die naheliegende trigonometrische Substitution $c = \cos\alpha$ verwendet. Es kommt damit nur auf die Auswertung des Integrals

$$I_n = \int_{\alpha=0}^{\pi} \sin^n\alpha\ d\alpha$$

an. Die Umformung

$$\sin^n\alpha = \left[1 - \cos^2\alpha\right] \sin^{n-2}\alpha$$

(k ≥ 2) liefert nach partieller Integration und leichter Vereinfachung

$$I_n = \frac{n-1}{n} I_{n-2}$$

sowie

$$I_n I_{n-1} = \frac{n-1}{n} \frac{n-2}{n-1} I_{n-2} I_{n-3} = \frac{n-2}{n} I_{n-2} I_{n-3}$$

oder

$$n I_n I_{n-1} = (n-2) I_{n-2} I_{n-3}$$

Mit den elementaren Integralen

$$I_0 = \pi$$

$$I_1 = 2$$

erhalten wir durch Induktion die Behauptung. Die Umrechnung auf die Γ-Funktion ergibt sich aus deren Funktionalgleichung.

Die in Satz 4.5.1 enthaltene Definition der Volumenform ist etwas unbequem, weil sie die vorherige Festlegung eines orthonormalen n-Beins erfordert. Deshalb ist eine Darstellung in einem beliebigen orientierten Koordinatensystem von Interesse.

Satz 4.5.4:
Die Volumenform ω eines n-dimensionalen orientierten Riemannschen Raums läßt sich in einem positiv orientierten Koordinatensystem $x \longmapsto (x^1,\dots,x^n)$ nach

$$\omega = \sqrt{|\det g|}\ dx^1 \wedge \ldots \wedge dx^n$$

berechnen. Dabei ist g die Matrix der kovarianten Metrikkomponenten

$$g_{ij} = g(\partial_i, \partial_j)$$

Beweis:

Die Formel ist in $x \in M$ sicher richtig, wenn wir Normalkoordinaten mit Zentrum x (Abschn. 4.3) benutzen. Der Satz folgt daraus, daß beide Seiten sich unter orientierungserhaltenden Kartenwechseln gleichartig transformieren.

4.6. Dualität

Auf dem Graßmannbündel einer orientierten Riemannschen Mannigfaltigkeit existiert neben der Cartan-Ableitung noch eine weitere koordinatenunabhängige lineare Transformation, nämlich die Dualität.
Im Unterschied zum Cartan-Differential ist diese jedoch eine rein algebraische Abbildung; deshalb wollen wir sie zuerst auf der Graßmannalgebra $\Lambda(V)$ eines geeigneten Vektorraums V einführen.

Definition 4.6.1:
Sei V ein n-dimensionaler orientierter reeller Vektorraum mit nichtausgeartetem symmetrischem Skalarprodukt $\langle .,. \rangle$. Wir wählen eine positiv orientierte orthonormale Basis $e_1, \ldots, e_n$ aus.
Das bedeutet $\langle e_i, e_j \rangle = 0$ für $i \neq j$, während die **Normen**

$$\| e_i \| = \langle e_i, e_i \rangle$$

gleich ± 1 sind. Die **Volumenform** berechnet sich zu

$$\omega = e_1 \wedge \ldots \wedge e_n$$

Die **algebraische Dualität** ist die lineare Abbildung

$$\begin{aligned} *: \Lambda(V) &\longrightarrow \Lambda(V) \\ \alpha &\longmapsto {}^*\alpha \end{aligned}$$

mit

$$^*(e_{\pi(1)} \wedge \ldots \wedge e_{\pi(k)}) = \operatorname{sgn}(\pi) \, \| e_{\pi(1)} \| \ldots \| e_{\pi(k)} \| \, e_{\pi(k+1)} \wedge \ldots \wedge e_{\pi(n)}$$

für $0 \le k \le n$ und $\pi \in S_n$.

Die Graßmannalgebra $\Lambda(V)$ ist die direkte Summe der Unterräume $\Lambda^k(V)$, die

jeweils von den k-Formen $e_{\pi(1)} \wedge \ldots \wedge e_{\pi(k)}$ aufgespannt werden. Daher kann es höchstens eine lineare Abbildung mit den genannten Eigenschaften geben.
Daß sie auch wirklich existiert, liegt an der Antikommutativität der Keilprodukte von 1-Formen, die durch den Vorfaktor $\mathrm{sgn}(\pi)$ gerade kompensiert wird, und an der Nichtexistenz weiterer linearer Relationen zwischen den betrachteten Erzeugenden.
Ebenso leicht erkennt man die Unabhängigkeit der Dualität von der gewählten Basis. Sie kann auch dadurch zum Ausdruck gebracht werden, daß das Produkt $e_{\pi(1)} \wedge \ldots \wedge e_{\pi(k)}$ mit seinem Dualen multipliziert bis aufs Vorzeichen die Volumenform liefert:

$$\left[e_{\pi(1)} \wedge \ldots \wedge e_{\pi(k)}\right] \wedge {}^*\left[e_{\pi(1)} \wedge \ldots \wedge e_{\pi(k)}\right] = \|e_{\pi(1)}\| \ldots \|e_{\pi(k)}\| \, \omega$$

Diese Eigenschaft bleibt bei Übergang auf ein anderes Orthonormalsystem erhalten.
Wir stellen einige triviale Informationen über die algebraische Dualität zusammen, deren Beweise sich unmittelbar aus der Definition ergeben.

<u>Satz</u> <u>4.6.1:</u>

(a) Die algebraische Dualität über dem (orientierten) Vektorraum $V \cong \mathbb{R}^n$ bildet die k-Formen bijektiv auf die (n-k)-Formen ab.

(b) Zweimaliges Dualisieren reproduziert ein $\alpha \in \Lambda^k(V)$, abgesehen von einem in manchen Fällen auftretenden Vorzeichen. Die präzise Formel ist

$$^{**}\alpha = (-1)^{k(n-k)} \, \mathrm{sgn}(\det g) \, \alpha$$

Darin ist $\mathrm{sgn}(\det g)$ das Vorzeichen der Metrikdeterminante. Bei positiv definiter Metrik und ungerader Dimension n ist "*" involutorisch.

Die Dualität erlaubt die Einführung eines Skalarprodukts auf der gesamten Graßmannalgebra.

<u>Definition</u> <u>4.6.2:</u>

Auf der Graßmannalgebra $\Lambda(V)$ über $V = \mathbb{R}^n$ (mit Orientierung) induziert jedes nichtausgeartete symmetrische Skalarprodukt $<.,.>$ ein mit demselben Symbol bezeichnetes Produkt, das durch die Bilinearität im Verein mit den folgenden Bedingungen eindeutig bestimmt wird:

(a) Für $\alpha \in \Lambda^k(V)$ und $\beta \in \Lambda^m(V)$ ist $\langle\alpha,\beta\rangle = 0$, falls k und m voneinander verschieden sind.

(b) Sind hingegen α und β von derselber Stufe, so gilt

$$\alpha \wedge {}^*\beta = \langle\alpha,\beta\rangle\, \omega$$

wobei ω die (positiv orientierte) Euklidische Volumenform bedeutet, also in Standardkoordinaten

$$\omega = e_1 \wedge \dots \wedge e_n$$

Man beachte, daß diese Definition mit der Identifikation $\Lambda^1(V) \Longleftrightarrow V$ verträglich ist. Die zu einer C^∞-Funktion (= 0-Form) f duale n-Form ist $f\,\omega$. Es ist auch möglich, das Skalarprodukt ohne explizite Bezugnahme auf eine Orthonormalbasis zu berechnen:

<u>Satz 4.6.2:</u>

Das Skalarprodukt zweier k-Formen der speziellen Gestalt

$$\alpha = u_1 \wedge \dots \wedge u_k$$

und

$$\beta = v_1 \wedge \dots \wedge v_k$$

$(u_i, v_i \in V)$ ist als Determinante der Matrix mit Koeffizienten $\langle u_i, v_j\rangle$ darstellbar:

$$\langle\alpha,\beta\rangle = \det \langle u_i, v_j\rangle$$

Der Zusammenhang mit der Dualität ergibt sich gemäß

$$\langle\alpha,\beta\rangle = {}^*(\alpha\wedge {}^*\beta) = {}^*(\beta\wedge {}^*\alpha)$$

Beweis:

Folgt direkt aus der Definition.

Wir übertragen die gerade eingeführte algebraische Dualität in der naheliegenden Weise auf Mannigfaltigkeiten.

Definition 4.6.3:

Sei M ein orientierter n-dimensionaler Riemannscher Raum mit Metrik g. Die **Dualität** ordnet jeder k-Form ψ eine (n-k)-Form $^*\psi$ zu.

Der lokale Wert $^*\psi(x)$ von $^*\psi$ an der Stelle $x \in M$ ergibt sich dabei als das Bild von $\psi(x) \in \Lambda^k(T^*M_x)$ unter der algebraischen Dualität über dem Kotangentialraum $V = T^*M_x$ mit dem Skalarprodukt

$$<\alpha,\beta> \;=\; g(\alpha,\beta) \;=\; g^{ij}\,\alpha_i\,\beta_j$$

Es ist klar, daß $^*\psi(x)$ eine glatte Funktion des Ortes x und somit $^*\psi$ eine Differentialform (der Stufe n-k) ist. Auch auf $\Lambda(M)$ läßt sich ein Skalarprodukt erklären, das jedoch im Gegensatz zu seinem algebraischen Pendant eine Integration beinhaltet:

Definition 4.6.4:

Das **Skalarprodukt** zweier Differentialformen α und β der Stufe k über der orientierten Riemannschen Mannigfaltigkeit M lautet

$$<\alpha,\beta>_M \;=\; \int_M \alpha \wedge {}^*\beta$$

Vermöge der Festsetzung, daß $\Lambda^k(M)$ und $\Lambda^m(M)$ orthogonal sein sollen, wenn $k \neq m$ ist, dehnen wir $<.,.>_M$ linear auf ganz $\Lambda(M)$ aus.

4.7. Klassische Vektoranalysis

Der Raum, in dem wir leben, ist dreidimensional und in außerordentlich guter Approximation euklidisch. Aus diesem Grund sind viele Ergebnisse über Mannigfaltigkeiten zuerst am Beispiel des $\mathbb{R}^3$ gefunden worden.

So bemerkte man bereits relativ kurze Zeit nach der Entdeckung der Infinitesimalrechnung, daß es in $\mathbb{R}^3$ einige Differentialoperatoren gibt, die unabhängig von Koordinatensystemen eine geometrische Bedeutung besitzen.

Es handelt sich dabei im wesentlichen um drei Ableitungsprozeduren erster Ordnung, den **Gradienten (grad)**, die **Rotation (rot)** und die **Divergenz (div)**.

Dazu gesellt sich noch die unter allen Differentiationsvorschriften zweiter Ordnung bei weitem wichtigste, nämlich der **Laplace-Operator**, zumeist mit Δ bezeichnet.

Da uns als Derivation auf Riemannschen Räumen nur die **Cartan-Ableitung** d bekannt ist, liegt der Verdacht nahe, die genannten Abbildungen könnten mit ihrer Hilfe ausgedrückt werden. Daraus ergäbe sich dann auch unmittelbar die Invarianz unter Kartenwechseln.

Auf den Gradienten trifft das auch zu, während wir für die anderen Transformationen zusätzlich noch die **Dualität**, die ja ebenfalls koordinatenunabhängig ist, brauchen.

Wir beginnen damit, daß wir die fraglichen Operatoren erster Ordnung in (positiv orientierten) kartesischen Koordinaten (x,y,z) aufschreiben. Dabei bedienen wir uns aus Gründen der Übersicht nicht der Indexnotation, sondern verwenden, wie es früher üblich war, verschiedene, im deutschen Alphabet benachbarte Buchstaben, um die Komponenten von Vektoren auszudrücken.

Die Dualität ist über $\mathbb{R}^3$ explizit durch die Formeln

$$^*1 = dx \wedge dy \wedge dz$$

$$^*dx = dy \wedge dz$$

$$^*dy = dz \wedge dx$$

$$^*dz = dx \wedge dy$$

$$^*(dy\wedge dz) = dx$$

$$^*(dz\wedge dx) = dy$$

$$^*(dx\wedge dy) = dz$$

$$^*(dx\wedge dy\wedge dz) = 1$$

charakterisiert.

Wegen der Verwendung von kartesischen (Orthonormal-)Koordinaten verwischt sich der Unterschied zwischen kontra- und kovarianten Vektorfeldern, denn die Metrik ist ja durch die Einheitsmatrix gegeben, lautet also in Komponenten $g_{ij} = \delta_{ij}$ bzw. $g^{ij} = \delta^{ij}$. Deshalb muß man bei der Verallgemeinerung auf beliebige Karten sorgsam darauf achten, welches die jeweils korrekte Interpretation ist. Auch dabei ist die Übertragung auf die erheblich weiterreichende Cartantheorie von großem Nutzen.

In der **klassischen Vektoranalysis**, die sich mit den angesprochenen Fragestellungen auseinandersetzt, ist es üblich, nur (glatte) Funktionen, d.h. 0-Formen in heutiger Nomenklatur, und (kovariante) Vektorfelder, also 1-Formen zu betrachten. Schnitte in den Bündeln $\Lambda^2(\mathbb{R}^3)$ oder $\Lambda^3(\mathbb{R}^3)$ werden durch die dualen, die dann wieder in $\Lambda^1(\mathbb{R}^3)$ bzw. $\Lambda^0(\mathbb{R}^3)$ liegen, ersetzt.

Am bequemsten läßt sich die geplante Untersuchung durchführen, wenn wir von der Cartanableitung d ausgehen und die Komponentenversion jeweils mittels grad, rot und div darstellen.

Wir wenden zuerst d auf eine 0-Form f an. Wegen $d(\Lambda^0) \subseteq \Lambda^1$ resultiert das in einer 1-Form. Nach den Ausführungen des Abschnitts 3.5 ist

$$df = \frac{\partial f}{\partial x}\,dx + \frac{\partial f}{\partial y}\,dy + \frac{\partial f}{\partial z}\,dz$$

während der Gradient in unserer Basis

$$\operatorname{grad} f = \left[\frac{\partial f}{\partial x}, \frac{\partial f}{\partial y}, \frac{\partial f}{\partial z} \right]$$

lautet. Der Gradient ist also nichts anderes als eine andere Schreibweise für das Differential einer 0-Form.

Etwas komplizierter ist die Situation bei 1-Formen. Es ist $d(\Lambda^1) \subseteq \Lambda^2$, und wir müssen zum Zwecke der klassischen Interpretation nach dem Differenzieren noch dualisieren, um wieder auf eine 1-Form zu kommen.

Sci das Ausgangsfeld (u,v,w) in herkömmlicher, d.h. $u\,dx + v\,dy + w\,dz$ in moderner Notation. Wir finden

$$d\,(u\,dx + v\,dy + w\,dz) = du \wedge dx + dv \wedge dy + dw \wedge dz$$

$$= \left(\frac{\partial w}{\partial y} - \frac{\partial v}{\partial z}\right) dy \wedge dz + \left(\frac{\partial u}{\partial z} - \frac{\partial w}{\partial x}\right) dz \wedge dx + \left(\frac{\partial v}{\partial x} - \frac{\partial u}{\partial y}\right) dx \wedge dy$$

und folglich

$$^*d\,(u\,dx + v\,dy + w\,dz) = \left(\frac{\partial w}{\partial y} - \frac{\partial v}{\partial z}\right) dx + \left(\frac{\partial u}{\partial z} - \frac{\partial w}{\partial x}\right) dy + \left(\frac{\partial v}{\partial x} - \frac{\partial u}{\partial y}\right) dz$$

Dagegen ist

$$\text{rot}\,(u,v,w) = \left(\frac{\partial w}{\partial y} - \frac{\partial v}{\partial z}, \frac{\partial u}{\partial z} - \frac{\partial w}{\partial x}, \frac{\partial v}{\partial x} - \frac{\partial u}{\partial y}\right)$$

und wir haben rot $= {}^*d$ auf dem Raum der 1-Formen in $\mathbb{R}^3$.
Als nächstes untersuchen wir die Cartan-Ableitungen der 2-Formen. Aufgrund von $d(\Lambda^2) \subseteq \Lambda^3$ dualisieren wir vor und nach der Differentiation, berechnen also ${}^*d{}^*(u\,dx + v\,dy + w\,dz)$. Die zu $u\,dx + v\,dy + w\,dz$ duale 2-Form ist

$$^*(u\,dx + v\,dy + w\,dz) = u\,dy \wedge dz + v\,dz \wedge dx + w\,dx \wedge dy$$

Ableiten führt auf

$$d\,^*(u\,dx + v\,dy + w\,dz) = \left(\frac{\partial u}{\partial x} + \frac{\partial v}{\partial y} + \frac{\partial w}{\partial z}\right) dx \wedge dy \wedge dz$$

und nochmaliger Übergang zur dualen Form ergibt schließlich

$$^*d\,^*(u\,dx + v\,dy + w\,dz) = \frac{\partial u}{\partial x} + \frac{\partial v}{\partial y} + \frac{\partial w}{\partial z}$$

was unmittelbar als

$$\text{div}\,(u,v,w) = \frac{\partial u}{\partial x} + \frac{\partial v}{\partial y} + \frac{\partial w}{\partial z}$$

identifiziert werden kann.
Die einzige noch verbleibende Möglichkeit, nämlich die Anwendung von d auf 3-Formen, ergibt nichts Interessantes, weil die Dreidimensionalität des Raums $d(\Lambda^3) \subseteq \Lambda^4 = 0$ impliziert.
Es ist einsichtig, daß sich der Gradient und die Divergenz vermöge der Be-

schreibungen mit "*" und "d" auf alle $\mathbb{R}^n$ (und sogar beliebige orientierte Riemannsche Mannigfaltigkeiten) ausdehnen lassen. Für die Rotation ist die angegebene Formel aber nur bei 3-dimensionalen Räumen zweckmäßig, denn es ist ${}^*d(\Lambda^1) \subseteq \Lambda^{n-2}$, wenn n die Dimension bezeichnet. Ist $n \geq 3$, so wäre stattdessen die Cartan-Ableitung einer 1-Form, deren Stufe nur 2 ist, einfacher zu handhaben. Aus diesem Grunde beschränkt man die Bezeichnung "rot" normalerweise auf $\mathbb{R}^3$ oder - etwas allgemeiner - auf dreidimensionale Mannigfaltigkeiten.

Der Vollständigkeit zuliebe geben wir aber noch die zweidimensionale Entsprechung an, da dann ${}^*d(\Lambda^1) \subseteq \Lambda^0$ ist. Die Rotation ist über den expliziten Ausdruck

$$\operatorname{rot}\,(u,v) = \frac{\partial v}{\partial x} - \frac{\partial u}{\partial y}$$

definiert, während andererseits

$$d\,(u\,dx + v\,dy) = \left(\frac{\partial v}{\partial x} - \frac{\partial u}{\partial y}\right) dx \wedge dy$$

und

$${}^*d\,(u\,dx + v\,dy) = \frac{\partial v}{\partial x} - \frac{\partial u}{\partial y}$$

gilt, d.h. auch hier ist "rot" als "${}^*d$" zu verstehen.

Wir fassen die bisherigen Betrachtungen und Ergebnisse des vorliegenden Abschnitts zusammen.

Satz 4.7.1:

(a) Der **Gradient** einer C^∞-Funktion $f\colon \mathbb{R}^n \longrightarrow \mathbb{R}$ ist die durch das Differential

$$\operatorname{grad} f = df$$

gegebene 1-Form.

(b) Die **Divergenz** einer 1-Form α auf $\mathbb{R}^n$ ist die 0-Form

$$\operatorname{div} \alpha = {}^*d\,{}^*\alpha$$

(c) In $\mathbb{R}^2$ oder $\mathbb{R}^3$ berechnet sich die **Rotation** einer 1-Form α gemäß

$$\mathrm{rot}\ \alpha = {}^{*}d\ \alpha$$

In $\mathbb{R}^2$ ist rot α eine 0-Form, in $\mathbb{R}^3$ hingegen wiederum eine 1-Form.

Wenn wir Differentialoperatoren zweiter Ordnung konstruieren wollen, die unabhängig von der verwendeten Karte sind, müssen wir wegen der Cartan-Regel dd = 0 zwischen die Differentiationen einen Übergang zum Dualen einschalten. Als Kandidaten kommen daher nur Kombinationen von $d{}^{*}d$, ${}^{*}d{}^{*}d$, $d{}^{*}d{}^{*}$ und ${}^{*}d{}^{*}d{}^{*}$ in Betracht. Die vier genannten Abbildungen transformieren k-Formen der Reihe nach in Differentialformen der Stufen n-k, k, k und n-k; die beiden mittleren lassen also die jeweilige Stufe invariant und sind deshalb von besonderem Interesse.
Als nächstes führen wir einige Bezeichnungen ein.

<u>Definition</u> <u>4.7.1:</u>
Sei M ein orientierter Riemannscher Raum der Dimension n.
(a) Mit Hilfe des Cartan-Differentials d erklären wir für k-Formen das **Kodifferential** (die **Koableitung**) δ durch

$$\delta = (-1)^{n(k+1)+1}\ {}^{*}d{}^{*}$$

und setzen δ linear auf ganz $\Lambda(M) = \Lambda^0(M) \oplus \ldots \oplus \Lambda^n(M)$ fort.
(b) Der **Laplace-Beltrami-Operator** ist allgemein

$$\Delta = -\,d\,\delta - \delta\,d$$

und damit speziell bei Anwendung auf eine k-Form

$$\Delta = (-1)^{nk}\ {}^{*}d{}^{*}d + (-1)^{n(k+1)}\ d{}^{*}d{}^{*} = (-1)^{nk}\left[{}^{*}d{}^{*}d + (-1)^{n}\ d{}^{*}d{}^{*}\right]$$

(c) Eine k-Form α heißt **geschlossen**, wenn $d\alpha = 0$ ist, und **exakt**, falls es eine (k-1)-Form β gibt mit $d\beta = \alpha$.
(d) Dual hierzu nennen wir α **kogeschlossen**, falls $\delta\alpha = 0$ ist, und **koexakt**, sofern eine (k+1)-Form β mit $\delta\beta = \alpha$ existiert.

(e) Schließlich ist eine **harmonischen Form** ein $\alpha \in \Lambda(M)$ mit $\Delta\alpha = 0$.

Die etwas merkwürdig anmutenden Vorzeichenfestlegungen erklären sich daraus, daß in kartesischen Koordinaten des $\mathbb{R}^n$ der Laplace-Operator sich auf die aus der klassischen Theorie geläufige Gestalt

$$\Delta = \partial_1^2 + \ldots + \partial_n^2$$

reduziert, während für kompakte Mannigfaltigkeiten δ der zu d adjungierte Operator ist. Die letztere Aussage fassen wir mit einigen weiteren elementaren Eigenschaften von d, δ und Δ zusammen zu

Satz 4.7.2:
Sei M ein orientierter Riemannscher Raum der Dimension n. Dann ist der Laplace-Operator mit der Dualität vertauschbar:

$$* \, \Delta = \Delta \, *$$

d.h. für alle $\alpha \in \Lambda(M)$ ist

$$^*(\Delta\alpha) = \Delta(^*\alpha)$$

Die Iteration von d oder δ liefert Null;

$$d \, d = 0$$

$$\delta \, \delta = 0$$

Ist M kompakt, gilt außerdem

(a) Cartan-Ableitung d und Koableitung δ sind bezüglich des durch

$$\langle\alpha, \beta\rangle = \int_M \alpha \wedge {}^*\beta$$

definierten nicht ausgearteten (und sogar positiv definiten) **Skalarprodukts** auf $\Lambda(M)$ zueinander adjungierte Abbildungen:

$$\langle d\alpha, \beta\rangle = \langle \alpha, \delta\beta\rangle$$

(b) Der Laplace-Beltrami-Operators Δ ist selbstadjungiert:

$$\langle \Delta\alpha, \beta\rangle = \langle \alpha, \Delta\beta\rangle$$

(c) Δ ist negativ definit:

$$\langle \Delta\alpha, \alpha\rangle \leq 0$$

mit Gleichheitszeichen nur für $\alpha = 0$.

(d) Eine Differentialform $\alpha \in \Lambda(M)$ ist genau dann harmonisch, wenn sie zugleich geschlossen und kogeschlossen ist. Es reicht sogar schon aus, die Orthogonalität von α und $\Delta\alpha$ zu verlangen:

$$\langle \alpha, \Delta\alpha\rangle = 0 \quad \Rightarrow \quad \Delta\alpha = 0 \quad \Leftrightarrow \quad (d\alpha = 0 \wedge \delta\alpha = 0)$$

(e) Wenn α harmonisch ist, gilt das Gleiche für die duale Form $^*\alpha$.

<u>Beweis:</u>

Sei $\alpha \in \Lambda^k(M)$ Die Gleichheit von $^*(\Delta\alpha)$ und $\Delta(^*\alpha)$ ergibt sich durch direkte Berechnung. Darüber hinaus besagt die Cartanregel (Definition 3.5.5) das Verschwinden von dd, was seinerseits

$$\delta\,\delta\alpha = \pm\, ^*d^{**}d^*\alpha = \pm\, ^*dd^*\alpha = 0$$

impliziert (die genauen Vorzeichen spielen keine Rolle).

Daß das Skalarprodukt $\langle .,. \rangle: \Lambda(M)\times\Lambda(M) \longrightarrow \mathbb{R}$ symmetrisch und positiv ist, wissen wir bereits. Per definitionem ist

$$\langle d\alpha, \beta\rangle - \langle \alpha, \delta\beta\rangle = \int_M \left[d\alpha \wedge {}^*\beta - \alpha \wedge {}^*\delta\beta \right]$$

wenn α und β Formen der jeweiligen Stufen m-1 und m sind (sonst ist die linke Seite sowieso Null). Der Integrand ist eine exakte Form:

$$d\alpha \wedge {}^*\beta - \alpha \wedge {}^*\delta\beta \;=\; d\alpha \wedge {}^*\beta + (-1)^{m-1}\,\alpha \wedge d{}^*\beta \;=\; d\,(\alpha\wedge{}^*\beta)$$

und der Satz 3.9.2 von Stokes liefert

$$\langle d\alpha,\beta\rangle - \langle\alpha,\delta\beta\rangle \;=\; \int_M d(\alpha\wedge{}^*\beta) \;=\; 0$$

Das ist Behauptung (a), die (b) als direkte Konsequenz nach sich zieht.
(c) ergibt sich aus

$$-\,\langle\Delta\alpha,\alpha\rangle \;=\; \langle d\delta\alpha,\alpha\rangle + \langle\delta d\alpha,\alpha\rangle \;=\; \langle\delta\alpha,\delta\alpha\rangle + \langle d\alpha,d\alpha\rangle \;\geq\; 0$$

da $\langle.,.\rangle$ positiv definit ist. Der letzte Ausdruck kann nur verschwinden, wenn dies für $\delta\alpha$ und $d\alpha$ zugleich zutrifft. Das ist der nichttriviale Teil von (d).
Schließlich folgt (e) unmittelbar aus (a), und der Beweis ist vollständig.

Die Kompaktheit von M ist dabei wesentlich. Beispielsweise hat eine harmonische Funktion (0-Form) f nach Teil (d) ein verschwindendes Differential, ist also auf jeder Zusammenhangskomponente von M konstant. Harmonische Funktionen auf kompakten Räumen sind deshalb ziemlich langweilig.
Für nichtkompakte Mannigfaltigkeiten, wie z.B. $\mathbb{R}^n$, liegen die Verhältnisse völlig anders. Hier existieren viele harmonische Funktionen, die nicht konstant sind. Ihr genaueres Studium verschieben wir auf Teil F, wo wir zahlreiche wichtige Anwendungen (Kugelflächenfunktionen, Laméfunktionen) geben und Verbindungen mit anderen Fragestellungen, etwa Integration auf Sphären etc., aufdecken werden.
Nach den Cartanregeln $dd = 0$ und $\delta\delta = 0$ ist jede exakte Differentialform geschlossen (und jede koexakte kogeschlossen).
Die Frage, inwieweit die Umkehrung dieser Aussage in einer vorgelegten Mannigfaltigkeit zutrifft, ist Gegenstand der **Kohomologietheorie** (vgl. Bott & Tu [1982], Warner [1983] u.a.). Wir wollen hier nur einen sehr speziellen Fall untersuchen, der später gebraucht wird.
Sei α eine geschlossene 1-Form in der einfach zusammenhängenden Mannigfaltigkeit M. Wir legen einen Bezugspunkt $x_0 \in M$ fest und erklären eine glatte Funktion $F \in \Lambda^0(M)$ durch

$$F(x) = \int_\gamma \alpha$$

wobei γ ein von x_0 nach x führender Weg ist. Das ist in der Tat eine sinnvolle Definition. Wäre nämlich γ^* eine zweite, x_0 mit x verbindende Kurve, könnten wir mittels der Homotopie von γ und γ^* eine in M eingebettete Fläche (= zweidimensionale Untermannigfaltigkeit) Γ konstruieren, welche den orientierten Rand $\gamma - \gamma^*$ hat (erst γ vorwärts durchlaufen, danach γ^* rückwärts). Der Satz von Stokes liefert dann aber

$$\int_\gamma \alpha - \int_{\gamma^*} \alpha = \int_{\gamma-\gamma^*} \alpha = \int_{\partial\Gamma} \alpha = \int_\Gamma d\alpha = 0$$

also

$$\int_\gamma \alpha = \int_{\gamma^*} \alpha$$

und F(x) ist von der benutzten Kurve γ unabhängig. Durch Nachrechnen bestätigt man ohne Schwierigkeit die Exaktheit von α:

$$dF = \text{grad } F = \alpha$$

Diese Aussage ist der Spezialfall k = 1 des nachstehenden **Poincaré-Lemmas**:

Satz 4.7.3:
Jede geschlossene k-Form ($k \geq 1$) in einer einfach zusammenhängenden Mannigfaltigkeit ist exakt.

Beweis:
Wegen des einfachen Zusammenhangs können wir uns auf $M = \mathbb{R}^n$ beschränken. Die kartesischen Koordinaten von $\mathbb{R}^n$ heißen wie immer $x^1, \ldots, x^n$. Die Lie-Ableitung nach dem radialen Vektorfeld

$$v = x^a \partial_a$$

ergibt für eine k-Form ω komponentenweise

$$(L_v\omega)_{a_1\ldots a_k} = \omega_{a_1\ldots a_k,m}\,x^m + \omega_{m\ldots a_k}\,x^m{}_{,a_1} + \ldots + \omega_{a_1\ldots m}\,x^m{}_{,a_k}$$

$$= x^m\,\partial_m\,\omega_{a_1\ldots a_k} + k\,\omega_{a_1\ldots a_k}$$

und wird nur dann Null, wenn

$$x^m\,\partial_m\,\omega_{a_1\ldots a_k} = -\,k\,\omega_{a_1\ldots a_k}$$

gilt. Letzteres ist nach dem **Eulerschen Homogenitätssatz** 2.5.1 gleichbedeutend damit, daß $\omega_{a_1\ldots a_k}$ homogen vom Grad (-k) in den x^m ist.

Für $k > 0$ bedingt die Regularität von ω bei 0 das identische Verschwinden von ω, während wir für 0-Formen lediglich auf die Konstanz von ω schließen können. Wir nehmen jetzt $k \geq 1$ an. Dann ist also $L_v : \Lambda^k(M) \longrightarrow \Lambda^k(M)$ injektiv, und es muß eine (lineare) Abbildung α_k von $\Lambda^k(M)$ in sich geben, die linksinvers zu L_v ist:

$$\alpha_k \circ L_v = \mathrm{id}$$

Es ist nicht schwer einzusehen, daß die für alle $p \in \mathbb{R}^n$ durch

$$\alpha_k\colon\ f\,dx^{a_1} \wedge \ldots \wedge dx^{a_k}\,(p) \longmapsto \left[\int_{t=0}^{1} t^{k-1}\,f(tp)\,dt\right] dx^{a_1} \wedge \ldots \wedge dx^{a_k}\,(p)$$

punktweise erklärte Transformation die gewünschte Eigenschaft besitzt. Wir haben nämlich

$$\alpha_k \circ L_v\left[f dx^{a_1}\wedge\ldots\wedge dx^{a_k}\right](p) = \alpha_k\left[\left[kf + x^m\partial_m f\right]dx^{a_1}\wedge\ldots\wedge dx^{a_k}\right](p)$$

$$= \left[\int_{t=0}^{1} t^{k-1}\left[f + x^m\partial_m f\right]_{tp} dt\right] dx^{a_1} \wedge \ldots \wedge dx^{a_k}\,(p)$$

$$= \left[\int_{t=0}^{1} \frac{d}{dt}\left[t^k\,f(tp)\right] dt\right] dx^{a_1} \wedge \ldots \wedge dx^{a_k}\,(p)$$

$$= \left[f dx^{a_1}\wedge\ldots\wedge dx^{a_k}\right](p)$$

Ebenso einfach findet man

$$\alpha_k \circ d = d \circ \alpha_{k-1}$$

und die Identität

$$d\left[\alpha_{k-1} \circ i_v(\omega)\right] = d \circ \alpha_{k-1} \circ i_v(\omega) = \alpha_k \circ d \circ i_v(\omega)$$

Unter Beachtung des Satzes 3.5.5, der, falls ω geschlossen ist,

$$\omega = \alpha_k \circ L_v(\omega) = \alpha_k \circ \left[d \circ i_v(\omega) + i_v \circ d\omega\right] = \alpha_k \circ d \circ i_v(\omega)$$

liefert, entsteht

$$d\left[\alpha_{k-1} \circ i_v(\omega)\right] = \omega$$

und die (k-1)-Form

$$\psi = \alpha_{k-1} \circ i_v(\omega)$$

erfüllt

$$d\psi = \omega$$

Somit ist ω tatsächlich exakt.

Für beliebige Mannigfaltigkeiten M wäre das nicht richtig; die exakten k-Formen bilden einen i.a. echten Unterraum im $\mathbb{R}$-Vektorraum der geschlossenen k-Formen. Die Faktorgruppe, die sogenannte k-te **(deRham-)Kohomologiegruppe** von M, also

$$H^k(M) = \{ \alpha \in \Lambda^k(M) \mid \alpha \text{ geschlossen} \} \,/\, \{ \alpha \in \Lambda^k(M) \mid \alpha \text{ exakt} \}$$

ist häufig (z.B. für kompakte M) endlich-dimensional und stellt eine wichtige topologische Invariante von M dar.

5. Physikalische Anwendungsbeispiele

5.1. Mechanik

Um den physikalisch oder technisch interessierten Lesern das Leben etwas zu erleichtern, wollen wir in diesem kurzen Kapitel einige fundamentale Formeln der theoretischen Physik in der Notation der vorangehenden Abschnitte zusammenstellen. Dabei ist natürlich nicht beabsichtigt, ein Lehrbuch oder Nachschlagewerk der Physik zu ersetzen; vielmehr sollen die folgenden Ausführungen eine Illustration unserer Nomenklatur darstellen und demonstrieren, wie die differentialgeometrischen Methoden anzuwenden sind.
Deshalb beschränken wir uns auch bewußt auf die Wiedergabe nur der wichtigsten Gleichungen und Gesetze, während auf eine ausführliche Motivation oder eine tiefergehende Diskussion der fraglichen Begriffe verzichtet wird.
Trotzdem dürfte es für viele Benutzer des vorliegenden Buchs nützlich sein, einige der physikalischen Grundregeln in fertiger Gestalt präsentiert zu bekommen, anstatt sie jedesmal selbst herleiten zu müssen.
Es wird empfohlen, zumindest ein paar der hier aufgelisteten Formeln auf verschiedene Koordinatensysteme, wie sie in den Teilen G und H zu finden sind, umzurechnen und die Ergebnisse mit denen einer direkten Koordinatentransformation nach den elementaren Regeln der Infinitesimalrechnung zu vergleichen. Schon in einfachen Beispielen ergibt sich eine wesentliche Arbeitsersparnis sowie ein erheblicher Gewinn an Übersichtlichkeit, wenn wir uns den in den Kapiteln 3 und 4 entwickelten Tensorkalkül zunutze machen.
Manche der nachstehenden physikalischen Gesetze sind in (mindestens) zwei Versionen beschrieben: zum einen in der eleganteren koordinatenfreien Sprache, die vor allem bei der Aufstellung der Formeln zu bevorzugen ist, da sie die geometrischen Zusammenhänge hervorhebt; andererseits aber auch in Komponenten (manchmal sogar ausführlicher, als dies zum Zwecke der Exposition erforderlich wäre). Die letztere Fassung ist unvermeidlich, wenn man konkrete Lösungen der Differentialgleichungen sucht, weil dies i.a. nur in Koordinaten geleistet werden kann.
Wir beginnen mit einigen wenigen Ideen aus der Mechanik der Massenpunkte. Mehr darüber findet man in Arnol'd [1978] oder Neutsch & Scherer [1992], wo auch weitergehende Fragen erörtert sind.

Der zu einem **Zeitpunkt** t vorliegende **Zustand** eines **mechanischen Systems** ist festgelegt durch Angabe eines Punktes x in einer (sagen wir n-dimensionalen) Mannigfaltigkeit M, die als **Ortsraum** oder **Konfigurationsraum** bezeichnet wird. Der Zustand kann sich mit der Zeit verändern; x folgt dann einer durch t parametrisierten Kurve γ in M:

$$\gamma: \mathbb{R} \longrightarrow M$$
$$t \longmapsto x(t)$$

Wir nehmen an, alle **Kräfte** seien **konservativ** (d.h. als Gradienten der **potentiellen Energie** V = V(x) darstellbar). Das trifft z.B. auf Newtons Gesetz der **Gravitation** zu. Dann gelten die **Bewegungsgleichungen von Lagrange**, die man in Form des **Hamiltonschen Prinzips**,

$$\delta \int_{t_1}^{t_2} L(x(t),\dot{x}(t))\, dt = 0$$

ausdrücken mag. Dabei ist die **Lagrangefunktion** L = T - V berechenbar aus der potentiellen und der **kinetischen Energie** T, die von der Geschwindigkeit $\dot{x} = \frac{dx}{dt}$ (und häufig auch vom Ort x) abhängt. Die Variation des **Wirkungsintegrals** $\int L\, dt$ ist dabei mit festgehaltenen Anfangs- und Endzuständen $x(t_1)$ bzw. $x(t_2)$ zu bilden.
Nach den Regeln der **Variationsrechnung** ist das Hamiltonprinzip gleichwertig mit den **Euler-Lagrange-Gleichungen**

$$\frac{d}{dt}\frac{\partial L}{\partial \dot{x}^i} = \frac{\partial L}{\partial x^i}$$

(i = 1,...,n), wenn wir eine beliebige Karte von M zur Definition der Koordinaten x^i des Punktes $x \in M$ benutzen.
Differentialgeometrisch läuft die Lösung der Bewegungsgleichungen darauf hinaus, zu einer auf dem Tangentialbündel TM (= **"Geschwindigkeitsraum"**) gegebenen Lagrangefunktion

$$L: TM \longrightarrow \mathbb{R}$$
$$(x,\dot{x}) \longmapsto L(x,\dot{x})$$

eine **Bahnkurve** $\gamma: \mathbb{R} \longrightarrow M$ zu suchen, deren **induzierte Kurve**

$$\tilde{\gamma}: \quad TM \longrightarrow \mathbb{R}$$
$$t \longmapsto (\gamma(t), \gamma'(t))$$

das Integral

$$\int_{t_1}^{t_2} L \circ \tilde{\gamma}(t)\, dt$$

stationär macht. Wichtig ist hierbei, daß die Euler-Lagrange-Gleichungen in allen Bezugssystemen dieselbe Gestalt haben, da sie sich direkt aus dem Variationsprinzip ergeben, das selbst koordinateninvariant ist.

Eine andere Formulierung von ähnlich großer Bedeutung ergibt sich, wenn wir anstelle der Geschwindigkeitskoordinaten $\dot{q}^i$ die zugehörigen **kanonisch konjugierten Impulse** p_i, definiert durch

$$p_i = \frac{\partial L}{\partial \dot{q}^i}$$

einführen und mit ihrer Hilfe die Geschwindigkeiten aus der **Hamiltonfunktion**

$$H = p_i \dot{q}^i - L$$

eliminieren (das ist häufig möglich; vgl. Neutsch & Scherer [1992]). Die p_i sind nicht, wie die Geschwindigkeiten, Objekte im Tangentialraum TM_q, sondern aus dem dazu dualen Kotangentialraum T^*M_q. Wenn wir den Ort mit hinzunehmen, ist das (2n)-Tupel (q^i, p_i) ein Satz von Koordinaten im Kotangentialbündel $\Phi = T^*M$, das in der Mechanik als **Phasenraum** bezeichnet wird.

Es ist also die Hamiltonfunktion $H: T^*M \rightarrow \mathbb{R}$ statt der Lagrangefunktion L zu verwenden. Die Bewegung wird dann durch die **kanonischen Gleichungen**

$$\dot{q}^i = \frac{\partial H}{\partial p_i}$$

$$\dot{p}_i = -\frac{\partial H}{\partial q^i}$$

beschrieben. Sie haben gegenüber den Lagrangegleichungen den Vorzug, daß es sich hier um ein System von Differentialgleichungen erster Ordnung, oder, was auf dasselbe hinausläuft, ein Vektorfeld auf Φ handelt.
Wir können das Wirkungsintegral

$$S = S(q^i;t) = \int_{\tau=0}^{t} L(q^i(\tau),\dot{q}^i(\tau);\tau)\, d\tau$$

auch bei fixierten Anfangsbedingungen als Funktion der Zeit und der Koordinaten des Endzustands auffassen. Die Variationsbedingung $\delta S = 0$ kann auch als Grundlage der Dynamik verwendet werden (Neutsch & Scherer [1992] enthält die Details). Die partiellen Ableitungen von S nach den Koordinaten liefern die Impulse:

$$\frac{\partial S}{\partial q^i} = p_i$$

und nach Einsetzen sowie einigen einfachen Umformungen erhalten wir die zeitabhängige **Hamilton-Jacobi-Gleichung**

$$\frac{\partial S}{\partial t} + H\left(q^1,\ldots,q^n;\frac{\partial S}{\partial q^1},\ldots,\frac{\partial S}{\partial q^n}\right) = 0$$

deren Lösung die **Wirkungsfunktion** $S = S(q^1,\ldots,q^n;t)$ und mit ihr die dynamische Entwicklung des Systems ergibt.
Wenn die Hamiltonfunktion H die Zeit t nicht explizit enthält, ist noch eine Vereinfachung möglich. Der Ansatz

$$S = -E\,t + W(q^1,\ldots,q^n)$$

löst die obige Variationsaufgabe, falls die **Prinzipalfunktion** W der zeitunabhängigen **Hamilton-Jacobi-Gleichung**

$$H\left(q^1,\ldots,q^n;\frac{\partial W}{\partial q^1},\ldots,\frac{\partial W}{\partial q^n}\right) = E$$

genügt. E ist die **mechanische Energie** des Systems. Die linke Seite dieser **Eigenwertbedingung** für W ist im wesentlichen eine quadratische Form des

Gradienten von W, sofern es sich um ein "natürliches" System handelt. Ähnliche Formeln werden uns in den Abschnitten 5.5 und 5.6 in Gestalt der **Eikonalgleichung** bzw. der **Schrödingergleichung** wieder begegnen.

Diese Formalismen sind wegen ihrer Flexibilität nicht nur zur Beschreibung von Phänomenen der Punktmechanik, beispielsweise des **N-Körper-Problems** in der Himmelsmechanik, geeignet, sondern spielen auch in anderen Bereichen eine herausragende Rolle.

Wir wollen uns aber nicht mit einer ausführlichen Untersuchung dieser Fragen aufhalten, sondern wenden uns einem anderen Problem zu, das gleichfalls von größter Bedeutung ist. Es geht um die Charakterisierung der Gravitationswirkung von kontinuierlich verteilter Materie. Wir beschreiben sie durch Angabe einer **Dichteverteilung** ρ: $\mathbb{R}^3 \longrightarrow \mathbb{R}$, deren Integral

$$\int_B {}^*\rho = \int_B \rho \, dx^1 \wedge dx^2 \wedge dx^3$$

(letzteres in kartesischen Koordinaten) angibt, wieviel Masse in einem Raumbereich B, den wir als regulär im Sinne der Definition 3.9.1 voraussetzen, enthalten ist. Auch in diesem Fall kann man das Gravitationsfeld, das von dieser Verteilung verursacht wird, durch eine skalare Funktion, das **Newtonsche Potential** U, beschreiben. Die potentielle Energie eines "Probekörpers" der Masse m, den wir in das Feld hineinbringen, ist dann einfach gleich m U.

Der Deutlichkeit zuliebe wollen wir in diesem und den folgenden Abschnitten deutsche Buchstaben zur Kennzeichnung von dreidimensionalen Vektoren verwenden. Das Potential berechnet sich nach der Formel

$$U(\mathfrak{x}) = U_\rho(\mathfrak{x}) = G \int_B \frac{{}^*\rho(\mathfrak{y})}{|\mathfrak{x}-\mathfrak{y}|}$$

die aus der entsprechenden für Massenpunkte durch einen geeigneten Grenzübergang entsteht. Hier ist G die **Gravitationskonstante**.

Der Integrationsbereich B darf auch mit ganz $\mathbb{R}^3$ übereinstimmen, sofern das Integral existiert.

Die mathematisch wichtigste Eigenschaft des Potentials ist die **Poissongleichung**

$$\Delta U = -4\pi G \rho$$

die sich im materiefreien Raum ($\rho = 0$) zur **Potentialgleichung**

$$\Delta U = {}^{*}d\,{}^{*}d\,U = \operatorname{div}\operatorname{grad} U = 0$$

vereinfacht.

Die n-dimensionale Version dieser Formel und ihre Lösungen, die **Potentialfunktionen**, weisen zahlreiche Besonderheiten auf. Sie werden uns später noch ausgiebig beschäftigen (Kap. 6,22,23).

Ein weiteres sehr wichtiges Problem der **Kontinuumsmechanik**, die Bewegung ausgedehnter **starrer Körper** (genauer: **Kreiseltheorie**), führt auf die mathematische Theorie der **Drehgruppen** und ihrer Darstellungen durch **orthogonale Matrizen** und **Spinoren**. Sie sollen ebenfalls anderenorts (Kap. 8,9,13) näher diskutiert werden, da es sich hierbei nicht so sehr um eine Anwendung der Tensorrechnung handelt.

Für den Moment wollen wir es bei den obigen Andeutungen belassen.

5.2. Hydrodynamik

Während die klassische Mechanik sich mit den Bewegung einzelner Teilchen unter dem Einfluß äußerer Kräfte befaßt, vertritt die **Hydrodynamik** einen statistischen Standpunkt. Das individuelle Verhalten der Partikel interessiert jetzt nicht, sondern lediglich die kollektiven Eigenschaften.
Entsprechend definiert man gewisse gemittelte Funktionen, die den Gesamtcharakter der **Strömung** wiedergeben. Das kann auf verschiedenen Niveaus geschehen. Hier diskutieren wir nur den einfachsten Fall, die Beschreibung durch Feldgrößen wie (Teilchen- oder Massen-) Dichte, Strömungsgeschwindigkeit und Temperatur.
Bezüglich des Zusammenhangs mit der wesentlich allgemeineren und flexibleren **kinetischen Gastheorie**, die eine Beschreibung mittels **Verteilungsfunktionen** zum Inhalt hat, verweisen wir auf die Literatur (z.B. Landau & Lifschitz [1962-1967]).
Die Definitionen der genannten Größen als Integrale von mit geeigneten Faktoren versehenen Verteilungsfunktionen über den Geschwindigkeitsraum setzen wir als bekannt voraus.
Die aus der Mechanik geläufigen Erhaltungssätze der Masse, des Impulses und der Energie spiegeln sich in den Grundgleichungen der Hydrodynamik wider, als da sind:

(1) die **Kontinuitätsgleichung** oder **Massenbilanz**;

(2) der **Impulssatz** in Gestalt der **Euler-** oder, bei Anwesenheit von Reibungseffekten der **Navier-Stokes-Gleichung**; sowie

(3) die, je nach Art des zu beschreibenden Systems unterschiedlich aussehende **Energiebilanz**.

Die Kontinuitätsgleichung drückt die Tatsache aus, daß Materie (Masse) weder erzeugt noch vernichtet, sondern lediglich transportiert wird. Das bedeutet:
Wir betrachten eine **Strömungszelle** Z, das ist ein Raumbereich, dessen Abgrenzung sich mit der lokalen **Strömungsgeschwindigkeit** $\mathfrak{u} = \mathfrak{u}(x,t)$ der Materie am Ort $\mathfrak{x} \in \mathbb{R}^3$ zur Zeit t mitbewegt.
Z ist so klein zu bemessen, daß die physikalischen Parameter wie **Dichte** $\rho = \rho(\mathfrak{x},t)$, **Teilchendichte** $n = n(\mathfrak{x},t)$ oder **Temperatur** $T = T(\mathfrak{x},t)$ über die Ausdehnung von Z nicht merklich variieren. Andererseits muß die Zelle hin-

reichend groß sein, damit die statistischen Eigenschaften der in ihr enthaltenen Materie nicht zu starken Schwankungen unterliegen. Nur dann sind die genannten Funktionen n, ρ, T etc. wohldefiniert.
Beide (gegensätzlichen) Bedingungen sind nach der Grundhypothese der Hydrodynamik miteinander vereinbar; anderernfalls müßten wir auf allgemeinere Theorien zurückgreifen.
Das Volumen von Z sei mit dV bezeichnet. Die Kontinuitätsgleichung besagt, daß die in Z enthaltene Masse ρ dV konstant ist, da ja nach Konstruktion der Zelle die Flüssigkeitsteilchen weder aus Z heraus- noch nach Z hineinfließen (jedenfalls nicht im statistischen Mittel!).
Die totale Ableitung der Gesamtmasse in Z ist also Null:

$$\frac{d}{dt}(\rho\, dV) = 0$$

was wir auch differentiell in der Form

$$\frac{d\rho}{dt} + \rho \operatorname{div} \mathfrak{u} = 0$$

oder komponentenweise

$$\frac{d\rho}{dt} + \rho\, u^a{}_{;a} = 0$$

ausdrücken können. Die Einsteinsummation läuft dabei natürlich von 1 bis 3. Eine bequemere Darstellung erhalten wir, wenn wir $\frac{d\rho}{dt}$ durch die partielle Ableitung nach t gemäß

$$\frac{d\rho}{dt} = \frac{\partial\rho}{\partial t} + \langle\mathfrak{u}, \operatorname{grad}\rho\rangle = \frac{\partial\rho}{\partial t} + u^a\, \rho_{;a}$$

ersetzen. Obwohl bekanntlich die partiellen und die kovarianten Ableitungen der skalaren Funktion ρ übereinstimmen, ist es aus theoretischen Gründen vorzuziehen, die letzteren zu verwenden, weil dies eine einheitlichere Darstellung zur Folge hat.
Es entsteht die übliche Form der Kontinuitätsgleichung,

$$\partial_t\rho + \operatorname{div}(\rho\mathfrak{u}) = \partial_t\rho + (\rho u^a)_{;a} = 0$$

Im Unterschied zur Masse ist der in der Zelle Z enthaltene Gesamtimpuls aller Teilchen, der sich nach Definition der Strömungsgeschwindigkeit $\mathfrak{u}$ zu

$\rho\, \mathfrak{u}\, dV$ errechnet, nicht absolut konstant, sondern kann durch die Aktion von **Kräften** verändert werden. Dabei sind innere und äußere Einwirkungen zu betrachten.

Zum einen erzeugt die der lokalen Temperatur $T = T(\mathfrak{x}, t)$ entsprechende thermische Bewegung der Teilchen in Z einen **Gasdruck** p, dessen Stärke von den physikalischen Eigenschaften der Flüssigkeit bestimmt wird. Wir drücken diesen Zusammenhang durch die **Zustandsgleichung**

$$p = p(\rho, T)$$

aus, die wir hier natürlich nicht explizit spezifizieren können und wollen. Externe Einflüsse beschreiben wir durch Angabe der je Volumeneinheit auf die Zelle wirkenden Gesamtkraft, deren Komponenten wir in unserem Bezugssystem mit f^a bezeichnen. Es ist dabei noch bequem, die **Gravitation** separat zu notieren, da ihr Beitrag zur Kraftdichte $\mathfrak{f}$ proportional zur Dichte ist:

$$\mathfrak{f}_{grav} = \rho \text{ grad } U$$

(U ist das Newtonsche Potential, s. Abschn. 5.1). Die Impulsbilanz lautet somit, wenn wir Reibungseffekte außer acht lassen,

$$\frac{d}{dt}(\rho\, \mathfrak{u}\, dV) = (\rho \text{ grad } U - \text{grad } p)\, dV$$

woraus wir die differentielle Form, die **Eulergleichung**,

$$\frac{d\mathfrak{u}}{dt} = \text{grad } U - \frac{\text{grad } p}{\rho}$$

ableiten, die wir noch in

$$\partial_t u^a + u^a{}_{;b}\, u^b = g^{ab} \left[U_{;b} - \frac{p_{;b}}{\rho} \right]$$

verwandeln. Man beachte die Stellung der Indizes und die durch sie bedingte Einführung der Metrik g^{ab}. Die Eulergleichung läßt sich selbstverständlich auch auf die kovariante Form

$$\partial_t u_a + u_{a;b}\, u^b = \partial_t u_a + g^{bc}\, u_{a;b}\, u_c = U_{;a} - \frac{p_{;a}}{\rho}$$

bringen.

Der Vollständigkeit halber geben wir noch die Erweiterungen an, die nötig sind, um den Einfluß der **Reibung** zu berücksichtigen.

Es treten dann zwei weitere Materialfunktionen auf, die die **Zähigkeit** beschreiben, nämlich die **Viskositäten** $\eta = \eta(\rho,T)$ und $\zeta = \zeta(\rho,T)$. Auch sie hängen vom chemischen und physikalischen Aufbau der Materie ab und können deshalb nicht allgemein angegeben werden; allerdings gibt es relativ umfassende Theorien der Viskosität, die sich aus gaskinetischen Erwägungen heraus entwickeln lassen.

Die Impulsbilanz für eine zähe Strömung ist die **Navier-Stokes-Gleichung**,

$$\rho \frac{d\mathfrak{u}}{dt} = \rho \operatorname{grad} U - \operatorname{grad} p + \eta\, \Delta\mathfrak{u} + \left(\frac{1}{3}\eta + \zeta\right) \operatorname{grad} \operatorname{div} \mathfrak{u}$$

welche die Eulersche verallgemeinert. Dabei wurde vorausgesetzt, daß die Zähigkeiten des Mediums konstant sind, was häufig mit genügender Genauigkeit erfüllt ist. Anderenfalls kämen noch Terme hinzu, die die Gradienten von η und ζ enthielten.

In beliebigen Koordinaten ausgedrückt, schreibt sich die Impulsbilanz

$$\rho\, \partial_t u_a + \rho\, u_{a;b}\, u^b = \rho\, U_{;a} - p_{;a} + \left(\frac{1}{3}\eta + \zeta\right) u^b{}_{;b;a} + \eta\, g^{bc}\, u_{a;b;c}$$

Der **Laplace-Beltrami-Operator** Δ (Definition 4.7.1) vereinfacht sich bei Anwendung auf k-Formen im Dreidimensionalen zu

$$\Delta = (-1)^k\, {}^*d^*d + (-1)^{k+1}\, d^*d^* = (-1)^k \left({}^*d^*d - d^*d^*\right)$$

und für das Vektorfeld $\mathfrak{u}$ (also $k = 1$) erhalten wir eine Darstellung durch grad, div und rot:

$$\Delta\mathfrak{u} = d^*d^*\mathfrak{u} - {}^*d^*d\,\mathfrak{u} = \operatorname{grad} \operatorname{div} \mathfrak{u} - \operatorname{rot} \operatorname{rot} \mathfrak{u}$$

die häufig bevorzugt wird. Dann lautet die Navier-Stokes-Gleichung

$$\rho \frac{d\mathfrak{u}}{dt} = \rho \operatorname{grad} U - \operatorname{grad} p - \eta \operatorname{rot} \operatorname{rot} \mathfrak{u} + \left(\frac{4}{3}\eta + \zeta\right) \operatorname{grad} \operatorname{div} \mathfrak{u}$$

Ist die Zustandsgleichung von der Temperatur unabhängig, also $p = p(\rho)$, und gilt das Gleiche für die Zähigkeit, so haben wir in Kontinuitäts- und Euler- bzw. Navier-Stokes-Gleichungen zusammengenommen ein komplettes System

von Bedingungen, die bei vorgegebenen Anfangswerten von ρ und u^a prinzipiell gelöst werden können.
Diese Annahme ist mitunter gerechtfertigt; im allgemeinen wird es jedoch nötig sein, noch eine Gleichung hinzuzufügen, die zur Bestimmung der Temperatur geeignet ist. Dies leistet die **Energie-** oder **Wärmebilanz**.
Ebenso wie der Gesamtimpuls von Z ist auch die in der Zelle enthaltene Energie durch verschiedene **Transportprozesse** veränderlich. Von den zahlreichen in Betracht kommenden Möglichkeiten greifen wir nur einige wenige typische heraus.
Die Energiegleichung ist grundsätzlich von der Bauart (Weizel [1962-1966])

$$\rho \frac{d}{dt} \left[\frac{1}{2} \langle \mathfrak{u}, \mathfrak{u} \rangle + h - U\right] = \tau$$

wo auf der linken Seite in der Klammer der Reihe nach die **kinetische Energie**, die **Enthalpie**

$$h = \varepsilon + \frac{p}{\rho}$$

(ε = spezifische innere Energie, s. Batchelor [1967]) und die Gravitationsenergie, jeweils auf die Masseneinheit bezogen, stehen. Auf der anderen Seite repräsentiert der erste Term die durch Expansion oder Kontraktion von Z geleistete Volumenarbeit, während τ die Summe aller Transportterme ist, deren genaue Form von den jeweils obwaltenden physikalischen Umständen abhängt.
Als wichtige Beispiele erwähnen wir nur die **Wärmeleitung**, die einen Beitrag

$$\tau_L = \operatorname{div} (\lambda \operatorname{grad} T) = (g^{ab} \lambda T_{;a})_{;b} = g^{ab} (\lambda T_{;a})_{;b}$$

ausmacht (man nennt λ grad T den **Wärmefluß**), und die **Reibungswärme (Energiedissipation)** τ_R, die am einfachsten mit Hilfe des **Verzerrungsgeschwindigkeitstensors**

$$D_{ab} = \frac{1}{2} \left[u_{a;b} + u_{b;a}\right]$$

darstellbar ist. Wir haben

$$\tau_R = 2 \eta \left[g^{ac} g^{bd} D_{ab} D_{cd} - \frac{1}{3} g^{ac} g^{bd} u^e{}_{;e} g_{ab} D_{cd}\right]$$

oder, etwas kondensiert,

$$\tau_R = 2\,\eta\,D^{ab}\left[D_{ab} - \frac{1}{3}\,g_{ab}\,\mathrm{div}\,u\right] = 2\,\eta\,D^{ab}\left[D_{ab} - \frac{1}{3}\,g_{ab}\,u^c{}_{;c}\right]$$

Es gibt noch viele andere Möglichkeiten, Wärme zu transportieren, etwa durch **Konvektion**, **Strahlung** usf.; für den Zweck der Illustration mag das hier Ausgeführte aber genügen.

5.3. Relativitätstheorie

Für den Rest dieses Kapitels wollen wir die Konvention verwenden, daß alle griechischen Indizes von 1 bis 3, die lateinischen hingegen von 0 bis 3 laufen; das bezieht sich selbstverständlich auch auf die Einsteinkonvention.

Ein physikalisches **Ereignis** $\mathcal{E}$ wird in der Newtonschen Mechanik durch die Angabe der (zunächst als kartesisch vorausgesetzten) Koordinaten x^α des **Ortes** $\mathfrak{x} = (x^1, x^2, x^3)$, an dem es stattfindet, zusammen mit dem **Zeitpunkt** t seines Eintretens festgelegt. Dabei sind $\mathfrak{x} \in \mathbb{R}^3$ und $t \in \mathbb{R}$ voneinander unabhängige Größen.

Die **Relativitätstheorie** faßt beide zu einem vierdimensionalen **Ereignisvektor** zusammen:

$$x = (ct;\mathfrak{x}) = (x^0;x^\alpha) = (x^a) = (x^0,x^1,x^2,x^3) \in \mathbb{R}^4$$

Der Faktor c bedeutet dabei die **Lichtgeschwindigkeit im Vakuum**, die in der Theorie eine absolute Invariante ist. Beiläufig bemerkt, ist ihr Wert im SI-System konventionsmäßig auf

$$c = 299792458 \text{ m sec}^{-1}$$

festgesetzt worden, was zur Definition des **Meters** (m) als einer der **Sekunde** (sec) nachgeordneten Einheit dient.

In der speziellen Relativitätstheorie liegen alle möglichen Ereignispunkte in einer flachen 4-dimensionalen Mannigfaltigkeit, dem **Minkowskiraum**, welcher durch die Existenz einer Metrik ausgezeichnet ist, die in geeigneten Koordinaten x^a durch die **Minkowskiform** des Linienelementquadrats, und zwar

$$ds^2 = \eta_{ab}\, dx^a\, dx^b$$

bestimmt ist. Dabei sind η_{ab} die Koeffizienten der konstanten Matrix

$$\eta = \begin{pmatrix} 1 & 0 & 0 & 0 \\ 0 & -1 & 0 & 0 \\ 0 & 0 & -1 & 0 \\ 0 & 0 & 0 & -1 \end{pmatrix}$$

Die kontravarianten Metrikkomponenten sehen genauso aus, da η involutorisch ist ($\eta^2 = 1$). Die Bewegung eines kräftefreien Teilchen erfolgt dann entlang einer Geodäten, die im Minkowskiraum einfach eine Gerade ist. Wir wollen uns nicht mit einer näheren Erörterung der Mechanik im Rahmen der speziellen Theorie aufhalten oder etwa untersuchen, welche Kartenwechsel die Minkowskiform unverändert lassen (diese sogenannten **Lorentztransformationen** bilden das Thema des Kapitels 14). Vielmehr wenden wir uns gleich der allgemeinrelativistischen Sicht zu.

Jetzt ist der **Ortsraum** eine 4-dimensionale Mannigfaltigkeit M, die auch gekrümmt sein darf, aber (**Korrespondenzprinzip**) lokal minkowskisch ist, d.h.: die Metrik g_{ab} muß wie η_{ab} einen positiven und drei negative Eigenwerte, also die Signatur $(+,-,-,-) = (+^1,-^3)$ haben.

Gravitationsfelder bewirken nach dem **Äquivalenzprinzip** für alle Punktmassen dieselbe Beschleunigung und können daher an einzelnen Ereignispunkten und sogar auf zeitartigen Kurven in M durch geschickte Koordinatenwahl wegtransformiert werden. Teilchen, die außer der Gravitation keinen weiteren Kräften ausgesetzt sind, bewegen sich dann immer noch, wie kräftefreie Objekte, entlang zeitartiger geodätischer Linien:

$$\ddot{x}^a + \Gamma^a{}_{bc}\, \dot{x}^b\, \dot{x}^c = 0$$

(Punkt = Ableitung nach der Bogenlänge), oder, wenn wir die dimensionslose Geschwindigkeit $u^a = \dot{x}^a$ einführen,

$$u^a{}_{;b}\, u^b = \dot{u}^a + \Gamma^a{}_{bc}\, u^b\, u^c = 0$$

In koordinatenfreier Form ist das einfach

$$g(\dot{u},u) = 0$$

und drückt die Orthogonalität von Geschwindigkeit und Beschleunigung aus. Bringen wir die Bewegungsgleichung auf die Form

$$\ddot{x}^a = - \Gamma^a_{\ bc}\, u^b\, u^c$$

so erkennen wir die Bedeutung der **Christoffelsymbole** als Beschreibung der Gravitationsbeschleunigung im verwendeten Koordinatensystem.

Um die Metrik festzulegen, benötigen wir noch die **Einsteinschen Feldgleichungen**. Sie verallgemeinern die **Poissongleichung** aus Abschnitt 5.1.

Wir nehmen an, die felderzeugende Materie habe die Dichte ρ und den Gasdruck p. Sie möge sich mit der Geschwindigkeit u^a bewegen. Dann ist der **Energie-Impuls-Tensor** gegeben durch

$$T = (\rho c^2 + p)\, u \otimes u - p\, g$$

was in Komponenten

$$T^{ab} = (\rho c^2 + p)\, u^a\, u^b - p\, g^{ab}$$

bedeutet. T ist offensichtlich symmetrisch. Darüber hinaus gilt der Erhaltungssatz von Energie und Impuls:

$$T^{ab}_{\ \ ;b} = 0$$

Die 0-Komponente dieser Gleichung ist die relativistische Form der **Kontinuitätsgleichung**, während die drei räumlichen sich zur **Eulergleichung** gruppieren. Damit haben wir nebenbei die Grundgleichungen der Hydrodynamik auf die vierdimensionale Theorie übertragen.

Wir werden im nächsten Abschnitt noch erörtern, was sich ändert, wenn wir zusätzlich elektromagnetische Wechselwirkungen berücksichtigen. Hier soll es genügen, die Feldgleichungen zu formulieren. Sie verbinden den **Riccitensor** R^{ab} mit T^{ab}:

$$R^{ab} - \frac{1}{2} g^{ab} R = \frac{8\pi G}{c^4} T^{ab}$$

(G = Gravitationskonstante). Die in Satz 4.4.6 ausgesprochene Divergenzfreiheit des Einsteintensors führt wieder zum Energie-Impulssatz zurück.

5.4. Elektromagnetismus

Besonders schöne Anwendungen des Tensorkalküls liefert die mathematische Behandlung von elektromagnetischen Phänomenen.
Die Entwicklung des **elektrischen Feldes** $\mathfrak{E} = \mathfrak{E}(\mathfrak{x},t)$ sowie des **Magnetfeldes** $\mathfrak{B} = \mathfrak{B}(\mathfrak{x},t)$ ist durch die **Maxwellschen Gleichungen** bestimmt, die in nichtrelativistischer Schreibweise für Felder im freien Raum wie folgt lauten:

$$\operatorname{div} \mathfrak{B} = 0$$

$$\operatorname{rot} \mathfrak{E} + \frac{1}{c} \frac{\partial \mathfrak{B}}{\partial t} = 0$$

$$\operatorname{div} \mathfrak{E} = 4 \pi \rho$$

$$\operatorname{rot} \mathfrak{B} - \frac{1}{c} \frac{\partial \mathfrak{E}}{\partial t} = \frac{4 \pi}{c} \mathfrak{j}$$

in **Gaußschen Einheiten** (Landau & Lifschitz [1962-1967]).
Hierin ist c wie schon früher die Lichtgeschwindigkeit im Vakuum, während ρ die räumliche **Ladungsdichte** und $\mathfrak{j}$ die elektrische **Stromdichte** bezeichnen.
Die Felder üben auf ein Teilchen der Ladung e, das sich mit der Geschwindigkeit $\mathfrak{v}$ bewegt, eine Kraft

$$\mathfrak{F} = e\, \mathfrak{E} + e\, \mathfrak{v} \times \mathfrak{B}$$

aus, die sich additiv aus der **elektrostatischen Kraft** $e\,\mathfrak{E}$ und der **Lorentzkraft** $e\, \mathfrak{v} \times \mathfrak{B}$ zusammensetzt.
Durch Differenzieren geht aus den Maxwell-Gleichungen über die Zwischenrechnung

$$4\pi \frac{\partial \rho}{\partial t} = \frac{\partial}{\partial t} \operatorname{div} \mathfrak{E} = \operatorname{div} \frac{\partial \mathfrak{E}}{\partial t} = \operatorname{div} \left[c \operatorname{rot} \mathfrak{B} - 4\pi\, \mathfrak{j} \right] = - 4\pi \operatorname{div} \mathfrak{j}$$

sofort der **Ladungserhaltungssatz**

$$\frac{\partial \rho}{\partial t} + \operatorname{div} \mathfrak{j} = 0$$

hervor, der sehr an die Kontinuitätsgleichung der Mechanik erinnert.
Die Verwandtschaft hängt damit zusammen, daß man elektrische Ströme als bewegte Ladungen auffassen kann. Die Stromdichte $\mathfrak{j}$ ergibt sich dann wie in Abschnitt 5.1 durch Summation der Produkte aus Ladung und Geschwindigkeit über alle Teilchen einer Strömungszelle.
Die Theorie nimmt eine erheblich einfachere und elegantere Gestalt an, wenn wir sie, der Philosophie der Relativitätstheorie entsprechend, in vierdimensionale Form umsetzen. Dabei kombinieren die ersten beiden Maxwellschen Relationen (die "homogenen") miteinander; ebenso die letzten zwei (die "inhomogenen").
Es reicht aus, die Transformation in irgendeinem Koordinatensystem auszuführen, weil die Ergebnisse als Tensorgleichungen allgemeingültig sind.
Wir wählen einen beliebigen Punkt P in der vierdimensionalen Raum-Zeit-Mannigfaltigkeit (**"Welt"**) M aus und bestimmen ein kartesisches Bezugssystem so, daß die Metrik sich auf die Minkowskiform $\eta = \mathrm{Diag}(1,-1,-1,-1)$ reduziert. Nach dem **Äquivalenzprinzip** ist es stets möglich, ein solches **Inertialsystem** zu finden. Die 0-Komponente des Ortsvektors $x = (x^0, x^1, x^2, x^3)$ entspricht dabei der Zeit t gemäß der Beziehung $x^0 = ct$.
Die vierdimensionale Geschwindigkeit eines Teilchens ist der Tangentialvektor an seine Weltkurve. Die natürliche Interpretation der Stromdichte muß dann nach der vorhin ausgeführten Überlegung die als (kontravariantes) Vektorfeld sein. Wir schreiben es

$$J^a = (J^0, J^1, J^2, J^3) = (\rho c, j_1, j_2, j_3)$$

und die Ladungserhaltung reduziert sich auf die Tensorbeziehung

$$J^a{}_{;a} = 0$$

wenn wir gleich kovariante statt partieller Ableitungen benutzen, um zu invarianten Formeln zu gelangen.
Wir könnten die entsprechenden Umrechnungen dadurch ausführen, daß wir zuerst alle bekannten Beziehungen in unserem Inertialsystem komponentenweise aufschrieben und danach versuchten, sie zu Tensorgleichungen zu kombinieren.
Das Auftreten der Operatoren div und rot in den Grundgleichungen des Elektromagnetismus legt es aber nahe, die Felder durch Differentialformen über M wiederzugeben. Dies führt zu einer erheblich einfacheren und eleganteren

Formulierung der Theorie als mit Tensoren.
Wir fassen also zuerst alle 3-dimensionalen Vektorfelder als 1-Formen in $\mathbb{R}^3$ auf, die allerdings nicht nur von x^1, x^2, x^3 abhängen, sondern darüber hinaus noch von der Zeit x^0. Letztere sehen wir als Parameter an und schreiben

$$\beta = \beta(x^0; x^1, x^2, x^3) = B_\alpha \, dx^\alpha = B_1 \, dx^1 + B_2 \, dx^2 + B_3 \, dx^3$$

$$\eta = \eta(x^0; x^1, x^2, x^3) = E_\alpha \, dx^\alpha = E_1 \, dx^1 + E_2 \, dx^2 + E_3 \, dx^3$$

$$\iota = \iota(x^0; x^1, x^2, x^3) = j_\alpha \, dx^\alpha = j_1 \, dx^1 + j_2 \, dx^2 + j_3 \, dx^3$$

Mit solchen **parametrisierten Differentialformen** kann man genauso arbeiten wie mit gewöhnlichen; es ist jedoch beim Differenzieren darauf zu achten, daß auch nach x^0 abgeleitet wird. Um Verwechslungen auszuschließen, werden wir die dreidimensionale Cartanableitung, die sich nur auf die Koordinaten (x^1, x^2, x^3), nicht aber auf den Parameter x^0 bezieht, mit ϑ bezeichnen, während d weiterhin für das vierdimensionale Differential steht.
Der rechentechnische Vorteil liegt in der expliziten Berücksichtigung der Symmetrie der räumlichen Koordinaten.
Ebenso verfahren wir für die Dualität: die 4-dimensionale wird wie bisher mit einem Sternchen (*) markiert; die 3-dimensionale Variante soll durch ein hochgestelltes Quadrat ($^\square$) gekennzeichnet werden.
Wir notieren die Ergebnisse. Seien ψ, ω beliebige parametrisierte 1-Formen auf $\mathbb{R}^3$ und f eine ebensolche 0-Form, d.h. eine glatte Funktion der Koordinaten x^1, x^2, x^3 und des Parameters x^0. Die Regeln für das Dualisieren lauten für Formen der Stufen 0,1,2,3,4 in M der Reihe nach

$$^*f = dx^0 \wedge {}^\square f$$

$$^*\left[f \, dx^0 + \psi\right] = {}^\square f + dx^0 \wedge {}^\square\psi$$

$$^*\left[dx^0 \wedge \psi + {}^\square\omega\right] = - {}^\square\psi + dx^0 \wedge \omega$$

$$^*\left[dx^0 \wedge {}^\square\psi + {}^\square f\right] = \psi + f \, dx^0$$

$$^*\left[dx^0 \wedge {}^\square f\right] = - f$$

Dies deckt alle Möglichkeiten ab (beachte, daß det g negativ ist !). Durch

Vergleich erkennen wir wieder die uns schon aus Satz 4.6.1 bekannte Regel

$$^{**}\alpha \;=\; (-1)^{k+1}\,\alpha$$

für k-Formen α in M.

Genauso einfach erhalten wir die Reduktion der vierdimensionalen Cartandifferentiale auf die in $\mathbb{R}^3$:

$$d\,f \;=\; (\partial_0 f)\,dx^0 + \vartheta f$$

$$d\left(f\,dx^0 + \psi\right) \;=\; -\,dx^0 \wedge \vartheta f + dx^0 \wedge \partial_0\psi + \vartheta\psi$$

$$d\left(dx^0 \wedge \psi + {}^\square\omega\right) \;=\; -\,dx^0 \wedge \vartheta\psi + dx^0 \wedge \partial_0{}^\square\omega + \vartheta{}^\square\omega$$

$$d\left(dx^0 \wedge {}^\square\psi + {}^\square f\right) \;=\; -\,dx^0 \wedge \vartheta{}^\square\psi + dx^0 \wedge {}^\square(\partial_0 f)$$

$$d\left(dx^0 \wedge {}^\square f\right) \;=\; 0$$

Die Maxwellgleichungen sind in der dreidimensionalen Lesart gleichbedeutend mit

$$^\square\vartheta\,{}^\square\beta \;=\; 0$$

$$^\square\vartheta\,\eta + \partial_0\,\beta \;=\; 0$$

$$^\square\vartheta\,{}^\square\eta \;=\; 4\,\pi\,\rho$$

$$^\square\vartheta\,\beta - \partial_0\,\eta \;=\; \frac{4\,\pi}{c}\,\iota$$

und die Ladungserhaltung mit

$$\partial_0(\rho c) + {}^\square\vartheta\,{}^\square\iota \;=\; 0$$

Die Übertragung auf 4-dimensionale Formen in der Weltmannigfaltigkeit M macht jetzt keine Mühe mehr.

Durch Hinunterschieben der Indizes erhalten wir aus dem (1,0)-Tensor J^a die 1-Form

$$J = \rho c \, dx^0 - \iota$$

deren Duales gleich

$$^*J = {}^\square\rho c - dx^0 \wedge {}^\square\iota$$

ist. Wir differenzieren und erhalten

$$d\,^*J = dx^0 \wedge \left[\vartheta\,^\square\iota + {}^\square(\partial_0\rho c)\right] = dx^0 \wedge {}^\square\left[{}^\square\vartheta\,^\square\iota + \partial_0(\rho c)\right] = 0$$

Das ist der Ladungserhaltungssatz

$$d\,^*J = 0$$

Die 3-Form $^*J$ ist also geschlossen und, wenn wir uns auf ein einfach zusammenhängendes Stück der Weltmannigfaltigkeit M beschränken, nach dem **Poincaré-Lemma**, Satz 4.7.3, exakt. Es muß daher eine 2-Form geben, deren Cartanableitung gleich $^*J$ ist.

Sie ist leicht zu finden. Wir definieren die **Feldstärke** als die durch

$$F = - dx^0 \wedge \eta + {}^\square\beta$$

definierte 2-Form, die elektrische (η) und magnetische (β) Felder miteinander verknüpft. Die duale 2-Form zu F ist

$$^*F = {}^\square\eta + dx^0 \wedge \beta$$

und deren Cartandifferential wiederum ergibt unter Verwendung der inhomogenen Maxwellgleichungen

$$d\,^*F = - dx^0 \wedge \vartheta\beta + dx^0 \wedge \partial_0{}^\square\eta + \vartheta{}^\square\eta = \frac{4\,\pi}{c}\,^*J$$

Andererseits ist, diesmal mit Zuhilfenahme der beiden homogenen Grundformeln des Elektromagnetismus,

$$d\,F = dx^0 \wedge \vartheta\eta + dx^0 \wedge \partial_0{}^\square\beta + \vartheta{}^\square\beta = 0$$

Wir können somit die gesamte Theorie der elektromagnetischen Erscheinungen in zwei äußerst einfache und elegante Gesetze fassen:

$$d\,{}^{*}F = \frac{4\pi}{c}\,{}^{*}J$$

$$d\,F = 0$$

Vielleicht nicht ganz so schön, aber häufig zweckmäßig sind die äquivalenten Tensorrelationen

$$F^{ab}{}_{;b} = \frac{4\pi}{c} J^a$$

$$F_{bc;a} + F_{ca;b} + F_{ab;c} = 0$$

zu denen sich die Invarianz der Ladung in der bereits früher ermittelten Form

$$J^a{}_{;a} = 0$$

und die Bewegungsgleichung eines geladenen Teilchens (Masse m, Ladung e),

$$m\left(\dot{u}^a + \Gamma^a{}_{bc}\, u^b\, u^c\right) = e\, F^{ab}\, u_b$$

hinzugesellen.

Die kovarianten Komponenten des Feldstärketensors sind

$$F_{ab} = \begin{pmatrix} 0 & -E_1 & -E_2 & -E_3 \\ E_1 & 0 & B_3 & -B_2 \\ E_2 & -B_3 & 0 & B_1 \\ E_3 & B_2 & -B_1 & 0 \end{pmatrix}$$

die kontravarianten hingegen

$$F^{ab} = \begin{pmatrix} 0 & E_1 & E_2 & E_3 \\ -E_1 & 0 & B_3 & -B_2 \\ -E_2 & -B_3 & 0 & B_1 \\ -E_3 & B_2 & -B_1 & 0 \end{pmatrix}$$

während die kovariante Version des Dualtensors

$$
{}^{*}F_{ab} = \begin{pmatrix} 0 & B_1 & B_2 & B_3 \\ -B_1 & 0 & E_3 & -E_2 \\ -B_2 & -E_3 & 0 & E_1 \\ -B_3 & E_2 & -E_1 & 0 \end{pmatrix}
$$

und die kontravariante

$$
{}^{*}F^{ab} = \begin{pmatrix} 0 & -B_1 & -B_2 & -B_3 \\ B_1 & 0 & E_3 & -E_2 \\ B_2 & -E_3 & 0 & E_1 \\ B_3 & E_2 & -E_1 & 0 \end{pmatrix}
$$

lauten.

5.5. Optik

Die Maxwellsche Theorie des vorigen Abschnitts ist zwar ganz allgemeingültig; um sie jedoch auf die Ausbreitung elektrischer oder magnetischer Felder in Raumbereichen, die mit Materie angefüllt sind, anzuwenden, ist es zweckmäßig, sie etwas zu modifizieren. Der Grund liegt in der Reaktion der geladenen Teilchen, wie z.B. Atomkerne oder Elektronen, auf die variierenden Bedingungen.

Die Kraftwirkung der Felder verursacht eine Bewegungsänderung der Partikel, welche wiederum Ströme hervorruft, die $\mathfrak{E}$ und $\mathfrak{B}$ beeinflussen.

Eine mikroskopische Diskussion würde es erfordern, alle Teilchen einzeln zu verfolgen, was natürlich ausgeschlossen ist.

Glücklicherweise liegt häufig die Situation vor, daß sich die Felder auf sehr kurzen Raum- und Zeitskalen ändern und eine summarische Behandlung der atomaren Struktur möglich wird.

Zur **magnetischen Induktion** $\mathfrak{B}$ und dem **elektrischen Feld** $\mathfrak{E}$ gesellen sich noch zwei weitere orts- und zeitabhängige Größen, die **magnetische Feldstärke** $\mathfrak{H}$ und der **Verschiebungsstrom** $\mathfrak{D}$.

Im uns interessierenden Grenzfall starker Feldfluktuationen sind sie durch lineare Beziehungen mit den Variablen $\mathfrak{B}$ und $\mathfrak{E}$ verknüpft, die sich mit Hilfe dreier Materialfunktionen, der **Dielektrizität** ε, der **(magnetischen) Permeabilität** μ und der **(elektrischen) Leitfähigkeit** σ, ausdrücken lassen. Ihr genauer Verlauf ist durch die chemische und physikalische Struktur des leitenden Mediums bedingt. Wir wollen annehmen, daß ε, μ und σ zeitlich konstant, aber eventuell ortsabhängig seien: $\varepsilon = \varepsilon(\mathfrak{x})$, $\mu = \mu(\mathfrak{x})$, $\sigma = \sigma(\mathfrak{x})$.

Im allgemeinen sind ε, μ und σ Tensorfelder; wir beschränken uns aber hier auf **isotrope Medien**, für die eine hinreichend gute Approximation durch skalare Materialgrößen erzielt werden kann. Dies schließt eine Untersuchung optischer Erscheinungen in **Kristallen** aus, die zumeist anisotrop verlaufen. An den grundsätzlichen Überlegungen ändert das aber nichts.

Die Materialgleichungen lauten dann

$$\mathfrak{D} = \varepsilon\, \mathfrak{E}$$

$$\mathfrak{B} = \mu\, \mathfrak{H}$$

wohingegen die Stromdichte in der linearen Näherung durch das **Ohmsche Gesetz**

$$\mathfrak{j} = \sigma \mathfrak{E}$$

bestimmt ist. Die Feldgleichungen

$$\operatorname{div} \mathfrak{B} = 0$$

$$\operatorname{rot} \mathfrak{E} + \frac{1}{c}\frac{\partial \mathfrak{B}}{\partial t} = 0$$

$$\operatorname{div} \mathfrak{D} = 4 \pi \rho$$

$$\operatorname{rot} \mathfrak{H} - \frac{1}{c}\frac{\partial \mathfrak{D}}{\partial t} = \frac{4 \pi}{c} \mathfrak{j}$$

unterscheiden sich von den Maxwellschen Gleichungen für das Vakuum lediglich durch die Substitution $\mathfrak{E} \to \mathfrak{D}$, $\mathfrak{B} \to \mathfrak{H}$ in den beiden inhomogenen Formeln. Wenn wir die für den leeren Raum gültigen Werte $\varepsilon = 1$, $\mu = 1$ einsetzen, kommen wir natürlich wieder zu den Ausgangsbeziehungen zurück.
Wir interessieren uns jetzt für die Ausbreitung von **Licht** (oder allgemeiner von hinreichend hochfrequenten **elektromagnetischen Wellen**).
In **"durchsichtigen"**, also optisch durchlässigen Stoffen ist die Permeabilität normalerweise nur geringfügig von 1 verschieden, deshalb benutzen wir weiterhin den Wert $\mu = 1$. Das liegt an der mangelnden Magnetisierbarkeit der fraglichen Materialien.
Wir definieren noch den **Brechungsindex** $n = n(t, \mathfrak{x})$ durch die **Maxwellsche Relation**

$$n = \sqrt{\varepsilon}$$

die anwendbar ist, solange die optischen Eigenschaften des Mediums nur unwesentlich mit der Frequenz, d.h. der **Farbe** des Lichts variieren.
Wir nehmen ferner an, daß es sich um einen schlechten elektrischen Leiter handele ($\sigma = 0$). Die zu erfüllenden Bedingungen reduzieren sich dann auf (s. Born [1972])

$$\mathrm{rot}\,\mathfrak{H} - \frac{\varepsilon}{c}\,\partial_t\,\mathfrak{E} = 0$$

$$\mathrm{rot}\,\mathfrak{E} + \frac{1}{c}\,\partial_t\,\mathfrak{H} = 0$$

$$\mathrm{div}\,\mathfrak{E} = 0$$

$$\mathrm{div}\,\mathfrak{H} = 0$$

Durch Anwenden des "rot"-Operators auf die ersten beiden Gleichungen und einige naheliegende Manipulationen erhalten wir für $\mathfrak{E}$ die **Wellengleichung**:

$$-\Delta\,\mathfrak{E} + \frac{n^2}{c^2}\,\partial_t^2\,\mathfrak{E} = 0$$

die auch von $\mathfrak{H}$ erfüllt wird:

$$-\Delta\,\mathfrak{H} + \frac{n^2}{c^2}\,\partial_t^2\,\mathfrak{H} = 0$$

Wir diskutieren nur eine der beiden Gleichungen, nämlich die des Magnetfeldes; die andere verhält sich natürlich ganz analog. Ist der Brechungsindex räumlich konstant, so gibt es Lösungen der Form

$$\mathfrak{H}(t,\mathfrak{x}) = \mathfrak{A}\,e^{i\langle\mathfrak{k},\mathfrak{x}\rangle - i\omega t}$$

oder in Komponenten

$$H_\mu = H_\mu(t,x^1,x^2,x^3) = A_\mu\,e^{ink_\alpha x^\alpha - i\omega t}$$

Sie werden als **monochromatische ebene Wellen** mit **Frequenz** ω, **Amplitude** $\mathfrak{A} = (A_1, A_2, A_3)$ und **Wellenzahlvektor** $\mathfrak{k} = (k_1, k_2, k_3)$ bezeichnet. Strenggenommen sind die physikalisch interessanten Lösungen aus der gegebenen Funktion durch Bilden des Realteils zu gewinnen, was aber wegen der Linearität wieder auf Felder führt, die die Bedingungen befriedigen. Deshalb verzichten wir darauf, jedesmal "Re" vor die Ausdrücke zu schreiben.
Durch Einsetzen erhalten wir bei Verwendung kartesischer Koordinaten

$$A_\mu \, e^{ik_\alpha x^\alpha - i\omega t} \, n^2 \left[- k_\alpha k^\alpha + \frac{\omega^2}{c^2}\right] = 0$$

was für nichttriviale Felder die **Dispersionsrelation**

$$k_\alpha k^\alpha = \frac{\omega^2}{c^2}$$

nach sich zieht, während keine Einschränkung für die Amplitude existiert (das kann wegen der Linearität der Wellengleichung auch nicht der Fall sein). Die Dispersionsgleichung können wir auch als Beziehung zwischen **Wellenzahl** $k = |\mathfrak{k}|$ und Frequenz ω lesen:

$$\omega = k\,c = |\mathfrak{k}|\,c$$

Normalerweise wird der Brechungsindex n eine Funktion des Ortes sein; dann kann man nicht mehr so einfach an Lösungen der Wellengleichung kommen.
In einem besonders wichtigen Grenzfall läßt sich aber vermöge einer naheliegenden Verallgemeinerung des Wellenansatzes immerhin eine gewisse Reduktion erzielen.
Die **geometrische Optik** geht von der Annahme aus, daß sich die physikalischen Bedingungen über Strecken von der Größenordnung einer **Wellenlänge** $\lambda = 2\pi k^{-1}$ nicht merklich ändern. Mathematisch bedeutet dies das Bestehen der Ungleichung

$$\lambda \, |\text{grad } n| \ll 1$$

Dann können wir einen Ansatz der Form

$$H_\mu = A_\mu \, e^{i\psi} = A_\mu(t,\mathfrak{x}) \, e^{i\psi(t,\mathfrak{x})}$$

versuchen, worin sowohl die Amplitude A_μ als auch die **Phase** ψ, das sogenannte **Eikonal**, Funktionen von Ort und Zeit sind. Wir wählen die Koordinaten in Raum und Zeit so, daß der Nullpunkt in den uns interessierenden Raumbereich fällt, und entwickeln das Eikonal bis zu den linearen Termen:

$$\psi(t,\mathfrak{x}) \approx \psi_0 + t \left[\frac{\partial\psi}{\partial t}\right]_0 + x^\alpha \left[\psi_{,\alpha}\right]_0$$

Der Index "0" deutet an, daß die Ableitungen im Ursprung zu berechnen sind. Ein Vergleich mit der Formel für die ebene Welle ergibt unmittelbar

$$\omega = -\frac{\partial\psi}{\partial t}$$

$$k_\alpha = -\psi_{,\alpha}$$

In der vierdimensionalen relativistischen Version ist das alles viel schöner. Der Wellenzahlvektor hat dann die Form

$$k = (k_a) = (\omega c;\mathfrak{k}) = (k_0,k_1,k_2,k_3)$$

Die differentiellen Beziehungen für k sind somit einfach

$$k_a = \psi_{,a} = \psi_{;a}$$

und die Dispersionsrelation reduziert sich auf die Isotropie von k, d.h.

$$g^{ab}\,k_a\,k_b = k_a\,k^a = 0$$

Kombinieren wir beides, so entsteht die **Eikonalgleichung**

$$g^{ab}\,\frac{\partial\psi}{\partial x^a}\,\frac{\partial\psi}{\partial x^b} = g^{ab}\,\psi_{,a}\,\psi_{,b} = g^{ab}\,\psi_{;a}\,\psi_{;b} = 0$$

deren dreidimensionale Fassung, nämlich

$$\langle \mathrm{grad}\,\psi, \mathrm{grad}\,\psi\rangle = \frac{\omega^2}{c^2}$$

oder

$$|\mathrm{grad}\,\psi| = \frac{\omega}{c}$$

eine Variante der aus der Mechanik bereits bekannten Hamilton-Jacobi-Gleichung bildet.

5.6. Quantenmechanik

In der **Quantentheorie** wird der Zustand eines physikalischen Systems im Konfigurationsraum $\mathbb{R}^3$, etwa eines Elektrons in einem elektrischen Feld, durch eine glatte komplexwertige Funktion auf $\mathbb{R}^3$ beschrieben. Nehmen wir noch die Abhängigkeit von der Zeit t hinzu, erhalten wir die **Wellenfunktion**

$$\begin{aligned}\psi\colon\ \mathbb{R}^4 &\longrightarrow \mathbb{C}\\ (t,\mathfrak{x}) &\longmapsto \psi(t,\mathfrak{x})\end{aligned}$$

Sie hat selbst keine direkte physikalische Bedeutung, wohl aber ihr Betragsquadrat, das die **Wahrscheinlichkeitsdichte** angibt, mit der sich das Teilchen zur Zeit t an der Stelle $\mathfrak{x}$ aufhält. Das bedeutet: ist $B \subseteq \mathbb{R}^3$ ein regulärer Bereich im Ortsraum, so ist die Wahrscheinlichkeit, das System zur Zeit t in einem Zustand innerhalb B anzutreffen, gleich

$$\int_B |\psi(t,\mathfrak{x})|^2 = \int_{\mathfrak{x}\in B} |\psi(t,\mathfrak{x})|^2\, d^3\mathfrak{x} = \int_{\mathfrak{x}\in B} \overline{\psi(t,\mathfrak{x})}\, \psi(t,\mathfrak{x})\, d^3\mathfrak{x}$$

Reelle physikalische **Observable** werden durch **hermitesche Operatoren** wiedergegeben, die auf die Wellenfunktion wirken. Dabei heißt ein Operator K hermitesch, wenn für alle Wellenfunktionen ψ die Gleichung

$$\int \overline{K(\psi)}\, \psi = \int \overline{\psi}\, K(\psi)$$

erfüllt ist.

Operatoren sind i.a. nicht miteinander vertauschbar. Dem entspricht die aus der klassischen Mechanik bekannte Tatsache, daß die **Poissonklammer**

$$[F,G]_P = \frac{\partial F}{\partial q^i}\frac{\partial G}{\partial p_i} - \frac{\partial G}{\partial q^i}\frac{\partial F}{\partial p_i}$$

zweier Funktionen $F = F(t,q^i,p_i)$ und $G = G(t,q^i,p_i)$ normalerweise nicht verschwindet. So gelten etwa (vgl. Neutsch & Scherer [1992]) für beliebige Ortskoordinaten q^a und die zu ihnen konjugierten Impulse p_a die **kanonischen**

Klammerrelationen

$$[q^a, q^b]_P = 0$$

$$[p_a, p_b]_P = 0$$

$$[q^a, p_b]_P = - [p_b, q^a]_P = \delta^a_b$$

Die quantenmechanischen Analogien hierzu sind die **Vertauschungsregeln** der Orts- und Impulsoperatoren:

$$[q^a, q^b] = 0$$

$$[p_a, p_b] = 0$$

$$[q^a, p_b] = - [p_b, q^a] = i \hbar \delta^a_b$$

in denen $\hbar$ das **Plancksche Wirkungsquantum**

$$\hbar = 1.054589 \cdot 10^{-27} \text{ erg sec}$$

ist. Eine bequeme Darstellung der Operatorenalgebra erhalten wir durch die Interpretation von q^a als Multiplikation mit der betreffenden Koordinate, während p_a durch die Differentiationsvorschrift

$$p_a = - i \hbar \frac{\partial}{\partial q^a}$$

repräsentiert wird. Es ist leicht zu verifizieren, daß in diesem **"Ortsbild"** alle geforderten Kommutatorrelationen korrekt wiedergegeben sind.
Wir beschränken uns jetzt auf quantenmechanische Systeme, die eine klassische Entsprechung haben, z.B. die Bewegung eines geladenen Teilchens im elektrischen Feld einer Punktladung (**"Wasserstoffatom"**).
Die zeitliche Entwicklung des Zustandes können wir unmittelbar hinschreiben. Wir gehen von der klassischen **Hamiltonfunktion** (Abschn. 5.1) aus und ersetzen alle Orts- und Impulskoordinaten durch die entsprechenden Operatoren.

Der **Hamiltonoperator** hat die Form (U = potentielle Energie)

$$H = \frac{p^2}{2m} + U(q^a)$$

Wie in der **geometrischen Optik** (Abschn. 5.5) machen wir einen Wellenansatz für ψ:

$$\psi(t,\mathfrak{x}) = \int A(\mathfrak{p}) \exp\left[i <\mathfrak{p},\mathfrak{x}> - i E t\right] d^3\mathfrak{p}$$

(Messiah [1972]). Nach einigen elementaren Umformungen entsteht aus der Energiebedingung

$$\frac{p^2}{2m} + U = E$$

die **Schrödingergleichung** im Ortsbild,

$$i \hbar \frac{\partial\psi}{\partial t} = - \frac{\hbar^2}{2m} \Delta\psi + U \psi$$

Beim Wasserstoffatom führt dies im Besonderen zum Hamiltonoperator

$$H = \frac{p^2}{2m} - \frac{e^2}{r}$$

wenn wir einfachheitshalber die Zentralladung (den Atomkern) als ruhend ansehen, was wegen der im Vergleich zu der des Elektrons großen Masse des Protons eine gute Näherung ist. In dieser Gleichung ist e die Protonenladung, also - e die des Elektrons, während m die Elektronenmasse bezeichnet. Den Abstand des umlaufenden Teilchens vom Attraktionszentrum haben wir r genannt.

Die Schrödingergleichung des Wasserstoffatoms lautet daher

$$i \hbar \frac{\partial\psi}{\partial t} + \frac{\hbar^2}{2m} \Delta\psi + \frac{e^2}{r} \psi = 0$$

6. Funktionentheorie

6.1. Elementare Eigenschaften der komplexen Zahlen

Bekanntlich bilden die **komplexen Zahlen** eine 2-dimensionale Algebra $\mathbb{C}$ über dem Grundkörper $\mathbb{R}$ mit der Standardbasis $\{1, i\}$, wobei 1 das **Einselement** ist, während die **imaginäre Einheit** i die Gleichung $i^2 = -1$ löst.
Daraus ergeben sich bereits alle Rechenregeln in $\mathbb{C}$. Das Produkt zweier komplexer Zahlen $w = u + v\,i$ und $z = x + y\,i$ lautet $(u, v, x, y \in \mathbb{R})$

$$w\,z = z\,w = (u\,x - v\,y) + (u\,y + v\,x)\,i$$

und ist offenbar kommutativ und assoziativ. Zu jedem $z \neq 0$ gibt es einen eindeutig bestimmten **Kehrwert** (= **Inverses**)

$$z^{-1} = \frac{1}{z} = \frac{x - y\,i}{x^2 + y^2}$$

den man durch Erweitern von Zähler und Nenner in $\frac{1}{z}$ mit der zu z **komplex-konjugierten** Zahl $\bar{z} = x - y\,i$ findet. Die reellen Zahlen $x = \mathrm{Re}(z)$ und $y = \mathrm{Im}(z)$ heißen **Realteil** bzw. **Imaginärteil** von z.
Die reellen Vielfachen von 1 bilden eine Unteralgebra $\mathbb{R}\cdot 1 \cong \mathbb{R}$, die wir mit $\mathbb{R}$ identifizieren. Ungleichungen wie $z > 0$ etc. implizieren stets, daß die betrachteten Zahlen in $\mathbb{R}$ liegen.
Aus dem Gesagten geht ohne weiteres hervor, daß $\mathbb{C}$ der durch **Adjunktion** von i als Nullstelle des Polynoms $i^2 + 1$ entstehende **Erweiterungskörper** über $\mathbb{R}$ mit Grad $[\mathbb{C}:\mathbb{R}] = 2$ ist.
Die (positiv genommene) Quadratwurzel aus dem Nenner des Kehrwerts von z, also

$$|z| = \sqrt{z\bar{z}} = \sqrt{x^2+y^2}$$

ist der **Betrag** von z, der die entsprechende Größe für reelle Zahlen verallgemeinert. Er ist **multiplikativ**:

$$|wz| = |w|\,|z|$$

Der **Abstand** zweier Punkte $w, z \in \mathbb{C}$ ist der Betrag $|w-z|$ der Differenz. Hierdurch wird $\mathbb{C}$ zu einem **metrischen Raum**.
Die **(offene) ε-Umgebung** von w ist die Menge

$$U_\varepsilon(w) = \left\{ z \in \mathbb{C} \;\middle|\; |z-w| < \varepsilon \right\}$$

aller Punkte, die von w einen geringeren Abstand als ε haben (dabei ist immer $\varepsilon > 0$ angenommen). Sie wird auch als **(offene) Kreisscheibe** vom **Radius** ε bezeichnet. Entsprechend sind die **abgeschlossenen Kreisscheiben** erklärt.
$\mathbb{C}$ wird in der üblichen Weise auch zu einem **Hausdorffraum**, indem wir als Basis der Topologie alle ε-Umgebungen beliebiger Punkte $z \in \mathbb{C}$ nehmen (für alle ε). Es reicht sogar aus, nur die rationalen $\varepsilon > 0$ und alle Punkte z mit rationalen Real- und Imaginärteilen zu verwenden. Diese Basis definiert dieselbe Topologie, ist aber im Gegensatz zur vorherigen abzählbar.
Die Zuordnung $\kappa\colon \mathbb{C} \longrightarrow \mathbb{R}^2$, die vermöge

$$z = x + y\,i \quad\longmapsto\quad (x,y) \in \mathbb{R}^2$$

("Vergessen" der algebraischen Struktur) wirkt, ist eine Karte und macht $\mathbb{C}$ zu einer 2-dimensionalen **Mannigfaltigkeit**, also einer **(orientierten) Fläche**. Von dieser Eigenschaft werden wir ausgiebig Gebrauch machen; sie ist der Kernpunkt der **Riemannschen** (Auffassung der) **Funktionenthorie**. Die **Metrik** auf $\mathbb{C}$ erklären wir durch das **Bogenlängenelement** ds, das einfach das euklidische ist und nach $ds^2 = dx^2 + dy^2$ in den Standardkoordinaten berechnet wird. $\mathbb{C}$ ist damit sogar ein 2-dimensionaler orientierter **Riemannscher Raum**. Die graphische Darstellung mittels (x,y) als **kartesischen Koordinaten** für $z = x + y\,i \in \mathbb{C}$ heißt **Gaußsche (Zahlen-)Ebene** oder **Arganddiagramm**.
Häufig erweist es sich als ratsam, die Fläche $\mathbb{C}$ zu **kompaktifizieren**, indem man einen **"unendlich fernen"** oder **"uneigentlichen"** Punkt ∞ hinzunimmt und so zur Fläche

$$\mathcal{S} = \mathbb{C} \cup \{\infty\}$$

gelangt. Sie wird als **Riemannsche Zahlenkugel** bezeichnet; allerdings ist diese Nomenklatur unhistorisch (s. Abschn. 1.2) und entspricht auch nicht

mehr dem heutigen Sprachgebrauch, da man die Oberfläche einer Kugel (und darum handelt es sich ja eigentlich) als **Sphäre** bezeichnet. Die obige Benennung ist aber so stark eingebürgert, daß es wohl nicht mehr möglich ist, sie zu ändern. In jedem Fall wird klar sein, was gemeint ist.
Um $\mathcal{S}$ wirklich zu einem topologischen Raum zu machen, bedarf es allerdings noch der Auflistung aller offenen Mengen in $\mathcal{S}$. Diese bestehen aus den offenen Teilmengen von $\mathbb{C}$ und den Umgebungen von ∞. Letztere sind die (in $\mathcal{S}$ genommenen) Komplemente der kompakten $\mathbb{C}$-Teilmengen.
Man verifiert mühelos, daß $\mathcal{S}$ in der Tat homöomorph zur 2-Sphäre $\mathbb{S}^2$ ist. Die algebraischen Besonderheiten von $\mathcal{S}$, vor allem die Interpretation als 1-dimensionaler **projektiver Raum** $\mathbb{P}^1\mathbb{C}$ (d.h. als **projektive Gerade**) über den komplexen Zahlen, werden wir uns noch genauer anzusehen haben; für den Augenblick belassen wir es bei den gemachten Andeutungen.

6.2. Konvergenz von Funktionenfolgen

Für unsere späteren Untersuchungen, soweit sie komplexe (analytische) Funktionen betreffen, werden wir diverse Konvergenzkriterien und hiermit zusammenhängende Definitionen und Sätze brauchen. Da diese jedoch nicht im engeren Sinne mit Koordinaten zu tun haben, wollen wir in diesem Abschnitt wie auch in den angrenzenden lediglich die wichtigsten Begriffe und Aussagen auflisten, ohne detaillierte Beweise zu geben oder größtmögliche Allgemeinheit anzustreben.

Aus diesem Grunde verzichten wir auch auf allzu moderne Terminologie und verwenden meistens die anschaulicheren Methoden des 19. oder frühen 20. Jahrhunderts.

Die Argumentationen, die auf die in Frage stehenden Theoreme führen, bestehen i.a. aus einfachen Abschätzungen, die entweder ohne Schwierigkeiten vom Leser ergänzt werden können, oder aber in jedem Lehrbuch der **Funktionentheorie**, z.B. Hurwitz & Courant [1964], Cartan [1966] oder Peschl [1967] nachzuschlagen sind.

Eine **Folge** von Punkten $z_1, z_2, z_3, \ldots$ in einem Hausdorffraum X, die nicht alle voneinander verschieden sein müssen, **konvergiert** gegen den **Limes (Grenzpunkt)** w, wenn jede Umgebung U von w **"fast alle"** (d.h. alle bis auf endlich viele) Folgenglieder z_k enthält. Das Hausdorffaxiom stellt sicher, daß der Grenzwert, wenn er existiert, eindeutig ist.

In $\mathbb{C}$, wo die Topologie durch die Abstandsrelation definiert ist, können wir das auch formal so zum Ausdruck bringen:

Definition 6.2.1:

(a) Die komplexe Punktfolge $z_1, z_2, z_3, \ldots \in \mathbb{C}$ hat den **Grenzwert** w, falls zu jedem $\varepsilon > 0$ eine natürliche Zahl N existiert, so daß für alle $k > N$ die Abstände $|z_k - w|$ der Folgenglieder von w kleiner als ε sind.

Gibt es ein solches $w \in \mathbb{C}$, so schreibt man

$$w = \lim_{k \to \infty} z_k$$

und sagt, die Folge $\{z_k \mid k \in \mathbb{N}\}$ sei **konvergent**; anderenfalls **divergent**.

(b) Die komplexen Zahlen $z_1, z_2, z_3, \ldots$ bilden eine **Cauchyfolge**, wenn zu jedem $\varepsilon > 0$ ein $N \in \mathbb{N}$ existiert, so daß für alle $m, n > N$ die Ungleichung $|z_m - z_n| < \varepsilon$ besteht.

(c) Unter der **Reihe**

$$\sum_{k=1}^{\infty} z_k$$

wird stets der Limes der **Partialsummen**

$$\sum_{k=1}^{N} z_k$$

für $N \to \infty$, also

$$\sum_{k=1}^{\infty} z_k = \lim_{N \to \infty} \sum_{k=1}^{N} z_k$$

verstanden.

Betrachten wir Folgen oder Reihen auf der Riemannschen Zahlenkugel $\mathcal{S}$ statt in $\mathbb{C}$, so ist eine Modifikation nötig. Es ist ∞ ein gewöhnlicher Punkt in $\mathcal{S}$; daher hat man auch Konvergenz gegen den Grenzwert ∞ zuzulassen. Sie tritt nach Definition der Umgebungen von ∞ genau dann ein, wenn die Beträge der Folgenglieder über alle Grenzen wachsen.

Es ist klar, daß jede konvergente komplexe Zahlenfolge der Cauchybedingung genügt. Interessant ist die Umkehrung, die wir beweisen wollen, um wenigstens eine typische Abschätzung vorzuführen.

Satz 6.2.1:

Jede reelle oder komplexe Cauchyfolge konvergiert.

Beweis:

Die fragliche Folge sei wieder mit $\{z_k \mid k \in \mathbb{N}\}$ bezeichnet. Wir wählen natürliche Zahlen $N_1, N_2, N_3, \ldots$ aus, die für alle $k \in \mathbb{N}$ der Ungleichung

$$\left| z_{N_{k+1}} - z_{N_k} \right| < 2^{-k}$$

genügen, was nach Voraussetzung offenbar möglich ist. Dann ist die Teilfolge $\left\{ y_k = z_{N_k} \right\}$, für die die Abschätzung $|y_{k+1} - y_k| < 2^{-k}$ gilt, beschränkt, da alle ihre Glieder im abgeschlossenen Kreis vom Radius

$$2^{-1} + 2^{-2} + 2^{-3} + \ldots = 1$$

um y_1 liegen. Aus Kompaktheitsgründen können wir wiederum eine konvergente Teilfolge von $\{y_k \mid k \in \mathbb{N}\}$ finden, deren Limes wir w nennen.
Zu jedem vorgegebenen positiven ε gibt es dann ein M mit $|z_M - w| < \varepsilon$. Für hinreichend große $N \geq M$ haben weiterhin alle Paare z_m, z_n mit $m, n > N$ höchstens den Abstand ε voneinander. Das impliziert

$$|z_n - w| = |(z_n - z_N) + (z_N - w)| \leq |z_n - z_N| + |z_n - w| < \varepsilon + \varepsilon = 2\,\varepsilon$$

$(n > N)$ und damit die Konvergenz von $\{z_k \mid k \in \mathbb{N}\}$.

Viel wichtiger als Folgen einzelner Punkte in $\mathbb{C}$ sind solche, die von einem **Parameter** $z \in \Gamma$ abhängen, wobei Γ ein geeignetes **Gebiet** in $\mathbb{C}$ oder $\mathcal{S}$ ist. Mit anderen Worten: wir werden Funktionenfolgen in Γ zu diskutieren haben. Hier kommen verschieden starke Konvergenzbegriffe in Betracht:

Definition 6.2.2:

(a) Eine **Funktionenfolge**

$$\left\{ f_k \;\middle|\; k \in \mathbb{N} \right\}$$

deren sämtliche Glieder f_k in einem Gebiet $\Gamma \subseteq \mathcal{S}$ definierte komplexe Funktionen sind, **konvergiert punktweise** in Γ gegen die **Grenz-** oder **Li-**

mesfunktion F: $\Gamma \longrightarrow \mathcal{S}$, wenn für jedes $z \in \Gamma$ die Punktfolge

$$\left\{ f_k(z) \;\middle|\; k \in \mathbb{N} \right\}$$

gegen F(z) konvergiert.
Das besagt: für alle $z \in \Gamma$ und jedes positive ε kann eine natürliche Zahl $N = N(z,\varepsilon)$ gefunden werden, so daß $|F(z)-f_k(z)| < \varepsilon$ wird, sofern nur $k > N$ ist.

(b) Wenn sich dieses N unabhängig von z konstruieren läßt, d.h. wenn zu jedem $\varepsilon > 0$ ein N existiert, welches die verlangte Ungleichung simultan für alle $z \in \Gamma$ liefert, konvergiert die Folge **gleichmäßig**.

(c) Beide Definitionen übertragen sich sinngemäß auf **Funktionenreihen**.

Die gleichmäßige Konvergenz in einem Gebiet ist viel stärker als die punktweise; z.B. ist die Grenzfunktion einer gleichmäßig konvergenten Folge stetiger Funktionen selbst stetig, wohingegen die entsprechende Aussage bei nur punktweiser Konvergenz falsch wäre.
Ein dritter Konvergenzbegriff ist noch wichtig:

Definition 6.2.3:
Eine Reihe

$$\sum_{k=0}^{\infty} a_k$$

von komplexen Zahlen a_k **konvergiert absolut**, falls die aus den Beträgen gebildete Reihe

$$\sum_{k=0}^{\infty} |a_k|$$

konvergiert, also einen endlichen Wert ($< \infty$) besitzt.

Ein nützliches **Konvergenzkriterium** ist

Satz 6.2.2:

Seien $f_1, f_2, f_3, \ldots$ komplexe Funktionen im Gebiet Γ und $c_1, c_2, c_3, \ldots$ positive reelle Zahlen, die die f_k in ganz Γ **majorisieren**:

$$|f_k(z)| \leq c_k$$

für alle $z \in \Gamma$ und $k \in \mathbb{N}$, so impliziert die Konvergenz der Summe der c_k die absolute und gleichmäßige Konvergenz von

$$\sum_{k=1}^{\infty} f_k(z)$$

(und in Sonderheit die Stetigkeit der Grenzfunktion).

Die absolut konvergenten Reihen sind besonders angenehm zu handhaben, weil sie bei Permutationen der Summanden ihren Wert nicht ändern. Man darf also absolut konvergente Reihen beliebig **"umordnen"**. Davon macht man (vor allem in der **Weierstraßschen** Version der **Funktionentheorie**, der wir uns sogleich zuwenden) ausgiebig Gebrauch.

6.3. Potenzreihen

Unter allen Funktionenreihen vereinen die Potenzreihen am ehesten die Ideale Allgemeingültigkeit, Flexibilität und Bequemlichkeit der Handhabung miteinander. In der Weierstraßschen Auffassung der Funktionentheorie, der wir hier folgen, bilden sie daher den Ausgangspunkt aller Betrachtungen über analytische Funktionen.

Definition 6.3.1:

Eine **Potenzreihe** um den Punkt $a \in \mathbb{C}$ in der komplexen Variablen z ist eine Funktionenreihe der speziellen Form

$$\mathfrak{P}(z|a) = \sum_{k=0}^{\infty} c_k (z-a)^k$$

Hierbei sind die **Koeffizienten** c_k beliebige komplexe Zahlen; ebenso das **Entwicklungszentrum** a.

Die Menge aller $z \in \mathbb{C}$, für die die Reihe konvergiert, heißt **Konvergenzbereich** der Summe.

Der Konvergenzbereich hängt natürlich von den Koeffizienten ab. Sein genereller Charakter läßt sich leicht beschreiben:

Satz 6.3.1:

(a) Zu jeder Potenzreihe $\mathfrak{P} = \mathfrak{P}(z|a)$ gehört ein eindeutig bestimmter Kreis $\mathfrak{K}(\mathfrak{P})$ mit Mittelpunkt a, innerhalb dessen $\mathfrak{P}$ konvergiert, während sie außerhalb des Kreises divergiert. $\mathfrak{K}(\mathfrak{P})$ heißt der **Konvergenzkreis** von $\mathfrak{P}$, sein Radius $\rho(\mathfrak{P})$, der auch die Werte 0 (Konvergenz nur in a selbst) oder ∞ (Konvergenz auf ganz $\mathbb{C}$; die Reihe heißt dann **beständig konvergent**) haben darf, ist der **Konvergenzradius** der Potenzreihe.

(b) Im Inneren des Konvergenzkreises liegt absolute, auf kompakten Teilmengen sogar gleichmäßige Konvergenz vor.

(c) Der Konvergenzradius $\rho(\mathfrak{P})$ kann aus der Koeffizientenfolge $c_1, c_2, c_3, \ldots$ berechnet werden. Er ist z.B. gleich dem Kehrwert des größten Häufungspunkts der Folge

$$\left\{ |c_k|^{1/k} \;\middle|\; k \in \mathbb{N} \right\}$$

Diese Aussage ist als **Cauchy-Kriterium** bekannt.
(Ein Häufungspunkt ist ein $w \in \mathbb{C}$, dessen sämtliche Umgebungen unendlich viele Folgenglieder enthalten).

Beweis:
Elementare Abschätzungen.

Es sei ausdrücklich vermerkt, daß nichts darüber gesagt wurde, wie sich $\mathfrak{P}$ auf dem Rand des Konvergenzkreises, also für $|z-a| = \rho(\mathfrak{P})$ verhält. Es kommen verschiedene Möglichkeiten in Betracht: Konvergenz in gar keinen, gewissen oder allen Punkten des Randes. Jeder dieser drei denkbaren Fälle läßt sich leicht durch Beispiele belegen.
Aus der absoluten Konvergenz im Inneren von $\mathfrak{K}(\mathfrak{P})$ ergibt sich unmittelbar die Berechtigung zu beliebigen Umordnungen der Reihe. Zwei im selben Gebiet Γ konvergierende Potenzreihen dürfen gliedweise addiert, subtrahiert oder mit komplexen Zahlen multipliziert werden. Außerdem ist es möglich, die Reihen formal zu multiplizieren, indem man alle Produkte der Summanden bildet und nach Potenzen sortiert, entsprechend dem Schema

$$\left[\sum_{k=0}^{\infty} c_k z^k\right] \cdot \left[\sum_{m=0}^{\infty} d_m z^m\right] = \sum_{s=0}^{\infty} \left[c_0 d_s + c_1 d_{s-1} + \ldots + c_{s-1} d_1 + c_s d_0\right] z^s$$

Diese Reihe stellt $F(z) \cdot G(z)$ dar, wenn die beiden Faktoren auf der linken Seite mit $F(z)$ und $G(z)$ bezeichnet werden.
Analog ist es auch möglich, falls in Γ die Bedingung $g(z) = 0$ erfüllt ist, Quotienten zu bilden.
Wir wenden uns nun einer äußerst fruchtbaren Anwendung dieser Prinzipien zu. Dazu gehen wir von der Reihe

$$F(z) = \sum_{k=0}^{\infty} c_k (z-a_0)^k$$

mit dem Entwicklungszentrum a_0 aus und wählen einen Punkt a_1, der im Inneren des Konvergenzkreises liegt. Durch geeignetes Umsortieren der in der Nähe von a_1 absolut konvergenten Reihe gewinnen wir eine neue Darstellung

$$F(z) = \sum_{k=0}^{\infty} d_k (z-a_1)^k$$

die zumindest in einer Umgebung von a_1 gilt, also positiven Konvergenzradius hat. Während die erste Reihe in einem Kreis $\mathfrak{K}_0$ von einem Radius, sagen wir, ρ_0 konvergiert, tritt dies bei der umgestalteten Summe innerhalb eines gewissen Kreises $\mathfrak{K}_1$ vom Radius ρ_1 um a_1 als Mittelpunkt ein.
Im Überlappungsgebiet $\mathfrak{K}_0 \cap \mathfrak{K}_1$ sind beide Entwicklungen gültig. Es kann aber geschehen, daß es Punkte gibt, die in $\mathfrak{K}_1$, nicht jedoch in $\mathfrak{K}_0$ liegen. Dann dehnen wir den Definitionsbereich von F entsprechend aus. Dieses Vorgehen ist als (unmittelbare) **analytische Fortsetzung** bekannt. Selbstverständlich können wir die Prozedur iterieren und so zu mittelbaren Fortsetzungen kommen. Der **Definitionsbereich** der Funktion ist das größtmögliche Gebiet, das auf diese Weise überdeckt wird, also die Vereinigung aller Konvergenzkreise, die bei der analytischen Fortsetzung auftreten.
Dabei hängt das Ergebnis unter Umständen von der Abfolge der Entwicklungspunkte $a_1, a_2, a_3, \ldots$ ab, über die wir ja nur vorausgesetzt haben, daß jeder im Konvergenzkreis des vorhergehenden liegt.
Es kann allerdings passieren, daß man nach einigen Fortsetzungsschritten wieder an den Ausgangspunkt gelangt, ohne daß sich dabei derselbe Funktionswert ergibt. Das ist jedoch kein Nachteil der Methode, sondern ganz im Gegenteil ihr entscheidender Vorzug. Wir müssen diese Möglichkeit nur so auffassen, daß F eine Funktion ist, welche mehrerer Werte fähig ist. Ein Beispiel, das dies verdeutlichen mag, ist die Quadratwurzel. Beginnen wir etwa an der Stelle $a_0 = 1$ (der Konvergenzradius ist dann genau 1)! Die Wurzel aus 1 wählen wir positiv, also auch 1, und setzen in geeigneter Weise analytisch fort.
Kehren wir nach mehreren Fortsetzungsschritten unter einmaliger Umkreisung des Nullpunkts, in dem die Funktion nicht differenzierbar ist, nach 1 zu-

rück, so werden wir dort den Funktionswert - 1 vorfinden. Dem skeptischen Leser sei die explizite Durchführung der Rechnung als Übung empfohlen. Wir haben also den anderen **Zweig** der Wurzelfunktion erreicht. Nochmaliges Umrunden von 0 führt wieder zur Ausgangssituation.

Es ist deshalb wichtig, festzuhalten, welche Zwischenpunkte bei der Ausdehnung des Definitionsbereichs benutzt werden. Die obige Vorgehensweise mit einer Serie von endlich vielen eingeschalteten Stellen hat allerdings gewisse theoretische wie praktische Nachteile. Daher ist die sogenannte **analytische Fortsetzung entlang einer Kurve** zumeist besser geeignet.

Die Idee besteht darin, eine Kurve γ: $[0,1] \longrightarrow \mathbb{C}$ zu verwenden, die im Ausgangspunkt $\gamma(0) = z_0$ beginnt und zu der Stelle $\gamma(1) = z_1$ führt, bis zu der wir die Fortsetzung wünschen. Wir müssen auf dem (kompakten) Bild $\gamma([0,1])$ der Kurve zwischen $w_0 = z_0$ und $w_n = z_1$ eine Serie von Zwischenpunkten $w_1, \ldots, w_{n-1}$ einschalten, die in der Reihenfolge $w_0, w_1, \ldots, w_{n-1}, w_n$ durchlaufen werden. Dabei sind die w_k so zu wählen, daß das Teilstück von w_{k-1} nach w_k jeweils ganz im Inneren der beiden Konvergenzkreise mit Zentren w_{k-1} und w_k liegt. Man kann durch elementare Abschätzungen nachweisen, daß $F(z_1)$ durch die Entwicklung nahe z_0 und die Kurve γ bereits festgelegt ist, unabhängig von der Lage der w_k.

Die Unterteilung ist wegen der Kompaktheit der Kurve immer zu finden, wenn γ ganz im Definitionsbereich von F verläuft.

Zwei Interpretationen bieten sich an.

Die erste, von **Weierstraß** bevorzugte, erklärt eine **analytische Funktion** in der angedeuteten Weise durch möglichst weitgehende analytische Fortsetzung einer vorgegebenen Potenzreihe. Alle Reihenentwicklungen, die durch diesen Prozeß (evtl. mit Zwischenschritten) auseinander hervorgehen, sind dann gleichwertige lokale Beschreibungen derselben Funktion.

Die andere, welche von **Riemann** begründet wurde, versteht das Definitionsgebiet einer analytischen Funktion nicht als Teil der komplexen **Gaußschen Ebene**, sondern als eine ihr überlagerte **(Riemannsche) Fläche** $\mathcal{F}$.

Dabei sind allerdings Verzweigungen, wie wir sie schon bei der Wurzel kennengelernt haben, zuzulassen. In diesen ist die Projektion $\mathcal{F} \longrightarrow \mathbb{C}$ nicht umkehrbar; vielmehr sind dort unterschiedliche **"Blätter"** der Fläche $\mathcal{F}$ miteinander verheftet. Sie können durch geeignete **"Schnitte"** (Herausnahme bestimmter Linien aus $\mathbb{C}$ und ihrer Urbilder in $\mathcal{F}$) in Einzelblätter zerlegt werden, doch ist dies nur zur Lokalisierung mancher Betrachtungen zweckmäßig; die Riemannsche Fläche bildet natürlich ein einheitliches Ganzes.

Es ist klar, daß beide (prinzipiell gleichberechtigten) Standpunkte, da sie jeweils verschiedene Aspekte in den Vordergrund stellen, sich gegenseitig ergänzen.

Wir sind jetzt in der Lage, die Punkte auf dem Rand des Konvergenzkreises $\mathfrak{K}(\mathfrak{P})$ einer Potenzreihe $\mathfrak{P}(z|a)$ in zwei Klassen einzuteilen, indem wir ein derartiges z_0 **regulär** nennen, wenn es eine Potenzreihe $\mathfrak{P}(z|z_0)$ gibt, die analytische Fortsetzung von $\mathfrak{P}(z|a)$ ist und nicht nur in z_0 konvergiert. Anderenfalls ist z_0 **singulär**.

Eine außerordentlich wichtige Transformation haben wir bisher noch unerwähnt gelassen. Man kann absolut konvergente Potenzreihen beliebig oft gliedweise differenzieren und so der analytischen Funktion

$$F(z) = \sum_{k=0}^{\infty} c_k (z-a_0)^k$$

die **Ableitung**

$$F'(z) = \sum_{k=0}^{\infty} c_k\, k\, (z-a_0)^{k-1}$$

zuordnen. Auch sie ergibt eine analytische Funktion. Gleichzeitig läßt diese Konstruktion die Gültigkeit des folgenden Satzes erkennen:

Satz 6.3.2:

Jede analytische Funktion ist in ihrem gesamten Definitionsbereich beliebig oft differenzierbar, also eine C^∞-Funktion.

Der Begriff der komplexen Differenzierbarkeit bedarf noch einer näheren Erläuterung.

Definition 6.3.2:

Eine in einem Gebiet $\Gamma \subseteq \mathbb{C}$ definierte Funktion $F\colon \Gamma \longrightarrow \mathbb{C}$ heißt an der Stelle $z \in \Gamma$ **(komplex) differenzierbar**, wenn der Grenzwert

$$F'(z) = \lim_{h \to 0} \frac{F(z+h) - F(z)}{h}$$

existiert. $F'(z)$ ist die **Ableitung** von F an der Stelle z. Differenzierbarkeit im Gebiet Γ bedeutet natürlich, daß dies auf alle in Γ liegenden z zutrifft.

Der Grenzübergang $h \to 0$ kann dabei auf einem beliebigen Weg erfolgen.
Die obige Definition läßt sich auch so formulieren: Jede gegen z strebende Folge $\{z+h_k\}$ von Argumenten ergibt eine Serie von Brüchen

$$\frac{F(z+h) - F(z)}{h}$$

die konvergiert, und zwar mit Limes $F'(z)$. Wir betrachten $F'(z)$ wiederum als Funktion von z.
Im Unterschied zur Situation im Reellen hat die komplexe Differenzierbarkeit in einem Gebiet sehr weitreichende Konsequenzen. Wir werden darauf in Abschn. 6.5 zurückkommen, sobald wir die nötigen Hilfsmittel zur Verfügung haben. An dieser Stelle können wir nur noch einige Bemerkungen über Potenzreihen von analytischen Funktionen machen.
Es ist ohne weiteres einzusehen, daß zwei Potenzreihen um einen Punkt a, die in einer Umgebung von a dieselbe Funktion darstellen, miteinander identisch sind, also die gleichen Koeffizienten haben (Prinzip des "**Koeffizientenvergleichs**").
Daraus folgt sofort

Satz 6.3.3:
Sei F eine in einem Gebiet Γ analytische Funktion. Die Koeffizienten der Reihenentwicklung um einen in Γ gelegenen Punkt a ergeben sich aus den Ableitungen gemäß der **Taylor-Formel**

$$F(z) = \sum_{k=0}^{\infty} \frac{F^{(k)}(a)}{k!} (z-a)^k$$

worin wir die übliche Bezeichnung $F^{(k)}$ für die k-te Ableitung von F benutzt haben.

Beweis:

Wir machen einen Ansatz der Form

$$F(z) = \sum_{j=0}^{\infty} c_j (z-a)^j$$

für die Potenzreihe um den Punkt z = a. Nach k-maliger Differentiation, die wir wegen der absoluten Konvergenz im Inneren des Konvergenzkreises gliedweise ausführen dürfen, wird daraus

$$F^{(k)}(z) = \sum_{j=0}^{\infty} j(j-1)\ldots(j-k+2)(j-k+1)\, c_j (z-a)^{j-k}$$

was sich für z = a auf den konstanten Term $k!\cdot c_k$ reduziert.

Wir erwähnen noch unter Auslassung des leichten Beweises ein nützliches Kriterium, nämlich

Satz 6.3.4:

Auf dem Rand des Konvergenzkreises einer Taylorreihe für die analytische Funktion F liegt stets mindestens eine Singularität.
Der Konvergenzkreis um a ist somit der größte Kreis mit Mittelpunkt a, dessen Inneres nur aus regulären Punkten von F besteht.
Umgekehrt ist der Konvergenzradius das Minimum der Abstände aller singulären Punkte vom Zentrum a.

6.4. Analytische Fortsetzung

Um zu einem tieferen Einblick in das Wesen einer analytischen Funktion zu gelangen, müssen wir den bisherigen lokalen Ansatz zugunsten einer globalen Sichtweise aufgeben. Das hierzu erforderliche Werkzeug liegt bereits in unseren Händen: das Prinzip der **analytischen Fortsetzung**.
Wir gehen von einer Potenzreihe

$$P(z) = \sum_{k=0}^{\infty} c_k (z-a)^k$$

mit positivem Konvergenzradius ρ, der auch unendlich sein darf, aus. Der Konvergenzkreis K ist dann die offene ρ-Umgebung

$$K = \left\{ z \in \mathbb{C} \;\middle|\; |z-a| < \rho \right\}$$

des Entwicklungspunkts a. Das Paar $\mathfrak{E} = (K,P)$ bezeichnet man als **Funktionselement**.
Die analytische Fortsetzung kommt nun in der folgenden Weise ins Spiel: Wir nennen zwei Funktionselemente $\mathfrak{E}_1 = (K_1,P_1)$ und $\mathfrak{E}_2 = (K_2,P_2)$ **unmittelbar gleichwertig**, wenn die Kreise K_1 und K_2 (innere) Punkte gemeinsam haben und im Überlappungsgebiet $K_1 \cap K_2 \neq \emptyset$ beide Potenzreihen dieselbe Funktion darstellen, also durch Umordnen auseinander hervorgehen. Diese Beziehung setzen wir transitiv zu einer Äquivalenzrelation fort: $\mathfrak{E}_1$ und $\mathfrak{E}_n$ sind **(mittelbar) gleichwertig**, falls eine endliche Kette $\mathfrak{E}_1, \mathfrak{E}_2, \ldots, \mathfrak{E}_{n-1}, \mathfrak{E}_n$ von Funktionselementen existiert, in der je zwei aufeinanderfolgende Glieder $\mathfrak{E}_k$ und $\mathfrak{E}_{k+1}$ unmittelbar gleichwertig sind.
Eine **analytische Funktion** ist dann eine Äquivalenzklasse von Funktionselementen bezüglich der gerade definierten Relation.
Der Übergang von einer einzelnen nicht nur in einem Punkt konvergenten Potenzreihe zur Gesamtheit aller gleichwertigen entspricht exakt dem Ersetzen einer isolierten Karte einer Mannigfaltigkeit durch den gesamten Atlas mit Einbeziehung sämtlicher erlaubter Koordinatentransformationen. Erst hierdurch erhalten wir die Möglichkeit zu Aussagen über die globale Struktur.

Die Parallele ist nicht zufällig; vielmehr handelt es sich um zwei verschiedene Aspekte derselben Sache. Wir führen in jedem Konvergenzkreis K, der zu einem Funktionselement $\mathfrak{E} = (K,P)$ der analytischen Funktion f gehört, eine Karte ein, indem wir jeden Punkt $z \in K$ auf $(\mathrm{Re}\, z, \mathrm{Im}\, z) \in \mathbb{R}^2$ abbilden. Die Vereinigung aller Konvergenzkreise ist das **Regularitätsgebiet** $\Gamma = \Gamma_f$ von f; die darin liegenden Punkte heißen **regulär**.

Es ist aber nicht sinnvoll, f als Funktion auf Γ aufzufassen, da, wie uns bereits bekannt ist, unter Umständen die analytische Fortsetzung entlang verschiedener Wege mit übereinstimmenden Anfangs- und Endpunkten zu unterschiedlichen Funktionswerten führt. Daher ist f im allgemeinen keine eindeutige Funktion auf Γ. Wir können aber durch Identifikation entsprechender Punkte in den Überlappungsgebieten benachbarter Funktionselemente aus der Sammlung der Karten auf allen Konvergenzkreisen K einen Atlas machen. Dadurch wird der Definitionsbereich von f zu einer glatten (und sogar analytischen) zweidimensionalen Mannigfaltigkeit, welche wir mit $\mathfrak{F}$ oder $\mathfrak{F}_f$ bezeichnen. $\mathfrak{F}$ ist die **Riemannsche Fläche** der komplex-analytischen Funktion f, die wir als Abbildung von $\mathfrak{F}$ nach $\mathbb{C}$ auffassen.

Die darin steckende Behauptung, $\mathfrak{F}$ sei eine Fläche, muß natürlich begründet werden. Dazu reicht es aus, wenn wir die Existenz einer abzählbaren Basis für die Topologie von $\mathfrak{F}$ nachweisen können; die anderen Axiome sind trivial erfüllt.

Man sagt, das Funktionselement $\mathfrak{E} = (K,P)$ **liege über** dem Punkt $z \in \Gamma$, wenn $z \in K$ gilt. Entsprechend ist die Aussage "der Punkt $w \in \mathfrak{F}$ liegt über z" zu interpretieren. Wir nennen z den zu w gehörenden **Fußpunkt**.

Wir wählen zwei Punkte $z_0, z_1 \in \Gamma_f$ aus, deren Real- und Imaginärteile rational sind (kurz: **"rationale Punkte"** in Γ) und beschreiben f durch das Funktionselement $\mathfrak{E}_0$ über z_0. Sei $\mathfrak{E}_1 = (K_1, P_1)$ über z_1 gelegen. Dann gibt es per definitionem einen Weg γ von z_0 nach z_1, so daß $\mathfrak{E}_1$ aus $\mathfrak{E}_0$ durch analytische Fortsetzung entlang γ hervorgeht. Dies ändert sich nicht, wenn wir γ durch eine hinreichend nahe benachbarte Kurve γ^* ersetzen. Dabei ist es offenbar erlaubt, γ^* als **Polygonzug** (= endliche Aneinanderreihung von geradlinigen Strecken) zu wählen, dessen sämtliche Eckpunkte rational sind.

Es existieren aber nur abzählbar viele Polygonzüge der beschriebenen Art, also ist auch die Menge der über z_1 liegenden $\mathfrak{E}_1$ abzählbar. Das gleiche trifft auf die Menge aller rationalen Punkte in $\mathbb{C} \cong \mathbb{R}^2$ zu, und die Beobachtung, daß alle Gebiete in $\mathbb{C}$ (und insbesondere die Konvergenzkreise von f) rationale Punkte enthalten, schließt den Beweis ab.

Die Konstruktion beinhaltet aber noch viel mehr. Tatsächlich ist die Riemannsche Fläche $\mathfrak{F}_f$ eine einfach zusammenhängende **Überlagerung** des Regularitätsgebiets Γ_f, während Γ_f selbst nur (weg-)zusammenhängend ist. (Das sind direkte Folgerungen aus der Konstruktion von f). Wir fassen die gefundenen Ergebnisse zusammen:

Satz 6.4.1:
Die Riemannsche Fläche $\mathfrak{F} = \mathfrak{F}_f$ einer analytischen Funktion f ist eine einfach zusammenhängende Überlagerung des Regularitätsgebietes Γ_f von f, und f ist eine (eindeutige) komplexwertige Funktion auf $\mathfrak{F}$.
Γ_f hingegen ist zwar (weg-)zusammenhängend, aber nicht notwendig einfach zusammenhängend. Als Funktion auf Γ_f betrachtet kann f mehrdeutig sein, nimmt aber in jedem Punkt nur höchstens abzählbar unendlich viele Werte an.

Die Riemannsche Fläche $\mathfrak{F} = \mathfrak{F}_f$ ist somit eine, sagen wir, k-fache Überlagerung von Γ_f, $k \in \mathbb{N} \cup \{\infty\}$. Wir wählen ein einfach zusammenhängendes Gebiet $G \subseteq \Gamma_f$ aus. Die Teilmenge von $\mathfrak{F}$, welche aus den über G liegenden Punkten besteht, ist dann trivialerweise eine k-fache Überlagerungsfläche über G, die wegen des einfachen Zusammenhangs in k jeweils zu G isomorphe **Blätter** zerfällt. Die Restriktion von f auf eines dieser Blätter stellt eine eindeutige Funktion dar, die man als einen **Zweig** von f bezeichnet.
Wir geben ein simples Beispiel, um die Situation zu illustrieren. Die Wurzelfunktion $f(z) = z^{1/n}$, n eine natürliche Zahl, ist in ganz $\mathbb{C}$ mit Ausnahme des Nullpunkts regulär und überlagert $\Gamma_f = \mathbb{C} \setminus \{0\}$ genau n-fach. Auf jedem in Γ_f liegenden einfach zusammenhängenden Gebiet spaltet $\mathfrak{F}$ in n getrennte Blätter auf, wobei in diesem einfachen Fall die Funktionswerte sich jeweils um einen Faktor η unterscheiden, der eine n-te Einheitswurzel ist. (Bekanntlich gibt es genau n Lösungen von $\eta^n = 1$, und zwar $\exp\left(\frac{2\pi i s}{n}\right)$, s modulo n).
Für einen Kreisring, der 0 einfriedet, wäre die entsprechende Behauptung falsch, da f nach einmaligem Umlauf um die Singularität nicht zum Ausgangswert zurückkehrt, sondern einen anderen Zweig erreicht. Erst nach n-facher Windung um 0 herum sind wir wieder auf dem ursprünglichen Blatt.
Lassen wir z nach Null streben, so geht auch f(z) gegen 0; wir können also f durch f(0) = 0 stetig fortsetzen. An diesem Punkt ist f aber nicht analytisch, da die erste Ableitung $f'(z) = n^{-1} z^{(1-n)/n}$ unendlich wird. Tatsächlich sind die Blätter der Riemannschen Fläche hier miteinander in bestimm-

ter Weise "verklebt" oder "verheftet" (**verzweigte Überlagerung**): 0 ist ein **Verzweigungspunkt** von $\mathfrak{F}_f$.
Diese anschaulichen Bezeichnungen sind sehr glücklich gewählt, da sie genau das wiedergeben, was gemeint ist.
Stoßen in einem Punkt z_0 genau $n > 1$ Blätter von $\mathfrak{F}$ zusammen ($n \in \mathbb{N}$), so bedarf es jeweils n Umrundungen von z_0, bevor wir wieder auf den Ausgangszweig zurückkommen. Als Funktion der üblichen Variablen z ist f dann in jeder Umgebung von z_0 mehrdeutig. Man kann aber immer eine Parametrisierung durch eine neue Unbestimmte t finden, so daß sowohl z als auch f(z) in der Nähe des Verzweigungspunktes eindeutige Funktionen von t werden. Beispielsweise ist für $z_0 \in \mathbb{C}$ die n-te Wurzel aus $(z-z_0)$ geeignet; es gibt aber natürlich noch viele andere. Falls $z_0 = \infty$ ist, wäre etwa $t = z^{-1/n}$ eine gute Wahl.
Jedes derartige t ist eine sogenannte **Ortsuniformisierende**; das Ganze läßt sich analog auch durch logarithmische Substitution auf Verzweigungen unendlicher Ordnung anwenden, was uns aber nicht weiter zu beschäftigen hat.
Inwiefern sich diese Prozedur der **Uniformisierung** nicht nur lokal, sondern auf ganz $\mathfrak{F}$ simultan ausdehnen läßt, wollen wir ebenfalls nicht ausführen.
Die Details mögen aus Lehrbüchern der Funktionentheorie entnommen werden, etwa den nachdrücklich empfohlenen Büchern von Weyl [1955] oder Hurwitz & Courant [1964].
Die analytische Fortsetzung entlang einer Kurve findet ihr natürliches Ende, wenn wir dabei auf den Rand des Regularitätsgebiets treffen. Die folgende Nomenklatur drängt sich auf:

Definition 6.4.2:
Ein Randpunkt z des Gebiets Γ heißt **erreichbar**, falls es einen nach z führenden Weg γ gibt, der außer dem Endpunkt $\gamma(1) = z$ ganz in Γ verläuft.
Im Spezialfall $\Gamma = \Gamma_f$ (Regularitätsbereich) sprechen wir von z als einer **singulären Stelle** (oder **Singularität**) der analytischen Funktion f.
Die Singularität z ist **isoliert**, wenn sie eine Umgebung besitzt, die außer z selbst nur reguläre Punkte enthält.

Wir müssen hier auf eine eingehendere Diskussion der Singularitäten (es sind viele Unterscheidungskriterien in Gebrauch) verzichten, abgesehen von der Beschreibung der einfachsten Klasse, die sich bei Erweiterung der Gaußebene $\mathbb{C} \cong \mathbb{R}^2$ zur Riemannschen Zahlkugel $\mathcal{S} = \mathbb{C} \cup \{\infty\} \cong \mathbb{S}^2$ besonders gutartig verhält:

<u>Definition 6.4.2:</u>
Eine **Polstelle** (kurz: ein **Pol**) der Funktion f ist eine isolierte Singularität a, in deren Nähe f eine Darstellung der Form

$$f(z) = \mathfrak{L}(z|a) = (z-a)^{-m} \sum_{k=0}^{\infty} c_k (z-a)^k = \sum_{k=-m}^{\infty} b_k (z-a)^k$$

mit einer natürlichen Zahl m besitzt ($b_k = c_{k+m}$). Eine Entwicklung der Gestalt $\mathfrak{L}(z|a)$ wird als **Laurentreihe** um a bezeichnet. Man sagt, der Pol habe die **Ordnung** m, wenn $c_0 \neq 0$ ist.
Alle anderen Singularitäten werden **wesentlich** genannt.

Taylorreihen sind spezielle Laurentreihen, und das Konvergenzverhalten der letzteren ist aus den Diskussionen der Abschnitte 6.2 und 6.3 ersichtlich.
Wir können und werden f in einem Pol a den Funktionswert $f(a) = \infty$ zuordnen. Das bedeutet im wesentlichen, daß der Wertebereich für f von $\mathbb{C}$ auf $\mathcal{S}$ ausgedehnt wird. Der Übergang ist dabei stetig (sogar analytisch).
Ganz analog dürfen wir auch das Argument ∞ zulassen; Taylor- und Laurententwicklungen sehen am unendlich fernen Punkt allerdings etwas anders aus: man findet sie, indem man die Variable z durch den Kehrwert z^{-1} ersetzt.
Es ist noch zweckmäßig, in analoger Weise die (Nullstellen-)Ordnung von f zu erklären:

<u>Definition 6.4.3:</u>
Die analytische Funktion f hat an der regulären oder Polstelle a die **Ordnung** m, wenn ihre Laurententwicklung mit dem Exponenten m beginnt, d.h.

$$f(z) = \mathfrak{L}(z|a) = \sum_{k=m}^{\infty} c_k (z-a)^k$$

in einer Umgebung von a gilt mit einer (eventuell negativen) ganzen Zahl m und $c_m \neq 0$. Wir schreiben dann $\mathrm{ord}_f(a) = m$.

Der Punkt a ist also regulär, wenn $m \geq 0$ ist, ein Pol der Ordnung $-m$ für negative m und eine **Nullstelle**, falls m positiv ist.

Wir werden bei den folgenden Erörterungen stets den uneigentlichen Punkt ∞ als Argument und Funktionswert zulassen, betrachten also $\mathcal{S}$ anstatt $\mathbb{C}$ als den Grundbereich. Hierdurch werden die Pole sozusagen "regularisiert"; sie lassen sich genauso behandeln wie gewöhnliche Punkte. Die wesentlichen Singularitäten behalten ihren Charakter als natürliche Begrenzungen des Regularitätsgebiets bei. Entwicklungen um ∞ sind immer als Taylor- oder Laurentreihen in z^{-1} zu interpretieren.
Durch entsprechende Manipulationen der Potenzreihen erkennt man ohne weiteres, daß Summe, Differenz, Produkt und Quotient zweier analytischer Funktionen selbst analytisch sind; abgesehen von der natürlich verbotenen Division durch die Nullfunktion. Damit sind offenbar alle rationalen Funktionen analytisch.
Ähnliches gilt von der Komposition (Hintereinanderausführung) $g \circ f$ zweier Funktionen f und g (erst f, dann g!): Ist f im Gebiet Γ analytisch, und trifft das gleiche auf g in $f(\Gamma)$ zu, so hat $g \circ f$ in Γ dieselbe Eigenschaft.

6.5. Holomorphe Funktionen

In krassem Gegensatz zu den Verhältnissen bei reellen Funktionen hat die komplexe Differenzierbarkeit in einem Gebiet außerordentlich starke Konsequenzen.

Definition 6.5.1:

Eine Funktion f ist in einem Gebiet Γ **holomorph**, wenn sie für alle $z \in \Gamma$ (komplex) differenzierbar ist. **Holomorphie** in einem Punkt z bzw. entlang einer Kurve γ bedeutet stets, daß diese Eigenschaft in einer geeigneten Umgebung gilt. Die Menge aller auf Γ holomorphen Funktionen bezeichnen wir mit $\mathfrak{H}(\Gamma)$.

Nach Definition der komplexen Ableitung

$$f'(z) = \lim_{h \to 0} \frac{f(z+h)-f(z)}{h}$$

von der wir ausdrücklich nicht voraussetzen, daß sie stetig sei, ergeben sich unmittelbar einige Folgerungen. Wir zerlegen sowohl das Argument

$$z = x + i y$$

als auch den Funktionswert

$$w = f(z) = u + i v = u(x,y) + i v(x,y)$$

an einer typischen in Γ gelegenen Stelle in Real- und Imaginärteile. Partielle Differentiationen bezeichnen wir, wie es in der Funktionentheorie üblich ist, durch angehängte untere Indizes, die das jeweils betrachtete Argument angeben, verzichten also auf das Ableitungskomma, das wir bei unseren differentialgeometrischen Untersuchungen benutzt hatten. Durch diese Inkonsistenz dürften wohl kaum Mißverständnisse entstehen; Abweichungen von

den in der Literatur gebräuchlichen Konventionen wären sicher wesentlich lästiger.
Wir lassen zuerst h entlang der reellen Achse gegen 0 gehen. Dann wird

$$f' = u_x + i\, v_x$$

während bei hierzu orthogonaler Annäherung (parallel zur imaginären Achse) offenbar

$$f' = i^{-1} u_y + i^{-1} i\, v_y = v_y - i\, u_y$$

herauskommt. Durch separaten Vergleich von Re f' und Im f' in beiden Formeln ergibt sich sofort

<u>Satz</u> <u>6.5.1:</u>
Eine in einem Gebiet Γ holomorphe Funktion

$$f(z) = f(x+iy) = u(x,y) + i\, v(x,y)$$

erfüllt in Γ die **Cauchy-Riemannschen Differentialgleichungen**

$$u_x = v_y$$

$$v_x = - u_y$$

Umgekehrt zieht das Bestehen dieser Relationen die komplexe Differenzierbarkeit von f nach sich.

Die letzte Bemerkung erhält man wieder durch Einsetzen, indem man h auf einem beliebigen Weg nach 0 streben läßt.
Auf der komplexen Ebene (und damit auch auf der Riemannschen Zahlkugel) gibt es eine natürliche Metrik, die es uns erlaubt, den **Schnittwinkel** $\varphi = \sphericalangle(\gamma_1,\gamma_2)$ zweier, sagen wir jeweils bei den Parameterwerten t_1 und t_2, einen gemeinsamen Punkt z passierender Kurven γ_1 und γ_2 zu definieren. Er berechnet sich nach

$$\cos\varphi = \frac{\langle\gamma_1'(t_1),\gamma_2'(t_2)\rangle}{|\gamma_1'(t_1)|\cdot|\gamma_2'(t_2)|}$$

wobei $\langle.,.\rangle$ selbstverständlich das durch die Standardmetrik induzierte Skalarprodukt und $|.|$ den Betrag (= Quadratwurzel aus dem Skalarprodukt des Arguments mit sich) bedeuten. In $\mathbb{C}$ wie auf $\mathcal{S}$ ist das einfach die entsprechende euklidische Begriffsbildung, während wir für komplexe Zahlen a, b das Skalarprodukt nach der üblichen Formel

$$\langle a,b\rangle = \mathrm{Re}(a\bar{b}) = \mathrm{Re}(\bar{a}b) = \frac{1}{2}(a\bar{b} + \bar{a}b)$$

ermitteln können.

Die Funktion f stellt eine differenzierbare Abbildung von Γ auf $f(\Gamma)$ dar, deren **Jacobimatrix**

$$Df = \begin{pmatrix} u_x & v_x \\ u_y & v_y \end{pmatrix}$$

aufgrund der Cauchy-Riemann-Gleichungen der Bedingung

$$^tDf\ Df = \begin{pmatrix} u_x & u_y \\ v_x & v_y \end{pmatrix}\begin{pmatrix} u_x & v_x \\ u_y & v_y \end{pmatrix} = \begin{pmatrix} v_y & -v_x \\ -u_y & u_x \end{pmatrix}\begin{pmatrix} u_x & v_x \\ u_y & v_y \end{pmatrix}$$

$$= \left[u_x^2 + u_y^2\right]\cdot 1 = \left[v_x^2 + v_y^2\right]\cdot 1$$

gehorcht, also, bis auf einen reellen Faktor

$$|\mathrm{grad}\ u| = |\mathrm{grad}\ v|$$

orthogonal ist. Das beweist

Satz 6.5.2:

Eine holomorphe Funktion f bewirkt in der Nähe einer jeden Stelle z, an der die Ableitung $f'(z)$ nicht verschwindet, eine **winkeltreue (konforme) Abbildung**. Das **Vergrößerungsverhältnis** ist

$$|f'(z)| = \sqrt{\det Df} = \sqrt{u_x^2+u_y^2} = \sqrt{v_x^2+v_y^2}$$

Ist dagegen $f'(z) = 0$, also $u_x = u_y = v_x = v_y = 0$, so trifft diese Aussage nicht zu, wie schon ein einfaches Beispiel, etwa $f(z) = z^n$ im Nullpunkt, lehrt.

Wir wenden uns nunmehr dem Verhalten von **Kurvenintegralen** über 1-Formen auf $\mathbb{C}$ oder $\mathcal{S}$ zu. Als erstes Ergebnis notieren wir

Satz 6.5.3:

Sei f eine im einfach zusammenhängenden Gebiet $\Gamma \subseteq \mathbb{C}$ holomorphe Funktion. Dann verschwindet das Kurvenintegral über f(z) dz entlang jeder ganz in Γ liegenden geschlossenen C^1-Kurve γ:

$$\int_\gamma f(z)\, dz = 0$$

Gleichwertig mit diesem **Cauchyschen Integralsatz** ist die Aussage: f besitzt in Γ eine **Stammfunktion**, d.h. eine holomorphe Funktion $F: \Gamma \longrightarrow \mathbb{C}$, so daß für alle $w, z \in \Gamma$

$$\int_w^z f(z)\, dz = F(z) - F(w)$$

gilt, unabhängig davon, über welchen Weg integriert wird. Im Besonderen ist dann $F'(z) = f(z)$ in ganz Γ.

Beweis:

Die Äquivalenz beider Behauptungen ist evident; die letzte Teilaussage ist dann eine unmittelbare Folgerung, die sich unter Benutzung des **Fundamentalsatzes der Infinitesimalrechnung** herleiten läßt.

Die folgende Überlegung stammt von Goursat. Es genügt zu zeigen, daß

$$\mathfrak{I}(D) = \int_{\partial D} f(z)\, dz = 0$$

ist, wobei D ein beliebiges, ganz in Γ gelegenes abgeschlossenes Dreieck bedeutet. Wir definieren eine Folge von ineinandergeschachtelten Dreiecken nach folgendem Schema:

D_0 ist gleich dem Ausgangsbereich D. Sei $k \in \mathbb{N}_0$. Durch Verbinden der Seitenmitten zerlegen wir D_k in vier Teildreiecke $D_{k,j}$ $(1 \le j \le 4)$. Es gilt dann offensichtlich

$$\mathfrak{J}(D_{k,1}) + \mathfrak{J}(D_{k,2}) + \mathfrak{J}(D_{k,3}) + \mathfrak{J}(D_{k,4}) = \mathfrak{J}(D_k)$$

und es muß mindestens ein j geben mit

$$|\mathfrak{J}(D_{k,j})| \ge \frac{1}{4} |\mathfrak{J}(D_k)|$$

Wir wählen ein solches j, setzen $D_{k+1} = D_{k,j}$ und iterieren. Allgemein ist

$$|\mathfrak{J}(D_k)| \ge 4^{-k} |\mathfrak{J}(D)|$$

Diese zweidimensionale Intervallschachtelung legt einen eindeutigen Punkt w fest, der in allen D_k enthalten ist. Wir entwickeln f in der Nähe von w in eine lineare Funktion plus Restglied,

$$f(z) = f(w) + f'(w)\cdot(z-w) + \varepsilon(z) \, |z-w|$$

Es ist

$$\lim_{z \to w} \varepsilon(z) = 0$$

Die Zerlegung von f(z) in drei Summanden zieht eine entsprechende des Integrals $\mathfrak{J}(D_k)$ nach sich:

$$\mathfrak{J}(D_k) = f(w) \int_{\partial D_k} dz + f'(w) \int_{\partial D_k} (z-w)\, dz + \int_{\partial D_k} \varepsilon(z)\, |z-w| \, dz$$

Die ersten beiden Teilintegrale sind trivialerweise Null; es bleibt

$$\mathfrak{I}(D_k) = \int_{\partial D_k} \varepsilon(z)\, |z-w|\, dz$$

übrig. Die Kombination mit der Abschätzung für $\mathfrak{I}(D_k)$ ergibt weiterhin

$$|\mathfrak{I}(D)| \le 4^k\, |\mathfrak{I}(D_k)| = 4^k \left| \int_{\partial D_k} \varepsilon(z)\, |z-w|\, dz \right| \longrightarrow 0$$

bei Grenzübergang $k \longrightarrow \infty$, weil der Integrand gegen Null geht, während die Fläche $\mathrm{vol}(D_k) = 4^{-k}\,\mathrm{vol}(D)$ ist. Es folgt $\mathfrak{I}(D) = 0$, wie verlangt.

Es war uns bei der Formulierung des Satzes wichtig, unter möglichst schwachen Voraussetzungen zu arbeiten. Hätten wir nicht nur die Existenz, sondern auch die Stetigkeit von f' verlangt, gäbe es einen sehr viel einfacheren Beweis. Die 1-Form

$$\omega = f(z)\, dz = (u + i\, v)\, (dx + i\, dy)$$

ist nämlich dank der Cauchy-Riemann-Gleichungen geschlossen:

$$d\omega = (-\, u_y - i\, v_y + i\, u_x - v_x)\, dx \wedge dy = 0$$

und die Behauptung reduziert sich für einen beliebigen regulären Bereich B auf den zweidimensionalen **Satz von Stokes** in der verallgemeinerten Fassung (Nachbemerkung zu Satz 3.9.2):

$$\int_{\partial B} f(z)\, dz = \int_{\partial B} \omega = \int_{B} d\omega = 0$$

Deshalb kann uns die Gültigkeit des Cauchy-Theorems auch nicht überraschen. Satz 6.5.3 ist von außerordentlicher Bedeutung für die Untersuchung holomorpher Funktionen.

Im voranstehenden Beweis brauchen wir nicht wirklich die stetige Differenzierbarkeit des Integrationsweges γ; es reicht aus, daß B eine **Triangulation** zuläßt, also mit Dreiecken ausgeschöpft werden kann. Das ist schon dann der Fall, wenn die Kurve stückweise C^1 ist, also aus endlich vielen C^1-Abschnitten zusammengesetzt ist. Das Argument führt dann unverändert zum

Erfolg.

Diese Bemerkung erlaubt eine leichte Variation des Cauchyschen Satzes, die meist bequemer anzuwenden ist als die frühere Formulierung. Es handelt sich um

Satz 6.5.4:

Seien γ_1, γ_2 zwei zueinander homotope Wege in einem Gebiet $\Gamma \subseteq \mathbb{C}$ und f eine in Γ holomorphe Funktion. Dann ist

$$\int_{\gamma_1} f(z)\,dz = \int_{\gamma_2} f(z)\,dz$$

Beweis:

Man wende Satz 6.5.3 auf den Weg $\gamma_1 - \gamma_2$ (erst γ_1 vorwärts, anschließend γ_2 rückwärts durchlaufen) an.

Unter den zahlreichen bedeutsamen Konsequenzen des Cauchyschen Integralsatzes wollen wir nur einige wenige hervorheben.

Wir betrachten ein Gebiet Γ in $\mathbb{C}$ und einen ganz in Γ enthaltenen regulären Bereich B. Der orientierte Rand ∂B ist eine geschlossene Jordankurve γ, die z einmal im mathematisch positiven Sinne umrunden möge. Dann liegt der innere Punkt $z \in B$ zur Linken der Kurve.

Sei weiter $f \in \mathfrak{H}(\Gamma)$ eine holomorphe Funktion in Γ. Dann gilt das Gleiche auch für die durch

$$w \longmapsto \frac{f(w)}{w-z}$$

definierte Funktion, allerdings nicht in ganz Γ, sondern lediglich in dem gelochten Gebiet $\Gamma' = \Gamma \setminus \{z\}$. In diesem ist aber die orientierte Randkurve $\gamma = \partial B$ offensichtlich homotop zu einem (hinreichend kleinen) Kreis κ, der ganz in Γ liegt und z als Mittelpunkt hat. Sein Radius möge mit ρ bezeichnet werden.

Nach dem Satz von Cauchy ist

$$\int_{w\in\gamma} \frac{f(w)}{w-z}\, dw = \int_{w\in\kappa} \frac{f(w)}{w-z}\, dw$$

Wir parametrisieren κ durch die Winkelkoordinate φ und setzen

$$w = z + \rho\, e^{i\varphi}$$

$$dw = i\, \rho\, e^{i\varphi}\, d\varphi$$

in das zuletzt gefundene Integral ein. Es entsteht

$$\int_{w\in\gamma} \frac{f(w)}{w-z}\, dw = i \int_{\varphi=0}^{2\pi} f(w+\rho e^{i\varphi})\, d\varphi$$

und zwar unabhängig vom genauen Wert von ρ, solange nur κ ganz in Γ verläuft. Eine einfache Abschätzung, die von der Stetigkeit von f an der Stelle z Gebrauch macht, führt im Limes $\rho \longrightarrow 0$ zu

$$f(z) = \frac{1}{2\pi i} \int_{w\in\gamma} \frac{f(w)}{w-z}\, dw$$

Da z nach Voraussetzung einen positiven Abstand von γ hat, ist (bei festem z) der Integrand als Funktion von w beschränkt, und das Integral konvergiert gleichmäßig und absolut. Es ist zufolgedessen wie der Integrand eine analytische Funktion von z und kann beliebig oft differenziert werden.

Satz 6.5.5:

(a) Jede in einem Gebiet $\Gamma \subseteq \mathbb{C}$ holomorphe Funktion f läßt sich im Inneren eines ganz in Γ liegenden Bereichs B durch ihre Werte auf der (orientierten) Randkurve $\gamma = \partial B$ ausdrücken:

$$f(z) = \frac{1}{2\pi i} \int_{w\in\gamma} \frac{f(w)}{w-z}\, dw$$

Diese Relation ist als **Cauchysches Integral** bekannt.

(b) Darüber hinaus ist f analytisch; die n-te Ableitung berechnet sich nach

$$f^{(n)}(z) = \frac{n!}{2\pi i} \int_{w\in\gamma} \frac{f(w)\,dw}{(w-z)^{n+1}}$$

(c) **Satz von Liouville**: Eine beschränkte, in ganz Γ analytische Funktion ist eine Konstante.

(d) **"Fundamentalsatz der Algebra"** von Gauß: Der Körper $\mathbb{C}$ der komplexen Zahlen ist algebraisch abgeschlossen. Jedes Polynom von positivem Grad mit komplexen Koeffizienten hat also eine Nullstelle in $\mathbb{C}$. (Es zerfällt sogar vollständig in Linearfaktoren).

Beweis:

Die Behauptungen (a) und (b) haben wir oben bereits bewiesen.

Ist f eine der Voraussetzung des Liouville-Theorems genügende Funktion mit der konkreten Schranke $|f(z)| \leq M$ für alle $z \in \mathbb{C}$, so liefert die Cauchyformel, wenn wir γ als Kreis um 0 mit Radius $R > 0$ wählen,

$$\left|f^{(n)}(0)\right| = \frac{n!}{2\pi} R^{-n} \left| \int_{\varphi=0}^{2\pi} e^{-ni\varphi} f(Re^{i\varphi})\,d\varphi \right| \leq \frac{n!}{2\pi} R^{-n} \int_{\varphi=0}^{2\pi} M\,d\varphi = M \frac{n!}{R^n}$$

was im Limes $R \to 0$ gegen 0 geht, sofern $n \geq 1$ ist. Alle Ableitungen von f verschwinden also bei $z = 0$, und f ist konstant.

Angenommen, P sei ein Polynom über $\mathbb{C}$ mit $n = \mathrm{Grad}(P) \geq 1$, welches keine Nullstelle besitzt. Dann ist der Kehrwert $\frac{1}{P(z)}$ eine in ganz $\mathbb{C}$ analytische Funktion von z, die einen Grenzwert für $z \longrightarrow \infty$ besitzt (nämlich 0) und daher auf ganz $\mathcal{S}$ stetig ist. Aus der Kompaktheit der Riemannschen Zahlkugel folgt die Beschränktheit der Funktion $z \longrightarrow \frac{1}{P(z)}$ und nach Liouville ihre Konstanz; Widerspruch!

Zufolgedessen hat P doch eine Nullstelle, etwa $z_1 \in \mathbb{C}$, und läßt sich auf die Form $P(z) = (z-z_1)\cdot Q(z)$ bringen mit $Q \in \mathrm{Pol}_{n-1}(\mathbb{C})$. Vollständige Induktion über n komplettiert den Beweis des Satzes von Gauß.

Somit folgt aus der einmaligen komplexen Differenzierbarkeit bereits die

Existenz (und Stetigkeit) aller höheren Ableitungen, ja sogar die Analytizität. Holomorphe und analytische Funktionen in einem Gebiet sind also dasselbe.

Dieses höchst bemerkenswerte Ergebnis zeigt, um wieviel stärker die komplexe Differenzierbarkeit im Vergleich zu der im Reellen ist, wo ja bekanntlich nichts Entsprechendes gilt.

Die Berechnung mancher Integrale wird sehr erleichtert durch

Satz 6.5.6:

(a) Sind f eine im gelochten Gebiet $\Gamma\setminus\{z\}$ holomorphe Funktion ($z \in \Gamma$) und γ eine den Punkt z im positiven Sinne einmal umlaufende geschlossene (stückweise) C^1-Kurve in Γ, so hängt das Integral

$$\text{res}_z(f(w)dw) = (2\pi i)^{-1} \int_{w\in\gamma} f(w)\, dw$$

nicht von γ ab. Man bezeichnet den Ausdruck $\text{res}_z(\omega) = \text{res}_z(fdz)$ als das **Residuum** der 1-Form $\omega = f(z)\, dz$ an der Stelle z. Es ändert sich auch nicht, wenn wir die Variable w durch eine andere Ortsuniformisierende ersetzen.

(b) Das Residuum verschwindet, wenn ω geschlossen ist, also f eine Stammfunktion besitzt. Es kann daher nur einen von Null verschiedenen Wert haben, wenn f bei z nicht holomorph ist.

(c) Liegen in einem regulären komplexen Bereich B nur endlich viele Punkte $z_1,\ldots,z_n$, in denen f nicht holomorph ist, so gilt der **Residuensatz**

$$\int_{\partial B} f(z)\, dz = 2\pi i \sum_{w\in B} \text{res}_w(f\, dz) = 2\pi i \sum_{i=1}^{n} \text{res}_w(f\, dz)$$

(d) Besitzt f nahe z die Laurententwicklung

$$f(w) = \sum_{k=-m} a_k\, (w-z)^k$$

so ist $\text{res}_z(f\, dz) = a_{-1}$.

Beweis:
Die Teile (a) und (b) sind klar; (c) ergibt sich aus der Beobachtung, daß die Kurve γ in Γ homotop zu der Vereinigung von n Kreisen ist, die jeweils eine der Singularitäten umgeben, und Satz 6.5.4. Schließlich erhalten wir Aussage (d) durch gliedweise Integration.

Als nächstes wenden wir uns zwei sehr wichtigen Eigenschaften mancher Funktionen zu, die wir zuerst abstrakt beschreiben.

Definition 6.5.2:

(a) Eine im Gebiet $\Gamma \subseteq \mathbb{C}$ definierte stetige reellwertige Funktion u heißt **harmonisch**, wenn für jeden Kreis $K(\rho, z)$ mit Radius ρ und Mittelpunkt z, der (mit seinem Inneren) ganz in Γ liegt, der **Mittelwert** von u über die Peripherie von u gleich dem Funktionswert im Kreiszentrum ist, also

$$\frac{1}{2\pi\rho} \int_{\varphi=0}^{2\pi} u(z+\rho e^{i\varphi})\, d\varphi = u(z)$$

gilt.

(b) Unter einer **Potentialfunktion** in Γ verstehen wir eine zweifach stetig differenzierbare Funktion $u\colon \Gamma \longrightarrow \mathbb{R}$, die der **Potentialgleichung**

$$\Delta u = u_{xx} + u_{yy} = 0$$

genügt.

Die Nomenklatur wird in der Literatur, vgl. etwa Hurwitz & Courant [1964], Courant & Hilbert [1968], Cartan [1966] etc., sehr individuell gehandhabt. Der hier benutzte Kompromiß gibt wohl am besten die anschauliche Bedeutung der Begriffe wieder. Allerdings besteht ein Bruch im Vergleich mit dem Kapitel 3 (harmonische 0-Formen entsprechen nicht harmonischen, sondern Potentialfunktion!). Wir werden aber später (Satz 6.5.8) die Identität beider Funktionenklassen erkennen; deshalb schadet die Inkonsistenz nichts.
Zuvor zeigen wir aber noch, worin die Verbindung zu den holomorphen Funkti-

onen besteht. Dazu benötigen wir

Satz 6.5.7:

(a) Ist $f = u + i\,v$ eine im Inneren eines Kreises (Mittelpunkt z, Radius R) holomorphe Funktion mit ihrer Aufspaltung in Realteil u und Imaginärteil v, so ist u im Kreisinneren durch Vorgabe seiner Randwerte (auf dem Kreisumfang) eindeutig bestimmt, und zwar nach der für $r < R$ geltenden **Poissonschen Integralformel**

$$u(z+re^{i\varphi}) = \frac{1}{2\pi} \int_{\psi=0}^{2\pi} \frac{R^2 - r^2}{R^2 - 2\,R\,r\,\cos(\varphi-\psi) + r^2}\, u(z+Re^{i\psi})\, d\psi$$

(b) Die zu u **konjugierte** Funktion v ist, abgesehen von einer additiven Konstanten, die wir als Funktionswert im Kreiszentrum z fixieren können, ebenfalls festgelegt:

$$v(z+re^{i\varphi}) = v(z) + \frac{1}{\pi} \int_{\psi=0}^{2\pi} \frac{R\,r\,\sin(\varphi-\psi)}{R^2 - 2\,R\,r\,\cos(\varphi-\psi) + r^2}\, u(z+Re^{i\psi})\, d\psi$$

(c) Außerdem sind u und v harmonische Potentialfunktionen.

(d) Zu jeder Potentialfunktion u in Γ gibt es eine bis auf eine additive Konstante eindeutige adjungierte Funktion v, so daß $u + i\,v$ holomorph ist.

Beweis:

Wir formulieren das Cauchysche Integral in Polarkoordinaten:

$$f(z+re^{i\varphi}) = \frac{1}{2\pi} \int_{\psi=0}^{2\pi} f(z+Re^{i\psi})\, \frac{R\,e^{i\psi}}{R\,e^{i\psi} - r\,e^{i\varphi}}\, d\psi$$

Danach bilden wir den entsprechenden Ausdruck, der sich für den **Spiegelpunkt** von $z + r\,e^{i\varphi}$, nämlich $z + \frac{R^2}{r}\,e^{i\varphi}$, ergibt. Er lautet

$$0 = \frac{1}{2\pi} \int_{\psi=0}^{2\pi} f(z+Re^{i\psi}) \frac{r\, e^{i\psi}}{r\, e^{i\psi} - R\, e^{i\varphi}}\, d\psi$$

weil der Integrand im gesamten Kreisinneren holomorph ist. Subtraktion und Separation in $f = u + i\, v$ liefert die geforderten Gleichungen.

In beiden können wir (für $r < R$) den Laplace-Operator unter das Integral ziehen, was unmittelbar auf die Gültigkeit der Potentialgleichung $\Delta u = 0$ bzw. $\Delta v = 0$ führt. Setzen wir zuletzt noch $r = 0$, so folgt die Mittelwerteigenschaft: u und v sind harmonisch.

Ist schließlich

$$\Delta u = u_{xx} + u_{yy} = 0$$

so folgt

$$d\,(u_x\, dy - u_y\, dx) = u_{xx}\, dx \wedge dy - u_{yy}\, dy \wedge dx = 0$$

und die 1-Form $u_x\, dy - u_y\, dx$ ist geschlossen. Da die Kreisscheibe einfach zusammenhängend ist, folgt die Integrabilität (**Poincaré-Lemma**, Satz 4.7.3); es gibt somit eine, abgesehen von einer willkürlichen Konstanten eindeutige, Funktion v mit

$$dv = v_x\, dx + v_y\, dy = -\, u_y\, dx + u_x\, dy$$

Koeffizientenvergleich führt auf die Cauchy-Riemannschen Differentialgleichungen, die nach Satz 6.5.1 charakteristisch sind für die Holomorphie von $f = u + i\, v$, und der Beweis ist komplett.

Das Poisson-Integral erlaubt den Nachweis, daß Potential- und harmonische Funktionen dasselbe sind:

<u>Satz 6.5.8:</u>

Jede Potentialfunktion in einem Gebiet $\Gamma \subseteq \mathbb{C}$ ist harmonisch, und umgekehrt.

Beweis:

Wir setzen zuerst u als harmonisch im Gebiet Γ voraus. Dann gilt das **Maximumsprinzip**: In jedem kompakten Bereich $K \subseteq \Gamma$ nimmt der Betrag von u seinen Maximalwert auf dem Rand an.

Wir beweisen diese Aussage indirekt: Sei u ein Gegenbeispiel. Dann gibt es einen inneren Punkt z in K mit $|u(w)| \leq |u(z)|$ für alle $w \in K$. Insbesondere gilt dies für alle w auf dem Umfang des Kreises, der mit seinem Inneren ganz in K liegt, aber mindesten einen Randpunkt $p \in Rd(K)$ enthält. Die Mittelwerteigenschaft impliziert sofort, daß u auf dem Kreisumfang konstant ist und dort den Wert u(z) hat. Dann ist aber p ein Randpunkt mit der verlangten Eigenschaft.

Aus dem Maximumsprinzip folgt weiter: Eine in einem kompakten Gebiet harmonische Funktion, die auf dem Rand verschwindet, ist identisch Null. Das Maximum des Betrages einer solchen Funktion ist dann nämlich gleich 0.

Etwas allgemeiner ist eine harmonische Funktion in einem kompakten Bereich K durch ihre Randwerte eindeutig festgelegt (gäbe es zwei verschiedene, wäre die Differenz auf Rd(K) gleich Null).

Wir wenden dies auf den Spezialfall K = abgeschlossene Kreisscheibe mit Radius ρ und Zentrum z an. Die Restriktion $u|_{Rd(K)}$ ist stetig, und nach Satz 6.5.7 liefert das Poissonintegral die, wie gerade gesehen, eindeutige Fortsetzung in das Innere von K. Dasselbe Theorem zeigt dann, daß dort $\Delta u = 0$ gilt.

Anders herum: Seien jetzt u eine Potentialfunktion in Γ, ferner z irgendein Punkt in Γ und K eine kompakte Kreisscheibe in Γ mit Mittelpunkt z.

Es reicht aus zu zeigen, daß die Nullfunktion die einzige auf dem Rand verschwindende Lösung der Potentialgleichung in K ist.

Das Poissonintegral liefert uns nämlich eine Fortsetzung ins Kreisinnere, die wir zur Unterscheidung mit u^* bezeichnen wollen. Die Differenz $u - u^*$ verschwindet auf Rd(K) und ist eine Potentialfunktion; also $u - u^* = 0$, und $u = u^*$ ist harmonisch.

Um die Lücke in unserem Argument zu schließen, nehmen wir an, u sei eine auf Rd(K) verschwindende Potentialfunktion. Nach Teil d von Satz 6.5.7 existiert eine holomorphe Funktion f, deren Realteil mit u übereinstimmt. Die Integrationskonstante wählen wir so, daß $f(z) = 0$ ist für einen Punkt $z \in Rd(K)$. Dann verschwindet f in ganz Γ; Gleiches gilt für u, und die Behauptung ist evident.

6.6. Winkeltreue Transformationen

Nach Satz 6.5.2 sind analytische (bzw. holomorphe) Abbildungen winkeltreu, abgesehen von den Nullstellen der Ableitung. Es fragt sich, welche Gebiete man durch analytische Funktionen bijektiv aufeinander beziehen kann. Bei Beschränkung auf einfach zusammenhängende Bereiche wird die vollständige Antwort gegeben durch den Riemannschen Abbildungssatz 6.6.3, zu dessen Beweis es aber noch einiger Vorbereitungen bedarf:

Satz 6.6.1:

Sei $f_1, f_2, f_3, \ldots$ eine gleichmäßig beschränkte Folge von in einem Gebiet Γ holomorphen Funktionen; d.h.

$$|f_k(z)| < M$$

mit von $k \in \mathbb{N}$ und $z \in \Gamma$ unabhängiger Schranke M. Dann existiert eine in jeder kompakten Teilmenge von Γ gleichmäßig konvergente Teilfolge der f_k (**Häufungsstellenprinzip** oder **Satz von Montel**).

Beweis:

Sei B eine beliebige kompakte Teilmenge von Γ. Wir behaupten zuerst: Zu jedem $\varepsilon > 0$ kann man ein $\delta > 0$ finden, welches für alle $a, b \in B$ mit $|a-b| < \delta$ und alle k die Abschätzung $|f_k(a)-f_k(b)| < \varepsilon$ liefert.
Angenommen, das sei falsch. Dann gibt es ein positives ε und in B liegende Folgen $\{a_k\}$ und $\{b_k\}$ mit $|a_n-b_n| < \frac{1}{n}$, aber $|f_n(a_n)-f_n(b_n)| \geq \varepsilon$. Da B kompakt ist, lassen sich konvergente Teilfolgen $\{a'_k\}$ bzw. $\{b'_k\}$ der a_n und b_n konstruieren, welche gegen einen gemeinsamen Grenzpunkt $w \in B$ konvergieren.
Wir bestimmen $\rho > 0$ so, daß der offene Kreis $K = K(2\rho, w)$ um w vom Radius 2ρ in Γ enthalten ist. Dann gibt es offenbar eine Zahl H, so daß für alle $m > H$ die Ungleichungen $|a'_m-w| < \rho$ sowie $|b'_m-w| < \rho$ gelten.
Die Cauchysche Integralformel (Satz 6.5.5) ergibt weiter

$$|f_m(a'_m)-f_m(b'_m)| \le \frac{1}{2\pi} \left| \int_{\partial K} f_m(z) \left[(z-a'_m)^{-1}-(z-b'_m)^{-1}\right] dz \right|$$

$$\le \frac{1}{2\pi} 4\pi\rho\, M \frac{|a'_m-b'_m|}{\min\{(z-a'_m)(z-b'_m)\}} \le 2\rho M\, \rho^{-2}\, n^{-1} = \frac{2M}{n\rho}$$

was im Limes $n \to \infty$ der Voraussetzung widerspricht.

Wir zählen als nächstes die Menge aller Punkte in Γ, deren Real- und Imaginärteile beide rational sind, in irgendeiner Reihenfolge ab:

$$\Gamma \cap (\mathbb{Q} \oplus \mathbb{Q}i) = \left\{ z_1, z_2, z_3, \dots \right\}$$

In der beschränkten Folge $\{f_n(z_1)\}$ wählen wir eine konvergente Teilfolge aus, etwa $\{f^1_n(z_1)\}$; die damit gefundenen $\{f^1_n(z_2)\}$ besitzen auch eine konvergente Teilfolge, $\{f^2_n(z_2)\}$, usw. in der angedeuteten Weise.

Wir setzen die **"Diagonalfolge"** $F_n = f_{n,n}$ an, die offensichtlich für alle z_k konvergiert, also für alle Punkte mit rationalen Koordinaten in Γ.

Schließlich überdecken wir das Kompaktum B durch geeignete Umgebungen der z_k (z.B. Kreise mit festem Radius $\frac{\delta}{2}$) und wählen eine endliche Teilüberdekkung aus.

In jedem der Kreise K_j liegt ein rationaler Punkt z_j; es gibt also zu allen $z \in B$ mindestens ein z_j, das einen Abstand $\le \delta$ von z hat. Die oben bewiesenen Konvergenzeigenschaften der F_k garantieren die Existenz einer von ε abhängigen Zahl $N(\varepsilon)$ mit

$$|F_m(z_k)-F_n(z_k)| < \varepsilon$$

für alle k und $m,n > N$ (hier brauchen wir natürlich die Endlichkeit der Überdeckung). Insbesondere erfüllt das vorhin gefundene spezielle z_j diese Abschätzung, und wir haben

$$|F_m(z)-F_n(z)| \le |F_m(z)-F_m(z_j)| + |F_m(z_j)-F_n(z_j)| + |F_n(z_j)-F_n(z)| \le 3\,\varepsilon$$

was zu zeigen war.

Es ist zweckmäßig, noch einen weiteren Zwischenschritt gesondert zu formulieren.

Satz 6.6.2:

Eine in jedem abgeschlossenen Teilbereich des Gebietes $\Gamma \subseteq \mathbb{C}$ gleichmäßig konvergente Folge von in Γ holomorphen Funktionen $f_1, f_2, f_3, \ldots$, die injektiv, oder, wie man in der Funktionentheorie sagt, **schlicht** sind, besitzt eine Grenzfunktion

$$z \longmapsto F(z) = \lim_{n\to\infty} f_n(z)$$

die entweder die gleichen Eigenschaften aufweist oder konstant ist.

Beweis:

Daß die Grenzfunktion existiert und in Γ holomorph ist, wissen wir bereits aus den Sätzen 6.2.2 und 6.5.5. Wir nehmen an, F sei nicht konstant, und wählen ein $a \in \Gamma$ und einen Kreis κ um a aus, auf dem F den Wert $w = F(a)$ nicht annimmt (das geht!). Der Ausdruck

$$N = \frac{1}{2\pi i} \int_{\kappa} \frac{F'(z)\,dz}{F(z)-w}$$

gibt die Anzahl der nach Multiplizitäten gerechneten Nullstellen von $F(z)-w$ im Inneren des von κ umschlossenen Bereichs an (Residuensatz!), ist also insbesondere ganzzahlig.

Das Nämliche gilt, wenn wir F durch eines der f_n ersetzen. Das Integral hängt aber stetig von F ab; deshalb kann es sich bei hinreichend großem n nur beliebig wenig von N unterscheiden. Die Ganzzahligkeit impliziert die Übereinstimmung beider Werte. Nun hat aber nach Konstruktion jedes f_n-w nur eine (einfache) Nullstelle im von κ berandeten Gebiet; also ist $N = 1$.

Dasselbe Argument wenden wir auf einen beliebigen Kreis an, der a nicht umrundet. Das liefert ein entsprechendes Integral, welches den Wert 0 hat, weil anderenfalls alle f_n mit genügend großen n im Kreisinneren eine Lösung von $f_n(z) = w$ besäßen. Das widerspricht jedoch der Schlichtheit von f_n. Es gibt also genau ein z, in dem $F(z) = w$ ist, und das ist a.

Jetzt sind wir in der Lage, das Hauptresultat über konforme Äquivalenz zu formulieren:

Satz 6.6.3:

Jedes einfach zusammenhängende Gebiet $\Gamma \subset \mathbb{C}$ ist **konform äquivalent** mit der offenen Einheitskreisscheibe

$$K = \left\{ z \in \mathbb{C} \;\middle|\; |z| < 1 \right\}$$

Es gibt also eine bijektive Transformation $f\colon \Gamma \longrightarrow K$, welche ebenso wie die Umkehrabbildung $f^{-1}\colon K \longrightarrow \Gamma$ analytisch ist (**Riemannscher Abbildungssatz**, auch **Hauptsatz der konformen Abbildung** genannt).
Man darf sogar noch zusätzlich verlangen, daß ein willkürlich vorgegebener Punkt $w \in \Gamma$ in $f(w) = 0$ übergeht und daß die Ableitung $f'(w)$ reell und positiv ist. Diese Nebenbedingungen legen die Funktion f eindeutig fest.

Bemerkungen:

(1) Der einfache Zusammenhang von Γ ist unverzichtbar, da die gesuchte Abbildung insbesondere einen Homöomorphismus von Γ auf die Kreisscheibe darstellt.

(2) Der Ausschluß von $\mathbb{C}$ selbst, d.h. die vorausgesetzte Einschränkung $\Gamma \neq \mathbb{C}$, ist ebenfalls notwendig, denn jede analytische Abbildung f von $\mathbb{C}$ in K ist durch 1 beschränkt, daher nach dem Satz 6.5.5 (c) von Liouville konstant und erfüllt nicht die Bedingungen. Umso eratunlicher ist es, daß alle übrigen Γ erlaubt sind.

(3) Als Korollar erhalten wir: Zwei beliebige von $\mathbb{C}$ verschiedene einfach zusammenhängende Gebiete sind komplex diffeomorph zueinander, aber nicht zu $\mathbb{C}$ (sie sind jedoch homöomorph zu $\mathbb{C}$!).

Beweis:

Da die Komposition endlich vieler konformer Äquivalenzen wieder vom gleichen Typ ist, können wir zuerst gewisse Normierungen für das Gebiet Γ erreichen.
Nach Voraussetzung gibt es eine komplexe Zahl a, die nicht in Γ liegt. Wir betrachten dic Logarithmusfunktion $\ln(z-a)$, definiert als (∞-vieldeutige)

Umkehrfunktion von exp gemäß der Gleichung

$$e^{\ln(z-a)} = z - a$$

Ihr über Γ liegender Teil der Riemannschen Fläche zerfällt wegen des einfachen Zusammenhangs in lauter Einzelblätter, von denen wir eines auswählen. Dieser Zweig von ln(z-a) ist eine analytische Funktion $g: \Gamma \longrightarrow \mathbb{C}$, da ihre einzigen Singularitäten bei ∞ und a nicht in Γ enthalten sind.
Außerdem ist g schlicht, denn aus $g(z_1) = g(z_2)$ folgt sofort

$$z_1 = a + \exp(g(z_1)) = a + \exp(g(z_2)) = z_2$$

Wir suchen ein $w \in \Gamma$ aus. Es besitzt eine kreisförmige Umgebung, die ganz im Bild von g liegt. Nach Verschieben um $2\pi i$ ergibt sich eine neue Kreisscheibe, die dank der Schlichtheit von $\exp\circ g$ disjunkt zu $g(\Gamma)$ ist. Die Hilfsfunktion

$$z \longmapsto \left[g(z) - g(w) + 2\pi i\right]^{-1}$$

ist folglich in Γ beschränkt; außerdem natürlich noch schlicht und analytisch, weil sie sich aus lauter Funktionen mit diesen Eigenschaften zusammensetzt.
Wir dürfen also Γ durch das Bild unter der genannten Transformation ersetzen, oder - mit anderen Worten - es ist erlaubt, Γ von vorneherein als beschränkt, und dann auch o.B.d.A. als ganz in der offenen Einheitskreisscheibe

$$K = \left\{ z \in \mathbb{C} \;\middle|\; |z| < 1 \right\}$$

gelegen anzunehmen. Durch Verschieben und Normieren können wir darüber hinaus noch erreichen, daß der ausgezeichnete Punkt in den Koordinatenursprung fällt.
Nach dieser Reduktion konstruieren wir die Funktionenfamilie $\mathfrak{F}$, die aus allen in Γ holomorphen Funktionen besteht, welche durch 1 beschränkt und schlicht sowie den Normierungsbedingungen $f(0) = 0$ und $f'(0) > 0$ unterworfen sind. $\mathfrak{F}$ enthält die Identität und ist deshalb nicht leer.
Wir zeichnen einen beliebigen von Null verschiedenen Punkt $a \in \Gamma$ aus und

halten ihn weiterhin fest. Jedes $f \in \mathfrak{F}$ bildet Γ auf ein Gebiet $f(\Gamma) \subseteq K$ ab (weil es ein Homöomorphismus ist).

Unser nächstes Ziel ist es, f so zu bestimmen, daß $|f(a)|$ möglichst groß wird. Zur Vereinfachung schreiben wir

$$\mu = \sup \left\{ |f(a)| \;\middle|\; f \in \mathfrak{F} \right\}$$

und basteln eine Folge $f_1, f_2, f_3, \ldots$ in $\mathfrak{F}$, für die

$$\lim_{n\to\infty} f_n(a) = \mu$$

ist. Da, wie gesehen, $\mathfrak{F}$ die Identität auf Γ enthält, ist $\mu \geq |a| > 0$. Nach dem Satz 6.6.1 von Montel gibt es eine Teilfolge der f_k, etwa $g_1, g_2, g_3, \ldots$, die in jedem kompakten Teilbereich von Γ gleichmäßig gegen eine holomorphe Funktion F konvergiert. Die Schlichtheit der f_k zieht dank Satz 6.6.2 die entsprechende Eigenschaft der Limesfunktion F nach sich, da F wegen $F(0) = 0$ und $|F(a)| = \mu$ nicht konstant ist.

Wir müssen zeigen, daß das Bildgebiet $F(\Gamma)$ das Innere des Einheitskreises, in dem es sicher enthalten ist, ganz ausfüllt. Angenommen, das sei nicht wahr. Dann gibt es einen Punkt w, der in K, aber nicht in $F(\Gamma)$ liegt. Wir schreiben ihn in Polarkoordinaten: $w = \rho\, e^{i\varphi}$, wobei $0 < \rho < 1$ ist. Weiter setzen wir

$$a = \frac{2\,w}{(1+\rho)\sqrt{\rho}} = \frac{2\sqrt{\rho}}{1+\rho}\, e^{i\varphi}$$

Die Abbildung

$$z \longmapsto h(z) = \frac{\bar{w}\, z\,(z-a)}{\rho\,(\bar{a}\, z - 1)} - e^{-i\varphi}\, \frac{z\,(z-a)}{\bar{a}\, z - 1}$$

bildet K auf sich ab, und die Ableitung h′ besitzt in $\mathbb{C}$ genau zwei Nullstellen, nämlich $\rho^{1/2}\, e^{i\varphi}$ und $\rho^{-1/2}\, e^{i\varphi}$. Die zugehörigen Funktionswerte sind w und sein **Spiegelpunkt** $w^* = \rho^{-2}\, \bar{w}$ am Einheitskreis (die Argumente gehen übrigens auch durch **Inversion** an ∂K auseinander hervor!).

Die **Umkehrfunktion** h^{-1} hat nur bei w und w^* Verzweigungen. Beide Punkte liegen aber nicht in $F(\Gamma)$: w nach Definition und w^*, weil $|w^*| > 1$ ist.

Die Transformation h^{-1} ist somit unverzweigt über dem einfach zusammenhängenden Gebiet $F(\Gamma)$, also schlicht, und stellt eine konforme Äquivalenz dar. Jedes $z \in K$ hat aber unter h, wie man leicht nachrechnet, einen Bildpunkt h(z), der näher am Nullpunkt liegt als z; die Umkehrung h^{-1} muß infolgedessen die Abstände vergrößern: $|h^{-1}(z)| > |z|$ für alle z mit $|z| < 1$. Das steht im Widerspruch zur definierenden Maximalitätsbedingung von F. Es ist also doch $F(\Gamma) = K$, und die Existenz der Riemannschen Abbildung ist bewiesen.

Nun fehlt noch die Eindeutigkeit. Sie ergibt sich aus der Tatsache, daß es nur eine invertierbare winkeltreue Abbildung von K auf sich gibt, die den Nullpunkt invariant läßt und dort eine positive Ableitung hat, nämlich die Identität.

Das wiederum ist eine unmittelbare Konsequenz aus der Klassifikation der (konformen) Isomorphismen der Einheitskreisscheibe:

Satz 6.6.4:

Die konformen Äquivalenzen der Einheitskreisscheibe mit sich sind genau die **gebrochen linearen Transformationen** der speziellen Gestalt

$$\tau(z) = \frac{a\,z + b}{\bar{b}\,z + \bar{a}}$$

mit komplexen Zahlen a, b, die der Nebenbedingung

$$a\,\bar{a} - b\,\bar{b} = 1$$

unterworfen sind.

Beweis:

Die genannten Funktionen sind ganz offensichtlich Bijektionen der offenen Einheitskreisscheibe K auf sich, die in beiden Richtungen holomorph sind.

Wir haben zu zeigen, daß es keine weiteren Transformationen der verlangten Art gibt.

Angenommen, τ sei ein analytischer Automorphismus von K. Wir können uns auf den Spezialfall $\tau(0) = 0$ und $\tau'(0) > 0$ beschränken, da diese Normierung durch Nachschalten einer gebrochen linearen Transformation von K auf sich erreichbar ist. Die durch die Festsetzung

$$f(z) = \begin{cases} z^{-1}\,\tau(z) & (z \neq 0) \\ \tau'(0) & (z = 0) \end{cases}$$

definierte Funktion $f\colon K \longrightarrow \mathbb{C}$ ist in K holomorph und hat auf dem Rand von K, also für $|z| = 1$, den konstanten Betrag 1, wie ein leichter Grenzübergang erweist. Nach dem Maximumsprinzip (Beweis zu Satz 6.5.8) ist daher $|f(z)|$ nach oben durch 1 beschränkt.
Daraus folgt $|\tau(z)| \leq |z|$ in ganz K. Für die inverse Transformation τ^{-1} findet das gleiche Argument Anwendung; wir erhalten $|\tau(z)| = z$. Außerdem ergibt sich im Limes gegen Null die Ableitung $\tau'(0) = 1$.
Satz 6.3.4 besagt, daß $\tau(z)$ in eine in ganz K konvergente Potenzreihe

$$\tau(z) = z + a_2\, z^2 + a_3\, z^3 + \ldots$$

entwickelbar ist. Wäre eines der a_k von 0 verschieden, so ergäbe sich eine Verletzung der gerade hergeleiteten Gleichung $|\tau(z)| = |z|$. Das ist die Behauptung: $a_k = 0$, also $\tau(z) = z$ für $|z| < 1$.

Bemerkung:
Die obige Überlegung liefert noch etwas mehr, nämlich das **Schwarzsche Lemma**

Satz 6.6.5:
Eine holomorphe Funktion f, die das Innere des Einheitskreises in sich transformiert, ist entweder eine lineare Abbildung der Form $f(z) = e^{i\alpha}\, z$, α eine reelle Konstante, oder es gilt für alle z mit $0 < |z| < 1$ die Ungleichung $|f(z)| < |z|$ (und dann auch $|f'(0)| < 1$).

6.7. Liegruppen

Viele Fragestellungen aus Mathematik und Physik führen in natürlicher Weise auf algebraische oder differentialgeometrische Probleme. So ist bekanntlich die Komposition von Abbildungen stets assoziativ, weshalb die Symmetrien eines Objekts Gruppen bilden. Andererseits sind gerade die in naturwissenschaftlichen Untersuchungen auftretenden Räume zumeist mit einer topologischen, wenn nicht sogar differenzierbaren Struktur versehen. Es liegt deshalb nahe, beide Aspekte miteinander zu verbinden.

Erste systematische Ansätze in dieser Richtung verdanken wir Lie [1970], der glatte Mannigfaltigkeiten betrachtete, auf denen ein Produkt erklärt ist, welches eine Gruppe definiert. Diese Idee und besonders ihre Verknüpfung mit einer besonderen Klasse von (heute nach ihrem Entdecker benannten) Algebren erwies sich als außerordentlich fruchtbar. Später wurden erheblich allgemeinere Objekte untersucht, von denen wir hier nur kurz die topologischen Gruppen hervorheben.

Wir brauchen zwar nur einige elementare Begriffe und Ergebnisse aus diesem sehr vielschichtigen und auch heute noch aktuellen Gebiet; es erscheint aber sinnvoll, zumindest einige weitergehende Aussagen zusammenzustellen.

Dabei verzichten wir aber aus Platzgründen auf explizite Beweise; fast alle Behauptungen sind mit den uns zur Verfügung stehenden Mitteln leicht nachzuvollziehen.

Die beiden einzigen Ausnahmen sind der Satz 6.8.3 von Ado, der nicht wirklich schwierig, wohl aber etwas kompliziert ist, und vor allem die Lösung des sogenannten 5. Hilbertschen Problems (s.u.). Letztere erfordert sehr tiefliegende und spezielle Methoden und kann deshalb hier nicht einmal andeutungsweise diskutiert werden.

Auch die in diesem Jahrhundert entstandenen Weiterentwicklungen in Richtung **algebraische Geometrie**, **(algebraische) Topologie** und **Gruppentheorie** sowie die neueren Anwendungen in der Physik (**dynamische Systeme**, **Himmelsmechanik**, **Quantentheorie** u.v.m.) seien nur erwähnt. Zu diesen Themenkomplexen existiert eine ausführliche und leicht zugängliche Literatur.

Nach diesen Vorbemerkungen sollten wir aber endlich konkret werden.

Definition 6.7.1:

(a) Eine **topologische Gruppe** ist ein topologischer Raum G mit einem Produkt

$$\cdot : \begin{array}{ccc} G \times G & \longrightarrow & G \\ (a,b) & \longmapsto & a \cdot b \end{array}$$

so daß $(G,\cdot)$ eine Gruppe ist und $a \cdot b$ sowie a^{-1} stetig von a und b abhängen.

(b) Wenn G sogar eine C^∞-Mannigfaltigkeit ist und sowohl die Gruppenmultiplikation $(a,b) \mapsto a \cdot b$ als auch die Inversion $a \mapsto a^{-1}$ glatt sind, nennen wir G eine **Liegruppe**.

Unter- und Faktorgruppen von G sind ihrerseits topologische Gruppen, wie man leicht einsieht, und offene Untergruppen sind auch abgeschlossen.
Das folgende Resultat stammt bereits von Lie selbst:

Satz 6.7.1:

Auf einer Liegruppe G mit C^∞-Atlas $\mathfrak{U}$ kann man immer einen mit $\mathfrak{U}$ verträglichen analytischen Atlas $\mathfrak{U}'$ finden, bezüglich dessen Multiplikation und Inversenbildung in G reell-analytisch sind.

Lie zeigte auch, daß sich sogar schon Liegruppen ergeben, wenn wir in Definition 6.7.1 nur verlangen, G und die Gruppenoperationen sollen zweifach stetig differenzierbar sein. Hierdurch wurde die Frage aufgeworfen, ob diese Voraussetzung noch weiter abgeschwächt werden kann.
In einem Vortrag vor dem 2. Internationalen Mathematikerkongreß in Paris stellte Hilbert als eine von 23 Aufgaben an zukünftige Mathematikergenerationen das

5. Hilbertsche Problem:

Inwieweit [ist] der Liesche Begriff der kontinuierlichen Transformationsgruppe auch ohne Annahme der Differenzierbarkeit der Funktionen unserer Untersuchung zugänglich [?]

Die wörtliche Formulierung steht z.B. in Hilbert [1900] oder (mit einer historischen Wertung der daraus erwachsenen Bemühungen) Skljarenko [1971]. Die vollständige Antwort ergibt sich aus einer Kombination der Arbeiten von Pontrjagin [1934], Gleason [1952], Montgomery & Zippin [1952]. Sie lautet:

<u>Satz</u> <u>6.7.2:</u>
Jede auf einer C^0-Mannigfaltigkeit definierte topologische Gruppe ist eine Liegruppe.

Wir werden diesen Satz nicht benutzen; bei allen unseren Anwendung setzen wir die Glattheit voraus.
Die nächste Definition ist uns bereits zum Teil aus Abschn. 2.2 bekannt; der Übersichtlichkeit zuliebe wiederholen wir aber hier die Erklärung der Begriffe "Kommutator" und "Auflösbarkeit" noch einmal:

<u>Definition</u> <u>6.7.2:</u>
(a) Der **Kommutator** zweier Elemente a,b aus einer Gruppe G ist

$$[a,b] = a^{-1} b^{-1} a b$$

Sind U und V zwei Untergruppen von G, so bezeichnen wir die von allen Kommutatoren [u,v] mit $u \in U$ und $v \in V$ erzeugte Untergruppe mit [U,V].
(b) Die **absteigende Zentralreihe** von G ist die rekursiv durch $G_1 = G$ und $G_{k+1} = [G,G_k]$ berechenbare Folge $G_1, G_2, G_3, \ldots$
Gibt es eine natürliche Zahl k mit $G_k = 1$, so ist G **nilpotent**.
(c) Analog definieren die Festsetzungen $G^{(0)} = G$ und $G^{(k+1)} = [G^{(k)}, G^{(k)}]$ die **abgeleitete Reihe** von G. Wenn sie letztlich auf die triviale Gruppe führt, heißt G **auflösbar**.

Ohne Schwierigkeit sieht man ein, daß nilpotente Gruppen immer auflösbar sind; die Umkehrung ist im allgemeinen falsch.
Wir kehren zu den Liegruppen zurück und führen noch einige fundamentale Bezeichnungen ein.

Definition 6.7.3:

(a) Das Erzeugnis aller zusammenhängenden auflösbaren Normalteiler einer Liegruppe G ist das **Radikal** von G. Wir bezeichnen es mit Rad(G).

(b) Eine zusammenhängende Liegruppe G mit Rad(G) = 1 ist **halbeinfach**.

Das Radikal kann auch als der maximale auflösbare zusammenhängende Normalteiler von G charakterisiert werden. G ist genau dann halbeinfach, wenn es zusammenhängend ist und außer 1 keine zusammenhängenden auflösbaren Normalteiler besitzt. Beide Eigenschaften beruhen darauf, daß das Produkt von auflösbaren Normalteilern wieder dieselbe Eigenschaft hat.
Die halbeinfachen sind sozusagen die Bausteine, aus denen allgemeine Liegruppen konstruiert sind. Ihre Bedeutung ergibt sich auch aus

Satz 6.7.3:

(a) Jede Liegruppe G enthält mindestens ein **Levikomplement** des Radikals, das ist eine maximale halbeinfache Untergruppe S. Es erfüllt die Bedingungen

$$\mathrm{Rad}(G)\cdot S \;=\; G$$

und

$$\mathrm{Rad}(G) \cap S \;=\; 1$$

(**Satz von Levi**).

(b) Sämtliche Levikomplemente sind in G konjugiert (**Satz von Mal'tsev**).

(c) Die Faktorgruppe G/Rad(G) einer zusammenhängenden Liegruppe G ist halbeinfach.

Diese Sätze reduzieren das Studium zusammenhängender Liegruppen auf die Untersuchung des (auflösbaren) Radikals, seiner (halbeinfachen) Komplemente und der Erweiterung. Dabei bedient man sich hauptsächlich der im folgenden Abschnitt diskutierten algebraischen Verfahren.

6.8. Liealgebren

Die zentrale Idee der Lietheorie besteht darin, jeder Liegruppe G eine Algebra zuzuordnen, deren Grundraum der Tangentialraum TG_1 im Einselement von G ist. Es ist bemerkenswert, daß diese Abbildung in vielen Fällen umkehrbar ist und die Struktur der so entstehenden Liealgebra die von G weitgehend bestimmt. Diese **Liekorrespondenz** hat entscheidende Bedeutung für das Verständnis der Liegruppen.

Mit ihrer Hilfe gelang es z.B. Killing [1888-1890], alle komplexen einfachen Liegruppen vollständig zu klassifizieren und damit einen Teil des im vorigen Abschnitt aufgestellten Programms auszuführen (einige Ungenauigkeiten, die sich in Killings Arbeit eingeschlichen hatten, wurden später durch Cartan [1952-1953] korrigiert; zu Geschichte und Bedeutung der Klassifikation s. Yaglom [1988], Coleman [1989], Hawkins [1982] u.a.).

Gerade durch die Parallelität zwischen differentialgeometrischen und algebraischen Aspekten ist die Lietheorie besonders reichhaltig, und sie besitzt so viele Anwendungen in Mathematik und Physik, daß wir keinen Versuch unternehmen, sie aufzulisten. Es seien nur einige wenige und nicht repräsentative Beispiele genannt:

Die von Chevalley gegebene Beschreibung der Liealgebren hat gegenüber der ursprünglichen Konstruktion von Killing den Vorzug, daß alle **Strukturkonstanten** (= Entwicklungskoeffizienten, s.u.) ganzzahlig und nicht nur rational sind.

Dadurch konnten Lies Konstruktionen in den letzten Jahren auch auf Körper mit positiver Charakteristik übertragen werden (Chevalley [1955]; die Originalarbeiten des 19. Jahrhunderts beziehen sich allein auf die Grundkörper $\mathbb{R}$ und $\mathbb{C}$). So gelang es u.a., "fast alle" **endlichen einfachen Gruppen** einheitlich zu klassifizieren (als **"Gruppen vom Lietyp"** = **"Chevalleygruppen"** oder Modifikationen hiervon, die sogenannten **"Twisted Types"**; Näheres findet man z.B. in Gorenstein [1968]). Nur die **alternierenden Gruppen** A_n ($n \geq 5$) und 26 weitere **sporadische Gruppen** fallen aus diesem Rahmen. Wir kommen noch einmal, wenn auch kursorisch, auf diesen wichtigen Punkt zurück (Abschn. 21.6), sobald wir über einige technische Voraussetzungen verfügen.

Die Klassifikation der komplexen einfachen Liealgebren wollen wir hier nicht wiedergeben, da wir keine Verwendung für das Ergebnis haben, obgleich es sehr nahe Verwandtschaft zur Coxetertheorie des Teils D aufweist. Insbesondere die dort beschriebenen **Wurzelsysteme** und **Dynkindiagramme**, die letztlich auch auf Killing [1888-1890] zurückgehen, spielen in leicht modifizierter Form eine fundamentale Rolle.

Viele Zweige der Physik haben sich, vor allem in den letzten Jahrzehnten, die Theorie der Liegruppen und -algebren zunutze gemacht. Wir erwähnen nur die **(Himmels-)Mechanik** und die **Hydrodynamik**, die beispielsweise in Gestalt der **KdV- (Korteweg-deVries-) Gleichung** über ein **vollständig integrables** dynamisches System mit unendlich vielen Freiheitsgraden verfügt, zu dessen Untersuchung man algebraische Methoden heranzieht, die auf gewissen Verallgemeinerungen der Liealgebren, den **Kac-Moody-Algebren**, basieren. Letztere sind auch für die endliche Gruppentheorie von Interesse, daneben besitzen sie aber ebenso wichtige Anwendungen in der **Teilchenphysik** (Stichwort: **Superstrings**). Überhaupt läßt sich sagen, daß Liegruppen und Liealgebren ein ideales Hilfsmittel zur Charakterisierung von **(kontinuierlichen) Symmetrien** darstellen.

Aber jetzt endlich zum Thema selbst! Wir beginnen mit dem abstrakten Begriff der Liealgebra:

Definition 6.8.1:

Eine Algebra L über einem Körper $\mathbb{K}$ heißt **Liealgebra**, falls das Produkt

$$[.,.] : L \times L \longrightarrow L$$
$$(a,b) \longmapsto [a,b]$$

(neben der selbstverständlich vorliegenden Bilinearität) die folgenden beiden Bedingungen erfüllt:

(a) für jedes $a \in L$ gilt

$$[a,a] = 0$$

(**Antisymmetrie**); sowie

(b) für alle $a,b,c \in L$ ist

$$[[a,b],c] + [[b,c],a] + [[c,a],b] = 0$$

(**Jacobi-Identität**).

Bemerkungen:

(1) Die Antisymmetrie impliziert die durch **Polarisieren** unmittelbar abzuleitende Identität

$$[a,b] + [b,a] = 0$$

aus der sie auch umgekehrt folgt, wenn der Grundkörper nicht die Charakteristik 2 hat. Gilt hingegen char $\mathbb{K} = 2$, so ist die in der Definition benutzte Version stärker.

(2) Die Bezeichnung $[.,.]$ für das **Lieprodukt** rührt daher, daß der Matrixkommutator

$$[A,B] = A\,B - B\,A$$

den Vektorraum $\mathbb{K}^{(n,n)}$ der (n,n)-Matrizen mit Koeffizienten aus $\mathbb{K}$ zu einer Liealgebra macht. Wir haben sogar den wesentlich allgemeineren und doch elementaren

Satz 6.8.1:

(a) Jede $\mathbb{K}$-Algebra L mit assoziativem Produkt $(a,b) \mapsto a\cdot b$ wird durch die Klammer

$$[a,b] = a\cdot b - b\cdot a$$

zu einer Liealgebra.

(b) Die **Derivationen** einer Algebra A, also die linearen Abbildungen D von A in sich mit $D(a\cdot b) = D(a)\cdot b + a\cdot D(b)$ für alle $a,b \in A$, bilden eine Liealgebra Der(A) mit dem Lieprodukt

$$[D_1,D_2] = D_1\circ D_2 - D_2\circ D_1$$

(c) Die den Elementen x einer beliebigen Liealgebra L zugeordneten **adjungierten Transformationen**

$$\mathrm{ad}(x):\ y \longmapsto [x,y]$$

von L in sich sind die **inneren Derivationen**. Sie bilden eine (i.a. echte) Unteralgebra

$$\mathrm{ad}(L) = \left\{ \mathrm{ad}(x) \;\middle|\; x \in L \right\}$$

von Der(L). Die Abbildung

$$\begin{aligned} \mathrm{ad}\colon\; L &\longrightarrow \mathrm{Der}(L) \\ x &\longmapsto \mathrm{ad}(x) \end{aligned}$$

ist die **adjungierte Darstellung** von L. Ihr Bild ad(L) ist isomorph zur Faktoralgebra L/Z(L) von L nach dem **Zentrum**, also der Unteralgebra

$$Z(L) = \left\{ z \in L \;\middle|\; [z,L] = 0 \right\}$$

(d) Die durch

$$g(x,y) = \mathrm{Spur}\left[\mathrm{ad}(x)\cdot\mathrm{ad}(y)\right]$$

definierte **Killingform** g ist genau dann nicht ausgeartet (det $g \neq 0$), wenn L halbeinfach ist.

(e) Jede einfache Liealgebra ist halbeinfach. Eine halbeinfache Liealgebra zerfällt in eine direkte Summe einfacher Ideale.

(Darstellungen von Liealgebren benutzen im Bildraum natürlich das durch den Kommutator erklärte Produkt anstatt der Matrizenmultiplikation; ansonsten gelten die Definitionen des Abschnitts 2.4).

Ähnliche Aussagen wie die des letzten Satzes treffen auch auf den Kommutator von Vektorfeldern auf Mannigfaltigkeiten zu:

<u>Satz</u> <u>6.8.2:</u>

(a) Die Menge $\mathfrak{V}(M)$ aller Vektorfelder auf einer glatten Mannigfaltigkeit M ist eine Liealgebra mit dem Kommutator als Produkt.

(b) Speziell liefern die Differentialoperatoren

$$L_k = x^{k+1} \frac{d}{dx}$$

auf der Menge der regulären Vektorfelder in $\mathbb{C}^{\#} = \mathbb{C}\setminus\{0\}$ eine unendlich-dimensionale reelle Liealgebra, die **Virasoro-Algebra**. Die Kommutatorregeln der L_k sind dabei

$$[L_i, L_j] = (j-i)\, L_{i+j}$$

Die Zuordnung $L_k \longrightarrow k$ definiert eine **Graduierung** auf der Virasoro-Algebra, die aufs Engste mit den Kac-Moody-Algebren zusammenhängt und von fundamentaler Bedeutung für die **Stringtheorie** ist.
Wir kehren nun zur allgemeinen Theorie zurück. Die adjungierte Darstellung ist nicht immer treu; wir haben jedoch den wichtigen

Satz 6.8.3:
Jede Liealgebra endlicher Dimension über einem beliebigen Körper der Charakteristik 0 besitzt eine ebenfalls endlich-dimensionale treue Darstellung (**Satz von Ado**).

Es folgen einige Begriffe, die völlig parallel zu denen aus Abschn. 6.7 erklärt sind. Wir wählen bewußt gleiche Formulierungen, um dies möglichst deutlich hervorzuheben. Der Definition 6.7.2 entspricht

Definition 6.8.2:
(a) Sind U und V zwei Unteralgebren einer Liealgebra L, so bezeichnen wir die von allen Kommutatoren $[u,v]$ mit $u \in U$ und $v \in V$ erzeugte Algebra mit $[U,V]$.
(b) Die **absteigende Zentralreihe** von L ist die rekursiv durch $L_1 = L$ und $L_{k+1} = [L, L_k]$ berechenbare Folge $L_1, L_2, L_3, \ldots$
Gibt es eine natürliche Zahl k mit $L_k = 1$, so ist L **nilpotent**.
(c) Analog definieren die Festsetzungen $L^{(0)} = L$ und $L^{(k+1)} = [L^{(k)}, L^{(k)}]$ die **abgeleitete Reihe** von L. Wenn sie letztlich auf die Nullalgebra

führt, heißt L **auflösbar**.

Natürlich sind auch nilpotente Liealgebren auflösbar, jedoch nicht umgekehrt.
Wir treiben die Analogie zwischen Liegruppen und -algebren noch etwas weiter (s. Definition 6.7.3):

Definition 6.8.3:
(a) Das Erzeugnis aller auflösbaren Ideale einer Liealgebra L ist das **Jacobsonradikal** von L. Wir bezeichnen es mit Jac(L).
(b) Eine Liealgebra L mit $Jac(L) = 0$ ist **halbeinfach**.
(c) Falls L nichtkommutativ ist, d.h. $Z(L) \neq L$, und außer 0 und L selbst keine weiteren Ideale besitzt, nennt man L **einfach**.

Das Jacobsonradikal ist somit das größte auflösbare Ideal in L.
Auch die Sätze von Levi und Mal'tsev lassen sich übertragen, allerdings nur mit leichten Abänderungen und der Einschränkung $\mathrm{char}\ \mathbb{K} = 0$:

Satz 6.8.4:
Sei L eine Liealgebra über einem Körper der Charakteristik 0.
(a) (**Satz von Levi**): L enthält mindestens ein **Levikomplement** des Jacobsonradikals, das ist eine Unteralgebra S, für die L in eine direkte Summe der Form

$$L = Jac(L) \oplus S$$

zerfällt.
(b) (**Satz von Mal'tsev**): Sämtliche Levikomplemente sind konjugiert unter Automorphismen von L.
(c) Die Faktoralgebra L/Jac(L) ist halbeinfach.

Wir nähern uns allmählich dem zentralen Thema der Lietheorie, benötigen aber zuvor noch ein paar Bezeichnungen.

Definition 6.8.4:

(a) Die **Linkstranslation** mit einem Element x der n-dimensionalen Liegruppe G ist die Abbildung

$$L_x:\ G \longrightarrow G$$
$$y \longmapsto L_x(y) = x\cdot y$$

Das **Differential** dL_x liefert einen Isomorphismus zwischen den Tangentialräumen TG_y und TG_{xy}. Mit seiner Hilfe transportieren wir eine beliebige Basis $\{e_1,\ldots,e_n\}$ des Tangentialraums TG_1 im Einselement nach TG_x.

(b) Ein Vektorfeld $v \in \mathfrak{B}(G)$ ist **linksinvariant**, wenn es bezüglich der so gefundenen Basen konstant ist oder, äquivalent ausgedrückt, wenn für alle $x,y \in G$ die Gleichung

$$(dL_x)\ v(y) \;=\; v(L_x(y)) \;=\; v(x\cdot y)$$

gilt.

Der Raum der linksinvarianten Vektorfelder auf G ist unter Kommutatorbildung abgeschlossen, also eine Unteralgebra von $\mathfrak{B}(G)$. Man sieht auch leicht, daß es zu jedem $v(1) \in TG_1$ ein wohlbestimmtes Vektorfeld gibt, welches den genannten Anfangswert hat. Dadurch ist die folgende Konstruktion möglich:

Definition 6.8.5:

(a) Sei G eine Liegruppe über $\mathbb{K} \in \{\mathbb{R},\mathbb{C}\}$. Die zu G **assoziierte Liealgebra** ist die Menge

$$\mathcal{L}(G) \;=\; \left\{ v \in \mathfrak{B}(G) \;\middle|\; v \text{ ist linksinvariant} \right\}$$

aller linsinvarianten Vektorfelder mit dem Kommutator als Produkt. Sie hat den Grundkörper $\mathbb{K}$, und ihre Dimension ist gleich der von G.

(b) Sei L eine Liealgebra über $\mathbb{K} \in \{\mathbb{R},\mathbb{C}\}$. Nach dem Satz von Ado betten wir L in eine geeignete Matrizenalgebra $\mathbb{K}^{(k,k)}$ ein. Die **universelle Lie-**

gruppe zu L ist das Erzeugnis

$$\mathcal{G}(L) = \langle \exp(\lambda) \mid \lambda \in L \rangle$$

aller Bilder von L-Matrizen unter der Exponentialabbildung.

Es folgt die Hauptaussage der gesamten Theorie. Die Vielfalt ihrer Anwendungsmöglichkeiten kann wohl kaum überschätzt werden.

Satz 6.8.5:
Sei L eine reelle oder komplexe Liealgebra. Jede Liegruppe mit $\mathcal{L}(G) = L$ ist ein homomorphes Bild von $\mathcal{G}(L)$. (Das rechtfertigt die Bezeichnung "universelle Liegruppe").

Die in diesem Satz zum Ausdruck kommende **Lie-Korrespondenz**

$$G \longleftrightarrow L = \mathcal{L}(G)$$

$$L \longleftrightarrow G = \mathcal{G}(L)$$

verbindet die jeweils mit gleicher Terminologie bezeichneten Objekte (halbeinfache, nilpotente, auflösbare, ... Liegruppen und -algebren) miteinander. Darüber hinaus entsprechen den Untergruppen von G die Unteralgebren in L bijektiv, ebenso den Normalteilern die Ideale, etc.
Die Automorphismengruppen von G und L sind kanonisch isomorph, und es gehören auch die Radikale zueinander:

$$\text{Rad } G \longleftrightarrow \text{Jac } L$$

Der praktische Wert dieser Gemeinsamkeiten liegt vor allem in der Reduktion der Schwierigleiten bei der Klassifikation von Liegruppen mit bestimmten Eigenschaften. Die jeweils analogen Liealgebren sind technisch viel einfacher zu handhaben.
Die sogenannten **klassischen Liegruppen** sind die speziellen linearen, unitären, orthogonalen oder symplektischen über den reellen oder komplexen Zah-

len, also $SL_n(\mathbb{C})$, $SL_n(\mathbb{R})$, $Sp_{2n}(\mathbb{C})$, $Sp_{2n}(\mathbb{R})$, $SU_n(\mathbb{C})$ und $SO_n(\mathbb{R})$. Es ist üblich, die zugehörigen Liealgebren mit den entsprechenden gotischen Minuskeln zu bezeichnen, wie aus der Tabelle 6.8.1 ersichtlich wird.

Bezüglich der theoretischen Bedeutung der klassischen Liealgebren und des Zusammenhangs mit der Coxetertheorie (Teil D) ziehe man die Monographien von Humphreys [1975] oder Jacobson [1962] oder die Originalarbeiten von Killing [1888-1890] heran. Dort findet sich auch die Klassifikation der halbeinfachen Liegruppen über $\mathbb{C}$.

Tab. 6.8.1

	Liegruppe	Liealgebra	Dimension
komplex:	$SL_n(\mathbb{C})$	$\mathfrak{sl}_n(\mathbb{C})$	n^2-1
	$Sp_{2n}(\mathbb{C})$	$\mathfrak{sp}_{2n}(\mathbb{C})$	$n\,(2n-1)$
	$SU_n(\mathbb{C})$	$\mathfrak{su}_n(\mathbb{C})$	$\frac{1}{2}\,n\,(n-1)$
reell:	$SL_n(\mathbb{R})$	$\mathfrak{sl}_n(\mathbb{R})$	n^2-1
	$Sp_{2n}(\mathbb{R})$	$\mathfrak{sp}_{2n}(\mathbb{R})$	$n\,(2n-1)$
	$SO_n(\mathbb{R})$	$\mathfrak{so}_n(\mathbb{R})$	$\frac{1}{2}\,n\,(n-1)$

7. Projektive Geometrie

7.1. Affine und projektive Koordinaten

Die Geschichte der projektiven Geometrie haben wir bereits in Abschn. 1.2 behandelt; deshalb wollen wir sogleich in medias res gehen:

Die **affine Ebene** über dem Grundkörper $\mathbb{K}$ ist der zweidimensionale Vektorraum $\mathbb{K}^2$, dessen Elemente wir als **Punkte** bezeichnen. Eine **Gerade** g ist die Lösungsmenge einer algebraischen Gleichung vom Grad 1, wie beispielsweise $u_0 + u_1x_1 + u_2x_2 = 0$.

Man bezeichnet $u_0, u_1, u_2 \in \mathbb{K}$ als die **Plückerkoordinaten** von g. Alle Tripel (u_0, u_1, u_2) sind erlaubt, ausgenommen diejenigen mit $u_1 = u_2 = 0$; diese würden ja keine Gleichung liefern. Allerdings sind die Koordinaten einer Geraden g nicht eindeutig bestimmt, denn die Multiplikation der u_i mit einem festen, von Null verschiedenen Faktor $\lambda \in \mathbb{K}$ ersetzt lediglich die Geradengleichung durch eine äquivalente.

Den Übergang von (u_0, u_1, u_2) zu $(\lambda u_0, \lambda u_1, \lambda u_2)$ mit $\lambda \in \mathbb{K}^\times$ bezeichnen wir als **Umskalierung**. Plückerkoordinaten sind also nur bis auf Umskalierung festgelegt.

Erfüllen die **inhomogenen** oder **affinen Koordinaten** x_1, x_2 eines Ebenenpunktes $P = (x_1, x_2)$ die Geradengleichung von g, so sagen wir, P und g **inzidieren** miteinander, oder bedienen uns einer geometrisch-anschaulichen Ausdrucksweise, wie "P liegt auf g" oder "g geht durch P hindurch" usw. Diese Terminologie ist so gebräuchlich, daß sie keines weiteren Kommentars bedarf.

Zu zwei (verschiedenen) Punkten $P = (x_1, x_2)$ und $Q = (y_1, y_2)$ gibt es eine eindeutig bestimmte **Verbindungsgerade**, deren Plückerkoordinaten u_0, u_1, u_2 durch Auflösen des linearen Gleichungssystems

$$\begin{aligned} u_0 + u_1 x_1 + u_2 x_2 &= 0 \\ u_0 + u_1 y_1 + u_2 y_2 &= 0 \end{aligned}$$

gefunden werden.

Die Plückerkoordinaten u_0, u_1, u_2 einer Geraden g legen (unabhängig von ihrer Skalierung) das Verhältnis $u_1 : u_2$ fest, das die **Steigung** von g beschreibt.

Zwei Geraden g und h mit Koordinaten u_0, u_1, u_2 bzw. v_0, v_1, v_2 sind **parallel** zueinander (symbolisch: $g \| h$), wenn sie dieselbe Steigung haben, also

$$u_1 : u_2 = v_1 : v_2$$

ist. Dabei ist prinzipiell zu unterscheiden, ob sogar

$$u_0 : u_1 : u_2 = v_0 : v_1 : v_2$$

gilt oder nicht. Im ersten Fall fallen die Geraden zusammen; im zweiten sind sie disjunkt. Wenn dagegen g und h nicht parallel sind, haben sie genau einen **Schnittpunkt**, dessen Koordinaten x_1, x_2 wir aus dem linearen System

$$u_0 + u_1 x_1 + u_2 x_2 = 0$$
$$v_0 + v_1 x_1 + v_2 x_2 = 0$$

erhalten. Sind zwei Geraden h,k zu einer dritten (g) parallel, so auch untereinander: aus $g \| h$ und $g \| k$ folgt $h \| k$. Parallelität ist eine Äquivalenzrelation.

Diese und ähnliche Aussagen sind uns natürlich wohlvertraut; die **reelle affine Ebene** $\mathbb{R}^2$ bildet das Standardmodell der **Euklidischen Geometrie**.

Die Unterscheidung der Geradenpaare g,h in parallele und nichtparallele bringt zahlreiche Umständlichkeiten und Unbequemlichkeiten mit sich; hauptsächlich deshalb wurde der Übergang zur **projektiven Geometrie** vollzogen (s. Abschn. 1.2).

Die **Punkte** und **Geraden** der **projektiven Ebene** $\mathbb{P}^2\mathbb{K}$ über dem Grundkörper $\mathbb{K}$ sind die ein- bzw. zweidimensionalen Unterräume von $\mathbb{K}^3$. Inzidenz zwischen dem Punkt P und der Geraden g liegt vor, wenn $P \subset g$ ist.

Zwei Punkte erzeugen einen zweidimensionalen Unterraum von $\mathbb{K}^3$, besitzen also genau eine Verbindungsgerade.

Da Geraden die Kodimension 1 haben, sind sie maximal in $\mathbb{K}^3$. Zwei verschiedene Geraden erzeugen demnach ganz $\mathbb{K}^3$, und nach dem Homomorphiesatz ist ihr Durchschnitt ein Unterraum der Dimension 2+2-3 = 1: In der projektiven Ebene schneiden sich zwei Geraden stets in einem Punkt. Der Parallenbegriff der affinen Ebene hat somit für die projektive Geometrie keine Bedeutung.

Ein Punkt P wird von jedem in ihm liegenden, von Null verschiedenen Vektor

$x = (x_0, x_1, x_2) \in P\backslash\{0\}$ erzeugt. Dessen (wiederum nur bis auf Skalierung fixierte) Komponenten bezeichnet man als **homogene** oder **projektive Koordinaten** von P. Das führt auf die folgende Interpretation der projektiven Ebene:

$$\mathbb{P}^2\mathbb{K} = \mathbb{P}^2(\mathbb{K}) = (\mathbb{K}^3\backslash 0)/(\mathbb{K}\backslash 0)$$

Eine Gerade g kann als Unterraum der Kodimension 1 in $\mathbb{K}^3$ durch eine lineare Gleichung beschrieben werden, ganz ähnlich wie in der affinen Geometrie:

$$u_0 x_0 + u_1 x_1 + u_2 x_2 = 0$$

Die **Linienkoordinaten** u_0, u_1, u_2 dürfen natürlich auch noch skaliert werden; von dieser Freiheit abgesehen, sind sie aber festgelegt. Im Gegensatz zur Situation in $\mathbb{K}^2$ sind jetzt sämtliche Koordinatentripel außer (0,0,0) erlaubt.

Es wird sich als zweckmäßig erweisen, die **Punktkoordinaten** durch Zeilenvektoren, d.h. (1,3)-Matrizen, auszudrücken, die Linienkoodinaten hingegen als Spaltenvektoren (= (3,1)-Matrizen) aufzufassen.

Außerdem werden wir in Zukunft Punkte und Geraden in $\mathbb{P}^2\mathbb{K}$ mit ihren zugeordneten **Koordinatenvektoren** identifizieren, also vom "Punkt $x = (x_0, x_1, x_2)$" oder der "Geraden $u = {}^t(u_0, u_1, u_2)$" sprechen. Dabei ist stets die Skalierungsinvarianz zu berücksichtigen.

Die Inzidenz des Punktes x und der Geraden u ist daher durch die lineare Bedingung

$$x \cdot u = x_i u_i = x_0 u_0 + x_1 u_1 + x_2 u_2 = 0$$

auszudrücken. Die erste Version ist als Matrixprodukt zu lesen, die zweite verwendet die (nur im vorliegenden Kapitel 7) auch auf Paare übereinstimmender unterer Indizes ausgedehnte **Einsteinkonvention**. Der Zählbereich der Indizes erstreckt sich für die projektive Ebene von 0 bis 2; bei **projektiven Räumen** der Dimension n natürlich von 0 bis n.

Die einfache und elegante Gestalt der Inzidenzgleichung läßt schon den Vorzug der projektiven Koordinaten gegenüber den affinen erkennen. Er tritt noch auffälliger zutage, wenn wir die vollkommene Symmetrie zwischen Punkten und Geraden in $\mathbb{P}^2\mathbb{K}$ berücksichtigen, die sich im **Dualitätsprinzip von Poncelet** ausdrückt:

Satz 7.1.1:

Die **Dualität** der projektiven Ebene $\mathbb{P}^2(\mathbb{K})$ ist die Abbildung, die jedem Punkt (x_0, x_1, x_2) die **duale Gerade** ${}^t(x_0, x_1, x_2)$ und jeder Geraden (u_0, u_1, u_2) den **dualen Punkt** ${}^t(u_0, u_1, u_2)$ zuordnet. In der Matrizenschreibweise entspricht dies einfach der **Transposition.**

Eine sich auf Punkte, Geraden und Inzidenzen zwischen diesen beziehende wahre Aussage geht unter der Dualität in eine ebenfalls zutreffende Behauptung über.

Beweis:

Inzidenz zwischen dem Punkt x und der Geraden u liegt vor, falls $x \cdot u = 0$ ist. Die duale Aussage ${}^tu \cdot {}^tx = 0$ ist damit gleichwertig.

Durch Dualisieren läßt sich der Beweisaufwand fast halbieren. (Nur "fast", weil es auch **selbstduale** Konfigurationen und Sätze gibt; sie sind von besonderem Interesse).

Die affine Ebene $\mathbb{K}^2$ ist in natürlicher Weise in $\mathbb{P}^2\mathbb{K}$ eingebettet. Um das einzusehen, brauchen wir nur die affinen Punkte (x_1, x_2) auf $(1, x_1, x_2) \in \mathbb{P}^2\mathbb{K}$ abzubilden. Dies liefert eine Injektion. Ihr Bild besteht aus allen Punkten der projektiven Ebene, deren 0-Koordinate nicht verschwindet. Sie werden als **eigentliche** oder **endliche** Punkte bezeichnet; die übrigen $x \in \mathbb{P}^2\mathbb{K}$, die also $x_0 = 0$ erfüllen, sind die **uneigentlichen**, **unendlich fernen** oder auch **idealen Punkte**.

Die affinen Geraden entsprechen denjenigen projektiven Geraden, deren Koordinatenvektoren ${}^t(u_0, u_1, u_2)$ linear unabhängig von ${}^t(1,0,0)$ sind (**eigentliche Geraden**). Zu ihnen tritt in $\mathbb{P}^2\mathbb{K}$ noch eine einzige weitere **unendlich ferne** bzw. **uneigentliche Gerade**, ${}^t(1,0,0)$, hinzu.

Abstrakt läßt sich der Übergang wie folgt beschreiben: Ist die affine Ebene $\mathbb{K}^2$ gegeben, so nennen wir ihre Punkte und Geraden eigentlich; die Inzidenzen zwischen derartigen Objekten entsprechen genau denen in $\mathbb{K}^2$. Jedem System zueinander paralleler Geraden der affinen Ebene ordnen wir einen idealen Punkt zu, der mit ihnen allen inzidiert, jedoch mit keiner anderen eigentlichen Geraden. Schließlich ergänzen wir das so konstruierte System durch die unendlich ferne Gerade, die mit allen idealen Punkten inzidiert, aber mit keinem endlichen. Alle Punkte und Geraden bilden dann die bis auf

Isomorphie eindeutige projektive Ebene über $\mathbb{K}$.
Die Umkehrung ist noch einfacher. Wir entfernen eine beliebige Gerade und alle auf ihr liegenden Punkte aus $\mathbb{P}^2\mathbb{K}$. Was übrigbleibt, ist die affine Ebene.
Die Punkte $P_1, P_2, P_3, \ldots$ sind **kollinear**, wenn es eine Gerade gibt, die durch alle P_i hindurchgeht; entsprechend nennen wir die Geraden $g_1, g_2, g_3, \ldots$ **kopunktal**, falls ein Punkt existiert, der auf sämtlichen g_i liegt.
Alle auf einer festen Geraden liegenden Punkte bilden eine **Punktreihe**; die Gesamtheit aller Geraden durch einen festen Punkt ist ein **Geradenbüschel**.
Die **Verbindungsgerade** zweier Punkte A,B hat die Linienkoordinaten

$$[AB] = (A_1B_2-A_2B_1, A_2B_0-A_0B_2, A_0B_1-A_1B_0)$$

und alle ihre Punkte sind von der Form $\alpha A + \beta B$ mit $(\alpha,\beta) \in \mathbb{K}^2\setminus\{(0,0)\}$.
Der **Schnittpunkt** der Geraden a,b ist

$$[ab] = (a_1b_2-a_2b_1, a_2b_0-a_0b_2, a_0b_1-a_1b_0)$$

und die durch ihn laufenden Geraden haben eine Darstellung der Gestalt $\alpha a + \beta b$ mit derselben Einschränkung bezüglich α und β wie vorhin.
Ein **Dreieck** $\Delta = \Delta(A,B,C;a,b,c)$ besteht aus drei Punkten A,B,C und drei Geraden a,b,c, wobei A mit b und c, B mit c und a, C mit a und b inzidieren, während keine Inzidenz zwischen A und a, B und b oder C und c besteht.
Es ist klar, daß ein Dreieck bereits durch seine **Ecken** A,B,C oder seine **Seiten** a,b,c festgelegt ist. Wir schreiben deshalb manchmal auch einfach $\Delta = \Delta(A,B,C)$ oder $\Delta = \Delta(a,b,c)$. Die Ecken oder Seiten dürfen dabei beliebig gewählt werden, wenn sie nur nicht kollinear bzw. kopunktal sind.
Die gleiche Rolle wie das **Achsenkreuz** in der affinen Ebene spielt das **Koordinaten-** oder **Fundamentaldreieck** in der projektiven. Es besitzt die Ecken (1,0,0);(0,1,0);(0,0,1) und die Seiten $^t(1,0,0)$;$^t(0,1,0)$;$^t(0,0,1)$. Wir werden im nächsten Abschnitt 7.2 sehen, wie man mit seiner Hilfe die Punkt- und Linienkoordinaten aufbaut.
Schreiben wir die Koordinatenvektoren dreier Punkte A,B,C untereinander, so erhalten wir die **Eckenmatrix**

$$E(A,B,C) = \begin{bmatrix} A_0 & A_1 & A_2 \\ B_0 & B_1 & B_2 \\ C_0 & C_1 & C_2 \end{bmatrix}$$

Ganz entsprechend definieren wir zu drei Geraden a, b, c die durch Nebeneinandersetzen der Koordinatenvektoren entstehende **Seitenmatrix**

$$S(a,b,c) = \begin{pmatrix} a_0 & b_0 & c_0 \\ a_1 & b_1 & c_1 \\ a_2 & b_2 & c_2 \end{pmatrix}$$

Die Skalierungsfreiheit äußert sich darin, daß E(A,B,C) noch von links und S(a,b,c) von rechts mit invertierbaren Diagonalmatrizen multipliziert werden dürfen.

Die Kollinearität dreier Punkte A, B, C ist gleichwertig mit dem Verschwinden von det E(A,B,C); drei Geraden a, b, c sind dann und nur dann kopunktal, wenn det S(a,b,c) gleich Null ist.

Falls $E(A,B,C)\cdot S(a,b,c)$ eine invertierbare Diagonalmatrix ist, bilden A, B, C die Ecken und a, b, c die Seiten eines Dreiecks; die Umkehrung dieser Aussage trifft auch zu. Das gibt uns ein einfaches Mittel an die Hand, zu den Ecken die Seiten zu konstruieren oder vice versa. Wir brauchen lediglich E(A,B,C) und S(a,b,c) zueinander invers zu wählen und können unmittelbar die gesuchten Koordinaten ablesen. Anstelle der reziproken Matrix läßt sich aber auch z.B. die adjungierte verwenden, die sich ja nur um einen numerischen Faktor (Determinante) von ihr unterscheidet.

Der nachstehende **Satz von Desargues** ist für die projektive Geometrie von eminenter Bedeutung:

Satz 7.1.2:

Seien $\Delta = \Delta(A,B,C;a,b,c)$ und $\Delta' = \Delta(A',B',C';a',b',c')$ zwei Dreiecke in $\mathbb{P}^2\mathbb{K}$, die keine gemeinsamen Ecken oder Seiten haben. Dann sind die folgenden beiden Aussagen äquivalent:

(a) Die Verbindungsgeraden [AA'], [BB'], [CC'] entsprechend bezeichneter Ecken in beiden Dreiecken sind kopunktal.

(b) Die Schnittpunkte [aa'], [bb'], [cc'], analog liegender Seiten in Δ und Δ' sind kollinear.

Beweis:

Wir verfügen über die Skalierung so, daß die Eckenmatrizen E = E(A,B,C) und

$E' = E(A',B',C')$ zu den entsprechenden Seitenmatrizen $S = S(a,b,c)$ beziehungsweise $S' = S(a',b',c')$ reziprok sind,

$$E \cdot S = E' \cdot S' = 1$$

was nach der Vorbemerkung immer geht.
Die Propositionen (a) und (b) sind zueinander dual; deshalb genügt es, die Implikation (a) ⇒ (b) zu beweisen.
Wir behandeln zuerst den Sonderfall, bei dem der gemeinsame Punkt P der drei Verbindungsgeraden [AA'],[BB'],[CC'] in eine der sechs Ecken fällt. Aus Symmetriegründen dürfen wir dann P = C setzen.
Unter dieser Voraussetzung liegen die Punkte P, A und A' auf der Geraden [PA] = [CA] = b. A' inzidiert aber auch mit der Dreiecksseite b', also haben wir A' = [bb']. Ebenso findet man B' = [aa']. Die Verbindungsgerade von [aa'] und [bb'] ist somit [A'B'] = c' und geht trivialerweise durch [cc'] hindurch.
Wir können uns daher auf den generischen Fall beschränken, daß P von allen Eckpunkten A,B,C;a,b,c verschieden ist. Dann bestehen Relationen der Form

$$P = \alpha A + \alpha' A' = \beta B + \beta' B' = \gamma C + \gamma' C'$$

mit geeigneten Koeffizienten $\alpha,\alpha';\beta,\beta';\gamma,\gamma'$ aus dem Grundkörper $\mathbb{K}$, die sämtlich ungleich Null sind. Schreiben wir die drei Darstellungen von P untereinander, erhalten wir

$$E(P,P,P) = D \cdot E + D' \cdot E'$$

mit den Diagonalmatrizen $D = \mathrm{Diag}(\alpha,\beta,\gamma)$ und $D' = \mathrm{Diag}(\alpha',\beta',\gamma')$. Der Rang von E(P,P,P) ist gleich 1, also auch der von DE + D'E'.
Lassen sich andererseits invertierbare Diagonalmatrizen D,D' finden mit Rang(DE+D'E') = 1, so sind alle Zeilen von DE + D'E' zueinander proportional und bestimmen einen gemeinsamen Punkt von [AA'], [BB'] und [CC'].
Proposition (a) ist folglich gleichbedeutend mit der Möglichkeit, reguläre Diagonalmatrizen D,D' zu finden, für die

$$\mathrm{Rang}(DE+D'E') = 1$$

gilt. Behauptung (b) ist hierzu dual, woraus wir sofort auf ihre Äquivalenz mit

$$\mathrm{Rang}(SM+S'M') = 1$$

für geeignete Diagonalmatrizen M und M′ mit nichtverschwindenden Determinanten schließen. Es gilt weiter

$$S\,D^{-1} + S'\,D'^{-1} = E^{-1}\,D^{-1} + E'^{-1}\,D'^{-1} = E^{-1}\,D^{-1}\,(D'E'+DE)\,E'^{-1}\,D'^{-1}$$

woraus unmittelbar der Satz folgt, da die Multiplikation mit regulären Matrizen den Rang nicht verändert.

Wir haben uns bewußt auf die Konstruktion der (affinen und) projektiven Ebene über einem vorgegebenen Grundkörper $\mathbb{K}$ beschränkt, weil wir dadurch, dem Thema dieses Buchs entsprechend, von vorneherein Koordinaten aus $\mathbb{K}$ zur Verfügung haben. Die Kommutativität von $\mathbb{K}$ ist dabei jedoch nicht wesentlich; cum grano salis bleiben alle bisherigen Aussagen korrekt, wenn $\mathbb{K}$ nur ein Schiefkörper ist. Wir müssen lediglich sorgfältig auf die Reihenfolge der Faktoren in den Produkten achten und bei den Gleichungen, in denen Determinanten vorkommen, gewisse Modifikationen vornehmen.
Da sich unsere Anwendungen hauptsächlich auf die Sonderfälle $\mathbb{K} = \mathbb{R}$ oder (wichtiger) $\mathbb{K} = \mathbb{C}$ beziehen, verzichten wir darauf, die genannten Verallgemeinerungen explizit zu diskutieren.
In der Geometrie ist ohnehin ein wesentlich abstrakterer Ebenenbegriff in Gebrauch, zu dem wir noch einige Worte anmerken.
Man geht von einer Definition aus, die nicht an die Existenz eines Basis-(schief)körpers gebunden ist. Stattdessen sieht man eine **projektive Ebene** als aus zwei nichtleeren Mengen $\mathcal{P}$ und $\mathcal{G}$ (**"Punkte"** bzw. **"Geraden"**) bestehend an, zwischen denen eine Relation (die **"Inzidenz"**) erklärt ist, so daß die folgenden vier Axiome gelten:

(1) Zu je zwei Punkten $P,Q \in \mathcal{P}$ gibt es eine eindeutig bestimmte **Verbindungsgerade** $[PQ] \in \mathcal{G}$, die mit beiden inzidiert.
(2) Zu je zwei Geraden $g,h \in \mathcal{G}$ gibt es einen eindeutig bestimmten **Schnittpunkt** $[gh] \in \mathcal{P}$, der mit beiden inzidiert.
(3) Die Ebene besitzt mindestens vier Punkte, von denen keine drei kollinear sind.
(4) Die Ebene besitzt mindestens vier Geraden, von denen keine drei kopunk-

tal sind.

Die hier gewählte Formulierung führt direkt auf das Ponceletsche Dualitätsprinzip, weil die Forderungen (1) und (2) ebenso zueinander dual sind wie (3) und (4). Im Sinne einer optimalen Ökonomie ist das Axiomensystem jedoch nicht ideal, da die vier Postulate nicht voneinander unabhängig sind. Wir könnten eines der letzten beiden weglassen, denn (3) ist eine Folge von (1),(2),(4), und dual hierzu läßt sich (4) aus (1),(2),(3) herleiten.

Affine Ebenen werden wie oben aus projektiven durch Wegnahme einer ("uneigentlichen") Geraden konstruiert; deshalb erübrigt es sich, auf sie näher einzugehen.

Als letzte Bemerkung zu diesem Themenkomplex erwähnen wir noch ohne Beweis, daß eine projektive Ebene genau dann isomorph zu einer $\mathbb{P}^2(\mathbb{K})$ mit einem geeigneten Schiefkörper $\mathbb{K}$ ist, wenn sie **desarguessch** ist, d.h. in ihr der Satz 7.1.2 gilt. Wir wollen die hierdurch aufgeworfenen Fragen nicht weiter diskutieren und verweisen auf die Literatur, z.B. Pickert [1955].

7.2. Projektivitäten

So manches geometrische Problem läßt sich durch geschickte Koordinatenwahl vereinfachen. Welche Bezugssysteme und welche Übergänge zwischen ihnen dabei zulässig sind, hängt davon ab, welche Strukturen beim Wechsel erhalten bleiben sollen. Ein Beispiel:
Die euklidische Ebene $\mathbb{R}^2$ ist mit einer Metrik ausgestattet, die es erlaubt, **Abstände** zwischen Punkten und **Winkel** zwischen Geraden zu definieren. Verlangen wir die Invarianz dieser Maßverhältnisse bei der Transformation, so dürfen wir nur Abbildungen der Form

$$x \longmapsto x D + a$$

mit einem beliebigen **Verschiebungsvektor** $a \in \mathbb{R}^2$ und einer Matrix $D \in \mathbb{R}^{(2,2)}$ benutzen, die der Zusatzbedingung $D\ {}^tD = 1$ (**Orthogonalität**) unterliegt. Derartige Transformationen heißen **euklidisch**; sie bilden eine Gruppe $\mathcal{E}(\mathbb{R}^2)$, die die zu $\mathbb{R}^2$ isomorphe Gruppe der **Translationen** ($D = 1$) als Normalteiler enthält, während die zugehörige Faktorgruppe derjenigen der Orthogonalmatrizen, also $GO(\mathbb{R}^2)$ entspricht:

$$\mathcal{E}(\mathbb{R}^2) \cong \mathbb{R}^2 : GO(\mathbb{R}^2)$$

(die Erweiterung zerfällt; ein Komplement zu $\mathbb{R}^2$ bilden die euklidischen Transformationen mit $a = 0$).
Verzichten wir dagegen auf die Invarianz der Längen und Winkel und fordern stattdessen nur die Erhaltung aller Inzidenzen in $\mathbb{R}^2$ (das entspricht der Interpretation von $\mathbb{R}^2$ als affine Ebene), so wird die Gruppe der erlaubten Koordinatenwechsel größer. Sie umfaßt jetzt alle Transformationen

$$x \longmapsto x M + a$$

mit einer regulären Matrix $M \in \mathbb{R}^{(2,2)}$, also genauer $M \in GL(\mathbb{R}^2)$.
Diese letzte Betrachtung können wir unmittelbar auf beliebige affine Ebenen $\mathbb{K}^2$ ausdehnen. Eine **affine Transformation** von $\mathbb{K}^2$ ist also einfach eine Abbildung von $\mathbb{K}^2$ auf sich, durch die $x \in \mathbb{K}^2$ in

$$x^* = x\,M + a$$

mit $a \in \mathbb{K}^2$ und $M \in GL(\mathbb{K}^2)$ übergeht. Sie ergeben zusammengenommen die **affine Gruppe**

$$\mathcal{A}(\mathbb{K}^2) \cong \mathbb{K}^2 : GL(\mathbb{K}^2)$$

Im oben diskutierten Spezialfall $\mathbb{K} = \mathbb{R}$ ist $\mathcal{A}(\mathbb{R}^2)$ eine Mannigfaltigkeit der Dimension 6, während die **euklidische Gruppe** $\mathcal{E}(\mathbb{R}^2)$ nur 5-dimensional ist.
Der Verzicht auf Längen- und Winkelmessungen in $\mathbb{R}^2$ geht also mit einem erheblichen Gewinn an Freiheit in der Koordinatenwahl einher. Das wird noch deutlicher, wenn wir die projektive Ebene $\mathbb{P}^2(\mathbb{K})$ betrachten.
Die mit einer festen Geraden inzidente Punktreihe wird nach Abschn. 7.1 durch eine lineare Bedingung bestimmt; daher muß auch jetzt jede zulässige Transformation polynomial vom Grad 1 sein. Darüber hinaus haben wir aber noch die Skalierungsinvarianz zu beachten. Sie führt dazu, daß zwei voneinander linear abhängige Koordinatenvektoren, die denselben Punkt bestimmen, wieder auf proportionale Vektoren abgebildet werden müssen. Das schränkt die Möglichkeiten auf einen linearen Ansatz für die Transformation der **Punktkoordinaten** ein:

$$x \longmapsto x^* = x\,K$$

wobei K eine reguläre (3,3)-Matrix über $\mathbb{K}$ ist: $K \in GL_3(\mathbb{K})$, d.h. $K \in \mathbb{K}^{(3,3)}$ mit $\det K \neq 0$.
Wegen der durch die Dualität vorliegenden Symmetrie zwischen Punkten und Geraden in $\mathbb{P}^2\mathbb{K}$ unterliegen die **Linienkoordinaten** einer analogen Abbildung, etwa

$$u \longmapsto u^* = L\,u$$

Hier ist $L \in GL_3(\mathbb{K})$ aber nicht von K unabhängig. Vielmehr muß die Inzidenzbedingung $x\,u = 0$ für einen Punkt x und eine Gerade u die entsprechende Aussage $x^*\,u^* = 0$ nach sich ziehen und vice versa. Aus $x\,u = 0$ folgt demnach

$$0 = x^*\,u^* = x\,K\,L\,u$$

was nur zutrifft, wenn K und L bis auf einen skalaren Faktor invers zueinander sind:

$$K\,L = \lambda \cdot 1$$

mit $\lambda \in \mathbb{K}^{\#} = \mathbb{K}\setminus\{0\}$. Auf der anderen Seite kommt es aber auf eine Umskalierung nicht an; deshalb sind wir berechtigt, auf $\lambda = 1$ zu normieren, wovon wir in Zukunft immer Gebrauch machen wollen. Wir fassen zusammen:

Definition 7.2.1:
Eine **Projektivität** von $\mathbb{P}^2(\mathbb{K})$ ist eine durch eine reguläre (3,3)-Matrix K über dem Grundkörper $\mathbb{K}$ gegebene Transformation der Punkt- und Linienkoordinaten gemäß

$$x \longmapsto x^* = x\,K$$

$$u \longmapsto u^* = K^{-1}\,u$$

Alle Projektivitäten bilden eine zu

$$GL_3(\mathbb{K})/Z(GL_3(\mathbb{K})) = PGL_3(\mathbb{K})$$

isomorphe Gruppe, die **projektive Gruppe** auf $\mathbb{P}^2\mathbb{K}$.

Die letzte Behauptung reflektiert die Tatsache, daß die Skalarmatrizen und nur diese alle Vektoren auf Vielfache abbilden und somit auf den Mengen der Punkte und Geraden in $\mathbb{P}^2\mathbb{K}$ die Identität bewirken.
Die Projektivitätengruppe $PGL_3(\mathbb{K})$ hat sogar die Dimension 8, ist also noch größer als die affine Gruppe.
Neben der hier hervorgehobenen Auffassung der affinen und projektiven Transformationen als Koordinatenwechsel der jeweiligen Ebenen ist noch eine andere Interpretation möglich: die genannten Abbildungen sind **Automorphismen** von $\mathbb{K}^2$ bzw. $\mathbb{P}^2\mathbb{K}$.
Es ist aber zu beachten, daß i.a. nicht alle Transformationen, die die Inzidenzen in einer Ebene respektieren, in der zugehörigen $\mathcal{A}(\mathbb{K}^2)$ oder $PGL_3(\mathbb{K})$

liegen. Es können beispielsweise für gewisse Grundkörper (etwa $\mathbb{C}$: komplexe Konjugation) noch durch nichttriviale **Körperautomorphismen** von $\mathbb{K}$ weitere hinzukommen. Ein solches $\tau \in \operatorname{Aut} \mathbb{K}$ ist dann einfach auf alle Koordinaten von Punkten und Geraden anzuwenden.
Ist man nur an der Inzidenzstruktur interessiert, nicht jedoch an der Typisierung der geometrischen Objekte als Punkte oder Geraden, kann man auch noch die Dualität als Automorphismus der projektiven Ebenen hinzufügen, usw. Der Begriff "Automorphismus einer affinen oder projektiven Ebene" bedarf daher einer näheren Erläuterung. Wir gehen aber nicht weiter auf die hiermit zusammenhängende Problematik ein und belassen es bei den (Affinitäten und) Projektivitäten.
Durch Festlegung eines Koordinatensystems sind in der affinen Ebene $\mathbb{K}^2$ ein Punkt $O = (0,0)$, der **Ursprung**, und zwei sich in O schneidende Geraden a_1, a_2, die **Achsen**, ausgezeichnet. Die Plückerkoordinaten von a_1 und a_2 sind jeweils $(0,0,1)$ und $(0,1,0)$, die durch sie gegebenen Punktreihen umfassen also jeweils alle $(x_1,0)$ bzw. $(0,x_2)$.
Die so beschriebene Konfiguration ist charakteristisch für das verwendete Bezugssystem und wird als **Achsenkreuz** bezeichnet. Ein Übergang zu neuen Koordinaten entspricht somit einfach der Definition eines anderen Achsenkreuzes.
In der projektiven Ebene $\mathbb{P}^2\mathbb{K}$ tritt an dessen Stelle das in Abschn. 7.1 erklärte **Fundamentaldreieck**, dessen Ecken bekanntlich im jeweils benutzten Koordinatensystem $(1,0,0);(0,1,0);(0,0,1)$ sind, während die Seitenlinien ${}^t(1,0,0);{}^t(0,1,0);{}^t(0,0,1)$ lauten.
Es entsteht aus dem Achsenkreuz in $\mathbb{K}^2$ durch Hinzunahme der uneigentlichen Geraden als dritter Seite, sowie der Schnittpunkte. Analog der Situation in der affinen Ebene ist eine Projektivität gleichbedeutend mit der Deklarierung eines (beliebigen) Dreiecks zum Fundamentaldreieck.
Die projektive Gruppe ist deshalb scharf transitiv auf der Menge aller Dreiecke in $\mathbb{P}^2(\mathbb{K})$, ebenso die affine auf der der Achsenkreuze in $\mathbb{K}^2$. Daraus ergibt sich die Beziehung

$$\mathcal{A}(\mathbb{K}^2) < PGL_3(\mathbb{K})$$

denn die Ergänzung eines Achsenkreuzes in $\mathbb{K}^2 \subset \mathbb{P}^2\mathbb{K}$ (kanonische Einbettung) zum Koordinatendreieck ist eindeutig, weil das Entsprechende auf die Ebenen selbst zutrifft.
In den Standardkoordinaten entspricht der affinen Transformation

$$x \longmapsto x^* = x\,M + a$$

worin $M \in GL_2(\mathbb{K})$ und $a \in \mathbb{K}^2$ sind, die Projektivität mit der Matrix

$$K = \begin{pmatrix} 1 & a_1 & a_2 \\ 0 & M_{11} & M_{12} \\ 0 & M_{21} & M_{22} \end{pmatrix}$$

in Punktkoordinaten; die entsprechende (inverse) Matrix für die Linienkoordinaten lautet

$$K^{-1} = \begin{pmatrix} 1 & -b_1 & -b_2 \\ 0 & N_{11} & N_{12} \\ 0 & N_{21} & N_{22} \end{pmatrix}$$

wenn wir zur besseren Übersicht $N = M^{-1}$ und $b = a\,N = a\,M^{-1}$ schreiben. Daß alle Matrizen der Gestalt

$$\begin{pmatrix} 1 & * & * \\ 0 & * & * \\ 0 & * & * \end{pmatrix}$$

in $GL_3(\mathbb{K})$ oder auch $PGL_3(\mathbb{K})$ eine zu $\mathcal{A}(\mathbb{K}^2) \cong \mathbb{K}^2 : GL_2(\mathbb{K})$ isomorphe Untergruppe bilden, ist klar.

Die etwas unsymmetrische Einbettung von $\mathcal{A}(\mathbb{K}^2)$ in die Gruppe $PGL_3(\mathbb{K})$ aller Projektivitäten deutet wieder darauf hin, um wieviel natürlicher die projektive Geometrie im Vergleich zur affinen ist. Das wird umso mehr deutlich, wenn wir uns mit Gleichungen höheren Grades und ihren Lösungsmengen, den **algebraischen Kurven**, beschäftigen.

7.3. Das Doppelverhältnis

Das eindimensionale Analogon zu $\mathbb{P}^2\mathbb{K}$ ist die **projektive Gerade** (oder **Linie**) über dem Grundkörper $\mathbb{K}$. Sie wird mit $\mathbb{P}^1(\mathbb{K})$ oder $\mathbb{P}^1\mathbb{K}$ bezeichnet. Ihre **Punkte** sind die eindimensionalen Unterräume von $\mathbb{K}^2$. Einen solchen Punkt P charakterisieren wir durch seine **projektiven** oder **homogenen Koordinaten**, die als die Komponenten eines beliebigen erzeugenden Vektors (x_0, x_1) von P erklärt und zufolgedessen wieder nur bis auf eine beliebige Umskalierung fixiert sind. An ihrer Statt können wir aber auch eine **affine (inhomogene) Koordinate** benutzen, die im Einklang mit unserer früheren Notation durch den Quotienten

$$\tau = \frac{x_1}{x_0}$$

definiert ist. Dieser Ausdruck ist für die **eigentlichen Punkte** auf $\mathbb{P}^1\mathbb{K}$ ($x_0 \neq 0$) wohldefiniert; für den (einzigen) **uneigentlichen Punkt** (0,1) setzen wir $\tau = \infty$ ("**unendlich**"). In dieser Interpretation geht (die Menge der Punkte auf) $\mathbb{P}^1\mathbb{K}$ über in

$$\mathbb{P}^1(\mathbb{K}) = \mathbb{K} \cup \{\infty\}$$

eine vielfach nützliche Lesart.

Die meisten Eigenschaften von $\mathbb{P}^1\mathbb{K}$ entsprechen vollkommen denen der projektiven Ebene $\mathbb{P}^2\mathbb{K}$. So ergibt jede reguläre (2,2)-Matrix mit Komponenten aus $\mathbb{K}$, z.B.

$$A = \begin{bmatrix} \alpha & \beta \\ \gamma & \delta \end{bmatrix} \in GL_2(\mathbb{K})$$

eine lineare Transformation der homogenen Koordinaten gemäß der Multiplikationsregel

$$(x_0, x_1) \longmapsto (x_0, x_1)\cdot A = (\alpha x_0 + \gamma x_1, \beta x_0 + \delta x_1)$$

was wir auch in affinen Koordinaten als

$$\tau \longmapsto \tau^A = \frac{\beta+\delta\tau}{\alpha+\gamma\tau}$$

auffassen können. Dabei sind die Rechenregeln für den unendlich fernen Punkt ∞ aus der projektiven Version sinngemäß zu übernehmen: Verschwindet der Nenner in der letzten Formel, so ist der Zähler immer ungleich Null; wir haben dann $\tau^A = \infty$. Das Bild des idealen Punktes ergibt sich ebenso aus

$$(0,1)\cdot A = (\gamma,\delta)$$

zu

$$\infty^A = \frac{\delta}{\gamma}$$

Wegen der Skalierungsfreiheit liefern zwei Matrizen aus $GL_2(\mathbb{K})$, die sich nur um einen konstanten, von Null verschiedenen Faktor $\lambda \in \mathbb{K}$ unterscheiden, dieselbe Transformation der Unterräume von $\mathbb{K}^2$, d.h. dieselbe Permutation der Punkte in $\mathbb{P}^1\mathbb{K}$.

Die **Projektivitäten** der Linie $\mathbb{P}^1(\mathbb{K})$ bilden also nur eine Faktorgruppe von $GL_2(\mathbb{K})$, und zwar

$$GL_2(\mathbb{K}) \,/\, \mathbb{K}^\times \cong GL_2(\mathbb{K}) \,/\, Z(GL_2(\mathbb{K})) = PGL_2(\mathbb{K})$$

die **projektive Gruppe**.

All dies ist genauso wie im vorigen Abschnitt; die wesentliche Eigenschaft von $PGL_2(\mathbb{K})$, die keine Entsprechung in höheren Dimensionen besitzt, ist

Satz 7.3.1:

Die Projektivitätengruppe auf der Geraden, $PGL_2(\mathbb{K})$, ist scharf dreifach transitiv.

Beweis:

Wir zeigen zuerst, daß jedes Tripel a,b,c von paarweise verschiedenen Punkten aus $\mathbb{P}^1\mathbb{K}$ unter $PGL_2(\mathbb{K})$ zu einem bestimmten, etwa $\infty,0,1$ (in dieser Reihenfolge) konjugiert ist.

Wenn $a \in \mathbb{K}$ ist, wenden wir die Transformation $\tau \mapsto (\tau-a)^{-1}$ an, die a nach ∞ abbildet. Wir dürfen also o.B.d.A. $a = \infty$ voraussetzen. Eine anschließende Translation der Form $\tau \mapsto \tau-b$ reduziert die Aufgabe auf den Spezialfall $a = \infty$, $b = 0$. Der dritte Punkt, c, ist dann ein von Null verschiedenes Körperelement, und die Mutliplikation mit c^{-1} vollendet den Beweis der 3-fachen Transitivität.

Es bleibt noch zu zeigen, daß jedes invertierbare

$$A = \begin{bmatrix} \alpha & \beta \\ \gamma & \delta \end{bmatrix}$$

in $GL_2(\mathbb{K})$, das $\infty, 0, 1$ als Fixpunkte hat, eine Skalarmatrix ist und somit in der Faktorgruppe $PGL_2(\mathbb{K})$ der Identität entspricht. Die Invarianz von ∞ bedeutet

$$\infty^A = (0,1)\,A = (\gamma,\delta) = (0,*)$$

woraus $\gamma = 0$ abzuleiten ist, während $0^A = 0$ auf $\beta = 0$ führt. Damit ist A eine Diagonalmatrix, nämlich $\mathrm{Diag}(\alpha,\delta)$, und aus $1^A = 1$ folgt $\alpha = \delta$, wie behauptet.

Schon zweifach transitive Gruppen sind nicht sehr häufig; dreifache Transitivität ist ausgesprochen selten. Nähere Informationen hierzu finden sich im Abschn. 20.6 über die **Mathieugruppen**.

Satz 7.3.1 hat einige Konsequenzen von fundamentaler Bedeutung. Während wir die Bilder von drei Punkten der projektiven Linie beliebig vorschreiben können, ist das für vier oder mehr Punkte nicht mehr richtig.

Geben wir etwa paarweise verschiedene $a,b,c,d \in \mathbb{K}\cup\{\infty\}$ vor, so bestimmen die ersten drei eine Projektivität $\sigma \in PGL_2(\mathbb{K})$, die sie der Reihe nach in drei **Basispunkte** überführt, welche wir zweckmäßig gleich $\infty, 0, 1$ setzen. Das Bild d^σ von d ist dann gleichfalls festgelegt. Es hängt nur von den vier gegebenen Punkten ab. Wir schreiben

$$DV(a,b,c,d) = d^\sigma$$

Insbesondere ist

$$DV(\infty, 0, 1, d) = d$$

für alle $d \in \mathbb{K}\setminus\{0,1\}$.
"DV" steht für **"Doppelverhältnis"**, eine Bezeichnung, deren Sinn sogleich verständlich wird. DV(a,b,c,d) ist per definitionem eine **Invariante**, d.h. es ändert sich nicht, wenn wir a,b,c,d einer beliebigen projektiven Transformation unterwerfen.
Das Doppelverhältnis ist zunächst nur für den Fall definiert, daß keine zwei seiner vier Argumente übereinstimmen. Sein Wert ist wiederum ein Punkt der projektiven Linie $\mathbb{P}^1(\mathbb{K})$. Die direkte Berechnung macht keine Schwierigkeiten. Nehmen wir zunächst an, a,b,c,d lägen alle in $\mathbb{K}$. Die projektive Transformation, welche das Quadrupel (a,b,c,d) nach $(\infty, 0, 1, *)$ bringt, wird dann u.a. durch die $GL_2(\mathbb{K})$-Matrix

$$M = \begin{bmatrix} a(c-b) & b(c-a) \\ b-c & a-c \end{bmatrix}$$

repräsentiert und lautet

$$\tau \longmapsto \tau^M = \frac{(c-a)b+(a-c)\tau}{(c-b)a+(b-c)\tau}$$

wie man durch Einsetzen von a,b,c für τ bestätigt. Das gesuchte Doppelverhältnis erhalten wir, indem wir $\tau = d$ setzen:

$$DV(a,b,c,d) = \frac{(c-a)b+(a-c)d}{(c-b)a+(b-c)d} = \frac{(a-c)(b-d)}{(a-d)(b-c)}$$

Früher bevorzugte man die aus der **Proportionenlehre** stammende Schreibweise

$$DV(a,b,c,d) = \frac{a-c}{a-d} : \frac{b-c}{b-d}$$

der Invarianten als Quotienten zweier Brüche, woraus sich der Name "Doppelverhältnis" erklärt.
Die obige Formel bedarf noch einiger Ergänzungen für den Fall, daß unter den Punkten a,b,c,d der uneigentliche vorkommt. Ist z.B. $a = \infty$, genügt bereits anstelle von $\tau \mapsto \tau^M$ die Transformation

$$\tau \longmapsto \frac{\tau-b}{c-b}$$

woraus wir $DV(\infty,b,c,d) = (b-d)/(b-c)$ finden. Die übrigen Spezialisierungen sind ähnlich. Es mag daher dies eine Beispiel ausreichen. Es ist auch ohne weiteres einsichtig, daß das Doppelverhältnis im wesentlichen die einzige **projektive Invariante** von vier Punkten der $\mathbb{P}^1(\mathbb{K})$ ist, d.h. alle anderen Funktionen von ihm sind. Außerdem kann man jeden der Punkte a, b, c, d aus den übrigen und D(a,b,c,d) zurückgewinnen. Wir notieren die bislang gefundenen Eigenschaften:

<u>Satz</u> <u>7.3.2:</u>

(a) Das Doppelverhältnis von $a,b,c,d \in \mathbb{P}^1(\mathbb{K})$ berechnet sich nach der Formel

$$DV(a,b,c,d) = \frac{(a-c)(b-d)}{(a-d)(b-c)}$$

Sie ist direkt verwendbar, wenn keines der Argumente gleich dem unendlich fernen Punkt ist. Ansonsten gelten folgende Beziehungen:

$$DV(\infty,b,c,d) = \frac{b-d}{b-c}$$

$$DV(a,\infty,c,d) = \frac{a-c}{a-d}$$

$$DV(a,b,\infty,d) = \frac{b-d}{a-d}$$

$$DV(a,b,c,\infty) = \frac{a-c}{b-c}$$

Sie entstehen formal aus der generischen durch Weglassen der beiden "∞" enthaltenden Faktoren oder nach der Substitutionsregel

$$\frac{\infty-x}{\infty-y} = \frac{x-\infty}{y-\infty} = \frac{x}{y}$$

für $x,y \in \mathbb{K}$ sowie der Festsetzung

$$\frac{x}{0} = \infty$$

sofern $x \neq 0$ ist. Die gleichen Vereinbarungen erlauben auch die Definition des Doppelverhältnisses, falls unter den vier Punkten nur drei voneinander verschiedene vorkommen.

(b) Das Doppelverhältnis ist unter allen Projektivitäten $\pi \in PGL_2(\mathbb{K})$ invariant:

$$DV(a^\pi, b^\pi, c^\pi, d^\pi) = DV(a,b,c,d)$$

(c) Zwei geordnete Quadrupel (a,b,c,d) und (a',b',c',d') aus $\mathbb{P}^1(\mathbb{K})$ sind dann und nur dann äquivalent unter $PGL_2(\mathbb{K})$, wenn

$$DV(a,b,c,d) = DV(a',b',c',d')$$

gilt.

Kehren wir zur projektiven Ebene $\mathbb{P}^2(\mathbb{K})$ zurück! Jede in ihr liegende Gerade g ist kanonisch isomorph zu $\mathbb{P}^1(\mathbb{K})$, wie man bei Benutzung der homogenen Koordinaten (x_0, x_1, x_2) der mit g inzidierenden Punkte x sieht. Mindestens eine der drei Komponenten ist nämlich unter Restriktion auf g redundant; lassen wir sie weg, bleiben projektive Koordinaten auf $g \cong \mathbb{P}^1\mathbb{K}$ übrig.
Das Doppelverhältnis von vier Punkten auf g ist damit definiert. Es hängt nicht vom verwendeten Bezugssystem ab, da ein Koordinatenwechsel in $\mathbb{P}^2\mathbb{K}$ durch eine projektive Transformation bewirkt wird, die auf g ebenfalls eine Projektivität bewirkt. Die Standgruppe von g in $PGL_3(\mathbb{K})$ besteht genau aus den Abbildungen, die (die Linienkoordinaten von) g als Fixvektoren besitzen. Sie bilden eine zu $PGL_2(\mathbb{K})$ isomorphe Gruppe.
Allgemein haben wir damit das Doppelverhältnis für 4 kollineare Punkte der Ebene erklärt. Dual dazu haben wir auch die Möglichkeit, das Doppelverhältnis von 4 kopunktalen Geraden g_1, g_2, g_3, g_4 festzulegen, indem wir eine Gerade h aussuchen, die nicht im selben Büschel liegt wie die gegebenen. Als Doppelverhältnis der Ausgangsgeraden bezeichnen wir dann dasjenige ihrer Schnittpunkte mit h:

$$DV(g_1, g_2, g_3, g_4) = DV([hg_1], [hg_2], [hg_3], [hg_4])$$

Das Doppelverhältnis DV(a,b,c,d) hängt von der Reihenfolge seiner Argumente ab. Die 4! = 24 Permutationen der Variablen liefern aber höchstens $\frac{24}{4} = 6$ verschiedene Werte, da sich das Doppelverhältnis bei Anwendung eines Elements der **Vierergruppe**

$$V_4 = \left\{ 1, (ab)(cd), (ac)(bd), (ad)(bc) \right\}$$

nicht ändert, wie direktes Einsetzen erweist. Im allgemeinen treten auch wirklich 6 verschiedene Werte auf, die wir der Übersichtlichkeit zuliebe explizit zusammenstellen. Das Doppelverhältnis von a, b, c, d bezeichnen wir mit λ. Dann ist

$$\begin{aligned}
DV(a,b,c,d) &= DV(b,a,d,c) = DV(c,d,a,b) = DV(d,c,b,a) = \lambda \\
DV(a,b,d,c) &= DV(b,a,c,d) = DV(c,d,b,a) = DV(d,c,a,b) = \frac{1}{\lambda} \\
DV(a,c,b,d) &= DV(b,d,a,c) = DV(c,a,d,b) = DV(d,b,c,a) = 1-\lambda \\
DV(a,c,d,b) &= DV(b,d,c,a) = DV(c,a,b,d) = DV(d,b,a,c) = \frac{1}{1-\lambda} \\
DV(a,d,b,c) &= DV(b,c,a,d) = DV(c,b,d,a) = DV(d,a,c,b) = \frac{\lambda-1}{\lambda} \\
DV(a,d,c,b) &= DV(b,c,d,a) = DV(c,b,a,d) = DV(d,a,b,c) = \frac{\lambda}{\lambda-1}
\end{aligned}$$

Die sechs Werte

$$\left\{ \lambda, \frac{1}{\lambda}, 1-\lambda, \frac{1}{1-\lambda}, \frac{\lambda-1}{\lambda}, \frac{\lambda}{\lambda-1} \right\}$$

des Doppelverhältnisses sind normalerweise alle voneinander verschieden. Für gewisse λ ergeben sich jedoch Ausnahmekonfigurationen, die wegen ihrer projektiven Invarianz besondere Aufmerksamkeit verdienen:

(1) Ist $\lambda \in \{\infty, 0, 1\}$, so tritt jeder der drei Werte doppelt auf. Wir sprechen dann von einem **singulären** Quadrupel. Gleichwertig dazu ist, daß zwei der vier Punkte a, b, c, d zusammenfallen.

(2) Wenn λ einen der zusammengehörenden Werte $-1, 2, \frac{1}{2}$ annimmt (char $\mathbb{K} \neq 2$ vorausgesetzt), kommen wiederum alle je zweimal vor. Die Menge $\{a,b,c,d\}$ heißt dann **harmonisch**. Ist die Reihenfolge der Punkte so gewählt, daß sogar $DV(a,b,c,d) = -1$ wird, so soll auch das geordnete Quadrupel (a,b,c,d) als harmonisch bezeichnet werden. Man sagt auch, d sei der **vierte harmonische Punkt** zu a, b, c.

(3) Schließlich kann λ auch noch eine Lösung der quadratischen Gleichung

$$\lambda^2 - \lambda + 1 = 0$$

sein. Dann sind a, b, c, d **äquianharmonisch**, und beide Nullstellen von

$\lambda^2-\lambda+1$ sind jeweils dreifach vertreten. Die obige Bedingung ist allerdings nicht in jedem Körper erfüllbar. In Charakteristik 2 tritt sie niemals ein; während für char $\mathbb{K} = 3$ sich als einzige Lösung $\lambda = -1$ ergäbe, also wieder der harmonische Fall. In allen anderen Charakteristiken ist $\lambda \neq -1$, und wegen

$$(\lambda+1)(\lambda^2-\lambda+1) = \lambda^3 + 1$$

muß $(-\lambda)$ eine primitive dritte Einheitwurzel sein. Eine solche (und damit auch äquianharmonische Quadrupel) existieren genau dann, wenn -3 ein Quadrat in $\mathbb{K}$ ist, denn die Lösung der quadratischen Gleichung für λ lautet bekanntlich

$$\lambda = \frac{1}{2} \pm \frac{1}{2}\sqrt{-3}$$

Von diesen drei Fällen sind die harmonischen Quadrupel für die projektive Geometrie bei weitem am wichtigsten.

7.4. Der Satz von Bézout

Wir haben gelernt, die Geraden in der projektiven Ebene $\mathbb{P}^2(\mathbb{K})$ über einem Körper $\mathbb{K}$ durch lineare Gleichungen in Punktkoordinaten zu charakterisieren. Dual hierzu ergab sich die Beschreibung der Punkte mittels Linienkoordinaten.

Beide ordnen sich den **algebraischen Kurven** unter, die als Nullstellenmengen homogener Polynome in drei Variablen (x_0,x_1,x_2) definiert sind, wobei es gleichgültig ist, ob die x_i als Punkt- oder Linienkoordinaten aufgefaßt werden.

Eine weitere Verallgemeinerung liegt auf der Hand. Die Untersuchung kann auf Räume höherer Dimension ausgedehnt werden, etwa auf $\mathbb{P}^n(\mathbb{K})$. Dann haben wir (n+1) Komponenten $(x_0,\ldots,x_n)$ zu betrachten, und algebraische Gleichungen definieren Untermannigfaltigkeiten der Kodimension 1.

Dabei ist vor allem die Beschränkung auf homogene Polynome von entscheidender Bedeutung, weil nur dann die Skalierungsfreiheit der Koordinaten erhalten bleibt, die sich ja bereits als sehr fruchtbar erwiesen hat.

Hingegen ist die Wahl des Grundkörpers $\mathbb{K}$ weniger wichtig; um unnötige Komplikationen zu vermeiden, wollen wir aber seine **algebraische Abgeschlossenheit** voraussetzen. Der Leser möge sich stets als Beispiel die Menge $\mathbb{K} = \mathbb{C}$ der komplexen Zahlen vor Augen halten (**Fundamentalsatz der Algebra**; Satz 6.5.5).

Definition 7.4.1:

(a) Eine **n-äre Form** über einem Körper $\mathbb{K}$ ist ein homogenes Polynom in n Variablen aus $\mathbb{K}$. Für n = 2,3,4,... spricht man speziell von **binären, ternären, quaternären** Formen etc.

(b) Alle **Nullstellen** einer Form $F\colon \mathbb{K}^n \longrightarrow \mathbb{K}$, also die $x = (x_1,\ldots,x_n) \in \mathbb{K}^n$ mit

$$F(x) = F(x_1,\ldots,x_n) = 0$$

bilden die durch F definierte **Hyperfläche**; in den Fällen n = 1, 2 oder 3 auch einfach **Punkt, (algebraische) Kurve** bzw. **Fläche** genannt.

(c) Wenn $x \neq 0$ eine nichttriviale Nullstelle von F bedeutet, erfüllen wegen der Homogenität auch alle Vielfachen von x die Gleichung

$$F(\lambda x) = F(\lambda x_1, \dots, \lambda x_n) = 0$$

Die Menge

$$\mathbb{K} \cdot x = \left\{ \lambda x \;\middle|\; \lambda \in \mathbb{K} \right\} \cong \mathbb{K}$$

heißt der durch x aufgespannte **Lösungsstrahl** von F. Wir interpretieren ihn zumeist als Punkt eines projektiven Raums. Dann sind die Komponenten x_i einfach homogene Koordinaten von x.

(d) Wir unterscheiden nicht zwischen Vektoren desselben Lösungsstrahls. Deshalb verstehen wir unter der **Anzahl** der Lösungen eines Systems von endlich vielen Formen $F_1, \dots, F_k$: $\mathbb{K}^n \longrightarrow \mathbb{K}$ immer die Mächtigkeit der Menge aller gemeinsamen Lösungsstrahlen der F_i.
Anders ausgedrückt, handelt es sich um die Zahl der **Schnittpunkte** der zu den gegebenen Formen gehörenden Hyperflächen.

Informationen bezüglich der gemeinsamen Punkte von Hyperflächen sind naturgemäß von hohem Interesse für die Geometrie. Über ihre Anzahl gibt unter sehr allgemeinen Bedingungen der Satz von Bézout [1769] Auskunft, den wir am Ende dieses Abschnitts in einer für uns geeigneten Fassung formulieren. Vorher stellen wir eine heuristische Betrachtung an, die aber mit dem Mitteln der modernen **Algebraischen Geometrie** auch exakt gemacht werden kann (Hartshorne [1977]).
Im allgemeinen hat die Nullstellenmenge einer Form bei algebraisch abgeschlossenem Grundkörper die Kodimension 1; wir erwarten daher, daß "normalerweise" der Durchschnitt zweier, dreier, ... Hyperflächen die Kodimension 2, 3, ... besitzen sollte. Wenn einige der Formen gemeinsame Faktoren positiven Grades haben, gilt das natürlich nicht; es liefert aber eine untere Abschätzung für die Dimensionen.
Im n-dimensionalen projektiven Raum $\mathbb{P}^n(\mathbb{K})$ mit seinen n+1 Koordinaten brauchen wir also sicher mindestens n voneinander unabhängige Formen, um isolierte Punkte = Lösungsstrahlen zu erhalten. Genau mit dieser Situation, n Formen in n+1 Variablen, befaßt sich der Bézoutsche Satz.

Zur Einführung betrachten wir aber zuerst einige einfachere Sonderfälle, die auch für sich genommen wichtig sind.

Satz 7.4.1:
Jede Form in 2 Variablen über einem algebraisch abgeschlossenen Körper zerfällt vollständig in Linearfaktoren.

Beweis:
Wir schreiben die gegebene Form - sie habe den Grad n - explizit hin:

$$F(x_0,x_1) = f_0 x_0^n + f_1 x_0^{n-1} x_1 + \ldots + f_{n-1} x_0 x_1^{n-1} + f_n x_1^n$$

Falls f_n verschwindet, ist x_0 ein Teiler von F; sonst erhalten wir durch Übergang zu der inhomogenen Koordinate

$$z = \frac{x_1}{x_0}$$

ein Polynom des Grades n, nämlich

$$f(z) = F(1,z) = f_0 + f_1 z + \ldots + f_{n-1} z^{n-1} + f_n z^n$$

das wegen der vorausgesetzten algebraischen Abgeschlossenheit des Grundkörpers $\mathbb{K}$ eine Nullstelle, etwa ζ, besitzt. Dann gilt $F(1,\zeta) = 0$, und F ist durch $(\zeta x_0 - x_1)$ teilbar.
Damit läßt sich unter allen Umständen ein Linearfaktor von F abspalten. Durch vollständige Induktion über den Grad ergibt sich der Satz.

Schon für Ternärformen ist die entsprechende Behauptung falsch, wie einfache Beispiele zeigen. Bislang haben wir nur eine Form betrachtet; jetzt wollen wir fragen, wann zwei Binärformen eine simultane Lösung besitzen.

Satz 7.4.2:
Seien

$$A(x_0,x_1) = a_0 x_0^k + a_1 x_0^{k-1} x_1 + \dots + a_{k-1} x_0 x_1^{k-1} + a_k x_1^k$$

und

$$B(x_0,x_1) = b_0 x_0^m + b_1 x_0^{m-1} x_1 + \dots + b_{m-1} x_0 x_1^{m-1} + b_m x_1^m$$

zwei Binärformen mit den Graden k bzw. m über dem algebraisch abgeschlossenen Körper $\mathbb{K}$. Dann sind die nachstehenden Aussagen gleichwertig:

(a) Das Gleichungssystem $A(x) = 0$; $B(x) = 0$ hat eine nichttriviale Lösung;

(b) Beide Formen besitzen einen nichtkonstanten gemeinsamen Faktor;

(c) Es gibt Formen F und H der Grade m-1 bzw. k-1, die die Identität

$$A(x)\, F(x) + B(x)\, H(x) = 0$$

für alle $x \in \mathbb{K}^2$ erfüllen;

(d) Die **Resultante** von A und B, das ist die aus den Koeffizienten der Formen nach dem Schema

$$\mathrm{Res}(A,B) = \det \begin{pmatrix} a_0 & a_1 & a_2 & a_3 & \dots & 0 & 0 & 0 & 0 \\ 0 & a_0 & a_1 & a_2 & \dots & 0 & 0 & 0 & 0 \\ \dots & & & & & & & & \\ 0 & 0 & 0 & 0 & \dots & a_{k-2} & a_{k-1} & a_k & 0 \\ 0 & 0 & 0 & 0 & \dots & a_{k-3} & a_{k-2} & a_{k-1} & a_k \\ b_0 & b_1 & b_2 & b_3 & \dots & 0 & 0 & 0 & 0 \\ 0 & b_0 & b_1 & b_2 & \dots & 0 & 0 & 0 & 0 \\ \dots & & & & & & & & \\ 0 & 0 & 0 & 0 & \dots & b_{m-2} & b_{m-1} & b_m & 0 \\ 0 & 0 & 0 & 0 & \dots & b_{m-3} & b_{m-2} & b_{m-1} & b_m \end{pmatrix}$$

gebildete **Sylvestersche Determinante** (m Zeilen mit a, k Zeilen mit b), ist gleich Null. Die Resultante ist homogen vom Grad m in den a's und vom Grad k in den b's.

Beweis:

(a) ⇒ (b): Wenn $(\xi_0,\xi_1) \neq (0,0)$ gemeinsame Nullstelle von A und B ist, sind sowohl $A(x_0,x_1)$ als auch $B(x_0,x_1)$ Vielfache von $(\xi_1 x_0 - \xi_0 x_1)$.

(b) ⇒ (c): Ist K ein Faktor von A und B mit Grad(K) > 0, so können wir nach Satz 7.4.1 einen Linearfaktor $L \mid K$ finden. Wir brauchen dann nur $F = \frac{B}{L}$ und $H = -\frac{A}{L}$ zu setzen.

(c) ⇒ (a): Wir zerlegen, wieder mit Hilfe das Satzes 7.4.1, alle Formen A,B,F,H in Linearfaktoren. Unter denen von A kommt aus Gradgründen mindestens einer vor, der H gar nicht oder mit geringerer Multiplizität teilt als A. Sei also z.B. $L^\mu \mid A$, aber $L^\mu \nmid H$. Dann ist $L^\mu \mid BH$ und $L \mid B$.

(c) ⇔ (d): Lauten die Formen F und H explizit

$$F(x_0,x_1) = f_0\, x_0^{m-1} + f_1\, x_0^{m-2}\, x_1 + \ldots + f_{m-2}\, x_0\, x_1^{m-2} + f_{m-1}\, x_1^{m-1}$$

bzw.

$$H(x_0,x_1) = h_0\, x_0^{k-1} + h_1\, x_0^{k-2}\, x_1 + \ldots + h_{k-2}\, x_0\, x_1^{k-2} + h_{k-1}\, x_1^{k-1}$$

so ergibt ein Vergleich der Koeffizienten von $x_0^{k+m-1-i}\, x_1^{i}$ in AF +BH = 0 für i = 0,1,2,... der Reihe nach die Bedingungen

$$\begin{array}{lllr}
a_0 f_0 & & + b_0 h_0 & = 0 \\
a_1 f_0 + a_0 f_1 & & + b_1 h_0 + b_0 h_1 & = 0 \\
a_2 f_0 + a_1 f_1 + a_0 f_2 & & + b_2 h_0 + b_1 h_1 + b_0 h_2 & = 0 \\
 & \ldots & & \\
a_k f_{m-3} + a_{k-1} f_{m-2} + a_{k-2} f_{m-1} + & & b_m h_{k-3} + b_{m-1} h_{k-2} + b_{m-2} h_{k-1} & = 0 \\
a_k f_{m-2} + a_{k-1} f_{m-1} + & & b_m h_{k-2} + b_{m-1} h_{k-1} & = 0 \\
a_k f_{m-1} + & & b_m h_{k-1} & = 0
\end{array}$$

die zusammen ein System von m+n linearen Gleichungen für ebensoviele Unbekannte, nämlich $f_0,\ldots,f_{m-1};h_0,\ldots,h_{k-1}$ bilden. Nach den Regeln der Linearen Algebra besitzt es genau dann eine nichttriviale Lösung, wenn seine Determinante verschwindet. Die Koeffizientenmatrix stimmt aber bis auf Transposition mit der in der Definition der Resultanten vorkommenden überein.

Wir geben noch ein notwendiges und hinreichendes Kriterium für die Existenz mehrfacher Nullstellen an:

Satz 7.4.3:
Eine Binärform $F = F(x_0, x_1)$ des Grades n über einem algebraisch abgeschlossenen Körper hat genau dann eine Lösung der Multiplizität ≥ 2, wenn ihre **Diskriminante**,

$$\mathrm{Dsk}(F) = \mathrm{Res}(\partial_0 F, \partial_1 F)$$

verschwindet. Die Diskriminante ist ihrerseits eine Form des Grades 2n-2 in den Koeffizienten von F.

Beweis:
Hat F die mindestens doppelte Nullstelle $(\xi_0, \xi_1) \neq (0,0)$, so ist F ein Vielfaches von $(\xi_1 x_0 - \xi_0 x_1)^2$. Dann sind, wie man durch Differentiation unmittelbar einsieht, beide partiellen Ableitungen $\partial_0 F(x_0, x_1)$ und $\partial_1 F(x_0, x_1)$ noch durch $(\xi_1 x_0 - \xi_0 x_1)$ teilbar.
Andererseits ist wegen der aus dem **Eulerschen Homogenitätssatz** folgenden Identität

$$x_0\ \partial_0 F(x_0, x_1) + x_1\ \partial_1 F(x_0, x_1) = n\ F(x_0, x_1)$$

jede gemeinsame Lösung von $\partial_0 F(\xi_0, \xi_1) = \partial_1 F(\xi_0, \xi_1) = 0$ auch Nullstelle von F. Schreiben wir

$$F(x_0, x_1) = (\xi_1 x_0 - \xi_0 x_1)\ G(x_0, x_1)$$

mit einer Form G des Grades n-1, finden wir, wiederum durch Ableiten und Einsetzen von ξ,

$$0 = \partial_0 F(\xi_0, \xi_1) = -\ \xi_1\ G(\xi_0, \xi_1)$$

$$0 = \partial_1 F(\xi_0, \xi_1) = +\ \xi_0\ G(\xi_0, \xi_1)$$

also, weil die beiden Komponenten von ξ nicht gleichzeitig Null werden dürfen, $G(\xi_0,\xi_1) = 0$ und $(\xi_1 x_0-\xi_0 x_1)^2 \mid F(x_0,x_1)$. Satz 7.4.2 liefert dann die Behauptung.

Es gibt noch eine interessante alternative Charakterisierung der Resultanten. Wir zerlegen beide Formen A und B in Linearfaktoren, etwa $A = L_1 \ldots L_k$; $B = M_1 \ldots M_m$. Das ist aufgrund des Satzes 7.4.1 stets möglich.

Konkret setzen wir $L_i = \lambda_{i0}x_0+\lambda_{i1}x_1$ und $M_j = \mu_{j0}x_0+\mu_{j1}x_1$. Die Koeffizienten a_l von A ergeben sich durch Ausmultiplizieren als Multilinearformen in den λ_{i0} und λ_{i1}, wobei in allen a_l jedes i genau einmal auftritt. Die Resultante Res(A,B) wird dadurch zu einer Form $R(\lambda) = R(\lambda_{10},\lambda_{11};\ldots;\lambda_{k0},\lambda_{k1})$ des Grades $k \cdot m$ in den λ's. Das Entsprechende gilt natürlich auch für die M_j und die μ-Koeffizienten.

Nach dem gerade bewiesenen Satz 7.4.2 ist das Verschwinden der Resultante gleichbedeutend mit der Existenz eines gemeinsamen (Linear-)Faktors von A und B, also der Proportionalität von L_i und M_j für ein geeignetes Paar i,j. Das wiederum ist äquivalent mit

$$D_{ij} = \det \begin{pmatrix} \lambda_{i0} & \lambda_{i1} \\ \mu_{j0} & \mu_{j1} \end{pmatrix} = \lambda_{i0}\,\mu_{j1} - \lambda_{i1}\,\mu_{j0} = 0$$

Als Linearform in λ ist D_{ij} irreduzibel und teilt daher die Diskriminante $R(\lambda)$. Da $R(\lambda)$ homogen vom Grad $k \cdot m$ in den λ's ist und genau $k \cdot m$ Faktoren D_{ij} vorkommen, stimmt es bis auf einen konstanten Faktor aus $\mathbb{K}^\times = \mathbb{K}\setminus\{0\}$ mit dem Produkt aller D_{ij} überein:

<u>Satz 7.4.4:</u>

Die Resultante der aus den Linearfaktoren

$$L_i(x) = L_i(x_0,x_1) = \lambda_{i0}\, x_0 + \lambda_{i1}\, x_1$$

bzw.

$$M_j(x) = M_j(x_0,x_1) = \mu_{j0}\, x_0 + \mu_{j1}\, x_1$$

über dem Körper $\mathbb{K}$ aufgebauten Binärformen

$$A(x) = L_1(x)\cdot\ldots\cdot L_k(x)$$

und

$$B(x) = M_1(x)\cdot\ldots\cdot M_m(x)$$

ist bis auf einen von Null verschiedenen Multiplikator aus $\mathbb{K}$ gleich dem Produkt der Determinanten

$$D_{ij} = \det \begin{bmatrix} \lambda_{i0} & \lambda_{i1} \\ \mu_{j0} & \mu_{j1} \end{bmatrix} = \lambda_{i0}\,\mu_{j1} - \lambda_{i1}\,\mu_{j0}$$

wobei der Index i von 1 bis k, j dagegen von 1 bis m läuft.

Als nächstes betrachten wir n Formen $F_1,\ldots,F_n$ in den n+1 Variablen $x_0,\ldots,x_n$ aus dem algebraisch abgeschlossenen Körper $\mathbb{K}$. Den Grad von F_i bezeichnen wir mit g_i; ferner nehmen wir an, die Anzahl N der Lösungen $x = (x_0,\ldots,x_n)$ des Gleichungssystems

$$F_1(x) = \ldots = F_n(x) = 0$$

sei endlich.

Um uns schrittweise dem Satz von Bézout zu nähern, untersuchen wir zuerst einige einfache Sonderfälle.

Für n = 0 (keine Gleichung in einer Unbestimmten) sind alle $x_0 \in \mathbb{K}$ Lösungen. Sie liegen alle auf einem einzigen Strahl: N = 1.

Ist hingegen n = 1, so läßt sich die Binärform $F_1(x_0,x_1)$ dem Satz 7.4.1 zufolge in g_1 Linearfaktoren zerfällen. Jede von ihnen liefert einen Lösungsstrahl; also ist $N = g_1$.

Wesentlich komplizierter ist bereits die nächste Möglichkeit; n = 2. Wir haben jetzt zwei Ternärformen F_1 und F_2. Da nach Annahme die Zahl der Lösungen endlich ist, kann man eine Ebene in $\mathbb{K}^3$ finden, die keine nichttriviale simultane Nullstelle von F_1 und F_2 enthält.

Indem wir diese durch eine geeignete invertierbare lineare Transformation (bei der sich N nicht ändert) zur $x_0 = 0$-Ebene machen, werden wir auf das ursprüngliche Problem zurückgeführt, nun aber mit der zusätzlichen Voraussetzung, daß außer dem Nullvektor keine Lösung mit $x_0 = 0$ vorkommt.

Wir wählen ein beliebiges Körperelement $\kappa \in \mathbb{K}$ aus und substituieren in beiden Formen $x_2 = \kappa \cdot x_0$. Es entstehen zwei mit κ parametrisierte Binärformen $A(x_0, x_1)$ und $B(x_0, x_1)$ der Grade g_1 und g_2.
Wir entwickeln sie mit etwas anderer Notation als in Satz 7.4.2 nach Potenzen der Variablen:

$$A(x_0, x_1) = F_1(x_0, x_1, \kappa \cdot x_0) = \sum_{i=0}^{g_1} a_i(\kappa)\, x_0^i\, x_1^{g_1 - i}$$

$$B(x_0, x_1) = F_2(x_0, x_1, \kappa \cdot x_0) = \sum_{i=0}^{g_2} b_i(\kappa)\, x_0^i\, x_1^{g_2 - i}$$

wobei wir die κ-Abhängigkeit der Koeffizienten ausdrücklich betonen. Wegen des Ansatzes $x_2 = \kappa \cdot x_0$ sind a_i und b_i jeweils Polynome in κ vom Grad $\leq i$. An der (i, j)-Position in der Sylvester-Determinante steht, sofern $i \leq m$ ist, ein κ-Polynom des Grades $\leq j-i$; für $i > m$ hingegen eines vom Grad $\leq j-i+m$. (Eine Erniedrigung des Grades könnte bei gegenseitigem Wegheben von Teilbeiträgen eintreten).
Alle Terme, aus denen sich die Determinante zusammensetzt, enthalten aus jeder Zeile und Spalte jeweils einen Faktor. Daraus ergibt sich eine obere Abschätzung des Grades von $\text{Res}(A, B)$ als Polynom in κ:

$$\text{Grad}_\kappa \, \text{Res}(A, B) \leq m \cdot n$$

Diese Grenze wird auch wirklich erreicht, denn die Summanden von maximalem Grad bilden genau die Resultante der Formen

$$G_1(x_1, x_2) = F_1(0, x_1, x_2)$$

und

$$G_2(x_1, x_2) = F_2(0, x_1, x_2)$$

die durch Nullsetzen von x_0 aus F_1 und F_2 hervorgehen, und $\text{Res}(G_1, G_2)$ kann nicht verschwinden, weil die G_i nach Annahme keine nichttrivialen Lösungen besitzen.

Der Grad von Res(A,B) als Funktion von κ ist also genau $g_1 \cdot g_2$. Somit gibt es exakt $g_1 \cdot g_2$ Werte von κ, für die Res(A,B) verschwindet, und ebensoviele Lösungen unseres Ausgangsproblems: $N = g_1 \cdot g_2$.
In derselben Weise läßt sich auch für $n \geq 3$ verfahren. Die detaillierte Ausarbeitung können wir aber getrost dem interessierten Leser überlassen. Das Ergebnis unserer Bemühungen ist

Satz 7.4.5:
Die Anzahl der gemeinsamen Lösungsstrahlen eines Systems von n Formen $F_1, \ldots, F_n$ in n+1 Unbestimmten aus einem algebraisch abgeschlossenen Körper ist entweder unendlich oder gleich dem Produkt der Grade aller F_i (**Satz von Bézout**).

Bemerkung:
Dabei ist natürlich wie immer auf die algebraischen **Multiplizitäten** Rücksicht zu nehmen: einige oder auch alle Lösungen können zusammenfallen. Die korrekten Vielfachheiten ergeben sich im Einzelfall aus einer einfachen Betrachtung der jeweiligen Faktorzerlegungen.

Bézout [1769] selbst verwendet die affine Auffassung, d.h. evtl. inhomogene Polynome in n Variablen $x_1, \ldots, x_n$ anstelle der von uns benutzten Formen in homogenen Koordinaten. Das führt zu den üblichen Schwierigkeiten, die mit den auf der **uneigentlichen Hyperebene** liegenden (projektiven) Nullstellen zusammenhängen. Daher ist die Originalversion des Satzes von Bézout schwerfälliger als die hier gegebene: es sind Ausnahmebetrachtungen nötig, die unter gewissen Voraussetzungen die Lösungszahl im affinen Sinn verringern. Wir wollen das aber nicht weiter diskutieren; die Situation ist ähnlich der in Abschn. 7.1.
Auch ist unsere Formulierung des Bézoutschen Satzes bei weitem nicht die allgemeinste. In der Algebraischen Geometrie werden erhebliche Erweiterungen untersucht. Beispielsweise betrachtet man statt der Anzahl der Punkte, die einem bestimmten Gleichungssystem Genüge leisten, die **irreduziblen Komponenten** der Lösungsmenge, die auch positive Dimension haben dürfen, und summiert über sogenannte **Schnittzahlen** der so gefundenen **algebraischen Varietäten**; vgl. das bereits zitierte Buch von Hartshorne [1977]. Für uns

reichen aber die obigen Betrachtungen völlig aus. Wir wollen es deshalb bei ihnen belassen, zumal sie eigentlich nur als Illustration der Anwendungsmöglichkeiten homogener Koordinaten gedacht sind (und der Vorbereitung auf die Untersuchung ebener komplexer algebraischer Kurven dienen sollen).

7.5. Ebene algebraische Kurven

Die Bedeutung der beiden Spielarten **projektiver Koordinaten** in der Ebene erschöpft sich nicht in der Fixierung von Punkten oder Geraden, wie wir sie in Abschn. 7.1 kennengelernt haben, sondern geht weit darüber hinaus.
Sie erlauben u.a. auch das Studium der Nullstellenmengen von Formen beliebigen Grades, der sogenannten **algebraischen Kurven**. Dabei begnügen wir uns allerdings mit dem praktisch bei weitem wichtigsten Spezialfall und betrachten nur Kurven in $\mathbb{P}^2(\mathbb{C})$. Allerdings sind alle Definitionen und die meisten Sätze ohne weiteres auf allgemeine projektive Ebenen, zumindest solche über algebraisch abgeschlossenen Körpern, übertragbar. Für unsere Absicht, die grundsätzlichen Eigenschaften der Kurven und ihrer mathematischen Beschreibung in Punkt- und Linienkoordinaten zu skizzieren, reicht das völlig aus. Es wird jederzeit klar sein, welche Generalisierungen zulässig sind.

<u>Definition 7.5.1:</u>
Unter einer **Kurve** verstehen wir immer, sofern nicht ausdrücklich etwas anderes gesagt wird, eine **komplexe ebene algebraische Kurve**.
In Punktkoordinaten ausgedrückt, ist eine Kurve der **Ordnung** $n \in \mathbb{N}$ die Menge der Lösungsstrahlen einer nicht identisch verschwindenden Form $F\colon \mathbb{P}^2\mathbb{C} \longrightarrow \mathbb{C}$ des Grades n.
Wenn der Punkt x mit den **homogenen Koordinaten** $(x_0, x_1, x_2) \in \mathbb{P}^2\mathbb{C}$ der Gleichung $F(x_0, x_1, x_2) = 0$ genügt, so sagen wir, x **liege auf** der Kurve $F = 0$.
Dual hierzu ist die Darstellung vermittels **Linienkoordinaten**. Eine Form $G \not\equiv 0$ vom Grad k liefert als Nullstellenmenge eine Kurve der **Klasse** k. Gilt $G(u_0, u_1, u_2) = 0$, so heißt die Gerade $u = (u_0, u_1, u_2)$ eine **Tangente** (oder **Berührgerade**) an die Kurve $G = 0$.

<u>Bemerkungen:</u>

(1) Die Notwendigkeit, zwei zueinander duale Kurvenbegriffe nebeneinanderzustellen, entsteht aus dem Bedürfnis, das so überaus fruchtbare **Poncelet-Prinzip** (Abschn. 7.1) nutzbar zu machen.

(2) Es ist üblich, wie wir dies auch schon bei Punkten = Kurven 1. Ordnung und Geraden = Kurven 1. Klasse taten, nicht systematisch zwischen einer Kurve und ihren Gleichungen bzw. den zugehörigen Lösungsmengen zu unterscheiden.

Die definierenden Formen sind natürlich wieder im projektiven Sinne aufzufassen. Vielfache mit komplexen Multiplikatoren $\kappa \neq 0$ ergeben also dieselbe Kurve.

(3) Sehr wichtig ist die Klassifikation der Kurven in **zerlegbare = reduzible**, die man in Faktoren niedrigeren Grades aufspalten kann, und solche, die eine derartige Reduktion nicht zulassen. Es ist klar, daß jede Kurve, gleich ob sie in Punkt- oder Linienkoordinaten gegeben ist, in eindeutiger Weise als Produkt von **irreduziblen Komponenten** darstellbar ist.

Dabei ist sorgsam auf die Multiplizitäten zu achten, mit denen die Komponenten die Kurvengleichung teilen. Zum Beispiel müssen wir die Gerade $u_0x_0+u_1x_1+u_2x_2 = 0$ von der Kurve 2. Grades, die uns als Lösungsmenge der Form $(u_0x_0+u_1x_1+u_2x_2)^2 = 0$ entgegentritt, unterscheiden. Letztere hat zwar dieselben Nullstellen wie die Gerade, sie sind aber mit der Vielfachheit 2 zu berücksichtigen. Die quadratische Form beschreibt daher eine sogenannte **Doppelgerade**.

(4) Wenn wir von einer Kurve der Ordnung n oder der Klasse k reden, ist darin implizit eine Aussage über die zu verwendenden Koordinaten enthalten.

Bevor wir auf die Verbindung zwischen den beiden Kurvenkonzepten, die weit über die eigentliche Dualität hinausgeht, zu sprechen kommen, formulieren wir noch den **Satz von Bézout** auf unsere gegenwärtigen Verhältnisse um:

Satz 7.5.1:

(a) Zwei Kurven der Ordnungen m und n haben genau $m \cdot n$ Schnittpunkte.

(b) Zu zwei Kurven der Klassen k und l gibt es $k \cdot l$ gemeinsame Tangenten.

Beweis:

Satz 7.4.5.

Dabei sind selbstverständlich, um es noch ein letztes Mal zu wiederholen, die korrekten algebraischen Multiplizitäten zu beachten; anderenfalls wäre der Satz falsch.
Gerade die unter gewissen Umständen eintretende Möglichkeit, daß zwei oder mehrere Schnittpunkte oder Tangenten zusammenfallen, ist von besonderer geometrischer Relevanz, weil sie von den verwendeten Koordinaten unabhängig ist. Wir benutzen sie, um von der einen Auffassung des Begriffs "Kurve" zur anderen zu gelangen.
Liegt etwa eine Kurve $F(x) = 0$ der Ordnung n vor, so wird sie von einer Geraden g in $n \cdot 1 = n$ Punkten geschnitten. Bei geeigneter Parametrisierung der Geraden (wir geben gleich ein anschauliches Beispiel) führt das auf eine algebraische Gleichung des Grades n. Diese besitzt Mehrfachlösungen, und g ist Tangente, wenn ihre Diskriminante verschwindet. Letztere ist aber nach Satz 7.4.3 vom Grad $n(n-1)$. Das impliziert (eine Hälfte von)

Satz 7.5.2:
Eine Kurve n-ter Ordnung hat höchstens die Klasse $n(n-1)$; Kurven der Klasse k sind von der Ordnung $\leq k(k-1)$.

Dabei kann eine Reduktion wirklich eintreten, wie schon das Beispiel einer **kubischen Kurve** ($n = 3$) zeigt. Ihre Gleichung in Linienkoordinaten, nach dem beschriebenen Verfahren gefunden, hat den Grad $3 \cdot 2 = 6$. Kehren wir von dieser zur Darstellung in Punktkoordinaten zurück, kommen wir auf eine Kurve der Ordnung $6 \cdot 5 = 30$, die schon deshalb nicht mit der Ausgangskurve identisch sein kann, sie aber wohl i.a. als Faktor enthält.
Bei der Transformation zwischen beiden Versionen entstehen also neue Zweige, die durch die formale Graderhöhung verursacht werden. Das liegt daran, daß eine in Punktkoordinaten vorgelegte Kurve, in Linienkoordinaten ausgedrückt, immer sehr speziell ist (Clebsch [1968]).
Wir wollen die hiermit verbundenen Fragen aber an dieser Stelle nicht eingehender untersuchen, sondern zum besseren Verständnis nur noch einige einfache Kurventypen näher betrachten, die auch von der Anwendung her außerordentlich wichtig sind.

Definition 7.5.2:

Ein **Kegelschnitt** ist eine Kurve 2. Ordnung und 2. Klasse.

Wegen $2 \cdot 1 = 2$ wird der Grad in diesem Fall beim Wechseln von der einen zur anderen Version nicht größer.

Wir führen die Rechnung zur Illustration der Methoden explizit durch. Die allgemeine Kegelschnittgleichung lautet in Punktkoordinaten

$$K_{ij} \, x_i \, x_j = 0$$

wenn wir die Einsteinkonvention verwenden und die Indizes von 0 bis 2 laufen lassen. Wir dürfen noch $K_{ij} = K_{ji}$ verlangen. Ausführlich ist also

$$K_{00} x_0^2 + K_{11} x_1^2 + K_{22} x_2^2 + 2 K_{12} x_1 x_2 + 2 K_{20} x_2 x_0 + 2 K_{01} x_0 x_1 = 0$$

Von den sechs vorkommenden Koeffizienten $K_{00}, \ldots, K_{12}$ sind natürlich nur fünf wesentlich; bei Multiplikation der gesamten Gleichung mit einem festen Faktor $\neq 0$ ändert sich ja nichts.

Es ist bei Kegelschnitten zweckmäßig, wieder die Matrizenschreibweise des Abschnitts 7.1 aufzugreifen (das gilt nicht mehr für Kurven höherer Ordnung oder Klasse als 2). Dann werden, unserer damaligen Verabredung gemäß, Punkt- und Linienkoordinaten durch Zeilen- bzw. Spaltenvektoren repräsentiert. Die obige Beziehung schreibt sich jetzt

$$x \, K \, {}^t x = 0$$

mit der symmetrischen Matrix

$$K = \begin{pmatrix} K_{00} & K_{01} & K_{02} \\ K_{10} & K_{11} & K_{12} \\ K_{20} & K_{21} & K_{22} \end{pmatrix}$$

Der **Rang** von K kann gleich 1,2 oder 3 sein; Rang(K) = 0 würde auf die nicht zulässige Nullform führen. Die drei verbleibenden Möglichkeiten sind wesentlich verschieden, d.h. sie können durch Koordinatentransformationen nicht ineinander überführt werden, weil der Rang einer Matrix invariant unter umkehrbaren linearen Abbildungen ist.

Rang K = 3 ist gleichbedeutend mit det $K \neq 0$ (irreduzibler oder **eigentlicher Kegelschnitt**) und soll später ausführlicher behandelt werden. Wenn K nicht invertierbar ist, spricht man von einem **ausgearteten Kegelschnitt**. Bei Rang 2 ist der Kern von K eindimensional. Er möge von einem Vektor $x \neq 0$ erzeugt werden: $x \cdot K = 0$. Dem entspricht ein bestimmter Punkt x des Kegelschnitts. Ist y ein zweiter auf der Kurve liegender Punkt, so erfüllt auch $\lambda x + \mu y$ mit beliebigen komplexen Zahlen λ, μ die Grundgleichung. Die gesamte Verbindungsgerade von x und y gehört dem Kegelschnitt an, der somit in zwei Geraden zerfällt. Das Gleiche gilt auch für Rang K = 1; in diesem Fall sind aber beide Geraden miteinander identisch.

Ein ausgearteter Kegelschnitt in Punktkoordinaten ist also einfach ein **Geradenpaar** (mit Schnittpunkt x), wenn der Rang von K gleich 2 ist, und eine **Doppelgerade** bei Rang 1.

Dual erhalten wir in Linienkoordinaten als ausgeartete Kegelschnitte je nach Rang **Punktepaare** oder **Doppelpunkte**.

Wir beschränken uns weiterhin auf irreduzible Kegelschnitte $x \cdot K \cdot {}^t x = 0$ und suchen als nächstes die Linienkoordinaten $u = {}^t(u_0, u_1, u_2)$ der Tangente in einem Kurvenpunkt $x = (x_0, x_1, x_2)$. Um sie zu finden, wählen wir einen zweiten Punkt $y \neq x$ auf u. Dann inzidiert $x + \lambda y$ für alle $\lambda \in \mathbb{C}$ mit der Geraden $u = 0$.

Der Berührpunkt von u ist x; folglich darf die durch Einsetzen entstehende quadratische Gleichung

$$0 = (x+\lambda y)\, K\, {}^t(x+\lambda y) = \lambda \left[x\, K\, {}^t y + y\, K\, {}^t x\right] + \lambda^2\, y\, K\, {}^t y$$

oder, vereinfacht,

$$2\, \lambda\, y\, K\, {}^t x + \lambda^2\, y\, K\, {}^t y = 0$$

nur die doppelt zu zählende Lösung $\lambda = 0$ haben. Das ist genau dann der Fall, wenn der Vorfaktor von λ verschwindet:

$$y\, K\, {}^t x = 0$$

Dies ist eine in y lineare Beziehung, die mit $y \cdot u = 0$ äquivalent sein muß. Bis auf einen irrelevanten numerischen Faktor ist es deshalb erlaubt,

$$u = K\, {}^t x$$

zu setzen.
Nach Annahme ist K symmetrisch und invertierbar; ergo können wir nach x auflösen:

$$x = {}^t u\, K^{-1}$$

und einsetzen, was die gesuchte Kegelschnittgleichung der Klasse 2 nach sich zieht, und zwar

$${}^t u\, K^{-1}\, u = 0$$

Es ist auch nicht schwierig, die beiden Tangenten zu finden, die von einem beliebigen Punkt $x \in \mathbb{P}^2\mathbb{C}$ an die Kurve gelegt werden können. Ist y der Berührpunkt einer von ihnen, haben wir die Relation

$$x\, K\, {}^t y = y\, K\, {}^t x = 0$$

zu erfüllen. Vergleichen wir sie mit der Gleichung des Kegelschnitts, ergeben sich zwei Lösungen; y und der Berührpunkt der anderen Tangente.
Wir fassen die gefundenen Resultate mit ihren dualen Analoga noch einmal kurz zusammen und nutzen die Gelegenheit, einige weitere wichtige Begriffe zu definieren:

Satz 7.5.3:

(a) Sei $\mathcal{K}$ ein irreduzibler Kegelschnitt. Seine Gleichung läßt sich in Punktkoordinaten $x = (x_0, x_1, x_2)$ auf die Form

$$x\, K\, {}^t x = 0$$

bringen und in Linienkoordinaten $u = {}^t(u_0, u_1, u_2)$ als

$${}^t u\, L\, u = 0$$

ausdrücken. Dabei sind K und L zwei reguläre symmetrische Matrizen, die, abgesehen von einem unwichtigen konstanten Faktor, invers (oder, wenn wir mit der von Null verschiedenen Determinante multiplizieren, adjungiert) zueinander sind.

(b) Besteht zwischen dem Punkt x und der Geraden u (bis auf einen Faktor) die Relation

$$u = K\,{}^t x$$

oder die gleichwertige duale

$$x = {}^t u\, L$$

so heißt u die **Polare** zu x, und x ist der **Pol** von u bezüglich $\mathcal{K}$.

(c) Pol und Polare bedingen sich gegenseitig. Außerdem liegen alle Pole von Geraden, die durch x hindurchgehen, auf der Polaren von u und umgekehrt.
Ein Pol-Polaren-Paar x,u inzidiert genau dann miteinander, wenn u eine Tangente an $\mathcal{K}$ mit Berührpunkt x ist.

(d) Allgemeiner ist die Polare eines Punkts x die Verbindungsgerade der Berührpunkte beider von x an $\mathcal{K}$ zu legenden Tangenten. Der Pol einer Geraden u ist entsprechend der Schnittpunkt der Tangenten in den beiden gemeinsamen Punkten von u und $\mathcal{K}$.

Von den vielen Eigenschaften von Pol und Polare, die sich auch für Kurven höheren Grades erklären lassen, s. Clebsch [1968], diskutieren wir nur noch eine, weil sie Einblick in die Struktur der Kegelschnittgleichungen gibt.
Dabei spielt Teil (d) des gerade ausgesprochenen Satzes eine Rolle. Mit seiner Hilfe konstruieren wir zu einem willkürlich gewählten Punkt E, der nicht auf $\mathcal{K}$ liegen soll, die Polare e. Danach suchen wir einen mit e inzidenten Punkt F aus; ebenfalls nicht auf $\mathcal{K}$, aber sonst beliebig. Seine Polare, f, schneidet e in einem neuen Punkt G. Entsprechend bezeichnen wir die Verbindungsgerade von E und F als g.
Dadurch entsteht ein sogenanntes **Polardreieck** zum irreduziblen Kegelschnitt $\mathcal{K}$.
Jede seiner Ecken E,F,G ist Pol der betreffenden Gegenseite e,f,g. Es ist zu erwarten, daß die Gleichungen für $\mathcal{K}$ eine besonders einfache Gestalt annehmen, wenn wir $\Delta(E,F,G;e,f,g)$ als **Fundamentaldreieck** eines neuen projektiven Koordinatensystems nehmen. Das ist auch wirklich der Fall. Aus der uns schon geläufigen Beziehung zwischen Pol und Polare leiten wir (nach ge-

eigneter Verfügung über die Multiplikatoren) ohne weiteres die folgende Behauptung her:

Satz 7.5.4:
In Bezug auf ein Polardreieck lautet die Gleichung eines irreduziblen Kegelschnitts in Punktkoordinaten

$$x\,{}^t x = x_0^2 + x_1^2 + x_2^2 = 0$$

und in Linienkoordinaten

$${}^t u\, u = u_0^2 + u_1^2 + u_2^2 = 0$$

Alle eigentlichen Kegelschnitte gehen also durch Projektivitäten auseinander hervor.

Für Kurven von höherer Ordnung (oder Klasse) als 2 gilt das natürlich nicht mehr, weil eine Form des Grades n genau $\frac{1}{2}(n+1)(n+2)$ Koeffizienten erfordert, von denen einer durch Abdividieren normiert werden kann. Die verbleibenden $\frac{1}{2}n(n+3)$ wesentlichen Parameter sind schon für n = 3 zu viele (9) um sie durch Anwendung der 8-dimensionalen Projektivitätengruppe $PGL_3(\mathbb{C})$ wegzutransformieren.
Bei Formen höheren Grades (≥ 4) ist die durch lineare Transformationen mögliche Vereinfachung (Elimination von maximal 8 Koeffizienten) vergleichsweise unbedeutend, weswegen wir sie nicht weiter verfolgen wollen.
Man kann jedoch hoffen, bei Kurven 3. Ordnung bzw. Klasse (**"kubischen Kurven"**) eine Reduktion auf nur einen wesentlichen Parameter zu erreichen, was auch tatsächlich gelingt.
Wir werden diese Frage später im Zusammenhang mit den **elliptischen Funktionen** noch einmal aufgreifen (Kap. 18).

7.6. Stereographische Abbildung

Bekanntlich ist die 2-Sphäre $\mathbb{S}^2$ nicht homöomorph in die Euklidische Ebene $\mathbb{R}^2$ einbettbar. Gäbe es nämlich eine topologische Abbildung von $\mathbb{S}^2$ auf eine Teilmenge M von $\mathbb{R}^2$, so müßte M wie $\mathbb{S}^2$ kompakt und einfach zusammenhängend sein. Es wäre dann isomorph zur abgeschlossenen Kreisscheibe. Diese hat aber eine andere Eulerzahl ($\chi = 1$) als die Sphäre ($\chi = 2$).
Daher existiert kein Atlas von $\mathbb{S}^2$, der mit einer einzigen Karte auskommt. Anders ausgedrückt, besitzt jede Karte der Sphäre mindestens eine Singularität. Diese den Kartographen seit Jahrhunderten bekannte Tatsache erschwert die Festlegung von Punkten auf der Sphäre nicht unwesentlich.
Nehmen wir aber nur einen einzigen Punkt aus $\mathbb{S}^2$ heraus, so ist der Rest homöomorph und sogar (analytisch) diffeomorph zur gesamten Ebene.
Wir wollen eine derartige bijektive Beziehung, und zwar die einfachste, explizit herstellen. Dazu fassen wir $\mathbb{S}^2$ als die Menge

$$\Omega_3 = \left\{ (x,y,z) \in \mathbb{R}^3 \;\middle|\; x^2+y^2+z^2 = 1 \right\}$$

aller Einheitsvektoren in $\mathbb{R}^3$ auf und wählen als Ausnahmepunkt den **Südpol**

$$\Sigma = (0,0,-1) \in \Omega_3 \cong \mathbb{S}^2$$

Einen beliebigen von Σ verschiedenen Vektor (x,y,z) verbinden wir mit Σ durch eine gerade Linie im Raum. Diese schneidet die **Äquatorebene** $z = 0$ in einem wohlbestimmten Punkt, der die Koordinaten $(u,v,0)$ haben möge. Lassen wir die irrelevante dritte Komponente weg, erhalten wir $(u,v) \in \mathbb{R}^2$.
Die Zuordnung $(x,y,z) \Longleftrightarrow (u,v)$ ist als **stereographische Abbildung** bekannt. Natürlich sind auch andere Normierungen möglich; wir werden aber stets die hier angesetzte Standardform verwenden, die wir noch explizit anzugeben haben.
Die Gerade durch Σ und $(x,y,z) \in \mathbb{S}^2\backslash\{\Sigma\}$ besteht aus allen

$$\lambda\,(x,y,z) + (1-\lambda)\,(0,0,-1) = (\lambda x, \lambda y, \lambda z+\lambda-1)$$

mit reellen λ. Zu ihnen muß $(u,v,0)$ gehören. Daraus folgt $\lambda = (1+z)^{-1}$, also

$$u = \frac{x}{1+z}$$

$$v = \frac{y}{1+z}$$

Die Umkehrung ergibt sich genauso. Die Gerade durch Σ und $(u,v,0)$ enthält die Punkte

$$\lambda\ (u,v,0) + (1-\lambda)\ (0,0,-1) = (\lambda u, \lambda v, \lambda-1)$$

Der zweite Schnittpunkt neben Σ, den sie mit der Sphäre hat, errechnet sich aus der Bedingung $x^2+y^2+z^2 = 1$. Sie liefert zunächst die quadratische Gleichung

$$\lambda^2\ (u^2+v^2+1) - 2\,\lambda + 1 = 1$$

für λ, deren eine Lösung $\lambda = 0$ als dem Südpol entsprechend auszuscheiden ist, während die andere auf $\lambda = 2(u^2+v^2+1)^{-1}$ führt und den gesuchten Punkt

$$x = \frac{2\,u}{1+u^2+v^2}$$

$$y = \frac{2\,v}{1+u^2+v^2}$$

$$z = \frac{1-u^2-v^2}{1+u^2+v^2}$$

liefert. Die Projektion π: $(x,y,z) \mapsto (u,v)$ stellt gemeinsam mit ihrer Inversen σ: $(u,v) \mapsto (x,y,z)$ eine Bijektion zwischen der im Südpol punktierten Sphäre $\mathbb{S}^2\setminus\{\Sigma\}$ und der euklidischen Ebene $\mathbb{R}^2$ her. Beide Abbildungen sind rational und damit beliebig oft differenzierbar, ja sogar analytisch.
Störend wirkt sich jedoch die erforderliche Auslassung von Σ aus. Wir vermeiden sie, indem wir untersuchen, was geschieht, wenn wir uns mit dem Punkt (x,y,z) auf der Sphäre, z.B. auf einem **Meridian**, dem Südpol nähern. Nach den Transformationsformeln entfernt sich dann der Bildpunkt (u,v) immer weiter vom Ursprung, wobei der Abstand über alle Grenzen wächst. Das

suggeriert, einen zusätzlichen Punkt als $\pi(\Sigma)$ zu $\mathbb{R}^2$ hinzuzufügen und ihn "∞" zu nennen. Entsprechend erweitern wir σ durch die Festsetzung $\sigma(\infty) = \Sigma$. Die Topologie der Menge $\mathbb{R}^2 \cup \{\infty\}$ müssen wir so bestimmen, daß π und σ stetig werden.

Eine geeignete Basis bilden die Umgebungen aller Punkte aus $\mathbb{R}^2$ im gewöhnlichen Sinn zusammen mit denen von ∞. Letztere sind die Bilder unter der stereographischen Abbildung der Umgebungen von Σ in $\mathbb{S}^2$. Wir können sie als Komplemente in $\mathbb{R}^2 \cup \{\infty\}$ der kompakten Teilmengen von $\mathbb{R}^2$ charakterisieren.

Die Menge $\mathbb{R}^2 \cup \{\infty\}$ ist kompakt. Die Hinzunahme von ∞ zu $\mathbb{R}^2$ (mit der beschriebenen Topologie) wird daher auch als **Einpunktkompaktifizierung** der Ebene bezeichnet.

Die analytischen Eigenschaften der stereographischen Abbildung lassen sich noch erheblich verschönern, wenn wir $\mathbb{R}^2$ über die Identifikation

$$(u,v) \in \mathbb{R}^2 \iff w = u+iv \in \mathbb{C}$$

in kanonischer Weise mit dem Körper $\mathbb{C}$ der komplexen Zahlen gleichsetzen. Dadurch gewinnt die Bildmenge an mathematischer Struktur. Außerdem erhalten wir einen sehr natürlichen, uns schon bekannten Raum, nämlich die komplexe projektive Gerade

$$\mathbb{C} \cup \{\infty\} = \mathbb{P}^1(\mathbb{C})$$

Sie wird wegen der soeben ausgesprochenen topologischen Isomorphie zur Sphäre mitunter auch **(Riemannsche) Zahlkugel** genannt.

Wir werden die beiden Richtungen π und σ der stereographischen Abbildung weiterhin immer als Transformationen zwischen $\mathbb{S}^2$ und $\mathbb{P}^1\mathbb{C}$ verstehen. Die bisherigen Festsetzungen schreiben wir noch einmal übersichtlich zusammen zu

Satz 7.6.1:

Die **stereographische Projektion** ist das Paar zueinander inverser Abbildungen $\pi: \mathbb{S}^2 \longrightarrow \mathbb{P}^1\mathbb{C}$ und $\sigma: \mathbb{P}^1\mathbb{C} \longrightarrow \mathbb{S}^2$, die in kartesischen Koordinaten die Punkte $(x,y,z) \in \mathbb{S}^2$ und $w = u+iv \in \mathbb{P}^1\mathbb{C}$ gemäß

$$u = \frac{x}{1+z}$$

$$v = \frac{y}{1+z}$$

und umgekehrt

$$x = \frac{2u}{1+u^2+v^2}$$

$$y = \frac{2v}{1+u^2+v^2}$$

$$z = \frac{1-u^2-v^2}{1+u^2+v^2}$$

birational, d.h. in beiden Richtungen rational, verknüpfen. Dabei ist der Singularität am Projektionszentrum $\Sigma = (0,0,-1)$ durch die Regeln $\pi(\Sigma) = \infty$ und $\sigma(\infty) = \Sigma$ Rechnung zu tragen.

Durch die stereographische Projektion erhalten wir die Möglichkeit, die Methoden der projektiven Geometrie, wie etwa das **Doppelverhältnis**, zur Untersuchung geometrischer Sachverhalte auf der 2-Sphäre einzusetzen. Wir machen später (Abschn. 9.6) noch ausgiebig davon Gebrauch.
Im Augenblick sind wir aber mehr an den Eigenschaften der Transformationen π bzw. σ selbst interessiert.

Definition 7.6.1:

(a) Unter einem **Kreis** auf der (Standard-)2-Sphäre $\Omega_3 \cong \mathbb{S}^2$ verstehen wir die Schnittkurve von Ω_3 mit einer Ebene. Dabei soll der leere Durchschnitt nicht zugelassen werden, wohl aber Kreise, die nur aus dem Berührpunkt einer Tangentialebene an die Sphäre bestehen.
Ein Kreis ist also die Menge aller Punkte auf $\mathbb{S}^2$, die in kartesischen Koordinaten (x,y,z) einer linearen Bedingung

$$a\,x + b\,y + c\,z + d = 0$$

mit $a,b,c,d \in \mathbb{R}$ genügen, wobei a,b,c nicht gleichzeitig verschwinden (Ebenengleichung).

(b) Ein **Kreis** in der projektiven Linie $\mathbb{P}^1\mathbb{C}$ ist die Lösungsmenge einer reellen Gleichung der Form

$$A\,(u^2+v^2) + B\,u + C\,v + D = 0$$

zu der wir noch den uneigentlichen Punkt hinzufügen, wenn $A = 0$ ist.

Die Projektionen π und σ verknüpfen beide Klassen von Kreisen miteinander:

Satz 7.6.2:
Die stereographische Abbildung ist **kreistreu**, d.h.: sie stellt eine Bijektion zwischen den Kreisen auf $\mathbb{S}^2$ und denen in $\mathbb{P}^1(\mathbb{C})$ dar.

Beweis:
Für einpunktige Kreise ist das klar; wir beschränken uns deshalb auf echte Kurven.
Das Bild des $\mathbb{S}^2$-Kreises mit der Gleichung $ax+by+cz+d = 0$ ergibt sich durch Einsetzen der Transformationsformeln und Multiplikation mit dem Hauptnenner zu

$$2\,a\,u + 2\,b\,v + c\,(1-u^2-v^2) + d\,(1+u^2+v^2) = 0$$

was, auf die Form

$$(d-c)\,(u^2+v^2) + 2\,a\,u + 2\,b\,v + (c+d) = 0$$

gebracht, in der Tat einen Kreis repräsentiert. Identifizieren wir dagegen die Kreisgleichung

$$A\,(u^2+v^2) + B\,u + C\,v + D = 0$$

in $\mathbb{P}^1\mathbb{C}$ mit dem gerade gefundenen Ausdruck, so stellen wir fest, daß sie nach Wegheben eines unwichtigen Faktors $\frac{1}{2}$ der linearen Beziehung

$$B\,x + C\,y + (D-A)\,z + (D+A) = 0$$

entspricht.

Die 2-Sphäre ist ein **Riemannscher Raum**, dessen **Metrik** durch das Quadrat

$$ds^2 = dx^2 + dy^2 + dz^2$$

des euklidischen Längenelements im Einbettungsraum $\mathbb{R}^3$ induziert wird. Rechnen wir mittels der durch die stereographische Projektion definierten Karte auf die Parameter u,v um (wobei der Südpol auszuschließen ist), erhalten wir lineare Beziehung für die Differentiale:

$$dx = \frac{+\,2\,(1-u^2+v^2)\,du - 4\,u\,v\,dv}{(1+u^2+v^2)^2}$$

$$dy = \frac{-\,4\,u\,v\,du + 2\,(1+u^2-v^2)\,dv}{(1+u^2+v^2)^2}$$

$$dz = \frac{-\,4\,u\,du - 4\,v\,dv}{(1+u^2+v^2)^2}$$

und weiter

$$ds^2 = \frac{4\,(du^2+dv^2)}{(1+u^2+v^2)^2}$$

Die Metrik unterscheidet sich also, in u und v ausgedrückt, von der euklidischen nur um den ortsabhängigen Maßstabsfaktor $4\,(1+u^2+v^2)^{-2}$. Das besagt

Satz 7.6.3:
Die stereographische Projektion ist **winkeltreu**.

7.7. Höherdimensionale Räume

Die meisten in diesem Kapitel vorgestellten Ergebnisse lassen sich ohne Schwierigkeiten auf affine oder projektive Räume höherer (aber endlicher) Dimension übertragen.

Viele von ihnen ordnen sich einem allgemeinen Begriff unter, den wir wenigstens noch kurz vorstellen wollen:

Definition 7.7.1:

Das **(n,k)-Graßmannbündel** über dem Körper $\mathbb{K}$ ist die Menge

$$\mathbb{G}(n,k;\mathbb{K}) = \left\{ U \subseteq \mathbb{K}^n \;\middle|\; \dim U = k \right\} = \left\{ U \subseteq \mathbb{K}^n \;\middle|\; U \cong \mathbb{K}^k \right\}$$

aller k-dimensionalen linearen Unterräume von $\mathbb{K}^n$.

Einige Graßmannbündel haben wir bereits früher kennengelernt. Beispielsweise bilden die Punkte und Geraden in der projektiven Ebene $\mathbb{P}^2(\mathbb{K})$ jeweils ein $\mathbb{G}(3,1;\mathbb{K})$ bzw. $\mathbb{G}(3,2;\mathbb{K})$. Analog ist die Situation im n-dimensionalen **projektiven Raum** $\mathbb{P}^n(\mathbb{K})$:

Definition 7.7.2:

Die Objekte aus dem (n+1,m+1)-Graßmannbündel, d.h. die (m+1)-dimensionalen Unterräume von $\mathbb{K}^{n+1}$, werden für $m = 0,1,2,\ldots,n$ als **Punkte**, **Geraden**, **Ebenen**, ..., **Hyperebenen** bezeichnet.

Eine nicht identisch verschwindende Linearform in den homogenen Koordinaten $x_0,\ldots,x_n$ legt somit eine Hyperebene in $\mathbb{P}^n(\mathbb{K})$ fest. Generell liefern k voneinander unabhängige lineare Bedingungen einen Unterraum der Kodimension k, also ein Element aus $\mathbb{G}(n+1,n+1-k;\mathbb{K})$.

Über die Struktur von **Hyperflächen** als Nullstellenmengen **algebraischer For-**

men haben wir bereits in den Abschnitten 7.4 (für beliebige n) und 7.5 (ebene projektive Kurven) berichtet; wir wollen es nicht wiederholen. Alles dort Gesagte gilt natürlich auch speziell für Hyperebenen als Hyperflächen der Ordnung 1.

Wichtig, wenngleich äußerst elementar, ist noch eine Information über die Graßmannbündel, die wir ohne den trivialen Beweis mitteilen:

Satz 7.7.1:

Das Graßmannbündel $\mathbb{G}(n,k;\mathbb{K})$ kann lokal, d.h. in einer geeigneten Umgebung einer beliebigen Stelle durch $\begin{bmatrix} n \\ k \end{bmatrix}$ Koordinaten aus $\mathbb{K}$ parametrisiert werden. Wählen wir den Grundkörper $\mathbb{K}$ gleich $\mathbb{R}$ oder $\mathbb{C}$, erhalten wir eine reelle oder komplexe glatte und sogar analytische Mannigfaltigkeit. Sie ist als **(n,k)-Graßmann-Mannigfaltigkeit** über $\mathbb{K}$ bekannt und hat die Dimension $\begin{bmatrix} n \\ k \end{bmatrix}$.

Auch die Idee der Dualität mit allen ihren Implikationen kann unmittelbar auf beliebige Dimensionen ausgedehnt werden.

Wir brauchen nur eine reguläre (N,N)-Matrix M über $\mathbb{K}$ festzulegen und dem, sagen wir k-dimensionalen, Unterraum $U \subseteq \mathbb{K}^N$ die Menge

$$U^* = \left\{ v \in \mathbb{K}^N \;\middle|\; u\,M\,{}^t v = 0 \text{ für alle } u \in U \right\}$$

als **Dualraum** zuzuordnen. Wegen der Invertierbarkeit von M ist die Dualität **involutorisch**: $U^{**} = U$. Ebenso offensichtlich sind die Dimensionsformel

$$\dim U^* = N - \dim U$$

und die daraus fließende Beobachtung, daß die Dualität eine natürliche, wenn auch von der Wahl von M abhängende, Bijektion zwischen den Graßmannbündeln $\mathbb{G}(N,k;\mathbb{K})$ und $\mathbb{G}(N,N-k;\mathbb{K})$ herstellt.

Schließlich ergibt sich mit N = n+1 die Dualität in $\mathbb{P}^n(\mathbb{K})$, die Punkte mit Hyperebenen etc. in Beziehung setzt.

Das Ponceletsche Dualitätsprinzip (Satz 7.1.1) überträgt sich wörtlich auf den n-dimensionalen projektiven Raum.

C. DREHUNGEN

8. ORTHOGONALE GRUPPEN

8.1. Isometrien und euklidische Bewegungen

Bevor wir die Untersuchung der Struktur der reellen Vektorräume $\mathbb{R}^n$ und ihrer Automorphismen aufnehmen können, benötigen wir einige übliche Bezeichnungen:

Definition 8.1.1:

(a) Auf $\mathbb{R}^n$ existiert eine natürliche Bilinearform $<.,.>$, das **euklidische Skalarprodukt**

$$<x,y> \;=\; x\,{}^t y \;=\; \delta^{ij}\, x_i\, y_j$$

(δ = Kroneckersymbol).

(b) Da $<.,.>$ positiv definit ist:

$$x \in \mathbb{R}^n \setminus \{0\} \qquad \Rightarrow \qquad <x,x> > 0$$

läßt sich eine nichtnegative Funktion $E\colon \mathbb{R}^n \times \mathbb{R}^n \longrightarrow \mathbb{R}^+$ erklären gemäß

$$E^2(x,y) \;=\; <x-y,x-y> \;=\; (x-y)\,{}^t(x-y) \;=\; \delta^{ij}\,(x_i-y_i)\,(x_j-y_j)$$

$E(x,y)$ heißt der **(euklidische) Abstand** der Punkte x und y.

(c) Die **Einheitssphäre** ist die Menge der **Einheitsvektoren** in $\mathbb{R}^n$:

$$\Omega_n \;=\; \left\{ x \in \mathbb{R}^n \;\middle|\; <x,x> = 1 \right\}$$

Mit der von $\mathbb{R}^n$ induzierten Topologie ist Ω_n homöomorph zur $(n-1)$-Sphäre $\mathbb{S}^{n-1}$.

(d) Die **Translation** um den Vektor $x \in \mathbb{R}^n$ ist die Abbildung

$$\tau_x: \mathbb{R}^n \longrightarrow \mathbb{R}^n$$

mit

$$a^{\tau_x} = \tau_x(a) = a + x$$

Die Gruppe der Translationen auf $\mathbb{R}^n$ nennen wir Trans($\mathbb{R}^n$).

(e) Eine lineare Abbildung $\sigma: \mathbb{R}^n \longrightarrow \mathbb{R}^n$, $\sigma(x) = x\cdot D$, und ihre zugehörige Transformationsmatrix $D \in \mathbb{R}^{(n,n)}$ sind **orthogonal**, wenn σ die euklidische Form invariant läßt, d.h. wenn für alle $x,y \in \mathbb{R}^n$ gilt:

$$\langle\sigma(x),\sigma(y)\rangle = \langle x^\sigma, y^\sigma\rangle = \langle xD, yD\rangle = \langle x,y\rangle$$

Die gleichwertige Bedingung für die Orthogonalität von D lautet:

$$D\,{}^tD = {}^tD\,D = 1$$

Insbesondere ist D regulär und hat die Determinante ± 1.
Alle derartigen Matrizen bilden die reelle **(allgemeine) orthogonale Gruppe** der Dimension n,

$$GO(n,\mathbb{R}) = \left\{ D \in \mathbb{R}^{(n,n)} \;\middle|\; D^{-1} = {}^tD \right\} \cong GO(\mathbb{R}^n)$$

die mit Determinante 1 die Untergruppe

$$SO(n,\mathbb{R}) = \left\{ D \in GO(n,\mathbb{R}) \;\middle|\; \det D = 1 \right\} \cong SO(\mathbb{R}^n)$$

(**spezielle orthogonale Gruppe** oder **Drehgruppe**).
Die orientierungserhaltenden orthogonalen Transformationen σ nennt man **Drehungen** oder **Rotationen**, die zugeordneten $D \in SO(n,\mathbb{R})$ **Drehmatrizen**, während die orientierungsumkehrenden σ (also die mit $\det D = -1$) als **Umlegungen** bezeichnet werden.

Bemerkungen:

(a) Der euklidische Abstand ist in der Tat eine **Metrik**: Es ist für alle $x,y,z \in \mathbb{R}^n$:

$$E(x,y) = E(y,x) \geq 0$$

$$E(x,y) = 0 \iff x = y$$

und

$$E(x,y) \leq E(x,z) + E(z,y)$$

("**Dreiecksungleichung**").

(b) Wir werden stets annehmen, daß der Raum $\mathbb{R}^n$ mit dem euklidischen Produkt $\langle.,.\rangle$, der Abstandsfunktion E und der durch sie gegebenen Metrik bzw. Topologie ausgestattet sei.
Hierdurch wird $\mathbb{R}^n$ in kanonischer Weise zu einer n-dimensionalen reellen C^∞-Mannigfaltigkeit - deren Atlas lediglich aus der Identität als einziger Karte besteht - und bezüglich der Vektoraddition sogar zu einer n-dimensionalen abelschen Liegruppe.

(c) Die Gruppe der orthogonalen Transformationen ist offensichtlich isomorph zu $GO(n,\mathbb{R})$. Wir werden daher beide i.a. miteinander identifizieren. Entsprechendes gilt für die Drehungen und $SO(n,\mathbb{R})$.

Die wichtigsten Eigenschaften der soeben eingeführten Begriffe sind:

Satz 8.1.1:

(a) Die Translationsgruppe $Trans(\mathbb{R}^n)$ ist eine n-dimensionale abelsche Liegruppe, insbesondere also isomorph zu additiven Gruppe $(\mathbb{R}^n,+)$.
$Trans(\mathbb{R}^n)$ ist scharf einfach transitiv auf $\mathbb{R}^n$.

(b) Die Drehgruppe $SO(n,\mathbb{R})$ ist Normalteiler vom Index 2 in $GO(n,\mathbb{R})$; beide sind $\frac{1}{2}n(n-1)$-dimensionale Liegruppen. $GO(n,\mathbb{R})$ besteht aus zwei Zusammenhangskomponenten, nämlich $SO(n,\mathbb{R})$ und der Menge der Umlegungen.
$GO(\mathbb{R}^n)$ ist transitiv auf Ω_n. Falls $n > 1$ ist, trifft dies schon auf $SO(\mathbb{R}^n)$ zu.

(c) Die zu $GO(n,\mathbb{R})$ und $SO(n,\mathbb{R})$ gehörige Liealgebra wird üblicherweise mit

$\mathfrak{so}(n,\mathbb{R})$ bzw. $\mathfrak{so}(\mathbb{R}^n)$ bezeichnet und enthält alle schiefsymmetrischen (n,n)-Matrizen über $\mathbb{R}$:

$$\mathfrak{so}(n,\mathbb{R}) = \mathfrak{so}(\mathbb{R}^n) = \left\{ S \in \mathbb{R}^{(n,n)} \;\middle|\; S + {}^tS = 0 \right\}$$

<u>Beweis:</u>

(a) folgt unmittelbar aus

$$\tau_x + \tau_y = \tau_{x+y} = \tau_{y+x} = \tau_y + \tau_x$$

und der Beobachtung, daß τ_{y-x} die (einzige) Translation ist, die x in y überführt.

(b) Die Elemente aus $GO(n,\mathbb{R})$ sind analytische Funktionen ihrer Koeffizienten, also endlich vieler reeller Parameter.

Das Produkt zweier Matrizen ist ebenfalls analytisch von den Koeffizienten der Faktoren abhängig. Das Gleiche gilt auch für die Inversen, die in $GO(n,\mathbb{R})$ mit den Transponierten übereinstimmen. Das zeigt, daß $GO(\mathbb{R}^n)$ und $SO(\mathbb{R}^n)$ Liegruppen sind.

Die Determinante ist ein Homomorphismus von $GO(n,\mathbb{R})$ auf die multiplikative Gruppe $\{+1,-1\}$. Der Kern, $SO(n,\mathbb{R})$, ist somit Normalteiler vom Index 2.

Die genannten Transitivitätseigenschaften sind offensichtlich.

(c) Wir brauchen die Aussage nur für $SO(n,\mathbb{R})$ zu beweisen.

Die Orthogonalität von

$$D = 1 + S$$

ist äquivalent mit

$$1 = D\,{}^tD = 1 + S + {}^tS + S\,{}^tS$$

was nach Linearisieren die Schiefsymmetrie von S liefert, wie behauptet.

Die Translationen und die orthogonalen Transformationen sind Spezialfälle von

Definition 8.1.2:
Eine Abbildung μ: $\mathbb{R}^n \longrightarrow \mathbb{R}^n$ ist eine **Isometrie**, wenn sie **längentreu** ist:

$$E(\mu(x),\mu(y)) \; = \; E(x^\mu,y^\mu) \; = \; E(x,y)$$

Die Menge aller Isometrien von $\mathbb{R}^n$ bezeichnen wir mit Isom($\mathbb{R}^n$).

Genauer gilt

Satz 8.1.2:
Isom($\mathbb{R}^n$) ist eine n(n+1)-dimensionale Liegruppe, die Trans($\mathbb{R}^n$) als Normalteiler mit Faktorgruppe GO($\mathbb{R}^n$) besitzt. Die Erweiterung ist zerfallend:

$$\mathrm{Isom}(\mathbb{R}^n) \; \cong \; \mathrm{Trans}(\mathbb{R}^n) : \mathrm{GO}(\mathbb{R}^n)$$

Ein Komplement zu Trans($\mathbb{R}^n$) in Isom($\mathbb{R}^n$) wird z.B. durch die Untergruppe der orthogonalen Transformationen (das ist die Standgruppe des Koordinatenursprungs) geliefert.
Die Menge aller orientierungserhaltenden Isometrien bildet den Normalteiler Trans($\mathbb{R}^n$):SO($\mathbb{R}^n$) vom Index 2.

Beweis:
Daß Trans($\mathbb{R}^n$) und die zu GO($\mathbb{R}^n$) isomorphe Gruppe der Abbildungen

$$x \;\longmapsto\; x\,D$$

mit orthogonalen (n,n)-Matrizen D Untergruppen von Isom($\mathbb{R}^n$) sind, wissen wir bereits aus den voranstehenden Erörterungen. Wir müssen also nur zeigen, daß beide zusammen ganz Isom($\mathbb{R}^n$) erzeugen und daß Trans($\mathbb{R}^n$) Normalteiler ist. Die Aussage über die Dimension ist offensichtlich.
Eine Isometrie $\iota \in$ Isom($\mathbb{R}^n$), die den Koordinatenursprung z.B. nach $a \in \mathbb{R}^n$ transportiert, können wir in der Form

$$\iota = \delta \tau_a$$

schreiben. Die Isometrie $\delta = \iota\tau_{-a}$ läßt 0 fest und kann daher als lineare Abbildung durch eine Matrix D beschrieben werden. Das ergibt

$$\iota(x) = x D + a$$

für jedes x in $\mathbb{R}^n$. Aus

$$E(x^\iota, y^\iota) = \langle x^\iota - y^\iota, x^\iota - y^\iota \rangle = (x-y) D \, {}^tD \, {}^t(x-y)$$

für alle $x, y \in \mathbb{R}^n$ folgt unmittelbar $D \in GO(n,\mathbb{R})$; die Normalteilereigenschaft von $Trans(\mathbb{R}^n)$ ist eine Konsequenz aus der Gleichung

$$x \delta^{-1} \tau_a \delta = (x D^{-1} + a) D = x + a D = x \tau_{aD}$$

welche bestätigt, daß die in $Isom(\mathbb{R}^n)$ zu Translationen konjugierten Elemente selbst in $Trans(\mathbb{R}^n)$ liegen.

8.2. Die Exponentialabbildung

Die große Vielfalt der Anwendungen verlangt eine eingehende Diskussion der Geometrie der **(n-1)-Sphäre** $\mathbb{S}^{n-1}$, die wir stets als Menge Ω_n der Einheitsvektoren im euklidischen Raum $\mathbb{R}^n$ auffassen werden, sowie der zugehörigen Drehgruppe $SO(n,\mathbb{R})$.
Es gibt kein "bestes" Koordinatensystem auf Ω_n oder $SO(n,\mathbb{R})$, das für alle Zwecke gleichermaßen geeignet wäre; stattdessen wird man je nach verfolgtem Ziel die eine oder andere der zahlreichen Möglichkeiten bevorzugen.
In diesem Kapitel sollen die wichtigsten Parametrisierungen der genannten Objekte näher diskutiert werden. Einige Beschreibungen sind dimensionsunabhängig, existieren also für alle n, während andere mit geometrischen Besonderheiten der euklidischen Räume niedriger Dimension (i.a. $n \leq 4$) zusammenhängen (meist mit der Existenz des Körpers $\mathbb{C}$ der **komplexen Zahlen** oder des Schiefkörpers $\mathbb{H}$ der **Quaternionen**). Einige dieser spezifischen Koordinatensätze spielen eine in Theorie und Praxis wesentliche Rolle und sollen in den späteren Abschnitten dieses Kapitels berücksichtigt werden.
Beginnen wollen wir aber mit der durch die Untersuchungen über Liegruppen in Kap. 6 nahegelegten **Exponentialabbildung**.
Der mit Abstand einfachste Fall liegt für $n = 2$ vor (euklidische Ebene). Wir sahen bereits in Abschn. 8.1, daß die Drehgruppe $SO(\mathbb{R}^2)$ eindimensional und deshalb - wie die ihr zugeordnete Liealgebra $\mathfrak{so}(2,\mathbb{R})$ - kommutativ ist. Diese Tatsache ist wesentlich für die besonders simplen Verhältnisse in $\mathbb{R}^2$ verantwortlich; wir werden aber sehen, daß viele (jedoch bei weitem nicht alle!) der in der Ebene vorgefundenen Beziehungen verallgemeinerungsfähig sind.
Die 1-Sphäre Ω_2 ist der geometrische Ort aller Punkte mit kartesischen Koordinaten (x,y), die der Gleichung

$$x^2 + y^2 = 1$$

genügen. Die allgemeine Lösung ist bekanntlich mittels eines reellen Parameters ("**Winkelkoordinate**" oder "**Azimut**") φ in der Form

$$(x,y) = (\cos \varphi, \sin \varphi)$$

darstellbar. Allerdings ist diese Beschreibung nicht eindeutig: Zu jedem Punkt $(x,y) \in \Omega_2$ gehören unendlich viele Werte von φ. In der Tat ist φ nur bis auf Addition eines Vielfachen von 2π festgelegt. Dies zeigt die Isomorphie von $\mathbb{S}^1$ mit der Faktorgruppe $\mathbb{R}/(2\pi\mathbb{Z}) \cong \mathbb{R}/\mathbb{Z}$. Letztere ist topologisch äquivalent mit dem **1-Torus** $\mathbb{T}^1$.

Nach den Ergebnissen des Kapitels 6 ist, wie schon erwähnt, $SO(2,\mathbb{R})$ eine 1-dimensionale Liegruppe, deren Liealgebra $\mathfrak{so}(2,\mathbb{R})$ aus allen schiefsymmetrischen (2,2)-Matrizen über $\mathbb{R}$ besteht. Das typische Element S der Algebra hängt also von einem reellen Parameter α ab:

$$S = S(\alpha) = \begin{pmatrix} 0 & \alpha \\ -\alpha & 0 \end{pmatrix} = \alpha\, I$$

mit der konstanten Matrix

$$I = \begin{pmatrix} 0 & 1 \\ -1 & 0 \end{pmatrix}$$

Da (vgl. Abschn. 8.1) $SO(n,\mathbb{R})$ zusammenhängend ist, erhalten wir jede Drehmatrix durch Anwenden der Exponentialabbildung auf ein geeignetes Element von $\mathfrak{so}(n,\mathbb{R})$, im vorliegenden Fall also z.B.

$$D = D(\alpha) = \exp(S(\alpha)) = \exp(\alpha I)$$

Die Auswertung von "exp" ist hier sehr einfach, da I der Rechenregel

$$I^2 = -1$$

also (für $k \geq 0$)

$$I^{4k} = 1; \qquad I^{4k+1} = I; \qquad I^{4k+2} = I^2 = -1; \qquad I^{4k+3} = I^3 = -I$$

genügt. Das ergibt direkt aus der Definition

$$\exp(\alpha I) = \sum_{k=0}^{\infty} \frac{1}{k!} \alpha^k I^k$$

$$= \sum_{m=0}^{\infty} \frac{1}{(2m)!} (-1)^m \alpha^{2m} \cdot 1 + \sum_{m=0}^{\infty} \frac{1}{(2m+1)!} (-1)^m \alpha^{2m+1} \cdot I$$

$$= (\cos \alpha) \cdot 1 + (\sin \alpha) \cdot I$$

wobei die beiden letzten Potenzreihen als Cosinus- und Sinusdarstellungen interpretiert worden sind.
Das Resultat für D lautet somit

$$D = D(\alpha) = \exp(S(\alpha)) = (\cos \alpha) \cdot 1 + (\sin \alpha) \cdot I = \begin{pmatrix} \cos \alpha & \sin \alpha \\ -\sin \alpha & \cos \alpha \end{pmatrix}$$

Wegen der Periodizität der trigonometrischen Funktionen ist auch diese Beschreibung unendlich vieldeutig. Das Bild des Punktes (1,0) unter $D(\alpha)$ ist durch den ersten Zeilenvektor in der Matrix gegeben, also gleich

$$(\cos \alpha, \sin \alpha)$$

woraus wir unmittelbar die topologische Isomorphie zwischen der Drehgruppe in $\mathbb{R}^2$ und der 1-Sphäre ersehen:

$$SO(\mathbb{R}^2) \cong \mathbb{S}^1 \cong \mathbb{T}^1 \cong \mathbb{R} / \mathbb{Z}$$

Darüber hinaus stellt die Zuordnung $S(\alpha) \longrightarrow D(\alpha)$ einen Homomorphismus von der additiven Gruppe der $\mathfrak{so}(2,\mathbb{R})$ nach $SO(2,\mathbb{R})$ dar. Dies wiederum impliziert

$$D(\alpha+\beta) = D(\alpha)\, D(\beta)$$

oder ausführlich

$$\begin{pmatrix} \cos(\alpha+\beta) & \sin(\alpha+\beta) \\ -\sin(\alpha+\beta) & \cos(\alpha+\beta) \end{pmatrix} = \begin{pmatrix} \cos \alpha & \sin \alpha \\ -\sin \alpha & \cos \alpha \end{pmatrix} \begin{pmatrix} \cos \beta & \sin \beta \\ -\sin \beta & \cos \beta \end{pmatrix}$$

Koeffizientenvergleich ergibt die **Additionstheoreme der trigonometrischen Funktionen**,

$$\cos(\alpha+\beta) = \cos\alpha\cos\beta - \sin\alpha\sin\beta$$

$$\sin(\alpha+\beta) = \sin\alpha\cos\beta + \cos\alpha\sin\beta$$

aus deren erstem noch für $\beta = -\alpha$ die schon benutzte Beziehung

$$\cos^2\alpha + \sin^2\alpha = 1$$

folgt.

Die Rechenregeln für die Matrix I sind die gleichen wie für die komplexe Einheit i; daher bekommen wir mittels der Zuordnung

$$1 \longmapsto \begin{bmatrix} 1 & 0 \\ 0 & 1 \end{bmatrix} = 1$$

$$i \longmapsto \begin{bmatrix} 0 & 1 \\ -1 & 0 \end{bmatrix} = I$$

einen injektiven Homomorphismus von $\mathbb{C}$, aufgefaßt als 2-dimensionale Algebra über $\mathbb{R}$, nach $\mathbb{R}^{(2,2)}$. Es liegt daher nahe, die beiden reellen kartesischen Koordinaten (x,y) eines Punktes in $\mathbb{R}^2$ zu einer komplexen Zahl

$$z = x + i\,y$$

zu kombinieren.

Der Betrag von z repräsentiert dann den Abstand vom Nullpunkt, so daß die 1-Sphäre Ω_2 genau die Zahlen vom Betrag 1 enthält:

$$\Omega_2 = \left\{ z \in \mathbb{C} \;\middle|\; |z| = 1 \right\}$$

während die Drehung um den Winkel α, entsprechend der Matrix

$$D(\alpha) = \exp(\alpha I) = (\cos\alpha)\cdot 1 + (\sin\alpha)\cdot I$$

in komplexer Notation durch die Multiplikation mit

$$e^{\alpha i} = \exp(\alpha i) = \cos\alpha + i\sin\alpha$$

gegeben ist. (Die letzte Relation ist als **Satz von Euler** bekannt).
Bereits für die nächsthöhere Dimension, n = 3, liegen die Verhältnisse bedeutend komplizierter. Der Hauptgrund liegt in der Nichtkommutativität der Drehgruppe $SO(3,\mathbb{R})$. Trotzdem können wir auch in diesem Fall noch die entsprechenden Formeln geschlossen aufschreiben.
Dabei ist es wichtig, die Bezeichnungen so symmetrisch wie möglich zu wählen.
Die Liealgebra $\mathfrak{so}(3,\mathbb{R})$ ist, ebenso wie der Raum $\mathbb{R}^3$, auf dem sie operiert, dreidimensional. Wir parametrisieren die typische schiefsymmetrische Matrix $S \in \mathfrak{so}(3,\mathbb{R})$ daher mittels eines Vektors

$$v = (\alpha,\beta,\gamma) \in \mathbb{R}^3$$

in der Form

$$S = S(v) = S(\alpha,\beta,\gamma) = \begin{bmatrix} 0 & \gamma & -\beta \\ -\gamma & 0 & \alpha \\ \beta & -\alpha & 0 \end{bmatrix}$$

Dies entspricht der Interpretation von S als der zu v **dualen 2-Form** und bildet eine kanonische Zuordnung.
Wir schreiben

$$\rho = \sqrt{\alpha^2+\beta^2+\gamma^2}$$

für den Betrag des Vektors v.
Als erstes benötigen wir die Eigenwerte von S. Wegen der Schiefsymmetrie sind sie rein imaginär. Die Spur von S verschwindet offensichtlich, da alle Diagonalterme gleich Null sind. Außerdem ist

$$\det S = \det {}^tS = \det(-S) = (-1)^3 \det S = -\det S$$

also auch det S = 0, und die Säkulargleichung muß die Gestalt

$$\lambda^3 + F(\alpha,\beta,\gamma)\,\lambda = 0$$

mit einer noch zu ermittelnden Funktion F haben. Aufgrund des Satzes 2.3.2

von Hamilton und Cayley gilt dann auch

$$S^3 + F(\alpha,\beta,\gamma)\, S = 0$$

Die Berechnung irgendeines beliebigen Koeffizienten von S^3 reicht aus, um

$$F(\alpha,\beta,\gamma) = \rho^2$$

zu finden. Die Eigenwerte von S ergeben sich also als die Nullstellen von

$$\lambda^3 + \rho^2 \lambda = 0$$

zu

$$\lambda \in \left\{ 0,\ i\rho,\ -i\rho \right\}$$

Für den trivialen Fall $S = 0$ ergibt sich $D = \exp(S) = 1$ (Identität); deshalb setzen wir ab jetzt $S \neq 0$, d.h. $v \neq 0$, voraus.
Dann sind alle Eigenwerte von S paarweise verschieden voneinander, und S kommutiert nur mit den Matrizen des von S erzeugten Unterrings von $\mathbb{R}^{(3,3)}$.
Wegen der soeben gefundenen Beziehung

$$S^3 + \rho^2 S = 0$$

sind dies genau die Linearkombinationen von 1, S und S^2.
Andererseits ist $D = \exp(S)$ offensichtlich mit S vertauschbar, was uns auf einen Ansatz

$$D(\alpha,\beta,\gamma) = A(\alpha,\beta,\gamma)\cdot 1 + B(\alpha,\beta,\gamma)\cdot S + C(\alpha,\beta,\gamma)\cdot S^2$$

führt. Weiterhin erleidet D bei Anwendung einer Drehung $\tau \in SO(\mathbb{R}^3)$ auf S:

$$S \longmapsto S' = \tau^{-1} S \tau$$

die gleiche Transformation:

$$D \longmapsto D' = \exp(S') = \exp(\tau^{-1} S \tau) = \tau^{-1} \exp(S)\, \tau$$

woraus sich unmittelbar ergibt, daß die Funktionen A, B, C nicht von der Richtung des Vektors v, sondern nur von seiner Länge ρ abhängen:

$$D = D(v) = A(\rho)\cdot 1 + B(\rho)\cdot S + C(\rho)\cdot S^2$$

Um $A(\rho), B(\rho), C(\rho)$ auszurechnen, können wir uns aber auf den (essentiell zweidimensionalen) Spezialfall

$$v = (\alpha, \beta, \gamma) = (0, 0, \rho)$$

oder

$$S = S(0,0,\rho) = \begin{bmatrix} 0 & \rho & 0 \\ -\rho & 0 & 0 \\ 0 & 0 & 0 \end{bmatrix}$$

beschränken. Die Exponentialabbildung liefert dann

$$D = \exp(S) = \begin{bmatrix} \cos\rho & \sin\rho & 0 \\ -\sin\rho & \cos\rho & 0 \\ 0 & 0 & 1 \end{bmatrix}$$

und ein Koeffizientenvergleich läßt erkennen, daß

$$A(\rho) = 1$$

$$B(\rho) = \frac{\sin\rho}{\rho}$$

$$C(\rho) = \frac{1 - \cos\rho}{\rho^2}$$

sein muß.

Die Eigenwerte von D(v) sind nach den obigen Bemerkungen $1, e^{i\rho}, e^{-i\rho}$. Falls $D \neq 1$ ist, ist also der **Fixraum** (= Eigenraum zum Eigenwert 1) genau 1-dimensional. Er wird die **Achse** von D(v) genannt; die beiden antipodisch zueinander liegenden Schnittpunkte der Achse mit der Einheitssphäre sind die **Pole**. Die Achse wird vom Vektor v erzeugt, da

$$v \cdot S \;=\; (\alpha,\beta,\gamma)\begin{bmatrix} 0 & \gamma & -\beta \\ -\gamma & 0 & \alpha \\ \beta & -\alpha & 0 \end{bmatrix} \;=\; (0,0,0) \;=\; 0$$

und deshalb auch

$$v \cdot D \;=\; v \cdot \sum_{k=0}^{\infty} \frac{1}{k!} S^k \;=\; v + v \cdot S + \frac{1}{2}\, v \cdot S^2 + \ldots \;=\; v$$

ist. Damit haben wir

<u>Satz</u> <u>8.2.1:</u>

Die Drehungen des 3-dimensionalen euklidischen Raums $\mathbb{R}^3$, also die Elemente aus $SO(3,\mathbb{R})$, lassen sich in der Form

$$D \;=\; D(\alpha,\beta,\gamma) \;=\; 1 + \frac{\sin \rho}{\rho} \cdot S(\alpha,\beta,\gamma) + \frac{1 - \cos \rho}{\rho^2} \cdot S^2(\alpha,\beta,\gamma)$$

darstellen, wobei $(\alpha,\beta,\gamma) \in \mathbb{R}^3$ und

$$\rho \;=\; |(\alpha,\beta,\gamma)| \;=\; \sqrt{\alpha^2+\beta^2+\gamma^2}$$

ist. Die Drehachse ist parallel zu (α,β,γ); der Drehwinkel ist gleich ρ.

Ein alternativer Beweis dieses Satzes ergibt sich auch durch direkte Berechnung der exp-Abbildung, da für S die Rekursionsbeziehungen

$$S^3 \;=\; -\,\rho^2\, S$$

und folglich auch für alle $k \in \mathbb{N}$:

$$S^{k+2} \;=\; -\,\rho^2\, S^k$$

beziehungsweise

$$S^{2k+1} \;=\; (-\rho^2)^k\, S$$

$$S^{2k+2} = (-\rho^2)^k S^2$$

bestehen. Daraus leitet man ohne Mühe wieder die Richtigkeit der Behauptung her.

Die analogen Formeln für höhere Dimensionen ($n \geq 4$) werden ausgesprochen schwerfällig und dürften kaum von Interesse sein. Wir verzichten daher hier auf deren Herleitung, zumal die im nächsten Abschnitt diskutierte Parametrisierung von $SO(n,\mathbb{R})$ für die meisten Anwendungen geeigneter ist, da sie wesentlich eleganter, ästhetischer und zugleich allgemeiner ist.

Abgesehen von theoretischen Erwägungen, wie sie sich aus den Untersuchungen über Liegruppen ergeben, ist also die Exponentialbeschreibung der Drehgruppen mit $n > 3$ lediglich für numerische Zwecke brauchbar. Die praktische Berechnung von $\exp(S)$ führt man am besten nicht mit der Definitionsformel, sondern mittels einer Hauptachsentransformation der schiefsymmetrischen Matrix S durch (das geht immer!). Dazu haben wir ein geeignetes $\tau \in GL(n,\mathbb{R})$ zu suchen, für das die Transformierte $S^\tau = \tau^{-1} S \tau$ diagonal ist, etwa

$$S' = S^\tau = \tau^{-1} S \tau = \mathrm{Diag}(\lambda_1, \dots, \lambda_n)$$

Die λ_i sind dann die Eigenwerte von S, und die Exponentialabbildung liefert

$$D' = \exp(S') = \mathrm{Diag}\left(e^{\lambda_1}, \dots, e^{\lambda_n}\right)$$

und somit

$$D = \tau D' \tau^{-1} = \tau\, \mathrm{Diag}\left(e^{\lambda_1}, \dots, e^{\lambda_n}\right) \tau^{-1}$$

Verfahren für die Hauptachsentransformation bzw. die Bestimmung der Eigenwerte findet man in zahlreichen Computerbibliotheken; wir gehen nicht näher auf sie ein.

Zum Abschluß müssen wir aber noch einmal auf die Mehrdeutigkeit der Darstellung zurückkommen, die wir schon für die Ebene diskutiert hatten.

Da bekanntlich (s. Kap. 2) die Identität die einzige orthogonale Transformation darstellt, deren sämtliche Eigenwerte gleich 1 sind, liefern alle $S \in \mathbb{R}^{(n,n)}$ mit ${}^tS = -S$, deren Eigenwerte λ_i ganzzahlige Vielfache von $2\pi i$ sind, $D = 1$. Insbesondere bedeutet dies aufgrund von Satz 8.2.1, daß alle schiefsymmetrischen (3,3)-Matrizen S(v) mit

$$\rho = |v| \in 2\pi\mathbb{Z}$$

(und nur diese) die identische Rotation beschreiben. Daher ergeben sich alle Elemente aus $SO(\mathbb{R}^3)$ bereits in der Form D(v) mit $|v| < 2\pi$, und zwar, abgesehen von D = 1, jeweils genau zweimal. Daraus ließe sich die topologische Struktur der Liegruppe $SO(3,\mathbb{R})$ ermitteln. Wir wollen diese Betrachtung aber zum jetzigen Zeitpunkt noch nicht ausführen, da uns das Ergebnis im nächsten Abschnitt sozusagen in den Schoß fallen wird.

8.3. Rationale Parametrisierung

Die Darstellung der Standard-1-Sphäre $\Omega_2 \cong \mathbb{S}^1$ in $\mathbb{R}^2$ als Menge der komplexen Zahlen vom Betrag 1 läßt sich unmittelbar ausnutzen, um zu einer anderen Beschreibung der Drehmatrizen zu gelangen, die man direkt auf Drehungen in $\mathbb{R}^n$ übertragen kann.

Dazu ist nichts weiter nötig, als die einfachste Konstruktion von Zahlen des Betrags 1 in $\mathbb{C}$, nämlich Quotientenbildung zweier konjugiert-komplexer Größen

$$w = a + b\,i$$

und

$$\bar{w} = a - b\,i$$

($a, b \in \mathbb{R}$) zu verallgemeinern.

Wir haben also zunächst für den Fall der euklidischen Ebene die neue Beschreibung der Sphäre $\mathbb{S}^1$ in Gestalt von

$$\mathbb{S}^1 \cong \Omega_2 = \left\{ \frac{a+bi}{a-bi} \;\middle|\; (a,b) \in \mathbb{R}^2 \setminus \{0\} \right\}$$

Dabei ist jedoch zu beachten, daß zueinander proportionale Vektoren wie z.B. (a,b) und $\lambda \cdot (a,b) = (\lambda a, \lambda b)$ aus $\mathbb{R}^2 \setminus \{0\}$ auf denselben Punkt in Ω_2 führen. Das impliziert die Isomorphie von Ω_2 mit dem eindimensionalen **reellen projektiven Raum**, d.h. der **projektiven Geraden**:

$$\mathbb{S}^1 \cong \mathbb{P}^1\,\mathbb{R}$$

(vgl. hierzu Abschn. 7.1).

Für viele Anwendungen wird es zweckmäßig sein, die beiden **projektiven Koordinaten** a und b durch ihren Quotienten

$$t = \frac{b}{a} \in \mathbb{P}^1\,\mathbb{R} = \mathbb{R} \cup \{\infty\}$$

zu ersetzen, mit dem Resultat

$$\mathbb{S}^1 \cong \Omega_2 = \left\{ \frac{1+ti}{1-ti} \;\middle|\; t \in \mathbb{P}^1\mathbb{R} \right\}$$

Wie schon im Kapitel 7 über projektive Geometrie erläutert, muß man neben den "normalen" Brüchen (bei denen $a \neq 0$ ist) den Spezialfall $a = 0$ (der $b \neq 0$ zur Folge hat), also einen **unendlich fernen** oder **uneigentlichen Punkt** $t = \infty$, zulassen. Er erfüllt die Rechenregel

$$\frac{1+\infty i}{1-\infty i} = \frac{+i}{-i} = -1$$

Das entspricht dem Punkt $(-1,0) \in \Omega_2 \subset \mathbb{R}^2$, der mit reellen Werten des Parameters t nicht erreichbar ist. Die in Abschn. 8.1 definierte Topologie von $\mathbb{P}^1\mathbb{R}$ geht vermöge der Zuordnung

$$t \longleftrightarrow \frac{1+ti}{1-ti}$$

in die natürliche Topologie der Kreislinie $\mathbb{S}^1$ über.

Wir kehren zur Matrixschreibweise zurück, indem wir die bereits im letzten Abschnitt ausgiebig diskutierte 2-dimensionale (Algebra-)Darstellung

$$1 \longmapsto \begin{bmatrix} 1 & 0 \\ 0 & 1 \end{bmatrix} = 1 \qquad i \longmapsto \begin{bmatrix} 0 & 1 \\ -1 & 0 \end{bmatrix} = I$$

von $\mathbb{C}$ anwenden. Die Zahl $ti \in \mathbb{C}$ (mit $t \in \mathbb{R}$) wird durch die schiefsymmetrische (2,2)-Matrix

$$S = t\,I = \begin{bmatrix} 0 & t \\ -t & 0 \end{bmatrix}$$

wiedergegeben. Im allgemeinen Fall beliebiger Dimension $n \geq 2$ finden wir ganz entsprechende Verhältnisse vor, was wir zusammenfassen zu

Satz 8.3.1:

Sei $S \in \mathbb{R}^{(n,n)}$ schiefsymmetrisch: ${}^tS = -S$. Dann ist

$$D = D(S) = \frac{1+S}{1-S} = (1+S)\cdot(1-S)^{-1} = (1-S)^{-1}\cdot(1+S)$$

eine n-dimensionale Drehmatrix. Ferner ist jedes Element aus $SO(n,\mathbb{R})$, das den Eigenwert -1 nicht besitzt, auf diese Weise eindeutig darstellbar. Die Umkehrformel lautet

$$S = \frac{D-1}{D+1}$$

Beweis:

Die Eigenwerte von S sind rein imaginär, so daß der Quotient in der Definitionsgleichung für D wohldefiniert ist.

D ist darüber hinaus ein Element aus $SO(n,\mathbb{R})$, wie sich aus der einfachen Rechnung

$${}^tD = \frac{1+{}^tS}{1-{}^tS} = \frac{1-S}{1+S} = D^{-1}$$

und der Beobachtung, daß die Determinanten von 1+S und $1+{}^tS$ übereinstimmen, ergibt.

Die Behauptung betreffs der Umkehrung ist klar.

Bemerkung:

(a) Wie schon für n = 2 ist es auch im dreidimensionalen Raum möglich, die Ausnahme bezüglich der Drehungen mit Eigenwert -1 zu vermeiden. Wir brauchen nur allgemeiner anzusetzen:

$$D = \frac{d+S}{d-S}$$

mit $d \in \mathbb{R}$ und $S \in \mathbb{R}^{(3,3)}$; $S + {}^tS = 0$. Allerdings ergeben die Paare (d,S) und $(\lambda d, \lambda S)$ mit $\lambda \in \mathbb{R}^{\#}$ dann wieder dieselbe Transformation.

(b) Dieses Argument zeigt, wie schon im vorangegangenen Abschnitt skizziert, die Isomorphie

$$SO(\mathbb{R}^3) \cong \mathbb{P}^3 \mathbb{R}$$

(als topologische Räume).

Speziell für n = 2 ergibt sich die Darstellung

$$D = \frac{1+S}{1-S} = (1+t^2)^{-1} \begin{pmatrix} 1-t^2 & 2t \\ -2t & 1-t^2 \end{pmatrix}$$

Durch Vergleich mit der Exponentialform von D,

$$D = \begin{pmatrix} \cos\alpha & \sin\alpha \\ -\sin\alpha & \cos\alpha \end{pmatrix}$$

erhalten wir

$$\cos\alpha = \frac{1-t^2}{1+t^2}$$

$$\sin\alpha = \frac{2t}{1+t^2}$$

und wir erkennen die geometrische Bedeutung des Parameters t, nämlich

$$t = \operatorname{tg}\left(\frac{\alpha}{2}\right)$$

Nebenbei bemerkt, ist außer den trigonometrischen Funktionen von α auch das Differential

$$d\alpha = \frac{2\,dt}{1+t^2}$$

rational in t und dt. Dies kann man zur Reduktion von trigonometrischen Integralen auf solche mit rationalen Integranden benutzen.
Zum Abschluß geben wir noch die expliziten Formeln für die rationale Darstellung eines typischen $D \in SO(3,\mathbb{R})$ an.
Es ist nicht zweckmäßig, die Inversion der Matrix (1-S) direkt auszuführen. Stattdessen schließen wir zunächst, wie in Abschn. 8.2 bei der Diskussion

der Exponentialabbildung, den Trivialfall $S = 0$, $D = 1$ aus und beachten, daß D mit S kommutiert und daher eine Linearkombination der Matrizen $1, S, S^2$ ist:

$$D = \frac{1+S}{1-S} = A \cdot 1 + B \cdot S + C \cdot S^2$$

Multiplikation mit dem Hauptnenner ergibt

$$1 + S = A \cdot 1 + (B-A)\, S + (C-B)\, S^2 - C\, S^3$$

Einsetzen von

$$S = S(\alpha, \beta, \gamma) = \begin{pmatrix} 0 & \gamma & -\beta \\ -\gamma & 0 & \alpha \\ \beta & -\alpha & 0 \end{pmatrix}$$

führt nach Koeffizientenvergleich ($1, S, S^2$ sind linear unabhängig!), wieder mit der Abkürzung

$$\rho = \sqrt{\alpha^2+\beta^2+\gamma^2}$$

und der Minimalgleichung

$$S^3 = -\rho^2\, S$$

auf die Lösung

$$A = 1$$

$$B = C = \frac{2}{1+\rho^2}$$

und folglich

$$D = 1 + \frac{2}{1+\rho^2} \cdot (S + S^2)$$

Wir haben damit bewiesen:

Satz 8.3.2:

(a) Die zur Parametermatrix

$$S = S(\alpha,\beta,\gamma) = \begin{bmatrix} 0 & \gamma & -\beta \\ -\gamma & 0 & \alpha \\ \beta & -\alpha & 0 \end{bmatrix}$$

gehörige Drehmatrix $D \in SO(\mathbb{R}^3)$ ist

$$D = 1 + \frac{2}{1+\alpha^2+\beta^2+\gamma^2}\cdot(S + S^2)$$

(b) Alle Drehungen in $\mathbb{R}^3$, mit Ausnahme derer, die den Eigenwert -1 besitzen, können (eindeutig) so erhalten werden.

Um auch die hier ausgeschlossenen Drehungen zu berücksichtigen, gehen wir gemäß

$$\alpha = \frac{a}{d}\,; \qquad \beta = \frac{b}{d}\,; \qquad \gamma = \frac{c}{d}$$

zu projektiven Koordinaten (a,b,c,d) im Parameterraum $\mathbb{P}^3\mathbb{R}$ über.

Satz 8.3.3:

(a) Jede Drehmatrix $D \in SO_3(\mathbb{R})$ ist von der Form

$$D(a,b,c,d) = \frac{1}{a^2+b^2+c^2+d^2}\begin{bmatrix} a^2-b^2-c^2+d^2 & 2(ab+cd) & 2(ac-bd) \\ 2(ba-cd) & b^2-c^2-a^2+d^2 & 2(bc+ad) \\ 2(ca+bd) & 2(cb-ad) & c^2-a^2-b^2+d^2 \end{bmatrix}$$

(b) Falls nicht a,b,c gleichzeitig Null werden, wenn also D verschieden von 1 ist, ist die **Achse** von D(a,b,c,d) parallel zu $(a,b,c) \in \mathbb{R}^3$.

(c) Der **Drehwinkel** φ ist bestimmt durch

$$\mathrm{tg}^2\left(\frac{\varphi}{2}\right) = \frac{a^2+b^2+c^2}{d^2}$$

Beweis:

Die Teilaussage (a) hatten wir schon vorab bestätigt. Außerdem entnimmt man aus Satz 8.3.2 und

$$(a,b,c)\cdot S = 0$$

oder durch direkte Rechnung, daß

$$(a,b,c)\cdot D = (a,b,c)$$

ist und demzufolge (b) gilt. Die Eigenwerte von D sind $1, e^{i\varphi}, e^{-i\varphi}$; ein Vergleich ihrer Summe

$$1 + e^{i\varphi} + e^{-i\varphi} = 1 + 2\cos\varphi$$

mit der Spur von D ergibt (c).

9. Lineare Transformationen komplexer Räume

9.1. Pauli-Matrizen

Einer beliebigen komplexen (n,n)-Matrix M ordnen wir mittels

$$H = \frac{1}{2}\left[M + {}^t\overline{M}\right]$$

$$K = \frac{1}{2i}\left[M - {}^t\overline{M}\right]$$

ein Paar H,K von hermiteschen Matrizen zu, aus denen sich M gemäß

$$M = H + i\,K$$

zurückgewinnen läßt. Für n = 1 reduziert sich diese Aufspaltung auf die Zerlegung einer komplexen Zahl in Real- und Imaginärteil. Entsprechend nennen wir H den **hermiteschen** und iK den **schiefhermiteschen Teil** von M.

Reelle Linearkombinationen hermitescher Matrizen haben wieder die gleiche Eigenschaft. Daher bilden alle hermiteschen (n,n)-Matrizen einen $\mathbb{R}$-Vektorraum (der Dimension n^2).

Der einfachste nichttriviale Fall (n = 2) betrifft die linearen Abbildungen der komplexen Ebene $\mathbb{C}^2$ auf sich. Er ist von besonderer praktischer Bedeutung; deshalb wollen wir ihn hier ausführlich diskutieren.

Die Matrix

$$H = \begin{pmatrix} a & b \\ c & d \end{pmatrix}$$

$(a,b,c,d \in \mathbb{C})$ ist genau dann hermitesch, wenn a und d reell, b und c hingegen zueinander konjugiert-komplex sind. Es liegt daher ein Ansatz der Gestalt

$$b = x - i\,y \qquad\qquad c = x + i\,y$$

mit reellen Zahlen x,y nahe. Um die Symmetrie der Formeln wiederherzustellen, schreiben wir noch

$$a = w + z \qquad\qquad d = w - z$$

mit gleichfalls reellen w,x und erhalten

$$H = H(w,x,y,z) = \begin{bmatrix} w+z & x-iy \\ x+iy & w-z \end{bmatrix}$$

Lassen wir die Bedingung fallen, daß die Parameter in $\mathbb{R}$ liegen, und erlauben beliebige komplexe Zahlen, so bekommen wir sämtliche Elemente aus $\mathbb{C}^{(2,2)}$; die Bedeutung der soeben gefundenen Darstellung liegt aber natürlich gerade in der besonders einfachen und eleganten Beschreibung der hermiteschen Matrizen. Deshalb beschränken wir uns hier auf $(w,x,y,z) \in \mathbb{R}^4$.
Die **Invarianten** von H sind leicht zu bestimmen: die Spur ist

$$\operatorname{Sp} H = 2\,w$$

während die Determinante

$$\det H = (w+z)(w-z) - (x+iy)(x-iy) = w^2 - x^2 - y^2 - z^2$$

die **Lorentzform** in den (kartesischen) Koordinaten (w,x,y,z) repräsentiert. Dies läßt eine intime Beziehung zur **speziellen Relativitätstheorie** erkennen, der wir uns in Kap. 14 näher widmen werden.
Zuvor aber betrachten wir noch das **Spektrum** von H. Es ergibt sich unmittelbar aus den letzten beiden Gleichungen:

$$\operatorname{EW}(H) = \left\{ w \pm \sqrt{x^2+y^2+z^2} \right\}$$

Die hermitesche (2,2)-Matrix H läßt sich auch als

$$H = w\,\sigma_0 + x\,\sigma_1 + y\,\sigma_2 + z\,\sigma_3 = w\cdot 1 + x\,\sigma_x + y\,\sigma_y + z\,\sigma_z$$

schreiben mit reellen Zahlen w,x,y,z, der Einheitsmatrix

$$\sigma_0 = 1 = H(1,0,0,0) = \begin{bmatrix} 1 & 0 \\ 0 & 1 \end{bmatrix}$$

und den drei **Pauli-Matrizen**

$$\sigma_1 = \sigma_x = H(0,1,0,0) = \begin{bmatrix} 0 & 1 \\ 1 & 0 \end{bmatrix}$$

$$\sigma_2 = \sigma_y = H(0,0,1,0) = \begin{bmatrix} 0 & -i \\ i & 0 \end{bmatrix}$$

$$\sigma_3 = \sigma_z = H(0,0,0,1) = \begin{bmatrix} 1 & 0 \\ 0 & -1 \end{bmatrix}$$

Letztere sind nach Konstruktion hermitesch. Darüber hinaus besitzen sie eine Reihe von weiteren wichtigen algebraischen Besonderheiten, die wir kurz zusammenstellen wollen. Für den Rest dieses Abschnitts durchlaufen die Indizes a, b, c, ... in den Symbolen $\sigma_a, \sigma_b, \sigma_c, \ldots$ nur die Werte von 1 bis 3; die Einheitsmatrix σ_0 betrachten wir nicht weiter.
Aus den Definitionsgleichungen folgt durch Spezialisieren

$$\mathrm{Sp}\ \sigma_a = 0$$

$$\det \sigma_a = -1$$

und daraus finden wir mit dem **Satz von Hamilton und Cayley** die Minimalpolynome:

$$\sigma_a^2 = 1$$

Diese Relationen ergeben sich natürlich auch unmittelbar aus den Matrizen selbst. Außerdem ist das Produkt zweier verschiedener Pauli-Matrizen bis auf einen numerischen Faktor gleich der dritten. Genauer haben wir als Verallgemeinerung der zuletzt gefundenen Formel die Produktregel

$$\sigma_a \sigma_b = \delta_{ab} \cdot 1 + i\ \varepsilon_{abc}\ \sigma_c$$

Das Auftreten des ε-Faktors deutet auf eine Verbindung zum **Vektorprodukt** in $\mathbb{R}^3$ hin. Wir setzen für einen Vektor $v = (v_1, v_2, v_3) \in \mathbb{R}^3$ die Matrix

$$(v\cdot\sigma) = v_1\sigma_1 + v_2\sigma_2 + v_3\sigma_3 = H(0,v_1,v_2,v_3) = \begin{bmatrix} v_3 & v_1-iv_2 \\ v_1+iv_2 & -v_3 \end{bmatrix}$$

an. Das Produkt zweier solcher Matrizen ist dann eine Kombination aus dem **Skalarprodukt** von u und v, multipliziert mit σ_0, und der zum Vektorprodukt $u\wedge v$ gehörigen Matrix:

$$(u\cdot\sigma)\,(v\cdot\sigma) = H(\langle u,v\rangle, i(u_2v_3-v_2u_3), i(u_3v_1-v_3u_1), i(u_1v_2-v_1u_2))$$

oder auch

$$(u\cdot\sigma)\,(v\cdot\sigma) = \langle u,v\rangle\cdot 1 + i\,(u\wedge v)\cdot\sigma$$

Dieser Ausdruck erinnert sehr an die Produktbildung für **Quaternionen**; wir werden in Kap. 10 sehen, daß die Pauli-Matrizen zur Konstruktion einer zweidimensionalen komplexen Darstellung der Quaternionenalgebra benutzt werden können.

9.2. Cayley-Klein-Parameter

Wir wollen untersuchen, was geschieht, wenn wir auf eine hermitesche (2,2)-Matrix

$$H = H(w,x,y,z) = w\cdot 1 + x\,\sigma_x + y\,\sigma_y + z\,\sigma_z$$

die unitäre (2,2)-Matrix U anwenden. Dazu können wir noch o.B.d.A. voraussetzen, daß det U gleich 1 sei: $U \in SU(2,\mathbb{C})$. Durch Konjugation mit U geht H über in

$$H^* = H^U = U^{-1}\,H\,U$$

und es gilt

$$\overline{{}^tH^*} = {}^t\overline{U}\;{}^t\overline{H}\;{}^t\overline{U}^{-1} = U^{-1}\,H\,U = H^*$$

H^* ist also ebenfalls hermitesch und daher wieder von der Form

$$H^* = \begin{pmatrix} w^*+z^* & x^*-iy^* \\ x^*+iy^* & w^*-z^* \end{pmatrix}$$

mit reellen Zahlen w^*, x^*, y^*, z^*. Offensichtlich hängt (w^*, x^*, y^*, z^*) linear von (w,x,y,z) ab. Die allgemeine Gestalt dieser Transformation wird uns in Kap. 12 beschäftigen; hier wollen wir lediglich den Spezialfall verschwindender Spur von H, also $w = 0$, untersuchen. Dann ist wegen der Invarianz der Spur unter Konjugation auch $w^* = 0$, und U induziert eine lineare Abbildung $\hat{U}$ von $\mathbb{R}^3$ auf sich, die

$$H = H(0,x,y,z) = \begin{pmatrix} z & x-iy \\ x+iy & -z \end{pmatrix}$$

in

$$H^* = H(0,x^*,y^*,z^*) = \begin{bmatrix} z^* & x^*-iy^* \\ x^*+iy^* & -z^* \end{bmatrix}$$

überführt. Durch die Zuordnung $U \longrightarrow \hat{U}$ ist ein stetiger Homomorphismus von $SU(2,\mathbb{C})$ auf $SO(3,\mathbb{R})$ definiert. (Das Bild muß zusammenhängend sein, da das Entsprechende auf $SU(2,\mathbb{C})$ zutrifft. Man verifiziert dann leicht, daß es mit $SO(3,\mathbb{R})$ übereinstimmt).

Der Kern besteht genau aus den beiden Skalarmatrizen 1 und -1 in $SU(2,\mathbb{C})$. Nach dem Homomorphiesatz 2.2.1 bedeutet dies

$$PSU(2,\mathbb{C}) = SU(2,\mathbb{C})/\{1,-1\} \cong SO(3,\mathbb{R})$$

$SU(2,\mathbb{C})$ ist also eine zweifache **Überlagerung** von $SO(3,\mathbb{R})$ oder, etwas genauer, eine **Schurerweiterung**

$$SU(2,\mathbb{C}) \cong 2 \wedge SO(3,\mathbb{R})$$

da der Kern der Projektion sowohl im Zentrum als auch in der Kommutatorgruppe von $SU(2,\mathbb{C})$ liegt. Den Nachweis, daß eine ähnliche Erweiterung auch für $SO(n,\mathbb{R})$ existiert, verschieben wir auf später (s. Kap. 13).

Zur Vervollständigung der gegenwärtigen Betrachtungen benötigen wir die explizite Form von $\hat{U}$. Wir schreiben

$$U = \begin{bmatrix} A & B \\ C & D \end{bmatrix}$$

mit den (in der physikalischen, insbesondere der quantenmechanischen Literatur) zuweilen als **Cayley-Klein-Parameter** bezeichneten komplexen Koeffizienten A, B, C, D. Die konjugiert-transponierte Matrix zu $U \in SU(2,\mathbb{C})$ stimmt mit der Inversen U^{-1} überein, die ihrerseits wegen $\det(U) = 1$ gleich der adjungierten ist:

$$\begin{bmatrix} \bar{A} & \bar{C} \\ \bar{B} & \bar{D} \end{bmatrix} = \begin{bmatrix} D & -B \\ -C & A \end{bmatrix}$$

Wir wenden U auf die drei **Pauli-Matrizen** an:

$$\sigma_1^U = \begin{bmatrix} \bar{A} & \bar{C} \\ \bar{B} & \bar{D} \end{bmatrix} \begin{bmatrix} 0 & 1 \\ 1 & 0 \end{bmatrix} \begin{bmatrix} A & B \\ C & D \end{bmatrix} = \begin{bmatrix} \bar{C}A+\bar{A}C & \bar{C}B+\bar{A}D \\ \bar{D}A+\bar{B}C & \bar{D}B+\bar{B}D \end{bmatrix}$$

$$\sigma_2^U = \begin{bmatrix} \bar{A} & \bar{C} \\ \bar{B} & \bar{D} \end{bmatrix} \begin{bmatrix} 0 & -i \\ i & 0 \end{bmatrix} \begin{bmatrix} A & B \\ C & D \end{bmatrix} = \begin{bmatrix} i(\bar{C}A-\bar{A}C) & i(\bar{C}B-\bar{A}D) \\ i(\bar{D}A-\bar{B}C) & i(\bar{D}B-\bar{B}D) \end{bmatrix}$$

$$\sigma_3^U = \begin{bmatrix} \bar{A} & \bar{C} \\ \bar{B} & \bar{D} \end{bmatrix} \begin{bmatrix} 1 & 0 \\ 0 & -1 \end{bmatrix} \begin{bmatrix} A & B \\ C & D \end{bmatrix} = \begin{bmatrix} \bar{A}A-\bar{C}C & \bar{A}B-\bar{C}D \\ \bar{B}A-\bar{D}C & \bar{B}B-\bar{D}D \end{bmatrix}$$

Zerlegung nach der Basis $\sigma_1, \sigma_2, \sigma_3$ gibt die zu U gehörige Drehmatrix

$$\hat{U} = \frac{1}{2} \begin{bmatrix} +\bar{A}D+\bar{B}C+\bar{C}B+\bar{D}A & i(+\bar{A}D-\bar{B}C+\bar{C}B-\bar{D}A) & +\bar{A}C-\bar{B}D+\bar{C}A-\bar{D}B \\ i(-\bar{A}D-\bar{B}C+\bar{C}B+\bar{D}A) & +\bar{A}D-\bar{B}C-\bar{C}B+\bar{D}A & i(-\bar{A}C+\bar{B}D+\bar{C}A-\bar{D}B) \\ +\bar{A}B+\bar{B}A-\bar{C}D-\bar{D}C & i(+\bar{A}B-\bar{B}A-\bar{C}D+\bar{D}C) & +\bar{A}A-\bar{B}B-\bar{C}C+\bar{D}D \end{bmatrix}$$

Obwohl es auf den ersten Blick nicht so erscheinen mag, sind in der Tat alle Koeffizienten in Û reell. Das liegt an den Nebenbedingungen

$$C = -\bar{B}$$

$$D = \bar{A}$$

mit deren Hilfe wir das Auftreten der komplexen Konjugation vermeiden können:

$$\hat{U} = \begin{bmatrix} \frac{1}{2}(+A^2-B^2-C^2+D^2) & \frac{i}{2}(+A^2+B^2-C^2-D^2) & -AB+CD \\ \frac{i}{2}(+A^2-B^2+C^2-D^2) & \frac{1}{2}(-A^2-B^2-C^2-D^2) & -i(AB+CD) \\ -AC+BD & -i(AC+BD) & AD+BC \end{bmatrix}$$

Wegen der Nebenbedingungen ist dieser Ausdruck aber nicht sonderlich praktisch. Bequemer ist es, C und D zu eliminieren. Das ergibt die manifest reelle Matrix

$$\hat{U} = \begin{bmatrix} A^2+\bar{A}^2-B^2-\bar{B}^2 & \frac{i}{2}(A^2-\bar{A}^2+B^2-\bar{B}^2) & -AB-\overline{AB} \\ \frac{i}{2}(A^2-\bar{A}^2-B^2-\bar{B}^2) & -A^2-\bar{A}^2-B^2-\bar{B}^2 & i(-AB+\overline{AB}) \\ A\bar{B}+\bar{A}B & i(-\bar{A}B+A\bar{B}) & A\bar{A}-B\bar{B} \end{bmatrix}$$

wobei nur noch die Determinantenbedingung

$$\det U = A\bar{A} + B\bar{B} = 1$$

einzuhalten ist.
Die Abhängigkeit der Matrizen U und Û von den komplexen Cayley-Klein-Parametern bringt allerdings Nachteile mit sich, da sie die Benutzung nicht gerade erleichtert.
Die obigen Gleichungen suggerieren aber einen Ansatz wie etwa

$$U = \begin{pmatrix} d+ic & b+ia \\ -b+ia & d-ic \end{pmatrix}$$

worin a, b, c, d reelle Zahlen sind, die der aus det(U) = 1 folgenden Bedingung

$$a^2 + b^2 + c^2 + d^2 = 1$$

genügen müssen. Daher ist die topologische Gruppe $SU(\mathbb{C}^2)$ homöomorph zur 3-Sphäre:

$$SU(2,\mathbb{C}) \cong \mathbb{S}^3$$

Daraus wiederum finden wir durch Zusammenfassen der Paare entgegengesetzter Matrizen U und -U, die der Identifikation der zueinander antipodischen Punkte (a, b, c, d) und (-a, -b, -c, -d) in $\mathbb{S}^3$ entspricht, die uns schon aus Abschn. 8.3 bekannte topologische Äquivalenz der 3-dimensionalen Drehgruppe mit dem reellen projektiven Raum,

$$SO(3,\mathbb{R}) \cong PSU(2,\mathbb{C}) \cong SU(2,\mathbb{C})/\{\pm 1\} \cong \mathbb{S}^3/\{\pm 1\} = \mathbb{P}^3\,\mathbb{R}$$

Die Berechnung von Û macht jetzt keine Mühe mehr; das Ergebnis lautet

$$\hat{U} = \begin{pmatrix} a^2-b^2-c^2+d^2 & 2(ab+cd) & 2(ac-bd) \\ 2(ba-cd) & b^2-c^2-a^2+d^2 & 2(bc+ad) \\ 2(ca+bd) & 2(cb-ad) & c^2-a^2-b^2+d^2 \end{pmatrix}$$

und ist (beachte, daß $a^2+b^2+c^2+d^2 = 1$ gilt!) identisch mit unserer früheren Darstellung. Das ist natürlich nicht überraschend, da wir lediglich die naheliegende Beschreibung der 3-Sphäre durch kartesische Koordinaten vor uns haben: viele Wege führen ins Paradies...

9.3. Die Drehimpulsalgebra

Die Klassifikation aller irreduziblen Darstellungen einer Liealgebra $\mathfrak{L}$ erfordert im allgemeinen Verfahren, die wir aus Platzmangel in diesem Buch nicht darlegen können. Glücklicherweise ist das auch nicht nötig, weil die uns interessierenden Fälle mit elementaren Methoden zu bewältigen sind.
Es handelt sich um die beiden in physikalischer Hinsicht wichtigsten Liealgebren, die **Drehimpulsalgebra** $\mathfrak{so}_3(\mathbb{R})$, derer wir uns als erstes annehmen, und die **Lorentzalgebra**, Abschn. 14.5.
Ein sehr nützliches Hilfsmittel zur Beschreibung und Einordnung von Darstellungen sind die **Casimiroperatoren**.

<u>Definition 9.3.1:</u>
Wir betrachten eine Darstellung

$$\Phi\colon \mathfrak{L} \longrightarrow \text{End } V$$

der Liealgebra $\mathfrak{L}$ durch Endomorphismen (Matrizen) über einem endlichdimensionalen Vektorraum V mit dem gleichen Grundkörper ($\mathbb{K}$) wie $\mathfrak{L}$. Dabei vertritt natürlich der Matrixkommutator

$$[A,B] = A\,B - B\,A$$

in End V die Rolle der Lieklammer.

(a) Die **einhüllende Algebra** von $\Phi(\mathfrak{L})$ ist die kleinste Unteralgebra von End V bezüglich des Matrixprodukts, die $\Phi(\mathfrak{L})$ enthält.

(b) Eine **Casimirmatrix** von Φ ist ein Element aus dem Zentralisator von $\Phi(\mathfrak{L})$ in End V, also eine Matrix C, die mit allen $M \in \Phi(\mathfrak{L})$ vertauschbar ist.

Die Bedeutung der Casimiroperatoren beruht auf einer direkt aus der Definition folgenden Eigenschaft:

Satz 9.3.1:

Sei $\mathfrak{L}$ eine Liealgebra über einem algebraisch-abgeschlossenen Körper. Dann sind alle Casimiroperatoren endlichdimensionaler irreduzibler Darstellungen von $\mathfrak{L}$ skalare Vielfache der Identität.

Beweis:

Wir benutzen die Symbole $\mathbb{K}$, Φ, C und V in derselben Bedeutung wie vorhin und setzen $n = \dim V$. C liegt in $\operatorname{End} V \cong \mathbb{K}^{(n,n)}$, und alle $M \in \Phi(\mathfrak{L})$ erfüllen nach Voraussetzung die Bedingung $[C,M] = 0$.
Weiter wählen wir einen dank der algebraischen Abgeschlossenheit existierenden Eigenwert $c \in \mathbb{K}$ von C aus. Für jeden zugehörigen Eigenvektor v gilt

$$v\,M\,C = v\,C\,M = c\,v\,M$$

d.h., der Eigenraum $ER(c,C) \subseteq V$ geht bei Anwendung der Matrix M in sich über und ist daher invariant unter $\Phi(\mathfrak{L})$. Die Irreduzibilität von V liefert somit $ER(c,C) = V$.

Nach diesen elementaren Vorbemerkungen wenden wir uns dem Gegenstand unseres eigentlichen Interesses, den irreduziblen Darstellungen von $\mathfrak{so}_3(\mathbb{R})$, zu. Die aufgrund der Korrespondenz des Satzes 6.8.5 zur Liegruppe $SO_n(\mathbb{R})$ aller Drehungen des $\mathbb{R}^n$ assoziierte Liealgebra $\mathfrak{so}_n(\mathbb{R})$ läßt sich nach Abschn. 8.1 mit der Menge aller schiefsymmetrischen reellen (n,n)-Matrizen identifizieren, was weiterhin auch geschehen soll.
Wir beschränken uns dabei auf den Spezialfall $n = 3$ und verwenden die aus den drei Elementen

$$L_1 = \begin{pmatrix} 0 & 0 & 0 \\ 0 & 0 & -1 \\ 0 & +1 & 0 \end{pmatrix}$$

$$L_2 = \begin{pmatrix} 0 & 0 & +1 \\ 0 & 0 & 0 \\ -1 & 0 & 0 \end{pmatrix}$$

$$L_3 = \begin{pmatrix} 0 & -1 & 0 \\ +1 & 0 & 0 \\ 0 & 0 & 0 \end{pmatrix}$$

bestehende kanonische Basis von $\mathfrak{g} = so_3(\mathbb{R})$. Die Kommutatorrelationen zwischen ihnen lauten

$$[L_2, L_3] = -[L_3, L_2] = L_1$$

$$[L_3, L_1] = -[L_1, L_3] = L_2$$

$$[L_1, L_2] = -[L_2, L_1] = L_3$$

Die endlich-dimensionalen komplexen Darstellungen von $so_3(\mathbb{R})$ sind leicht zu klassifizieren.

Satz 9.3.2:

Für jedes n = 1,2,3,... gibt es eine Darstellung

$$\mathcal{D}: \quad so_3(\mathbb{R}) \longrightarrow \mathrm{End}\ V$$

mit $V \cong \mathbb{C}^n$. Sie ist bis auf Äquivalenz eindeutig bestimmt, und bei geeignet gewählter Basis $w_1, \dots, w_n$ von V explizit durch die Formeln

$$w_j\ \mathcal{D}(L_+) = \sqrt{j(n-j)}\ w_{j+1}$$

$$w_{j+1}\ \mathcal{D}(L_-) = \sqrt{j(n-j)}\ w_j$$

$$w_j\ \mathcal{D}(L_0) = \frac{1}{2}\ (n+1-2j)\ w_j$$

gegeben. Dabei haben wir die Abkürzungen

$$L_+ = i\ (L_1 + iL_2) = i\ L_1 - L_2$$

$$L_- = i\ (L_1 - iL_2) = i\ L_1 + L_2$$

$$L_0 = i\ L_3$$

mit der Auflösung

$$L_1 = -\frac{i}{2}(L_+ + L_-)$$

$$L_2 = -\frac{1}{2}(L_+ - L_-)$$

$$L_3 = -i\,L_0$$

verwendet. Der Casimiroperator

$$C = -L_1^2 - L_2^2 - L_3^2 = L_0^2 + \frac{1}{2}(L_+L_- + L_-L_+)$$

hat nur einen Eigenwert, nämlich

$$c = \frac{1}{4}(n^2-1)$$

und wird daher durch das c-fache der Einheitsmatrix repräsentiert.

Beweis:

Wir komplexifizieren $\mathfrak{so}_3(\mathbb{R})$, führen also die Rechnungen mit der dreidimensionalen komplexen Liealgebra $\mathfrak{L} = \mathbb{C} \otimes \mathfrak{so}_3(\mathbb{R})$ durch. Das ändert nichts an den Ergebnissen, hat aber den Vorzug, daß wir uns keine Gedanken über die Existenz von Eigenwerten, Eigenvektoren usw. machen müssen.
Die Bilder der L_i unter $\mathcal{D}$ bezeichnen wir mit $M_i \in \mathbb{C}^{(n,n)}$; die des alternativen Erzeugendensystems $\{L_+, L_-, L_0\}$ entsprechend mit $\{M_+, M_-, M_0\}$. Deren Kommutatoren sind

$$[M_0, M_+] = -[M_+, M_0] = +M_+$$

$$[M_0, M_-] = -[M_-, M_0] = -M_-$$

$$[M_+, M_-] = -[M_-, M_+] = 2\,M_0$$

Unter den endlich vielen Eigenwerten von M_0 suchen wir einen (s) mit möglichst großem Realteil aus. Ferner fixieren wir einen zugehörigen Eigenvektor $v_1 \neq 0$ und definieren rekursiv über

$$v_{j+1} = v_j\,M_+$$

weitere Vektoren v_2, v_3 und so fort. Dann gilt aufgrund der Vertauschungsregeln für alle j

$$v_{j+1} M_0 = v_j M_+ M_0 = v_j M_0 M_+ - v_j M_+$$

woraus sich mit

$$v_1 M_0 = s v_1$$

durch vollständige Induktion nach j die allgemeine Formel

$$v_j M_0 = (s+1-j) v_j$$

ergibt. Die v_j sind also Eigenvektoren von M_0 mit lauter verschiedenen Eigenwerten. Soweit sie nicht verschwinden, müssen sie daher sogar linear unabhängig sein, was selbstverständlich nur auf endlich viele unter ihnen (nicht mehr als n) zutreffen kann. Es gibt somit ein $k \in \mathbb{N}$ mit $v_k \neq 0$, aber $v_{k+1} = 0$. Mit den Basiskommutatorregeln erhalten wir weiter

$$v_1 M_- M_0 = v_1 M_0 M_- + v_1 M_- = (s+1) v_1 M_-$$

was nach Definition von s nur mit

$$v_1 M_- = 0$$

verträglich ist. Die Wirkung von M_- auf die übrigen v's ist mit demselben Trick ebenso einfach zu berechnen. Die Beziehung

$$v_{j+1} M_- = v_j M_+ M_- = v_j M_- M_+ + 2 v_j M_0 = v_j M_- M_+ + 2 (s+1-j) v_j$$

erlaubt die rekursive Bestimmung der Aktion von M_- auf den v_j. Das Resultat ist

$$v_j M_- = (j-1) (2s+2-j) v_{j-1}$$

Alle drei Erzeugenden M_+, M_- und M_0 lassen also den von $v_1, \ldots, v_k$ erzeugten Unterraum invariant. Die vorausgesetzte Irreduzibilität impliziert dann,

daß $v_1,\dots,v_k$ eine Basis von V bilden und insbesondere $k = n$ ist.
Um die Eindeutigkeit zu beweisen, brauchen wir nur noch s auszurechnen. Wir haben einerseits

$$2\,\mathrm{Spur}(M_0) = \mathrm{Spur}([M_+,M_-]) = \mathrm{Spur}(M_+M_-) - \mathrm{Spur}(M_-M_+) = 0$$

und zum anderen

$$\mathrm{Spur}(M_0) = (s) + (s-1) + \dots + (s+1-n) = n\,s - \frac{1}{2}\,n\,(n-1)$$

Der Vergleich liefert

$$s = \frac{1}{2}\,(n-1)$$

Die übrigen Aussagen des Satzes ergeben sich durch triviale Rechnung, wenn wir noch

$$v_j = \left[\frac{(j-1)!}{(n-j)!}\right]^{1/2} w_j$$

substituieren $(1 \le j \le n)$.

Bemerkungen:

(1) Die Matrizen M_+ und M_- bzw. die Elemente L_+ und L_-, die sie darstellen, werden wegen der Art ihrer Aktion auf den Eigenräumen von M_0 auch häufig als **Schiebe-** oder **Leiteroperatoren** bezeichnet.

(2) Mit $\{L_+,L_-,L_0\}$ haben wir eine der einfachsten **Chevalleybasen** kennengelernt. Derartige Erzeugendensysteme werden ganz generell zur Klassifikation der halbeinfachen komplexen Liealgebren eingesetzt. Gegenüber den ursprünglich von Killing [1888-1890] und Cartan [1952-1953] verwendeten Basen haben sie entscheidende Vorzüge: hauptsächlich den, daß alle **Strukturkonstanten** (= Entwicklungskoeffizienten der Fundamentalkommutatoren nach der Basis) ganzzahlig sind.
Mehr zu deren Definitionen ist in Carter [1972,1985], Humphreys [1975] oder Chevalley [1946] zu finden. Dort sind auch die Eigenschaften der L_i ausgiebig diskutiert.

(3) Die Hauptvorzüge der Darstellung auf der Basis $w_1,\dots,w_n$ liegen in der

Realität aller Chevalleyerzeugenden und darin, daß L_+ und L_- zueinander transponiert, also auch hermitesch adjungiert sind. Die letzte Bemerkung ist gleichbedeutend mit der Schiefhermitezität der Ausgangsbasis L_1, L_2, L_3 und der **Unitarität** der durch die Exponentialabbildung zu konstruierenden zugeordneten Darstellung der Liegruppe $SO_3(\mathbb{R})$.

(4) Die Eigenwerte von L_0 sind $s, s-1, \ldots, -s+1, -s$ mit $s = \frac{1}{2}(n-1) \in \frac{1}{2}\mathbb{N}_0$. Das ergibt für den Eigenwert des Casimiroperators C die Formel

$$c = s\,(s+1) = s^2 + s$$

Der Ausdruck **"Drehimpulsalgebra"** rührt daher, daß die kartesischen Komponenten

$$L_1 = x^2 p_3 - x^3 p_2$$

$$L_2 = x^3 p_1 - x^1 p_3$$

$$L_3 = x^1 p_2 - x^2 p_1$$

des **Drehimpulses** (L_1, L_2, L_3), also des Vektorprodukts aus dem Ort (x^1, x^2, x^3) und dem Impuls (p_1, p_2, p_3) eines Teilchens, mit den **Poissonklammern**

$$[F,G]_P = \frac{\partial F}{\partial x^k}\frac{\partial G}{\partial p_k} - \frac{\partial F}{\partial p_k}\frac{\partial G}{\partial x^k}$$

als Liemultiplikation genau die oben angegebenen Produkte der L_j liefern. Die Drehimpulskomponenten erzeugen daher eine zu $\mathfrak{so}_3(\mathbb{R})$ isomorphe Algebra; vgl. Neutsch & Scherer [1992].

In der Quantentheorie (Abschn. 5.6) gilt das Entsprechende. Physikalische Observable werden durch Differentialoperatoren auf gewissen Funktionenräumen **(Wellenfunktionen)** beschrieben. Aus den **Heisenbergschen Vertauschungsrelationen**

$$[x^j, x^k] = 0$$

$$[p_j, p_k] = 0$$

$$[x^j, p_k] \;=\; -\,[p_k, x^j] \;=\; i\,\hbar\,\delta^j_k$$

der Orts- und Impulskomponenten, die sich von den Poissonbedingungen nur um den konstanten Faktor $i\hbar$ unterscheiden (s. Abschn. 5.6), folgen unmittelbar die des Drehimpulses; hier zur Vermeidung von Verwechslungen mit (J_1, J_2, J_3) bezeichnet:

$$[J_2, J_3] \;=\; -\,[J_3, J_2] \;=\; i\,\hbar\,J_1$$

$$[J_3, J_1] \;=\; -\,[J_1, J_3] \;=\; i\,\hbar\,J_2$$

$$[J_1, J_2] \;=\; -\,[J_2, J_1] \;=\; i\,\hbar\,J_3$$

Durch den Ansatz $J_k = i\hbar L_k$ kehren wir zu unseren Standarderzeugenden zurück; die Algebra der J_k ist isomorph zu so_3.
Der Grund für die Abweichung in der Notation liegt in dem Bedürfnis, mit hermiteschen Operatoren, die reelle Eigenwerte haben, zu arbeiten. Die oben benutzten L_i können aber höchstens durch schiefhermitesche Matrizen dargestellt werden (was auch geschehen ist!), da der Kommutator zweier hermitescher Matrizen stets schiefhermitesch ist. Der imaginäre Faktor i "repariert" das, während das **Plancksche Wirkungsquantum** $\hbar$ von der Normierung der verwendeten physikalischen Größen abhängt.
In diesem Sinn beschreibt die in Satz 9.3.2 gefundene Darstellung $\mathcal{D}$ ein quantenmechanisches System, dessen Drehimpuls (**Spin**) in Einheiten von $\hbar$ gleich dem maximalen Eigenwert (s) des diagonalen Operators L_0 ist. Wir bezeichnen sie deshalb weiterhin kurz als $\mathcal{D}(s)$. Beachte, daß der Spinparameter s alle nichtnegativen ganz- oder halbzahligen Werte annehmen darf: $s = 0, \frac{1}{2}, 1, \frac{3}{2}, 2, \ldots$ Der Casimiroperator C vertritt dann das Betragsquadrat des Drehimpulses.
Die drei einfachsten Fälle verdienen besondere Erwähnung. $\mathcal{D}(0)$ ist die eindimensionale Nulldarstellung $L_i \mapsto (0)$ und damit nicht allzu interessant.
Die Darstellung mit Spin $\frac{1}{2}$ dagegen ist äquivalent zu der **Paulialgebra**, die von den in Abschn. 9.1 eingeführten Matrizen σ_j aufgespannt wird; daher der Name **"Paulische Spinmatrizen"**. Die Zuordnung ist

$$L_0 \;\longmapsto\; \begin{pmatrix} \frac{1}{2} & 0 \\ 0 & -\frac{1}{2} \end{pmatrix}$$

$$L_+ \longmapsto \begin{bmatrix} 0 & 1 \\ 0 & 0 \end{bmatrix}$$

$$L_- \longmapsto \begin{bmatrix} 0 & 0 \\ 1 & 0 \end{bmatrix}$$

und folglich

$$L_1 \longmapsto \frac{1}{2}\begin{bmatrix} 0 & -i \\ -i & 0 \end{bmatrix} = -\frac{i}{2}\begin{bmatrix} 0 & 1 \\ 1 & 0 \end{bmatrix} = -\frac{i}{2}\,\sigma_1$$

$$L_2 \longmapsto \frac{1}{2}\begin{bmatrix} 0 & -1 \\ 1 & 0 \end{bmatrix} = -\frac{i}{2}\begin{bmatrix} 0 & -i \\ i & 0 \end{bmatrix} = -\frac{i}{2}\,\sigma_2$$

$$L_3 \longmapsto \frac{1}{2}\begin{bmatrix} -i & 0 \\ 0 & i \end{bmatrix} = -\frac{i}{2}\begin{bmatrix} 1 & 0 \\ 0 & -1 \end{bmatrix} = -\frac{i}{2}\,\sigma_3$$

Die dreidimensionale Darstellung $\mathcal{D}(1)$ hingegen muß bis auf eine Koordinatentransformation gleich der Algebra der schiefsymmetrischen (3,3)-Matrizen über $\mathbb{R}$ sein. Das läßt sich auch ohne weiteres durch direktes Ausrechnen verifizieren.

Im **Ortsbild** der Quantenmechanik (Abschn. 5.6) bewirkt die Ortskoordinate x^k eine Multiplikation der Wellenfunktionen mit dem numerischen Faktor x^k, während die Impulse als Differentialoperatoren ausgedrückt werden:

$$p_k = -\, i\, \hbar\, \partial_k$$

Wir werden diese Bemerkung im Zusammenhang mit den **Kugelflächenfunktionen** noch einmal aufgreifen und zu jedem erlaubten Wert s des Spins die kanonische Basis $w_1, \ldots, w_{2s+1}$ durch harmonische Polynome repräsentieren (Abschn. 23.3). Daran anschließend zeigen wir noch, wie das Tensorprodukt zweier Darstellungen $\mathcal{D}(s_1)$ und $\mathcal{D}(s_2)$ in irreduzible Komponenten zerlegt werden kann (in Bezug auf die Standardbasis geschieht das mit Hilfe der **Clebsch-Gordan-Koeffizienten** des Abschnitts 23.4).

9.4. Gaußsche Mutationen des Raumes

Die hier wiedergegebenen sehr knappen, aber klaren Ausführungen wurden in Gauß' Nachlaß gefunden und von Stäckel "paläographisch" (durch Vergleich der Handschrift und der benutzten Tinte) auf die Zeit um 1819 datiert.
Als **Mutationen** des (dreidimensionalen) Raumes bezeichnet Gauß solche linearen Transformationen des $\mathbb{R}^3$, die sich als Produkt einer orthogonalen Transformation und einer in allen Richtungen gleichmäßigen Maßstabsänderung auffassen lassen.
Es handelt sich also gerade um die invertierbaren linearen Abbildungen von $\mathbb{R}^3$ auf sich, deren Matrizen nichtverschwindende skalare Vielfache von Elementen aus $GO_3(\mathbb{R})$ sind.
Die Menge aller Mutationen bildet eine Gruppe, die wir kurz mit $GM_3(\mathbb{R})$ oder $GM(\mathbb{R}^3)$ bezeichnen wollen. Mnemonisch: GM liegt zwischen GL und GO:

$$GL_3(\mathbb{R}) \;>\; GM_3(\mathbb{R}) \;>\; GO_3(\mathbb{R})$$

Es gilt offenbar

$$GM_3(\mathbb{R}) \;=\; \left\{ M \in GL_3(\mathbb{R}) \;\middle|\; M\,{}^tM = {}^tM\,M \in \mathbb{R}^\times \cdot 1 \right\}$$

Gauß gibt mehrere Parametrisierungen einer typischen Matrix $M \in GM_3(\mathbb{R})$ an, z.B.

$$M \;=\; M(a,b,c,d) \;=\; \begin{bmatrix} a^2+b^2-c^2-d^2 & 2(-ad-bc) & 2(-ac+bd) \\ 2(+ad-bc) & a^2-b^2+c^2-d^2 & 2(-ab-cd) \\ 2(+ac+bd) & 2(+ab-cd) & a^2-b^2-c^2+d^2 \end{bmatrix}$$

mit reellen Zahlen a,b,c,d, die nicht alle gleichzeitig Null sein dürfen, ansonsten aber keinen Beschränkungen unterliegen. Aus Bequemlichkeitsgründen und um einen Einklang mit den Bezeichnungen des folgenden Kapitels zu erreichen, haben wir die von Gauß angegebene Matrix verdoppelt, was natürlich nichts Wesentliches ändert.
Strenggenommen ist der Begriff "Matrix" in diesem Zusammenhang ein Anachro-

nismus; er wurde nämlich erst viel später von Hamilton [1931-1967] und Cayley [1889-1897] geprägt. Gauß selbst spricht von **"Transformationsschemata"**, was aber dasselbe meint.
Die obige Darstellung ist uns, abgesehen von der Notation, bereits wohlbekannt. In der Nomenklatur des Satzes 8.3.3 ist nämlich

$$M(a,b,c,d) = (a^2+b^2+c^2+d^2)\, D(-b,c,-d,a)$$

Daraus folgt die ebenfalls schon von Gauß diskutierte Formel

$$n = \sqrt{a^2+b^2+c^2+d^2}$$

für den Vergrößerungsfaktor.
Aber nicht nur die Matrizenrechnung wurde von Gauß um Jahrzehnte vorweggenommen; er gibt auch das Produkt zweier Mutationen an:

$$M(a,b,c,d)\, M(\alpha,\beta,\gamma,\delta) = M(A,B,C,D)$$

worin

$$\begin{aligned} A &= a\,\alpha - b\,\beta - c\,\gamma - d\,\delta \\ B &= a\,\beta + b\,\alpha - c\,\delta + d\,\gamma \\ C &= a\,\gamma + b\,\delta + c\,\alpha - d\,\beta \\ D &= a\,\delta - b\,\gamma + c\,\beta + d\,\alpha \end{aligned}$$

bedeuten. Das ist vollkommen identisch mit der erst mehr als zwei Jahrzehnte später unabhängig durch Hamilton wiederentdeckten Produktregel der **Quaternionen** (s. Abschn. 10.2). Auch die quaternionielle Konjugation

$$M(a,b,c,d) \longmapsto M(a,-b,-c,-d)$$

wird diskutiert.
Gauß war jedoch nicht der erste, der diese algebraischen Beziehungen fand; sie waren bereits sehr viel früher von Euler [1911-....] untersucht worden.
Neben diesem lehrreichen Vergleich heben wir noch eine etwas andersartige Parametrisierung der Mutationsgruppe hervor, die gleichfalls in Gauß' Noti-

zen gefunden wurde. Der Ansatz

$$K = \begin{bmatrix} +a & +d & -c \\ -d & +a & +b \\ +c & -b & +a \end{bmatrix} + f\ {}^t(b,c,d)\ (b,c,d)$$

d.i.

$$K = \begin{bmatrix} +a+b^2f & +d+bcf & -c+bdf \\ -d+bcf & +a+c^2f & +b+cdf \\ +c+bdf & -b+cdf & +a+d^2f \end{bmatrix}$$

ergibt, wie die Multiplikation mit der Transponierten zeigt, eine Mutation, wenn wir

$$f = (n+a)^{-1}$$

substituieren. Dabei besitzt n wieder die obige Bedeutung als Maßstabsfaktor. Wir haben damit eine neue Darstellung der Mutationsgruppe mit vier reellen Parametern gefunden; das typische Element ist

$$K = \frac{1}{n+a} \begin{bmatrix} b^2+a(n+a) & bc+d(n+a) & bd-c(n+a) \\ bc-d(n+a) & c^2+a(n+a) & cd+b(n+a) \\ bd+c(n+a) & cd-b(n+a) & d^2+a(n+a) \end{bmatrix}$$

Man findet durch direkte Rechnung wirklich

$$K\ {}^tK = {}^tK\ K = n^2 \cdot 1$$

woraus die Mutationseigenschaft (mit Maßstab n) unmittelbar folgt.

9.5. Eulersche Winkel

Die Menge aller Drehungen des $\mathbb{R}^3$ bildet eine dreidimensionale Liegruppe. Das legt es nahe, ähnlich der Beschreibung von $SO_2(\mathbb{R})$ mittels des Drehwinkels, eine Parametrisierung von $SO_3(\mathbb{R})$ durch drei Winkel zu suchen.
Ein gängiges Verfahren dieser Art stammt von Euler [1758]. Zu seinem Verständnis brauchen wir zuerst die speziellen Drehungen um die drei Koordinatenachsen, die wir hier der besseren Übersicht wegen mit x,y,z bezeichnen wollen. Mit den Resultaten des Abschnitts 8.2 finden wir die Matrizen der Drehungen um die x-, y- und z-Achsen, jeweils mit Rotationswinkel φ in mathematisch positiver Richtung ("linksherum"), und zwar im einzelnen

$$D_x(\varphi) = \begin{pmatrix} 1 & 0 & 0 \\ 0 & \cos\varphi & \sin\varphi \\ 0 & -\sin\varphi & \cos\varphi \end{pmatrix}$$

$$D_y(\varphi) = \begin{pmatrix} \cos\varphi & 0 & -\sin\varphi \\ 0 & 1 & 0 \\ \sin\varphi & 0 & \cos\varphi \end{pmatrix}$$

$$D_z(\varphi) = \begin{pmatrix} \cos\varphi & \sin\varphi & 0 \\ -\sin\varphi & \cos\varphi & 0 \\ 0 & 0 & 1 \end{pmatrix}$$

Wie können wir hieraus die allgemeine Drehung des $\mathbb{R}^3$ aufbauen ?
Nach Euler führen wir zuerst eine z-Drehung um den Winkel α aus, bei der die neuen Koordinaten x',y',z' entstehen mögen. Danach wenden wir eine zweite Rotation an; diesmal um die x'-Achse mit Winkel β. Das ergibt ein weiteres Bezugssystem, etwa x'',y'',z''. Zum Schluß müssen wir nur noch einmal um die z''-Achse rotieren (Drehwinkel γ). Das Resultat der gesamten Prozedur ist die orthogonale Transformation mit der Matrix

$$E(\alpha,\beta,\gamma) = D_z(\alpha)\, D_x(\beta)\, D_z(\gamma)$$

Ausmultipliziert lautet sie

$$\begin{pmatrix} -\sin\alpha\cos\beta\sin\gamma + \cos\alpha\cos\gamma & \sin\alpha\cos\beta\cos\gamma + \cos\alpha\sin\gamma & \sin\alpha\sin\beta \\ -\cos\alpha\cos\beta\sin\gamma - \sin\alpha\cos\gamma & \cos\alpha\cos\beta\cos\gamma - \sin\alpha\sin\gamma & \cos\alpha\sin\beta \\ \sin\beta\sin\gamma & -\sin\beta\cos\gamma & \cos\beta \end{pmatrix}$$

Trotz der unsymmetrischen Anwendung der Einzeloperationen sind die **Eulerschen Winkel** α, β, γ vor allem in der physikalischen Literatur in weitem Gebrauch. Das liegt daran, daß die **"Symmetriebrechung"** durch die Aufspaltung in "Elementardrehungen" durchaus gewollt und, besonders bei der Anwendung auf die Bewegungen **starrer Körper (Kreiseltheorie)**, sinnvoll ist.

Eine extrem ausführliche Würdigung dieses und vieler anderer mathematischer Aspekte der Eulerschen Winkel sowie ihrer Nutzbarmachung für physikalische Aufgaben, findet man im Handbuch von Klein & Sommerfeld [1897-1910].

Eine mehr auf die Praxis zugeschnittene Darstellung der Kreiseltheorie ist das Buch von Whittaker [1937], während Bucerius [1967] und Schneider [1992-1993] vor allem astronomische Anwendungen (Erdrotation, **Präzession, Nutation** etc.) im Auge haben.

Bezüglich der geschichtlichen Bedeutung der Kreiseltheorie, namentlich der Untersuchungen von Euler selbst und der späteren Weiterentwicklungen in der Preisschrift von Kowalewskaja [1890] und anderen, s. Cooke [1984].

Die Orthogonalität der oben angegebenen Produktmatrix ist selbstverständlich, weil sie aus drei Drehungen kombiniert wurde. Andererseits ist es vielleicht nicht unmittelbar einsichtig, daß die Eulermatrizen $E(\alpha, \beta, \gamma)$ überhaupt eine Gruppe und sogar die volle $SO_3(\mathbb{R})$ bilden.

Um dies zu bestätigen, sehen wir uns die fraglichen Transformationen noch etwas genauer an.

Die Einheitsmatrix ist offensichtlich gleich $E(0,0,0)$, während das Inverse zu $E(\alpha, \beta, \gamma)$ durch

$$\left[E(\alpha, \beta, \gamma)\right]^{-1} = D_z(-\gamma)\, D_x(-\beta)\, D_z(-\alpha) = E(-\gamma, -\beta, -\alpha)$$

repräsentiert ist; beachte die Reihenfolge der Winkelparameter! Das Produkt zweier E-Matrizen ist aber keineswegs einfach zu beschreiben; deshalb werden wir dies auch nicht tun, sondern die Behauptung stattdessen durch direkten Vergleich mit der Cayley-Klein-Parametrisierung des Abschnitts 9.2 nachprüfen.

Zunächst findet man ohne große Mühe die zu den Drehungen $D_x(\varphi)$, $D_y(\varphi)$ und $D_z(\varphi)$ gehörigen (2,2)-Matrizen

$$\Delta_x(\varphi) = \begin{pmatrix} \cos\left(\frac{\varphi}{2}\right) & i\sin\left(\frac{\varphi}{2}\right) \\ i\sin\left(\frac{\varphi}{2}\right) & \cos\left(\frac{\varphi}{2}\right) \end{pmatrix}$$

$$\Delta_y(\varphi) = \begin{pmatrix} \cos\left(\frac{\varphi}{2}\right) & \sin\left(\frac{\varphi}{2}\right) \\ -\sin\left(\frac{\varphi}{2}\right) & \cos\left(\frac{\varphi}{2}\right) \end{pmatrix}$$

$$\Delta_z(\varphi) = \begin{pmatrix} \exp\left(\frac{i\varphi}{2}\right) & 0 \\ 0 & \exp\left(\frac{-i\varphi}{2}\right) \end{pmatrix}$$

indem man die betreffenden Zuordnungen explizit auflöst. Die (2,2)-Version von $E(\alpha,\beta,\gamma)$ ist folglich

$$\Delta(\alpha,\beta,\gamma) = \Delta_z(\alpha)\ \Delta_x(\beta)\ \Delta_z(\gamma)$$

also

$$\Delta(\alpha,\beta,\gamma) = \left(\begin{array}{c|c} e^{i(+\alpha+\gamma)/2}\cos\left(\frac{\beta}{2}\right) & i\,e^{i(+\alpha-\gamma)/2}\sin\left(\frac{\beta}{2}\right) \\ i\,e^{i(-\alpha+\gamma)/2}\sin\left(\frac{\beta}{2}\right) & e^{i(-\alpha-\gamma)/2}\cos\left(\frac{\beta}{2}\right) \end{array}\right)$$

Die Cayley-Klein-Parameter von $E(\alpha,\beta,\gamma)$ sind infolgedessen

$$A = e^{i(+\alpha+\gamma)/2}\cos\left(\frac{\beta}{2}\right)$$

$$B = i\,e^{i(+\alpha-\gamma)/2}\sin\left(\frac{\beta}{2}\right)$$

$$C = i\,e^{i(-\alpha+\gamma)/2}\sin\left(\frac{\beta}{2}\right)$$

$$D = e^{i(-\alpha-\gamma)/2}\cos\left(\frac{\beta}{2}\right)$$

Hieraus geht unmittelbar die Darstellbarkeit aller Elemente aus $SU_2(\mathbb{C})$ als $\Delta(\alpha,\beta,\gamma)$ hervor, und damit auch die sämtlicher dreidimensionalen Drehungen als Eulermatrizen.

9.6. Elementargeometrie der Riemannschen Zahlkugel

Die meisten geometrischen Aufgaben auf der 2-Sphäre $\mathbb{S}^2$ lassen sich am elegantesten lösen, indem wir sie mittels der **stereographischen Abbildung** auf die projektive Linie $\mathbb{P}^1\mathbb{C}$ übertragen. Dort steht uns ja die komplexe Struktur zu Gebote, wobei vor allem das unter **Möbiustransformationen** invariante **Doppelverhältnis** nützlich ist.

Wir wollen einige typische Fragestellungen dieser Art etwas näher untersuchen. Als erstes müssen wir wissen, welche Transformationen von $\mathbb{P}^1\mathbb{C}$ den Drehungen der Sphäre entsprechen.

Wir verwenden die in Abschn. 7.6 eingeführte Nomenklatur. Der Rotationsmatrix $D \in SO_3(\mathbb{R})$ ordnen wir vermittels der stereographischen Projektionen $\pi\colon \mathbb{S}^2 \longrightarrow \mathbb{P}^1\mathbb{C}$ und $\sigma\colon \mathbb{P}^1\mathbb{C} \longrightarrow \mathbb{S}^2$ die Abbildung

$$M = \pi \circ D \circ \sigma : \mathbb{P}^1(\mathbb{C}) \longrightarrow \mathbb{P}^1(\mathbb{C})$$

zu. Wie die Teiltransformationen π, D und σ ist auch M reell-analytisch, bijektiv und konform.

Mit den **Cauchy-Riemannschen Differentialgleichungen** des Satzes 6.5.1 folgt aus der Winkeltreue, daß M sogar komplex-analytisch ist. Wegen der Bijektivität besitzt M in $\mathbb{P}^1\mathbb{C}$ genau eine Nullstelle z und einen Pol p. Die zusammengesetzte Abbildung

$$\tau \longmapsto \frac{\tau-p}{\tau-z}\, M(\tau)$$

ist somit singularitätenfrei und nach Liouville konstant, etwa gleich C. Das bedeutet

$$M(\tau) = C\,\frac{\tau-z}{\tau-p}$$

Die Transformierten von Drehungen sind mithin Möbiustransformationen. Allerdings kommen schon aus Dimensionsgründen nur spezielle gebrochen-lineare Abbildungen der projektiven Linie auf diese Weise zustande.

Die Anwendungen erfordern eine genauere Charakterisierung und häufig sogar die Kenntnis der expliziten Zuordnung. Sie läßt sich durch direkte Rechnung finden, wobei sich nebenbei auch ein von funktionentheoretischen Argumenten freier Beweis der eben gefundenen Aussage ergibt.

Satz 9.6.1:

(a) Die Drehung $D \in SO_3(\mathbb{R})$ der 2-Sphäre entspricht über die stereographischen Abbildungen $\pi\colon \mathbb{S}^2 \longrightarrow \mathbb{P}^1\mathbb{C}$ und $\sigma\colon \mathbb{P}^1\mathbb{C} \longrightarrow \mathbb{S}^2$ einer Möbiustransformation $M = \pi\circ D\circ\sigma$ der komplexen projektiven Linie, deren Matrix M bei geeigneter Normierung auf die Form

$$M = \begin{pmatrix} A & B \\ -\overline{B} & \overline{A} \end{pmatrix}$$

gebracht werden kann. Hierin sind A und B komplexe, der Nebenbedingung

$$A\,\overline{A} + B\,\overline{B} = 1$$

genügende Koeffizienten.

(b) Es gibt genau zwei, sich im Vorzeichen unterscheidende Matrizen (± M), die der Drehung D entsprechen. Dies liefert einen kanonischen Isomorphismus zwischen $SO_3(\mathbb{R})$ und $PSU_2(\mathbb{C})$.

(c) Zerlegen wir A und B gemäß

$$A = a + \alpha\, i$$

$$B = b + \beta\, i$$

in Real- und Imaginärteile, so ist die Beziehung zwischen M und D durch die expliziten Formeln

$$M = \begin{pmatrix} a+i\alpha & b+i\beta \\ -b+i\beta & a-i\alpha \end{pmatrix}$$

und

$$D = \begin{pmatrix} a^2-b^2-\alpha^2+\beta^2 & 2(a\alpha+b\beta) & 2(\alpha\beta-ab) \\ 2(b\beta-a\alpha) & a^2+b^2-\alpha^2-\beta^2 & 2(a\beta+b\alpha) \\ 2(ab+\alpha\beta) & 2(b\alpha-a\beta) & a^2-b^2+\alpha^2-\beta^2 \end{pmatrix}$$

gegeben. Die zu A und B komplex-konjugierten Größen $\overline{A}$ und $\overline{B}$ sind identisch mit den **Cayley-Klein-Parametern** von D.

Beweis:

Wir beginnen mit einem Spezialfall, nämlich der Möbiustranformation

$$w \longmapsto w' = \frac{w - i}{-i w + 1}$$

Dabei übernehmen wir die Konventionen aus Abschn. 7.6. Das Bild des Einheitsvektors (x,y,z) errechnet sich mit den Zerlegungen $w = u+iv$ sowie $w' = u'+iv'$ zu

$$(x',y',z') = (1+u'^2+v'^2)^{-1} (2u',2v',1-u'^2-v'^2)$$

Ferner gilt die Beziehung

$$u^2 + v^2 = w\,\overline{w} = \frac{1 - z}{1 + z}$$

zu der sich noch die analoge in den gestrichenen Größen gesellt. Durch Einsetzen erhalten wir

$$\frac{x' + i y'}{1 + z'} = u' + i v' = \frac{u + i v - i}{1 + v - i u} = \frac{x + i y - i - i z}{1 + z + y - i x}$$

Wir berechnen z' zuerst:

$$\frac{1 - z'}{1 + z'} = w'\,\overline{w'} = \frac{(w-i)\,(\overline{w}+i)}{(1-iw)\,(1+i\overline{w})} = \frac{w\,\overline{w} + i\,w - i\,\overline{w} + 1}{w\,\overline{w} - i\,w + i\,\overline{w} + 1}$$

$$\frac{1 - z'}{1 + z'} = \frac{1 - z + i\,(x+iy) - i\,(x-iy) + 1 + z}{1 - z - i\,(x+iy) + i\,(x-iy) + 1 + z} = \frac{1 - y}{1 + y}$$

woraus sofort $z' = y$ hervorgeht. Substituieren wir dies in die obige Formel für $x'+iy'$, entsteht

$$x' + i\,y' = (1+y)\,\frac{x + i\,y - i\,(1+z)}{-\,i\,x + y + (1+z)} = x - i\,z$$

Darin haben wir noch die Sphärengleichung $x^2+y^2+z^2 = 1$ benutzt. Die Transformation lautet also

$$(x,y,z) \longmapsto (x',y',z') = (x,-z,y)$$

Vergleichen wir die zugehörige Drehmatrix mit den Formeln der Abschnitte 9.2 oder 9.5, ergibt sich die Behauptung (c) für die fragliche Abbildung, die wir nebenbei als 90°-Drehung um die x-Achse identifizieren.
Das Gleiche gilt auch für beliebige Rotationen um die z-Achse, etwa mit Drehwinkel φ: Die Matrix $D_z(\varphi)$ des vorigen Abschnitts bewirkt nämlich die Substitution

$$w \longmapsto e^{i\varphi}\,w$$

auf $\mathbb{P}^1\mathbb{C}$, die wir als Möbiustransformation mit der Matrix

$$M_z(\varphi) = \begin{bmatrix} e^{-i\varphi/2} & 0 \\ 0 & e^{i\varphi/2} \end{bmatrix}$$

auffassen. Auch $M_z(\varphi)$ hat genau die angesprochene Form. Da die unter (c) gemachte Aussage sich auf Produkte überträgt und die bislang diskutierten Matrizen die gesamte $SU_2(\mathbb{C})$ erzeugen, ist sie allgemein richtig. Die übrigen Teile des Satzes sind dann klar.

An dieses Resultat knüpft sich eine wichtige Bemerkung. Ersetzen wir die zur Definition der stereographischen Abbildung verwendeten kartesischen Koordinaten (x,y,z) durch ein anderes positiv orientiertes System, wie beispielsweise (x',y',z'), so entspricht dies einer Drehung des Achsenkreuzes, die ihrerseits durch eine Möbiustransformation auf $\mathbb{P}^1\mathbb{C}$ ersetzt werden kann. Dabei bleibt aber das Doppelverhältnis invariant.
Das zeigt, daß DV(a,b,c,d) für vier Punkte $a,b,c,d \in \mathbb{S}^2$ nur von der Orientierung des Koordinatensystems (d.h. der Sphäre), nicht aber von dessen genauer Fixierung abhängt. Die folgende Vereinbarung ist also sinnvoll:

Definition 9.6.1:

(a) Wir bezeichnen weiterhin die Einheitsvektoren in $\mathbb{R}^3$, also die Elemente der Standard-2-Sphäre $\Omega_3 \cong S^2$, mit deutschen, die über die stereographische Projektion zugeordneten Punkte der projektiven Linie $\mathbb{P}^1(\mathbb{C})$ mit den entsprechenden lateinischen Buchstaben; z.B. $a = \pi(\mathfrak{a})$, $\mathfrak{a} = \sigma(a)$.

(b) Das **Doppelverhältnis** der vier Vektoren $\mathfrak{a}, \mathfrak{b}, \mathfrak{c}, \mathfrak{d}$, unter denen mindestens drei verschiedene vorkommen müssen, erklären wir gemäß

$$DV(\mathfrak{a}, \mathfrak{b}, \mathfrak{c}, \mathfrak{d}) = DV(a, b, c, d)$$

wobei die stereographische Projektion in Bezug auf ein beliebiges positiv orientiertes Bezugssystem genommen werden kann, ohne den Wert von $DV(\mathfrak{a}, \mathfrak{b}, \mathfrak{c}, \mathfrak{d})$ zu ändern.

(c) Der **Antipode** von $\mathfrak{a}$ ist der Vektor

$$\mathfrak{a}^* = -\mathfrak{a}$$

Auch von den zugehörigen Punkten $a = \pi(\mathfrak{a})$ und $a^* = \pi(\mathfrak{a}^*)$ sagen wir, sie seien antipodisch zueinander.

Dadurch wird das Doppelverhältnis zu einer geometrischen Invarianten der orientierten Sphäre. Wie versprochen, wollen wir es zur Bewältigung einiger Aufgaben heranziehen, deren erste vielfältige Anwendungen besitzt. Zuvor brauchen wir noch

Satz 9.6.2:

Möbiustransformationen sind kreistreu.

Beweis:

Die allgemeine Gleichung eines Kreises in $\mathbb{P}^1\mathbb{C}$ ist in kartesischen Koordinaten (u,v); $u+iv = w$, von der Gestalt

$$A\,(u^2+v^2) + B\,u + C\,v + D = 0$$

worin A,B,C,D gewisse reelle Parameter bedeuten.
Man sieht durch eine kurze und einfache Rechnung ein, daß diese bei **Translationen** $w \mapsto w + K$ mit $K \in \mathbb{C}$, **Streckungen** $w \mapsto \lambda w$ mit $\lambda \in \mathbb{R}\setminus\{0\}$, **Drehungen** $w \mapsto e^{i\varphi} w$ mit $\varphi \in \mathbb{R}$ und der **Inversion** $w \mapsto w^{-1}$ in formgleiche Beziehungen verwandelt wird.
Die genannten Substitutionen erzeugen aber die volle Möbiusgruppe $PGL_2(\mathbb{C})$, und der Satz folgt.

Wir sind nunmehr in der Lage, unser erstes Problem zu lösen:

Satz 9.6.3:
Der Antipode zu $a \in \mathbb{P}^1(\mathbb{C})$ ist

$$a^* = -\bar{a}^{-1}$$

Beweis:
Per definitionem ist

$$a^* = \pi(\sigma^*(a)) = \pi(\mathfrak{a}^*) = \pi(-\mathfrak{a})$$

Die Transformationsformeln des Satzes 7.6.1 liefern nach wenigen trivialen Zwischenschritten die Behauptung.

Die wichtigsten Kurven auf der Sphäre sind die Kreise. Als Fläche 2. Grades enthält $\mathbb{S}^2$ keine Tripel kollinearer Punkte; d.h. drei verschiedene Punkte $\mathfrak{a},\mathfrak{b},\mathfrak{c}$ definieren eindeutig eine Ebene E, die durch sie hindurchläuft.
Ihre Schnittlinie mit $\mathbb{S}^2$ ist der (einzige) Kreis $K \ni \mathfrak{a},\mathfrak{b},\mathfrak{c}$. Seine Gleichung ist leicht zu ermitteln. Wir teilen sie in einer symmetrischen Form als Kriterium für die **Kozirkularität** von $\mathfrak{a},\mathfrak{b},\mathfrak{c}$ und einem vierten Punkt $\mathfrak{d}$ mit.

Satz 9.6.4:
Die vier Punkte $\mathfrak{a},\mathfrak{b},\mathfrak{c},\mathfrak{d} \in \mathbb{S}^2$ bzw. ihre Bilder a,b,c,d unter der stereographischen Projektion liegen genau dann auf einem Kreis, wenn das Doppelver-

hältnis reell oder unendlich ist:

$$DV(\mathfrak{a},\mathfrak{b},\mathfrak{c},\mathfrak{d}) = DV(a,b,c,d) \in \mathbb{R} \cup \{\infty\} = \mathbb{P}^1(\mathbb{R})$$

Beweis:

Die Punkte haben genau dann die fragliche Eigenschaft, wenn das entsprechende auf ihre Bilder $\mu(a),\mu(b),\mu(c),\mu(d)$ unter einer beliebigen Möbiustransformation μ zutrifft.

Nach Satz 7.3.1 ist $PGL_2(\mathbb{C})$ auf $\mathbb{P}^1\mathbb{C}$ dreifach transitiv. In Verbindung mit der eben bewiesenen Kreistreue von μ und der Invarianz des Doppelverhältnisses können wir uns deshalb auf den Spezialfall $a = \infty$, $b = 0$, $c = 1$ beschränken.

Der durch ∞, 0 und 1 gehende Kreis ist nichts anderes als die kompaktifizierte reelle Gerade $\mathbb{R} \cup \{\infty\}$. Der Satz ergibt sich jetzt aus der Formel

$$DV(\infty,0,1,d) = d$$

Es gibt aber noch eine andere Beschreibung der Kreise, die mitunter vorteilhafter ist.

Satz 9.6.5:

Der Einheitsvektor $\mathfrak{p}$ heißt ein **Pol** und $\mathbb{R}\cdot\mathfrak{p}$ die **Achse** der Ebene $E \subset \mathbb{R}^3$ sowie des durch E aus Ω_3 ausgeschnittenen Kreises, wenn $\mathfrak{p}$ auf E senkrecht steht.

(a) Jede Ebene und jeder sphärische Kreis besitzen eine eindeutig bestimmte Achse und zwei Pole, die antipodisch zueinander liegen.

(b) Durch Vorgabe eines Pols $\mathfrak{p}$ und eines Peripheriepunkts $\mathfrak{a}$ ist ein Kreis K eindeutig bestimmt. Er enthält den Punkt $\mathfrak{x}$ genau dann, wenn

$$|DV(\mathfrak{p}^*,\mathfrak{p},\mathfrak{a},\mathfrak{x})| = 1$$

ist.

(c) Allgemeiner sind die Gleichungen der **Parallelkreise** zu K von der Form

$$|DV(\mathfrak{p}^*,\mathfrak{p},\mathfrak{a},\mathfrak{x})| = \text{konst.}$$

Beweis:

Die erste Aussage ist vollkommen trivial und bedarf keiner näheren Erörterung. Zum Beweis von (c) bemerken wir, daß Doppelverhältnis und Antipodenrelation unter Drehungen invariant sind. Das erlaubt die Beschränkung auf den Spezialfall $\mathfrak{p} = (0,0,1)$, d.h. $p = 0$ und $p^* = \infty$. Nach dieser Transformation ist die gesuchte Parallelkreisschar durch die Konstanz des Betrages von x charakterisiert. Mit

$$DV(\mathfrak{p}^*, \mathfrak{p}, \mathfrak{a}, \mathfrak{x}) = DV(p^*, p, a, x) = DV(\infty, 0, a, x) = \frac{x}{a}$$

folgt (c). Den durch a bzw $\mathfrak{a}$ hindurchgehenden Kreis erhalten wir, indem wir $x = a$ einsetzen, was sofort (b) liefert.

Ebenso leicht finden wir

Satz 9.6.6:

Das Bild von $\mathfrak{x} \in \mathbb{S}^2$ unter der Drehung mit Pol $\mathfrak{p}$ und Rotationswinkel φ (oder mit Pol $\mathfrak{p}^*$ und Winkel $-\varphi$) ist der durch

$$DV(\mathfrak{p}^*, \mathfrak{p}, \mathfrak{x}, \mathfrak{x}') = e^{i\varphi}$$

eindeutig charakterisierte Punkt $\mathfrak{x}'$. Explizit ist

$$x' = \frac{p^* e^{i\varphi} (x - p) - p (x - p^*)}{e^{i\varphi} (x - p) - (x - p^*)}$$

Beweis:

Wieder genügt es, den Beweis für $p = 0$, $p^* = \infty$ zu führen.

Die z-Drehung um den Winkel φ entspricht nach Abschn. 9.5 in $P^1(\mathbb{C})$ der Multiplikation mit $e^{i\varphi}$. Mit der schon mehrfach benutzten Formel

$$DV(\infty, 0, x, x') = \frac{x'}{x}$$

ergibt sich die erste, durch Auflösen die zweite Gleichung.

Auch zur Berechnung von Bögen läßt sich das Doppelverhältnis mit Erfolg anwenden:

Satz 9.6.7:

Der **sphärische Bogen** φ zwischen den Punkten $\mathfrak{a}$ und $\mathfrak{b}$, also der Winkel, den die Richtungen von $\mathfrak{a}$ und $\mathfrak{b}$ (vom Kugelzentrum aus gesehen) miteinander einschließen, genügt der Bedingung

$$\operatorname{tg}^2\left(\frac{\varphi}{2}\right) = -\operatorname{DV}(\mathfrak{a}^*, \mathfrak{a}, \mathfrak{b}^*, \mathfrak{b})$$

Beweis:

Wie üblich, benutzen wir eine Drehung, um auf den Spezialfall $\mathfrak{a} = (0,0,1)$ zu reduzieren. Schreiben wir noch $\mathfrak{b} = (x,y,z)$ und $\tau = \operatorname{tg}\left(\frac{\varphi}{2}\right)$, so ergibt eine elementare Betrachtung

$$\frac{1-\tau^2}{1+\tau^2} = \cos\varphi = z = \frac{1-|b|^2}{1+|b|^2}$$

Daraus leiten wir $\tau = |b|$ ab. Andererseits ist

$$\operatorname{DV}(\mathfrak{a}^*, \mathfrak{a}, \mathfrak{b}^*, \mathfrak{b}) = \operatorname{DV}(\infty, 0, -\overline{b}^{-1}, b) = -b\,\overline{b} = -|b|^2 = -\tau^2$$

und der Satz folgt.

Ebenso interessant und wichtig ist eine Formel für den Winkel zwischen zwei Großkreisen, den wir so ausdrücken wollen:

Satz 9.6.8:

Seien $\mathfrak{a},\mathfrak{b},\mathfrak{c}$ drei verschiedene Punkte auf $\mathbb{S}^2$. Unter dem **Dreieck** $\Delta(\mathfrak{a},\mathfrak{b},\mathfrak{c})$ verstehen wir das von den Großkreisbögen $\mathfrak{a}\mathfrak{b}$, $\mathfrak{b}\mathfrak{c}$ und $\mathfrak{c}\mathfrak{a}$ positiv (d.h. linkerhand) umlaufene Areal.

(a) Die **(Innen-)Winkel** an den drei Ecken $\mathfrak{a},\mathfrak{b},\mathfrak{c}$ sind der Reihe nach

$$\alpha = \operatorname{Im} \ln DV(\mathfrak{a}^*,\mathfrak{a},\mathfrak{b},\mathfrak{c})$$

$$\beta = \operatorname{Im} \ln DV(\mathfrak{b}^*,\mathfrak{b},\mathfrak{c},\mathfrak{a})$$

$$\gamma = \operatorname{Im} \ln DV(\mathfrak{c}^*,\mathfrak{c},\mathfrak{a},\mathfrak{b})$$

(b) Die orientierte Fläche des Dreiecks $\Delta(\mathfrak{a},\mathfrak{b},\mathfrak{c})$ ist

$$F = \operatorname{Im} \ln \frac{(b^* - c)\ (c^* - a)\ (a^* - b)}{(c^* - b)\ (a^* - c)\ (b^* - a)}$$

was wir auch äquivalent durch

$$F = \operatorname{Im} \ln \frac{(1 + \bar{b}\, c)\ (1 + \bar{c}\, a)\ (1 + \bar{a}\, b)}{(1 + \bar{c}\, b)\ (1 + \bar{a}\, c)\ (1 + \bar{b}\, a)}$$

ausdrücken können.

Beweis:

Wir wenden wieder den üblichen Trick an, indem wir auf $a = 0$ und $a^* = \infty$ spezialisieren. Der Dreieckswinkel α wird von den Großkreisen durch $\mathfrak{a}$ und $\mathfrak{b}$ bzw. $\mathfrak{a}$ und $\mathfrak{c}$ begrenzt und stimmt mit dem Winkel zwischen den Bildkreisen unter der stereographischen Projektion überein, weil diese bekanntlich konform ist.

Damit ist α gleich dem von 0 aus gesehenen Winkel zwischen b und c, womit wir direkt auf die erste Gleichung unter (a) stoßen. Die anderen beiden erhalten wir durch zyklische Permutation.

Die Fläche berechnen wir nach der aus der Elementargeometrie der Kugeloberfläche geläufigen Methode über den **sphärischen Exzeß** von $\Delta(\mathfrak{a},\mathfrak{b},\mathfrak{c})$:

$$F = -\pi + \alpha + \beta + \gamma$$

Schreiben wir hierin Im ln(-1) statt π und setzen die soeben ermittelten Beziehungen für die Dreieckswinkel ein, kommen wir auf die erste Variante der Flächenformel; die zweite ergibt sich aus ihr unter Verwendung des Satzes 9.6.3.

Eine Verallgemeinerung des letzten Resultats auf beliebige sphärische Polygonzüge soll unsere Anwendungen des Doppelverhältnisses beschließen:

<u>Satz 9.6.9:</u>
Die Fläche F des von den Eckpunkten $\alpha_1,\ldots,\alpha_n$ (in dieser Reihenfolge im positiven Sinn) umgrenzten sphärischen Polygons ist

$$F = \operatorname{Im} \ln \frac{(a_1^* - a_2)(a_2^* - a_3)\ldots(a_{n-1}^* - a_n)(a_n^* - a_1)}{(a_2^* - a_1)(a_3^* - a_2)\ldots(a_n^* - a_{n-1})(a_1^* - a_n)}$$

oder, was dasselbe bedeutet,

$$F = \operatorname{Im} \ln \frac{(1 + \overline{a_1}\, a_2)(1 + \overline{a_2}\, a_3)\ldots(1 + \overline{a_{n-1}}\, a_n)(1 + \overline{a_n}\, a_1)}{(1 + \overline{a_2}\, a_1)(1 + \overline{a_3}\, a_2)\ldots(1 + \overline{a_n}\, a_{n-1})(1 + \overline{a_1}\, a_n)}$$

<u>Beweis:</u>
Zerlegung in die Teildreiecke $\Delta(\alpha_1,\alpha_2,\alpha_n)$, $\Delta(\alpha_2,\alpha_3,\alpha_n)$, ... und Summation der Flächen nach Satz 9.6.8.

10. Quaternionen

10.1. Der Schiefkörper der Quaternionen

Die Quaternionen waren ursprünglich konstruiert worden, um geometrische Relationen in $\mathbb{R}^3$ algebraisch auszudrücken (Euler [1911-....], Gauß [1819], Hamilton [1931-1967]).
Namentlich die Verbindung zum **Vektorprodukt** in $\mathbb{R}^3$ ist hierbei von Belang; im Vordergrund stehen aber auch elegante Charakterisierungen der Drehungen in $\mathbb{R}^3$ und $\mathbb{R}^4$, ähnlich der Konstruktion von $SO_2(\mathbb{R})$ mittels komplexer Zahlen. Damit werden wir uns in Abschn. 10.3 beschäftigen.
Anschließend widmen wir uns der sehr engen Verwandtschaft der Quaternionenalgebra $\mathbb{H}$ zu den komplexen Zahlen. Wir werden nebenbei sehen, daß $\mathbb{H}$ ein **Schiefkörper** ist, der unendlich viele zu $\mathbb{C}$ isomorphe Unteralgebren enthält. Zunächst aber benötigen wir eine Zusammenstellung der elementaren algebraischen Eigenschaften der Quaternionen. Wir beginnen mit der

<u>Definition 10.1.1:</u>
Die **(hamiltonschen) Quaternionen** bilden eine 4-dimensionale reelle Algebra $\mathbb{H} = \mathbb{H}(\mathbb{R})$, wobei das Produkt mit Hilfe einer Basis $\{1, i, j, k\}$, bestehend aus dem **Einselement** 1 und den drei **imaginären Einheiten** i, j, k, nach den Formeln

$$i^2 = j^2 = k^2 = 1$$

$$jk = i \qquad ki = j \qquad ij = k$$

$$kj = -i \qquad ik = -j \qquad ji = -k$$

festgelegt ist. (Die vollständige Liste aller Produkte der Basiselemente miteinander steht in Tab. 10.1.1).

Tab. 10.1.1

1	i	j	k
i	-1	k	-j
j	-k	-1	i
k	j	-i	-1

Produkttafel der Quaternionen

Wir identifizieren die 1-dimensionale Unteralgebra $\mathbb{R}\cdot 1 \cong \mathbb{R}$ mit den reellen Zahlen selbst und schreiben insbesondere r statt $r\cdot 1$, falls $r \in \mathbb{R}$ ist.
Die Unteralgebra $\mathbb{R} \oplus \mathbb{R}\cdot i$ ist kanonisch isomorph zu $\mathbb{C}$; das Gleiche gilt auch mit j oder k anstelle von i.
Wir haben also (auf viele Arten) die Inklusion $\mathbb{R} \subset \mathbb{C} \subset \mathbb{H}$. Wenn nichts weiter gesagt wird, soll $\mathbb{C} \subset \mathbb{H}$ immer als Erzeugnis von 1 und i aufgefaßt werden. Die zyklische Permutation von i,j,k (in dieser Reihenfolge) bezeichnen wir mit τ. Sie ist ein Automorphismus von $\mathbb{H}$.
Die **komplexe Konjugation** auf $\mathbb{C}$ besitzt eine Erweiterung auf ganz $\mathbb{H}$:

Definition 10.1.2:
Zu einer typischen Quaternion

$$q = a + b\,i + c\,j + d\,k$$

$(a,b,c,d \in \mathbb{R})$ gehört die **konjugierte**

$$\overline{q} = a - b\,i - c\,j - d\,k$$

Die in $\mathbb{R}\cdot 1$ liegenden Quaternionen heißen **reell**, die in $\mathbb{R}\cdot i \oplus \mathbb{R}\cdot j \oplus \mathbb{R}\cdot k$ **rein (imaginär)**.
Der **Realteil** von q ist

$$\mathrm{Re}\, q = \frac{1}{2}(q + \bar{q}) = a$$

der **Imaginärteil**

$$\mathrm{Im}\, q = \frac{1}{2}(q - \bar{q}) = b\,i + c\,j + d\,k$$

Das Produkt von q mit seiner Konjugierten, d.h. die reelle Quaternion (oder Zahl)

$$q\,\bar{q} = a^2 + b^2 + c^2 + d^2$$

bezeichnen wir als die **Norm** von q.

Die Norm ist natürlich einfach die euklidische. Daraus ergibt sich eine schöne Beschreibung des zugehörigen Skalarprodukts.

Satz 10.1.1:
Das euklidische Skalarprodukt $\langle.,.\rangle$ auf $\mathbb{H} \cong \mathbb{R}^4$ läßt sich nach

$$\langle q,u\rangle = \mathrm{Re}(q\bar{u}) = \mathrm{Re}(\bar{q}u) = \mathrm{Re}(u\bar{q}) = \mathrm{Re}(\bar{u}q)$$

ermitteln. Speziell ist die Norm von $q \in \mathbb{H}$ gleich $\langle q,q\rangle$.

Beweis:
Mit den Komponentenzerlegungen

$$q = a + b\,i + c\,j + d\,k$$

$$u = \alpha + \beta\,i + \gamma\,j + \delta\,k$$

sind alle Ausdrücke in der angeführten Formel gleich

$$\langle q,u\rangle = a\,\alpha + b\,\beta + c\,\gamma + d\,\delta$$

Das Assoziativgesetz

$$(a\cdot b)\cdot c \;=\; a\cdot(b\cdot c)$$

ist trilinear in a, b, c. Um seine Gültigkeit in ganz $\mathbb{H}$ nachzuweisen, brauchen wir es offenbar nur für $a, b, c \in \{1, i, j, k\}$ zu überprüfen. Wenn mindestens einer der Faktoren gleich 1 ist, wird die Behauptung trivial, daher können wir uns auf $a, b, c \in \{i, j, k\}$ beschränken. Die wenigen möglichen Fälle lassen sich leicht nachrechnen (man darf wegen der Existenz des Automorphismus τ sogar noch zusätzlich z.B. $a = i$ annehmen).
Ein ähnliches Verfahren liefert die Formel

$$\overline{qu} \;=\; \bar{u}\,\bar{q}$$

woraus

$$\langle qu, qu\rangle \;=\; q\,u\,\bar{u}\,\bar{q} \;=\; q\,\langle u,u\rangle\,\bar{q} \;=\; q\,\bar{q}\,\langle u,u\rangle \;=\; \langle q,q\rangle\,\langle u,u\rangle$$

folgt, da die reelle Quaternion $\langle u,u\rangle$ im Zentrum von $\mathbb{H}$ liegt.
Die Norm ist also multiplikativ und positiv definit. Jede Quaternion $q \neq 0$ besitzt daher eine reziproke, nämlich

$$q^{-1} \;=\; (q\bar{q})^{-1}\,\bar{q}$$

wobei die Inversion von $(q\bar{q})$ dank des Isomorphismus von $\mathbb{R}\cdot 1$ mit $\mathbb{R}$ wohldefiniert ist.
Mit der Multiplikation ist also $\mathbb{H}^{\times} = \mathbb{H}\setminus\{0\}$ eine Gruppe und $\mathbb{H}$ selbst ein Schiefkörper.
Neben einigen trivialen Hilfsergebnissen stellen wir die zuletzt gefundenen Informationen zusammen in

<u>Satz 10.1.2:</u>

(a) Die Algebra $\mathbb{H}$ der Quaternionen ist ein nichtkommutativer Schiefkörper.
(b) Das Skalarprodukt $\langle .,. \rangle$ ist multiplikativ und positiv definit (euklidisch); die Standardbasis $\{1, i, j, k\}$ ist orthonormal.
(c) Die Konjugation $q \longrightarrow \bar{q}$ ist ein Antiautomorphismus:

$$\overline{q+u} = \overline{q} + \overline{u}$$

$$\overline{qu} = \overline{u}\,\overline{q}$$

(d) Das Inverse von q ist $(q\overline{q})^{-1}\cdot\overline{q}$.

(e) Das Zentrum $Z(\mathbb{H})$ von $\mathbb{H}$ ist $\mathbb{R}\cdot 1 \cong \mathbb{R}$.

(f) Der Zentralisator einer Quaternion q ist gleich dem linearen Erzeugnis von 1 und q, wenn q nicht reell ist; anderenfalls ganz $\mathbb{H}$.

Als Vorbereitung des nächsten Satzes stellen wir fest, daß aus der Zerlegung von q in Realteil $a = \mathrm{Re}(q)$ und Imaginärteil $v = \mathrm{Im}(q) = bi+cj+dk$ die Gleichung

$$q^2 = \left[a^2 + v^2\right] + \left[2\,a\,v\right]$$

hervorgeht, wobei wir Real- und Imaginärteil durch die Klammerung separiert haben.

Man erkennt unmittelbar, daß aus $q^2 \in \mathbb{R}$ mindestens eine der Aussagen $a = 0$ oder $v = 0$ folgt. Der erste Fall führt auf reine Quaternionen, und das Quadrat ist dann negativ (sofern $q \neq 0$). Die Alternative tritt hingegen dann und nur dann ein, wenn q selbst reell ist.

Speziell finden wir als genaue Lösungsmenge der Gleichung $q^2 = -1$ die reinen Quaternionen der Norm 1.

Es ist nun nicht mehr schwer, alle Unteralgebren von $\mathbb{H}$ zu ermitteln:

<u>Satz 10.1.3:</u>

Die Unteralgebren von $\mathbb{H}$ sind

(1) die Nullalgebra 0 ($\dim U = 0$);

(2) die Algebra der reellen Quaternionen $\mathbb{R}\cdot 1 \cong \mathbb{R}$ ($\dim U = 1$);

(3) die Unteralgebren, welche von 1 und einem Element ι mit $\iota^2 = -1$ aufgespannt werden. Sie sind sämtlich zu $\mathbb{C}$ isomorph ($\dim U = 2$); sowie

(4) $\mathbb{H}$ selbst ($\dim U = 4$).

<u>Beweis:</u>

Wir nehmen an, U sei eine nicht in der Liste enthaltene Teilalgebra von $\mathbb{H}$.

Dann ist $\dim U \in \{1,2,3\}$, weil die Dimensionen 0 und 4 nur die Unteralgebren 0 bzw. $\mathbb{H}$ liefern.

Falls $\dim U = 1$ ist, wählen wir ein $q \in U^{\#} = U \setminus \{0\}$ aus. Sein Quadrat ist, als Element aus U, von q linear abhängig und beide, q wie q^2, sind ungleich 0. Wir zerlegen wie oben $q = a + v$, worin $a = \mathrm{Re}(q)$ und $v = \mathrm{Im}(q)$ gesetzt wurde.

Angenommen, q sei nicht reell: $a \neq 0$. Die obige Formel impliziert dann

$$\frac{a^2 + v^2}{a} = \frac{2\,a}{1}$$

(man vergleiche Real- und Imaginärteile separat). Etwas vereinfacht, ist das äquivalent mit

$$v^2 = a^2$$

Aber a^2 ist positiv, v^2 nicht. Demnach ist q doch reell und $U = \mathbb{R}$.

Ist hingegen dim U gleich 2 oder 3, so gibt es in U von Null verschiedene reine Quaternionen. Das Quadrat einer solchen ist, wie wir wissen, reell und negativ. Ersetzen wir es durch ein geeignetes reelles Vielfaches ι, können wir $\iota^2 = -1$ voraussetzen.

Wenn die Dimension von U gleich 2 ist, liegt Fall (3) des Satzes vor, und wir sind fertig.

Es bleibt also nur $\dim U = 3$ zu diskutieren.

Wir bestimmen ein beliebiges Element $\kappa \neq 0$ in U, das orthogonal zu 1 und ι ist. Dann ist auch $\iota\kappa$ senkrecht zu 1 und ι. Das bringt uns zur linearen Abhängigkeit von $\iota\kappa$ und $(\iota\kappa)^2$. Wir sahen aber bereits vorhin, daß dies nur bei reellen $\iota\kappa$ möglich ist. Wegen $\iota\kappa \perp 1$ bedeutet das jedoch $\iota\kappa = 0$, im Widerspruch zur Voraussetzung.

Damit sind alle Möglichkeiten erschöpft.

10.2. Links- und Rechtsmultiplikation

Das Produkt zweier Quaternionen

$$q = a + b\,i + c\,j + d\,k$$

und

$$u = \alpha + \beta\,i + \gamma\,j + \delta\,k$$

ist (s. Tab. 10.1.1)

$$q\,u = (a\,\alpha - b\,\beta - c\,\gamma - d\,\delta)\,1 + (a\,\beta + b\,\alpha + c\,\delta - d\,\gamma)\,i$$
$$+ (a\,\gamma - b\,\delta + c\,\alpha + d\,\beta)\,j + (a\,\delta + b\,\gamma - c\,\beta + d\,\alpha)\,k$$

Die Multiplikation mit der Quaternion $u \neq 0$ von links oder rechts bewirkt eine lineare Abbildung von $\mathbb{H}$ auf sich. Wir beschreiben sie mittels der Matrizen $L(u)$ bzw. $R(u)$. Fassen wir (wie immer in diesem Buch) die Quaternionen als Zeilenvektoren auf, setzen also

$$q = (a,b,c,d)$$

so ergibt sich aus der Multiplikationstafel unmittelbar

$$L = L(u) = L(\alpha,\beta,\gamma,\delta) = \begin{bmatrix} \alpha & \beta & \gamma & \delta \\ -\beta & \alpha & \delta & -\gamma \\ -\gamma & -\delta & \alpha & \beta \\ -\delta & \gamma & -\beta & \alpha \end{bmatrix}$$

und

$$R = R(u) = R(\alpha,\beta,\gamma,\delta) = \begin{bmatrix} \alpha & \beta & \gamma & \delta \\ -\beta & \alpha & -\delta & \gamma \\ -\gamma & \delta & \alpha & -\beta \\ -\delta & -\gamma & \beta & \alpha \end{bmatrix}$$

Die Assoziativität impliziert einige Relationen; unter anderem folgt aus $(uq)u' = u(qu')$ unmittelbar die Vertauschbarkeit von Links- und Rechtsmultiplikation:

$$L(u)\, R(u') = R(u')\, L(u)$$

und umgekehrt. Diese Identität erhalten wir natürlich auch sofort durch direkte Ausrechnung.
Zwei andere wichtige Beziehungen ergeben sich ebenfalls aus dem Assoziativgesetz, jetzt allerdings in der Form $q(uu') = (qu)u'$ bzw. $(uu')q = u(u'q)$. Sie lauten

$$R(uu') = R(u)\, R(u')$$

und

$$L(uu') = L(u')\, L(u)$$

Man beachte die Reihenfolge der Faktoren; da wir Zeilenvektoren benutzen, wird von links nach rechts multipliziert, wenn wir die Matrizenschreibweise verwenden. Selbstverständlich lassen sich alle Beziehungen auch genausogut (abgesehen von den schreibtechnischen Schwierigkeiten, die das mit sich bringt) durch Spaltenvektoren beschreiben. Dann erhält man die transponierten Matrizen und Gleichungen. Aus den in Kap. 2 angeführten Gründen bleiben wir aber bei der Zeilendarstellung.
Die Determinanten von $L(q)$ und $R(q)$ sind

$$\det L(q) = \det R(q) = \langle q,q\rangle^2$$

also von Null verschieden, wenn $q \neq 0$ ist. Letzteres ist klar, weil die Invertierbarkeit von q die der Matrizen $L(q)$ und $R(q)$ nach sich zieht.
Die zu einer reellen Quaternion α gehörigen Multiplikationsmatrizen stimmen

mit der Skalarmatrix α überein. Daraus und aus der Produktformel erhalten wir die Orthogonalitätsrelationen

$$L(q)\,L(\bar{q}) \;=\; L(\bar{q})\,L(q) \;=\; \langle q,q\rangle\cdot 1$$

sowie

$$R(q)\,R(\bar{q}) \;=\; R(\bar{q})\,R(q) \;=\; \langle q,q\rangle\cdot 1$$

In Sonderheit sind $L(q), R(q) \in SO_4(\mathbb{R})$, sofern q die Norm 1 hat.

10.3. Drehungen der Quaternionenalgebra

Die Norm <.,.> auf $\mathbb{H}$ ist nach Abschn. 10.1 euklidisch mit 1, i, j, k als Orthonormalbasis. Das erlaubt schöne Charakterisierungen der 2- und 3-Sphären mit Hilfe von Quaternionen.

Wir brauchen nur einige Ergebnisse der vorangegangenen Betrachtungen zusammenzufassen:

<u>Satz 10.3.1:</u>

(a) Die **Standard-3-Sphäre** in $\mathbb{H} \cong \mathbb{R}^4$ ist die Menge

$$\mathcal{S}^3 = \left\{ q \in \mathbb{H} \;\middle|\; \langle q, q \rangle = 1 \right\}$$

aller Quaternionen der Norm 1.

(b) Die Teilmenge

$$\mathcal{S}^2 = \left\{ q \in \mathbb{H} \;\middle|\; \mathrm{Re}(q) = 0,\ \langle q, q \rangle = 1 \right\} = \left\{ q \in \mathcal{S}^3 \;\middle|\; \mathrm{Re}(q) = 0 \right\}$$

der in $\mathcal{S}^3$ liegenden reinen Quaternionen ist die **Standard-2-Sphäre** im zu $\mathbb{R}^3$ isomorphen Orthogonalraum des Einselementes in $\mathbb{H}$.

(c) Die Punkte der 2-Sphäre $\mathcal{S}^2$ sind auch beschreibbar als die $q \in \mathbb{H}$, deren Quadrate gleich - 1 sind:

$$\mathcal{S}^2 = \left\{ q \in \mathbb{H} \;\middle|\; q^2 = -1 \right\}$$

Wir werden im folgenden die Symbole $\mathcal{S}^2$ und $\mathcal{S}^3$ nur in der angegebenen Bedeutung verwenden.

Es nimmt nicht wunder, daß die Drehungen in $\mathbb{R}^3$ oder $\mathbb{R}^4$ ebenfalls in höchst eleganter Weise durch Quaternionen wiedergegeben werden können.

Satz 10.3.2:

(a) Seien $u, v \in \mathcal{S}^3$ Quaternionen der Norm 1. Die Abbildung

$$q \longmapsto u\, q\, v$$

ist eine Drehung von $\mathbb{H} \cong \mathbb{R}^4$ und damit auch von $\mathcal{S}^3$.

(b) Mit der Zusatzbedingung

$$u\, v = 1$$

also

$$v = u^{-1} = \bar{u}$$

erhalten wir eine Drehung

$$q \longmapsto u\, q\, \bar{u}$$

von $\mathcal{S}^2$ und dem einbettenden $\mathbb{R}^3$ der reinen Quaternionen.

(c) Jedes Element aus $SO_4(\mathbb{R})$ bzw. $SO_3(\mathbb{R})$ besitzt genau zwei Darstellungen der genannten Art.

Beweis:

Nach der Schlußbemerkung des Abschnitts 10.2 liegen die Linksmultiplikation (mit u) und die Rechtsmultiplikation (mit v) in $SO_4(\mathbb{R})$. Kombinationen beider Transformationen haben somit dieselbe Eigenschaft, und es gilt (a).

Die unter (b) genannten Abbildungen lassen das Einselement invariant und damit auch dessen Orthogonalraum in $\mathcal{S}^3$, nämlich $\mathcal{S}^2$, wo sie wegen der Determinante Drehungen bewirken. (Umlegungen erhielten wir, wenn wir stattdessen 1 und - 1 vertauschten).

Zum noch ausstehenden Nachweis von (c) nehmen wir zuerst an, die Transformation mit dem Paar $u', v' \in \mathcal{S}^3$ habe den gleichen Effekt wie die mit u, v. Dann ist für alle $q \in \mathbb{H}$

$$u'\, q\, v' = u\, q\, v$$

oder auch

$$(u^{-1}\,u')\,q\,(v'\,v^{-1}) = q$$

Speziell für $q = 1$ ergibt dies

$$u^{-1}\,u'\,v'\,v^{-1} = 1$$

und die erste Bedingung reduziert sich auf die Vertauschbarkeit von $u^{-1}\,u'$ mit q.

Das Zentrum von $\mathbb{H}$ besteht, wie wir wissen, gerade aus den reellen Vielfachen der 1, deshalb finden wir, daß $u^{-1}\,u' \in \mathbb{R}\cdot 1$ ist. Die Voraussetzung über die Normen von u, v, u', v' liefert dann als einzige Möglichkeiten $u^{-1}\,u' = \pm 1$, was den beiden Lösungen $(u', v') = (u, v)$ und $(u', v') = (-u, -v)$ entspricht. Jede in der verlangten Weise ausdrückbare Drehung besitzt also genau zwei verschiedene solche Repräsentationen.

Wir müssen noch zeigen, daß wirklich alle Elemente aus $SO_4(\mathbb{R})$ bzw. $SO_3(\mathbb{R})$ in den unter (a) resp. (b) beschriebenen Transformationen enthalten sind. Wir beginnen mit dem zweiten Fall. Für die Identität ist die Behauptung klar (mit $u = v = 1$). Jede nichttriviale Drehung der $\mathcal{S}^2 \cong S^2$ besitzt eine eindeutig bestimmte Achse, die wir durch die Norm-1-Quaternion $w \in \mathcal{S}^2$ charakterisieren. Eine einfache direkte Rechnung zeigt, daß die Konjugation mit

$$u = \cos\varphi + \sin\varphi\; w$$

eine Rotation um die Achse w mit Drehwinkel $2\,\varphi$ ist.

Das bestätigt den auf $\mathcal{S}^2$ bezüglichen Teil des Satzes, während die noch fehlende Aussage über $\mathcal{S}^3$ sich mit ihr und der Bemerkung, daß die hier verwendete $SO_3(\mathbb{R})$ die volle Standgruppe von $1 \in \mathcal{S}^3$ in $SO_4(\mathbb{R})$ bildet, auf die Transitivität der Substitutionen des Typs (a) auf $\mathcal{S}^3$ zurückführen läßt.

Die ist jedoch offensichtlich; es genügen sogar z.B. die Linksmultiplikationen mit allen $u \in \mathcal{S}^3$ (d.h. $v = 1$) alleine.

Die Zweideutigkeit der Darstellung hängt natürlich mit dem Vorfaktor 2 des Drehwinkels φ, d.h. mit dem quadratischen Charakter der Abbildungen des Typs (b) zusammen.

Es dürfte noch sinnvoll sein, die expliziten Formeln zusammenzustellen, wie

sie sich mit den in Abschn. 10.2 hergeleiteten Matrizen ergeben.
Die Transformation $q \longmapsto u\,q\,v$ ist

$$L(u)\,R(v) = \begin{pmatrix} \alpha a-\beta b-\gamma c-\delta d & \alpha b+\beta a-\gamma d+\delta c & \alpha c+\beta d+\gamma a-\delta b & \alpha d-\beta c+\gamma b+\delta a \\ -\alpha b-\beta a-\gamma d+\delta c & \alpha a-\beta b+\gamma c+\delta d & \alpha d-\beta c-\gamma b-\delta a & -\alpha c-\beta d+\gamma a-\delta b \\ -\alpha c+\beta d-\gamma a-\delta b & -\alpha d-\beta c-\gamma b+\delta a & \alpha a+\beta b-\gamma c+\delta d & \alpha b-\beta a-\gamma d-\delta c \\ -\alpha d-\beta c+\gamma b-\delta a & \alpha c-\beta d-\gamma a-\delta b & -\alpha b+\beta a-\gamma d-\delta c & \alpha a+\beta b+\gamma c-\delta d \end{pmatrix}$$

wenn wir

$$u = a + b\,i + c\,j + d\,k$$

$$v = \alpha + \beta\,i + \gamma\,j + \delta\,k$$

schreiben, und stellt die allgemeine Drehung in $\mathbb{R}^4$ dar, ausgedrückt in Abhängigkeit von den 8 reellen Parameter $a, b, c, d; \alpha, \beta, \gamma, \delta$, die aber nicht beliebig, sondern den Einschränkungen

$$a^2 + b^2 + c^2 + d^2 = \alpha^2 + \beta^2 + \gamma^2 + \delta^2 = 1$$

unterworfen sind. Setzen wir wieder

$$v = \bar{u} = \alpha - \beta\,i - \gamma\,j - \delta\,k$$

reduziert sich die letzte Gleichung auf die typische dreidimensionale Drehung, allerdings in $\mathbb{H} \cong \mathbb{R}^4$ hingeschrieben, und zwar

$$L(u)\,R(\bar{u}) = \begin{pmatrix} a^2+b^2+c^2+d^2 & 0 & 0 & 0 \\ 0 & a^2+b^2-c^2-d^2 & 2(+ad+bc) & 2(-ac+db) \\ 0 & 2(-ad+bc) & a^2-b^2+c^2-d^2 & 2(+ab+cd) \\ 0 & 2(+ac+db) & 2(-ab+cd) & a^2-b^2-c^2+d^2 \end{pmatrix}$$

was dem Leser bekannt vorkommen sollte, vgl. Abschn. 10.2.
Aus der soeben diskutierten Parametrisierung, die ja jede Drehung durch zwei Matrizen darstellt, ergibt sich unmittelbar die Existenz (und sogar die genaue Struktur) von zweifachen **Überlagerungen** der Drehgruppen in $\mathbb{R}^3$

und $\mathbb{R}^4$.

Satz 10.3.3:

(a) Die Gruppe $SO_3(\mathbb{R})$ ist topologisch isomorph zu dem Faktorraum $\mathbb{S}^3/\{\pm 1\}$ der antipodischen Paare auf der 3-Sphäre. Sie besitzt die Schurerweiterung

$$2\wedge SO_3(\mathbb{R}) \cong \mathbb{S}^3$$

(b) Entsprechend gibt es einen Homöomorphismus von $SO_4(\mathbb{R})$ zu $(\mathbb{S}^3\times\mathbb{S}^3)/\{\pm 1\}$ und die zugehörige Überlagerung

$$2\wedge SO_4(\mathbb{R}) \cong \mathbb{S}^3 \times \mathbb{S}^3$$

Wir werden später sehen, daß dieses Resultat verallgemeinerbar ist: alle $SO_n(\mathbb{R})$ mit $n \geq 3$ besitzen zweifache Überlagerungen, die **Spingruppen**. Mit ihnen und ihren Elementen, den **Spinoren**, werden wir uns in Kap. 13 ausgiebig zu beschäftigen haben.

Die nach Satz 10.3.3 vorliegende Form der Erweiterung und insbesondere ihre Beschreibung mittels der Sphäre ist allerdings auf die Dimensionen 3 und 4 beschränkt.

10.4. Darstellung durch komplexe Matrizen

Die natürliche Isomorphie der von 1 und i aufgespannten Unteralgebra

$$\mathbb{R}\cdot 1 \oplus \mathbb{R}\cdot i \subset \mathbb{H}$$

mit $\mathbb{C}$ legt es nahe, die typische Quaternion

$$q = a + b\,i + c\,j + d\,k$$

$(a,b,c,d \in \mathbb{R})$ in der Form

$$q = w + z\,j$$

mit

$$w = a + b\,i \in \mathbb{C}$$

$$z = c + d\,i \in \mathbb{C}$$

zu schreiben. Wegen

$$j\,w = j\,(a+bi) = a\,j - b\,k = (a-bi)\,j = \bar{w}\,j$$

tritt allerdings in der für alle $W, Z, w, z \in \mathbb{C}$ gültigen Produktformel

$$(W+Zj)\,(w+zj) = (Ww + Zjzj) + (Wzj + Zjw) = (Ww - Z\bar{z}) + (Wz + Z\bar{w})\,j$$

die Konjugation auf, und die Zuordnung $q \mapsto w+zj$ bildet keine komplexe Darstellung von $\mathbb{H}$. Trotzdem ist sie mitunter nützlich, weil die Rechenregeln sehr einfach sind.
Beispielsweise ist die Konjugierte von q gleich

$$\bar{q} = a - b\,i - c\,j - d\,k = \overline{(w+zj)} = \bar{w} - j\,\bar{z} = \bar{w} - z\,j$$

und die Norm von q lautet

$$q\,\bar{q} = (w+zj)\,\overline{(w+zj)} = w\,\bar{w} + z\,\bar{z}$$

ist also mit der Summe der Normen beider (komplexer) Konstituenten von q identisch.

Eine echte Darstellung von $\mathbb{H}$ mittels komplexer Matrizen ist auch leicht zu finden. Die in Abschn. 9.1 definierten **Pauli-Matrizen** $\sigma_1, \sigma_2, \sigma_3$ genügen bekanntlich den Beziehungen

$$\sigma_a\,\sigma_b = \delta_{ab} \cdot 1 + i\,\varepsilon_{abc}\,\sigma_c$$

die den entsprechenden Relationen zwischen den Basisquaternionen i,j,k stark ähneln. Um vollkommene Übereinstimmung zu erzielen, ersetzen wir die σ_a durch neue Matrizen

$$\tau_a = -\,i\,\sigma_a$$

(a = 1,2,3), die

$$\tau_a\,\tau_b = -\,\delta_{ab} \cdot 1 + \varepsilon_{abc}\,\tau_c$$

erfüllen. Explizit lauten die drei τ-Matrizen

$$\tau_1 = -\,i\,\sigma_1 = \begin{pmatrix} 0 & -i \\ -i & 0 \end{pmatrix}$$

$$\tau_2 = -\,i\,\sigma_2 = \begin{pmatrix} 0 & -1 \\ 1 & 0 \end{pmatrix}$$

$$\tau_3 = -\,i\,\sigma_3 = \begin{pmatrix} -i & 0 \\ 0 & i \end{pmatrix}$$

Die Abbildung, die der Quaternion 1 die (2,2)-Einheitsmatrix und den Basiselementen (i,j,k) von $\mathbb{H}$ der Reihe nach τ_1, τ_2, τ_3 zuordnet, ist eine Darstellung. Zu $q = a+bi+cj+dk \in \mathbb{H}$ gehört die Matrix

$$Q = \begin{pmatrix} a-di & -c-bi \\ c-bi & a+di \end{pmatrix} \in \mathbb{C}^{(2,2)}$$

Die Matrix der konjugierten Quaternion $\bar{q}$ = a-bi-cj-dk ist

$$\begin{pmatrix} a+di & c+bi \\ -c+bi & a-di \end{pmatrix} = {}^t\bar{Q}$$

also die Konjugiert-Transponierte. Die besondere Gestalt der im Bildraum von $\mathbb{H}$ liegenden Matrizen läßt auch eine Deutung als Adjungierte von Q zu; die fraglichen $\mathbb{C}^{(2,2)}$-Matrizen sind sogar durch die Bedingung

$$Q^{ad} = {}^t\bar{Q}$$

charakterisiert.

Vorteilhaft an der soeben definierten Darstellung ist, daß die wichtigsten algebraischen Eigenschaften von $\mathbb{H}$ mit aus der Matrizenrechnung geläufigen korrespondieren. So ist etwa die Spur von Q gleich dem doppelten Realteil von q:

$$\mathrm{Re}(q) = a = \frac{1}{2}\,\mathrm{Sp}(Q)$$

während die Determinante der Norm entspricht:

$$\det Q = (a-di)(a+di) - (-c-bi)(c-bi) = a^2 + b^2 + c^2 + d^2 = q\,\bar{q}$$

(Letztere natürlich als reelle Zahl interpretiert).

Beschränken wir uns jetzt auf die Menge $\mathcal{S}^3$ der Norm-1-Quaternionen, setzen also

$$\det Q = q\,\bar{q} = a^2 + b^2 + c^2 + d^2 = 1$$

voraus, so wird die zu Q adjungierte Matrix gleich der Inversen; die obige Bedingung reduziert sich somit auf die **Unitarität** der Bildmatrizen;

$${}^t\bar{Q} = Q^{-1}$$

Das führt wieder zurück zum uns bereits bekannten Isomorphismus der topologischen Räume

$$\mathcal{S}^3 \cong \mathbb{S}^3 \cong SU_2(\mathbb{C})$$

Mehr noch: abgesehen von der Bezeichnung haben wir die **Cayley-Klein-Parameter** des Abschnitts 9.2 wiederentdeckt; um den Übergang von den damaligen Formeln zu unserer jetzigen Notation auszuführen, brauchen wir nur

$$(a,b,c,d) \longmapsto (-b,-c,-d,a)$$

zu substituieren, während die Umkehrtransformation durch

$$(a,b,c,d) \longmapsto (d,-a,-b,-c)$$

gegeben ist.
In gewissem Sinne können wir die Existenz der Quaternionenalgebra als den tieferen Grund für die früher gefundenen Parametrisierungen ansehen. Wir werden in Kap. 12 noch einige verwandte Konstruktionen betrachten, die für Geometrie und Topologie, aber auch für praktische Anwendungen höchst bedeutsam sind.

10.5. Endliche Gruppen von Quaternionen

Viele Fragestellungen aus Physik, Mathematik oder vor allem auch aus der Kristallographie erfordern die Kenntnis aller endlichen dreidimensionalen Drehgruppen.

Ihre vollständige Klassifikation gelang bereits im vorigen Jahrhundert. Sie wird im folgenden als Satz 10.5.2 zitiert, nachdem wir zuvor die (völlig triviale) analoge Aufgabe für die Ebene gelöst haben (Satz 10.5.1).

Als Anwendungen erwähnen wir die Auflistung sämtlicher endlicher Untergruppen von $\mathbb{H}^\times = \mathbb{H}\setminus\{0\}$ am Ende dieses Abschnitts. Daneben hängt auch die Konstruktion möglichst effizienter numerischer Integrationsverfahren auf der Sphäre entscheidend von den hier dargestellten Ergebnissen ab. Wir werden in den Teilen F und G sehr ausführlich davon Gebrauch machen.

Satz 10.5.1:

Alle endlichen Untergruppen von $SO_2(\mathbb{R})$ sind zyklisch. Zu jeder Ordnung $N \in \mathbb{N}$ gibt es genau eine solche Gruppe, und zwar die Menge H_N aller Drehungen um Vielfache des Winkels $\frac{2\pi}{N}$.

Beweis:

Daß H_N zyklisch und $\#(H_N) = N$ ist, bedarf keiner näheren Erörterung.

Ein Element $x \in SO_2(\mathbb{R})$ hat stets und nur dann endliche Ordnung, wenn sein Drehwinkel ein rationales Vielfaches von 2π ist. Dabei ist ord(x) offensichtlich genau dann ein Teiler von N, wenn $x \in H_N$ ist. Das einzige, was wir zeigen müssen, ist die Zyklizität aller endlichen $G < SO_2(\mathbb{R})$.

Wir suchen ein Element aus G aus, dessen Ordnung m möglichst groß ist. Es erzeugt die Untergruppe H_m von G. Ist $H_m = G$, sind wir fertig; sonst gibt es eine zweite zyklische Untergruppe, etwa H_n, die nicht in H_m liegt.

Den größten gemeinsamen Teiler von m und n nennen wir d. Wir können $\mu, \nu \in \mathbb{Z}$ finden mit $\mu\, m + \nu\, n = d$. Sind x und y die Erzeugenden von H_m und H_n, die den Rotationswinkeln $\frac{2\pi}{m}$ bzw. $\frac{2\pi}{n}$ entsprechen, so ist $z = x^\nu y^\mu$ die Drehung um $\frac{2\pi d}{mn}$. Die Ordnung von z darf aber voraussetzungsgemäß nicht größer als m sein; das impliziert $d = n$ und $n|m$, also $H_n \le H_m$; Widerspruch.

Ganz ähnliche Methoden führen auch bei der nächsthöheren Dimension zum Erfolg; allerdings bedarf es eines zusätzlichen Arguments.

Satz 10.5.2:

(a) Jede endliche dreidimensionale Drehgruppe G ist isomorph zu genau einer der folgenden:

(1) einer zyklischen Gruppe der Ordnung $N \in \mathbb{N}$;

(2) einer Diedergruppe D_{2n} mit $n \geq 2$;

(3) der **Tetraedergruppe** A_4;

(4) der **Oktaedergruppe** S_4, die auch als **Hexaeder-** oder **Würfelgruppe** bezeichnet wird; oder

(5) der **Ikosaedergruppe** A_5, auch unter dem Namen **Dodekaedergruppe** bekannt.

(b) Alle angeführten Gruppen kommen wirklich vor und sind jeweils durch ihren Isomorphietyp bis auf Konjugation in $SO_3(\mathbb{R})$ eindeutig festgelegt.

Beweis:

Die Bezeichnungen der unter (3),(4),(5) aufgelisteten **Polyedergruppen** beziehen sich auf die Existenz eines unter der jeweiligen Gruppe invarianten **Platonischen Körpers** (= **regulären Vielflachs**).

Eine von 1 verschiedene Drehung D in $\mathbb{R}^3$ besitzt nach Abschn. 8.2 einen eindimensionalen Fixraum, die **Achse**, die zwei einander entgegengesetzte Vektoren der Norm 1, die **Pole**, enthält. Eine Achse (P,-P) oder ein Pol P heißen **n-zählig**, $n \in \mathbb{N}$, wenn die Standgruppe von P die Ordnung n hat.

Geben wir einen Pol P und den zugehörigen **Drehwinkel** vor, so ist D eindeutig bestimmt. Beziehen wir die Beschreibung auf den anderen Pol, - P, ist auch das Vorzeichen des Drehwinkels umzukehren.

Ist P ein Pol von $x \in G$ und y ein weiteres Element aus G, so ist wegen

$$P^y\, x^y = P\, y\, y^{-1}\, x\, y = P\, x\, y = P\, y$$

das Bild P^y von P unter y Fixpunkt und damit Pol von $x^y = y^{-1}xy$.

Die Gruppe G wirkt daher als Permutationsgruppe auf der Menge aller Pole. Das liefert eine Einteilung der Pole in, sagen wir, h Konjugationsklassen.

In jeder dieser Bahnen suchen wir uns einen Vertreter aus, den wir P_i nennen wollen ($1 \le i \le h$).
Die Standgruppe

$$U_i = \left\{ x \in G \;\middle|\; P_i^x = P_i \right\} = \left\{ x \in G \;\middle|\; P_i \text{ ist Pol von } x \right\}$$

von P_i in G ist eine endliche Untergruppe von $SO_2(\mathbb{R})$ und nach Satz 10.5.1 zyklisch. Ihre Ordnung sei mit n_i, die von G mit N bezeichnet.
Es gibt dann in U_i genau n_i-1 von 1 verschiedene Elemente, deren jedes die beiden Pole $\pm P_i$ hat. Die Anzahl der unter G zu P_i konjugierten Pole ist gleich dem Index $|G/U_i|$, also $\frac{N}{n_i}$.
Wir summieren über alle Klassen und erhalten die Beziehung

$$\sum_{i=1}^{h} \frac{N}{n_i} (n_i-1) = 2\,(N-1)$$

oder auch, nach Division durch die Gruppenordnung,

$$\sum_{i=1}^{h} \left(1 - n_i^{-1}\right) = 2 - 2\,N^{-1}$$

was wir noch etwas vereinfachen können:

$$\frac{1}{n_1} + \dots + \frac{1}{n_h} = h - 2 + \frac{2}{N}$$

Diese diophantische Beziehung läßt sich leicht vollständig lösen, zumal wir noch wissen, daß alle n_i per definitionem mindestens gleich 2 und (als Untergruppenordnungen) Teiler von # G = N sind, insbesondere also die Ungleichungen

$$2 \le n_i \le N$$

Bestand haben müssen. Die Ausdrücke $\left(1 - n_i^{-1}\right)$ sind also alle $\ge \frac{1}{2}$, während nach obiger Fundamentalformel ihre Summe < 2 ist. Daraus folgt $h \le 3$.
Die Möglichkeit h = 0 bedeutet, daß es keine Pole gibt, was nur in der zyklischen Gruppe G = 1 gilt.

Der Fall $h = 1$ scheidet aus, da er $N \geq 2$ impliziert, womit in der obigen Gleichung die linke Seite positiv wird, die andere jedoch ≤ 0.
Für $h = 2$ erhalten wir

$$\frac{1}{n_1} + \frac{1}{n_2} = \frac{2}{N}$$

und $n_1 = n_2 = N$. Alle Pole sind unter ganz G invariant, und $G = U_1 = U_2$ ist nach Satz 10.5.1 zyklisch.
Es bleibt nur noch $h = 3$ zu diskutieren. Die Grundgleichung reduziert sich auf

$$\frac{1}{n_1} + \frac{1}{n_2} + \frac{1}{n_3} = 1 + \frac{2}{N} > 1$$

Wir nehmen o.B.d.A. an, die Bahnen von G auf den Polen seien so angeordnet, daß $n_1 \leq n_2 \leq n_3$ ist. Dann folgt aus der gerade hergeleiteten Ungleichung $n_1^{-1} > \frac{1}{3}$, also $n_1 = 2$ und weiter

$$\frac{1}{n_2} + \frac{1}{n_3} = \frac{1}{2} + \frac{2}{N} > \frac{1}{2}$$

was wiederum $n_2^{-1} > \frac{1}{4}$ und $n_2 \in \{2,3\}$ nach sich zieht.
Wir betrachten zuerst den Fall $n_1 = n_2 = 2$. Es ergibt sich $N = 2\,n_3$ mit $n_3 \geq 3$. Die Untergruppe U_3 hat den Index 2 in G und ist natürlich zyklisch. Alle außerhalb von U_3 liegenden Elemente aus G sind in einer zu U_1 oder U_2 konjugierten Gruppe enthalten und wegen $n_1 = n_2 = 2$ Involutionen. Wir suchen zwei von ihnen, z.B. a und b, so aus, daß ihr Produkt ein Erzeugendes von U_3 ist. Dann ist $G = \langle a,b \rangle$ eine Diedergruppe.
Es bleibt lediglich noch $n_1 = 2$, $n_2 = 3$ übrig. Die Fundamentalrelation liefert

$$N = \frac{12\,n_3}{6-n_3}$$

Das ist nur für $n_3 = 3,4,5$ zulässig.
Die erste Alternative, $(n_1,n_2,n_3) = (2,3,3)$, ergibt $N = 12$. Die Gruppe G enthält genau $\frac{12}{2} = 6$ zweizählige und $\frac{12}{3} + \frac{12}{3} = 8$ dreizählige Pole, die auf jeweils halb so vielen Achsen (3 + 4) liegen. G besitzt daher exakt 8 Elemente der Ordnung 3, deren jedes nur eine Achse und die beiden zugehörigen

Pole festläßt. Daraus folgt sofort, daß die Permutationsdarstellung von G auf den 4 dreizähligen Achsen treu und somit G isomorph zu einer Untergruppe von S_4 ist. Die Ordnung von G impliziert $G \cong A_4$.
Für $(n_1, n_2, n_3) = (2,3,4)$ verläuft die Überlegung analog. Wir finden wieder eine Injektion in die S_4 auf den 4 dreizähligen Achsen. Jetzt ist aber $N = 24$ und $G \cong S_4$.
Als letztes kommen wir zu $(n_1, n_2, n_3) = (2,3,5)$; $N = 60$. Hier liegen die Dinge geringfügig komplizierter. Wir haben $\frac{60}{2} = 30$ zweizählige Pole, d.h. 15 entsprechende Achsen und ebensoviele Elemente der Ordnung 2 in G. Sie sind konjugiert, weil dasselbe sogar auf die 30 Pole zutrifft. Der Zentralisator einer Involution hat also die Ordnung 4 und kann nur eine Vierergruppe, also isomorph zu 2^2 sein, da G keine Elemente der Ordnung 4 enthält (die n_i sind nicht durch 4 teilbar). Jede 2^2 umfaßt drei Involutionen, die jeweils paarweise miteinander kommutieren. Insgesamt gibt es demnach genau 5 Vierergruppen, die untereinander konjugiert sind (diese Behauptung folgt einfacher aus dem **Satz von Sylow**, s. Gorenstein [1968], Huppert [1967] etc.). Wie oben finden wir, daß die Darstellung von G als Permutationsgruppe auf den 2^2 oder den Tripeln vertauschbarer Involutionen treu ist, was auf die Isomorphie von G mit einer Untergruppe von S_5 führt, die aus Ordnungsgründen nur A_5 sein kann.
Wir haben damit gezeigt, daß die im Satz angegebenen Gruppen als einzige in Frage kommen. Die Existenz von Unterguppen in $SO_3(\mathbb{R})$ der genannten Arten und ihre Eindeutigkeit bis auf Konjugation ist auch leicht einzusehen.
Für die zyklischen Gruppen steht diese Aussage schon in Satz 10.5.1. Eine Diedergruppe D_{2n} erhalten wir aus der zyklischen Gruppe U_n, indem wir eine zur Achse von U_n orthogonale zweizählige Achse hinzunehmen. Da die Lage der U_n-Pole durch Anwendung geeigneter Drehungen willkürlich festgesetzt werden kann und anschließend auch die zweite Achse (die nur zur ersten senkrecht sein soll) beliebig normierbar ist, gibt es auch hier für alle n im wesentlichen nur eine Möglichkeit.
Die Tetraedergruppe $G \cong A_4$ hat 4 dreizählige Pole, etwa a, b, c, d, die zusammen eine Bahn unter G bilden. Wir definieren kartesische Koordinaten in $\mathbb{R}^3$, für die $a = (0,0,1)$ ist. Die Summe $a + b + c + d$ ist G-invariant. Wäre sie von 0 verschieden, müßte G schon auf dem 2-dimensionalen Orthogonalraum injektiv dargestellt sein. Das ist nicht der Fall, weil G nicht zyklisch ist. Die 120°-Drehung um die durch a gehende Achse vertauscht die Punkte b, c, d miteinander. Daraus und aus der Tatsache, daß wir durch eine geeignete Drehung b auf die Form (0,?,?) bringen können, ergibt sich ohne weiteres die

Eindeutigkeit bis auf Anwendung von $SO_3(\mathbb{R})$.
Die S_4 und die A_5 behandeln wir mit Hilfe der in beiden enthaltenen A_4. Da letztere schon bis auf eine Drehung der Koordinaten nur auf eine Weise orientiert werden kann, gilt die entsprechende Behauptung erst recht für die Obergruppen.

Während die Klassifikation der endlichen Rotationsgruppen in der Ebene $\mathbb{R}^2$ keinerlei Probleme bereitet und $\mathbb{R}^3$ als nächster Fall - wie gesehen - auch noch sehr leicht zu behandeln ist, nehmen die Schwierigkeiten bei wachsender Dimension sehr rasch zu. Auch verfeinerte gruppentheoretische Verfahren stoßen bald an ihre natürliche Grenze.
Das liegt vor allem an der schon bei bescheidenen Dimensionen schnell unübersichtlich werdenden Vielfalt der in Frage kommenden Gruppen. Aus diesem Grunde liegen analoge Ergebnisse nur noch für einige wenige weitere Räume aus der Reihe $\mathbb{R}^4, \mathbb{R}^5, \ldots$ vor, wofür wir jedoch keine Verwendung haben werden.
Natürlich besteht keinerlei Hoffnung, jemals alle endlichen Drehgruppen beliebiger Dimension klassifizieren zu können, weil jede endliche Gruppe treue orthogonale Darstellungen besitzt, z.B. die **Permutationsdarstellungen** sowie daraus durch Reduktion und Bilden direkter Summen etc. gebildete weitere Repräsentationen. Es wäre also zumindest eine explizite Bestimmung aller endlichen Gruppen erforderlich, die aber ganz ausgeschlossen ist: schon die Gruppen von Primzahlpotenzordnung p^f haben eine äußerst vielgestaltige und unüberschaubare Struktur, wenn f auch nur in die Größenordnung von 10 kommt.
Von größerem Interesse ist für uns ein Korollar des Satzes 10.5.2. Die Quaternionenmultiplikation ist assoziativ; also bilden die invertierbaren Elemente aus $\mathbb{H}$ eine Gruppe $\mathbb{H}^\times$. Deren endliche Untergruppen lassen sich mit unseren Vorkenntnissen leicht vollständig angeben:

Satz 10.5.3:
(a) Jede endliche Untergruppe G von $\mathbb{H}^\times = \mathbb{H}\setminus\{0\}$ ist isomorph zu einer der folgenden:
(1) einer zyklischen Gruppe beliebiger Ordnung $N \in \mathbb{N}$;
(2) einer zweifachen Überlagerung einer Diedergruppe D_{2n};
(3) der Schurerweiterung $2\wedge A_4$ der Tetraedergruppe;

(4) der Schurerweiterung $2 \wedge S_4$ der Oktaedergruppe; oder

(5) der Schurerweiterung $2 \wedge A_5$ der Ikosaedergruppe.

In allen diesen Fällen besteht der zyklische Normalteiler der Ordnung 2 aus den beiden Quaternionen 1 und - 1.

(b) G liegt in der Standard-3-Sphäre $\mathcal{S}^3$.

(c) Zueinander isomorphe endliche Untergruppen von $\mathbb{H}^\times$ sind konjugiert.

Bemerkung:

Die in Teil (a) unter den Nummern (2),...,(5) genannten G werden auch als **binäre** Di-, Tetra-, Okta- und Ikosaedergruppen bezeichnet. Über sie sind viele wichtige Einzelheiten, wie beispielsweise Darstellungen, Präsentationen, Invariantenringe usf., bekannt; vgl. Coxeter & Moser [1965].

Beweis:

Hat $u \in G$ die Ordnung n, so gilt für die Norm $|u|^n = |u^n| = |1| = 1$ und somit $|u| = 1$, also Aussage (b).

Nach Satz 10.3.2 bewirkt die Konjugation mit den Norm-1-Quaternionen eine Darstellung der Standardsphäre $S = \mathcal{S}^3$ mit Kern $\{\pm 1\}$ und Bild $SO_3(\mathbb{R})$. Wir verwenden für sie das Symbol "$\check{}$". Dann ist $\check{G}$ eine endliche Untergruppe von $\check{S} \cong SO_3(\mathbb{R})$ und steht zufolgedessen in der Liste des Satzes 10.5.2.

Weiter haben wir in Abschn. 10.3 gezeigt, daß ± 1 die einzigen Lösungen der Gleichung $q^2 = 1$ in $\mathbb{H}$ sind. Es gibt also nur eine Involution in $\mathbb{H}$, nämlich - 1. Jede Quaternion u der geraden endlichen Ordnung 2n erfüllt also $u^n = -1$, was seinerseits $\check{u}^n = (-1)\check{} = 1$ und $\mathrm{ord}(\check{u}) = n$ bedeutet.

Wir diskutieren die einzelnen Möglichkeiten für die Bildgruppe der Reihe nach. Ist $\check{G} = \langle\check{u}\rangle$ zyklisch von gerader Ordnung, so ist auch #(G) durch 2 teilbar und G enthält eine Involution, die nach dem oben Gesagten nur - 1 sein kann. Die Ordnung eines Urbildes u von $\check{u}$ ist dann doppelt so groß wie die von $\check{u}$, was unmittelbar auf $G = \langle u\rangle$ führt. Ist $\check{G}$ zyklisch von ungerader Ordnung n, so müssen wir unterscheiden, ob #(G) gerade oder ungerade ist. Im ersten Fall hat das Erzeugende $\check{u}$ zwei Urbilder, etwa u und - u, von denen eines die Ordnung n hat. Das andere hingegen besitzt die doppelte Ordnung und erzeugt G. Bei ungerader Ordnung von G ist der Kern der Konjugationsdarstellung $G \longrightarrow \check{G}$ trivial, d.h. $G \cong \check{G}$.

Unter allen Umständen hat die Zyklizität von $\check{G}$ die von G zur Folge.

Es bleiben noch die unter den Punkten (2),(3),(4),(5) der Liste aufgeführ-

ten Gruppen D_{2n}, A_4, S_4 und A_5 als Kandidaten für $\check{G}$ zu behandeln.
Dann ist $\check{G}$ und erst recht G von gerader Ordnung. Der Kern von $G \longrightarrow \check{G}$ ist jetzt $\{1,-1\} \cong 2$ und G eine zweifache Überlagerung von $\check{G}$. Zum Abschluß des Beweises von (a) brauchen wir nur noch zu zeigen, daß es sich um eine Schurerweiterung handelt, wenn $\check{G} \in \{A_4, S_4, A_5\}$ ist.
Alle drei Gruppen enthalten eine zur Kleinschen Vierergruppe 2^2 isomorphe Untergruppe $\check{U}$, die dank Satz 10.5.2 durch Konjugation mit einer geeigneten invertierbaren Quaternion so gewählt werden kann, daß sie (neben der Identität) die drei 180°-Drehungen um die Koordinatenachsen enthält.
Das Urbild von $\check{U}$ ist dann $U = \{\pm 1, \pm i, \pm j, \pm k\}$, und es liegt

$$[i,j] = i^{-1} j^{-1} i j = (-i)(-j) i j = (ij)^2 = k^2 = -1$$

in der Kommutatorgruppe U' von U, also auch in G'. Da -1 die einzige Involution in G ist, muß es trivialerweise auch im Zentrum Z(G) enthalten sein.
Damit ist G eine Schurerweiterung von $\langle -1 \rangle \cong 2$ mit $\check{G}$, wie in (a) verlangt.
Die noch ausstehende Teilbehauptung (c) ergibt sich unmittelbar aus der entsprechenden des Satzes 10.3.2 durch Übergang auf das Urbild unter unserer Darstellung.

Anwendungen dieses Resultats werden eine wichtige Rolle bei den Untersuchungen des Teils F über numerische Integrationsverfahren auf der 2-Sphäre spielen.

11. Oktaven

11.1. Verdopplungsverfahren nach Cayley und Dickson

Die geometrische Bedeutung der komplexen Zahlen und der Quaternionen, vor allem im Hinblick auf die Parametrisierungen von $\mathbb{S}^2$ und $\mathbb{S}^3$, ist im wesentlichen bedingt durch die Existenz einer multiplikativen Norm bzw. des zugehörigen Skalarprodukts.

Aus diesem Grunde müssen wir uns beide noch etwas näher ansehen. Von besonderem Interesse ist dabei die Frage, ob entsprechende Strukturen auch in anderen Algebren definiert werden können. Wir präzisieren zunächst die fraglichen Begriffe:

Definition 11.1.1:

Sei $\mathfrak{A} \neq 0$ eine Algebra über dem Grundkörper $\mathbb{K}$.

(a) Eine **Norm** auf $\mathfrak{A}$ ist eine positiv definite quadratische Form $N\colon \mathfrak{A} \longrightarrow \mathbb{K}$. Das zugehörige **Skalarprodukt** ist, wie stets, erklärt gemäß

$$\langle x,y\rangle = \frac{1}{2}\Big[N(x+y) - N(x) - N(y)\Big]$$

(was selbstverständlich nur geht, wenn $\mathrm{char}(\mathbb{K}) \neq 2$ ist. Diese Beschränkung ist aber für uns ohne Belang, da wir uns später nur mit $\mathbb{K} \in \{\mathbb{R},\mathbb{C}\}$ beschäftigen werden). Es ist dann insbesondere

$$N(x) = \langle x,x\rangle$$

(b) Die zu N assoziierte **Konjugation** ist die $\mathbb{K}$-lineare Abbildung $\kappa\colon \mathfrak{A} \longrightarrow \mathfrak{A}$, die 1 invariant läßt und auf dem Orthogonalraum

$$1^{\perp} = \Big\{ x \in \mathfrak{A} \;\Big|\; \langle x,1\rangle = 0 \Big\}$$

zu 1 der Multiplikation mit -1 entspricht. Das Bild von x unter κ ist

$$\overline{x} = \kappa(x) = 2\,\langle x,1\rangle\cdot 1 - x$$

(c) Die Norm N heißt **multiplikativ** (und $\mathfrak{A}$ eine **normierte Algebra**), wenn sie positiv definit ist und für alle $a,b \in \mathfrak{A}$ die Gleichung

$$\langle ab,ab\rangle = \langle a,a\rangle\,\langle b,b\rangle$$

besteht.

Wir erwähnen einige der wichtigsten Eigenschaften der Konjugation:

Satz 11.1.1:

(1) κ ist involutorisch: $\kappa^2 = \mathrm{id}$, also $\overline{\overline{x}} = x$;

(2) Der Fixraum von κ besteht genau aus den Vielfachen von 1:

$$\overline{x} = x \;\Leftrightarrow\; x \in \mathbb{K}\cdot 1$$

(3) Jedes Element kommutiert mit seinem Konjugierten:

$$x\,\overline{x} = \overline{x}\,x = 2\,\langle x,1\rangle\,x - x^2$$

Beweis:

Einsetzen der Definition.

Es ist klar, daß die Konjugationen und Normen in $\mathbb{C}$ und $\mathbb{H}$ dieser Definition entsprechen und multiplikativ sind.
Letzteres ist eine außerordentlich seltene Eigenschaft, die die uns bekannten $\mathbb{R}$-Algebren $\mathbb{R}$, $\mathbb{C}$ und $\mathbb{H}$ fast charakterisiert; es gibt außer ihnen nur noch eine einzige weitere normierte Algebra mit Einselement über $\mathbb{R}$, nämlich die 8-dimensionale Oktavenalgebra $\mathbb{O} = \mathbb{O}(\mathbb{R})$, die wir jetzt konstruieren wollen.
Dazu bedienen wir uns einer von Cayley und Dickson propagierten Methode, des sogenannten **Verdopplungsverfahrens**:

Definition 11.1.2:

(a) Zu einer Algebra $\mathfrak{A}$ der Dimension n über $\mathbb{K}$ mit Konjugation κ, Norm N und Skalarprodukt $<.,.>$ bilden wir durch Adjunktion eines zu ganz $\mathfrak{A}$ orthogonalen Elements Ω mit $<\Omega,\Omega> = 1$ die $\mathfrak{A}$ enthaltende **"verdoppelte" Algebra** ${}^2\mathfrak{A}$ mit dem Grundraum $\mathfrak{A} \oplus \mathfrak{A}\cdot\Omega$, wobei die Multiplikation in ${}^2\mathfrak{A}$ gemäß der für alle $a,b \in \mathfrak{A}$ geltenden Regeln

$$(a\ \Omega)\ b = (a\ \overline{b})\ \Omega$$

$$a\ (b\ \Omega) = (b\ a)\ \Omega$$

$$(a\ \Omega)\ (b\ \Omega) = -\ \overline{b}\ a$$

auf die in $\mathfrak{A}$ zurückgeführt wird. Ausgeschrieben ist das Produkt zweier typischer Elemente in ${}^2\mathfrak{A}$

$$(a_1+a_2\Omega)\ (b_1+b_2\Omega) = \left[a_1b_1 - \overline{b_2}a_2\right] + \left[b_2a_1 + a_2\overline{b_1}\right]\ \Omega$$

(mit beliebigen $a_1,a_2,b_1,b_2 \in \mathfrak{A}$).

(b) Die Konjugation setzen wir auf ganz ${}^2\mathfrak{A}$ fort durch die Bedingung

$$\overline{a_1+a_2\Omega} = \overline{a_1} - a_2\ \Omega$$

Offensichtlich ist die Menge ${}^2\mathfrak{A} = \mathfrak{A} \oplus \mathfrak{A}\cdot\Omega$ eine Algebra der doppelten Dimension wie $\mathfrak{A}$. Man sieht auch durch eine einfache Rechnung leicht ein, daß die Verdopplung von $\mathbb{R}$ durch Adjunktion von $\Omega = i$ zunächst $\mathbb{C}$ und dann vermöge der Hinzunahme von j auch $\mathbb{H}$ liefert.
Führen wir die Erweiterung noch einen Schritt weiter, so erhalten wir

Definition 11.1.3:

Die Oktavenalgebra $\mathbb{O} = {}^2\mathbb{H}$ entsteht aus der der Quaternionen durch Verdopplung.

Nennen wir jetzt, wie es üblich ist, das Zusatzelement E statt Ω und führen noch die Bezeichnungen I,J,K für die Produkte iE,jE,kE ein! Es ergibt sich

Satz 11.1.2:
Die Multiplikation der Basisoktaven 1,i,j,k,E,I,J,K, die bezüglich <.,.> ein Orthonormalsystem bilden, erfolgt gemäß Tab. 11.1.1.

Tab. 11.1.1

1	i	j	k	E	I	J	K
i	-1	k	-j	I	-E	-K	J
j	-k	-1	i	J	K	-E	-I
k	j	-i	-1	K	-J	I	-E
E	-I	-J	-K	-1	i	j	k
I	E	-K	J	-i	-1	-k	j
J	K	E	-I	-j	k	-1	-i
K	-J	I	E	-k	-j	i	-1

Wir kommen in den nächsten Abschnitten auf einige fundamentale Gesetzmäßigkeiten, denen die Oktaven genügen, näher zu sprechen. Zuvor wollen wir aber noch die Unbequemlichkeit der Cayley-Dickson-Basis, deren Rechenregeln eventuell nicht ganz leicht zu merken sind, beheben.
Die einzige offensichtliche Symmetrie in der bisher benutzten Darstellung ist die simultane zyklische Permutation τ der Tripel (i,j,k) und (I,J,K) im gleichen Sinn, unter Fixierung von E (und natürlich auch 1).
Eine wesentlich bequemere Basis erhalten wir, wenn wir eine Umbenennung nach dem Schema in Tab. 11.1.2 vornehmen. Die Indizes der neuen Basisele-

mente sind dabei mod 7 zu lesen oder, besser noch, als Elemente von $\mathbb{F}_7$ zu interpretieren. Die Bezeichnung e_∞ für das Einselement hat dagegen keine tiefere Bedeutung; wir werden nicht davon Gebrauch machen, daß die Indexmenge $\{\infty; 0,1,2,3,4,5,6\}$ die **projektive Linie** $\mathbb{P}^1(\mathbb{F}_7) = \mathbb{F}_7 \cup \{\infty\}$ bildet.

Tab. 11.1.2

1	i	j	k	E	I	J	K
e_∞	$-e_1$	$-e_4$	$-e_2$	$-e_0$	$-e_3$	$-e_5$	$-e_6$

Die Arithmetik in $\mathbb{O}$ läßt sich mit der neuen Bezeichnung wie folgt skizzieren:

Satz 11.1.3:

(a) Die Elemente $e_\infty = 1$ und e_L $(L \in \mathbb{F}_7)$ bilden eine Orthonormalbasis von $\mathbb{O} = \mathbb{O}(\mathbb{R})$.

(b) Die Konjugation ist die durch $\overline{e_\infty} = e_\infty$ und $\overline{e_L} = -e_L$ für $L \in \mathbb{F}_7$ eindeutig bestimmte lineare Abbildung von $\mathbb{O}$ auf sich. Die Norm erfüllt

$$\langle x,x\rangle = x\,\bar{x} = \bar{x}\,x \in \mathbb{R}\cdot 1$$

und das Skalarprodukt ergibt sich aus

$$\langle x,y\rangle = \frac{1}{2}\left[x\,\bar{y} + y\,\bar{x} \right] = \frac{1}{2}\left[\bar{x}\,y + \bar{y}\,x \right]$$

(c) Die Produkte je zweier Basiselemente sind $(L \in \mathbb{F}_7)$:

$$e_\infty^2 = e_\infty = 1$$

$$e_L^2 = -e_\infty = -1$$

$$e_\infty e_L = e_L e_\infty = e_L$$

$$e_{L+1}\, e_{L+2} = -\, e_{L+2}\, e_{L+1} = e_{L+4}$$

$$e_{L+2}\, e_{L+4} = -\, e_{L+4}\, e_{L+2} = e_{L+1}$$

$$e_{L+4}\, e_{L+1} = -\, e_{L+1}\, e_{L+4} = e_{L+2}$$

Beachte, daß $1 = 1^2$, $2 = 3^2$, $4 = 2^2$ die Quadrate in $\mathbb{F}_7^{\#} = \mathbb{F}_7 \setminus \{0\}$ sind!
Die Formeln sind invariant unter Multiplikation der Indizes mit einem der drei Quadrate 1,2,4 und/oder Addition von $\mathbb{F}_7$-Elementen. Das ergibt immerhin eine Permutationsgruppe der Ordnung 21 (Struktur 7:3), die nur Automorphismen von $\mathbb{O}$ enthält.
Mit diesen Invarianzen kann man die gesamte Algebrastruktur aus der Aussage, daß $e_\infty = 1$ ist, und einem einzigen nichttrivialen Produktpaar, wie etwa $e_1 \cdot e_2 = -e_2 \cdot e_1 = e_4$, gewinnen.
Eine einfachere Beschreibung ist wohl kaum denkbar. Die vollständige Multiplikationstafel bezüglich der e-Basis ist als Tab. 11.1.3 beigefügt.

Tab. 11.1.3

e_∞	e_0	e_1	e_2	e_3	e_4	e_5	e_6
e_0	$-e_\infty$	e_3	e_6	$-e_1$	e_5	$-e_4$	$-e_2$
e_1	$-e_3$	$-e_\infty$	e_4	e_0	$-e_2$	e_6	$-e_5$
e_2	$-e_6$	$-e_4$	$-e_\infty$	e_5	e_1	$-e_3$	e_0
e_3	e_1	$-e_0$	$-e_5$	$-e_\infty$	e_6	e_2	$-e_4$
e_4	$-e_5$	e_2	$-e_1$	$-e_6$	$-e_\infty$	e_0	e_3
e_5	e_4	$-e_6$	e_3	$-e_2$	$-e_0$	$-e_\infty$	e_1
e_6	e_2	e_5	$-e_0$	e_4	$-e_3$	$-e_1$	$-e_\infty$

Die beiden wichtigsten algebraischen Eigenschaften der Oktaven fassen wir zusammen zu

Satz 11.1.4:
Die Oktavenalgebra $\mathbb{O} = \mathbb{O}(\mathbb{R})$ ist normiert und echt alternativ.

Beweis:
"Echt alternativ" bedeutet Gültigkeit des **Alternativgesetzes**, das aus den beiden Teilaussagen $a(ab) = a^2b$ und $(ab)b = ab^2$ besteht, während das weitergehende **Assoziativgesetz** nicht für alle $a, b \in \mathbb{O}$ erfüllt ist.
Entwickeln wir a und b nach der Basis $\{e_\infty, e_0, e_1, e_2, e_3, e_4, e_5, e_6\}$, erkennen wir unmittelbar, daß die Alternativität von $\mathbb{O}$ gleichbedeutend mit den Behauptungen

$$(e_L e_M)e_N + (e_M e_L)e_N = e_L(e_M e_N) + e_M(e_L e_N)$$

und

$$(e_L e_M)e_N + (e_L e_N)e_M = e_L(e_M e_N) + e_L(e_N e_M)$$

ist, worin die Indizes L,M,N ganz $\mathbb{P}^1(\mathbb{F}_7)$ durchlaufen. Ist einer von ihnen gleich ∞, kommt also $e_\infty = 1$ vor, ist dies trivial; deshalb brauchen wir nur $L, M, N \in \mathbb{F}_7$ zu betrachten.
Dann antikommutieren e_L, e_M und e_N paarweise miteinander, und durch Konjugation und die Vertauschung $L \longleftrightarrow N$ gehen beide Relationen auseinander hervor. Es genügt daher, eine von ihnen, z.B. die erste, zu untersuchen, wobei wir noch zusätzlich wegen des zyklischen Automorphismus $e_S \longrightarrow e_{S+1}$ und der Invarianz aller Gleichungen in $\mathbb{O}$ unter der Substitution $e_S \longrightarrow e_{2S}$ annehmen dürfen, daß $L = 0$ und M eine der Zahlen $0, 1, -1$ ist. Die Bestätigung der verbleibenden 21 Fälle mittels der Tab. 11.1.3 sei dem Leser überlassen.
$\mathbb{O}$ ist also alternativ; die Nichtassoziativität erkennt man anhand des Beispiels

$$(I\ J)\ K = -k\ K = E$$

$$I\,(J\,K) = -I\,i = -E$$

und $\mathbb{O}$ ist echt alternativ.

Das Einselement ist nach Def. 11.1.2 invariant unter Konjugation, während alle Linearkombinationen von i, j, k, E, I, J, K das Vorzeichen wechseln. Daher ist $x \longrightarrow \bar{x}$ eine lineare Involution in $\mathbb{O}$.

Das Produkt zweier typischer Oktaven $a = a_1 + a_2E$ und $b = b_1 + b_2E$ liefert bei Konjugation

$$\begin{aligned}\overline{(a_1+a_2E)(b_1+b_2E)} &= \overline{\left[a_1b_1 - \overline{b_2}a_2\right] + \left[b_2a_1 + a_2\overline{b_1}\right]E} \\ &= \left[\overline{b_1}\,\overline{a_1} - \overline{a_2}\,b_2\right] + \left[-\,b_2\,a_1 - a_2\,\overline{b_1}\right]E\end{aligned}$$

was mit dem Produkt der Konjugierten in umgekehrter Anordnung,

$$\overline{b_1+b_2E}\;\overline{a_1+a_2E} = \left[\overline{b_1} - b_2E\right]\left[\overline{a_1} - a_2E\right]$$

übereinstimmt. In Verbindung mit der aus ihr folgenden Realität von $x\bar{x}$ impliziert die so verifizierte Regel

$$\overline{ab} = \bar{b}\,\bar{a}$$

daß $x \longrightarrow \bar{x}$ wirklich die im Sinne der Def. 11.1.1 zur Norm

$$N(a) = a\,\bar{a} = \bar{a}\,a$$

gehörige Konjugation ist. Das Skalarprodukt erklären wir wie oben. Wir haben die Identitäten

$$N(a_1+a_2E) = (a_1+a_2E)\,(\overline{a_1}-a_2E) = a_1\,\overline{a_1} + \overline{a_2}\,a_2$$

$$N(b_1+b_2E) = (b_1+b_2E)\,(\overline{b_1}-b_2E) = b_1\,\overline{b_1} + \overline{b_2}\,b_2$$

und

$$
\begin{aligned}
N(ab) &= \left[a_1 b_1 - \overline{b_2} a_2\right]\left[\overline{b_1 a_1} - \overline{a_2} b_2\right] + \left[a_1 b_2 + \overline{b_1} a_2\right]\left[\overline{b_2 a_1} + \overline{a_2} b_1\right] \\
&= + a_1\, b_1\, \overline{b_1}\, \overline{a_1} - a_1\, b_1\, \overline{a_2}\, b_2 - \overline{b_2}\, a_2\, \overline{b_1}\, \overline{a_1} + \overline{b_2}\, a_2\, \overline{a_2}\, b_2 \\
&\quad + a_1\, b_2\, \overline{b_2}\, \overline{a_1} + a_1\, b_2\, \overline{a_2}\, b_1 + \overline{b_1}\, a_2\, \overline{b_2}\, \overline{a_1} + \overline{b_1}\, a_2\, \overline{a_2}\, b_1 \\
&= \langle a_1, a_1\rangle + \langle a_1, b_2\rangle + \langle a_2, b_1\rangle + \langle a_2, b_2\rangle \\
&\quad + a_1\, b_2\, \overline{a_2}\, b_1 + \overline{b_1}\, a_2\, \overline{b_2}\, \overline{a_1} - a_1\, b_1\, \overline{a_2}\, b_2 - \overline{b_2}\, a_2\, \overline{b_1}\, \overline{a_1}
\end{aligned}
$$

ist identisch mit

$$
\begin{aligned}
N(a)\, N(b) &= \left[\langle a_1, a_1\rangle + \langle a_2, a_2\rangle\right] \left[\langle b_1, b_1\rangle + \langle b_2, b_2\rangle\right] \\
&= \langle a_1, a_1\rangle + \langle a_1, b_2\rangle + \langle a_2, b_1\rangle + \langle a_2, b_2\rangle
\end{aligned}
$$

da für alle Quaternionen a, b, c, d die Gleichung

$$a\,\overline{b}\,c\,\overline{d} + d\,\overline{c}\,b\,\overline{a} - a\,\overline{d}\,c\,\overline{b} - b\,\overline{c}\,d\,\overline{a} = 0$$

besteht. Zu deren Beweis bemerken wir, daß die linke Seite gleich 2 X ist mit

$$X = \langle a\overline{b}, d\overline{c}\rangle - \langle a\overline{d}, b\overline{c}\rangle \in \mathbb{R}\cdot 1$$

Aus Homogenitätsgründen können wir uns o.B.d.A. auf $a, b, c, d \in \{1, i, j, k\}$ beschränken. Von den $4^4 = 256$ Kombinationen der 4 Basiselemente muß man aber wegen der zahlreichen Symmetrien, die X aufweist, nur sehr wenige wirklich nachrechnen.

Da alle Skalarprodukte in $\mathbb{R}\cdot 1$ liegen, verschwinden beide Terme in X und die Behauptung gilt, wenn abcd nicht reell ist. Damit reduziert sich die Aufgabe auf die drei Fälle:

(1) alle Variablen verschieden voneinander;

(2) a, b, c, d zerfallen in zwei untereinander gleiche Paare; sowie

(3) $a = b = c = d$.

Liegt (1) vor, kann man $a = 1$ setzen, weil eine simultane Multiplikation von a, b, c, d mit einem gemeinsamen Faktor i, j, k nichts am Wert von X ändert. Wenden wir anschließend noch eine geeignete Potenz des zyklischen Automorphismus τ von $\mathbb{H}$ an, ist es sogar noch erlaubt, $b = i$ vorauszusetzen. Damit haben wir nur (a,b,c,d) = (1,i,j,k) oder (1,i,k,j) zu untersuchen. Beide Male ist X = 0.

Tritt (2) ein, dürfen wir mit derselben Überlegung a = 1 annehmen und außerdem noch, daß das zweite Paar den Wert i hat. Das ergibt die drei zu überprüfenden Möglichkeiten (a,b,c,d) = (1,1,i,i) oder (1,i,1,i) oder (1,i,i,1). Alle führen wieder auf X = 0. Fall (3) schließlich ist trivial.

11.2. Alternative Divisionsalgebren

Die hervorstechenden Eigenschaften der in Abschn. 11.1 konstruierten Oktavenalgebra sind die **Nullteilerfreiheit** und die Gültigkeit des Alternativgesetzes.

Wir wollen zeigen, daß die uns bekannten Beispiele, die Algebren $\mathbb{R}, \mathbb{C}, \mathbb{H}, \mathbb{O}$ der reellen und komplexen Zahlen, der Quaternionen und Oktaven, von der trivialen 0-dimensionalen Algebra abgesehen, einzigartig sind und durch die genannten Besonderheiten charakterisiert werden können.

Zu diesem Zweck bedienen wir uns einiger Standardmethoden und -begriffe der Algebra, die wir zuerst kurz rekapitulieren wollen.

Eine **Identität** in einer Algebra $\mathfrak{A}$ ist eine Gleichung, die von Unbestimmten, etwa a, b, c, ... abhängt und die gültig ist, wenn man für diese Variablen beliebige Elemente aus $\mathfrak{A}$ einsetzt.

Ähnlich dem **Kommutator**

$$[a,b] = a\,b - b\,a$$

zweier Elemente $a, b \in \mathfrak{A}$, der uns schon geläufig ist, führen wir einen weiteren Ausdruck ein, der sozusagen ein Maß dafür ist, "wie stark" Abweichungen vom **Assoziativgesetz** sind.

Definition 11.2.1:

(a) Der **Assoziator** dreier Elemente a, b, c einer Algebra $\mathfrak{A}$ ist der offenbar in jeder der Variablen lineare Ausdruck

$$[a,b,c] = (a\,b)\,c - a\,(b\,c)$$

(b) Eine Teilmenge $M \subseteq \mathfrak{A}$ heißt **assoziativ**, wenn für alle $m_1, m_2, m_3 \in M$ der Assoziator $[m_1, m_2, m_3]$ verschwindet.

Eines der fruchtbarsten Verfahren, aus bekannten algebraischen Identitäten neue abzuleiten, ist das **Polarisieren**. Es kann angewandt werden, falls die

gegebene Identität irgendeine Variable, z.B. a, von höherer als der ersten Potenz enthält. Wir haben diese dann durch eine Linearkombination der Form $a + \lambda b$ zu ersetzen, wobei b eine neue Unbestimmte und λ aus dem Grundkörper $\mathbb{K}$ ist. Die so gewonnene Beziehung entwickeln wir dann nach Potenzen von λ. Wenn $\mathbb{K}$ "hinreichend viele" Elemente enthält, so daß die auftretenden λ-Potenzen (als Funktionen auf $\mathbb{K}$ betrachtet) linear unabhängig sind, impliziert das das Verschwinden aller Koeffizienten der λ^i.
(Die Körper $\mathbb{R}$ und $\mathbb{C}$, die wir im Folgenden alleine in Betracht ziehen werden, sind in diesem Sinne hinreichend groß, da endlich viele verschiedene Potenzfunktionen über ihnen stets linear unabhängig sind).
Ein Beispiel mag dienlich sein. Wenn in der $\mathbb{R}$-Algebra $\mathfrak{A}$ die Identität

$$[a,a,a] = 0$$

gilt, folgt zunächst nach der obigen Vorschrift

$$[a+\lambda b, a+\lambda b, a+\lambda b] = 0$$

$(\lambda \in \mathbb{R})$ und weiter die Entwicklung

$$0 = [a,a,a] + \lambda \Big[[b,a,a] + [a,b,a] + [a,a,b] \Big] + \lambda^2 \Big[[a,b,b] + [b,a,b] + [b,b,a] \Big] + \lambda^3 [b,b,b]$$

und neben der Ausgangsgleichung $[a,a,a] = 0$ als von λ freiem Glied erhalten wir die neue Identität

$$[b,a,a] + [a,b,a] + [a,a,b] = 0$$

(Koeffizient von λ) sowie (zu λ^2 gehörend) das Gleiche mit $a \Leftrightarrow b$ und die zur ursprünglichen gleichwertige Identität $[b,b,b] = 0$.
In der abgeleiteten Relation ist a noch von 2. Ordnung enthalten, deshalb ist es möglich, das Verfahren zu wiederholen. Das führt auf die Identität

$$[a,b,c] + [a,c,b] + [b,a,c] + [b,c,a] + [c,a,b] + [c,b,a] = 0$$

Damit kommen wir zum Gegenstand unserer Untersuchungen. Viele der folgenden Betrachtungen sind Adaptionen aus Braun & Koecher [1966], wo auch erheblich allgemeinere Resultate nachgeschlagen werden können.

Definition 11.2.2:
Eine Algebra $\mathfrak{A}$ heißt **alternativ**, wenn in ihr die Identität

$$[a,a,b] = [a,b,b] = 0$$

besteht. Ausführlicher geschrieben lauten die beiden Relationen

$$a\,(a\,b) = a^2\,b$$

und

$$(a\,b)\,b = a\,b^2$$

Allein aus dem Alternieren ergeben sich zahlreiche weitere Identitäten, von denen wir einige der bekanntesten und wichtigsten zusammenstellen:

Satz 11.2.1:
Sei $\mathfrak{A}$ eine alternative Algebra über $\mathbb{R}$ oder $\mathbb{C}$.

(a) Der Assoziator dreier Elemente aus $\mathfrak{A}$ ändert sich nicht bei zyklischer Vertauschung der Argumente und wechselt das Vorzeichen bei ungeraden Permutationen.

(b) Es besteht die Identität

$$[a,b,a] = 0$$

also

$$(a\,b)\,a = a\,(b\,a)$$

Eine Algebra, in der dies gilt, nennt man **flexibel**.

(c) Darüber hinaus ist für alle $a,b,c \in \mathfrak{A}$:

$$[a,b,ca] = a\,[a,b,c]$$

$$[ca,b,c] = [a,b,c]\, c$$

und

$$[a,b^2,c] = [a,b,bc] + [ab,b,c]$$

(d) Weiter gelten die **Moufang-Identitäten**

$$(a\ b\ a)\ c = a\ (b\ (a\ c))$$

$$c\ (a\ b\ a) = ((c\ a)\ b)\ a$$

sowie

$$(a\ b)\ (c\ a) = a\ (b\ c)\ a$$

Hier wurde von der Flexibilität Gebrauch gemacht, um die Klammern in Ausdrücken der Form $(ab)a = a(ba)$ zu sparen.

(e) Die von einer assoziativen Teilmenge $M \subseteq \mathfrak{A}$ erzeugte Unteralgebra ist gleichfalls assoziativ.

(f) Dasselbe gilt für alle von zwei Elementen erzeugten Unteralgebren von $\mathfrak{A}$.

<u>Beweis:</u>

Durch Polarisieren der definierenden Relationen $[a,a,b] = 0$ und $[a,b,b] = 0$ erhalten wir

$$[a,c,b] + [c,a,b] = 0$$

$$[a,b,c] + [a,c,b] = 0$$

Der Assoziator geht also bei Permutation der ersten beiden bzw. der letzten beiden Argumente in sein Negatives über. Daraus folgt sofort (a).

Die Behauptung (b) ergibt sich dann durch Anwendung von (a) auf eine der Ausgangsrelationen.

Die unter (c) stehenden Identitäten finden wir durch eine kurze Rechnung, bei der wir mehrfach von den bereits gefundenen Symmetrien des Assoziators Gebrauch machen. Die erste Gleichung ergibt sich aus

$$
\begin{aligned}
[a,b,ca] &= [ca,a,b] = ((ca)a)b - (ca)(ab) = (ca^2)b - (ca)(ab) \\
&= (ca^2)b - c(a^2b) + c(a(ab)) - (ca)(ab) = [c,a^2,b] - [c,a,ab] \\
&= [a^2,b,c] - [a,ab,c] = (a^2b)c - a^2(bc) - (a(ab))c + a((ab)c) \\
&= a((ab)c) - a(a(bc)) = a\,[a,b,c]
\end{aligned}
$$

während die zweite ganz analog gemäß

$$
\begin{aligned}
[ca,b,c] &= [b,c,ca] = (bc)(ca) - b(c(ca)) = (bc)(ca) - b(c^2a) \\
&= (bc)(ca) - ((bc)c)a + (bc^2)a - b(c^2a) = [b,c^2,a] - [bc,c,a] \\
&= [a,b,c^2] - [a,bc,c] = (ab)c^2 - a(bc^2) - (a(bc))c + a((bc)c) \\
&= ((ab)c)c - (a(bc))c = [a,b,c]\,c
\end{aligned}
$$

herauskommt. Die Flexibilität impliziert darüber hinaus

$$
\begin{aligned}
[a,b^2,c] &= (ab^2)c - a(b^2c) = ((ab)b)c - a(b(bc)) \\
&= ((ab)b)c - (ab)(bc) + (ab)(bc) - a(b(bc)) \\
&= [ab,b,c] + [a,b,bc]
\end{aligned}
$$

Das ist die dritte der genannten Relationen.

Die Bestätigung der Moufang-Identitäten ist jetzt leicht. Wir bilden in der ersten die Differenz beider Seiten und formen mittels der bereits gefundenen Symmetrieeigenschaften des Assoziators um:

$$
\begin{aligned}
((ab)a)c - a(b(ac)) &= ((ab)a)c - (ab)(ac) + (ab)(ac) - a(b(ac) \\
&= [ab,a,c] + [a,b,ac] = -\,[ab,c,a] - [ac,b,a] \\
&= -\,[b,c,a]\,a - [c,b,a]\,a = 0
\end{aligned}
$$

Dabei wurde (c) verwendet. Entsprechend ergibt sich die zweite Beziehung:

$$
\begin{aligned}
c(a(ba)) - ((ca)b)a &= c(a(ba)) - (ca)(ba) + (ca)(ba) - ((ca)b)a \\
&= -\,[c,a,ba] - [ca,b,a] = [a,c,ba] + [a,b,ca] \\
&= a\,[a,c,b] + a\,[a,b,c] = 0
\end{aligned}
$$

und zuletzt noch

$$(ab)(ca) - a((bc)a) = (ab)(ca) - a(b(ca)) + a(b(ca)) - a((bc)a)$$
$$= [a,b,ca] - a\,[b,c,a] = 0$$

wieder mit Hilfe von (c). Damit haben wir auch Teil (d) des Satzes.
Zum Nachweis von (e) gehen wir von der in allen Algebren gültigen **Viereridentität**

$$[ab,c,d] - [a,bc,d] + [a,b,cd] = [a,b,c]\,d + a\,[b,c,d]$$

aus, die sich durch direktes Nachrechnen unmittelbar bestätigen läßt. Polarisieren der unter (c) aufgeführten Relationen zeigt, daß ein von vier Elementen jeweils linear abhängender Assoziator das Vorzeichen wechselt, wenn wir zwei der Argumente vertauschen. Insbesondere ist

$$- [a,bc,d] = [bc,a,d] = - [cb,a,d] = [ab,c,d]$$

und analog

$$[a,b,cd] = [cd,a,b] = - [ad,c,b] = [ab,c,d]$$

Die drei Terme auf der linken Seite der Viereridentität sind also einander gleich. Es entsteht die Identität

$$3\,[ab,c,d] = [a,b,c]\,d + a[b,c,d]$$

Wenn wir uns auf $a,b,c,d \in M$ beschränken, verschwinden $[a,b,c]$ und $[b,c,d]$, da M nach Voraussetzung assoziativ sein sollte. Es bleibt

$$[ab,c,d] = 0$$

woraus auch die zyklisch permutierten Gleichungen folgen. Sie alle zusammen besagen, daß auch $M \cup \{ab\}$ assoziativ ist.
Zu einer assoziativen Menge können wir also die Produkte je zweier Elemente hinzufügen, ohne die Assoziativität zu verlieren. Daraus folgt (e) und - da alle zweielementigen Mengen offenkundig assoziativ sind - auch (f), und der Beweis des Satzes ist vollständig.

Übrigens gilt auch die Umkehrung von (f): Eine $\mathbb{R}$-Algebra ist genau dann alternativ, wenn alle von beliebigen $a, b \in \mathfrak{A}$ erzeugten Unteralgebren assoziativ sind. Das ist eine triviale Konsequenz der Tatsache, daß in den Alternativgesetzen nur zwei Argumente auftreten.
Wir benötigen weiter

Definition 11.2.3:

(a) Die Algebra $\mathfrak{A}$ heißt **nullteilerfrei**, wenn aus $ab = 0$ stets mindestens eine der Gleichungen $a = 0$ oder $b = 0$ folgt.

(b) $\mathfrak{A}$ ist eine **Divisionsalgebra**, wenn für alle $a, b \in \mathfrak{A}$ mit $a \neq 0$ die Gleichungen

$$x\,a = b$$

und

$$a\,y = b$$

eindeutige Lösungen x bzw. y besitzen.

Für die angestrebte Klassifikation der Algebren $\mathbb{R}, \mathbb{C}, \mathbb{H}, \mathbb{O}$ durch ihre wesentlichen Eigenschaften, Nullteilerfreiheit und Gültigkeit des Alternativgesetzes, brauchen wir noch eine elementare Aussage, nämlich

Satz 11.2.2:

Jede Divisionsalgebra ist nullteilerfrei. Bei endlicher Dimension gilt auch die Umkehrung.

Beweis:

Die Nullteilerfreiheit von Divisionsalgebren ist trivial, denn für $a \neq 0$ besitzt die Gleichung $ab = 0$ nur eine Lösung, und die ist offensichtlich 0. Sei umgekehrt $\mathfrak{A}$ nullteilerfrei und $a \in \mathfrak{A}^{\#} = \mathfrak{A}\backslash\{0\}$. Links- und Rechtsmultiplikation mit a sind lineare Abbildungen von $\mathfrak{A}$ in sich, die wegen der Nullteilerfreiheit den Kern 0 haben. Aus dem Homomorphiesatz folgt weiter, daß das Bild jeweils isomorph zu und damit (wegen der Endlichkeit der Dimension) identisch mit $\mathfrak{A}$ ist.

Man beachte, daß die letzte Aussage unabhängig vom Grundkörper ist.
Wir haben jetzt das nötige Rüstzeug, um das Hauptergebnis dieses Abschnitts zu formulieren:

Satz 11.2.3:
Sei $\mathfrak{A}$ eine alternative Divisionsalgebra von positiver endlicher Dimension über $\mathbb{R}$. Dann ist $\mathfrak{A}$ isomorph zu
(1) dem Körper $\mathbb{R}$ der reellen Zahlen,
(2) dem Körper $\mathbb{C}$ der komplexen Zahlen,
(3) dem nichtkommutativen Schiefkörper $\mathbb{H}$ der Quaternionen oder
(4) dem weder kommutativen noch assoziativen Alternativring $\mathbb{O}$ der Oktaven.

Beweis:
Wir setzen $n = \dim \mathfrak{A}$ und wählen ein beliebiges von Null verschiedenes $a \in \mathfrak{A}$ aus. Hierdurch wird e als Lösung der Gleichung

$$e\,a = a$$

eindeutig festgelegt. Mit Hilfe des Alternativgesetzes erhalten wir

$$e^2 a = e\,(e\,a) = e\,a$$

also die Idempotenz $e^2 = e$. Ferner ist offensichtlich $e \neq 0$. Für alle $b \in \mathfrak{A}$ gilt weiter

$$(b\,e)\,e = b\,e^2 = b\,e$$

und analog

$$e\,(e\,b) = e^2 b = e\,b$$

Durch Kürzen reduzieren sich die beiden letzten Beziehungen auf

$$b e = e b = b$$

$\mathfrak{A}$ enthält folglich (genau) ein Einselement, nämlich e, wofür wir künftig 1 schreiben. Es ist mit allen Elementen aus $\mathfrak{A}$ vertauschbar. Das Gleiche gilt auch für alle Vielfachen von 1, die eine zu $\mathbb{R}$ isomorphe Unteralgebra $\mathbb{R}\cdot 1$ bilden. Wie üblich, wollen wir $\mathbb{R}\cdot 1$ mit $\mathbb{R}$ identifizieren.

Wenn $n = 1$ ist, haben wir $\mathfrak{A} = \mathbb{R}$ und sind fertig. Daher nehmen wir ab jetzt $n \geq 2$ an.

Jedes nichtreelle $x \in \mathfrak{A}\backslash\mathbb{R}$ erzeugt nach Satz 11.2.1, Teil (e) oder (f), eine assoziative Unteralgebra von $\mathfrak{A}$; die Potenzen x^k sind unabhängig von der Klammerung ($k \in \mathbb{N}$).

Die (n+1) Vektoren $1, x, x^2, \ldots, x^n$ sind linear abhängig. Es gibt demnach ein nicht identisch verschwindendes Polynom P des Grades $\leq n$ mit $P(x) = 0$.

P hat reelle Koeffizienten und zerfällt nach dem **Fundamentalsatz der Algebra** (Satz 6.5.5; s. Gauß [1799]) in das Produkt von über $\mathbb{R}$ irreduziblen Polynomen der Grade 1 oder 2. Die Nullteilerfreiheit impliziert, daß x Nullstelle eines dieser Faktoren ist, und zwar eines vom Grad 2, weil $x \notin \mathbb{R}$ natürlich keiner linearen Gleichung mit Koeffizienten aus $\mathbb{R}$ genügt.

Es besteht also eine Relation der Gestalt

$$x^2 + M x + N = 0$$

mit geeigneten von x abhängigen reellen $M = M(x)$ und $N = N(x)$.

Die **Irreduzibilität** dieses Minimalpolynoms von x ist gleichbedeutend mit der Negativität der **Diskriminante**:

$$M^2 - 4 N < 0$$

Wir nennen N(x) die **Norm** von x und führen noch das zu x **konjugierte** Element

$$\bar{x} = - M(x) - x$$

ein. Die Definitionen von Norm und Konjugiertem setzen wir auf ganz $\mathfrak{A}$ fort durch die Gleichungen $N(x) = x^2$ und $\bar{x} = x$, wenn $x \in \mathbb{R}$ ist.

Die Diskriminantenungleichung bedingt $N(x) \geq 0$, wobei $N(x) = 0$ lediglich für $x = 0$ eintritt.

Wir setzen jetzt wieder $x \notin \mathbb{R}$ voraus. Mittels der Minimalgleichung lassen

sich das Quadrat und alle höheren Potenzen von x als Linearkombinationen von 1 und x schreiben.
Aus den obigen Formeln leiten wir weiter ab, daß $\bar{x}$ das gleiche Minimalpolynom hat und dieselbe Unteralgebra, nämlich $\mathfrak{U}_x = \mathbb{R}\cdot 1 \oplus \mathbb{R}\cdot x$, erzeugt wie x selbst.
Die Basis $\{1,x\}$ von $\mathfrak{U}_x$ können wir durch die gleichberechtigte $\{1,i\}$ ersetzen, wobei

$$i = \frac{M + 2x}{\sqrt{4N-M^2}}$$

Insbesondere ist $\mathfrak{U}_x = \mathbb{R}\cdot 1 \oplus \mathbb{R}\cdot x = \mathbb{R}\cdot 1 \oplus \mathbb{R}\cdot i = \mathfrak{U}_i$, und nach Einsetzen der Definition in die Minimalgleichung von x ergibt sich

$$i^2 = -1$$

sowie $\mathfrak{U}_x = \mathfrak{U}_i \cong \mathbb{C}$.
Falls n = 2 ist, haben wir sogar $\mathfrak{A} \cong \mathbb{C}$, und die Aussage des Satzes gilt. Deshalb nehmen wir n > 2 an und halten das Element i fest. Die zu $\mathbb{C}$ isomorphe Unteralgebra $\mathfrak{U}_i$ ist dann echt in $\mathfrak{A}$ enthalten: $\mathbb{R} \oplus \mathbb{R}\cdot i \subset \mathfrak{A}$.
Wir betrachten ein beliebiges $y \in \mathfrak{A} \setminus \mathfrak{U}_i$. Es ist y insbesondere nicht reell, und ebenso wie wir i aus x konstruiert haben, erhalten wir ein Element $\iota \in \mathfrak{U}_y = \mathbb{R}\cdot 1 \oplus \mathbb{R}\cdot y$, welches

$$\iota^2 = -1$$

erfüllt. Die von x und y (oder, was dasselbe ist, von i und ι) erzeugte, nach Satz 11.2.1 assoziative Unteralgebra nennen wir $\mathfrak{U}$.
Die Minimalpolynome von $i \pm \iota$ sind quadratisch:

$$(i+\iota)^2 + M_+\cdot(i+\iota) + N_+ = 0$$

$$(i-\iota)^2 + M_-\cdot(i-\iota) + N_- = 0$$

mit reellen $M_+ = M(i+\iota)$, $M_- = M(i-\iota)$, $N_+ = N(i+\iota)$, $N_- = N(i-\iota)$. Mit der Abkürzung

$$\lambda = i\,\iota + \iota\, i$$

ist demnach

$$(-2+\lambda+N_+)+M_+\,i+M_+\,\iota \;=\; 0$$

$$(-2-\lambda+N_-)+M_-\,i-M_-\,\iota \;=\; 0$$

Summation liefert

$$(-4+N_++N_-)+(M_++M_-)\,i+(M_+-M_-)\,\iota \;=\; 0$$

Es sind aber $1, i, \iota$ linear unabhängig über $\mathbb{R}$; deshalb müssen M_+ und M_- verschwinden. Die Differenz der beiden Minimalgleichungen für $i \pm \iota$ zeigt, daß

$$2\lambda \;=\; N_- - N_+$$

und somit $\lambda \in \mathbb{R}$ ist. Wir definieren ein neues Element j gemäß

$$j \;=\; \frac{\lambda i+2\iota}{\sqrt{4-\lambda^2}}$$

und haben dann

$$j^2 \;=\; -1$$

sowie

$$i\,j + j\,i \;=\; 0$$

Wenn wir noch $k = ij$ definieren, erhalten wir unter Verwendung der Assoziativität von $\mathfrak{U}$ alle Rechenregeln der Quaternionenalgebra, wie die Beispiele

$$k^2 \;=\; (ij)(ij) \;=\; i(ji)j \;=\; -\,i(ij)j \;=\; -\,i^2\,j^2 \;=\; -1$$

$$j\,k \;=\; j(ij) \;=\; (ji)j \;=\; -\,(ij)j \;=\; -\,i\,j^2 \;=\; i$$

andeuten mögen.

$\mathfrak{U}$ ist daher ein homomorphes Bild von $\mathbb{H}$. Die Konjugation $x \longrightarrow \bar{x}$ entspricht der auf $\mathbb{H}$. Dies hat die Beziehung

$$\overline{x+y} = \overline{x} + \overline{y}$$

zur Folge, die natürlich für alle Paare (x,y) von Elementen in $\mathfrak{A}$ ebenso gilt (die Voraussetzung, die wir bezüglich x und y gemacht haben, nämlich daß sie in keiner zu $\mathbb{C}$ isomorphen Unteralgebra von $\mathfrak{A}$ liegen, ist irrelevant, da die Aussage für $\mathbb{R} \subset \mathbb{H}$ und $\mathbb{C} \subset \mathbb{H}$ natürlich auch richtig bleibt). Für alle $\mu \in \mathbb{R}$ ist darüber hinaus

$$\overline{\lambda x} = \lambda \, \overline{x}$$

womit die Konjugation als $\mathbb{R}$-linear erkannt ist.
Sie ist außerdem involutorisch: $\overline{\overline{x}} = x$ und hat den genauen Fixraum $\mathbb{R}$. Die Norm wird dadurch zu einer positiv definiten quadratischen Form auf $\mathfrak{A}$, deren zugeordnetes **Skalarprodukt** wir wie immer mit

$$\langle x,y \rangle = \frac{1}{2} \left[N(x+y) - N(x) - N(y) \right]$$

bezeichnen. Direktes Nachrechnen ergibt, daß die Elemente $1,i,j,k$ die Norm 1 haben, paarweise $\langle .,. \rangle$-orthogonal und erst recht linear unabhängig sind. $\mathfrak{A}$ ist folglich 4-dimensional und isomorph zu $\mathbb{H}$.
Im Falle $n = 4$ gilt wieder die Behauptung, da dann $\mathfrak{A} \cong \mathbb{H}$ ist.
Sei also ab jetzt $n > 4$. Wir suchen ein Element E aus, das orthogonal zu $1,i,j,k$ ist und die Norm 1 hat. Für die Produkte iE, jE, kE führen wir die Namen I,J,K ein. Dann erfüllen nach den bisherigen Ergebnissen die Tripel (i,E,I); (j,E,J); (k,E,K) dieselben Rechenregeln wie (i,j,k), und zwar in der angegebenen Reihenfolge.
Die restlichen Produkte von zwei Basiselementen sind mittels der Moufang-Identitäten leicht zu finden, z.B. nach folgendem Schema:
Sind beide Faktoren aus $\{I,J,K\}$, so rechnen wir à la

$$J\,K = (jE)(kE) = -(Ej)(kE) = -E(jk)E = -E\,i\,E = -E\,I = -i$$

Die Produkte, bei denen ein Faktor gleich E ist, der andere jedoch nicht, haben wir bereits erledigt. Typisch für die noch fehlenden Formeln ist

$$j\,K = (KI)K = -(IK)K = -I\,K^2 = I$$

Der einzige noch nicht behandelte Fall ist

$$E^2 = (Ii)(Ii) = -(Ii)(iI) = -Ii^2I = I^2 = -1$$

Damit ist $\{1, i, j, k, E, I, J, K\}$ eine Orthonormalbasis für eine zu $\mathbb{O}$ isomorphe Unteralgebra von $\mathfrak{U}$ und in Sonderheit $n \geq 8$. Für $n = 8$ ergibt sich über $\mathfrak{U} \cong \mathbb{O}$ wieder der Satz.

Als einzige Möglichkeiten verbleiben noch die Fälle mit $n > 8$ zu diskutieren. Aus dem Gesagten geht hervor, daß $\mathfrak{U}$ eine Oktavenalgebra enthält, die wir aber zweckmäßiger nicht mit $1, i, j, k, I, J, K$, sondern mit einer zyklischen Basis

$$\left\{ e_\infty, e_0, e_1, e_2, e_3, e_4, e_5, e_6 \right\}$$

beschreiben. Die Indizes sind gemäß Abschn. 11.1 als Elemente aus

$$\mathbb{P}^1(\mathbb{F}_7) = \mathbb{F}_7 \cup \{\infty\}$$

aufzufassen. Wie schon im vorherigen Schritt suchen wir ein zu allen e_L orthogonales Element der Norm 1 aus, das wir f_∞ nennen wollen. Die Produkte

$$f_L = e_L \cdot f_\infty$$

$(L \in \mathbb{F}_7)$ vervollständigen ein System

$$\mathfrak{S} = \left\{ e_L, f_L \;\middle|\; L \in \mathbb{P}^1(\mathbb{F}_7) \right\}$$

von 16 paarweise orthogonalen Vektoren der Norm 1, deren Quadrate gleich -1 sind, wenn wir $e_\infty = 1$ ausnehmen. Die 15 verbleibenden e's und f's antikommutieren miteinander.

Neben dem Alternativgesetz müssen wir wegen Satz 11.2.1 die Moufang-Identitäten erfüllen. Dadurch sind alle Rechenregeln in der von $\mathfrak{S}$ erzeugten Unteralgebra $\mathfrak{B} \subseteq \mathfrak{U}$ eindeutig bestimmt. Für alle $L, M \in \mathbb{F}_7$ ist nämlich das in $\mathbb{O}$ enthaltene Produkt $e_L e_M$ von der Form εe_N mit geeigneten $\varepsilon = \pm 1$ und $N \in \mathbb{P}^1(\mathbb{F}_7)$, woraus zuerst

$$f_L\ f_M = (e_L f_\infty)(e_M f_\infty) = -(f_\infty e_L)(e_M f_\infty) = -f_\infty (e_L e_M) f_\infty$$

$$= -\varepsilon\ f_\infty\ e_N\ f_\infty = \varepsilon\ f_\infty\ (f_\infty\ e_N) = \varepsilon\ f_\infty^2\ e_N = -\varepsilon\ e_N$$

und damit dann weiter

$$f_M\ e_N = -\varepsilon\ f_L$$

oder auch

$$f_L\ e_M = -\varepsilon\ f_N$$

berechnet werden können. Schließlich haben wir mittels der Antikommutativität

$$e_L\ f_M = -\varepsilon\ f_N$$

Die restlichen Gleichungen folgen daraus, daß die Tripel (e_L, f_∞, f_L) nach Konstruktion der f_L imaginäre Einheiten in Quaternionenalgebren sind, die (in dieser Reihenfolge !) den gleichen Formeln genügen wie (i, j, k).
Die 16-dimensionale Algebra $\mathfrak{B}$ ist aber nicht alternativ. Um das einzusehen, brauchen wir nur die Assoziatoren

$$[e_0, e_1, f_2] = (e_0 e_1) f_2 - e_0 (e_1 f_2) = e_3\ f_2 + e_0\ f_4 = f_5 - f_5 = 0$$

und

$$[e_0, f_2, e_1] = (e_0 f_2) e_1 - e_0 (f_2 e_1) = -f_6\ e_1 - e_0\ f_4 = f_5 + f_5 = 2\ f_5$$

zu vergleichen. Die Summe verschwindet nicht, wie es in einer Alternativalgebra sein müßte, in der die Identität

$$[a, b, c] + [a, c, b] = [a, b+c, b+c] - [a, b, b] - [a, c, c] = 0$$

besteht.

Der auf assoziative Algebren bezogene Teil des Satzes 11.2.3 stammt von Frobenius [1878]. Eine ähnliche Charakterisierung, die die Existenz einer multiplikativen Norm voraussetzt, wurde von Hurwitz gegeben. Wir werden im folgenden Abschnitt auf sie zurückkommen.

11.3. Der Satz von Hurwitz

Der verallgemeinerte Satz von Frobenius deutet die Sonderstellung der Algebren $\mathbb{R}, \mathbb{C}, \mathbb{H}, \mathbb{O}$ bereits an. Da er sich aber auf die algebraische Eigenschaft der Alternativität stützt, während unser Hauptinteresse den geometrischen Anwendungen gewidmet ist, wollen wir noch auf eine andere, allerdings nahe verwandte Charakterisierung zu sprechen kommen, die im Jahre 1898 von Hurwitz gefunden wurde, und zwar

Satz 11.3.1:
Die einzigen endlich-dimensionalen normierten Algebren über $\mathbb{R}$, die ein Einselement besitzen, sind $\mathbb{R}$, $\mathbb{C}$, $\mathbb{H}$ und $\mathbb{O}$.

Beweis:
Es sei $\mathfrak{A}$ eine n-dimensionale Algebra über $\mathbb{R}$, die die Voraussetzung erfüllt ($n \in \mathbb{N}$). Wir verwenden die Standardnotation.
In $\mathfrak{A}$ gibt es ein von 0 verschiedenes Element a, und die Normiertheit impliziert

$$\langle a,a\rangle = \langle a\cdot 1, a\cdot 1\rangle = \langle a,a\rangle \langle 1,1\rangle$$

woraus dank der Definitheit von $\langle .,. \rangle$ abgeleitet werden kann, daß

$$\langle 1,1\rangle = 1$$

ist. Durch Polarisieren der Identität

$$\langle ab,ab\rangle = \langle a,a\rangle \langle b,b\rangle$$

erhalten wir weiterhin

$$\langle ab,cb\rangle + \langle cb,ab\rangle = \langle a,c\rangle \langle b,b\rangle + \langle c,a\rangle \langle b,b\rangle$$

oder einfacher, unter Ausnutzung der Symmetrie des Skalarprodukts,

$$\langle ab, cb\rangle = \langle a,c\rangle \langle b,b\rangle$$

Abermaliges Polarisieren führt auf

$$\langle ab, cd\rangle + \langle ad, cb\rangle = 2 \langle a,c\rangle \langle b,d\rangle$$

Eine weitere Identität in $\mathfrak{A}$ ist

$$(a\ b)\ \overline{b} = a \langle b,b\rangle$$

Zu ihrem Nachweis zerlegen wir $b = \beta\cdot 1 + b_0$ mit $\langle 1, b_0\rangle = 0$ und nehmen zunächst an, die Behauptung sei mit b_0 anstelle von b richtig. Dann ist

$$(a\ b)\ \overline{b} = (ab_0+\beta a)\ \overline{(b_0+\beta 1)} = (ab_0)\overline{b_0} + \beta a\overline{b_0} + \beta ab_0 + \beta^2 a$$

hingegen

$$a \langle b,b\rangle = a \langle b_0, b_0\rangle + a\ \beta^2 = (ab_0)\ \overline{b_0} + a\ \beta^2$$

was mit $(ab)\overline{b}$ übereinstimmt, da $\overline{b_0} = -b_0$ ist.
Wir brauchen die Formel $(ab)\overline{b} = a\langle b,b\rangle$ also nur unter der Zusatzannahme $\langle 1,b\rangle = 0$ zu beweisen. Wir setzen zur Abkürzung $\langle b,b\rangle = \lambda\cdot 1$ mit $\lambda \in \mathbb{R}$ und berechnen die Norm von

$$x = (a\ b)\ \overline{b} - \lambda\ a$$

Sie ist

$$\langle x,x\rangle = \langle (ab)\overline{b}, (ab)\overline{b}\rangle - 2\ \lambda \langle (ab)\overline{b}, a\rangle + \lambda^2 \langle a,a\rangle$$

Der erste Term läßt sich vereinfachen:

$$\langle (ab)\overline{b}, (ab)\overline{b}\rangle = \langle ab, ab\rangle \langle \overline{b}, \overline{b}\rangle = \langle a,a\rangle \langle b,b\rangle \langle -b,-b\rangle = \lambda^2 \langle a,a\rangle$$

da $\mathfrak{A}$ nach Voraussetzung normiert ist. Den zweiten Summanden formen wir mit der oben gefundenen Identität um. Diese impliziert nach der Substitution

$$(a,b,c,d) \longmapsto (ab,\bar{b},a,1)$$

die Formel

$$\langle (ab)\bar{b},a\rangle = 2\,\langle ab,a\rangle\,\langle \bar{b},1\rangle - \langle (ab)1,a\bar{b}\rangle = \langle ab,ab\rangle = \lambda\,\langle a,a\rangle$$

Damit reduziert sich die Norm von x auf

$$\langle x,x\rangle = \lambda^2\,\langle a,a\rangle - 2\,\lambda^2\,\langle a,a\rangle + \lambda^2\,\langle a,a\rangle = 0$$

und wir haben $x = 0$, wie verlangt.
Setzen wir in der soeben bestätigten Gleichung $(ab)\bar{b} = a\langle b,b\rangle$ speziell $a = 1$, so ergibt sich weiter

$$\langle b,b\rangle\cdot 1 = b\,\bar{b}$$

und daher auch

$$(a\,b)\,\bar{b} = a\,\langle b,b\rangle = a\,(b\,\bar{b})$$

und, da $\bar{b}$ eine Linearkombination von 1 und b ist, das erste Alternativgesetz

$$(a\,b)\,b = a\,b^2$$

Das zweite,

$$b\,(b\,a) = b^2\,a$$

ergibt sich genauso; man braucht nur in der gerade ausgeführten Rechnung alle Produkte in umgekehrter Reihenfolge hinzuschreiben.
Damit ist $\mathfrak{A}$ eine Alternativalgebra. Sie ist außerdem nullteilerfrei, denn aus $ab = 0$ folgt

$$\langle a,a\rangle\,\langle b,b\rangle = \langle ab,ab\rangle = 0$$

und somit $a = 0$ oder $b = 0$.

Der verallgemeinerte Satz von Frobenius (Satz 11.2.3) liefert dann unmittelbar die Behauptung.

Es gibt weitere normierte Algebren, wenn wir auf die Existenz einer 1 verzichten. Sie lassen sich durch die folgende Prozedur aus den schon bekannten konstruieren:

Definition 11.3.1:
Wir wählen zwei orthogonale Transformationen A und B der normierten Algebra $\mathfrak{A}$ aus. Die (A,B)-**Modifikation** von $\mathfrak{A}$ ist die Algebra mit den gleichen Elementen wie $\mathfrak{A}$ und dem Produkt

$$x*y = x^A y^B = A(x)\, B(y)$$

Die wesentlichsten Eigenschaften der Modifikation sind:

Satz 11.3.2:
(a) Alle Modifikationen einer normierten Algebra $\mathfrak{A}$ sind ebenfalls normiert und besitzen die gleiche Dimension wie $\mathfrak{A}$.
(b) Jede normierte Algebra ist eine Modifikation von $\mathbb{R},\mathbb{C},\mathbb{H}$ oder $\mathbb{O}$ und hat insbesondere die Dimension 1,2,4 oder 8.

Beweis:
Die Normiertheit der (A,B)-Modifikation von $\mathfrak{A}$ ergibt sich nach

$$|x*y| = |A(x)B(y)| = |A(x)|\, |B(y)| = |x|\, |y|$$

Sei nun $\mathfrak{A}^*$ eine beliebige normierte Algebra. Wir schreiben die Multiplikation in $\mathfrak{A}^*$ in der Form $(x,y) \mapsto x*y$ und wählen ein beliebiges $a \neq 0$ in $\mathfrak{A}^*$. Aus der Nullteilerfreiheit von $\mathfrak{A}^*$ folgern wir die Existenz und Eindeutigkeit eines $e \in \mathfrak{A}^*$ mit $a*e = a$. Dann ist $|e| = 1$, und Links- und Rechtsmultiplikation mit e sind orthogonale Transformationen von $\mathfrak{A}^*$, die wir mit A bzw. B bezeichnen:

$$A(x) = x * e$$

$$B(x) = e * x$$

Wir erklären ein neues Produkt auf $\mathfrak{A}^*$ durch die Festsetzung

$$x\,y = A^{-1}(x) * B^{-1}(y)$$

welches eine Algebra $\mathfrak{A}$ definiert. Offensichtlich ist $\mathfrak{A}^*$ die (A,B)-Modifikation von $\mathfrak{A}$. Um den Beweis abzuschließen, brauchen wir also nur zu zeigen, daß $\mathfrak{A}$ ein Einselement enthält, da dann eine Anwendung des Satzes 11.3.1 von Hurwitz $\mathfrak{A} \in \{\mathbb{R}, \mathbb{C}, \mathbb{H}, \mathbb{O}\}$ und damit die Behauptung liefert.
Das gesuchte Einselement ist

$$E = e\,e$$

wie wir sogleich zeigen wollen. Behufs dessen betrachten wir ein beliebiges $x \in \mathfrak{A}$ und setzen zur Abkürzung $u = B^{-1}(E)$. Aus

$$e * u = B(u) = E = e * e$$

ergibt sich (wegen der Eindeutigkeit) $u = e$, d.h. $B(e) = E$, und daraus wiederum

$$x\,E = A^{-1}(x) * B^{-1}(E) = A^{-1}(x) * e = A(A^{-1}(x)) = x$$

Ebenso folgt mit $v = A^{-1}(E)$ gemäß

$$v * e = A(v) = E = e * e$$

zunächst $v = e$, also $A(e) = E$, und dann

$$E\,y = A^{-1}(E) * B^{-1}(y) = e * B^{-1}(y) = B(B^{-1}(y)) = y$$

wie verlangt.

Kehren wir zur Geometrie zurück!
Im Hinblick auf die Parametrisierung von Sphären ist es wichtig zu wissen, für welche $n \in \mathbb{N}$ die euklidische Form des $\mathbb{R}^n$ eine Produktdarstellung in dem Sinne besitzt, daß zu je zwei x, y aus $\mathbb{R}^n$ ein von x und y linear abhängiger Vektor $z \in \mathbb{R}^n$ existiert mit

$$\langle x,x\rangle \langle y,y\rangle = \langle z,z\rangle$$

Durch Einsetzen der Definitionen erhält man ohne Mühe das Kriterium

Satz 11.3.3:
Jede Identität der Gestalt

$$\left(x_1^2 + \ldots + x_n^2\right) \left(y_1^2 + \ldots + y_n^2\right) = \lambda_1^2(x,y) + \ldots \lambda_n^2(x,y)$$

mit geeigneten Linearformen $\lambda_i: \mathbb{R}^n \longrightarrow \mathbb{R}$ macht $\mathbb{R}^n$ zu einer normierten Algebra, indem wir das Produkt von

$$x = (x_1,\ldots,x_n)$$

und

$$y = (y_1,\ldots,y_n)$$

vermittels

$$x\,y = (\lambda_1(x,y),\ldots,\lambda_n(x,y))$$

definieren. (Derartige Gleichungen gibt es also nur für $n = 1,2,4,8$).
Umgekehrt versorgt uns jede normierte Algebra mit einer entsprechenden Identität.

Der Bequemlichkeit des Lesers mag es dienen, wenn wir die den vier durch die Existenz eines Einselements ausgezeichneten normierten Algebren zugeordneten Produkte explizit angeben. Dabei verwenden wir die Standardbasen.
Für $\mathbb{R}$ finden wir die wenig überraschende Formel

$$x_1^2\, y_1^2 = (x_1 y_1)^2$$

Die Algebra $\mathbb{C}$ der komplexen Zahlen liefert mit der Basis $(1, i)$:

$$\left(x_1^2+x_2^2\right)\left(y_1^2+y_2^2\right) = (x_1y_1-x_2y_2)^2 + (x_1y_2+x_2y_1)^2$$

Entsprechend erhalten wir mit der Multiplikationstafel der Quaternionenalgebra $\mathbb{H}$ und der natürlichen Basis $(1, i, j, k)$

$$\begin{aligned}\left(x_1^2+x_2^2+x_3^2+x_4^2\right)&\left(y_1^2+y_2^2+y_3^2+y_4^2\right)\\ &= (x_1y_1-x_2y_2-x_3y_3-x_4y_4)^2 + (x_1y_2+x_2y_1+x_3y_4-x_4y_3)^2\\ &+ (x_1y_3-x_2y_4+x_3y_1+x_4y_2)^2 + (x_1y_4+x_2y_3-x_3y_2+x_4y_1)^2\end{aligned}$$

und wenn wir die Indizes entsprechend der Basis $(e_\infty, e_0, e_1, e_2, e_3, e_4, e_5, e_6)$ benennen, analog für die Oktavenalgebra $\mathbb{O}$:

$$\begin{aligned}\left(x_\infty^2+x_0^2+x_1^2+x_2^2+x_3^2+x_4^2+x_5^2+x_6^2\right)&\left(y_\infty^2+y_0^2+y_1^2+y_2^2+y_3^2+y_4^2+y_5^2+y_6^2\right)\\ &= (x_\infty y_\infty-x_0y_0-x_1y_1-x_2y_2-x_3y_3-x_4y_4-x_5y_5-x_6y_6)^2\\ &+ (x_\infty y_0+x_0y_\infty+x_1y_3+x_2y_6-x_3y_1+x_4y_5-x_5y_4-x_6y_2)^2\\ &+ (x_\infty y_1-x_0y_3+x_1y_\infty+x_2y_4+x_3y_0-x_4y_2+x_5y_6-x_6y_5)^2\\ &+ (x_\infty y_2-x_0y_6-x_1y_4+x_2y_\infty+x_3y_5+x_4y_1-x_5y_3+x_6y_0)^2\\ &+ (x_\infty y_3+x_0y_1-x_1y_0-x_2y_5+x_3y_\infty+x_4y_6+x_5y_2-x_6y_4)^2\\ &+ (x_\infty y_4-x_0y_5+x_1y_2-x_2y_1-x_3y_6+x_4y_\infty+x_5y_0+x_6y_3)^2\\ &+ (x_\infty y_5+x_0y_4-x_1y_6+x_2y_3-x_3y_2-x_4y_0+x_5y_\infty+x_6y_1)^2\\ &+ (x_\infty y_6+x_0y_2+x_1y_5-x_2y_0+x_3y_4-x_4y_3-x_5y_1+x_6y_\infty)^2\end{aligned}$$

eine vielleicht nicht ganz offensichtliche Beziehung.

11.4. Quadratische Algebren

Sämtliche in diesem Kapitel behandelten Algebren ($\mathbb{R}, \mathbb{C}, \mathbb{H}, \mathbb{O}, {}^2\mathbb{O}, \ldots$) besitzen neben den uns schon bekannten noch eine weitere Gemeinsamkeit: sie fallen (wie sich aus der obigen Diskussion ergibt) unter die

<u>Definition</u> <u>11.4.1:</u>
Eine Algebra $\mathfrak{A}$ mit Einselement über dem Grundkörper $\mathbb{K}$, $\mathrm{char}(\mathbb{K}) \neq 2$, heißt **quadratisch**, wenn für jedes $a \in \mathfrak{A}$ das Quadrat a^2 eine $\mathbb{K}$-Linearkombination von 1 und a ist.

Wir interessieren uns für quadratische Algebren vor allem aus drei Gründen:

(1) umfassen sie alle normierten $\mathbb{R}$-Algebren und sogar alle potenzassoziativen reellen Divisionsalgebren endlicher Dimension;

(2) läßt sich das Cayley-Dickson-Verfahren auf sie ausdehnen (und liefert wieder quadratische Algebren);

(3) hängen ihre geometrischen Eigenschaften aufs Engste mit der Geometrie bzw. Topologie von höherdimensionalen Sphären, insbesondere der **Parallelisierbarkeit**, zusammen.

Auf den letzten Punkt kommen wir im folgenden Abschnitt 11.5 zurück, wo wir uns auch wieder mit der Koordinatengebung auf Sphären beschäftigen werden; die ersten beiden wollen wir sogleich untersuchen.
Dazu müssen wir noch den neu eingeführten Begriff erklären:

<u>Definition</u> <u>11.4.2:</u>
Eine Algebra $\mathfrak{A}$ heißt **potenzassoziativ**, wenn jede von einem Element $x \in \mathfrak{A}$ erzeugte Unteralgebra assoziativ ist, also die Potenzen x^k ($k \in \mathbb{N}$) unabhängig von der Klammerung sind.

Das erste Resultat wird mit dem gleichen Argument wie Satz 11.2.3 bewiesen:

Satz 11.4.1:

Jede potenzassoziative Divisionsalgebra von endlicher Dimension über $\mathbb{R}$ ist quadratisch.

Beweis:

$\mathfrak{A}$ erfülle die Voraussetzung, und es sei $\dim \mathfrak{A} = n \in \mathbb{N}$. Wir wählen ein beliebiges $x \in \mathfrak{A}$. Seine Potenzen $1, x, x^2, \ldots, x^n$ sind wohldefiniert und aus Anzahlgründen linear abhängig über dem Grundkörper $\mathbb{R}$.
Daher gibt es ein Polynom P mit reellen Koeffizienten und Grad $\leq n$, das x als Nullstelle hat. Es zerfällt nach dem **Fundamentalsatz der Algebra** in Faktoren $P_1, \ldots, P_h$, deren jeder höchstens quadratisch ist.
Die Nullteilerfreiheit von $\mathfrak{A}$ impliziert, daß mindestens ein P_i existiert mit $P_i(x) = 0$, was zu beweisen war.

Von den vielen Besonderheiten quadratischer Algebren erwähnen wir nur die, die für unsere geometrischen Betrachtungen wesentlich sind.

Satz 11.4.2:

Sei $\mathfrak{A}$ eine quadratische Algebra über $\mathbb{K}$. Dann gilt

(a) $\mathfrak{A}$ ist potenzassoziativ.

(b) Es gibt auf $\mathfrak{A}$ eine Linearform λ und eine quadratische Form μ (mit Werten in $\mathbb{K}$), so daß die Identität

$$a^2 - 2\,\lambda(a)\cdot a + \mu(a)\cdot 1 = 0$$

besteht.

Beweis:

Nach Definition enthält die von einem $a \in \mathfrak{A}$ erzeugte Unteralgebra nur Linearkombinationen von 1 und a, ist also assoziativ. Das ist Aussage (a).
Zum Nachweis von (b) bemerken wir, daß jedes a einer quadratischen Gleichung der angegebenen Form genügt. Wenn a linear unabhängig von 1 ist, sind die Koeffizienten $\lambda(a), \mu(a) \in \mathbb{K}$ wohlbestimmt; anderenfalls ist $a = \alpha\cdot 1$ mit

geeignetem $\alpha \in \mathbb{K}$. Dann wählen wir eine spezielle Lösung aus, und zwar

$$\lambda(a) = \lambda(\alpha \cdot 1) = \alpha$$

$$\mu(a) = \mu(\alpha \cdot 1) = \alpha^2$$

Dadurch sind die Funktionen λ, μ: $\mathfrak{U} \longrightarrow \mathbb{K}$ vollständig definiert. Weiterhin haben wir für alle $\kappa \in \mathbb{K}$ die Beziehung

$$2\,\kappa\,\lambda(\kappa a)\cdot a - \mu(\kappa a)\cdot 1 = (\kappa a)^2 = \kappa^2\,a^2 = 2\,\kappa^2\,\lambda(a)\cdot a - \kappa^2\,\mu(a)\cdot 1$$

aus der durch Koeffizientenvergleich die Gleichungen

$$\lambda(\kappa a) = \kappa\,\lambda(a)$$

$$\mu(\kappa a) = \kappa^2\,\mu(a)$$

hervorgehen, sofern $a \notin \mathbb{K}\cdot 1$ ist. Ist hingegen a ein Vielfaches von 1, gelten die beiden soeben gefundenen Formeln auch, wie ein direktes Einsetzen der Definition zeigt. Damit sind λ und μ homogene Funktionen der Grade 1 bzw. 2. Wir brauchen nur noch

$$\lambda(a+b) = \lambda(a) + \lambda(b)$$

sowie

$$\mu(a+b) + \mu(a-b) = 2\,\mu(a) + 2\,\mu(b)$$

zu beweisen. Wenn das Tripel $(1,a,b)$ linear unabhängig ist, leiten wir aus

$$a^2 + b^2 + 2\,a\,b = (a+b)^2 = 2\,\lambda(a+b)\cdot(a+b) - \mu(a+b)\cdot 1$$

$$a^2 + b^2 - 2\,a\,b = (a-b)^2 = 2\,\lambda(a-b)\cdot(a-b) - \mu(a-b)\cdot 1$$

durch Addition und Vergleich mit

$$a^2 = 2\,\lambda(a)\cdot a - \mu(a)\cdot 1$$

$$b^2 = 2\,\lambda(b)\cdot b - \mu(b)\cdot 1$$

unmittelbar das lineare Gleichungssystem

$$\lambda(a+b) + \lambda(a-b) = 2\,\lambda(a)$$

$$\lambda(a+b) - \lambda(a-b) = 2\,\lambda(b)$$

$$-\,\mu(a+b) - \mu(a-b) = -\,2\,\mu(a) - 2\,\mu(b)$$

und daraus die Behauptung ab.
Es bleibt lediglich der Fall zu diskutieren, daß zwischen a,b und 1 eine nichttriviale lineare Beziehung besteht. Dazu gehen wir von der Beobachtung aus, daß wir uns auf die von a,b und 1 erzeugte Unteralgebra beschränken können. Mit anderen Worten, wir dürfen ohne Verlust an Allgemeinheit annehmen, daß $\mathfrak{A}$ von den genannten Elementen aufgespannt wird.
Sind sowohl a als auch b in $\mathbb{K}\cdot 1$ gelegen, ist alles trivial, deshalb sei eines der beiden Elemente, etwa a, linear unabhängig von 1 (man beachte die Symmetrie!). Das zweite, b, ist dann eine Linearkombination von a und 1. Unter diesen Voraussetzungen ist

$$\mathfrak{A} = \mathbb{K}\cdot 1 \oplus \mathbb{K}\cdot a$$

und insbesondere $\dim \mathfrak{A} = 2$. Für ein typisches Element

$$c = \alpha\cdot a + \beta\cdot 1$$

$(\alpha,\beta \in \mathbb{K})$ ergibt sich

$$2\,\lambda(c)\cdot c - \mu(c)\cdot 1 = c^2 = \alpha^2\cdot a^2 + \beta^2\cdot 1 + 2\,\alpha\,\beta\cdot a$$

oder auch

$$2\alpha\,\lambda(c)\cdot a + \Big[2\beta\,\lambda(c) - \mu(c)\Big]\cdot 1 = \Big[2\alpha^2\,\lambda(a) + 2\alpha\beta\Big]\cdot a + \Big[\beta^2 - \alpha^2\,\mu(a)\Big]\cdot 1$$

und somit - wieder durch Koeffizientenvergleich -

$$\lambda(c) = \alpha\,\lambda(a) + \beta$$

$$2\,\beta\,\lambda(c) - \mu(c) = \beta^2 - \alpha^2\,\mu(a)$$

und schließlich nach Einsetzen

$$\mu(c) = \alpha^2\,\mu(a) + 2\,\alpha\,\beta\,\lambda(a) + \beta^2$$

Zufolgedessen sind λ und μ in der Tat eine Linearform bzw. eine quadratische Form.

Bemerkung:

Häufig werden die Formen λ und μ, die durch die Multiplikation in $\mathfrak{A}$ festgelegt sind, mit in die Definition des Begriffs "quadratische Algebra" aufgenommen (vgl. Braun & Koecher [1966]). Wir haben dies aus methodischen Gründen unterlassen, da sie (wie gezeigt) konstruierbar sind.
Weiterhin soll aber bei der Betrachtung von quadratischen Algebren stets von λ und μ Gebrauch gemacht werden, ohne daß dies jedesmal explizit zum Ausdruck gebracht wird. Ebenso benutzen wir das der quadratischen Form μ zugeordnete Skalarprodukt $\langle.,.\rangle$.
Aus der Definition ergeben sich noch unmittelbar die Rechenregeln

$$\lambda(1) = \mu(1) = \langle 1,1\rangle = 1$$

und allgemeiner für alle $x \in \mathfrak{A}$

$$\lambda(x) = \langle 1,x\rangle$$

Darüber hinaus besteht wieder die Möglichkeit, eine Konjugation auf $\mathfrak{A}$ einzuführen. Sie ist mit Hilfe von λ erklärt durch

$$\bar{x} = 2\,\lambda(x)\cdot 1 - x = 2\,\langle 1,x\rangle\cdot 1 - x$$

Die Konjugation gehorcht der Regel

$$\lambda(\bar{x}) = 2\,\lambda(x)\,\lambda(1) - \lambda(x) = \lambda(x)$$

und ist somit eine Involution:

$$\bar{\bar{x}} = 2\,\lambda(\bar{x})\cdot 1 - \bar{x} = x$$

Wir kommen nun zum angekündigten

Satz 11.4.3:

Sei $\mathfrak{A}$ eine quadratische Algebra über dem Körper $\mathbb{K}$. Dann ist die verdoppelte Algebra ${}^2\mathfrak{A}$ gleichfalls quadratisch.

Bezeichnen wir die zugeordneten Formen auf $\mathfrak{A}$ mit λ und μ, die auf ${}^2\mathfrak{A}$ hingegen mit Λ und M, so folgt aus den definierenden Gleichungen

$$(a\,\Omega)\,b = (a\,\bar{b})\,\Omega$$

$$a\,(b\,\Omega) = (b\,a)\,\Omega$$

$$(a\,\Omega)\,(b\,\Omega) = -\,\bar{b}\,a$$

für alle $a, b \in \mathfrak{A}$:

$$\Lambda(a+b\Omega) = \lambda(a)$$

$$M(a+b\Omega) = \mu(a) + \mu(b)$$

und die Konjugation ist

$$\overline{a + b\,\Omega} = \bar{a} - b\,\Omega$$

Beweis:

Wir gehen von

$$\bar{b}\,b = 2\,\lambda(b)\cdot b - b^2 = 2\,\lambda(b)\cdot b - 2\,\lambda(b)\cdot b + \mu(b)\cdot 1 = \mu(b)\cdot 1$$

aus und berechnen das Quadrat von $a+b\Omega$;

$$(a+b\Omega)^2 = a^2 + a(b\Omega) + (b\Omega)a + (b\Omega)(b\Omega) = \left[a^2 - \bar{b}\,b\right] + \left[b\,a + b\,\bar{a}\right]\Omega$$

$$= a^2 - \mu(b)\cdot 1 + 2\,\lambda(a)\,b\,\Omega$$

Der Vergleich mit

$$2\,\lambda(a)\,(a+b\Omega) - \left[\mu(a) + \mu(b)\right]\cdot 1 = 2\,\lambda(a)\cdot a + 2\,\lambda(a)\,b\,\Omega - \left[\mu(a) + \mu(b)\right]\cdot 1$$

führt direkt auf die Formeln für Λ und M. Der Rest ist klar.

Das Verdopplungsverfahren läßt sich also iterieren. Dabei gehen allerdings nach und nach wesentliche algebraische Eigenschaften verloren:

Satz 11.4.4:

Sei $\mathfrak{A}$ eine quadratische Algebra über dem Körper $\mathbb{K}$. Dann gilt

(a) ${}^2\mathfrak{A}$ alternativ $\Longleftrightarrow$ $\mathfrak{A}$ assoziativ.

(b) ${}^2\mathfrak{A}$ assoziativ $\Longleftrightarrow$ $\mathfrak{A}$ assoziativ und kommutativ.

(c) ${}^2\mathfrak{A}$ kommutativ $\Longleftrightarrow$ $\mathfrak{A} = \mathbb{K}\cdot 1$.

Beweis:

Zur Bestätigung von (a) betrachten wir beliebige Elemente $A, B \in {}^2\mathfrak{A}$, die wir in $A = a + \alpha\,\Omega$ und $B = b + \beta\,\Omega$ mit $a, \alpha, b, \beta \in \mathfrak{A}$ zerlegen, und entwickeln die Assoziatoren $[A,A,B]$ und $[B,A,A]$. Das Ergebnis ist

$$\begin{aligned}[A,A,B] = {} & \left[a^2 b - (\bar{\alpha}\alpha)b - \bar{\beta}(\alpha a) - \bar{\beta}(\alpha\bar{a}) - a(ab) + a(\bar{\beta}\alpha) + \overline{(\beta a)}\alpha + \overline{(\alpha\bar{b})}\alpha\right] \\ & + \left[\beta a^2 - \beta(\bar{\alpha}\alpha) + (\alpha a)\bar{b} + (\alpha\bar{a})\bar{b} - (\beta a)a - (\alpha\bar{b})a - \alpha\overline{(ab)} + \alpha\overline{(\bar{\beta}\alpha)}\right]\Omega\end{aligned}$$

$$\begin{aligned}[B,A,A] = {} & \left[(ba)a - (\bar{\alpha}\beta)a - \bar{\alpha}(\alpha b) - \bar{\alpha}(\beta\bar{a}) - ba^2 + b(\bar{\alpha}\alpha) + \overline{(\alpha a)}\beta + \overline{(\alpha\bar{a})}\beta\right] \\ & + \left[\alpha(ba) - \alpha(\bar{\alpha}\beta) + (\alpha b)\bar{a} + (\beta\bar{a})\bar{a} - (\alpha a)b - (\alpha\bar{a})b - \beta\bar{a}^2 + \beta\overline{(\bar{\alpha}\alpha)}\right]\Omega\end{aligned}$$

Beide Seiten der zu beweisenden Äquivalenz ziehen unmittelbar die Alternativität in $\mathfrak{A}$ nach sich. Berücksichtigen wir noch, daß $\mathfrak{A}$ eine quadratische Algebra ist, so finden wir darüber hinaus die Identitäten

$$\bar{a}\,(a\,b) = 2\,\lambda(a)\,a\,b - a\,(a\,b) = \left[2\,\lambda(a)\,a - a^2\right] b = \langle a,a\rangle\, b$$

$$(b\,\bar{a})\,a = 2\,\lambda(a)\,(b\,a) - (b\,a)\,a = b\left[2\,\lambda(a)\,a - a^2\right] = b\,\langle a,a\rangle$$

und wegen $\bar{\bar{a}} = a$ weiter

$$a\,(\bar{a}\,b) = \langle\bar{a},\bar{a}\rangle\, b = \langle a,a\rangle\, b$$

$$(b\,a)\,\bar{a} = b\,\langle\bar{a},\bar{a}\rangle = b\,\langle a,a\rangle$$

also, zusammengefaßt,

$$\bar{a}\,(a\,b) = a\,(\bar{a}\,b) = (b\,a)\,\bar{a} = (b\,\bar{a})\,a = \langle a,a\rangle\, b$$

Überdies definieren wir das **Jordanprodukt** von $a, b \in \mathfrak{A}$ mittels

$$a \circ b = \frac{1}{2}\,(ab + ba)$$

(Das Paar $(\mathfrak{A}, \circ)$ bildet dann eine kommutative **Jordanalgebra**). Aus

$$a^2 = 2\,\lambda(a)\,a - \langle a,a\rangle\cdot 1$$

erhalten wir durch Polarisieren

$$a \circ b = b \circ a = \lambda(b)\,a + \lambda(a)\,b - \langle a,b\rangle\cdot 1$$

sowie

$$\lambda(a \circ b) = 2\,\lambda(a)\,\lambda(b) - \langle a,b\rangle$$

was weiter nach kurzer Rechnung

$$\begin{aligned}\overline{ab} - \bar{b}\,\bar{a} &= 2\,\lambda(ab)\cdot 1 - a\,b - 2\,\lambda(b)\cdot\bar{a} + b\,\bar{a} \\ &= 2\,\lambda(ab)\cdot 1 - 2\,a\circ b - 4\,\lambda(a)\,\lambda(b)\cdot 1 + 2\,\lambda(b)\,a + 2\,\lambda(a)\,b \\ &= 2\left[\lambda(ab) - 2\,\lambda(a)\,\lambda(b) + \langle a,b\rangle\right]\cdot 1\end{aligned}$$

impliziert. Wir setzen den vorhin gefundenen Ausdruck ein und erhalten

$$\overline{ab} - \overline{b}\,\overline{a} = 2\left[\lambda(ab) - \lambda(a\circ b)\right]\cdot 1$$

oder kürzer

$$\overline{ab} - \overline{b}\,\overline{a} = \left[\lambda(ab) - \lambda(ba)\right]\cdot 1$$

Andererseits leitet man aus der allgemeingültigen Entwicklung

$$a(ba) - (ab)a = a\circ(ba) - a\circ(ab) + a(a\circ b) - (a\circ b)a$$

(Bestätigung durch Ausmultiplizieren) leicht die Identität

$$[a,b,a] = (ab)a - a(ba) = \lambda(ab-ba)\cdot a - \langle a, ab-ba\rangle\cdot 1$$

ab. Da $\mathfrak{A}$ nach Satz 11.2.1 flexibel ist, verschwindet die linke Seite der letzten Gleichung. Für $a \notin \mathbb{K}\cdot 1$ finden wir also durch Koeffizientenvergleich

$$\lambda(ab-ba) = 0$$

was natürlich auch richtig bleibt, wenn a ein Vielfaches von 1 ist. Damit ist

$$\lambda(ab) = \lambda(ba)$$

und

$$\overline{ab} - \overline{b}\,\overline{a} = 0$$

das heißt

$$\overline{ab} = \overline{b}\,\overline{a}$$

Diese Relationen erlauben es, die obigen Assoziatoren beträchtlich zu vereinfachen:

$$[A,A,B] = \left[(a\bar{\beta})\alpha - \bar{\beta}(\alpha a) - \bar{\beta}(\alpha\bar{a}) + a(\bar{\beta}\alpha)\right] + \left[(\alpha a)\bar{b} + (\alpha\bar{a})\bar{b} - (\alpha\bar{b})a - \alpha(\overline{ba})\right]\Omega$$

$$[B,A,A] = \left[(a\bar{\alpha})\beta - (\bar{\alpha}\beta)a - \bar{\alpha}(\beta\bar{a}) + (\overline{a\alpha})\beta\right] + \left[\alpha(ba) + (\alpha b)\bar{a} - (\alpha a)b - (\alpha\bar{a})b\right]\Omega$$

Wir ersetzen schließlich noch $\bar{a}$ gemäß der Definition

$$\bar{a} = 2\,\lambda(a)\cdot 1 - a$$

und finden, da die λ-Terme sich wegheben,

$$[A,A,B] = -[a,\bar{\beta},\alpha] - [\alpha,\bar{b},a]\,\Omega$$

$$[B,A,A] = -[\bar{\alpha},\beta,a] - [\alpha,b,a]\,\Omega$$

Hieraus folgt unmittelbar Teil (a) des Satzes.
Beim Beweis von (b) dürfen wir $\mathfrak{A}$ als assoziativ voraussetzen. Wir betrachten den Assoziator

$$[A,B,C] = (A\ B)\ C - A\ (B\ C)$$

wobei $C = c + \gamma\ \Omega$ ein weiteres Element aus ${}^2\mathfrak{A}$ bedeutet $(c,\gamma \in \mathfrak{A})$. Eine einfache und kurze Rechnung ergibt nach Weglassen der in $\mathfrak{A}$ überflüssigen Klammern

$$[A,B,C] = \left[a\bar{\gamma}\beta + \overline{b\gamma}\alpha + c\bar{\beta}\alpha - \bar{\beta}\alpha c - \bar{\gamma}\beta a - \bar{\gamma}\alpha\bar{b}\right] + \left[\gamma ab + \beta a\bar{c} + \alpha\overline{bc} + \alpha\bar{\beta}\gamma - \gamma\bar{\beta}\alpha - \gamma ba - \beta\bar{c}a - \alpha\bar{c}\bar{b}\right]\Omega$$

Wenn $\mathfrak{A}$ kommutativ ist, heben sich alle Terme paarweise weg und die Assoziativität von ${}^2\mathfrak{A}$ folgt. Umgekehrt ergibt das Verschwinden von

$$[\alpha\Omega,\Omega,\gamma\Omega] = \left[\alpha\gamma - \gamma\alpha\right]\Omega = [\alpha,\gamma]\,\Omega$$

daß α und γ kommutieren. Da $\alpha,\gamma \in \mathfrak{A}$ beliebig gewählt waren, gilt (b).

Der Kommutator

$$[A,B] \;=\; \left[ab - \bar{\beta}\alpha - ba + \bar{\alpha}\beta\right] + \left[\beta a + \alpha\bar{b} - \alpha b - \beta\bar{a}\right]\Omega$$

reduziert sich auf Null, falls $\mathfrak{A} = \mathbb{K}\cdot 1$ ist, weil dann die Multiplikation kommutativ ist und die Konjugation in die Identität auf $\mathfrak{A}$ übergeht. Andererseits liefert das Verschwinden von

$$[\alpha\Omega, \Omega] \;=\; -\alpha + \bar{\alpha}$$

daß $^2\mathfrak{A}$ nur dann kommutativ sein kann, wenn alle $\alpha \in \mathfrak{A}$ mit ihren Konjugierten übereinstimmen, was natürlich direkt zu $\mathfrak{A} = \mathbb{K}\cdot 1$ führt.
Damit sind alle Behauptungen bestätigt.

Eine algebraische Identität zumindest ist aber bekannt, die beim Verdoppeln erhalten bleibt:

Satz 11.4.5:
Für eine quadratische Algebra $\mathfrak{A}$ sind die folgenden Aussagen gleichwertig:
(a) $\mathfrak{A}$ ist flexibel.
(b) Die Linearform λ erfüllt die Identitäten

$$\lambda(ab) \;=\; \lambda(ba)$$

$$\lambda((ab)c) \;=\; \lambda(a(bc))$$

(Man nennt ein solches λ mitunter auch **assoziativ**).
(c) Alle Kommutatoren $[a,b]$ und alle Assoziatoren $[a,b,c]$ mit $a,b,c \in \mathfrak{A}$ sind orthogonal zu 1.
(d) Die verdoppelte Algebra $^2\mathfrak{A}$ ist flexibel.

Beweis:
Die Äquivalenz von (b) und (c) ist dank der Identität $\lambda(a) = \langle 1,a\rangle$ offenkundig.
Wir führen wieder das Jordanprodukt $a\circ b = \frac{1}{2}(ab+ba)$ ein. Dann gilt in jeder

Algebra die durch Ausrechnen leicht zu bestätigende Identität

$$(a\,b)\,a - a\,(b\,a) = a\circ(a\,b) - a\circ(b\,a) + (a\circ b)\,a - a\,(a\circ b)$$

oder auch

$$[a,b,a] = (a\,b)\,a - a\,(b\,a) = [a\circ b,a] - a\circ[b,a]$$

Die oben (Satz 11.4.4) bewiesene, in jeder quadratischen Algebra zutreffende Gleichung

$$a\circ b = b\circ a = \lambda(b)\,a + \lambda(a)\,b - \langle a,b\rangle\cdot 1$$

ergibt somit

$$[a,b,a] = \lambda(a)\,[b,a] - \lambda([b,a])\,a - \lambda(a)\,[b,a] + \langle a,[b,a]\rangle\cdot 1$$

$$[a,b,a] = -\lambda([b,a])\,a + \langle a,[b,a]\rangle\cdot 1$$

Diese Beziehung ist noch ganz allgemein. Unter Voraussetzung von (b) vereinfacht sie sich auf

$$[a,b,a] = \langle a,ba-ab\rangle\cdot 1$$

Andererseits ist

$$\langle a,b\rangle = 2\,\lambda(a)\,\lambda(b) - \lambda(a\circ b)$$

Durch eine einfache Umformung bekommen wir

$$[a,b,a] = \Big[2\,\lambda(a)\,\lambda([b,a]) - \lambda(a\circ[b,a])\Big]\cdot 1 = -\lambda(a\circ[b,a])\cdot 1$$

und mit

$$-2\,\lambda(a\circ[b,a]) = \lambda(a(ab)-a(ba)) = \lambda((ab)a-a(ba)) = \lambda([a,b,a]) = 0$$

entsteht $[a,b,a] = 0$. Damit haben wir die Implikation (b) $\Rightarrow$ (a) bewiesen. Als nächstes nehmen wir $\mathfrak{U}$ als flexibel an. Die obige Identität hat dann die einfache Gestalt

$$- \lambda([b,a])\ a + \langle a,[b,a]\rangle \cdot 1 \quad = \quad [a,b,a] \quad = \quad 0$$

woraus sofort $\lambda([b,a]) = 0$ folgt (wenn a linear unabhängig von 1 ist, durch Koeffizientenvergleich; anderenfalls ist die Behauptung trivial).
Die Linearform λ verschwindet also auf allen Kommutatoren:

$$\lambda(ab) \quad = \quad \lambda(ba)$$

Das hat aber

$$\lambda(ab) \quad = \quad \lambda(a \circ b) \quad = \quad 2\ \lambda(a)\ \lambda(b) - \langle a,b\rangle$$

als unmittelbare Konsequenz. Zudem folgt für das Jordanprodukt

$$\begin{aligned}(a\circ b)\circ c - a\circ(b\circ c) \quad &= \quad \lambda(a\circ b)\ c + \lambda(c)\ a\circ b - \langle a\circ b,c\rangle\cdot 1 \\ &\quad - \lambda(a)\ b\circ c - \lambda(b\circ c)\ a + \langle a,b\circ c\rangle\cdot 1 \\ &= \quad \Big[\langle b,c\rangle - \lambda(b)\ \lambda(c)\Big]\ a + \Big[\lambda(a)\ \lambda(b) - \langle a,b\rangle\Big]\ c \\ &\quad + \Big[\lambda(c)\ \langle a,b\rangle - \lambda(a)\ \langle b,c\rangle\Big]\cdot 1\end{aligned}$$

Hierauf wenden wir λ an. Das Ergebnis lautet

$$\lambda(a\circ(b\circ c)) \quad = \quad \lambda((a\circ b)\circ c)$$

Mit den schon gefundenen Identitäten läßt sich dies auch in der Form

$$\lambda(a(b\circ c)) \quad = \quad \lambda((a\circ b)c)$$

oder, entwickelt,

$$\lambda(a(bc)) + \lambda(a(cb)) \quad = \quad \lambda((ab)c) + \lambda((ba)c)$$

schreiben. Ein Vergleich mit der durch Polarisierung der Flexibilitätsbedingung und Einsetzen in λ gewonnenen Beziehung

$$\lambda(a(bc)) + \lambda(c(ba)) = \lambda((ab)c) + \lambda((cb)a)$$

ergibt

$$\lambda(c(ba)) = \lambda(a(cb)) = \lambda((cb)a)$$

und (a) $\Rightarrow$ (b). Die ersten drei Aussagen sind also äquivalent.
Wir müssen nur noch zeigen, daß (b) die entsprechende Eigenschaft der zu $^2\mathfrak{U}$ gehörenden Linearform Λ nach sich zieht.
Für den typischen Kommutator gestaltet sich die Rechnung, wenn wir wieder $A = a + \alpha\Omega$, $B = b + \beta\Omega$, $C = c + \gamma\Omega$ schreiben und die Definition von Λ sowie die Orthogonalität von $\mathfrak{U}\cdot\Omega$ zu 1 beachten, folgendermaßen:

$$\Lambda([A,B]) = \lambda(ab-\bar{\beta}\alpha-ba+\bar{\alpha}\beta) = \lambda(ab-ba) + \lambda(\bar{\alpha}\beta-\bar{\beta}\alpha) = 0$$

weil λ auf dem Kommutator $[a,b] = ab - ba$ Null ergibt und $\bar{\beta}\alpha$ zu $\bar{\alpha}\beta$ konjugiert ist. Entsprechend läuft die Betrachtung für den Assoziator von A, B, C:

$$\Lambda([A,B,C]) = \lambda((ab)c-a(bc)) + \lambda(a(\bar{\gamma}\beta)-\bar{\gamma}(\beta a))$$
$$+ \lambda((\overline{b\gamma})\alpha-\bar{\gamma}(\alpha\bar{b})) + \lambda((c\bar{\beta})\alpha-(\bar{\beta}\alpha)c)$$

Der erste Term verschwindet nach Voraussetzung, während wir in den übrigen die Faktoren vertauschen dürfen; dies liefert

$$\Lambda([A,B,C]) = \lambda((\bar{\gamma}\beta)a-\bar{\gamma}(\beta a)) + \lambda(\alpha(\overline{b\gamma})-(\alpha\bar{b})\bar{\gamma}) + \lambda((c\bar{\beta})\alpha-c(\bar{\beta}\alpha)) = 0$$

Wir wollen diese Eigenschaften nicht weiter verfolgen und merken daher lediglich als Korollar an, daß alle Algebren aus der Reihe

$$\mathbb{R} \longrightarrow \mathbb{C} \longrightarrow \mathbb{H} \longrightarrow \mathbb{O} \longrightarrow {}^2\mathbb{O} \longrightarrow \ldots$$

flexibel sind. Speziell trifft dies auf die **Doppeloktavenalgebra** $^2\mathbb{O}$ zu.

11.5. Parallelisierbarkeit und reguläre Vielbeine

In diesem Abschnitt soll unter einer **Divisionsalgebra** stets eine solche von endlicher Dimension über $\mathbb{R}$ verstanden werden.
Unsere algebraischen Untersuchungen suggerieren die Frage, für welche n Divisionsalgebren in $\mathbb{R}^n$ existieren. Alle uns bekannten Beispiele hatten Dimensionen $n \in \{1,2,4,8\}$; es war uns aber nur unter gewissen Zusatzannahmen, wie **Normiertheit** oder **Alternativität** gelungen, die Vollständigkeit dieser Liste zu bestätigen. Tatsächlich ist die Aussage, daß alle Divisionsalgebren eine der vier genannten Dimensionen haben, ohne jede Einschränkung richtig; allerdings ist bis heute kein ganz oder überwiegend algebraisches Argument hierfür gefunden worden.
Stattdessen muß man zu sehr schwierigen topologischen Hilfsmitteln greifen, deren Diskussion unsere Möglichkeiten bei weitem überstiege. Deshalb wollen wir lediglich die benutzten topologischen Sätze zitieren und die uns interessierenden geometrischen und algebraischen Folgerungen daraus herleiten.
Präzisere und ausführlichere Informationen stehen in den unten genannten Originalarbeiten und dem sehr lesenswerten Artikel von Hirzebruch [1983].
Wir erinnern an die Definition 4.5.1, in der wir die Begriffe "n-Bein" und "Parallelisierbarkeit" eingeführt haben, sowie an Abschn. 4.7 ("Kohomologiegruppen"), und ergänzen sie durch

Definition 11.5.1:

(a) Die **Eulercharakteristik** (oder **Eulerzahl**) einer kompakten n-dimensionalen Mannigfaltigkeit M ist die alternierende Summe

$$\chi(M) = \sum_{k=0}^{n} (-1)^k \dim H^k(M)$$

der Dimensionen der Kohomologiegruppen von M. Dabei wird

$$B_k(M) = \dim H^k(M)$$

auch als k-te **Bettizahl** von M bezeichnet.

Die Eulerzahlen der Sphären ergeben sich direkt aus dem **Poincarélemma** zu

$$\chi(\mathbb{S}^{2n-1}) = 0$$

$$\chi(\mathbb{S}^{2n}) = 2$$

Hopf [1935] gelang es zu zeigen, daß auf einer Mannigfaltigkeit M genau dann ein nirgends verschwindendes Vektorfeld konstruiert werden kann, wenn $\chi(M) = 0$ ist. Daher sind die geraddimensionalen Sphären (vom Trivialfall der $\mathbb{S}^0$ einmal abgesehen) nicht parallelisierbar.
Auch für Sphären ungerader Dimension k ist die Existenz eines regulären k-Beins eine sehr seltene Besonderheit. Es gilt nämlich der etwa gleichzeitig und unabhängig voneinander durch Kervaire [1958] und Milnor [1958] entdeckte

Satz 11.5.1:
Die (n-1)-Sphäre $\Omega_n \cong \mathbb{S}^{n-1}$ ist nur parallelisierbar, wenn $n \in \{1,2,4,8\}$ ist (**Satz von Kervaire und Milnor**).

Die Beweise beruhen wie alle anderen inzwischen bekannt gewordenen auf dem **Bottschen Periodizitätssatz**, einem tiefliegenden und auch sonst sehr wichtigen Ergebnis der **K-Theorie**. Ein unmittelbares Korollar ist

Satz 11.5.2:
Eine Divisionsalgebra auf $\mathbb{R}^n$ existiert nur für $n = 1,2,4,8$.

Beweis:
Sei $\mathfrak{A}$ eine n-dimensionale Divisionsalgebra über $\mathbb{R}$. Wir wählen eine Basis $b_1,\dots,b_n$ von $\mathfrak{A}$ aus, deren erster Vektor das Einselement $b_1 = 1$ ist.
Für $x \in \Omega_n \cong \mathbb{S}^{n-1}$ bilden die Vektoren $v_i = b_i \cdot x$ eine Basis von $\mathbb{R}^n$, weil $\mathfrak{A}$ nullteilerfrei ist. Der erste dieser Vektoren, v_1, ist gleich x und damit

orthogonal zur Sphäre. Die (n-1) Vektoren

$$w_i = v_i - \langle v_i, v_1 \rangle v_1 = v_i - \langle v_i, x \rangle x$$

mit $2 \le i \le n$ sind folglich tangential an Ω_n und bilden, als Funktionen von x betrachtet, ein reguläres (n-1)-Bein. Somit ist Ω_n parallelisierbar, und nach Satz 11.5.1 ergibt sich die Behauptung.

Bereits Hopf [1941] hatte (gleichfalls mit Methoden der **algebraischen Topologie**) gezeigt, daß n eine Zweierpotenz sein muß.

Eine weitere Anwendung des Satzes von Kervaire und Milnor wird uns im folgenden Kapitel begegnen. Zuvor wollen wir aber noch die aus der Existenz der Divisionsalgebren $\mathbb{C}$, $\mathbb{H}$ und $\mathbb{O}$ abgeleiteten Vielbeine explizit angeben, da sie viele nützliche geometrische Anwendungen besitzen.

Wir beginnen mit der 1-Sphäre. Das gesuchte nirgends verschwindende Vektorfeld w_1 erhalten wir nach der angegebenen Vorschrift mit der Standardbasis $(b_0, b_1) = (1, i)$ von $\mathbb{C}$. Es lautet an der Stelle (x_0, x_1):

$$w_1 = (-x_1, +x_0)$$

Fast ebenso einfach verhält es sich mit der 3-Sphäre. Wir benutzen wieder die üblichen Basisquaternionen $(b_0, b_1, b_2, b_3) = (1, i, j, k)$. Die Multiplikationsregeln in $\mathbb{H}$ ergeben sofort die gewünschte Parallelisierung durch die Felder

$$\begin{aligned} w_1 &= (-x_1, +x_0, -x_3, +x_2) \\ w_2 &= (-x_2, +x_3, +x_0, -x_1) \\ w_3 &= (-x_3, -x_2, +x_1, +x_0) \end{aligned}$$

Kommen wir schließlich zur 7-Sphäre und den Oktaven! Unter Verwendung der Basis $(b_0, b_1, b_2, b_3, b_4, b_5, b_6, b_7) = (e_\infty, e_0, e_1, e_2, e_3, e_4, e_5, e_6)$ erhalten wir mit Tab. 11.3.1 an der Stelle $(x_\infty, x_0, x_1, x_2, x_3, x_4, x_5, x_6) \in \mathbb{S}^7$ die Tangentialvektoren

$$w_1 = (-x_0, +x_\infty, -x_3, -x_6, +x_1, -x_5, +x_4, +x_2)$$
$$w_2 = (-x_1, +x_3, +x_\infty, -x_4, -x_0, +x_2, -x_6, +x_5)$$
$$w_3 = (-x_2, +x_6, +x_4, +x_\infty, -x_5, -x_1, +x_3, -x_0)$$
$$w_4 = (-x_3, -x_1, +x_0, +x_5, +x_\infty, -x_6, -x_2, +x_4)$$
$$w_5 = (-x_4, +x_5, -x_2, +x_1, +x_6, +x_\infty, -x_0, -x_3)$$
$$w_6 = (-x_5, -x_4, +x_6, -x_3, +x_2, +x_0, +x_\infty, -x_1)$$
$$w_7 = (-x_6, -x_2, -x_5, +x_0, -x_4, +x_3, +x_1, +x_\infty)$$

Wegen der Normiertheit der Algebren $\mathbb{C}$, $\mathbb{H}$ und $\mathbb{O}$ bilden die v_i in diesen drei Fällen bereits ein Orthonormalsystem von Tangentialvektoren an $\mathbb{S}^1$, $\mathbb{S}^3$ bzw. $\mathbb{S}^7$ und stimmen mit den w_i überein. Wir haben auf diesen Sphären also sogar überall orthonormale (reguläre) Vielbeinfelder konstruiert.

12. Hopfabbildungen

12.1. Homotopiegruppen von Sphären

Dieser und der folgende Abschnitt dienen lediglich der Motivation und der Information des Lesers; wir werden die Resultate später nur am Rande verwenden. Deshalb wollen wir uns auf die Beschreibung einiger wichtiger Sachverhalte beschränken, ohne die (teilweise sehr schwierigen und tiefliegenden) Beweise zu erörtern.

Bereits in Abschn. 2.1 hatten wir den Begriff der Homotopie von Kurven in topologischen Räumen als natürlich erkannt. Wir erweitern deshalb den Anwendungsbereich in der offensichtlichen Weise:

Definition 12.1.1:

Zwei stetige Abbildungen $f_0: X \longrightarrow Y$ und $f_1: X \longrightarrow Y$ zwischen beliebigen topologischen Räumen X und Y heißen **homotop** zueinander, wenn es eine stetige Abbildung

$$F: \quad [0,1] \times X \longrightarrow Y$$

gibt mit $F(0,x) = f_0(x)$ und $F(1,x) = f_1(x)$ für alle x. Wir schreiben dann $f_0 \approx f_1$.

Homotopie ist eine Äquivalenzrelation. Die Menge aller zu $f: X \longrightarrow Y$ homotopen Abbildungen ist die **Homotopieklasse**

$$[f] = \left\{ g: X \longrightarrow Y \;\middle|\; f \approx g \right\}$$

von f.

Sind X und Y (glatte) Mannigfaltigkeiten, so enthält jede Homotopieklasse eine C^∞-Abbildung. Man braucht deshalb nicht zwischen Homotopie und "glatter Homotopie" zu unterscheiden.

Im allgemeinen hat die Menge der Homotopieklassen der Abbildungen von X nach Y keine weitere Struktur. Falls X eine Sphäre ist, etwa $X = \mathbb{S}^k$, läßt sich aber ein Produkt auf ihr einführen.

Definition 12.1.2:

(a) Ein **markierter topologischer Raum** ist ein Paar (X, x_0), bestehend aus einem topologischen Raum X und einem darin enthaltenen **Basispunkt** x_0.

(b) Die Menge aller Homotopieklassen stetiger Abbildungen von $\mathbb{S}^k$ mit Basispunkt x_0 in einen zusammenhängenden markierten topologischen Raum (Y, y_0) wird mit $\pi_k(Y)$ bezeichnet.

(c) Wir beschreiben die k-Sphäre in der Standardform als Menge Ω aller Einheitsvektoren $\xi = (\xi_0, \xi_1, \ldots, \xi_{k-1}, \xi_k)$, wobei der Basispunkt gleich dem "Nordpol" $x_0 = (1, 0, \ldots, 0)$ gesetzt wird. Die "nördliche Hemisphäre"

$$\Omega_+ = \left\{ \xi \in \Omega \;\middle|\; \xi_0 > 0 \right\}$$

bilden wir, zusammen mit dem "Äquator"

$$Ä = \left\{ \xi \in \Omega \;\middle|\; \xi_0 = 0 \right\}$$

durch

$$\varphi_+(\xi_0, \xi_1, \ldots, \xi_k) = (1-2\xi_0, \rho\xi_1, \ldots, \rho\xi_k)$$

mit dem aus

$$\rho^2 = \frac{4\,\xi_0}{\xi_0 + 1}$$

bestimmten Skalierungsfaktor ρ stetig auf Ω ab. Dabei geht Ä in den Basispunkt x_0 über, während die Restriktion auf Ω_+ bijektiv auf $\Omega \setminus \{x_0\}$ transformiert wird. Entsprechend erklären wir

$$\varphi_-(\xi_0, \xi_1, \ldots, \xi_k) = (1+2\xi_0, \rho\xi_1, \ldots, \rho\xi_k)$$

auf der "südlichen Hemisphäre"

$$\Omega_- = \left\{ \xi \in \Omega \;\middle|\; \xi_0 < 0 \right\}$$

zuzüglich Äquator Ä. Den stetigen Abbildungen f und g von $\Omega \cong \mathbb{S}^k$ nach Y ordnen wir eine neue, h, zu, welche in Ω_+ durch $h(\xi) = f\circ\varphi_+$ und in Ω_- durch $h(\xi) = g\circ\varphi_-$ gegeben ist und den Äquator auf y_0 abbildet. Die Homotopieklasse [h] hängt (im Gegensatz zu h selbst) nicht von der ausgewählten Parametrisierung von $\mathbb{S}^k$ ab und ist allein durch [f] und [g] bestimmt. Wir nennen sie das Produkt der Klassen [f] und [g], symbolisch

$$[f] \circ [g] = [h]$$

Durch Verifikation der Axiome findet man

Satz 12.1.1:

Seien Y ein zusammenhängender topologischer Raum und $k \in \mathbb{N}$.

(a) Die Menge $\pi_k(Y)$ wird durch das Produkt "∘" zu einer Gruppe, deren Struktur von der Auswahl der Basispunkte unabhängig ist. Man nennt $\pi_k(Y)$ die k-te **Homotopiegruppe** von Y.

(b) Die Homotopiegruppen von direkten Produkten sind ihrerseits direkte Produkte:

$$\pi_k(Y_1 \times Y_2) = \pi_k(Y_1) \times \pi_k(Y_2)$$

(c) Für $k \geq 2$ ist $\pi_k(Y)$ abelsch.

Vom topologischen Standpunkt aus betrachtet, unterscheiden sich zueinander homotope Abbildungen nicht wesentlich. Daher laufen viele wichtige Fragestellungen auf die konkrete Berechnung von Homotopiegruppen hinaus. Leider ist jedoch die Definition der $\pi_k(Y)$ nicht konstruktiv, und es gibt keinen allgemein anwendbaren Algorithmus zu ihrer Bestimmung. Stattdessen ist man auf ad-hoc-Methoden angewiesen, die teilweise äußerst kompliziert und tiefgreifend sind.

Es kann daher nicht verwundern, daß selbst für einfache Räume Y die Kenntnis der Homotopiegruppen noch ziemlich lückenhaft ist. Um einen Eindruck zu vermitteln, stellen wir einige Resultate in Bezug auf den Spezialfall $Y = \mathbb{S}^n$ (n-Sphäre) zusammen. Dabei präsentieren wir nur wenige ausgewählte Ergebnisse und erheben keinerlei Anspruch auf Vollständigkeit. Es sei aber ausdrücklich bemerkt, daß bislang nicht einmal alle $\pi_k(\mathbb{S}^n)$ explizit berechnet werden konnten. Immerhin gilt für diese:

(1) **Endlichkeitssatz von Serre**: Alle Homotopiegruppen von Sphären sind endlich, ausgenommen $\pi_n(\mathbb{S}^n) \cong \mathbb{Z}$ und $\pi_{4n-1}(\mathbb{S}^{2n})$. Letztere ist ein direktes Produkt aus $\mathbb{Z}$ und einer endlichen (abelschen) Gruppe. Die Ausnahmefälle stehen im Zusammenhang mit der Existenz gewisser **Homotopieinvarianten** (= Größen, die für homotope Abbildungen den gleichen Wert haben), nämlich des **Grades** bzw. der **Hopfinvarianten**. Beide werden wir im folgenden Abschnitt näher erörtern.

(2) Für $k < n$ ist $\pi_k(\mathbb{S}^n) = 0$ (triviale Gruppe).

(3) Bei hinreichend großem n hängen die Homotopiegruppen nur von der Differenz k - n der Dimensionen ab:

$$\pi_{2n+2}(\mathbb{S}^{n+2}) = \pi_{2n+3}(\mathbb{S}^{n+3}) = \pi_{2n+4}(\mathbb{S}^{n+4}) = \ldots$$

("**stabile Homotopie**").

Damit soll es genug sein; eine wesentlich ausführlichere Dokumentation der bekannten Ergebnisse findet sich z.B. in Toda [1962].

12.2. Homotopieinvarianten

Wir wollen jetzt das Versprechen einlösen, zwei besonders wichtige Homotopieinvarianten etwas näher zu betrachten. Dabei soll wiederum auf die Diskussion der Beweise verzichtet werden; sie stehen z.B. in Bott & Tu [1982] oder anderen einschlägigen Werken.
Als erstes benötigen wir einige fundamentale Begriffe:

Definition 12.2.1:

(a) Eine Abbildung zwischen topologischen Räumen heißt **eigentlich**, wenn die Urbilder kompakter Mengen ihrerseits kompakt sind. (Insbesondere sind stetige Abbildungen zwischen kompakten Räumen immer eigentlich).

(b) Seien M und N zwei Mannigfaltigkeiten derselben Dimension und $f: M \longrightarrow N$ glatt. Ein Punkt $x \in M$ ist eine **kritische Stelle** von f, wenn das Differential Df die Tangentialräume TM_x und $TN_{f(x)}$ nicht surjektiv abbildet. Der Funktionswert $f(x) \in N$ ist dann ein **kritischer Wert** von f.
Alle nicht kritischen Punkte aus M oder N nennt man **reguläre Stellen** oder **Werte**.

(c) Der **lokale Grad** $\gamma_{lok}(f,x)$ der eigentlichen Abbildung f an einer regulären Stelle x ist gleich +1 oder -1, je nachdem, ob das Differential $Df(x)$: $TM_x \longrightarrow TN_{f(x)}$ bei x orientierungserhaltend oder -umkehrend ist.

(d) Der **(Abbildungs-)Grad** γ_f von f ist die Summe aller lokalen Grade an den Urbildern eines (beliebigen) regulären Werts y:

$$\gamma_f = \sum_{f(x)=y} \gamma_{lok}(f,x)$$

Die Existenz des Grades basiert (vgl. Sard [1942]) auf

Satz 12.2.1:

(a) Die Menge der kritischen Werte einer C^∞-Abbildung $f: \mathbb{R}^m \longrightarrow \mathbb{R}^n$ hat das Maß 0 in $\mathbb{R}^n$ (d.h.: zu jedem $\varepsilon > 0$ kann man alle kritischen Werte durch

Kugeln mit Gesamtvolumen $\le \varepsilon$ überdecken).

(b) Das Entsprechende gilt auch für glatte Abbildungen zwischen beliebigen Mannigfaltigkeiten M und N (**Satz von Sard**).

Es läßt sich zeigen, daß der Abbildungsgrad unabhängig vom benutzten regulären Wert $y \in N$ ist, weswegen wir y in der Bezeichnung nicht gesondert hervorgehoben haben. Er kann auch durch Integration berechnet werden:

Satz 12.2.2:

Wenn die Mannigfaltigkeiten M, N und K dieselbe Dimension n haben, gilt:

(a) Der Grad einer eigentlichen C^∞-Abbildung $f\colon M \longrightarrow N$ ist

$$\gamma_f = \int_M f^* \alpha$$

wobei α irgendeine n-Form auf N mit kompakten Träger und

$$\int_N \alpha = 1$$

ist.

(b) Nichtsurjektive Abbildungen besitzen Grad 0. Die Identität $id\colon M \longrightarrow M$ hat Grad 1.

(c) Homotope Abbildungen haben den gleichen Grad:

$$f \approx g \Rightarrow \gamma_f = \gamma_g$$

(d) Zudem stellt der Grad von Abbildungen der n-Sphäre in sich, als Zuordnung $[f] \mapsto \gamma([f]) = \gamma_f$ interpretiert, einen Homomorphismus von $\pi_n(\mathbb{S}^n)$ in die additive Gruppe der ganzen Zahlen dar. Somit ist

$$\gamma([f]\circ[g]) = \gamma([f]) + \gamma([g])$$

Zwei C^∞-Abbildungen der n-Sphäre $\mathbb{S}^n$ in sich sind genau dann zueinander homotop, wenn sie den gleichen Grad haben (daraus folgt $\pi_n(\mathbb{S}^n) = \mathbb{Z}$).

(e) Der Abbildungsgrad γ_f ist ganzzahlig und multiplikativ: Für glatte

$$f\colon\ M \longrightarrow N$$

und

$$g\colon\ N \longrightarrow K$$

gilt die Formel

$$\gamma_{fg} = \gamma_f\,\gamma_g$$

Die andere oben erwähnte Invariante, hier mit ι bezeichnet, wurde von Hopf [1935] konstruiert, um die seinerzeit einfachste noch unbekannte Homotopiegruppe einer Sphäre, nämlich $\pi_3(S^2)$, zu berechnen.
Es stellte sich heraus, daß die Hopfsche Definition einerseits für alle $n \geq 2$ auf Abbildungen von S^{2n-1} nach S^n unmittelbar übertragen werden kann (was wir von vorneherein tun werden). Außerdem gibt es einige unterschiedliche, aber äquivalente Beschreibungen von ι, von denen wir die drei bekanntesten angeben.

Wir sind nunmehr präpariert für

Satz 12.2.3:
Sei $f\colon S^{2n-1} \longrightarrow S^n$ glatt $(n \geq 2)$. Die nachstehenden drei Definitionen von $\iota(f)$ sind gleichwertig:
(a) Wir wählen ein $\omega \in \Lambda^n(S^n)$ mit

$$\int_{S^n} \omega = 1$$

Die wegen $df^*\omega = f^*d\omega = 0$ geschlossene und nach dem **Poincarélemma** exakte Form $f^*\omega \in \Lambda^n(S^{2n-1})$ erlaubt eine Darstellung der Gestalt $f^*\omega = d\alpha$ mit $\alpha \in \Lambda^{n-1}(S^{2n-1})$. Wir setzen

$$\iota(f) = \int_{S^{2n-1}} \alpha \wedge d\alpha$$

Dieser Ausdruck hat für alle den Bedingungen genügenden Formen ω und α den gleichen Wert.

(b) Je zwei verschiedenen **Fasern** $F = f^{-1}(x)$ und $G = f^{-1}(y)$, wobei $x, y \in S^n$ mit $x \neq y$ sind, ordnen wir die **Verschlingungszahl** $V(F,G)$ zu.
Sie ergibt sich, indem wir eine Untermannigfaltigkeit $U \subseteq S^{2n-1}$ mit $\partial U = F$ aussuchen, die G transversal schneidet, und

$$V(F,G) = \sum_{U \cap G} (\pm 1)$$

setzen, wobei das positive oder negative Vorzeichen entsprechend der Orientierung von $TU_p \oplus TG_p$ festgelegt ist ($p \in U \cap G$). Dann ist

$$\iota(f) = V(F,G)$$

gleichgültig, welche Fasern wir benutzen.

(c) Eliminieren wir einen Punkt P, der auf keiner der beiden Fasern F_x, F_y liegt, und identifizieren den Rest, also $S^{2n-1} \setminus \{P\}$, mit $\mathbb{R}^{2n-1}$, so ist

$$\iota(f) = \gamma_S$$

mit der durch

$$S(x,y) = \frac{x-y}{|x-y|}$$

gegebenen Abbildung $S\colon F_x \times F_y \longrightarrow S^{2n-2}$.

Die so beschriebene (ganze) Zahl $\iota(f)$ heißt die **Hopfinvariante** von f.

Die Gleichwertigkeit der drei Definitionen - sie ist nicht allzu schwierig einzusehen - entnehme man aus Bott & Tu [1982]. Dort sind auch über unsere Zwecke hinausgehende Anwendungen in extenso dargelegt. Wir erwähnen nur noch (Hirzebruch [1983]), welche $\iota(f)$ bei vorgegebener Dimension auftreten:

Satz 12.2.4:

(a) Für alle (stetigen) Abbildungen f von $\mathbb{S}^{2n-1}$ nach $\mathbb{S}^n$ verschwindet die Hopfinvariante $\iota(f)$, falls n ungerade ist.

(b) Zu jedem geraden n und allen $m \in \mathbb{Z}$ hingegen kann man immer ein f finden, das $\iota(f) = 2m$ liefert.

(c) Nur für $n = 2,4,8$ gibt es ein $f: \mathbb{S}^{2n-1} \longrightarrow \mathbb{S}^n$ mit $2 \nmid \iota(f)$. In diesen Fällen nimmt die Hopfinvariante sogar alle ganzzahligen Werte an; insbesondere existieren dann auch Abbildungen h mit $\iota(h) = 1$ (**Satz von Adams**).

Die letzte Tatsache steht in Zusammenhang mit dem Satz 11.5.1 von Kervaire und Milnor.

Die nächsten beiden Abschnitte sind der expliziten Konstruktion der einfachsten $h_n: \mathbb{S}^{2n-1} \longrightarrow \mathbb{S}^n$ mit $n = 2,4,8$ und $\iota(h_n) = 1$ gewidmet. Außerdem fügen wir noch eine Abbildung $h_1: \mathbb{S}^1 \longrightarrow \mathbb{S}^1$ hinzu, die sich weitestgehend analog verhält, um die Diskussion zu vereinheitlichen. Alle vier, h_1, h_2, h_4, h_8, besitzen einzigartige geometrische Eigenschaften, die es uns gestatten, einige wichtige Probleme auf äußerst elegante Weise zu lösen.

12.3. Winkelverdopplung und klassische Hopffaserung

Gewissermaßen als Aufgalopp zu den eigentlichen **Hopfabbildungen** betrachten wir vorab die **Winkelverdopplung** h_1 auf der 1-Sphäre. Wie ihre Analoga h_2, h_4 und h_8 ist auch sie eine homogene polynomiale Abbildung zweiten Grades, d.h., die (kartesischen) Komponenten des Bildvektors sind quadratische Formen in denen des Urbildes.

Abgesehen von Normierungen, also etwa der Festlegung des Ausgangspunkts der Winkelzählung, sind die genannten Transformationen eindeutig festgelegt und bilden jeweils die einfachsten Abbildungen in ihren Homotopieklassen. Sie sind daher besonders geeignet, um die fraglichen topologischen Verhältnisse zu studieren.

Alle vier h_n können gerade wegen ihres homogen-quadratischen Charakters auf den gesamten Einbettungsraum $\mathbb{R}^{2n}$ der Urbildsphäre $\mathbb{S}^{2n-1}$ ausgedehnt werden, was sich als besonders zweckmäßig erweist. Auch die jeweilige Erweiterung werden wir h_n nennen. Eine Verwechslung zwischen den auf $\mathbb{S}^{2n-1}$ miteinander identischen Abbildungen $h_n: \mathbb{S}^{2n-1} \longrightarrow \mathbb{S}^n$ und $h_n: \mathbb{R}^{2n} \longrightarrow \mathbb{R}^{n+1}$ ist nicht wahrscheinlich (und wäre auch nicht weiter tragisch).

Die Winkelverdopplung h_1 betrachten wir zunächst nur in der auf $\mathbb{S}^1$ eingeschränkten Variante und schreiben sie gleich in einer Form, die eine Übertragung auf die höherdimensionalen Hopfabbildungen zuläßt. Mit den kartesischen Koordinaten (x_0, x_1) des typischen Punkts x auf der Peripherie des Kreises $\mathbb{S}^1$ finden wir nach Abschn. 8.2 den zugehörigen **Zentriwinkel** (= **Azimut**) φ über die Identifikation

$$(\cos \varphi, \sin \varphi) = (x_0, x_1)$$

Er lautet

$$\varphi = \operatorname{arc\,tg} \frac{x_1}{x_0}$$

Der Bildpunkt $h_1(x)$ ist unter Benutzung der **Additionstheoreme** für Sinus und Kosinus

$$(\cos 2\varphi\ ,\ \sin 2\varphi) = (\cos^2\varphi - \sin^2\varphi\ ,\ 2\sin\varphi\cos\varphi) = (x_0^2 - x_1^2, 2x_0x_1)$$

Dasselbe Resultat entsteht, wenn wir x als Bild von (1,0) unter der Drehung mit Rotationswinkel φ auffassen und diese Prozedur wiederholen:

$$h_1(x) = (1,0)\begin{bmatrix} x_0 & x_1 \\ -x_1 & x_0 \end{bmatrix}^2 = (x_0, x_1)\begin{bmatrix} x_0 & x_1 \\ -x_1 & x_0 \end{bmatrix} = (x_0^2 - x_1^2, 2x_0x_1)$$

Die Verdopplungsabbildung $h_1\colon \mathbb{S}^1 \longrightarrow \mathbb{S}^1$ hat den Abbildungsgrad 2, der dem algebraischen Grad entspricht, denn zu jedem Punkt auf dem Kreis gibt es jeweils zwei Urbilder, und das Differential der Transformation ist lokal orientierungserhaltend.

Die Ausdehnung auf $\mathbb{R}^2$ als Definitionsbereich wird selbstverständlich durch die Festsetzung

$$h_1(x_0, x_1) = \left(x_0^2 - x_1^2\ ,\ 2x_0x_1 \right)$$

erklärt.

Die Interpretation von $\mathbb{R}^2$ als Körper $\mathbb{C}$ der komplexen Zahlen erlaubt noch eine andere Deutung von h_1: Setzen wir nämlich

$$z = x_0 + i\,x_1 \in \mathbb{C}$$

so ist

$$h_1(z) = \left[x_0^2 - x_1^2\right] + \left[2\,x_0\,x_1\right] i = z^2$$

einfach die Abbildung, die jedem z sein Quadrat zuordnet.

Alle angegebenen Eigenschaften gelten cum grano salis auch für die Winkelmultiplikation mit einer festen ganzen Zahl k: Der Grad ist dann gleich k, die Additionsformeln der Winkel sind k-fach zu iterieren, etc. Wir führen diese triviale Bemerkung aber nicht weiter aus, weil wir an der Übertragung auf höhere Dimensionen interessiert sind, die eben nur für $k = 2$ möglich ist (und auch nur in speziellen Räumen).

Ganz entsprechend wie h_1 können wir nach Hopf [1935] auch die klassische Hopfabbildung h_2 konstruieren. Dazu parametrisieren wir die dreidimensionale Sphäre mit zwei komplexen Koordinaten:

$$\mathbb{S}^3 = \left\{ (z_0, z_1) \in \mathbb{C}^2 \;\middle|\; |z_0|^2 + |z_1|^2 = 1 \right\}$$

und ordnen dem Punkt $z = (z_0, z_1)$ das Verhältnis

$$\zeta = \frac{z_1}{z_0} \in \mathbb{P}^1(\mathbb{C})$$

zu. Das entspricht dem Übergang von zwei homogenen zu einer inhomogenen Koordinate in $\mathbb{P}^1(\mathbb{C})$. Mit Hilfe einer **stereographischen Projektion**, die den uns bereits wohlbekannten Isomorphismus $\mathbb{P}^1(\mathbb{C}) \cong \mathbb{S}^2$ herstellt, gelangen wir schließlich auf die 2-Sphäre.

Je nachdem, wie wir den Übergang von $\mathbb{P}^1(\mathbb{C})$ nach $\mathbb{S}^2$ bewerkstelligen, d.h., welches Projektionszentrum wir wählen, gibt es unterschiedliche, wenngleich zueinander homotope und in jeder Hinsicht gleichberechtigte Modifikationen. Wir entscheiden uns wieder für die Standardprojektion aus Abschn. 7.6 mit dem Südpol als Zentrum und zerlegen die beiden komplexen Parameter in ihre Real- und Imaginärteile:

$$z_0 = x_0 + i\, y_0$$

$$z_1 = x_1 + i\, y_1$$

Der Quotient ist

$$\zeta = \frac{z_1}{z_0} = \frac{x_0 x_1 + y_0 y_1}{x_0^2 + y_0^2} + i\, \frac{x_0 y_1 - y_0 x_1}{x_0^2 + y_0^2} = U + i\, V$$

woraus sich die kartesischen Komponenten (X,Y,Z) des Bildvektors errechnen:

$$X = \frac{2\,U}{1 + U^2 + V^2} = \frac{2\,(x_0\, x_1 + y_0\, y_1)}{x_0^2 + y_0^2 + x_1^2 + y_1^2}$$

$$Y = \frac{2\,V}{1 + U^2 + V^2} = \frac{2\,(x_0\, y_1 - y_0\, x_1)}{x_0^2 + y_0^2 + x_1^2 + y_1^2}$$

$$Z = \frac{1 - U^2 - V^2}{1 + U^2 + V^2} = \frac{x_0^2 + y_0^2 - x_1^2 - y_1^2}{x_0^2 + y_0^2 + x_1^2 + y_1^2}$$

Diese zuerst von Hopf [1935] gefundene Darstellung ist für unsere Zwecke aber noch etwas unbequem, vor allem wegen des Nenners. Wir lassen ihn weg (was auf der Sphäre keinen Unterschied macht, da die 3-Sphäre ja durch die Gleichung Nenner = 1 charakterisiert ist) und erhalten eine der zahlreichen Modifikationen von h_2:

$$\left[x_0, y_0, x_1, y_1\right] \longmapsto \left[\, 2(x_0x_1+y_0y_1)\ ,\ 2(x_0y_1-y_0x_1)\ ,\ x_0^2+y_0^2-x_1^2-y_1^2 \,\right]$$

Wegen der großen theoretischen wie praktischen Bedeutung gerade von h_2 wollen wir aber noch etwas genauer auf die expliziten Formeln eingehen.
Wir vereinheitlichen die Notation der unabhängigen Variablen, indem wir sie $\alpha, \beta, \gamma, \delta$ nennen. Außerdem ändern wir die Reihenfolge, um zu bequemeren Formeln zu kommen, die auch noch eine andere Interpretation erlauben.
Die quadratische Abhängigkeit des Bildvektors, weiterhin (ξ, η, ζ) genannt, von $(\alpha, \beta, \gamma, \delta) \in \mathbb{R}^4$ legt eine Darstellung mit Quaternionen nahe. Dabei setzen wir

$$x = \xi\, i + \eta\, j + \zeta\, k$$

als **reine Quaternion** an, während das Urbild

$$u = \alpha + \beta\, i + \gamma\, j + \delta\, k$$

ein beliebiges Element aus $\mathbb{H}$ sein darf. Diese Fixierung bedeutet mit unserer früheren Nomenklatur (Satz 10.3.1) einfach $u \in \mathcal{S}^3$ und $x = h_2(u) \in \mathcal{S}^2$. Damit aber die Abbildung homogen vom Grad 2 ist, kommen für $h_2(u)$ von vorneherein nur Ansätze wie uqu, $\bar{u}q\bar{u}$, $uq\bar{u}$ oder $\bar{u}qu$ mit einer festen Quaternion $q \neq 0$ in Betracht. Die ersten beiden Möglichkeiten scheiden aus, weil sie auch Werte außerhalb von $\mathcal{S}^2$ annehmen; die anderen beiden sind im wesentlichen gleichwertig zueinander. Wir dürfen (und werden) deshalb die Form

$$h_2(u) = u\, q\, \bar{u}$$

verwenden. Nicht alle $q \in \mathbb{H}$ sind geeignet; durch Übergang zur Norm sehen wir, daß $|q| = 1$ zu fordern ist, damit aus $|u| = 1$ auch $|h_2(u)| = 1$ folgt. Das reicht aber noch nicht aus; die Spur von $x = h_2(u)$ muß zudem verschwinden, was zu

$$0 = 2 \operatorname{Re} h_2(u) = u q \bar{u} + u \bar{q} \bar{u} = u (q+\bar{q}) \bar{u}$$

führt und bei invertierbaren u mit Re(q) = 0 äquivalent ist. Die Parameterquaternion q ist somit auf $\mathcal{S}^2$ beschränkt. Wir bringen die Abhängigkeit von q in der Schreibweise $H_q(u) = uq\bar{u}$ zum Ausdruck. Man vergleiche dies mit Satz 10.3.2! .

Alle H_q, $q \in \mathcal{S}^2$, sind Hopfabbildungen vom Typ h_2. Es bedarf wohl kaum eines expliziten Beweises für den ganz trivialen

<u>Satz</u> <u>12.3.1:</u>

Die (klassischen) Hopfabbildungen H_q: $\mathbb{H} \longrightarrow \mathbb{H}$, die durch

$$H_q(u) = u q \bar{u}$$

definiert sind ($q \in \mathcal{S}^2$), sind alle zueinander homotop. Sie bilden $\mathbb{H}$ auf die Menge der reinen Quaternionen ab, während $H_q(\mathcal{S}^3) = \mathcal{S}^2$ ist.

Die **Fasern** von H_q sind, wie wir noch sehen werden, Großkreise auf $\mathcal{S}^3$ (Abschn. 12.5). Daraus ergibt sich eine Darstellung der 3-Sphäre als $\mathbb{S}^1$**-Faserbündel** über $\mathbb{S}^2$, die eine sehr große Rolle in der Topologie spielt. Sie hat letztlich den Anstoß zu Hopf's eigenen Untersuchungen gegeben.

Unter den unendlich vielen denkbaren Parameterwerten ist die Wahl q = i besonders bequem. Wegen der gerade gefundenen Homotopie bedeutet das natürlich keinen Verlust an Allgemeinheit. In ausgerechneter Form lautet diese Abbildung

$$H_i(u) = u i \bar{u}$$

oder auch in reellen Koordinaten

$$H_i(\alpha, \beta, \gamma, \delta) = (\xi, \eta, \zeta)$$

woraus sich

$$\xi i + \eta j + \zeta k = (\alpha^2+\beta^2-\gamma^2-\delta^2) i + 2 (\alpha\delta+\beta\gamma) j + 2 (-\alpha\gamma+\beta\delta) k$$

also

$$(\xi, \eta, \zeta) = H_1(\alpha, \beta, \gamma, \delta) = \left[\alpha^2+\beta^2-\gamma^2-\delta^2, 2(\alpha\delta+\beta\gamma), 2(\beta\delta-\alpha\gamma)\right]$$

und im einzelnen

$$\xi = \alpha^2 + \beta^2 - \gamma^2 - \delta^2$$

$$\eta = 2\,(\alpha\,\delta + \beta\,\gamma)$$

$$\zeta = 2\,(\beta\,\delta - \alpha\,\gamma)$$

ergibt. Wir werden diese spezielle Basiswahl auch in späteren Anwendungen bevorzugen (Kap. 24).

Die klassische Hopfabbildung h_2 unterscheidet sich von der Winkelverdopplung h_1 nur durch die Verwendung von Quaternionen anstelle komplexer Zahlen, die Notwendigkeit, auf die Reihenfolge der Faktoren zu achten, und die zusätzliche Konjugation.

Ähnliches läßt sich auch über die beiden Erweiterungen h_4 und h_8 sagen, denen wir uns als nächsten zuwenden.

12.4. Verallgemeinerungen

Neben der oft verwendeten Konstruktion der klassischen Hopffaserung h_2 mittels Quaternionen, die wir zuletzt diskutiert hatten, ist noch eine alternative Definition nützlich, die u.a. den Vorzug der Verallgemeinerbarkeit auf die übrigen in Frage kommenden Dimensionen besitzt.

Definition 12.4.1:

Sei $\mathfrak{N}$ eine **normierte Algebra** mit Orthonormalbasis $\mathcal{B} = (e_1, \ldots, e_n)$. Wir zerlegen ein typisches Element $a \in \mathfrak{N}$ entsprechend

$$a = a_1 e_1 + \ldots + a_n e_n$$

in seine reellen Komponenten $a_1, \ldots, a_n$. Die mit $\mathfrak{N}$ assoziierte **Hopfabbildung** h erhalten wir, indem wir den Urbildraum $\mathbb{R}^{2n}$ mit $\mathfrak{N} \times \mathfrak{N}$ identifizieren und das Bild von (a,b) durch

$$h(a,b) = \left(|a|^2 - |b|^2; 2(ab)_1, \ldots, 2(ab)_n\right) \in \mathbb{R} \times \mathfrak{N} \cong \mathbb{R}^{n+1}$$

erklären. Gelegentlich verwenden wir auch die naheliegende Abkürzung

$$h(a,b) = \left(|a|^2 - |b|^2; 2ab\right)$$

Die **Standardvarianten** h_n der Hopfabbildungen ergeben sich für $n \in \{1,2,4,8\}$ mit den Algebren $\mathbb{R}, \mathbb{C}, \mathbb{H}, \mathbb{O}$.

Die Sätze 11.3.1 und 11.3.2 besagen, daß normierte Algebren nur in den angegebenen Dimensionen existieren und dann jeweils **Modifikationen** von $\mathbb{R}, \mathbb{C}, \mathbb{H}$ oder $\mathbb{O}$ sind. Die mit modifizierten Algebren gewonnenen Hopfabbildungen unterscheiden sich nach Definition nur um vor- oder nachgeschaltete Drehungen, sind also insbesondere zueinander homotop. Daher dürfen wir uns ohne wesentlichen Verlust auf die vier Standardfälle beschränken.
Tatsächlich bildet h_n die Sphäre $\mathbb{S}^{2n-1}$ auf $\mathbb{S}^n$ ab, wie wir es ursprünglich

verlangt hatten. Das ist ein triviales Korollar von

Satz 12.4.1:
Die (euklidische) Norm von $h_n(x)$ ist gleich dem Quadrat der Norm von x.

Beweis:
Mit den oben eingeführten Bezeichnungen gilt wegen der Normiertheit von $\mathfrak{N}$:

$$|h_n(a,b)|^2 = \left[|a|^2-|b|^2\right]^2 + |2ab|^2 = |a|^4 + |b|^4 + 2\,|a|^2\,|b|^2$$

Der binomische Lehrsatz liefert die Behauptung.

Zum Nachschlagen geben wir die h_n in Koordinaten explizit an. Dabei benutzen wir jeweils die Standardbasis der Grundalgebra und schreiben der Übersichtlichkeit zuliebe den Urbildvektor in der Form

$$u = (u_1,\dots,u_{2n}) = (a_1,\dots,a_n;b_1,\dots,b_n)$$

setzen also $u_i = a_i$ und $u_{n+i} = b_i$. Die Koeffizienten des Bildes $x = h_n(u)$ hingegen numerieren wir von 0 bis n:

$$x_0 = |a|^2 - |b|^2$$

$$x_i = (2ab)_i$$

$(1 \le i \le n)$. Dann ergibt sich im einzelnen, wenn wir noch die Jacobimatrizen hinzufügen:

(a) $n = 1$: $\mathfrak{N} = \mathbb{R}$; $\mathcal{B} = (1)$; $h_1\colon \mathbb{R}^2 \longrightarrow \mathbb{R}^2$:

$$x_0 = u_1^2 - u_2^2$$

$$x_1 = 2\,u_1\,u_2$$

$$Dh_1(u) = 2\begin{bmatrix} u_1 & u_2 \\ -u_2 & u_1 \end{bmatrix}$$

(b) $n = 2$: $\mathfrak{N} = \mathbb{C}$; $\mathcal{B} = (1, i)$; $h_2: \mathbb{R}^4 \longrightarrow \mathbb{R}^3$:

$$x_0 = u_1^2 + u_2^2 - u_3^2 - u_4^2$$

$$x_1 = 2\left[u_1 u_3 - u_2 u_4\right]$$

$$x_2 = 2\left[u_1 u_4 + u_2 u_3\right]$$

$$Dh_2(u) = 2\begin{bmatrix} u_1 & u_3 & u_4 \\ u_2 & -u_4 & u_3 \\ -u_3 & u_1 & u_2 \\ -u_4 & -u_2 & u_1 \end{bmatrix}$$

(c) $n = 4$: $\mathfrak{N} = \mathbb{H}$; $\mathcal{B} = (1, i, j, k)$; $h_4: \mathbb{R}^8 \longrightarrow \mathbb{R}^5$:

$$x_0 = u_1^2 + u_2^2 + u_3^2 + u_4^2 - u_5^2 - u_6^2 - u_7^2 - u_8^2$$

$$x_1 = 2\left[u_1 u_5 - u_2 u_6 - u_3 u_7 - u_4 u_8\right]$$

$$x_2 = 2\left[u_1 u_6 + u_2 u_5 + u_3 u_8 - u_4 u_7\right]$$

$$x_3 = 2\left[u_1 u_7 - u_2 u_8 + u_3 u_5 + u_4 u_6\right]$$

$$x_4 = 2\left[u_1 u_8 + u_2 u_7 - u_3 u_6 + u_4 u_5\right]$$

$$Dh_4(u) - 2\begin{bmatrix} u_1 & u_5 & u_6 & u_7 & u_8 \\ u_2 & -u_6 & u_5 & -u_8 & u_7 \\ u_3 & -u_7 & u_8 & u_5 & -u_6 \\ u_4 & -u_8 & -u_7 & u_6 & u_5 \\ -u_5 & u_1 & u_2 & u_3 & u_4 \\ -u_6 & -u_2 & u_1 & u_4 & -u_3 \\ -u_7 & -u_3 & -u_4 & u_1 & u_2 \\ -u_8 & -u_4 & u_3 & -u_2 & u_1 \end{bmatrix}$$

(d) $n = 8$: $\mathfrak{N} = \mathbb{O}$; $\mathcal{B} = (1, i, j, k, E, I, J, K)$; $h_8: \mathbb{R}^{16} \longrightarrow \mathbb{R}^9$:

$$x_0 = u_1^2+u_2^2+u_3^2+u_4^2+u_5^2+u_6^2+u_7^2+u_8^2-u_9^2-u_{10}^2-u_{11}^2-u_{12}^2-u_{13}^2-u_{14}^2-u_{15}^2-u_{16}^2$$

$$x_1 = 2\left(u_1u_9-u_2u_{10}-u_3u_{11}-u_4u_{12}-u_5u_{13}-u_6u_{14}-u_7u_{15}-u_8u_{16}\right)$$

$$x_2 = 2\left(u_1u_{10}+u_2u_9+u_3u_{12}-u_4u_{11}+u_5u_{14}-u_6u_{13}-u_7u_{16}+u_8u_{15}\right)$$

$$x_3 = 2\left(u_1u_{11}-u_2u_{12}+u_3u_9+u_4u_{10}+u_5u_{15}+u_6u_{16}-u_7u_{13}-u_8u_{14}\right)$$

$$x_4 = 2\left(u_1u_{12}+u_2u_{11}-u_3u_{10}+u_4u_9+u_5u_{16}-u_6u_{15}+u_7u_{14}-u_8u_{13}\right)$$

$$x_5 = 2\left(u_1u_{13}-u_2u_{14}-u_3u_{15}-u_4u_{16}+u_5u_9+u_6u_{10}+u_7u_{11}+u_8u_{12}\right)$$

$$x_6 = 2\left(u_1u_{14}+u_2u_{13}-u_3u_{16}+u_4u_{15}-u_5u_{10}+u_6u_9-u_7u_{12}+u_8u_{11}\right)$$

$$x_7 = 2\left(u_1u_{15}+u_2u_{16}+u_3u_{13}-u_4u_{14}-u_5u_{11}+u_6u_{12}+u_7u_9-u_8u_{10}\right)$$

$$x_8 = 2\left(u_1u_{16}-u_2u_{15}+u_3u_{14}+u_4u_{13}-u_5u_{12}-u_6u_{11}+u_7u_{10}+u_8u_9\right)$$

$$Dh_8(u) = 2\begin{pmatrix}
u_1 & u_9 & u_{10} & u_{11} & u_{12} & u_{13} & u_{14} & u_{15} & u_{16} \\
u_2 & -u_{10} & u_9 & -u_{12} & u_{11} & -u_{14} & u_{13} & u_{16} & -u_{15} \\
u_3 & -u_{11} & u_{12} & u_9 & -u_{10} & -u_{15} & -u_{16} & u_{13} & u_{14} \\
u_4 & -u_{12} & -u_{11} & u_{10} & u_9 & -u_{16} & u_{15} & -u_{14} & u_{13} \\
u_5 & -u_{13} & u_{14} & u_{15} & u_{16} & u_9 & -u_{10} & -u_{11} & -u_{12} \\
u_6 & -u_{14} & -u_{13} & u_{16} & -u_{15} & u_{10} & u_9 & u_{12} & -u_{11} \\
u_7 & -u_{15} & -u_{16} & -u_{13} & u_{14} & u_{11} & -u_{12} & u_9 & u_{10} \\
u_8 & -u_{16} & u_{15} & -u_{14} & -u_{13} & u_{12} & u_{11} & -u_{10} & u_9 \\
-u_9 & u_1 & u_2 & u_3 & u_4 & u_5 & u_6 & u_7 & u_8 \\
-u_{10} & -u_2 & u_1 & u_4 & -u_3 & u_6 & -u_5 & -u_8 & u_7 \\
-u_{11} & -u_3 & -u_4 & u_1 & u_2 & u_7 & u_8 & -u_5 & -u_6 \\
-u_{12} & -u_4 & u_3 & -u_2 & u_1 & u_8 & -u_7 & u_6 & -u_5 \\
-u_{13} & -u_5 & -u_6 & -u_7 & -u_8 & u_1 & u_2 & u_3 & u_4 \\
-u_{14} & -u_6 & u_5 & -u_8 & u_7 & -u_2 & u_1 & -u_4 & u_3 \\
-u_{15} & -u_7 & u_8 & u_5 & -u_6 & -u_3 & u_4 & u_1 & -u_2 \\
-u_{16} & -u_8 & -u_7 & u_6 & u_5 & -u_4 & -u_3 & u_2 & u_1
\end{pmatrix}$$

12.5. Geometrische Besonderheiten

Alle vier Hopfabbildungen h_n, $n \in \{1,2,4,8\}$, sind, wie oben schon vermerkt wurde, homogen polynomial vom zweiten Grade, die kartesischen Komponenten des Bildes also quadratische Formen in denen des Urbildes. Diese Eigenschaft hängt nicht vom verwendeten Bezugssystem ab und wird auch von den Varianten der h_n geteilt, die wir erhalten, wenn wir irgendwelche normierten Algebren ohne Einselement anstelle von $\mathbb{R},\mathbb{C},\mathbb{H},\mathbb{O}$ zur Konstruktion heranziehen.

Die so gefundenen **algebraischen Hopffaserungen** sind aber vor ihren topologischen Verwandten, die durch stetige Verformung aus ihnen hervorgehen, geometrisch ausgezeichnet; sie sind die in vieler Hinsicht einfachsten Vertreter ihrer jeweiligen Homotopieklassen.

Das äußert sich beispielsweise in der Form der Fasern, die bei den h_n geometrische und nicht bloß topologische Sphären sind. Wir können sie leicht angeben:

<u>Satz</u> <u>12.5.1:</u>

Seien $\mathfrak{A}$ eine der vier normierten Algebren $\mathbb{R},\mathbb{C},\mathbb{H},\mathbb{O}$ und $n = \dim(\mathfrak{A}) = 1,2,4,8$. Wir zerlegen den typischen Vektor $X \in \mathbb{R} \oplus \mathfrak{A} \cong \mathbb{R}^{1+n}$ nach dem Schema

$$X = (x_0;x) = (x_0;x_1,\dots,x_n)$$

wobei der $\mathfrak{A}$-Anteil $x = (x_1,\dots,x_n)$ nach einer ein für alle Mal ausgewählten Orthonormalbasis $e_1,\dots,e_n$ zerlegt ist:

$$x = x_1 e_1 + \dots + x_n e_n$$

(a) Es ist $h_n^{-1}(0) = \{0\}$, wohingegen das Urbild eines von Null verschiedenen X unter der kanonischen Hopfabbildung h_n aus allen $(a,b) \in \mathfrak{A} \times \mathfrak{A} \cong \mathbb{R}^{2n}$ besteht, die den Bedingungen

$$|a| = \sqrt{\tfrac{1}{2}\left[|X| + x_0\right]}$$

$$|b| = \sqrt{\frac{1}{2}\left[|X| - x_0\right]}$$

und

$$a\,b = \frac{1}{2}\,x$$

genügen. Sie bilden eine geometrische (n-1)-Sphäre.

(b) Für alle $X \in \Omega^{1+n} \cong \mathbb{S}^n$ sind die Fasern $h_n^{-1}(X)$ und $h_n^{-1}(-X)$ von X und seinem **Antipoden** - X orthogonal. Jede von ihnen enthält genau die Einheitsvektoren, die auf der anderen senkrecht stehen:

$$h_n^{-1}(-X) = \left\{ u \in \mathbb{R}^{2n} \;\middle|\; |u| = 1 \;;\; u \perp h_n^{-1}(X) \right\}$$

Beweis:

Satz 12.4.1 liefert unmittelbar $h_n^{-1}(0) = \{0\}$. Wir nehmen daher $X \neq 0$ an und schreiben zur Abkürzung

$$\alpha = \sqrt{\frac{1}{2}\left[|X| + x_0\right]}$$

$$\beta = \sqrt{\frac{1}{2}\left[|X| - x_0\right]}$$

Beide Wurzeln sind reell (und positiv), weil die Definitheit der euklidischen Norm $|x_0| \leq |X|$ impliziert. Die Bedingung $h_n(a,b) = X$ ergibt nach Zerlegung in Komponenten

$$|a|^2 - |b|^2 = x_0$$

und

$$2\,a\,b = x$$

Gehen wir in der zweiten zur Norm über, entsteht

$$2\,|a|\,|b| = |x|$$

Aus dem so gefundenen Gleichungssystem für die Normen erhalten wir als einzige Lösung $|a| = \alpha$ und $|b| = \beta$. Die Faser von X ist also durch 2ab = x und $|a| = \alpha$ charakterisiert; die Norm von b hat dann automatisch den richtigen Wert β.

Wir müssen noch zeigen, daß dies eine (n-1)-Sphäre ist. Aufgrund der Sätze 11.1.4 und 11.2.1 ist $\mathfrak{N}$ **alternativ**, während die von a und b erzeugte Unteralgebra sogar **assoziativ** ist. Das erlaubt uns, die Gleichung 2ab = x nach b aufzulösen:

$$b = \frac{1}{2} a^{-1} x$$

Mit der Information über die Norm von a können wir das auch als

$$b = \frac{1}{2} \alpha^{-2} \bar{a} x$$

ausdrücken. Die Vektoren x und b sind somit über eine bijektive lineare Beziehung miteinander verknüpft. Die Lösungsmenge der letzten Gleichung für sich allein ist folglich ein n-dimensionaler Unterraum.

Nehmen wir darüber hinaus noch $|a| = \alpha$ und $|b| = \beta$ hinzu, reduziert sie sich auf eine Sphäre, und wir haben Teil (a) bewiesen.

Zur Bestätigung von (b) verfahren wir genauso mit einem Paar (a',b'), das in $h_n^{-1}(-X)$ liegt. Wir finden

$$|a'| = \beta = |b|$$

$$|b'| = \alpha = |a|$$

sowie

$$a' \, b' = -\frac{1}{2} x = - a \, b$$

und weiter, in Analogie zur früheren Formel

$$b = \frac{1}{2} \alpha^{-2} \bar{a} x$$

noch

$$a' = -\frac{1}{2}\alpha^{-2} x \overline{b'}$$

Das Skalarprodukt von (a,b) und (a',b') ist daher

$$\langle (a,b) | (a',b') \rangle = \langle a,a' \rangle + \langle b,b' \rangle = \frac{1}{2}\alpha^{-2}\left[- \langle a, x\,\overline{b'} \rangle + \langle \bar{a}\,x, b' \rangle \right]$$

Die behauptete Orthogonalität ist gleichbedeutend mit dem Verschwinden der eckigen Klammer, die ihrerseits eine Konsequenz der Oktavenidentität

$$\langle u, x\,\bar{v} \rangle = \langle \bar{u}\,x, v \rangle$$

ist. Letztere brauchen wir wegen der Trilinearität nur für die Standardbasiselemente $u, v, w \in \{e_\infty, e_0, e_1, e_2, e_3, e_4, e_5, e_6\}$ nachzurechnen.
Sei etwa $u = e_L$, $x = e_M$, $v = e_N$. Beide Seiten verschwinden, falls e_L, e_M, e_N nicht in einer Quaternionenalgebra enthalten sind, weil dann jedes orthogonal zum Produkt der beiden anderen ist. Wir dürfen deshalb noch zusätzlich annehmen, daß u,v und x miteinander assoziieren. Dann ist jedoch

$$2 \langle u, x\,\bar{v} \rangle = \mathrm{Re}\left[\bar{u}\,(x\,\bar{v})\right] = \mathrm{Re}\left[(\bar{u}\,x)\,\bar{v}\right] = 2 \langle \bar{u}\,x, v \rangle$$

Zur Berechnung der **Hopfinvarianten** (hier ist $n \neq 1$, also $n \in \{2,4,8\}$, vorausgesetzt!) verwendet man am einfachsten die Definition von $\iota(h_n)$ als **Verschlingungszahl** $V(F_1, F_2)$ zweier Fasern, die wir beliebig auswählen können. Man entscheidet sich zweckmäßig für die bequemste Möglichkeit:

$$F_1 = h_n^{-1}(+1;0) = \Omega_n \times \{0\}$$

$$F_2 = h_n^{-1}(-1;0) = \{0\} \times \Omega_n$$

Durch direktes Einsetzen in Satz 12.2.3 (b) und elementare Überlegungen erhält man das eingangs als Motivation für die Konstruktion von h_n vorweggenommene Resultat

$$\iota(h_2) = \iota(h_4) = \iota(h_8) = 1$$

wenn die Orientierungen richtig festgelegt werden. Damit hat sich der Kreis geschlossen.

13. Spinoren

13.1. Schurerweiterungen der symmetrischen Gruppen

Neben den orthogonalen Gruppen und ihren Darstellungen, vgl. Abschn. 9.3, spielen in Mathematik und Physik auch gewisse Überlagerungen der $SO_n(\mathbb{R})$, die sogenannten **Spingruppen**, eine herausragende Rolle. Wir widmen ihnen daher ein eigenes Kapitel, das wir jedoch mit einigen vorbereitenden Bemerkungen einleiten wollen, die sich auf vergleichbare Konstruktionen über endlichen Gruppen beziehen.

Viele der später in diesem Zusammenhang als fundamental erkannten Ideen entstammen bereits der großen Untersuchung von Schur [1911], die als historisch erste dem genannten Themenkreis zuzuordnen ist. Sie soll deshalb an die Spitze unserer Überlegungen gestellt werden.

Wir betrachten eine (endliche) Gruppe G. Eine Darstellung des Grades n von G über dem Grundkörper $\mathbb{K}$ ist bekanntlich (Abschn. 2.2) ein Homomorphismus D von G in die Gruppe $GL_n(\mathbb{K})$ der invertierbaren (n,n)-Matrizen mit Koeffizienten aus $\mathbb{K}$. Die einem Gruppenelement $g \in G$ zugeordnete Matrix D(g) können wir als umkehrbar-eindeutige lineare Abbildung, d.h. **affine Transformation** des Vektorraums $V = \mathbb{K}^n$ auf sich, interpretieren.

Das entspricht der bereits früher eingeführten kanonischen Identifikation von $GL_n(\mathbb{K})$ mit der affinen Gruppe $GL(V) = GL(\mathbb{K}^n)$.

Schur [1911] dehnt den Begriff der (affinen oder gewöhnlichen) Darstellung in natürlicher Weise auf projektive Transformationen aus:

Definition 13.1.1:

Gegeben seien eine nicht notwendig endliche Gruppe G und ein beliebiger Körper $\mathbb{K}$.

(a) Die **kanonische Projektion** [.]: $GL_n(\mathbb{K}) \longrightarrow PGL_n(\mathbb{K})$ assoziiert zu jeder invertierbaren (n,n)-Matrix M mit Koeffizienten aus $\mathbb{K}$ die Klasse

$$[M] = \left\{ \alpha M \;\middle|\; \alpha \in \mathbb{K}^\times = \mathbb{K}\backslash\{0\} \right\}$$

der (selbstverständlich von Null verschiedenen) Vielfachen von M. Die Zuordnung $M \mapsto [M]$ ist ein Homomorphismus mit Kern $[1]$ = Menge der Skalarmatrizen in $GL_n(\mathbb{K})$.

(b) Ein **Schnitt** in $GL_n(\mathbb{K})$ ist eine Abbildung σ: $PGL_n(\mathbb{K}) \longrightarrow GL_n(\mathbb{K})$ mit

$$[\sigma(X)] = X$$

für alle X.

(c) Unter einer **projektiven Darstellung** des Grades n von G über dem Körper $\mathbb{K}$ verstehen wir einen Homomorphismus π: $G \longrightarrow PGL_n(\mathbb{K})$ von G in die Gruppe $PGL_n(\mathbb{K})$ der **Projektivitäten** von $\mathbb{P}^{n-1}(\mathbb{K})$.

(d) Eine formal andere, aber gleichwertige Beschreibung ergibt sich durch Fixieren eines beliebigen Schnitts σ. Die zusammengesetzte Abbildung $\sigma\circ\pi$ wird ebenfalls als projektive Darstellung bezeichnet. Die Matrix $\sigma(\pi(g))$ ist der **Repräsentant** von g bzw. $\pi(g)$.

Die Homomorphismuseigenschaft äußert sich in dieser Interpretation als System der Klassengleichungen

$$[\sigma(gh)] = [\sigma(g)\sigma(h)] = [\sigma(g)]\,[\sigma(h)]$$

$(g,h \in G)$ und

$$[\sigma(1)] = [1]$$

woraus noch

$$[\sigma(g^{-1})] = [\sigma(g)^{-1}] = [\sigma(g)]^{-1}$$

folgt. Die Abbildung σ selbst ist dabei i.a. kein Homomorphismus, weil man mit den Repräsentanten nur Beziehungen der Gestalt

$$\sigma(gh) = \alpha(g,h)\,\sigma(g)\,\sigma(h)$$

etc. folgern kann. Dabei sind die **Faktoren** $\alpha(g,h)$ von der Wahl der Repräsentanten abhängige Skalarmatrizen.

Jede gewöhnliche Darstellung läßt sich zu einer projektiven "liften"; dage-

gen kommen nicht alle projektiven Darstellungen auf diese Weise zustande. Sie können aber, s.u., immer als gewöhnliche Darstellungen von geeigneten Schurerweiterungen der Ausgangsgruppe G produziert werden.
Aufgrund der letzten in der Definition beschriebenen Eigenschaft sind die $\alpha(g,h)$ mit allen Darstellungsmatrizen vertauschbar, liegen also im Zentrum von $\sigma(G)$. Sie erfüllen außerdem die direkt aus der Assoziativität der Gruppenmultiplikation folgende sogenannte **2-Kozykelbedingung**

$$\alpha(f,g)\ \alpha(fg,h) \quad = \quad \alpha(f,gh)\ \alpha(g,h)$$

Es ist nicht schwer einzusehen (Näheres s. Huppert [1967]), daß es zu jeder projektiven Darstellung π: $G \longrightarrow PGL_n(\mathbb{K})$ von G über $\mathbb{K} = \mathbb{C}$ (oder einem anderen algebraisch abgeschlossenen Grundkörper der Charakteristik 0) eine Schurerweiterung $H = A \wedge G$ und eine gewöhnliche Darstellung D: $H \longrightarrow GL_n(\mathbb{K})$ von H gibt, die der Bedingung

$$[D(g)] \quad = \quad \pi(gA)$$

genügt. Wir dürfen dabei sogar $A = \mathcal{M}(G)$ annehmen, weil eine eventuelle Vergrößerung von A nichts ausmacht. Diese Eigenschaft ist der Anlaß für die auf Schur zurückgehende Bezeichnung **"Darstellungsgruppen"** von G für die maximalen Schurerweiterungen $\mathcal{M}(G) \wedge G$. Es sei noch einmal betont, daß zwar $\mathcal{M}(G)$ bis auf Isomorphie durch G eindeutig bestimmt ist, nicht aber die Erweiterung. G kann durchaus verschiedene Darstellungsgruppen besitzen (Beispiel: die symmetrischen Gruppen S_n mit $n \geq 4$, $n \neq 6$; s.u.).
Wir stellen unseren eigentlichen Betrachtungen ein sehr häufig benutztes elementares Lemma voran.

<u>Satz 13.1.1:</u>
Sei $H = A \wedge G$ eine Schurerweiterung von $G = \langle g_1, \ldots, g_n \rangle$. Zu jedem g_i wählen wir im Urbild $\kappa^{-1}(g_i)$ unter dem kanonischen Homomorphismus κ: $H \longrightarrow H/A \cong G$ ein Element h_i aus. Dann wird H von $h_1, \ldots, h_n$ erzeugt.

<u>Beweis:</u>
Trivialerweise ist

$$H = \langle \kappa^{-1}(g_1) \cup \ldots \cup \kappa^{-1}(g_n) \rangle = \langle h_i a \mid 1 \le i \le n ; a \in A \rangle$$

Wenden wir die in jeder Gruppe geltenden Identitäten

$$[AB,C] = [A,C]^B [B,C]$$

$$[A,BC] = [A,C] [A,B]^C$$

auf H an, entsteht somit

$$H' = \left\langle [h_i a, h_j a']^x \;\middle|\; i,j \in \{1,\ldots,n\} ; a,a' \in A ; x \in H \right\rangle$$

Weil A im Zentrum liegt, ist aber $[h_i a, h_j a'] = [h_i, h_j]$, also

$$H' = \left\langle [h_i, h_j]^H \;\middle|\; i,j \in \{1,\ldots,n\} \right\rangle$$

Die durch die h_i erzeugte Untergruppe K von H enthält nach Konstruktion Vertreter aus allen Nebenklassen von A. Daher gibt es zu jedem $x \in H$ ein $x' \in K$ und ein $a \in A$ mit $x = x'a$. Die (wiederum aus $A \le Z(H)$ fließende) Regel

$$y^x = y^{x'a} = y^{x'}$$

reduziert die obige Beschreibung der Kommutatorgruppe auf

$$H' = \left\langle [h_i, h_j]^K \;\middle|\; i,j \in \{1,\ldots,n\} \right\rangle \le K$$

Speziell ist $A \le K$, und $K = H$ folgt.

Die Berechnung des Schurmultiplikators $\mathcal{M}(G)$ einer (endlichen) Gruppe G stellt i.a. ein sehr schwieriges Problem dar. Dennoch sind inzwischen die Multiplikatoren aller einfachen Gruppen bekannt (Griess [1980]).
Wir begnügen uns hier mit dem im Hinblick auf die Spinortheorie interessantesten Spezialfall, der schon auf die oben zitierte Arbeit von Schur zurückgeht:

Satz 13.1.2:

Der Schurmultiplikator der symmetrischen Gruppe S_n ist trivial, wenn $n \leq 3$ gilt, und (zyklisch) von der Ordnung 2 für $n \geq 4$.

Beweis:

Wir setzen $G = S_n$ und wählen eine Darstellungsgruppe $H = A \wedge G$ von G aus. Nach Definition ist $A \leq Z(H) \cap H'$ und $H/A \cong G$. Zur Bestimmung von $A = \mathcal{M}(G)$ benötigen wir eine Präsentation von S_n. Besonders geeignet hierfür ist die von Moore gefundene mit den Erzeugenden $a_1, \ldots, a_{n-1}$ und den Relationen

$$a_i^2 = 1$$

$$(a_i \, a_{i+1})^3 = 1$$

für alle i, sowie

$$a_i \, a_j = a_j \, a_i$$

falls $|i-j| \geq 2$ ist. Diese Bedingungen sind z.B. erfüllt, wenn wir die a_i als die Transpositionen (i, i+1) interpretieren, die zwei aufeinanderfolgende Ziffern vertauschen. Daß die angegebenen Gleichungen tatsächlich ausreichen, um S_n zu definieren, wird sich später im Rahmen der **Coxetertheorie** ganz nebenbei ergeben (s. Abschn. 16.2); deshalb verzichten wir hier auf eine explizite Verifikation.

Zu jedem a_i wählen wir ein für alle Mal ein Urbild A_i unter dem kanonischen Homomorphismus $H \longrightarrow H/A \cong G$ aus. Dann wird H (nach Satz 13.1.1) von den A_i erzeugt, und es bestehen Beziehungen der Form

$$A_i^2 = \alpha_i$$

$$(A_i \, A_{i+1})^3 = \beta_i$$

und, sofern $|i-j| \geq 2$ ist, auch

$$A_i \, A_j = \gamma_{ij} \, A_j \, A_i$$

mit irgendwelchen Elementen $\alpha_i, \beta_i, \gamma_{ij}$, die allesamt in A und damit im Zentrum von H liegen.

Für $n \le 2$ ist H zyklisch und insbesondere abelsch, woraus sofort die Behauptung $A \le H' = 1$ folgt.

Etwas komplizierter ist der nächste Fall, $n = 3$. Wir bestimmen in jeder der 6 Nebenklassen von A einen Vertreter, z.B. $1, A_1, A_2, A_1A_2, A_2A_1, A_1A_2A_1$. Die $6^2 = 36$ Kommutatoren dieser Elemente lassen sich dank der in allen Gruppen gültigen trivialen Regeln

$$[1,x] = [x,1] = [x,x] = 1$$

$$[y,x] = [x,y]^{-1}$$

mit der Abkürzung $k = [A_1, A_2]$ auf die nachstehenden 10 zurückführen:

$$[A_1, A_2] = A_1^{-1} A_2^{-1} A_1 A_2 = k$$

$$[A_1, A_1A_2] = A_1^{-1} A_2^{-1} A_1 A_2 = k$$

$$[A_1, A_2A_1] = \alpha_1^{-1} A_2^{-1} A_1 A_2 A_1 = k^{-1}$$

$$[A_1, A_1A_2A_1] = \alpha_1^{-1} A_2^{-1} A_1 A_2 A_1 = k^{-1}$$

$$[A_2, A_1A_2] = \alpha_2^{-1} A_1^{-1} A_2 A_1 A_2 = A_1^{-1} \alpha_2^{-1} A_2 A_1 A_2 = k$$

$$[A_2, A_2A_1] = A_2^{-1} A_1^{-1} A_2 A_1 = k^{-1}$$

$$\begin{aligned}[A_2, A_1A_2A_1] &= A_2^{-1} A_1^{-1} A_2^{-1} A_1^{-1} A_2 A_1 A_2 A_1 \\ &= A_2^{-1} A_1^{-1} A_2 A_1 A_2^{-1} A_1^{-1} A_2 A_1 = k^2\end{aligned}$$

$$[A_1A_2, A_2A_1] = A_2^{-1} \alpha_1^{-1} A_2^{-1} A_1 \alpha_2 A_1 = \alpha_1^{-1} \alpha_2^{-1} \alpha_1 \alpha_2 = 1$$

$$[A_1A_2, A_1A_2A_1] = A_2^{-1} \alpha_1^{-1} A_2^{-1} A_1^{-1} A_1 A_2 A_1 A_2 A_1 = k^{-1}$$

$$\begin{aligned}[A_2A_1, A_1A_2A_1] &= A_1^{-1} A_2^{-1} A_1^{-1} A_2^{-1} A_1^{-1} A_2 \alpha_1 A_2 A_1 \\ &= A_1^{-1} A_2^{-1} A_1^{-1} A_2^{-1} \alpha_1 \alpha_2 = k\end{aligned}$$

Das sind lauter Potenzen von k. Da sich der Kommutator nicht ändert, wenn wir die Argumente mit beliebigen Elementen aus dem Zentrum multiplizieren, folgt $H' = \langle k \rangle$. Aus $\#(G') = 3$ schließen wir weiter, daß A die (einzige) Untergruppe vom Index 3 in der zyklischen Gruppe H′ ist:

$$A = \langle k^3 \rangle$$

Das erzeugende Element k^3 läßt sich noch vereinfachen. Zunächst ist

$$k = A_1^{-1} A_2^{-1} A_1 A_2 = \alpha_1^{-1} \alpha_2^{-1} (A_1A_2)^2 = \alpha_1^{-1} \alpha_2^{-1} \beta_1 (A_1A_2)^{-1}$$

was nach Erheben in die dritte Potenz

$$k^3 = \alpha_1^{-3} \alpha_2^{-3} \beta_1^3 (A_1A_2)^{-3} = \alpha_1^{-3} \alpha_2^{-3} \beta_1^2$$

ergibt. Andererseits ist

$$(A_2A_1)^3 = A_1^{-1} (A_1A_2)^3 A_1 = A_1^{-1} \beta_1 A_1 = \beta_1 = (A_1A_2)^3$$

$$\beta_1^2 = (A_1A_2)^3 (A_2A_1)^3 = \alpha_1^3 \alpha_2^3$$

und infolgedessen $k^3 = 1$, d.h. $A = 1$, wie verlangt.
Die noch verbleibenden "generischen" Fälle ($n \geq 4$) sind insoweit einfacher, als uns mehr Relationen zur Verfügung stehen. Wir beweisen zunächst, daß die Ordnung des Schurmultiplikators von $G = S_n$ nicht größer als 2 ist.
Alle mit griechischen Buchstaben bezeichneten Elemente liegen in A und damit im Zentrum von H. Im weiteren Verlauf des Beweises wird stets $|i-j| \geq 2$ angenommen. Die zuletzt gefundene Gleichung für β_1^2 gilt weiterhin, ebenso wie die analog abgeleitete allgemeinere Beziehung

$$\beta_i^2 = \alpha_i^3 \alpha_{i+1}^3$$

Aus der Definition von γ_{ij} erhalten wir

$$A_j^{-1} A_i A_j = \gamma_{ij} A_i$$

und durch Quadrieren

$$\alpha_i = A_j^{-1} \alpha_i A_j = A_j^{-1} A_i^2 A_j = \gamma_{ij}^2 A_i^2 = \gamma_{ij}^2 \alpha_i$$

oder einfach

$$\gamma_{ij}^2 = 1$$

Sei nun i', j' ein zweites Paar mit den gleichen Eigenschaften wie i, j. Die vier Ziffern $i, i+1, j, j+1$ sind nach der Voraussetzung über $|i-j|$ paarweise verschieden. Das Nämliche trifft auf $i', i'+1, j', j'+1$ zu. Es gibt daher eine Permutation in $G = S_n$, die das Quadrupel $(i, i+1, j, j+1)$ in der richtigen Reihenfolge auf $(i', i'+1, j', j'+1)$ abbildet. Eines der ihr zugeordneten Elemente aus A nennen wir X. Damit erhalten wir

$$X^{-1} A_i X = \xi A_{i'},$$

$$X^{-1} A_j X = \eta A_{j'},$$

mit geeigneten $\xi, \eta \in A \subseteq Z(H)$. Schließlich leiten wir aus dem Vergleich von

$$\xi \eta A_{i'} A_{j'} = X^{-1} A_i A_j X = X^{-1} \gamma_{ij} A_j A_i X = \gamma_{ij} \xi \eta A_{j'} A_{i'}$$

und

$$A_{i'} A_{j'} = \gamma_{i'j'} A_{j'} A_{i'}$$

die Übereinstimmung von γ_{ij} und $\gamma_{i'j'}$ ab. Alle γ-Elemente sind also einander gleich. Wir schreiben der Einfachheit halber

$$\gamma_{ij} = \gamma$$

für alle i, j mit $|i-j| \geq 2$.

Wir haben bisher nur verfügt, daß A_i im Urbild von a_i unter dem kanonischen Homomorphismus $A \longrightarrow A/H \cong G$ liegen solle; bei der genauen Fixierung haben wir noch eine gewisse Freiheit.

Ersetzen wir A_i durch $A_i' = \zeta_i A_i$ mit $\zeta_i \in A$, bleiben alle bisher gefundenen Relationen der Form nach erhalten, es ändern sich aber die Koeffizienten nach dem Schema

$$\alpha_i \longmapsto \zeta_i^2 \alpha_i$$

$$\beta_i \longmapsto \zeta_i^3 \zeta_{i+1}^3 \beta_i$$

während γ seinen Wert beibehält.
Die Menge aller Quadrate in A, d.h. der ζ^2 mit $\zeta \in A$, bildet eine Untergruppe Q. Aus der obigen Formel für β_i^2 folgt

$$\alpha_{i+1} \alpha_i^{-1} = \alpha_i^{-4} \alpha_{i+1}^{-2} \beta_i^2 = \left[\alpha_i^{-2} \alpha_{i+1}^{-1} \beta_i\right]^2 \in Q$$

Es sind also entweder alle α_i Quadrate oder keines von ihnen. Im beiden Fällen bestimmen wir die ζ_i so, daß $\alpha_1 = \ldots = \alpha_{n-1}$ wird. Den gemeinsamen Wert der α_i nennen wir aus Gründen der Bequemlichkeit α. Die Gleichung für β_i^2 reduziert sich damit auf $\beta_i^2 = \alpha^6$. Zwar folgt hieraus keineswegs die Beziehung $\beta_i = \alpha^3$; diese läßt aber dennoch erreichen. Wir müssen nur gemäß

$$A_i \longmapsto \beta_1 \ldots \beta_{i-1} \alpha^{k+ni} A_i$$

substituieren. Bezeichnen wir die neuen Variablen wieder als A_i, entstehen die gegenüber den ursprünglichen erheblich vereinfachten Relationen

$$\gamma^2 = 1$$

$$A_i^2 = \alpha$$

$$(A_i A_{i+1})^3 = \alpha^3$$

$$A_i A_j = \gamma A_j A_i$$

letztere natürlich wieder nur unter der Bedingung $|i-j| \geq 2$.
Darüber hinaus haben wir noch eine Normierungsmöglichkeit, indem wir alle A_i mit einem festen $\zeta \in Z(H)$ multiplizieren. Dann ergeben sich genau dieselben Formeln wie oben; lediglich ist α durch $\zeta^2\alpha$ zu ersetzen. Anders ausgedrückt, dürfen wir α nach Belieben um ein Quadrat aus A abwandeln.
Wenn $\alpha \in Q$ ist, läßt sich $\alpha = 1$ erreichen. Anderenfalls adjungieren wir zu H ein Zusatzelement ζ, das mit allen A_i kommutiert und $\zeta^2 = \alpha^{-1}$ erfüllt. (Das geht immer, wie man durch Übergang zu einer treuen komplexen Matrizendarstellung zeigen kann, in der α diagonal ist).

Die so erweiterte Gruppe hat eine doppelt so große Ordnung wie H. In ihr gibt es neben H noch eine zweite, nicht notwendig zu H isomorphe Untergruppe

$$H^{*} = \langle \zeta A_i \mid 1 \le i \le n \rangle$$

vom Index 2, die ebenfalls von der Form $H^{*} = A \wedge G$ und daher Darstellungsgruppe von S_n ist.
In H^{*} haben wir dann die obigen Relationen mit 1 anstelle von α. Somit gilt $A = \langle\gamma\rangle \le 2$. Der Schurmultiplikator von S_n ist also tatsächlich höchstens von der Ordnung 2.
Zum Abschluß unseres Beweises brauchen wir nur noch Gruppen der Form $2 \wedge S_n$ explizit herzustellen. Weil es gerade dies ist, was bei der Anwendung auf Spinoren eine tragende Rolle spielen wird, formulieren wir diesen Schritt als eigenen Satz.
Die nachstehende Konstruktion mag auf den ersten Blick vielleicht etwas willkürlich anmuten. Das liegt daran, daß wir aus Platzmangel leider nicht das von Schur benutzte darstellungs- oder vielmehr charaktertheoretische Argument ausführen können.
Dem an näheren Details interessierten Leser seien die mehrfach zitierten Originalarbeiten von Schur ans Herz gelegt. Wir kommen also, wie angekündigt, zu

<u>Satz 13.1.3:</u>
Wir geben eine natürliche Zahl $n \ge 4$ vor und setzen

$$m = \left[\frac{n-1}{2}\right]$$

also $n \in \{2m+1, 2m+2\}$. Mit der Abkürzung

$$X^{(k)} = \underbrace{X \otimes X \otimes \ldots \otimes X \otimes X}_{k \text{ Faktoren}}$$

konstruieren wir nach dem Schema

$$M_{2k} = \sigma_1^{(m-k)} \otimes \sigma_2 \otimes \sigma_0^{(k-1)}$$

$$M_{2k+1} = \sigma_1^{(m-k)} \otimes \sigma_3 \otimes \sigma_0^{(k-1)}$$

einen Satz von n-1 komplexen Matrizen $M_1,\dots,M_{n-1}$ der Dimension 2^m. Dabei sind $\sigma_0,\sigma_1,\sigma_2,\sigma_3 \in \mathbb{C}^{(2,2)}$ die üblichen Pauli-Matrizen. Die Formeln gelten wie angegeben nur für $k \in \mathbb{N}$; der Ausnahmefall $k = 0$ liefert durch sinngemäße Fortsetzung einfach $M_1 = \sigma_1^{(m)}$.

(a) Die Kombinationen

$$A_k = \left[\frac{k-1}{2k}\right]^{1/2} M_{k-1} - \left[\frac{k+1}{2k}\right]^{1/2} M_k$$

erfüllen die Bedingungen

$$A_k^2 = 1$$

$$(A_k\, A_{k+1})^3 = 1$$

$$A_j\, A_k = - A_k\, A_j$$

und erzeugen somit eine maximale Schurerweiterung $2\wedge S_n$ der symmetrischen Gruppe S_n.

(b) Ersetzen wir A_k durch

$$B_k = i\, A_k = i \left[\frac{k-1}{2k}\right]^{1/2} M_{k-1} - i \left[\frac{k+1}{2k}\right]^{1/2} M_k$$

so ergibt sich die zweite Darstellungsgruppe von S_n. Für sie gelten die Relationen

$$B_k^2 = - 1$$

$$(B_k\, B_{k+1})^3 = - 1$$

$$B_j\, B_k = - B_k\, B_j$$

(c) Die beiden angegebenen Erweiterungsgruppen sind nur für n = 6 isomorph zueinander; in diesen Fall gehen beide Darstellungen durch einen äußeren Automorphismus von S_6 auseinander hervor.

Beweis:

Daß die unter (a) und (b) definierten Matrizen A_k und B_k den behaupteten Gleichungen Genüge leisten, ist durch eine simple Rechnung zu überprüfen. Die jeweils mitgeteilten Relationen entsprechen genau den speziellen Präsentationen, die wir im Beweis des Satzes 13.1.2 für die Darstellungsgruppen gefunden hatten.

Beide Male wird γ durch -1 repräsentiert. Im ersten Fall haben wir die Normierung $\alpha = 1$, im zweiten jedoch $\alpha = \gamma$ benutzt. Weil γ nicht der Einheitsmatrix entspricht, handelt es sich jeweils um treue Darstellungen von $2{\wedge}S_n$.

Zum Beweis von (c) bemerken wir, daß, sofern n nicht gleich 6 ist, die Transpositionen in S_n die einzige Klasse von Involutionen bilden, deren Mächtigkeit gleich $\frac{1}{2}n(n-1)$ ist. Sie werden in der ersten Darstellung durch Involutionen, in der anderen durch Matrizen der Ordnung 4 wiedergegeben. Beide Bildgruppen können daher nicht isomorph sein.

Hingegen gibt es in S_6 noch eine zweite Konjugationsklasse von Involutionen der gleichen Länge (15), nämlich die Dreifachtranspositionen. Beide werden in der Tat durch einen äußeren Automorphismus σ von S_6 vertauscht. Während in (a) die Bilder der Transpositionen von der Ordnung 2, die der Elemente vom Typ $\|2^3\|$ durch solche der Ordnung 4 wiedergegeben werden, verhält es sich bei Darstellung (b) gerade umgekehrt. Deshalb muß σ die beiden permutieren.

Bemerkungen:

(1) Die Konstruktion der Darstellungsgruppen ist keineswegs so willkürlich, wie es scheint. Schur zeigt nämlich mit charaktertheoretischen Überlegungen zuerst, daß jede treue Darstellung von $2{\wedge}S_n$ mindestens den Grad 2^m hat. Die hier gefundenen Matrizen realisieren also die **Minimaldarstellung** von $2{\wedge}S_n$. (Der **Charakter** einer Darstellung D ist die Abbildung, welche jedem Gruppenelement g die Spur der Darstellungsmatrix D(g) zuordnet). Eine Diskussion dieser hochinteressanten Zusammenhänge liegt aber weit außerhalb des Bereichs, den wir im vorliegenden Buch behandeln können.

(2) Wir haben uns die Freiheit genommen, die von Schur angegebenen Matrizen leicht abzuwandeln. Anstelle der σ_i verwendet er nämlich etwas unsyste-

matisch $A = \sigma_1$, $B = i\ \sigma_2$, $C = \sigma_3$ und $F = \sigma_0 = 1$, weil diese reell sind. Daraus kann er aber keinen Nutzen ziehen, da die Darstellung selbst komplexe Vorfaktoren erfordert. Vor allem der Faktor i zerstört die Symmetrie, wodurch man unterschiedliche Formeln für die M_k erhält, je nachdem, ob der Index k gerade oder ungerade ist.
Außerdem haben wir die σ-Matrizen noch zyklisch vertauscht, weil dadurch die Diagonalmatrix σ_3 und nicht, wie bei Schur, die komplizierter aussehende σ_1 ausgezeichnet wird. Unsere Beschreibung ist somit etwas einfacher und einheitlicher.

(3) Man beachte, daß Schur bereits lange vor Pauli die σ_k, wenn auch nicht unter diesem Namen, erfolgreich eingesetzt hat.

Die gefundenen Darstellungsgruppen von S_n sind bis auf Isomorphie die einzig möglichen. Das ergibt sich direkt aus unseren Betrachtungen.
Schränken wir sie auf ihre Kommutatorgruppen ein, erhalten wir dieselbe Gruppe, $2{\wedge}A_n$. Außer für $n \in \{6,7\}$ handelt es sich um die volle Darstellungsgruppe der alternierenden Gruppe A_n.
Andererseits sind die Schurmultiplikatoren von A_6 und A_7 größer, nämlich zyklisch von der Ordnung 6. Die maximalen Erweiterungen $6{\wedge}A_6$ und $6{\wedge}A_7$ sind als **Valentinergruppen** bekannt.
Durch Berechnung der **Charaktertafel**, d.h. der Liste aller irreduziblen Charaktere, findet man, daß $6{\wedge}A_7$ eine komplexe Minimaldarstellung vom Grad 6 hat, deren Einschränkung auf die Untergruppe $6{\wedge}A_6$ irreduzibel bleibt.
Aus Gründen der Vollständigkeit, und weil zumindest die $6{\wedge}A_6$, oder vielmehr deren Faktorgruppe $3{\wedge}A_6$, uns noch einmal begegnen wird (beim **Hexacode** in Abschn. 20.2), wollen wir ohne nähere Erläuterung geeignete Erzeugende auflisten. Es genügt natürlich, dies für die größere Gruppe $6{\wedge}A_7$ zu tun.
Aus den a.a.O. vorgefundenen Matrizen berechnen wir zwei Erzeugende

$$\frac{1}{2}\begin{pmatrix} -2 & 0 & 0 & 0 & 0 & 0 \\ 0 & -1+i\sqrt{3} & 0 & 0 & 0 & 0 \\ 0 & 0 & -1-i\sqrt{3} & 0 & 0 & 0 \\ 0 & 0 & 0 & -2 & 0 & 0 \\ 0 & 0 & 0 & 0 & -1+i\sqrt{3} & 0 \\ 0 & 0 & 0 & 0 & 0 & -1-i\sqrt{3} \end{pmatrix}$$

und

$$\frac{1}{3\sqrt{2}}\begin{pmatrix} 0 & 0 & \sqrt{2}+i\sqrt{3} & \sqrt{6}-2i & -\sqrt{2} & -i \\ \sqrt{6}-2i & \sqrt{2}+i\sqrt{3} & 0 & 0 & -i & -\sqrt{2} \\ \sqrt{2} & -2i & 2\sqrt{2} & 2i & 0 & 0 \\ 0 & 0 & -i & -\sqrt{2} & -\sqrt{6}-2i & \sqrt{2}-i\sqrt{3} \\ -\sqrt{2} & -i & 0 & 0 & \sqrt{2}-i\sqrt{3} & -\sqrt{6}-2i \\ 2i & 2\sqrt{2} & -2i & \sqrt{2} & 0 & 0 \end{pmatrix}$$

die die Ordnungen 3 und 5 haben und durch einen geeigneten Homomorphismus auf die A_7-Permutationen (123) bzw. (34567) abgebildet werden.

13.2. Spingruppen

Wir zeichnen im (n+1)-dimensionalen euklidischen Raum $\mathbb{R}^{n+1}$ eine Orthonormalbasis $e_0,\dots,e_n$ aus. Jede Permutation π der Ziffernmenge $\{0,\dots,n\}$, bzw. die ihr entsprechende der Basisvektoren e_i, setzen wir zu einer linearen (und wegen

$$\langle e_i, e_j\rangle = \delta_{ij}$$

sogar orthogonalen) Transformation des $\mathbb{R}^{n+1}$ fort, die wir einfachheitshalber auch π nennen. Alle $\pi \in S_{n+1}$ lassen den Vektor

$$e = (1,1,\dots,1,1)$$

nebst allen seinen Vielfachen invariant und operieren daher auf dem Orthogonalraum

$$U = e^{\perp} = \left\{ (x_0,\dots,x_n) \in \mathbb{R}^{n+1} \;\middle|\; x_0 + \dots + x_n = 0 \right\}$$

Die senkrechte Projektion auf U liefert als Bild von e_i den Vektor

$$b_i = e_i - \frac{1}{n+1} e = \frac{1}{n+1} (-1,\dots,-1,n,-1,\dots,-1)$$

wobei die Koordinate "n" natürlich an Position i sitzt. Zwischen den b_i besteht eine einzige lineare Beziehung, nämlich

$$b_0 + \dots + b_n = 0$$

Daher bilden alle b_i bis auf ein beliebiges unter ihnen stets eine Basis von $U \cong \mathbb{R}^n$. Wir entscheiden uns für $\mathcal{B} = \{b_1,\dots,b_n\}$. Drücken wir schließlich die Aktion einer Permutation π von $\{0,\dots,n\}$ bezüglich $\mathcal{B}$ aus, erhalten wir die **Standardeinbettung** von S_{n+1} in $GO(\mathbb{R}^n)$. Dabei entsprechen den Elementen der alternierenden Gruppe A_{n+1} Drehungen, während die ungeraden Permutationen Umlegungen liefern.

Diese Konstruktion legt die Frage nahe, ob sich die im vorigen Abschnitt für $n \geq 3$ gefundenen Schurerweiterungen $2\wedge S_{n+1}$ auf die orthogonale Gruppe $GO_n(\mathbb{R})$ ausdehnen lassen.
Wir könnten beispielsweise von einer der beiden Schurschen Darstellungsgruppen $2\wedge S_n$ ausgehen und sie durch Adjunktion geeigneter Zusatzelemente vergrößern.
Das wäre zwar auf direktem Wege möglich; man könnte etwa zu den in Abschn. 13.1 definierten Matrizen A_i noch die Linearkombinationen der Gestalt

$$U(\tau) \quad = \quad \exp(i\tau A_1) \quad = \quad \cos\tau + i\,A_1 \sin\tau$$

mit einem reellen Parameter τ hinzufügen. Alle $U(\tau)$ sind **unitär** und haben die Determinante 1. Sie bilden eine zu $SU_1(\mathbb{C})$ isomorphe Gruppe. Dem angegebenen $U(\tau)$ entspricht eine Drehung des $\mathbb{R}^2$ um den Winkel 2τ.
Die Gesamtgruppe ist dann eine zweifache Überlagerung von $GO_n(\mathbb{R})$. Ebensogut lassen sich natürlich die B_i verwenden, wenn wir die Alternativdarstellung bevorzugen.
Die zum Nachweis der Korrektheit erforderliche explizite Charakterisierung der Gruppenelemente und die Berechnung des Projektionshomomorphismus wären aber ziemlich weitschweifig und nicht besonders instruktiv.
Die Lage ändert sich jedoch, wenn wir den Darstellungsraum mit einer algebraischen Zusatzstruktur versehen, die an unsere früheren Betrachtungen über **äußere Algebren** anknüpft und sie direkt verallgemeinert. Das soll in den folgenden beiden Abschnitten durchgeführt werden. Dabei erhalten wir nicht nur aufs Neue die uns schon bekannten zweifachen Überlagerungen der $SO_3(\mathbb{R})$ und $SO_4(\mathbb{R})$ (s. Kap. 9 und 10), sondern es stellt sich auch heraus, daß entsprechende Schurerweiterungen für alle $SO_n(\mathbb{R})$ und $GO_n(\mathbb{R})$ mit $n \geq 3$ existieren. Sie werden nach folgender Konvention bezeichnet:

Definition 13.2.1:

Der Vektorraum $V = \mathbb{K}^n$ sei mit einer **quadratischen Form** $\mathcal{F}$: $V \longrightarrow \mathbb{K}$ ausgestattet, die bezüglich einer Basis von V durch die symmetrische Matrix $F \in \mathbb{K}^{(n,n)}$ beschrieben werde.

(a) Die **(allgemeine) $\mathcal{F}$-orthogonale Gruppe** $GO(V,\mathcal{F})$ besteht aus den Vektorraumautomorphismen von V, die die Form $\mathcal{F}$ invariant lassen:

$$GO(V,\mathcal{F}) \quad = \quad \left\{ \varphi \in GL(V) \;\middle|\; \mathcal{F}\circ\varphi = \mathcal{F} \right\}$$

Es gilt also für alle $v \in V$ die Gleichung $\mathcal{F}(v^{\varphi}) = \mathcal{F}(v)$. Wollen wir F anstelle von $\mathcal{F}$ hervorheben, verwenden wir auch die Notation

$$GO_n(\mathbb{K},F) \quad = \quad \left\{ M \in GL_n(\mathbb{K}) \;\middle|\; M\,F\,{}^tM = F \right\}$$

Darüber hinaus ist $GO(V,\mathcal{F}) \cong GO_n(\mathbb{K},F)$, unabhängig von der Auswahl der Basis bzw. der von F. Jede Form $\mathcal{F}'$ mit Matrix F', die durch eine Ähnlichkeitstransformation aus $\mathcal{F}$ hervorgeht, also

$$F' \quad = \quad K\,F\,{}^tK$$

mit einer invertierbaren Matrix K erfüllt, liefert eine zu $GO(V,\mathcal{F})$ isomorphe Gruppe.

(b) In entsprechender Weise definieren wir die **spezielle $\mathcal{F}$-orthogonale Gruppe** $SO(V,\mathcal{F}) \cong SO_n(\mathbb{K},F)$ durch die Zusatzbedingung "Determinante = 1":

$$SO(V,\mathcal{F}) \quad = \quad \left\{ \varphi \in GO(V,\mathcal{F}) \;\middle|\; \det\varphi = 1 \right\}$$

bzw.

$$SO_n(\mathbb{K},F) \quad = \quad \left\{ M \in SO_n(\mathbb{K},F) \;\middle|\; \det F = 1 \right\}$$

(c) Eine zu $\mathcal{F}$ gehörige **Spingruppe** ist eine zweifache Schursche Überlagerung von $GO(V,\mathcal{F})$ oder $SO(V,\mathcal{F})$. Ihre Elemente werden, falls der Grundkörper K gleich $\mathbb{R}$ oder $\mathbb{C}$ ist, auch **Spinoren** genannt.

(d) Eine **Spindarstellung** von $GO(V,\mathcal{F})$ oder $SO(V,\mathcal{F})$ ist eine echt projektive Darstellung der betreffenden Gruppe, also eine, die nicht äquivalent zu einer gewöhnlichen Darstellung ist. Anders gesagt, handelt es sich um die Darstellungen der Spingruppen, deren Kern mit dem Zentrum nur das Einselement gemeinsam hat.

(e) In einem besonders wichtigen Fall benutzen wir noch eine eigene Notation. Wenn $\mathbb{K} = \mathbb{R}$ und $\mathcal{F}$ die euklidische Form ist, also bei geeigneter Fixierung der Basis F = 1 gilt, schreiben wir

$$\mathrm{Spin}(\mathbb{R}^n) = \mathrm{Spin}_n(\mathbb{R}) \cong 2 \wedge SO_n(\mathbb{R})$$

für die Spinerweiterung der Drehgruppe.

Bemerkung:

(1) Eine Namensgebung für $2 \wedge GO(\mathbb{R}^n)$ erübrigt sich, da diese Gruppen nicht oft verwendet werden (zumindest nicht in diesem Buch). Wir haben uns hier dem üblichen Gebrauch angeschlossen; es sind aber auch abweichende Nomenklatursysteme in der Literatur zu finden.

13.3. Graßmannalgebren

Bislang haben wir uns mit der **äußeren Multiplikation** (Abschn. 2.4 und 3.5) nur insoweit beschäftigt, als es die Anwendungen auf Differentialformen erforderten. Wir wollen jetzt noch das Versäumte nachholen und die algebraischen Eigenschaften des Keilprodukts etwas genauer untersuchen.
Zuerst rekapitulieren wir die wichtigsten Definitionen, wobei wir gleichzeitig die Notation an die des gegenwärtigen Kapitels anpassen und einige weitergehende Vereinbarungen treffen.

Definition 13.3.1:

(a) Wir geben einen endlichdimensionalen Vektorraum $V = \mathbb{K}^m$ vor und bilden die **Tensoralgebra**

$$S(V) = V^0 \oplus V^1 \oplus V^2 \oplus \dots$$

wobei

$$V^n = \underbrace{V \otimes V \otimes \dots \otimes V \otimes V}_{n \text{ Faktoren}}$$

bedeutet. Durch Abfaktorisieren des von allen Tensorprodukten mit (mindestens) zwei gleichen Faktoren aus V erzeugten Ideals

$$\mathfrak{I} = \langle\, v \otimes v \mid v \in V \,\rangle$$

erhalten wir die **Graßmannalgebra** $\Lambda(V) = \Lambda(\mathbb{K}^m)$. Dabei geht die Tensormultiplikation "$\otimes$" in das äußere Produkt "$\wedge$" über. Wir werden aber häufig auf die Verwendung des Keilsymbols verzichten und die Faktoren einfach nebeneinanderstellen.

(b) Für die **Indexmenge** $\{1,\dots,m\}$ reservieren wir das Symbol $\mathbb{M}$ und verwenden die kanonische **Wohlordnung** $1 < 2 < \dots < m-1 < m$.

(c) Ist eine beliebige Basis $e_1,\dots,e_m$ von $V^1 \cong V$ vorgegeben, so bezeichnen wir die Produkte der Basisvektoren mit Hilfe der Teilmengen von $\mathbb{M}$ nach folgendem Schema: Wenn die Elemente von

$$X = \left\{ i_1, \ldots, i_k \right\} \subseteq \mathbb{M}$$

in der natürlichen Reihenfolge numeriert sind, also $i_1 < \ldots < i_k$ gilt, ist

$$e_X = e_{i_1, \ldots, i_k} = e_{i_1} \ldots e_{i_k} = e_{i_1} \wedge \ldots \wedge e_{i_k}$$

Das leere Produkt $e_\emptyset = 1$ interpretieren wir als das Einselement der Algebra $\Lambda(V)$.

(d) Das Bild von V^k unter dem Projektionshomomorphismus von $S(V)$ auf $\Lambda(V)$ heiße $\Lambda^k(V)$. Es enthält die **(homogenen) Formen** der **Stufe** k.

Einige elementare, wenn auch wichtige Eigenschaften der Graßmannalgebren sind uns schon aus früheren Kapiteln bekannt. Wir stellen sie im neuen Gewand kurz zusammen.

Satz 13.3.1:

(a) Die Graßmannalgebra $\Lambda = \Lambda(V)$ zum m-dimensionalen Vektorraum $V = \mathbb{K}^m$ über dem Grundkörper $\mathbb{K}$ ist assoziativ und die direkte Summe ihrer homogenen Konstituenten:

$$\Lambda = \Lambda^0 \oplus \ldots \oplus \Lambda^m$$

Jeder Vektor $v \in \Lambda$ kann also eindeutig in seine **homogenen Bestandteile** $v_k \in \Lambda^k$ zerlegt werden:

$$v = v_0 + \ldots + v_m$$

Wir sagen, v habe die **Ordnung** $o(v) = k$, wenn $v_k \neq 0$ ist, während alle v_i mit $i < k$ verschwinden. Die Ordnung des Nullvektors ist $o(0) = \infty$.

(b) Die Unterräume Λ^{2k} der homogenen Elemente gerader Stufe erzeugen eine Unteralgebra

$$\Lambda^g = \Lambda^0 \oplus \Lambda^2 \oplus \Lambda^4 \oplus \ldots$$

deren Dimension halb so groß wie die von Λ ist.

(c) Die Basis $e_1,\ldots,e_m$ von $\Lambda^1(V) \cong V$ liefert für alle $k \in \{0,\ldots,m\}$ eine assoziierte Basis von $\Lambda^k(V)$, nämlich

$$\left\{ e_X \;\middle|\; X \subseteq M\,;\ \#(X) = k \right\}$$

Daher haben die Teilräume Λ^k und Λ selbst die $\mathbb{K}$-Dimensionen

$$\dim \Lambda^k = \binom{m}{k} = \frac{m!}{k!\,(m-k)!}$$

sowie

$$\dim \Lambda = 2^m$$

(d) Das Produkt zweier Vektoren der Stufen j und k liegt in Λ^{j+k} und ist insbesondere gleich Null, wenn $j+k > m$ gilt.

(e) Zu zwei Teilmengen $X,Y \subseteq \mathbb{M}$ definieren wir das **verallgemeinerte Signum** $\sigma(X,Y)$. Es verschwindet, falls X und Y mindestens ein gemeinsames Element enthalten, während es für disjunkte X, Y gleich +1 oder -1 ist, je nachdem, ob die Anzahl aller Paare (x,y) mit $x \in X$, $y \in Y$ und $x > y$ gerade oder ungerade ist. Die Produkte der 2^m Basiselemente lauten dann einfach

$$e_X\, e_Y = \sigma(X,Y)\, e_{X\cup Y}$$

Beweis:

All dies steht bereits in den Abschnitten 2.4, 3.5 und 4.6.

Ein Element der Stufe k hat auch die Ordnung k. Während jedoch die Definition des Begriffs "Stufe" auf die homogenen Elemente beschränkt bleibt, hat jeder Vektor aus Λ eine wohlbestimmte Ordnung. Die Anlehnung der Benennung an die entsprechende aus der Theorie der Potenzreihen ist durchaus beab-

sichtigt und soll an die Graduierung der Algebra erinnern.
In algebraischer Hinsicht sind vor allem Eigenschaften wie Vertauschbarkeit oder Invertierbarkeit von Interesse.

Satz 13.3.2:

(a) Die Ordnung des Produkts zweier Elemente der Graßmannalgebra $\Lambda = \Lambda(\mathbb{K}^m)$ erfüllt die Ungleichung

$$o(uv) \geq o(u) + o(v)$$

und analog mit drei oder mehr Faktoren.

(b) Zu $x \in \Lambda$ gibt es genau dann ein (beidseitiges) Inverses, wenn $o(x) = 0$ ist (anderenfalls wäre x nilpotent). Zerlegen wir

$$x = \alpha + h = \alpha \cdot 1 + h$$

in ein (von Null verschiedenes) Vielfaches $\alpha = \alpha \cdot 1$ des Einselementes und einen Anteil h "von höherer Ordnung", d.h. $o(h) \geq 1$, so lautet das eindeutig bestimmte Inverse von x:

$$x^{-1} = \alpha^{-1} - \alpha^{-2} h + \alpha^{-3} h^2 - \ldots \pm \alpha^{-m-1} h^m$$

Alle invertierbaren Elemente von Λ bilden zusammengenommen die **Graßmanngruppe** $\mathfrak{G} = \mathfrak{G}(V) = \mathfrak{G}(m, \mathbb{K})$.

(c) Sofern $\mathbb{K}$ nicht die Charakteristik 2 hat, wird das Zentrum $Z(\Lambda)$ von 1 und $e_1 \ldots e_m$ erzeugt.

Beweis:

Aussage (a) ist eine unmittelbare Folge der Definition des Begriffs "Ordnung" und des Teils (c) von Satz 13.3.1.
Die Nilpotenz eines Elements $h \in \Lambda$ mit positiver Ordnung ergibt sich aus der Abschätzung

$$o(h^{m+1}) \geq (m+1)\, o(h) \geq m + 1$$

weil es außer 0 kein Element von größerer Ordnung als $\dim V = m$ gibt.

Alle invertierbaren $x = \alpha + h$ haben also $\alpha \neq 0$, und es ist $o(x) = 0$. Eine direkte Berechnung bestätigt, daß das durch die im Teil (b) des Satzes genannte Summe erklärte x^{-1} beidseitig reziprok zu x ist, d.h.

$$x^{-1} x = x x^{-1} = 1$$

gilt. Wenn y irgendein Rechtsinverses von x ist, erhalten wir aus $x \cdot y = 1$ durch Linksmultiplikation mit x^{-1} sofort $y = x^{-1}$; ebenso für Linksinverse. Die Gruppeneigenschaft der Menge aller invertierbaren Elemente in Λ ist klar.

Zum noch fehlenden Nachweis von (c) zerlegen wir ein beliebiges $z \in Z(\Lambda)$ in seine Komponenten bezüglich der Standardbasis:

$$z = \sum_{X \subseteq \mathbb{M}} \zeta_X e_X$$

($\zeta_X \in \mathbb{K}$). Angenommen, es sei $\emptyset \subset X \subset \mathbb{M}$ und $\zeta_X \neq 0$.
Wenn die Mächtigkeit von X gerade ist, wählen wir ein $i \in X$ aus. Nach der Vorzeichenregel des Graßmannprodukts schließen wir

$$e_i e_X = - e_X e_i \neq e_i e_X$$

da $\text{char}(\mathbb{K}) \neq 2$ ist. Der Kommutator von e_i und z enthielte damit einen Term der Form $\zeta_X e_{X \cup \{i\}}$, was der Zentralität von z widerspricht. Bei ungeradem $\#(X)$ suchen wir ein i im Komplement $\mathbb{M} \setminus X$ und verfahren genauso.
Somit kann $Z(\Lambda)$ nur die Linearkombinationen von 1 und $e_{\mathbb{M}}$ enthalten. Die umgekehrte Inklusion ist leicht ersichtlich.

Bevor wir zu den Spingruppen zurückkehren, noch ein Kommentar zur Anwendung der Graßmannalgebren in der Physik: Supersymmetrische Teilchentheorien kombinieren **Bosonen** (d.h. Partikel mit ganzzahligen Spin) und **Fermionen** (halbzahliger Spin) zu **Supermultipletts**. Das sind Darstellungen von sogenannten **Super-Liealgebren**, die die "normalen" Liealgebren dahingehend verallgemeinern, daß sie neben **Kommutatoren** (nach einem gewissen Schema, das wir hier nicht diskutieren wollen) auch **Antikommutatoren** enthalten.
Dabei werden Bosonen durch vertauschbare und Fermionen durch antikommutierende Operatoren repräsentiert. Letztere erzeugen, sofern es sich nur um

endlich viele handelt, eine Graßmannalgebra und können mit unseren e_i identifiziert werden. Sie werden in der physikalischen Terminologie als **Graßmannvariable** oder **-koordinaten** bezeichnet.

Die Besonderheit gegenüber gewöhnlichen Zahlen besteht in der Nichtvertauschbarkeit, die z.B. die Reduktion von Polynomen in den e_i auf solche erlaubt, in denen jede Veränderliche höchstens in der ersten Potenz vorkommt. Definiert man "analytische Funktionen" als Limites von Polynomen, so ergibt sich im antikommutierenden Fall nichts Neues; auch sie sind dann Polynome, in denen (bei m Teilchen) $e_1, \ldots, e_m$ nur vom Grad ≤ 1 auftreten. **"Funktionentheorie à la Graßmann"** ist also äußerst einfach.

Man kann übrigens die Analogie zur rellen oder komplexen Differential- und Integralrechnung noch etwas weiter treiben, indem man (bestimmte) Integrale über Graßmannvariable definiert. Die einfachste und wichtigste Methode ist die **Berezin-Integration**, s. Freund [1986]. Sie besteht in der Festsetzung der Elementarintegrale nach der Vorschrift

$$\int de_j = 0$$

und

$$\int e_i \, de_j = \delta_{ij}$$

$(i,j \in \{1,\ldots,m\})$. Wir können diese Erwägungen aber hier leider nicht weiter vertiefen.

13.4. Cliffordalgebren

Wir kehren nun allmählich wieder zur **Spinortheorie** zurück. Die mathematische Grundlage bildet eine Klasse von Algebren, die den Graßmannschen weitgehend analog sind. Wir drücken dies nach Möglichkeit auch in der Formulierung aus.

Definition 13.4.1:

Auf dem Vektorraum $V = \mathbb{K}^m$ sei eine nichtausgeartete quadratische Form $\mathcal{F}: V \longrightarrow \mathbb{K}$ gegeben. Wir setzen $\mathrm{char}(\mathbb{K}) \neq 2$ voraus, definieren das zu $\mathcal{F}$ gehörige symmetrische Skalarprodukt in der üblichen Weise durch

$$2 \langle u, v \rangle = \mathcal{F}(u+v) - \mathcal{F}(u) - \mathcal{F}(v)$$

und wählen eine $\mathcal{F}$-Orthogonalbasis $e_1, \ldots, e_m$ von V.

(a) Die **Cliffordalgebra** $\mathcal{C} = \mathcal{C}(V, \mathcal{F}) = \mathcal{C}(m, \mathbb{K}, F)$ ist die Faktoralgebra von

$$S(V) = V^0 \oplus V^1 \oplus V^2 \oplus \ldots$$

nach dem von allen Ausdrücken der Gestalt $v \otimes v - \mathcal{F}(v)$ erzeugten Ideal

$$\mathfrak{I} = \left\langle v \otimes v - \mathcal{F}(v) \;\middle|\; v \in V \right\rangle$$

(b) Das Einselement von $\mathcal{C} = S(V)/\mathfrak{I}$ nennen wir wie immer 1. Wir unterscheiden nicht zwischen den Vielfachen von 1 und den Elementen des Grundkörpers und identifizieren die isomorphen Räume V^1 und V in kanonischer Weise.

(c) In Komponenten geschrieben, ist die Multiplikation auf $\mathcal{C}$ durch das Assoziativgesetz und die Produkte je zweier e's eindeutig bestimmt. Letztere lauten

$$e_i e_j + e_j e_i = 0$$

wenn $i \neq j$ ist, sowie

$$e_i^2 = e_i e_i = \mathcal{F}(e_i)\cdot 1 = \mathcal{F}(e_i)$$

Bemerkungen:

(1) Der Ausschluß von Körpern der Charakteristik 2 ist in der Formel für das Skalarprodukt begründet. Er ließe sich vermeiden, wenn wir auf den Vorfaktor 2 bei der Definition des Skalarprodukts verzichteten. Die unter (b) genannten Gleichungen können ebensogut als Definition von $\mathcal{C}$ dienen. Auch dann haften dem Fall char($\mathbb{K}$) = 2 aber noch gewisse Besonderheiten an, die gelegentlich eine spezielle Behandlung erfordern. Deshalb, und weil wir uns hauptsächlich für reelle und komplexe Cliffordalgebren interessieren, nehmen wir den geringfügigen Verlust an Allgemeinheit in Kauf.

(2) Die Beschränkung auf nichtausgeartete Formen ist aus dem gleichen Grunde zweckmäßig. Ohne sie ergäben sich zahlreiche Ausnahmen, die separat zu diskutieren wären.
Dadurch würden auch die Graßmannalgebren mit in die Cliffordtheorie aufgenommen werden (mit der Nullform). Manche Autoren ziehen dies vor. Unsere Variante ist aber einheitlicher; z.B. sind alle $\mathcal{C}(V,\mathcal{F})$ **halbeinfach** und somit nach einem bekannten **Satz von Wedderburn** direkte Summen vollständiger Matrizenringe über **Divisionsalgebren**.
Wir versagen uns einen Beweis dieser Behauptung, vgl. van der Waerden [1966-1967] oder andere Algebrabücher.

(3) Im Gegensatz zu $\Lambda(V)$ besitzt $\mathcal{C}(V,\mathcal{F})$ keine $\mathbb{N}_0$-Graduierung, da das Ideal $\mathfrak{J}$ nicht von homogenen Elementen aufgespannt wird. Es bleibt lediglich eine $\mathbb{Z}_2$-Graduierung (mit den im nächsten Satz erklärten Graduierungsräumen $\mathcal{C}^+$ und $\mathcal{C}^-$) erhalten. Sie soll uns jedoch nicht weiter beschäftigen.

Die einfachsten Eigenschaften der Cliffordalgebren sind

Satz 13.4.1:

(a) Alle Cliffordalgebren $\mathcal{C} = \mathcal{C}(V,\mathcal{F})$ über $V = \mathbb{K}^m$ haben die Dimension 2^m.

(b) Das Zentrum $Z(\mathcal{C})$ von $\mathcal{C}$ besteht nur aus den Vielfachen des Einselements, wenn m gerade ist. Anderenfalls ist $Z(\mathcal{C})$ zweidimensional und wird (als

$\mathbb{K}$-Vektorraum) von 1 und dem Produkt $e_1 \ldots e_m$ erzeugt, wobei $\{e_i\}$ irgendeine Basis von V ist.

(c) Die von allen Produkten aus geradzahlig bzw. ungeradzahlig vielen Faktoren e_i erzeugten Unterräume werden mit $\mathscr{C}^+ = \mathscr{C}^+(V,\mathscr{F})$ und $\mathscr{C}^- = \mathscr{C}^-(V,\mathscr{F})$ bezeichnet. Sie hängen nicht von der verwendeten Basis ab. Der eine ($\mathscr{C}^+$) ist eine Algebra; der andere ($\mathscr{C}^-$) nicht.

(d) Die Gesamtalgebra $\mathscr{C}$ ist die direkte Summe

$$\mathscr{C} = \mathscr{C}^+ \oplus \mathscr{C}^-$$

und es gilt

$$\dim \mathscr{C}^+ = \dim \mathscr{C}^- = \frac{1}{2} \dim \mathscr{C} = 2^{m-1}$$

Beweis:

Wie bei Graßmannalgebren (Satz 13.3.1).

Von nun an betrachten wir nur noch reelle und komplexe Cliffordalgebren (es ist also $\mathbb{K} = \mathbb{R}$ oder $\mathbb{C}$). Um die in Frage stehenden Klassifikationssätze möglichst einfach und übersichtlich zu formulieren, verwenden wir eine abkürzende Terminologie, die wir zuerst erklären.

Definition 13.4.2:

(a) Die volle Matrixalgebra des Ranges m über einem Schiefkörper $\mathbb{K}$ wird mit $\mathbb{K}(m)$ bezeichnet. $\mathbb{K}(m)$ ist also identisch mit $\mathbb{K}^{(m,m)}$.

(b) Die **reelle Cliffordalgebra** $\mathscr{C}(\mathbb{R}^m,\mathscr{F})$ wird als $\mathscr{C}(a,b)$ abgekürzt, wenn die quadratische Form $\mathscr{F}$: $\mathbb{R}^m \longrightarrow \mathbb{R}$ die Signatur $(+^a,-^b)$ hat; $a+b = m$.

(c) Entsprechend ist $\mathscr{C}^*(m)$ die **komplexe Cliffordalgebra** mit Grundraum $\mathbb{C}^m$.

Ähnliche Formen liefern trivialerweise isomorphe Cliffordalgebren. Da jede quadratische Form über $\mathbb{R}$ durch ihre Signatur bis auf Basiswechsel eindeutig bestimmt ist, während die nichtentarteten komplexen quadratischen Formen mit fester Variablenzahl m sogar alle ähnlich sind, gibt es über $\mathbb{R}$ und $\mathbb{C}$ nur die genannten Cliffordalgebren $\mathscr{C}(a,b)$ bzw. $\mathscr{C}^*(m)$. Um sie zu finden, brauchen wir einige einfache Informationen, und zwar

Satz 13.4.2:

(a) Zwischen den Matrizenalgebren über dem Schiefkörper $\mathbb{K}$ bestehen die Isomorphien

$$\mathbb{K}(m) \otimes \mathbb{K}(n) \cong \mathbb{K}(mn)$$

(b) Für $\mathbb{K} \in \{\mathbb{R}, \mathbb{C}, \mathbb{H}\}$ gelten weiter u.a. die Relationen

$$\mathbb{R}(m) \otimes \mathbb{C} \cong \mathbb{C}(m)$$

$$\mathbb{R}(m) \otimes \mathbb{H} \cong \mathbb{H}(m)$$

$$\mathbb{C} \otimes \mathbb{C} \cong \mathbb{C}^2 \cong \mathbb{C} \oplus \mathbb{C}$$

$$\mathbb{H} \otimes \mathbb{C} \cong \mathbb{C}^{(2,2)} = \mathbb{C}(2)$$

$$\mathbb{H} \otimes \mathbb{H} \cong \mathbb{R}^{(4,4)} = \mathbb{R}(4)$$

(c) Die $\mathcal{C}(a,b)$ mit $a+b \leq 2$ sind

$$\mathcal{C}(0,0) \cong \mathbb{R}$$

$$\mathcal{C}(1,0) \cong \mathbb{R}^2 = \mathbb{R} \oplus \mathbb{R}$$

$$\mathcal{C}(0,1) \cong \mathbb{C}$$

$$\mathcal{C}(2,0) \cong \mathcal{C}(1,1) \cong \mathbb{R}(2)$$

und

$$\mathcal{C}(0,2) \cong \mathbb{H}$$

(d) Die $\mathbb{R}$-Cliffordalgebren genügen den Rekursionsbeziehungen

$$\mathcal{C}(a,b) \otimes \mathcal{C}(2,0) \cong \mathcal{C}(b+2,a)$$

$$\mathscr{C}(a,b) \otimes \mathscr{C}(1,1) \cong \mathscr{C}(a+1,b+1)$$

$$\mathscr{C}(a,b) \otimes \mathscr{C}(0,2) \cong \mathscr{C}(b,a+2)$$

Beweis:

Das Tensorprodukt einer (m,m)-Matrix mit einer (n,n)-Matrix liegt in $\mathbb{K}(mn)$. Die Übereinstimmung beider Räume erhalten wir, indem wir die Dimensionen vergleichen.

Die ersten zwei Formeln in (b) sind nichts anderes als der Übergang zu einem erweiterten Grundkörper (**"Komplexifizierung"** bzw. **"Quaternionisierung"**).

Den Isomorphismus zwischen $\mathbb{C}\otimes\mathbb{C}$ und $\mathbb{C}\oplus\mathbb{C}$ stellen wir explizit her, z.B. vermöge $1\otimes 1 \leftrightarrow (1,1)$; $1\otimes i \leftrightarrow (i,i)$; $i\otimes 1 \leftrightarrow (i,-i)$; $i\otimes i \leftrightarrow (-1,1)$.

Die in Abschn. 10.4 konstruierten modifizierten Paulimatrizen

$$\tau_k = - i \, \sigma_k$$

ergeben, wie a.a.O. gezeigt, eine zweidimensionale komplexe Darstellung der Quaternionenalgebra. Durch Komplexifizieren = Bilden des Tensorprodukts mit $\mathbb{C}$ erhalten wir $\mathbb{H}\otimes\mathbb{C} \cong \mathbb{C}(2)$.

Die Isomorphie von $\mathbb{H}\otimes\mathbb{H}$ mit $\mathbb{R}(4)$ steht bereits implizit in Abschn. 10.2; man kombiniere die dort angegebenen Links- und Rechtsmultiplikationen L(q) und R(u) miteinander ($q,u \in \mathbb{H}$). Damit haben wir (a) und (b); die restlichen Behauptungen sind ganz ähnlich zu gewinnen; wir kürzen deshalb etwas ab.

Die niedrigdimensionalen Fälle lassen sich sehr einfach abhandeln. Die Dimension von $\mathscr{C}(a,b)$ ist nach Satz 13.4.1 gleich $2^m = 2^{a+b}$. Insbesondere ist $\mathscr{C}(0,0)$ eindimensional, also isomorph zum Grundkörper.

Setzen wir $e_1 = (1,-1) \in \mathbb{R}^2 = \mathbb{R}\oplus\mathbb{R}$, sind alle Relationen der $\mathscr{C}(1,0)$ erfüllt; daraus ergibt sich die Struktur dieser Algebra; dagegen ist $\mathscr{C}(0,1) \cong \mathbb{C}$, wie das Beispiel $e_1 = i$ zeigt.

Nur wenig komplizierter sind die drei Algebren mit m = 2. Mit den Paulimatrizen $\sigma_1, \sigma_2, \sigma_3 \in \mathbb{R}(2)$ leisten die beiden reellen Matrizen $e_1 = \sigma_1$ und $e_2 = \sigma_3$ das Verlangte für $\mathscr{C}(2,0)$; $e_1 = \sigma_1$ und $e_2 = i\,\sigma_2$ tun es für $\mathscr{C}(1,1)$. Weiterhin genügen die Quaternionen $e_1 = i$ und $e_2 = j$ sämtlichen Anforderungen an die Erzeugenden von $\mathscr{C}(0,2)$, was unmittelbar die Isomorphie mit $\mathbb{H}$ nach sich zieht.

Schließlich leitet man die Rekursionsrelationen (d) mit Hilfe des in Abschn. 13.1 ausführlich vorgestellten Schurschen Tensorproduktansatzes ab.

Wir haben nun genügend Informationen angesammelt, um alle reellen Cliffordalgebren zu klassifizieren.

Satz 13.4.3:
Die Struktur der Cliffordalgebra $\mathscr{C}(a,b)$ zu einer reellen quadratischen Form der Signatur $(+^a,-^b)$ in $m = a+b$ Variablen ist der Tab. 13.4.1 zu entnehmen. Dabei wurde die Abkürzung

$$k = \left[\frac{m}{2}\right] = \left[\frac{a+b}{2}\right]$$

verwendet. $\mathscr{C}(a,b)$ hat die Dimension $2^m = 2^{a+b}$.

Tab. 13.4.1

a-b (mod 8)	$\mathscr{C}(a,b)$
0	$\mathbb{R}(2^k)$
1	$\mathbb{R}(2^k) \oplus \mathbb{R}(2^k)$
2	$\mathbb{R}(2^k)$
3	$\mathbb{C}(2^k)$
4	$\mathbb{H}(2^{k-1})$
5	$\mathbb{H}(2^{k-1}) \oplus \mathbb{H}(2^{k-1})$
6	$\mathbb{H}(2^{k-1})$
7	$\mathbb{C}(2^k)$

Beweis:
Die zweite Rekursionsformel des Satzes 13.4.3, die wir als

$$\mathscr{C}(a+1,b+1) \cong \mathscr{C}(a,b) \otimes \mathbb{R}^2$$

lesen können, ist mit der Tabelle verträglich. Sie erlaubt die Rückführung des Beweises auf die Spezialfälle $\mathscr{C}(0,m)$ und $\mathscr{C}(m,0)$. Es ist aber auch

$$\mathcal{C}(2,0) \otimes \mathcal{C}(0,2) \cong \mathbb{R}(2) \otimes \mathbb{H} \cong \mathbb{H}(2)$$

$$\mathcal{C}(0,2) \otimes \mathcal{C}(2,0) \cong \mathbb{H} \otimes \mathbb{R}(2) \cong \mathbb{H}(2)$$

und somit

$$\mathbb{H}(2) \otimes \mathbb{H}(2) \cong \mathbb{R}(2) \otimes \mathbb{H} \otimes \mathbb{H} \otimes \mathbb{R}(2) \cong \mathbb{R}(2) \otimes \mathbb{R}(4) \otimes \mathbb{R}(2) \cong \mathbb{R}(16)$$

Darüber hinaus haben wir

$$\mathcal{C}(a+4,b) \cong \mathcal{C}(b,a+2) \otimes \mathbb{R}(2) \cong \mathcal{C}(a,b) \otimes \mathbb{H} \otimes \mathbb{R}(2) \cong \mathcal{C}(a,b) \otimes \mathbb{H}(2)$$

$$\mathcal{C}(a,b+4) \cong \mathcal{C}(b+2,a) \otimes \mathbb{H} \cong \mathcal{C}(a,b) \otimes \mathbb{R}(2) \otimes \mathbb{H} \cong \mathcal{C}(a,b) \otimes \mathbb{H}(2)$$

also

$$\mathcal{C}(a+8,b) \cong \mathcal{C}(a,b+8) \cong \mathcal{C}(a,b) \otimes \mathbb{H}(2) \otimes \mathbb{H}(2) \cong \mathcal{C}(a,b) \otimes \mathbb{R}(16)$$

Diese Gleichung reduziert alles auf die Spezialfälle mit $0 \leq m \leq 7$, die wir unter Zuhilfenahme der angegebenen Formeln leicht bestätigen.

Neben dem Anwachsen der Dimension mit zunehmender Variablenzahl m vermerken wir also noch eine **Periodizität** (mod 8) in Abhängigkeit von der Signatur. Dieses etwas überraschende Phänomen besitzt zahlreiche Querverbindungen zu anderen Bereichen der Mathematik; vgl. die **Bott-Periodizität** in der Topologie oder die Klassifikation der quadratischen Formen mit Signatur $(+^1, -^{m-1})$, der sogenannten **Minkowskiformen** bzw. **-gitter**, deren Erörterung aber leider zu weit führen würde.
Die komplette Klassifikation der komplexen Cliffordalgebren ist viel einfacher, da es jetzt nicht auf die Signatur ankommt. Alle nichtausgearteten quadratischen Formen auf $\mathbb{C}^m$ sind ja äquivalent. Außerdem läßt der oben zitierte Satz von Wedderburn erwarten, daß nur direkte Summen von vollständigen Matrizenalgebren $\mathbb{C}(n)$ auftreten, weil bekanntlich die einzige endlichdimensionale komplexe assoziative Divisionsalgebra $\mathbb{C}$ selbst ist.
Für uns ist es jedoch am bequemsten, $\mathcal{C}^*(m)$ durch Tensorieren irgendeiner Cliffordalgebra über $\mathbb{R}^m$ zu gewinnen und den letzten Satz anzuwenden.

Dabei ist nur zu unterscheiden, ob m gerade oder ungerade ist. Im ersten Fall wählen wir $a = b = k = \frac{m}{2}$ und schließen sofort auf

$$\mathscr{C}^*(m) \cong \mathscr{C}(a,b) \otimes \mathbb{C} \cong \mathbb{R}(2^k) \otimes \mathbb{C} \cong \mathbb{C}(2^k)$$

während für $m \equiv 1 \pmod 2$ und $k = \left[\frac{m}{2}\right]$ die Wahl $a = k+1$, $b = k$ ratsam ist, welche

$$\mathscr{C}^*(m) \cong \mathscr{C}(a,b) \otimes \mathbb{C} \cong \left[\mathbb{R}(2^k) \oplus \mathbb{R}(2^k)\right] \otimes \mathbb{C} \cong \mathbb{C}(2^k) \oplus \mathbb{C}(2^k)$$

ergibt. Die anderen Paare (a,b) mit $a+b = m$ liefern natürlich jeweils dasselbe Ergebnis, wie man ohne Probleme nachrechnet. Es gilt folglich der

Satz 13.4.4:
Die komplexe Cliffordalgebra $\mathscr{C}^*(m)$ ist von der in Tab. 13.4.2 beschriebenen Bauart. Es wurde die Hilfsgröße

$$k = \left[\frac{m}{2}\right]$$

benutzt.

Tab. 13.4.2

m (mod 2)	$\mathscr{C}^*(a,b)$
0	$\mathbb{C}(2^k)$
1	$\mathbb{C}(2^k) \oplus \mathbb{C}(2^k)$

Wir kehren nun an den Ausgangspunkt unserer Überlegungen zurück. Die eingangs aufgeworfene Frage nach Schurerweiterungen der Drehgruppen können wir jetzt beantworten. Es braucht wohl nicht betont zu werden, daß die gleiche Konstruktion auch für andere Grundkörper durchführbar ist; das bietet jedoch keine wesentlich neuen Erkenntnisse und wird auch bei unseren geplanten Anwendungen keine Rolle spielen. Deshalb versagen wir uns eine ausführliche Diskussion aller möglichen Fälle und betrachten lediglich die reellen Cliffordalgebren $\mathscr{C}(a,b)$ über $\mathbb{R}^m = \mathbb{R}^{a+b}$.

Der Teil (b) des Satzes 13.3.2 besitzt eine gewisse, wenngleich keineswegs perfekte Analogie:

Satz 13.4.5:

Sei $\mathcal{F}$ eine nichtausgeartete quadratische Form der Signatur $(+^a, -^b)$ auf dem Vektorraum $V = \mathbb{R}^m$. Wir fixieren eine Orthonormalbasis $e_1, \ldots, e_m$.

(a) Die invertierbaren Elemente in $\mathcal{C} = \mathcal{C}(a,b)$, unter denen alle nichtisotropen Vektoren aus V vorkommen, bilden die **Cliffordgruppe** $\mathfrak{C}(a,b)$. Die **spezielle Cliffordgruppe** ist $\mathfrak{C}^+(a,b) = \mathcal{C}^+ \cap \mathfrak{C}(a,b)$.

(b) Die Konjugation mit $x \in \mathfrak{C} = \mathfrak{C}(a,b)$, d.h. die lineare Abbildung

$$\xi: \quad v \longmapsto v^x = x^{-1} \, v \, x$$

läßt den Unterraum $V \subseteq \mathcal{C}$ als Ganzes invariant und bewirkt auf ihm eine Isometrie.

(c) Die Zuordnung $x \mapsto \xi$ ist ein Homomorphismus von $\mathfrak{C}$ in die $\mathcal{F}$-orthogonale Gruppe $GO(V,\mathcal{F})$, den wir ϕ nennen. Er ist als die **Vektordarstellung** von $\mathcal{C}(a,b)$ bekannt. Ihr Bild $\phi(\mathfrak{C})$ ist entweder ganz $GO(V,F)$ oder die spezielle $\mathcal{F}$-orthogonale Gruppe $SO(V,\mathcal{F})$, je nachdem, ob m ungerade oder gerade ist.

(d) Die Einschränkung ϕ^+ von ϕ auf die Untergruppe $\mathfrak{C}^+ = \mathfrak{C} \cap \mathcal{C}^+$ ist ein surjektiver Homomorphismus auf $\phi(\mathfrak{C}^+) = SO(V,\mathcal{F})$, dessen Kern genau die nichtverschwindenden Vielfachen von 1 umfaßt.

(e) Die Untergruppe

$$\mathrm{Spin}(\mathcal{F}) \;=\; \left\{ \gamma \in \mathfrak{C} \;\middle|\; \gamma^2 = \pm 1 \right\}$$

von $\mathfrak{C}$ ist eine zweifache Überlagerung von $SO(V,\mathcal{F})$.

Beweis:

Produkte und Inverse von invertierbaren Elementen einer assoziativen Algebra haben wieder die gleiche Eigenschaft und bilden somit eine Gruppe.
Wenn $v \in V$ nichtisotrop ist: $\mathcal{F}(v) \neq 0$, errechnen wir unmittelbar aus der Definition von $\mathcal{C}$:

$$v^{-1} = \frac{v}{\mathcal{F}(v)} = \mathcal{F}^{-1}(v)\, v$$

Die Linearität von ξ ist evident; ebenso die Tatsache, daß $x \mapsto \xi$ ein Homomorphismus ist.
Wir entwickeln x nach der natürlichen Basis (Bezeichnungen wie im vorhergehenden Abschnitt):

$$x = \sum_{A \subseteq M} x_A\, e_A$$

Das Bild von e_i unter der Konjugation mit x, es lautet explizit

$$\xi(e_i) = e_i^x = \mathcal{F}^{-1}(x)\, x\, e_i\, x = \sum_{A \subseteq M} \sum_{B \subseteq M} x_A\, x_B\, e_A\, e_i\, e_B$$

kann bei geeigneter Zusammenfassung als eine Linearkombination von Ausdrücken der Form $e_A e_i e_A$ oder $(e_A e_i e_B + e_B e_i e_A)$ geschrieben werden, die sämtlich in V liegen. Daher ist V invariant.
Eine nähere Inspektion dieser Ausdrücke zeigt die Orthogonalität, und da die Konjugationen mit den nichtisotropen $v \in V$ bereits die ganze $GO(\mathbb{R}^n, \mathcal{F})$ erzeugen, erhalten wir ohne Mühe auch die restlichen Behauptungen des Satzes. (Die Unterscheidung zwischen $2|m$ und $2\nmid m$ in Teil (c) korrespondiert mit Aussage (b) in Satz 13.4.1).

Bei positiv definitem $\mathcal{F}$, das heißt $a = m$ und $b = 0$, und hinreichend großem Grundraum ($m = \dim(V) \geq 3$) ist die Erweiterung nichtzerfallend und $Spin(\mathcal{F})$ eine Schurüberlagerung der Drehgruppe in $\mathbb{R}^m$:

$$Spin(\mathcal{F}) \cong 2 \wedge SO_m(\mathbb{R})$$

womit das am Anfang dieses Kapitels gestellte Problem gelöst ist.

13.5. Diracmatrizen

Viele der früher gefundenen Darstellungen von **Drehgruppen** werden durch die Cliffordtheorie vereinheitlicht. Wir zeigen dies an einigen Beispielen, die sich auf die **Euklidischen Räume** $\mathbb{R}^m$ mit $m \leq 4$ beziehen.

Die Algebren $\mathscr{C}(0,0) \cong \mathbb{R}$ und $\mathscr{C}(1,0) \cong \mathbb{R}^2$ sind kommutativ; alle Konjugationen in ihnen liefern daher die Identität. Tatsächlich gibt es außer 1 keine Drehungen in $\mathbb{R}^0 = 0$ und $\mathbb{R}^1 = \mathbb{R}$.

Das ändert sich aber, wenn wir zu $\mathbb{R}^2$ übergehen. Nach Tab. 13.4.1 ist $\mathscr{C}(2,0)$ isomorph zur Matrixalgebra $\mathbb{R}(2) = \mathbb{R}^{(2,2)}$. Eine geeignete Cliffordbasis ist

$$e_1 = \begin{pmatrix} 1 & 0 \\ 0 & -1 \end{pmatrix}$$

$$e_2 = \begin{pmatrix} 0 & 1 \\ 1 & 0 \end{pmatrix}$$

Die Unteralgebra $\mathscr{C}^+(2,0)$ besteht aus den Elementen der Gestalt

$$x = a\cdot 1 + b\, e_1 e_2 = \begin{pmatrix} a & b \\ -b & a \end{pmatrix}$$

die, abgesehen von der Nullmatrix ($a = b = 0$), alle invertierbar sind.

Die Aktion der speziellen **Cliffordgruppe** $\mathfrak{C}^+(2,0)$ auf der euklidischen Ebene $V \cong \mathbb{R}^2$ ergibt sich sodann aus

$$e_1^x = x^{-1} e_1 x = (a^2+b^2)^{-1} \left[(a^2-b^2)\, e_1 + (2ab)\, e_2\right]$$

$$e_2^x = x^{-1} e_2 x = (a^2+b^2)^{-1} \left[(-2ab)\, e_1 + (a^2-b^2)\, e_2\right]$$

und ist identisch mit der im Anschluß an Satz 8.3.1 beschriebenen.

Der nächste Fall, $\mathbb{R}^3$, liefert auch wieder etwas schon Bekanntes. Die Basiselemente der zugehörigen $\mathscr{C}(3,0) \cong \mathbb{C}(2) = \mathbb{C}^{(2,2)}$ setzen wir zweckmäßigerweise gleich den Paulischen σ-Matrizen: $e_a = \sigma_a$ genügt allen Erfordernissen, wie man leicht nachrechnet.

Die kanonische Basis von $\mathscr{C}^+(3,0)$ setzt sich dann aus der Einheitsmatrix und den drei Produkten

$$\sigma_2 \sigma_3 = i\,\sigma_1 = \begin{bmatrix} 0 & i \\ i & 0 \end{bmatrix}$$

$$\sigma_3 \sigma_1 = i\,\sigma_2 = \begin{bmatrix} 0 & 1 \\ -1 & 0 \end{bmatrix}$$

$$\sigma_1 \sigma_2 = i\,\sigma_3 = \begin{bmatrix} i & 0 \\ 0 & -i \end{bmatrix}$$

zusammen, deren $\mathbb{R}$-Linearkombinationen die Form

$$x = \begin{bmatrix} a & b \\ -\bar{b} & \bar{a} \end{bmatrix}$$

haben, wobei a und b beliebige komplexe Zahlen bedeuten. Wieder sind alle $x \neq 0$ invertierbar, und wir kommen erneut auf die projektive Darstellung von $SO_3(\mathbb{R})$, die wir bereits aus Abschn. 9.2 kennen.
Deshalb gehen wir gleich weiter zu $\mathbb{R}^4$. Hier ist neben der (positiv definiten) euklidischen Form $\mathcal{E}$ aus physikalischen Gründen (Relativitätstheorie, Abschn. 5.3) auch noch die **Minkowskiform** η mit der Signatur $(+^1, -^3)$ von besonderem Interesse, deren Invarianzgruppe die **Lorentzgruppe** $\mathfrak{L}$ ist, welche wir im folgenden Kapitel 14 noch aus vielen verschiedenen Blickwinkeln betrachten werden.
Eine Inspektion der Tab. 13.4.1 zeigt, daß $SO_4(\mathbb{R})$ und $\mathfrak{L}$ auf dieselbe Cliffordalgebra führen, nämlich

$$\mathcal{C}(4,0) \cong \mathcal{C}(1,3) \cong \mathbb{H}(2) = \mathbb{H}^{(2,2)}$$

Deshalb wollen wir nur die physikalisch wichtigere Lorentzgruppe behandeln; die entsprechenden Ergebnisse für den euklidischen Fall unterscheiden sich nur in einigen wenigen Vorzeichen. Wir greifen den Brauch wieder auf, die Indizes von 0 bis 3 statt von 1 bis 4 laufen zu lassen.
Die Cliffordbasis e_0, e_1, e_2, e_3 ist nur bis auf eine lineare Transformation bestimmt. Es ist zweckmäßig, sie so zu wählen, daß e_1, e_2, e_3 auseinander durch zyklische Permutation der Basisquaternionen i, j, k hervorgehen. Dann ist e_0, ebenso wie das Produkt $e_1 e_2 e_3$, zwangsläufig reell. Eine mögliche Lösung ist

$$e_0 = \begin{pmatrix} 1 & 0 \\ 0 & -1 \end{pmatrix}$$

$$e_1 = \begin{pmatrix} 0 & i \\ i & 0 \end{pmatrix}$$

$$e_2 = \begin{pmatrix} 0 & j \\ j & 0 \end{pmatrix}$$

$$e_3 = \begin{pmatrix} 0 & k \\ k & 0 \end{pmatrix}$$

Nebenbei bemerkt, gewinnen wir eine einfache Cliffordbasis von $\mathscr{C}(4,0)$ aus diesen Matrizen, indem wir in e_1, e_2, e_3 jeweils den linken unteren Koeffizienten mit (-1) multiplizieren und e_0 in e_4 umtaufen.
Aber wieder zurück zu $\mathscr{C}(1,3)$! Die kanonische Basis der "halben" Unteralgebra $\mathscr{C}^+(1,3)$ setzt sich aus den 8 Produkten

$$\left\{ 1 , e_2e_3 , e_3e_1 , e_1e_2 , e_1e_2e_3e_0 , e_1e_0 , e_2e_0 , e_3e_0 \right\}$$

oder, in derselben Reihenfolge, explizit

$$\left\{ \begin{pmatrix} 1 & 0 \\ 0 & 1 \end{pmatrix}, \begin{pmatrix} i & 0 \\ 0 & i \end{pmatrix}, \begin{pmatrix} j & 0 \\ 0 & j \end{pmatrix}, \begin{pmatrix} k & 0 \\ 0 & k \end{pmatrix}, \begin{pmatrix} 0 & -1 \\ 1 & 0 \end{pmatrix}, \begin{pmatrix} 0 & -i \\ i & 0 \end{pmatrix}, \begin{pmatrix} 0 & -j \\ j & 0 \end{pmatrix}, \begin{pmatrix} 0 & -k \\ k & 0 \end{pmatrix} \right\}$$

zusammen. $\mathscr{C}^+(1,3)$ besteht somit aus allen

$$x = x(q,u) = \begin{pmatrix} q & u \\ -u & q \end{pmatrix}$$

($q, u \in \mathbb{H}$). Eine derartige Matrix ist invertierbar, wenn nicht $u = f\,q$ gilt mit einer Quaternion f, deren Quadrat gleich -1 ist. In der Notation des Abschnitts 10.3 ist diese Bedingung äquivalent zu $f \in \mathscr{S}^2$. Das Inverse ist wieder von der gleichen Bauart.
Etwas lästig ist beim Umgang mit Quaternionen deren Nichtkommutativität, die die Einfachheit des Rechnens mit zweidimensionalen Matrizen teilweise wieder zunichte macht. Deshalb ist es unter Umständen von Vorteil, die gerade gefundene projektive Darstellung von $\mathfrak{L}$ zu einer vierdimensionalen kom-

plexen umzuformen, indem wir alle Komponenten der e-Matrizen als Kästchen aus $\mathbb{C}^{(2,2)}$ auffassen und die Basisquaternionen 1, i, j, k durch die Einheitsmatrix und die in Abschn. 10.4 definierten τ_1, τ_2, τ_3 ersetzen.
Explizit erhalten wir als Basis von $V = \mathbb{R}^4$:

$$e_0 = \begin{bmatrix} 1 & 0 \\ 0 & -1 \end{bmatrix} \longmapsto \begin{bmatrix} 1 & 0 & 0 & 0 \\ 0 & 1 & 0 & 0 \\ 0 & 0 & -1 & 0 \\ 0 & 0 & 0 & -1 \end{bmatrix} = \sigma_3 \otimes \sigma_0$$

$$e_1 = \begin{bmatrix} 0 & i \\ i & 0 \end{bmatrix} \longmapsto \begin{bmatrix} 0 & 0 & 0 & -i \\ 0 & 0 & -i & 0 \\ 0 & -i & 0 & 0 \\ -i & 0 & 0 & 0 \end{bmatrix} = - i\, \sigma_1 \otimes \sigma_1$$

$$e_2 = \begin{bmatrix} 0 & j \\ j & 0 \end{bmatrix} \longmapsto \begin{bmatrix} 0 & 0 & 0 & -1 \\ 0 & 0 & 1 & 0 \\ 0 & -1 & 0 & 0 \\ 1 & 0 & 0 & 0 \end{bmatrix} = - i\, \sigma_1 \otimes \sigma_2$$

$$e_3 = \begin{bmatrix} 0 & k \\ k & 0 \end{bmatrix} \longmapsto \begin{bmatrix} 0 & 0 & -i & 0 \\ 0 & 0 & 0 & i \\ -i & 0 & 0 & 0 \\ 0 & i & 0 & 0 \end{bmatrix} = - i\, \sigma_1 \otimes \sigma_3$$

In dieser Darstellung ist e_0 hermitesch, während die übrigen Basiselemente schiefhermitesch sind. Außerdem haben wir ein neues Beispiel für die Nützlichkeit des Schurschen Ansatzes.
Nach einem ähnlichen Schema konstruierte Matrizen wurden von Dirac [1958] verwendet, um die relativistische Bewegungsgleichung des Elektrons oder anderer Teilchen mit Spin $\frac{1}{2}$ zu formulieren (**Diracgleichung**). Die e_k werden deshalb auch als **Diracmatrizen** bezeichnet.
Die Namensgebung wird aber in der Literatur keineswegs einheitlich gehandhabt; manche Autoren (u.a. Dirac [1958] selbst) benutzen anstelle der hier gegebenen lieber eine hermitesche Cliffordbasis von $\mathcal{C}(4,0)$ und fügen danach geeignete imaginäre Faktoren hinzu. Die Unterschiede sind aber prinzipiell unwichtig, da alle Systeme ineinander umgerechnet werden können.
Unsere Basiselemente sind sämtlich monomial, was aus Gründen der Übersichtlichkeit wünschenswert ist. Sie haben aber doch noch einen winzigen Schönheitsfehler: die Koeffizienten sind teils reell, teils rein imaginär.
Nach den Ergebnissen der Cliffordtheorie ist es zwar unmöglich, mit reellen Matrizen allein auszukommen, da die Darstellung manifest komplex ist, man kann aber versuchen, alle e_k als rein imaginäre Matrizen zu wählen. Dann wird immerhin die Unteralgebra $\mathcal{C}^+$ der geraden Produkte reell, und die Be-

rechnung der Aktion auf $\mathbb{R}^4$ gestaltet sich wesentlich angenehmer. Daß das angestrebte Ziel wirklich erreichbar ist, folgt direkt aus der Isomorphie

$$\mathscr{C}(3,1) \cong \mathbb{R}(4) = \mathbb{R}^{(4,4)}$$

(s. Tab. 13.4.1). Wir brauchen nur alle Basiselemente einer reellen vierdimensionalen $\mathscr{C}(3,1)$-Darstellung mit i zu multiplizieren; das induziert einen Vorzeichenwechsel der quadratischen Form, wodurch die Signatur sich von $(+^3,-^1)$ in die der Minkowskiform, $(+^1,-^3)$ verwandelt.

Es macht keinerlei Schwierigkeiten, ein derartiges System von e_k zu finden, das außerdem noch monomial ist. Am einfachsten ist wohl

$$e'_0 = \begin{pmatrix} 0 & 0 & i & 0 \\ 0 & 0 & 0 & i \\ -i & 0 & 0 & 0 \\ 0 & -i & 0 & 0 \end{pmatrix}$$

$$e'_1 = \begin{pmatrix} 0 & 0 & 0 & i \\ 0 & 0 & i & 0 \\ 0 & i & 0 & 0 \\ i & 0 & 0 & 0 \end{pmatrix}$$

$$e'_2 = \begin{pmatrix} 0 & 0 & i & 0 \\ 0 & 0 & 0 & -i \\ i & 0 & 0 & 0 \\ 0 & -i & 0 & 0 \end{pmatrix}$$

$$e'_3 = \begin{pmatrix} i & 0 & 0 & 0 \\ 0 & i & 0 & 0 \\ 0 & 0 & -i & 0 \\ 0 & 0 & 0 & -i \end{pmatrix}$$

Der Vollständigkeit halber geben wir noch die Erzeugenden der geraden Unteralgebra $\mathscr{C}^+(1,3)$ in dieser Basis an:

$$1 = \begin{pmatrix} 1 & 0 & 0 & 0 \\ 0 & 1 & 0 & 0 \\ 0 & 0 & 1 & 0 \\ 0 & 0 & 0 & 1 \end{pmatrix}$$

$$e'_0\, e'_1 = \begin{pmatrix} 0 & -1 & 0 & 0 \\ -1 & 0 & 0 & 0 \\ 0 & 0 & 0 & 1 \\ 0 & 0 & 1 & 0 \end{pmatrix}$$

$$e'_0\, e'_2 = \begin{pmatrix} -1 & 0 & 0 & 0 \\ 0 & 1 & 0 & 0 \\ 0 & 0 & 1 & 0 \\ 0 & 0 & 0 & -1 \end{pmatrix}$$

$$e'_0 e'_3 = \begin{pmatrix} 0 & 0 & 1 & 0 \\ 0 & 0 & 0 & 1 \\ 1 & 0 & 0 & 0 \\ 0 & 1 & 0 & 0 \end{pmatrix}$$

$$e'_1 e'_2 = \begin{pmatrix} 0 & 1 & 0 & 0 \\ -1 & 0 & 0 & 0 \\ 0 & 0 & 0 & 1 \\ 0 & 0 & -1 & 0 \end{pmatrix}$$

$$e'_1 e'_3 = \begin{pmatrix} 0 & 0 & 0 & 1 \\ 0 & 0 & 1 & 0 \\ 0 & -1 & 0 & 0 \\ -1 & 0 & 0 & 0 \end{pmatrix}$$

$$e'_2 e'_3 = \begin{pmatrix} 0 & 0 & 1 & 0 \\ 0 & 0 & 0 & -1 \\ -1 & 0 & 0 & 0 \\ 0 & 1 & 0 & 0 \end{pmatrix}$$

$$e'_0 e'_1 e'_2 e'_3 = \begin{pmatrix} 0 & 0 & 0 & 1 \\ 0 & 0 & -1 & 0 \\ 0 & 1 & 0 & 0 \\ -1 & 0 & 0 & 0 \end{pmatrix}$$

Die Aktion der Lorentzgruppe bzw. ihrer Überlagerung, die von den Konjugationen mit diesen 8 Matrizen erzeugt wird, auf der Cliffordalgebra $\mathscr{C}(1,3)$ ist nicht irreduzibel, sondern zerfällt in fünf Konstituenten, nämlich:

(S) $\Lambda^0(V)$: die Vielfachen von 1;

(V) $\Lambda^1(V)$: den von den e'_a aufgespannte Grundraum;

(T) $\Lambda^2(V)$: den 6-dimensionalen Raum $\langle e'_a e'_b \rangle$, $a \neq b$;

(A) $\Lambda^3(V)$: das Erzeugnis der Dreifachprodukte: $\langle e'_a e'_b e'_c \rangle$; sowie

(P) $\Lambda^4(V)$: die Vielfachen von $e'_0 e'_1 e'_2 e'_3$.

Die Abkürzungen S, T, P, V, A kennzeichnen die Art der Darstellung:

S = **"Skalar"**;

V = **"Vektor"**;

T = **"Tensor"**;

A = **"Axialvektor"**;

P = **"Pseudoskalar"**.

Dabei sind die geraden und ungeraden Teilräume:

$$\mathscr{C}^+(1,3) = S \oplus T \oplus P$$

$$\mathscr{C}^-(1,3) = V \oplus A$$

14. Lorentztransformationen

14.1. Die Poincarégruppe

In Abschn. 5.3 hatten wir zwar die Bedeutung der **Minkowskiform**

$$\eta \;=\; \mathrm{Diag}(1,-1,-1,-1)$$

für die **spezielle Relativitätstheorie** hervorgehoben, waren aber noch die Angabe der Abbildungen, unter denen η erhalten bleibt, schuldig geblieben. Wir wollen das in diesem Kapitel in aller gebotenen Ausführlichkeit nachholen und beginnen mit

<u>Satz 14.1.1:</u>
Jede Abbildung

$$\begin{aligned}\alpha:\ \mathbb{R}^4 &\longrightarrow \mathbb{R}^4\\ x &\longmapsto x' = \alpha(x)\end{aligned}$$

die die Minkowskinorm der Differenz zweier Ereignisvektoren $x,y \in \mathbb{R}^4$ invariant läßt:

$$(x'-y')\,\eta\,{}^t(x'-y') \;=\; (x-y)\,\eta\,{}^t(x-y)$$

ist polynomial vom Grad 1, also von der Form

$$x' \;=\; \alpha(x) \;=\; x\,\Lambda + b$$

mit einem beliebigen $b \in \mathbb{R}^4$ und einer der **Lorentzbedingung**

$$\Lambda\,\eta\,{}^t\Lambda \;=\; \eta$$

genügenden reellen (4,4)-Matrix Λ. Die Umkehrung gilt auch.

Beweis:

Wir führen das Minkowskische Skalarprodukt

$$\langle x,y\rangle = x\,\eta\,{}^t y$$

auf $\mathbb{R}^4$ ein und nennen eine Transformation α, die den Anforderungen des Satzes entspricht, "zulässig". Das trifft offensichtlich auf eine Grad-1-Abbildung $x \mapsto x\,\Lambda + b$ genau dann zu, wenn $\Lambda\,\eta\,{}^t\Lambda = \eta$ ist.

Sei α zulässig. Durch Dahinterschalten einer geeigneten Translation dürfen wir o.B.d.A. annehmen, daß

$$0' = \alpha(0) = 0$$

ist. Die für beliebige $x,y \in \mathbb{R}^4$ gültige Zulässigkeitsbedingung

$$\langle x'-y', x'-y'\rangle = \langle x-y, x-y\rangle$$

führt dann unter Ausnutzung der Identität

$$2\,\langle x,y\rangle = \langle x-0,x-0\rangle + \langle y-0,y-0\rangle - \langle x-y,x-y\rangle$$

auf die Invarianz des Skalarprodukts:

$$\langle x',y'\rangle = \langle x,y\rangle$$

Die Vorzeichenverteilung in der Minkowskimatrix η legt eine (auch physikalisch relevante) Unterscheidung der Indizes 0,1,2,3 in einen zeitlichen (0) und drei räumliche (1,2,3) nahe. Ihr entspricht eine Zerlegung der vierdimensionalen Vektoren und Matrizen in jeweils 1 + 3 Zeilen bzw. Spalten, die wir durch Kästchenbildung andeuten.

Trivialerweise sind alle räumlichen Drehungen, repräsentiert durch die Matrizen der Form

$$\left(\begin{array}{c|c} 1 & 0 \\ \hline 0 & D \end{array}\right)$$

mit $D \in SO_3(\mathbb{R})$, zulässig.

Ein Vektor $a = (a_0, a_1, a_2, a_3)$, der aus $e_0 = (1,0,0,0)$ durch eine zulässige Transformation hervorgeht, muß die Norm

$$\langle a,a\rangle = a_0^2 - a_1^2 - a_2^2 - a_3^2 = \langle e_0, e_0\rangle = 1$$

haben.

Wir behaupten als nächstes, daß diese Bedingung auch hinreichend ist; es gibt sogar zu jedem a der Norm 1 eine zulässige lineare Transformation mit zugehöriger Matrix Λ, die $e_0 \Lambda = a$ erfüllt: Wenn $a_2 = a_3 = 0$ ist, setzen wir

$$\Lambda = \begin{bmatrix} a_0 & a_1 & 0 & 0 \\ a_1 & a_0 & 0 & 0 \\ 0 & 0 & 1 & 0 \\ 0 & 0 & 0 & 1 \end{bmatrix}$$

Die allgemeine Situation führen wir mit einer geeigneten räumlichen Drehung auf den gerade behandelten Spezialfall zurück.

Es ist jetzt nicht mehr schwierig, den Beweis des Satzes abzuschließen. Zu vorgegebenem zulässigem α gibt es, wie gesehen, eine Matrix Λ mit derselben Eigenschaft, welche

$$e_0 \Lambda = e_0' = \alpha(e_0)$$

erfüllt. Ersetzen wir α durch $\alpha \Lambda^{-1}$, so reduziert sich unser Problem auf den Nachweis, daß alle zulässigen Abbildungen α, die sowohl den Nullpunkt als auch e_0 festlassen, linear sind.

Ein solches α operiert aber auf $e_0^{\perp} \cong \mathbb{R}^3$, wo die Minkowskiform sich nur im Vorzeichen von der euklidischen unterscheidet. Nach Abschn. 8.1 ist α linear (sogar eine Drehung oder Umlegung des $\mathbb{R}^3$).

Aus der Lorentzbedingung $\Lambda\, \eta\, {}^t\Lambda = \eta$ folgern wir

$$|\det \Lambda| = 1$$

während die (0,0)-Komponente auf die Gleichung

$$\Lambda_{00}^2 - \Lambda_{01}^2 - \Lambda_{02}^2 - \Lambda_{03}^2 = 1$$

führt, die ihrerseits wiederum

$$|\Lambda_{00}| \geq 1$$

impliziert. Die vier möglichen Vorzeichenkombinationen von det Λ und Λ_{00} werden durch die Matrizen $1, -1, \eta, -\eta$ repräsentiert, die alle der Lorentzgleichung genügen. Da die Multiplikation mit den 4 genannten Matrizen alle Lösungen von $\Lambda\, \eta\, {}^t\Lambda = \eta$ aus denjenigen mit $\Lambda_{00} \geq 1$ und det $\Lambda = 1$ liefert, wollen wir uns auf letztere beschränken, zumal nur sie von physikalischer Bedeutung sind.

Definition 14.1.1:

(a) Eine Matrix $\Lambda \in \mathbb{R}^{(4,4)}$, die die Lorentzbedingung

$$\Lambda\, \eta\, {}^t\Lambda = \eta$$

erfüllt, ist **orthochron**, wenn Λ_{00} positiv (und dann ≥ 1) ist; anderenfalls **antichron**.

(b) Λ heißt **orientierungserhaltend** bzw. **orientierungsumkehrend**, je nachdem, ob die Determinante positiv (also gleich 1) oder negativ ist.

(c) **Lorentzmatrizen** sind orthochrone und orientierungserhaltende Lösungen der Lorentzgleichung. Sie bilden die **Lorentzgruppe** $\mathfrak{L}$.

(d) Allgemeiner verstehen wir unter einer **Lorentztransformation** eine Abbildung der Form

$$(\Lambda, b):\ \mathbb{R}^4 \longrightarrow \mathbb{R}^4$$
$$x \longmapsto x\,\Lambda + b$$

mit $\Lambda \in \mathfrak{L}$ und $b \in \mathbb{R}^4$. Die **Poincarégruppe** $\mathfrak{P}$ enthält alle (Λ, b).

Bemerkungen:

(1) Die Nomenklatur ist etwas unglücklich, weil unsystematisch. Es wäre vielleicht logischer, die Menge aller Lorentztransformationen als Lo-

rentzgruppe zu bezeichnen; aber das hat sich leider nicht eingebürgert. Wir behalten deshalb die in der Literatur üblichen Bezeichnungen (die allerdings auch keineswegs universell benutzt werden) schweren Herzens bei.

(2) Daß $\mathfrak{L}$ und $\mathfrak{P}$ Gruppen sind, ist evident.

Lorentzmatrizen haben die Determinante 1: $\mathfrak{L} \leq SL_4(\mathbb{R})$. In der speziellen linearen Gruppe sind die $\Lambda \in \mathfrak{L}$ durch $\Lambda\, \eta\, {}^t\Lambda = \eta$ und $\Lambda_{00} \geq 1$ charakterisiert und bilden daher eine abgeschlossene Untergruppe, die (Abschn. 6.7) selbst eine Liegruppe ist.

Alle durch Multiplikation von $e_0 = (1,0,0,0)$ mit Lorentzmatrizen enstehenden Vektoren $a = (a_0, a_1, a_2, a_3)$ haben die Norm

$$a\, \eta\, {}^t a \;=\; a_0^2 - a_1^2 - a_2^2 - a_3^2 \;=\; e_0\, \eta\, {}^t e_0 \;=\; 1$$

Die Lösungsmenge dieser Gleichung ist ein zweischaliges Rotationshyperboloid in $\mathbb{R}^4$. Die Orthochronität schränkt die Möglichkeiten jedoch auf die durch $a_0 > 0$ festgelegte Komponente ein. Aus dem Beweis zu Satz 14.1.1 wissen wir, daß alle diese Vektoren auch wirklich in $e_0\mathfrak{L}$ vorkommen.

Das Bild von e_0 unter $\mathfrak{L}$ ist also eine zusammenhängende 3-dimensionale Mannigfaltigkeit.

Die Standgruppe von e_0 in $\mathfrak{L}$ transformiert den Orthogonalraum $e_0^\perp$ in sich und läßt die Minkowskiform, die auf $e_0^\perp$ gleich der negativen euklidischen Form ist, invariant. Sie enthält folglich nur Matrizen der Gestalt

$$\left[\begin{array}{c|c} 1 & 0 \\ \hline 0 & D \end{array}\right]$$

mit $D \in GO_3(\mathbb{R})$. Durch die geforderte Orientierungserhaltung reduziert sich das sogar auf die dreidimensionale Drehgruppe. Daß alle $D \in SO_3(\mathbb{R})$ erlaubt sind, ist klar.

Die fragliche Gruppe ist somit eine zusammenhängende 3-dimensionale Liegruppe isomorph zu $SO_3(\mathbb{R})$.

Kombinieren wir die beiden letzten Resultate miteinander, so stellt sich $\mathfrak{L}$ als eine zusammenhängende 6-dimensionale Liegruppe heraus. Ganz genauso können wir die Poincarégruppe $\mathfrak{P}$ behandeln:

<u>Satz 14.1.2:</u>

Die Lorentzgruppe $\mathfrak{L}$ ist eine zusammenhängende reelle Liegruppe der Dimension 6. Die Poincarégruppe $\mathfrak{P}$ ist 10-dimensional und gleichfalls zusammenhängend. Sie kann als semidirektes Produkt der Translationsgruppe auf $\mathbb{R}^4$ mit $\mathfrak{L}$ aufgefaßt werden:

$$\mathfrak{P} \;=\; \mathrm{Trans}(\mathbb{R}^4) : \mathfrak{L} \;\cong\; \mathbb{R}^4 : \mathfrak{L}$$

Die zu $\mathfrak{L}$ und $\mathfrak{P}$ adjungierten Liealgebren bezeichnen wir mit $\mathfrak{l}$ bzw. $\mathfrak{p}$. Natürlich ist

$$\dim \mathfrak{l} \;=\; \dim \mathfrak{L} \;=\; 6$$

und

$$\dim \mathfrak{p} \;=\; \dim \mathfrak{P} \;=\; 10$$

In Satz 6.8.5 fanden wir, daß zusammenhängende Liegruppen durch die **Exponentialabbildung** aus der zugehörigen Algebra rekonstruiert werden können (bei nichtzusammenhängenden bekämen wir nur die das Einselement enthaltende Komponente). Jedes $\Lambda \in \mathfrak{L}$ läßt sich somit als

$$\Lambda \;=\; \exp(\lambda)$$

mit einem Element der **Lorentzalgebra** $\mathfrak{l}$ schreiben. Auf eine entsprechende Diskussion der **Poincaréalgebra** $\mathfrak{p}$ verzichten wir, da ihre Struktur sofort mit Hilfe der Zerlegung $\mathfrak{P} \cong \mathbb{R}^4 : \mathfrak{L}$ der assoziierten Gruppen gefunden werden kann.

Wir müssen zuerst die Exponentialabbildung in einer Umgebung von 1 entwickeln und die Lorentzgleichung linearisieren, d.h.

$$\Lambda \;=\; \exp(\lambda) \;=\; 1 + \lambda + \frac{1}{2}\lambda^2 + \frac{1}{6}\lambda^3 + \ldots \;\approx\; 1 + \lambda$$

in $\Lambda\,\eta\,{}^t\Lambda = \eta$ einsetzen. Das Symbol "$\approx$" bedeutet dabei Gleichheit bis auf Terme 2. oder höherer Ordnung in der "infinitesimalen" Variablen $\lambda \in \mathfrak{l}$.

Die fragliche Bedingung lautet

$$\eta = (1+\lambda)\,\eta\,{}^t(1+\lambda) \approx \eta + \lambda\,\eta + \eta\,{}^t\lambda$$

oder, vereinfacht,

$$\lambda\,\eta + \eta\,{}^t\lambda \approx 0$$

Wegen der Linearität der Liealgebra Γ gilt sogar

$$\lambda\eta + {}^t(\lambda\eta) = \lambda\,\eta + \eta\,{}^t\lambda = 0$$

Setzen wir noch $S = \lambda\,\eta$, reduziert sich diese Relation auf $S + {}^tS = 0$. Alle Elemente der Lorentzalgebra sind demnach von der Form

$$\lambda = S\,\eta^{-1} = S\,\eta$$

mit schiefsymmetrischen Matrizen $S \in \mathbb{R}^{(4,4)}$. Letztere bilden einen 6-dimensionalen Vektorraum. Da das mit $\dim \Gamma = 6$ übereinstimmt, liefern vice versa auch alle antisymmetrischen S in der angegebenen Weise Lorentztransformationen. Wir haben

<u>Satz 14.1.3:</u>

(a) Die Lorentzalgebra Γ besteht genau aus den

y
$$\lambda = S\,\eta$$

mit schiefsymmetrischen reellen (4,4)-Matrizen S. Die Elemente der Lorentzgruppe sind durch

$$\Lambda = \exp(\lambda) = \exp(S\eta)$$

aus ihnen (mehrdeutig) konstruierbar.

14.2. Boosts

Die Parametrisierung der Lorentzmatrizen gemäß $\Lambda = \exp(\lambda) = \exp(S\eta)$ läßt sich im allgemeinen nicht direkt nutzen. Das liegt weniger an der Abhängigkeit der schiefsymmetrischen (4,4)-Matrix S:

$$S = S(a,b,c\,|\,u,v,w) = \begin{pmatrix} 0 & -u & -v & -w \\ u & 0 & c & -b \\ v & -c & 0 & a \\ w & b & -a & 0 \end{pmatrix}$$

oder der des zugehörigen Elements aus Γ:

$$\lambda = \lambda(a,b,c\,|\,u,v,w) = S\,\eta = \begin{pmatrix} 0 & u & v & w \\ u & 0 & -c & b \\ v & c & 0 & -a \\ w & -b & a & 0 \end{pmatrix}$$

von 6 Parametern. Entscheidend ist vielmehr die Kompliziertheit des charakteristischen Polynoms

$$x^4 + (a^2+b^2+c^2-u^2-v^2-w^2)\,x^2 - (au+bv+cw)^2$$

von λ, die (außer in speziellen Fällen) keine Reduktion der in der Exponentialreihe auftretenden Potenzen von λ erlaubt. Daher zerlegen wir λ, wobei wir eine gesonderte Notation einführen:

<u>Definition 14.2.1:</u>

Je zwei dreidimensionalen reellen Vektoren

$$\alpha = (a,b,c)$$

und

$$\mathfrak{u} = (u, v, w)$$

ist ein Element λ der Lorentzalgebra $\mathfrak{l}$ nach der Vorschrift

$$\lambda = \lambda(\mathfrak{a}, \mathfrak{u}) = \lambda(a, b, c | u, v, w) = \begin{pmatrix} 0 & u & v & w \\ u & 0 & -c & b \\ v & c & 0 & -a \\ w & -b & a & 0 \end{pmatrix}$$

zugeordnet. Wir spalten λ gemäß

$$\lambda = \lambda(\mathfrak{a}, \mathfrak{u}) = \delta + \beta = \delta(\mathfrak{a}) + \beta(\mathfrak{u})$$

in einen schiefsymmetrischen Anteil

$$\delta = \delta(\mathfrak{a}) = \lambda(a, b, c | 0, 0, 0) = \begin{pmatrix} 0 & 0 & 0 & 0 \\ 0 & 0 & -c & b \\ 0 & c & 0 & -a \\ 0 & -b & a & 0 \end{pmatrix}$$

und einen symmetrischen,

$$\beta = \beta(\mathfrak{u}) = \lambda(0, 0, 0 | u, v, w) = \begin{pmatrix} 0 & u & v & w \\ u & 0 & 0 & 0 \\ v & 0 & 0 & 0 \\ w & 0 & 0 & 0 \end{pmatrix}$$

auf. Die den δ-Matrizen entsprechenden Lorentzmatrizen

$$D = D(\mathfrak{a}) = \exp \delta(\mathfrak{a})$$

bezeichnen wir als **räumliche Drehungen**, während die in analoger Weise aus den β-Matrizen gewonnenen

$$B = B(\mathfrak{u}) = \exp \beta(\mathfrak{u})$$

Boosts genannt werden.

Wir werden weiter unten zeigen (Satz 14.2.1), daß D wirklich eine Drehung ist. Das englische Wort "Boost" für die Transformation B bedeutet etwa soviel wie "Schub", "Antrieb". Es scheint keine gute deutsche Übersetzung zu existieren, die der hier vorliegenden Bedeutung entspricht; deshalb behalten wir die international gebräuchliche Bezeichnung, wenn auch ungern, bei; die Puristen mögen uns das nicht nachtragen!
Wir benötigen noch einige elementare Rechenregeln, die sich durch unmittelbares Einsetzen ergeben:

Satz 14.2.1:
Seien $\mathfrak{a}$ und $\mathfrak{u}$ Vektoren in $\mathbb{R}^3$ mit den Beträgen

$$\rho = |\mathfrak{a}| = \sqrt{a^2+b^2+c^2}$$

bzw.

$$r = |\mathfrak{u}| = \sqrt{u^2+v^2+w^2}$$

(a) Für räumliche Drehungen gilt die explizite Formel

$$D = D(\mathfrak{a}) = \exp \delta(\mathfrak{a}) = 1 + \frac{\sin \rho}{\rho}\cdot\delta(\mathfrak{a}) + \frac{1 - \cos \rho}{\rho^2}\cdot\delta^2(\mathfrak{a})$$

(b) Der entsprechende Ausdruck für Boosts lautet

$$B = B(\mathfrak{u}) = \exp \beta(\mathfrak{u}) = 1 + \frac{\sinh r}{r}\cdot\beta(\mathfrak{u}) + \frac{\cosh r - 1}{r^2}\cdot\beta^2(\mathfrak{u})$$

(c) Die Kommutatoren der δ- und β-Matrizen sind ("$\wedge$" = Vektorprodukt)

$$[\delta(\mathfrak{a}),\delta(\mathfrak{b})] = \delta(\mathfrak{a}\wedge\mathfrak{b})$$

$$[\delta(\mathfrak{a}),\beta(\mathfrak{u})] = \beta(\mathfrak{a}\wedge\mathfrak{u})$$

$$[\beta(\mathfrak{u}),\delta(\mathfrak{a})] = \beta(\mathfrak{u}\wedge\mathfrak{a})$$

$$[\beta(\mathfrak{u}),\beta(\mathfrak{v})] = \delta(\mathfrak{v}\wedge\mathfrak{u})$$

(d) Die räumlichen Drehungen sind Matrizen, die in der (1+3)-Aufspaltung die Form

$$D = \left[\begin{array}{c|c} 1 & 0 \\ \hline 0 & d \end{array}\right]$$

haben, wobei $d \in SO_3(\mathbb{R})$ ist. Sie bilden eine zusammenhängende 3-dimensionale Liegruppe $\mathcal{D} \cong SO_3(\mathbb{R})$. Dagegen ist die Menge $\mathcal{B}$ aller Boosts zwar auch eine zusammenhängende Mannigfaltigkeit der Dimension 3, aber keine Gruppe.

(e) $\mathcal{B}$ ist rotationssymmetrisch, d.h. invariant unter Konjugation mit Elementen aus $\mathcal{D}$. Dabei gilt konkret

$$D^{-1}\, B(\mathfrak{u})\, D = B(\mathfrak{u}d)$$

mit der oben definierten (3,3)-Matrix d.

Beweis:

Aussage (a) ist ein Teil des Satzes 8.2.1, lediglich mit veränderter Bezeichnung und vierdimensional hingeschrieben.

Zum Nachweis von (b) brauchen wir die Potenzen von $\beta = \beta(\mathfrak{u})$. Zunächst ist (wieder in der Zeit/Raum-Zerlegung)

$$\beta = \left[\begin{array}{c|c} 0 & \mathfrak{u} \\ \hline {}^t\mathfrak{u} & 0 \end{array}\right]$$

woraus

$$\beta^2 = \left[\begin{array}{c|c} \mathfrak{u}\,{}^t\mathfrak{u} & 0 \\ \hline 0 & {}^t\mathfrak{u}\mathfrak{u} \end{array}\right]$$

und

$$\beta^3 = r^2 \left[\begin{array}{c|c} 0 & \mathfrak{u} \\ \hline {}^t\mathfrak{u} & 0 \end{array} \right] = r^2 \beta$$

folgt. Die Rekursionsbeziehung für die höheren Potenzen ist dann klar. Separieren wir in der Exponentialreihe nach geraden und ungeraden Exponenten, wobei lediglich der konstante Term eine leicht abweichende Behandlung verlangt, ergibt sich sofort die gewünschte Gleichung für exp β.
Die Kommutatoren in (c) erhalten wir durch Ausrechnen.
Der auf die Drehungen bezogene erste Teil von (d) ist bereits aus Abschn. 8.2 bekannt; der Rest ist eine Konsequenz der leicht einzusehenden Tatsache, daß jeder Boost B durch seine 0-Zeile

$$(B_{00}, B_{01}, B_{02}, B_{03}) = \left[\cosh r\ ,\ \frac{u}{r} \sinh r\ ,\ \frac{v}{r} \sinh r\ ,\ \frac{w}{r} \sinh r\right]$$

eindeutig festgelegt ist, wobei alle Quadrupel B_{0a}, die der Lorentzbedingung

$$B_{00}^2 - B_{01}^2 - B_{02}^2 - B_{03}^2 = 1$$

und der Orthochronitätsforderung $B_{00} > 0$ unterworfen sind, auch wirklich vorkommen. Das impliziert die kanonische Isomorphie von $\mathcal{B}$ mit der im Zukunftslichtkegel liegenden Komponente des durch die letzte Gleichung definierten Rotationshyperboloids. Da die Kommutatoren zweier β's im allgemeinen nicht wieder von der gleichen Form sind, bilden die Menge aller $\beta(\mathfrak{u})$ keine Liealgebra und $\mathcal{B} = \{\exp(\beta)\}$ keine Gruppe.
Es fehlt noch (e). Wir haben in der (1+3)-Notation

$$D^{-1} B(\mathfrak{u}) D = D^{-1} \exp\left[\beta(\mathfrak{u})\right] D = \exp\left[D^{-1}\beta(\mathfrak{u})D\right] = \exp\left[\beta(\mathfrak{u}d)\right] = B(\mathfrak{u}d)$$

und der Beweis ist vollendet.

Die Darstellung der Boosts in der Form

$$B(\mathfrak{u}) = \left[\begin{array}{c|c} \cosh r & \frac{\mathfrak{u}}{r} \sinh r \\ \hline \frac{{}^t\mathfrak{u}}{r} \sinh r & 1 + (\cosh r - 1)\frac{{}^t\mathfrak{u}\,\mathfrak{u}}{r^2} \end{array} \right]$$

oder auch, wenn wir $\mathfrak{u}$ durch den Einheitsvektor

$$\mathfrak{u}_0 = \frac{\mathfrak{u}}{r} = \frac{\mathfrak{u}}{|\mathfrak{u}|}$$

ersetzen,

$$B(\mathfrak{u}) = \left[\begin{array}{c|c} \cosh r & \mathfrak{u}_0 \sinh r \\ \hline {}^t\mathfrak{u}_0 \sinh r & 1 + (\cosh r - 1)\, {}^t\mathfrak{u}_0\mathfrak{u}_0 \end{array}\right]$$

entspricht exakt den Exponentialformeln, die wir in Abschn. 8.2 bei der Behandlung der orthogonalen Gruppen gefunden hatten. Wie dort, ist es aber auch für die Lorentzmatrizen möglich, die transzendenten (Hyperbel- bzw. trigonometrischen) Funktionen zu vermeiden. Wir geben als erstes einen algebraischen Ausdruck, der alle Boosts liefert. Später werden wir sogar einige rationale Parametrisierungen von $\mathfrak{L}$ kennenlernen.
Die wohlbekannte algebraische Beziehung zwischen den Hyperbelfunktionen "cosh" und "sinh",

$$\cosh^2 r - \sinh^2 r = 1$$

bildet den Schlüssel. Wir setzen einen zu $\mathfrak{u}$ parallelen Vektor $\mathfrak{U}$ an, dessen Betrag $R = |\mathfrak{U}|$ gleich tgh r ist. Nach kurzer Umformung ergibt sich

<u>Satz 14.2.2:</u>
Die Matrix

$$A = A(\mathfrak{U}) = \left[\begin{array}{c|c} \gamma & \gamma\, \mathfrak{U} \\ \hline \gamma\, {}^t\mathfrak{U} & 1 + (\gamma-1)\, {}^t\mathfrak{U}_0\mathfrak{U}_0 \end{array}\right]$$

stellt alle Boosts dar, wenn der Vektor $\mathfrak{U} = (U,V,W)$ das Innere der Einheitskugel in $\mathbb{R}^3$ durchläuft, also der Betrag von $\mathfrak{U}$ der Ungleichung

$$R = |\mathfrak{U}| = \sqrt{U^2+V^2+W^2} < 1$$

genügt. Hier wurden zur Abkürzung

$$\gamma = \frac{1}{\sqrt{1-R^2}} = \frac{1}{\sqrt{1-U^2-V^2-W^2}}$$

und der Einheitsvektor in Richtung $\mathfrak{U}$,

$$\mathfrak{U}_0 = \frac{\mathfrak{U}}{R} = \frac{\mathfrak{U}}{|\mathfrak{U}|}$$

verwendet. Der Zusammenhang mit der transzendenten Beschreibung ist durch

$$A(\mathfrak{U}) = B(\mathfrak{u})$$

gegeben, wenn $\mathfrak{u} = (u,v,w) \in \mathbb{R}^3$ den zu $\mathfrak{U}$ parallelen Vektor des Betrages

$$r = |\mathfrak{u}| = \sqrt{u^2+v^2+w^2}$$

bezeichnet und zwischen den Beträgen die Relation

$$R = \operatorname{tgh} r$$

besteht, d.h.

$$\mathfrak{U} = \frac{R}{r}\,\mathfrak{u} = \frac{\operatorname{tgh} r}{r}\,\mathfrak{u}$$

ist.

Bevor wir zu den rationalen Parametrisierungen der Lorentzgruppe kommen, geben wir noch ein Resultat an, das die besondere Bedeutung der Boosts hervorhebt.

<u>Satz</u> <u>14.2.3:</u>
Zu jeder Lorentzmatrix $\Lambda \in \mathfrak{L}$ gibt es Boosts B und B′ sowie eine räumliche Drehung D, so daß

$$\Lambda = D\,B = B'\,D$$

ist. B, B' und D sind durch Λ eindeutig bestimmt.

Beweis:

Das Bild des Vektors $e_0 = (1,0,0,0)$ ist die 0-Zeile der Matrix Λ. Sie hat die (Minkowski-)Norm 1 und positive Zeitkoordinate Λ_{00}.
Wir bestimmen $\mathfrak{u} = (u,v,w) \in \mathbb{R}^3$ so, daß

$$\Lambda_{01} : \Lambda_{02} : \Lambda_{03} = u : v : w$$

und

$$r = |\mathfrak{u}| = \sqrt{u^2+v^2+w^2} = \operatorname{arcosh} \Lambda_{00}$$

wird, was offenbar möglich ist. Der Boost $B = B(\mathfrak{u})$ transformiert e_0 auf denselben Vektor wie Λ:

$$e_0\,B = (\Lambda_{00},\Lambda_{01},\Lambda_{02},\Lambda_{03}) = e_0\,\Lambda$$

und die Lorentztransformation $D = \Lambda\,B^{-1}$ hat e_0 als Fixpunkt und ist daher eine räumliche Drehung. Die Existenz einer Aufspaltung $\Lambda = D\,B$ mit den geforderten Eigenschaften ist somit gesichert. Die Eindeutigkeit ist eine Konsequenz aus der im Beweis des Teils (d) von Satz 14.2.1 gefundenen Tatsache, daß es nicht mehr als einen Boost mit vorgegebener 0-Zeile geben kann.
Da wegen

$$^{t}\Lambda = \eta\,\Lambda^{-1}\,\eta$$

die Transponierten von Lorentzmatrizen wieder in $\mathfrak{L}$ liegen, läßt sich dieselbe Überlegung auch auf $^{t}\Lambda$ anwenden. Das führt unmittelbar auf eine (natürlich ebenfalls wohlbestimmte) Zerlegung

$$\Lambda = B'\,D'$$

von der wir nur noch zeigen müssen, daß $D' = D$ ist.
Aus

$$D\,B = B'\,D'$$

und der Rotationsinvarianz von $\mathcal{B}$ folgt aber

$$(D\,B\,D^{-1})\cdot(1) = (B')\cdot(D'\,D^{-1})$$

Das sind zwei Zerlegungen von $D\,B\,D^{-1}$ in (Boost)·(Drehung). Die oben bewiesene Eindeutigkeit derartiger Aufspaltungen impliziert dann $D'\,D^{-1} = 1$, d.h. $D' = D$.

14.3. Komplexe Lorentzmatrizen

Die große Ähnlichkeit der Lorentzgruppe $\mathfrak{L}$ mit den Drehgruppen, vor allem $SO_4(\mathbb{R})$, drängt die Frage auf, ob und inwieweit man die Methoden der Kapitel 8 und 9 auf den jetzigen Fall übertragen kann.
Das Hauptresultat des Abschnitts 9.1 ist die Beschreibung der hermiteschen (2,2)-Matrizen H als reelle Linearkombinationen von $\sigma_0 = 1$ und den **Paulimatrizen** $\sigma_1, \sigma_2, \sigma_3$:

$$H = H(t,x,y,z) = t\,\sigma_0 + x\,\sigma_1 + y\,\sigma_2 + z\,\sigma_3 = \begin{bmatrix} t+z & x-yi \\ x+yi & t-z \end{bmatrix}$$

Als Funktion des Parametervektors $(t,x,y,z) \in \mathbb{R}^4$ betrachtet, stimmt die Determinante

$$\det H = t^2 - x^2 - y^2 - z^2$$

genau mit der Minkowskiform $(t,x,y,z)\,\eta\,{}^t(t,x,y,z)$ überein.
Die Interpretation einer Lorentzmatrix als $\mathbb{R}$-lineare Transformation von $\mathbb{C}^{(2,2)}$, die die hermiteschen Matrizen unter sich permutiert und die Determinante invariant läßt, drängt sich förmlich auf.
Jedes Paar von komplexen (2,2)-Matrizen K, M definiert eine lineare Abbildung

$$H \longmapsto H^* = K\,H\,M$$

die i.a. jedoch die Hermitezität nicht respektiert. Um auch dies zu gewährleisten, genügt es, $K = {}^t\overline{M}$ zu setzen. Damit haben wir jedem $M \in \mathbb{C}^{(2,2)}$ eine lineare Abbildung

$$L_M : \mathbb{C}^{(2,2)} \longrightarrow \mathbb{C}^{(2,2)}$$
$$H \longmapsto L_M(H) = H^* = {}^t\overline{M}HM$$

zugeordnet, bei der die Determinanten von H und H^* sich um einen Faktor

$$\det {}^t\overline{M}\cdot\det M = \det M\cdot\overline{\det M} = |\det M|^2$$

unterscheiden. Die Lorentzbedingung verlangt daher, daß wir $|\det M| = 1$ wählen. Die Multiplikation der Matrix M mit einer komplexen Zahl des Betrages 1 ändert nichts an der Transformation L_M; deshalb sind wir o.B.d.A. berechtigt, $\det M = 1$, also $M \in SL_2(\mathbb{C})$, vorauszusetzen.
Schreiben wir in Analogie zu $H = H(t,x,y,z)$ auch $H^* = H(t^*,x^*,y^*,z^*)$, so entspricht der Übergang $H \mapsto H^*$ einer Lorentztransformation des Parameterraums $\mathbb{R}^4$ (mit 0 als Fixpunkt). Diese Betrachtungen motivieren (man ziehe zum Vergleich Abschn. 9.2 heran!)

<u>Satz</u> <u>14.3.1:</u>
(a) Die der Matrix $M \in SL_2(\mathbb{C})$ zugeordnete Abbildung L_M: $\mathbb{C}^{(2,2)} \longrightarrow \mathbb{C}^{(2,2)}$;

$$L_M(H) = H^* = {}^t\overline{M}\, H\, M$$

bildet alle hermiteschen Matrizen $H \in \mathbb{C}^{(2,2)}$ wieder auf hermitesche H^* ab. Dabei bleibt die Minkowskiform invariant:

$$\det H^* = \det H$$

(b) Schreiben wir H und H^* als (reelle) Linearkombinationen

$$H = x^a\,\sigma_a = \begin{pmatrix} x^0+x^3 & x^1-ix^2 \\ x^1+ix^2 & x^0-x^3 \end{pmatrix}$$

$$H^* = x^{*a}\,\sigma_a = \begin{pmatrix} x^{*0}+x^{*3} & x^{*1}-ix^{*2} \\ x^{*1}+ix^{*2} & x^{*0}-x^{*3} \end{pmatrix}$$

der **Paulimatrizen**

$$\sigma_0 = \begin{pmatrix} 1 & 0 \\ 0 & 1 \end{pmatrix}$$

$$\sigma_1 = \begin{pmatrix} 0 & 1 \\ 1 & 0 \end{pmatrix}$$

$$\sigma_2 = \begin{bmatrix} 0 & -i \\ i & 0 \end{bmatrix}$$

$$\sigma_3 = \begin{bmatrix} 1 & 0 \\ 0 & -1 \end{bmatrix}$$

so erhalten wir eine Transformation der Parametervektoren (x^0,x^1,x^2,x^3) und $(x^{*0},x^{*1},x^{*2},x^{*3})$, die durch eine **Lorentzmatrix** Λ_M gegeben ist:

$$(x^0,x^1,x^2,x^3)\ \Lambda_M = (x^{*0},x^{*1},x^{*2},x^{*3})$$

(c) Mit dem Ansatz

$$M = \begin{bmatrix} A & B \\ C & D \end{bmatrix} \in SL_2(\mathbb{C})$$

lautet die Matrix Λ_M explizit

$$\Lambda_M = \frac{1}{2} \begin{bmatrix} \bar{A}A+\bar{B}B+\bar{C}C+\bar{D}D & \bar{A}B+\bar{B}A+\bar{C}D+\bar{D}C & i(\bar{A}B-\bar{B}A+\bar{C}D-\bar{D}C) & \bar{A}A-\bar{B}B+\bar{C}C-\bar{D}D \\ \bar{A}C+\bar{B}D+\bar{C}A+\bar{D}B & \bar{A}D+\bar{B}C+\bar{C}B+\bar{D}A & i(\bar{A}D-\bar{B}C+\bar{C}B-\bar{D}A) & \bar{A}C-\bar{B}D+\bar{C}A-\bar{D}B \\ i(-\bar{A}C-\bar{B}D+\bar{C}A+\bar{D}B) & i(-\bar{A}D-\bar{B}C+\bar{C}B+\bar{D}A) & \bar{A}D-\bar{B}C-\bar{C}B+\bar{D}A & i(-\bar{A}C+\bar{B}D+\bar{C}A-\bar{D}B) \\ \bar{A}A+\bar{B}B-\bar{C}C-\bar{D}D & \bar{A}B+\bar{B}A-\bar{C}D-\bar{D}C & i(\bar{A}B-\bar{B}A-\bar{C}D+\bar{D}C) & \bar{A}A-\bar{B}B-\bar{C}C+\bar{D}D \end{bmatrix}$$

(d) Die Zuordnung $M \mapsto L_M$ ist ein Homomorphismus mit Kern $\{\pm 1\} = Z(SL_2(\mathbb{C}))$. Das Gleiche gilt von $M \mapsto \Lambda_M$, die $SL_2(\mathbb{C})$ surjektiv auf die gesamte Lorentzgruppe $\mathfrak{L}$ abbildet.

(e) Die Lorentzgruppe ist isomorph zu $PSL_2(\mathbb{C})$:

$$\mathfrak{L} \cong SL_2(\mathbb{C}) \,/\, \{1,-1\} = SL_2(\mathbb{C}) \,/\, Z(SL_2(\mathbb{C})) = PSL_2(\mathbb{C})$$

Sie besitzt somit $SL_2(\mathbb{C})$ als 2-fache Überlagerung (Schurerweiterung):

$$SL_2(\mathbb{C}) \cong 2 \wedge \mathfrak{L}$$

<u>Beweis:</u>

Das einzige, was nicht unmittelbar klar ist oder schon vorab diskutiert wurde, sind die Struktur des Kerns und die Surjektivität der Abbildung

$M \mapsto \Lambda_M$ von $SL_2(\mathbb{C})$ nach $\mathfrak{L}$.
Die Homomorphismen $M \mapsto L_M$ und $M \mapsto \Lambda_M$ haben denselben Kern, weil die hermiteschen Matrizen und ihre Parametervektoren einander bijektiv entsprechen. Sei $M \in SL_2(\mathbb{C})$ mit $L_M = \text{id}$, also ${}^t\overline{M}HM = H$ für alle hermiteschen H. Spezialisierung auf $H = 1$ ergibt ${}^t\overline{M} = M^{-1}$; die Bedingung reduziert sich daher auf $M^{-1}HM = H$ oder einfacher $HM = MH$. Da die $\mathbb{C}$-Linearkombinationen der hermiteschen (2,2)-Matrizen ganz $\mathbb{C}^{(2,2)}$ umfassen, liegt M im Zentrum von $SL_2(\mathbb{C})$ und ist eine Skalarmatrix, wofür wegen der Determinante aber nur die beiden Möglichkeiten $M = 1$ und $M = -1$ in Betracht kommen.
Wir haben noch zu zeigen, daß jede Lorentzmatrix als Λ_M darstellbar ist. Die Zuordnung $M \mapsto \Lambda_M$ ist offensichtlich ein analytischer Homomorphismus mit endlichem, also nulldimensionalem Kern.
$SL_2(\mathbb{C})$ ist eine zusammenhängende Liegruppe der komplexen Dimension 3, also reell 6-dimensional; dasselbe trifft mithin auch auf das Bild zu. Als Lie-Untergruppe der gleichfalls 6-dimensionalen und zusammenhängenden Lorentzgruppe stimmt es mit ganz $\mathfrak{L}$ überein.

Die etwas lästige Nebenbedingung

$$\det M = AD - BC = 1$$

in der expliziten Formel für Λ_M können wir vermeiden, indem wir die Homogenität der Matrixkoeffizienten in A, B, C, D und den komplex konjugierten Größen $\overline{A}, \overline{B}, \overline{C}, \overline{D}$ ausnutzen. Wir brauchen dazu nur den Vorfaktor $\frac{1}{2}$ durch $\frac{1}{2N}$ zu substituieren, wobei

$$N = |\det M|^2 = \det M \cdot \overline{\det M} = (AD-BC)(\overline{AD}-\overline{BC})$$

ist. Die obige Einschränkung wird dann durch die homogene Forderung

$$\det M = AD - BC \neq 0$$

ersetzt. Das erlaubt uns, (A,B,C,D) nicht als Vektor in $\mathbb{C}^4$, sondern als Punkt des projektiven Raums $\mathbb{P}^3\mathbb{C}$ aufzufassen, mit allen Vorteilen, die die projektiven Koordinaten gegenüber den affinen mit sich bringen (s. Kap. 7). Allerdings ist natürlich, wie gesagt, nicht ganz $\mathbb{P}^3\mathbb{C}$ als Parameterbereich zugelassen, sondern nur das Komplement des Kegels $AD - BC = 0$. Die Redun-

danz, welche durch die Verwendung von 4 komplexen (oder, wenn wir es bevorzugen, 8 reellen) Hilfsvariablen zum Ausdruck kommt, wird dabei auf die "normale" Vieldeutigkeit der homogenen Koordinaten bei Umskalierungen zurückgeführt bzw. aufgehoben, was theoretisch meist angenehmer ist.
Vom Standpunkt des Praktikers aus erscheint die Benutzung komplexer Parameter allerdings etwas umständlich; deshalb wollen wir noch die reelle Version unserer Darstellung angeben, zumal diese ebenso einfach aufgebaut ist wie die Originalbeschreibung von Λ_M.
Wir haben lediglich die Hilfsgrößen A, B, C, D in Real- und Imaginärteile zu zerlegen:

$$A = a + \alpha i$$

$$B = b + \beta i$$

$$C = c + \gamma i$$

$$D = d + \delta i$$

und einzusetzen. Eine kurze und elementare Rechnung führt auf

Satz 14.3.2:
Alle Lorentzmatrizen lassen sich mit 8 reellen Parametern $a, b, c, d, \alpha, \beta, \gamma, \delta$ in der Form

$$\Lambda_M = \frac{1}{N} \begin{pmatrix} \frac{1}{2}\begin{bmatrix} +a^2+b^2+c^2+d^2 \\ +\alpha^2+\beta^2+\gamma^2+\delta^2 \end{bmatrix} & +\alpha\beta+\gamma\delta+ab+cd & +\alpha b-\beta a+\gamma d-\delta c & \frac{1}{2}\begin{bmatrix} +a^2-b^2+c^2-d^2 \\ +\alpha^2-\beta^2+\gamma^2-\delta^2 \end{bmatrix} \\ +\alpha\gamma+\beta\delta+ac+bd & +\alpha\delta+\beta\gamma+ad+bc & +\alpha d-\beta c+\gamma b-\delta a & +\alpha\gamma-\beta\delta+ac-bd \\ -\alpha c-\beta d+\gamma a+\delta b & -\alpha d-\beta c+\gamma b+\delta a & +\alpha\delta-\beta\gamma+ad-bc & -\alpha c+\beta d+\gamma a-\delta b \\ \frac{1}{2}\begin{bmatrix} +a^2+b^2-c^2-d^2 \\ +\alpha^2+\beta^2-\gamma^2-\delta^2 \end{bmatrix} & +\alpha\beta-\gamma\delta+ab-cd & +\alpha b-\beta a-\gamma d+\delta c & \frac{1}{2}\begin{bmatrix} +a^2-b^2-c^2+d^2 \\ +\alpha^2-\beta^2-\gamma^2+\delta^2 \end{bmatrix} \end{pmatrix}$$

schreiben, worin

$$N = (ad-bc-\alpha\delta+\beta\gamma)^2 + (a\delta-b\gamma-c\beta-d\alpha)^2$$

bedeutet und die Variablen $a, b, c, d, \alpha, \beta, \gamma, \delta$ der Einschränkung unterworfen sind, daß der Nenner N nicht verschwindet. Es sind also genau die simultanen Lösungen der beiden Gleichungen

$$a\,d - b\,c - \alpha\,\delta + \beta\,\gamma \;=\; 0$$

und

$$a\,\delta - b\,\gamma - c\,\beta - d\,\alpha \;=\; 0$$

ausgeschlossen. Die Darstellung ist jeweils zweideutig: zueinander antipodische Variablensätze $(a,b,c,d,\alpha,\beta,\gamma,\delta)$ liefern dieselbe Matrix.

Ebensogut läßt sich die Methode des Satzes 8.3.1 auf die gegenwärtige Situation übertragen. Seinerzeit hatten wir den Ansatz

$$D \;=\; (1-S)^{-1}\cdot(1+S)$$

für n-dimensionale Drehmatrizen verwendet, wobei S eine schiefsymmetrische (n,n)-Matrix bedeutete.

Die Verwandtschaft von $\mathfrak{L}$ mit $SO_4(\mathbb{R})$ legt Ausdrücke der Art $(\eta-S)^{-1}\cdot(\eta+S)$ nahe; allerdings kommt es jetzt auf die Reihenfolge der Faktoren an, weil η und S im allgemeinen nicht kommutieren. In der Tat gilt

<u>Satz</u> <u>14.3.3:</u>

Jede Lorentzmatrix, unter deren Eigenwerten -1 nicht vorkommt, kann (auf eine Weise) als

$$\Lambda \;=\; (\eta-S)^{-1}\;(\eta+S)$$

mit einem schiefsymmetrischen $S \in \mathbb{R}^{(4,4)}$ angesetzt werden. Die Umkehrformel lautet

$$S \;=\; \eta\;(\Lambda-1)\;(\Lambda+1)^{-1}$$

Vice versa sind alle reellen (4,4)-Matrizen S mit ${}^tS = -S$ und $\det(\eta-S) \neq 0$ für die obige Darstellung geeignet. Explizit ergeben sich mit

$$S = \begin{pmatrix} 0 & u & v & w \\ -u & 0 & c & -b \\ -v & -c & 0 & a \\ -w & b & -a & 0 \end{pmatrix}$$

und den Abkürzungen

$$K = au + bv + cw$$

sowie $N = -\det(\eta-S) = -\det(\eta+S)$, also

$$N = -K^2 + a^2 + b^2 + c^2 - u^2 - v^2 - w^2 + 1$$

die Koeffizienten von Λ aus

$$\begin{aligned}
N\,\Lambda_{00} &= K^2 + a^2 + b^2 + c^2 + u^2 + v^2 + w^2 + 1 \\
N\,\Lambda_{01} &= 2\,(+\,Ka - bw + cv + u) \\
N\,\Lambda_{02} &= 2\,(+\,Kb - cu + aw + v) \\
N\,\Lambda_{03} &= 2\,(+\,Kc - av + bu + w)
\end{aligned}$$

$$\begin{aligned}
N\,\Lambda_{10} &= 2\,(+\,Ka + bw - cv + u) \\
N\,\Lambda_{11} &= K^2 + a^2 - b^2 - c^2 + u^2 - v^2 - w^2 + 1 \\
N\,\Lambda_{12} &= 2\,(+\,Kw + ab + uv - c) \\
N\,\Lambda_{13} &= 2\,(-\,Kv + ca + wu + b)
\end{aligned}$$

$$\begin{aligned}
N\,\Lambda_{20} &= 2\,(+\,Kb + cu - aw + v) \\
N\,\Lambda_{21} &= 2\,(-\,Kw + ab + uv + c) \\
N\,\Lambda_{22} &= K^2 - a^2 + b^2 - c^2 - u^2 + v^2 - w^2 + 1 \\
N\,\Lambda_{23} &= 2\,(+\,Ku + bc + vw - a)
\end{aligned}$$

$$\begin{aligned}
N\,\Lambda_{30} &= 2\,(+\,Kc + av - bu + w) \\
N\,\Lambda_{31} &= 2\,(+\,Kv + ca + wu - b) \\
N\,\Lambda_{32} &= 2\,(-\,Ku + bc + vw + a) \\
N\,\Lambda_{33} &= K^2 - a^2 - b^2 + c^2 - u^2 - v^2 + w^2 + 1
\end{aligned}$$

Beweis:

Daß die Anforderungen an die Determinanten notwendig sind, ist klar. Die Lorentzeigenschaft für $\Lambda = (\eta-S)^{-1}\cdot(\eta+S)$,

$$\Lambda\,\eta\,{}^t\Lambda = (\eta-S)^{-1}\,(\eta+S)\,\eta\,{}^t(\eta+S)\,{}^t(\eta-S)^{-1} = \eta$$

ist gleichwertig mit

$$(\eta+S)\,\eta\,{}^t(\eta+S) = (\eta-S)\,\eta\,{}^t(\eta-S)$$

Wegen der Schiefsymmetrie von S reduzieren sich beide Seiten nach dem Ausmultiplizieren auf

$$\eta + S\,\eta\,{}^tS$$

Der Rest ist ebenso trivial.

Die Menge ähnlicher Formeln ließe sich ohne Mühe erweitern; die hier gegebenen sollten aber allen Bedürfnissen gerecht werden. Am praktischsten sind dabei wohl die Boost/Drehungs-Aufspaltung des vorangehenden Abschnitts und die rationalen Matrizen des vorliegenden Paragraphen.
In theoretischer Hinsicht sehr viel wichtiger ist jedoch die in Satz 14.3.1 ausgesprochene Isomorphie der Lorentzgruppe $\mathfrak{L}$ zur **Möbiusgruppe** $PSL_2(\mathbb{C})$. Letztere hatten wir in Abschn. 9.6 eingehend untersucht. Zur Beziehung selbst wollen wir nichts weiter sagen, weil wir sowohl für die Elemente aus $\mathfrak{L}$ als auch für beliebige Möbiustransformationen die Umrechnung auf die Matrixpaare $\pm M$ mit $M \in SL_2(\mathbb{C})$ bereits ausführlich studiert haben.
Von größter Bedeutung ist vor allem die Existenz der Erweiterungsgruppe $2\wedge\mathfrak{L}$ an sich. Sie entspricht den **Spingruppen** $2\wedge SO_n(\mathbb{R})$, vgl. Kap. 13, und ermöglicht die Konstruktion von **Lorentzspinoren**, die ganz analoge Eigenschaften aufweisen wie die gewöhnlichen **("orthogonalen") Spinoren**.
In der (speziell)relativistischen Quantentheorie werden Teilchen mit **halbzahligem Spin ("Fermionen")** durch treue Darstellungen von $2\wedge\mathfrak{L} \cong SL_2(\mathbb{C})$ beschrieben, während den Partikeln mit **ganzzahligem Spin**, also den **"Bosonen"**, die Darstellungen entsprechen, welche -1 im Kern haben, also schon die Faktorgruppe $\mathfrak{L} \cong SL_2(\mathbb{C})/Z(SL_2(\mathbb{C}))$ repräsentieren. Auch darauf kommen wir später (Abschn. 14.5) noch ausführlicher zu sprechen.

14.4. Beschreibung mittels Quaternionen

Die Vierdimensionalität der relativistischen Welt läßt vermuten, daß es möglich ist, Minkowskiform und Lorentztransformationen mit Hilfe von **Quaternionen** darzustellen. Das ist in der Tat der Fall. Wir ordnen dem Ereignispunkt $(t,x,y,z) \in \mathbb{R}^4$ die Quaternion

$$q = t + x\,i + y\,j + z\,k$$

zu. Die Minkowskiform ist sehr einfach:

$$t^2 - x^2 - y^2 - z^2 = \operatorname{Re} q^2 = \frac{1}{2}\left[q^2 + \bar{q}^2\right]$$

Nach Satz 14.2.3 ist jede Lorentztransformation (eindeutig) durch Nacheinanderausführen eines Boosts, einer Drehung und einer Translation darstellbar.

Die Translationen sind trivialerweise die Abbildungen

$$q \longmapsto q + b$$

mit einer beliebigen konstanten Quaternion $b \in \mathbb{H}$.

Die Drehungen hatten wir bereits in Satz 10.3.2 charakterisiert. Sie sind parametrisiert durch eine reine Norm-1-Quaternion $u \in \mathcal{S}^3$, also eine Lösung der Gleichung $u^2 = -1$ und schreiben sich in der Form

$$q \longmapsto u\,q\,\bar{u}$$

Es bleiben lediglich noch die Boosts zu untersuchen. Wir konzentrieren uns zunächst auf einen solchen in Richtung der i-Achse. Seine Matrix bezüglich der Standardbasis $(1,i,j,k)$ ist nach Abschn. 14.2 gegeben durch

$$M = \begin{pmatrix} \cosh\varphi & \sinh\varphi & 0 & 0 \\ \sinh\varphi & \cosh\varphi & 0 & 0 \\ 0 & 0 & 1 & 0 \\ 0 & 0 & 0 & 1 \end{pmatrix}$$

mit geeignetem $\varphi \in \mathbb{R}$.

Das Bild von q unter dieser Transformation bezeichnen wir zur Abkürzung mit q^*. Es hängt $\mathbb{R}$-linear von q ab und muß sich daher aus Beiträgen additiv zusammensetzen, die alle aus q oder $\overline{q}$ durch Multiplizieren (von links oder rechts) mit konstanten Quaternionen entstehen. Die Auszeichnung der Vorzugsrichtung parallel zur i-Achse suggeriert darüber hinaus für q^* einen Ansatz, der neben reellen Größen nur i enthält, z.B.

$$q^* = A\,q + B\,i\,q\,i + D\,(i\,\overline{q} + \overline{q}\,i)$$

(Die nachstehende Rechnung zeigt, daß das allgemein genug ist). Die Parameter A, B, D dürfen natürlich noch Funktionen von φ sein.

Die zur genannten Abbildung $q \mapsto q^*$ gehörige Matrix ist in der Notation des Abschnitts 10.2 durch

$$A(\varphi) + B(\varphi)\,L(i)\,R(i) + D(\varphi)\,\eta\,\left[L(i) + R(i)\right]$$

gegeben. Dabei haben wir benutzt, daß die Konjugationsabbildung dieselbe Matrix hat wie die Minkowskiform, nämlich η. Die letzte Formel ergibt mit

$$L(i) = \begin{pmatrix} 0 & 1 & 0 & 0 \\ -1 & 0 & 0 & 0 \\ 0 & 0 & 0 & 1 \\ 0 & 0 & -1 & 0 \end{pmatrix}$$

und

$$R(i) = \begin{bmatrix} 0 & 1 & 0 & 0 \\ -1 & 0 & 0 & 0 \\ 0 & 0 & 0 & -1 \\ 0 & 0 & 1 & 0 \end{bmatrix}$$

nach Entwickeln und Vergleich:

$$M = \begin{bmatrix} \cosh\varphi & \sinh\varphi & 0 & 0 \\ \sinh\varphi & \cosh\varphi & 0 & 0 \\ 0 & 0 & 1 & 0 \\ 0 & 0 & 0 & 1 \end{bmatrix} = \begin{bmatrix} A-B & 2\,D & 0 & 0 \\ 2\,D & A-B & 0 & 0 \\ 0 & 0 & A+B & 0 \\ 0 & 0 & 0 & A+B \end{bmatrix}$$

woraus

$$A = A(\varphi) = \frac{1}{2}\left[1 + \cosh\varphi\right]$$

$$B = B(\varphi) = \frac{1}{2}\left[1 - \cosh\varphi\right]$$

$$D = D(\varphi) = \frac{1}{2}\sinh\varphi$$

folgt. Der Ansatz war also erfolgreich, und wir haben

$$2\,q^* = (1 + \cosh\varphi)\,q + (1 - \cosh\varphi)\,i\,q\,i + \sinh\varphi\,(i\,\bar{q} + \bar{q}\,i)$$

Die Übertragung auf den allgemeinen Fall, bei dem der Boost in eine beliebige Richtung weist, ist offensichtlich. Wir haben nur i durch eine Quaternion a zu ersetzen, die denselben Rechenregeln gehorcht, nämlich $a^2 = -1$. Das ist aber gleichwertig mit $a \in \mathscr{S}^3$. Alle Boosts sind somit in der Gleichung

$$q^* = \frac{1}{2}\,(1 + \cosh\varphi)\,q + \frac{1}{2}\,(1 - \cosh\varphi)\,a\,q\,a + \frac{1}{2}\sinh\varphi\,(a\,\bar{q} + \bar{q}\,a)$$

zusammengefaßt, worin $a \in \mathscr{S}^3$ und $\varphi \in \mathbb{R}$ sind.

Unser Ergebnis läßt sich noch wesentlich verschönern. Beispielsweise ist der Halbwinkel

$$\psi = \frac{\varphi}{2}$$

anstelle von φ besser geeignet, weil er mit Hilfe der Identitäten

$$1 = \cosh^2\psi - \sinh^2\psi$$

$$\cosh\varphi = \cosh(2\psi) = \cosh^2\psi + \sinh^2\psi$$

$$\sinh\varphi = \sinh(2\psi) = 2\sinh\psi\cosh\psi$$

auf

$$q^* = q\cosh^2\psi - a\,q\,a\sinh^2\psi + (a\,\bar{q} + \bar{q}\,a)\sinh\psi\cosh\psi$$

führt, eine Darstellung, die sich durch das Vermeiden von Nennern und Homogenität in den Hyperbelfunktionen auszeichnet. Es geht aber noch einfacher und eleganter. Substituieren wir den Parameter ψ durch seinen Hyperbeltangens

$$\tau = \operatorname{tgh}\psi$$

und beachten

$$\sinh\psi = \tau\cosh\psi$$

$$\cosh^2\psi = (1-\tau^2)^{-1}$$

so reduziert sich der fragliche Boost auf

$$q^* = \frac{1}{1-\tau^2}\left[q - \tau^2\,a\,q\,a + \tau\,(a\,\bar{q} + \bar{q}\,a)\right]$$

wobei jetzt neben $a \in \mathscr{P}^3$ noch die Bedingung $\tau \in (-1,+1)$ einzuhalten ist. Einen noch etwas kürzeren Ausdruck erhalten wir, wenn wir das Produkt

$$h = \tau\,a$$

einführen, das eine reine Quaternion mit $|h| < 1$ ist. Unter Benutzung von

$$h^2 = (\tau a)^2 = \tau^2 a^2 = -\tau^2$$

entsteht

$$q^* = \frac{1}{1+h^2} \left[q - h\,q\,h + h\,\bar{q} + \bar{q}\,h \right]$$

Wir listen die Resultate des vorliegenden Abschnitts noch einmal übersichtlich auf:

<u>Satz 14.4.1:</u>
Repräsentieren wir Ereignisvektoren (t,x,y,z) nach dem Schema

$$q = t + x\,i + y\,j + z\,k$$

durch Quaternionen, so lautet die Minkowskiform

$$t^2 - x^2 - y^2 - z^2 = \mathrm{Re}\, q^2 = \frac{1}{2} \left[q^2 + \bar{q}^2 \right]$$

Alle Lorentztransformationen sind Produkte jeweils eines Boosts, einer räumlichen Drehung und einer Translation, die sich wie folgt schreiben:
Translationen sind Abbildungen

$$q \longmapsto q + b$$

mit $b \in \mathbb{H}$, während Drehungen von der Gestalt

$$q \longmapsto u\,q\,\bar{u}$$

sind. Hierin bedeutet $u \in \mathscr{S}^3$ eine Quaternion, die $u^2 = -1$, d.h. $u \in \mathscr{S}^3$, erfüllt.
Für Boosts $q \mapsto q^*$ haben wir u.a. die alternativen Beschreibungen

$$q^* = q \cosh^2\psi - a\,q\,a \sinh^2\psi + (a\,\bar{q} + \bar{q}\,a) \sinh\psi \cosh\psi$$

mit $\psi \in \mathbb{R}$ und $a \in \mathscr{S}^3$ oder

$$q^* = \frac{1}{1+h^2} \left[q - h\, q\, h + h\, \bar{q} + \bar{q}\, h \right]$$

worin h eine reine Quaternion ist, deren Betrag der Ungleichung $|h| < 1$ genügt.

Da diese Ansätze wohl in der Hauptsache von akademischem Interesse sind, verzichten wir auf weitergehende Betrachtungen in dieser Richtung.

14.5. Darstellungstheorie der Lorentzgruppe

Die **Lorentzgruppe** $\mathfrak{L}$ besteht aus allen Matrizen der Determinante 1, die eine reelle quadratische Form der Signatur $(+^1,-^3)$ invariant lassen. Sie bekommt daher in unserem Schema den Namen $SO(1,3,\mathbb{R})$. Folgerichtig heißt die zugehörige Algebra $\mathfrak{l}$ auch $\mathfrak{so}(1,3,\mathbb{R})$.
Die vom Blickwinkel der Lietheorie her wichtigste Eigenschaft von $\mathfrak{so}(1,3,\mathbb{R})$ und $\mathfrak{so}(3,\mathbb{R})$ haben wir bislang noch gar nicht angesprochen.

Satz 14.5.1:
Die Drehimpulsalgebra $\mathfrak{so}(3,\mathbb{R})$ ist einfach; das Gleiche gilt für die Lorentzalgebra $\mathfrak{so}(1,3,\mathbb{R})$.

Beweis:
Wir schreiben zur Abkürzung $\mathfrak{l} = \mathfrak{so}(1,3,\mathbb{R})$ und benutzen weiter die in Definition 14.2.1 eingeführten β- und δ-Matrizen. Deren Rechenregeln findet man in Satz 14.2.1. Die von den $\delta(\mathfrak{a})$ erzeugte zu $\mathfrak{so}(3,\mathbb{R})$ isomorphe Unteralgebra nennen wir $\mathfrak{d}$.
Wir betrachten ein von Null verschiedenes Ideal $\mathfrak{J}_0$ in $\mathfrak{d}$ und darin ein Element $\delta(\mathfrak{a}) \neq 0$. Dann ist auch $\mathfrak{a} \neq 0$, und die Produkte

$$[\delta(\mathfrak{a}),\delta(\mathfrak{b})] \quad = \quad \delta(\mathfrak{a}\wedge\mathfrak{b})$$

liegen für alle $\mathfrak{b} \in \mathbb{R}^3$ ebenfalls in $\mathfrak{J}_0$. Daraus folgt sofort $\mathfrak{J}_0 = \mathfrak{d}$, und die Behauptung über $\mathfrak{d} \cong \mathfrak{so}(3,\mathbb{R})$ ist bewiesen.
Angenommen, $\mathfrak{l}$ sei dagegen nicht einfach. Dann gibt es ein Ideal $\mathfrak{J}$ in $\mathfrak{l}$ mit $0 \subset \mathfrak{J} \subset \mathfrak{l}$. Sein Durchschnitt mit $\mathfrak{d}$ ist ein Ideal in $\mathfrak{d}$, das wegen der gerade bewiesenen Einfachheit der Drehimpulsalgebra nur 0 oder ganz $\mathfrak{d}$ sein kann. Im zweiten Fall wäre aber $\mathfrak{d} \subseteq \mathfrak{J}$, und es müßten neben allen $\delta(\mathfrak{a})$ auch deren Produkte, u.a.

$$[\delta(\mathfrak{a}),\beta(\mathfrak{u})] \quad = \quad \beta(\mathfrak{a}\wedge\mathfrak{u})$$

also alle infinitesimalen Boosts, in $\mathfrak{I}$ liegen. Das führt aber auf den Widerspruch $\mathfrak{I} = \Gamma$. Es bleibt somit nur die erste Möglichkeit übrig:

$$\mathfrak{I} \cap \mathfrak{d} = 0$$

Wir suchen uns jetzt ein $x \in \mathfrak{I}^{\#} = \mathfrak{I}\setminus\{0\}$ aus, etwa

$$x = \beta(\mathfrak{u}) + \delta(\mathfrak{a})$$

Wegen $\mathfrak{I} \cap \mathfrak{d} = 0$ ist $\mathfrak{u} \neq 0$. Wir berechnen den Kommutator mit $\delta(\mathfrak{u})$,

$$\mathfrak{I} \ni [x,\delta(\mathfrak{u})] = [\beta(\mathfrak{u}),\delta(\mathfrak{u})] + [\delta(\mathfrak{a}),\delta(\mathfrak{u})] = \delta(\mathfrak{a}\wedge\mathfrak{u})$$

was $\mathfrak{a}\wedge\mathfrak{u} = 0$ impliziert. Die Vektoren $\mathfrak{a}$ und $\mathfrak{u}$ sind also linear abhängig, und wir können den Ansatz $\mathfrak{a} = h\,\mathfrak{u}$ mit einem geeigneten $h \in \mathbb{R}$ machen. Dann ist

$$x = \beta(\mathfrak{u}) + h\,\delta(\mathfrak{u})$$

Wir suchen einen zu $\mathfrak{u}$ orthogonalen Vektor $\mathfrak{v} \in \mathbb{R}^3$ aus und bilden die wegen der Idealeigenschaft in $\mathfrak{I}$ enthaltenen Lieprodukte

$$[x,\beta(\mathfrak{v})] = \delta(\mathfrak{v}\wedge\mathfrak{u}) + h\,\beta(\mathfrak{u}\wedge\mathfrak{v}) = h\,\beta(\mathfrak{u}\wedge\mathfrak{v}) - \delta(\mathfrak{u}\wedge\mathfrak{v})$$

$$[x,\delta(\mathfrak{v})] = \beta(\mathfrak{u}\wedge\mathfrak{v}) + h\,\delta(\mathfrak{u}\wedge\mathfrak{v}) = \beta(\mathfrak{u}\wedge\mathfrak{v}) + h\,\delta(\mathfrak{u}\wedge\mathfrak{v})$$

woraus sich $\delta(\mathfrak{u}\wedge\mathfrak{v}) \neq 0$ als Linearkombination ergibt, die ebenfalls im Ideal $\mathfrak{I}$ enthalten ist; Widerspruch!

Die Klassifikation der endlich-dimensionalen irreduziblen Darstellungen der Lorentzgruppe $SO(1,3,\mathbb{R})$ läßt sich ganz ähnlich wie die analoge Aufgabe für die Drehgruppe $SO_3(\mathbb{R})$ durchführen. Deshalb wollen wir nicht alle Details aufschreiben, sondern nur die wichtigsten Schritte skizzieren.
Da die Darstellungen der zugehörigen Liealgebra $\mathfrak{so}(1,3,\mathbb{R})$ leichter zu untersuchen sind als die der Gruppe selbst, beschränken wir uns auf sie. Der Übergang zu den Darstellungen der Lorentzgruppe erfolgt wieder mit Hilfe der Exponentialabbildung.
Außerdem ist es sinnvoll, nicht nur komplexe Darstellungsmoduln zuzulassen,

sondern auch die Algebra selbst durch ihre Komplexifikation zu ersetzen. Denselben Trick hatten wir schon in Abschn. 9.3 für $\mathfrak{so}_3(\mathbb{R})$ nützlich gefunden.

Wir bezeichnen wie üblich den k-ten Einheitsvektor in $\mathbb{R}^3$ mit e_k und definieren die erzeugenden Matrizen

$$\beta_k = \beta(e_k) = E_{0k} + E_{k0}$$

$$\delta_k = \delta(e_k) = - \varepsilon_{klm} E_{lm}$$

worin E_{jk} die Matrix ist, die an der Stelle (j,k) eine Eins und sonst lauter Nullen enthält. Sei

$$\mathfrak{D} = \mathbb{C} \otimes_{\mathbb{R}} \mathfrak{so}(1,3,\mathbb{R}) = \mathfrak{so}(1,3,\mathbb{C})$$

die komplexe Variante der Lorentzalgebra (gleiche Erzeugende und Strukturkonstanten, aber Grundkörper = $\mathbb{C}$). Die durch die Signatur bedingten Unterschiede verwischen sich in der komplexen Algebra; daher ist

$$\mathfrak{D} \cong \mathfrak{so}_4(\mathbb{C})$$

Explizit zeigt man das durch Konjugation mit Diag(i,1,1,1). Dabei geht die Minkowskiform in die euklidische, oder vielmehr deren komplexes Pendant, über. Die Interpretation von $\mathfrak{D}$ als $\mathfrak{so}_4(\mathbb{R})$ ist bequemer als die ursprüngliche, da die Vorzeichen einheitlicher sind. Es ist allerdings erforderlich, die Basiselemente $\beta(\mathfrak{a})$ durch andere zu ersetzen, etwa

$$\gamma(\mathfrak{a}) = i \,\mathrm{Diag}(i,1,1,1)\, \beta(\mathfrak{a})\, \mathrm{Diag}(i,1,1,1)$$

um diesen Vorteil ausnutzen zu können. Wir setzen noch

$$\gamma_k = \gamma(e_k) = E_{0k} - E_{k0}$$

Alle Erzeugenden sind jetzt schiefsymmetrisch und erfüllen sehr einfache Kommutatorrelationen:

$$[\delta(\mathfrak{a}),\delta(\mathfrak{b})] = \delta(\mathfrak{a}\wedge\mathfrak{b})$$

$$[\delta(\mathfrak{a}),\gamma(\mathfrak{u})] = \gamma(\mathfrak{a}\wedge\mathfrak{u})$$

$$[\gamma(\mathfrak{u}),\delta(\mathfrak{a})] = \gamma(\mathfrak{u}\wedge\mathfrak{a})$$

$$[\gamma(\mathfrak{u}),\gamma(\mathfrak{v})] = \delta(\mathfrak{u}\wedge\mathfrak{v})$$

oder speziell für die Basiselemente ($j,k \in \{1,2,3\}$):

$$[\delta_j,\delta_k] = -\varepsilon_{jkm}\,\delta_m$$

$$[\delta_j,\gamma_k] = -\varepsilon_{jkm}\,\gamma_m$$

$$[\gamma_j,\delta_k] = -\varepsilon_{jkm}\,\gamma_m$$

$$[\gamma_j,\gamma_k] = -\varepsilon_{jkm}\,\delta_m$$

Wir begnügen uns mit der Aufstellung aller irreduziblen $\mathfrak{so}_4(\mathbb{C})$-Darstellungen von endlicher Dimension über $\mathbb{C}$; die Umrechnung auf $\mathfrak{so}(1,3,\mathbb{C})$ oder $\mathfrak{so}(1,3,\mathbb{R})$ und schließlich $SO(1,3,\mathbb{R})$ ist trivial und bedarf keiner weiteren Erläuterungen.

Im Gegensatz zur Lorentzalgebra $\mathfrak{so}(1,3,\mathbb{R})$ zerfällt die komplexe Variante $\mathfrak{so}(1,3,\mathbb{C}) \cong \mathfrak{so}_4(\mathbb{C})$ in eine direkte Summe. Diese Aufspaltung hatten wir im Prinzip bereits früher diskutiert (Abschn. 10.2).

Links- und Rechtsmultiplikation mit einer Quaternion q der Norm 1 definieren orthogonale Transformationen von $\mathbb{H} \cong \mathbb{R}^4$. Die entsprechenden Matrizen L(q) und R(q) sind a.a.O. aufgelistet. Wir ordnen unsere jetzige Basis den Quaternionen 1, i, j, k zu und führen eine neue Basis $\{L_1,L_2,L_3;R_1,R_2,R_3\}$ von $\mathfrak{so}_4(\mathbb{R})$ oder $\mathfrak{so}_4(\mathbb{C})$ durch folgende Festsetzungen ein:

$$L_1 = L(i) = E_{01} - E_{10} + E_{23} - E_{32} = \gamma_1 - \delta_1$$

$$L_2 = L(j) = E_{02} - E_{20} + E_{31} - E_{13} = \gamma_2 - \delta_2$$

$$L_3 = L(k) = E_{03} - E_{30} + E_{12} - E_{21} = \gamma_3 - \delta_3$$

$$R_1 = R(i) = E_{01} - E_{10} + E_{32} - E_{23} = \gamma_1 + \delta_1$$

$$R_2 = R(j) = E_{02} - E_{20} + E_{13} - E_{31} = \gamma_2 + \delta_2$$

$$R_3 = R(k) = E_{03} - E_{30} + E_{21} - E_{12} = \gamma_3 + \delta_3$$

Die Assoziativität der **Quaternionenalgebra** $\mathbb{H}$ ist gleichbedeutend mit der Vertauschbarkeit von L_a mit R_b, wohingegen jede der beiden Arten für sich genommen eine Drehimpulsalgebra erzeugt (in der reellen oder komplexen Version, je nachdem, ob wir $\mathbb{R}$ oder $\mathbb{C}$ als Grundkörper betrachten). Die Kommutatorrelationen sind

$$[L_a, L_b] = -2\,\varepsilon_{abc}\,L_c$$

$$[R_a, R_b] = +2\,\varepsilon_{abc}\,R_c$$

sowie

$$[L_a, R_b] = [R_a, L_b] = 0$$

für alle $a, b \in \{1,2,3\}$. Diese Formeln beinhalten die oben angesprochene Zerlegung

$$\mathfrak{D} = \mathfrak{o}_L \oplus \mathfrak{o}_R \cong \mathfrak{so}_3(\mathbb{C}) \oplus \mathfrak{so}_3(\mathbb{C})$$

in die von den Linksmultiplikationen L_1, L_2, L_3 aufgespannte Drehimpulsalgebra $\mathfrak{o}_L$ und ihren Widerpart $\mathfrak{o}_R$ mit den Erzeugenden R_1, R_2, R_3.
Jede irreduzible komplexe Darstellung

$$\Phi:\ \mathfrak{D} \longrightarrow \mathrm{End}(V)$$

von $\mathfrak{D} = \mathfrak{so}_4(\mathbb{C})$ erhalten wir als Tensorprodukt je einer irreduziblen Darstellung von $\mathfrak{o}_L$ und $\mathfrak{o}_R$. Ein Rückgriff auf Satz 9.3.2 erlaubt die explizite Durchführung der Rechnung.
Insbesondere hängt Φ von zwei nichtnegativen ganz- oder halbzahligen Parametern s_L und s_R ab, die (bis auf die Koordinatenwahl eindeutig) die Teildarstellungen

$$\Phi_L = \Phi\big|_{\mathfrak{o}_L} = \mathcal{D}(s_L)$$

und

$$\Phi_R = \Phi|_{o_R} = \mathcal{D}(s_R)$$

charakterisieren; s. Abschn. 9.3. Die Gesamtdarstellung

$$\Phi = \mathcal{D}(s_L, s_R) = \Phi_L \otimes \Phi_R = \mathcal{D}(s_L) \otimes \mathcal{D}(s_R)$$

ist dann, abgesehen von der Wahl der Basis, ebenfalls eindeutig durch die beiden Parameter s_L und s_R festgelegt, die unabhängig voneinander die Menge $\{0, \frac{1}{2}, 1, \frac{3}{2}, \ldots\}$ durchlaufen. Der Darstellungsgrad ist

$$\text{Grad}\ \mathcal{D}(s_L, s_R) = \text{Grad}\ \mathcal{D}(s_L) \cdot \text{Grad}\ \mathcal{D}(s_R) = (2s_L+1) \cdot (2s_R+1)$$

Im vorliegenden Fall der Lorentzalgebra gestalten sich die Rechnungen im Komplexen besonders einfach. Das liegt an der Zerlegung von $so_4(\mathbb{C})$ oder auch $so_4(\mathbb{R})$ in Faktoren, deren Darstellungstheorie wir bereits behandelt haben.

Normalerweise ist aber auch die Komplexifikation einer reellen einfachen Liealgebra einfach; die Lorentzalgebra bildet eine große Ausnahme. Jedoch ist es auch für beliebige andere einfache Liealgebren über $\mathbb{R}$ oder $\mathbb{C}$ möglich, die endlichdimensionalen irreduziblen Darstellungen vollständig zu klassifizieren. Zu diesem Zweck ist ein ausgedehnter Formalismus entwickelt worden, den wir hier nicht näher erörtern können. Es sei nur bemerkt, daß die in Abschn. 9.3 eingeführten und hier in erweiterter Form benutzten Methoden grundlegend für die Theorie der einfachen Liealgebren sind. Nur muß man die Konzepte entsprechend generalisieren, z.B. hat man an Stelle des Operators L_0 in der Drehimpulsalgebra jetzt eine sogenannte **Cartanalgebra** zu verwenden, das ist eine maximale abelsche Unteralgebra. Die Idee, nach einer Basis von Eigenvektoren zu entwickeln, wird direkt übernommen, und zwar sucht man simultane Eigenvektoren einer Cartanalgebra H, konstruiert dann nach bestimmten Vorschriften Leiteroperatoren, die die Erzeugenden von H zu einer **(Chevalley-)Basis** der ganzen Algebra ergänzen, usw.

Mehr Informationen zum Thema findet man z.B. in den Originalarbeiten von Killing [1888-1890], Cartan [1952-1953], Chevalley [1948] und anderen, sowie den schon bei früherer Gelegenheit zitierten Büchern von Carter [1972], Humphreys [1975] oder Chevalley [1946].

D. SPIEGELUNGEN

15. COXETERGRUPPEN

15.1. Diskrete Symmetrien

Durch Einführen geeigneter Koordinaten, die der durch die **Killingfelder** gegebenen **Blätterung** entsprechen, und Anwendung des **Noether-Theorems** (Neutsch & Scherer [1992]) läßt sich die Zahl der für die Behandlung von Differentialgleichungen erforderlichen Variablen um k verringern, sofern eine k-dimensionale Liegruppe von Symmetrien der Konfiguration bekannt ist.
Das Noether-Theorem, in der anderen Richtung interpretiert, zeigt aber auch die Notwendigkeit dieser Bedingung. Wenn ein vorgelegtes Problem also nur eine diskrete Symmetriegruppe G aufweist, ist eine dimensionale Reduktion unmöglich. Trotzdem kann man hoffen, falls z.B. G endlich ist, den Rechenaufwand für die Lösung von Differentialgleichungen um einen Faktor der Größenordnung #(G) zu senken, da die Kenntnis der Felder in irgendeinem Punkt x unmittelbar (durch Transformation mit G) die entsprechenden Informationen in allen Punkten der Bahn x^G nach sich zieht.
Die Endlichkeit von G ist von entscheidender Bedeutung. Unendliche diskrete Gruppen, etwa Translationsgruppen von Gittern, erfordern andere Methoden, s. Kap. 18 und 19.
Allerdings tritt an dieser Stelle ein Problem auf, das wir anhand eines einfachen Beispiels erläutern wollen. Wir betrachten die Potentialgleichung in $\mathbb{R}^2$,

$$\Delta \varphi = \partial_x^2 \varphi + \partial_y^2 \varphi = 0$$

(mit kartesischen Koordinaten x,y). Gesucht sind Lösungen, die symmetrisch zur x-Achse verlaufen, also unter der Spiegelung $y \longmapsto -y$ invariant sind.
Es reicht nicht aus, eine lokale Lösung in der Nähe eines Punktes außerhalb der Symmetrielinie y = 0 zu finden, da wir nicht wissen, ob diese überhaupt über die x-Achse hinweg glatt und symmetrisch fortsetzbar ist. Normalerweise wird dies nicht der Fall sein.
Die Funktion

$$\varphi(x,y) = \ln\left[x^2+(y-1)^2\right]$$

etwa erfüllt zwar die Differentialgleichung, ist aber nicht invariant unter der Spiegelung an der x-Achse.

Verlangt sind vielmehr Lösungen, die von x beliebig abhängen dürfen, in y aber gerade Funktionen sind. Das impliziert u.a. das Verschwinden der y-Ableitung auf der x-Achse ($y = 0$).

Ein einfacher Trick kann dies gewährleisten. Wir brauchen nur f als Funktion von x und $w = y^2$ anzusetzen. Offensichtlich liefert das die allgemeinste Form einer der Symmetrie $y \longmapsto -y$ genügenden Funktion. Substitution in die Ausgangsbeziehung läßt mit

$$\partial_y = 2\, y\, \partial_w = 2\, w^{1/2}\, \partial_w$$

die Gleichung

$$\partial_x^2\varphi + 4\, w\, \partial_w^2\varphi + 2\, \partial_w\varphi = 0$$

entstehen. Alle Nebenbedingungen sind jetzt automatisch erfüllt.

Wir haben natürlich nichts anderes getan, als eine Koordinatentransformation auf das neue System (x,y^2) anstelle von (x,y) auszuführen.

Der Grundgedanke dieser Prozedur besteht offenbar in der Verwendung von Koordinaten, die selbst invariant unter der Symmetriegruppe G sind, aber so allgemein, daß alle symmetrischen Funktionen unter G auch mit ihrer Hilfe dargestellt werden können.

Es ist nicht schwierig, diese Idee zu formalisieren. Ein erstes nichttriviales Beispiel, auf das wir in Abschn. 30.4 ausführlicher zurückkommen werden, wurde von Neutsch & Fichtner [1988] (für die **Ikosaedergruppe**) angegeben.

In diesem Kapitel wollen wir die generelle Theorie derartiger symmetrischer Koordinaten entwickeln. Dabei ist es allerdings zweckmäßig, sich auf polynomiale Koordinaten zu beschränken, da für diese in den letzten 120 Jahren in Gestalt der Invariantentheorie weitreichende mathematische Untersuchungen durchgeführt worden sind, deren Ergebnisse wir uns zunutze machen können.

Sofern wir die (in den meisten physikalischen Problemen erfüllte) Zusatzannahme machen, der zu beschreibende Bereich sei kompakt, zeigt die folgende

Erweiterung des **Weierstraßschen Approximationssatzes**, daß diese Einschränkung unwesentlich ist.

Satz 15.1.1:

Sei G eine endliche n-dimensionale reelle lineare Gruppe: $G < GL(n,\mathbb{R})$, $\#(G) < \infty$, $K \subset \mathbb{R}^n$ kompakt und G-invariant: $K^G = K$.
Zu jeder G-invarianten stetigen reellen Funktion $f: K \longrightarrow \mathbb{R}$ und jedem $\varepsilon > 0$ gibt es dann ein invariantes Polynom $P \in Inv(G)$, das f bis auf einen Fehler $\leq \varepsilon$ approximiert:

$$x \in K \quad \Rightarrow \quad |P(x)-f(x)| \leq \varepsilon$$

Beweis:

Bis auf die G-Invarianz ist die Existenz eines solchen Polynoms $P_0 \in Pol(\mathbb{R}^n)$ durch den (verallgemeinerten) Weierstraßschen Approximationssatz garantiert. Das G-invariante Polynom

$$P = \langle\!\langle P_0 \rangle\!\rangle_G = \frac{1}{\# G} \sum_{\gamma \in G} P_0^{\gamma}$$

leistet das Verlangte, da durch die Mittelung die Güte der Approximation nicht verschlechtert (aber gegebenenfalls verbessert) wird.

Welche Bedingungen haben die gesuchten Koordinaten zu erfüllen ?
Um alle Invarianten darzustellen (das müssen wir auf jeden Fall verlangen), ist es erforderlich, daß Inv(G) von den endlich vielen Koordinatenpolynomen, die wir im Folgenden mit $P_1, \ldots, P_k$ bezeichnen, als Ring erzeugt wird. Daraus ergibt sich insbesondere, daß die Anzahl der Koordinaten, k, mindestens gleich der Raumdimension (n) ist. Ist sie größer, treten Redundanzen auf, wie es schon bei früheren Betrachtungen vorgekommen ist; man erinnere sich an die Beschreibung der Sphäre durch kartesische, oder der projektiven Räume mittels homogener Koordinaten (Abschn. 7.1 und 7.5). Beide Male war die Zahl der Koordinaten um 1 größer als die Raumdimension, was sich in einer Nebenbedingung

$$x_0^2 + x_1^2 + \ldots + x_{n-1}^2 + x_n^2 = 1$$

für die n-Sphäre S^n oder in der Zusammenfassung proportionaler Koordinatenvektoren zu Äquivalenzklassen in der projektiven Geometrie äußerte.
Für unsere jetzigen Zwecke wollen wir annehmen, daß wir mit der minimal möglichen Zahl von Koordinaten auskommen. Dann dürfen keine funktionalen, also erst recht keine algebraischen Beziehungen zwischen den P_i bestehen. Anders gesagt: Die P_i bilden ein **freies Erzeugendensystem** für Inv(G). Das beinhaltet, daß Inv(G) ein **Polynomring** ist.
Es stellt sich heraus, daß alle endlichen $G < GL(\mathbb{R}^n)$, für die Inv(G) frei ist, klassifiziert werden können. Dieser Aufgabe werden wir uns im folgenden Abschnitt widmen. Anschließend werden wir die gefundenen Gruppen näher untersuchen (Abschn. 15.3). Während wir die Invariantenringe in allen Fällen vollständig beschreiben, ist kein Verfahren bekannt, das es erlaubt, die **Metrik** des $\mathbb{R}^n$ in den P_i auszudrücken, ohne jede Gruppe einzeln zu diskutieren. Aus diesem Grund beschränken wir die betreffenden Betrachtungen in Kap. 30 auf die in der Praxis wichtigsten Gruppen niedriger Dimension (≤ 4). Den letzten Abschnitt dieses Kapitels bilden einige Anwendungsbeispiele.

15.2. Invariantentheorie; der Satz von Molien

Die Theorie der endlichen linearen Gruppen mit frei erzeugtem Invariantenring zeichnet sich durch besondere Einfachheit aus. Das basiert im wesentlichen auf dem **Satz von Molien**, den wir als nächstes betrachten. Zuvor benötigen wir aber noch einige Bezeichnungen aus der Invariantentheorie:

<u>Definition</u> <u>15.2.1:</u>

(a) Sei G eine Untergruppe von $GL(n,\mathbb{R})$. Die **Poincaréreihe** von G ist die (formale) Potenzreihe

$$P_G(t) = \sum_{k\geq 0} t^k \dim \mathrm{Inv}_k(G)$$

(b) Ist G endlich, können wir auch die **Molienreihe** von G erklären durch

$$M_G(t) = \frac{1}{\# G} \sum_{\gamma\in G} \frac{1}{\det(1-t\gamma)}$$

Die Bedeutung dieser Begriffsbildungen erhellt aus

<u>Satz</u> <u>15.2.1</u> <u>(Molien):</u>

(a) Für eine endliche lineare Gruppe $G < GL(n,\mathbb{R})$ stimmen Poincaré- und Molienreihe überein:

$$P_G(t) = M_G(t)$$

(b) Seien weiter $P_1,\ldots,P_k$ Invarianten von G mit $\mathrm{Grad}(P_i) = d_i$ für $1 \leq i \leq k$. Die **Eulersche Reihe**

$$E(t) = \prod_{i=1}^{k} \left(1-t^{d_i}\right)^{-1}$$

ist Minorante für $P_G(t)$ bzw. $M_G(t)$, wenn die P_i algebraisch unabhängig sind und Majorante, falls Inv(G) als Ring von den P_i erzeugt wird.

(c) Bilden $P_1,\dots,P_k$ eine algebraisch unabhängige Ringbasis von Inv(G), so haben wir

$$P_G(t) = M_G(t) = E(t)$$

Beweis:

Zunächst betrachten wir auf der Menge $\mathrm{Hom}_k(\mathbb{R}^n)$ der homogenen Polynome vom Grad k in n reellen Variablen den linearen Operator

$$T_k:\ \mathrm{Hom}_k(\mathbb{R}^n) \longrightarrow \mathrm{Hom}_k(\mathbb{R}^n)$$

der ein Polynom $P \in \mathrm{Hom}_k(\mathbb{R}^n)$ auf sein **Gruppenmittel** unter G abbildet:

$$T_k(P) = \langle\langle P\rangle\rangle_G = (\#G)^{-1} \sum_{\gamma\in G} P^{\gamma}$$

Dieser ist offensichtlich idempotent, denn es gilt

$$T_k^2(P) = (\#G)^{-2} \sum_{\gamma\in G} \sum_{\delta\in G} P^{\gamma\delta} = T_k(P)$$

Somit kann T_k nur die Eigenwerte 0 und 1 besitzen, und es ist

$$\mathrm{Hom}_k(\mathbb{R}^n) = \mathrm{ER}(0,T_k) \oplus \mathrm{ER}(1,T_k) = \mathrm{Kern}(T_k) \oplus \mathrm{Bild}(T_k)$$

Insbesondere erhalten wir

$$\mathrm{Sp}(T_k) = \dim \mathrm{Bild}(T_k) = \dim \mathrm{Inv}_k(G)$$

da $\mathrm{Bild}(T_k)$ genau die G-invarianten Polynome in $\mathrm{Hom}_k(\mathbb{R}^n)$ enthält. Daher ergibt sich für die Poincaréreihe von G:

$$P_G(t) = \sum_{k\geq 0} t^k \, Sp(T_k)$$

Andererseits ist die Spur von T_k:

$$Sp(T_k) = (\#G)^{-1} \sum_{\gamma\in G} Sp(\gamma_k)$$

worin γ_k die γ-Aktion auf $Hom_k(\mathbb{R}^n)$ beschreibt. Da $Sp(\gamma_k)$ gleich der Summe der Eigenwerte von γ_k ist, folgt weiter

$$Sp(\gamma_k) = \sum_{i_1=1}^{n} \ldots \sum_{i_k=1}^{n} \varepsilon_{i_1} \cdot \ldots \cdot \varepsilon_{i_k}$$

($\varepsilon_1, \ldots, \varepsilon_n$ = Eigenwerte von γ). Dies wiederum impliziert

$$P_G(t) = (\#G)^{-1} \sum_{\gamma\in G} \sum_{k\geq 0} \sum_{i_1=1}^{n} \ldots \sum_{i_k=1}^{n} \varepsilon_{i_1} t \cdot \ldots \cdot \varepsilon_{i_k} t$$

oder, anders zusammengefaßt,

$$P_G(t) = (\#G)^{-1} \sum_{\gamma\in G} \left[\sum_{k\geq 0} (\varepsilon_1 t)^k \cdot \ldots \cdot \sum_{k\geq 0} (\varepsilon_n t)^k \right]$$

was nach der Summenformel für die geometrische Reihe nichts anderes ist als

$$(\#G)^{-1} \sum_{\gamma\in G} \left[1 - \varepsilon_1 t \right]^{-1} \cdot \ldots \cdot \left[1 - \varepsilon_n t \right]^{-1} = M_G(t)$$

Dies beweist Behauptung (a); die Teile (b) und (c) folgen unmittelbar aus der Bemerkung, daß alle Polynome, die sich mit Hilfe von $P_1, \ldots, P_k$ schreiben lassen, Linearkombinationen von Ausdrücken der Gestalt

$$P_1^{\nu_1} \cdot \ldots P_k^{\nu_k}$$

sind.

Der folgende Begriff ist grundlegend für alle weiteren Untersuchungen dieses Kapitels:

Definition 15.2.2:
Eine (n-dimensionale) **Spiegelung** ist eine lineare Transformation τ des $\mathbb{R}^n$, die eine Hyperebene H_τ punktweise festläßt und auf dem Orthogonalraum $H_\tau^\perp$ den Eigenwert -1 besitzt.
Wenn der 1-dimensionale Raum $H_\tau^\perp$ von v aufgespannt wird, ist

$$\tau(x) = x - 2 \frac{\langle x, v\rangle\, v}{\langle v, v\rangle}$$

τ ist insbesondere eine Involution in $GO(\mathbb{R}^n)$ mit Determinante -1. Wir nennen τ die **Spiegelung an** H_τ oder die **Reflexion in** v.

Wir benötigen noch ein wichtiges Korollar des Satzes von Molien.

Satz 15.2.2:
(a) Eine endliche Gruppe $G < GO_n(\mathbb{R})$, deren Invariantenring Inv(G) die algebraisch unabhängige Basis $P_1, \ldots, P_k$ mit Graden $d_1, \ldots, d_k$ besitzt, hat die Ordnung

$$\# G = d_1 d_2 \ldots d_{k-1} d_k$$

(b) Es gibt genau

$$N = d_1 + d_2 + \ldots + d_{k-1} + d_k - k$$

Spiegelungen in G.
(c) Jedes System von algebraisch unabhängigen Polynomen $Q_1, \ldots, Q_k$ der Grade

$d_1, \dots, d_k$ ist eine Basis von Inv(G). Dasselbe gilt auch schon, wenn das Produkt der d_i gleich # G ist.

Beweis:

Für $\gamma \in G$ ist das Polynom $\det(1-t\gamma)$ genau dann durch $(1-t)^{n-1}$ teilbar, wenn $\operatorname{mult}_\gamma(1) \geq n-1$ ist. Dies trifft nur auf $\gamma = 1$ und die Spiegelungen in G zu, da das Produkt aller Eigenwerte von γ gleich der Determinante, also ± 1, ist.

Daraus folgt gemäß Teil (c) des Satzes 15.2.2:

$$\#(G)\ (1-t)^n\ M_G(t) \;=\; \#(G) \prod_{i=1}^{k} \frac{1}{1+t+t^2+\dots+t^{d_i-1}} \;=\; 1 + N\,\frac{1-t}{1+t} + (1-t)^2\,\frac{P(t)}{Q(t)}$$

mit geeigneten teilerfremden Polynomen P, Q, wobei N die Zahl der Reflexionen in G bedeutet und Q kein Vielfaches von $(1-t)$ ist.

Setzen wir $t = 1$, so erhalten wir

$$\#(G) \cdot \prod_{i=1}^{k} \frac{1}{d_i} \;=\; 1$$

also (a), während wir, um (b) herzuleiten, zuerst nach t differenzieren. Das ergibt modulo $(1-t)$:

$$\#(G)\ (1-t)^n\ M_G(t) \cdot \sum_{i=1}^{k} \left[-\,\frac{1+2t+\dots+(d_i-1)t^{d_i-2}}{1+t+\dots+t^{d_i-1}} \right] \;\equiv\; \frac{-2N}{(1+t)^2}$$

und nach dem Grenzübergang $t \longrightarrow 1$ folgt

$$-\,\frac{1}{2} \sum_{i=1}^{k} (d_i - 1) \;=\; -\,\frac{1}{2}\,N$$

oder

$$N = \left[\sum_{i=1}^{k} d_i \right] - k$$

wie behauptet.

Aussage (c) ergibt sich aus folgender Überlegung: Die Q_i können nach Voraussetzung als Polynome in den P_i ausgedrückt werden. Wegen der algebraischen Unabhängigkeit muß jedes P_i dabei in mindestens einem Q_j wirklich vorkommen. Daraus folgt, wenn wir o.B.d.A. die Numerierung so vornehmen, daß P_i in Q_i enthalten ist, $d_i = \mathrm{Grad}(P_i) \le \mathrm{Grad}(Q_i)$, und die Übereinstimmung der Produkte zieht $\mathrm{Grad}(Q_i) = d_i$ für alle i nach sich.

$Q_1,\dots,Q_k$ erzeugen einen Unterring U von Inv(G), der ebenfalls frei erzeugt ist. Seine Molienreihe stimmt nach Satz 15.2.1 mit dem Eulerprodukt zu den Graden $d_1,\dots,d_k$, also auch mit der Poincaréreihe von Inv(G) überein; daraus folgt unmittelbar U = Inv(G).

15.3. Freie Invariantenringe

In diesem Abschnitt wollen wir die endlichen linearen Gruppen betrachten, deren Invariantenringe ein freies Erzeugendensystem besitzen. Es wird sich zeigen, daß es sich hierbei im wesentlichen um Spiegelungsgruppen handelt. Wir beginnen deshalb mit

Definition 15.3.1:
Eine **Spiegelungsgruppe (Reflexionsgruppe)** ist eine Untergruppe von $GO(\mathbb{R}^n)$, die von Spiegelungen erzeugt wird.

Das folgende Kriterium ist einfach, aber sehr nützlich.

Satz 15.3.1:
Sei G eine endliche Untergruppe von $GL(\mathbb{R}^n)$. Zwei Punkte $x, y \in \mathbb{R}^n$ sind genau dann konjugiert unter der Aktion von G, wenn für jedes invariante Polynom $P \in Inv(G)$ die Bedingung $P(x) = P(y)$ erfüllt ist.
Wird darüber hinaus der Invariantenring von den Polynomen $P_1, \dots, P_k$ erzeugt, so ist dies gleichwertig mit $P_i(x) = P_i(y)$ für alle $i \in \{1, \dots, k\}$.

Beweis:
Daß eine Invariante auf konjugierten Punkten denselben Wert annimmt, ist nach Definition des Wortes "invariant" richtig. Wir betrachten zwei nicht in derselben G-Bahn liegende Punkte $x, y \in \mathbb{R}^n$. Das Polynom

$$P(z) = \prod_{\gamma \in G} \langle z-x^\gamma, z-x^\gamma \rangle$$

ist invariant und verschwindet genau auf den Punkten von x^G, während es wegen der Eigenschaften des Euklidischen Abstandes überall sonst positiv ist.

Insbesondere ist P(x) = 0, aber P(y) > 0. Der zweite Teil des Satzes ist trivial.

Die nächste Beobachtung erlaubt die Reduktion unseres Problems auf den Spezialfall orthogonaler Gruppen:

Satz 15.3.2:

Jede endliche Untergruppe von $GL(n,\mathbb{R})$ besitzt eine invariante positiv definite symmetrische Bilinearform und ist somit konjugiert zu einer Untergruppe von $GO(n,\mathbb{R})$.

Beweis:

Wir setzen

$$C = \sum_{\gamma\in G} \gamma\, {}^t\gamma$$

Dann ist die gesuchte Form gegeben durch

$$\langle u,v\rangle = u\, C\, {}^tv$$

In der Tat ist dank der Invertierbarkeit der γ für $v \neq 0$:

$$\langle v,v\rangle = v\, C\, {}^tv = \sum_{\gamma\in G} v\, \gamma\, {}^t\gamma\, {}^tv = \sum_{\gamma\in G} (v\gamma)\, {}^t(v\gamma) > 0$$

die Form also positiv definit. Die Invarianz folgt aus der für $\mu \in G$ geltenden Rechnung

$$\mu\, C\, {}^t\mu = \sum_{\gamma\in G} \mu\, \gamma\, {}^t\gamma\, {}^t\mu = \sum_{\mu\gamma\in G} (\mu\gamma)\, {}^t(\mu\gamma) = C$$

denn mit γ durchläuft auch $\mu\gamma$ alle Gruppenelemente jeweils genau einmal. Die Konjugiertheit zu einer in $GO(n,\mathbb{R})$ gelegenen Gruppe ergibt sich durch Transformation auf eine Orthonormalbasis bezüglich $\langle .,. \rangle$.

Wir dürfen uns also auf orthogonale Gruppen beschränken. Für diese gilt:

Satz 15.3.3:

Sei G eine endliche Untergruppe von GO(n,ℝ). Der Invariantenring von G besitze die algebraisch unabhängigen Erzeugenden $P_1,\dots,P_k$, die wir o.B.d.A. nach steigenden Graden

$$d_i = \mathrm{Grad}(P_i)$$

angeordnet annehmen:

$$d_1 \le d_2 \le \dots \le d_{k-1} \le d_k$$

Dann gilt:

(a) Der Rang k von $\mathrm{Inv}(G) = \mathbb{R}[P_1,\dots,P_k]$ ist gleich der Dimension n von G;

(b) Die Grade d_i, $i \in \{1,\dots,n\}$ der Basisinvarianten $P_1,\dots,P_k$ sind eindeutig durch die Gruppe bestimmt;

(c) Die Invarianten selbst lassen sich so wählen, daß alle P_i homogen sind (vom jeweiligen Grad d_i);

(d) Die Determinante der Jacobimatrix

$$J = J(x) = DP(x) = \frac{\partial(P_1,\dots,P_n)}{\partial(x_1,\dots,x_n)}$$

ist, abgesehen von einem unwesentlichen reellen Faktor ≠ 0, unabhängig von der Auswahl der P_i.

Sie ist ein homogenes Polynom in $x_1,\dots,x_n$ des Grades

$$N = \sum_{i=1}^{n} (d_i - 1)$$

und zerfällt vollständig in Linearfaktoren:

$$\det J(x) = \prod_{i=1}^{N} h_i(x)$$

Beweis:

Da es in n Variablen nicht mehr als n algebraisch unabhängige Polynome geben kann, ist $k \leq n$.

Seien $C_1,\dots,C_k \in \mathbb{R}$. Alle Lösungen $x \in \mathbb{R}^n$ des linearen Gleichungssystems

$$P_i(x) = C_i$$

bilden (wenn es überhaupt welche gibt) nach Satz 15.3.1 eine Bahn unter G. Ihre Anzahl ist damit durch $\#(G) < \infty$ nach oben beschränkt. Daraus ergibt sich, daß die Vorgabe der Werte aller P_i den Punkt x bis auf endlich viele Alternativen festlegt; das wiederum impliziert unmittelbar $k \geq n$, also Behauptung (a).

Die **Molienreihe**

$$M_G(t) = \frac{1}{\# G} \sum_{\gamma \in G} \frac{1}{\det(1-\gamma t)}$$

hängt per definitionem nur von der Gruppe ab, nicht jedoch von den Basisinvarianten P_i. Wegen Satz 15.2.1 ist aber

$$M_G(t) = \prod_{i=1}^{N} \left(1-t^{d_i}\right)^{-1}$$

Der erste nichtkonstante Term in der Potenzreihenentwicklung von $M_G(t)$ ist offenbar proportional zu t^{d_1} und erlaubt somit die Bestimmung von d_1.

Danach betrachten wir in der gleichen Weise die Reihe

$$\left(1-t^{d_1}\right) M_G(t) = \prod_{i=2}^{N} \left(1-t^{d_i}\right)^{-1}$$

Das liefert d_2, usw. Somit gilt (b).
Jedes P_i kann zerlegt werden gemäß

$$P_i = Q_i + R_i$$

wo Q_i homogen vom Grad d_i, R_i hingegen von niedrigerem Grad (und evtl. inhomogen) ist. Beide Summanden sind G-invariant. Damit muß sich R_i als Polynom in den P_j ausdrücken lassen. Hierfür kommen aber aus Gradgründen nur die P_j mit $j < i$ in Betracht. Insbesondere tritt P_i selbst nicht auf. Daher dürfen wir in der gegebenen Basis P_i durch Q_i ersetzen. Sukzessive Anwendung der beschriebenen Prozedur für $i = 1,2,\ldots$ ergibt (c).
Nach Satz 15.2.2 enthält G genau

$$N = d_1 + d_2 + \ldots + d_{n-1} + d_n - n$$

Spiegelungen $\tau_1,\ldots,\tau_N$. Der Fixraum von τ_i ist eine Hyperebene $H_i \subset \mathbb{R}^n$, die durch eine Gleichung

$$h_i(x) = 0$$

mit $h_i \in (\mathbb{R}^n)^* = \mathrm{Pol}_1(\mathbb{R}^n)$ beschrieben werden kann. In einem Punkt $x \in H_i$ sind die Gradienten ∇P_j, $j \in \{1,\ldots,n\}$, linear abhängig, da sie alle im Fixraum $T_x(H_i) \cong H_i \cong \mathbb{R}^{n-1}$ der τ_i-Aktion auf $T_x(\mathbb{R}^n) \cong \mathbb{R}^n$ liegen. Letztere ist durch das Differential $d\tau_i$ gegeben und aufgrund der Linearität von τ_i äquivalent zu der von τ_i selbst.
Daher ist

$$\det J(x) = \det \frac{\partial P}{\partial x} = \det \left(\nabla P_1,\ldots,\nabla P_n \right) = 0$$

und h_i ist ein Teiler des Polynoms det J. Diese Überlegung trifft für alle $i \in \{1,\ldots,n\}$ zu, und wir erhalten

$$\prod_{i=1}^{N} h_i(x) \;\Big|\; \det J(x)$$

Die Grade beider Polynome sind gleich N, daher können sich $\Pi\, h_i$ und det J höchstens um einen konstanten Faktor $\neq 0$ unterscheiden. Das ist Aussage (d), und der Satz ist vollständig bewiesen.

Die Bedeutung des soeben erzielten Resultates liegt vor allem in der Tatsache begründet, daß - im Gegensatz zu den Basisinvarianten P_i, die wir i.a. auf viele verschiedene Weisen aussuchen können - ihre Jacobideterminante im wesentlichen eindeutig festliegt.
Allerdings ist det J selbst nur eine **Semiinvariante**, da sie nur unter Drehungen in G invariant ist, während sie bei Anwendungen von Umlegungen das Vorzeichen wechselt. Hingegen ist $(\det J)^2$ eine echte Invariante. Wir werden in Kap. 30 sehen, daß ihre Bestimmung als Polynom in den Basisfunktionen P_i für die Theorie wichtig ist, und dies in einigen Fällen explizit ausführen.
Zuerst aber müssen wir die in Frage stehenden Gruppen klassifizieren. Ein erster Schritt in diese Richtung ist

Satz 15.3.4:
Seien $G < GL(\mathbb{R}^n)$ endlich und Inv(G) ein Polynomring. Die (bis auf einen unwichtigen skalaren Faktor) wohlbestimmten Linearfaktoren von

$$\det J = \det \frac{\partial P}{\partial x}$$

einer beliebig ausgewählten Basis P_i, $i \in \{1,\ldots,n\}$, von Inv(G) nennen wir (in irgendeiner Reihenfolge) $h_1,\ldots,h_N$, während H_i die Hyperebene $h_i = 0$ und τ_i die zugehörige Spiegelung bedeuten.
Die Zusammenhangskomponenten des Komplements

$$\Gamma = \mathbb{R}^n \setminus \left[H_1 \cup \ldots \cup H_N \right]$$

sind die sog. **(Weyl-)Kammern** der Gruppe.

(a) Zu jedem $\gamma \in G$, $\gamma \neq 1$, gibt es (mindestens) ein $i \leq N$, so daß der Fixraum von γ in H_i enthalten ist.
(b) Die Weylkammern sind konvexe Kegel.
(c) Sei F der topologische Abschluß einer Weylkammer. Dann ist jedes $x \in \mathbb{R}^n$

konjugiert unter G zu genau einem Punkt aus F. F ist also ein **Fundamentalbereich** der Gruppe.

(d) Die Spiegelungen τ_i in den H_i, die mit dem Rand von F eine (n-1)-dimensionale Punktmenge gemeinsam haben, erzeugen ganz G.

Beweis:

Das zum Nachweis von Teil (d) des Satzes 15.3.3 benutzte Argument kann auch auf γ anstelle von τ_i angewandt werden und zeigt, daß der Fixraum von γ in der Nullstellenmenge von det J liegt. Da diese gleich der Vereinigung der H_i und ER(1,γ) ein Vektorraum ist, ergibt sich (a).
Die Kammern sind Durchschnitte von konvexen Mengen, nämlich von Halbräumen, die durch gewisse H_i begrenzt werden. Daraus folgt unmittelbar (b).
Zur Bestätigung von (c) nehmen wir zunächst an, es gebe ein $\alpha \in G^\#$ und einen Punkt x, der in derselben Weylkammer F_0 liegt wie $\alpha(x)$. Wegen der Konvexität von F_0 gilt dies auch für die gesamte Verbindungsstrecke $(x,\alpha(x))$ zwischen beiden. $(x,\alpha(x))$ hat dann mit keiner der Hyperebenen H_i gemeinsame Punkte.
Das gleiche trifft auch auf die Bilder $(\alpha(x),\alpha^2(x))$, $(\alpha^2(x),\alpha^3(x))$, ... unter den Potenzen von α zu.
Somit liegt der gesamte Polygonzug $(\alpha(x),\alpha^2(x)),\alpha^3(x),\ldots)$ in F_0. Die Gruppe G ist endlich, deshalb muß auch α endliche Ordnung, sagen wir ν, haben. Das arithmetische Mittel

$$x_0 = \frac{1}{\nu} \sum_{i=0}^{\nu-1} \alpha^i(x)$$

aller Bilder $x,\alpha(x),\alpha^2(x),\ldots,\alpha^{\nu-1}(x)$ ist ein Fixpunkt von α. Dank (b) liegt x_0 in F_0, im Widerspruch zu (a). Folglich sind je zwei Punkte aus F_0 inäquivalent unter G. Dies bedeutet nach Satz 15.3.1, daß die Basisinvarianten auf F_0 und (aus Stetigkeitsgründen) sogar auf dem topologischen Abschluß $F = F_0^-$ als Koordinaten geeignet sind, d.h., daß die Abbildung $x \longmapsto (P_1(x),\ldots,P_n(x))$ auf F injektiv ist.
Alle weiteren Behauptungen ergeben sich unmittelbar aus der Beobachtung, daß die Bilder von F unter der von den in (d) charakterisierten Spiegelungen erzeugten Gruppe ganz $\mathbb{R}^n$ überdecken.

Bevor wir zur expliziten Konstruktion aller endlichen Spiegelungsgruppen übergehen, wollen wir noch untersuchen, inwieweit die Umkehrung des gerade gefundenen Satzes 15.3.4 gilt. Die hier wiedergegebenen Betrachtungen stammen von Chevalley [1955]; man bemühe zum Vergleich auch Humphreys [1990].
Es sei $G < GO_n(\mathbb{R})$ eine endliche Spiegelungsgruppe vom Rang n, die von den Reflexionen $\sigma_1,\ldots,\sigma_n$ erzeugt wird. Die Menge

$$\mathfrak{I}_0 = \left\{ I \in \mathrm{Inv}(G) \;\middle|\; I(0) = 0 \right\}$$

aller Invarianten mit verschwindendem konstantem Term bildet ein Ideal in Inv(G). Das von $\mathfrak{I}_0$ erzeugte Ideal im vollen Polynomring $\mathbb{R}[x_1,\ldots,x_n]$ nennen wir $\mathfrak{I}$. Es wird von allen homogenen Invarianten mit positivem Grad aufgespannt.
Der **Hilbertsche Basissatz** (s. Abschn. 2.5) erlaubt es, unter diesen endlich viele, etwa $P_1,\ldots,P_k$, auszuwählen, die ein minimales Erzeugendensystem für $\mathfrak{I}$ bilden. Den Grad von P_i bezeichnen wir mit d_i.
Durch Induktion über d = Grad(I) zeigen wir, daß jede Invariante I von G sich als Polynom in den P_i schreiben läßt. Für d = 0 ist das trivial; wir dürfen also $d \geq 1$ und $I(0) = 0$ annehmen. Dann ist $I \in \mathfrak{I}_0 \subseteq \mathfrak{I}$ und somit von der Form

$$I = Q_1 P_1 + \ldots + Q_k P_k$$

mit $Q_i \in \mathbb{R}[x_1,\ldots,x_n]$. Das Gruppenmittel $«I» = «I»_G$ stimmt wegen der Invarianz mit I überein:

$$I = «I» = «Q_1» P_1 + \ldots + «Q_k» P_k$$

Die gemittelten Polynome $«Q_i»$ sind G-invariant; mit der Abschätzung

$$\mathrm{Grad}(Q_i) \leq d - d_i < d$$

folgen daraus nach Induktionsannahme $«Q_i» \in \mathbb{R}[P_1,\ldots,P_n]$ und die Darstellbarkeit von I als Polynom in den P_i.
Weiter behaupten wir, daß die P_i algebraisch unabhängig sind. Anderenfalls gäbe es ein Polynom F, das

$$F(P_1,\dots,P_n) = 0$$

erfüllt, aber nicht identisch verschwindet. O.B.d.A. seien alle Terme in F, aufgefaßt als Funktionen in den x_i, homogen vom Grad d.
Wir wählen jetzt unter den partiellen Ableitungen

$$F_i = \frac{\partial F}{\partial P_i}$$

eine minimale Basis für das von $F_1,\dots,F_n$ erzeugte Ideal. Indem wir gegebenenfalls umnumerieren, können wir erreichen, daß sie aus den ersten m Koordinatenableitungen von F, also aus $F_1,\dots,F_m$, besteht.
Die übrigen n-m Polynome sind dann in der Gestalt

$$F_i = \sum_{j=1}^{m} Q_{ij} F_j$$

$(m < i \leq n)$ darstellbar mit geeigneten homogenen Polynomen Q_{ij} des jeweiligen Grades

$$\mathrm{Grad}(Q_{ij}) = \mathrm{Grad}(F_i) - \mathrm{Grad}(F_j) = (d-d_i) - (d-d_j) = d_j - d_i$$

Wir setzen den Ausdruck für F_i in die durch Differenzieren aus der vorausgesetzten Beziehung $F(P_1,\dots,P_n) = 0$ gewonnene Gleichung

$$\sum_{i=1}^{n} F_i \frac{\partial P_i}{\partial x_k} = 0$$

ein und erhalten

$$\sum_{i=1}^{m} F_i \left[\frac{\partial P_i}{\partial x_k} + \sum_{j=m+1}^{n} F_{ji} \frac{\partial P_i}{\partial x_k} \right] = 0$$

Setzen wir noch zur Abkürzung

$$K_i = \frac{\partial P_i}{\partial x_k} + \sum_{j=m+1}^{n} F_{ji} \frac{\partial P_i}{\partial x_k}$$

so wird

$$\sum_{i=1}^{m} K_i F_i = 0$$

Für jedes i, $m < i \leq n$, ist K_i ein homogenes Polynom vom Grad d_i-1 in den x_k. Außerdem liegt F_1 nach Voraussetzung nicht in dem von $F_2,\dots,F_m$ erzeugten Inv(G)-Ideal.

Angenommen, es gelte

$$F_1 = R_2 F_2 + \dots R_m F_m$$

mit irgendwelchen Polynomen $R_i \in \mathbb{R}[x_1,\dots,x_n]$, die nicht alle verschwinden. Dann liefert die Invarianz der F_i wie oben den Widerspruch

$$F_1 = «F_1» = «R_2» F_2 + \dots + «R_m» F_m$$

Daher ist F_1 nicht einmal im von $F_2,\dots,F_m$ aufgespannten $\mathbb{R}[x_1,\dots,x_n]$-Ideal enthalten.

Wir beweisen als nächstes durch Induktion über $\kappa = \text{Grad}(K_1)$, daß K_1 in $\mathfrak{I}$ liegt. Wenn $\kappa = 0$ ist, ist K_1 konstant, also gleich $0 \in \mathfrak{I}$, da sonst

$$F_1 = - K_1^{-1} \left[K_2 F_2 + \dots + K_m F_m \right]$$

wäre.

Sei also $\kappa \geq 1$. Wir betrachten eine Spiegelung σ aus G. Ihr Fixraum ist eine Hyperebene, beschrieben durch die lineare Gleichung $H = 0$. Das Polynom $\sigma(K_1)-K_1$ ist ebenfalls homogen vom Grad κ und verschwindet auf $H = 0$.

Daraus folgt, daß H (als Polynom) ein Teiler der letzten Gleichung ist, d.h., es gibt Polynome $\overline{K}_i$ mit $K_i = H\cdot\overline{K}_i$. Die reduzierte Gleichung

$$\overline{K}_1 F_1 + \dots \overline{K}_m F_m = 0$$

hat aber einen um 1 kleineren Grad als die ursprüngliche. Nach Induktions-

annahme bedeutet dies $\sigma(K_1)-K_1 \in \mathfrak{I}$.
Da $\mathfrak{I}_0$ invariant unter $\sigma \in G$ ist, operiert σ trivial auf $\mathfrak{I}/\mathfrak{I}_0$. Das Gleiche gilt dann auch für die gesamte Gruppe G, da sie von Reflexionen erzeugt wird. Wir haben somit $«K_1» - K_1 \in \mathfrak{I}$, und aufgrund von $K_1(0) = 0$ schließlich $«K_1» \in \mathfrak{I}_0 \subseteq \mathfrak{I}$. Dann ist aber auch, wie behauptet,

$$K_1 = \frac{\partial P_1}{\partial x_k} + \sum_{j=m+1}^{n} F_{j1} \frac{\partial P_j}{\partial x_k} \in \mathfrak{I}$$

Wir multiplizieren die letzte Gleichung mit x_k und summieren über alle k von 1 bis n. Der **Eulersche Homogenitätssatz** führt unmittelbar auf

$$\sum_{i=1}^{n} x_k \frac{\partial P_j}{\partial x_k} = d_j P_j$$

und weiter zu

$$d_1 P_1 + \sum_{j=m+1}^{n} d_j Q_{j1} P_j = \sum_{i=1}^{n} S_i P_i$$

wobei die S_i sämtlich der Bedingung $S_i(0) = 0$ genügen. Alle links stehenden Summanden sind homogen vom Grad d_1; auf der anderen Seite muß daher $S_1 = 0$ sein, da anderenfalls der Grad von $S_1 P_1$ zu groß wäre. Folglich liegt P_1 im Ideal, das innerhalb des gesamten Polynomrings von $P_2,\ldots,P_n$ erzeugt wird. Das steht jedoch im Gegensatz zur Voraussetzung. Damit ist bewiesen:

Satz 15.3.5 (Chevalley):
Sei G eine endliche Spiegelungsgruppe. Dann ist Inv(G) ein Polynomring.

Kombinieren wir das mit den früheren Ergebnissen des vorliegenden Kapitels, so schließt sich der Kreis:

Satz 15.3.6:
Der Invariantenring einer endlichen linearen Gruppe $G \le GL_n(\mathbb{R})$ besitzt ge-

nau dann eine algebraisch unabhängige Basis, wenn G konjugiert zu einer Spiegelungsgruppe ist.

Es bleibt die Aufgabe, die fraglichen Gruppen und ihre Invarianten vollständig zu klassifizieren. Wir werden uns diesem Problem im Rest dieses Kapitels sowie dem darauffolgenden widmen.

15.4. Spiegelungsgruppen

Durch die Betrachtungen des Abschnitts 15.3 haben wir unsere Aufgabe, alle endlichen Gruppen mit freiem Invariantenring zu ermitteln, auf die Klassifikation der endlichen Spiegelungsgruppen reduziert.
Sei also G eine endliche, von den Reflexionen $\tau_1,\dots,\tau_k$ erzeugte Untergruppe von $GO(\mathbb{R}^n)$. Dabei nehmen wir an, daß keines der τ_i überflüssig, d.h. das betrachtete Erzeugendensystem minimal sei.
Die Ordnung des Produkts $\tau_i\tau_j$ ist (wie die von G) natürlich $< \infty$; außerdem stimmt sie mit der des (in G zu ihm konjugierten) Elements $\tau_j\tau_i$ überein. Darüber hinaus sind alle Spiegelung ihrer Definition gemäß Involutionen. Das motiviert

Definition 15.4.1:
Zu einer Matrix $K \in \mathbb{N}^{(n,n)}$ mit $K_{ii} = 1$ für alle $i \in \{1,\dots,n\}$ definieren wir die **Coxetergruppe**

$$\mathrm{Cox}(K) = \left\langle \varepsilon_1,\dots,\varepsilon_n \;\middle|\; (\varepsilon_i\varepsilon_j)^{K_{ij}} = 1 \right\rangle$$

Insbesondere ist wegen $K_{ii} = 1$ für alle i:

$$\varepsilon_i^2 = 1$$

und die Gruppe Cox(K) ändert sich nicht, wenn wir K_{ij} und K_{ji} durch ihren größten gemeinsamen Teiler ersetzen. Daher darf o.B.d.A. K als symmetrisch angenommen werden. Außerdem ist eines der Erzeugenden ε_i und ε_j $(i \neq j)$ überflüssig, falls $K_{ij} = 1$ ist. Dies legt die folgende Bezeichnung nahe:

Definition 15.4.2:
Eine **Coxetermatrix** der Dimension n ist eine symmetrische (n,n)-Matrix K mit Koeffizienten aus $\mathbb{N}$, die die Bedingungen

$$K_{ii} = 1 \qquad (1 \le i \le n)$$

und

$$K_{ij} \ge 2 \qquad (i \ne j)$$

erfüllt.

Eine zweckmäßige Beschreibung der Coxetermatrizen liefert

Definition 15.4.3:
Das zur Coxetermatrix K gehörige **Dynkindiagramm** besteht aus n Knoten, die den Erzeugenden ε_i von Cox(K) bijektiv zugeordnet sind. Die Knoten i und j sind
(a) nicht verbunden:

wenn $K_{ij} = 2$ ist;
(b) durch eine einfache Kante verbunden:

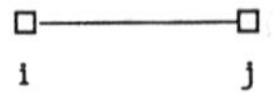

für $K_{ij} = 3$ und
(c) durch eine numerierte Kante verbunden:

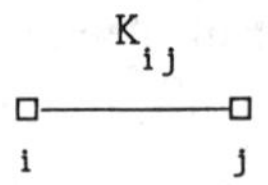

falls $K_{ij} \ge 4$ ist.
Das Diagramm Δ und die Gruppe Cox(Δ) heißen **monolithisch**, wenn Δ zusammenhängend ist.

Auch andere Konventionen sind üblich.
Die Coxetermatrix K ist durch ihr Diagramm Δ eindeutig bestimmt. Daher wird die Gruppe Cox(K) oft auch mit Cox(Δ) bezeichnet.
Da die Quadrate der Erzeugenden ε_i jeweils gleich 1 sind, kommutieren ε_i und ε_j $(i \neq j)$ genau dann, wenn $K_{ij} = 2$ gilt. Daraus folgt unmittelbar

<u>Satz</u> <u>15.4.1:</u>

Sei Δ ein Dynkindiagramm.

(a) Alle ε_i, die in einem Teildiagramm $\Delta' \subseteq \Delta$ liegen, erzeugen eine zu Cox(Δ') isomorphe Untergruppe;

(b) Wenn $\Delta_1, \dots, \Delta_s$ die Zusammenhangskomponenten von Δ sind, ist Cox(Δ) das direkte Produkt

$$\mathrm{Cox}(\Delta) \cong \mathrm{Cox}(\Delta_1) \times \dots \times \mathrm{Cox}(\Delta_s)$$

Dieser Satz erlaubt die Zurückführung vieler Strukturfragen auf den Spezialfall monolithischer Gruppen.
Nach dem oben Gesagten sind (endliche) Spiegelungsgruppen als Faktorgruppen von geeigneten Coxetergruppen beschreibbar. Wir wollen uns diesen Zusammenhang etwas genauer ansehen. Dazu benötigen wir die

<u>Definition</u> <u>15.4.4:</u>

Der Coxetermatrix $K \in \mathbb{N}^{(n,n)}$ ordnen wir eine reelle symmetrische (n,n)-Matrix, die **Cartanmatrix** $C = C(K) = C(\Delta)$, zu vermöge

$$C_{ij} = -2 \cos \frac{\pi}{K_{ij}}$$

Insbesondere sind die Diagonalglieder

$$C_{ii} = 2$$

und für $i \neq j$ ist

$$-2 < C_{ij} \leq 0$$

Die monolithische Coxetergruppe Cox(Δ) = Cox(K) sowie Δ und K selbst heißen

(a) **vom endlichen Typ** oder **euklidisch**, wenn die Cartanmatrix positiv definit ist;

(b) **affin**, wenn C den Eigenwert 0 mit Multiplizität 1 und sonst nur positive Eigenwerte besitzt;

(c) **minkowskisch**, falls die Signatur von C gleich $(-^1, +^{n-1})$ ist.

Entsprechend werden Bezeichnungen wie **definit** oder **indefinit** übertragen.

Wir wollen ein Diagramm $\Delta = \Delta(K)$ **höher** als ein anderes, etwa $\Delta^* = \Delta(K^*)$, nennen (und umgekehrt Δ^* **niedriger** als Δ), wenn für alle i und j die Ungleichung $K_{ij} \geq K^*_{ij}$ erfüllt ist.

Die Bezeichnung $u > 0$ für einen Vektor $u \in \mathbb{R}^n$ bedeutet $u_i > 0$ für alle i; entsprechend sind $u < 0$, $u \geq 0$, $u \leq 0$ erklärt.

Der nächste Satz bildet ein einfaches und nützliches Kriterium. Wir zeigen aber zuerst für eine monolithische Cartanmatrix C:

Aus $uC \geq 0$ und $u \geq 0$, aber $u \neq 0$ folgt $u > 0$ (vgl. Kac [1983]).

Angenommen, dies träfe nicht zu. Dann sind weder die Menge

$$\mathbb{I} = \left\{ i \leq n \;\middle|\; u_i = 0 \right\}$$

noch ihr Komplement

$$\mathbb{J} = \left\{ i \leq n \;\middle|\; u_i \neq 0 \right\}$$

leer. Da die Nichtdiagonalterme von C alle ≤ 0 sind, folgt jedoch aus $uC \geq 0$, daß $C_{ij} = C_{ji} = 0$ sein muß für alle $i \in \mathbb{I}$ und $j \in \mathbb{J}$. Das widerspricht der Annahme, C sei monolithisch.

<u>Satz 15.4.2:</u>

Jede monolithische n-dimensionale Cartanmatrix C erfüllt genau eine der folgenden drei Bedingungen:

(a) C ist regulär, und es gibt ein $u \in \mathbb{R}^n$ mit $u > 0$ und $uC > 0$. Aus $vC \geq 0$ folgt entweder $v > 0$ oder $v = 0$. In diesem Fall ist C vom endlichen

Typ.

(b) C hat den Rang n-1. Es gibt ein $u > 0$ in $\mathbb{R}^n$ mit $uC = 0$. Aus $vC \geq 0$ folgt $vC = 0$. C ist dann affin.

(c) Es gibt ein $u > 0$ mit $uC < 0$. $vC \geq 0$ und $v \geq 0$ zusammen implizieren $v = 0$. Wenn dies zutrifft, ist C indefinit.

Beweis:

In den Fällen (a) und (b) gibt es offensichtlich kein $v \geq 0$, für das $vC \leq 0$ und $vC \neq 0$ ist. Daher sind beide Möglichkeiten unverträglich mit (c). Sie schließen sich auch gegenseitig aus, weil unter (a) die Matrix C invertierbar ist, unter (b) hingegen nicht.

Wir haben noch zu zeigen, daß immer eine der genannten Alternativen eintritt.

Dazu betrachten wir den konvexen Kegel

$$\mathcal{K} = \left\{ u \in \mathbb{R}^n \;\middle|\; u\,C > 0 \right\}$$

Nach der Vorbemerkung zu Satz 15.4.2 hat $\mathcal{K}$ mit dem Rand des Kegels $\{u|u\geq 0\}$ nur den Nullvektor gemeinsam. Daraus ergibt sich

$$\mathcal{K} \cap \left\{ u \;\middle|\; u \geq 0 \right\} \subseteq \left\{ u \;\middle|\; u > 0 \right\} \cup \left\{ 0 \right\}$$

Ist C nicht indefinit, so existiert ein nichtverschwindendes $u \geq 0$ mit $uC \geq 0$. Das bedeutet

$$\mathcal{K} \cap \left\{ u \;\middle|\; u \geq 0 \right\} \neq \left\{ 0 \right\}$$

und hat entweder

$$\mathcal{K} \subseteq \left\{ u \;\middle|\; u \geq 0 \right\} \cup \left\{ 0 \right\}$$

oder

$$\mathcal{K} = \left\{ u \;\middle|\; uC = 0 \right\}$$

zur Folge. Im letzteren Fall ist $\mathcal{K}$ ein 1-dimensionaler Unterraum von $\mathbb{R}^n$, also C affin.
Trifft hingegen die erste Möglichkeit zu, so ist C vom endlichen Typ.

Eine elegantere Formulierung desselben Sachverhalts ergibt sich als unmittelbares Korollar zu Satz 15.4.2:

Satz 15.4.3:
Sei C eine monolithische Cartanmatrix der Dimension n. Genau dann ist C positiv definit, affin bzw. indefinit, wenn es einen Vektor $u \in \mathbb{R}^n$, $u > 0$ gibt mit $uC > 0$, $uC = 0$ bzw. $uC < 0$.

Dieses einfache Kriterium werden wir zur Klassifikation aller endlichen Spiegelungsgruppen heranziehen.
Die Bedeutung der Cartanmatrix basiert auf

Satz 15.4.4:
Für ein Skalarprodukt $<.,.>$ auf $\mathbb{R}^n$ und eine Basis

$$\left\{ v_1, \dots, v_n \right\}$$

von $\mathbb{R}^n$, die den Bedingungen

$$<v_i, v_j> = C_{ij}$$

genügen, sind die durch

$$\sigma_k : \mathbb{R}^n \longrightarrow \mathbb{R}^n$$

mit

$$x^{\sigma_k} = x\sigma_k = x - \langle x, v_k\rangle\, v_k$$

definierten **Spiegelungen** oder **Reflexionen** lineare involutorische Abbildungen, die den einfachen Eigenwert -1 auf dem von v_k aufgespannten Raum haben, während die zu v_k orthogonale **Hyperebene**

$$H_k = v_k^{\perp}$$

den Fixraum $\mathrm{Fix}(\sigma_k)$ bildet.
Die Zuordnung

$$\varepsilon_k \longrightarrow \sigma_k$$

ist ein Homomorphismus von Cox(K) in $GL(\mathbb{R}^n)$, die **natürliche Darstellung** von Cox(K).

Beweis:

Offensichtlich sind die σ_k Involutionen. Das Produkt $\sigma_i\sigma_j$ entspricht einer Drehung in der von v_i und v_j aufgespannten Ebene um den Winkel $\frac{2\pi}{K_{ij}}$. Das impliziert die Behauptung. Darüber hinaus zeigt die Rechnung, daß $\sigma_i\sigma_j$ die genaue Ordung K_{ij} besitzt, so daß in unserer Präsentation die Exponenten nicht durch echte Teiler ersetzt werden können. Damit liefern verschiedene Dynkindiagramme unterschiedliche Gruppen.

Bemerkung:

Ein Skalarprodukt, wie es in Satz 15.4.4 benötigt wird, läßt sich immer finden. In der Tat können alle $\langle .,. \rangle$ verwendet werden, deren Signaturen mit der von C übereinstimmen (und offensichtlich auch nur diese).
Beispielsweise kann die Basis $v_1,...,v_n$ beliebig gewählt und dann das Skalarprodukt durch

$$\langle v_i, v_j\rangle = C_{ij}$$

festgelegt werden. Die natürliche Darstellung von Cox(K) ist also nur bis auf Basiswechsel bestimmt.

Der Spezialfall, daß v_k der k-te Einheitsvektor e_k in $\mathbb{R}^n$ ist, ist durch arithmetische Besonderheiten ausgezeichnet und eindeutig (**Standarddarstellung** der Coxetergruppe).

Definition 15.4.5:

Die Bildgruppe der natürlichen oder Standarddarstellung wird mit

$$W = \mathrm{Weyl}(\Delta) = \mathrm{Weyl}(K) = W(\Delta) = W(K)$$

bezeichnet (**Weylgruppe** von K bzw. Δ). Anwendung der Weylgruppe auf die Vektoren v_i ($i \in \{1,...n\}$) liefert das **Wurzelsystem**

$$\Sigma = \Sigma(\Delta) = \Sigma(K) = \left\{ v_i^{\gamma} \;\middle|\; 1 \le i \le n;\ \gamma \in W(\Delta) \right\}$$

Die Bedeutung dieser Begriffsbildungen kann wohl kaum überschätzt werden. In den folgenden Abschnitten werden wir einige der wichtigsten Eigenschaften von Wurzelsystemen näher erörtern.

15.5. Fundamentalsysteme

Bevor wir zum Hauptsatz dieses Abschnitts kommen, benötigen wir einige übliche Bezeichnungen:

Definition 15.5.1:

(1) Ein **positiver Halbraum** in $V = \mathbb{R}^n$ ist eine Teilmenge $V^+ \subset V$, die die folgenden Bedingungen erfüllt:

(a) V^+ ist abgeschlossen unter Addition:

$$u, v \in V^+ \Rightarrow u+v \in V^+$$

(b) Multiplikation mit positiven reellen Zahlen läßt V^+ invariant:

$$v \in V^+, \lambda \in \mathbb{R}, \lambda > 0 \Rightarrow \lambda v \in V^+$$

(c) Für alle $v \in V^\# = V\setminus\{0\}$ liegt genau einer der Vektoren v und -v in V^+.

(2) Der zugehörige **negative Halbraum** V^- ist das Komplement von V^+ in $V^\#$:

$$V^- = V^\# \setminus V^+ = -V^+ = \left\{ v \,\middle|\, -v \in V^+ \right\}$$

(3) Sei $\Sigma \subset V$ ein Wurzelsystem. Wir nennen die in $\Sigma^+ = \Sigma \cap V^+$ liegenden Wurzeln **positiv**, die in $\Sigma^- = \Sigma \cap V^-$ **negativ**. (Es ist dann $\Sigma^+ \cup \Sigma^- = \Sigma$ und $\Sigma^- = -\Sigma^+$).

(4) Ein **Fundamentalsystem** ist eine Teilmenge

$$\Pi = \left\{ \pi_1, \ldots, \pi_n \right\}$$

von Σ^+, die eine $\mathbb{R}$-Basis von V bildet (also aus n linear unabhängigen positiven Wurzeln besteht) und darüber hinaus die Eigenschaft besitzt, daß für jede positive Wurzel $w \in \Sigma^+$ die Zerlegung

$$w = \alpha_1 \pi_1 + \ldots + \alpha_n \pi_n$$

lauter nichtnegative Koeffizienten aufweist: $\alpha_1 \geq 0$. Gleichwertig ist für negative Wurzeln $w \in \Sigma^-$ die Aussage $\alpha_i \leq 0$.

Die minimale **Länge** eines Elements w der Weylgruppe W, ausgedrückt als Produkt von Reflexionen σ_i in den Fundamentalwurzeln $\pi_i \in \Pi$, bezeichnen wir mit Lg(w). Es gilt für jedes $i \in \{1,\ldots,n\}$ und beliebige $w \in W$:

$$\mathrm{Lg}(w\sigma_i) = \begin{cases} \mathrm{Lg}(w) + 1 & \text{falls } \pi w^{-1} \in \Sigma^+ \\ \mathrm{Lg}(w) - 1 & \text{falls } \pi w^{-1} \in \Sigma^- \end{cases}$$

sowie

$$\mathrm{Lg}(\sigma_i w) = \begin{cases} \mathrm{Lg}(w) + 1 & \text{falls } \pi w \in \Sigma^+ \\ \mathrm{Lg}(w) - 1 & \text{falls } \pi w \in \Sigma^- \end{cases}$$

Außerdem ist durch vollständige Induktion über Lg(w) leicht zu sehen, daß die Anzahl der positiven Wurzeln, die durch die Anwendung von w in negative übergehen, mit Lg(w) übereinstimmt.
Die Bestätigung dieser Aussagen möge dem Leser überlassen bleiben.

Bemerkenswert ist

<u>Satz 15.5.1:</u>

(a) Zu jeder Aufspaltung $\Sigma = \Sigma^+ \cup \Sigma^-$ eines Wurzelsystems Σ in positive und negative Wurzeln gibt es ein eindeutig bestimmtes Fundamentalsystem $\Pi \subseteq \Sigma^+$.

(b) Die Spiegelung in einer Fundamentalwurzel $\pi \in \Pi$ transformiert π in $-\pi$, während alle anderen positiven Wurzeln wieder auf positive Wurzeln abgebildet werden.

(c) Die Reflexionen in den Wurzeln aus Π erzeugen bereits die ganze Weylgruppe.

(d) Die Weylgruppe permutiert die Fundamentalsysteme scharf transitiv, d.h.: zu je zwei Fundamentalsystemen gibt es genau ein Element in $W(\Sigma)$, das das eine auf das andere abbildet.

(e) Die Isometriegruppe des Wurzelsystems $\Sigma(\Delta)$ ist eine zerfallende Erweiterung der Weylgruppe $W(\Sigma)$ mit der Gruppe $Aut(\Delta)$ aller Automorphismen des Dynkindiagramms Δ als Graph.

Beweis:

Wir folgen der Argumentation von Carter [1972]; allerdings sind unsere Voraussetzungen etwas allgemeiner.

Sei $V^{\#} = V^{+} \cup V^{-}$ die Halbraumzerlegung von $V \setminus \{0\}$, die $\Sigma = \Sigma^{+} \cup \Sigma^{-}$ entspricht. Wir wählen eine minimale Teilmenge Π von Σ^{+}, so daß alle Elemente aus Σ^{+} als Linearkombinationen von Vektoren aus $\Pi = \{\pi_1, \ldots, \pi_n\}$ mit Koeffizienten ≥ 0 dargestellt werden können (d.h.: es gibt keine echte Teilmenge von Π mit derselben Eigenschaft).

Seien weiter $u, v \in \Pi$, also etwa $u = \pi_k$ und $v = \pi_l$ mit positivem $\lambda = \langle u, v\rangle$. Die Spiegelung σ_u bildet v auf

$$v \sigma_u = v - \langle v, u\rangle u = v - \lambda u$$

ab. Falls $v\sigma_u \in \Sigma^{+}$ ist, können wir

$$v \sigma_u = \sum_i \alpha_i \pi_i$$

schreiben mit $\alpha_i \geq 0$. Dann ist

$$v = \lambda u + \sum_i \alpha_i \pi_i$$

Wäre der Koeffizient von $v = \pi_k$ in diesem Ausdruck mindestens gleich 1, so müßte

$$0 = - v + \lambda u + \sum_i \alpha_i \pi_i$$

in V^{+} liegen, was offensichtlich nicht der Fall ist. Daher läßt sich v als

Linearkombination mit Koeffizienten ≥ 0 in den übrigen Elementen aus Π schreiben, was der Minimalität von Π zuwiderläuft.
Eine völlig analoge Überlegung führt für $v\sigma_u \in \Sigma^-$ gleichfalls zum Widerspruch. Somit ist die Annahme, das Skalarprodukt von u und v sei positiv, falsch, und wir haben gezeigt:

$$\langle \pi_i, \pi_j \rangle \leq 0$$

für alle $i, j \in \{1, \ldots, n\}$.
Bestünde eine lineare Beziehung zwischen den Wurzeln in Π, so ließe sie sich auf die Form

$$\sum_i \alpha_i \pi_i = \sum_i \beta_i \pi_i$$

bringen, worin alle Koeffizienten α_i und β_i nichtnegativ sind. Daraus folgt jedoch, wenn wir zur Abkürzung

$$\xi = \sum_i \alpha_i \pi_i = \sum_i \beta_i \pi_i$$

setzen,

$$\langle \xi, \xi \rangle = \sum_{i,j} \alpha_i \beta_j \langle \pi_i, \pi_j \rangle \leq 0$$

und schließlich $\xi = 0$. Somit ist Π linear unabhängig und sogar eine $\mathbb{R}$-Basis des Wurzelraums $V = \mathbb{R}^n$, also ein Fundamentalsystem.
Angenommen, es gäbe noch ein zweites, etwa

$$\Pi' = \left\{ \pi'_1, \ldots, \pi'_n \right\}$$

Dann wäre für jedes $j \in \{1, \ldots, n\}$

$$\pi'_j = \sum_j \pi_i A_{ij}$$

mit einer geeigneten Matrix A, deren sämtliche Koeffizienten ≥ 0 wären. Das

Nämliche gilt dann aus Symmetriegründen auch für die Inverse A^{-1}. Daraus ergibt sich leicht, daß Π und Π' bis auf die Numerierung der Vektoren übereinstimmen. Das ist Aussage (a).

Die erste Hälfte von (b) ist trivial. Nach Voraussetzung ist π gleich einem der π_i. Für ein von π verschiedenes (und damit von π linear unabhängiges) $w \in \Sigma^+$ gibt es stets ein $j \neq i$, so daß der Koeffizient ω_j in der Darstellung

$$w = \sum_k \omega_k \pi_k$$

positiv ist. Das gleiche gilt dann auch für

$$w\sigma_i = w - \langle w, \pi_i \rangle \pi_i$$

und es folgt unmittelbar $w\sigma_i \in \Sigma^+$.

Die Bestätigung der Behauptung (c) ergibt sich direkt aus der Definition der Weylgruppe.

Aus der Definition folgt auch unmittelbar, daß $W(\Sigma)$ die Fundamentalsysteme untereinander permutiert. Wir müssen zum Nachweis von (d) lediglich zeigen, daß diese Aktion der Weylgruppe scharf transitiv ist.

Seien Π_1 und Π_2 zwei Fundamentalsysteme und Σ_1^+ bzw. Σ_2^+ die Mengen der zugehörigen positiven Wurzeln. Wir wollen durch vollständige Induktion über die Mächtigkeit $d = \#(\Pi_1 \cap \Pi_2)$ des Durchschnitts zeigen, daß Π_1 und Π_2 unter der Weylgruppe konjugiert sind.

Falls $d = 0$, also $\Pi_1 = \Pi_2$ ist, trifft das trivialerweise zu. Für $d > 0$ hingegen ist offenbar $\Pi_1 \cap \Sigma_2^-$ nicht leer, und wir können ein $u \in \Pi_1 \cap \Sigma_2^-$ auswählen. Das Bild von Π_1 unter der Reflexion $\sigma = \sigma_u$ in u hat aber mit Π_2 einen Durchschnitt der Mächtigkeit d-1 (es fehlt nur u). Nach Induktionsannahme gibt es daher ein $\alpha \in W(\Sigma)$ mit $\Pi_2^{\alpha} = \Pi_1^{\sigma}$. Das liefert $\Pi_2^{\alpha\sigma} = \Pi_1$ und die Transitivität von $W(\Sigma)$ auf den Fundamentalsystemen.

Die Identität ist das einzige Element der Länge 0 in $W(\Sigma)$, also nach der obigen Bemerkung auch das einzige, das irgendein Fundamentalsystem (als Menge) festläßt. Damit haben wir (d).

Schließlich zu (e): Die Elemente der Weylgruppe sind natürlich Isometrien (gemeint sind solche des umgebenden Raums $V \supset \Delta$, die Δ auf sich abbilden); ebenso werden durch Graphenautomorphismen längentreue Abbildungen induziert.

Ist umgekehrt $\iota: V \longrightarrow V$ isometrisch und $\Sigma(\Delta)^{\iota} = \Sigma(\Delta)$, so gibt es zu einem Fundamentalsystem Π immer ein $\alpha \in W(\Delta)$, das Π auf Π^{ι} abbildet. Das Produkt $\iota\alpha^{-1}$ läßt Π invariant und muß dort einen Graphenautomorphismus ergeben. Somit wird die Isometriegruppe von $W(\Delta)$ und $Aut(\Delta)$ aufgefaßt als Untergruppe von $GL(V)$, erzeugt; außerdem ist $W(\Delta) \cap Aut(\Delta) = 1$.
Da eine Isometrie von $\Sigma(\Delta)$ Spiegelungen in Wurzeln auf ebensolche konjugiert, ist $W(\Delta)$ Normalteiler in der Gesamtgruppe.

Die wichtigste Eigenschaft der natürlichen Darstellungen von Coxetergruppen ist

Satz 15.5.2:
Die natürlichen Darstellungen (also auch die Standarddarstellung) von Coxetergruppen sind treu.
Insbesondere ist $W(\Delta) \cong Cox(\Delta)$.

Beweis (Steinberg [1959]):
Nach Satz 15.4.1 dürfen wir uns auf den Spezialfall eines monolithischen Diagramms Δ beschränken. Die Weylgruppe $W = W(\Delta)$ ist per definitionem ein homomorphes Bild von $Cox(\Delta)$.
Wir wählen eine Zerlegung $\Sigma = \Sigma^{+} \cup \Sigma^{-}$ mit dem Fundamentalsystem Π. Ferner bezeichnen wir mit $\mathfrak{R}$ die Menge aller Relationen in den Spiegelungen an Elementen aus Π, welche in W, aber nicht in $Cox(\Delta)$ gelten. Zu zeigen ist $\mathfrak{R} = \emptyset$.
Angenommen, der Satz sei falsch. Dann suchen wir eine möglichst kurze Relation in $\mathfrak{R}$ aus, etwa

$$\sigma_1 \sigma_2 \ldots \sigma_{2k-1} \sigma_{2k} = 1$$

(Sie hat gerade Länge, weil die Erzeugenden als Spiegelungen die Determinante -1 besitzen). Die σ_i und die zugehörigen Fundamentalwurzeln $\pi_i \in \Pi$ dürfen selbstverständlich Wiederholungen enthalten.
Die letzte Formel ist wegen $\sigma_i^2 = 1$ gleichbedeutend mit

$$\sigma_1 \sigma_2 \ldots \sigma_k \sigma_{k+1} = \sigma_{2k} \sigma_{2k-1} \ldots \sigma_{k+3} \sigma_{k+2}$$

Die linke Seite ist nicht reduziert, da sie sich kürzer ausdrücken läßt:

$$\mathrm{Lg}\left[\sigma_1 \sigma_2 \ldots \sigma_k \sigma_{k+1}\right] < k + 1$$

Nach der dem Satz 15.4.5 vorangestellten Bemerkung impliziert dies die Existenz eines $s \leq k$ mit

$$\pi_{s+1} \sigma_s \sigma_{s-1} \ldots \sigma_2 \sigma_1 \in \Sigma^-$$

und für ein geeignetes $r \leq s$ gelten simultan die Aussagen

$$\pi_{s+1} \sigma_s \sigma_{s-1} \ldots \sigma_{r+1} \in \Sigma^+$$

und

$$\pi_{s+1} \sigma_s \sigma_{s-1} \ldots \sigma_{r+1} \sigma_r \in \Sigma^-$$

Da die Fundamentalspiegelung σ_i, ebenfalls nach der zitierten Bemerkung, π_i als einziges Element aus Σ^+ in eine negative Wurzel abbildet, erhalten wir

$$\pi_{s+1} \sigma_s \sigma_{s-1} \ldots \sigma_{r+1} = \pi_r$$

und schließlich

$$\sigma_r = \sigma_{r+1} \sigma_{r+2} \ldots \sigma_s \sigma_{s+1} \sigma_s \ldots \sigma_{r+2} \sigma_{r+1}$$

Diese Relation hat die Länge $2(s+1-r)$ und kann auch auf die Form

$$\sigma_{r+1} \sigma_{r+2} \ldots \sigma_s \sigma_{s+1} = \sigma_r \sigma_{r+1} \ldots \sigma_{s-1} \sigma_s$$

gebracht werden. Da hieraus die Ausgangsbeziehung unmittelbar folgt, muß auch die letzte Formel in $\mathfrak{R}$ liegen und insbesondere mindestens die Länge $2k$ haben. Es ist demnach notwendig $s+1-r \geq k$, d.h. $r = 1$ und $s = k$. Wir haben also

$$\sigma_2 \sigma_3 \ldots \sigma_k \sigma_{k+1} = \sigma_1 \sigma_2 \ldots \sigma_{k-1} \sigma_k$$

Konjugieren wir die erste Gleichung mit σ_1, entsteht die äquivalente Beziehung

$$\sigma_2 \sigma_3 \dots \sigma_{2k} \sigma_1 = 1$$

aus der wir analog

$$\sigma_3 \sigma_4 \dots \sigma_{k+1} \sigma_{k+2} = \sigma_2 \sigma_3 \dots \sigma_k \sigma_{k+1}$$

(ebenfalls von der Länge 2k) herleiten. Dieses Resultat läßt sich auch als

$$\sigma_3 \sigma_2 \sigma_3 \sigma_4 \dots \sigma_{k+1} \sigma_{k+2} \sigma_{k+1} \dots \sigma_4 = 1$$

schreiben und liefert mit der gleichen Argumentation wie oben

$$\pi_{k+1} \sigma_k \sigma_{k-1} \dots \sigma_3 \sigma_2 = \pi_3$$

Von der linken Seite wissen wir bereits, daß sie gleich π_1 ist. Wiederholung des Vorgehens für die zyklisch aus der früheren hervorgehenden Formeln ergibt

$$\sigma_1 = \sigma_3 = \dots = \sigma_{2k-3} = \sigma_{2k-1}$$

$$\sigma_2 = \sigma_4 = \dots = \sigma_{2k-2} = \sigma_{2k}$$

und die angenommene Relation reduziert sich auf

$$(\sigma_1 \sigma_2)^k = 1$$

was, im Gegensatz zur Voraussetzung, eine der definierenden Relationen von Cox(Δ) ist und daher doch nicht in $\mathfrak{R}$ liegt.

15.6. Die euklidischen Coxetergruppen

Unsere nächste Aufgabe ist die Untersuchung aller monolithischen euklidischen Diagramme und ihrer Gruppen. Es wird sich zeigen, daß dies im wesentlichen die eingangs dieses Kapitels gestellte Frage nach den endlichen Gruppen mit freien Invariantenringen beantwortet.

Für die Anwendungen spielen gewisse spezielle Dynkindiagramme eine besondere Rolle:

Definition 15.6.1:

Unter einem **Graphen** wird hier stets ein endlicher ungerichteter Graph ohne Mehrfachkanten verstanden. Graphen sind also genau die Diagramme, in denen keine numerierten Kanten auftreten (d. h.: $K_{ij} \leq 3$).

Für $p, q, r \in \mathbb{N}_0$ bezeichnen wir mit Y_{pqr} den Graphen

Y_{pqr}:

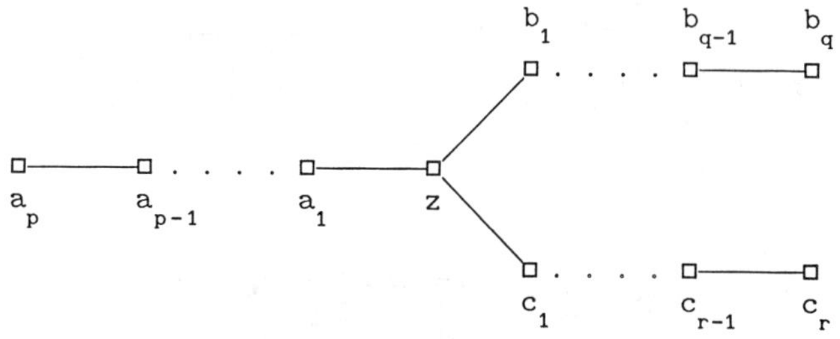

der aus einem Zentralknoten z und höchstens 3 Ästen mit Knoten a_i, b_j, c_k in der skizzierten Anordnung besteht.

Satz 15.6.1:

(a) Die folgenden Diagramme sind affin (wir verwenden die in der Lietheorie übliche Notation):

$\mathbb{A}^{(1)}_{n-1}$:

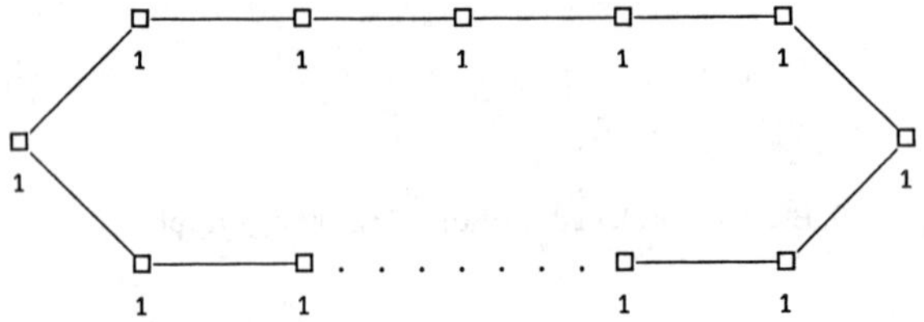

(n ≥ 3)

$\mathbb{B}^{(1)}_{n-1}$:

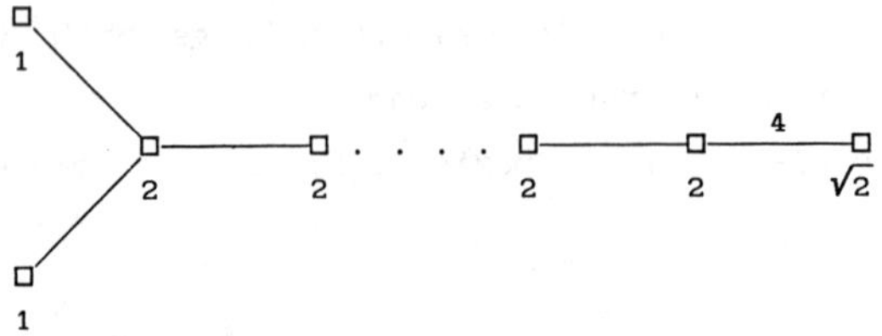

(n ≥ 4)

$\mathbb{C}^{(1)}_{n-1}$:

(n ≥ 3)

$\mathbb{D}^{(1)}_{n-1}$:

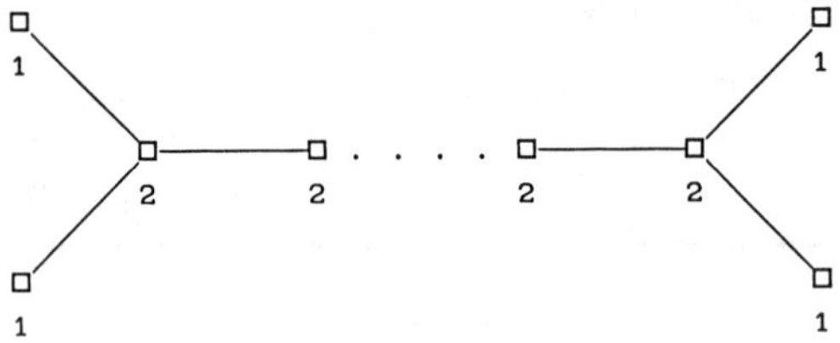

(n ≥ 5)

$\mathbb{E}^{(1)}_{6}$:

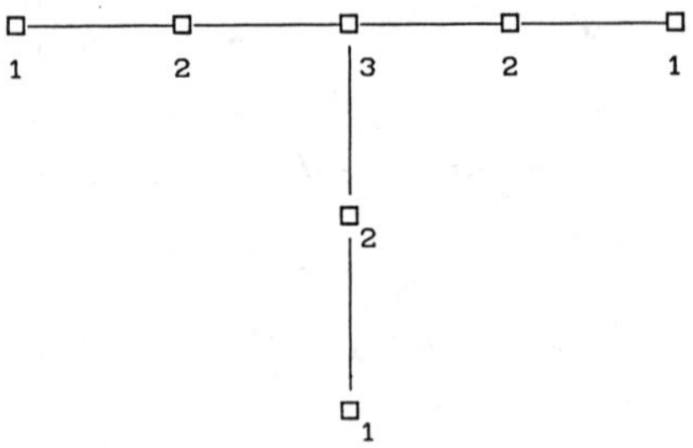

$\mathbb{E}^{(1)}_{7}$:

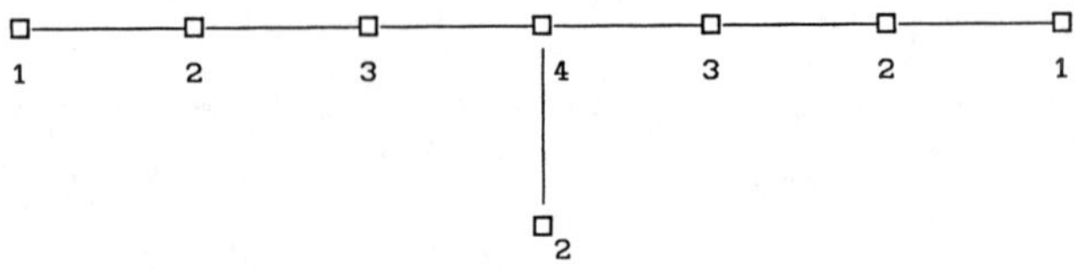

$\mathbb{E}_8^{(1)}$:

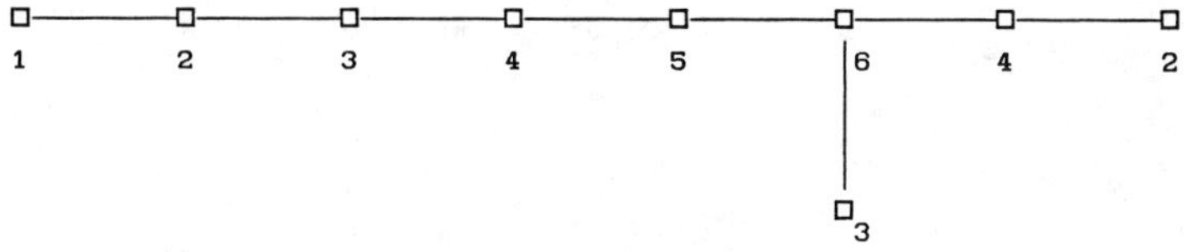

$\mathbb{F}_4^{(1)}$:

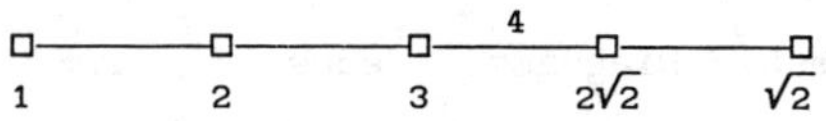

$\mathbb{G}_2^{(1)}$:

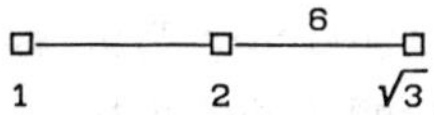

$\mathbb{A}_{2l+1}^{(2)}$:

(n ≥ 2)

$\mathbb{A}_{2l}^{(2)}$:

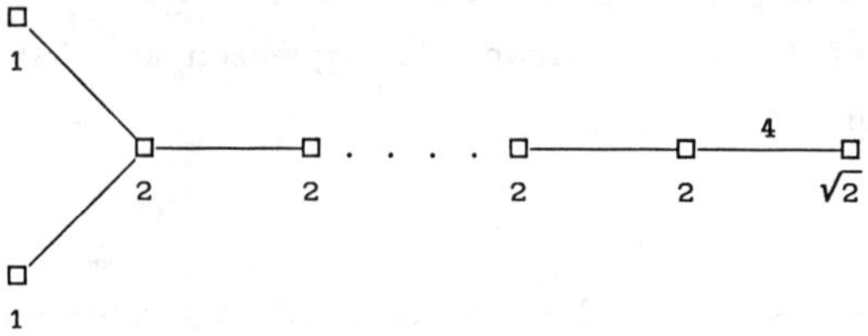

(n ≥ 3)

$\mathbb{D}_n^{(2)}$:

(n ≥ 4)

$\mathbb{E}_6^{(2)}$:

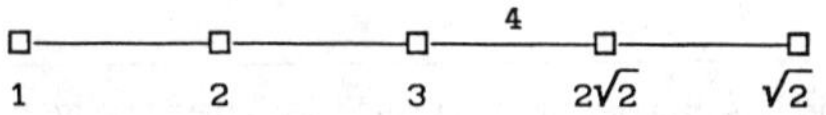

$\mathbb{D}_4^{(3)}$:

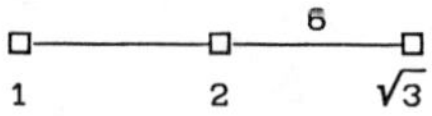

Hierbei geben die an den Knoten vermerkten Zahlen die Koeffizienten eines Vektors $\eta \in \mathbb{R}^n$ an, der den Eigenraum zum Eigenwert 0 der jeweiligen Cartanmatrix C erzeugt, also insbesondere isotrop bezüglich der durch C definierten Form

$$\langle u,v\rangle = u\,C\,{}^{t}v$$

ist:

$$\langle \eta,\eta\rangle = \eta\,C\,{}^{t}\eta = 0$$

(b) Sei Δ eines der beschriebenen Diagramme. Jedes Diagramm, das höher ist als Δ, ist indefinit, während alle Diagramme, die niedriger sind als Δ, vom endlichen Typ sind.

(c) Echte Teildiagramme von affinen sind vom endlichen Typ; solche, die ein echtes affines Unterdiagramm enthalten, sind indefinit.

Beweis:

(a) Die Behauptung über η ergibt sich durch Nachrechnen. Satz 15.4.3 liefert dann, daß die angegebenen Diagramme affin sind.

(b) und (c) sind ebenfalls unmittelbare Konsequenzen aus Satz 15.4.3; betrachte den Vektor η!

Es ist jetzt nicht mehr schwer, alle endlichen Spiegelungsgruppen zu klassifizieren. Wir wissen bereits, daß diese Aufgabe auf die vollständige Angabe aller zusammenhängenden Diagramme vom endlichen Typ, d.h. der positiv definiten monolithischen Cartanmatrizen hinausläuft:

Satz 15.6.2:

Die zusammenhängenden Dynkindiagramme mit positiv definiter Cartanmatrix sind genau die folgenden:

$\mathbb{A}_n$:  $(n \geq 1)$

$\mathbb{B}_n = \mathbb{C}_n$: 

$(n \geq 2)$

$\mathbb{D}_n$:

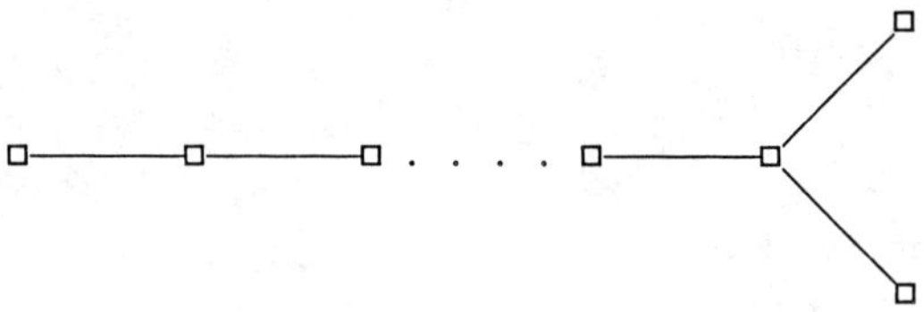

(n ≥ 4)

$\mathbb{E}_6$:

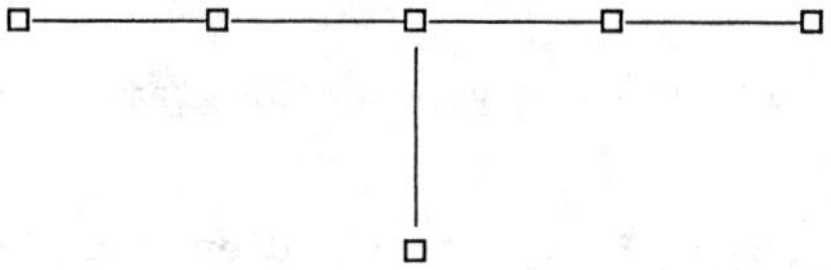

$\mathbb{E}_7$:

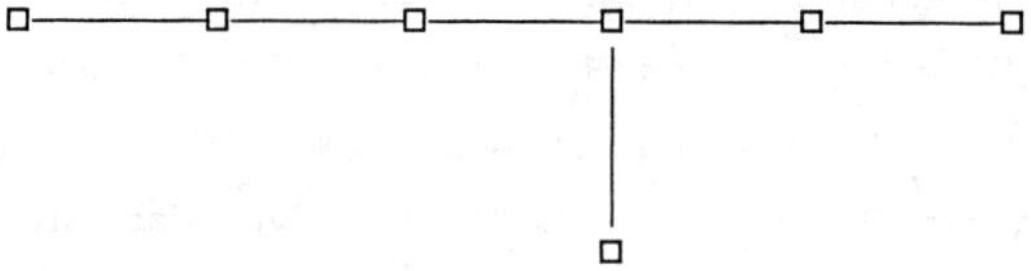

$\mathbb{E}_8$:

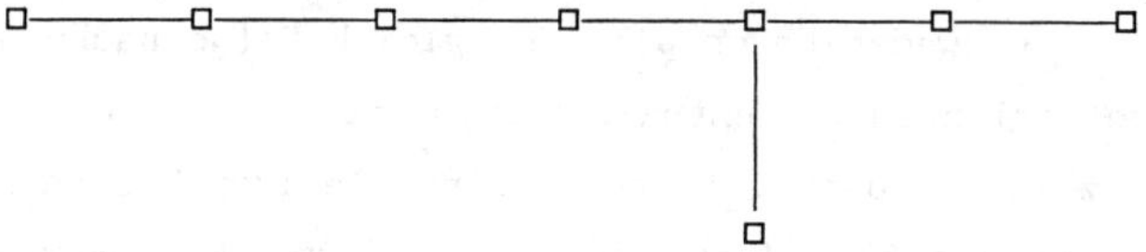

$\mathbb{F}_4$:

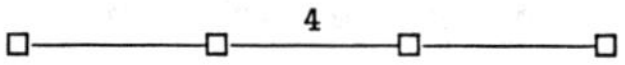

$\mathbb{G}_2$:

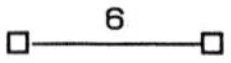

$\mathbb{H}_2$:

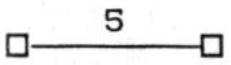

$\mathbb{H}_3$:

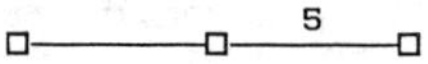

$\mathbb{H}_4$:

$\mathbb{I}_2(k)$: 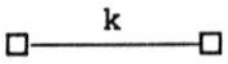

mit $k \geq 7$ im letzten Fall.

<u>Beweis:</u>

Wir bestätigen zuerst, daß alle angegebenen Diagramme in der Tat euklidisch sind.

Für $\mathbb{X}_n \in \{\mathbb{A}_n, \mathbb{B}_n = \mathbb{C}_n, \mathbb{D}_n, \mathbb{E}_6, \mathbb{E}_7, \mathbb{E}_8, \mathbb{F}_4, \mathbb{G}_2\}$ folgt dies aus Teil (c) des Satzes 15.6.1, da jedes solche $\mathbb{X}_n$ jeweils in $\mathbb{X}_n^{(1)}$ echt enthalten ist.

Auch die übrigen genannten Diagramme sind euklidisch, denn für $\mathbb{I}_2(k)$ einschließlich $\mathbb{I}_2(5) = \mathbb{H}_2$, $\mathbb{H}_3$ und $\mathbb{H}_4$ erfüllen die Vektoren $\eta = (1,1)$, $(4,7,6)$ bzw. $(22,43,63,51)$ die Bedingungen des Satzes 15.4.3 ($\eta > 0$ und $\eta C > 0$).

Sei umgekehrt Δ ein Diagramm vom endlichen Typ, das nicht in der obigen Liste steht, und Γ der Graph, der durch Weglassen der Kantennumerierungen aus Δ entsteht.

Dann ist Δ entweder höher als oder gleich Γ (je nachdem, ob die Coxetermatrix Koeffizienten ≥ 4 enthält oder nicht).

Nach Satz 15.4.3 darf Γ keinen affinen Teilgraphen enthalten, insbesondere nicht eines der $\mathbb{A}_n^{(1)}$. Somit ist Γ ein Baum, der zudem höchstens eine Verzweigung besitzt, da sonst ein verbotener Teilgraph vom Typ $\mathbb{D}_n^{(1)}$ $(n \geq 5)$ vorkäme. Wenn schließlich eine solche Verzweigung existiert, kann wegen $\mathbb{D}_4^{(1)}$ diese nur ein Dreierknoten sein. Damit ist Γ eines der Y_{pqr} mit (o.B.d.A.) $p \geq q \geq r \geq 0$.

Sei zuerst $r \geq 1$, d.h. Γ und damit Δ verzweigt. Besäße Δ eine numerierte Kante, so wäre entweder ein $\mathbb{B}_n^{(1)}$ oder ein höheres Diagramm in Δ enthalten. Beides ist unmöglich. Es bleibt also für $r > 0$ nur $\Delta = \Gamma = Y_{pqr}$. Das impliziert $r = 1$, da anderenfalls $\mathbb{E}_6^{(1)}$ zum Widerspruch führte. Alle $Y_{p11} = \mathbb{D}_{p+3}$ sind in der Liste aufgeführt, während $q \geq 3$ wegen $\mathbb{E}_7^{(1)}$ ausscheidet. Von den verbleibenden Graphen Y_{p21} sind die ersten drei, $Y_{221}, Y_{321}, Y_{421}$ (als $\mathbb{E}_6, \mathbb{E}_7, \mathbb{E}_8$) ebenfalls notiert, während alle anderen das affine (und folglich verbotene) Teildiagramm $\mathbb{E}_8^{(1)}$ enthalten.

Damit brauchen wir nur noch den Fall $r = 0$ zu behandeln, also die linearen Diagramme. Jetzt können allerdings auch numerierte Kanten auftreten, jedoch (wegen $\mathbb{C}_n^{(1)}$) nicht mehr als eine.

Wenn alle Kanten unnumeriert sind, erhalten wir ein $\mathbb{A}_n$ und sind fertig. Das gilt ebenso für $n \leq 2$, da alle Möglichkeiten durch die $\mathbb{I}_2(k)$ (mit den Spe-

zialfällen $\mathbb{I}_2(3) = \mathbb{A}_2$, $\mathbb{I}_2(4) = \mathbb{B}_2$, $\mathbb{I}_2(5) = \mathbb{H}_2$, $\mathbb{I}_2(6) = \mathbb{G}_2$) erschöpft sind.
Wir haben also nur noch den Fall eines linearen Diagramms mit $n \geq 3$ und genau einer numerierten Kante zu behandeln:

Δ = 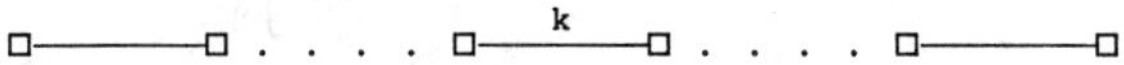

(n Knoten) zu diskutieren. Der Parameter k kann nur die Werte 4 oder 5 annehmen, da sonst $\mathbb{G}_2^{(1)}$ oder ein höheres Diagramm in Δ läge.
Sitzt die numerierte Kante nicht an einem Ende der Kette, folgt unmittelbar aufgrund des unzulässigen $\mathbb{F}_4^{(1)}$-Diagramms $n = 4$, also entweder $\mathbb{F}_4$ (für $k = 4$) oder

Δ = 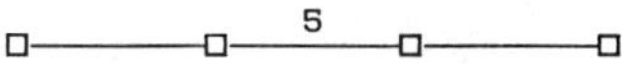

Letzteres ist jedoch indefinit, da die Determinante der Cartanmatrix negativ ist:

$$\det C = \frac{1}{2}\left(9 - 7\sqrt{5}\right) < 0$$

Im einzigen übriggebliebenen Fall (numerierte Kante am Ende der Kette):

Δ = 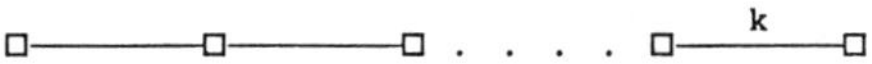

liefert $k = 4$ eines der $\mathbb{B}_n$, die alle in der Liste stehen, $k = 5$ hingegen ein Diagramm aus der $\mathbb{H}$-Serie mit $n \geq 3$.
Von diesen sind $\mathbb{H}_3$ und $\mathbb{H}_4$, wie wir schon sahen, euklidisch. Die übrigen enthalten

$\mathbb{H}_5$ = 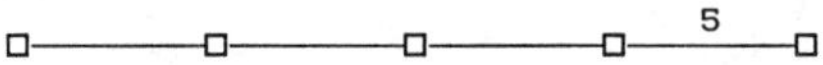

Es genügt daher, die Indefinitheit von $\mathbb{H}_5$ zu zeigen. Wieder hat C eine negative Determinante, nämlich $4 - 2\sqrt{5}$.
Damit ist der Satz vollständig bewiesen.

<u>Bemerkung:</u>
$\mathbb{G}_2$ und $\mathbb{H}_2$ sind eigentlich redundant, da sie identisch mit $\mathbb{I}_2(6)$ und $\mathbb{I}_2(5)$ sind; sie sind aber aus historischen und systematischen Gründen gesondert

aufgeführt. Die Diagramme vom Typ $\mathbb{A}, \mathbb{B}=\mathbb{C}, \mathbb{D}, \mathbb{E}, \mathbb{F}, \mathbb{G}$ erfüllen nämlich die sogenannte **kristallographische Bedingung**

$$K_{ij} \in \left\{ 1,2,3,4,6 \right\}$$

die $C_{ij}^2 \in \mathbb{Z}$ entspricht und in der Lietheorie wichtig ist.

Die zu den soeben beschriebenen Diagrammen gehörigen Wurzelsysteme sind endlich, wie wir im folgenden Abschnitt zeigen werden. Das gilt auch für die entsprechenden Weylgruppen.

16. Invariantenringe endlicher Weylgruppen

16.1. Wurzelsysteme

Wir wollen als nächstes die Wurzelsysteme aller Dynkindiagramme von endlichem Typ bestimmen.

Die zuletzt eingeführten Bezeichnungen behalten wir bei. Insbesondere sei Δ ein Dynkindiagramm von endlichem Typ mit n Knoten. Es zerfalle in die Zusammenhangskomponenten $\Delta_1,\ldots,\Delta_s$ der Ränge $n_1,\ldots,n_s$.

Die endliche Weylgruppe $W < GL(\mathbb{R}^n)$ ist isomorph zu $Cox(\Delta)$ und somit das direkte Produkt von Untergruppen $W_i = W(\Delta_i) \cong Cox(\Delta_i)$; $1 \le i \le s$. Jeder dieser Faktoren W_i ist treu als Weylgruppe auf einem W-invarianten Unterraum U_i von $\mathbb{R}^n$ mit $\dim U_i = n_i$ dargestellt, während er auf den restlichen U_j trivial agiert.

Außerdem zerfällt $\mathbb{R}^n$ in die direkte (orthogonale) Summe der U_i:

$$\mathbb{R}^n = U_1 \oplus \ldots \oplus U_s$$

und wir können unsere Analyse für jede Komponente Δ_i separat durchführen. Wir setzen daher Δ als zusammenhängend, also W als monolithisch voraus, und aufgrund des Satzes 15.5.2 ist Δ eines der Diagramme $\mathbb{A}_n$ $(n\ge1)$; $\mathbb{B}_n$ $(n\ge2)$; $\mathbb{D}_n$ $(n\ge4)$; $\mathbb{E}_6$, $\mathbb{E}_7$, $\mathbb{E}_8$; $\mathbb{F}_4$; $\mathbb{G}_2$; $\mathbb{H}_2$, $\mathbb{H}_3$, $\mathbb{H}_4$ oder $\mathbb{I}_2(k)$ mit $k \ge 7$.

Nach diesen Vorbereitungen betrachten wir die fraglichen Weylgruppen im einzelnen. Das zum Diagramm Δ gehörende Wurzelsystem bezeichnen wir wie üblich mit $\Sigma = \Sigma(\Delta)$, die Fundamentalwurzeln mit $v_1,\ldots,v_n$ (n = Rang von Δ), die Spiegelung in v_i mit σ_i, die von diesen erzeugte Weylgruppe $W(\Delta)$ mit W, usw.

Die triviale Verifikation, daß die angegebenen (Fundamental-)Wurzeln die korrekten Skalarprodukte, also

$$\langle v_i, v_j\rangle = C_{ij}$$

(Cartanmatrix) besitzen, ergibt sich jeweils durch unmittelbares Nachprüfen. Dies und einige leichte Zwischenrechnungen überlassen wir dem Leser und verweisen im Übrigen auf die Literatur über Liegruppen, wie z.B. Carter [1972].

Typ $\mathbb{A}$

Für $\Delta = \mathbb{A}_n$ ist es zweckmäßig, $\mathbb{R}^n$ als den Raum aller Vektoren $(x_0, x_1, \dots, x_n)$ in $\mathbb{R}^{n+1}$ mit Koeffizientensumme 0 aufzufassen, weil dann die Beschreibung von Σ erheblich einfacher und schöner wird:

$$\mathbb{R}^n = \left\{ x = (x_0, \dots, x_n) \in \mathbb{R}^{n+1} \;\middle|\; x_0 + \dots + x_n = 0 \right\}$$

Als Basiswurzeln wählen wir

$$v_i = e_{i-1} - e_i$$

$(i \in \{1, \dots, n\})$. Die Spiegelung in v_i entspricht der Transposition $(i-1, i)$ der kartesischen Koordinaten. Es ist unmittelbar klar, daß diese Permutationen die volle symmetrische Gruppe erzeugen:

$$W = W(\mathbb{A}_n) \cong S_{n+1}$$

und daß das Wurzelsystem von der Form

$$\Sigma = \Sigma(\mathbb{A}_n) = \left\{ e_i - e_j \;\middle|\; i, j \in \{0, \dots, n); \; i \neq j \right\}$$

ist. Insbesondere haben wir

$$\# \, \Sigma(\mathbb{A}_n) = n(n+1)$$

Typ $\mathbb{B}$

Es ist $\mathbb{B}_1 = \mathbb{A}_1$; deshalb sei $n \geq 2$ vorausgesetzt.
Jetzt verwenden wir wieder die übliche Beschreibung von $\mathbb{R}^n$ mit n Koordinaten und benutzen die Fundamentalwurzeln

$$v_i = e_i - e_{i+1}$$

für $1 \le i \le n-1$ und

$$v_n = \sqrt{2}\, e_n$$

Die ersten n-1 unter den v_i erzeugen ein Untersystem vom Typ $\mathbb{A}_{n-1}$ in der oben beschriebenen Weise. Seine Reflexionen spannen eine Untergruppe $U = S_n$ von W auf. Daher liegen alle Vektoren $\pm e_i \pm e_j$ mit $\{i,j\} \subseteq \{1,\ldots,n\}$ und alle $\pm\sqrt{2}\, e_i$ $(1 \le i \le n)$ ebenfalls in Σ. Die so gefundene Menge von zusammen

$$2\, n\, (n-1) + 2\, n = 2\, n^2$$

Wurzeln ist unter allen σ_i abgeschlossen (das muß man wegen der Struktur von U nur für σ_n wirklich ausrechnen!) und stellt somit das vollständige System $\Sigma(\mathbb{B}_n)$ dar.

Typ $\mathbb{D}$

Wegen $\mathbb{D}_2 = \mathbb{A}_1 \times \mathbb{A}_1$, $\mathbb{D}_3 = \mathbb{A}_3$ nehmen wir $n \ge 4$ an. Bequeme Basiswurzeln sind

$$v_i = e_i - e_{i+1}$$

mit $1 \le i \le n-1$ und

$$v_n = e_{n-1} + e_n$$

Die Spiegelungen in den ersten (n-1) genannten Wurzeln erzeugen wieder die S_n, während die in v_n die Abbildung $e_{n-1} \longmapsto -e_n$; $e_n \longmapsto -e_{n-1}$ mit Invarianz der übrigen Einheitsvektoren $e_1, \ldots, e_{n-2}$ liefert. Das volle Wurzelsystem besteht daher aus den 2n(n-1) Vektoren der Form $\pm e_i \pm e_j$ mit $i \neq j$.

Typ $\mathbb{E}$

Wir beginnen mit der Beobachtung, daß $\Delta(\mathbb{E}_6)$ ein $\mathbb{A}_5$-Teilsystem enthält, dessen Basiswurzeln wir wieder als

$$v_i = e_i - e_{i+1}$$

$(1 \leq i \leq 5)$ wählen. Die noch fehlende Fundamentalwurzel v_6 ist orthogonal zu v_1, v_2, v_4, v_5 und daher von der Form

$$v_6 = (\alpha, \alpha, \alpha, \beta, \beta, \beta)$$

mit geeigneten reellen Zahlen α, β, die wir aus der Normbedingung

$$\langle v_6, v_6 \rangle = 3\,\alpha^2 + 3\,\beta^2 = 2$$

und dem noch nicht benutzten Skalarprodukt

$$\langle v_3, v_6 \rangle = \alpha - \beta = -1$$

berechnen können. Es ergibt sich

$$\alpha = \frac{\sqrt{3} - 3}{6}$$

$$\beta = \frac{\sqrt{3} + 3}{6}$$

Das Wurzelsystem enthält (wegen der Existenz einer W-Untergruppe S_6) neben den $v_1, \ldots v_5$ deren sämtliche Bilder unter Koordinatenpermutationen, also die 30 Vektoren der Gestalt $e_i - e_j$ $(i \neq j)$ und entsprechend auch die Bilder von v_6, das sind 40 weitere Vektoren.
Das ist aber noch nicht alles, denn in dieser Kollektion sind das Bild von $(\beta, \beta, \beta, \alpha, \alpha, \alpha)$ unter der Spiegelung in $(\alpha, \alpha, \alpha, \beta, \beta, \beta)$, nämlich

$$v = \frac{1}{\sqrt{3}}\,(1, 1, 1, 1, 1, 1)$$

sowie der entgegengesetzte Vektor $-v$ noch nicht berücksichtigt. Man bestätigt leicht, daß nach Hinzunahme dieser beiden Wurzeln eine unter σ_6 (und natürlich auch unter allen Permutationen, insbesondere $\sigma_1, \ldots, \sigma_5$) invariante Menge der Mächtigkeit $30+40+2 = 72$ entsteht, die mit $\Sigma(\mathbb{E}_6)$ identisch sein muß.

Für $\mathbb{E}_7$ gehen wir ganz analog vor und definieren zuerst $v_i = e_i - e_{i+1}$ für $i \le 6$. Der noch fehlende Basisvektor ist orthogonal zu v_1, v_2, v_3, v_5, v_6, also von der Form

$$v_7 = (\alpha, \alpha, \alpha, \alpha, \beta, \beta, \beta)$$

wobei im vorliegenden Fall

$$\langle v_7, v_7 \rangle = 4\,\alpha^2 + 3\,\beta^2 = 2$$

und

$$\langle v_4, v_7 \rangle = \alpha - \beta = -1$$

zu erfüllen sind mit der Lösung

$$\alpha = \frac{\sqrt{2} - 3}{7}$$

$$\beta = \frac{\sqrt{2} + 4}{7}$$

Die 42+70 Bilder von v_i $(i \le 6)$ und $\pm v_7$ unter der S_7-Untergruppe von W bilden noch nicht das vollständige $\Sigma(\mathbb{E}_7)$; es kommen noch die insgesamt 14 Permutationen der beiden Vektoren

$$\pm\,\frac{1}{7}\left[\sqrt{8}-6, \sqrt{8}+1, \sqrt{8}+1, \sqrt{8}+1, \sqrt{8}+1, \sqrt{8}+1, \sqrt{8}+1\right]$$

hinzu.

Es sei angemerkt, daß die 126 $\mathbb{E}_7$-Wurzeln auch in einer anderen, etwas bequemeren, Form beschrieben werden können. Zu diesem Zweck setzen wir

$$v_1 = \frac{1}{\sqrt{2}}\,(\ 0, -1,\ 0,\ 1, -1,\ 1,\ 0)$$

$$v_2 = \frac{1}{\sqrt{2}}\,(-1,\ 0,\ 1, -1,\ 1,\ 0,\ 0)$$

$$v_3 = \frac{1}{\sqrt{2}}\,(\ 0,\ 1, -1,\ 1,\ 0,\ 0, -1)$$

$$v_4 = \frac{1}{\sqrt{2}} (1,-1, 1, 0, 0,-1, 0)$$

$$v_5 = \frac{1}{\sqrt{2}} (-1, 1, 0, 0,-1, 0, 1)$$

$$v_6 = \frac{1}{\sqrt{2}} (1, 0, 0,-1, 0, 1,-1)$$

$$v_7 = \frac{1}{\sqrt{2}} (0, 0,-1, 0, 1, 1, 1)$$

Das Wurzelsystem besteht dann aus den 14 Vektoren $\pm e_i$ und den $16 \cdot 7 = 112$, die sich durch zyklische Permutationen und beliebige Vorzeichenwechsel aus

$$\frac{1}{\sqrt{2}} (1,0,0,1,0,1,1)$$

ergeben. Alle v_i mit Ausnahme von v_1 erzeugen wieder ein $\mathbb{E}_6$-System, allerdings 7-dimensional dargestellt.

Um eine schöne Beschreibung von $\Sigma(\mathbb{E}_8)$ zu erhalten, wählen wir

$$v_i = e_{i+1} - e_i \qquad (1 \le i \le 6)$$

$$v_7 = - e_7 - e_8$$

$$v_8 = \frac{1}{2} (1,1,1,1,1,-1,-1,1)$$

Man findet ohne Mühe, daß das von $v_1,\dots,v_8$ erzeugte Wurzelsystem neben den $4 \cdot \binom{8}{2} = 112$ Vektoren der Gestalt $\pm e_i \pm e_j$ auch noch alle $2^7 = 128$ durch geradzahlig viele Vorzeichenwechsel aus

$$\frac{1}{2} (1,1,1,1,1,1,1,1)$$

entstehenden beinhaltet. Anwendung der Fundamentalspiegelungen $\sigma_1,\dots,\sigma_8$ ergibt nichts Neues, sondern nur Permutationen der genannten 240 Wurzeln, die daher das gesamte $\Sigma(\mathbb{E}_8)$ bilden.

Den Vorzug der Rationalität des $\mathbb{E}_8$-Systems in dieser Darstellung können wir uns auch für $\Sigma(\mathbb{E}_7)$ und $\Sigma(\mathbb{E}_6)$ zunutze machen, indem wir geeignete Teilmengen von $\Sigma(\mathbb{E}_8)$ betrachten. Dabei müssen wir jedoch eine 8-dimensionale Beschreibung, also redundante Koordinaten in Kauf nehmen. Die 126 Wurzeln aus $\Sigma(\mathbb{E}_8)$

mit Koordinatensumme 0 bilden beispielsweise ein $\Sigma(\mathbb{E}_7)$.
Es gibt noch eine weitere rationale Form der $\mathbb{E}_8$-Wurzeln, die in der zu

$$\eta = (1,1,1,1,1,1,1,1,1)$$

orthogonalen Hyperebene (verschwindende Koordinatensumme) des $\mathbb{R}^9$ liegt. Wir finden sie, indem wir zunächst alle obigen Wurzeln durch eine neunte, gleich Null gesetzte, Koordinate ergänzt, als Elemente aus $\mathbb{R}^9$ auffassen und anschließend mit der orthogonalen Matrix

$$\frac{1}{6}\begin{pmatrix} -2 & -5 & 1 & 1 & 1 & 1 & 1 & 1 & 1 \\ 2 & -1 & 5 & -1 & -1 & -1 & -1 & -1 & -1 \\ -2 & 1 & 1 & -5 & 1 & 1 & 1 & 1 & 1 \\ 2 & -1 & -1 & -1 & 5 & -1 & -1 & -1 & -1 \\ -2 & 1 & 1 & 1 & 1 & -5 & 1 & 1 & 1 \\ 2 & -1 & -1 & -1 & -1 & -1 & 5 & -1 & -1 \\ -2 & 1 & 1 & 1 & 1 & 1 & -5 & 1 \\ -2 & 1 & 1 & 1 & 1 & 1 & 1 & -5 \\ 2 & 2 & 2 & 2 & 2 & 2 & 2 & 2 & 2 \end{pmatrix}$$

transformieren. Die Basiswurzeln nehmen dann die Gestalt

$$v_1 = \tfrac{1}{3}(\ 2,\ 2,\ 2,-1,-1,-1,-1,-1,-1)$$

$$v_2 = \tfrac{1}{3}(-2,\ 1,-2,-2,\ 1,\ 1,\ 1,\ 1,\ 1)$$

$$v_3 = \tfrac{1}{3}(\ 2,-1,-1,\ 2,\ 2,-1,-1,-1,-1)$$

$$v_4 = \tfrac{1}{3}(-2,\ 1,\ 1,\ 1,-2,-2,\ 1,\ 1,\ 1)$$

$$v_5 = \tfrac{1}{3}(\ 2,-1,-1,-1,-1,\ 2,\ 2,-1,-1)$$

$$v_6 = \tfrac{1}{3}(-2,\ 1,\ 1,\ 1,\ 1,\ 1,-2,-2,\ 1)$$

$$v_7 = \tfrac{1}{3}(\ 2,-1,-1,-1,-1,-1,-1,\ 2,\ 2)$$

$$v_8 = \tfrac{1}{3}(-1,-1,\ 2,-1,\ 2,-1,-1,\ 2,-1)$$

an. Das vollständige System besteht aus den 72 Vektoren

$$\pm (e_i - e_j)$$

mit $1 \le i < j \le 9$ (beliebige Vorzeichen), welche für sich ein $\mathbb{A}_8$-Untersystem bilden, sowie den 168 Permutationen von

$$\pm \frac{1}{3} (2,2,2,-1,-1,-1,-1,-1,-1)$$

Tatsächlich haben alle 240 Wurzeln die Koordinatensumme 0.

Typ $\mathbb{F}$

Die Konstruktion des $\mathbb{F}_4$-Wurzelsystems macht keinerlei Schwierigkeiten. Eine geeignete Wahl der Basiswurzeln ist

$$v_1 = e_2 - e_1$$

$$v_2 = e_3 - e_2$$

$$v_3 = -\sqrt{2}\, e_3$$

$$v_4 = \frac{1}{\sqrt{2}} (e_1 + e_2 + e_3 + e_4)$$

und das gesamte $\Sigma(\mathbb{F}_4)$ besteht aus den 48 Vektoren der Form

$$\pm e_i \pm e_j \qquad (24)$$

$$\pm \sqrt{2}\, e_i \qquad (\ 8)$$

$$\frac{1}{\sqrt{2}} (\pm e_1 \pm e_2 \pm e_3 \pm e_4) \qquad (16)$$

Typ $\mathbb{G}$

Noch einfacher sind die $\mathbb{G}_2$-Wurzeln zu finden. Wir setzen

$$v_1 = (\sqrt{2}, 0)$$

und

$$v_2 = \frac{1}{\sqrt{2}} (-\sqrt{3}, 1)$$

Alle 12 Wurzeln sind dann die Ecken eines regulären Zwölfecks:

$$\sqrt{2} \left(\cos \frac{\pi k}{6} , \sin \frac{\pi k}{6} \right) \qquad (k \bmod 12)$$

was für $k = 0$ und $k = 5$ die Basiselemente v_1 und v_2 ergibt. Die Wurzeln sind also genau diejenigen Vektoren, die sich durch beliebige Vorzeichenwechsel oder Permutationen aus v_1 und v_2 ergeben.

Typ $\mathbb{H}$

Bei den Diagrammen $\mathbb{H}_2, \mathbb{H}_3, \mathbb{H}_4$, denen wir uns als nächsten zuwenden, treten Irrationalitäten auf, die durch die Produktordnung 5 zweier Basiswurzeln bedingt sind und mit den fünften Einheitswurzeln zusammenhängen. Wir setzen

$$\zeta = \exp \left(\frac{2\pi i}{5} \right)$$

Die Größen

$$\lambda = 2 \cos \left(\frac{2\pi}{5} \right) = \zeta + \zeta^{-1}$$

$$\mu = 2 \cos \left(\frac{4\pi}{5} \right) = \zeta^2 + \zeta^{-2}$$

genügen den Gleichungen

$$\lambda^2 + \lambda = \mu^2 + \mu = 1$$

sowie

$$\lambda \mu = \lambda + \mu = -1$$

(**"Goldener Schnitt"**). Explizit sind sie daher gegeben durch

$$\lambda = \frac{-1+\sqrt{5}}{2}$$

$$\mu = \frac{-1-\sqrt{5}}{2}$$

Mit ihrer Hilfe lassen sich die $\mathbb{H}_2$-Fundamentalwurzeln als

$$v_1 = \sqrt{2}\ (1,0)$$

$$v_2 = \sqrt{2}\left(-\cos\frac{\pi}{5},\ \sin\frac{\pi}{5}\right)$$

ansetzen. Das ganze System $\Sigma(\Delta)$ bildet dann das regelmäßige Zehneck

$$\sqrt{2}\left(\cos\frac{\pi\ k}{5},\ \sin\frac{\pi\ k}{5}\right) \qquad (k \bmod 10)$$

Eine bequeme Wahl der Basiswurzeln für $\Delta = \mathbb{H}_3$ ist (Neutsch [1983])

$$v_1 = \sqrt{2}\ (1,0,0)$$

$$v_2 = \frac{1}{2}\sqrt{2}\ (-1,\lambda,\mu)$$

$$v_3 = \sqrt{2}\ (0,0,1)$$

Sie hat gegenüber anderen Möglichkeiten den Vorzug, daß die zugehörige Weylgruppe eine Untergruppe U enthält, die von allen zyklischen Permutationen und allen Vorzeichenwechseln der Koordinaten erzeugt wird. Damit bestätigt man ohne Mühe, daß das gesamte Wurzelsystem aus den folgenden beiden Vektoren und ihren Bildern unter U (Anzahl jeweils in Klammern):

$$\sqrt{2}\ (1,0,0) \qquad (\ 6)$$

$$\frac{1}{2}\sqrt{2}\ (1,\lambda,\mu) \qquad (24)$$

also insbesondere genau 30 Wurzeln, besteht.
Für die Berechnung der Basisinvarianten in Abschn. 17.3 geben wir noch eine

andere Version der $\mathbb{H}_3$-Wurzeln an, die sich durch volle Symmetrie unter Koordinatenpermutationen auszeichnet.
Dazu beachten wir, daß die ersten beiden Basiswurzeln ein $\mathbb{A}_2$-System aufspannen, ihre Reflexionen also die symmetrische Gruppe S_3 erzeugen.
Um letztere auf ihre übliche Form zu bringen, wählen wir die Fundamentalwurzeln wie folgt:

$$v_1 = (1,-1,0)$$

$$v_2 = (0,1,-1)$$

$$v_3 = \frac{1}{3}\left[\mu+\lambda\sqrt{2},\, \mu+\lambda\sqrt{2},\, -2\mu+\lambda\sqrt{2}\right]$$

(Man bestätigt leicht die Korrektheit der Skalarprodukte). Das gesamte Wurzelsystem besteht dann aus

$$(1,-1,0)$$

$$\pm \frac{1}{6}\left[-\sqrt{5} + 2\sqrt{2} + 3 ,\ -\sqrt{5} + 2\sqrt{2} - 3 ,\ 2\sqrt{5} + 2\sqrt{2} \right]$$

$$\pm \frac{1}{6}\left[\sqrt{10} + 2\sqrt{5} - \sqrt{2} + 2 ,\ \sqrt{10} - \sqrt{5} - \sqrt{2} - 1 ,\ \sqrt{10} - \sqrt{5} - \sqrt{2} - 1 \right]$$

$$\pm \frac{1}{6}\left[\sqrt{10} - 2\sqrt{5} + \sqrt{2} + 2 ,\ \sqrt{10} + \sqrt{5} + \sqrt{2} - 1 ,\ \sqrt{10} + \sqrt{5} + \sqrt{2} - 1 \right]$$

und den (insgesamt 6+12+6+6 = 30) Wurzeln, die sich durch Permutationen aus den angegebenen konstruieren lassen. Nachteilig bei dieser Darstellung ist allerdings, daß einige Koeffizienten algebraische Zahlen 4. Grades sind, während man in der Standardbeschreibung mit quadratischen Irrationalitäten auskommt.
Ganz entsprechend finden wir mit dem Ansatz

$$v_1 = \frac{1}{2}\sqrt{2}\ (1,1,1,1)$$

$$v_2 = \frac{1}{2}\sqrt{2}\ (1,-1,-1,-1)$$

$$v_3 = \frac{1}{2}\sqrt{2}\ (-1,1,-1,1)$$

$$v_4 = \frac{1}{2}\sqrt{2}\ (0,-1,-\mu,-\lambda)$$

daß $\Sigma(\mathbb{H}_4)$ genau die zusammen 120 Wurzeln enthält, welche aus

$$\sqrt{2}\,(1,0,0,0) \qquad (8)$$

$$\frac{1}{2}\sqrt{2}\,(1,1,1,1) \qquad (16)$$

$$\frac{1}{2}\sqrt{2}\,(1,\lambda,\mu,0) \qquad (96)$$

durch Kombination gerader Permutationen und beliebiger Vorzeichenwechsel hervorgehen.

Auch $\mathbb{H}_4$ besitzt eine symmetrische Darstellung. Wir multiplizieren die obige Standardversion mit der orthogonalen Matrix

$$\frac{1}{2}\sqrt{2}\begin{bmatrix} 1 & 0 & -1 & 0 \\ 1 & 0 & 1 & 0 \\ 0 & -1 & 0 & 1 \\ 0 & -1 & 0 & -1 \end{bmatrix}$$

und finden die Basiswurzeln

$$v_1 = (1,-1,0,0)$$

$$v_2 = (0,1,-1,0)$$

$$v_3 = (0,0,1,-1)$$

$$v_4 = \frac{1}{2}\left(-1,-1,-1,\sqrt{5}\right)$$

deren erste drei die S_4 als Permutationsgruppe liefern. Das gesamte System wird dann wiederum symmetrisch und umfaßt

$$(1,1,0,0) \qquad (24)$$

$$\frac{1}{2}\left(1,1,1,-\sqrt{5}\right) \qquad (32)$$

$$\frac{1}{4}\left(\sqrt{5}-1,\sqrt{5}-1,\sqrt{5}-1,\sqrt{5}+3\right) \qquad (32)$$

$$\frac{1}{4}\left(\sqrt{5}+1,\sqrt{5}+1,\sqrt{5}+1,3-\sqrt{5}\right) \qquad (32)$$

sowie alle unter der Aktion von $W(\mathbb{D}_4) = 2^3{:}S_4$ (in der üblichen Beschreibung) daraus berechneten Vektoren. Deren Anzahlen sind jeweils in Klammern angegeben. Die ersten 24 bilden das zur genannten Untergruppe gehörige $\mathbb{D}_4$-System.
Wir werden in Kap. 25 noch Gelegenheit haben, auf die geometrische Bedeutung der Systeme vom Typ $\mathbb{H}_3$ bzw. $\mathbb{H}_4$ ausführlich zurückzukommen. Dort sollen auch einige interessante Anwendungen näher diskutiert werden. An dieser Stelle wollen wir es bei der Angabe der Wurzeln belassen.

Typ $\mathbb{I}$

Der letzte noch verbleibende Fall, $\mathbb{I}_2(k)$ $(k \geq 7)$, ist völlig analog zu den bereits behandelten $\mathbb{I}_2(3) = \mathbb{A}_2$, $\mathbb{I}_2(4) = \mathbb{B}_2$, $\mathbb{I}_2(5) = \mathbb{H}_2$ und $\mathbb{I}_2(6) = \mathbb{G}_2$. Mit

$$v_1 = \sqrt{2}\,(1,0)$$

$$v_2 = \sqrt{2}\left(-\cos\frac{\pi}{k}\,,\ \sin\frac{\pi}{k}\right)$$

ergeben sich die Wurzeln

$$\sqrt{2}\left(\cos\frac{\pi s}{k}\,,\ \sin\frac{\pi s}{k}\right) \qquad (s \bmod 2k)$$

die ein reguläres (2k)-Eck bilden.

Zur besseren Übersicht stellen wir noch einmal die Anzahlen der Wurzeln für alle monolithischen Diagramme vom endlichen Typ in einer Tabelle zusammen:

Tab. 16.1.1

Δ	$\mathbb{A}_n$	$\mathbb{B}_n$	$\mathbb{D}_n$	$\mathbb{E}_6$	$\mathbb{E}_7$	$\mathbb{E}_8$	$\mathbb{F}_4$	$\mathbb{G}_2$	$\mathbb{H}_2$	$\mathbb{H}_3$	$\mathbb{H}_4$	$\mathbb{I}_2(k)$
$\# \Sigma(\Delta)$	n^2+n	$2n^2$	$2n^2-2n$	72	126	240	48	12	10	30	120	2k

Damit können wir die Hauptergebnisse dieses Kapitels formulieren:

Satz 16.1.1:

Sei Δ ein monolithisches Dynkindiagramm. Dann sind die folgenden Aussagen gleichwertig:

(a) Die Weylgruppe $W(\Delta) \cong \mathrm{Cox}(\Delta)$ ist endlich.

(b) Das Wurzelsystem $\Sigma(\Delta)$ ist endlich.

(c) Die Cartanmatrix zu Δ ist positiv definit.

(d) Δ ist vom endlichen Typ.

(e) Δ ist eines der Diagramme $\mathbb{A}_n$ $(n\geq1)$, $\mathbb{B}_n$ $(n\geq2)$, $\mathbb{D}_n$ $(n\geq4)$, $\mathbb{E}_6$, $\mathbb{E}_7$, $\mathbb{E}_8$, $\mathbb{F}_4$, $\mathbb{G}_2$, $\mathbb{H}_2$, $\mathbb{H}_3$, $\mathbb{H}_4$ oder $\mathbb{I}_2(k)$ mit $k\geq7$.

Beweis:

Nach den Sätzen 15.4.3 und 16.1.1 gilt (c) $\Rightarrow$ (d) $\Rightarrow$ (e), während die obige Auflistung die Endlichkeit aller zu den unter (e) genannten Wurzelsysteme, also die Implikation (e) $\Rightarrow$ (b), erweist.

Den Rang von Δ bezeichnen wir wie immer mit n. Die Weylgruppe $W(\Delta)$ permutiert die Wurzeln, und da $\Sigma(\Delta)$ den $\mathbb{R}^n$ (als $\mathbb{R}$-Vektorraum) erzeugt, kann es keine nichttriviale lineare Abbildung von $\mathbb{R}^n$ auf sich geben (und erst recht keine in $W(\Delta)$ liegende), die alle Wurzeln festläßt. Die Darstellung von $W(\Delta)$ als Permutationsgruppe auf $\Sigma(\Delta)$ ist also treu. Das zieht unmittelbar (b) $\Rightarrow$ (a) nach sich.

Es bleibt nur (a) $\Rightarrow$ (c) zu verifizieren. Für endliches $W = W(\Delta) < GO(n,\mathbb{R})$ kennen wir zwei W-invariante quadratische Formen $\mathcal{F}_1$ und $\mathcal{F}_2$, deren erste zufolge des Satzes 15.3.2 durch

$$\mathcal{F}_1(u,v) = (\#W)^{-1} \sum_{\gamma\in W} u\,\gamma\,{}^t\gamma\,{}^tv$$

gegeben ist, während die Koeffizienten der anderen bezüglich der Basiswurzeln durch die Cartanmatrix C = C(Δ) repräsentiert werden.
Falls beide Formen proportional zueinander sind, ist C positiv definit, und wir sind fertig. Wir nehmen daher an, $\mathcal{F}_1$ und $\mathcal{F}_2$ seien linear unabhängig.
Da $\mathcal{F}_1$ positiv definit ist, lassen sich $\mathcal{F}_1$ und $\mathcal{F}_2$ nach Abschn. 2.3 simultan auf Hauptachsen transformieren. Es ist leicht einzusehen, daß eine nichtverschwindende Linearkombination beider Formen existiert, die den Eigenwert 0 besitzt. Deren Matrix sei F. Der Eigenraum U = ER(0,F) ist ein nichttrivialer Unterraum von $\mathbb{R}^n$:

$$0 \subset U \subset \mathbb{R}^n$$

Jedes $\eta \in U$:

$$\eta F = 0$$

wird durch ein beliebiges Element $\gamma \in W$ auf ein ebenfalls in U liegendes abgebildet:

$$\eta \gamma F = \eta (\gamma F {}^t\gamma) {}^t\gamma^{-1} = \eta F {}^t\gamma^{-1} = 0$$

Der Unterraum U ist somit W-invariant, im Widerspruch zur Irreduzibilität von W auf $\mathbb{R}^n$. Damit ist der Beweis komplett.

Bemerkung:
Der Satz bleibt richtig, wenn wir das Wort "monolithisch" streichen und dafür unter (e) alle endlichen Diagramme zulassen, deren sämtliche Zusammenhangskomponenten in der dort aufgeführten Liste enthalten sind.

16.2. Weylgruppen

Mit den bisher angesammelten Informationen über die monolithischen Wurzelsysteme vom endlichen Typ bereitet es keine Schwierigkeiten, auch die zugehörigen Weylgruppen explizit zu ermitteln.
Um die Argumentation zu vereinheitlichen, benötigen wir ein einfaches Lemma:

Satz 16.2.1:
Sei Δ ein monolithisches Dynkindiagramm vom Typ $\mathbb{A}$, $\mathbb{D}$, $\mathbb{E}$ oder $\mathbb{H}$ mit endlicher Weylgruppe $W = W(\Delta)$.
(a) Alle Wurzeln aus $\Sigma(\Delta)$ werden von W transitiv permutiert.
(b) Ist $\Delta = \mathbb{X}_n$, so bilden die zu einem festen $w \in \Sigma(\Delta)$ orthogonalen Wurzeln ein in $\Sigma(\Delta)$ enthaltenes Wurzelsystem, das wir mit $\mathbb{X}'_n$ bezeichnen wollen. Die Weylgruppe $W(\Sigma(\Delta)')$ dieses **reduzierten Systems** ist eine bis auf Konjugation eindeutig bestimmte Untergruppe von W.

Beweis:
Alle zusammenhängenden Teilsysteme des Rangs 2 von Δ sind von der Form

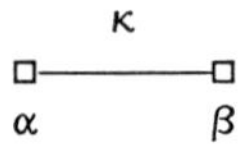

Die Reflexionen a und b in den Wurzeln α bzw. β spannen eine Diedergruppe der Ordnung 2κ auf. Unter der Voraussetzung des Satzes ($\mathbb{X} = \mathbb{A},\mathbb{D},\mathbb{E},\mathbb{H}$) kommen nur die Werte $\kappa \in \{3,5\}$ vor. Für ungerade κ sind aber alle Involutionen in $D_{2\kappa}$ konjugiert. Daraus folgt die Äquivalenz von $\{\pm\alpha\}$ und $\{\pm\beta\}$ unter W, also auch die von α und β, denn α und $-\alpha$ gehen ja durch die Spiegelung σ_α auseinander hervor. Benachbarte Wurzeln sind somit W-konjugiert.
Durch Fortsetzen gilt das auch für beliebige Paare von Fundamentalwurzeln, und aufgrund der Definition der Wurzeln folgt (a).
Die Korrektheit der in (b) enthaltenen Definition ist nach dem gerade Bewiesenen offensichtlich, ebenso die Tatsache, daß es sich bei $\mathbb{X}'_n$ um ein

Wurzelsystem handelt. Die Konjugiertheit ergibt sich aus (a).

Wir betrachten wieder die einzelnen Möglichkeiten separat.

Typ $\mathbb{A}$

Die Spiegelung in der typischen Wurzel $e_i - e_j$ $(i,j \in \{1,\dots,n+1\})$ bewirkt die Vertauschung der Indizes i und j. Es ist klar, daß diese die volle symmetrische Gruppe

$$\mathrm{Weyl}(\mathbb{A}_n) \cong S_{n+1}$$

mit der Ordnung

$$\#\,\mathrm{Weyl}(\mathbb{A}_n) = (n+1)!$$

erzeugen.

Typ $\mathbb{B}$

Es sei wie im letzten Abschnitt $n \geq 2$ vorausgesetzt $(\mathbb{B}_1 \cong \mathbb{A}_1)$.
Die Spiegelungen in den $e_i - e_j$, die für alle $i,j \leq n$ in $W(\mathbb{B}_n)$ liegen, erzeugen wieder eine symmetrische Gruppe (jetzt aber nur S_n). Die Reflexionen in den zu e_i proportionalen Wurzeln ergeben die Transformationen der Form $x_i \mapsto -x_i$ und spannen für sich eine Untergruppe $\cong 2^n$ auf, die von der S_n normalisiert wird. Daher ist

$$\mathrm{Weyl}(\mathbb{B}_n) \cong 2^n : S_n$$

$$\#\,\mathrm{Weyl}(\mathbb{B}_n) = 2^n\, n!$$

Typ $\mathbb{D}$

Wir nehmen $n \geq 4$ an, da $\mathbb{D}_2 = \mathbb{A}_1 \times \mathbb{A}_1$ und $\mathbb{D}_3 = \mathbb{A}_3$ ist.

Die Spiegelungen in den $e_i - e_j$ ergeben wieder eine zu S_n isomorphe Untergruppe in W. Dazu kommen noch (durch Reflexion in $e_i + e_j$) Abbildungen der Form $x_i \mapsto -x_j$, $x_j \mapsto -x_i$. Mit den Transpositionen (i,j) kombiniert, führen sie auf alle Vorzeichenwechsel in jeweils zwei (und dann auch in geradzahlig vielen) Positionen. Damit haben wir einen Normalteiler 2^{n-1} (Diagonalmatrizen mit 1 und -1; Determinante = 1), und die gesamte Weylgruppe ist

$$\mathrm{Weyl}(\mathbb{D}_n) \cong 2^{n-1} : S_n$$

mit

$$\# \mathrm{Weyl}(\mathbb{D}_n) = 2^{n-1}\, n!$$

Typ $\mathbb{E}$

Die Ordnungen der Weylgruppen von $\mathbb{E}_i$, $i \in \{6,7,8\}$, bestimmen wir am leichtesten durch Abzählen der Fundamentalsysteme, deren Anzahl wegen der scharfen Transitivität der Weylgruppe $W = W(\mathbb{E}_i)$ gleich $\# W$ ist; vgl. hierzu Satz 15.4.5.

Für $\mathbb{E}_6$ geht das so: Die zu $v = \frac{1}{\sqrt{3}}(1,1,1,1,1,1)$ orthogonalen Wurzeln bilden ein reduziertes System, das offensichtlich alle Wurzeln mit Koordinatensumme 0, und nur diese, umfaßt. Da es sich gerade um die Vektoren der Form $e_i - e_j$ handelt, ist $\mathbb{E}_6' \cong \mathbb{A}_5$. Die Anzahl derartiger $\mathbb{A}_5$-Teilsysteme in $\mathbb{E}_6$ ist offenbar 36, denn v und -v liefern dasselbe. Umgekehrt kann man ein Fundamentalsystem innerhalb dieses $\mathbb{A}_5$ auch nur auf 2 Arten (mit ±v) zu einem von $\mathbb{E}_6$ ergänzen.

Daraus ergibt sich unmittelbar $\# W(\mathbb{E}_6) = 36 \cdot 2 \cdot \# W(\mathbb{A}_5) = 36 \cdot 2 \cdot 6!$, also

$$\# \mathrm{Weyl}(\mathbb{E}_6) = 2^7 \cdot 3^4 \cdot 5 = 51840$$

Genauso können wir für $\mathbb{E}_7$ vorgehen. Jetzt stellt sich das reduzierte System als $\mathbb{E}_7' \cong \mathbb{D}_6$ heraus. Es gibt 63 gleichberechtigte Wurzelpaare ±v. Ferner ist die Zahl der $\mathbb{D}_6$-Fundamentalsysteme gleich $\# W(\mathbb{D}_6) = 2^5 \cdot 6!$ und jedes kann zweifach erweitert werden. Daraus ergibt sich wie oben die Ordnung der Weylgruppe in der Form $\# W(\mathbb{E}_7) = 63 \cdot 2 \cdot \# W(\mathbb{D}_6) = 63 \cdot 2 \cdot 2^5 \cdot 6!$ oder

$$\# \operatorname{Weyl}(\mathbb{E}_7) = 2^{10}\cdot 3^4\cdot 5\cdot 7 = 2903040$$

Schließlich noch die entsprechende Rechnung für $\mathbb{E}_8$: Das reduzierte System ist jetzt $\mathbb{E}_8' \cong \mathbb{E}_7$; wir haben 120 Paare in $\mathbb{E}_8$ und $\# W(\mathbb{E}_7)$ Fundamentalsysteme in $\mathbb{E}_8' \cong \mathbb{E}_7$; demnach ist $\# W(\mathbb{E}_8) = 120\cdot 2\cdot \# W(\mathbb{E}_7) = 120\cdot 2\cdot 2^{10}\cdot 3^4\cdot 5\cdot 7$, was auf

$$\# \operatorname{Weyl}(\mathbb{E}_8) = 2^{14}\cdot 3^5\cdot 5^2\cdot 7 = 696729600$$

führt.

Wir müssen noch die genauen Strukturen der Weylgruppen zu den Dynkindiagrammen des Typs $\mathbb{E}$ bestimmen. Mit Kenntnis der Ordnungen fällt das relativ leicht.

Zu diesem Zweck betrachten wir die 6 Vektoren

$$(v_1,\dots,v_6) = \Big[(12000),(01200),(00120),(00012),(11112),(00011)\Big]$$

aus dem 5-dimensionalen Vektorraum $V = \mathbb{F}_3^5$ über dem Körper mit 3 Elementen. Ihre Skalarprodukte entsprechen genau denen des $\mathbb{E}_6$-Systems (natürlich mod 3 gerechnet!). Die mit (-1) multiplizierten **orthogonalen Reflexionen**

$$-\sigma_i = {}^t v_i\, v_i - 1$$

sind daher Matrizen aus $SO_5(3)$, die eine Darstellung von $\operatorname{Weyl}(\mathbb{E}_6)$ erzeugen. Man findet aber ohne weiteres, daß die von den σ_i aufgespannte Gruppe die volle $SO_5(3)$ ist. Letztere ist also ein homomorphes Bild der gesuchten Weylgruppe. Aus der Übereinstimmung der Ordnungen

$$|SO_5(3)| = 51840 = |W(\mathbb{E}_6)|$$

folgt dann unmittelbar die Isomorphie

$$\operatorname{Weyl}(\mathbb{E}_6) \cong SO_5(3) \cong O_5(3):2$$

Für $\mathbb{E}_7$ liegen die Verhältnisse nur unwesentlich komplizierter. Wir statten den 6-dimensionalen $\mathbb{F}_2$-Vektorraum $\mathbb{F}_2^6$ mit einem **symplektischen Skalarprodukt** aus, z.B.

$$\langle u,v\rangle = u_1v_6 + u_2v_5 + u_3v_4 + u_4v_3 + u_5v_2 + u_6v_1$$

Jedem von Null verschiedenen Vektor v ordnen wir dann die **symplektische Transvektion**

$$x \longmapsto x + \langle x,v\rangle\, v$$

zu.

Man verifiziert leicht die bekannte Tatsache, daß das Produkt zweier solcher Abbildungen die Ordnung 1, 2 oder 3 hat, je nachdem, ob die zugehörigen Vektoren gleich, verschieden und orthogonal oder nicht orthogonal sind. Die 7 Vektoren

$$\left[(111100),(001000),(000110),(010000),(000011),(100000),(111010)\right]$$

haben genau die modulo 2 reduzierten Skalarprodukte eines $\mathbb{E}_7$-Fundamentalsystems. Das bedeutet, daß die durch sie gegebenen Transvektionen (die ganz $Sp_6(2)$ erzeugen), eine Darstellung von $W(\mathbb{E}_7)$ liefern.

Allerdings ist

$$|Sp_6(2)| = 2^9\cdot 3^4\cdot 5\cdot 7 = 1451520$$

nur die Hälfte von $|W(\mathbb{E}_7)|$, der Homomorphismus $W(\mathbb{E}_7) \longrightarrow Sp_6(2)$ hat also einen Kern der Ordnung 2. Somit ist $W(\mathbb{E}_7) \cong 2\cdot Sp_6(2)$. Die Schurerweiterung $2{\wedge}Sp_6(2)$ kommt aber nicht in Frage, da sie perfekt ist, während die Drehungen in einer monolithischen Weylgruppe stets einen Normalteiler vom Index 2 bilden. Als einzige Möglichkeit verbleibt

$$\mathrm{Weyl}(\mathbb{E}_7) \cong 2 \times Sp_6(2)$$

Zur Konstruktion von $W(\mathbb{E}_8)$ erklären wir auf $\mathbb{F}_2^8$ eine quadratische Form, wie z.B.

$$\mathcal{F}(v) = v_1v_2 + v_3v_4 + v_5v_6 + v_7v_8$$

zu der das Skalarprodukt

$$\langle u,v\rangle = u_1v_2 + u_2v_1 + u_3v_4 + u_4v_3 + u_5v_6 + u_6v_5 + u_7v_8 + u_8v_7$$

gehört. Jedem nichtisotropen Vektor v ordnen wir in der üblichen Weise die Reflexion

$$x \longmapsto \sigma_v(x) = x + \langle x,v\rangle\, v$$

zu. Das Produkt $\sigma_u\sigma_v$ hat die Ordnung 1, 2, bzw. 3, wenn u und v übereinstimmen, orthogonal, bzw. nicht orthogonal, aber einander ungleich sind. Die 8 Vektoren

(10000000) (01010010) (00100000) (00010110)
(00001000) (00100101) (00000010) (00000100)

haben die "richtigen" Skalarprodukte (mod 2) für ein $\mathbb{E}_8$-Fundamentalsystem; dadurch bekommen wir einen Homomorphismus von $W(\mathbb{E}_8)$ auf die durch die genannten Reflexionen aufgespannten Gruppe.
Letztere ist die ganze $SO_8^+(2) \cong O_8^+(2)\cdot 2$. (Das "+"-Zeichen bezieht sich darauf, daß die oben definierte quadratische Form den **Witt-Defekt** 0 hat; Näheres entnehme man Conway & al. [1985]).
Der Vergleich der Ordnungen zeigt ohne Mühe, daß der Kern der Darstellung $W(\mathbb{E}_8) \longrightarrow SO_8^+(2)$ isomorph zur zyklischen Gruppe der Ordnung 2 ist; somit haben wir $W(\mathbb{E}_8) \cong 2\cdot O_8^+(2)\cdot 2$.
Wir müssen noch bestimmen, welcher Art die in diesem Ausdruck vorkommenden Erweiterungen sind.
Die "untere" kann kein direktes Produkt sein, da anderenfalls $W(\mathbb{E}_8)$ einen Normalteiler isomorph zu $O_8^+(2)$ besäße. Die Faktorgruppe wäre, da von der Ordnung 4, abelsch. Das widerspricht der offensichtlichen Tatsache, daß die Kommutatorfaktorgruppen aller monolithischen Coxetergruppen (deren Präsentationen man aus denen der Coxetergruppen selbst unter Hinzunahme der Vertauschbarkeit aller Erzeugenden erhält) $\cong$ 2 sind.
Wir haben also $W(\mathbb{E}_8) \cong 2\wedge O_8^+(2)\cdot 2$. Die "obere" Erweiterung schließlich ist trivialerweise zerfallend; denn es gibt Involutionen in $W(\mathbb{E}_8)\backslash W(\mathbb{E}_8)'$, nämlich z.B. die Wurzelreflexionen.

$$\mathrm{Weyl}(\mathbb{E}_8) \cong 2\wedge O_8^+(2){:}2$$

ist damit die einzige verbleibende Möglichkeit.

Typ $\mathbb{F}$

Die Weylgruppe vom Typ $\mathbb{F}_4$ besitzt eine außerordentlich komplizierte Struktur, da sie nach einem Satz von Burnside [1904] auflösbar und relativ groß ist.
Sie besitzt zwei Bahnen der Länge 24 auf dem Wurzelsystem, die ihrerseits jeweils ein $\Sigma(\mathbb{D}_4)$ bilden. Die Weylgruppe von $\mathbb{F}_4$ stimmt mit der vollen Automorphismengruppe $W(\mathbb{D}_4):S_3$ eines solchen Teilsystems überein.
Die Ordnung berechnen wir wieder wie schon mehrfach zuvor. Für die (in der linearen Abfolge des Diagramms) erste Wurzel haben wir 24 Möglichkeiten (da die Weylgruppe jetzt nicht transitiv ist). Die zweite, die mit ihr das Skalarprodukt -1 haben muß, kann auf 8 verschiedene Arten festgelegt werden, danach die dritte auf 3 Weisen, während für die vierte und letzte nur noch 2 Kandidaten zur Auswahl stehen.
Die Zahl der Fundamentalsysteme in $\Sigma(\mathbb{F}_4)$ ist also gleich $24\cdot8\cdot3\cdot2$, das ist

$$\#\ \mathrm{Weyl}(\mathbb{F}_4) = 2^7\cdot3^2 = 1152$$

Typ $\mathbb{G}$

Die Weylgruppe $W(\mathbb{G}_2)$ wird von zwei Involutionen erzeugt, ist also eine Diedergruppe:

$$\mathrm{Weyl}(\mathbb{G}_2) \cong D_{12}$$

Der nächste Fall ist wieder etwas komplizierter.

Typ $\mathbb{H}$

Aus dem gleichen Grunde wie bei $\mathbb{G}_2$ ist

$$\mathrm{Weyl}(\mathbb{H}_2) \cong D_{10}$$

Die folgende Gruppe, $W(\mathbb{H}_3)$, bestimmen wir wieder auf die bewährte Weise. Die 30 Wurzeln sind gleichberechtigt, so daß wir als erste Fundamentalwurzel jede beliebige von ihnen nehmen können. Die zweite ist durch das Skalarprodukt mit der vorhergehenden auf 4 Möglichkeiten reduziert, während die dritte dann eindeutig festgelegt ist. Damit ist # $W(\mathbb{H}_3) = 30\cdot 4\cdot 1$:

$$\# \, \mathrm{Weyl}(\mathbb{H}_3) = 2^3\cdot 3\cdot 5 = 120$$

Die Zuordnung der Erzeugenden von $W(\mathbb{H}_3)$ zu den Permutationen (12)(34)(5), (1)(25)(34) und (13)(24)(5) ergibt einen Homomorphismus auf die alternierende Gruppe A_5. Da letztere nur die halbe Ordnung von $W(\mathbb{H}_3)$ besitzt, ist $W(\mathbb{H}_3) \cong 2\cdot A_5$. Die Erweiterung ist hier ein direktes Produkt,

$$W(\mathbb{H}_3) \cong 2 \times A_5$$

weil die Kommutatorgruppe von $W(\mathbb{H}_3)$ den Index 2 hat, also ein Komplement zum Zentrum ist.

Durch Reduktion erhalten wir aus dem $\mathbb{H}_4$-System eines vom Typ $\mathbb{H}_3$. Die bereits oben benutzte Methode liefert dann mit 60 Wurzelpaaren in $\mathbb{H}_4$ und der soeben gefundenen Ordnung von $W(\mathbb{H}_3)$ das gewünschte Ergebnis, nämlich # $W(\mathbb{H}_4) = 60\cdot 2\cdot 120$, d.h.

$$\# \, \mathrm{Weyl}(\mathbb{H}_4) = 2^6\cdot 3^2\cdot 5^2 = 14400$$

Die Permutationen

(05)(19)(28)(37)(46) (06)(15)(28)(37)(49)
(06)(17)(28)(39)(45) (05)(16)(27)(38)(49)

auf den 10 Ziffern {0,1,2,3,4,5,6,7,8,9} erfüllen alle Coxeterrelationen für $\mathbb{H}_4$ (am linken Ende der Kette beginnend). Jedes der 4 genannten Elemente vertauscht die Teilmengen {0,1,2,3,4} und {5,6,7,8,9} miteinander. Es ist unschwer zu erkennen, daß die von ihnen erzeugte Gruppe das **Kranzprodukt** von A_5 mit der symmetrischen Gruppe S_2 und folglich von der Form $(A_5\times A_5):2$ ist. Somit haben wir

$$\mathrm{Weyl}(\mathbb{H}_4) \cong 2\cdot (A_5\times A_5):2$$

wenn wir wieder einen Vergleich der Ordnungen heranziehen.

Typ $\mathbb{I}$

Da auch $W(\mathbb{I}_2(k))$ von zwei Involutionen (jetzt mit einem Produkt der Ordnung k) erzeugt wird, folgt ohne Weiteres für alle $k \geq 7$

$$\mathrm{Weyl}(\mathbb{I}_2(k)) \cong D_{2k}$$

Wir stellen unsere Ergebnisse in Tab. 16.2.1 zusammen.

Tab. 16.2.1

$\mathbb{X}_n$	$\mathrm{Weyl}(\mathbb{X}_n)$	$\# \mathrm{Weyl}(\mathbb{X}_n)$	$h(\mathbb{X}_n)$
$\mathbb{A}_n$	S_{n+1}	$(n+1)!$	$n+1$
$\mathbb{B}_n$	$2^n:S_n$	$2^n \cdot n!$	$2n$
$\mathbb{D}_n$	$2^{n-1}:S_n$	$2^{n-1} \cdot n!$	$2n-2$
$\mathbb{E}_6$	$O_5(3):2$	$2^7 \cdot 3^4 \cdot 5 = 51840$	12
$\mathbb{E}_7$	$2 \times Sp_6(2)$	$2^{10} \cdot 3^4 \cdot 5 \cdot 7 = 2903040$	18
$\mathbb{E}_8$	$2 \wedge O_8^+(2):2$	$2^{14} \cdot 3^5 \cdot 5^2 \cdot 7 = 696729600$	30
$\mathbb{F}_4$	$2^3:S_4:S_3$	$2^7 \cdot 3^2 = 1152$	12
$\mathbb{G}_2$	D_{12}	$2^2 \cdot 3 = 12$	6
$\mathbb{H}_2$	D_{10}	$2 \cdot 5 = 10$	5
$\mathbb{H}_3$	$2 \times A_5$	$2^3 \cdot 3 \cdot 5 = 120$	10
$\mathbb{H}_4$	$2 \wedge (A_5 \times A_5):2$	$2^6 \cdot 3^2 \cdot 5^2 = 14400$	30
$\mathbb{I}_2(k)$	D_{2k}	$2\,k$	k

Die **Coxeterzahl** $h(\mathfrak{X}_n)$ ist einfach der Quotient aus der Anzahl der Wurzeln und dem Rang:

$$h(\mathfrak{X}_n) = \frac{\#\Sigma(\Delta)}{n}$$

Wir werden später (Abschn. 19.4) ausgiebig von ihr Gebrauch machen.

16.3. Elementarsymmetrische Funktionen

Zur Abrundung unserer Darstellung der Coxetertheorie benötigen wir noch für jede der endlichen monolithischen Weylgruppen $W = W(\Delta)$ eine algebraisch unabhängige Basis des Invariantenrings.

Mit Bedacht hatten wir für alle fraglichen Dynkindiagramme Δ die Beschreibung des zugehörigen Wurzelsystems $\Sigma(\Delta)$ so gewählt, daß S_n eine Untergruppe von W ist (n = Rang von Δ) . Die W-invarianten Polynome liegen damit sämtlich in $\mathrm{Inv}(S_n)$, sind also symmetrisch unter Koordinatenpermutationen.

Es ist zweckmäßig, die Invariantenringe der symmetrischen Gruppen vorweg zu behandeln, zumal diese auch von eigenständigem Interesse sind. Dabei wollen wir uns einer abkürzenden **symbolischen Schreibweise** bedienen, die in der Literatur üblich und sehr nützlich ist.

Wir sagen, zwei **Monome** $x_1^{a_1}\dots x_n^{a_n}$ und $x_1^{b_1}\dots x_n^{b_n}$ in den Variablen $x_1,\dots,x_n$ seien **von der gleichen Bauart**, wenn die Systeme der Exponenten a_i bzw. b_i bis auf die Reihenfolge übereinstimmen. Es ist evident, daß ein Polynom P genau dann unter S_n invariant ist, wenn alle Monome gleicher Bauart mit demselben Vorfaktor in P vorkommen.

Wir wollen weiter vereinbaren, daß die Anordnung der Monome in P **lexikographisch** sein soll, d.h. daß $x_1^{a_1}\dots x_n^{a_n}$ vor $x_1^{b_1}\dots x_n^{b_n}$ kommt, falls die erste nichtverschwindende Differenz $a_i - b_i$ ($i = 1,2,\dots$) positiv ist.

Die Summe aller Monome einer bestimmten Bauart wird durch einen Ausdruck der Form

$$\sum x_1^{a_1} \dots x_n^{a_n}$$

repräsentiert, wobei hinter dem Summensymbol nur der lexikographisch erste Term der Summe aufgeschrieben wird.

Ein Beispiel mag dies verdeutlichen: Wir setzen $n = 4$. Dann sind die Monome $x_1^3 x_3 x_4$ und $x_1 x_2^3 x_4 = x_2^3 x_1 x_4$ von gleicher Bauart. Der lexikographisch erste Ausdruck in dieser Klasse ist $x_1^3 x_2 x_3$, und es ist

$$\sum x_1^3 x_2 x_3 = x_1^3 x_2 x_3 + x_1^3 x_2 x_4 + x_1^3 x_3 x_4 + x_2^3 x_1 x_3$$
$$+ x_2^3 x_1 x_4 + x_2^3 x_3 x_4 + x_3^3 x_1 x_2 + x_3^3 x_1 x_4$$
$$+ x_3^3 x_2 x_4 + x_4^3 x_1 x_2 + x_4^3 x_1 x_3 + x_4^3 x_2 x_3$$

wobei die 12 Summanden in lexikographischer Anordnung notiert wurden. Es ist offenkundig, wie nützlich diese Notation ist.
Zwei spezielle Klassen von Polynomen spielen eine wichtige Rolle:

Definition 16.3.1:
(a) Ein Polynom P in den reellen Variablen $x_1,\ldots,x_n$, die wir wie üblich zu einem Vektor $x = (x_1,\ldots,x_n) \in \mathbb{R}^n$ zusammenfassen, heißt **symmetrisch**, wenn es invariant unter beliebigen Vertauschungen der x_i ist.
(b) Die k-te **Potenzsumme** der x_i ist das Polynom

$$p_k(x) = p_{k,n}(x) = p_k(x_1,\ldots,x_n) = \sum_{i=1}^{n} x_i^k = x_1^k + \ldots x_n^k$$

oder, in symbolischer Schreibweise,

$$p_k(x) = \sum x_1^k$$

(c) Die k-te **elementarsymmetrische Funktion** ist der Koeffizient von t^k in der ausmultiplizierten Form des Produkts

$$(1-tx_1)\ldots(1-tx_n) = \sum_{k=0}^{n} s_k(x)\, t^k$$

also die Funktion

$$s_k(x) = s_{k,n}(x) = s_k(x_1,\ldots,x_n)$$

die sich durch Summieren aller Monome $x_{i_1}\ldots x_{i_k}$ mit $i_1 < i_2 < \ldots < i_k$ ergibt. In symbolischer Gestalt ist das einfach

$$s_k(x) = \sum x_1 \dots x_k$$

Obgleich die Potenzsummen auf den ersten Blick einfacher erscheinen, sind doch für die meisten Betrachtungen die elementarsymmetrischen Polynome angemessener. Das liegt vor allem daran, daß bei Entwicklungen nach den s_i im allgemeinen erheblich kleinere Koeffizienten auftreten als bei Verwendung der p_i.

Allerdings ist dies kein prinzipieller Unterschied, da man leicht von einem System auf das andere überwechseln kann:

Satz 16.3.1:

(a) Die elementarsymmetrischen Funktionen $s_1(x),\dots,s_n(x)$ bilden eine algebraisch unabhängige Basis für den Ring $Inv(S_n)$ aller symmetrischen Polynome in $x = (x_1,\dots,x_k)$.

(b) Die gleiche Aussage gilt auch für die ersten n unter den Potenzsummen in den x_i, also für $p_1(x),\dots,p_n(x)$.

(c) Zwischen beiden Basen bestehen die **Newtonschen Formeln**

$$p_k - p_{k-1}\, s_1 + p_{k-2}\, s_2 - \dots + (-1)^{k-1}\, p_1\, s_{k-1} + (-1)^k\, k\, s_k = 0$$

für $k \le n$ (beachte den Faktor k im letzten Term!) und

$$p_k - p_{k-1}\, s_1 + p_{k-2}\, s_2 - \dots + (-1)^{n-1}\, p_{k-n+1}\, s_{n-1} + (-1)^n\, p_{k-n}\, s_n = 0$$

für $k > n$.

Beweis:

Sei zunächt $P \in Inv(S_n)$ gegeben. Wir wollen zeigen, daß P als Polynom in den s_i geschrieben werden kann. Falls $P = 0$ ist, gilt das trivialerweise. Sonst hat P in lexikographischer Anordnung einen ersten Term wie beispielsweise $C\, x_1^{a_1} \dots x_n^{a_n}$, worin $a_i \in \mathbb{N}_0$ und $C \in \mathbb{R}\setminus\{0\}$ sind.

Das Gleiche trifft auch auf den Ausdruck $C\, s_1^{a_1-a_2}\, s_2^{a_2-a_3} \dots s_n^{a_n}$ zu. Die Differenz beginnt also mit einem lexikographisch späteren Term als P. Wir

wiederholen die Prozedur mit dem neugefundenen Polynom und finden ein Differenzpolynom, das noch später anfängt. Nach endlich vielen Schritten haben wir P ausgeschöpft, wie behauptet. Das beschriebene Verfahren liefert sogar ein konstruktives Mittel, die gewünschte Darstellung von P explizit zu finden. Aus der Art, in der die Monome in P "abgearbeitet" werden, ergibt sich auch unmittelbar die Eindeutigkeit, d.h. (a).
Zum Nachweis der Newtonschen Relationen bemerken wir, daß alle Terme in den auf den linken Seiten stehenden Summen Vielfache von $p_i\, s_{k-i}$ mit gewissen i und k sind. Entwickeln wir sie nach Potenzprodukten der x_i, so kommen offenbar nur Ausdrücke der Bauart

$$x_1\, x_2 \dots x_j\, x_{j+1}^{k-j}$$

vor. Jeder von ihnen tritt in zwei Summanden auf, nämlich in $p_j\, s_{k-j}$ und in $p_{j+1}\, s_{k-j-1}$. Die Vorfaktoren heben sich dabei gerade auf, was (c) beweist.
Da man die Newtonschen Formeln für $k \le n$ sowohl nach p_k als auch nach s_k auflösen kann, folgt die Darstellbarkeit von p_k durch $s_1,\dots,s_k$ und die von s_k mittels $p_1,\dots,p_k$. Damit haben wir auch (b) bestätigt.

Aus dem Transformationsverhalten des Laplaceoperators Δ und des Gradienten ∇ bei Drehungen und Umlegungen folgt unmittelbar ein nützliches Verfahren, um aus bekannten Invarianten einer orthogonalen Gruppe $G \le GO_n(\mathbb{R})$ neue herzuleiten.
Es sind nämlich offenbar für $P,Q \in Inv(G)$ sowohl ΔP als auch das Skalarprodukt

$$P \circ Q \;=\; \langle \nabla P, \nabla Q \rangle$$

der Gradienten ebenfalls Invarianten.
Im nächsten Abschnitt werden wir mehrfach Gelegenheit bekommen, dies auf die Invariantenringe der endlichen Weylgruppen anzuwenden.
Wir brauchen dafür aber noch einige Formeln, die es erlauben, ΔP und $P \circ Q$ explizit zu berechnen, wenn P und Q als Funktionen der Potenzsummen p_i oder der elementarsymmetrischen Polynome s_i $(i \in \{1,\dots,n\})$ vorliegen.
Im ersten Fall ist das sehr einfach: Seien

$$P \;=\; P(p_1,\dots,p_n)$$

und

$$Q = Q(p_1,\dots,p_n)$$

so erhalten wir wegen der ohne Mühe auszurechnenden Beziehungen

$$\Delta p_i = i\,(i-1)\,p_{i-2}$$

und

$$p_i \circ p_j = i\,j\,p_{i+j-2}$$

nach Einsetzen die Reduktionsformeln

$$\Delta P = \frac{\partial P}{\partial p_i}\,\Delta p_i + \frac{\partial^2 P}{\partial p_i\,\partial p_j}\,p_i \circ p_j = \frac{\partial P}{\partial p_i}\,i\,(i-1)\,p_{i-2} + \frac{\partial^2 P}{\partial p_i\,\partial p_j}\,i\,j\,p_{i+j-2}$$

(mit Einsteinkonvention) und

$$P \circ Q = \frac{\partial P}{\partial p_i}\,\frac{\partial Q}{\partial p_j}\,p_i \circ p_j = \frac{\partial P}{\partial p_i}\,\frac{\partial Q}{\partial p_j}\,i\,j\,p_{i+j-2}$$

Die entsprechenden Darstellungen in den s_i sind viel weniger praktisch. Zwar sind diese harmonisch:

$$\Delta s_i = 0$$

aber die Produkte von zwei elementarsymmetrischen Funktionen sind bereits etwas komplizierter:

$$s_i\,s_j = \sum_{\substack{a,b \\ a+b=i+j}} \frac{(b-a)!}{(i-a)!\,(j-a)!} \sum x_1^2 \dots x_a^2\, x_{a+1} \dots x_b$$

und das gilt umso mehr für die Gradientenprodukte und die Laplace-Ableitung:

$$s_i \circ s_j = \frac{1}{2}\,\Delta(s_i s_j) = \sum_{\substack{a,b \\ a+b=i+j-2}} \frac{(n-b+1)\,(b-a)!}{(i-a)!\,(j-a)!} \sum x_1^2 \ldots x_a^2\, x_{a+1} \ldots x_b$$

Wir verzichten auf die weitere Behandlung dieser Ausdrücke, da sie ohne großen praktischen Wert sind; insbesondere wollen wir nicht versuchen, in der letzten Summe die $\sum x_1^2 \ldots x_a^2\, x_{a+1} x_b$ wieder vermittels der Produkte $s_k s_l$ auszudrücken.

Andererseits sind für fast alle Zwecke die elementarsymmetrischen Funktionen bequemer als die Potenzsummen. Es sind nämlich nicht nur, wie schon bemerkt, die bei der Entwicklung nach den x_i auftretenden Vorfaktoren (und auch die Funktionswerte selbst) i.a. viel kleiner, wenn wir die s_i anstelle der p_i heranziehen; die s_i lassen sich bei numerisch gegebenen x_j auch schneller berechnen.

Der Grund hierfür liegt darin, daß man zur Ermittlung der p_i die Definitionsformeln benötigt, die insgesamt $k \cdot n$ Multiplikationen erfordern, wenn wir alle Basisgrößen $p_1(x), \ldots, p_n(x)$ finden wollen, während die Produktformel oder die äquivalente Rekursionsvorschrift

$$s_i(x_1, \ldots, x_n) = x_n\, s_{i-1}(x_1, \ldots, x_{n-1}) + s_i(x_1, \ldots, x_{n-1})$$

nur etwa den halben Aufwand bedingen.

Die Berechnungen des nächsten Abschnitts erfolgten mit Hilfe der obigen Formeln für ΔP bzw. $P \circ Q$ in Abhängigkeit von den p_i; erst anschließend wurden die Newtonschen Formeln herangezogen, um auf die Basis $\{s_1, \ldots, s_n\}$ zu transformieren.

Dieses Verfahren ist wesentlich effizienter als die direkte Anwendung der Formeln für die elementarsymmetrischen Polynome.

Zum Zweck der numerischen Auswertung sind die für jedes endliche Wurzelsystem Σ mit Weylgruppe $W = W(\Sigma)$ und alle $k \in \mathbb{N}$ offensichtlich invarianten Polynome

$$q_k(x) = q_k(x, \Sigma) = \sum_{w \in \Sigma} \langle w, x \rangle^k$$

am bequemsten. Wir werden deshalb auf sie zurückgreifen, soweit das möglich ist.

17. Basisinvarianten

17.1. Generische Weylgruppen ($\mathbb{A},\mathbb{B},\mathbb{D}$)

Wir haben jetzt die nötigen Hilfsmittel, um für alle endlichen monolithischen Weylgruppen $W = W(\Delta)$, $\Delta \in \{\mathbb{A}_n,\mathbb{B}_n,\mathbb{D}_n,\mathbb{E}_6,\mathbb{E}_7,\mathbb{E}_8,\mathbb{F}_4,\mathbb{G}_2,\mathbb{H}_2,\mathbb{H}_3,\mathbb{H}_4,\mathbb{I}_2\}$, algebraisch unabhängige Basen zu konstruieren.
Für die "generischen" Fälle ($\mathbb{A},\mathbb{B},\mathbb{D}$) ist dies sehr einfach, wohingegen die Gruppen vom Typ $\mathbb{E},\mathbb{F},\mathbb{G},\mathbb{H},\mathbb{I}$ individuell untersucht werden müssen. Das im voranstehenden Abschnitt skizzierte Verfahren führt aber, wie wir sehen werden, direkt zum Ziel, wenn auch bei größerem Rang einige komplizierte Zwischenrechnungen auftreten.
Obwohl die Hauptanwendungen sicher für $n \le 4$ zu erwarten sind, geben wir ungeachtet der Länge der expliziten Formeln Basen von allen in Frage kommenden Invariantenringen an.

Basispolynome von Weyl($\mathbb{A}_n$); $n \ge 1$:

Nach Abschn. 16.2 ist $\mathrm{Weyl}(\mathbb{A}_n) \cong S_{n+1}$, wobei der einbettende Raum aus den Vektoren in $\mathbb{R}^{n+1}$ besteht, deren Koordinatensumme 0 ist (d.h. denjenigen mit $p_1(x) = s_1(x) = 0$).
Folglich sind sowohl die Potenzsummen $p_2,\dots,p_{n+1}$ als auch die elementarsymmetrischen Funktionen $s_2,\dots,s_{n+1}$ als Basen für Inv(W) geeignet.

Basispolynome von Weyl($\mathbb{B}_n$); $n \ge 2$:

Genauso einfach liegen die Verhältnisse für $\mathrm{Weyl}(\mathbb{B}_n) \cong 2^n{:}S_n$. Wir arbeiten jetzt (und bei allen weiteren Δ) in $\mathbb{R}^n$. Nach der Diskussion des vorigen Abschnitts ist unmittelbar einsichtig, daß die $p_{2i}(x)$, $1 \le i \le n$, eine freie Basis des Invariantenrings von $W(\mathbb{B}_n)$ bilden. Das gleiche gilt natürlich auch für die $s_i(x_1^2,\dots,x_n^2)$; $i = 1,\dots,n$.

Basispolynome von Weyl($\mathbb{D}_n$); n ≥ 4:

Da $W(\mathbb{D}_n) \cong 2^{n-1}:S_n$ eine Untergruppe des Index 2 in $W(\mathbb{B}_n)$ ist, sind alle Invarianten der letztgenannten Gruppe auch in $Inv(W(\mathbb{D}_n))$ enthalten. Darüber hinaus ist $s_n(x)$ invariant unter $W(\mathbb{D}_n)$, nicht jedoch unter $W(\mathbb{B}_n)$. Als Weylkoordinaten für $\mathbb{D}_n$ lassen sich deshalb $p_2(x), p_4(x), \ldots, p_{2n-2}(x)$, zusammen mit $s_n(x)$, verwenden.
Eine alternative freie Basis besteht aus den $s_i(x_1^2, \ldots, x_n^2)$ mit $1 \le i \le n-1$ und $s_n(x_1, \ldots, x_n)$.

17.2. Weylgruppen vom Typ $\mathbb{E}$

Wegen des relativ großen Ranges machen die Weylgruppen des Typs $\mathbb{E}$ sehr aufwendige Rechnungen erforderlich.
Trotzdem wird es für manche Anwendungen willkommen sein, wenn wir auch die Invariantenringe von Weyl($\mathbb{E}_k$), $k \in \{6,7,8\}$, explizit beschreiben.

Basispolynome von Weyl($\mathbb{E}_6$):
Aus Gründen der Übersichtlichkeit wollen wir Invarianten weiterhin mit I_d bezeichnen, wobei der Index d den Grad angibt.
Wie schon in Abschn. 15.3 erläutert, benötigen wir ein W-invariantes Polynom, welches von der euklidischen Form $I_2 = p_2$ unabhängig ist.
Um es zu finden, betrachten wir die homogenen S_6-Invarianten vom Grad 5 (mit niedrigerem Grad ergeben sich, wie eine leichte Rechnung erweist, nur Linearkombinationen von I_2 und seinem Quadrat, die nicht spezifisch für $W(\mathbb{E}_6)$, sondern unter allen orthogonalen Transformationen des $\mathbb{R}^6$ invariant sind). Sie hängen von 7 Konstanten linear ab, da die Zahl 5 genau 7 Partitionen besitzt, nämlich

$$5 = 4+1 = 3+2 = 3+1+1$$
$$= 2+2+1 = 2+1+1+1 = 1+1+1+1+1$$

Entsprechend ist das gesuchte Polynom

$$I_5 = A\,p_5 + B\,p_4\,p_1 + C\,p_3\,p_2 + D\,p_3\,p_1^2 + E\,p_2^2\,p_1 + F\,p_2\,p_1^3 + G\,p_1^5$$

mit $A,B,C,D,E,F,G \in \mathbb{R}$.
Aus der für alle $x \in \mathbb{R}^6$ gültigen Bedingung $I_5(x\sigma) = I_5(x)$, wobei σ die Spiegelung in der Wurzel v_6 (s. Abschn. 16.1) ist, folgt bis auf einen unwesentlichen Vorfaktor (der Koeffizient $\frac{1}{10}$ hebt sich bei der Transformation auf die elementarsymmetrischen Polynome s_i weg)

$$I_5 = \frac{1}{10}\Big[\,108\,p_5 - 90\,p_4\,p_1 - 90\,p_3\,p_2 + 60\,p_3\,p_1^2 + 45\,p_2^2\,p_1 - 25\,p_2\,p_1^3 + 2\,p_1^5\,\Big]$$

Abgeleitete Invarianten sind $I_8 = \frac{1}{2}\,I_5 \circ I_5$, $I_6 = \frac{1}{12}\,\Delta I_8$, $I_9 = \frac{1}{12}\,I_5 \circ I_6$ sowie $I_{12} = \frac{1}{18}\,I_5 \circ I_9$.
Ausführlich geschrieben, lauten die genannten Funktionen

$$I_2 = s_1^2 - 2\,s_2$$

$$I_5 = s_1^5 - 4\,s_1^3\,s_2 + 9\,s_1^2\,s_3 - 18\,s_1\,s_4 + 54\,s_5$$

$$I_6 = 55\,s_1^6 - 288\,s_1^4\,s_2 + 324\,s_1^3\,s_3 + 324\,s_1^2\,s_2^2 + 216\,s_1^2\,s_4 - 648\,s_1\,s_2\,s_3 - 1296\,s_1\,s_5 - 1296\,s_2\,s_4 + 972\,s_3^2 + 7776\,s_6$$

$$I_8 = 15\,s_1^8 - 100\,s_1^6\,s_2 + 153\,s_1^5\,s_3 + 162\,s_1^4\,s_2^2 - 36\,s_1^4\,s_4 - 486\,s_1^3\,s_2\,s_3 - 702\,s_1^3\,s_5 + 486\,s_1^2\,s_3^2 + 972\,s_1^2\,s_6 + 2916\,s_1\,s_2\,s_5 - 972\,s_1\,s_3\,s_4 - 5832\,s_2\,s_6 - 2916\,s_3\,s_5 + 1944\,s_4^2$$

$$I_9 = 155\,s_1^9 - 1188\,s_1^7\,s_2 + 1701\,s_1^6\,s_3 + 2592\,s_1^5\,s_2^2 - 2268\,s_1^5\,s_4 - 6318\,s_1^4\,s_2\,s_3 + 4860\,s_1^4\,s_5 - 1296\,s_1^3\,s_2^3 + 7776\,s_1^3\,s_2\,s_4 + 2916\,s_1^3\,s_3^2 - 29160\,s_1^3\,s_6 + 2916\,s_1^2\,s_2^2\,s_3 - 17496\,s_1^2\,s_2\,s_5 - 5832\,s_1\,s_2^2\,s_4 + 104976\,s_1\,s_2\,s_6 - 17496\,s_1\,s_4^2 + 17496\,s_2^2\,s_5 - 157464\,s_3\,s_6 + 52488\,s_4\,s_5$$

$$I_{12} = 445\,s_1^{12} - 4536\,s_1^{10}\,s_2 + 6561\,s_1^9\,s_3 + 15606\,s_1^8\,s_2^2 - 6453\,s_1^8\,s_4 - 42039\,s_1^7\,s_2\,s_3 + 2511\,s_1^7\,s_5 - 19764\,s_1^6\,s_2^3 + 35640\,s_1^6\,s_2\,s_4 + 30375\,s_1^6\,s_3^2 + 14094\,s_1^6\,s_6 + 69498\,s_1^5\,s_2^2\,s_3 + 6318\,s_1^5\,s_2\,s_5 - 68526\,s_1^5\,s_3\,s_4 + 5832\,s_1^4\,s_2^4 - 41796\,s_1^4\,s_2^2\,s_4 - 84564\,s_1^4\,s_2\,s_3^2 - 183708\,s_1^4\,s_2\,s_6 + 74358\,s_1^4\,s_3\,s_5 + 75816\,s_1^4\,s_4^2 - 17496\,s_1^3\,s_2^3\,s_3 - 87480\,s_1^3\,s_2^2\,s_5 + 145800\,s_1^3\,s_2\,s_3\,s_4 + 26244\,s_1^3\,s_3^3 + 183708\,s_1^3\,s_3\,s_6 - 393660\,s_1^3\,s_4\,s_5 + 17496\,s_1^2\,s_2^2\,s_3^2 + 559872\,s_1^2\,s_2^2\,s_6 - 69984\,s_1^2\,s_2\,s_3\,s_5 - 180792\,s_1^2\,s_2\,s_4^2 + 787320\,s_1^2\,s_4\,s_6$$

$$+ 341172\, s_1^2 s_5^2 + 104976\, s_1 s_2^3 s_5 - 34992\, s_1 s_2^2 s_3 s_4$$

$$- 1417176\, s_1 s_2 s_3 s_6 + 1137240\, s_1 s_2 s_4 s_5 - 157464\, s_1 s_3 s_4^2$$

$$- 944784\, s_1 s_5 s_6 - 209952\, s_2^3 s_6 - 104976\, s_2^2 s_3 s_5 + 69984\, s_2^2 s_4^2$$

$$- 944784\, s_2 s_4 s_6 - 997272\, s_2 s_5^2 + 1417176\, s_3^2 s_6 - 472392\, s_3 s_4 s_5$$

$$+ 209952\, s_4^3 + 2834352\, s_6^2$$

Sie sind in der Tat algebraisch unabhängig. Um das zu beweisen, braucht man nur zu zeigen, daß die **Jacobideterminante**

$$\det \frac{\partial(I_2, I_5, I_6, I_8, I_9, I_{12})}{\partial(x_1, x_2, x_3, x_4, x_5, x_6)} = \det \frac{\partial I}{\partial x} = \det \frac{\partial I}{\partial s} \cdot \det \frac{\partial s}{\partial x}$$

nicht identisch verschwindet. Selbstverständlich ist das gleichwertig mit der entsprechenden Aussage für den ersten Faktor, da die s_i ja bekanntlich unabhängige Funktionen der x_j sind. Wir müssen also lediglich einen Vektor $s = (s_1, s_2, s_3, s_4, s_5, s_6) \in \mathbb{R}^6$ finden, für den

$$\det \frac{\partial(I_2, I_5, I_6, I_8, I_9, I_{12})}{\partial(s_1, s_2, s_3, s_4, s_5, s_6)} \neq 0$$

ist. Das gelingt ohne Schwierigkeiten. Damit haben wir (Satz 15.2.2)

$$\mathrm{Inv}(W(\mathbb{E}_6)) = \mathbb{R}\left[I_2, I_5, I_6, I_8, I_9, I_{12}\right]$$

da das Produkt der Basisgrade mit der Ordnung der Weylgruppe übereinstimmt. Glücklicherweise können wir die soeben gefundenen ziemlich schrecklichen Formeln durch erheblich einfachere ersetzen, indem wir auf die gegen Ende des Abschnitts 16.3 definierten "natürlichen" Invarianten $q_k(x)$ zurückgreifen. Das kann vermittels

$$q_2 = 24\, I_2$$

$$q_5 = 0$$

$$q_6 = 21\, I_2^3 - \frac{1}{9} I_6$$

$$q_8 = \frac{69}{2} I_2^4 - \frac{16}{27} I_2 I_6 + \frac{20}{27} I_8$$

$$q_9 = 0$$

$$q_{12} = \frac{1029}{8} I_2^6 - \frac{83}{18} I_2^3 I_6 + \frac{4795}{486} I_2^2 I_8 + \frac{1340}{243} I_2 I_5^2 + \frac{41}{8748} I_6^2 - \frac{155}{2187} I_{12}$$

geschehen.

Weil in den obigen Formeln für q_k $(k = 2,6,8,12)$ jeweils die entsprechenden I_k vorkommen, erlauben sie die Umrechnung zwischen I_2, I_6, I_8, I_{12} einerseits und q_2, q_6, q_8, q_{12} andererseits, während die aus Symmetriegründen verschwindenden q_5 und q_9 nicht verwendbar sind.

Folglich ist

$$\mathrm{Inv}(W(\mathbb{E}_6)) = \mathbb{R}\left[q_2, I_5, q_6, q_8, I_9, q_{12}\right]$$

Die neue Basis dürfte wohl allen Ansprüchen genügen. Leider kann man auf diesem Wege die Berechnung von I_5 und I_9 nicht vermeiden.

Basispolynome von Weyl($\mathbb{E}_7$):

Die erste der beiden in Abschn. 16.1 diskutierten Darstellungen des zugehörigen Wurzelsystems läßt die Existenz einer S_7-Untergruppe in Weyl($\mathbb{E}_7$) erkennen. Wir könnten sie benutzen, um, ganz analog zu unserem Vorgehen bei $\mathbb{E}_6$, eine geeignete Basis des $\mathbb{E}_7$-Invariantenrings zu konstruieren.

Allerdings ist der Index von S_7 in $W(\mathbb{E}_7)$ erheblich größer als der von S_6 in $W(\mathbb{E}_6)$, nämlich 576 statt 72, was sich in höheren Basisgraden und sehr viel komplizierteren Ausdrücken für die Invarianten äußert.

Deshalb ist es klüger, die zweite Beschreibung des Wurzelsystems, d.h. die mit einer redundanten Zusatzkoordinate in $\mathbb{R}^8$ heranzuziehen. Sie hat einerseits den Vorzug, daß alle Wurzeln rationale Koordinaten besitzen, und führt andererseits auf stark verkürzte Rechnungen, da alle Koordinatenpermutationen jetzt eine $S_8 < \mathrm{Weyl}(\mathbb{E}_7)$ ergeben, deren Index nur 72 ist.

Allerdings müssen wir unser Verfahren zur Gewinnung neuer Invarianten wegen der Nebenbedingung

$$p_1(x) = s_1(x) = x_1 + x_2 + x_3 + x_4 + x_5 + x_6 + x_7 + x_8 = 0$$

die für die Wurzeln und die von ihnen aufgespannte Hyperebene in $\mathbb{R}^8$ gilt, leicht modifizieren.

Es sind zwei verschiedene Ansätze denkbar. Entweder können wir die $\mathbb{E}_7$-Invarianten für ganz $\mathbb{R}^8$ bestimmen, oder wir begnügen uns mit Polynomen, die in der Einschränkung auf den Wurzelraum $\mathbb{R}^7$, nicht jedoch im ganzen (für unsere Betrachtungen irrelevanten) Raum invariant sind.

Letztere Methode ist günstiger, da die Polynome jetzt von den zahlreichen Termen mit p_1 oder s_1 als Faktor befreit sind. Allerdings wird der Gradient eines so reduzierten Polynoms i.a. nicht im Wurzelraum liegen; deshalb liefert die Anwendung des Laplaceoperators Δ oder des Gradientenskalarprodukts "$\circ$" normalerweise nicht wieder Invarianten.

Die Situation läßt sich aber leicht retten, indem wir die Gradienten in den Formeln

$$\Delta F = \operatorname{div} \operatorname{grad} F$$

und

$$F \circ G = \langle \operatorname{grad} F, \operatorname{grad} G \rangle$$

durch den Operator grad_0 ersetzen, der die Orthogonalprojektion von grad auf den Wurzelraum $p_1 = s_1 = 0$ darstellt.

Schreiben wir kurz

$$\Delta_0 F = \operatorname{div} \operatorname{grad}_0 F$$

$$(F \circ G)_0 = \langle \operatorname{grad}_0 F, \operatorname{grad}_0 G \rangle$$

so sind mit F und G auch Δ_0 und $(F \circ G)_0$ Invarianten in dem uns interessierenden $\mathbb{R}^7$.

Durch Einsetzen finden wir als einfachste von $I_2 = p_2$ unabhängige Invariante

$$I_6 = \frac{1}{12} \Big[5\, p_1^3\, p_3 - 15\, p_1^2\, p_4 - 30\, p_1\, p_2\, p_3 + 36\, p_1\, p_5 + 30\, p_2\, p_4 + 20\, p_3^2 - 48\, p_6 \Big]$$

oder, in den elementarsymmetrischen Funktionen ausgedrückt,

$$I_6 = -2 s_1^6 + 3 s_1^4 s_2 - 3 s_1^3 s_3 + 18 s_1^2 s_2^2 + 48 s_1^2 s_4 - 24 s_1 s_2 s_3$$
$$- 108 s_1 s_5 - 24 s_2^3 - 48 s_2 s_4 + 36 s_3^2 + 288 s_6$$

Diese Polynome sind echte Invarianten von Weyl($\mathbb{E}_7$) in $\mathbb{R}^8$. Die übrigen geben wir nur in der Kurzform an, die durch Auslassen der s_1-Terme entsteht.
Sie wurden gemäß $I_{10} = -\frac{1}{8}(I_6 \circ I_6)_0$; $I_8 = -\frac{1}{5}\Delta_0 I_{10}$; $I_{12} = -\frac{1}{4}(I_6 \circ I_8)_0$; $I_{14} = \frac{1}{8}(I_8 \circ I_8)_0$ und $I_{18} = \frac{1}{50}(I_{10} \circ I_{10})_0$ gefunden.
Die Unabhängigkeit der I_k, die wegen Satz 15.2.2 (c) die Basiseigenschaft nach sich zieht, erweist sich durch Betrachten der Jacobideterminanten

$$\det \frac{\partial(I_2, I_6, I_8, I_{10}, I_{12}, I_{14}, I_{18})}{\partial(s_2, s_3, s_4, s_5, s_6, s_7, s_8)} \neq 0$$

In ausgerechneter Form erhalten wir für die Basisinvarianten

$$I_2 = -2 s_2$$

$$I_6 = -2 s_2^3 - 4 s_2 s_4 + 3 s_3^2 + 24 s_6$$

$$I_8 = 183 s_2^4 + 376 s_2^2 s_4 - 282 s_2 s_3^2 - 2856 s_2 s_6 - 300 s_3 s_5 + 200 s_4^2$$
$$+ 2400 s_8$$

$$I_{10} = 9 s_2^5 + 40 s_2^3 s_4 - 30 s_2^2 s_3^2 - 300 s_2^2 s_6 - 30 s_2 s_3 s_5 + 20 s_2 s_4^2$$
$$+ 240 s_2 s_8 + 540 s_3 s_7 - 135 s_5^2$$

$$I_{12} = -2196 s_2^6 - 9656 s_2^4 s_4 + 7242 s_2^3 s_3^2 + 78816 s_2^3 s_6 + 10440 s_2^2 s_3 s_5$$
$$- 9216 s_2^2 s_4^2 - 105120 s_2^2 s_8 + 3384 s_2 s_3^2 s_4 - 129120 s_2 s_3 s_7$$
$$+ 34272 s_2 s_4 s_6 + 34980 s_2 s_5^2 - 1269 s_3^4 - 31104 s_3^2 s_6$$
$$+ 3600 s_3 s_4 s_5 - 1600 s_4^3 + 57600 s_4 s_8 - 21600 s_5 s_7 - 102816 s_6^2$$

$$I_{14} = -133956 s_2^7 - 585808 s_2^5 s_4 + 439356 s_2^4 s_3^2 + 5149008 s_2^4 s_6$$
$$+ 817080 s_2^3 s_3 s_5 - 792128 s_2^3 s_4^2 - 8837040 s_2^3 s_8 + 371112 s_2^2 s_3^2 s_4$$

$$- 7770840\, s_2^2 s_3 s_7 + 4246896\, s_2^2 s_4 s_6 + 2230260\, s_2^2 s_5^2 - 139167\, s_2 s_3^4$$
$$- 3760272\, s_2 s_3^2 s_6 + 639000\, s_2 s_3 s_4 s_5 - 340800\, s_2 s_4^3$$
$$+ 4089600\, s_2 s_4 s_8 - 2615400\, s_2 s_5 s_7 - 14274288\, s_2 s_6^2 - 191700\, s_3^3 s_5$$
$$+ 127800\, s_3^2 s_4^2 + 2163600\, s_3^2 s_8 + 210000\, s_3 s_4 s_7 - 1848600\, s_3 s_5 s_6$$
$$+ 1022400\, s_4^2 s_6 + 105000\, s_4 s_5^2 + 12268800\, s_6 s_8 + 630000\, s_7^2$$

$$I_{18} = - 81\, s_2^9 - 784\, s_2^7 s_4 + 588\, s_2^6 s_3^2 + 7128\, s_2^6 s_6 + 1212\, s_2^5 s_3 s_5$$
$$- 1832\, s_2^5 s_4^2 - 13584\, s_2^5 s_8 + 1536\, s_2^4 s_3^2 s_4 - 28608\, s_2^4 s_3 s_7$$
$$+ 16176\, s_2^4 s_4 s_6 + 7638\, s_2^4 s_5^2 - 576\, s_2^3 s_3^4 - 13104\, s_2^3 s_3^2 s_6$$
$$+ 1944\, s_2^3 s_3 s_4 s_5 - 1152\, s_2^3 s_4^3 - 27720\, s_2^3 s_5 s_7 - 57600\, s_2^3 s_6^2$$
$$- 972\, s_2^2 s_3^3 s_5 + 648\, s_2^2 s_3^2 s_4^2 + 55440\, s_2^2 s_3^2 s_8 - 4848\, s_2^2 s_3 s_4 s_7$$
$$- 32904\, s_2^2 s_3 s_5 s_6 + 6048\, s_2^2 s_4^2 s_6 + 13128\, s_2^2 s_4 s_5^2 + 72576\, s_2^2 s_6 s_8$$
$$+ 56412\, s_2^2 s_7^2 + 15552\, s_2 s_3^3 s_7 - 4212\, s_2 s_3^2 s_5^2 + 432\, s_2 s_3 s_4^2 s_5$$
$$+ 40176\, s_2 s_3 s_5 s_8 + 143208\, s_2 s_3 s_6 s_7 - 144\, s_2 s_4^4 - 3456\, s_2 s_4^2 s_8$$
$$- 5832\, s_2 s_4 s_5 s_7 - 40176\, s_2 s_5^2 s_6 - 20736\, s_2 s_8^2 - 23328\, s_3^2 s_4 s_8$$
$$+ 18144\, s_3^2 s_5 s_7 + 8748\, s_3^2 s_6^2 - 4320\, s_3 s_4^2 s_7 - 5832\, s_3 s_4 s_5 s_6$$
$$- 4536\, s_3 s_5^3 - 145152\, s_3 s_7 s_8 + 3996\, s_4^2 s_5^2 - 23328\, s_4 s_7^2$$
$$+ 1296\, s_5^2 s_8 + 34992\, s_5 s_6 s_7$$

Es darf dabei, um es nochmals deutlich hervorzuheben, nicht vergessen werden, daß diese Gleichungen nur unter der Einschränkung auf den Unterraum $p_1 = s_1 = 0$ gelten.
Weil in den Umrechnungsformeln

$$q_2 = 36\, I_2$$

$$q_6 = 30\, I_2^3 - 24\, I_6$$

$$q_8 = \frac{165}{2} I_2^4 - 552\, I_2 I_6 + 8\, I_8$$

$$q_{10} = \frac{425}{2} I_2^5 - 2090\, I_2^2 I_6 + \frac{100}{3} I_2 I_8 + \frac{56}{3} I_{10}$$

$$q_{12} = \frac{30635}{48} I_2^6 - \frac{93841}{12} I_2^3 I_6 + \frac{1061}{9} I_2^2 I_8 - \frac{9470}{9} I_2 I_{10} + 1765\, I_6^2 + 9\, I_{12}$$

$$q_{14} = \frac{28157371}{14400} I_2^7 - \frac{533323681}{18000} I_2^4 I_6 + \frac{5960411}{13500} I_2^3 I_8 - \frac{179156311}{16875} I_2^2 I_{10}$$
$$+ \frac{109573303}{3750} I_2 I_6^2 + \frac{255032}{1875} I_2 I_{12} - \frac{754303}{1875} I_6 I_8 + \frac{2981}{1875} I_{14}$$

$$q_{18} = \frac{7501045439}{483840} I_2^9 - \frac{17319713507}{50400} I_2^6 I_6 + \frac{1239495287}{226800} I_2^5 I_8$$
$$- \frac{164061118111}{708750} I_2^4 I_{10} + \frac{66631732771}{67500} I_2^3 I_6^2 + \frac{441969698}{118125} I_2^3 I_{12}$$
$$- \frac{14840160439}{708750} I_2^2 I_6 I_8 + \frac{21707827}{354375} I_2^2 I_{14} + \frac{23684702}{2025} I_2 I_6 I_{10}$$
$$+ \frac{4923089}{101250} I_2 I_8^2 - \frac{1473707}{75} I_6^3 - \frac{2709}{25} I_6 I_{12} - \frac{206428}{2025} I_8 I_{10}$$
$$- \frac{111658}{81} I_{18}$$

jedes q_k das entsprechende I_k enthält, ist

$$\mathrm{Inv}(W(\mathbb{E}_7)) = \mathbb{R}\left[q_2, q_6, q_8, q_{10}, q_{12}, q_{14}, q_{18}\right]$$

und wir können diesmal sogar alle I_k simultan durch die sehr viel bequemeren q_k ersetzen.

Basispolynome von Weyl($\mathbb{E}_8$):
Für die Berechnung der Invarianten von $W(\mathbb{E}_8)$ bieten sich gleich vier echte Untergruppen an, die ebenfalls Weylgruppen sind und freie Invariantenringe besitzen. Es handelt sich um

(1) die Gruppe $S_8 \cong W(\mathbb{A}_7)$ aller Koordinatenpermutationen in der ersten Darstellung von $\Sigma(\mathbb{E}_8)$ aus Abschn. 16.1;

(2) die volle Permutationsgruppe der 9 Koordinaten der Alternativbeschreibung des Wurzelsystems in der Hyperebene $p_1 = s_1 = 0$ des $\mathbb{R}^9$;

(3) die Weylgruppe des reduzierten Wurzelsystems (Typ $\mathbb{E}_7$), oder die etwas größere

$$W(\mathbb{A}_1 \oplus \mathbb{E}_7) = W(\mathbb{A}_1) \times W(\mathbb{E}_7) \cong 2 \times W(\mathbb{E}_7)$$

sowie schließlich

(4) die von den Wurzeln der Form $\pm e_i \pm e_j$ in der Standardbeschreibung aufgespannte Weyl($\mathbb{D}_8$).

Die Indizes dieser Untergruppen in der $\mathbb{E}_8$-Weylgruppe sind der Reihe nach 17280, 1920, 120 und 135.
Am besten geeignet ist nicht etwa die größte dieser Gruppen, die sehr komplizierte Invarianten besitzt, sondern Weyl($\mathbb{D}_8$).
Als Basis von Inv(W($\mathbb{D}_8$)) verwenden wir $p_2, p_4, p_6, p_8, p_{10}, p_{12}, p_{14}$ und s_8. Die erste nichttriviale Invariante (nach der euklidischen Form I_2) ist die unten als I_8 bezeichnete, die wir durch einen geeigneten Ansatz aus der Invarianzbedingung finden.
Anschließend bestimmen wir, der Reihe nach, $I_{14} = \frac{1}{16} I_8 \circ I_8$, $I_{12} = \frac{1}{14} \Delta I_{14}$, $I_{18} = \frac{1}{48} I_8 \circ I_{12}$, $I_{20} = \frac{1}{8} I_8 \circ I_{14}$, $I_{24} = \frac{1}{8} I_{12} \circ I_{14}$, sowie $I_{30} = \frac{7}{8} I_8 \circ I_{24}$.
Die äußerst mühevolle und aufwendige Rechnung ergibt

$$I_2 = p_2$$

$$I_8 = - 3360 s_8 + 35 p_2^2 p_4 - 56 p_2 p_6 - 35 p_4^2 + 60 p_8$$

$$\begin{aligned} I_{12} = & - 1008000 s_8 p_2^2 - 443520 s_8 p_4 + 280 p_2^6 + 4725 p_2^4 p_4 + 1680 p_2^3 p_6 \\ & + 12600 p_2^2 p_4^2 - 29520 p_2^2 p_8 - 73920 p_2 p_4 p_6 + 88704 p_2 p_{10} - 7700 p_4^3 \\ & + 55440 p_4 p_8 + 29568 p_6^2 - 80640 p_{12} \end{aligned}$$

$$\begin{aligned} I_{14} = & - 58800 s_8 p_2^3 - 211680 s_8 p_2 p_4 + 174720 s_8 p_6 + 140 p_2^7 \\ & - 2940 p_2^5 p_4 + 11025 p_2^4 p_6 + 18375 p_2^3 p_4^2 - 35280 p_2^3 p_8 \\ & - 73500 p_2^2 p_4 p_6 + 86016 p_2^2 p_{10} - 19600 p_2 p_4^3 + 108360 p_2 p_4 p_8 \\ & + 44688 p_2 p_6^2 - 137760 p_2 p_{12} + 38220 p_4^2 p_6 - 87360 p_4 p_{10} \\ & - 65520 p_6 p_8 + 115200 p_{14} \end{aligned}$$

$$\begin{aligned} I_{18} = & 2344043520 s_8^2 p_2 - 6144600 s_8 p_2^5 - 64327200 s_8 p_2^3 p_4 \\ & + 72777600 s_8 p_2^2 p_6 + 22979040 s_8 p_2 p_4^2 - 39392640 s_8 p_2 p_8 \\ & + 45239040 s_8 p_4 p_6 - 49351680 s_8 p_{10} + 15184 p_2^9 - 303312 p_2^7 p_4 \\ & + 1149813 p_2^6 p_6 + 1885625 p_2^5 p_4^2 - 3587220 p_2^5 p_8 - 7235830 p_2^4 p_4 p_6 \\ & + 8480136 p_2^4 p_{10} - 1154580 p_2^3 p_4^3 + 8662080 p_2^3 p_4 p_8 + 4803680 p_2^3 p_6^2 \\ & - 13009920 p_2^3 p_{12} - 887180 p_2^2 p_4^2 p_6 - 1706208 p_2^2 p_4 p_{10} \\ & - 7175280 p_2^2 p_6 p_8 + 10344960 p_2^2 p_{14} - 884380 p_2 p_4^4 \end{aligned}$$

$$+ 6336960\, p_2\, p_4^2\, p_8 + 4112640\, p_2\, p_4\, p_6^2 - 10281600\, p_2\, p_4\, p_{12}$$
$$- 822528\, p_2\, p_6\, p_{10} + 1177920\, p_2\, p_8^2 + 2305800\, p_4^3\, p_6 - 5473440\, p_4^2\, p_{10}$$
$$- 5352480\, p_4\, p_6\, p_8 + 8294400\, p_4\, p_{14} - 290304\, p_6^3 + 967680\, p_6\, p_{12}$$
$$- 362880\, p_8\, p_{10}$$

$$I_{20} = 1365396480\, s_8^2\, p_2^2 + 1369267200\, s_8^2\, p_4 - 2675400\, s_8\, p_2^6$$
$$- 10495800\, s_8\, p_2^4\, p_4 - 43276800\, s_8\, p_2^3\, p_6 - 117059040\, s_8\, p_2^2\, p_4^2$$
$$+ 200672640\, s_8\, p_2^2\, p_8 + 375661440\, s_8\, p_2\, p_4\, p_6 - 409812480\, s_8\, p_2\, p_{10}$$
$$+ 50215200\, s_8\, p_4^3 - 258249600\, s_8\, p_4\, p_8 - 103918080\, s_8\, p_6^2$$
$$+ 311270400\, s_8\, p_{12} + 10996\, p_2^{1} - 213268\, p_2^8\, p_4 + 812272\, p_2^7\, p_6$$
$$+ 749140\, p_2^6\, p_4^2 - 2539215\, p_2^6\, p_8 - 2488395\, p_2^5\, p_4\, p_6 + 5969124\, p_2^5\, p_{10}$$
$$+ 2256030\, p_2^4\, p_4^3 + 251370\, p_2^4\, p_4\, p_8 + 1411620\, p_2^4\, p_6^2 - 9447480\, p_2^4\, p_{12}$$
$$- 15712620\, p_2^3\, p_4^2\, p_6 + 12580848\, p_2^3\, p_4\, p_{10} + 1061760\, p_2^3\, p_6\, p_8$$
$$+ 7856640\, p_2^3\, p_{14} - 4057270\, p_2^2\, p_4^4 + 23296140\, p_2^2\, p_4^2\, p_8$$
$$+ 22039920\, p_2^2\, p_4\, p_6^2 - 29887200\, p_2^2\, p_4\, p_{12} - 14491008\, p_2^2\, p_6\, p_{10}$$
$$- 468720\, p_2^2\, p_8^2 + 12046300\, p_2\, p_4^3\, p_6 - 20154960\, p_2\, p_4^2\, p_{10}$$
$$- 32543280\, p_2\, p_4\, p_6\, p_8 + 24883200\, p_2\, p_4\, p_{14} - 7315840\, p_2\, p_6^3$$
$$+ 21530880\, p_2\, p_6\, p_{12} + 2721600\, p_2\, p_8\, p_{10} + 112000\, p_4^5 - 827400\, p_4^3\, p_8$$
$$- 6906480\, p_4^2\, p_6^2 + 1562400\, p_4^2\, p_{12} + 15321600\, p_4\, p_6\, p_{10} - 453600\, p_4\, p_8^2$$
$$+ 10879680\, p_6^2\, p_8 - 18432000\, p_6\, p_{14} + 201600\, p_8\, p_{12} - 1612800\, p_{10}^2$$

$$I_{24} = - 15515084390400\, s_8^3 + 378733985280\, s_8^2\, p_2^4 + 1518922782720\, s_8^2\, p_2^2\, p_4$$
$$- 1426507407360\, s_8^2\, p_2\, p_6 - 408554496000\, s_8^2\, p_4^2 + 755022643200\, s_8^2\, p_8$$
$$- 912843780\, s_8\, p_2^8 + 9739779840\, s_8\, p_2^6\, p_4 - 49625204160\, s_8\, p_2^5\, p_6$$
$$- 101069665200\, s_8\, p_2^4\, p_4^2 + 168943320000\, s_8\, p_2^4\, p_8$$
$$+ 378819504000\, s_8\, p_2^3\, p_4\, p_6 - 404462661120\, s_8\, p_2^3\, p_{10}$$
$$+ 94725395520\, s_8\, p_2^2\, p_4^3 - 483768149760\, s_8\, p_2^2\, p_4\, p_8$$
$$- 218644608000\, s_8\, p_2^2\, p_6^2 + 597430794240\, s_8\, p_2^2\, p_{12}$$

$$- 145827601920\, s_8\, p_2\, p_4^2\, p_6 + 314716631040\, s_8\, p_2\, p_4\, p_{10}$$
$$+ 305529477120\, s_8\, p_2\, p_6\, p_8 - 466277990400\, s_8\, p_2\, p_{14}$$
$$- 2093011200\, s_8\, p_4^4 - 2690150400\, s_8\, p_4^2\, p_8 - 15897047040\, s_8\, p_4\, p_6^2$$
$$+ 31701196800\, s_8\, p_4\, p_{12} + 6409912320\, s_8\, p_6\, p_{10} - 18521395200\, s_8\, p_8^2$$
$$+ 1122070\, p_2^{12} - 14909122\, p_2^{10}\, p_4 + 72620524\, p_2^9\, p_6 - 67191878\, p_2^8\, p_4^2$$
$$- 240818103\, p_2^8\, p_8 + 430976709\, p_2^7\, p_4\, p_6 + 571384404\, p_2^7\, p_{10}$$
$$+ 1129698920\, p_2^6\, p_4^3 - 1731306780\, p_2^6\, p_4\, p_8 - 484737624\, p_2^6\, p_6^2$$
$$- 865302480\, p_2^6\, p_{12} - 6030794490\, p_2^5\, p_4^2\, p_6 + 5002995312\, p_2^5\, p_4\, p_{10}$$
$$+ 2515994040\, p_2^5\, p_6\, p_8 + 695185920\, p_2^5\, p_{14} - 1698136090\, p_2^4\, p_4^4$$
$$+ 8612654400\, p_2^4\, p_4^2\, p_8 + 7774992960\, p_2^4\, p_4\, p_6^2 - 8975856960\, p_2^4\, p_4\, p_{12}$$
$$- 5579167104\, p_2^4\, p_6\, p_{10} - 1487293920\, p_2^4\, p_8^2 + 4778008900\, p_2^3\, p_4^3\, p_6$$
$$- 6611591952\, p_2^3\, p_4^2\, p_{10} - 13560235920\, p_2^3\, p_4\, p_6\, p_8$$
$$+ 7342894080\, p_2^3\, p_4\, p_{14} - 3074910720\, p_2^3\, p_6^3 + 9238118400\, p_2^3\, p_6\, p_{12}$$
$$+ 2267915328\, p_2^3\, p_8\, p_{10} + 497354200\, p_2^2\, p_4^5 - 3209359440\, p_2^2\, p_4^3\, p_8$$
$$- 404876640\, p_2^2\, p_4^2\, p_6^2 + 2486514240\, p_2^2\, p_4^2\, p_{12} - 838785024\, p_2^2\, p_4\, p_6\, p_{10}$$
$$+ 4585775040\, p_2^2\, p_4\, p_8^2 + 6189859200\, p_2^2\, p_6^2\, p_8 - 7561912320\, p_2^2\, p_6\, p_{14}$$
$$- 5284419840\, p_2^2\, p_8\, p_{12} + 3557707776\, p_2^2\, p_{10}^2 - 149208360\, p_2\, p_4^4\, p_6$$
$$+ 1001589120\, p_2\, p_4^3\, p_{10} - 1795308480\, p_2\, p_4^2\, p_6\, p_8$$
$$- 1871078400\, p_2\, p_4^2\, p_{14} - 2204375040\, p_2\, p_4\, p_6^3$$
$$+ 6618931200\, p_2\, p_4\, p_6\, p_{12} + 803658240\, p_2\, p_4\, p_8\, p_{10}$$
$$+ 2111090688\, p_2\, p_6^2\, p_{10} - 2697528960\, p_2\, p_6\, p_8^2 + 4487270400\, p_2\, p_8\, p_{14}$$
$$- 6340239360\, p_2\, p_{10}\, p_{12} - 18607400\, p_4^6 + 72853200\, p_4^4\, p_8$$
$$- 1436400000\, p_4^3\, p_6^2 + 18144000\, p_4^3\, p_{12} + 4816143360\, p_4^2\, p_6\, p_{10}$$
$$+ 19353600\, p_4^2\, p_8^2 + 3177377280\, p_4\, p_6^2\, p_8 - 5175705600\, p_4\, p_6\, p_{14}$$
$$- 479001600\, p_4\, p_8\, p_{12} - 3204956160\, p_4\, p_{10}^2 + 34449408\, p_6^4$$
$$- 209018880\, p_6^2\, p_{12} - 2821754880\, p_6\, p_8\, p_{10} + 86918400\, p_8^3$$
$$+ 4777574400\, p_{10}\, p_{14} + 348364800\, p_{12}^2$$

$$
\begin{aligned}
I_{30} = {} & - 88641435715338240\, s_8^3 p_2^3 - 138857725285171200\, s_8^3 p_2 p_4 \\
& + 66071874974515200\, s_8^3 p_6 + 340328142120960\, s_8^2 p_2^7 \\
& + 1321642034979840\, s_8^2 p_2^5 p_4 + 4150433129472000\, s_8^2 p_2^4 p_6 \\
& + 14750486060083200\, s_8^2 p_2^3 p_4^2 - 2129975116922880\, s_8^2 p_2^3 p_8 \\
& - 51357134754938880\, s_8^2 p_2^2 p_4 p_6 + 51632260536729600\, s_8^2 p_2^2 p_{10} \\
& - 11371377617510400\, s_8^2 p_2 p_4^3 + 55027290182860800\, s_8^2 p_2 p_4 p_8 \\
& + 24101686699130880\, s_8^2 p_2 p_6^2 - 65363786204774400\, s_8^2 p_2 p_{12} \\
& + 15151455870566400\, s_8^2 p_4^2 p_6 - 32366642311987200\, s_8^2 p_4 p_{10} \\
& - 27337948117401600\, s_8^2 p_6 p_8 + 43859072581632000\, s_8^2 p_{14} \\
& - 1219423298058\, s_8 p_2^{11} + 18598322538684\, s_8 p_2^9 p_4 \\
& - 81502948623936\, s_8 p_2^8 p_6 - 63558061096320\, s_8 p_2^7 p_4^2 \\
& + 262002889975680\, s_8 p_2^7 p_8 + 144201599996160\, s_8 p_2^6 p_4 p_6 \\
& - 612399355448832\, s_8 p_2^6 p_{10} - 442262504725440\, s_8 p_2^5 p_4^3 \\
& + 371074959843840\, s_8 p_2^5 p_4 p_8 - 12085794900480\, s_8 p_2^5 p_6^2 \\
& + 924461492935680\, s_8 p_2^5 p_{12} + 2620931195016960\, s_8 p_2^4 p_4^2 p_6 \\
& - 2068041902459904\, s_8 p_2^4 p_4 p_{10} - 722106040965120\, s_8 p_2^4 p_6 p_8 \\
& - 737631165358080\, s_8 p_2^4 p_{14} + 716541943800480\, s_8 p_2^3 p_4^4 \\
& - 3691290591555840\, s_8 p_2^3 p_4^2 p_8 - 3427519117424640\, s_8 p_2^3 p_4 p_6^2 \\
& + 3972592404910080\, s_8 p_2^3 p_4 p_{12} + 2426836577550336\, s_8 p_2^3 p_6 p_{10} \\
& + 551544097466880\, s_8 p_2^3 p_8^2 - 2143188432967680\, s_8 p_2^2 p_4^3 p_6 \\
& + 3007836986112000\, s_8 p_2^2 p_4^2 p_{10} + 5783841205309440\, s_8 p_2^2 p_4 p_6 p_8 \\
& - 3104647689830400\, s_8 p_2^2 p_4 p_{14} + 1184099399884800\, s_8 p_2^2 p_6^3 \\
& - 3550786675752960\, s_8 p_2^2 p_6 p_{12} - 1350226098708480\, s_8 p_2^2 p_8 p_{10} \\
& - 160782654379200\, s_8 p_2 p_4^5 + 1127764256371200\, s_8 p_2 p_4^3 p_8 \\
& + 1135095674818560\, s_8 p_2 p_4^2 p_6^2 - 1014603667660800\, s_8 p_2 p_4^2 p_{12} \\
& - 1842141264445440\, s_8 p_2 p_4 p_6 p_{10} - 1560545771904000\, s_8 p_2 p_4 p_8^2 \\
& - 2256227932815360\, s_8 p_2 p_6^2 p_8 + 2772960274022400\, s_8 p_2 p_6 p_{14} \\
& + 1925501430988800\, s_8 p_2 p_8 p_{12} - 104261280399360\, s_8 p_2 p_{10}^2
\end{aligned}
$$

$$+ 250327868313600\, s_8 p_4^4 p_6 - 571894331904000\, s_8 p_4^3 p_{10}$$
$$- 836966733926400\, s_8 p_4^2 p_6 p_8 + 751448420352000\, s_8 p_4^2 p_{14}$$
$$+ 57964419072000\, s_8 p_4 p_6^3 - 169986694348800\, s_8 p_4 p_6 p_{12}$$
$$+ 1051678262476800\, s_8 p_4 p_8 p_{10} - 50296631132160\, s_8 p_6^2 p_{10}$$
$$+ 872837992857600\, s_8 p_6 p_8^2 - 1501898194944000\, s_8 p_8 p_{14}$$
$$+ 146430266572800\, s_8 p_{10} p_{12} + 823401403\, p_2^{15} - 16839448017\, p_2^{13} p_4$$
$$+ 83420803130\, p_2^{12} p_6 + 147857676953\, p_2^{11} p_4^2 - 281352148686\, p_2^{11} p_8$$
$$- 1074381247688\, p_2^{10} p_4 p_6 + 675362757468\, p_2^{10} p_{10}$$
$$- 1632396185049\, p_2^9 p_4^3 + 2877131806773\, p_2^9 p_4 p_8 + 2161656375130\, p_2^9 p_6^2$$
$$- 1021760347524\, p_2^9 p_{12} + 14230063948709\, p_2^8 p_4^2 p_6$$
$$- 5915436212280\, p_2^8 p_4 p_{10} - 13904477346564\, p_2^8 p_6 p_8$$
$$+ 822685024800\, p_2^8 p_{14} + 10436389036570\, p_2^7 p_4^4$$
$$- 36651931739220\, p_2^7 p_4^2 p_8 - 35231976654000\, p_2^7 p_4 p_6^2$$
$$+ 7823360754720\, p_2^7 p_4 p_{12} + 33482223809664\, p_2^7 p_6 p_{10}$$
$$+ 24112431468720\, p_2^7 p_8^2 - 79986632473440\, p_2^6 p_4^3 p_6$$
$$+ 78828249108672\, p_2^6 p_4^2 p_{10} + 159886280413440\, p_2^6 p_4 p_6 p_8$$
$$- 6277465071360\, p_2^6 p_4 p_{14} + 18814041903552\, p_2^6 p_6^3$$
$$- 50984907523200\, p_2^6 p_6 p_{12} - 119439563531904\, p_2^6 p_8 p_{10}$$
$$- 18301904015780\, p_2^5 p_4^5 + 123343809286320\, p_2^5 p_4^3 p_8$$
$$+ 187033124695200\, p_2^5 p_4^2 p_6^2 - 115008221596800\, p_2^5 p_4^2 p_{12}$$
$$- 309722747668992\, p_2^5 p_4 p_6 p_{10} - 149522848715520\, p_2^5 p_4 p_8^2$$
$$- 93566037008640\, p_2^5 p_6^2 p_8 + 41134520125440\, p_2^5 p_6 p_{14}$$
$$+ 182075565288960\, p_2^5 p_8 p_{12} + 147512778223104\, p_2^5 p_{10}^2$$
$$+ 100696280760040\, p_2^4 p_4^4 p_6 - 140578471963776\, p_2^4 p_4^3 p_{10}$$
$$- 459346650403200\, p_2^4 p_4^2 p_6 p_8 + 94051612005120\, p_2^4 p_4^2 p_{14}$$
$$- 154454643772800\, p_2^4 p_4 p_6^3 + 427981326071040\, p_2^4 p_4 p_6 p_{12}$$
$$+ 471001340581632\, p_2^4 p_4 p_8 p_{10} + 163623733163520\, p_2^4 p_6^2 p_{10}$$
$$+ 97509915861120\, p_2^4 p_6 p_8^2 - 147176085611520\, p_2^4 p_8 p_{14}$$

$$- 448369927197696 \, p_2^4 \, p_{10} \, p_{12} + 9748579147160 \, p_2^3 \, p_4^6$$
$$- 94189166233680 \, p_2^3 \, p_4^4 \, p_8 - 152882311043840 \, p_2^3 \, p_4^3 \, p_6^2$$
$$+ 109609000972800 \, p_2^3 \, p_4^3 \, p_{12} + 362181227014656 \, p_2^3 \, p_4^2 \, p_6 \, p_{10}$$
$$+ 233086023999360 \, p_2^3 \, p_4^2 \, p_8^2 + 423143289354240 \, p_2^3 \, p_4 \, p_6^2 \, p_8$$
$$- 348099100876800 \, p_2^3 \, p_4 \, p_6 \, p_{14} - 550111597378560 \, p_2^3 \, p_4 \, p_8 \, p_{12}$$
$$- 251671015507968 \, p_2^3 \, p_4 \, p_{10}^2 + 44930957209600 \, p_2^3 \, p_6^4$$
$$- 247627832524800 \, p_2^3 \, p_6^2 \, p_{12} - 235553915713536 \, p_2^3 \, p_6 \, p_8 \, p_{10}$$
$$- 5675647138560 \, p_2^3 \, p_8^3 + 362351104819200 \, p_2^3 \, p_{10} \, p_{14}$$
$$+ 338318929428480 \, p_2^3 \, p_{12}^2 - 32531676083200 \, p_2^2 \, p_4^5 \, p_6$$
$$+ 67316996685120 \, p_2^2 \, p_4^4 \, p_{10} + 207311101858560 \, p_2^2 \, p_4^3 \, p_6 \, p_8$$
$$- 90505047628800 \, p_2^2 \, p_4^3 \, p_{14} + 55678897568000 \, p_2^2 \, p_4^2 \, p_6^3$$
$$- 160221345768960 \, p_2^2 \, p_4^2 \, p_6 \, p_{12} - 316817330780160 \, p_2^2 \, p_4^2 \, p_8 \, p_{10}$$
$$- 124527363287040 \, p_2^2 \, p_4 \, p_6^2 \, p_{10} - 302734886952960 \, p_2^2 \, p_4 \, p_6 \, p_8^2$$
$$+ 448865625600000 \, p_2^2 \, p_4 \, p_8 \, p_{14} + 356774724956160 \, p_2^2 \, p_4 \, p_{10} \, p_{12}$$
$$- 128767104076800 \, p_2^2 \, p_6^3 \, p_8 + 200000360448000 \, p_2^2 \, p_6^2 \, p_{14}$$
$$+ 355004312463360 \, p_2^2 \, p_6 \, p_8 \, p_{12} - 4283537965056 \, p_2^2 \, p_6 \, p_{10}^2$$
$$+ 15674704174080 \, p_2^2 \, p_8^2 \, p_{10} - 545608020787200 \, p_2^2 \, p_{12} \, p_{14}$$
$$- 564903752000 \, p_2 \, p_4^7 + 3715595108400 \, p_2 \, p_4^5 \, p_8$$
$$+ 22783047581280 \, p_2 \, p_4^4 \, p_6^2 - 326311070400 \, p_2 \, p_4^4 \, p_{12}$$
$$- 98002186168320 \, p_2 \, p_4^3 \, p_6 \, p_{10} - 5205111004800 \, p_2 \, p_4^3 \, p_8^2$$
$$- 78191758498560 \, p_2 \, p_4^2 \, p_6^2 \, p_8 + 138335804006400 \, p_2 \, p_4^2 \, p_6 \, p_{14}$$
$$- 20098078963200 \, p_2 \, p_4^2 \, p_8 \, p_{12} + 104609582622720 \, p_2 \, p_4^2 \, p_{10}^2$$
$$+ 6167914905600 \, p_2 \, p_4 \, p_0^4 - 28640812032000 \, p_3 \, p_1 \, p_6^2 \, p_{12}$$
$$+ 192614954434560 \, p_2 \, p_4 \, p_6 \, p_8 \, p_{10} + 16104588998400 \, p_2 \, p_4 \, p_8^3$$
$$- 299653182259200 \, p_2 \, p_4 \, p_{10} \, p_{14} + 30506305536000 \, p_2 \, p_4 \, p_{12}^2$$
$$- 3210111959040 \, p_2 \, p_6^3 \, p_{10} + 99110295406080 \, p_2 \, p_6^2 \, p_8^2$$
$$- 286559155814400 \, p_2 \, p_6 \, p_8 \, p_{14} + 9592294440960 \, p_2 \, p_6 \, p_{10} \, p_{12}$$
$$- 21079026662400 \, p_2 \, p_8^2 \, p_{12} - 1877957222400 \, p_2 \, p_8 \, p_{10}^2$$

$$+ 219800272896000\, p_2\, p_{14}^2 + 962645317200\, p_4^6\, p_6 - 2066692521600\, p_4^5\, p_{10}$$
$$- 2419877073600\, p_4^4\, p_6\, p_8 + 2464160832000\, p_4^4\, p_{14} + 4231347724800\, p_4^3\, p_6^3$$
$$- 7016429952000\, p_4^3\, p_6\, p_{12} + 1475866828800\, p_4^3\, p_8\, p_{10}$$
$$- 12561111521280\, p_4^2\, p_6^2\, p_{10} + 5361845932800\, p_4^2\, p_6\, p_8^2$$
$$- 62415360000\, p_4^2\, p_8\, p_{14} + 17488087142400\, p_4^2\, p_{10}\, p_{12}$$
$$- 9146404915200\, p_4\, p_6^3\, p_8 + 15584447692800\, p_4\, p_6^2\, p_{14}$$
$$+ 15359229849600\, p_4\, p_6\, p_8\, p_{12} + 5091699916800\, p_4\, p_6\, p_{10}^2$$
$$- 12981843302400\, p_4\, p_8^2\, p_{10} - 26085556224000\, p_4\, p_{12}\, p_{14}$$
$$- 22499721216\, p_6^5 + 117050572800\, p_6^3\, p_{12} + 4622034493440\, p_6^2\, p_8\, p_{10}$$
$$- 9970940851200\, p_6\, p_8^3 - 8026324992000\, p_6\, p_{10}\, p_{14}$$
$$- 117050572800\, p_6\, p_{12}^2 + 17440883712000\, p_8^2\, p_{14}$$
$$+ 43893964800\, p_8\, p_{10}\, p_{12} + 234101145600\, p_{10}^3$$

Die algebraische Unabhängigkeit und zugleich die Tatsache, daß

$$\mathrm{Inv}(\mathbb{E}_8) = \mathbb{R}\left[I_2, I_8, I_{12}, I_{14}, I_{18}, I_{20}, I_{24}, I_{30}\right]$$

ist, erhalten wir wieder durch eine Betrachtung der Jacobideterminante. Die q-Invarianten lauten, in den I-Polynomen ausgedrückt,

$$q_2 = 60\, I_2$$

$$q_8 = \frac{105}{2} I_2^4 - 6\, I_8$$

$$q_{12} = \frac{8715}{32} I_2^6 - \frac{945}{8} I_2^2\, I_8 + \frac{3}{16} I_{12}$$

$$q_{14} = \frac{83055}{128} I_2^7 - \frac{13125}{32} I_2^3\, I_8 + \frac{49}{64} I_2\, I_{12} + \frac{11}{8} I_{14}$$

$$q_{18} = \frac{7695009}{2048} I_2^9 - \frac{740369}{256} I_2^5\, I_8 + \frac{1127}{240} I_2^3\, I_{12} + \frac{20129}{480} I_2^2\, I_{14}$$
$$+ \frac{91039}{1920} I_2\, I_8^2 - \frac{13}{96} I_{18}$$

$$q_{20} = \frac{1847265259}{204800} I_2^{10} - \frac{300714421}{38400} I_2^6 I_8 + \frac{58000859}{4608000} I_2^4 I_{12} + \frac{49139149}{288000} I_2^3 I_{14}$$

$$+ \frac{164195917}{576000} I_2^2 I_8^2 - \frac{5719}{7200} I_2 I_{18} - \frac{5117}{76800} I_8 I_{12} - \frac{7667}{67200} I_{20}$$

$$q_{24} = \frac{4284383063401}{81920000} I_2^{12} - \frac{3260296869151}{61440000} I_2^8 I_8 + \frac{18031142647}{230400000} I_2^6 I_{12}$$

$$+ \frac{70939153901}{43200000} I_2^5 I_{14} + \frac{2796689335489}{691200000} I_2^4 I_8^2 - \frac{545103559}{69120000} I_2^3 I_{18}$$

$$- \frac{44165947}{17280000} I_2^2 I_8 I_{12} - \frac{248139859}{51840000} I_2^2 I_{20} - \frac{42504121}{1728000} I_2 I_8 I_{14}$$

$$- \frac{113797783}{20736000} I_8^3 + \frac{2261}{3686400} I_{12}^2 + \frac{41591}{4147200} I_{24}$$

$$q_{30} = \frac{990036954322807773}{141557760000} I_2^{15} - \frac{224054116508861717 3}{2229534720000} I_2^{11} I_8$$

$$+ \frac{381973333827540 61}{22295347200000} I_2^9 I_{12} + \frac{37821310338861401}{895795200000} I_2^8 I_{14}$$

$$+ \frac{4273077045377081737}{25082265600000} I_2^7 I_8^2 - \frac{195071284903547}{716636160000} I_2^6 I_{18}$$

$$- \frac{37202035732541}{185794560000} I_2^5 I_8 I_{12} - \frac{69061214457001}{268738560000} I_2^5 I_{20}$$

$$- \frac{541443791257005 1}{1254113280000} I_2^4 I_8 I_{14} - \frac{151801848489547 1}{537477120000} I_2^3 I_8^3$$

$$- \frac{1308137119}{133772083200} I_2^3 I_{12}^2 + \frac{76325335489}{42998169600} I_2^3 I_{24} + \frac{30574609013}{4478976000} I_2^2 I_8 I_{18}$$

$$+ \frac{9579641347}{5573836800} I_2^2 I_{12} I_{14} + \frac{1449391853}{2654208000} I_2 I_8^2 I_{12} + \frac{1077593101}{497664000} I_2 I_8 I_{20}$$

$$+ \frac{195931343}{66355200} I_2 I_{14}^2 + \frac{49005671}{13271040} I_8^2 I_{14} - \frac{9737}{10616832} I_{12} I_{18}$$

$$- \frac{8723}{111476736} I_{30}$$

Auch hier enthält jedes q_k $(k = 2, 8, 12, 14, 18, 20, 24, 30)$ das entsprechende I_k wirklich (d.h., I_k kommt mit nichtverschwindendem Koeffizienten in der jeweiligen Entwicklung vor). Daher bilden auch die q_k eine algebraisch unabhängige Basis des Invariantenrings von Weyl($\mathbb{E}_8$):

$$\mathrm{Inv}(\mathbb{E}_8) = \mathbb{R}\left[q_2, q_8, q_{12}, q_{14}, q_{18}, q_{20}, q_{24}, q_{30}\right]$$

Dies wurde bereits (auf ganz anderem Wege und ohne explizite Berechnung der q_k) von Kallrath & Neutsch [1990] bewiesen.

17.3. Weylgruppen der Typen $\mathbb{F}, \mathbb{G}, \mathbb{H}, \mathbb{I}$

Die verbleibenden Fälle (die Weylgruppen der Typen $\mathbb{F}_4, \mathbb{G}_2, \mathbb{H}_2, \mathbb{H}_3, \mathbb{H}_4$ und $\mathbb{I}_2$) sind mit erheblich geringerem Aufwand zu beschreiben, da die jeweiligen Ränge 4 nicht übersteigen.
Zugleich sind insbesondere die Weylgruppen zu $\mathbb{F}_4$, $\mathbb{H}_3$ und $\mathbb{H}_4$ von der größten praktischen Bedeutung.

Basispolynome von Weyl($\mathbb{F}_4$):
Die ersten 24 der in Abschn. 16.1 beschriebenen $\mathbb{F}_4$-Wurzeln bilden ein $\mathbb{D}_4$-System in der Standarddarstellung.
Deshalb können wir alle $\mathbb{F}_4$-Invarianten vermittels der Polynome p_2, p_4, p_6, p_8 ausdrücken. Eine besonders einfache Basis von Inv(Weyl($\mathbb{F}_4$)) ist

$$I_2 = p_2$$

$$I_6 = 5\, p_2\, p_4 - 4\, p_6$$

$$I_8 = 35\, p_4^2 + 28\, p_6\, p_2 - 60\, p_8$$

$$I_{12} = 3\, p_2^3\, p_6 - 33\, p_2^2\, p_4^2 + 48\, p_2\, p_4\, p_6 + 17\, p_4^3 - 36\, p_4\, p_8$$

(Die Bestätigung dieser Aussage ergibt sich wieder mit dem üblichen Verfahren). Die q-Invarianten sind

$$q_2 = 24\, I_2$$

$$q_6 = 30\, I_2^3$$

$$q_8 = 105\, I_2^4 - 84\, I_2\, I_6 + 8\, I_8$$

$$q_{12} = \frac{3927}{4}\, I_2^6 - \frac{2387}{2}\, I_2^3\, I_6 + \frac{209}{2}\, I_2^2\, I_8 + \frac{77}{2}\, I_6^2$$

Da die Formeln für q_6 und q_{12} jeweils I_6 bzw. I_{12} nicht enthalten, können wir allenfalls I_2 durch q_2 (was nicht zu empfehlen wäre) oder I_8 durch q_8 ersetzen. Praktischer erscheint es jedoch, die I_k beizubehalten.

Basispolynome von Weyl($\mathbb{G}_2$):
Die zwölf $\mathbb{G}_2$-Wurzeln bilden sechs antipodische Paare, deren jedes eine Mittelsenkrechte definiert. Das Produkt der so konstruierten sechs Geradengleichungen ist eine Invariante unter Weyl($\mathbb{G}_2$), die wir I_6 nennen, während wie immer I_2 die euklidische Form ist.
Nach Abspalten unwesentlicher Faktoren erhalten wir

$$I_6 = x_1 x_2 (\sqrt{3} x_1 - x_2) (\sqrt{3} x_1 + x_2) (x_1 - \sqrt{3} x_2) (x_1 + \sqrt{3} x_2)$$

und die beiden Polynome

$$I_2 = x_1^2 + x_2^2$$

$$I_6 = 3 x_1^5 x_2 - 10 x_1^3 x_2^3 + 3 x_1 x_2^5$$

bilden offensichtlich eine algebraisch unabhängige Basis von Inv($\mathbb{G}_2$).

Basispolynome von Weyl($\mathbb{H}_2$):
Mit der gleichen Überlegung erhalten wir

$$I_2 = x_1^2 + x_2^2$$

$$I_5 = x_1^5 - 10 x_1^3 x_2^2 + 5 x_1 x_2^4$$

als geeignete Basis des Invariantenrings von Weyl($\mathbb{H}_2$).

Basispolynome von Weyl($\mathbb{H}_3$):
Die in der Praxis weitaus wichtigste Weylgruppe ist die vom Typ $\mathbb{H}_3$, weil sie auf dem gewöhnlichen Ortsraum $\mathbb{R}^3$ und auf der (2-)Sphäre $\mathbb{S}^2$ irreduzibel operiert und von allen Gruppen mit dieser Eigenschaft am größten ist. Deshalb wollen wir ihre Invarianten in beiden Koordinatensystemen des Abschnitts 16.1 berechnen.

Wir beginnen mit der Standardversion und machen von der Untergruppe

$$U \cong 2^3 : A_3$$

Gebrauch, die von allen Vorzeichenwechseln und den geraden (= zyklischen) Permutationen erzeugt wird.
Obgleich U keine Weylgruppe ist, lassen sich doch alle ihre Invarianten leicht bestimmen. Das liegt daran, daß die monomiale Gruppe

$$W(\mathbb{B}_3) \cong 2^3 : S_3$$

eine Obergruppe des Index 2 von U ist. Jede U-invariante Polynom F ist nämlich (eindeutig) darstellbar als Summe

$$F = F^+ + F^-$$

eines "geraden" Anteils F^+, der sogar $W(\mathbb{B}_3)$-invariant ist, und eines "ungeraden" Teils F^-, der unter den Abbildungen aus $W(\mathbb{B}_3)\backslash U$ das Vorzeichen wechselt.
Während F^+, wie wir schon wissen, als Polynom in p_2, p_4, p_6 geschrieben werden kann, verschwindet F^- auf den Fixebenen der Spiegelungen in $W(\mathbb{B}_3)$ und ist daher durch deren Produkt teilbar.
Das letztere nennen wir d_6. Der Invariantenring von U ist dann

$$\mathrm{Inv}(U) = \mathbb{R}[p_2, p_4, p_6] \oplus d_6 \cdot \mathbb{R}[p_2, p_4, p_6]$$

da das Quadrat von d_6 als gerade Invariante natürlich mittels der p_i darstellbar ist.
Bei geeigneter Verfügung über den noch unbestimmten Vorfaktor ist

$$d_6 = d_6(x_1, x_2, x_3) = \left[x_2^2 - x_3^2\right] \left[x_3^2 - x_1^2\right] \left[x_1^2 - x_2^2\right]$$

oder auch

$$d_6 = x_2^2 x_3^4 + x_3^2 x_1^4 + x_1^2 x_2^4 - x_2^4 x_3^2 - x_3^4 x_1^2 - x_1^4 x_2^2$$

in entwickelter Form. Damit ist tatsächlich

$$d_6^2 = \frac{1}{6}\left[- p_2^6 + 9 p_2^4 p_4 - 8 p_2^3 p_6 - 21 p_2^2 p_4^2 + 36 p_2 p_4 p_6 + 3 p_4^3 - 18 p_6^2\right]$$

ein Polynom in p_2, p_4, p_6.
Im Gegensatz zu früheren Beispielen wollen wir jetzt jedoch die Invarianten nicht willkürlich festsetzen, sondern die geometrischen Besonderheiten von $W = \mathrm{Weyl}(\mathbb{H}_3)$ beachten.
W ist nämlich die Automorphismengruppe eines regulären **Ikosaeders** (sowie des dazu dualen **Dodekaeders**) und wird deshalb auch häufig als **Ikosaedergruppe** bezeichnet. Neben der euklidischen Form I_2 gibt es daher auch (bis auf einen reellen Faktor) ausgezeichnete Invarianten I_6 und I_{10} der Grade 6 bzw. 10, nämlich die Produkte der Orthogonalebenen zu den 6 Paaren antipodischer Ecken des Ikosaeders sowie den 10 Gegeneckenpaaren des Dodekaeders. Eine kurze und einfache Rechnung ergibt

$$I_2 = p_2$$

$$I_6 = 4 p_2^3 - 15 p_2 p_4 + 11 p_6 - 3 \sqrt{5}\, d_6$$

$$\begin{aligned} I_{10} = {} & 8 p_2^5 - 43 p_2^3 p_4 + 19 p_2^2 p_6 + 54 p_2 p_4^2 - 38 p_4 p_6 \\ & + \frac{9}{\sqrt{5}} d_6 (p_2^2 - 2 p_4) \end{aligned}$$

Dieselben Polynome lauten in der vollsymmetrischen Darstellung, in der die $\mathbb{A}_2$-Weylgruppe S_3 als Untergruppe in ihrer natürlichen Form auftritt,

$$I_2 = p_2$$

$$\begin{aligned} I_6 = {} & \frac{-2-88\sqrt{10}}{243} p_1^6 + \frac{38+52\sqrt{10}}{27} p_1^4 p_2 + \frac{-64-44\sqrt{10}}{27} p_1^3 p_3 + \frac{-14-4\sqrt{10}}{3} p_1^2 p_2^2 \\ & + \frac{32+4\sqrt{10}}{3} p_1 p_2 p_3 - \frac{16}{3} p_3^2 \end{aligned}$$

$$\begin{aligned} I_{10} = {} & \frac{24320-416\sqrt{10}}{32805} p_1^{10} + \frac{-8440+592\sqrt{10}}{1215} p_1^8 p_2 + \frac{6080-752\sqrt{10}}{1215} p_1^7 p_3 \\ & + \frac{538-88\sqrt{10}}{27} p_1^6 p_2^2 + \frac{-3680+944\sqrt{10}}{135} p_1^5 p_2 p_3 + \frac{-230+92\sqrt{10}}{15} p_1^4 p_2^3 \\ & + \frac{1520-512\sqrt{10}}{135} p_1^4 p_3^2 + \frac{64-52\sqrt{10}}{3} p_1^3 p_2^2 p_3 + \frac{10-4\sqrt{10}}{5} p_1^2 p_2^4 \\ & + \frac{-160+256\sqrt{10}}{15} p_1^2 p_2 p_3^2 + \frac{4}{5}\sqrt{10}\, p_1 p_2^3 p_3 - \frac{256}{45}\sqrt{10}\, p_1 p_3^3 \end{aligned}$$

Abschließend listen wir noch die q-Polynome auf. Unabhängig von den benutzten Koordinaten gilt

$$q_2 = 20\ I_2$$

$$q_6 = 35\ I_2^3 + \frac{5}{2} I_6$$

$$q_{10} = 95\ I_2^5 + \frac{205}{8} I_2^2 I_6 - \frac{125}{24} I_{10}$$

woraus die algebraische Unabhängigkeit von q_2, q_6, q_{10} unmittelbar erkennbar ist.

Basispolynome von Weyl($\mathbb{H}_4$):

Die $\mathbb{H}_4$-Weylgruppe hat weitgehend zu denen von W($\mathbb{H}_3$) analoge Eigenschaften (daher ihr Name **"Hyperikosaedergruppe"**). Beispielsweise ist sie die Automorphismengruppe des regulären **600-Zells** und des dazu dualen **120-Zells**.

Es verwundert daher nicht, daß Weyl($\mathbb{H}_4$) eine ähnliche Bedeutung wie ihr Gegenstück besitzt und daß viele Entwicklungen vergleichbar den oben vorgefundenen sind.

Wir beginnen mit der Standarddarstellung des Wurzelsystems (Abschn. 16.1). Ganz ähnlich wie bei $\mathbb{H}_3$ gibt es im vorliegenden Fall eine Untergruppe U, die von allen geraden Permutationen und beliebigen Vorzeichenwechseln erzeugt wird:

$$U = 2^4 : A_4$$

Ihr Invariantenring ist

$$\mathrm{Inv}(U) = \mathbb{R}[p_2, p_4, p_6, p_8] \oplus d_{12} \cdot \mathbb{R}[p_2, p_4, p_6, p_8]$$

mit

$$d_{12} = \left[x_1^2 - x_2^2\right] \left[x_1^2 - x_3^2\right] \left[x_1^2 - x_4^2\right] \left[x_2^2 - x_3^2\right] \left[x_2^2 - x_4^2\right] \left[x_3^2 - x_4^2\right]$$

Das Quadrat von d_{12} läßt sich natürlich wieder mit den p_i ausdrücken:

$$d_{12}^2 = \frac{1}{576}\Big[p_2^{12} - 24\,p_2^{10}\,p_4 + 40\,p_2^9\,p_6 + 210\,p_2^8\,p_4^2 - 36\,p_2^8\,p_8$$

$$- 648\,p_2^7\,p_4\,p_6 - 796\,p_2^6\,p_4^3 + 576\,p_2^6\,p_4\,p_8 + 544\,p_2^6\,p_6^2$$

$$+ 3144\,p_2^5\,p_4^2\,p_6 - 1008\,p_2^5\,p_6\,p_8 + 1209\,p_2^4\,p_4^4 - 2700\,p_2^4\,p_4^2\,p_8$$

$$- 4512\,p_2^4\,p_4\,p_6^2 + 468\,p_2^4\,p_8^2 - 4168\,p_2^3\,p_4^3\,p_6 + 8208\,p_2^3\,p_4\,p_6\,p_8$$

$$+ 2496\,p_2^3\,p_6^3 - 684\,p_2^2\,p_4^5 + 3096\,p_2^2\,p_4^3\,p_8 + 4224\,p_2^2\,p_4^2\,p_6^2$$

$$- 3744\,p_2^2\,p_4\,p_8^2 - 7200\,p_2^2\,p_6^2\,p_8 + 1536\,p_2\,p_4^4\,p_6$$

$$- 6336\,p_2\,p_4^2\,p_6\,p_8 - 576\,p_2\,p_4\,p_6^3 + 6912\,p_2\,p_6\,p_8^2 + 72\,p_4^6$$

$$- 720\,p_4^4\,p_8 - 544\,p_4^3\,p_6^2 + 2304\,p_4^2\,p_8^2 + 1152\,p_4\,p_6^2\,p_8 - 192\,p_6^4$$

$$- 2304\,p_8^3\Big]$$

Wie immer wählen wir I_2 als die euklidische Form. Die einfachste von I_2 unabhängige Invariante ist die unten mit I_{12} bezeichnete, aus der wir vermöge $I_{20} = \frac{1}{16}\,I_2^{-1}\,(I_{12} \circ I_{12})$ bzw. $I_{30} = \frac{1}{16}\,(I_{12} \circ I_{20})$ die übrigen berechnen. Im einzelnen ergibt sich

$$I_2 = p_2$$

$$I_{12} = -\,1460\,p_2^4\,p_4 + 1388\,p_2^3\,p_6 + 3495\,p_2^2\,p_4^2 - 1050\,p_2^2\,p_8 - 4180\,p_2\,p_4\,p_6$$

$$- 1530\,p_4^3 + 3240\,p_4\,p_8 - 56\,p_6^2 + 792\sqrt{5}\,d_{12}$$

$$I_{20} = -\,171806\,p_2^{10} + 3349760\,p_2^8\,p_4 - 3040432\,p_2^7\,p_6 - 5662840\,p_2^6\,p_4^2$$

$$+ 2445930\,p_2^6\,p_8 + 3161180\,p_2^5\,p_4\,p_6 - 4767450\,p_2^4\,p_4^3 - 4333920\,p_2^4\,p_4\,p_8$$

$$+ 4836056\,p_2^4\,p_6^2 + 22619960\,p_2^3\,p_4^2\,p_6 - 5019960\,p_2^3\,p_6\,p_8$$

$$+ 6197895\,p_2^2\,p_4^4 - 11405790\,p_2^2\,p_4^2\,p_8 - 19357360\,p_2^2\,p_4\,p_6^2$$

$$+ 1405800\,p_2^2\,p_8^2 - 9777900\,p_2\,p_4^3\,p_6 + 17072880\,p_2\,p_4\,p_6\,p_8$$

$$+ 5223328\,p_2\,p_6^3 - 1060290\,p_4^5 + 4062960\,p_4^3\,p_8 + 2405480\,p_4^2\,p_6^2$$

$$- 3849120\,p_4\,p_8^2 - 4123680\,p_6^2\,p_8$$

$$+ \left[- 2644488\, p_2^4 + 2708640\, p_2^2\, p_4 - 3430944\, p_2\, p_6 - 1580040\, p_4^2 + 2708640\, p_8 \right] \sqrt{5}\, d_{12}$$

$$\begin{aligned}
I_{30} = {} & 314195284\, p_2^{15} - 1472022375\, p_2^{13}\, p_4 - 646853760\, p_2^{12}\, p_6 \\
& - 52613906055\, p_2^{11}\, p_4^2 + 350350200\, p_2^{11}\, p_8 + 133361566440\, p_2^{10}\, p_4\, p_6 \\
& + 246929414300\, p_2^9\, p_4^3 - 101327802840\, p_2^9\, p_4\, p_8 - 93975134256\, p_2^9\, p_6^2 \\
& - 645801444720\, p_2^8\, p_4^2\, p_6 + 150333031800\, p_2^8\, p_6\, p_8 - 331461361530\, p_2^7\, p_4^4 \\
& + 506993708430\, p_2^7\, p_4^2\, p_8 + 548922553920\, p_2^7\, p_4\, p_6^2 - 63279385380\, p_2^7\, p_8^2 \\
& + 636385078020\, p_2^6\, p_4^3\, p_6 - 934786251360\, p_2^6\, p_4\, p_6\, p_8 \\
& - 182477391328\, p_2^6\, p_6^3 + 139821751395\, p_2^5\, p_4^5 - 521402989680\, p_2^5\, p_4^3\, p_8 \\
& - 123792797880\, p_2^5\, p_4^2\, p_6^2 + 415083758580\, p_2^5\, p_4\, p_8^2 \\
& + 539353920960\, p_2^5\, p_6^2\, p_8 + 24691199940\, p_2^4\, p_4^4\, p_6 \\
& + 339003585360\, p_2^4\, p_4^2\, p_6\, p_8 - 389727433920\, p_2^4\, p_4\, p_6^3 \\
& - 547212687120\, p_2^4\, p_6\, p_8^2 + 11594355930\, p_2^3\, p_4^6 + 29029865400\, p_2^3\, p_4^4\, p_8 \\
& - 437171798640\, p_2^3\, p_4^3\, p_6^2 - 192713048640\, p_2^3\, p_4^2\, p_8^2 \\
& + 720995937120\, p_2^3\, p_4\, p_6^2\, p_8 + 164002051392\, p_2^3\, p_6^4 + 195477891840\, p_2^3\, p_8^3 \\
& - 146749422600\, p_2^2\, p_4^5\, p_6 + 515418314400\, p_2^2\, p_4^3\, p_6\, p_8 \\
& + 229628889600\, p_2^2\, p_4^2\, p_6^3 - 465083942400\, p_2^2\, p_4\, p_6\, p_8^2 \\
& - 370811548800\, p_2^2\, p_6^3\, p_8 - 11256671250\, p_2\, p_4^7 + 58819365000\, p_2\, p_4^5\, p_8 \\
& + 101661832800\, p_2\, p_4^4\, p_6^2 - 107294220000\, p_2\, p_4^3\, p_8^2 \\
& - 354927196800\, p_2\, p_4^2\, p_6^2\, p_8 - 7825963200\, p_2\, p_4\, p_6^4 \\
& + 68899248000\, p_2\, p_4\, p_8^3 + 313046553600\, p_2\, p_6^2\, p_8^2 + 14349198600\, p_4^6\, p_6 \\
& - 76693716000\, p_4^4\, p_6\, p_8 - 3512009600\, p_4^3\, p_6^3 + 140338915200\, p_4^2\, p_6\, p_8^2 \\
& + 7437196800\, p_4\, p_6^3\, p_8 - 334447872\, p_6^5 - 88375795200\, p_6\, p_8^3
\end{aligned}$$

$$+ \Big[5780178360\ p_2^9 + 25500336840\ p_2^7\ p_4 - 19504270368\ p_2^6\ p_6$$

$$- 88375937760\ p_2^5\ p_4^2 + 13689252720\ p_2^5\ p_8 + 115138488960\ p_2^4\ p_4\ p_6$$

$$+ 49151801160\ p_2^3\ p_4^3 - 85148308080\ p_2^3\ p_4\ p_8 + 1945069632\ p_2^3\ p_6^2$$

$$- 18149313600\ p_2^2\ p_4^2\ p_6 - 4589006400\ p_2^2\ p_6\ p_8 - 3379741200\ p_2\ p_4^4$$

$$+ 5829278400\ p_2\ p_4^2\ p_8 + 11203790400\ p_2\ p_4\ p_6^2 + 2976652800\ p_2\ p_8^2$$

$$+ 3514104000\ p_4^3\ p_6 - 7441632000\ p_4\ p_6\ p_8 - 341763840\ p_6^3 \Big] \sqrt{5}\ d_{12}$$

Nach Umrechnung auf die symmetrische Version können wir die I_k als Polynome in den Basisinvarianten p_2, p_4, p_6, s_4 der Untergruppe Weyl($\mathbb{D}_4$) ausdrücken:

$$I_2 = p_2$$

$$I_{12} = \frac{1}{4} \Big[- 50688 \sqrt{5}\ s_4^3 + \Big[- 22080\ p_2^2 + 51840\ p_4 \Big] s_4^2$$

$$+ \Big[792\ p_2^4 - 3168\ p_2^2\ p_4 + 3168\ p_4^2 \Big] \sqrt{5}\ s_4 - 115\ p_2^6 - 3710\ p_2^4\ p_4$$

$$+ 2688\ p_2^3\ p_6 + 7020\ p_2^2\ p_4^2 - 10240\ p_2\ p_4\ p_6 - 360\ p_4^3 + 4096\ p_6^2 \Big]$$

$$I_{20} = \frac{1}{16} \Big[2773647360 \sqrt{5}\ s_4^5 + \Big[- 379146240\ p_2^2 + 985374720\ p_4 \Big] s_4^4$$

$$+ \Big[474743808\ p_2^4 + 346705920\ p_2^2\ p_4 - 184909824\ p_2\ p_6$$

$$- 115568640\ p_4^2 \Big] \sqrt{5}\ s_4^3$$

$$+ \Big[262266240\ p_2^6 - 731239680\ p_2^4\ p_4 + 164229120\ p_2^3\ p_6$$

$$+ 347466240\ p_2^2\ p_4^2 - 723148800\ p_2\ p_4\ p_6 + 13685760\ p_4^3$$

$$+ 346030080\ p_6^2 \Big] s_4^2$$

$$+ \Big[- 8095032\ p_2^8 + 29671488\ p_2^6\ p_4 + 2889216\ p_2^5\ p_6$$

$$- 22448448\ p_2^4\ p_4^2 - 11556864\ p_2^3\ p_4\ p_6 - 7223040\ p_2^2\ p_4^3$$

$$+ 11556864\ p_2\ p_4^2\ p_6 - 3611520\ p_4^4 \Big] \sqrt{5}\ s_4 - 2125041\ p_2^{10}$$

$$+ 40911370\ p_2^8\ p_4 - 30520768\ p_2^7\ p_6 - 75794440\ p_2^6\ p_4^2$$

$$+ 118357120\ p_2^5\ p_4\ p_6 - 4736880\ p_2^4\ p_4^3 - 49598464\ p_2^4\ p_6^2$$

$$- 2632960\ p_2^3\ p_4^2\ p_6 + 12901680\ p_2^2\ p_4^4 + 14417920\ p_2^2\ p_4\ p_6^2$$

$$- 19008000\ p_2\ p_4^3\ p_6 - 5767168\ p_2\ p_6^3 - 142560\ p_4^5$$

$$+ 7208960\ p_4^2\ p_6^2 \Big]$$

$$I_{30} = \frac{1}{64} \Big[- 48769479475200\ \sqrt{5}\ s_4^7\ p_2$$

$$+ \Big[- 899214916976640\ p_2^3 + 282211319808000\ p_2\ p_4$$

$$- 361987257139200\ p_6 \Big]\ s_4^6$$

$$+ \Big[- 199376487383040\ p_2^5 + 316381487431680\ p_2^3\ p_4$$

$$+ 17272523980800\ p_2^2\ p_6 + 39117186662400\ p_2\ p_4^2$$

$$- 30480924672000\ p_4\ p_6 \Big]\ \sqrt{5}\ s_4^5$$

$$+ \Big[3237934141440\ p_2^7 + 13196050882560\ p_2^5\ p_4$$

$$+ 13533209395200\ p_2^4\ p_6 - 43954221957120\ p_2^3\ p_4^2$$

$$- 61679104819200\ p_2^2\ p_4\ p_6 + 4040036352000\ p_2\ p_4^3$$

$$+ 34879832064000\ p_2\ p_6^2 - 7961827737600\ p_4^2\ p_6 \Big]\ s_4^4$$

$$+ \Big[- 503070289920\ p_2^9 - 44765305896960\ p_2^7\ p_4$$

$$+ 20640855932928\ p_2^6\ p_6 + 73248012288000\ p_2^5\ p_4^2$$

$$- 60107906580480\ p_2^4\ p_4\ p_6 - 14033195827200\ p_2^3\ p_4^3$$

$$+ 24712049590272\ p_2^3\ p_6^2 - 16806843187200\ p_2^2\ p_4^2\ p_6$$

$$- 2540077056000\ p_2\ p_4^4 + 10837662105600\ p_2\ p_4\ p_6^2$$

$$+ 2116730880000\ p_4^3\ p_6 - 2890043228160\ p_6^3 \Big]\ \sqrt{5}\ s_4^3$$

$$+ \Big[- 2493967216320\ p_2^{11} - 1420463640960\ p_2^{9}\ p_4$$

$$+ 4461402816000\ p_2^{8}\ p_6 + 33607393989120\ p_2^{7}\ p_4^{2}$$

$$- 33094108385280\ p_2^{6}\ p_4\ p_6 - 42056927308800\ p_2^{5}\ p_4^{3}$$

$$+ 4510602362880\ p_2^{5}\ p_6^{2} + 68803508736000\ p_2^{4}\ p_4^{2}\ p_6$$

$$- 1802848803840\ p_2^{3}\ p_4^{4} - 26071600988160\ p_2^{3}\ p_4\ p_6^{2}$$

$$+ 490862592000\ p_2^{2}\ p_4^{3}\ p_6 - 851233996800\ p_2^{2}\ p_6^{3}$$

$$+ 819092736000\ p_2\ p_4^{5} - 570949632000\ p_2\ p_4^{2}\ p_6^{2}$$

$$- 674981683200\ p_4^{4}\ p_6 + 539806924800\ p_4\ p_6^{3} \Big]\ s_4^{2}$$

$$+ \Big[56722414320\ p_2^{13} + 199134745920\ p_2^{11}\ p_4$$

$$- 326730298752\ p_2^{10}\ p_6 - 2123123365440\ p_2^{9}\ p_4^{2}$$

$$+ 2270416566528\ p_2^{8}\ p_4\ p_6 + 4230308712960\ p_2^{7}\ p_4^{3}$$

$$- 386125774848\ p_2^{7}\ p_6^{2} - 4944929983488\ p_2^{6}\ p_4^{2}\ p_6$$

$$- 2349394502400\ p_2^{5}\ p_4^{4} + 1375164628992\ p_2^{5}\ p_4\ p_6^{2}$$

$$+ 2986783303680\ p_2^{4}\ p_4^{3}\ p_6 + 45156925440\ p_2^{4}\ p_6^{3}$$

$$- 247662074880\ p_2^{3}\ p_4^{5} - 867149217792\ p_2^{3}\ p_4^{2}\ p_6^{2}$$

$$+ 877120358400\ p_2^{2}\ p_4^{4}\ p_6 - 180627701760\ p_2^{2}\ p_4\ p_6^{3}$$

$$+ 17859916800\ p_2\ p_4^{6} - 677353881600\ p_2\ p_4^{3}\ p_6^{2}$$

$$- 13229568000\ p_4^{5}\ p_6 + 180627701760\ p_4^{2}\ p_6^{3} \Big]\ \sqrt{5}\ s_4$$

$$+ 28367294471\ p_2^{15} - 316731472230\ p_2^{13}\ p_4 + 246926266440\ p_2^{12}\ p_6$$

$$- 359393057940\ p_2^{11}\ p_4^{2} + 363372624480\ p_2^{10}\ p_4\ p_6$$

$$+ 3664406368520\ p_2^{9}\ p_4^{3} - 49974503424\ p_2^{9}\ p_6^{2}$$

$$- 7666233536160\ p_2^{8}\ p_4^{2}\ p_6 - 3819923256240\ p_2^{7}\ p_4^{4}$$

$$+ 5521619496960\ p_2^{7}\ p_4\ p_6^{2} + 10484283429120\ p_2^{6}\ p_4^{3}\ p_6$$

$$- 1381614092288\, p_2^6 p_6^3 + 403485792480\, p_2^5 p_4^5$$

$$- 11470682972160\, p_2^5 p_4^2 p_6^2 - 862799644800\, p_2^4 p_4^4 p_6$$

$$+ 5857585397760\, p_2^4 p_4 p_6^3 + 13161268800\, p_2^3 p_4^6$$

$$+ 879240560640\, p_2^3 p_4^3 p_6^2 - 1169657167872\, p_2^3 p_6^4$$

$$- 50260953600\, p_2^2 p_4^5 p_6 - 560136192000\, p_2^2 p_4^2 p_6^3$$

$$+ 3720816000\, p_2 p_4^7 + 29196288000\, p_2 p_4^4 p_6^2$$

$$+ 221459251200\, p_2 p_4 p_6^4 - 2566080000\, p_4^6 p_6 - 3748659200\, p_4^3 p_6^3$$

$$- 35433480192\, p_6^5 \Big]$$

Man sieht, daß diese Darstellung wegen der größeren Länge der Ausdrücke unpraktischer ist als die oben aufgeführte. Immerhin läßt sie die algebraische Unabhängigkeit von $I_2, I_{12}, I_{20}, I_{30}$ erkennen.
Zum Schluß schreiben wir noch die q-Invarianten mit Hilfe der I's:

$$q_2 = 60\, I_2$$

$$q_{12} = \frac{35}{32}\left[381\, I_2^6 + I_{12} \right]$$

$$q_{20} = \frac{85}{4608}\left[2444985\, I_2^{10} + 16506\, I_2^4 I_{12} + I_{20} \right]$$

$$q_{30} = \frac{5}{9437184}\Big[31841328995559\, I_2^{15} + 380119379094\, I_2^9 I_{12}$$

$$+ 61480419\, I_2^3 I_{12}^2 + 120352596\, I_2^5 I_{20} + 728\, I_{30} \Big]$$

Somit sind die q_k algebraisch unabhängig und daher ebenfalls als Basis für $\mathrm{Inv}(\mathrm{Weyl}(\mathbb{H}_4))$ geeignet.

Basispolynome von Weyl($\mathbb{I}_2(k)$); k ≥ 7:

Die Weylgruppe $I_2(k)$ wird von der Drehung um den Winkel $\frac{2\pi}{k}$, zusammen mit der Reflexion in einer beliebigen Wurzel, etwa (1,0), erzeugt.
Die komplexen Zahlen x_2+ix_1 und x_2-ix_1 multiplizieren sich bei der ersten

Transformation mit den Einheitswurzeln $\exp\left(\frac{2\pi i}{k}\right)$ bzw. $\exp\left(\frac{-2\pi i}{k}\right)$, ihre k-ten Potenzen ändern sich daher nicht.
Hingegen vertauscht die Reflexion $(x_1,x_2) \longmapsto (-x_1,x_2)$ beide Ausdrücke. Unter der gesamten Weylgruppe ist also das arithmetische Mittel

$$I_k = \frac{1}{2}(x_2+ix_1)^k + \frac{1}{2}(x_2-ix_1)^k$$

invariant. Entwickeln nach dem Binomischen Lehrsatz zeigt, daß I_k ein reelles Polynom des Grades k ist und mit der euklidischen Form I_2 gemeinsam eine freie Basis von $Inv(\mathbb{I}_2(k))$ bildet:

$$I_2 = x_1^2 + x_2^2$$

$$I_k = \sum_{s=0}^{[k/2]} (-1)^s \binom{k}{2s} x_1^{k-2s} x_2^{2s}$$

Dies umfaßt für k = 3,4,5,6 auch die oben bereits diskutierten Gruppen der Typen $\mathbb{A}_2, \mathbb{B}_2, \mathbb{H}_2, \mathbb{G}_2$.

17.4. Basisgrade

Wir wollen am Ende des Teils D noch einmal kurz auf die wichtigsten Resultate zurückblicken.
Die eingangs gestellte Aufgabe, alle endlichen Gruppen $G < GL_n(\mathbb{R})$ zu ermitteln, deren Invariantenringe frei erzeugt sind, haben wir vollständig gelöst. Dabei stellte sich heraus, daß die fraglichen Gruppen genau die innerhalb der $GL_n(\mathbb{R})$ zu Spiegelungsgruppen konjugierten sind.
Letztere erwiesen sich als isomorphe Bilder der endlichen Coxetergruppen, die in der jeweiligen Weyldarstellung vorliegen. Wir fanden ferner, daß Weylgruppen stets direkte Summen von solchen mit zusammenhängenden Dynkindiagrammen sind.
Damit war unser Problem auf die explizite Konstruktion der endlichen monolithischen Weylgruppen zurückgeführt. Gleichzeitig ergaben sich wesentliche Informationen über einige mit dem vorliegenden Fragenkomplex eng verwandte Objekte, wie etwa Fundamental- und Wurzelsysteme. Für jede endliche Weylgruppe konnten wir konkrete Beschreibungen geben, wobei auch noch die jeweilige Struktur der Gruppe selbst ermittelt wurde (ausgenommen $\mathbb{F}_4$).
Schließlich haben wir noch - und das ist natürlich für die Anwendungen der Basisinvarianten als Koordinaten des $\mathbb{R}^n$ wichtig - jeweils mindestens einen Satz algebraisch unabhängiger Invarianten angegeben. Dabei wurde auf eine möglichst bequeme Darstellung der Ergebnisse geachtet.
Aus einer Inspektion der Berechnungen der endlichen monolithischen Coxetergruppen und ihrer Invariantenringe lassen sich die **Basisgrade**, die nach einem oben hergeleiteten Satz charakteristisch für die Gruppe, also unabhängig von der Auswahl der Polynome sind, unmittelbar ablesen.
Zur besseren Übersicht stellen sie wir in Tab. 17.4.1 zusammen.
Es sei noch erwähnt, daß man die d_i berechnen kann, ohne die zugehörigen Polynome P_i zu betrachten. Hierfür wurde, vgl. Carter [1972], eine umfangreiche Theorie entwickelt.
Da wir aber auch an den P_i selbst interessiert sind, können wir auf eine ausführliche Diskussion dieser Untersuchungen verzichten. Wir erwähnen lediglich (ohne Beweis), daß die Produkte aller Reflexionen in den Wurzeln eines Fundamentalsystems (in beliebiger Reihenfolge), die sogenannten **Coxeterelemente**, eine Konjugationsklasse der Weylgruppe bilden. Die Ordnung

dieser Elemente ist gleich der Coxeterzahl h.

Nach einem Satz von Coleman [1958] haben die Eigenwerte eines beliebigen Coxeterelements die Form ζ^{d_i-1}, wobei ζ eine primitive h-te Einheitswurzel bedeutet. Die Zusatzinformation, daß alle $d_i \le h$ sind, erlaubt dann die direkte Berechung aller Basisgrade. Wir überlassen es dem Leser, die unten abgedruckte Tabelle zu verifizieren, und weisen lediglich noch auf die aus dem Satz von Coleman folgenden Symmetriebeziehungen

$$d_1 + d_n = d_2 + d_{n-1} = d_3 + d_{n-3} = \dots = h + 2$$

hin.

Tab. 17.4.1

Gruppe $\mathbb{X}_n$	Basisgrade $d_1,\dots,d_n$
$\mathbb{A}_n$ $(n \ge 1)$	2,3,4,...,n-1,n,n+1
$\mathbb{B}_n$ $(n \ge 2)$	2,4,6,...,2n-4,2n-2,2n
$\mathbb{D}_n$ $(n \ge 4)$	2,4,6,...,2n-4,2n-2 und n
$\mathbb{E}_6$	2,5,6,8,9,12
$\mathbb{E}_7$	2,6,8,10,12,14,18
$\mathbb{E}_8$	2,8,12,14,18,20,24,30
$\mathbb{F}_4$	2,6,8,12
$\mathbb{G}_2$	2,6
$\mathbb{H}_2$	2,5
$\mathbb{H}_3$	2,6,10
$\mathbb{H}_4$	2,12,20,30
$\mathbb{I}_2(k)$ $(k \ge 7)$	2,k

E. GITTER

18. ELLIPTISCHE FUNKTIONEN UND MODULFORMEN

18.1. Doppeltperiodische Funktionen

Die elementaren Hilfsmittel zur Untersuchung von Gittern werden durch eine Reihe von tiefergehenden Methoden ergänzt.
Die fruchtbarste Idee in diesem Zusammenhang ist die Zuordnung gewisser komplex-analytischer Funktionen zu einem Gitter Γ, von denen die sogenannte **Thetafunktion** ϑ_Γ die größte Bedeutung hat. Sie ist innerhalb der **oberen Halbebene** $\mathfrak{H}$ der komplexen Zahlen definiert und beschreibt im wesentlichen, wie viele Vektoren einer bestimmten Länge in Γ vorkommen; ϑ_Γ ist also ein Beispiel für eine **erzeugende Funktion**. Thetareihen wurden bereits von Jacobi [1969] angewandt, um die Eigenschaften von Gittern zu untersuchen.
Es stellt sich heraus, daß die Thetafunktionen sich durch ein besonders einfaches Verhalten unter den Transformationen der **Modulgruppe** auszeichnen: sie sind ganze **Modulformen**.
Um unsere Betrachtungen später nicht unterbrechen zu müssen, wollen wir in diesem Kapitel die grundlegendsten Eigenschaften dieser und einiger verwandter Funktionen kurz beschreiben, die für die Anwendung auf die Gittertheorie, aber auch in anderen Bereichen, etwa bei konfokalen Koordinaten (Kap. 28), von fundamentaler Bedeutung sind.
Leider ist es aus Platzgründen (und weil die genannten Ausführungen mit dem eigentlichen Thema dieses Buches nur in einem losen Zusammenhang stehen) nicht möglich, mehr als nur einen summarischen Überblick zu geben. Namentlich werden wir Beweise mitunter nur skizzenhaft andeuten; die explizite Durchführung bleibt dem Leser überlassen (sie ist in keinem Fall schwierig); außerdem sei auf die einschlägige Literatur, wie z.B. für komplexe Analysis und elliptische Funktionen auf Hurwitz & Courant [1964], für die speziellen Aspekte der Modulformen und -funktionen auf die Lehrbücher von Apostol [1976] und Ogg [1969] oder auf die monumentalen Monographien von Klein & Fricke [1890-1892] und Fricke [1916-1922] hingewiesen.
Die erste Definition ist wohlbekannt:

Definition 18.1.1:

Sei f eine in einer Umgebung von $a \in \mathbb{C}$ meromorphe Funktion (d.h., f sei dort komplex-analytisch bis auf eventuell vorhandene Pole).
Die eindeutig bestimmte Zahl $k \in \mathbb{Z}$, für die $(z-a)^{-k} \cdot f(z)$ einen von Null verschiedenen endlichen Grenzwert hat, heißt die **Ordnung** von f an der Stelle a und wird mit $\mathrm{ord}_a(f)$ bezeichnet.
Wenn die Ordnung positiv ist, also $f(a) = 0$, so ist a eine **Nullstelle** von f mit der **Multiplizität** $\mathrm{mult}_0(a) = \mathrm{ord}_a(f)$.
Ist sie hingegen negativ, so sprechen wir von einer **Polstelle** oder kurz einem **Pol** der Multiplizität $\mathrm{mult}_\infty(a) = -\mathrm{ord}_a(f)$.
Ein Ausdruck der Form

$$\sum_{a \in \mathfrak{K}} \mathrm{ord}_a(f) \cdot F(a)$$

wobei $\mathfrak{K}$ eine beschränkte Teilmenge von $\mathbb{C}$ bedeutet, ist stets als Summe über die (endlich vielen) Nullstellen und Pole von f, die in $\mathfrak{K}$ liegen, zu verstehen.

Dies steht im Einklang mit der Tatsache, daß an allen übrigen Stellen aus $\mathfrak{K}$ die Ordnung von f verschwindet. Wir kommen jetzt zum eigentlichen Gegenstand unserer Betrachtungen:

Definition 18.1.2:

(a) Die komplexe Zahl ω ist eine **Periode** der in ganz $\mathbb{C}$ definierten komplexen Funktion f, wenn für alle $z \in \mathbb{C}$ die Beziehung

$$f(z+\omega) = f(z)$$

besteht.

(b) Die Funktion selbst heißt **periodisch**, wenn sie eine von 0 verschiedene Periode besitzt, und **doppeltperiodisch**, wenn es zwei $\mathbb{R}$-linear unabhängige Perioden gibt, also zwei Perioden $\omega_1, \omega_2 \neq 0$ mit nicht-reellem Verhältnis ω_1/ω_2.

(c) Eine **elliptische Funktion** ist eine doppeltperiodische meromorphe Funktion.

Wir benötigen einige Eigenschaften elliptischer Funktionen. Der Name rührt übrigens daher, daß die Bestimmung des Umfangs einer Ellipse auf bestimmte "elliptische" Integrale führt, deren Umkehrfunktionen sich als doppeltperiodisch erweisen. In diesem Kontext traten die elliptischen Funktionen erstmalig auf.
Die nachstehende Beobachtung ist offensichtlich:

Satz 18.1.1:

(a) Die Menge aller Perioden einer komplexen Funktion ist abgeschlossen unter der Bildung ganzzahliger Kombinationen, stellt also einen $\mathbb{Z}$-Modul dar.
(b) Eine Funktion ist genau dann periodisch, wenn dieser **Periodenmodul** eine positive Dimension hat, und doppeltperiodisch, falls die Dimension mindestens 2 ist.
(c) Jede meromorphe Funktion, deren Periodenmodul eine Dimension ≥ 3 hat, ist konstant. Umgekehrt sind die konstanten Funktionen elliptisch mit jedem $\omega \in \mathbb{C}$ als Periode.

(Die letzte Behauptung folgt daraus, daß sich die Perioden dann bei 0 häufen müssen, da $\mathbb{C}$ als $\mathbb{R}$-Vektorraum nur 2-dimensional ist; das impliziert das Verschwinden aller Ableitungen).
Die Menge der Perioden einer nichtkonstanten elliptischen Funktion bildet also ein Gitter in $\mathbb{C} \cong \mathbb{R}^2$.

Definition 18.1.3:

Sei f eine elliptische Funktion mit **Periodengitter**

$$\Omega = \mathbb{Z}\,\omega_1 + \mathbb{Z}\,\omega_2 = \left\{ k_1\,\omega_1 + k_2\,\omega_2 \;\middle|\; k_1, k_2 \in \mathbb{Z} \right\}$$

(Wir schließen dabei nicht aus, daß f noch weitere Perioden besitzt, die nicht in Ω liegen).

Ein **Fundamentalbereich** zu Ω ist eine einfach-zusammenhängende Teilmenge $\mathfrak{F} \subseteq \mathbb{C}$, so daß jedes $z \in \mathbb{C}$ eine eindeutige Zerlegung der Form

$$z = \alpha + \omega$$

mit $\alpha \in \mathfrak{F}$ und $\omega \in \Omega$ besitzt. Der **Standardfundamentalbereich** bezüglich einer $\mathbb{Z}$-Basis $\{\omega_1, \omega_2\}$ von Ω ist das Parallelogramm

$$\mathfrak{F}_1 = \left\{ \kappa_1 \omega_1 + \kappa_2 \omega_2 \;\middle|\; \kappa_1, \kappa_2 \in \mathbb{R};\ 0 \le \kappa_1 < 1,\ 0 \le \kappa_2 < 1 \right\}$$

meist auch als **Fundamentalparallelogramm** bezeichnet.
Der **Grad** der elliptischen Funktion f ist die Summe der Multiplizitäten aller Pole in einem Fundamentalbereich.

Es ist klar, daß der Grad einer elliptischen Funktion von der Auswahl des Fundamentalbereichs unabhängig ist.
Einige grundlegende Eigenschaften der elliptischen Funktionen fassen wir zusammen in

<u>Satz 18.1.2:</u>
Für eine elliptische Funktion f vom Grad N mit Periodengitter Ω und Fundamentalbereich $\mathfrak{F}$ gilt:
(a) Ist g ebenfalls eine elliptische Funktionen mit demselben Periodengitter, so gilt dies auch für die Summe f+g, die Differenz f-g, allgemeiner alle $\mathbb{C}$-Linearkombinationen von f und g, das Produkt $f \cdot g$ und, falls g nicht identisch verschwindet, auch den Quotienten f/g.
(b) Die Menge aller elliptischen Funktionen mit vorgegebenem Gitter bildet einen Körper.
(c) Falls N = 0, ist f konstant.
(d) Es gibt keine elliptische Funktion vom Grad 1.
(e) Die Funktion f nimmt in $\mathfrak{F}$ jeden Wert genau N-mal an (mit Multiplizitäten gerechnet; gemeint ist: Die Summe der Multiplizitäten aller in $\mathfrak{F}$ gelegenen Nullstellen von $z \mapsto f(z)-a$ ist gleich N).
(f) Die Summe der Ordnungen aller Punkte in $\mathfrak{F}$ ist 0. Anders ausgedrückt: Es gibt in $\mathfrak{F}$ genausoviele Nullstellen wie Pole (natürlich unter Berück-

sichtigung der Multiplizitäten).

(g) Die Summe der **Residuen** (= Koeffizienten von $(z-a)^{-1}$ in der Laurententwicklung um a) in allen Punkten $a \in \mathfrak{F}$ ist gleich 0.

(h) Die mit Multiplizitäten gerechneten Summen aller Nullstellen bzw. Pole innerhalb von $\mathfrak{F}$ unterscheiden sich nur um eine Periode von f:

$$\sum_{f(a)=0} a \cdot \mathrm{mult}_0(a) \;-\; \sum_{f(a)=\infty} a \cdot \mathrm{mult}_\infty(a) \;=\; \sum_{a \in \mathfrak{F}} a \cdot \mathrm{ord}_a(f) \;\in\; \Omega$$

<u>Beweis:</u>

Aussage (a) ist trivial, und (b) besagt im wesentlichen dasselbe.
Eine elliptische Funktion f des Grades 0 ist in ganz $\mathfrak{F}$ analytisch, also insbesondere beschränkt in $\mathfrak{F}$, damit wegen der Periodizität überall. Nach dem bekannten **Satz von Liouville** ist f dann konstant; ⇒ (c).
Zum Nachweis von (e) berechnen wir das Konturintegral

$$\oint \frac{f'(z)}{f(z)-a}\, dz$$

wobei der Integrationsweg der im mathematisch positiven Sinn durchlaufene Rand von $\mathfrak{F}$ ist. Bei diesem und ähnlichen Integralen, die uns noch begegnen werden, nehmen wir stillschweigend an, daß $\mathfrak{F}$ geringfügig abgeändert wird, falls eine Singularität des Integranden auf seinem Rand liegt. Dazu schneiden wir eine kleine Umgebung dieser Singularität aus $\mathfrak{F}$ heraus und fügen das entsprechende Stück auf der gegenüberliegenden Seite des Randes (also um einen Vektor aus Ω verschoben) so an, daß der neue Fundamentalbereich einen Rand hat, auf dem der Integrand regulär ist. Das ist offenbar immer möglich.
Aus Periodizitätsgründen heben sich die Integrationen über die gegenüberliegenden Randteile paarweise auf; deshalb ist

$$\oint \frac{f'(z)}{f(z)-a}\, dz \;=\; 0$$

Der Residuensatz liefert für dieses Integral die mit $2\pi i$ multiplizierte Differenz der Null- und Polstellenzahlen in $\mathfrak{F}$; daraus folgen unmittelbar die Behauptungen (e) und (f).
Eine analoge Betrachtung des Integrals

$$\oint f(z)\, dz$$

ergibt (g). Wäre nun N = 1, so gäbe es in $\mathfrak{F}$ genau einen (einfachen) Pol, dessen Residuum ≠ 0 wäre, was nicht geht. Daher gilt auch (d).
Die letzte Aussage, (h), erhalten wir ebenso mit Hilfe von

$$\oint \frac{z\, f'(z)}{f(z)}\, dz$$

Damit ist alles bewiesen.

18.2. Weierstraßfunktionen

Satz 18.1.2 zeigt, daß eine nichtkonstante elliptische Funktion mindestens den Grad N = 2 haben muß. Das reicht aber auch aus; man kann sogar noch einige Normierungsbedingungen stellen (Weierstraß [1915]):

Satz 18.2.1:

Sei Ω ein Gitter in $\mathbb{C}$ mit $\mathbb{Z}$-Basis $\{\omega_1, \omega_2\}$.

(a) Die **Weierstraßsche $\wp$-Funktion**

$$\wp(z) = \wp(z:\Omega) = \wp(z;\omega_1,\omega_2) = z^{-2} + \sum_{\substack{\omega\in\Omega \\ \omega\neq 0}} \left[(z+\omega)^{-2} - \omega^{-2}\right]$$

ist eine elliptische Funktion des Grades 2 mit dem Periodengitter Ω, deren Pole sämtlich die Multiplizität 2 haben und an den Gitterpunkten liegen.

Umgekehrt ist $\wp(z)$ durch diese Bedingungen bis auf einen von Null verschiedenen Faktor und eine additive Konstante eindeutig festgelegt.

(b) Die Ableitung

$$\wp'(z) = \wp'(z:\Omega) = \wp'(z;\omega_1,\omega_2) = -2 \sum_{\substack{\omega\in\Omega \\ \omega\neq 0}} (z+\omega)^{-3}$$

ist elliptisch vom Grad 3 und hat an den Punkten aus Ω dreifache Polstellen.

(c) Die Weierstraß-Funktion $\wp$ ist gerade in z; $\wp'$ ist ungerade.

(d) Es gelten für alle $z \in \mathbb{C}$ und $\lambda \in \mathbb{C}\setminus\{0\}$ die **Homogenitätsrelationen**

$$\wp(\lambda z;\lambda\omega_1,\lambda\omega_2) = \lambda^{-2}\,\wp(z;\omega_1,\omega_2)$$

und

$$\wp'(\lambda z;\lambda\omega_1,\lambda\omega_2) = \lambda^{-3}\,\wp'(z;\omega_1,\omega_2)$$

Beweis:

Es sei zunächst F eine elliptische Funktion vom Grad 2 mit Periodengitter Ω, die einen doppelten Pol in 0 besitzt. Wegen des Grades kann F innerhalb des Fundamentalparallelogramms $\mathfrak{F}_1$ keine weiteren Singularitäten haben, und die Laurentreihe um 0 muß von der Form

$$F(z) = A\,z^{-2} + B\,z^{-1} + C + O(z)$$

mit $A \neq 0$ sein. Nach Teil (g) des Satzes 18.1.2 verschwindet das Residuum B; außerdem dürfen wir noch C subtrahieren und durch A dividieren, ohne etwas Wesentliches zu verlieren. Dann reduziert sich die Entwicklung um 0 auf

$$F(z) = z^{-2} + O(z)$$

Eine solche Funktion (falls es eine gibt) ist aber eindeutig bestimmt, denn die Differenz zweier verschiedener, etwa F und G, hätte bei 0 keine Singularität (und erst recht keine an anderen Stellen im Fundamentalparallelogramm); d.h., $F - G$ wäre eine elliptische Funktion vom Grad 0. Damit wäre $F - G$ konstant, also 0, wie der Grenzübergang $z \to 0$ erweist.

Das bestätigt die Eindeutigkeit von F.

Wir wählen jetzt eine beliebige positive Zahl R und spalten die definierende Reihe der $\wp$-Funktion in zwei Teile, deren erster die Summanden mit $|\omega| \leq R$ umfaßt. Da dieser nur endlich viele Terme enthält, hängen die Konvergenzeigenschaften nur vom zweiten Teil, nämlich

$$\sum_{\substack{\omega\in\Omega\\ |\omega|>R}} \left[(z+\omega)^{-2} - \omega^{-2}\right]$$

ab. Wir setzen

$$S = \min\left\{\, |\omega| \;\middle|\; \omega \in \Omega;\ |\omega| > R \right\}$$

S ist offenbar eine Konstante, die nur von R abhängt, und es ist $S > R$. Damit erhalten wir für alle $\omega \in \Omega$ mit $|\omega| > R$:

$$\left|\frac{z+\omega}{\omega}\right| = \left|1 + \frac{z}{\omega}\right| \geq 1 - \left|\frac{z}{\omega}\right| \geq 1 - \frac{R}{S}$$

Mit der Abkürzung

$$K = 1 - \frac{R}{S}$$

ergibt sich weiter

$$|z+\omega|^{-2} \leq K\ |\omega|^{-2}$$

und wir finden als Abschätzung für den typischen Term in der obigen Summe

$$\left|(z+\omega)^{-2} - \omega^{-2}\right| = \left|\frac{z\ (z+2\omega)}{\omega^2 (z+\omega)^2}\right| \leq K\ |\omega|^{-4}\ R\ \left(R+2|\omega|\right) \leq 3\ K\ R\ |\omega|^{-3}$$

Nun ist aber, wie man leicht bestätigt,

$$\sum_{\substack{\omega\in\Omega \\ \omega\neq 0}} |\omega|^{-3}$$

absolut konvergent (das auszuführen, überlassen wir dem Leser), woraus die absolute und gleichmäßige Konvergenz der Teilreihe

$$\sum_{\substack{\omega\in\Omega \\ |\omega|>R}} \left[(z+\omega)^{-2} - \omega^{-2}\right]$$

folgt. Das beweist, daß die Summe für $|z| < R$ eine analytische Funktion darstellt. Das Gleiche gilt dann auch für $\wp(z)$, abgesehen von den Polen in den Gitterpunkten. Weil R beliebig groß gewählt werden kann, ist $\wp$ in ganz $\mathbb{C}$ meromorph.

Die Reihe für die Ableitung $\wp'$ erhalten wir durch gliedweise Differentiation derjenigen für $\wp$.

Die doppelte Periodizität von $\wp'$ mit dem Gitter Ω ist unmittelbar einsichtig. Also ist $\wp'$ elliptisch, und den Grad von $\wp'$ ermitteln wir aus dem Hauptteil $- 2\ z^{-3}$ des Pols bei 0 und der Tatsache, daß dies die einzige

Singularität in $\mathfrak{F}_1$ ist. Das zeigt die Gültigkeit von (b).
Die Funktion $z \mapsto \wp(-z)$ erfüllt dieselben Voraussetzung wie $\wp$; also ist $\wp(-z) = \wp(z)$. Die Ableitung einer geraden Funktion ist ungerade; $\Rightarrow$ (c).
Teil (d) ist aufgrund der Definition von $\wp$ trivial.
Zur Komplettierung des Beweises von (a) müssen wir noch zeigen, daß ω_1 und ω_2 Perioden von $\wp$ sind.
Für $\wp'$ haben wir dies gerade bestätigt, daher gilt für jedes z und $i \in \{1,2\}$:

$$\frac{d}{dz}\left[\wp(z+\omega_i) - \wp(z)\right] = \wp'(z+\omega_i) - \wp'(z) = 0$$

Die Differenz $\wp(z+\omega_i) - \wp(z)$ ist infolgedessen konstant. Ihr Wert berechnet sich als 0, wenn wir $z = \frac{1}{2}\omega_i$ setzen und ausnutzen, daß $\wp$ gerade ist. Der Beweis des Satzes ist damit vollständig.

Die Weierstraßfunktion $\wp(z)$ ist die einfachste nichttriviale elliptische Funktion mit Periodengitter Ω. Sie ist aber nichtsdestoweniger "universell":

Satz 18.2.2:

(a) Jede elliptische Funktion F läßt sich in der Form

$$F = R_1(\wp) + R_2(\wp)\,\wp'$$

mit rationalen Funktionen R_1, R_2 schreiben.

(b) Ist F darüberhinaus eine gerade Funktion: $F(-z) = F(z)$, ist es sogar eine rationale Funktion von $\wp$ allein.

Beweis:

Wir setzen zuerst F als gerade voraus. Dann ist die Ordnung von F in einem Punkt $z \in \mathbb{C}$ gleich derjenigen in $-z$:

$$\mathrm{ord}_z(F) = \mathrm{ord}_{-z}(F)$$

Bei den Elementen aus $\frac{1}{2}\Omega$ (also den Perioden oder Halbperioden), bezüglich derer F symmetrisch liegt:

$$F(-z) = F(z)$$

$$F\left[\frac{\omega_i}{2} - z\right] = F\left[-\omega_i + \frac{\omega_i}{2} - z\right] = F\left[-\frac{\omega_i}{2} - z\right] = F\left[\frac{\omega_i}{2} + z\right]$$

hat F offenbar gerade Ordnung. Insbesondere ist der Grad von F (als Summe der Polstellenmultiplizitäten in einem Fundamentalbereich $\mathfrak{F}$) durch 2 teilbar; wir setzen ihn gleich 2 k.

Dann kann man offenbar die Polstellen von F in $\mathfrak{F}$ mit $a_{\pm 1}, \ldots, a_{\pm k}$ bezeichnen, wobei für alle i, $1 \le i \le k$,

$$a_{-i} + a_i \in \Omega$$

gilt. Ebenso benennen wir die Nullstellen von F in $\mathfrak{F}$ mit $b_{\pm 1}, \ldots, b_{\pm k}$ mit der Nebenbedingung

$$b_{-i} + b_i \in \Omega$$

Natürlich ist eine Pol- oder Nullstelle von höherer Multiplizität mehrfach in die Liste aufzunehmen; die a_i bzw. b_i brauchen nicht paarweise voneinander verschieden zu sein.

Wenn F(0) weder 0 noch ∞ ist, hat die elliptische Funktion

$$G(z) = \frac{\left[\wp(z)-\wp(b_1)\right] \ldots \left[\wp(z)-\wp(b_k)\right]}{\left[\wp(z)-\wp(a_1)\right] \ldots \left[\wp(z)-\wp(a_k)\right]}$$

wie man leicht einsieht, die gleichen Null- und Polstellen wie F (mit den richtigen Multiplizitäten). Der Quotient F/G ist folglich nach Satz 18.1.2, Teil (c), konstant.

Falls hingegen die gegebene Funktion F bei 0 eine Null- oder Polstelle besitzt, wenden wir das obige Argument auf die Funktion

$$F \cdot \left[\wp(z)\right]^{-\nu/2}$$

mit $\nu = \mathrm{ord}_0(F)$ an. Damit ist (b) bewiesen.

Aussage (a) ergibt sich aus der Beobachtung, daß man F gemäß

$$F_{\pm}(z) = \frac{1}{2}\left[F(z) - F(-z) \right]$$

in eine gerade Funktion (F_+) und eine ungerade (F_-) zerlegen kann. Anwendung des schon verifizierten Teils (b) des Satzes auf F_+ und $F_-/\wp'$ liefert die Behauptung.

Wir wollen noch einige übliche Bezeichnungen aus der Theorie der $\wp$-Funktion einführen:

Definition 18.2.1:

Wir betrachten ein Gitter $\Omega \subset \mathbb{C}$ mit $\mathbb{Z}$-Basis $\{\omega_1, \omega_2\}$ und die zugeordnete Weierstraßfunktion $\wp$.

(a) Die Basis $\{\omega_1, \omega_2\}$ ergänzen wir um ein drittes (redundantes) Erzeugendes $\omega_3 = -\omega_1 - \omega_2$ von Ω;

(b) Die **Wurzeln** der Weierstraßschen $\wp$-Funktion sind die Funktionswerte von $\wp$ in den **Halbperioden** $\frac{1}{2}\,\omega_i$, also die Zahlen

$$e_i = e_i(\Omega) = e_i(\omega_1, \omega_2) = \wp\left(\frac{\omega_i}{2}\right)$$

mit $i \in \{1,2,3\}$.

(c) Als **Invarianten** von $\wp$ bezeichnet man die aus den e_i abgeleiteten Größen

$$g_2 = g_2(\Omega) = g_2(\omega_1, \omega_2) = -4\,(e_2\, e_3 + e_3\, e_1 + e_1\, e_2)$$

und

$$g_3 = g_3(\Omega) = g_3(\omega_1, \omega_2) = 4\, e_1\, e_2\, e_3$$

(d) Die **Diskriminante** des Gitters Ω ist

$$\Delta = \Delta(\Omega) = \Delta(\omega_1, \omega_2) = g_2^3 - 27\, g_3^2$$

(e) Schließlich erklären wir noch die **absolute Invariante** oder **J-Invariante** durch

$$J = J(\Omega) = J(\omega_1,\omega_2) = 12^3 \frac{g_2^3}{\Delta} = \frac{1728\ g_2^3}{g_2^3 - 27\ g_3^2}$$

Zweckmäßig ist die

Vereinbarung:
Wenn wir im Folgenden von der $\wp$-Funktion mit dem Periodengitter Ω sprechen, betrachten wir stets ω_i, e_i $(i \in \{1,2,3\})$, g_2, g_3, Δ und J gemäß der obigen Definition als mitgegeben.

Unter den zahlreichen Eigenschaften der $\wp$-Funktionen sind einige für die Anwendungen von fundamentaler Bedeutung:

Satz 18.2.3:
Sei $\Omega = \mathbb{Z}\omega_1+\mathbb{Z}\omega_2 \subset \mathbb{C}$ ein Gitter mit Basis $\{\omega_1,\omega_2\}$ und $\omega_3 \in \Omega$ wie üblich das durch die Bedingung

$$\omega_1 + \omega_2 + \omega_3 = 0$$

festgelegte Zusatzelement. Dann gilt
(a) Die e-Invarianten sind paarweise voneinander verschieden, und ihre Summe verschwindet:

$$e_1 + e_2 + e_3 = 0$$

während die Diskriminante mit ihnen über

$$\Delta = 16\ (e_2-e_3)^2\ (e_3-e_1)^2\ (e_1-e_2)^2$$

zusammenhängt und von Null verschieden ist.

(b) Die zu Ω gehörige Weierstraßsche $\wp$-Funktion erfüllt die **Differentialgleichungen**

$$\wp'^2 = 4\,(\wp-e_1)\,(\wp-e_2)\,(\wp-e_3) = 4\,\wp^3 - g_2\,\wp - g_3$$

sowie

$$\wp'' = 6\,\wp^2 - \frac{1}{2}\,g_2$$

(c) Die **Laurententwicklung** von $\wp(z)$ um $z = 0$ ist

$$\wp(z) = z^{-2} + \sum_{k=1}^{\infty} c_{2k+2}\, z^{2k}$$

Dabei sind die Koeffizienten vermöge

$$c_{2k} = (2k-1)\,G_{2k}$$

mit den **Eisensteinreihen**

$$G_{2k} = G_{2k}(\Omega) = G_{2k}(\omega_1,\omega_2) = \sum_{\substack{\omega\in\Omega \\ \omega\neq 0}} \omega^{-2k}$$

($k \geq 2$) verknüpft.

Der Konvergenzradius der Laurentreihe ist gleich dem kleinsten Betrag eines von Null verschiedenen Vektors aus Ω.

(d) Die Koeffizienten c_{2k} lassen sich mit Hilfe der für $2k \geq 8$ geltenden Gleichung

$$(k-3)\,(2k+1)\,c_{2k} = 3\,(c_4\,c_{2k-2} + c_6\,c_{2k-4} + \ldots + c_{2k-4}\,c_6 + c_{2k-2}\,c_4)$$

rekursiv aus den ersten beiden, also c_4 und c_6, herleiten.

Hieraus ergeben sich entsprechende Beziehungen für die Eisensteinreihen, die es gestatten, alle G_{2k} aus G_4 und G_6 zu berechnen.

Die Ausdrücke $c_{2k}(c_4,c_6)$ bzw. $G_{2k}(G_4,G_6)$ sind Polynome mit rationalen Koeffizienten.

(e) Die Determinante

$$\begin{vmatrix} 1 & \wp(x) & \wp'(x) \\ 1 & \wp(y) & \wp'(y) \\ 1 & \wp(z) & \wp'(z) \end{vmatrix}$$

ist genau dann gleich Null, wenn die Summe der Zahlen $x, y, z \in \mathbb{C}$ eine Periode ist:

$$x + y + z \in \Omega$$

(**Additionstheorem** der $\wp$-Funktion).

Beweis:

Daß $\wp$ als meromorphe Funktion eine Laurententwicklung um 0 herum besitzt und diese den angegebenen Konvergenzradius hat, ist aus der Funktionentheorie wohlbekannt. Die Form des Ansatzes in (c) ergibt sich aus der Tatsache, daß $\wp$ eine gerade Funktion ist. Wir müssen lediglich die c_{2k} berechnen. Dazu gehen wir von der Definition aus und erhalten mit der bekannten Formel für die geometrische Reihe zunächst

$$(z+\omega)^{-2} - \omega^{-2} = -\omega^{-2}\left[1 - \left(1+\frac{z}{\omega}\right)^{-2}\right] = \sum_{k=1}^{\infty} (-1)^k (k+1)\, \omega^{-k-2} z^k$$

Setzen wir dies in die Gleichung ein, so ergibt sich

$$\wp(z) - z^{-2} = \sum_{\substack{\omega\in\Omega \\ \omega\neq 0}} \sum_{k\in\mathbb{N}} (-1)^k (k+1)\, \omega^{-k-2} z^k$$

Wegen der absoluten Konvergenz für

$$|z| < \min\left\{ |\omega| \;\middle|\; \omega \in \Omega \setminus \{0\} \right\}$$

dürfen wir die Summationsreihenfolge vertauschen. Dies führt unmittelbar auf (c). Zugleich ergibt sich die Konvergenz der Eisensteinreihen $G_4, G_6, \ldots$

Die Funktionen $\wp'^2$ und $(\wp-e_1)^2(\wp-e_2)^2(\wp-e_3)^2$ sind beide elliptisch vom Grad 6 mit Periodenmodul Ω und haben jeweils einen 6-fachen Pol in den Gitterpunkten sowie doppelte Nullstellen bei den Halbperioden. Der Quotient ist somit singularitätenfrei, also eine Konstante. Deren Wert findet man durch Betrachten der führenden Terme in den Laurententwicklungen. Das liefert die erste der unter (b) notierten Gleichungen.
Andererseits ergibt eine etwas genauere Berechnung

$$\wp'(z) = -2z^{-3} + 2c_4 z + 4c_6 z^2 + O(z^4)$$

$$\wp'^2(z) = 4z^{-6} - 8c_4 z^{-2} - 16c_6 + O(z^2)$$

$$\wp^3(z) = z^{-6} + 3c_4 z^{-2} - 16c_6 + O(z^2)$$

und schließlich

$$\wp^3(z) - \left[4\wp^3(z) - 20c_4\wp(z) - 28c_6\right] = O(z^2)$$

Diese Funktion ist aber offensichtlich elliptisch ohne Polstellen, also vom Grad 0 und daher (mittels des üblichen Tricks) konstant, und zwar gleich 0.
Wir haben gezeigt:

$$4(\wp-e_1)(\wp-e_2)(\wp-e_3) = 4\wp^3 - 20c_4\wp - 28c_6$$

Ein Vergleich ergibt $e_1+e_2+e_3 = 0$, woraus (a) folgt - die Aussage bezüglich Δ bestätigt man durch Ausmultiplizieren - und, zusammen mit der nützlichen Zusatzinformation

$$g_2 = 20c_4 = 60G_4$$

$$g_3 = 28c_6 = 140G_6$$

auch die Übereinstimmung der beiden in (b) genannten kubischen Polynome.
Die letzte Gleichung unter (b) bekommen wir durch nochmaliges Differenzieren.
Einsetzen der Laurentreihe in die gerade gefundene Beziehung

$$\wp'^2 = 6\wp^2 - \tfrac{1}{2}g_2$$

führt nach einfachen Umformungen und Koeffizientenvergleich zu der in (e) angegebenen Rekursionsgleichung; der Rest von (d) ist dann klar.
Es fehlt noch (e). Die Determinante ist, bei festgehaltenen x und y, eine elliptische Funktion des Grades 3 in z. Sie besitzt einen Dreifachpol an der Stelle 0. Die Summe der drei Nullstellen in irgendeinem Fundamentalbereich ist daher nach Satz 18.1.2, Teil (h), eine Periode.
Zwei Nullstellen sind x und y, die dritte muß folglich modulo Ω kongruent zu -x-y sein, was zu beweisen war.

Obgleich die $\wp$-Funktion die bei weitem einfachste unter den elliptischen Funktionen darstellt, sind ihre oben angegebenen Eigenschaften keineswegs charakteristisch; im Gegenteil lassen sich fast alle Aussagen verallgemeinern.
Sind beispielsweise F und G zwei elliptische Funktionen mit demselben Gitter Ω, so können wir beide nach Satz 18.2.2 mittels $\wp$ und $\wp'$ ausdrücken. Nehmen wir noch die Differentialgleichung für $\wp$ hinzu und eliminieren $\wp$ und $\wp'$ aus beiden Relationen, so resultiert eine algebraische Beziehung zwischen F und G.
Ebenso bestätigt man die Existenz einer Differentialgleichung für jede beliebige elliptische Funktion F, sowie die eines Additionstheorems.
Abschließend notieren wir noch eine alternative Fassung des Additionstheorems für $\wp$, die etwas expliziter als die in Satz 18.2.3 unter (e) aufgeführte und damit zuweilen bequemer ist:

$$\wp(x+y) = -\wp(x) - \wp(y) + \frac{1}{4}\left[\frac{\wp'(x) - \wp'(y)}{\wp(x) - \wp(y)}\right]^2$$

Der Beweis besteht darin, die Determinante in Teil (e) des Satzes nach $\wp(z)$ zu entwickeln, z = -x-y einzusetzen und zu vereinfachen. Die Ausführung dieser elementaren Prozedur überlassen wir dem interessierten Leser.

18.3. Die Modulgruppe

Zwischen den soeben für jedes $k \in \mathbb{N}$ mit $k \geq 2$ eingeführten Eisensteinreihen $G_{2k}(\omega_1,\omega_2) = G_{2k}(\Omega)$ zu einem Gitter $\Omega = \mathbb{Z}\omega_1 \oplus \mathbb{Z}\omega_2$ und den elliptischen Funktionen mit Ω als Periodengitter besteht eine nahe Verwandtschaft, die sich beispielsweise in den uns bereits bekannten Beziehungen $g_2(\Omega) = 60\ G_4(\Omega)$ und $g_3(\Omega) = 140\ G_6(\Omega)$ der G_{2k} zu den Invarianten der $\wp$-Funktion äußert.
Darüber hinaus gibt es zahlreiche gemeinsame Eigenschaften beider Funktionenklassen, deren wichtigste das Verhalten unter der Aktion gewisser diskreter Transformationsgruppen ist.
Während jedoch bei den elliptischen Funktionen die Translationen des jeweiligen Arguments um Vektoren aus Ω betrachtet wurden, sind die Eisensteinreihen invariant unter Automorphismen von $\Omega \cong \mathbb{Z}^2$ als $\mathbb{Z}$-Modul.
$G_{2k}(\omega_1,\omega_2)$ ändert sich also nicht, wenn wir $\{\omega_1,\omega_2\}$ durch eine beliebige andere Basis von Ω, z.B. $\{\omega_1',\omega_2'\}$, ersetzen:

$$G_{2k}(\omega_1',\omega_2') = G_{2k}(\omega_1,\omega_2)$$

Da ω_1' und ω_2' im Gitter liegen, sind sie ganzzahlige Linearkombinationen der ω_i, etwa

$$\omega_1' = a\,\omega_1 + b\,\omega_2$$

$$\omega_2' = c\,\omega_1 + d\,\omega_2$$

mit $a,b,c,d \in \mathbb{Z}$. Wir fassen diese beiden Regeln zusammen zu

$$\begin{pmatrix} \omega_1' \\ \omega_2' \end{pmatrix} = \begin{pmatrix} a & b \\ c & d \end{pmatrix} \begin{pmatrix} \omega_1 \\ \omega_2 \end{pmatrix}$$

Die Matrix

$$A = \begin{pmatrix} a & b \\ c & d \end{pmatrix}$$

muß invertierbar sein und somit in $GL_2(\mathbb{Z})$ liegen. Wir wollen uns hier aber auf die orientierungserhaltenden Transformationen ($\det A = ad-bc > 0$), also $A \in SL_2(\mathbb{Z})$, beschränken.
Wegen der nach Definition der G_{2k} offensichtlichen **Homogenitätsrelationen**

$$G_{2k}(\lambda\omega_1,\lambda\omega_2) = \lambda^{-2k} G_{2k}(\omega_1,\omega_2)$$

(für alle $\lambda \in \mathbb{C}\setminus\{0\}$ und alle $\mathbb{R}$-linear unabhängigen Paare ω_1,ω_2) lassen sich die G_{2k} auf Funktionen einer Variablen, nämlich $\tau = \omega_1/\omega_2$, zurückführen.
Wir schreiben noch zur Vereinfachung

$$G_{2k}(\tau) = G_{2k}(2\pi\tau,2\pi) = (2\pi)^{-2k} G_{2k}(\tau,1)$$

(und entsprechend $g_2(\tau), g_3(\tau), \Delta(\tau), J(\tau)$ usw.). Die Abspaltung der Potenzen von 2π wird sich später bei der Betrachtung der Fourierentwicklungen auszahlen. Es ist

$$G_{2k}(\omega_1,\omega_2) = G_{2k}(\tau\omega_2,\omega_2) = \omega_2^{-2k} G_{2k}(\tau,1) = (2\pi)^{2k} \omega_2^{-2k} G_{2k}(\tau)$$

Ebenso finden wir

$$g_2(\omega_1,\omega_2) = (2\pi)^4 \omega_2^{-4} g_2(\tau)$$

$$g_3(\omega_1,\omega_2) = (2\pi)^6 \omega_2^{-6} g_3(\tau)$$

$$\Delta(\omega_1,\omega_2) = (2\pi)^{12} \omega_2^{-12} \Delta(\tau)$$

$$J(\omega_1,\omega_2) = J(\tau)$$

Diese Betrachtungen legen es nahe, folgende Bezeichnungen zu vereinbaren:

Definition 18.3.1:
(a) Die $\mathbb{Z}$-Basis $\{\omega_1,\omega_2\}$ des Gitters $\Omega \subset \mathbb{C} \cong \mathbb{R}^2$ heißt **positiv** oder **negativ orientiert**, je nachdem, ob das **Periodenverhältnis**

$$\tau = \frac{\omega_1}{\omega_2}$$

einen positiven oder negativen Imaginärteil hat.

(b) Die **obere Halbebene** ist die Menge

$$\mathfrak{H} = \left\{ \tau \in \mathbb{C} \;\middle|\; \mathrm{Im}(\tau) > 0 \right\}$$

Der **unendlich ferne** oder **uneigentliche Punkt** wird $i\infty$ (statt ∞) genannt, um anzudeuten, daß er dem Grenzübergang $\mathrm{Im}(\tau) \longrightarrow \infty$ entspricht. Adjunktion von $i\infty$ und seinen Bildern unter der **Modulgruppe** $PSL_2(\mathbb{Z})$, den sogenannten **Spitzen**, liefert die **erweiterte Halbebene**

$$\mathfrak{H}^* = \mathfrak{H} \cup \mathbb{Q} \cup \{i\infty\}$$

Hierbei sind die aus der **projektiven Geometrie** (Kap. 7) geläufigen Rechenregeln für den Umgang mit dem uneigentlichen Punkt $i\infty$ einzuhalten.

(c) Als Umgebungen von $i\infty$ erklären wir die Komplemente $\mathfrak{H}^*\backslash K$ aller kompakten Teilmengen $K \subseteq \mathfrak{H}^*\backslash\{i\infty\}$; die Umgebungen von rationalen Punkten ergeben sich durch Anwenden der Modulgruppe auf die des unendlich fernen Punktes. Bezüglich der so definierten **Topologie** auf der erweiterten Halbebene operiert $PSL_2(\mathbb{Z})$ offenkundig stetig.

(d) Mit T_A bezeichnen wir die durch die Matrix

$$A = \begin{pmatrix} a & b \\ c & d \end{pmatrix} \in SL_2(\mathbb{Z})$$

gemäß

$$T_A(\tau) = \frac{a\,\tau + b}{c\,\tau + d}$$

erklärte konforme Abbildung der oberen Halbebene auf sich.

(e) Wenn $\tau \in \mathfrak{H}^*$ Fixpunkt einer von der Identität verschiedenen Transformation in $PSL_2(\mathbb{Z})$ ist, nennen wir τ **speziell**, anderenfalls **allgemein**.

Die Implikation $(\mathrm{Im}\,\tau > 0) \Rightarrow (\mathrm{Im}\,T_A(\tau) > 0)$ ergibt sich aus der Tatsache, daß $(a\omega_1+b\omega_2, c\omega_1+d\omega_2)$ dieselbe Orientierung hat wie (ω_1,ω_2). T_A stimmt mit der durch die Matrix $-A \in SL_2(\mathbb{Z})$ entsprechend definierten Transformation T_{-A} überein. Deshalb handelt es sich bei der Zuordnung $A \mapsto T_A$ eigentlich um eine Darstellung der **modularen Gruppe**

$$PSL_2(\mathbb{Z}) = SL_2(\mathbb{Z}) / \{\pm 1\}$$

Wie die Modulgruppe auf der oberen Halbebene operiert, müssen wir noch etwas genauer betrachten.
Zu diesem Zweck führen wir einige Bezeichnungen ein:

<u>Definition 18.3.2:</u>

(a) Das **Gaußsche Gebiet** ist die (offene) Menge

$$\mathfrak{G}_0 = \left\{ \tau \in \mathfrak{H} \;\middle|\; |\tau| > 1;\ |\mathrm{Re}(\tau)| < \frac{1}{2} \right\}$$

aller Punkte in $\mathfrak{H}$, die zwischen den beiden Geraden $\mathrm{Re}(\tau) = \pm\frac{1}{2}$ und außerhalb des Einheitskreises liegen.

(b) Den Rand von $\mathfrak{G}_0$ in $\mathfrak{H}$ besteht aus den beiden Halbgeraden, die von der in $\mathfrak{H}$ liegenden 3. Einheitswurzel

$$\rho = -\frac{1}{2} + \frac{i}{2}\sqrt{3}$$

bzw. ihrem Bild unter Spiegelung an der imaginären Achse,

$$-\rho^{-1} = \frac{1}{2} + \frac{i}{2}\sqrt{3}$$

senkrecht nach oben verlaufen, und dem Bogen des Einheitskreises von ρ über i nach $-\rho^{-1}$, der beide verbindet. Hierbei sind die Endpunkte jeweils mitgerechnet. Mit dieser Konvention gilt auch das Entsprechende für den Rand von $\mathfrak{G}_0$, aufgefaßt als Teilmenge von $\mathfrak{H}^*$, wenn wir $i\infty$ als einen gemeinsamen Endpunkt beider genannten Geraden ansehen.

(c) Wir zerlegen die soeben beschriebene Randkurve des Gaußgebiets $\mathfrak{G}_0 \subseteq \mathfrak{H}$ in vier Kurvenstücke:

(1) die Halbgerade h_-, die von $i\infty$ senkrecht nach unten bis ρ läuft;

(2) den Bogen b_- von ρ nach i;

(3) den Bogen b_+ von i nach $-\rho^{-1}$ und

(4) die Halbgerade h_+, die von $-\rho^{-1}$ senkrecht nach oben bis $i\infty$ läuft.

Setzen wir noch der Systematik zuliebe $h_-^* = h_- \cup \{i\infty\}$ und $h_+^* = h_+ \cup \{i\infty\}$, ist der Rand von $\mathfrak{B}_0$ als Teilmenge in $\mathfrak{H}^*$ gleich $h_-^* \cup b_- \cup b_+ \cup h_+^*$. Die Orientierung ist die jeweils angegebene, so daß $\partial\mathfrak{B}_0$ in der üblichen Weise $\mathfrak{B}_0$ im mathematisch positiven Sinn umläuft ($\mathfrak{B}_0$ liegt zur Linken der Kurve).

(d) Als **Gaußschen Bereich** bezeichnen wir die Vereinigung

$$\mathfrak{B} = \mathfrak{B}_0 \cup h_- \cup b_-$$

des Gaußschen Gebietes $\mathfrak{B}_0$ mit den Kurven h_- und b_-; analog ist der **erweiterte Gaußsche Bereich**

$$\mathfrak{B}^* = \mathfrak{B} \cup \{i\infty\} = \mathfrak{B}_0 \cup h_-^* \cup b_-$$

Es werden also jeweils nur die Randpunkte hinzugenommen, deren Realteile ≤ 0 sind (mit der hier zweckmäßigen Übereinkunft $\mathrm{Re}(i\infty) = 0$).

Der Grund für diese Konstruktionen ist

Satz 18.3.1:

(a) Die obere Halbebene $\mathfrak{H}$ und ihre Erweiterung $\mathfrak{H}^*$ sind beide invariant unter der Modulgruppe.

(b) Die Gaußschen Bereiche $\mathfrak{B}$ und $\mathfrak{B}^*$ sind Fundamentalbereiche in $\mathfrak{H}$ bzw. $\mathfrak{H}^*$ unter der $PSL_2(\mathbb{Z})$-Aktion.

(c) Ein Punkt τ ist genau dann speziell, wenn er unter der Modulgruppe zu $i\infty$, ρ oder i konjugiert ist. Je nachdem, welche dieser Möglichkeiten eintritt, nennen wir τ vom **Typ** $i\infty$, ρ oder i.

Beweis:

(a) ist nach den obigen Vorbemerkungen klar.

Zum Nachweis von (b) genügt es offenbar, die Behauptung für $\mathfrak{B}$ zu beweisen; für $\mathfrak{B}_0$ folgt die entsprechende Behauptung dann unmittelbar.

Wir zeigen zunächst, daß jedes $\sigma \in \mathfrak{H}$ ein Bild unter $G = PSL_2(\mathbb{Z})$ besitzt,

welches in $\mathfrak{B}$ liegt. Behufs dessen bilden wir das von 1 und σ erzeugte Gitter $\Omega = \mathbb{Z} \oplus \mathbb{Z}\sigma$ und suchen darin ein $\omega_1 \in \Omega\backslash\{0\}$ von minimaler Länge aus. Anschließend wählen wir unter allen von ω_1 über $\mathbb{R}$ linear unabhängigen Vektoren des Gitters einen möglichst kurzen, etwa ω.
Je nachdem, ob die Basis (ω_1, ω) von Ω positiv oder negativ orientiert ist, setzen wir $\omega_2 = \omega$ oder $-\omega$.
Das nach Konstruktion zu σ unter der G-Aktion äquivalente Periodenverhältnis $\tau = \omega_1/\omega_2$ erfüllt dann die Ungleichungen $\mathrm{Im}(\tau) > 0$, $|\tau| \geq 1$ und $|\omega \pm 1| \geq |\omega|$. Zusammengenommen besagen diese, daß τ im topologischen Abschluß von $\mathfrak{B}$ liegt. Falls $\tau \notin \mathfrak{B}$ ist, haben wir $\tau \in h_+$ oder $\tau \in b_+$. Im ersten Fall ist $\tau - 1 \in h_- \subset \mathfrak{B}$, im zweiten hingegen haben wir $-\tau^{-1} \in b_- \subset \mathfrak{B}$, wie behauptet.
Es fehlt noch der Nachweis, daß zwei verschiedene Punkte $\sigma, \tau \in \mathfrak{B}$ nicht in derselben G-Bahn liegen können. Träfe dies zu, wäre

$$\sigma = \frac{a\,\tau + b}{c\,\tau + d}$$

mit geeigneten $a, b, c, d \in \mathbb{Z}$ und $ad - bc = 1$. Zusätzlich dürfen wir aus Symmetriegründen noch annehmen, daß $\mathrm{Im}(\tau) \geq \mathrm{Im}(\sigma)$ sei.
Wir zerlegen τ in Real- und Imaginärteile:

$$\tau = \alpha + i\,\beta$$

mit $\alpha, \beta \in \mathbb{R}$. Die definierenden Ungleichungen von $\mathfrak{B}$ ergeben

$$|\tau|^2 = \alpha^2 + \beta^2 \geq 1$$

und

$$-\frac{1}{2} \leq \alpha = \mathrm{Re}(\tau) < \frac{1}{2}$$

Eine einfache Rechnung liefert

$$1 \geq \frac{\mathrm{Im}(\tau)}{\mathrm{Im}(\sigma)} = |c\tau + d|^2 = c^2\,(\alpha^2 + \beta^2) + 2\,c\,d\,\alpha + d^2 \geq c^2 - |c|\,|d| + d^2$$

Da c und d aufgrund der Determinantenbedingung teilerfremde (ganze) Zahlen sind, folgt daraus

$$|c|^2 + |d|^2 - |c|\,|d| = 1$$

sowie $\mathrm{Im}(\sigma) = \mathrm{Im}(\tau)$. Wenn $c = 0$ ist, bekommen wir $\sigma = \tau+b$ mit $b \in \mathbb{Z}$, was nicht mit $\sigma,\tau \in \mathfrak{F}$ und $\sigma \neq \tau$ verträglich ist. Anderenfalls ergibt sich zusätzlich $\alpha^2+\beta^2 = 1$, d.h. $|\tau| = 1$, also $\tau \in b_-$. Mit vertauschten Rollen von σ und τ (dies ist erlaubt, da die Asymmetrie in der Voraussetzung dank der eben gefundenen Gleichheit der Imaginärteile aufgehoben ist!) liefert unser Argument auch $\sigma \in b_-$, und $\mathrm{Im}(\sigma) = \mathrm{Im}(\tau)$ impliziert den Widerspruch $\sigma = \tau$. Somit ist $\mathfrak{F}$ ein Fundamentalbereich.

Der Nachweis von (c) basiert auf dem gleichen Argument. Zunächst ist klar, daß G-Konjugierte spezieller Punkte gleichfalls speziell sind. Daher dürfen wir uns auf einen Fundamentalbereich, etwa $\mathfrak{F}^*$, beschränken. Die "Ecken" von $\mathfrak{F}^*$, das sind $i\infty$, ρ und i, haben als Fixpunkte von $\tau \mapsto \tau+1$, $\tau \mapsto -(\tau+1)^{-1}$ bzw. $\tau \mapsto -\tau^{-1}$ diese Eigenschaft.

Sei $\tau \in \mathfrak{F}^*\setminus\{i\infty, \rho, i\}$ ein weiterer spezieller Punkt und

$$A = \begin{bmatrix} a & b \\ c & d \end{bmatrix} \in SL_2(\mathbb{Z}) \setminus \left\{ 1, -1 \right\}$$

so daß $T_A(\tau) = \tau$ ist.

Wenn $c = 0$ ist, handelt es sich um eine nichttriviale Translation mit dem einzigen Fixpunkt $i\infty$. Da es auf das Vorzeichen von A nicht ankommt, können wir weiterhin $c > 0$ annehmen.

Das zum Beweis von Teil (b) herangezogene Argument ergibt durch Vergleich der Imaginärteile auf beiden Seiten:

$$c^2\,(\alpha^2+\beta^2) + 2\,c\,d\,\alpha + d^2 = 1$$

zusammen mit $|\tau| = 1$, also $\tau \in b_-$, woraus noch $\alpha = \mathrm{Im}(\tau) \leq 0$ und $cd \geq 0$ folgen. Es bleiben schließlich als einzige Lösungen: $(c,d) \in \{(1,0),(1,1)\}$. Wenn $c = d = 1$ ist, erhalten wir $\alpha = -\frac{1}{2}$ und $\tau = \rho$. Anderenfalls ergibt sich aus der Determinante: $b = -1$ und

$$\tau = \frac{a\,\tau - 1}{\tau} = a - \tau^{-1} = a - \bar{\tau}$$

(beachte $|\tau| = 1$!). Das impliziert $2\cdot\mathrm{Re}(\tau) = a \in \mathbb{Z}$, also $a = -\frac{1}{2}$ und $\tau = \rho$ oder $a = 0$ und $\tau = i$, wie zu zeigen war.

18.4. Modulformen

Wir interessieren uns für analytische Funktionen auf der oberen Halbebene, die sich unter der natürlichen Aktion von $PSL_2(\mathbb{Z})$ besonders einfach verhalten:

Definition 18.4.1:

(a) Eine **Modulform** vom **Gewicht** $k \in \mathbb{Z}$ ist eine auf der **oberen Halbebene** meromorphe Funktion mit Periode 1 und den folgenden Eigenschaften:

(1) F besitzt eine **Fourierentwicklung** der Gestalt

$$F(\tau) = \sum_{s=-\infty}^{\infty} c_s e^{2\pi i s\tau}$$

mit komplexen Koeffizienten c_s, von denen nur höchstens endlich viele mit negativem Index ungleich 0 sind. Es gibt also ein $N \in \mathbb{N}_0$, so daß $c_s = 0$ ist, wenn $s < -N$;

(2) für jedes

$$A = \begin{bmatrix} a & b \\ c & d \end{bmatrix} \in SL_2(\mathbb{Z})$$

und alle $\tau \in \mathfrak{H}$ gilt

$$F(T_A(\tau)) = (c\tau+d)^k F(\tau)$$

(b) Die Modulform F heißt **ganz**, wenn $N = 0$ gesetzt werden kann, also in der Fourierentwicklung nur Terme mit $s \geq 0$ auftreten. Dann ist

$$F(\tau) = \sum_{s=0}^{\infty} c_s e^{2\pi i s\tau}$$

Falls darüber hinaus auch noch c_0 verschwindet, ist F eine **Spitzenform**.
(c) Eine **Modulfunktion** ist eine Modulform vom Gewicht 0.

Bemerkung:
Die erste Forderung in Teil (a) beinhaltet die Periodizitätsbedingung

$$F(\tau+1) = F(\tau)$$

weshalb wir F auch als Funktion von

$$q = e^{2\pi i\tau}$$

auffassen können. Dann entspricht die Voraussetzung über die c_k der Entwikkelbarkeit in eine **Laurentreihe** in q um den Punkt 0 herum. Entsprechend sagen wir auch einfach, F sei **meromorph** in i∞. Für ganze Modulformen reduziert sie sich sogar auf eine **Taylorreihe** (**"Holomorphie"** von F in i∞).
Die zweite Annahme führt speziell für

$$A = \begin{pmatrix} 1 & 1 \\ 0 & 1 \end{pmatrix}$$

wieder zum Ausgangspunkt zurück, was aus Konsistenzgründen auch erforderlich ist.

Die definierende Formel ist linear in F; außerdem folgt aus ihrer Gültigkeit für zwei Matrizen $A, A' \in SL_2(\mathbb{Z})$, daß sie auch für das Produkt AA' richtig ist.
Ferner erzeugen die Transformationen $\tau \mapsto \tau+1$ und $\tau \mapsto -\tau^{-1}$ bereits ganz $PSL_2(\mathbb{Z})$ (letztere ist involutorisch, stimmt also mit ihrer Inversen überein). Daraus folgt unmittelbar

Satz 18.4.1:
(a) Die Menge aller Modulformen vom Gewicht k bildet einen $\mathbb{C}$-Vektorraum; die ganzen Modulformen einen Unterraum darin.
(b) Die auf $\mathfrak{H}$ definierte Funktion $F: \mathfrak{H} \mapsto \mathbb{C}$ ist genau dann eine Modulform

(bzw. ganze Modulform) des Gewichts k, wenn sie die Periode 1 hat, meromorph (bzw. holomorph) in $\mathfrak{H} \cup \{i\infty\}$ ist und außerdem die **Jacobische Transformationsformel**

$$F(-\tau^{-1}) = \tau^k F(\tau)$$

für alle $\tau \in \mathfrak{H}$ erfüllt.

Für spätere Anwendungen stellen wir noch einige Beispiele zusammen. Dazu benötigen wir einige aus der reellen Analysis wohlbekannte Formeln, deren Beweise wir hier nicht reproduzieren wollen (vgl. z.B. Erwe [1962]).

Satz 18.4.2:

(a) Die Kotangensfunktion besitzt die für alle $x \in \mathbb{R}\setminus\mathbb{Z}$ konvergente **Partialbruchzerlegung**

$$\pi \operatorname{ctg}(\pi x) = x^{-1} + \sum_{n=1}^{\infty} \left[(x+n)^{-1} + (x-n)^{-1}\right]$$

(b) Die **Bernoullizahlen**, definiert als die Koeffizienten B_k in der Reihenentwicklung

$$\frac{x}{e^x - 1} = \sum_{n=1}^{\infty} \frac{B_n}{n!} x^n$$

sind rationale Zahlen. Sie können aus dem Anfangsglied $B_0 = 1$ rekursiv berechnet werden:

$$B_n = - \sum_{i=0}^{n-1} \frac{n!}{i!(n+1-i)!} B_i$$

Alle B_n mit ungeradem n sind gleich 0, ausgenommen $B_1 = \frac{1}{2}$.

(c) Die Werte der **Riemannschen Zetafunktion**

$$\zeta(s) = \sum_{n=1}^{\infty} n^{-s}$$

(Re(s) > 1) an den positiven geradzahligen Stellen sind

$$\zeta(2k) = (-1)^{k-1} \frac{B_{2k}}{(2k)!} 2^{2k-1} \pi^{2k}$$

Daraus folgt

$$\frac{\zeta(2k)}{\zeta(2k-2)} = -\frac{2\pi^2}{k(2k-1)} \frac{B_{2k}}{B_{2k-2}}$$

Einige Bernoullizahlen und die daraus abgeleiteten Werte von $\zeta(2k)$ sind in Tab. 18.4.1 zusammengestellt.

Tab. 18.4.1

2 k	2	4	6	8	10	12
B_{2k}	$\frac{1}{6}$	$-\frac{1}{30}$	$\frac{1}{42}$	$-\frac{1}{30}$	$\frac{5}{66}$	$-\frac{691}{2730}$
$\zeta(2k)$	$\frac{\pi^2}{6}$	$\frac{\pi^4}{90}$	$\frac{\pi^6}{945}$	$\frac{\pi^8}{9450}$	$\frac{\pi^{10}}{93555}$	$\frac{\pi^{12}}{638512875}$

Es ist nun leicht, explizite Formeln für die Reihenentwicklungen der wichtigsten Modulformen anzugeben.

Satz 18.4.3:

(a) Die Eisensteinreihe $G_{2k}(\tau)$ ist eine ganze Modulform vom Gewicht 2k ($k \in \mathbb{N}\setminus\{1\}$). Ihre **Fourierreihe** lautet

$$G_{2k}(\tau) = 2\,(2\pi)^{-2k}\,\zeta(2k) + \frac{2(-1)^k}{(2k-1)!} \sum_{n=1}^{\infty} \sigma_{2k-1}(n)\, q^n$$

mit dem üblichen **Fourierparameter**

$$q = e^{2\pi i \tau}$$

Hierin bezeichnet $\sigma_m(n)$ die Summe der m-ten Potenzen aller (positiven) Teiler von n. Die Reihe konvergiert für alle q mit $|q| < 1$.
Alternative Darstellungen sind

$$G_{2k}(\tau) = 2\,(2\pi)^{-2k}\,\zeta(2k) \left[1 - \frac{4\,k}{B_{2k}} \sum_{n=1}^{\infty} \sigma_{2k-1}(n)\, q^n \right]$$

$$= 2\,(2\pi)^{-2k}\,\zeta(2k)\, E_{2k}(\tau)$$

wodurch auch die **normierten Eisensteinreihen** E_{2k} definiert sind, oder

$$G_{2k}(\tau) = \frac{(-1)^{k-1}}{(2k)!} \left[B_{2k} - 4\,k \sum_{n=1}^{\infty} \sigma_{2k-1}(n)\, q^n \right]$$

(b) Die Invarianten g_2 und g_3 sind ganze Modulformen der Gewichte 4 bzw. 6. Sie besitzen die Fourierentwicklungen

$$g_2(\tau) = \frac{1}{12} \left[1 + 240 \sum_{k\in\mathbb{N}} \sigma_3(k)\, q^k \right] = \frac{1}{12}\, E_4(\tau)$$

$$g_3(\tau) = \frac{1}{216} \left[1 - 504 \sum_{k\in\mathbb{N}} \sigma_5(k)\, q^k \right] = \frac{1}{216}\, E_6(\tau)$$

Beweis:
Unter einer typischen Substitution aus der Modulgruppe $PSL_2(\mathbb{Z})$ verhält sich G_{2k} gemäß des Transformationsgesetzes für Modulformen des Gewichts 2k:

$$G_{2k}\left(\frac{a\tau+b}{c\tau+d}\right) = (c\tau+d)^{2k}\, G_{2k}((2\pi(a\tau+b), 2\pi(c\tau+d)) = (c\tau+d)^{2k}\, G_{2k}(\tau)$$

Die Meromorphie haben wir bereits bewiesen.
Für $\tau \in \mathfrak{H}$ ist $|q| < 1$, und durch Gleichsetzen der Partialbruchzerlegung mit der Definitionsgleichung des Kotangens erhalten wir

$$\tau^{-1} + \sum_{\substack{m\in\mathbb{Z}\\ m\neq 0}} \left[(\tau+m)^{-1} - m^{-1}\right] = \pi i \frac{q+1}{q-1} = -\pi i - 2\pi i \sum_{r=1} e^{2\pi i r\tau}$$

Fortgesetzte Differentiation ergibt zunächst

$$\sum_{m\in\mathbb{Z}} (\tau+m)^{-2} = (2\pi i)^2 \sum_{r\in\mathbb{N}} r\, e^{2\pi i r\tau}$$

und dann allgemein für alle n

$$(n-1)! \sum_{m\in\mathbb{Z}} (\tau+m)^{-n} = (2\pi i)^n \sum_{r\in\mathbb{Z}} r^{n-1} e^{2\pi i r\tau} = (2\pi i)^n \sum_{r\in\mathbb{Z}} r^{n-1} q^r$$

Damit können wir die Eisensteinreihe G_{2k} umformen:

$$(2\pi)^{2k} G_{2k}(\tau) = \sum_{\substack{m,n\in\mathbb{Z}\\ (m,n)\neq 0}} (m+n\tau)^{-2k} = \sum_{\substack{m\in\mathbb{Z}\\ m\neq 0}} m^{-2k} + 2 \sum_{n\in\mathbb{N}} \sum_{m\in\mathbb{Z}} (m+n\tau)^{-2k}$$

also

$$(2\pi)^{2k} G_{2k}(\tau) = 2\,\zeta(2k) + 2 \sum_{n\in\mathbb{N}} \sum_{r\in\mathbb{N}} r^{2k-1} q^{nr}$$

Eine wegen der absoluten Konvergenz erlaubte Vertauschung der Summationen liefert die erste unter (a) angegebene Darstellung. Die zweite folgt mit Teil (c) des Satzes 18.4.2.
Andererseits ist (b) eine triviale Konsequenz aus (a) und den Beziehungen $g_2 = 60\ G_4$; $g_3 = 140\ G_6$.

Nach diesen Vorbereitungen kommen wir zu unserem Hauptsatz:

Satz 18.4.4:

Seien $F \neq 0$ eine Modulform vom Gewicht k und $\mathfrak{F}^*$ ein Fundamentalbereich der Modulgruppe $PSL_2(\mathbb{Z})$ in $\mathfrak{H}^*$.

(a) Dann gilt die **Gewichtsformel**

$$\sum_{\tau \in \mathfrak{F}^*} \mu(\tau)\ \mathrm{ord}_\tau(F) = \frac{k}{12}$$

Der Multiplikator $\mu(\tau)$ ist gleich 1, wenn τ ein allgemeiner Punkt oder eine Spitze ist; hingegen gleich $\mu(\rho) = \frac{1}{3}$ bzw. $\mu(i) = \frac{1}{2}$ für spezielle Punkte vom Typ ρ oder i.

(b) Das Gewicht k ist eine gerade Zahl.

Beweis:

Beide Seiten sind unabhängig von der Auswahl des Fundamentalbereichs, deshalb dürfen wir o.B.d.A. $\mathfrak{F} = \mathfrak{B}^*$ annehmen.

Da F in $\mathfrak{B}^*$ meromorph ist, existiert eine Umgebung von $i\infty$, die, außer evtl. in $i\infty$ selbst, keine Polstellen enthält. Daher gibt es eine positive Schranke K, so daß alle Pole bis auf höchstens einen Imaginärteile $\leq K$ haben. Hätte F unendlich viele Singularitäten, müßten diese sich also irgendwo in $\mathfrak{B}$ häufen, was der Meromorphie widerspricht.

Das gleiche Argument, auf F^{-1} angewandt, liefert auch die Endlichkeit der Nullstellenanzahl in $\mathfrak{B}^*$. Somit ist die auf der linken Seite der Gewichtsformel auftretende Summe wohldefiniert.

Um ihren Wert zu bestimmen, integrieren wir das Differential

$$d \ln F = \frac{F'(\tau)\ d\tau}{F(\tau)}$$

über den orientierten Rand des Fundamentalbereiches.

Wir ersetzen $\tau \in \mathfrak{B}^*$ durch den Fourierparameter $q = q(\tau) = \exp(2\pi i\tau)$. Das obige Differential geht über in

$$d \ln F = \frac{\dot{F}(q)\ dq}{F(q)}$$

wobei der Punkt die Ableitung bezüglich q bedeutet. Die Transformation bildet die Grenzgeraden h_- und h_+ von $\mathfrak{B}^*$ auf die Strecke zwischen $q(i\infty) = 0$ und $q(\rho) = -\exp(-\pi\sqrt{3})$ ab, allerdings mit unterschiedlichem Durchlaufungssinn. Die Beiträge, die von diesem Teil des Randes von $\mathfrak{B}^*$ herrühren, heben sich also auf.

Die Abbildung $\tau \longrightarrow q(\tau)$ ist auf dem erweiterten Gaußschen Bereich injektiv, da aus $\exp(2\pi i\tau') = \exp(2\pi i\tau)$ zunächst allgemein $\tau' \equiv \tau \pmod 1$ und dann für $\tau, \tau' \in \mathfrak{B}^*$ daraus $\tau' = \tau$ folgt.

Das Bild ist ein einfach zusammenhängender Bereich, der $q(i\infty) = 0$ als inneren Punkt enthält.

Nehmen wir zunächst an, der Integrand sei auf der Kurve $\tau \in b_-$ nirgends singulär! Dann ist das gesuchte Umlaufintegral

$$\mathfrak{I} = \oint \frac{F'(\tau)\, d\tau}{F(\tau)}$$

nach dem **Residuensatz** gleich $2\pi i$ mal der Summe aller Residuen von $d \ln F$ in $\mathfrak{B}^*$. Falls Singularitäten von $d \ln F$ in allgemeinen Punkten von b_- liegen, können wir wieder den Trick mit den "Umwegen" anwenden, den wir schon mit Erfolg beim Beweis von Satz 18.1.2 benutzt haben. Wir müssen nur hinreichend kleine Umgebungen der Stellen, in denen $\ln F$ ein nichtverschwindendes Residuum besitzt (das sind die τ, in denen $F(\tau)$ gleich 0 oder ∞ ist), ausschneiden und ihre Bilder unter der Modulsubstitution $\tau \mapsto -\tau^{-1}$ an den entsprechendes Punkten von b_+ ansetzen. Für den so modifizierten Fundamentalbereich ist dann $\mathfrak{I}$ wie oben berechenbar. Es ergibt sich somit

$$\mathfrak{I} = 2\pi i \sum_{\tau\in\mathfrak{B}^*} \operatorname{res}_\tau(d \ln F)$$

sofern, wie gesagt, keine Pole oder Nullstellen von F in den speziellen Punkten ρ oder i vorkommen.

Letztere müssen wir etwas vorsichtiger behandeln, da es keine Fundamentalbereiche gibt, in denen sie innere Punkte sind.

Das liegt daran, daß z.B. in ρ drei Fundamentalbereiche aneinanderstoßen, nämlich die Bilder von $\mathfrak{B}^*$ unter den drei Transformationen der Standgruppe von ρ in $PSL_2(\mathbb{Z})$: neben der Identität den beiden Abbildungen $\tau \mapsto -(1+\tau)^{-1}$ und $\tau \mapsto -(\tau+1)\tau^{-1}$. Aus Gründen der Invarianz unter $PSL_2(\mathbb{Z})$ ist klar, daß jeder dieser drei Bereiche vom Residuum in ρ denselben Beitrag zu $\mathfrak{I}$ bekommt, d.h. der entsprechende Summand muß durch 3 geteilt werden.

Ähnlich folgt für i, da dort zwei Fundamentalbereiche zusammenkommen, nämlich $\mathfrak{B}^*$ und sein Bild unter $\tau \mapsto -\tau^{-1}$, daß durch 2 zu dividieren ist. Zusammenfassend finden wir

$$\mathfrak{J} \;=\; 2\pi i \sum_{\tau\in\mathfrak{B}^*} \mu(\tau)\ \mathrm{res}_\tau(d\ \ln F) \;=\; 2\pi i \sum_{\tau\in\mathfrak{B}^*} \mu(\tau)\ \mathrm{ord}_\tau(F)$$

Wir können $\mathfrak{J}$ auch direkt berechnen. Die Randkurven h_- und h_+ liefern sich gegenseitig aufhebende Beiträge, da $F(\tau)$ die Periode 1 hat und h_- durch $\tau \mapsto \tau+1$ in $-h_+$ übergeht.

Ebenso sieht man, daß unter Beachtung der elementaren Rechenregeln des Logarithmus aus

$$F(-\tau^{-1}) \;=\; \tau^k\ F(\tau)$$

die Randbögen b_- und b_+ zusammengenommen einen Beitrag von

$$\int_\rho^i \left[d\ \ln F(-\tau^{-1}) - d\ \ln F(\tau)\right] \;=\; \int_\rho^i k\ d\ \ln\tau \;=\; k\left[\ln\rho - \ln i\right]$$

liefern. Damit ist

$$\mathfrak{J} \;=\; k\left[\ln\rho - \ln i\right] \;=\; k\left[\frac{2\pi i}{3} - \frac{2\pi i}{4}\right] \;=\; \frac{2\pi i k}{12}$$

und durch Vergleichen beider Ausdrücke für $\mathfrak{J}$ ergibt sich die gewünschte Formel. Nach Multiplikation mit 6 werden alle Terme auf der linken Seite ganze Zahlen, also auch $\frac{k}{2}$, und der Satz ist bewiesen.

Die Gewichtsformel ist vor allem wegen ihrer zahlreichen Konsequenzen bedeutsam. Beispielsweise liefert sie ohne Mühe die vollständige Klassifikation aller ganzen Modulformen:

<u>Satz 18.4.5:</u>

(a) Die ganzen Modulformen des Gewichts k, $k \in \mathbb{N}_0$, bilden einen komplexen

Vektorraum, dessen Dimension D für ungerade k gleich 0 ist, während für gerade k

$$D = \begin{cases} \left[\frac{k}{12}\right] & \text{falls } k \equiv 2 \pmod{12} \\ \left[\frac{k}{12}\right] + 1 & \text{falls } k \not\equiv 2 \pmod{12} \end{cases}$$

gilt.

(b) Eine Basis dieses Raumes ist

$$\left\{ g_2^m \, g_3^n \;\middle|\; m,n \in \mathbb{N}_0;\ 4m+6n = k \right\}$$

(c) Zu jedem System von D komplexen Zahlen $a_0, \ldots, a_{D-1}$ gibt es eine ganze Modulform des Gewichts k, deren Fourierentwicklung mit

$$a_0 + a_1 q + \ldots + a_{D-1} q^{D-1} + \ldots$$

beginnt. Sie ist eindeutig bestimmt.

Beweis:

Für $2 \nmid k$ ist wegen Satz 18.4.4 (b) alles trivial erfüllt. Wir nehmen daher k als gerade an und schreiben zur Abkürzung $\mathcal{M}$ für die Menge aller ganzen Modulformen des Gewichts k und bezeichnen die Mächtigkeit von

$$\mathcal{L} = \left\{ (m,n) \;\middle|\; m,n \in \mathbb{N}_0;\ 4m+6n = k \right\}$$

mit d. Durch einfaches Abzählen finden wir

$$d = \begin{cases} \left[\frac{k}{12}\right] & \text{falls } k \equiv 2 \pmod{12} \\ \left[\frac{k}{12}\right] + 1 & \text{falls } k \not\equiv 2 \pmod{12} \end{cases}$$

also genau die vom Satz für die Dimension von $\mathcal{M}$ vorhergesagten Zahlen.

Nach Definition ist ein nicht identisch verschwindendes $F \in \mathcal{M}$ in der erweiterten oberen Halbebene $\mathfrak{H}^*$ holomorph.

Daher enthält die Gewichtsformel

$$\sum_{\tau\in\mathfrak{B}^*} \mu(\tau)\ \mathrm{ord}_\tau(F) \quad = \quad \frac{k}{12}$$

keine negativen Terme. Es folgt die Abschätzung

$$\mathrm{ord}_{i\infty}(F) \quad = \quad \mu(i\infty)\ \mathrm{ord}_{i\infty}(F) \quad \le \quad \frac{k}{12}$$

und sogar

$$\mathrm{ord}_{i\infty}(F) \quad \le \quad \left[\frac{k}{12}\right]$$

die sich für $k \equiv 2 \pmod{12}$ noch etwas verschärfen läßt: Multiplizieren wir nämlich die Gewichtsformel mit 6, so liefert eine Kongruenzbetrachtung modulo 2 bzw. 3, daß die speziellen Punkten i und ρ Nullstellen von F sind. Sie liefern daher zur Summe einen Beitrag $\ge \frac{1}{3} + \frac{1}{2} = \frac{5}{6}$, und wir haben

$$\mathrm{ord}_{i\infty}(F) \quad = \quad \mu(i\infty)\ \mathrm{ord}_{i\infty}(F) \quad \le \quad \frac{k}{12} - \frac{5}{6} \quad = \quad \frac{k-10}{12}$$

oder

$$\mathrm{ord}_{i\infty}(F) \quad \le \quad \left[\frac{k}{12}\right] - 1$$

In jedem Fall ist $\mathrm{ord}_{i\infty}(F) < d$, was unmittelbar auf die Eindeutigkeitsaussage unter (c) sowie auf $\dim_{\mathbb{C}}(\mathcal{M}) \le d$ führt.
Eine weitere Anwendung der Gewichtsformel, jetzt auf g_2 und g_3, zeigt, daß ρ eine einfache Nullstelle von g_3 ist, während g_2 dort nicht verschwindet. Im Punkt i ist es genau umgekehrt.
Die Funktionen $g_2^m\, g_3^n$ mit $(m,n) \in \mathcal{L}$ sind offensichtlich ganze Modulformen vom Gewicht $4m+6n = k$, d.h. Elemente aus $\mathcal{M}$. Ihre lineare Unabhängigkeit ergibt sich aus dem Verhalten in der Nähe eines der spezielle Punkte ρ oder i. Da die Anzahl dieser $g_2^m\, g_3^n$ gleich der Obergrenze von $\dim_{\mathbb{C}}(\mathcal{M})$, nämlich d, ist, folgen die noch ausstehenden Behauptungen.

18.5. Spitzenformen

Die in Satz 18.4.5 enthaltene Klassifikation der ganzen Modulformen erlaubt auch die vollständige Auflistung aller **Spitzenformen**.

Satz 18.5.1:
Jede ganze Modulform $G(\tau)$ ergibt durch Multiplikation mit der **Diskriminante**

$$\Delta = \Delta(\tau) = g_2^3 - 27\, g_3^2$$

eine Spitzenform

$$F(\tau) = G(\tau)\, \Delta(\tau)$$

Umgekehrt kommen alle Spitzenformen auf diese Weise zustande.

Beweis:
Wir bezeichnen die Menge aller ganzen Modulformen des Gewichts k mit $\mathcal{M}_k$ und den darin enthaltenen Unterraum der Spitzenformen mit m_k.
Die Diskriminante (Definition 18.2.1) ist nach Konstruktion eine ganze Modulform vom Gewicht 12, da $g_2 \in \mathcal{M}_4$ und $g_3 \in \mathcal{M}_6$ sind. Aus den Anfangsgliedern der Fourierreihen

$$g_2(\tau) = \frac{1}{12} + 20\, q + \dots$$

$$g_3(\tau) = \frac{1}{216} - \frac{7}{3}\, q + \dots$$

(s. Satz 18.4.3) erhalten wir

$$\Delta(\tau) = 0 + q + \dots$$

Der Ausfall des konstanten Terms in dieser Entwicklung zeigt, daß Δ eine Spitzenform ist. Das trifft dann trivialerweise auch auf alle $G \cdot \Delta$ zu.

Wenn hingegen F $\in \mathfrak{m}_k$ nicht konstant ist, folgen zunächst mit Hilfe der Gewichtsformel des Satzes 18.4.4 die Ungleichungen k $\geq$ 12 und k $\neq$ 14.
Mit anderen Worten ausgedrückt, besagt der schon bewiesene Teil des Satzes

$$\Delta \, \mathcal{M}_{k-12} \subseteq \mathfrak{m}_k$$

Da $\mathfrak{m}_k$ in $\mathcal{M}_k$ offenbar die Kodimension 1 hat (es gibt ein Monom in g_2 und g_3, das in $\mathcal{M}_k \setminus \mathfrak{m}_k$ liegt), schließen wir mit Satz 18.4.5 auf

$$\dim \mathfrak{m}_k = \dim \mathcal{M}_k - 1 = \dim \mathcal{M}_{k-12}$$

was mit der obigen Inklusion kombiniert das gewünschte Ergebnis zeitigt.

$\Delta(\tau)$ ist also die einfachste aller Spitzenformen, und es lohnt sich, sie noch etwas näher unter die Lupe zu nehmen.
Es stellt sich heraus, daß Δ in direkter Beziehung zu einer in der Zahlentheorie außerordentlich wichtigen analytischen Funktion steht, deren Fundamentaleigenschaften wir als nächstes untersuchen:

<u>Satz 18.5.2:</u>

(a) Die mit dem üblichen Parameter $q = e^{2\pi i\tau}$ durch die Produktdarstellung

$$\eta(\tau) = q^{1/24} \prod_{n=1}^{\infty} (1 - q^n) = e^{\pi i\tau/12} \prod_{n=1}^{\infty} (1 - e^{2\pi i n\tau})$$

definierte **Dedekindsche η-Funktion** ist analytisch in der oberen Halbebene $\mathfrak{H}$. Dabei ist die 24. Wurzel als

$$q^{1/24} = e^{\frac{2\pi i\tau}{24}}$$

zu interpretieren, d.h., es wird der Ast verwendet, der an der Stelle 1 den Wert 1 besitzt.

(b) Für alle $\tau \in \mathfrak{H}$ ist

$$\eta(\tau+1) = e^{\pi i/12}\,\eta(\tau)$$

(c) Darüber hinaus gilt die **Dedekindsche Funktionalgleichung**

$$\eta(-\tau^{-1}) = \left(\frac{\tau}{i}\right)^{1/2} \eta(\tau)$$

Beweis:

Bekanntlich konvergiert ein unendliches Produkt genau dann, wenn die aus den um Eins verminderten Faktoren gebildete Reihe summierbar ist. Das trifft nach dem Cauchykriterium für alle q im Inneren des Einheitskreises zu, also im angegebenen Gebiet.

Die in (b) genannte Formel erhalten wir durch Einsetzen und Umordnen. Das ist aufgrund der absoluten Konvergenz erlaubt. Die Funktionalgleichung ist dagegen wesentlich schwieriger zu verifizieren. Wir zitieren den wohl einfachsten, auf jeden Fall aber kürzesten unter den zahlreichen in der Literatur zu findenden Beweise, der aus einer nur eine Druckseite umfassenden Arbeit von Siegel [1954] stammt. Wir betrachten zu diesem Zweck die Funktion

$$f(z) = \operatorname{ctg} z \operatorname{ctg} \frac{z}{\tau}$$

und bezeichnen mit P das Parallelogramm mit den Ecken $1, \tau, -1, -\tau$. Ferner schreiben wir aus Gründen der Übersichtlichkeit

$$\nu = n + \frac{1}{2}$$

$(n = 0, 1, 2, \ldots)$ und ermitteln den Grenzwert

$$I = \lim_{n\to\infty} I_n = \lim_{n\to\infty} \int_{\partial P} f(\nu z)\,\frac{dz}{z}$$

auf zwei Arten.

Zum einen finden wir, da die Funktionenfolge $f(\nu z)$ für $n \to \infty$ auf P gleichmäßig beschränkt ist und auf den Seitenlinien von P (nach Ausschluß der Ekken) abwechselnd die Werte 1,-1,1,-1 annimmt, durch direkte Berechnung

$$I = + \int_1^{\tau} \frac{dz}{z} - \int_{\tau}^{-1} \frac{dz}{z} + \int_{-1}^{-\tau} \frac{dz}{z} - \int_{-\tau}^{1} \frac{dz}{z} = 4 \ln \frac{\tau}{i}$$

Andererseits können wir auch den **Residuensatz** 6.5.6 heranziehen. Die Singularitäten des Integranden im Inneren von P sind einfache Pole an den Stellen $\pm \frac{\pi k}{\tau}$ und $\pm \frac{\pi k \tau}{\nu}$, in denen $f(\nu z)\,dz$ jeweils die Residuen $(\pi k)^{-1} \mathrm{ctg}\left(\frac{\pi k}{\tau}\right)$ bzw. $(\pi k)^{-1} \mathrm{ctg}(\pi k \tau)$ aufweist. Dazu kommt noch ein Dreifachpol bei $z = 0$ mit Residuum $- \frac{1}{3}(\tau + \tau^{-1})$. Summieren wir alles auf, erhalten wir

$$I_n = - \frac{2\pi i}{3} \left[\tau + \tau^{-1}\right] + 4\,i \sum_{k=1}^{n} k^{-1} \left[\mathrm{ctg}\left(\frac{\pi k}{\tau}\right) + \mathrm{ctg}(\pi k \tau)\right]$$

und im Limes, wenn wir noch den Kotangens mittels der komplexen Exponentialfunktion ausdrücken,

$$I = - \frac{2\pi i}{3} \left[\tau + \tau^{-1}\right] + 8 \sum_{k=1}^{\infty} k^{-1} \left[\frac{1}{e^{-2\pi i k \tau} - 1} - \frac{1}{e^{2\pi i k/\tau} - 1}\right]$$

Der Vergleich beider Ausdrücke für I liefert nach Division durch 8 und leichter Umordnung

$$- \frac{\pi i}{12} \tau^{-1} - \sum_{k=1}^{\infty} \frac{k^{-1}}{e^{2\pi i k/\tau} - 1} = \frac{1}{2} \ln\left(\frac{\tau}{i}\right) + \frac{\pi i}{12} \tau - \sum_{k=1}^{\infty} \frac{k^{-1}}{e^{-2\pi i k \tau} - 1}$$

was nichts anderes als die logarithmierte Form der gesuchten Beziehung ist.

Die η-Funktion wurde bereits von Euler [1911-....] zur Behandlung zahlentheoretischer Fragen eingesetzt. So gilt z.B., wie man leicht zeigt, für die Anzahl p(n) der **Partitionen** von $n \in \mathbb{N}$:

$$\sum_{n=1}^{\infty} p(n)\, x^n = \eta^{-1}(x)$$

Aus den im Satz genannten Transformationsformeln kann man auch das Verhalten unter beliebigen Substitutionen aus $PSL_2(\mathbb{Z})$ ableiten; das führt allerdings auf relativ komplizierte Größen (**Dedekindsummen**), die wir hier nicht erörtern wollen. Für unsere Zwecke wichtiger ist aber

Satz 18.5.3:

(a) Die Δ-Diskriminante ist gleich der 24. Potenz der Dedekindfunktion:

$$\Delta(\tau) = \eta^{24}(\tau)$$

(b) Insbesondere besitzt $\Delta(\tau)$ die Produktdarstellung

$$\Delta(\tau) = q \prod_{n=1}^{\infty} (1 - q^n)^{24} = e^{2\pi i\tau} \prod_{n=1}^{\infty} (1 - e^{2\pi i n\tau})^{24}$$

Beweis:

Vermöge der in Satz 18.5.2 ausgesprochenen Regeln ist $\eta^{24}(\tau)$ in der oberen Halbebene analytisch und periodisch von der Periode 1. Außerdem gilt

$$\eta^{24}(-\tau^{-1}) = \tau^{12}\,\eta^{24}(\tau)$$

Beides zusammen impliziert, daß η^{24} eine ganze Modulform vom Gewicht 12 ist. Ihre Fourierreihe beginnt mit

$$\eta^{24}(\tau) = 0 + q + \ldots$$

genau wie Δ. Da nach Teil (c) des Satzes 18.4.5 die ersten beiden Koeffizienten bereits ausreichen, um eine Modulform des Gewichts 12 festzulegen, folgt (a) und daraus sofort auch (b).

Ohne nähere Begründung teilen wir noch einige hochinteressante Fourierentwicklungen mit. Die von η ist nach Euler

$$\eta(q) = \sum_{n\in\mathbb{Z}} (-1)^n q^{(3n^2+n)/2}$$
$$= 1 - q - q^2 + q^5 + q^7 - q^{12} - q^{15} + q^{22} + q^{26} - \ldots$$

während Jacobi [1848] für die dritte Potenz die Reihe

$$\eta^3(q) = \sum_{n=0}^{\infty} (-1)^n (2n+1)\, q^{(n^2+n)/2}$$

$$= 1 - 3q + 5q^3 - 7q^6 + 9q^{10} - 11q^{15} + 13q^{21} - \ldots$$

fand. Beide besitzen wichtige Anwendungen in der Zahlentheorie. Das gilt auch für die Koeffizienten $\tau(n)$ der Reihe

$$\Delta(q) = \sum_{n=1}^{\infty} \tau(n)\, q^n$$

Die hierdurch definierte **Ramanujanfunktion** $n \mapsto \tau(n)$ ist beispielsweise **multiplikativ**, und erfüllt mithin die Gleichung

$$\tau(mn) = \tau(m)\, \tau(n)$$

sofern m und n teilerfremd sind (vgl. Ogg [1969], Apostol [1976]). Eine weitere bemerkenswerte Eigenschaft ist die berühmte Kongruenz

$$\tau(n) \equiv \sigma_{11}(n) \qquad (\mathrm{mod}\ 691)$$

die später als Nebenprodukt unserer Untersuchungen über das **Leechgitter** anfallen wird (Satz 21.1.1).

18.6. Modulfunktionen; die J-Invariante

Von der komplexen biquadratischen Binärform

$$B(\xi_0,\xi_1) \;=\; a_0\,\xi_0^4 + 4\,a_1\,\xi_0^3\,\xi_1 + 6\,a_2\,\xi_0^2\,\xi_1^2 + 4\,a_3\,\xi_0\,\xi_1^3 + a_4\,\xi_1^4$$

nehmen wir (zunächst) an, daß keine zwei ihrer vier Lösungsstrahlen zusammenfallen. Dann hat auch das assoziierte biquadratische Polynom

$$P(x) \;=\; a_0 + 4\,a_1\,x + 6\,a_2\,x^2 + 4\,a_3\,x^3 + a_4\,x^4$$

lauter verschiedene Nullstellen, die wir x_1,x_2,x_3,x_4 nennen. Die Abspaltung der Binomialkoeffizienten 1,4,6,4,1 haben wir nur aus Bequemlichkeitsgründen vorgenommen; die nachstehenden Rechnungen werden dann etwas einfacher. $P(x)$ wird weiterhin stets als vom (nominellen) Grad 4 aufgefaßt, auch wenn das Glied mit x^4 fehlt, d.h. $a_4 = 0$ ist. In diesem Fall setzen wir eine der Nullstellen x_i gleich ∞.

Wir wenden auf die Argumente ξ_0 und ξ_1 eine lineare Transformation an, die durch die Matrix

$$X \;=\; \begin{bmatrix} \alpha & \beta \\ \gamma & \delta \end{bmatrix} \;\in\; GL_2(\mathbb{C})$$

beschrieben sei. Dabei geht (ξ_0,ξ_1) in

$$(\xi_0',\xi_1') \;=\; (\alpha\xi_0+\gamma\xi_1,\beta\xi_0+\delta\xi_1)$$

über. In der inhomogenen Variablen $x = \xi_1/\xi_0$ ausgedrückt, entspricht das, wie uns schon seit längerem geläufig ist, der gebrochen-linearen Abbildung (**Möbiustransformation**)

$$x' \;=\; \frac{\beta\xi_0+\delta\xi_1}{\alpha\xi_0+\gamma\xi_1} \;=\; \frac{\beta+\delta x}{\alpha+\gamma x}$$

aus $PGL_2(\mathbb{C}) \cong PSL_2(\mathbb{C})$. Substituieren wir (ξ_0',ξ_1') in B, so entsteht die neue

Form

$$B'(\xi_0,\xi_1) \;=\; B(\xi_0',\xi_1') \;=\; B(\alpha\xi_0+\gamma\xi_1,\beta\xi_0+\delta\xi_1)$$

die ebenfalls vom Grad 4 ist und somit auf die Gestalt

$$B'(\xi_0,\xi_1) \;=\; a_0'\,\xi_0^4 + 4\,a_1'\,\xi_0^3\,\xi_1 + 6\,a_2'\,\xi_0^2\,\xi_1^2 + 4\,a_3'\,\xi_0\,\xi_1^3 + a_4'\,\xi_1^4$$

gebracht werden kann. Die transformierten Koeffizienten sind

$$a_0' \;=\; a_0\,\alpha^4 + 4\,a_1\,\alpha^3\,\beta + 6\,a_2\,\alpha^2\,\beta^2 + 4\,a_3\,\alpha\,\beta^3 + a_4\,\beta^4$$

$$a_1' \;=\; a_0\,\alpha^3\,\gamma + a_1\left[\alpha^3\,\delta + 3\,\alpha^2\,\beta\,\gamma\right] + a_2\left[3\,\alpha^2\,\beta\,\delta + 3\,\alpha\,\beta^2\,\gamma\right] + a_3\left[3\,\alpha\,\beta^2\,\delta + \beta^3\,\gamma\right] + a_4\,\beta^3\,\delta$$

$$a_2' \;=\; a_0\,\alpha^2\,\gamma^2 + a_1\left[2\,\alpha^2\,\gamma\,\delta + 2\,\alpha\,\beta\,\gamma^2\right] + a_2\left[\alpha^2\,\delta^2 + 4\,\alpha\,\beta\,\gamma\,\delta + \beta^2\,\gamma^2\right] + a_3\left[2\,\alpha\,\beta\,\delta^2 + 2\,\beta^2\,\gamma\,\delta\right] + a_4\,\beta^2\,\delta^2$$

$$a_3' \;=\; a_0\,\alpha\,\gamma^3 + a_1\left[3\,\alpha\,\gamma^2\,\delta + \beta\,\gamma^3\right] + a_2\left[3\,\alpha\,\gamma\,\delta^2 + 3\,\beta\,\gamma^2\,\delta\right] + a_3\left[\alpha\,\delta^3 + 3\,\beta\,\gamma\,\delta^2\right] + a_4\,\beta\,\delta^3$$

$$a_4' \;=\; a_0\,\gamma^4 + 4\,a_1\,\gamma^3\,\delta + 6\,a_2\,\gamma^2\,\delta^2 + 4\,a_3\,\gamma\,\delta^3 + a_4\,\delta^4$$

Hier erweist sich die Herausnahme der Vorfaktoren 1,4,6,4,1 in der obigen Definition von B und P als sehr zweckmäßig: es treten keine Nenner auf.
Eine homogen-rationale Funktion $F(a_0,\dots,a_4)$ heißt **relative Invariante** des **Gewichts** g von B bzw. P, wenn sie sich bei der Ersetzung $a_i \mapsto a_i'$ bis auf einen Faktor, der gleich der g-ten Potenz der Transformationsdeterminanten ist, reproduziert:

$$F(a_0',a_1',a_2',a_3',a_4') \;=\; (\alpha\delta-\beta\gamma)^g\;F(a_0,a_1,a_2,a_3,a_4)$$

Ist das Gewicht g = 0, so spricht man von einer **absoluten Invarianten.**
Die Form B hängt von den fünf nicht miteinander korrelierten komplexen Parametern a_i ab, während $GL_2(\mathbb{C})$ vierdimensional ist. Daraus folgt, daß es bis auf algebraische (und sogar rationale) Äquivalenz genau 5-4 = 1 absolu-

te Invariante geben muß. Sie ist leicht direkt zu konstruieren, aber die hierfür erforderlichen Rechnungen sind etwas weitschweifig.
Wesentlich eleganter ist es, die in Kapitel 7 gewonnenen Erkenntnisse auszunutzen. Das **Doppelverhältnis** der vier Nullstellen von P,

$$v = DV(x_1, x_2, x_3, x_4) = \frac{(x_1 - x_3)(x_2 - x_4)}{(x_1 - x_4)(x_2 - x_3)}$$

ändert sich zwar nicht, wenn wir die x_i einer projektiven Abbildung unterwerfen, es ist aber keine Invariante, weil es von der Reihenfolge seiner Argumente abhängt und sich somit nicht mit Hilfe der Koeffizienten von B oder P ausdrücken läßt.
Nach den Untersuchungen des Abschnitts 7.3 liefern die 24 möglichen Anordnungen der Nullstellen sechs i.a. unterschiedliche Werte des Doppelverhältnisses, nämlich

$$v, \; \frac{1}{v}, \; 1-v, \; \frac{1}{1-v}, \; \frac{v-1}{v}, \; \frac{v}{v-1}$$

Erst in ihrer Gesamtheit sind sie ohne Willkür durch die a_i festgelegt. Die Sextik

$$S(t) = \left[t - v\right] \left[t - \frac{1}{v}\right] \left[t - (1-v)\right] \left[t - \frac{1}{1-v}\right] \left[t - \frac{v-1}{v}\right] \left[t - \frac{v}{v-1}\right]$$

deren Nullstellen alle Doppelverhältnisse der Wurzeln liefern, ist also eine echte Invariante. Direktes Ausrechnen führt auf

$$\begin{aligned} S = S(t) = t^6 - 3\,t^5 &- \frac{v^6 - 3\,v^5 + 5\,v^3 - 3\,v + 1}{v^2\,(v-1)^2}\,t^4 \\ &+ \frac{2\,v^6 - 6\,v^5 + 5\,v^4 + 5\,v^2 - 6\,v + 2}{v^2\,(v-1)^2}\,t^3 \\ &- \frac{v^6 - 3\,v^5 + 5\,v^3 - 3\,v + 1}{v^2\,(v-1)^2}\,t^2 - 3\,t + 1 \end{aligned}$$

Wie das Polynom S selbst, so sind auch seine durch den Ansatz

$$S = S(t) = s_0 + s_1 t + s_2 t^2 + s_3 t^3 + s_4 t^4 + s_5 t^5 + s_6 t^6$$

erklärten Koeffizienten s_i absolute Invarianten von B und P. Zwischen

$$s_2 = s_4 = - \frac{v^6 - 3v^5 + 5v^3 - 3v + 1}{v^2 (v-1)^2}$$

und

$$s_3 = \frac{2v^6 - 6v^5 + 5v^4 + 5v^2 - 6v + 2}{v^2 (v-1)^2}$$

sollte demnach eine rationale Beziehung bestehen. In der Tat gilt

$$2 s_2 + s_3 = 2 s_4 + s_3 = 5$$

Jede dieser nichtkonstanten Größen $s_2 = s_4$ und s_3 wäre als Basisinvariante verwendbar; wir ziehen es aber vor, eine andere Wahl zu treffen.

Die gesuchte Invariante, nennen wir sie J, ist nur bis auf eine Möbiustransformation festgelegt. Wir nutzen die scharfe 3-fache Transitivität von $PGL_2(\mathbb{C})$ auf der **projektiven Linie** (s. Satz 7.3.1) aus, um über eine geeignete Normierung zu verfügen.

Es bietet sich an, die drei geometrisch ausgezeichneten Anordnungen der Nullstellen x_i (singulär, äquianharmonisch, harmonisch) mit speziellen Werten von J zu assoziieren:

(1) Wenn das Quadrupel $\{x_1, x_2, x_3, x_4\}$ **singulär** ist, d.h. unter den x_i zwei gleiche vorkommen (wir hatten dies zwar bislang ausgeschlossen; als Limes einer erlaubten Konfiguration können wir es aber zulassen), soll $J = \infty$ sein. Dadurch erreichen wir, daß die Invariante J in allen regulären Fällen (vier verschiedene Lösungsstrahlen von B) einen endlichen Wert besitzt.

(2) Liegen die Nullstellen x_i **äquianharmonisch** zueinander, wollen wir $J = 0$ vereinbaren. Gemeinsam mit der vorher getroffenen Vereinbarung fixiert diese Übereinkunft J bis auf einen konstanten Faktor.

(3) Schließlich verlangen wir $J = 1728 = 12^3$, falls die x_i ein **harmonisches** System bilden.

Bemerkung:

Die letzte Verabredung ist sinnvoll, weil dadurch (s.u.) alle Fourierkoeffizienten von J als Modulform ganzzahlig werden. Sie ist deshalb gegenüber der naheliegenden Alternative J = 1 für harmonische Lösungen vorzuziehen.

Die gesuchten Darstellungen von s_2, s_3, s_4 als gebrochen lineare Funktionen von J lassen sich direkt aus den obigen Spezialwerten für die drei Sonderfälle ableiten. Wir erhalten fast ohne Rechnung

$$S(t) = t^6 - 3\,t^5 - \frac{J - 1536}{256}\,t^4 + \frac{J - 896}{128}\,t^3 - \frac{J - 1536}{256}\,t^2 - 3\,t + 1$$

In Abhängigkeit vom Doppelverhältnis v ist die Grundinvariante demnach

$$J = 256\,\frac{(v^2 - v + 1)^3}{v^2\,(v - 1)^2}$$

Wenn es gelingt, die Doppelverhältnisse zu ermitteln, können wir daraus die Lösungen von P(x) = 0 rational bestimmen. In diesem Sinne ist S eine **Resolvente** von P und B.

Sie hat zwar einen höheren Grad als die Ausgangsgleichungen, kann aber auf eine kubische Gleichung zurückgeführt werden. Neben der Transformation auf die Weierstraßvariante, die wir weiter unten diskutieren, sind vor allem zwei besonders einfache Methoden anwendbar.

Beachten wir nämlich, daß die sechs Doppelverhältnisse in drei Paare der Form $\lambda, 1-\lambda$ zerfallen und führen für das Produkt die Abkürzung

$$\pi = \lambda\,(1 - \lambda)$$

ein. Da π folglich nur dreier Werte fähig ist, liefert der Ausdruck für J als Funktion von λ unmittelbar die **erste kubische Resolvente**

$$K_\pi(\pi) = \pi^3 + \frac{J - 768}{256}\,\pi^2 + 3\,\pi - 1$$

Ihr Verschwinden charakterisiert die drei Produkte π_1, π_2, π_3, deren jedes über eine quadratische Gleichung zwei zusammenpassende λ's liefert.

Ebensogut könnten wir auch von Doppelverhältnispaaren λ, λ^{-1} ausgehen; auch dies erlaubt eine rationale Faktorisierung von S. Wir müssen jetzt nur die Summen $\sigma_1, \sigma_2, \sigma_3$ der allgemeinen Form

$$\sigma = \lambda + \lambda^{-1}$$

betrachten, die durch Nullsetzen der **zweiten kubischen Resolventen**

$$K_\sigma(\sigma) = \sigma^3 - 3\,\sigma^2 - \frac{J - 768}{256}\,\sigma + \frac{J - 128}{128}$$

gefunden werden.

Die (scharfe) dreifache Transitivität der Möbiusgruppe $PGL_2(\mathbb{C})$ auf $\mathbb{P}^1(\mathbb{C})$ würde es uns erlauben, drei Nullstellen zu normieren, also beispielsweise $x_1 = \infty$, $x_2 = 0$, $x_3 = 1$. Über die letzte können wir nicht mehr verfügen; sie liegt wegen der Konstanz des Doppelverhältnisses fest.

Allerdings ist diese Reduktion praktisch nicht sehr nützlich, weil sie die explizite Kenntnis der x_i voraussetzt.

Anders verhält es sich mit der **Weierstraßschen Variante**. Wir schieben eine Nullstelle, etwa x_4, nach ∞ und normieren die übrigen so, daß sie an Stellen $e_1, e_2, e_3 \in \mathbb{C}$ zu liegen kommen, deren Summe verschwindet (das geht natürlich nicht im singulären Fall, den wir von jetzt ab wieder ausschließen wollen). Die beiden Formen

$$g_2 = a_0\,a_4 - 4\,a_1\,a_3 + 3\,a_2^2$$

und

$$g_3 = \det \begin{pmatrix} a_0 & a_1 & a_2 \\ a_1 & a_2 & a_3 \\ a_2 & a_3 & a_4 \end{pmatrix} = a_0\,a_2\,a_4 + 2\,a_1\,a_2\,a_3 - a_0\,a_3^2 - a_1^2\,a_4 - a_2^3$$

sind, wie eine leichte Berechnung zeigt, relative Invarianten der Gewichte 4 bzw. 6. Mit ihrer Hilfe erhalten wir das transformierte Polynom in inhomogenen Koordinaten als

$$P(x) = 4\,(x-e_1)\,(x-e_2)\,(x-e_3) = 4\,x^3 - h_2\,x - h_3$$

mit gewissen, noch zu bestimmenden Koeffizienten h_2 und h_3.
Nun ist aber klar, daß sich die Abbildung $(x_1,x_2,x_3,x_4) \mapsto (e_1,e_2,e_3,\infty)$ sogar durch eine Möbiustransformation mit Determinante 1 bewerkstelligen läßt; denn wir können sicher zunächst x_4 mittels einer Drehung nach ∞ verfrachten und danach eine geeignete Translation finden, die den Schwerpunkt des von den ersten drei Nullstellen gebildeten Dreieck nach 0 verschiebt.
Dabei behalten g_2 und g_3 ihre Werte bei. Wenden wir beider Definitionen auf den vorhin gemachten Ansatz an, finden wir $h_2 = g_2$ und $h_3 = g_3$, also abermals die bereits bekannte **Weierstraßresolvente**

$$P(x) = 4x^3 - g_2 x - g_3$$

Die Verringerung des Grades von 4 auf 3 ist natürlich eine Konsequenz der Tatsache, daß ∞ als eine Nullstelle gewählt worden war.
Bemerkenswerterweise kann man das Ergebnis der Umformung rational durch die a_i ausdrücken, ohne die Substitutionsmatrix explizit zu kennen (hierfür wären die x_k vonnöten!). Gerade hierin liegt der entscheidende Vorzug der Weierstraßtheorie.
Noch ein letzter Aspekt verdient hervorgehoben zu werden, bevor wir uns wieder den Modulformen zuwenden. Die **Diskriminante** der Form B ist per definitionem

$$\Delta = \mathrm{Dsk}(B) = 2^{12} \det \begin{pmatrix} a_0 & 3a_1 & 3a_2 & a_3 & 0 & 0 \\ 0 & a_0 & 3a_1 & 3a_2 & a_3 & 0 \\ 0 & 0 & a_0 & 3a_1 & 3a_2 & a_0 \\ a_1 & 3a_2 & 3a_3 & a_4 & 0 & 0 \\ 0 & a_1 & 3a_2 & 3a_3 & a_4 & 0 \\ 0 & 0 & a_1 & 3a_2 & 3a_3 & a_4 \end{pmatrix}$$

oder, ausgerechnet,

$$\Delta = 16\, a_0^6 (x_1-x_2)^2 (x_1-x_3)^2 (x_1-x_4)^2 (x_2-x_3)^2 (x_2-x_4)^2 (x_3-x_4)^2$$

Sie ist identisch mit der "Diskriminanten"

$$\Delta = (e_2-e_3)^2 (e_3-e_1)^2 (e_1-e_2)^2 = g_2^3 - 27\, g_3^2$$

der Weierstraßresolventen, die wir in Definition 18.2.1 erklärt haben.
Die absolute Invariante J stimmt ebenfalls mit unserer a.a.O. eingeführten Größe

$$J = 12^3 \frac{g_2^3}{\Delta} = \frac{1728\ g_2^3}{g_2^3 - 27\ g_3^2}$$

überein, wie sich aus einem einfachen Vergleich der entsprechenden Ausdrükke, am besten in der Weierstraßversion, erweist.
Wir wenden das Ganze auf das zu einem **Gitter** $\Omega \subset \mathbb{C}$ gehörende charakteristische Polynom an. Dann werden g_2, g_3 und Δ **ganze Modulformen** der Gewichte 4, 6 bzw. 12, während $J = 1728\ g_3^2\ \Delta^{-1}$ das Gewicht 12-12 = 0 hat, also eine **Modulfunktion** ist.
Letzteres trifft selbstverständlich auch auf alle rationalen Funktionen von J zu. Es ist aber auch die Umkehrung wahr.

Satz 18.6.1:

(a) Die J-Invariante ist eine in der gesamten oberen Halbebene $\mathfrak{H}$ reguläre Modulform. Sie nimmt jeden Funktionswert in einem Fundamentalbereich $\mathfrak{F}^*$ unter der $PSL_2(\mathbb{Z})$-Aktion auf $\mathfrak{H}^*$ genau einmal an.

(b) Alle Koeffizienten der mit

$$J(\tau) = q^{-1} + 744 + 196884\ q + 21493760\ q^2 + 864299970\ q^3 + 20245856256\ q^4 + 333202640600\ q^5 + \ldots$$

beginnenden Fourierentwicklung sind positive ganze Zahlen.

(c) Jede Modulfunktion ist eine rationale Funktion von $J(\tau)$. Mit anderen Worten: Die Menge aller Modulfunktionen stimmt mit dem von J erzeugten Funktionenkörper $\mathbb{C}[J]$ überein.

Beweis:

Es genügt, den Gaußschen Bereich $\mathfrak{F}^* = \mathfrak{G}^*$ zu betrachten. Da g_2 eine ganze Modulform ist und Δ in $\mathfrak{H}$ nicht verschwindet, ist J dortselbst regulär. Um das Verhalten von J in der Nähe des unendlich fernen Punktes $i\infty$ zu erforschen, brauchen wir nur die ersten Glieder der Fourierreihe auszurechnen, was mit den Sätzen 18.4.3, 18.5.2 und 18.5.3 keine Mühe bereitet. Dabei finden sich die angegebenen Terme. Dieselben Theoreme zeigen auch, daß

$$J(\tau) = (12\, g_2)^3\, \Delta^{-1} = E_4^3(\tau)\, \eta^{-24}(\tau)$$

nur ganzzahlige Koeffizienten besitzt. Ihre Positivität folgt aus den an den zitierten Stellen bewiesenen Entwicklungen

$$E_4(\tau) = 12\, g_2(\tau) = 1 + 240 \sum_{k\in\mathbb{N}} \sigma_3(k)\, q^k$$

und

$$\eta^{-1}(\tau) = q^{-1/24} \sum_{k\in\mathbb{N}} p(k)\, q^k$$

mit der manifest positiven Partitionsfunktion $p(k)$.
Nach der in Satz 18.4.4 ausgesprochenen Gewichtsformel nimmt J in $\mathfrak{F}^*$ jeden Wert $w \in \mathbb{P}^1\mathbb{C} = \mathbb{C}\cup\{\infty\}$ gleich oft an, etwa k-mal.
Als Pol kommt wegen der Regularität in $\mathfrak{H}$ nur der unendlich ferne Punkt $i\infty$ in Betracht. Er ist von erster Ordnung; also $k = 1$.
Die Behauptungen (a) und (b) sind damit bestätigt. Zum Beweis von (c) nehmen wir eine nichtkonstante Modulfunktion $F: \mathfrak{H}^* \longrightarrow \mathbb{C}\cup\{\infty\}$ als gegeben an. Sie habe in $\mathfrak{F}^*$ die Nullstellen $z_1,\dots,z_N$ und die Pole $p_1,\dots,p_N$, jeweils mit den korrekten Vielfachheiten gezählt. Dann ist der Quotient von $F(\tau)$ und

$$G(\tau) = \prod_{n=1}^{N} \frac{J(\tau) - J(z_n)}{J(\tau) - J(p_n)}$$

eine meromorphe Funktion ohne Pole und Nullstellen, d.i. (nach dem Satz von Liouville) eine Konstante.

Bemerkungen:

(1) Die Motivation für den Faktor $12^3 = 1728$ dürfte jetzt klar sein.

(2) Während die Ganzzahligkeit der Fourierkoeffizienten schon sehr bald mit zahlentheoretischen Ideen in Verbindung gebracht wurde, schien die Positivität längere Zeit nicht mehr als ein Kuriosum zu sein. Indessen ist heute auch für sie ein "tieferer Grund" bekannt. Abgesehen vom konstanten Glied sind nämlich 1,196884,21493760,... die Grade der homogenen Teilräume in einer unendlichdimensionalen $\mathbb{Z}$-graduierten Liealgebra (genauer: **Kac-Moody-Algebra**), welche von Frenkel & al. [1984,1988] konstruiert wurde und die größte sporadische Gruppe, das sog. **"Monster"**, als Automorphismengruppe besitzt; vgl. Abschn. 21.6.

Eine allgemeine funktionentheoretische Anwendung der J-Invariante geben wir noch.

Satz 18.6.2:
Jede nichtkonstante ganz-analytische Funktion nimmt mit höchstens einer Ausnahme jeden komplexen Wert an (**Satz von Picard**).

Beweis:
Wenn ein ganz-analytisches f zwei Zahlen, etwa a und b, ausläßt, bilden wir die neue Funktion

$$g(z) = \frac{f(z) - a}{b - a}$$

die die gleichen Eigenschaften hat, aber die speziellen Werte 0 und 1 vermeidet. Wir suchen einen Zweig von J^{-1} aus, indem wir von einem beliebigen Startpunkt ausgehen und analytisch fortsetzen. Die zusammengesetzte Funktion $J^{-1} \circ g$ ist analytisch und überall eindeutig, weil die Verzweigungsstellen von $J^{-1}: \mathbb{C} \longrightarrow \mathfrak{H}$, nämlich ∞, 0 und 1, von g nicht berührt werden.
Dann ist aber $h = \exp(J^{-1} \circ g)$ eine in ganz $\mathbb{C}$ reguläre Funktion, deren Bild in $\exp(\mathfrak{H})$, also im Inneren des Einheitskreises liegt. Nach dem Satz von Liouville impliziert das die Konstanz von h und somit auch die von f.

19. Euklidische Gitter

19.1. Grundlagen der Gittertheorie

Für zahlreiche Anwendungen aus Physik, Geophysik, Astronomie, Mathematik und anderen Bereichen ist es erforderlich, eine vorgegebene, sagen wir stetige, Funktion über die Standard-(n-1)-Sphäre $\Omega_n \cong S^{n-1}$ zu integrieren. Von hervorragender Bedeutung sind dabei natürlich die Dimensionen n = 3 oder 4. Nur in seltenen Fällen wird es gelingen, derartige Integrale exakt (analytisch) auszuwerten; meist wird man auf numerische Näherungen angewiesen sein.

Die naheliegende "naive" Methode, Koordinaten (z.B. sphärische) auf Ω_n einzuführen und die Aufgabe nach dem **Satz von Fubini** durch n-1 ineinandergeschachtelte Integrationen über kompakte Intervalle in $\mathbb{R}$ zu ersetzen, die etwa nach der Gaußmethode ausgewertet werden, ist allerdings keineswegs optimal. Das hat seinen Grund in der ungleichförmigen Verteilung der Stützstellen auf der Sphäre. Während es am Äquator relativ wenige Integrationspunkte gibt, die stark gewichtet in die Formeln eingehen, liegen sie in der Nähe der Singularitäten des Koordinatensystems, also an den Polen, erheblich dichter und haben entsprechend kleinere Gewichte. Insgesamt führt dies zu einer vergleichsweise großen Zahl von Funktionsauswertungen und damit zu einem unnötig hohen Rechenaufwand.

Daher ist es von Bedeutung, Verfahren zu entwickeln, bei denen die Stützstellen auf der Sphäre gleichmäßiger verteilt sind. Von den besonders in den letzten Jahren gefundenen Ansätzen wollen wir hier nur einige Vertreter der beiden Hauptklassen (nämlich **Gitterintegration** und Verwendung sogenannter **"sphärischer Designs"**) diskutieren.

Hierfür sind allerdings einige Vorbereitungen erforderlich. In diesem Kapitel stellen wir einige der wichtigsten Informationen über Gitter zusammen. Aus Platzgründen müssen wir dabei allerdings leider auf eine einigermaßen vollständige Beschreibung und insbesondere auf ausführliche Beweise verzichten. Zur weiteren Vertiefung sei das ausgezeichnete Buch von Conway & Sloane [1988] nachdrücklich empfohlen, das nahezu alles Wissenswerte über Gitter enthält. Dort finden sich auch alle notwendigen Beweise (mit einigen wenigen Ausnahmen, z.B. im Zusammenhang mit Thetareihen und Modulformen;

hierzu vgl. Ogg [1969] oder Apostol [1976]).

<u>Definition</u> <u>19.1.1:</u>

(a) Ein **Gitter** ist ein endlich-dimensionaler $\mathbb{Z}$-Modul $\Gamma \cong \mathbb{Z}^n$, ausgestattet mit einem nichtausgearteten reellwertigen bilinearen symmetrischen **Skalarprodukt**

$$\langle .,. \rangle : \quad \Gamma \times \Gamma \longmapsto \mathbb{R}$$

Die Zahl n heißt der **Rang** des Gitters.

(b) Der **Einbettungsraum** von Γ ist der n-dimensionale $\mathbb{R}$-Vektorraum

$$V \;=\; \Gamma \otimes_{\mathbb{Z}} \mathbb{R} \;\cong\; \mathbb{R}^n$$

Mit anderen Worten: Ist

$$\left\{ e_1, \ldots, e_n \right\}$$

eine **$\mathbb{Z}$-Basis** des Gitters, also

$$\Gamma \;=\; \mathbb{Z}\, e_1 \oplus \ldots \oplus \mathbb{Z}\, e_n \;=\; \left\{ k_1 e_1 + \ldots + k_n e_n \;\middle|\; k_i \in \mathbb{Z} \right\}$$

so besteht der Einbettungsraum aus den reellen Linearkombinationen der e_i:

$$V \;=\; \mathbb{R}\, e_1 \oplus \ldots \oplus \mathbb{R}\, e_n \;=\; \left\{ \alpha_1 e_1 + \ldots + \alpha_n e_n \;\middle|\; \alpha_i \in \mathbb{R} \right\}$$

Mit der Basis $e_1, \ldots, e_n$ assoziieren wir weiter die **Fundamentalzelle**

$$\mathfrak{F} \;=\; \left\{ \alpha_1 e_1 + \ldots + \alpha_n e_n \;\middle|\; \alpha_i \in \mathbb{R};\;\; 0 \le \alpha_i < 1 \right\}$$

und die **Basismatrix** $B = B(\Gamma)$, deren Zeilen die Basisvektoren $e_1, \ldots, e_n$ bilden.

(c) Das zu Γ **duale Gitter** ist

$$\Gamma^* = \left\{ v \in V \;\middle|\; \langle v, \gamma \rangle \in \mathbb{Z} \text{ für alle } \gamma \in \Gamma \right\}$$

Eine geeignete $\mathbb{Z}$-Basis von Γ^* bilden die zu $e_1, \dots, e_n$ dualen $e^1, \dots, e^n$, die durch die Bedingungen

$$\langle e^i, e_j \rangle = \delta^i_j$$

(vgl. Abschn. 2.4) eindeutig festgelegt sind.
Die Basismatrix $B^* = B(\Gamma^*)$ des Dualgitters ist mit $B = B(\Gamma)$ über die Beziehung

$$B^* = {}^tB^{-1}$$

verknüpft.

(d) Wenn die durch $\langle .,. \rangle$ gemäß

$$Q(x) = \langle x, x \rangle$$

auf V erklärte **quadratische Form** Q positiv definit ist, heißt Γ **euklidisch**; ist hingegen die Signatur von Q gleich $(+^{n-1}, -^1)$ oder - was auf dasselbe hinausläuft - $(+^1, -^{n-1})$, so sprechen wir von einem **Minkowskigitter** oder gelegentlich auch einem **Lorentzgitter**.

Bemerkungen:

(1) Wir haben das Skalarprodukt als primär angesehen (im Gegensatz zu Q), da wir es weitaus häufiger benutzen werden als die zugehörige quadratische Form und weil zudem die Konstruktion von Q aus $\langle .,. \rangle$ einfacher ist als umgekehrt. In der Literatur geht man hingegen meist von Q aus und leitet das Skalarprodukt nach der Formel

$$\langle x, y \rangle = \frac{1}{2} \left[Q(x+y) - Q(x) - Q(y) \right]$$

ab. Diese Beziehung zeigt auch, daß jedes gerade Gitter ganzzahlig ist.

(2) Eine andere, ebenfalls offensichtlich gleichwertige Variante besteht darin, zuerst den Einbettungsraum als $V \cong \mathbb{R}^n$ mit (nicht ausgeartetem) Skalarprodukt und/oder quadratischer Form zu versehen und dann Γ als

darin enthaltenen n-dimensionalen $\mathbb{Z}$-Modul zu beschreiben, der V als $\mathbb{R}$-Vektorraum aufspannt, d.h. in keiner Hyperebene von V liegt.

(3) In Teil (c) von Definition 19.1.1 steckt die elementare Aussage, daß Γ^* selbst ein Gitter ist.

(4) Die Ganzzahligkeit eines Gitters Γ ist gleichbedeutend mit $\Gamma \subseteq \Gamma^*$.

Um eine allzu schwerfällige Nomenklatur zu vermeiden, treffen wir die

Vereinbarung:

Im weiteren verstehen wir unter einem Gitter, soweit nicht ausdrücklich etwas anderes gesagt wird, immer ein ganzes euklidisches Gitter.

Wir brauchen noch einige wichtige Bezeichnungen:

Definition 19.1.2:

Sei Γ ein Gitter vom Rang n mit Einbettungsraum $V \cong \mathbb{R}^n$.

(a) Der **duale Faktor** von Γ ist die Gruppe Γ^*/Γ, wobei beide Gitter, Γ und Γ^*, als additive abelsche Gruppen aufgefaßt sind.

(b) **Determinante** und **Stufe** des Gitters Γ sind erklärt als Ordnung bzw. Exponent des dualen Faktors:

$$\operatorname{Det} \Gamma = \# (\Gamma^*/\Gamma)$$

$$\operatorname{St} \Gamma = \operatorname{Exp} (\Gamma^*/\Gamma)$$

(c) Die zur $\mathbb{Z}$-Basis $e_1, \ldots, e_n$ von Γ gehörige **Gram-Matrix** $G = G(\Gamma) \in \mathbb{R}^{(n,n)}$ hat die Koeffizienten

$$G_{ij} = \langle e_i, e_j \rangle$$

und kann aus der Basismatrix $B = B(\Gamma)$ durch

$$G = B\,{}^tB$$

berechnet werden.

Aus den Definitionen folgt sofort

Satz 19.1.1:

(a) Die Determinante der Gram-Matrix G eines Gitters Γ vom Rang n hängt (im Gegensatz zu G selbst) nicht von der Auswahl der $\mathbb{Z}$-Basis $e_1, \ldots, e_n$ ab. Sie kann aus

$$\det G = \operatorname{Det} \Gamma$$

berechnet werden und stimmt mit dem Quadrat des Volumens einer beliebigen Fundamentalzelle überein.

(b) Der duale Faktor von Γ ist eine endliche abelsche Gruppe vom Rang ≤ n.

(c) Zwischen Rang, Stufe und Determinante eines Gitters bestehen die Teilbarkeitsbeziehungen

$$\operatorname{St} \Gamma \mid \operatorname{Det} \Gamma \mid (\operatorname{St} \Gamma)^n$$

Insbesondere sind St Γ und Det Γ natürliche Zahlen, die die gleichen Primteiler enthalten.

Aus der letzten Bemerkung folgt die Zulässigkeit von

Definition 19.1.3:

Ein Gitter Γ heißt **unimodular**, wenn es eine der folgenden äquivalenten Bedingungen erfüllt:

(a) Γ stimmt mit seinem dualen Gitter Γ^* überein;

(b) Die Determinante von Γ ist gleich 1;

(c) Die Stufe von Γ ist gleich 1;

(d) Die Gram-Matrizen von Γ sind unimodular, d.h. haben Determinante 1;

(e) Alle Fundamentalzellen von Γ haben das Volumen 1.

Für unsere Anwendung werden die unimodularen (und unter diesen die relativ seltenen geraden) eine entscheidende Rolle spielen.
Zuvor führen wir aber noch ein weiteres für die Untersuchung beliebiger Gitter äußerst nützliches Konzept ein:

Definition 19.1.4:
Sei $\Gamma \cong \mathbb{Z}^n$ ein Gitter mit Einbettungsraum $V \cong \mathbb{R}^n$. Der **Abstand** eines Punktes $x \in V$ von Γ ist das Minimum der Distanzen von den Gitterpunkten:

$$d_\Gamma(x) = \min \left\{ E(x,\gamma) \;\middle|\; \gamma \in \Gamma \right\}$$

Ein **tiefes Loch** in Γ ist ein globales, ein **flaches Loch** ein lokales Maximum von d_Γ. Die **Nachbarn** eines Loches $x \in V$ sind diejenigen $\gamma \in \Gamma$, die von x den Abstand $d_\Gamma(x)$ haben.

Einige elementare Eigenschaften der Löcher eines Gitters, die wir später benötigen werden, sind im folgenden Theorem zusammengestellt:

Satz 19.1.2:
Für ein Rang-n-Gitter $\Gamma \subset V \cong \mathbb{R}^n$ gilt:
(a) Die Distanzfunktion d_Γ: $V \mapsto \mathbb{R}^+$ ist stetig und beschränkt. Sie ist darüber hinaus **Γ-periodisch**:

$$d_\Gamma(x+\gamma) = d_\Gamma(x)$$

($x \in V$, $\gamma \in \Gamma$) und nimmt daher alle Werte bereits in einer beliebigen Fundamentalzelle an.
(b) Sei $x \in V$ ein (tiefes oder flaches) Loch mit Nachbarn $\nu_1, \ldots, \nu_k$. Dann ist $k > n$, und es gibt keine (affine) Hyperebene in V, die alle ν_i zugleich enthält.
(c) Die **konvexen Hüllen** aller Löcher in einer festen Fundamentalzelle $\mathfrak{F}$ von Γ bilden eine Partition von $\mathfrak{F}$: sie haben höchstens Randpunkte miteinander gemeinsam und überdecken ganz $\mathfrak{F}$.
(d) Insbesondere ist die Summe der Volumina aller dieser Hüllen gleich dem

Inhalt des Fundamentalbereichs.

Beweis:

Die unter (a) stehende Behauptung ist völlig trivial; auch (c) ist leicht einzusehen und hat (d) als unmittelbare Konsequenz.

Zu (b): Angenommen, die Nachbarn von x lägen in der affinen Hyperebene $\mathfrak{H}$. Dann könnten wir das Lot von x auf $\mathfrak{H}$ fällen und x durch einen auf diesem liegenden Punkt ersetzen, der von allen ν_i einen (infinitesimal) größeren Abstand besitzt, in direktem Widerspruch zur Definition.

Die Teilaussage (d) wird oft zur vollständigen Klassifikation aller Löcher eines Gitters herangezogen.

Eine andere Anwendung, auf die wir nicht näher eingehen wollen, besteht in der Konstruktion der sogenannten **"geschichteten" Gitter**, vgl. das bereits erwähnte Buch von Conway & Sloane [1988].

Wir brauchen noch den Begriff der **Automorphismengruppe** eines Gitters. Hierfür gibt es zwei Kandidaten:

Definition 19.1.5:

Die **Raumgruppe** Rm(Γ) eines Gitters Γ besteht aus allen (bezüglich des zu Γ gehörigen Skalarprodukts) isometrischen Transformationen des Einbettungsraums V, die Γ auf sich abbilden.

Die **Punktgruppe** Pkt(Γ) ist die darin enthaltene Untergruppe, deren Elemente darüber hinaus den Koordinatenursprung invariant lassen, also der Durchschnitt

$$\mathrm{Pkt}(\Gamma) = \mathrm{Rm}(\Gamma) \cap \mathrm{GO}(V)$$

Die Beziehung zwischen diesen Gruppen wird gegeben durch

Satz 19.1.3:

Sei Γ ein Gitter vom Rang n.

(a) Die Menge der Translationen $x \mapsto x+\gamma$ mit $\gamma \in \Gamma$ bildet einen zur additiven Gruppe von Γ, d.h. zu $\mathbb{Z}^n$, isomorphen Normalteiler in der Raumgruppe. Die Punktgruppe ist ein Komplement dieses Normalteilers. Insbesondere ist $Rm(\Gamma)$ ein semidirektes Produkt von $\mathbb{Z}^n$ mit $Pkt(\Gamma)$:

$$Rm(\Gamma) \cong \mathbb{Z}^n : Pkt(\Gamma)$$

(b) Die Punktgruppe von Γ ist endlich.

Beweis:

Teil (a) ist trivial. Zum Beweis von (b) wählen wir eine $\mathbb{Z}$-Basis $e_1,\dots,e_n$. Jedes $\alpha \in Pkt(\Gamma)$ ist per definitionem eine Isometrie; deshalb liegt $\alpha(e_i)$ in derselben Schicht des Gitters wie e_i. Somit gibt es nur endlich viele Möglichkeiten für $\alpha(e_i)$ und damit auch für die Bilder der gesamten Basis. Diese legen aber α eindeutig fest; $\Rightarrow$ Behauptung.

Wir notieren noch einige Verbindungen zur Coxetertheorie (Kap. 15).

Definition 19.1.6:

Einem **Wurzelsystem** Σ vom Typ $\mathbb{A}_n$ $(n \geq 1)$, $\mathbb{D}_n$ $(n \geq 4)$, $\mathbb{E}_6$, $\mathbb{E}_7$ oder $\mathbb{E}_8$ ordnen wir das **Wurzelgitter** $\Gamma(\Sigma)$ zu, das aus den $\mathbb{Z}$-Linearkombinationen der Wurzeln besteht.

(Beachte, daß dagegen die Wurzelsysteme der Typen $\mathbb{B}$, $\mathbb{F}$, $\mathbb{G}$, $\mathbb{H}$ oder $\mathbb{I}$ nicht geeignet sind, da bei ihnen irrationale Skalarprodukte von Wurzeln vorkommen).

Wurzelgitter sind stets gerade. Daraus ergibt sich ohne Schwierigkeiten

Satz 19.1.4:

Für ein Wurzelgitter $\Gamma(\Sigma)$, $\Sigma \in \{\mathbb{A}_n, \mathbb{D}_n, \mathbb{E}_n\}$ gilt:

(a) Die Punktgruppe von Γ stimmt mit $Aut(\Sigma)$ überein; vgl. Abschn. 16.2.

(b) Das Wurzelsystem selbst wird von den Vektoren der Norm 2, d.h. den Minimalvektoren des Gitters, gebildet.

(c) Die Gram-Matrix ist gleich der Cartanmatrix $C(\Sigma)$, die Determinante des

Gitters demnach durch det $C(\Sigma)$ gegeben. Das ist explizit: $(n+1)$ für $\mathbb{A}_n$ $(n \geq 1)$; 4 für $\mathbb{D}_n$ $(n \geq 4)$; 3,2,1 für $\mathbb{E}_6, \mathbb{E}_7, \mathbb{E}_8$.

(d) Die dualen Faktoren sind alle zyklisch, mit Ausnahme derer von $\mathbb{D}_n$ mit geradem n, wo stattdessen die elementar-abelsche Gruppe der Ordnung 4 auftritt.

Umgekehrt kann man auch (häufig) mit Hilfe eines geraden Gitters ein Wurzelsystem konstruieren.

<u>Satz</u> <u>19.1.5:</u>

Sei Γ ein gerades Gitter des Rangs n. Dann gilt:

(a) Die Menge Γ_1 der Norm-2-Vektoren in Γ bildet ein Wurzelsystem, das sich als (orthogonale) direkte Summe von, sagen wir s verschiedenen, monolithischen Systemen zusammensetzt:

$$\Gamma_1 = \Sigma_1 \cup \ldots \cup \Sigma_s$$

Jedes der Σ_i ist dabei ein Element der Liste

$$\left\{ \mathbb{A}_n \ (n \geq 1) \ ; \ \mathbb{D}_n \ (n \geq 4) \ ; \ \mathbb{E}_6, \mathbb{E}_7, \mathbb{E}_8 \right\}$$

Daher nennen wir die Vektoren aus Γ_1 auch die **Wurzeln** des Gitters.

Die **Coxeterzahl** $h(\Gamma)$ des Gitters Γ ist der Quotient aus der Anzahl der Wurzeln und dem Rang,

$$h(\Gamma) = \frac{\# \Gamma_1}{n}$$

Es ist (n_i = Rang von Σ_i)

$$n_1 + \ldots + n_s \leq n$$

und

$$\# \Sigma_1 + \ldots + \# \Sigma_s = \# \Gamma_1$$

Mindestens eines der Σ_i muß eine Coxeterzahl haben, die $\geq h(\Gamma)$ ist.

(b) Angenommen, Γ_1 sei von **maximalem Rang**, d.h. $n_1+\ldots+n_s = n$. Dann ist das von den Wurzeln aufgespannte Untergitter Δ, also der kleinste $\mathbb{Z}$-Modul, der Γ_1 enthält, von der Form

$$\Delta \cong \Gamma(\Sigma_1) \oplus \ldots \oplus \Gamma(\Sigma_s)$$

und somit eine direkte Summe von Wurzelgittern. Es ist $\Delta \subseteq \Gamma \subseteq \Gamma^* \subseteq \Delta^*$.

Beweis:

Sei $w \in \Gamma_1$ eine Wurzel. Die **Reflexion** in w bildet nach Satz 15.4.4 ein jedes $\gamma \in \Gamma$ auf

$$\sigma_w(\gamma) = \gamma - \langle\gamma, w\rangle\, w$$

also eine $\mathbb{Z}$-Linearkombination der Gittervektoren γ und w ab. Dies bedeutet, daß Γ unter σ_w invariant und sogar $\sigma_w \in \mathrm{Pkt}(\Gamma)$ ist. Da σ_w eine Isometrie ist, wird auch Γ_1 durch σ_w permutiert; daher ist Γ_1 ein Wurzelsystem. Andererseits ist $\#\,\Gamma_1$ endlich. Mit Hilfe von Satz 15.6.2 erhalten wir Aussage (a), abgesehen von der Behauptung über die Coxeterzahlen.
Diese wiederum ergibt sich aus der elementaren Abschätzung

$$n\,h(\Gamma) = \#\,\Gamma_1 = \sum_{i=1}^{s} \#\,\Sigma_i = \sum_{i=1}^{s} n_i\, h(\Sigma_i) \leq n \max\left\{ h(\Sigma_i) \;\middle|\; 1 \leq i \leq s \right\}$$

Teil (b) ist klar, da Γ ganz ist.

19.2. Thetafunktionen

Wie schon erwähnt, bildet die Thetareihe ϑ_Γ den Schlüssel zu allen tiefergreifenden Untersuchungen eines Gitters Γ.

Ist Γ ganz, so hat die zugehörige ϑ-Funktion die Periode 2; bei geraden Gittern sogar die Periode 1. Darüber hinaus besteht eine von Poisson und Jacobi gefundene Beziehung zwischen ϑ_Γ und der Reihe des dualen Gitters (**"Jacobi's imaginäre Transformation"**). Wenn Γ unimodular ist ($\Gamma = \Gamma^*$), reduziert sie sich auf eine Formel, die $\vartheta_\Gamma(\tau)$ und $\vartheta_\Gamma(-\tau^{-1})$ miteinander verbindet. In dem uns vor allem interessierenden Fall eines unimodularen geraden Gitters des Ranges n wird ϑ_Γ sogar eine ganze Modulform (vom Gewicht $\frac{n}{2}$) sein.

Es stellt sich heraus, daß n dann ein Vielfaches von 8 sein muß. Da der Raum der ganzen Modulformen eines festen Gewichts endlichdimensional ist, bedeutet dieses Resultat eine starke Einschränkung der Möglichkeiten für ϑ_Γ und damit auch für Γ selbst.

Wir werden von diesen Ergebnissen nur relativ wenig Gebrauch machen; deshalb ist das Hauptziel dieses Abschnitts eine kompakte Übersicht über die wesentlichsten Eigenschaften der ϑ-Reihen, nicht jedoch eine detaillierte Diskussion der nötigen Beweise. Mehr Informationen betreffs Thetafunktionen von Gittern findet man in Conway & Sloane [1988] (allerdings ohne Beweise der funktionentheoretischen Aussagen); für die Eigenschaften der Jacobischen Thetafunktionen sei auf Ogg [1969] verwiesen.

Wir erinnern nochmals daran, daß wir unter einem Gitter stets ein ganzzahliges euklidisches Gitter verstehen wollen.

Die folgende Nomenklatur wird in der Literatur nicht einheitlich gehandhabt; wir schließen einen Kompromiß zwischen verschiedenen mehr oder weniger gebräuchlichen Systemen.

Definition 19.2.1:

(a) Mit $\Gamma^{(k)}$ bezeichnen wir die Menge der Vektoren der Norm $k \in \mathbb{N}_0$ im Gitter Γ.

Für gerade Γ erklären wir noch den **Typ** eines Vektors $\gamma \in \Gamma$ durch

$$\mathrm{Typ}(\gamma) = \frac{1}{2}\langle\gamma,\gamma\rangle \in \mathbb{N}_0$$

und schreiben Γ_k statt $\Gamma^{(2k)}$. Γ_k heißt die **k-te Schicht** des Gitters.

(b) Die zu Γ gehörige **Thetafunktion** ist die auf der **oberen Halbebene**

$$\mathfrak{H} = \left\{ z \in \mathbb{C} \;\middle|\; \operatorname{Im} z > 0 \right\}$$

gemäß

$$\vartheta(\Gamma;\tau) = \vartheta_\Gamma(\tau) = \sum_{\gamma\in\Gamma} e^{i\pi\tau\langle\gamma,\gamma\rangle}$$

erklärte Funktion ϑ_Γ, für die wir auch kurz ϑ schreiben wollen, wenn klar ist, um welches Gitter es sich handelt.

Man bestätigt ohne Mühe, daß die genannte Reihe in ganz $\mathfrak{H}$ absolut konvergiert. Der Zusammenhang mit der Einteilung in Schichten ergibt sich aus der simplen Beobachtung

Satz 19.2.1:

(a) Für jedes Gitter Γ gilt mit $q = e^{2\pi i\tau}$:

$$\vartheta_\Gamma(\tau) = \sum_{k=0}^{\infty} \#\,\Gamma^{(k)} \cdot q^{k/2}$$

Die Thetafunktion besitzt die Periode 2:

$$\vartheta_\Gamma(\tau+2k) = \vartheta_\Gamma(\tau)$$

für alle $k \in \mathbb{Z}$, $\tau \in \mathfrak{H}$.

Als Potenzreihe in $\sqrt{q}$ betrachtet, konvergiert ϑ_Γ innerhalb des Einheitskreises.

(b) Die entsprechende Formel für ein gerades Gitter Γ liefert sogar eine Potenzreihe in q, nämlich

$$\vartheta_\Gamma(\tau) = \sum_{k=0}^{\infty} \# \Gamma_k \cdot q^k$$

Die Periodizitätseigenschaft verschärft sich zu

$$\vartheta_\Gamma(\tau+k) = \vartheta_\Gamma(\tau)$$

für alle $k \in \mathbb{Z}$, $\tau \in \mathfrak{H}$.

In der Definition der Thetafunktion treten Exponentialfunktionen auf, deren Argumente quadratische Formen sind.
Derartige Funktionen sind dadurch ausgezeichnet, daß die Fouriertransformation wieder auf Ausdrücke der gleichen Bauart führt.

Definition 19.2.2:
Die **Fouriertransformierte** einer glatten Funktion

$$F : \mathbb{R}^n \longrightarrow \mathbb{R}, \quad x \longmapsto F(x)$$

die für $|x| \longrightarrow \infty$ schneller gegen 0 strebt als jede Potenz von $|x|$, ist die durch die Gleichung

$$F^{\Gamma}(x) = (2\pi)^{-n/2} \int e^{i\langle x,y\rangle} F(y)\, d^n y$$

definierte Funktion $F^{\Gamma}: \mathbb{R}^n \longrightarrow \mathbb{R}$. Das Skalarprodukt $\langle .,. \rangle$ ist hierbei als das euklidische zu verstehen.

Der Vorfaktor wurde so gewählt, daß die Fouriersche Umkehrformel eine möglichst bequeme Gestalt annimmt.
Natürlich kann man die obige Definition auf wesentlich größere Funktionenklassen ausdehnen; für unsere Zwecke reicht diese spezielle Formulierung

aber völlig aus. Mehr Informationen über Fourieranalyse findet man z.B. in Lighthill [1966]. Wir brauchen den

Satz 19.2.2:

(a) Wenn die Funktion $f\colon \mathbb{R}^n \longrightarrow \mathbb{R}$ eine Fouriertransformierte f^{F} besitzt, so trifft dies auch auf f^{F} zu. Es ist dann

$$f^{FF}(x) = f(-x)$$

und die Ausgangsfunktion läßt sich nach

$$f(x) = (2\pi)^{-n/2} \int\limits_{y\in\mathbb{R}^n} e^{-i<x,y>} f^{F}(y)\, d^n y$$

wieder zurückgewinnen (**Umkehrformel von Fourier**).

Falls f die Periode 1 besitzt, erhalten wir unter sonst gleichen Voraussetzungen eine Darstellung als diskrete Summe

$$f(x) = \sum_{m\in\mathbb{Z}^n} K_m\, e^{2\pi i<m,x>}$$

wobei, der Reellwertigkeit von f entsprechend, $K_{-m} = \overline{K_m}$ ist und der **Fouriersche Umkehrsatz** die Form

$$K_m = \int\limits_{x_1=0}^{1} \dots \int\limits_{x_n=0}^{1} f(x)\, e^{-2\pi i<m,x>}\, d^n x$$

annimmt.

(b) Hat g die gleichen Eigenschaften wie f, so gilt

$$\int\limits_{x\in\mathbb{R}^n} f(x)\, g^{F}(x)\, d^n x = \int\limits_{x\in\mathbb{R}^n} f^{F}(x)\, g(x)\, d^n x$$

(c) Für eine positiv definite quadratische Form $\Phi\colon \mathbb{R}^n \longrightarrow \mathbb{R}$ lautet die Fouriertransformierte von $e^{-\Phi}$:

$$\left[e^{-\Phi}\right]^{F}(x) = 2^{-n} (\det \Phi)^{-1/2} e^{-\Phi/4}$$

Beweis:

Die Gültigkeit der Aussage (a) basiert auf den Eigenschaften der **Diracschen δ-Distribution** und ist wohlbekannt; wir verzichten auf die Wiedergabe.
Die Behauptung (b) ergibt sich unmittelbar durch Einsetzen in die Definition. Dabei geht die linke Seite über in

$$\int\limits_{x\in\mathbb{R}^n} \int\limits_{y\in\mathbb{R}^n} f(x)\; g(y)\; e^{i<x,y>}\, d^n x\; d^n y$$

die andere in den gleichen Ausdruck, abgesehen von der Reihenfolge der Integrale. Wegen der (in der Definition der Fouriertransformation enthaltenen) absoluten Konvergenz dürfen wir aber die Integrationen vertauschen.
Teil (c) schließlich ergibt sich durch direkte Berechnung.

Satz 19.2.2 hat eine fundamentale Beziehung zwischen den Thetafunktionen zueinander dualer Gitter zur Folge.

Satz 19.2.3:

(a) Für eine symmetrische Matrix $K \in \mathbb{C}^{(n,n)}$, deren Imaginärteil positiv definit ist, gilt das **Reziprozitätsgesetz**

$$\sum_{m\in\mathbb{Z}^n} \exp\left[\pi\; i\; m\; K\; {}^t m\right] = \frac{1}{\sqrt{\det(-iK)}} \sum_{m\in\mathbb{Z}^n} \exp\left[-\; \pi\; i\; m\; K^{-1}\; {}^t m\right]$$

(b) Durch Spezialisierung ergibt sich hieraus für alle reellen positiv definiten symmetrischen (n,n)-Matrizen L die Formel

$$\sum_{m\in\mathbb{Z}^n} \exp\left[- \pi\, m\, L\, {}^t m\right] = \frac{1}{\sqrt{\det L}} \sum_{m\in\mathbb{Z}^n} \exp\left[- \pi\, m\, L^{-1}\, {}^t m\right]$$

(c) Zwischen der Thetafunktion eines Gitters Γ und der des Dualgitters besteht die Beziehung ($\tau \in \mathfrak{H}$)

$$\vartheta(\Gamma^*;\tau) = \sqrt{\det \Gamma}\, \left(\frac{i}{\tau}\right)^{n/2} \vartheta(\Gamma;-\tau^{-1})$$

(Jacobi [1828]).

(d) Die Thetafunktion eines unimodularen Gitters Γ genügt der Funktionalgleichung

$$\vartheta(\Gamma;-\tau^{-1}) = \left(\frac{\tau}{i}\right)^{n/2} \vartheta(\Gamma;\tau)$$

Beweis:

Beide Seiten der unter (a) aufgeführten Gleichung sind analytische Funktionen der Komponenten von K, sofern die Bedingung betreffs des Imaginärteils eingehalten wird. Daher genügt es, den Nachweis von (a) für rein imaginäre K zu führen, was mit dem Ansatz K = i L der Reduktion auf (b) entspricht.

Wir untersuchen die **verallgemeinerte Thetafunktion**

$$\Theta(L;x) = \sum_{m\in\mathbb{Z}^n} \exp\left[- \pi\, (m+x)\, L\, {}^t(m+x)\right]$$

die außer von L noch von einem Vektor $x \in \mathbb{C}^n$ (analytisch) abhängt. (Zur Theorie der Thetafunktionen in mehreren Variablen s. Kronecker [1968] oder Eichler [1963]).

Die Summe $\Theta(L;x_1,\ldots,x_n)$ hat in allen x_k die Periode 1 und kann daher in eine Fourierreihe

$$\Theta(L;x) = \sum_{u\in\mathbb{Z}^n} C_u \exp\left[2\, \pi\, i\, u\, {}^t x\right]$$

entwickelt werden, deren Koeffizienten C_u nach dem Fourierschen Umkehrsatz durch

$$C_u = \int_{x_1=0}^{1} \cdots \int_{x_n=0}^{1} \sum_{m\in\mathbb{Z}^n} \exp\left[-\pi\left((x+m)\,L\,{}^t(x+m) + 2\,i\,u\,{}^tx\right)\right] d^nx$$

bestimmt sind. Aufgrund der absoluten Konvergenz dürfen wir Summation und Integration vertauschen. Substituieren wir noch

$$x + m = y - i\,u\,L^{-1}$$

und entwickeln das Argument der Exponentialfunktion, so ergibt sich mit der Abkürzung $a = -iuL^{-1}$:

$$C_u = \sum_{m\in\mathbb{Z}^n} \int_{y_1=m_1-a_1}^{m_1-a_1+1} \cdots \int_{y_n=m_n-a_n}^{m_n-a_n+1} \exp\left[-\pi\left(y\,L\,{}^ty + u\,L^{-1}\,{}^tu\right)\right] d^ny$$

Dabei haben wir noch die Ganzzahligkeit von m und u sowie die Periodizität der Exponentialfunktion berücksichtigt.

Die Integranden sind jetzt von m unabhängig, und die Würfel, über die integriert wird, schließen sich exakt aneinander an. Dies erlaubt uns, die Summation auszuführen und alle Terme zusammenzufassen. Nach einer Verschiebung der Integrationswege, die dank des Satzes von Cauchy erlaubt ist, erhalten wir

$$C_u = \exp\left[-\pi\,u\,L^{-1}\,{}^tu\right] \int_{y_1\in\mathbb{R}} \cdots \int_{y_n\in\mathbb{R}} \exp\left[-\pi\,y\,L\,{}^ty\right] d^ny$$

Unter Zuhilfenahme von Satz 19.2.2 ist das Integral leicht auszuwerten; es ergibt sich für den Fourierkoeffizienten der einfache Ausdruck

$$C_u = \frac{1}{\sqrt{\det L}} \exp\left[-\pi\,u\,L^{-1}\,{}^tu\right]$$

und speziell für das Argument $x = 0$:

$$\Theta(L;0) = \frac{1}{\sqrt{\det L}} \sum_{u\in\mathbb{Z}^n} \exp\left[-\pi u L^{-1} {}^t u\right] = \frac{1}{\sqrt{\det L}} \Theta(L^{-1};0)$$

also (b).
Konstruieren wir eine beliebige Basismatrix B des Gitters Γ und setzen in der vorhin bewiesenen Reziprozitätsformel

$$K = \tau B {}^t B$$

so erhalten wir (c) und durch Spezialisieren auch (d).

Wegen ihrer geometrischen Besonderheiten spielen die unimodularen geraden Gitter in den Anwendungen eine überragende Rolle, obwohl sie vergleichsweise selten sind. Letzteres liegt daran, daß ihre Invarianten starken Einschränkungen unterliegen:

Satz 19.2.4:
(a) Der Rang n eines beliebigen unimodularen geraden Gitters Γ ist durch 8 teilbar (Hecke [1940]).
(b) Die Thetafunktion von Γ ist eine ganze Modulform des Gewichts $\frac{n}{2}$.

Beweis:
Eine in $\mathfrak{H} \cup \{i\infty\}$ holomorphe Funktion F der Periode 1 wollen wir (nur für den Augenblick) als (ganze) Fast-Modulform vom Gewicht k bezeichnen, wenn sie die Jacobiregel

$$F(-\tau^{-1}) = \left(\frac{\tau}{i}\right)^k F(\tau)$$

für alle $\tau \in \mathfrak{H}$ erfüllt. Nach den Sätzen 19.2.1 und 19.2.4 trifft dies mit $k = \frac{n}{2}$ auf ϑ_Γ zu.
Der Satz 19.2.4 gilt auch für Fast-Modulformen, denn der Beweis läßt sich wörtlich übertragen, abgesehen von einer unbedeutenden Modifikation: bei der direkten Auswertung des Integrals $\mathfrak{J}$ tritt in der Differenz der Loga-

rithmen zweier $PSL_2(\mathbb{Z})$-äquivalenter Punkte auf b_- und b_+ ein vom Faktor i^{-k} herrührender konstanter Zusatzterm $\ln(i^{-k})$ auf, der sich aber bei der Differentialbildung sofort wieder weghebt. Die Formel

$$\int_\rho^i \left[d \ln F(-\tau^{-1}) - d \ln F(\tau)\right] = \int_\rho^i k \, d \ln \tau = k \left[\ln \rho - \ln i\right]$$

und die weiteren Argumente gelten daher wieder unverändert.

Wir wenden dieses Ergebnis auf $\vartheta = \vartheta_\Gamma$ an. Als erstes finden wir (aus Teil (b) des zitierten Satzes), daß k eine gerade Zahl, also n = 2k ein Vielfaches von 4 ist.

Wegen der Holomorphie von ϑ in $\mathfrak{H} \cup \{i\infty\}$ konvergiert die Fourierreihe im Inneren des Einheitskreises.

Lassen wir τ von $i\infty$ entlang der imaginären Achse bis i wandern, so bewegt sich der Fourierparameter $q = e^{2\pi i \tau}$ geradlinig von 0 nach $e^{-2\pi} < 1$. Dabei wächst ϑ streng monoton, da alle Fourierkoeffizienten (als Mächtigkeiten der Gitterschichten) ≥ 0 sind. Insbesondere ist $\vartheta(i) > \vartheta(i\infty) = 1$, und die Ordnung von ϑ verschwindet an der Stelle i:

$$\mathrm{ord}_i(\vartheta) = 0$$

Setzen wir das in die Gewichtsformel

$$\sum_{\tau \in \mathfrak{F}^*} \mu(\tau)\ \mathrm{ord}_\tau(\vartheta) = \frac{k}{12}$$

ein und multiplizieren mit 3, so werden alle Beiträge auf der linken Seite ganze Zahlen. Es ist also auch $\frac{k}{4} \in \mathbb{N}_0$, d.h. k durch 4 und n = 2k durch 8 teilbar.

Für $k \equiv 0 \pmod 4$ reduziert sich aber die Jacobische Transformationsformel auf

$$\vartheta(-\tau^{-1}) = \tau^k\, \vartheta(\tau)$$

was Satz 18.4.1 zufolge nach sich zieht, daß ϑ eine Modulform ist.

Der soeben bewiesene Sachverhalt läßt sich ausnutzen, um die unimodularen geraden Gitter vom Rang < 32 zu klassifizieren.

In den drei möglichen Fällen n = 8,16,24 ergeben sich jeweils 1,2,24 Lösungen, die wir in den folgenden Abschnitten näher beschreiben wollen.

Das einzige für n = 8 vorkommende Gitter, das die Bedingungen erfüllt, ist naturgemäß von besonderem Interesse. Es wird in der Literatur oft als **Gossetgitter** bezeichnet. Wir haben es schon in der Verkleidung als $\mathbb{E}_8$-Wurzelgitter kennengelernt; einige weitere wichtige Besonderheiten diskutieren wir in Abschn. 19.3.

Während die nächste Dimension, n = 16, nichts wesentlich Neues liefert, tritt uns für n = 24 neben den 23 sogenannten **Niemeiergittern**, die uns in Abschn. 19.4 beschäftigen werden, als einziges unimodulares gerades Gitter des Rangs 24, das keine Wurzeln enthält, das **Leechgitter** entgegen. Es ist sicher das faszinierendste Gitter überhaupt; deshalb widmen wir ihm auch eine ausführlichere Darstellung in Kapitel 21.

Die Diskussion der Niemeiergitter im übernächsten Abschnitt 19.4 wird durch eine Erweiterung der gerade hergeleiteten Ergebnisse erheblich erleichtert, die auch für sich genommen von hohem Interesse ist.

Nach Definition 22.1.2 und Satz 22.4.3 ist eine Funktion H: $\mathbb{R}^n \longrightarrow \mathbb{R}$ **harmonisch**, wenn ihr Mittelwert über eine beliebige in $\mathbb{R}^n$ liegende Sphäre $S = S(\varepsilon,x)$ mit Zentrum $x \in \mathbb{R}^n$ und Radius $\varepsilon \geq 0$ gleich dem Funktionswert H(x) im Mittelpunkt ist:

$$\int_{\partial S(\varepsilon,x)} H\, d\omega = H(x) \int_{\partial S(\varepsilon,x)} d\omega = H(x) \operatorname{vol} S(\varepsilon,x) = H(x)\, \varepsilon^{n-1} \operatorname{vol} \Omega_n$$

(vgl. Satz 4.5.3). Die Theorie der harmonischen Funktionen und der Polynome unter ihnen wird ausführlich in den Kapiteln 22 bzw. 23 behandelt; im Moment begnügen wir uns mit der Definition und formulieren zuerst ein technisches Lemma:

<u>Satz</u> <u>19.2.5:</u>

Seien H ein homogenes harmonisches Polynom des Grades k in n Variablen; B eine invertierbare reelle (n,n)-Matrix, $x \in \mathbb{C}^n$ und τ ein Punkt der oberen Halbebene. Dann erfüllt die **generalisierte Thetafunktion**

$$\Theta(B,H|\tau,x) = \sum_{m\in\mathbb{Z}^n} H\left[(x+m)B\right] \exp\left[\pi\ i\ \tau\ (x+m)\ B\ {}^tB\ {}^t(x+m)\right]$$

die Identität

$$\Theta(B,H|\tau,0) = \left(\frac{i}{\tau}\right)^{\frac{n}{2}+k} \frac{i^{-k}}{|\det B|}\ \Theta({}^tB^{-1},H|-\tau^{-1},0)$$

<u>Beweis:</u>

Wegen $\mathrm{Im}\ \tau > 0$ und der positiven Definitheit von $B\ {}^tB$ konvergieren beide Reihen absolut und definieren analytische Funktion von $\tau \in \mathfrak{H}$. Es genügt deshalb, wie beim Beweis des Satzes 19.2.3, wenn wir uns auf rein imaginäre $\tau = i\sigma$ beschränken ($\sigma \in \mathbb{R}$; $\sigma > 0$).

Die Behauptung lautet dann

$$\Theta(B,H|i\sigma,0) = \sigma^{-\frac{n}{2}-k} \frac{i^{-k}}{|\det B|}\ \Theta({}^tB^{-1},H|i\sigma^{-1},0)$$

Die Funktion $\Theta(B,H|i\sigma,x)$ hat in jeder Komponente von $x = (x_1,\dots,x_n)$ die Periode 1 und kann daher in eine Fourierreihe entwickelt werden:

$$\Theta(B,H|i\sigma,x) = \sum_{u\in\mathbb{Z}^n} C_u \exp\left[2\ \pi\ i\ u\ {}^tx\right]$$

wobei wir darauf verzichtet haben, die Abhängigkeit der Koeffizienten C_u von B, H und σ explizit hinzuschreiben. Die schon bewährte Reduktion ergibt jetzt

$$C_u = \int_{x_1=0}^{1} \dots \int_{x_n=0}^{1} \sum_{m\in\mathbb{Z}^n} H\left[(x+m)B\right] \exp\left[-\ \pi\ (x+m)\ L\ {}^t(x+m)\ -\ 2\ \pi\ i\ u\ {}^tx\right]\ d^nx$$

Die im Exponenten stehende Matrix, die wir zur Vereinfachung mit

$$L = -\ i\ \tau\ B\ {}^tB = \sigma\ B\ {}^tB$$

abgekürzt haben, ist positiv definit, reell und symmetrisch. Die Ersetzung

$$x + m = y - i\, u\, L^{-1}$$

ist auch im vorliegenden Fall erfolgreich und liefert

$$C_u = \int_{y \in \mathbb{R}^n} H\left(y - iuL^{-1}\right) \exp\left[- \pi\, y\, L\, {}^t y - \pi\, u\, L^{-1}\, {}^t u\right] d^n y$$

oder, nach Vorziehen des von y unabhängigen Faktors und Substitution von L im Argument von H,

$$C_u = \exp\left[- \pi\, u\, L^{-1}\, {}^t u\right] \int_{y \in \mathbb{R}^n} H\left(y\, B - i\, \sigma^{-1}\, u\, {}^t B^{-1}\right) \exp\left[- \pi\, y\, L\, {}^t y\right] d^n y$$

Mit

$$z = \sigma^{1/2}\, y\, B$$

reduzieren sich die Fourierkoeffizienten auf

$$C_u = \exp\left[- \pi\, u\, L^{-1}\, {}^t u\right] \frac{1}{\sqrt{\det L}} \int_{z \in \mathbb{R}^n} H\left(\sigma^{-1/2} z - i \sigma^{-1} u\, {}^t B^{-1}\right) \exp\left[- \pi\, z\, {}^t z\right] d^n z$$

Zur Auswertung des Integrals führen wir Polarkoordinaten ein und integrieren zuerst über die Kugelschalen mit festem $|z|$. Dabei ist der Exponentialfaktor konstant, und die Integration des harmonischen Polynoms H ergibt dasselbe wie die über den Ausdruck, der sich durch die Substitution $z \longrightarrow 0$ im Argument von H ergäbe. Kehren wir wieder zu kartesischen Koordinaten zurück, erhalten wir

$$C_u = \exp\left[- \pi\, u\, L^{-1}\, {}^t u\right] \frac{1}{\sqrt{\det L}} H\left(- i\, \sigma^{-1}\, u\, {}^t B^{-1}\right) \int_{z \in \mathbb{R}^n} \exp\left[- \pi\, z\, {}^t z\right] d^n z$$

Das Integral ist gleich 1, und die Homogenität von H sowie die Definition von L ergeben den endgültigen Ausdruck

$$C_u = \frac{\sigma^{-\frac{n}{2}-k}\, i^{-k}}{|\det B|} H(u\,{}^tB) \exp\left[-\pi\, \sigma^{-1}\, u\, {}^tB^{-1}\, B^{-1}\, {}^tu\right]$$

Die Thetafunktion ist somit an der Stelle x = 0:

$$\Theta(B,H|i\sigma,0) = \sum_{u\in\mathbb{Z}^n} C_u = \frac{\sigma^{-\frac{n}{2}-k}\, i^{-k}}{|\det B|} \sum_{u\in\mathbb{Z}^n} H(u\,{}^tB) \exp\left[-\pi\, \sigma^{-1}\, u\, {}^tB^{-1}\, B^{-1}\, {}^tu\right]$$

oder einfach

$$\Theta(B,H|i\sigma,0) = \frac{\sigma^{-\frac{n}{2}-k}\, i^{-k}}{|\det B|} \Theta({}^tB^{-1},H|i\sigma^{-1},0)$$

wie verlangt.

Die angekündigte Verallgemeinerung der Sätze 19.2.3 und 19.2.4 lautet:

Satz 19.2.6:

Die durch Einfügen eines harmonischen Polynoms H des Grades k modifizierte Thetareihe eines unimodularen geraden Gitters Γ vom Rang n,

$$\Theta(\Gamma,H;\tau) = \sum_{\gamma\in\Gamma} H(\gamma)\, e^{i\pi\tau\langle\gamma,\gamma\rangle}$$

($\tau \in \mathfrak{H}$) ist eine ganze Modulform vom Gewicht $\frac{n}{2} + k$. Wenn der Grad von H positiv ist, handelt es sich sogar um eine Spitzenform.

Beweis:

Die Periodizität von Θ in τ,

$$\Theta(\Gamma,H;\tau+1) = \Theta(\Gamma,H;\tau)$$

ist offensichtlich, und Satz 19.2.5 impliziert die erste Behauptung, weil wegen der Unimodularität von Γ der Rang n nach dem Theorem von Hecke durch 8 teilbar und $|\det B| = 1$ ist. Falls darüber hinaus noch $k > 0$ gilt, haben wir außerdem

$$\Theta(\Gamma, H; i\infty) = \lim_{\tau \to i\infty} \Theta(\Gamma, H; \tau) = H(0) = 0$$

und Θ ist eine Spitzenform.

19.3. Das Gossetgitter

Im Gegensatz zu den unimodularen Minkowskigittern, die vollständig bekannt sind (s. Conway & Sloane [1988]), ist die entsprechende Klassifikation im für unsere Anwendungen benötigten euklidischen Fall, dem wir uns jetzt wieder zuwenden, lediglich (selbst bei Beschränkung auf gerade Gitter) bisher nur bei kleinem Rang n (unterhalb von 32) gelungen. Der Grund hierfür liegt vornehmlich in der mit n extrem stark anwachsenden Zahl paarweise nichtisometrischer Gitter.

Sei also Γ ein unimodulares gerades (euklidisches) Gitter. Nach Satz 19.2.4 ist der Rang n von Γ durch 8 teilbar. Die einfachste Möglichkeit, mit der wir unsere Untersuchung beginnen wollen, ist somit $n = 8$.

Unter dieser Voraussetzung ist gemäß Satz 19.2.4 die zugehörige Thetafunktion $\vartheta = \vartheta_\Gamma$ eine ganze Modulform vom Gewicht $\frac{8}{2} = 4$, also ein reelles Vielfaches der Eisensteinreihe G_4. Der Faktor ist durch die Bedingung festgelegt, daß Γ_0 genau einen Vektor, nämlich 0, enthält, also $\# \Gamma_0$ gleich 1 sein muß.

Wir erhalten mit der üblichen Festsetzung $q = e^{2\pi i\tau}$:

$$\vartheta(\tau) = 1 + 240 \sum_{m=1}^{\infty} \sigma_3(m)\, q^m = 1 + 240\, q + 2160\, q^2 + \ldots$$

Insbesondere enthält Γ genau 240 Wurzeln (= Typ-1-Vektoren).

Nach Satz 15.4.1 setzt sich Γ_1 als direkte Summe aus monolithischen Wurzelsystemen der Typen $\mathbb{A}, \mathbb{D}, \mathbb{E}$ zusammen. Alle Konstituenten haben Ränge ≤ 8; mindestens einer muß eine Coxeterzahl haben, die $\ge h(\Gamma) = 30$ ist.

Eine Inspektion der Liste aller irreduziblen euklidischen Wurzelsysteme (Abschn. 16.1) läßt als einzigen möglichen Kandidaten das $\mathbb{E}_8$-System mit $h = 30$ zu. Da dieses bereits den vollen Rang 8 hat, ist $\Gamma_1 = \Sigma(\mathbb{E}_8)$ und Γ enthält ein zu $\Gamma(\mathbb{E}_8)$ isomorphes Untergitter Δ.

Def. 19.1.1 liefert sogar $\Delta \subseteq \Gamma \subseteq \Delta^*$. Andererseits ist $\mathrm{Det}(\Delta) = 1$, also $\Delta^* = \Delta$, und wir haben

Satz 19.3.1:

Jedes unimodulare gerade Gitter in $\mathbb{R}^8$ ist isometrisch zum $\mathbb{E}_8$-Gitter. (Letzteres ist auch unter der Bezeichnung **Gossetgitter** bekannt). Die Punktgruppe ist

$$\mathrm{Pkt}(\Gamma(\mathbb{E}_8)) = \mathrm{Weyl}(\mathbb{E}_8) \cong 2 \wedge O_8^+(2) : 2$$

Bemerkung:

Dieses Gitter wurde von Gosset [1900] ausführlich diskutiert. Es ist mehrfach unabhängig wiederentdeckt worden.

Die Charakterisierung durch Satz 19.3.1 unterstreicht die immense Bedeutung des $\mathbb{E}_8$-Gitters. Wir werden in den folgenden Kapiteln einige Gelegenheiten haben, dies zu bestätigen.
Bevor wir uns den höherdimensionalen unimodularen geraden Gittern und speziell dem ihm in vielen Eigenschaften sehr ähnlichen **Leechgitter** (Rang 24) zuwenden, wollen wir noch einige der zahlreichen expliziten Konstruktionen für $\Gamma(\mathbb{E}_8)$ angeben:

Satz 19.3.2:

(a) Das aus allen Vektoren der Form

$$\gamma = \frac{1}{2} v = \frac{1}{2} (v_1, \ldots, v_8)$$

mit $v_i \in \mathbb{Z}$, $v_i \equiv v_j \pmod 2$ und $\sum v_i \equiv 0 \pmod 4$ bestehende Gitter ist isometrisch zum Gossetgitter.

(b) Das Gleiche gilt von dem Gitter, das von den Vektoren

$$\gamma = \frac{1}{3} w = \frac{1}{3} (w_1, \ldots, w_9)$$

gebildet wird, die den Bedingungen $w_i \in \mathbb{Z}$, $w_i \equiv w_j \pmod 3$ und $\sum w_i = 0$ genügen.
Bei dieser Beschreibung ist der Einbettungsraum die Hyperebene in $\mathbb{R}^9$, die die Vektoren mit Koordinatensumme 0 beinhaltet, d.h. der Orthogonalraum zu $(1,1,1,1,1,1,1,1,1)$.

Beweis:
Wir brauchen lediglich die beiden Darstellungen der $\mathbb{E}_8$-Wurzeln aus Abschn. 16.1 zu verwenden.

Es gibt noch eine weitere Beschreibung des Gossetgitters, die sich durch geometrische Einfachheit und Eleganz auszeichnet (vgl. Coxeter [1951] oder Conway & Sloane [1988]), und zwar die folgende:
Wir wählen die Metrik des Minkowskiraums $\mathbb{R}^{9,1}$ mit der Signatur $(+^9,-^1)$ in der einfachsten Gestalt, nämlich als Diag(-1,1,1,1,1,1,1,1,1,1).
Der Vektor

$$u = (3|1,1,1,1,1,1,1,1,1)$$

ist isotrop (hat Norm 0); alle Vektoren

$$x = (x_0|x_1,x_2,x_3,x_4,x_5,x_6,x_7,x_8,x_9)$$

mit ganzzahligen Koordinaten x_i, welche unter der obigen Metrik orthogonal zu u sind:

$$-u_0x_0 + u_1x_1 + u_2x_2 + u_3x_3 + u_4x_4 + u_5x_5 + u_6x_6 + u_7x_7 + u_8x_8 + u_9x_9 = 0$$

bilden ein $\mathbb{E}_8$-Gitter.

Beweis:
Nachrechnen.

Die Klassifikation der unimodularen geraden Gitter für den nächsten in Frage kommenden Rang, n = 16, ist mit den gleichen Mitteln durchführbar und fast genauso einfach. Um die Argumente nicht unnötig zu wiederholen, kürzen wir die relevanten Überlegungen deshalb etwas ab.
Zunächst finden wir, daß die Thetareihe jetzt eine ganze Modulform vom Gewicht 8 und folglich ein Vielfaches von G_4^2 ist. Der Multiplikator wird

ebenso bestimmt wie oben. Das liefert

$$\vartheta_{\Gamma}(\tau) = 1 + 480\, q + 61920\, q^2 + \ldots$$

Das Gitter enthält also exakt 480 Wurzeln, die ein wieder als Δ bezeichnetes Wurzelgitter aufspannen, für das

$$\Delta \subseteq \Gamma = \Gamma^* \subseteq \Delta^*$$

gilt. Unter den Komponenten $\Delta_1, \ldots, \Delta_s$ von Δ muß es wiederum eine, etwa Δ_1, geben, deren Coxeterzahl $\geq h(\Gamma) = 30$ ist.
Da der Rang von Δ_1 unter den vorliegenden Verhältnissen aber bis zu 16 betragen darf, gibt es nunmehr zwei monolithische Systeme, die in Frage kommen: $\mathbb{E}_8$ und $\mathbb{D}_{16}$.
Ist $\Delta_1 \cong \mathbb{E}_8$, so verbleiben im Orthogonalraum, der ebenfalls 8-dimensional ist, noch 240 Wurzeln, die zusammen $\Delta_2 \oplus \ldots \oplus \Delta_s$ bilden. Die gleiche Überlegung wie oben zeigt dann, daß $s = 2$ und $\Delta_1 \cong \Delta_2 \cong \mathbb{E}_8$ ist. Wir haben dann $\Delta \cong \mathbb{E}_8 \oplus \mathbb{E}_8$. Dieses Gitter ist selbst unimodular und stimmt daher mit Γ überein.
Wenn hingegen Δ_1 und damit auch $\Delta \cong \mathbb{D}_{16}$ ist, hat der duale Faktor Δ^*/Δ die Ordnung 4 und ist elementar-abelsch. Γ muß dann eines der drei Untergitter des Index 2 in Δ^* sein. Es ist nicht schwierig, diese zu bestimmen.
Wir gehen von der Standarddarstellung des $\mathbb{D}_{16}$-Gitters aus:

$$\Delta = \left\{ (x_1, \ldots, x_n) \in \mathbb{Z}^n \;\middle|\; \sum x_i \equiv 0 \pmod 2 \right\}$$

Wir erweitern Δ, indem wir einen Vektor $v \in \Delta^* \backslash \Delta$ adjungieren.
Geeignete Vertreter der drei nichttrivialen Nebenklassen von Δ im Dualgitter Δ^* sind

$$v_1 = \tfrac{1}{2}\,(1,1,\ldots,1,1)$$

$$v_2 = \tfrac{1}{2}\,(-1,1,1,\ldots,1,1)$$

$$v_3 = (1,0,0,\ldots,0,0)$$

Die beiden ersten gehen durch einen Automorphismus von $\mathbb{D}_{16}$ (der von der

Vertauschung der beiden "Schwänzchen" im Dynkindiagramm herrührt) auseinander hervor. Sie sind insbesondere isometrisch zueinander und haben die verlangte Eigenschaft, während das dritte nicht gerade ist. Wir haben damit bewiesen:

<u>Satz 19.3.3:</u>

Jedes unimodulare gerade Gitter Γ des Rangs 16 ist entweder zu $\mathbb{E}_8 \oplus \mathbb{E}_8$ isometrisch oder eine Erweiterung vom Index 2 des $\mathbb{D}_{16}$-Gitters von der Form

$$\Gamma = \mathbb{D}_{16} \cup \left[v + \mathbb{D}_{16} \right]$$

mit

$$\Delta = \left\{ (x_1, \ldots, x_n) \in \mathbb{Z}^n \;\middle|\; \sum x_i \equiv 0 \pmod 2 \right\}$$

und dem Zusatzvektor

$$v = \frac{1}{2}(1, 1, \ldots, 1, 1)$$

<u>Bemerkung:</u>

Der im Satz angesprochene Erweiterungsprozeß ist als "Verkleben" bekannt. Wir werden bei der Diskussion der für unsere Anwendungen wichtigen 24-dimensionalen Gitter ausführlicher darauf zurückkommen.

19.4. Die Niemeiergitter

Die Anzahl der Isometrieklassen von unimodularen geraden Gittern steigt mit dem Rang n extrem stark an, wie man der hier nicht diskutierten **Siegelschen Maßformel** (Siegel [1935]) entnehmen kann. Während für n = 8 und n = 16 die Klassifikation ohne Mühe gelang, ist das entsprechende Unternehmen bereits für den nächsten Fall, n = 24, erheblich aufwendiger. Wir werden uns in diesem und dem nächsten Abschnitt ausführlich diesem Problem widmen.

Für $n \geq 32$ hingegen erscheint es aussichtslos, eine vollständige Liste aufstellen zu wollen, da bereits mehr als 80 Millionen paarweise nichtisomorphe unimodulare Gitter in $\mathbb{R}^{32}$ existieren.

Bevor wir mit der Konstruktion der 24-dimensionalen unimodularen geraden Gitter beginnen, sind einige Bemerkungen zur historischen Entwicklung des Gegenstandes angebracht. Wir werden sehen, daß sich bei der Klassifikation eine natürliche Dichotomie ergibt, je nachdem, ob das betrachtete Gitter Γ Wurzeln enthält, also $\Gamma_1 \neq \emptyset$ ist, oder nicht.

Leech [1965] entdeckte ein später nach ihm benanntes Gitter mit $\Gamma_1 = \emptyset$ auf der Suche nach dichten Kugelpackungen in höherdimensionalen Räumen. In der Folgezeit stellte sich heraus, daß es sich bei diesem Gitter um ein einzigartiges Objekt handelt, das in seiner Bedeutung nur noch mit dem Gossetschen vergleichbar ist. Auf einige der zahlreichen Besonderheiten des Leechgitters werden wir später (Kap. 21) noch zurückkommen.

Einige Jahre später gelang es Niemeier [1973], sämtliche unimodularen geraden Gitter des Rangs 24 explizit zu ermitteln. Dabei ergab sich, daß genau 23 von ihnen Wurzeln enthalten; lediglich das Leechgitter macht eine Ausnahme.

Niemeiers Argumentation besteht in der Konstruktion gewisser Gitter, die die fraglichen Bedingungen erfüllen. Er ermittelt dann deren Automorphismengruppen und summiert die Kehrwerte ihrer Ordnungen. Das Ergebnis stimmt exakt mit dem von der Siegelschen Maßformel vorhergesagten Wert überein, was die Vollständigkeit der gefundenen Menge erweist.

Allerdings ist diese Methode relativ technisch; heute sind elegantere Verfahren, von denen wir eines weiter unten benutzen werden, bekannt.

Conway [1968,1969.1] berechnete die Punktgruppe des Leechgitters und fand in einer anderen Arbeit (Conway [1969.2]) einen unabhängigen, sehr kurzen

und einfachen Beweis dafür, daß das Leechgitter das einzige unimodulare gerade Gitter in $\mathbb{R}^{24}$ ist, welches keine Wurzeln enthält.
Der oben erwähnten Zweiteilung entsprechend, führen wir einige Bezeichnungen ein.

Definition 19.4.1:
Unimodulare gerade Gitter des Rangs 24 nennen wir **Niemeiergitter**, wenn sie Wurzeln enthalten; anderenfalls **Leechgitter**.

Das Wurzelsystem $\Gamma_1 \neq \emptyset$ eines Niemeiergitters Γ zerlegen wir in irreduzible Teilsysteme $\Sigma_1, \ldots, \Sigma_s$, die die Gitter $\Delta_1, \ldots, \Delta_s$ erzeugen. Dabei benutzen wir die Argumentation von Venkov [1978] in leicht modifizierter Form.
Wir wählen einen zunächst beliebigen Vektor $\alpha \in \mathbb{R}^{24}$ aus. Das Polynom

$$H_\alpha(x) = \langle\alpha, x\rangle^2 - \frac{1}{24} \langle\alpha, \alpha\rangle \langle x, x\rangle$$

ist **harmonisch** und homogen vom Grad 2 in $x \in \mathbb{R}^{24}$. Die **verallgemeinerte Thetareihe**

$$\Theta_\alpha(\tau) = \sum_{\gamma\in\Gamma} H_\alpha(\gamma)\, e^{\pi i \tau \langle\gamma,\gamma\rangle} = \sum_{n\in\mathbb{N}_0} \sum_{\gamma\in\Gamma_n} H_\alpha(\gamma)\, e^{2\pi i n\tau}$$

ist nach Satz 19.2.6 eine Spitzenform vom Gewicht $\frac{24}{2} + 2 = 14$. Es ist uns aber bereits aus Satz 18.4.5 bekannt, daß der Raum der Modulformen des Gewichts 14 eindimensional ist und von $g_2^2\, g_3$ erzeugt wird. Da $g_2^2\, g_3$ einen nichtverschwindenden konstanten Term besitzt, ist

$$\Theta_\alpha(\tau) = 0$$

Durch Koeffizientenvergleich der zu $e^{2\pi i n\tau}$ proportionalen Summanden der obigen Potenzreihe erhalten wir

$$\sum_{\gamma\in\Gamma_n} H_\alpha(\gamma) = \sum_{\gamma\in\Gamma_n} \left[\langle\alpha, \gamma\rangle^2 - \frac{1}{24} \langle\alpha, \alpha\rangle \langle\gamma, \gamma\rangle\right] = 0$$

und folglich, wegen $\langle\gamma, \gamma\rangle = 2n$,

$$\sum_{\gamma\in\Gamma_n} \langle\alpha,\gamma\rangle^2 = \frac{n}{12} \langle\alpha,\alpha\rangle \, \#(\Gamma_n)$$

Insbesondere ist die Summe der Abstandsquadrate eines beliebigen Punkts $\alpha \in \mathbb{R}^{24}$ von allen Wurzeln des Gitters berechenbar (n = 1):

$$\sum_{w\in\Gamma_1} \langle\alpha,w\rangle^2 = \frac{1}{12} \langle\alpha,\alpha\rangle \, \#(\Gamma_1) = 2\, h(\Gamma)\, \langle\alpha,\alpha\rangle$$

Sie hängt nur von der Norm $\langle\alpha,\alpha\rangle$ und der Coxeterzahl $h(\Gamma)$ ab. Eine erste Folgerung ergibt sich unmittelbar. Da nach Definition des Begriffs "Niemeiergitter" $\#(\Gamma_1) \neq 0$ gilt, ist 0 der einzige zu allen Wurzeln von Γ orthogonale Vektor in $\mathbb{R}^{24}$. Mit anderen Worten: der Rang von Γ_1 ist gleich dem maximal möglichen Wert, nämlich 24.
Wir schreiben zur Vereinfachung $\kappa_m(w,\Sigma)$ für die Anzahl aller Wurzeln des Systems Σ, die mit $w \in \Sigma$ das Skalarprodukt m haben,

$$\kappa_m(w,\Sigma) = \# \left\{ u \in \Sigma \;\middle|\; \langle u,w\rangle = m \right\}$$

Dabei können nur die Werte m = -2,-1,0,1,2 wirklich vorkommen. Die Konstituenten $\Sigma_1,\ldots,\Sigma_r$ von Γ_1 sind alle vom Typ $\mathbb{A}$, $\mathbb{D}$ oder $\mathbb{E}$. Die Transitivität der Weylgruppen auf diesen Systemen zeigt die Unabhängigkeit der $\kappa_m(w,\Sigma_i)$ von der Wurzel w. Wir interessieren uns besonders für κ_1. Die fraglichen numerischen Werte ergeben sich leicht durch Inspektion der euklidischen Wurzelsysteme, die wir ja in Abschnitt 16.1 explizit aufgelistet hatten.
Mit den Coxeterzahlen (Tab. 16.2.1) stellen wir sie übersichtlich zusammen:

Tab. 19.4.1

Wurzelsystem Σ	$\mathbb{A}_k$ (k≥1)	$\mathbb{D}_k$ (k≥4)	$\mathbb{E}_6$	$\mathbb{E}_7$	$\mathbb{E}_8$
Coxeterzahl $h(\Sigma)$	k+1	2k-2	12	18	30
Invariante $\kappa_1(w,\Sigma)$	2k-2	4k-8	20	32	56

In allen Fällen besteht die lineare Relation

$$\kappa_1(w,\Sigma) = 2\ h(\Sigma) - 4$$

die es erlaubt, die Coxeterzahl aus $\kappa_1(w,\Sigma)$ zu berechnen. Nun ist aber für $u \in \Gamma_1$

$$\sum_{w\in\Gamma_1} \langle u,w\rangle^2 = 8 + 2\ \kappa_1(u,\Gamma_1)$$

weil außer $\pm$ u alle Wurzeln w von Γ entweder zu u orthogonal sind oder das Skalarprodukt $\langle u,w\rangle = \pm 1$ liefern und die Wurzeln immer als Paare $\pm$ w auftreten.

Andererseits sind die Bestandteile Σ_i, aus denen sich Γ_1 zusammensetzt, zueinander orthogonal, und die Ungleichung $\langle u,w\rangle \neq 0$ kann für $u,w \in \Gamma_1$ nur bestehen, wenn beide Wurzeln im selben Σ_i liegen. Daraus schließen wir, sofern u in Σ_i liegt, auf

$$\kappa_1(u,\Gamma_1) = \kappa_1(u,\Sigma_i) = 2\ h(\Sigma_i) - 4$$

Somit gilt

$$\sum_{w\in\Gamma_1} \langle \alpha,w\rangle^2 = \frac{1}{12} \langle \alpha,\alpha\rangle\ \#(\Gamma_1) = 2\ h(\Gamma)\ \langle \alpha,\alpha\rangle$$

$$4\ h(\Gamma) = \sum_{w\in\Gamma_1} \langle u,w\rangle^2 = 8 + 2 \left[2\ h(\Sigma_i) - 4\right] = 4\ h(\Sigma_i)$$

Alle Konstituenten $\Sigma_1,\ldots,\Sigma_s$ haben also dieselbe Coxeterzahl $h = h(\Gamma)$:

$$h(\Sigma_1) = \ldots = h(\Sigma_s) = h$$

Die Coxeterzahlen der monolithischen Wurzelsysteme steigen innerhalb jeder der Serien $\mathbb{A},\mathbb{D},\mathbb{E}$ streng monoton mit dem Rang. Daher können insbesondere zwei Teilsysteme desselben Typs, aber mit unterschiedlichen Rängen, nicht simultan unter den Δ_i vorkommen.

Mit diesen Informationen ist es nicht mehr schwierig, alle Möglichkeiten für Γ_1 aufzuzählen.

Es ist uns bereits bekannt, daß jedes Δ_i eines der Wurzelgitter $\mathbb{A}_k$ $(1 \le k \le 24)$, $\mathbb{D}_k$ $(4 \le k \le 24)$ oder $\mathbb{E}_k$ $(6 \le k \le 8)$ ist. Je nachdem, welche von diesen unter den Δ_i vertreten sind, nennen wir Δ vom Typ $(\mathbb{A}),(\mathbb{D})$, $(\mathbb{E}),(\mathbb{AD}),(\mathbb{AE}),(\mathbb{DE})$ oder $(\mathbb{ADE})$.

Die "reinen" Systeme (Typen $\mathbb{A},\mathbb{D},\mathbb{E}$) haben paarweise isomorphe Konstituenten. Damit verbleiben

$$\text{Typ } (\mathbb{A}): \quad \Delta \in \left\{ \mathbb{A}_1^{24}, \mathbb{A}_2^{12}, \mathbb{A}_3^{8}, \mathbb{A}_4^{6}, \mathbb{A}_6^{4}, \mathbb{A}_8^{3}, \mathbb{A}_{12}^{2}, \mathbb{A}_{24} \right\};$$

$$\text{Typ } (\mathbb{D}): \quad \Delta \in \left\{ \mathbb{D}_4^{6}, \mathbb{D}_6^{4}, \mathbb{D}_8^{3}, \mathbb{D}_{12}^{2}, \mathbb{D}_{24} \right\};$$

$$\text{Typ } (\mathbb{E}): \quad \Delta \in \left\{ \mathbb{E}_6^{4}, \mathbb{E}_8^{3} \right\}.$$

Bei den Kandidaten des Typs $(\mathbb{AD})$ ist zu beachten, daß $\mathbb{D}_k$ $(h = 2k-2)$ nur mit $\mathbb{A}_{2k-3}$ kombinieren kann. Das gibt

$k = 4$ $(h = 6)$: $\Delta = \mathbb{A}_5^4 \oplus \mathbb{D}_4$;

$k = 5$ $(h = 8)$: $\Delta = \mathbb{A}_7^2 \oplus \mathbb{D}_5^2$;

$k = 6$ $(h = 10)$: $\Delta = \mathbb{A}_9^2 \oplus \mathbb{D}_6$;

$k = 7$ $(h = 12)$ oder $k = 8$ $(h = 14)$: keine Lösung;

$k = 9$ $(h = 16)$: $\Delta = \mathbb{A}_{15} \oplus \mathbb{D}_9$.

Für $k \ge 10$ können offenbar keine weiteren $(\mathbb{AD})$-Systeme existieren.

Alle noch fehlenden Kandidaten für Γ_1 enthalten (mindestens) eine $\mathbb{E}$-Komponente.

Ist diese gleich $\mathbb{E}_6$, d.h. $h = 12$, so können nur $\mathbb{A}_{11}$ und/oder $\mathbb{D}_7$ hinzukommen. Das einzige derartige Wurzelgitter, das allen Bedingungen genügt, ist $\mathbb{A}_{11} \oplus \mathbb{D}_7 \oplus \mathbb{E}_6$.

Hingegen ist $\mathbb{E}_7$ wegen $h = 18$ nur mit $\mathbb{A}_{17}$ und $\mathbb{D}_{10}$ verträglich. Das ergibt zwei Lösungen, nämlich $\mathbb{A}_{17} \oplus \mathbb{E}_7$ sowie $\mathbb{D}_{10} \oplus \mathbb{E}_7^2$.

Schließlich kann $\mathbb{E}_8$ (h = 30) nur mit $\mathbb{D}_{16}$ kombiniert werden, weil $\mathbb{A}_{29}$ einen zu großen Rang hat. In diesem Fall ist Γ_1 isomorph zu $\mathbb{D}_{16} \oplus \mathbb{E}_8$.
Wir fassen unser Zwischenergebnis zusammen:

Satz 19.4.1:
Das Wurzelsystem Γ_1 eines Niemeiergitters Γ ist isometrisch zu einem der in Tabelle 19.4.2 aufgelisteten.

Der Nachweis der etwas überraschenden Tatsache, daß zu jedem der angegebenen Wurzelsysteme ein Niemeiergitter gehört und dieses bis auf Isometrie eindeutig ist, also insbesondere genau 23 Isomorphieklassen von Niemeiergittern existieren (solche mit verschiedenen Wurzelsystemen sind natürlich inäquivalent), erfolgt mit Hilfe einer von Kneser [1957] entwickelten Methode.
Wir skizzieren hier nur kurz die wesentliche Idee, da unser Hauptaugenmerk weniger auf die Niemeiergitter als auf die für unsere Zwecke viel wichtigeren 24-dimensionalen unimodularen geraden Gitter ohne Wurzeln (**Leechgitter**) gerichtet ist; die praktische Durchführung der diesbezüglichen Rechnungen ist zwar grundsätzlich einfach, aber wegen der erforderlichen Einzelfalldiskussion etwas technisch und nicht allzu interessant. Sie ist in unterschiedlichen Varianten in der Literatur dargestellt, z.B. im zitierten Artikel von Venkov [1978], aber auch an anderer Stelle im gleichen Buch, sowie in zahlreichen anderen Originalarbeiten, die a.a.O. nachgeschlagen werden können.
Der Grundgedanke des **Kneserschen Klebeverfahrens** besteht darin, ein unimodulares Gitter Γ zu konstruieren, indem man ein (ganzes) Untergitter Δ sucht, das den gleichen Rang (n) hat wie Γ und sich als orthogonale direkte Summe von gewissen Teilgittern schreiben läßt:

$$\Delta = \Delta_1 \oplus \ldots \oplus \Delta_s$$

In unserem Falle wären Δ das Wurzelgitter und die Δ_i die entsprechenden monolithischen Bausteine.

Tab. 19.4.2

Wurzelgitter Δ	Coxeterzahl h	$\sqrt{\text{Det } \Delta}$
$\mathbb{A}_1^{24}$	2	4096
$\mathbb{A}_2^{12}$	3	729
$\mathbb{A}_3^{8}$	4	256
$\mathbb{A}_4^{6}$	5	125
$\mathbb{D}_4^{6}$	6	64
$\mathbb{A}_5^{4} \oplus \mathbb{D}_4$	6	72
$\mathbb{A}_6^{4}$	7	49
$\mathbb{A}_7^{2} \oplus \mathbb{D}_5^2$	8	32
$\mathbb{A}_8^{3}$	9	27
$\mathbb{D}_6^{4}$	10	16
$\mathbb{A}_9^{2} \oplus \mathbb{D}_6$	10	20
$\mathbb{E}_6^{4}$	12	9
$\mathbb{A}_{11} \oplus \mathbb{D}_7 \oplus \mathbb{E}_6$	12	12
$\mathbb{A}_{12}^{2}$	13	13
$\mathbb{D}_8^{3}$	14	8
$\mathbb{A}_{15} \oplus \mathbb{D}_9$	16	8
$\mathbb{D}_{10} \oplus \mathbb{E}_7^2$	18	4
$\mathbb{A}_{17} \oplus \mathbb{E}_7$	18	6
$\mathbb{D}_{12}^{2}$	22	4
$\mathbb{A}_{24}$	25	5
$\mathbb{E}_8^{3}$	30	1
$\mathbb{D}_{16} \oplus \mathbb{E}_8$	30	2
$\mathbb{D}_{24}$	46	2

Den von Δ_i aufgespannten Unterraum von $V = \mathbb{R}^n$ bezeichnen wir mit V_i. Seine Dimension ist gleich dem Rang n_i von Δ_i. Aus $\Delta \subseteq \Gamma$ und der Unimodularität von Γ folgt

$$\Delta \subseteq \Gamma \subseteq \Delta^*$$

wobei die Indizes aus Determinantengründen übereinstimmen:

$$\# \Gamma/\Delta = \# \Delta^*/\Gamma$$

Wir wollen **"Klebevektoren"** $v_1,\dots,v_k$ finden, die zusammen mit Δ das gesuchte Gitter Γ aufspannen. Es liegt nahe, sie gemäß

$$v_i = v_i^1 + \dots + v_i^s$$

in Bestandteile $v_i^j \in V_j$ aufzuspalten. Da alle v_i in Γ und daher auch in Δ^* gelegen und die V_i paarweise orthogonal sind, haben wir genauer $v_i^j \in \Delta_i^*$. Natürlich kommt es nicht darauf an, welches konkrete v_i^j wir benutzen; alle mod Δ_i äquivalenten Vektoren tun dieselben Dienste. Letztlich sind also nur die von den v_i^j erzeugten Nebenklassen von Δ_i interessant, die man üblicherweise mit

$$\left[v_i^j\right] = v_i^j + \Delta_i$$

bezeichnet. Die Faktorgruppen Δ^*/Δ sind uns für alle Wurzelgitter wohlbekannt. Es ist nicht schwierig, die möglichen Fälle einzeln durchzudiskutieren und festzustellen, welche Kombinationen von Klebevektoren auf Gitter der gewünschten Gestalt führen.
Dabei arbeitet man im wesentlichen in der Faktorgruppe

$$\Delta^*/\Delta = \left(\Delta_1^*/\Delta_1^*\right) \times \dots \times \left(\Delta_s^*/\Delta_s^*\right)$$

was letzten Endes auf eine Untersuchung gewisser **selbstorthogonaler Codes**, s. Kap. 20, hinausläuft. Wir wollen die Details aus den genannten Gründen nicht weiter verfolgen und notieren lediglich das Resultat der Betrachtungen:

<u>Satz</u> <u>19.4.2:</u>
Es gibt genau 23 verschiedene Isometrieklassen von Niemeiergittern, die

sich durch ihre Wurzelgitter jeweils eindeutig charakterisieren lassen. Die vorkommenden Möglichkeiten für die Wurzelsysteme stehen in Tab. 19.4.2.

Eine andere Beschreibung der Niemeiergitter, die einen merkwürdigen Zusammenhang zu den (tiefen) Löchern im Leechgitter aufdeckt, wird uns später (in Abschn. 21.4) noch beschäftigen.

20. Lineare Codes

20.1. Verschlüsselung von Informationen

Eine Grundaufgabe der Nachrichtentechnik besteht darin, Informationen von einem Raumpunkt A, dem **Sender**, an eine andere Stelle B, den **Empfänger**, zu übermitteln. Dabei sind i.a. zwei gegensätzliche Forderungen einzuhalten. Einerseits soll die Übertragung möglichst schnell erfolgen; zum anderen muß sie zuverlässig sein, auch wenn die Verbindung zwischen A und B (z.B. Funkstrecke oder Telefonleitung) leicht gestört ist.

Der gesamte Vorgang teilt sich in drei nacheinander ablaufende Prozesse, nämlich die **Verschlüsselung** der Nachricht beim Sender, die eigentliche Fernübertragung und eine anschließende **Dechiffrierung** seitens des Empfängers.

Wir nehmen an, die Information liege als Folge von Zeichen vor, die wir im folgenden als **Buchstaben** umschreiben wollen, obwohl natürlich auch andere Symbole erlaubt sind, wie etwa Ziffern, Sonder- und Leerzeichen etc. Alle Buchstaben gehören einem festgelegten endlichen **Alphabet** an.

Für die Übermittlung durch elektronische oder andere Medien sind solche Zeichensätze allerdings nicht unmittelbar geeignet; sie müssen zuerst auf eine Form gebracht werden, die dem Übertragungskanal angemessen ist, beispielsweise eine Folge von Nullen und Einsen (**"Bits"**), die wir als Elemente aus dem Körper $\mathbb{F}_2$ auffassen. Sie werden je nachdem, wie die technische Realisierung beschaffen ist, unterschiedlich interpretiert, was uns aber nicht weiter beschäftigen soll. Hier geht es nur um die mathematische Aufgabenstellung, nicht die praktische Durchführung.

Dazu lassen wir als übertragbare Zeichen alle Elemente eines endlichen Körpers $\mathbb{K}$ zu. Die Codierung ist dann nichts anderes als eine Abbildung $\mathcal{C}$, die jedem Buchstaben B des Alphabets ein wohlbestimmtes Element, das zugehörige **Codewort** $\mathcal{C}(B)$, aus einem endlichdimensionalen $\mathbb{K}$-Vektorraum zuordnet. Wir setzen dabei voraus, daß alle Codewörter eine feste Länge n haben, also aus dem Raum $V = \mathbb{K}^n$ entnommen sind. Das ist in der Praxis nicht immer so; das Morse"alphabet" besitzt unterschiedlich lange Zeichenfolgen; die einzelnen Buchstaben sind dabei durch eine Pause voneinander getrennt. Derartige Verschlüsselungsverfahren schließen wir aus unserer Betrachtung aus.

Der Empfänger wendet die Umkehrabbildung $\mathscr{C}^{-1}$ auf jedes Codewort an und rekonstruiert so die ursprüngliche Nachricht. Das verlangt selbstverständlich die Injektivität von $\mathscr{C}$.
Jeder reale Übertragungsweg ist allerdings gewissen Störungen ausgesetzt, die gelegentlich zu Fehlern führen. Dabei wird z.B. ein als "0" von A abgegebenes Signal bei B als "1" ankommen oder umgekehrt.
Handelt es sich bei der übermittelten Nachricht um eine Textpassage in einer natürlichen Sprache wie Deutsch, so sind einzelne Fehler meist leicht zu korrigieren, da nicht alle Buchstaben der gesamten Sequenz notwendig sind, um den Inhalt der Aussage festzulegen. Das liegt daran, daß manche Folgen von Buchstaben keine sinnvollen Wörter ergeben (**linguistische Redundanz**).
Es gibt jedoch keine Garantie, daß der Empfänger immer in der Lage ist, den Sinn eines Satzes zu erkennen. Einige Beispiele mögen dies verdeutlichen.
Der Satz "Sie ist eine gute Schauspielerin" bleibt ohne weiteres verständlich, wenn durch einen Tippfehler etwa das "c" in ein "v" verwandelt wird.
Anders ist es jedoch, wenn versehentlich das "u" in "Schauspielerin" durch das auf der Schreibmaschine schräg darunterliegende "h" substituiert wird: "Schahspielerin" könnte auch aus "Schachspielerin" durch Entfallen des "c" zustandegekommen sein, wodurch sich ein völlig anderer Sinn ergäbe. Ohne weitere Information läßt sich keine eindeutige Korrektur durchführen, obwohl die Existenz eines Fehlers klar erkennbar ist.
Eine dritte Möglichkeit gibt es auch noch: es kann vorkommen, daß ein Fehler prinzipiell nicht bemerkbar ist, weil die entstellte Botschaft immer noch grammatikalisch, syntaktisch und semantisch korrekt ist. Das ist in unserem Satz beispielsweise der Fall, wenn im ersten Wort das "i" durch das auf der Tastatur benachbarte "u" oder das "e" durch das danebenliegende "w" substituiert wird. Die in der Mitteilung angesprochene Dame kann ja ohne weiteres von angelsächsischer oder skandinavischer Herkunft sein.
Wir müssen also, um zum Grundsätzlichen zurückzukehren, drei Möglichkeiten unterscheiden: Fehler, die durch den Zusammenhang dank der Redundanz richtiggestellt werden können, solche, die zwar erkennbar sind, jedoch mehrere denkbare Korrekturen erlauben und schließlich grundsätzlich nicht bemerkbare.
Bei umgangssprachlichen Texten sind die auftretenden Probleme vergleichsweise harmlos; wenn die Nachricht sich z.B. aus einer Folge von mehr oder weniger "zufälligen" Zahlen zusammensetzt, wie sie bei der Digitalisierung von Bildern entstehen, ist die Situation viel schwieriger.

Jetzt muß man sicherstellen, daß Übertragungsfehler, wenn sie nicht zu häufig sind, zumindest erkennbar sind, sofern eine Rückfrage möglich ist. Anderenfalls hat man für die Korrigierbarkeit zumindest einzelner Fehler in den Codeworten zu sorgen.

Dies läßt sich durch eine Verlängerung der Nachricht über das notwendige Mindestmaß hinaus, also durch eine künstlich eingeführte **mathematische Redundanz**, erreichen. Dann sind nicht alle denkbaren Codewörter aus dem Raum $V = \mathbb{K}^n$ zulässig, d.h. im Bild von $\mathscr{C}$ enthalten. Richten wir die Abbildung $\mathscr{C}$ so ein, daß sich je zwei verschiedene erlaubte Wörter $\mathscr{C}(B)$ und $\mathscr{C}(B')$ in mindestens d Koeffizienten unterscheiden, so lassen sich bis zu d-1 Fehler pro Wort bemerken (falls es weniger als $\frac{d}{2}$ sind, können sie sogar eindeutig korrigiert werden).

Wir wollen das Gesagte formalisieren:

Definition 20.1.1:

(a) Ein **Code** über dem (endlichen) Körper $\mathbb{K}$ ist ein Unterraum in einem endlichdimensionalen $\mathbb{K}$-Vektorraum V.

(b) Der **(Hamming-)Abstand** $\delta(u,v)$ zweier Vektoren $u,v \in \mathbb{K}^n$ ist die Anzahl der Komponenten, in denen sich u und v unterscheiden:

$$\delta(u,v) = \# \left\{ i \in \{1,\dots,n\} \;\middle|\; u_i \neq v_i \right\}$$

Das **(Hamming-)Gewicht** von u ist die Zahl der nichtverschwinden Koordinaten,

$$w(u) = \delta(u,0) = \# \left\{ i \in \{1,\dots,n\} \;\middle|\; u_i \neq 0 \right\}$$

Der Hammingabstand liefert offensichtlich eine **Metrik** auf V. Unsere vorhin gemachte Beobachtung besagt also, daß bis zu k Fehler erkennbar sind, wenn je zwei Codewörter = Vektoren aus $\mathfrak{C}$ einen Abstand > k haben. Ist die minimale Distanz sogar > 2k, so können ≤ k Fehler eindeutig berichtigt werden, indem man das empfangene Wort durch das bezüglich der Hammingmetrik nächstgelegene ersetzt.

Es sei ausdrücklich darauf hingewiesen, daß Definition 20.1.1 den Begriff

"Code" auf Unterräume von $\mathbb{K}^n$ beschränkt. In der Literatur werden häufig beliebige Teilmengen als Codes bezeichnet; die von uns allein betrachteten wären dann **lineare Codes**. Da wir jedoch diese Verallgemeinerung nicht benötigen, lassen wir das unnötige Adjektiv weg.
Wichtig ist auch noch die Bemerkung, daß es sich beim Hammingabstand um eine kombinatorische Idee handelt; w und δ sind nicht invariant unter Basiswechseln.
Wir wollen die Bedeutung dieser Überlegungen für die **Informationstheorie** nicht weiter verfolgen, sondern zu den beiden speziellen Codes übergehen, die mit dem uns eigentlich interessierenden **Leechgitter** Λ eng verwandt sind.

20.2. Der Hexacode

Wir rekapitulieren, bevor wir uns dem ersten der beiden in Abschn. 20.1 angesprochenen Codes widmen wollen, einige bekannte Informationen über **endliche Körper**.

Die **Ordnung** eines Körpers ist die Anzahl seiner Elemente. Einen Körper der Ordnung $q \in \mathbb{N}$ gibt es genau dann, wenn q eine Primzahlpotenz, etwa $q = p^f$, ist. Er ist durch q bis auf Isomorphie eindeutig bestimmt und wird stets mit $\mathbb{F}_q$ bezeichnet.

Die **Charakteristik** von $\mathbb{F}_q$ ist p, und wir können $\mathbb{F}_q$ in kanonischer Weise als f-dimensionalen Vektorraum über dem **Primkörper** $\mathbb{F}_p$ auffassen. $\mathbb{F}_p$ kommt als Unterkörper in $\mathbb{F}_q$ vor (und zwar als der einzige minimale).

Ein Primkörper $\mathbb{F}_p$ ist isomorph zum **Restklassenring** modulo p; wir beschreiben seine Elemente durch die Vertreter 0,1,...,p-2,p-1. Addition, Subtraktion und Multiplikation sind dann einfach die entsprechenden Operationen in $\mathbb{Z}$; die Division kann mittels des **Euklidischen Algorithmus** durch Auflösen der Kongruenz

$$a\,x \equiv 1 \pmod p$$

ausgeführt werden; das ergibt (für $a \neq 0$) das **Inverse** $x = a^{-1}$. Der Quotient $\frac{b}{a}$ ist dann als $a^{-1}\,b = b\,a^{-1}$ definiert.

Es gibt auch eine direkte Formel für das Inverse, die auf dem **Satz von Fermat** beruht. Dieser besagt für alle Primzahlen p und alle ganzen Zahlen a:

$$a^p \equiv a \pmod p$$

woraus für $a \neq 0$ die Beziehung

$$a^{-1} \equiv a^{p-2} \pmod p$$

und in $\mathbb{F}_p$ die Gleichung $a^{-1} = a^{p-2}$ folgen. Der Euklidische Algorithmus ist aber wesentlich schneller als die Berechnung von a^{p-2}, wenn p groß ist.

Der Konstruktion von $\mathbb{F}_q$ mit $q = p^f$; $f > 1$, liegt dieselbe Idee zugrunde. Wir wählen ein irreduzibles Polynom P des Grades f mit Koeffizienten aus $\mathbb{F}_p$

aus. Das ist nach Galois [1897] für alle p und f möglich. Als Elemente von $\mathbb{F}_q$ fungieren dann die $p^f = q$ Polynome über $\mathbb{F}_p$, deren Grad f - 1 nicht übersteigt. Addieren, Subtrahieren und Multiplizieren erfolgt in der üblichen Weise, wobei im letzten Fall noch eine anschließende Reduktion mod P erforderlich ist.

Es ist klar, daß $\mathbb{F}_q$ in der Tat ein Körper ist; darüber hinaus kann man auch die Unabhängigkeit dieser Konstruktion vom ausgewählten Polynom P nachweisen: alle irreduziblen Polynome des Grades f liefern isomorphe Körper. Sie werden auch nach ihrem Entdecker als **Galoisfelder** bezeichnet.

Die **Frobeniuskonjugation** ordnet jedem $x \in \mathbb{F}_q$ das Element

$$\bar{x} = x^p$$

zu. Sie ist ein Körperautomorphismus und reduziert sich für f = 1, also primzahlige q = p, auf die Identität, ist aber nach Frobenius für $f \geq 2$ immer nichttrivial.

Beweise der angeführten Aussagen finden sich in der zitierten Literatur oder in den meisten Lehrbüchern der Algebra (van der Waerden [1966-1967]); wir halten uns nicht mit ihnen auf und wenden uns gleich dem Gegenstand unseres eigentlichen Interesses zu.

Wir vereinbaren noch die über den gesamten Rest dieses Kapitels beibehaltene

Bezeichnung:

Mit p ist stets eine Primzahl gemeint; q ist eine Potenz von p, so daß $\mathbb{F}_q$ ein Galoisfeld der Charakteristik p ist. Die Abbildung $x \mapsto \bar{x}$ ist der Frobeniusautomorphismus. Die Elemente des Primkörpers $\mathbb{F}_p$ bezeichnen wir mit den Restklassen mod p, also mit $0, 1, \ldots, p-2, p-1$, während $\mathbb{F}_4 = \{0, 1, \omega, \bar{\omega}\}$ gesetzt wird. Die Konjugation auf $\mathbb{F}_4$ läßt Null- und Einselement invariant und vertauscht ω mit $\bar{\omega}$.

Ist $V = \mathbb{F}_q^n$ der n-dimensionale Vektorraum

$$\mathbb{F}_q^n = \left\{ (x_1, \ldots, x_n) \;\middle|\; x_i \in \mathbb{F}_q \right\}$$

so bedeutet $\langle .,. \rangle$ das natürliche **Skalarprodukt**

$$\langle u,v\rangle = \sum_{i=1}^{n} u_i \overline{v_i}$$

auf V. Es ist **euklidisch**, wenn q = p eine Primzahl ist, und sonst **hermitesch**. In jedem Fall ist <.,.> nichtausgeartet. Der **Orthogonalraum** zu einem **Code** (= Unterraum) $\mathcal{C} \subseteq V$ ist

$$\mathcal{C}^{\perp} = \left\{ v \in V \;\middle|\; \langle u,v\rangle = 0 \text{ für alle } u \in \mathcal{C} \right\}$$

Wir brauchen noch einige weitere Begriffe aus Kombinatorik und Informationstheorie:

Definition 20.2.1:
(a) Ein $\mathbb{F}_q$**-Code** der **Länge** n ist ein Unterraum $\mathcal{C} \subseteq \mathbb{F}_q^n$. Seine **Redundanz** ist

$$\mathrm{Red}(\mathcal{C}) = \frac{n}{\dim \mathcal{C}}$$

Codes über $\mathbb{F}_2$ werden auch **binär** genannt, solche über $\mathbb{F}_3$ **ternär**, etc.
(b) Der Code $\mathcal{C}$ heißt **isotrop**, falls $\mathcal{C} \subseteq \mathcal{C}^{\perp}$ ist, und **selbstorthogonal**, wenn $\mathcal{C} = \mathcal{C}^{\perp}$ gilt.

Zwischen Länge n und Dimension m eines isotropen Codes besteht die Beziehung $m \le \frac{1}{2} n$, während ein selbstorthogonaler Code sogar $m = \frac{1}{2} n$ erfüllt.

Definition 20.2.2:
Ein **Hexacode** ist ein selbstorthogonaler $\mathbb{F}_4$-Code $\mathcal{H}$ der Länge 6, dessen sämtliche von Null verschiedenen Vektoren ein Hamminggewicht ≥ 4 besitzen.

Es gibt (viele) Hexacodes; sie sind jedoch im wesentlichen alle zueinander äquivalent. Die für unsere Zwecke wichtigsten Informationen stellen wir im folgenden Theorem zusammen:

Satz 20.2.1:

Sei $V = \mathbb{F}_4^6$, ausgestattet mit dem hermiteschen Skalarprodukt $<.,.>$. Die Gruppe aller monomialen (6,6)-Matrizen über $\mathbb{F}_4$ bezeichnen wir mit M, ihre Erweiterung, die durch Hinzunahme der Konjugation entsteht, mit M^*.

(a) Die Menge

$$\mathcal{H} = \left\{ \left[a \ , \ b \ , \ c = f(0) \ , \ f(1) \ , \ f(\omega) \ , \ f(\bar{\omega}) \right] \right\}$$

wobei a, b, c unabhängig voneinander alle Elemente aus $\mathbb{F}_4$ durchlaufen und

$$f(t) = a\,t^2 + b\,t + c$$

ist, bildet einen Hexacode.

(b) Jeder Hexacode geht aus $\mathcal{H}$ durch Multiplikation mit einer geeigneten invertierbaren Diagonalmatrix und gegebenenfalls anschließender Anwendung des Frobeniusautomorphismus hervor.

(c) Es gibt genau 486 Hexacodes; sie werden von M transitiv permutiert. Die Standgruppe eines von ihnen in $M \cong 3^6{:}S_6$ ist isomorph zur Schurerweiterung $3 \wedge A_6$, die in $M^* \cong 3^6{:}S_6{:}2$ hat die Struktur $(3 \wedge A_6){:}2 \cong 3 \cdot S_6$.

Beweis:

Weil das Polynom f linear von seinen Koeffizienten a, b, c abhängt, ist $\mathcal{H}$ offensichtlich ein dreidimensionaler Vektorraum. Eine Basis erhalten wir, wenn wir der Reihe nach (a, b, c) durch (1,0,0), (0,1,0) und (0,0,1) ersetzen. Das ergibt die Zeilen der Matrix

$$B = \begin{pmatrix} 1 & 0 & 0 & 1 & \bar{\omega} & \omega \\ 0 & 1 & 0 & 1 & \omega & \bar{\omega} \\ 0 & 0 & 1 & 1 & 1 & 1 \end{pmatrix}$$

Aus $B \cdot {}^t\bar{B} = 0$ folgen die Isotropie und aus Dimensionsgründen die Selbstorthogonalität von $\mathcal{H}$.

Sei $u \neq 0$ ein Vektor vom Hamminggewicht ≤ 3 in $\mathcal{H}$. Unter den Komponenten u_3, u_4, u_5, u_6, die sämtlich Funktionswerte des Polynoms f (Grad ≤ 2) sind, können höchstens zwei Nullen vorkommen. Deshalb ist $a = 0$ oder $b = 0$. Im ersten Fall reduziert sich f auf ein höchstens lineares Polynom in t; im zweiten hingegen haben wir

$$f(t) = a\,t^2 + c = a\,\bar{t} + b$$

ein Polynom des Grades ≤ 1 in $\bar{t}$. Beide Male hat f nicht mehr als eine Nullstelle im Grundkörper $\mathbb{F}_4$, und wir schließen auf a = b = 0. Dann ist aber u = (0,0,c,c,c,c). Dieser Widerspruch beweist (a).

Sei $\mathscr{C}$ ein beliebiger Hexacode auf V. Zwei verschiedene Vektoren aus $\mathscr{C}$ können wegen der Hammingbedingung nicht in mehr als zwei Positionen übereinstimmen. Die aus der Selbstorthogonalität abgeleitete Dreidimensionalität von $\mathscr{C}$ zeigt weiter, daß wir drei Komponenten eines $\mathscr{C}$-Vektors u willkürlich vorschreiben können; u existiert dann und ist eindeutig.

Es gibt also Vektoren der Form u = (?,0,0,1,?,?), v = (0,?,0,1,?,?), sowie w = (0,0,1,?,?,?) in $\mathscr{C}$. Keines der Fragezeichen kann eine Null repräsentieren, weil sonst einer der Vektoren ein Gewicht ≤ 3 hätte.

Durch Multiplikation mit einer geeigneten Diagonalmatrix können wir die drei Vektoren (die erkennbar linear unabhängig sind, also eine Basis von $\mathscr{C}$ bilden) in dieser Reihenfolge auf u = (1,0,0,1,?,?); v = (0,1,0,1,?,?) und w = (0,0,1,1,1,1) normieren.

Wäre eines der beiden verbleibenden Fragezeichen in u gleich 1, so enthielte u + w zuviele Nullen; es sind zufolgedessen beide noch fehlenden Stellen mit ω oder $\bar{\omega}$ zu besetzen. Es können auch nicht beide Komponenten übereinstimmen, weil dann u + ω w oder u + $\bar{\omega}$ w zum Widerspruch führte.

Dasselbe Argument läßt sich auf v anwenden. Es ist somit u einer der Vektoren $(1,0,0,1,\omega,\bar{\omega})$ oder $(1,0,0,1,\bar{\omega},\omega)$. Die Konjugation steht uns aber noch zur Verfügung; deshalb ist es erlaubt, den zweiten Fall anzunehmen.

Für v gibt es ganz entsprechend nur die beiden Möglichkeiten $(0,1,0,1,\omega,\bar{\omega})$ und $(0,1,0,1,\bar{\omega},\omega)$. Die zweite scheidet aus, da sie u + v = (1,1,0,0,0,0) ergäbe, was nicht geht. Ein Vergleich mit der oben angegebenen Basismatrix B ergibt Behauptung (b).

Die Standgruppe von $\mathscr{H}$ in der von den Diagonalmatrizen zusammen mit der Frobeniusabbildung erzeugten Gruppe G nennen wir U. Wie wir gerade gezeigt haben, sind alle Hexacodes unter G konjugiert; ihre Anzahl ist folglich gleich dem Index von U in G.

Die Matrix Δ = Diag(a,b,c,d,e,f) bildet den $\mathscr{H}$-Vektor w = (0,0,1,1,1,1) auf (0,0,c,d,e,f) ab; anschließende Konjugation führt auf $(0,0,\bar{c},\bar{d},\bar{e},\bar{f})$.

Wenn eines dieser beiden Bilder wieder in $\mathscr{H}$ liegen soll, muß es ein Vielfa-

ches von w sein. Das ergibt c = d = e = f.
Die gleiche Betrachtung mit u + v + w = (1,1,1,1,0,0) an Stelle von w liefert a = b = c = d, so daß Δ eine Skalarmatrix ist. Jede Multiplikation mit einem der Körperelemente $1, \omega, \bar{\omega}$ läßt $\mathcal{H}$ invariant und liegt somit in U. Andererseits ist z.B. $\bar{u}$ nicht in $\mathcal{H}$ gelegen, und die Konjugation kommt nicht in U vor. Wir haben damit U ≅ 3, und die Anzahl der Hexacodes auf V ist exakt

$$|G/U| = \frac{|G|}{|U|} = \frac{2\cdot 3^6}{3} = 2\cdot 3^5 = 486$$

Die Standgruppen S und S^* von $\mathcal{H}$ in M bzw. M^* sind jetzt leicht zu ermitteln. Unter der in M liegenden Diagonalgruppe sind alle Hexacodes entweder zu $\mathcal{H}$ oder $\bar{\mathcal{H}}$ konjugiert. Es geht aber $\bar{\mathcal{H}}$ aus $\mathcal{H}$ durch Vertauschung der letzten beiden Koordinaten hervor; das impliziert die Transitivität von S (und a fortiori auch von $S^* \supset S$) auf der Menge aller 486 Hexacodes und damit $|M/S| = |M^*:S^*| = 486$.
Es ist darüber hinaus noch $S \cap G = U$ bekannt. S ist folglich eine Erweiterung von U ≅ 3 mit einer Untergruppe der Ordnung 360 in S_6, d.h mit der alternierenden Gruppe A_6.
Es gibt bis auf Isomorphie zwei solche Gruppen: das direkte Produkt $3\times A_6$ und die Schurerweiterung $3\wedge A_6$ (vgl. Abschn. 13.1). Welche von beiden ist die Richtige ?
Um diese Frage zu klären, bezeichnen wir die Multiplikation mit einem skalaren Faktor aus $\mathbb{F}_4^\times = \{1, \omega, \bar{\omega}\}$ einfach durch das Körperelement selbst, während α die Abbildung sei, die aus der Vertauschung der 5. und 6. Komponenten und anschließender Konjugation zusammengesetzt ist.
Wie sich ohne weiteres nachrechnen läßt, ist der Kommutator von $\omega\circ\alpha$ und $\bar{\omega}\circ\alpha$ gleich

$$[\omega\circ\alpha, \bar{\omega}\circ\alpha] = \bar{\omega}$$

Die Multiplikation mit $\bar{\omega}$, und somit auch die von ihr erzeugte Gruppe U ≅ 3, ist demnach in der Kommutatorgruppe S' von S enthalten. Das trifft in $3\wedge A_6$ zu, nicht jedoch in $3\times A_6$.
Erweitern wir die monomiale Gruppe M zu M^*, verdoppelt sich auch die Standgruppe: $S^* = S:2 = 3\wedge A_6:2$. Die Form $3\cdot S_6$ ergibt sich aus einer Betrachtung des Permutationsanteils, die die Existenz von S_6 als homomorphes Bild von S^* erweist und gleichzeitig auch Aussage (d) des Satzes bestätigt.

Algebraisch sind die 486 Hexacodes natürlich vollkommen gleichberechtigt, weil sie unter M konjugiert sind. Das berechtigt uns, von "dem" Hexacode zu sprechen. Damit ist immer die **Standardversion** $\mathcal{H}$ gemeint.
In kombinatorischer Hinsicht ist $\mathcal{H}$ jedoch vor allen anderen durch eine Besonderheit ausgezeichnet, die, wie noch zu diskutieren sein wird, auch dem **Golaycode** zukommt.
Jede endliche Menge, insbesondere also auch jedes Galoisfeld $\mathbb{F}_q$, läßt sich auf viele Weisen wohlordnen. Wir werden uns auf die uns interessierenden Spezialfälle beschränken und für sie eine explizite Reihenfolge festlegen:

<u>Definition</u> <u>20.2.3:</u>

(a) Die Elemente des Körpers $\mathbb{F}_p$, p eine Primzahl, repräsentieren wir durch die Restklassen mod p und ordnen sie gemäß

$$0 \sqsubset 1 \sqsubset \ldots \sqsubset p-2 \sqsubset p-1$$

an, während wir in $\mathbb{F}_4$ stets

$$0 \sqsubset 1 \sqsubset \omega \sqsubset \overline{\omega}$$

wählen.

(b) Diese Wohlordnung von $\mathbb{F}_q$, q = 4 oder prim, dehnen wir auf endlichdimensionale Vektorräume $V = F_q^n$ aus, indem wir $u \sqsubset v$ (zu lesen: "u vor v") schreiben, wenn es ein $k \leq n$ gibt, so daß $u_k < v_k$ gilt, während für alle $i < k$ die Gleichung $u_k = v_k$ besteht. Statt $u \sqsubset v$ können wir auch $v \sqsupset u$ ("v nach u") sagen.
Durch "$\sqsubset$" bzw. "$\sqsupset$" wird V **lexikographisch** oder **natürlich geordnet.**

Die relative Lage zweier Vektoren wird also von der ersten Komponente bestimmt, in der sie sich unterscheiden.

<u>Definition</u> <u>20.2.4:</u>

(a) Sind $d \leq n$ natürliche Zahlen und ist das Galoisfeld $\mathbb{F}_q$ geordnet (mit 0 als erstem Element), konstruieren wir Vektoren $v_1, v_2, v_3, \ldots$ in $V = \mathbb{F}_q^n$ nach dem folgenden Algorithmus:

(1) Wir setzen $v_1 = 0$;

(2) Für $k \geq 2$ ist v_k der lexikographisch früheste Vektor in V, der von allen Vorgängern $v_1, \ldots, v_{k-1}$ in der Serie mindestens den Hammingabstand d hat;

(3) Diese Prozedur setzen wir solange fort, wie sich noch ein v_k finden läßt.

(b) Die so gefundene Reihe $v_1, \ldots, v_m$ heißt die **lexikographische Folge** vom Abstand d in V.

(c) Ein **lexikographischer Code** in V ist ein Unterraum $\mathcal{C} \subseteq V$, der bei geeigneter Anordnung

$$\mathcal{C} = (c_1, c_2, \ldots)$$

eine lexikographische Folge $c_1, c_2, \ldots$ liefert.

Die lexikographische Folge mit Abstand d und Länge k über $\mathbb{F}_q$ ist durch die Parameter q,n,d eindeutig bestimmt. Sie ist niemals leer, weil sie $v_1 = 0$ enthält, wird aber zumeist nur eine mehr oder weniger "wilde" Menge von Vektoren in $\mathbb{F}_q^n$ sein.

Lexikographische Codes sind außerordentlich selten und deshalb umso interessanter. Ein erstes Beispiel ist

Satz 20.2.2:

Die Standardversion $\mathcal{H}$ des Hexacodes ist lexikographisch. Genauer ist $\mathcal{H}$ der lexikographische $\mathbb{F}_4$-Code der Länge 6 mit Abstand 4.

Beweis:

Wende den Algorithmus aus Definition 20.2.4 an und vergleiche die gefundenen 64 Vektoren mit denen aus $\mathcal{H}$.

Der Golaycode hat in Bezug auf eine bestimmte Basis dieselbe Eigenschaft (Satz 20.3.6).

20.3. Der binäre Golaycode

Manchen Eigenschaften des Hexacodes werden wir beim Golaycode, dem wir uns jetzt zuwenden, in gleicher oder ähnlicher Form wieder begegnen. Dabei machen wir häufig von einem wohlbekannten Trick Gebrauch:

Definition 20.3.1:
Zu jeder angeordneten endlichen Menge

$$\Omega = \left\{ x_1, \ldots, x_n \right\}$$

definieren wir den $\mathbb{F}_2$-Vektorraum $\mathbb{F}_2^\Omega$. Seine Elemente sind die Teilmengen $M \subseteq \Omega$, interpretiert als die **charakteristischen Vektoren** χ_M, die als i-te Komponente eine 1 oder 0 haben, je nachdem, ob x_i in M liegt oder nicht. Dann ist die Addition gegeben durch

$$A + B = (A \backslash B) \cup (B \backslash A)$$

(**symmetrische Differenz**), während die Multiplikation mit Körperelementen natürlich nach den Regeln $0 \cdot v = 0$ und $1 \cdot v = v$ erklärt wird.

Es besteht keine Notwendigkeit, zwischen der Teilmenge M von Ω und dem zugehörigen charakteristischen Vektor χ_M zu unterscheiden. Wir werden beide deshalb i.a. miteinander identifizieren. Hierdurch werden auch die Begriffe "Mächtigkeit einer Teilmenge von Ω" und "Hamminggewicht eines $\mathbb{F}_3^\Omega$-Vektors" zu Synonymen.
Das Skalarprodukt $\langle A,B \rangle$ zweier Vektoren $A,B \in \mathbb{F}_2^\Omega$ ist einfach die **Parität**, also die mod 2 berechnete Mächtigkeit, des Durchschnitts von A und B (jetzt natürlich als Mengen aufgefaßt):

$$\langle A,B \rangle \equiv \#(A \cap B) \pmod 2$$

Speziell sind A und B genau dann orthogonal zueinander, wenn ihr Durchschnitt geradzahlig viele Elemente enthält. Die folgende Aussage hat zahlreiche Anwendungen.

Satz 20.3.1:
Sei Ω eine endliche Menge. Dann gelten für beliebige Teilmengen A, B, C von Ω die **Schnittformel**

$$\#(A+B) \;=\; \#A + \#B - 2\,\#(A\cap B)$$

und die **Dreierschnittformel**

$$\#(A+B+C) \;=\; \#A + \#B + \#C - 2\,\#(B\cap C) - 2\,\#(C\cap A) - 2\,\#(A\cap B) + 4\,\#(A\cap B\cap C)$$

Beweis:
Die Schnittformel folgt aus der trivialen Beziehung $\#(A\setminus B) = \#(A) - \#(A\cap B)$, der daraus durch Vertauschen der Argumente hervorgehenden Gleichung und Addition; ähnlich die zweite Gleichung.

Damit kommen wir zum Thema dieses Abschnitts.

Definition 20.3.2:
Ein **Golaycode** ist ein selbstorthogonaler Unterraum von $\mathbb{F}_2^{24}$, in dem außer 0 jeder Vektor mindestens das Hamminggewicht 8 hat.

Die Eindeutigkeit des Golaycodes (bis auf Permutationen der Basismenge) wird in der Literatur zumeist mit Hilfe bestimmter **Blockpläne**, der **Steinersysteme**, geführt, vgl. Abschn. 20.6. Oft beläßt man es aber auch einfach bei einem Zitat der Originalarbeiten (Witt [1938.1, 1938.2] u.a.).
Die Verwendung der Steinersysteme hat den Vorzug, nebenbei auch Informationen über diese sowie ihre Automorphismengruppen, die **Mathieugruppen** (vgl. Mathieu [1861, 1873]) zu offenbaren.
Dem steht aber der Nachteil entgegen, daß durch den Übergang zu den Block-

plänen die lineare Struktur verlorengeht. Das macht die Anwendung komplizierterer kombinatorischer Schlußweisen erforderlich.
Da für uns der Golaycode im Vordergrund steht, während uns die gruppentheoretischen Aspekte nur am Rande beschäftigen (s. jedoch Abschn. 20.6), weichen wir von der üblichen Route ab und geben einen direkten Beweis. Er wurde in zweierlei Hinsicht optimiert:

(1) Fallunterscheidungen und kombinatorische Betrachtungen werden weitgehend vermieden und durch leichter zu durchschauende Abzählargumente ersetzt. Dabei erhalten wir zugleich einige nützliche Zusatzinformationen über Golaycodes und Leechgitter, die wir später brauchen.
(2) Durch die Hervorhebung der weiter unten definierten Hexaden, die nicht im Code selbst liegen, ergibt sich der Miracle Octad Generator, der wohl die eleganteste Konstruktion des Leechgitters erlaubt, quasi von selbst; vgl. den folgenden Abschnitt und Kap. 21.

Um die nachstehenden Ausführungen möglichst bequem formulieren zu können, benötigen wir einige Begriffe:

Definition 20.3.3:
Sei Ω eine Menge der Mächtigkeit 24. Auf der als Vektorraum aufgefaßten Potenzmenge $V = \mathbb{F}_2^{\Omega}$ mit dem Standardskalarprodukt nehmen wir einen beliebigen Golaycode $\mathcal{G}$ als gegeben an.

(a) Ein Vektor aus V und die zugehörige Teilmenge von Ω heißen **leicht**, wenn ihr Gewicht höchstens 4, und **Tetraden**, wenn es genau 4 ist.
(b) **Oktaden** und **Dodekaden** sind Vektoren aus V vom Gewicht 8 oder 12.
(c) Unter einer **Hexade** verstehen wir eine sechselementige Teilmenge der **Basismenge** Ω, die in keiner Oktade enthalten ist.

Bemerkung:
Diese Notation ist allgemein gebräuchlich, abgesehen vom Begriff "leicht", der in Anlehnung an die "kurzen" Vektoren im Leechgitter (Abschn. 21.1) eingeführt wurde; außerdem bezeichnen viele Autoren alle Sechsermengen als Hexaden und scheiden diese dann in **"innere"** und **"äußere"**, je nachdem, ob sie in einer Oktade liegen oder nicht. Wir benötigen aber nur äußere Hexaden und lassen das überflüssige Adjektiv deshalb weg.

Mit "kongruent" ist für den Rest des vorliegenden Abschnitts stets "kongruent mod $\mathcal{G}$" gemeint. Da die Charakteristik des Grundkörpers $\mathbb{F}_2$ gleich 2 ist, unterscheiden sich Subtraktion und Addition in V nicht voneinander. Zwei Mengen $A, B \subseteq \Omega$ sind daher kongruent (geschrieben: "$A \equiv B$"), wenn $A + B \in \mathcal{G}$ gilt.

Als selbstorthogonaler Code in $V \cong \mathbb{F}_2^{24}$ hat $\mathcal{G}$ die Dimension 12. In Ω gibt es genau $\binom{24}{k}$ Teilmengen der Mächtigkeit k.

Zwei leichte Mengen sind offenbar genau dann zueinander kongruent, wenn es sich um disjunkte Tetraden handelt, deren Vereinigung eine Oktade bildet. Daher kann jede Tetrade zu nicht mehr als 5 anderen kongruent sein, während keine weiteren linearen Beziehungen mod $\mathcal{G}$ zwischen leichten Mengen bestehen. Die Anzahl der $\mathcal{G}$-Nebenklassen, in denen leichte Vektoren vorkommen, ist somit mindestens

$$\binom{24}{0} + \binom{24}{1} + \binom{24}{2} + \binom{24}{3} + \frac{1}{6}\binom{24}{4}$$

Der numerische Wert dieser Summe ist

$$4096 = 2^{12} = \#(V/\mathcal{G})$$

Es enthält folglich jede Nebenklasse von $\mathcal{G}$ in V einen leichten Vektor, und zwar entweder nur einen, der dann ein Gewicht ≤ 3 hat, oder genau sechs Tetraden, die ganz Ω überdecken und jeweils zu zweit eine Oktade ergeben. Eine solche Konfiguration von <u>6</u> <u>Tet</u>raden nennt man ein **Sextett**. Die Anzahl aller Sextette beträgt nach dem Gesagten $\frac{1}{6}\binom{24}{4} = 1771$.

Zwei verschiedene Oktaden $\mathcal{O}$ und $\mathcal{O}'$ können nicht 5 oder mehr gemeinsame Elemente haben, da sonst nach der Schnittformel aus Satz 20.3.1 die Mächtigkeit der in $\mathcal{G}$ liegenden Summe gleich

$$\#(\mathcal{O}+\mathcal{O}') = \#(\mathcal{O}) + \#(\mathcal{O}') - 2\,\#(\mathcal{O}\cap\mathcal{O}') \leq 8 + 8 - 2\cdot 5 = 6$$

und somit $\mathcal{O} + \mathcal{O}' = 0$, also im Widerspruch zur Voraussetzung doch $\mathcal{O} = \mathcal{O}'$ wäre.

Andererseits liegen 5 beliebig herausgegriffene Elemente $a, b, c, d, e \in \Omega$ immer in einer Oktaden. Die aus vier von ihnen, etwa a, b, c, d, gebildete Tetrade gehört nämlich zu einem Sextett $\mathcal{S}$. Eine der 5 zusätzlichen Tetraden von $\mathcal{S}$ enthält e. Sie ergibt zusammen mit {a, b, c, d} die gesuchte Oktade, und wir haben gezeigt:

Satz 20.3.2:

Zu je fünf Punkten aus der Basismenge eines Golaycodes gibt es eine eindeutig bestimmte Oktade, die sie umfaßt.
Anders ausgedrückt (in der Sprache der Kombinatorik, Abschn. 20.6): Die Oktaden eines Golaycodes bilden ein **Steinersystem** vom Typ $\mathfrak{S}(5,8,24)$.

Die Zahl der Oktaden in $\mathcal{G}$ können wir jetzt ohne weiteres berechnen (sogar mit zwei einander kontrollierenden Methoden):
Jede Oktade $\mathcal{O}$ enthält $\binom{8}{5} = 70$ Tetraden, die zu ihren Komplementen in $\mathcal{O}$ konjugiert sind (weil die Summe eben $\mathcal{O}$ ergibt). Alle Tetraden gehören jeweils eindeutig bestimmten der 1771 Sextette an; es gibt also $1771 \cdot 6 \cdot 5$ solcher geordneter Tetradenpaare, und wir haben exakt $\frac{1771 \cdot 6 \cdot 5}{70} = 759$ Oktaden in $\mathcal{G}$.
Das zweite Berechnungsverfahren geht so: In jeder Oktade $\mathcal{O}$ gibt es wegen der Steinerbedingung des letzten Satzes genau $\binom{8}{5}$ Fünfermengen, die ihrerseits $\mathcal{O}$ festlegen. Die Anzahl der Oktaden ist somit

$$\frac{\binom{24}{5}}{\binom{8}{5}} = \frac{24 \cdot 23 \cdot 22 \cdot 21 \cdot 20}{8 \cdot 7 \cdot 6 \cdot 5 \cdot 4} = 759$$

was erfreulicherweise mit dem vorherigen Ergebnis übereinstimmt.
Wegen $\mathcal{G} \subseteq \mathcal{G}^{\perp}$ haben je zwei $\mathcal{G}$-Mengen einen geradzahligen Durchschnitt; insbesondere ist jedes $M \in \mathcal{G}$ von gerader Mächtigkeit. Hieraus und aus der Trivialität $M \cap \Omega = M$ folgt $\Omega \in \mathcal{G}^{\perp} = \mathcal{G}$ und schließlich für das Komplement von M in Ω:

$$\Omega \setminus M = \Omega + M \in \mathcal{G}$$

Der Golaycode $\mathcal{G}$ ist also unter Komplementbildung abgeschlossen und enthält neben der leeren Menge $\emptyset = 0$ (Nullvektor) und der Universalmenge - als Vektor

$$\Omega = (1,1,1,1,1,1,1,1,1,1,1,1,1,1,1,1,1,1,1,1,1,1,1,1)$$

geschrieben - je 759 Oktaden und deren 16-elementige Komplemente. Es fehlen noch

$$2^{12} - 2\cdot(1+759) = 2576$$

Vektoren, die paarweise zueinander komplementär sein müssen. Ihre Hamminggewichte sind gerade und von 0,8,16,24 verschieden. Nach der definierenden Hammingbedingung können sie auch nicht zwischen 0 und 8 liegen, wodurch die Werte zwischen 24 und 16 ebenfalls ausgeschlossen sind. Es bleiben nur die Mächtigkeiten 10, 12 und 14 übrig.
Wäre aber $\mathcal{Z}$ eine Zehnermenge, so könnten wir 5 Elemente in $\mathcal{Z}$ auswählen, die einer Oktade $\mathcal{O}$ angehören. Der Durchschnitt von $\mathcal{Z}$ und $\mathcal{O}$ müßte geradzahlig viele Elemente, also mindestens 6, enthalten. Die Schnittformel lieferte

$$\#(\mathcal{Z}+\mathcal{O}) = \#(\mathcal{Z}) + \#(\mathcal{O}) - 2\,\#(\mathcal{Z}\cap\mathcal{O}) \leq 10 + 8 - 2\cdot 6 = 6$$

was $\mathcal{Z} + \mathcal{O} = 0$, also $\mathcal{Z} = \mathcal{O}$ implizieren würde und offensichtlich Unsinn ist. Ebensowenig kann es Vektoren vom Gewicht 14 in $\mathcal{G}$ geben, und wir haben

Satz 20.3.3:
Ein Golaycode enthält der Reihe nach 1,759,2576,759,1 Vektoren der Gewichte 0,8,12,16,24 und keine weiteren. Sie sind paarweise komplementär.

Diese Information werden wir später brauchen; zunächst kehren wir aber zu unserem Eindeutigkeitsbeweis zurück.
Die 759 Oktaden enthalten zusammen $759\cdot\binom{8}{6} = 759\cdot 28 = 21252$ Sechsermengen. Insgesamt gibt es aber $\binom{24}{6} = 134596$ Möglichkeiten, 6 Punkte aus Ω zu wählen. Die restlichen $113344 = 1771\cdot 64$ Teilmengen der Mächtigkeit 6 in Ω sind demnach Hexaden.
Wir betrachten eine von ihnen, z.B. $H_0 = \{x_1,x_2,x_3,x_4,x_5,x_6\}$. Nehmen wir x_i heraus, verbleibt eine 5-elementige Menge, die wir durch die bis auf Anordnung eindeutig bestimmten Punkte a_i,b_i,c_i zu einer Oktade $\mathcal{O}_i$ ergänzen. $\mathcal{O}_i$ kann nach Definition des Begriffs "Hexade" x_i nicht enthalten; somit ist $S_i = \{x_i,a_i,b_i,c_i\}$ eine Tetrade.
Wir haben $H_0 = S_i + \mathcal{O}_i \equiv S_i \pmod{\mathcal{G}}$ für alle $i \in \{1,2,3,4,5,6\}$. Die S_i sind also zu H_0 und auch miteinander kongruent und bilden ein Sextett $\mathcal{S}$. Außer-

dem ist

$$\Omega = S_1 \cup S_2 \cup S_3 \cup S_4 \cup S_5 \cup S_6 = \left\{ x_i, a_i, b_i, c_i \;\middle|\; 1 \le i \le 6 \right\}$$

Eine Menge $M \subset \Omega$ mit $\# M = 6$, die in einer Oktade $\mathcal{O}_M$ enthalten ist, ist zu ihrem Komplement $\mathcal{O}_M \setminus M = \mathcal{O}_M + M$, einem Punktepaar, kongruent. Das zeigt, daß alle Sechsermengen, welche in derselben $\mathcal{G}$-Nebenklasse wie eine Hexade liegen, selbst Hexaden sind. Das Sextett $\mathcal{S}$ ist natürlich durch H_0 festgelegt. Es ist zu beachten, daß H_0 mit jeder der 6 Tetraden S_i genau einen gemeinsamen Punkt hat, nämlich x_i.

Geben wir umgekehrt ein Sextett $\mathcal{S} = \{S_1, S_2, S_3, S_4, S_5, S_6\}$ vor! Die Menge aller mod $\mathcal{G}$ zu $\mathcal{S}$, oder genauer den S_i, kongruenten Hexaden nennen wir $\mathfrak{H}$.

Wir wählen drei beliebige Punkte $\xi_1 \in S_1$, $\xi_2 \in S_2$, $\xi_3 \in S_3$ aus. Die Menge $(S_1 \setminus \{\xi_1\}) \cup \{\xi_2, \xi_3\}$ besteht aus 5 Elementen und liegt in einer Oktade $\mathcal{O}$. Da $S_1 + S_k \in \mathcal{G}$ ist $(k = 1, \ldots, 6)$, folgt

$$0 = \langle \mathcal{O}, S_1 + S_k \rangle = \langle \mathcal{O}, S_1 \rangle + \langle \mathcal{O}, S_k \rangle = 1 + \langle \mathcal{O}, S_k \rangle$$

und $\#(\mathcal{O} \cap S_k)$ ist ungerade. Daraus entnehmen wir, daß S_2, S_3, S_4, S_5, S_6 jeweils nur einen Punkt mit $\mathcal{O}$ gemeinsam haben. Für S_2 und S_3 sind das ξ_2 und ξ_3; wir bezeichnen deshalb die drei verbleibenden Schnittpunkte analog mit ξ_4, ξ_5, ξ_6.

$$H = \left\{ \xi_1, \xi_2, \xi_3, \xi_4, \xi_5, \xi_6 \right\}$$

ist gleich $S_1 + \mathcal{O} \equiv S_1$ und nach der vorhin gemachten Beobachtung eine Hexade in $\mathfrak{H}$. Jedes $H \in \mathfrak{H}$ enthält aus allen S_i genau einen Punkt.

ξ_1, ξ_2, ξ_3 waren willkürliche Punkte aus S_1, S_2, S_3; durch sie ist H eindeutig fixiert. Es gibt folglich $4^3 = 64$ Hexaden in $\mathfrak{H}$.

Zwei verschiedene Hexaden $H, H' \in \mathfrak{H}$ sind nach Konstruktion zueinander kongruent: $H + H' \in \mathcal{G}$. Ihre Summe ist eine Dodekade oder Oktade; die Schnittformel liefert $\#(H \cap H') = 0$ oder 2. Die Schnittmenge hat immer gerade Mächtigkeit; das bedeutet $\langle H, H' \rangle = 0$.

Wir fassen diese Resultate zusammen.

Satz 20.3.4:

Sei $\mathcal{G}$ ein Golaycode über der Basismenge Ω. Alle Kongruenzen sind mod $\mathcal{G}$. Die Menge der zu den Tetraden eines Sextetts $\mathcal{S} = \{S_1, S_2, S_3, S_4, S_5, S_6\}$ kongruenten Hexaden bezeichnen wir mit $\mathfrak{H} = \mathfrak{H}(\mathcal{S})$.

(a) Zu drei aus unterschiedlichen Tetraden $S_i, S_j, S_k \in \mathcal{S}$ entnommenen Punkten ξ_i, ξ_j, ξ_k gibt es genau ein $H \in \mathfrak{H}$ mit $\{\xi_i, \xi_j, \xi_k\} \subset H$.

(b) H enthält je einen Punkt aus allen $\mathcal{S}$-Tetraden.

(c) $\mathfrak{H}$ besteht aus 64 Hexaden, die paarweise orthogonal zueinander sind und 0 oder 2 Elemente gemeinsam haben.

(d) Umgekehrt ist jede Hexade zu einem Sextett (das heißt zu dessen Tetraden) kongruent.

Wir fixieren die Numerierung der Tetraden $S_1, S_2, S_3, S_4, S_5, S_6 \in \mathcal{S}$ ein für allemal und zeichnen eine Hexade in $\mathfrak{H}$ aus, die wir, wie schon früher, $H_0 = \{x_1, x_2, x_3, x_4, x_5, x_6\}$ nennen.
Dabei soll natürlich $\{x_i\} = S_i \cap H_0$ sein. Die drei restlichen Punkte in S_i seien a_i, b_i, c_i. Die Reihenfolge lassen wir einstweilen noch offen; wir werden später geeignet darüber verfügen. Es bleibt uns also noch die volle symmetrische Gruppe auf jedem Satz $\{a_i, b_i, c_i\}$.
Wie auch immer die Namensgebung der a_i, b_i, c_i endgültig aussehen mag, wir ordnen die Punkte x_i, a_i, b_i, c_i (von oben nach unten) in die i-te Spalte einer (4×6)-Matrix ein. Es entsteht das in Abb. 20.3.1 skizzierte Schema.

	1	2	3	4	5	6
0	x_1	x_2	x_3	x_4	x_5	x_6
1	a_1	a_2	a_3	a_4	a_5	a_6
ω	b_1	b_2	b_3	b_4	b_5	b_6
$\bar{\omega}$	c_1	c_2	c_3	c_4	c_5	c_6

Abb. 20.3.1

Die Zeilen bezeichnen wir in der angedeuteten Weise mit den $\mathbb{F}_4$-Elementen $0, 1, \omega, \overline{\omega}$.

Eine Hexade $H \in \mathfrak{H}$ enthält nach Satz 20.3.4 in jedem S_i einen eindeutigen Punkt ξ_i. Schreiben wir die Zeilennummern aller ξ_i hintereinander, entsteht der **Hexadenvektor** $h = \psi(H)$.

Die Zuordnung $H \mapsto \psi(H)$ ist bijektiv; somit besteht die in $W = \mathbb{F}_4^6$ liegende Menge

$$\mathcal{H} = \psi(\mathfrak{H}) = \left\{ \psi(H) \;\middle|\; H \in \mathfrak{H} \right\}$$

aus 64 Hexadenvektoren, darunter $0 = \psi(H_0)$.

Wir dehnen die soeben konstruierte Abbildung ψ auf ganz $V = \mathbb{F}_2^\Omega \cong \mathbb{F}_2^{24}$ aus, indem wir jedem $M \subseteq \Omega$ den Vektor

$$\psi(M) = (m_1, m_2, m_3, m_4, m_5, m_6) \in W \cong \mathbb{F}_4^6$$

zuordnen, dessen i-te Koordinate $m_i \in \mathbb{F}_4$ gleich der Summe der Zeilennummern aller Elemente aus $M \cap S_i$ ist (die leere Summe wird, wie üblich, gleich 0 gesetzt). Ersichtlich ist ψ: $V \longrightarrow W$ additiv, es gilt also

$$\psi(A+B) = \psi(A) + \psi(B)$$

für alle $A, B \in V$.

Fassen wir $\mathbb{F}_4$ in kanonischer Weise als zweidimensionalen $\mathbb{F}_2$-Vektorraum auf, bedeutet das die $\mathbb{F}_2$-Linearität von ψ. Auf ganz V ist ψ allerdings nicht mehr injektiv; der Kern besteht aus den 2^{12} Vereinigungen von beliebig vielen der Mengen $\{x_i\}$ und $\{a_i, b_i, c_i\}$.

Wir behaupten weiter, daß $\mathcal{H}$ unter Addition abgeschlossen ist, d.h.: die Summe zweier Hexadenvektoren h_1 und h_2 liegt wieder in $\mathcal{H}$.

Zum Beweis bilden wir die Summe $M = H_0 + H_1 + H_2$, wobei $H_1, H_2 \in \mathfrak{H}$ die Hexaden mit $\psi(H_1) = h_1$ und $\psi(H_2) = h_2$ sind. Es ist

$$\psi(M) = \psi(H_0) + \psi(H_1) + \psi(H_2) = 0 + h_1 + h_2 = h_1 + h_2$$

Hat M die Mächtigkeit 6, so folgt aus der Bedingung $H_1 + H_2 \in \mathfrak{G}$, daß $M \equiv H_0$

eine $\mathfrak{H}$-Hexade ist, und wir sind fertig. In jedem Fall impliziert aber die Dreierschnittformel $\#(M) \equiv 2 \pmod 4$. Darüber hinaus sieht man leicht ein, daß $M \cap S_i$ aus einem oder drei Punkten besteht, je nachdem, ob unter den i-ten Komponenten von $\psi(H_1) = h_1$, $\psi(H_2) = h_2$ und $\psi(H_0) = 0$ zwei gleiche vorkommen oder nicht. Die Anzahl der S_i, die M dreipunktig schneiden, ist aufgrund von $\#(M) \equiv 2 \pmod 4$ gerade, ihre Vereinigung also eine Golaymenge. Addieren wir sie zu M, entsteht eine Hexade $H \in \mathfrak{H}$ mit $\psi(H) = h_1 + h_2$, wie verlangt.

Im verbleibenden Teil dieses Abschnitts bedeutet H_k immer eine Hexade aus $\mathfrak{H}$, während $h_k = \psi(H_k)$ der zugehörige Vektor ist $(k \in \mathbb{N}_0)$.

H_0 haben wir bereits definiert; es ist $h_0 = 0$. Jeder Hexadenvektor ist durch drei seiner Koordinaten, die wir beliebig wählen dürfen, eindeutig fixiert. Wir legen zuerst eine vorläufige Reihenfolge in der 4. Spalte (S_4) fest und betrachten $h_1 = (0,0,?,1,?,?)$. Die Fragezeichen bedeuten hier von Null verschiedene Koordinaten, da anderenfalls ≥ 3 gemeinsame Komponenten mit h_0 aufträten. Wir sind berechtigt, die Punkte a_3, a_5, a_6 so zu wählen, daß $h_1 = (0,0,1,1,1,1)$ wird.

Ebenso verfahren wir mit $h_2 = (0,0,?,\omega,?,?)$ und finden durch Vergleich mit h_0 und h_1, daß die "?" weder 0 noch 1 sein können. Es ist erlaubt, $h_2 = (0,0,\omega,\omega,\omega,\omega) = \omega \cdot h_1$ anzunehmen. Damit haben wir (in Abhängigkeit von der Zuordnung der Elemente in S_4) die letzten 4 Spalten unseres Schemas (Abb. 20.3.1) benannt.

Als nächstes untersuchen wir $h_3 = (0,?,0,1,?,?)$. Die beiden letzten offenen Koordinaten sind untereinander und von 0 und 1 verschieden, weil es sonst zu viele Übereinstimmungen mit einem der schon gefundenen $\mathcal{H}$-Vektoren h_0, h_1, h_2, h_1+h_2 gäbe. Es bleiben zwei Möglichkeiten: $h_3 = (0,?,0,1,\omega,\bar{\omega})$ oder dasselbe mit $\omega \Longleftrightarrow \bar{\omega}$. Beide Fälle gehen aber bei einer simultanen Vertauschung der b_i mit den c_i $(3 \leq i \leq 6)$ hervor. Wir setzen deshalb o.B.d.A. $h_3 = (0,1,0,1,\omega,\bar{\omega})$, indem wir gleichzeitig a_2 geeignet aussuchen.

Der Vektor $h_4 = (0,?,0,\omega,?,?)$ führt in gleicher Weise auf die speziellere Form $h_4 = (0,?,0,\omega,\bar{\omega},1)$, da $(0,?,0,\omega,1,\bar{\omega})$ mindestens 3 gleiche Positionen aufweist wie h_3. Über b_2, c_2 verfügen wir so, daß $h_4 = (0,\omega,0,\omega,\bar{\omega},1) = \omega \cdot h_3$ wird.

Schließlich gibt es noch den Hexadenvektor $h_5 = (?,0,0,1,?,?)$, der völlig analog auf $h_5 = (?,0,0,1,\omega,\bar{\omega})$ oder $h_5 = (?,0,0,1,\bar{\omega},\omega)$ führt. Wegen h_3 scheidet der erste Ansatz aus; wir haben (bei Festlegung von a_1) als essentiell einzige Lösung $h_5 = (1,0,0,1,\bar{\omega},\omega)$.

Genauso nimmt $h_6 = (?,0,0,\omega,?,?)$, wenn wir die letzte übrig bleibende Wahlfreiheit (zwischen b_1 und c_1) nutzen, die Gestalt $h_6 = (\omega, 0, 0, \omega, 1, \bar{\omega}) = \omega \cdot h_5$ an.

Abgesehen von Permutationen der Basismenge Ω gibt es also nur eine einzige Möglichkeit für die 64 Vektoren in $\mathcal{H}$ und damit auch für die Hexaden aus $\mathfrak{H}$.

Dem aufmerksamen Leser wird nicht entgangen sein, daß die soeben konstruierten h_i, $1 \le i \le 6$, allesamt im **(Standard-)Hexacode** liegen; deshalb auch die Bezeichnung von $\psi(\mathfrak{H})$ mit dem Buchstaben $\mathcal{H}$. Davon werden wir im folgenden Abschnitt 20.4 ausgiebig Gebrauch machen.

Ab sofort verwenden wir diese spezielle Reihenfolge der 24 Punkte in Ω. Uns sind u.a. folgende 12 Mengen in $\mathcal{G}$ bekannt:

$$u_i \;=\; H_0 + S_i \qquad (1 \le m \le 6)$$

$$v_i \;=\; H_0 + H_i \qquad (1 \le i \le 6)$$

Hier ist H_i selbstverständlich die $\mathfrak{H}$-Hexade mit $\psi(H_i) = h_i$. Der Übersichtlichkeit zuliebe wollen wir diese 12 Golaymengen auch bildlich darstellen. Abb. 20.3.2 enthält 12 Diagramme nach dem Muster der Abb. 20.3.1; in der ersten Reihe die u_i, in der zweiten die v_i. Unterhalb einer jeden Matrix stehen die zugehörigen Bildvektoren unter ψ.

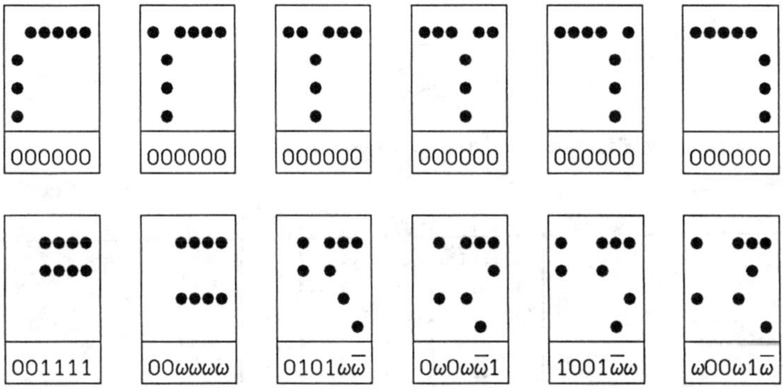

Abb. 20.3.2

Die u_i sind, wie aus der Zeichnung sofort augenfällig wird, linear unabhängig und liegen im Kern von ψ. Sie spannen daher einen 6-dimensionalen Unterraum von Kern$(\psi) \cap \mathcal{G}$ auf. Die Bilder der v_i unter ψ ergeben eine Basis des Hexacodes $\mathcal{H}$, wenn wir diesen als $\mathbb{F}_2$-Vektorraum betrachten. Der von den 12 beschriebenen Vektoren erzeugte Raum ist somit 12-dimensional über $\mathbb{F}_2$ und stimmt mit dem Golaycode $\mathcal{G}$ überein. Das beweist

Satz 20.3.5:
Alle Golaycodes auf einer Grundmenge Ω gehen durch Permutation der 24 Punkte von Ω auseinander hervor, sind also unter der symmetrischen Gruppe auf Ω konjugiert.

Lesen wir die Elemente aus Ω spaltenweise von oben nach unten und von links nach rechts: $x_1, a_1, b_1, c_1; \ldots ; x_6, a_6, b_6, c_6$!
Es ergibt sich die **lexikographische Numerierung** der Abb. 20.3.3.

1	5	9	13	17	21
2	6	10	14	15	22
3	7	11	15	19	23
4	8	12	16	20	24

Abb. 20.3.3

In dieser Anordnung finden wir die Basismatrix

```
.1111...1...1...1...1...
1....1111...1...1...1...
1...1....1111...1...1...
1...1...1....1111...1...
1...1...1...1....1111...
1...1...1...1...1....111
........11..11..11..11..
........1.1.1.1.1.1.1.1.
....11......11..1.1.1..1
....1.1.....1.1.1..111..
11..........11..1..11.1.
1.1.........1.1.11..1..1
```

deren Zeilen der Reihe nach $u_1, \ldots, u_6; v_1, \ldots, v_6$ sind. Für praktische Rechnungen bequemer ist allerdings die durch elementare Zeilenumformungen aus ihr gewonnene **lexikographische Basis**

```
1......1...1.111..1..1..
.1.....1...1.1...1..111.
..1....1...1..1....111.1
...1...1...1...1.1111...
....1..1.....11...111.1.
.....1.1.....1.1.11...11
......11......11.1.1.11.
........1..1.11..11.1..1
.........1.1.1.1.1.1.1.1
..........11..11..11..11
............1111....1111
................11111111
```

in der alle Basismengen Oktaden darstellen. Sie läßt sich rückwärts konstruieren, indem wir von der leeren Menge ausgehen und jeweils den lexikographisch ersten Vektor aus $\mathcal{G}$ hinzufügen, der von den vorher gefundenen linear unabhängig ist.
Im vorliegenden Fall gilt sogar noch erheblich mehr:

Satz 20.3.6:
Der Golaycode ist lexikographisch über $\mathbb{F}_2$ (Länge 24, Abstand 8).

Beweis:
Nachrechnen mittels Computer.

Diese explizite "brute force"-Überprüfung ist allerdings etwas langweilig. Natürlich ist nur die hier diskutierte Standardversion $\mathcal{G}$ lexikographisch, was wiederum an der entsprechenden Eigenschaft des Hexacodes $\mathcal{H}$ liegt (man ziehe Satz 20.2.2 als Analogie heran).
Der zuletzt gefundene Satz zeigt, daß die Einteilung von Ω in Sextette und die damit verbundene Beziehung zu $\mathcal{H}$ von außerordentlicher geometrischer Bedeutung sind. Wir werden diese Angelegenheit deshalb noch ein wenig weiter verfolgen.

20.4. Miracle Octad Generator

Unser Beweis der Eindeutigkeit des Golaycodes, abgesehen von Permutationen der Punktmenge Ω, basierte auf der Beziehung zwischen Hexaden, Sextetten und dem Hexacode. Dabei erwies sich eine Gruppierung der Punkte aus Ω zu einer Matrix des Formats 4×6, der "Miracle Octad Generator" (kurz: "MOG"), als besonders nützlich.

Der Name ist historisch bedingt; er wurde zuerst für eine Methode von Curtis [1976] verwendet, die es bei einiger Übung erlaubt, schnell und einfach zu erkennen, ob eine vorgelegte Teilmenge von Ω eine Oktade ist oder nicht. Diese Urfassung des MOG besteht im wesentlichen aus einer Sammlung bildhafter Darstellungen von Sextetten in Bezug auf eine feste Oktade und ihr Komplement.

Später gab dann Curtis [1980] eine ausgereiftere Version seines Verfahrens, bei der der Hexacode den ihm gebührenden Platz einnimmt. Wir beschreiben sie ausführlich in Satz 20.4.1, der im Grunde nichts anderes ist als eine Formalisierung der Betrachtungen aus Abschn. 20.3.

Wir wollen zuerst einige Bezeichnungen festlegen, die wir schon im letzten Abschnitt verwendet haben:

<u>Vereinbarung:</u>

Für den gesamten Rest dieses Kapitels bedeutet Ω eine Menge mit $|\Omega| = 24$, V die Potenzmenge von Ω mit der üblichen Vektorraumstruktur und dem euklidischen Standardprodukt $<.,.>$, $\mathcal{G}$ der nach Satz 20.3.6 existierende lexikographische Golaycode. Er hat die **Basismatrix**

$$B = \begin{pmatrix} \texttt{1......1...1.111..1..1..} \\ \texttt{.1.....1...1.1...1..111.} \\ \texttt{..1....1...1..1....111.1} \\ \texttt{...1...1...1...1.1111...} \\ \texttt{....1..1.....11...111.1.} \\ \texttt{.....1.1.....1.1.11...11} \\ \texttt{......11......11.1.1.11.} \\ \texttt{........1..1.11..11.1..1} \\ \texttt{.........1.1.1.1.1.1.1.1} \\ \texttt{..........11..11..11..11} \\ \texttt{............1111....1111} \\ \texttt{................11111111} \end{pmatrix}$$

Unter dem **Miracle Octad Generator** oder **MOG** verstehen wir die im vorhergehenden Abschnitt definierte (4×6)-Anordnung von Ω, während ψ: V ⟶ $\mathbb{F}_4^6$ die dort ebenfalls erklärte $\mathbb{F}_2$-lineare Abbildung ist. Die i-te Komponente von ψ(M) ist also gleich der Summe der Zeilennummern aller in der i-ten Spalte S_i liegenden Elemente aus M. Schließlich meinen wir mit H_0 stets die durch die 0-Zeile des MOG gegebene Hexade.

Abb. 20.4.1 veranschaulicht die Zeilenvektoren von B in der MOG-Beschreibung.

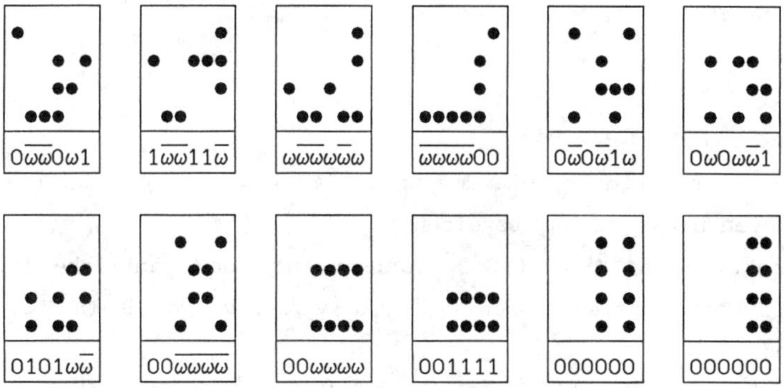

Abb. 20.4.1

In der hier verwendeten "modernen" Ausführung ist der Miracle Octad Generator das bequemste Hilfsmittel, um ohne Computer im Golaycode explizit zu rechnen. Das gilt nicht nur für Oktaden!

Wir werden später (Abschn. 20.6) sehen, daß viele Automorphismen des Golaycodes $\mathcal{G}$ in äußerst eleganter Weise mittels des MOG konstruiert werden können. Einige maximale Untergruppen von Aut $\mathcal{G}$ sind in diesem Schema unmittelbar erkennbar, ohne daß längere kombinatorische Betrachtungen erforderlich wären. Hierin liegt die eigentliche Bedeutung dieser Konstruktion.

Wir erinnern daran, daß das Symbol "$\mathcal{G}$" für den lexikographischen Golaycode reserviert ist, und kommen zum angekündigten

Satz 20.4.1:

Eine Teilmenge M von Ω liegt genau dann im Golaycode $\mathcal{G}$, wenn sie die folgenden beiden Bedingungen erfüllt:

(1) Die Parität von $M \cap S_i$ stimmt für alle $i \in \{1,\ldots,6\}$ mit der von $M \cap H_0$ überein:

$$\#(M \cap S_i) \equiv \#(M \cap H_0) \pmod 2$$

("**Paritätsregel**");

(2) Das Bild von M unter ψ liegt im (lexikographischen) Hexacode:

$$\psi(M) \in \mathcal{H}$$

("**Hexaregel**").

Beweis:

Die Mengen aller Vektoren, die der unter (1) bzw. (2) genannten Forderung genügen, seien mit V_1 und V_2 bezeichnet.
Durch Inspektion der Abb. 20.3.2 erkennen wir, daß sämtliche in Abschn. 20.3 aufgeführten Basisvektoren $u_1,\ldots,u_6;v_1,\ldots,v_6$ von $\mathcal{G}$ in $V_1 \cap V_2$ enthalten sind.
Da ψ eine $\mathbb{F}_2$-lineare Abbildung ist, muß $V_2 = \psi^{-1}(\mathcal{H})$ ein Vektorraum sein. Andererseits läßt sich die Paritätsregel mit Hilfe des Skalarprodukts auf die Form $\langle M,S_i\rangle = \langle M,H_0\rangle$ bringen. Daher ist $M \in V_1$ gleichbedeutend mit

$$\langle M,u_i\rangle = \langle M,S_i+H_0\rangle = \langle M,S_i\rangle + \langle M,H_0\rangle = 0$$

Also ist V_1 der Orthogonalraum zu allen u_i und insbesondere ein Vektorraum. Aus $u_i, v_i \in V_1 \cap V_2$ folgt dann $\mathcal{G} \subseteq V_1 \cap V_2$. Zum Abschluß des Beweises brauchen wir nur $\dim (V_1 \cap V_2) = 12$ zu zeigen (alle Dimensionen beziehen sich auf den Grundkörper $\mathbb{F}_2$).
Es gibt zu jedem $x \in \mathbb{F}_4$ genau 4 Teilmengen von $\mathbb{F}_4$, deren Summe x beträgt, nämlich $\{x\}$, $\mathbb{F}_4\backslash\{x\}$, $\{x\}+\{0\}$, $\mathbb{F}_4\backslash(\{x\}+\{0\})$. Die ersten beiden haben ungerade, die anderen gerade Parität. Jeweils eine der beiden Mengen einer Parität enthält 0, die andere nicht.
Geben wir eine Teilmenge K der 0-Zeile H_0 im MOG vor und dazu noch irgendein $\xi = (\xi_1,\xi_2,\xi_3,\xi_4,\xi_5,\xi_6) \in \mathbb{F}_4^6$, (das nicht in $\mathcal{H}$ zu liegen braucht)!
Wir können dann genau 4^6 Teilmengen M von Ω finden, die $\psi(M) = \xi$ erfüllen. Von diesen genügt aber nur eine der Paritätsregel.

H_0 besitzt 2^6 Teilmengen; daher umfaßt der Raum V_2 exakt $2^6 \cdot 4^6$ Vektoren. Schränken wir die Möglichkeiten durch die Hexaregel auf $V_1 \cap V_2$ ein, so verbleiben wegen der Dreidimensionalität von $\mathcal{H}$ über $\mathbb{F}_4$ lediglich 4^3 der 4^6 Bildvektoren übrig, was auf $\#(V_1 \cap V_2) = 2^6 \cdot 4^3 = 2^{12}$ führt und äquivalent mit $\dim(V_1 \cap V_2) = 12$ ist.

Wir haben sogar noch etwas mehr gezeigt:

Satz 20.4.2:
Zu jeder Teilmenge K der oberen Zeile des Miracle Octad Generators und zu jedem Hexacodevektor ξ gibt es ein eindeutig bestimmtes $M \in \mathcal{G}$, das H_0 genau in K schneidet:

$$M \cap H_0 = K$$

und unter ψ auf ξ abgebildet wird:

$$\psi(M) = \xi$$

Explizite Berechungen im Leechgitter lassen sich im allgemeinen auf Untersuchungen des Golaycodes zurückführen. Dabei stößt man sehr oft auf eine der folgenden Aufgaben:

(1) einige oder alle $\mathcal{G}$-Vektoren effizient zu berechnen;

(2) zu entscheiden, ob $v \in V$ in $\mathcal{G}$ liegt oder nicht;

(3) fünf Punkte aus Ω zu einer Oktade zu ergänzen; sowie

(4) sämtliche leichten Mengen zu finden, die modulo $\mathcal{G}$ mit einem vorgegebenen $M \subseteq \Omega$ kongruent sind.

Je nachdem, ob die Untersuchung ohne oder mit Computer durchgeführt werden soll, wird man durchaus verschiedene Methoden anwenden.
Bei Rechnungen "von Hand" ist der Miracle Octad Generator fast immer das geeignete Hilfsmittel. Die ersten beiden Probleme werden z.B. unmittelbar durch die Sätze 20.4.2 und 20.4.1 gelöst.
Wie man drei Punkte systematisch auffinden kann, welche eine Fünfermenge zu einer Oktade erweitern, ist ausführlich in Conway & Sloane [1988] dargelegt; wir wollen die Diskussion hier nicht wiederholen.

Mit diesem Verfahren haben wir auch die Möglichkeit, die letzte der obigen Aufgaben anzugehen. Hat die vorgelegte Menge M eine Mächtigkeit ≤ 3, so ist sie der einzige leichte Vertreter aus ihrer $\mathcal{G}$-Nebenklasse. Handelt es sich um eine Tetrade, etwa {a,b,c,d}, so nehmen wir einen außerhalb liegenden Punkt e hinzu und erweitern {a,b,c,d,e} mit {f,g,h} (eindeutig) zu einer Oktaden. Die Tetrade {e,f,g,h} ist zu {a,b,c,d} konjugiert. Anschließend wiederholen wir das Verfahren mit einem noch nicht berücksichtigten Punkt e', etc.

Ist M dagegen **schwer** (= nicht leicht), wählen wir fünf Punkte a,b,c,d,e ∈ M und ergänzen sie zur Oktaden $\mathcal{O}$. Die Menge M' = M + $\mathcal{O}$ iat dann kongruent zu M, enthält aber mindestens zwei Elemente weniger als M. Gegebenenfalls müssen wir dieses Vorgehen iterieren, bis wir zu einer leichten Menge kommen. Allerdings ist, wie auch a.a.O. hervorgehoben, diese systematische Reduktion nicht immer bequem. Häufig lassen sich Abkürzungen finden, indem man zwischendurch offensichtlich in $\mathcal{G}$ liegende Mengen addiert oder Automorphismen von $\mathcal{G}$ (die wir in Abschn. 20.6 erörtern) anwendet, um leichter behandelbare Mengen zu erhalten. So ist es sicher immer ratsam, M durch sein Komplement zu ersetzen, wenn $|M| \geq 13$ ist. Diese und ähnliche Tricks sind aber natürlich auch eine Sache der Übung, deshalb ist es unmöglich, für jeden denkbaren Fall den besten Weg explizit anzugeben. Hier geht Probieren über Studieren!

Da heutzutage wohl anzunehmen ist, daß die meisten Leser Zugang zu einem Computer haben, wollen wir noch ein paar Bemerkungen zu unseren vier oben genannten Hauptproblemen machen, die bei der Programmierung erfahrungsgemäß Vorteile bringen.

Die erste Aufgabe ist natürlich trivial. Jeder Vektor $u \in \mathbb{F}_2^{12}$ liefert unmittelbar ein Element aus $\mathcal{G}$, wenn wir ihn von links an die Basismatrix B heranmultiplizieren. Die Produkte u B ergeben dabei alle $\mathcal{G}$-Vektoren jeweils genau einmal, und zwar sogar in lexikographischer Anordnung, wenn wir u der Reihe nach ganz $\mathbb{F}_2^{12}$ durchlaufen lassen.

Die Entscheidung, ob ein Vektor aus V im Golaycode enthalten ist, ist ebenso simpel. Es liegen diejenigen $v \in V$ in $\mathcal{G} = \mathcal{G}^{\perp}$, die zu allen Zeilen von B orthogonal sind, also der Gleichung $v\,{}^{t}B = 0$ genügen.

Die dritte Frage erledigen wir durch Rückgriff auf die vierte (und nicht, wie vorhin, umgekehrt). Wir haben nämlich nur die zu M = {a,b,c,d,e} ⊆ Ω modulo $\mathcal{G}$ kongruente leichte Menge M' zu konstruieren. Sie hat die Mächtigkeit 3, und die Vereinigung M ∪ M' ist die gesuchte Oktade.

Damit bleibt lediglich noch die letzte Aufgabe zu erläutern. Am einfachsten ist es, alle zu v kongruenten Vektoren, das sind gerade die von der Form

$$v' = v + u B$$

mit $u \in \mathbb{F}_2^{12}$, auf ihr Hamminggewicht zu untersuchen. Ist es höchstens 3, haben wir bereits den einzigen leichten Vektor in $v + \mathcal{G}$ vor uns und können die Suche beenden. Ist v' eine Tetrade, machen wir weiter, bis ein vollständiges Sextett vorliegt. In allen anderen Fällen verwerfen wir v' und nehmen das nächste u.
Es sind maximal $2^{12} = 4096$ Versuche erforderlich. Wir können jedoch ohne Mühe den Rechenaufwand um ca. 90 % verringern, wenn wir einige offensichtliche Kunstgriffe anwenden.
So ist es zweckmäßig, anstelle der 24-dimensionalen Vektoren ihre nur halb so langen Produkte mit ${}^tB$ zu betrachten. Aus $v \equiv v' \pmod{\mathcal{G}}$ folgt ja bekanntlich

$$v\,{}^tB = v'\,{}^tB$$

weshalb es ausreicht, nur für alle leichten Mengen v' nachzusehen, ob diese Gleichung erfüllt ist. Dabei wissen wir auch noch, daß v und v' die gleiche Parität besitzen. Wir brauchen also lediglich bei geradem Gewicht von v alle Teilmengen von Ω mit den Mächtigkeiten 0, 2 oder 4 in die Kandidatenliste aufzunehmen; entsprechend bei ungerader Parität die 1- und 3-elementigen Mengen. Hierdurch wird die Anzahl der Einzelprüfungen von 2^{12} auf die Hälfte, $2^{11} = 2048$, herabgedrückt.
Weitergehende Reduktionen sind möglich; sie sind aber komplizierter und daher weniger gut geeignet, da sie die Programmierung aufwendiger machen. Wir diskutieren diese Fragen deshalb nicht weiter, zumal der Gewinn nicht allzu bedeutend zu sein scheint. Hingegen läßt sich auf manchen Rechnern, die einen direkten Zugriff auf die interne Bit-Arithmetik zulassen, unter Umständen ein großer Zeitgewinn erzielen; sofern es durchführbar ist, sollte man davon Gebrauch machen.
Als wesentliches Resultat der letzten beiden Abschnitte halten wir fest, daß der Golaycode aufgrund seiner Eindeutigkeit und der speziellen Besonderheiten des MOG trotz der relativ großen Dimension theoretischen wie praktischen Überlegungen sehr gut zugänglich ist. Wir werden darauf zurückkommen, sobald wir einige andere Beschreibungen von $\mathcal{G}$ kennengelernt haben.

20.5. Alternativkonstruktionen des Golaycodes

Die für den folgenden Abschnitt 20.6 vorgesehene Diskussion der Automorphismengruppe des Golaycodes, der **Mathieugruppe** M_{24}, wird wesentlich erleichtert, wenn bereits vorab einige Untergruppen bekannt sind. Die meisten von ihnen lassen sich leicht aus den Symmetrieeigenschaften des MOG ablesen.

Die wichtigste Ausnahme ist eine Klasse von zu $PSL_2(23) = PSL_2(\mathbb{F}_{23})$ isomorphen Gruppen. Sie ist auch von historischem Interesse, bildete sie doch den Ausgangspunkt für Mathieus eigene Arbeit (Mathieu [1861,1873]).

Wir spezifizieren die Basismenge Ω als **projektive Linie**

$$\Omega = \mathbb{P}^1(\mathbb{F}_{23}) = \mathbb{F}_{23} \cup \{\infty\}$$

über dem Körper mit 23 Elementen. Die Gruppe aller **Projektivitäten** ist nach den Ergebnissen des Abschnitts 7.2 isomorph zu $PGL_2(23) = PGL_2(\mathbb{F}_{23})$ und besteht aus den gebrochen-linearen Transformationen

$$\tau \longmapsto \frac{A\tau+B}{C\tau+D}$$

mit nichtverschwindender Determinante AD-BC. Sie ist (Abschn. 7.3) scharf dreifach transitiv und besitzt einen Normalteiler von Index 2, nämlich die Untergruppe $PSL_2(23) = PSL_2(\mathbb{F}_{23})$ der Substitutionen mit Determinante 1, die wir weiterhin, den Gebräuchen der endlichen Gruppentheorie folgend, kurz mit $L_2(23)$ bezeichnen.

Sie wird, wie man ohne jede Schwierigkeit bestätigt, von den Substitutionen α: $\tau \mapsto \tau+1$, β: $\tau \mapsto 2\tau$ und γ: $\tau \mapsto -\tau^{-1}$ erzeugt.

Wir zerlegen die Basismenge Ω hälftig in zwei sich ergänzende Teile, nämlich die Menge

$$Q = \left\{ 0,1,2,3,4,6,8,9,12,13,16,18 \right\}$$

aller **Quadrate** in $\mathbb{F}_{23}$ und ihr Ω-Komplement

$$N = \{ \infty, 5, 7, 10, 11, 14, 15, 17, 19, 20, 21, 22 \}$$

wobei es sinnvoll ist, den uneigentlichen Punkt zu den **Nichtquadraten** zu zählen. Ferner benötigen wir noch die durch Addition von beliebigen Konstanten $i \in \mathbb{F}_{23}$, also Anwendung von α^i, aus Q und N gewonnenen "verschobenen" Mengen $Q_i = \alpha^i(Q)$ bzw. $N_i = \alpha^i(N)$.
Die charakteristischen Vektoren von $N_0, N_1, \ldots, N_{10}, N_{11} \subseteq \Omega$ sind die Zeilen der Matrix

$$M = \begin{pmatrix} \texttt{1.....1.1..11..11.1.1111} \\ \texttt{11.....1.1..11..11.1.111} \\ \texttt{111.....1.1..11..11.1.11} \\ \texttt{1111.....1.1..11..11.1.1} \\ \texttt{11111.....1.1..11..11.1.} \\ \texttt{1.1111.....1.1..11..11.1} \\ \texttt{11.1111.....1.1..11..11.} \\ \texttt{1.1.1111.....1.1..11..11} \\ \texttt{11.1.1111.....1.1..11..1} \\ \texttt{111.1.1111.....1.1..11..} \\ \texttt{1.11.1.1111.....1.1..11.} \\ \texttt{1..11.1.1111.....1.1..11} \end{pmatrix} \in \mathbb{F}_2^{24}$$

wenn wir die Punkte von $\mathbb{P}^1(\mathbb{F}_{23})$ in der Reihenfolge $\infty, 0, \ldots, 21, 22$ anordnen.
Der von den N_i mit $0 \le i \le 11$ aufgespannte Code heiße $\mathcal{C}$. Eine simple Rechnung liefert die lineare Unabhängigkeit der Zeilen von M und damit gleichzeitig

$$\dim \mathcal{C} = \text{Rang } M = 12$$

Wegen $M\,{}^tM = 0$ ist $\mathcal{C}$ selbstorthogonal:

$$\mathcal{C}^\perp = \mathcal{C}$$

Aus der Gleichung $M \cdot \alpha \cdot {}^tM = 0$ folgt weiter $\alpha(\mathcal{C}) \subseteq \mathcal{C}^\perp = \mathcal{C}$, also $\alpha(\mathcal{C}) = \mathcal{C}$. Ebenso ergibt sich mit $M \cdot \beta \cdot {}^tM = 0$ und $M \cdot \gamma \cdot {}^tM = 0$ auch $\beta(\mathcal{C}) = \mathcal{C}$ sowie $\gamma(\mathcal{C}) = \mathcal{C}$.
In der Tat gilt $M \cdot \alpha = \tilde{\alpha} \cdot M$; $M \cdot \beta = \tilde{\beta} \cdot M$; $M \cdot \gamma = \tilde{\gamma} \cdot M$ mit den in $\mathbb{F}_2^{(12,12)}$ gelegenen Hilfsmatrizen

$$\tilde{\alpha} = \begin{pmatrix}
\cdot & 1 & \cdot & \cdot & \cdot & \cdot & \cdot & \cdot & \cdot & \cdot & \cdot & \cdot \\
\cdot & \cdot & 1 & \cdot & \cdot & \cdot & \cdot & \cdot & \cdot & \cdot & \cdot & \cdot \\
\cdot & \cdot & \cdot & 1 & \cdot & \cdot & \cdot & \cdot & \cdot & \cdot & \cdot & \cdot \\
\cdot & \cdot & \cdot & \cdot & 1 & \cdot & \cdot & \cdot & \cdot & \cdot & \cdot & \cdot \\
\cdot & \cdot & \cdot & \cdot & \cdot & 1 & \cdot & \cdot & \cdot & \cdot & \cdot & \cdot \\
\cdot & \cdot & \cdot & \cdot & \cdot & \cdot & 1 & \cdot & \cdot & \cdot & \cdot & \cdot \\
\cdot & \cdot & \cdot & \cdot & \cdot & \cdot & \cdot & 1 & \cdot & \cdot & \cdot & \cdot \\
\cdot & \cdot & \cdot & \cdot & \cdot & \cdot & \cdot & \cdot & 1 & \cdot & \cdot & \cdot \\
\cdot & \cdot & \cdot & \cdot & \cdot & \cdot & \cdot & \cdot & \cdot & 1 & \cdot & \cdot \\
\cdot & \cdot & \cdot & \cdot & \cdot & \cdot & \cdot & \cdot & \cdot & \cdot & 1 & \cdot \\
\cdot & \cdot & \cdot & \cdot & \cdot & \cdot & \cdot & \cdot & \cdot & \cdot & \cdot & 1 \\
1 & \cdot & 1 & \cdot & \cdot & 1 & \cdot & \cdot & 1 & 1 & 1 & 1
\end{pmatrix}$$

$$\tilde{\beta} = \begin{pmatrix}
1 & \cdot & \cdot & \cdot & \cdot & \cdot & \cdot & \cdot & \cdot & \cdot & \cdot & \cdot \\
\cdot & \cdot & 1 & \cdot & \cdot & \cdot & \cdot & \cdot & \cdot & \cdot & \cdot & \cdot \\
\cdot & \cdot & \cdot & \cdot & 1 & \cdot & \cdot & \cdot & \cdot & \cdot & \cdot & \cdot \\
\cdot & \cdot & \cdot & \cdot & \cdot & \cdot & 1 & \cdot & \cdot & \cdot & \cdot & \cdot \\
\cdot & \cdot & \cdot & \cdot & \cdot & \cdot & \cdot & \cdot & 1 & \cdot & \cdot & \cdot \\
\cdot & \cdot & \cdot & \cdot & \cdot & \cdot & \cdot & \cdot & \cdot & \cdot & 1 & \cdot \\
1 & \cdot & 1 & \cdot & \cdot & 1 & \cdot & \cdot & 1 & 1 & 1 & 1 \\
\cdot & 1 & 1 & 1 & 1 & \cdot & 1 & 1 & \cdot & 1 & \cdot & \cdot \\
\cdot & \cdot & \cdot & 1 & 1 & 1 & 1 & \cdot & 1 & 1 & \cdot & 1 \\
1 & 1 & 1 & 1 & \cdot & \cdot & \cdot & 1 & \cdot & \cdot & 1 & 1 \\
\cdot & 1 & 1 & \cdot & 1 & 1 & 1 & \cdot & \cdot & \cdot & 1 & 1 \\
\cdot & 1 & \cdot & \cdot & 1 & \cdot & \cdot & 1 & 1 & 1 & 1 & 1
\end{pmatrix}$$

$$\tilde{\gamma} = \begin{pmatrix}
\cdot & 1 & \cdot & \cdot & \cdot & 1 & 1 & 1 & \cdot & 1 & \cdot & 1 \\
\cdot & \cdot & \cdot & \cdot & 1 & 1 & 1 & \cdot & 1 & \cdot & 1 & \cdot \\
\cdot & 1 & \cdot & \cdot & \cdot & 1 & 1 & 1 & \cdot & 1 & \cdot & \cdot \\
\cdot & 1 & 1 & 1 & 1 & \cdot & 1 & \cdot & 1 & 1 & 1 & 1 \\
1 & 1 & 1 & \cdot & 1 & 1 & \cdot & \cdot & 1 & 1 & \cdot & \cdot \\
1 & \cdot & \cdot & \cdot & \cdot & \cdot & \cdot & \cdot & \cdot & 1 & \cdot & \cdot \\
1 & \cdot & \cdot & 1 & 1 & \cdot & 1 & 1 & \cdot & \cdot & 1 & 1 \\
\cdot & 1 & 1 & 1 & \cdot & 1 & 1 & \cdot & 1 & \cdot & \cdot & \cdot \\
\cdot & \cdot & 1 & \cdot & 1 & \cdot & \cdot & 1 & \cdot & 1 & 1 & \cdot \\
\cdot & 1 & \cdot & \cdot & \cdot & \cdot & 1 & 1 & \cdot & 1 & \cdot & 1 \\
1 & \cdot & \cdot & 1 & 1 & 1 & 1 & \cdot & 1 & 1 & \cdot & 1 \\
1 & \cdot & 1 & \cdot & \cdot & \cdot & \cdot & \cdot & \cdot & \cdot & \cdot & \cdot
\end{pmatrix}$$

wodurch die Invarianz von $\mathscr{C}$ unter α, β, γ und somit auch unter der von α, β, γ erzeugten Gruppe $L_2(23)$ explizit bestätigt wird.

Zum Beweis der Isomorphie zwischen $\mathscr{C}$ und dem (Standard-)Golaycode $\mathscr{G}$ reicht es aus, wenn wir für alle $v \in \mathscr{C} \backslash \{0\}$ zeigen, daß das Hamminggewicht $h(v) \geq 8$ ist. Das ist jedoch ein wenig umständlich (obwohl die Invarianz von $\mathscr{C}$ unter $L_2(23)$ einige Abkürzungen erlaubt). Es ist daher einfacher, den gesuchten Isomorphismus direkt zu konstruieren, zumal seine Kenntnis auch sonst von Nutzen ist.

Wir haben lediglich eine **Permutationsmatrix** π zu finden, die die Punkte der Basismenge Ω auf die lexikographische Anordnung transformiert. Das ist gleichbedeutend mit der Forderung, $M\,\pi$ solle eine Basismatrix von $\mathcal{G} = \mathcal{G}^{\perp}$ sein. Letzteres wiederum können wir auch durch die Gleichung

$$M\,\pi\,{}^{t}B = 0$$

zum Ausdruck bringen. Dabei ist B die Basismatrix von $\mathcal{G}$ (s. Abschn. 20.5). Selbstverständlich ist π nur bis auf Multiplikation mit Automorphismen von $\mathcal{C}$ und $\mathcal{G}$ bestimmt. Eine verhältnismäßig überschaubare Zuordnung wurde von Conway [1977] gegeben. Wir beschreiben sie in Abb. 20.5.1, indem wir in jeder MOG-Position den zugehörigen Punkt aus $\mathbb{P}^1(\mathbb{F}_{23})$ notieren.

	1	2	3	4	5	6
0	0	∞	1	11	2	22
1	19	3	20	4	10	18
ω	15	6	14	16	17	8
$\bar{\omega}$	5	9	21	13	7	12

Abb. 20.5.1

	1	2	3	4	5	6
0	+ 0	− ∞	+ 1	+11	+ 2	− 1
1	− 4	+ 3	− 3	+ 4	+10	− 5
ω	− 8	+ 6	− 9	− 7	− 6	+ 8
$\bar{\omega}$	+ 5	+ 9	− 2	−10	+ 7	−11

Abb. 20.5.2

Die Merkregel ergibt sich aus dem Schema der Abb. 20.5.2, die dieselben

Elemente enthält, wobei die Restklassen mod 23 aber jetzt auf das Intervall $\{-11, -10, \ldots, +10, +11\}$ reduziert sind.
Die der besseren Übersicht halber eingerahmten Quadrate stehen hier (bis auf die Vorzeichen) zeilenweise angeordnet im Schema.
Die Nichtquadrate werden so eingefüllt, daß der Automorphismus γ der simultanen Vertauschung der Spalten $1 \Leftrightarrow 2$, $3 \Leftrightarrow 6$, $4 \Leftrightarrow 5$ sowie der Zeilen $1 \Leftrightarrow \omega$ im Miracle Octad Generator entspricht. Das Resultat unserer Bemühungen ist

Satz 20.5.1:

(a) Die Komplemente $N_i = \mathbb{P}^1\mathbb{F}_{23} \setminus Q_i$ der Mengen

$$Q_i = \left\{ k^2 + i \;\middle|\; k \in \mathbb{F}_{23} \right\}$$

in der projektiven Linie $\mathbb{P}^1\mathbb{F}_{23} = \mathbb{F}_{23} \cup \{\infty\}$ erzeugen einen Golaycode $\mathcal{C}$. Der Isomorphismus mit der Standardversion $\mathcal{G}$ wird durch die Abbildung 20.5.1 (oder 20.5.2) vermittelt.

(b) Die Automorphismengruppe von $\mathcal{C}$ enthält die projektive spezielle lineare Gruppe $L_2(23) = PSL_2(\mathbb{F}_{23})$.

Neben den hier etwas ausführlicher diskutierten drei Konstruktionen des Golaycodes (lexikographisch und mittels des MOG bzw. der projektiven Linie) gibt es buchstäblich Dutzende von Alternativen, von denen wir aber aus Platzgründen nur noch eine kurz darstellen wollen. Sie wurde von Turyn entwickelt und läßt sich besonders hübsch mit dem Miracle Octad Generator in Verbindung bringen. Außerdem liefert sie eine (später benötigte) weitere Untergruppe von Aut $\mathcal{G}$.
Wir betrachten die Aufspaltung des MOG in drei disjunkte Oktaven L, M, R ("linke", "mittlere" und "rechte" Oktave), wie sie in Abb. 20.5.3 skizziert ist.
Die Numerierung von 0 bis 7 statt von 1 bis 8 wird sich später als zweckmäßiger erweisen. Durch diese Einteilung zerfällt jeder Vektor v aus $\mathbb{F}_2^{24}$ in drei Abschnitte $x, y, z \in \mathbb{F}_2^8$, was wir mit der Schreibweise $v = (x|y|z)$ andeuten wollen.

	1	2	3	4	5	6
0	L_0	L_4	M_0	M_4	R_0	R_4
1	L_1	L_5	M_1	M_5	R_1	R_5
ω	L_2	L_6	M_2	M_6	R_2	R_6
$\overline{\omega}$	L_3	L_7	M_3	M_7	R_3	R_7

Abb. 20.5.3

Wir interessieren uns für "symmetrische" Vektoren in $\mathcal{G}$. Die drei Mengen

$$\mathcal{X} = \left\{ \xi \in \mathbb{F}_2^8 \;\middle|\; (\xi,\xi,0) \in \mathcal{G} \right\}$$

$$\mathcal{Y} = \left\{ \eta \in \mathbb{F}_2^8 \;\middle|\; (0,\eta,\eta) \in \mathcal{G} \right\}$$

$$\mathcal{Z} = \left\{ \zeta \in \mathbb{F}_2^8 \;\middle|\; (\zeta,\zeta,\zeta) \in \mathcal{G} \right\}$$

bilden unter Addition und Subtraktion abgeschlossene Teilmengen, also lineare Unterräume von $\mathbb{F}_2^8$. Sie entsprechen den Teilcodes

$$\mathcal{X}^{\square} = \mathcal{X} \oplus \mathcal{X} \oplus 0$$

$$\mathcal{Y}^{\square} = 0 \oplus \mathcal{Y} \oplus \mathcal{Y}$$

$$\mathcal{Z}^{\square} = \mathcal{Z} \oplus \mathcal{Z} \oplus \mathcal{Z}$$

von $\mathcal{G}$. Alle drei enthalten den Nullvektor 0 und $\varepsilon = (1,1,1,1,1,1,1,1)$, weil $\emptyset$, $L \cup M$, $M \cup R$ und Ω als Vereinigungen von Oktaden sämtlich Golaymengen sind. Sei $\xi \in \mathcal{X} \setminus \{0,\varepsilon\}$, also $(\xi|\xi|0)$ ein $\mathcal{G}$-Vektor. Aufgrund des Satzes 20.3.4 liegt der zugehörige **Hexadenvektor** $\psi(\xi|\xi|0)$ im **Hexacode** $\mathcal{H}$. Er ist aber von der speziellen Gestalt $(\alpha,\beta,\alpha,\beta,0,0)$ mit $\alpha,\beta \in \mathbb{F}_4$, was nur die Paare

$$(\alpha,\beta) \in \left\{ (0,0),(1,1),(\omega,\omega),(\bar{\omega},\bar{\omega}) \right\}$$

zuläßt. Jedes von ihnen gibt zwei Möglichkeiten für die Besetzung der ersten Spalte von L (und ebensoviele für die zweite), weil die Besetzungsanzahl nach der Paritätsregel gerade sein muß. Wir finden 14 Vektoren, von denen eine Hälfte in der Abb. 20.5.4 durch Punkte markiert sind (es ist jeweils nur die linke Oktade angegeben); die übrigen sind die Komplemente.

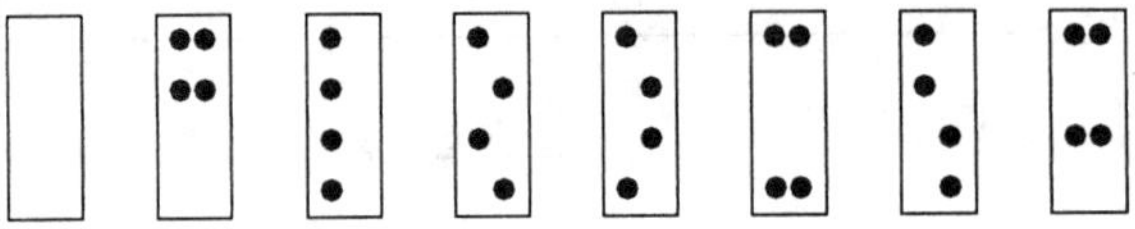

Abb. 20.5.4

Damit ist der $\mathcal{X}$-Code vollständig bestimmt. Weiter ist $\mathcal{Y} = \mathcal{X}$, denn die zyklische Permutation von L, M, R (en bloc) ist ein Automorphismus von $\mathcal{G}$, weil das Entsprechende auf die Hexacodetransformation

$$(\alpha_L, \beta_L, \alpha_M, \beta_M, \alpha_R, \beta_R) \longmapsto (\alpha_R, \beta_R, \alpha_L, \beta_L, \alpha_M, \beta_M)$$

zutrifft. Es bleibt noch die analoge Untersuchung von $\mathcal{Z}\setminus\{0,\varepsilon\} \ni (\zeta|\zeta|\zeta)$ zu leisten. In diesem Fall ist $\psi(\zeta|\zeta|\zeta) = (\gamma,\delta,\gamma,\delta,\gamma,\delta)$, wodurch wir auf

$$(\gamma,\delta) \in \left\{ (0,0),(1,\omega),(\omega,\bar{\omega}),(\bar{\omega},1) \right\}$$

stoßen. Wieder ergibt jedes Paar 4 Vektoren, diesmal die der Abb. 20.5.5.

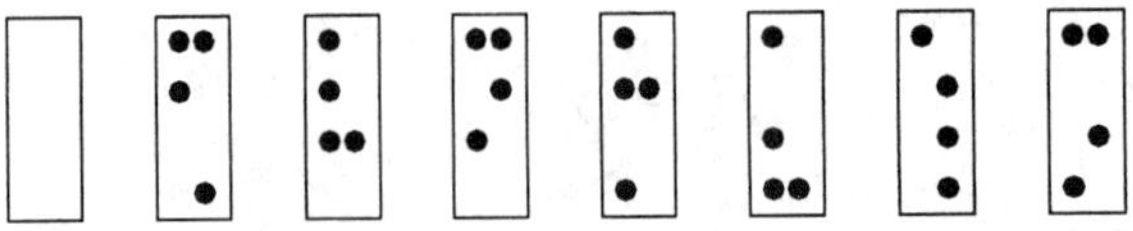

Abb. 20.5.5

Alle drei Codes, $\mathcal{X}$, $\mathcal{Y}$ und $\mathcal{Z}$, sind folglich vierdimensional. Das Nämliche gilt daher auch für die ihnen entsprechenden Untercodes $\mathcal{X}^{\square}, \mathcal{Y}^{\square}, \mathcal{Z}^{\square}$.
Aus $(\xi|\xi|0) = (0|\eta|\eta)$ folgt $\xi = \eta = 0$; daher ist die Summe $\mathcal{X}^{\square} + \mathcal{Y}^{\square}$ direkt

und 8-dimensional.
Der allgemeine Vektor in $\mathcal{X}^{\square} \oplus \mathcal{Y}^{\square}$ ist von der Form $(\xi|\xi+\eta|\eta)$. Der Durchschnitt mit $\mathcal{Z}^{\square}$ führt somit auf die Bedingung $(\xi|\xi+\eta|\eta) = (\zeta|\zeta|\zeta)$, die nur mit $\xi = \eta = \zeta = 0$ bestehen kann. Somit ist auch $\mathcal{X}^{\square} \oplus \mathcal{Y}^{\square} \oplus \mathcal{Z}^{\square} \subseteq \mathcal{G}$ eine direkte Summe. Die Übereinstimmung der Dimensionen impliziert schließlich den **Satz von Turyn**:

Satz 20.5.2:
Der Golaycode $\mathcal{G}$ ist die direkte Summe dreier jeweils vierdimensionaler Teilräume:

$$\mathcal{G} = \mathcal{X}^{\square} \oplus \mathcal{Y}^{\square} \oplus \mathcal{Z}^{\square}$$

$\mathcal{X}^{\square}$ und $\mathcal{Y}^{\square}$ enthalten dabei genau die Vektoren $(\xi|\xi|0)$ bzw. $(0|\xi|\xi)$ mit ξ aus der Abb. 20.5.4, wohingegen in $\mathcal{Z}^{\square}$ alle $(\zeta|\zeta|\zeta)$ liegen, für die ζ aus Abb. 20.5.5 zu entnehmen ist.

Die Zerlegung eines Vektors

$$v = (x|y|z) = (\xi|\xi|0) + (0|\eta|\eta) + (\zeta|\zeta|\zeta)$$

erfolgt mit Hilfe der Beziehungen

$$\begin{aligned} \xi &= x + y \\ \eta &= \phantom{x + {}} y + z \\ \zeta &= x + y + z \end{aligned}$$

Die in den Abbildungen 20.5.4 und 20.5.5 angegebenen Vektoren sind keineswegs so zufällig, wie es auf den ersten Blick erscheinen mag. Tatsächlich können wir sie in eleganter Weise geometrisch charakterisieren.
Dazu numerieren wir die Punkte in einer der drei Oktaden L, M, R, etwa (ohne Beschränkung der Allgemeinheit) der linken, indem wir die Nummern 0, ..., 7 als dreistellige Binärzahlen schreiben, wie in der linken Hälfte der Abb. 20.5.6 angedeutet. Anschließend lesen wir sie als Elemente aus $\mathbb{F}_2^3$, führen also insbesondere Additionen "ohne Übertrag" aus.

(000)	(100)
(001)	(101)
(010)	(110)
(011)	(111)

$\Longrightarrow$

∞	0
1	3
2	6
4	5

Abb. 20.5.6

Die 14 von 0 und ε verschiedenen $\mathcal{X}$-Mengen sind dann genau die Quadrupel, die sich zu Null addieren, d.h. die affinen 2-dimensionalen Unterräume von $\mathbb{F}_2^3$. Jede $\mathcal{X}$-Menge ergibt sich also, indem wir drei Punkte, beispielsweise a,b,c, in $\mathbb{F}_2^3$ beliebig auswählen und als vierten die Summe a+b+c hinzufügen. Eine bessere Parametrisierung erhalten wir durch die zweite Numerierung der Abb. 20.5.6. Hier haben wir die Punkte der projektiven Linie

$$\mathbb{P}^1(\mathbb{F}_7) \;=\; \mathbb{F}_7 \cup \{\infty\}$$

mit den acht Positionen von L assoziiert. Die $\mathcal{X}$-Mengen sind - neben den Trivialfällen 0 und ε - genau die von der Form

$$\left\{ \infty;\ k^2+i \;\middle|\; i \in \mathbb{F}_7,\ k \in \mathbb{F}_7^{\#} \right\} \;=\; \left\{ \infty+i,\ 1+i,\ 2+i,\ 4+i \;\middle|\; i \in \mathbb{F}_7 \right\}$$

und ihre Komplemente (1,2,4 sind die von Null verschiedenen $\mathbb{F}_7$-Quadrate). Die $\mathcal{Z}$-Vektoren hingegen sind, wieder abgesehen von 0 und ε, die Mengen

$$\left\{ k^2+i \;\middle|\; i,k \in \mathbb{F}_7 \right\} \;=\; \left\{ 0+i,\ 1+i,\ 2+i,\ 4+i \;\middle|\; i \in \mathbb{F}_7 \right\}$$

welche durch Translation aus den Quadraten gewonnen werden, und ihre Ergänzungen in $\mathbb{P}^1\mathbb{F}_7$.

Die Gruppe $PGL_2(7) = PGL_2(\mathbb{F}_7) \cong GL_2(7) \cong L_2(7){:}2$ der **Projektivitäten** von $\mathbb{P}^1\mathbb{F}_7$ permutiert die Codes $\mathcal{X}$ und $\mathcal{Z}$ (zusammengenommen), während der Normalteiler $L_2(7) = PSL_2(7)$ vom Index 2 jeden einzeln invariant läßt und auf

$\mathcal{X}\setminus\{0,\varepsilon\}$ bzw. $\mathcal{Z}\setminus\{0,\varepsilon\}$ transitiv permutiert. Diese Beschreibung ist wohl die einfachste denkbare. Sie zeigt zugleich, daß $L_2(7)$, in kanonischer Weise auf $\mathbb{P}^1\mathbb{F}_7$ dargestellt, als Untergruppe in Aut $\mathcal{G}$ enthalten ist. Die Aktion erfolgt dabei auf allen drei Oktaden L, M, R genau gleich. Nehmen wir noch die bereits oben gefundene blockweise zyklische Permutation hinzu, erhalten wir eine $3 \times L_2(7)$. Hingegen sind Vertauschungen nur zweier der drei Blöcke L, M, R zwar selbst keine Automorphismen von $\mathcal{G}$, wohl aber, wenn sie mit einer Transposition der letzten beiden Zeilen ($\omega \Leftrightarrow \bar{\omega}$), die der Konjugation des Hexacode entspricht, kombinieren. Alles zusammen liefert eine Gruppe

$$U \cong \frac{1}{2}\left[S_3 \times GL_2(7)\right] \cong S_3 \times L_2(7)$$

Der Vorfaktor $\frac{1}{2}$ bedeutet, daß nur die Elemente vorkommen, die entweder durch Produktbildung von Faktoren entstehen, welche beide in der jeweiligen Untergruppe $A_3 \subset S_3$ und $L_2(7) \subset PGL_2(7)$ des Index 2 liegen, oder beide außerhalb.

Über die hier aufgeführten hinaus gibt es noch zahlreiche weitere Konstruktionen des Golaycodes, von denen viele geometrisch interessant sind. Wir müssen uns leider versagen, sie hier vorzustellen, und belassen es bei den obigen Beispielen, für die wir später Anwendungen haben werden.

20.6. Steinersysteme und Mathieugruppen

Die Automorphismengruppe des Golaycodes ist eine der bemerkenswertesten und faszinierendsten Gruppen überhaupt. Sie wurde von Mathieu [1873] entdeckt und später ihm zu Ehren M_{24} genannt. Derselbe Autor hatte bereits einige Jahre zuvor (Mathieu [1861]) eine analoge Gruppe, die M_{12}, gefunden, die sich als Untergruppe von M_{24} herausstellte. Beide weisen viele Besonderheiten auf.

Sie sind beispielsweise einfach und zusammen mit den anderen Mathieugruppen M_{11}, M_{22}, M_{23} die ersten bekanntgewordenen **sporadischen Gruppen** (s.u.).

Vor allem aber sind ihre kombinatorischen Eigenschaften hervorzuheben: M_{12} und M_{24} sind, wie man heute weiß, die einzigen 5-fach transitiven Permutationsgruppen, abgesehen von den Trivialfällen der alternierenden und symmetrischen Gruppen. Nehmen wir noch M_{11} und M_{23} hinzu, so haben wir sogar bereits sämtliche 4-fach transitiven Gruppen.

Die Mathieugruppen sind ferner mit gewissen kombinatorischen Strukturen verknüpft, die von Witt [1938.2] als Verallgemeinerungen der bereits erheblich früher durch Steiner [1852] untersuchten sogenannten **Tripelsysteme** entwickelt wurden:

Definition 20.6.1:

Sei M eine endliche Menge der Mächtigkeit m. Ein **Steinersystem** auf M mit den Parametern k, l, m, meist kurz als ein $\mathfrak{S}(k,l,m)$ bezeichnet, ist eine Familie $\mathfrak{B}$ von l-elementigen Teilmengen in M, den **Blöcken** oder **Steinermengen**, so daß jeweils k beliebig aus M herausgegriffene **Punkte** in genau einem Block enthalten sind. Dabei wird stets $0 < k < l < m$ vorausgesetzt.

Fixieren wir einen Punkt $x \in M$ und betrachten nur die Steinermengen, in denen x vorkommt, so bilden diese nach Herausnahme von x ein $\mathfrak{S}(k-1, l-1, m-1)$ auf $M \setminus \{x\}$. Wir nennen es das (bezüglich x) **reduzierte Steinersystem**. Diese Prozedur läßt sich wiederholen, solange $k > 1$ ist.

Da es $\binom{m}{k}$ Möglichkeiten gibt, k Objekte aus M auszuwählen, und jede Steinermenge in der angegebenen Weise genau $\binom{l}{k}$-mal gefunden wird, ist die Anzahl der Blöcke in einem $\mathfrak{S}(k,l,m)$ gleich

$$\# \mathfrak{B} = \frac{\binom{m}{k}}{\binom{l}{k}} = \frac{m!\ (l-k)!}{l!\ (m-k)!} = \frac{m\ (m-1)\ \ldots\ (m-k+1)}{l\ (l-1)\ \ldots\ (l-k+1)}$$

Insbesondere muß dies eine ganze Zahl sein, ebenso die entsprechenden Ausdrücke für die reduzierten Systeme $\mathfrak{S}(k-i,l-i,m-i)$ mit $i < k$.
Die Steinerschen Tripelsysteme sind genau die $\mathfrak{S}(2,3,m)$. Sie enthalten $\frac{m(m-1)}{6}$ Blöcke, was nur für $m \not\equiv 2 \pmod 3$ denkbar ist. Das durch Reduktion gewonnene $\mathfrak{S}(1,2,m-1)$ verlangt darüber hinaus noch $m \equiv 1 \pmod 2$, also zusammen m kongruent zu 1 oder 3 modulo 6. Zu allen derartigen $m > 6$ gibt es wirklich Steinertripel. Ihre Anzahl wächst mit m immens stark an, und es konnte bisher keine vollständige Klassifikation erreicht werden.
Andere Beispiele von Steinersystemen sind die nicht notwendig desarguesschen affinen und projektiven Ebenen der endlichen Ordnung q, die jeweils mit den $\mathfrak{S}(2,q,q^2)$ bzw. $\mathfrak{S}(2,q+1,q^2+q+1)$ übereinstimmen, etc.
Der für uns wichtigste Sonderfall ist das $\mathfrak{S}(5,8,24)$, das, abgesehen von der Benennung der Punkte, eindeutig ist:

<u>Satz</u> <u>20.6.1:</u>
Es gibt bis auf Isomorphie genau ein $\mathfrak{S}(5,8,24)$, nämlich die Oktaden des Golaycodes.

<u>Beweis:</u>
Daß die Oktaden von $\mathcal{G}$ ein Steinersystem mit den fraglichen Parametern auf $\Omega = \{1,\ldots,24\}$ darstellen, ist uns bereits aus Satz 20.3.2 geläufig. Sei umgekehrt $\mathfrak{B}$ ein $\mathfrak{S}(5,8,24)$ auf Ω. Wir fassen, wie üblich, Teilmengen von Ω als Vektoren in $\mathbb{F}_2^\Omega = \mathbb{F}_2^{24}$ auf und bezeichnen den von allen $\mathfrak{B}$-Vektoren aufgespannten Unterraum mit $\mathcal{U}$.
Die Menge aller Blöcke, die $n \leq 5$ vorgegebene Punkte $a_1,\ldots,a_n$ aus Ω enthalten, bildet nach Entfernen der a_i ein $\mathfrak{S}(5-n,8-n,24-n)$ auf $\Omega\setminus\{a_i\}$. Die Zahl der Blöcke beträgt aufgrund der obigen Formel für $i = 0,1,2,3,4,5$ der Reihe nach 759,253,77,21,5,1.
Wir wählen nun ein beliebiges $B \in \mathfrak{B}$ aus. Es ist durch 5 seiner Punkte bestimmt, während vier verschiedene B-Elemente, etwa a_1,a_2,a_3,a_4, in insge-

samt 5 Blöcken liegen: außer in B noch in 4 weiteren. Entsprechend den $\binom{8}{4} = 70$ Quadrupeln in B ergibt das $4 \cdot 70 = 280$ Steinermengen, die aus B genau 4 Punkte herausschneiden.

Legen wir nur a_1, a_2, a_3 fest, erhalten wir ganz analog 21 Blöcke, die wir aber schon alle kennen. Einer ist B, die anderen $20 = 5 \cdot 4$ sind die jeweils 4, welche noch einen der 5 weiteren Punkte mit B gemeinsam haben. Infolgedessen existiert kein $B' \in \mathfrak{B}$ mit $\#(B \cap B') = 3$.

Von den 77 Steinermengen, in denen a_1 und a_2 gemeinsam vorkommen, müssen wir neben B selbst ganz entsprechend die bereits gefundenen $4 \cdot 15 = 60$ abziehen, die zusätzlich eines der $\binom{6}{2} = 15$ Punktepaare in $B \setminus \{a_1, a_2\}$ umfassen. Es bleiben $77-1-60 = 16$ übrig, deren Durchschnitt mit B gleich $\{a_1, a_2\}$ ist. Variieren wir das ausgewählte Ziffernpaar, ergeben sich insgesamt $16 \cdot \binom{8}{2} = 16 \cdot 28 = 448$ weitere Blöcke.

Dieselbe Argumentation, jetzt für einen einzelnen Schnittpunkt, liefert unter den insgesamt 253 in Frage kommenden Blöcken, die ein a_1 mit B teilen, außer B selbst noch $\binom{7}{3} \cdot 4 = 140$ mit vier- und $\binom{7}{1} \cdot 16 = 112$ mit zweielementiger Schnittmenge relativ zu B. Nach Subtraktion bleibt nichts mehr übrig. Die noch nicht klassifizierten $759-1-280-448 = 30$ Blöcke sind folglich zu B disjunkt.

Wir haben gezeigt, daß der Durchschnitt zweier Mengen aus $\mathfrak{B}$ stets aus 0,2,4 oder 8 Punkten besteht und damit geradzahlig ist. Das bedeutet die Isotropie des Codes $\mathcal{U}$, also $\mathcal{U} \subseteq \mathcal{U}^\perp$ und $\dim \mathcal{U} \leq 12$.

Jeder $\mathcal{U}$-Vektor ist zu sich selbst orthogonal, hat also gerades Hamminggewicht. Zweiermengen $\{a, b\}$ kommen aber in $\mathcal{U}$ nicht vor, da es 253 Blöcke gibt, die a enthalten, aber nur 77 von ihnen auch b einschließen. Daher wird jedes Ziffernpaar $\{a, b\}$ von gewissen Steinermengen in ungeradzahlig vielen Punkten geschnitten, was der Isotropie von $\mathcal{U}$ widerspricht. Die gleiche Überlegung läßt sich auf vier Punkte a,b,c,d anwenden: 21 Blöcke enthalten a,b,c, aber nur 5 davon auch d.

Gäbe es schließlich ein $X \in \mathcal{U}$ mit $\#(X) = 6$, so ließe sich eine Steinermenge B finden, die mindestens 5 der 6 Punkte aus X umfaßte, woraus sich sofort einer der verbotenen Werte $\#(X+B) \in \{2, 4\}$ ergäbe. Dieser Fall kann also auch nicht auftreten, und das Minimum der Gewichte in $\mathcal{U}^\# = \mathcal{U} \setminus \{0\}$ ist 8. Damit ist $\mathcal{U}$ ein Golaycode, und Satz 20.3.5 gewährleistet die Eindeutigkeit.

Wir wollen folgende Bezeichnung vereinbaren:

Definition 20.6.2:

Die **(große) Mathieugruppe** M_{24} ist die Automorphismengruppe des Golaycodes. Wenn nicht ausdrücklich etwas anderes gesagt ist, soll letzterer dabei stets in der lexikographischen Form verstanden werden. Es ist somit

$$M_{24} = \mathrm{Aut}\,\mathcal{G} = \left\{ \pi \in S_\Omega \;\middle|\; \pi(\mathcal{G}) = \mathcal{G} \right\}$$

Es ist nicht schwierig, die Haupteigenschaften von M_{24} zu beweisen, nämlich:

Satz 20.6.2:

(a) Die Mathieugruppe M_{24} ist 5-fach transitiv auf den 24 Punkten der Basismenge Ω und jeweils einfach transitiv auf den Tetraden, Sextetten, Hexaden, Oktaden und Dodekaden.

(b) M_{24} hat die Ordnung

$$\# M_{24} = 24\cdot 23\cdot 22\cdot 21\cdot 20\cdot 48 = 244823040 = 2^{10}\cdot 3^3\cdot 5\cdot 7\cdot 11\cdot 23$$

(c) Die Standgruppe eines Sextetts ist isomorph zu $2^6:(3\cdot S_6)$, die einer Oktade zu $2^4:A_8 \cong 2^4:L_4(2)$.

Beweis:

Wir kennen aus den vorhergehenden Abschnitten bereits etliche Untergruppen von M_{24}, die wir uns zunutze machen.
Hierzu zählen die $L_2(23)$ mit den explizit angegebenen Erzeugenden α, β, γ und die $3{\times}L_2(7)$, welche die drei Oktaden L, M, R in symmetrischer Weise permutiert. In der zuletzt genannten zeichnen wir vor allem das Element σ von der Ordnung 7 aus, welches der Substitution $i \mapsto i+1 \pmod 7$ in der $\mathbb{F}_7$-Notation der Abb. 20.5.6 entspricht.
Einige andere Automorphismen des Golaycodes drängen sich schon bei oberflächlicher Betrachtung des **Miracle Octad Generators** auf: jedem Hexacodevektor $h = (h_1, h_2, h_3, h_4, h_5, h_6) \in \mathcal{H} \subset \mathbb{F}_4^6$ ordnen wir die Transformation τ_h zu, die die Spalten s_i des MOG einzeln invariant läßt und innerhalb jedes

s_i den Punkt der κ-Zeile auf den in der $(\kappa+h_i)$-Zeile abbildet, wobei $\kappa \in \mathbb{F}_4$ der Abb. 20.3.1 zu entnehmen ist.

Es ist klar, daß alle τ_h eine Untergruppe von M_{24} bilden, die wir mit T bezeichnen wollen. Sie ist zur additiven Gruppe $(\mathcal{H},+)$ des Hexacodes isomorph, also elementar-abelsch von der Ordnung $4^3 = 64$: $T \cong 2^6$. Ferner gibt es ein Element, das in jeder MOG-Spalte die Multiplikation mit ω, d.h. die zyklische Zeilenpermutation $(1,\omega,\bar{\omega})$ bewirkt. Wir nennen es einfachheitshalber auch ω, was keine Mißverständnisse heraufbeschwören sollte. Es hat die Ordnung 3 und für alle $h \in \mathcal{H}$ ist $\omega^{-1}\tau_h\omega = \tau_{\omega h}$. Die von T und ω erzeugte Gruppe ist folglich eine $2^6{:}3$.

Sei weiter $f \in \mathrm{Aut}\,\mathcal{H} \cong 3\cdot S_6$ ein Hexacodeautomorphismus (vgl. Satz 20.2.1), beschrieben durch eine monomiale Matrix $F \in \mathbb{F}_4^{(6,6)}$. Mit der Zerlegung $F = \pi\cdot\delta$ in eine Diagonalmatrix

$$\delta = \mathrm{Diag}\left(a_1, a_2, a_3, a_4, a_5, a_6\right)$$

mit $a_i \in \mathbb{F}_4^\times = \mathbb{F}_4\backslash\{0\} = \{1,\omega,\bar{\omega}\}$ und eine Permutation π geht der typische Hexacodevektor $h = (h_1,h_2,h_3,h_4,h_5,h_6) \in \mathcal{H}$ dabei in

$$\left(a_1\, h_{\pi(1)},\ a_2\, h_{\pi(2)},\ a_3\, h_{\pi(3)},\ a_4\, h_{\pi(4)},\ a_5\, h_{\pi(5)},\ a_6\, h_{\pi(6)}\right)$$

über. Die Zuordnung

$$(\kappa, i) \longmapsto (a_i, \pi(i))$$

definiert dann ein Element H_f aus M_{24}. Alle H_f ergeben zusammen eine Gruppe $P \cong 3{\wedge}A_6{:}2 \cong 3\cdot S_6$, deren Zentrum von ω erzeugt wird. P normalisiert T und erweitert es zu einem semidirekten Produkt

$$T : P \cong 2^6{:}(3\cdot S_6)$$

das die sechs Spalten des Miracle Octad Generator untereinander vertauscht, das zugehörige Sextett $\{s_1,s_2,s_3,s_4,s_5,s_6\}$ aber invariant läßt.

Die Blockpermutation (L,M,R) hat, auf den Punkten von Ω betrachtet, die Zyklenstruktur $\|3^8\|$. Sie kann daher keine Oktade invariant lassen. Das gilt auch für β und α, die vom Typ $\|1^2,11^2\|$ bzw. $\|1,23\|$ sind. Jede Bahn von M_{24} auf der Menge der Oktaden hat somit eine durch 3, 11 und 23 teilbare Länge.

Da es nur $3\cdot 11\cdot 23 = 759$ Oktaden gibt, folgt die Transitivität dieser Permutationsdarstellung.

Die Dodekaden bilden komplementäre Paare, von denen α wegen seiner Zyklenzerlegung ebensowenig eines festläßt wie σ ($\|1^3,7^3\|$). Hingegen fixiert β genau ein Paar. Daher haben alle Bahnen von M_{24} auf den 1288 Dodekadenpaaren durch $7\cdot 23 = 161$ teilbare Längen, eine davon $\equiv 1$, die anderen $\equiv 0$ (mod 11). Das einzige Vielfache von 161, das ≤ 1288 und kongruent zu 1 modulo 11 ist, ist aber 1288 selbst, und die Transitivität auf den Paaren folgt. Da z.B. γ zwei komplementäre Dodekaden vertauscht (und zwar die Quadrate in der $\mathbb{P}^1\mathbb{F}_{23}$-Beschreibung), haben wir auch die Transitivität der M_{24}-Aktion auf den Dodekaden.

Wir bezeichnen die Standgruppe der linken Oktade L mit A und betrachten die Restriktion $A|_L$. A enthält die Untergruppe $\langle T,\omega\rangle = 2^6{:}3$, die auf L noch als $2^4{:}3$ wirkt, wobei die beiden MOG-Spalten s_1 und s_2, aus denen sich L zusammensetzt, einzeln festbleiben. Nehmen wir noch σ hinzu - seine Einschränkung $\sigma|_L$ hat die Zyklenzerlegung $\|1,7\|$ - so sehen wir sofort ein, daß $A|_L$ alle geraden Permutationen einschließt, also entweder die alternierende Gruppe A_8 oder die volle symmetrische Gruppe S_8 ist.

Sind uns fünf Ω-Elemente a, b, c, d, e vorgegeben, so können wir nach den bisherigen Erkenntnissen ein Element aus M_{24} finden, welches die durch sie bestimmte Oktade auf L konjugiert. Dabei gehen a, b, c, d, e in gewisse Punkte aus L über, etwa a', b', c', d', e'. Die 5-fache Transitivität von $A|_L \geq A_8$ auf L impliziert damit die von M_{24} auf Ω.

Trivialerweise sind dann alle Tetraden konjugiert und daher auch die Sextette, deren jedes durch eine beliebige seiner Tetraden eindeutig festgelegt ist. In der Standgruppe des MOG-Spaltensextetts $\{s_1,\ldots,s_6\}$, nennen wir sie S, kommt die Untergruppe T vor, die schon alle 64 Hexaden transitiv permutiert, welche modulo $\mathcal{G}$ zu den s_i kongruent sind. Das impliziert die Konjugiertheit aller Hexaden und schließt den Nachweis von (a) ab.

Die alle Spalten s_i separat invariant lassenden Substitutionen in S bilden einen Normalteiler S_0, in dem wiederum eine Untergruppe W liegt, die darüber hinaus noch die Hexade H_0 fixiert.

Jedes Element aus W muß die 64 erwähnten Hexaden untereinander permutieren. Es entspricht (über die Hexaregel) einem Automorphismus des Hexacodes, der durch eine Diagonalmatrix repräsentiert wird. Wir wissen aus Satz 20.2.1, daß dies nur für Skalarmatrizen, also Potenzen von ω, möglich ist. Damit ist $W = \langle\omega\rangle \cong 3$. Die Transitivität von $T \leq S_0$ auf den 64 Hexaden impliziert weiter $|S_0{:}W| = 64$, woraus sich unmittelbar $S = \langle T,\omega\rangle \cong 2^6{:}3$ ergibt.

Die oben konstruierte, zu $3 \cdot S_6$ isomorphe Untergruppe, deren Zentrum gerade W ist, liegt offensichtlich in S und bewirkt alle Permutationen der 6 Spalten untereinander. Somit ist der Index von S_0 in S gleich $\# S_6 = 6! = 720$ und dann auch $S \cong 2^6:(3 \cdot S_6)$.
Die Ordnung von M_{24} erhalten wir aus der Transitivität auf den 1771 Sextetten; sie beträgt $3 \cdot 64 \cdot 720 \cdot 1771$, das ist die unter (b) genannte Zahl.
Es bleibt, da wir den ersten Teil von (c) bereits bestätigt haben, nur noch die Struktur der Oktadengruppe A aufzuklären. Sie hat den Index 759 in M_{24}, und deshalb die Ordnung $2^{10} \cdot 3^2 \cdot 5 \cdot 7 = 2^4 \cdot \#(A_8)$. Im punktweisen Stabilisator von L, der ein Normalteiler A_0 von A ist, gibt es u.a. die folgenden Elemente: die blockweisen Vertauschungen $(s_3, s_4)(s_5, s_6)$ und $(s_3, s_5)(s_4, s_6)$ sowie die "Translationen" τ_h mit $h = (0,0,1,1,1,1)$ oder $(0,0,\omega,\omega,\omega,\omega)$. Diese vier involutorischen Substitutionen erzeugen eine auf den 16 Punkten des Komplements von L scharf transitive elementar-abelsche A_0-Untergruppe der Ordnung 2^4. Aus $\# A = 2^4 \cdot \#(A_8)$ und $A|_L \geq A_8$ folgt weiter $A_0 \cong 2^4$ und dann auch $A/A_0 \cong A|_L = A_8$. Die Erweiterung von A_0 mit $A|_L$ zerfällt, weil der Stabilisator eines Punktes außerhalb von L den Index 16 in A hat und zufolgedessen isomorph zu A_8 sein muß. Das liefert $A \cong 2^4:A_8$.
Die Identifikation von A_8 als $L_4(2)$, die wir zwar nicht benötigen, die aber vom gruppentheoretischen Standpunkt aus höchst interessant ist, ergibt sich durch Betrachtung des Komplements $K = \Omega \setminus L = M \cup R$ von L. Wir bezeichnen die Punkte von K, wie in Abb. 20.6.1 skizziert, mit den 4-dimensionalen Vektoren über $\mathbb{F}_2$.

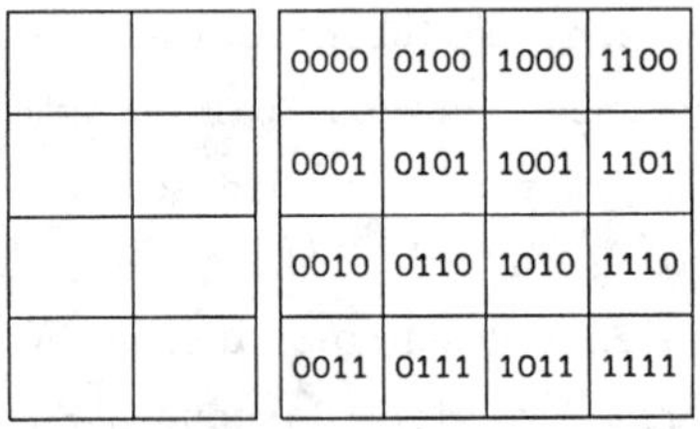

Abb. 20.6.1

Die in L gelegenen 70 Tetraden gehören zu 35 Sextetten, die $35 \cdot 4 = 140$ Te traden in K liefern. Jeweils die 4 einem bestimmten Sextett angehörenden K-Tetraden sind paarweise disjunkt, und eine von ihnen enthält den speziellen Punkt (0000). Man bemerkt durch Inspektion, daß sie genau die 35 linea-

ren Unterräume der Dimension 2 in F_2^4 bilden. Die restlichen Tetraden sind die Nebenklassen in der additiven Gruppe $(F_2^4,+)$. Mit anderen Worten: die 140 Tetraden in K stimmen mit den zweidimensionalen affinen Unterräumen von $K \cong F_2^4$ überein.
Daraus ergibt sich ganz leicht, daß die zu A_8 isomorphe Standgruppe des Vektors (0000) in A auf $K \cong F_2^4$ als lineare Gruppe $GL_4(2) \cong L_4(2)$ agiert.
Die Übereinstimmung von $\# GL_4(2) = (16-1)(16-2)(16-4)(16-8) = 20160$ mit $\# A_8 = \frac{1}{2} 8! = 20160$ ergibt den Isomorphismus $A_8 \cong L_2(4)$ und vervollständigt den Beweis.

Außer M_{24} und den Trivialfällen der A_n und S_n gibt es nur noch eine einzige 5-fach transitive Permutationsgruppe, die auch von Mathieu [1861] entdeckt wurde:

Satz 20.6.3:

(a) Die Elemente aus M_{24}, die eine (wegen der Konjugiertheit beliebige) Dodekade festlassen, bilden die **Mathieugruppe** M_{12}. Sie ist scharf 5-fach transitiv auf der Dodekade und hat mithin die Ordnung

$$\# M_{12} = 12\cdot 11\cdot 10\cdot 9\cdot 8 = 95040 = 2^6\cdot 3^3\cdot 5\cdot 11$$

(b) Die aus 6 Ziffern bestehenden Durchschnitte einer festen Dodekade D mit irgendwelchen Oktaden bilden die Blöcke eines $\mathfrak{S}(5,6,12)$.

Beweis:

Wir benutzen weiterhin die zuletzt eingeführten Bezeichnungen und betrachten eine Dodekade D, welche die Punkte 1,2,3,4,5 (lexikographische Notation) enthält. Weiter sei x eine Permutation aus M_{24}, unter der die genannten Punkte (einzeln) und D (als Menge) invariant sind.
Die linke Oktade, L, wird als einzige, die 1,2,3,4,5 umfaßt, ebenfalls durch x auf sich abgebildet. Daher liegt x in der Standgruppe $A \cong 2^4{:}A_8$ von L, und die Restriktion $x|_L$ ist eine gerade Permutation. Der Durchschnitt von L und D besteht aus genau 6 Elementen, und zwar 1,2,3,4,5 und einem weiteren $p \in \{6,7,8\}$. Letzterer ist ebenfalls Fixpunkt von x, so daß x nicht mehr als zwei Ziffern aus L bewegt. Da $x|_L \in A_8$ ist, folgt $x|_L = 1$,

und x liegt sogar im punktweisen Stabilisator A_0 von L.
Die 6 außerhalb von L liegenden Punkte der Dodekade D verteilen sich nach den in Satz 20.4.1 genannten Regeln jeweils zu zweit auf drei der vier Spalten s_3, s_4, s_5, s_6, während andererseits die vierte, nennen wir sie s_k, unbesetzt bleibt.
Die Elemente aus $A_0 \cong 2^4$ sind uns aus dem Beweis des Satzes 20.6.2 vollständig bekannt. Jedes von ihnen bildet entweder alle MOG-Spalten auf sich ab oder vertauscht die 4 im Komplement K von L enthaltenen als Doppeltransposition (Zyklenzerlegung $\|2^2\|$). Weil $x \in A_0$ aber die k-te Spalte fixiert, sehen wir, daß alle s_i unter x invariant sind.
Damit ist $x = \tau_h$ mit einem geeigneten Vektor $h = (0,0,\kappa,\kappa,\kappa,\kappa) \in \mathcal{H} \subset \mathbb{F}_2^4$ und vertauscht folglich für $i \geq 3$ die Punkte (λ, i) und $(\lambda+\kappa, i)$ miteinander. Der zu D gehörige Hexavektor $\psi(D)$ muß dabei erhalten bleiben. Das geht nur, wenn für alle $i \neq k$ die in s_i liegenden beiden D-Elemente permutiert werden, also die i-te Komponente von $\psi(D)$ gleich κ ist. Dies trifft nach dem Gesagten auf drei der vier Spalten s_3, s_4, s_5, s_6 zu, wohingegen die k-te Koordinate von $\psi(D)$ natürlich 0 ist. Dies ist nur für $\kappa = 0$ mit der Hexaregel $\psi(D) \in \mathcal{H}$ verträglich. Somit ist $h = 0$ und $x = 1$.
Wir haben gezeigt: Das einzige Element aus M_{24}, welches 1,2,3,4,5 und eine sie einschließende Dodekade invariant läßt, ist die Identität. Dank der 5-fachen Transitivität von M_{24} auf Ω gilt das Entsprechende für ein jedes System von 5 Punkten.
Wir können die Aussage auch so formulieren: Außer dem Einselement besitzt kein $x \in M_{12}$ fünf oder mehr Fixpunkte. Ein 5-Tupel in der zugehörigen Dodekade D hat also genau

$$\# M_{12} = \frac{1}{2576} \# M_{24} = 95040$$

Bilder unter M_{12}. Diese Zahl stimmt mit der sämtlicher geordneten Fünfermengen in D überein; deshalb sind diese alle konjugiert, und M_{12} ist 5-fach transitiv. Das liefert (a); während (b) eine unmittelbare Konsequenz aus der Steinerbedingung für die Oktaden des Golaycodes = $\mathfrak{S}(5,8,24)$ ist.

Die Transitivitätseigenschaften von M_{24} und M_{12} erlauben die Konstruktion einiger weiterer verwandter Gruppen, unter denen auch die einzigen endlichen 4-fach transitiven Gruppen, M_{11} und M_{23}, vorkommen, die außer den bereits genannten $(A_n, S_n, M_{12}, M_{24})$ noch existieren.

Satz 20.6.4:

Seien $a_1,\dots,a_k \in \Omega = \{1,\dots,24\}$ paarweise voneinander verschieden ($k \le 5$). Der punktweise Stabilisator der a_i ist die mit M_{24-k} bezeichnete **Mathieugruppe**; den Stabilisator der Menge $\{a_1,\dots,a_k\}$ nennen wir M^*_{24-k}. Ebenso definieren wir M_{12-k} und M^*_{12-k}, wenn $a_1,\dots,a_k$ alle in einer Dodekade D mit Standgruppe M_{12} liegen. Auf die konkrete Auswahl der Punkte $a_1,\dots,a_k$ kommt es dabei wegen der 5-fachen Transitivität nicht an; insbesondere ist der Isomorphietyp jeweils wohlbestimmt. Dann gilt

(a) Jedes M_{24-k} ist Normalteiler in M^*_{24-k}; entsprechend M_{12-k} in M^*_{12-k}. Die Faktorgruppen haben die Form

$$M^*_{24-k} \,/\, M_{24-k} \;\cong\; M^*_{12-k} \,/\, M_{12-k} \;\cong\; S_k$$

(b) Reduzieren wir $\mathfrak{S}(5,8,24)$ oder $\mathfrak{S}(5,6,12)$ bezüglich $a_1,\dots,a_k$, so entsteht ein $\mathfrak{S}(5-k,8-k,24-k)$ bzw. $\mathfrak{S}(5-k,6-k,12-k)$. Die Automorphismengruppen erfüllen

$$M_{24-k} \;\le\; M^*_{24-k} \;\le\; \mathrm{Aut}\ \mathfrak{S}(5-k,8-k,24-k)$$

$$M_{12-k} \;\le\; M^*_{12-k} \;\le\; \mathrm{Aut}\ \mathfrak{S}(5-k,6-k,12-k)$$

M_{24-k}, M^*_{24-k}, M_{12-k}, M^*_{12-k} sind jeweils $(5-k)$-fach transitiv auf den Punkten dieser Steinersysteme.

(c) Die Ordnungen der M_{24-k} und M_{12-k} betragen

$$\# M_{24} = 24\cdot 23\cdot 22\cdot 21\cdot 20\cdot 48 = 244823040 = 2^{10}\cdot 3^3\cdot 5\cdot 7\cdot 11\cdot 23$$

$$\# M_{23} = 23\cdot 22\cdot 21\cdot 20\cdot 48 = 10200960 = 2^{7}\cdot 3^2\cdot 5\cdot 7\cdot 11\cdot 23$$

$$\# M_{22} = 22\cdot 21\cdot 20\cdot 48 = 443520 = 2^{7}\cdot 3^2\cdot 5\cdot 7\cdot 11$$

$$\# M_{21} = 21\cdot 20\cdot 48 = 20160 = 2^{6}\cdot 3^2\cdot 5\cdot 7$$

$$\# M_{20} = 20\cdot 48 = 960 = 2^{6}\cdot 3\cdot 5$$

$$\# M_{19} = 48 = 48 = 2^{4}\cdot 3$$

$$
\begin{aligned}
\# M_{12} &= 12\cdot 11\cdot 10\cdot 9\cdot 8 = 95040 = 2^6\cdot 3^3\cdot 5\cdot 11\\
\# M_{11} &= 11\cdot 10\cdot 9\cdot 8 = 7920 = 2^4\cdot 3^2\cdot 5\cdot 11\\
\# M_{10} &= 10\cdot 9\cdot 8 = 720 = 2^4\cdot 3^2\cdot 5\\
\# M_{9} &= 9\cdot 8 = 72 = 2^3\cdot 3^2\\
\# M_{8} &= 8 = 8 = 2^3\\
\# M_{7} &= 1 = 1 = 1
\end{aligned}
$$

Beweis:

Trivial.

Wir erwähnen noch, daß $M_{12}, M_{11}; M_{24}, M_{23}, M_{22}$ und M_{21} **einfach** sind; der Beweis ist mit gruppentheoretischen Standardmethoden leicht zu führen.

Während die fünf übrigen **sporadisch**, d.h. weder vom **Lietyp** noch **alternierende Gruppen** sind, besteht für die letzte der genannten Gruppen der Isomorphismus $M_{21} \cong L_3(4)$.

Er basiert auf der Beobachtung, daß das zu M_{21} gehörende Steinersystem $\mathfrak{S}(2,5,21)$, wie oben bemerkt, eine projektive Ebene der Ordnung 4 ist. Tatsächlich handelt es sich (vgl. Abschn. 7.1) um die **desarguessche Ebene** $\mathbb{P}^2(\mathbb{F}_4)$. Wir skizzieren das erforderliche Argument. In Abb. 20.6.2 sind die drei Fixpunkte einer geeigneten M_{21} durch Kreuzchen und die 21 fünfelementigen Mengen, die sie zu Oktaden ergänzen, durch Punkte markiert.

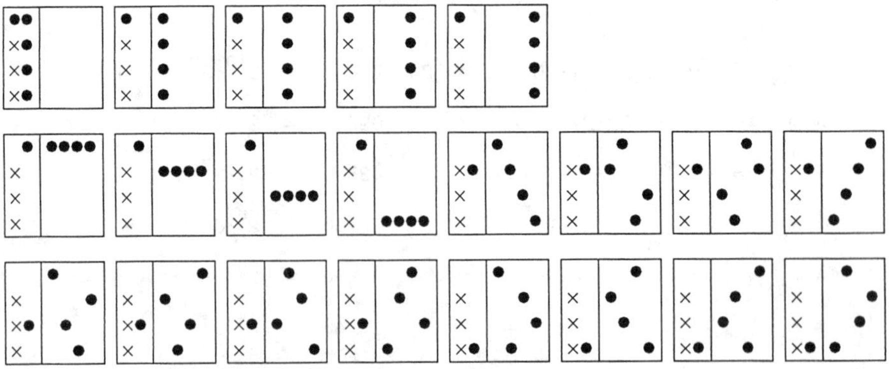

Abb. 20.6.2

Mit den homogenen Koordinaten der 21 Zusatzpunkte, die in Abb. 20.6.3 beschrieben sind, verifiziert man ohne Mühe, daß die 21 Blöcke des $\mathfrak{S}(2,5,21)$ genau die Geraden in der projektiven Ebene $\mathbb{P}^2\mathbb{F}_4$ sind. Der Nachweis der Isomorphien $M_{21} \cong L_3(4)$ und $M_{21}^* \cong P\Gamma L_3(4)$ ergibt sich dann unmittelbar. Dabei bedeutet $P\Gamma L_3(4)$ die durch Adjunktion der Körperautomorphismen aus $PGL_3(4)$ entstehende Gruppe. Sie hat die Struktur

$$P\Gamma L_3(4) \cong PGL_3(4) : 2 = PSL_3(4) : S_3 = L_3(4) : S_3$$

(001)	(010)	(100)	(110)	(1ω0)	(1$\bar{\omega}$0)
	(011)	(101)	(111)	(1ω1)	(1$\bar{\omega}$1)
	(01ω)	(10ω)	(11ω)	(1ωω)	(1$\bar{\omega}$ω)
	(01$\bar{\omega}$)	(10$\bar{\omega}$)	(11$\bar{\omega}$)	(1ω$\bar{\omega}$)	(1$\bar{\omega}\bar{\omega}$)

Abb. 20.6.3

Zum Abschluß dieses Kapitels besprechen wir noch kurz ein äußerst eigentümliches kombinatorisches Gebilde, das zwar nicht unmittelbar mit unserem Thema zu tun hat, aber durch seine enge Verwandtschaft mit dem Golaycode und den sporadischen Gruppen (s. hierzu auch Abschn. 21.6) sehr bedeutsam ist. Zuvor benötigen wir jedoch noch

Definition 20.6.3:
Ein **Loop** ist eine Menge $\mathcal{L}$, auf der ein Produkt $(a,b) \mapsto a \cdot b$ erklärt ist, so daß die Gleichungen $x \cdot a = b$ und $a \cdot y = b$ für beliebige $a,b \in \mathcal{L}$ stets eindeutig nach x und y auflösbar sind.

Wir interessieren uns für einen Loop, der von Parker entdeckt wurde und der gewissermaßen als **Spindarstellung** des Golaycodes interpretiert werden kann. In ihm vereinen sich viele Leitmotive des vorliegenden Buches, wie z.B. **Schurerweiterungen**, **Spinoren**, **Moufangidentitäten** und sporadische Gruppen (die von Mathieu ebenso wie die später besprochenen **Fischergruppen** bis hin zum **Monster**; vgl. Abschn. 21.6).

Definition 20.6.4:

Der **Parkerloop** $\mathcal{P}$ ist eine zweifache Überlagerung des Golaycodes $\mathcal{G}$.
Seine Objekte schreiben wir (mit formalen Vorzeichen "±") in der Form ±g, $g \in \mathcal{G}$. Die **Projektion** π: $\mathcal{P} \longrightarrow \mathcal{G}$ bildet jeweils 2 Elemente (+g, -g) auf dieselbe Golaymenge

$$(+g)^\pi = (-g)^\pi = g$$

ab. Dabei geht das Loop-Produkt $(a,b) \mapsto a \cdot b$ in die Addition von $\mathcal{G}$ über:

$$(a \cdot b)^\pi = a^\pi + b^\pi$$

Hierdurch sind alle Produkte in $\mathcal{P}$ bis auf das Vorzeichen festgelegt. Alle weiteren Rechenregeln ergeben sich aus dieser Information zusammen mit folgenden Forderungen:

(a) Das Einselement des Loops ist $1 = +\emptyset$, und das Zentrum von $\mathcal{P}$ setzt sich aus 1 und $-1 = -\emptyset$ zusammen.

(b) Seien $d, e, f \in \mathcal{P}$. Wir schreiben $[d,e]$ für den **Kommutator** und $[d,e,f]$ für den **Assoziator**. Dann gilt

$$d^2 = (-1)^{\#d/4}$$

$$[d,e] = (-1)^{\#(d \cap e)/2}$$

$$[d,e,f] = (-1)^{\#(d \cap e \cap f)}$$

worin die Symbole für Mächtigkeit und Durchschnitt sich selbstverständlich auf die als Teilmengen von Ω interpretierten zu d, e, f, ... gehörigen Mengen $d^\pi, e^\pi, f^\pi, \ldots$ beziehen.

Wir notieren einige einfache, aber wichtige Eigenschaften von $\mathcal{P}$, die man durch Nachrechnen bestätigt:

Satz 20.6.5:

(a) Die Multiplikation in $\mathcal{P}$ erfüllt die **Moufang-Identität**

$$A((BC)A) = (AB)(CA)$$

(b) Eine **Basis** von $\mathcal{P}$ ist eine Menge

$$\left\{ d_1, \ldots, d_{12} \right\}$$

von 12 Elementen aus $\mathcal{P}$, deren Bilder in $\mathcal{G}$ eine $\mathbb{F}_2$-Basis von $\mathcal{G}$ bilden. Zu jedem $\sigma \in M_{24}$ gibt es 2^{12} Automorphismen σ von $\mathcal{P}$, die durch beliebige Auswahl der Bilder

$$e_i = \sigma(d_i) \qquad (i = 1, \ldots, 12)$$

einer Basis $d_1, \ldots, d_{12}$ definiert werden können.

(c) Die gesamte Automorphismengruppe des Parkerloops ist isomorph zu $2^{12} \cdot M_{24}$. Hierbei handelt es sich um eine nichtzerfallende Erweiterung. Der zur additiven Gruppe von $\mathcal{G}$ isomorphe Normalteiler 2^{12} besteht aus den Automorphismen der Form

$$x \longmapsto x^{\delta} = (-1)^{\#(x \cap \delta)} x$$

mit $\delta \in \mathbb{F}_2^{\Omega}$. Diese Abbildung ist nur von der $\mathcal{G}$-Nebenklasse, in der die Menge δ liegt, abhängig.

21. Das Leechgitter

21.1. Eindeutigkeit des Leechgitters

Das erste Ziel dieses Kapitels ist es, die früher begonnene Klassifikation der unimodularen geraden Gitter des Rangs 24 abzuschließen.
Ebenso wie jedes der 23 **Niemeiergitter** durch sein Wurzelsystem Σ bis auf Isometrie eindeutig festgelegt ist (Abschn. 19.4), trifft dies auch im letzten noch ausstehenden Fall $\Sigma = \emptyset$ (Leechgitter) zu. Der Beweis dieser Aussage geht direkt in die explizite Konstruktion des Leechgitters Λ über, die wir im folgenden Abschnitt ausführlich erläutern. Danach untersuchen wir noch die **Punktgruppe** $\mathrm{Pkt}(\Lambda)$ sowie deren Invariantenring. Diese Informationen benötigen wir in den Kapiteln 24 und 25 für die Theorie der numerischen Integration.
Darüber hinaus diskutieren wir in den Abschnitten 21.4 und 21.6 (zum Teil ohne Beweise) noch eine Reihe weiterer Besonderheiten, durch die Λ vor allen anderen Gittern ausgezeichnet ist. Die nur an praktischen Anwendungen interessierten Leser können diese Betrachtungen, die wir im Rest des Buches nicht mehr aufgreifen werden, ohne Bedenken (wenn auch nicht ohne Verlust) überschlagen.

Satz 21.1.1:

(a) Alle **Leechgitter** sind isometrisch, gehen also durch orthogonale Transformationen auseinander hervor.

(b) Die **Thetafunktion** des Leechgitters Λ ist, in den **normierten Eisensteinreihen** E_4 und E_6 ausgedrückt,

$$\vartheta_\Lambda = \frac{1}{12}\left[7\,E_4^3 + 5\,E_6^2\right]$$

wofür wir auch die nach Substitution der üblichen Eisensteinfunktionen $G_4 = \frac{1}{720}E_4$, $G_6 = \frac{1}{30240}E_6$ und der **Invarianten** $g_2 = \frac{1}{12}E_4$, $g_3 = \frac{1}{216}E_6$ entstehenden Formeln

$$\vartheta_\Lambda = 54432000\left[4\,G_4^3 + 7\,G_6^2\right]$$

und

$$\vartheta_\Lambda = 144 \left[135\, g_3^2 + 7\, g_2^3\right]$$

verwenden können.

(c) Die Anzahl der Vektoren des Typs n im Leechgitter beträgt

$$\#\,\Lambda_n = \frac{65520}{691}\left[\sigma_{11}(n) - \tau(n)\right]$$

.

Beweis:

Sei $\Lambda \subset \mathbb{R}^{24}$ ein Leechgitter. Aus Satz 19.2.4 entnehmen wir, daß seine Thetafunktion ϑ_Λ eine ganze Modulform des Gewichts 12 ist. Die in Abschn. 18.4 entwickelte Theorie liefert durch allgemeinen Ansatz der Thetareihe und Vergleich der ersten beiden Koeffizienten $\#(\Lambda_0) = 1$ und $\#(\Lambda_1) = 0$ (keine Wurzeln) die unter (b) aufgeführten Formeln. Teil (c) folgt unmittelbar aus Satz 18.5.3.

Zum Nachweis von (a) rechnen wir irgendeinen der Ausdrücke für ϑ_Λ etwas weiter aus und erhalten

$$\vartheta_\Lambda = 1 + 196560\, q^2 + 16773120\, q^3 + 398034000\, q^4 + \ldots$$

mit dem üblichen Fourierparameter $q = e^{2\pi i \tau}$. Insbesondere haben wir

$$\#(\Lambda_2) = 196560$$

$$\#(\Lambda_3) = 16773120$$

$$\#(\Lambda_4) = 398034000$$

Λ-Vektoren vom Typ ≤ 4 heißen **kurz**, die übrigen **lang**. Wir schreiben $x \approx y$, wenn $x, y \in \Lambda$ und $x \equiv y \pmod{2\Lambda}$ ist. Trivialerweise ist "$\approx$" eine Äquivalenzrelation, und für alle $x \in \Lambda$ gilt $x \approx x$ sowie $x \approx -x$.

Seien x und y zwei weder gleiche noch zueinander antipodische kurze Vektoren mit $x \approx y$. Dann folgt aus $x-y \in 2\Lambda\setminus\{0\}$ die Ungleichung

$$16 \le \langle x-y, x-y\rangle = \langle x,x\rangle + \langle y,y\rangle - 2\langle x,y\rangle \le 8 + 8 - 2\langle x,y\rangle$$

zu der sich noch die entsprechende mit $-y \approx y \approx x$ gesellt:

$$16 \le \langle x+y, x+y \rangle = \langle x,x \rangle + \langle y,y \rangle + 2 \langle x,y \rangle \le 8 + 8 + 2 \langle x,y \rangle$$

Beide zusammen implizieren $\langle x,y \rangle = 0$ und $\langle x,x \rangle = \langle y,y \rangle = 8$.
Somit sind zwei kurze Vektoren höchstens dann kongruent modulo des verdoppelten Gitters 2Λ, wenn sie gleich, entgegengesetzt oder aber beide vom Typ 4 und orthogonal zueinander sind. Im letzten Fall gibt es nicht mehr als 48 kurze Vertreter in derselben Nebenklasse, weil wegen der Raumdimension maximal 24 aufeinander senkrechte Paare $\pm x$ vorkommen können. Damit gibt es in Λ mindestens

$$\#(\Lambda_0) + \frac{1}{2}\#(\Lambda_2) + \frac{1}{2}\#(\Lambda_3) + \frac{1}{48}\#(\Lambda_4)$$

2Λ-Nebenklassen, in denen kurze Vektoren vorkommen. Einsetzen der oben berechneten Zahlen ergibt für die Summe genau

$$16777216 = 2^{24} = \#(\Lambda/2\Lambda)$$

und zeigt, daß alle Abschätzungen exakt waren und wir bereits sämtliche Nebenklassen gefunden haben.
Jedes $x \in \Lambda_4$ gehört somit zu einem System von 48 (mod 2Λ) kongruenten Vektoren, die in 24 orthogonale Paare $\pm x_i$ (mit $1 \le i \le 24$) zerfallen. Eine solche Anordnung von 48 Leechvektoren bezeichnet man als **(Achsen-)Kreuz**.
Es liegt sehr nahe, ein derartiges Kreuz

$$\mathcal{K} = \left\{ \pm x_1, \ldots, \pm x_{24} \right\}$$

auszuwählen und kartesische Koordinaten in $\mathbb{R}^{24}$ einzuführen, deren Achsen zu den x_i parallel sind. Numerierung und Vorzeichen der x_i fixieren wir einstweilen noch nicht, sondern behalten uns eine spätere zweckmäßige Verfügung vor. Unabhängig hiervon ist in dem so erklärten Bezugssystem

$$\mathcal{K} = \left\{ \pm \sqrt{8}\, e_1, \ldots, \pm \sqrt{8}\, e_{24} \right\}$$

wobei wie immer e_i für den i-ten Einheitsvektor steht.

Das etwas lästige Auftreten von Irrationalitäten ist durch Umskalieren vermeidbar. Wir arbeiten deshalb von nun an vorzugsweise im Gitter $M = \sqrt{8}\cdot\Lambda$, wobei wir noch die zweckmäßige Konvention anwenden, die durch Multiplikation mit $\sqrt{8}$ aus Leechvektoren wie z.B. x,y,z,... hervorgehenden Elemente von M mit den entsprechenden Großbuchstaben X,Y,Z,... zu bezeichnen. Der **Typ** eines solchen X ist dabei gleich dem des zugehörigen $x \in \Lambda$; alle Vektoren vom Typ k in M bilden die Menge $M_k = \sqrt{8}\cdot\Lambda_k$ etc.
Da das Leechgitter Λ gemäß seiner Definition ganz und sogar gerade ist, haben je zwei $X, Y \in M$ ein durch 8 teilbares Skalarprodukt $\langle X,Y\rangle = 8 \langle x,y\rangle$, und die Normen $\langle X,X\rangle = 8 \langle x,x\rangle$ sind stets Vielfache von 16 (genauer: 16·Typ).
Das umskalierte Achsenkreuz $\sqrt{8}\cdot\mathcal{K} \subseteq M$ besteht aus den 48 Vektoren $\pm 8e_i$, die nach Konstruktion paarweise modulo 2M kongruent zueinander sind. Somit liegen auch die halben Differenzen je zweier dieser Vektoren, also alle von der Form $\pm 4e_i \pm 4e_j$, in M. Sie haben (für $i \neq j$) die Norm 32 und sind somit $\in M_2$.
Das von den $\pm 4e_i \pm 4e_j$ aufgespannte Untergitter Ξ in M ist unschwer als $4\,\mathbb{D}_{24}$ zu identifizieren ($\mathbb{D}_{24}$ ist hier das betreffende **Wurzelgitter** in der Standarddarstellung. Es besteht aus allen $X \in \mathbb{Z}^{24}$ mit gerader Koordinatensumme, vgl. Abschn. 16.1 und 19.4). Da Ξ in $4\,\mathbb{Z}^{24}$ maximal ist (Index = 2) und beispielsweise $4e_1 \in 4\,\mathbb{Z}^{24}$ wegen seiner Norm $\langle 4e_1, 4e_1\rangle = 16$ nicht in M enthalten sein kann, muß Ξ den vollen Durchschnitt von M mit $4\,\mathbb{Z}^{24}$ bilden:

$$\Xi = 4\,\mathbb{Z}^{24} \cap M$$

Sei $X = (X_1, \ldots, X_{24}) \in M$. Aus dem Gesagten folgt die Teilbarkeit der Skalarprodukte $\langle X, 8e_i\rangle = 8\,X_i$ und $\langle X, 4e_i - 4e_j\rangle = 4\,(X_i - X_j)$ durch 8.
Die erste Gleichung bedeutet $X_i \in \mathbb{Z}$, also $M \subseteq \mathbb{Z}^{24}$, die andere ist äquivalent mit $X_i \equiv X_j \pmod 2$: sämtliche Koordinaten von X besitzen die gleiche Parität. Das führt gemäß

$$M = M_g \cup M_u$$

zu einer Einteilung des Gitters in zwei disjunkte Teilmengen M_g und M_u, die jeweils die geraden bzw. ungeraden M-Vektoren aufnehmen.
Da die Summe oder Differenz zweier gerader Vektoren stets wieder gerade ist, bildet M_g ein Untergitter von M. Sein Index ist 2 oder 1, abhängig davon, ob in M ungerade Vektoren vorkommen.

Die Unimodularität von Λ ist gleichbedeutend mit

$$M^{*} = \left[\sqrt{8}\,\Lambda\right]^{*} = \frac{1}{\sqrt{8}}\Lambda^{*} = \frac{1}{\sqrt{8}}\Lambda = \frac{1}{8}M$$

woraus sich sofort die Determinante von M ergibt:

$$\det M = 8^{24} = 2^{72}$$

Andererseits ist

$$\det \Xi = \det\left[4\,\mathbb{D}_{24}\right] = 16^{24}\det \mathbb{D}_{24} = 2^{98}$$

Zusammen mit der Inklusion

$$\Xi \subset M \subset M^{*} \subset \Xi^{*}$$

und der Beobachtung, daß die Gruppen M/Ξ und Ξ^{*}/M^{*} dual zueinander sind und gleiche Ordnungen haben, schließen wir auf $\#(M/\Xi) = 2^{13}$.
Wir nennen einen Vektor $X \in \mathbb{Z}^{24}$ reduziert, wenn es in der ihn enthaltenden Ξ-Nebenklasse $X + \Xi$ keinen kürzeren gibt. Die reduzierten geraden Vektoren ergeben sich leicht als diejenigen der Form $((\pm 4)^{1}, 0^{23})$ oder $((\pm 2)^{a}, 0^{24-a})$ mit $0 \le a \le 24$, während die ungeraden reduzierten Vektoren entweder von der Bauart $((\pm 1)^{24})$ oder $((\pm 3)^{1}, (\pm 1)^{23})$ sein müssen.
In M kommen aber die Vektoren $\pm 4e_{i}$ oder solche, deren Koordinaten alle den Betrag 1 haben, nicht vor, weil sie jeweils die Norm 16 bzw. 24 hätten, was bekanntlich nicht zulässig wäre. Daher sind reduzierte M-Vektoren stets vom Typ $((\pm 2)^{a}, 0^{24-a})$ oder $((\pm 3)^{1}, (\pm 1)^{23})$.
Weiter betrachten wir die Abbildung γ, die jedem $X = (X_{1}, \dots, X_{24}) \in M_{g}$ ein $\xi = \gamma(X) = (\xi_{1}, \dots, \xi_{24})$ aus $\mathbb{F}_{2}^{24}$ nach der folgenden Vorschrift zuordnet: es ist ξ_{i} gleich 0 oder 1, je nachdem, ob $X_{i} \equiv 0$ oder 2 (mod 4) ist.
Identifizieren wir $\mathbb{F}_{2}$ mit dem Restklassenkörper $\mathbb{Z}/2\mathbb{Z}$, läßt sich $\gamma(X)$ als die Reduktion modulo 2 von $\frac{1}{2}X$ auffassen, woraus man sofort ableitet, daß γ ein Homomorphismus zwischen den (abelschen) additiven Gruppen des Gitters M_{g} und des Vektorraums $\mathbb{F}_{2}^{24}$ ist.
Daher macht es Sinn, vom Kern der Abbildung γ zu sprechen. Er besteht aus den in M_{g} enthaltenen Vektoren, deren sämtliche Komponenten durch 4 teilbar sind:

$$\text{Kern}\,\gamma = \mathbb{Z}^{24} \cap M_g = \mathbb{Z}^{24} \cap M = \Xi$$

Aus dem gleichen Grund ist das Bild von γ, das wir G nennen wollen, ein Unterraum von $\mathbb{F}_2^{24}$, und es gilt

$$\#\,G = \#\,\text{Bild}\,\gamma = \#\,(M_g/\text{Kern}\,\gamma) = \#\,(M_g/\Xi) = \frac{\#(M/\Xi)}{\#(M/M_g)} \geq 2^{12}$$

d.h. $\dim G \geq 12$.

Die Bedingung, daß das Skalarprodukt $\langle X,Y\rangle$ für alle $X,Y \in M_g$ ein Vielfaches von 8 ist, entspricht der Orthogonalität der Bildvektoren unter γ bezüglich des natürlichen Skalarprodukts auf $\mathbb{F}_2^{24}$:

$$\langle\gamma(X),\gamma(Y)\rangle = 0$$

daher ist $G \subseteq G^{\perp}$ und aus Dimensionsgründen sogar $G = G^{\perp}$, was seinerseits auf $\dim G = 12$ und $\#(M/M_g) = 2$ führt.

Es läßt sich sogar noch wesentlich mehr über G sagen. Zu jedem von Null verschiedenen $\xi \in G$ wählen wir ein reduziertes X mit $\gamma(X) = \xi$ aus. Nach unserer obigen Analyse sind alle Komponenten von X gleich 0 oder ± 2, wobei die letzteren die Positionen der Einsen in ξ einnehmen. Die Anzahl a der Stellen, an denen dies geschieht, ist gleich dem **Hamminggewicht** von ξ. Aus $\langle X,X\rangle = 4\,a \geq 16\cdot 2 = 32$ folgt $a \geq 8$.

G ist somit ein selbstorthogonaler $\mathbb{F}_2$-Code der Länge 24, dessen Vektoren (außer 0) Hamminggewichte größer oder gleich 8 haben. Nach Definition 20.3.2 und Satz 20.3.5 ist G bis auf eine noch zulässige Vertauschung der Koordinaten identisch mit der (lexikographischen) Standardversion $\mathcal{G}$ des Golaycodes. Wir verfügen deshalb über die Achsennumerierung unseres kartesischen Bezugssystems so, daß $G = \mathcal{G}$ gilt. Danach dürfen wir nur noch die Orientierung der Koordinatenachsen nach Belieben abändern.

Weiter haben wir $\#(M/M_g) = 2$; insbesondere ist $M_u = M \setminus M_g$ nicht leer. Wir suchen uns einen möglichst kurzen Vektor $U \in M_u$ aus. U ist reduziert, weil $M_u = U + M_g$ gilt und Ξ ein Untergitter von M_g ist. Über die bisher nicht festgelegte Orientierung der Koordinatenachsen verfügen wir jetzt so, daß alle Koordinaten von U kongruent zu 1 (mod 4) sind. Dann ist U von der Form $((-3)^1, 1^{23})$. Steht die -3 z.B. an der i-ten Stelle, addieren wir noch $4e_i - 4e_1 \in \Xi$, um auf den Spezialfall

$$U = (-3,1,1,1,1,1,1,1,1,1,1,1,1,1,1,1,1,1,1,1,1,1,1,1)$$

zu kommen.

Es ist nunmehr leicht, M_2 zu bestimmen. Ist $X \in M_2$ gerade und nicht reduziert, erhalten wir $X \in \Xi$ (da 0 das einzige Element vom Typ ≤ 1 in M ist). Die einzigen in Betracht kommenden Möglichkeiten sind die $2^2 \cdot \binom{24}{2} = 1104$ Vektoren der Form $((\pm 4)^2, 0^{22})$, von denen wir bereits wissen, daß sie wirklich in M liegen.

Die reduzierten $X \in M_2 \cap M_g$ sind von der Bauart $((\pm 2)^8, 0^{16})$, aber nicht alle können auftreten. Die Bedingung $\langle U,X\rangle \equiv 0 \pmod 8$ schränkt uns auf solche Vektoren ein, die jeweils geradzahlig viele +2 und -2 enthalten; außerdem ist $\gamma(X)$ eine der 759 Oktaden des Golaycodes $\mathcal{G}$. Es gibt somit höchstens $2^7 \cdot 759 = 97152$ derartige Elemente.

Alle ungeraden $X \in M_2$ sind reduziert und von der Art $((\pm 3)^1, (\pm 1)^{23})$. Eine Betrachtung von $\gamma(X-U)$ zeigt, daß die Menge aller $i \in \{1,\dots,24\}$, für die $X_i \equiv 2 \pmod 4$ ist, in $\mathcal{G}$ liegt. Daher kann M_2 nicht mehr als $24 \cdot 2^{12} = 98304$ ungerade Elemente enthalten.

Wir summieren die Obergrenzen:

$$1104 + 97152 + 98304 = 196560 = \#(\Lambda_2) = \#(M_2)$$

Somit kommen alle genannten Kandidaten auch wirklich in M_2 vor, und die Eindeutigkeit von M_2 (oder Λ_2), abgesehen von orthogonalen Transformationen, ist nachgewiesen.

Wir müssen nur noch zeigen, daß M von Vektoren aus M_2 aufgespannt wird. Für das Untergitter $\Xi \subset M$ ist das nach Konstruktion richtig; außerdem sind alle Ξ-Nebenklassen, welche unter γ auf Oktaden abgebildet werden, ebenfalls in M_2 vertreten. Die Oktaden erzeugen aber ganz $\mathcal{G}$, woraus die gewünschte Aussage auch für $\gamma^{-1}(\mathcal{G}) = M_g$ folgt. Nehmen wir noch U hinzu, ist der Beweis vollständig.

Bemerkungen:

(1) Natürlich haben wir damit noch nicht gezeigt, daß Λ wirklich ein Leechgitter ist. Das holen wir im nächsten Abschnitt nach.

(2) Es ist vielleicht nicht ganz überflüssig, daran zu erinnern, daß wir unter einer **Isometrie** eine Abbildung verstehen, bei der die Abstände

erhalten bleiben, während über die **Orientierung** nichts gesagt wird. Bei Beschränkung auf orientierungserhaltende Isometrien, d.h. Drehungen, wäre der Satz in der Tat so nicht richtig.
Die Punktgruppe von Λ, die **Conwaygruppe** Co_0, ist nämlich perfekt und enthält somit nur Drehungen (vgl. Abschn. 21.3).
Im Gegensatz zu den Niemeiergittern, die z.B. bei Reflexionen in ihren Wurzeln in sich übergehen und daher zu ihren **Spiegelbildern** direkt kongruent sind, existiert das Leechgitter in zwei **enantiomorphen** Formen.

21.2. Explizite Darstellungen

Wir verwenden weiter die im letzten Abschnitt eingeführten Bezeichnungen. Der Eindeutigkeitsbeweis für das Leechgitter Λ (Satz 21.1.1) enthält eine explizite Angabe aller Minimalvektoren von Λ bzw. dem durch Multiplikation mit $\sqrt{8}$ daraus hervorgehenden M. In der Standardbasis handelte es sich um

(1) alle $2^2 \cdot \binom{24}{2} = 1104$ Vektoren des Typs $((\pm 4)^2, 0^{22})$;

(2) diejenigen der Form $((\pm 2)^8, 0^{16})$ mit positivem Produkt der von Null verschiedenen Koordinaten, bei denen die (± 2)-Positionen eine Oktade bilden (davon gibt es $2^7 \cdot 759 = 97152$ Stück); sowie

(3) die Vektoren der Bauart $((-3)^1, 1^{23})$ und die daraus durch Vorzeichenwechsel an den einer beliebigen Golaymenge entsprechenden Stellen hervorgehenden (insgesamt $24 \cdot 2^{12} = 98304$).

Die Menge dieser 1104 + 97152 + 98304 = 196560 Elemente bezeichnen wir mit S, das von ihnen erzeugte Gitter mit N.

Wir haben noch zu zeigen, daß N nach Division durch $\sqrt{8}$ ein Leechgitter liefert. Wir arbeiten aber lieber in N selbst, weil dies unnötige Irrationalitäten vermeidet. Die Unimodularität von $\frac{1}{\sqrt{8}} N$ ist gleichbedeutend mit $N^* = \frac{1}{8} \cdot N$, die Geradheit entspricht der Teilbarkeit aller Normen in N durch 16, während die Nichtexistenz von Wurzeln in $\frac{1}{\sqrt{8}} N$ besagt, daß N keinen Vektor der Norm 16 enthält.

Wie man durch Inspektion der obengenannten 196560 Erzeugenden sofort einsieht, erfüllen alle $X = (X_1, \ldots, X_{24}) \in S$ die nachstehenden Bedingungen:

(a) Die Koordinaten X_i sind ganze Zahlen einheitlicher Parität;

(b) Die Menge aller $i \in \{1, \ldots, 24\}$, für die X_i modulo 4 zu einer festen Zahl kongruent ist, liegt im Golaycode $\mathcal{G}$;

(c) Die Koordinatensumme $X_1 + \ldots + X_{24}$ ist $\equiv 0$ oder 4 (mod 8), je nachdem, ob X gerade oder ungerade ist.

Wenn die Eigenschaften (a),(b),(c) auf zwei Vektoren zutreffen, gelten sie auch für deren Summe oder Differenz. Sie definieren daher ein Teilgitter von $\mathbb{Z}^{24}$, das wir K nennen wollen. Nach dem Gesagten ist $N \subseteq K$.

Je zwei Vektoren X, Y aus S haben ein Skalarprodukt, das ein Vielfaches von 8 ist; daraus folgt $N \subseteq 8\, N^*$.

Sei X ein beliebiger Vektor aus $8\, N^*$, d.h. $\langle X, Y \rangle \in 8\,\mathbb{Z}$ für alle $Y \in N$.

Durch Einsetzen von geeigneten Erzeugenden $Y \in S$ ergibt sich unmittelbar, daß X den drei angegebenen Bedingungen gehorcht. Das impliziert

$$N \subseteq 8\,N^* \subseteq K$$

Angenommen, es gebe ungerade Vektoren in K, die nicht bereits in N liegen. Dann suchen wir einen möglichst kurzen unter ihnen aus, etwa V. Wegen $\Xi \subseteq N$ ist V reduziert (vgl. Abschn. 21.1) und von der Form $((\pm 3)^1, (\pm 1)^{23})$ oder $((\pm 1)^{24})$. Die erste Möglichkeit scheidet aus, weil alle mit Bedingung (b) verträglichen Vektoren dieser Art in S und damit in N liegen.
Es müssen also alle X_i den Betrag 1 haben und die Einsen mit positivem Vorzeichen an Golaypositionen liegen. Ihre Anzahl beträgt damit 0,8,12,16 oder 24. In diesen Fällen ergibt sich jeweils die Koordinatensumme -24,-8,0,8 bzw. 24; sie ist mithin stets durch 8 teilbar. Das widerspricht jedoch Bedingung (c).
Daher enthält $K \setminus N$ keine ungeraden Vektoren. Gerade kann es dann auch nicht geben, weil wir durch Addition eines ungeraden N-Elements wieder auf den vorigen Fall zurückkämen. In der vorhin gefundenen Inklusionsrelation stehen somit überall Gleichheitszeichen:

$$N = 8\,N^* = K$$

und die erste der nachzuweisenden Eigenschaften ($N = 8N^*$) ist bestätigt. Die zweite (alle Normen in N sind Vielfache von 16) folgt daraus sofort unter Zuhilfenahme der Beobachtung, daß die Erzeugenden sämtlich die Norm 32 haben.
Wir brauchen nur noch zu beweisen, daß es kein $W \in N$ mit $\langle W,W\rangle = 16$ gibt. Ein solches W kann nicht ungerade sein, denn dann hätte es eine Norm $\geq 24 \cdot 1^2 = 24$.
Somit ist W gerade und liegt sogar in $4\,\mathbb{Z}^{24}$, weil anderenfalls mindestens 8 Koordinaten $\equiv 2 \pmod 4$ wären, was auf $\langle W,W\rangle \geq 8 \cdot 2^2 = 32$ führte. Es bleiben nur die Kandidaten $W = \pm 4e_i$ übrig. Sie erfüllen aber Bedingung (c) nicht. Das vollendet den Beweis von

<u>Satz</u> <u>21.2.1:</u>
Die Vektoren $\frac{1}{\sqrt{8}} X$ mit $X \in \mathbb{Z}^{24}$ und $X_i \equiv X_j \pmod 2$, deren Koordinatensummen

der Kongruenz

$$X_1 + \ldots + X_{24} \equiv 4\, X_i \pmod 8$$

genügen und die für alle m die Zusatzbedingung

$$\left\{ i \in \{1,\ldots,24\} \;\middle|\; X_i \equiv m \pmod 4 \right\} \in \mathcal{G}$$

erfüllen, bilden ein Leechgitter.

Satz 21.1.1 gibt uns die Berechtigung, von "dem" Leechgitter Λ zu sprechen. Damit soll stets die hier beschriebene **Standardversion** gemeint sein. Triviale Modifikationen lassen sich aus unterschiedlichen Darstellungen des Golaycodes in Satz 21.2.1 gewinnen, wie etwa der mit Hilfe der projektiven Linie $\mathbb{P}^1(\mathbb{F}_{23})$ aus Abschn. 20.5. Daneben gibt es noch einige unabhängige Konstruktionen, die besonderes Interesse verdienen.
Wir heben nur eine von ihnen hervor, die auf dem Satz 20.5.2 von Turyn beruht. Alle $w \in \mathbb{R}^8$, für die $(w|w|w) \in \Lambda$ ist, bilden ein $\mathbb{E}_8$-Gitter, das wir mit $\mathbb{E}_8^{(1)}$ bezeichnen. Nach der oben gefundenen Charakterisierung der Leechvektoren läßt es sich unmittelbar mit Hilfe des in Abschn. 20.5 definierten Codes $\mathcal{Z}$ beschreiben.
Die $u \in \mathbb{R}^8$ mit $(u|u|0) \in \Lambda$ ergeben auch ein Gossetgitter $\mathbb{E}_8^{(2)}$, das jedoch nicht mit dem ersten identisch ist. Die in ihm enthaltenen Vektoren erhalten wir analog mittels des a.a.O. definierten $\mathcal{X}$-Codes.
Sämtliche Leechvektoren schreiben sich dann in sehr übersichtlicher und symmetrischer Form:

$$\Lambda = \left\{ (w+x|w+y|w+z) \;\middle|\; w \in \mathbb{E}_8^{(1)};\ x,y,z \in \mathbb{E}_8^{(2)};\ x+y+z = 0 \right\}$$

Viele andere mathematische Konstruktionen, die auf das Leechgitter führen, sind bekannt (Conway & Sloane [1988]); darunter algebraische mit Hilfe von Kreisteilungskörpern oder geometrische durch rekursive Bildung **geschichteter Gitter**. Außerdem liefert jedes der 23 **Niemeiergitter** ein weiteres Verfahren; vgl. Abschn. 21.4.

21.3. Automorphismen

Genauso wichtig und vielschichtig wie die Eigenschaften des Leechgitters Λ selbst sind die seiner Punkt- und Raumgruppen. Wir wollen dabei eine spezielle Nomenklatur verwenden, die auf den ersten Blick erkennen läßt, ob die abstrakten Gruppen oder aber, wie es zumeist der Fall sein wird, ihre konkreten Realisierungen in der kanonischen Basis (s. Abschn. 21.1) von Λ, also auf ein bestimmtes **Achsenkreuz** $\mathcal{K}$ bezogen, gemeint sind.

Definition 21.3.1:

Die Raumgruppe $Rm(\Lambda)$ des Leechgitters Λ oder des umskalierten Gitters $\Gamma = \sqrt{8}\cdot\Lambda$ wird mit $\cdot\infty$ (lies: **"Punkt-Unendlich"**) bezeichnet; die Punktgruppe $Pkt(\Lambda)$ mit $\cdot 0$ (**"Punkt-Null"**).

Diese Notation bezieht sich aber nur auf die Standarddarstellung; als abstrakte Gruppen nennen wir sie Co_∞ bzw. Co_0 (**Conwaygruppen**).

Sprechen wir von "der" Conwaygruppe, so meinen wir immer $Pkt(\Lambda) = \cdot 0 \cong Co_0$.

Nach Satz 19.1.3 ist

$$\cdot\infty \quad = \quad Rm(\Lambda) \quad \cong \quad \mathbb{Z}^{24} : Pkt(\Lambda) \quad = \quad \mathbb{Z}^{24} : (\cdot 0)$$

oder auch

$$Co_\infty \quad \cong \quad \mathbb{Z}^{24} : Co_0$$

Es reicht daher i.a. aus, die $\cdot 0$ zu betrachten. Ihre für unsere Zwecke wichtigen Besonderheiten sind mit den früher gewonnenen Resultaten über den **Golaycode** $\mathcal{G}$, die (große) **Mathieugruppe** M_{24} und Λ relativ leicht zu beweisen:

Satz 21.3.1:

(a) Alle in $\cdot 0$ liegenden Diagonalmatrizen bilden eine elementar-abelsche

Untergruppe $E \cong 2^{12}$; sämtliche Permutationen die volle Automorphismengruppe $M \cong M_{24}$ des Golaycodes $\mathcal{G}$. Beide zusammen erzeugen das semidirekte Produkt

$$N = E : M \cong 2^{12}:M_{24}$$

das alle monomialen Substitutionen der Conwaygruppe in sich vereinigt.

(b) Unter der Aktion von N zerfällt die Menge der von Null verschiedenen kurzen Vektoren in die in den Tabellen 21.3.1 bis 21.3.3 beschriebenen Bahnen.

(c) Ein nicht in N enthaltener Automorphismus von Λ wird durch die Blockmatrix

$$\beta = (-\beta_0) \oplus (+\beta_0) \oplus (+\beta_0) \oplus (+\beta_0) \oplus (+\beta_0) \oplus (+\beta_0)$$

mit

$$\beta_0 = \frac{1}{2}\begin{pmatrix} +1 & -1 & -1 & -1 \\ -1 & +1 & -1 & -1 \\ -1 & -1 & +1 & -1 \\ -1 & -1 & -1 & +1 \end{pmatrix}$$

bewirkt.

(d) Die Punktgruppe $\mathrm{Pkt}(\Lambda) = \cdot 0$ des Leechgitters Λ ist auf $\Lambda_2, \Lambda_3, \Lambda_4$ und der Menge $\mathfrak{X}$ aller Achsenkreuze jeweils transitiv.

(e) N ist die volle Standgruppe des Koordinatenkreuzes

$$\mathcal{K} = \left\{ \pm \sqrt{8}\, e_i \;\middle|\; 1 \le i \le 24 \right\}$$

und maximal in $\cdot 0$.

(f) Co_0 ist eine Untergruppe der Ordnung

$$\# Co_0 = 2^{22} \cdot 3^9 \cdot 5^4 \cdot 7^2 \cdot 11 \cdot 13 \cdot 23 = 8315553613086720000$$

von $SO_{24}(\mathbb{R})$.

Ihre Elemente sind rationale Matrizen, die nach Multiplikation mit 8 sogar ganzzahlig werden.

Tab. 21.3.1

N-Bahn	Vektoren	Anzahl		
A_2	$(4,0^{22})$	$2^2\cdot\binom{24}{2}$	$2^4\cdot 3\cdot 23$	1104
B_2	$(3,1^{23})$	$2^{12}\cdot 24$	$2^{15}\cdot 3$	98304
C_2	$(2^8,0^{16})$	$2^7\cdot 759$	$2^7\cdot 3\cdot 11\cdot 23$	97152

Tab. 21.3.2

N-Bahn	Vektoren	Anzahl		
A_3	$(5,1^{23})$	$2^{12}\cdot 24$	$2^{15}\cdot 3$	98304
B_3	$(4,2^8,0^{15})$	$2^8\cdot 759\cdot 16$	$2^{12}\cdot 3\cdot 11\cdot 23$	3108864
C_3	$(3^3,1^{21})$	$2^{12}\cdot\binom{24}{3}$	$2^{15}\cdot 11\cdot 23$	8290304
D_3	$(2^{12},0^{12})$	$2^{11}\cdot 2576$	$2^{15}\cdot 7\cdot 23$	5275648

Tab. 21.3.3

N-Bahn	Vektoren	Anzahl		
A_4	$(8,0^{23})$	$2^1\cdot 24$	$2^4\cdot 3$	48
B_4	$(6,2^7,0^{16})$	$2^7\cdot 759\cdot 8$	$2^{10}\cdot 3\cdot 11\cdot 23$	777216
C_4	$(5,3^2,1^{21})$	$2^{12}\cdot\binom{24}{3}\cdot 3$	$2^{15}\cdot 3\cdot 11\cdot 23$	24870912
D_4	$(4^4,0^{20})$	$2^4\cdot\binom{24}{4}$	$2^5\cdot 3\cdot 7\cdot 11\cdot 23$	170016
E_4	$(4^2,2^8,0^{14})$	$2^9\cdot 759\cdot\binom{16}{2}$	$2^{12}\cdot 3^2\cdot 5\cdot 11\cdot 23$	46632960
F_4	$(4,2^{12},0^{11})$	$2^{12}\cdot 2576\cdot 12$	$2^{18}\cdot 3\cdot 7\cdot 23$	126615552
G_4	$(3^5,1^{19})$	$2^{12}\cdot\binom{24}{5}$	$2^{15}\cdot 3\cdot 7\cdot 11\cdot 23$	174096384
H_4	$(2^{16},0^8)$	$2^{11}\cdot 759$	$2^{11}\cdot 3\cdot 11\cdot 23$	1554432
I_4	$(2^{16},0^8)$	$2^{11}\cdot 759\cdot 15$	$2^{11}\cdot 3^2\cdot 5\cdot 11\cdot 23$	23316480

Beweis:

Wir nutzen die uns schon bekannten Informationen aus, um die Originalbeweise von Conway [1968,1969.1,1969.2,1971] etwas zu straffen.

Dazu bedienen wir uns aus Gründen der Einfachheit wieder des umskalierten Gitters $\Gamma = \sqrt{8}\cdot\Lambda$ aus Definition 21.3.1. Die in Satz 21.2.1 ausgesprochene Charakterisierung von Γ liefert

$$E = \left\{ \varepsilon_G \;\middle|\; G \in \mathcal{G} \right\}$$

worin ε_G die durch $e_i \mapsto -e_i$ für $i \in G$ und $e_i \mapsto e_i$ für $i \notin G$ erklärte Abbildung ist. Daraus folgt unmittelbar die Isomorphie von E mit der additiven Gruppe 2^{12} des Golaycodes.

Die gleiche Argumentation zeigt, daß eine Permutation dann und nur dann das Leechgitter in sich überführt, wenn sie einen Automorphismus des Golaycodes darstellt, d.h. in M_{24} liegt. Der Rest von Behauptung (a) ist klar.

Die Schichten Nummer 2, 3 und 4 des Leechgitters zerfallen unter der Aktion von N in die jeweils 3, 4 bzw. 9 Transitivitätsbereiche, die in den Tabellen angegeben sind. Dabei haben wir lediglich die Koordinatenbeträge hingeschrieben und die Vorzeichen weggelassen.

Es versteht sich von selbst, daß von jeder Bauart immer nur die Vektoren gemeint sind, die den Beschränkungen des Satzes 21.2.1 genügen. Dies wurde bei der Berechnung der Anzahlen stillschweigend berücksichtigt.

Die Vollständigkeit der Liste ergibt sich aus den Anzahlen, die sich zu den korrekten Werten von $\# \Lambda_k$ addieren; s. Satz 21.1.1.

Die Bahnen H_4 und I_4 aus Tab. 21.3.3 unterscheiden sich allein in der Verteilung der Vorzeichen. Bei beiden bilden die mit Nullen besetzten Positionen eine Oktade $\mathcal{O}$. H besteht aus den Vektoren, bei denen die positiven und negativen Koordinaten jeweils Mengen der Form $G\cap(\Omega\setminus\mathcal{O})$ mit $G \in \mathcal{G}$ besetzen; bei I ist das nicht der Fall. Man überzeugt sich ohne Schwierigkeit, daß zwei Vektoren aus H bzw. I durch N nicht ineinander transformiert werden können.

Ebenso leicht ist der Nachweis der Konjugiertheit aller Elemente aus einer festen der Klassen $A_2, \ldots, I_4$, womit auch Teil (b) verifiziert ist.

Zum Nachweis von (c) suchen wir uns eine beliebige $\mathbb{Z}$-Basis $\mathfrak{B}$ von Λ aus und haben lediglich $\beta(\mathfrak{B}) \subset \Lambda$ zu bestätigen. Die triviale Durchführung der Rechnung bedarf keiner weiteren Erörterung.

Die Transitivität schon von $\langle N, \beta \rangle$ auf jeder der in (d) aufgeführten Mengen kann man unter Zuhilfenahme der Tabellen leicht direkt beweisen; wir ziehen indessen ein eleganteres Argument vor, das explizite Rechnungen weitgehend überflüssig macht.

Die Standardkonstruktion von Λ bzw. M basierte auf der willkürliche Auswahl eines Achsenkreuzes $\mathcal{K}$. Die in $\mathcal{K}$ enthaltenen Vektoren $\pm\, x_i$ ließen sich dann auf im wesentlichen, d.h. bis auf Anwendung eines Elements aus N, eine Weise so anordnen, daß die Beschreibung des Satzes 21.2.1 herauskam.

Genausogut hätten wir irgendein anderes Kreuz $\mathcal{K}'$ verwenden können. Seine Vektoren seien, bei analoger Fixierung von Reihenfolge und Orientierungen, mit $\pm\, x_i'$ bezeichnet. Die lineare Substitution α von $\mathbb{R}^{24}$, die x_i auf x_i' abbildet ($1 \le i \le 24$), stellt somit einen Automorphismus von Λ, d.h. ein Element aus $\cdot 0$ dar.

Daher ist die Conwaygruppe auf $\mathcal{X}$ transitiv. Ihre Ordnung errechnet sich mit Hilfe von Satz 20.6.4 und der Thetafunktion des Leechgitters (Satz 21.1.1) zu

$$\# \, Co_0 = \#(\cdot 0) = 2^{12} \cdot \#(M_{24}) \cdot \#(\mathcal{X}) = 2^{12} \cdot 244823040 \cdot 8292375$$

Das ist die oben genannte Zahl.

Unter N sind alle $\pm\, x_i$ zueinander konjugiert. Daraus folgt die Transitivität von $\cdot 0$ auf Λ_4. Wir fixieren einen Vektor a des Typs 4. Ohne Einschränkung der Allgemeinheit dürfen wir uns aus Gründen der Einfachheit auf $a = 8\, e_1$ spezialisieren. Die Standgruppe von a in $\cdot 0$ läßt auch $\mathcal{K}$ als einziges Achsenkreuz fest, das a enthält. Sie liegt daher in N und wird leicht als $2^{11}{:}M_{23}$ identifiziert.

Es gibt genau 46 Vektoren $b \in M_2$ mit $\langle a, b \rangle = 32$, nämlich alle von der Form $4\, e_1 \pm 4\, e_j$ mit $j \neq 1$. Sie sind unter $2^{11}{:}M_{23}$ äquivalent. Das bedeutet, daß alle Paare (a,b), die den genannten Bedingungen genügen, von $\cdot 0$ transitiv permutiert werden. Da es zu jedem b ein zugehöriges a gibt, wie man unmittelbar einsieht, folgt der auf Λ_2 bezogene Teil der Aussage (d).

Genauso verfahren wir für Λ_3. Jetzt untersuchen wir die Vektoren b aus Λ_3, die mit a das Skalarprodukt 40 haben. Es handelt sich um die

$$(5, \pm1)$$

bei denen die mit -1 besetzten Positionen eine der 2^{11} Golaymengen bilden, welche 1 nicht enthalten. Sie alle werden vom Normalteiler 2^{11} in $2^{11}:M_{23}$ scharf einfach transitiv vertauscht. Dasselbe Argument wie für Λ_2 beendet den Beweis von (d).

Die Standgruppe des Koordinatenkreuzes $\mathcal{K}$ enthält trivialerweise genau die monomialen Matrizen aus $\cdot 0$, ist also mit N identisch. Die monomiale Gruppe N kann β nicht enthalten; daher ist $N < \cdot 0$. Wir betrachten ein beliebiges U mit $N < U \leq \cdot 0$.

U permutiert alle Vektoren des Typs 4 in Bahnen, die sich aus denen der Untergruppe N zusammensetzen. Dabei kann A_4 nicht invariant bleiben, weil dann $U \leq N$ wäre. Die von A_4 erzeugte U-Bahn hat somit eine Länge L, die den Anteil 48 enthält und eine Partialsumme von

$$\# A_4 + \# B_4 + \# C_4 + \# D_4 + \# E_4 + \# F_4 + \# G_4 + \# H_4 + \# I_4 =$$
$$= 48 + 777216 + 24870912 + 170016 + 46632960 + 126615552$$
$$+ 174096384 + 1554432 + 23316480$$

ist. Andererseits gilt die Teilbarkeitsrelation

$$L = \frac{\#(U)}{\#(2^{11}:M_{23})} \;\Big|\; \frac{\#(\cdot 0)}{\#(2^{11}:M_{23})} = \# \Lambda_4 = 398034000$$

Die einzige Lösung ist L = 398034000. U ist infolgedessen transitiv auf Λ_4, und wir haben

$$\#(U) = 398034000 \cdot \#(N) = \#(\cdot 0)$$

was wiederum $U = \cdot 0$ und zugleich die Maximalität von N impliziert.

Schließlich liegen die Bilder der Vektoren $8\,e_i$ unter irgendeinem $\xi \in \cdot 0$ in $M \subseteq \mathbb{Z}^{24}$, und das Achtfache der zu ξ gehörigen Matrix muß ganzzahlig sein.

Nach dem Gesagten ist $\cdot 0 \cong Co_0$ auf den Leechvektoren der Typen 2,3,4 jeweils transitiv. Die betreffenden Standgruppen, die man mit $\cdot 2, \cdot 3, \cdot 4$ bezeichnet, sind daher bis auf Konjugation in $\cdot 0$ eindeutig festgelegt. Insbesondere sind ihre Isomorphieklassen wohlbestimmt.

Als abstrakte Gruppen betrachtet, wollen wir ihnen aber in Analogie zu Co_0 die Namen Co_2, Co_3, Co_4 beilegen.

Eine eingehendere Analyse zeigt, daß es sich bei Co_2 und Co_3 um **einfache** und sogar **sporadische Gruppen** handelt, s. Abschn. 21.6.
Ohne eine nähere Begründung geben zu wollen (sie wäre mit den hier diskutierten Methoden leicht zu erstellen), erwähnen wir noch, daß die Conwaygruppe auch auf Λ_5 und Λ_7 transitiv ist, während die übrigen Schichten in jeweils mehrere Bahnen zerfallen. Die entsprechenden Standgruppen sind ebenfalls hochinteressant: Es ist

$$\cdot 5 \;\cong\; Co_5 \;\cong\; \mathrm{Aut}(Mc) \;\cong\; Mc{:}2$$

mit der ebenfalls sporadischen **McLaughlingruppe** Mc, wohingegen

$$\cdot 7 \;\cong\; Co_7 \;\cong\; HS$$

selbst sporadisch ist (**Higman-Sims-Gruppe**). Wenn wir noch die fünf **Mathieugruppen** $M_{24}, M_{23}, M_{22}, M_{12}, M_{11}$ anfügen, die in kanonischer Weise geschachtelt in

$$N \;=\; \cdot 4 \;\cong\; Co_4 \;\cong\; 2^{12} : M_{24}$$

enthalten sind, haben wir bereits neun der 26 sporadischen Gruppen kennengelernt. Außer diesen sind noch drei weitere in Co_0 enthalten, nämlich die Faktorgruppe

$$Co_1 \;=\; Co_0 \,/\, Z(Co_0) \;\cong\; \cdot 1 \;=\; \cdot 0 \,/\, Z(\cdot 0) \;=\; \cdot 0 \,/\, \{\pm 1\}$$

der Conwaygruppe nach ihrem aus den Matrizen 1 und -1 bestehenden Zentrum, die **Suzukigruppe** Sz sowie die **Hall-Janko-Gruppe** J_2. Die letzten beiden können als Faktoren geeigneter Untergruppen in Co_0 dargestellt werden.
Diese knappen und unvollständigen Andeutungen sollen fürs erste genügen; wir kommen in Abschn. 21.6 noch einmal auf den fraglichen Gegenstand zurück.

21.4. Löcher im Leechgitter

Die extrem reichhaltige Struktur des Leechgitters Λ äußert sich nicht zuletzt in der im Vergleich zu anderen Gittern ähnlicher Dimensionen besonders großen Zahl von Löchern.
Wir erinnern daran, daß (Def. 19.1.4) ein **Loch** in einem n-dimensionalen Gitter $\Gamma \subset \mathbb{R}^n$ ein Vektor x des einbettenden Raums $\mathbb{R}^n$ mit maximalem Abstand von Γ ist. Zwei Löcher sind **äquivalent**, wenn sie durch ein geeignetes Element der **Raumgruppe** Rm(Γ) ineinander überführt werden können. Natürlich bedeutet die Klassifikation aller Löcher die Angabe eines vollständigen Repräsentantensystems für die Äquivalenzklassen.
Dabei können nichtäquivalente Löcher durchaus **isometrisch**, d.h. die Konfiguration der Nachbarn des einen (spiegel-)kongruent zu der des anderen, sein. Das kommt z.B. bei den flachen Löchern im Leechgittern vor, jedoch nicht bei den tiefen.
Wir beschränken uns in diesem Abschnitt auf eine knappe Würdigung der wesentlichen Informationen über die tiefen Löcher in Λ; wir verdanken sie ohne Ausnahme den Bemühungen Conway's und seiner Mitarbeiter. Flache Löcher erwähnen wir nur am Rande, vor allem um die Angaben zu vervollständigen. Da wir die Ergebnisse nicht mehr benötigen, verzichten wir aber auf eine eingehendere Diskussion der Methoden und geben insbesondere auch keine expliziten Argumente an. Sie finden sich in der zitierten Literatur, am schönsten zusammengefaßt in Conway & Sloane [1988].
Der **Radius** eines tiefen Lochs im Leechgitter (das ist der Abstand von den **Nachbarn**) beträgt, wenn wir wie immer die unimodulare Version von Λ meinen, genau $\sqrt{2}$. Es stellte sich allerdings als relativ schwierig heraus, diesen Wert zu berechnen (Norton [1982]).
Dafür wurde die Mühe (Conway & al. [1982]) reich belohnt, denn die Liste der paarweise nichtäquivalenten tiefen Löcher in Λ barg einige Überraschungen.
Das zur Klassifikation herangezogene Verfahren bestand im wesentlichen darin, jedem tiefen, später auch jedem flachen Loch x ein **Diagramm** $\Delta^* = \Delta^*(x)$ zufolge des nachstehenden Schemas zuzuordnen:
Den mindestens 25 Nachbarn des Lochs, also den von x aus gesehen nächstgelegenen Gitterpunkten, werden bijektiv die Knoten von Δ^* zugewiesen.

Die Zahl k der direkten Verbindungslinien zweier Nachbarn $a,b \in \Lambda$ hängt von ihrem Abstand $d = |a-b|$ wie folgt ab:

$d = \sqrt{4}$: keine Linie: 

$d = \sqrt{6}$: eine Linie: 

$d = \sqrt{8}$: zwei Linien: 

Andere Möglichkeiten kommen nicht vor. Eine ziemlich weitläufige direkte Rechnung zeigt, daß im Leechgitter alle Zusammenhangskomponenten der $\Delta^*(x)$ gewöhnliche Dynkindiagramme der Typen

$\mathbb{A}_n$:  $(n \geq 1)$

$\mathbb{D}_n$: 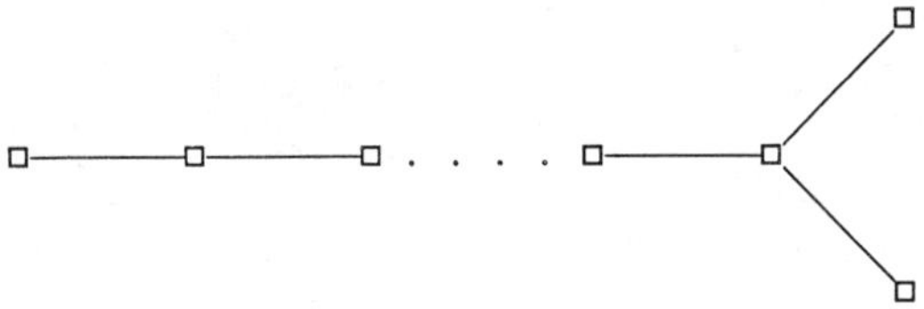 $(n \geq 4)$

$\mathbb{E}_6$: 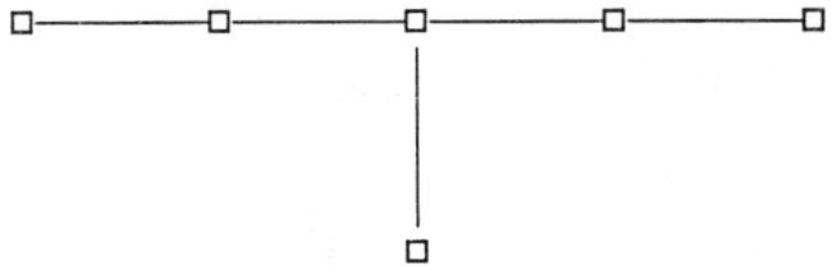

$\mathbb{E}_7$: 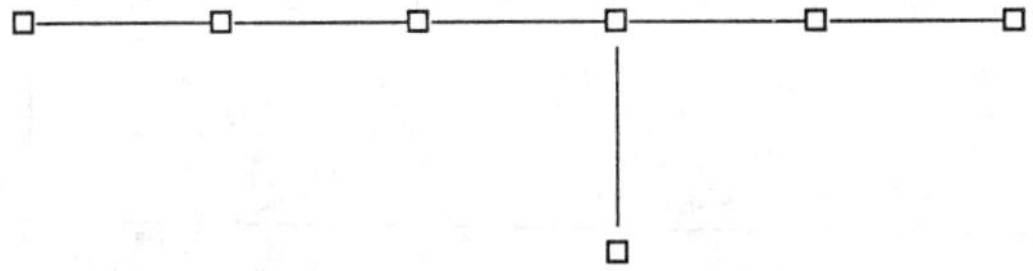

$\mathbb{E}_8$: 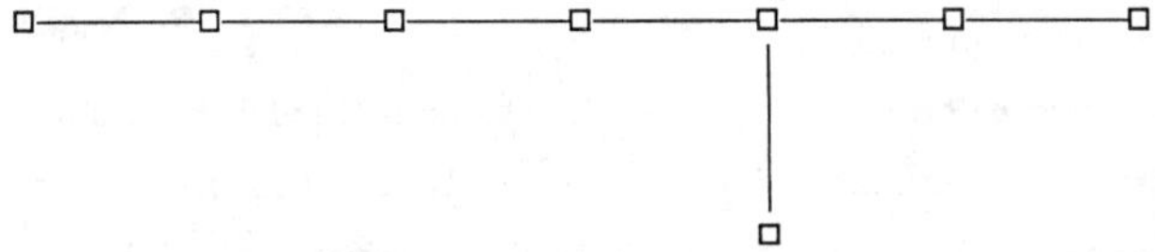

oder deren Erweiterungen

$\mathbb{A}_n^*$:

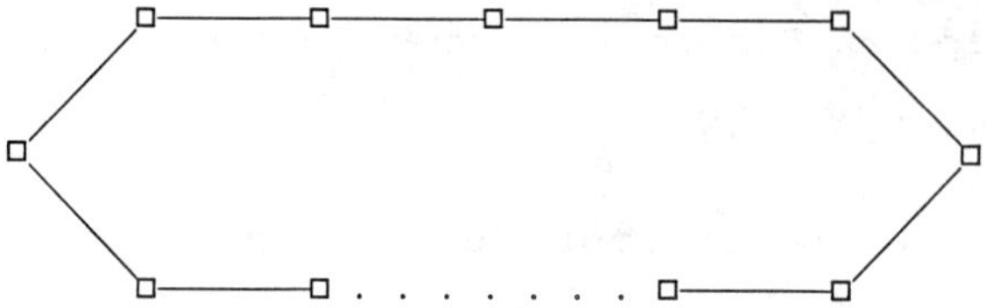

$(n \geq 1)$

$\mathbb{D}_n^*$:

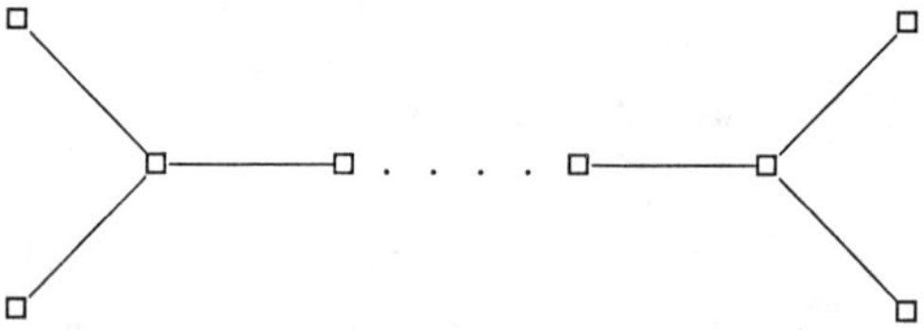

$(n \geq 4)$

$\mathbb{E}_6^*$:

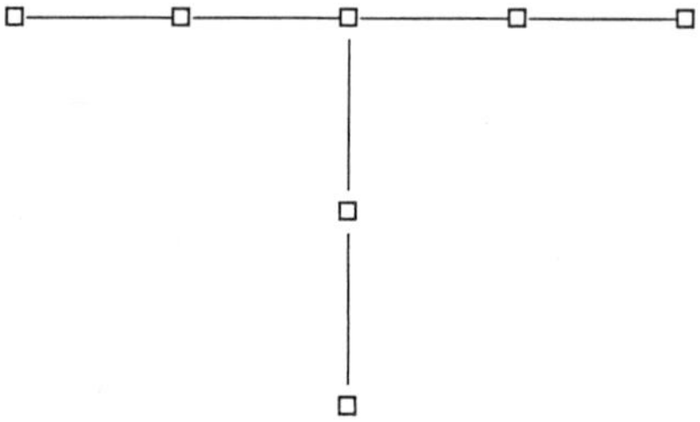

$\mathbb{E}_7^*$:

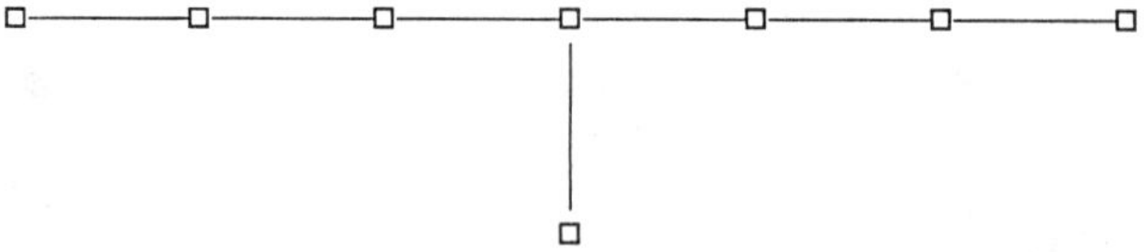

$\mathbb{E}_8^*$:

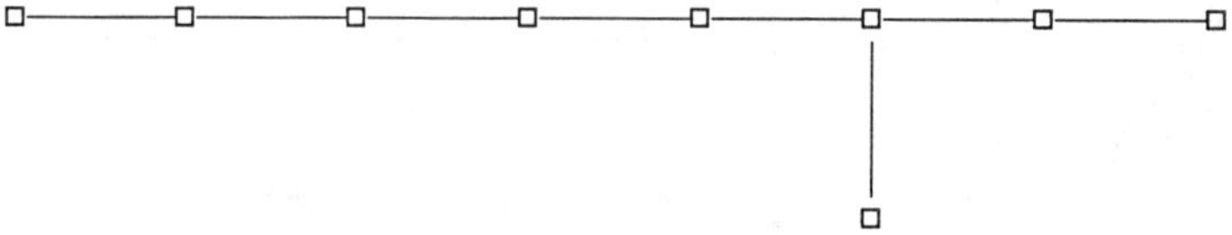

sind; s. Abschn. 15.6.

Die Diagramme der 23 Äquivalenzklassen tiefer Löcher sind paarweise verschieden voneinander (die Löcher selbst also nicht isometrisch). In jedem von ihnen treten nur erweiterte Dynkingraphen, d.h. $\mathbb{A}_n^*$, $\mathbb{D}_n^*$, $\mathbb{E}_6^*$, $\mathbb{E}_7^*$ und $\mathbb{E}_8^*$ auf, und diese nur in solchen Kombinationen, bei denen alle Komponenten die gleiche **Coxeterzahl** h haben.

In Tab. 21.4.1 ist für die 23 modulo $Rm(\Lambda) = \cdot\infty$ inäquivalenten Klassen tiefer Löcher je ein Vertreter aufgelistet, den wir mit Hilfe der aus Abschn. 20.4 geläufigen MOG-Notation schreiben, indem wir die Koordinaten in die betreffenden Positionen des Miracle Octad Generators einsetzen.

Tab. 21.4.1 (Teil 1 von 2)

$2\sqrt{8}\ \mathbb{A}_1^{24}$					
8	0	0	0	0	0
0	0	0	0	0	0
0	0	0	0	0	0
0	0	0	0	0	0

$3\sqrt{8}\ \mathbb{A}_2^{12}$					
10	0	2	0	2	0
0	2	0	2	0	2
0	2	0	2	0	2
0	2	0	2	0	2

$4\sqrt{8}\ \mathbb{A}_3^{8}$					
-4	4	8	0	8	0
4	4	0	0	0	0
4	4	0	0	0	0
4	4	0	0	0	0

$5\sqrt{8}\ \mathbb{A}_4^{6}$					
4	4	2	6	6	6
8	4	2	2	2	2
4	4	6	2	2	2
4	4	6	2	2	2

$6\sqrt{8}\ \mathbb{D}_4^{6}$					
4	4	4	4	4	4
8	4	4	4	4	4
8	8	4	4	4	4
8	4	4	4	4	4

$6\sqrt{8}\ \mathbb{A}_5^{4}\ \mathbb{D}_4$					
5	3	5	3	3	3
9	3	5	3	3	3
9	3	3	5	5	5
9	3	3	5	5	5

$7\sqrt{8}\ \mathbb{A}_6^{4}$					
21	1	-7	5	7	3
1	1	5	5	3	3
1	1	5	5	3	3
1	1	5	5	3	3

$8\sqrt{8}\ \mathbb{A}_7^{2}\ \mathbb{D}_5^{2}$					
24	2	-8	4	8	4
2	0	6	6	6	6
2	0	4	4	4	4
2	0	4	4	4	4

$9\sqrt{8}\ \mathbb{A}_8^{3}$					
27	3	-9	3	9	3
1	1	5	5	7	5
1	1	5	5	7	5
1	1	5	5	7	5

$10\sqrt{8}\ \mathbb{D}_6^{4}$					
6	6	6	6	6	6
14	6	6	6	6	6
14	6	6	6	10	10
14	6	6	6	10	10

$10\sqrt{8}\ \mathbb{A}_9^{2}\ \mathbb{D}_6$					
30	2	-10	4	10	4
2	0	6	6	6	6
2	0	4	8	6	6
2	2	4	6	6	8

$12\sqrt{8}\ \mathbb{E}_6^{4}$					
36	6	-12	8	8	8
2	0	10	6	6	6
2	0	10	6	6	6
2	0	10	6	6	6

Tab. 21.4.1 (Teil 2 von 2)

$12\sqrt{8}\ \mathbb{A}_{11}\ \mathbb{D}_7\ \mathbb{E}_6$					
36	4	-12	4	12	6
2	0	6	8	6	10
2	0	6	8	8	8
2	2	6	6	8	6

$13\sqrt{8}\ \mathbb{A}_{12}^2$					
39	3	-13	5	13	5
3	1	5	9	7	9
1	1	7	9	11	7
3	1	7	7	7	9

$14\sqrt{8}\ \mathbb{D}_8^3$					
8	12	8	8	8	8
20	8	8	8	8	8
20	8	8	8	12	12
20	16	8	8	12	12

$16\sqrt{8}\ \mathbb{A}_{15}\ \mathbb{D}_9$					
48	4	-16	6	16	6
2	2	8	14	8	10
2	0	8	12	10	10
4	2	8	8	10	10

$18\sqrt{8}\ \mathbb{D}_{10}\ \mathbb{E}_7^2$					
10	14	10	10	10	10
26	14	10	10	10	10
26	10	10	10	18	14
26	18	10	10	18	14

$18\sqrt{8}\ \mathbb{A}_{17}\ \mathbb{E}_7$					
54	4	-18	6	18	8
2	2	8	14	8	12
4	0	10	12	14	10
4	2	8	12	12	10

$22\sqrt{8}\ \mathbb{D}_{12}^2$					
12	16	12	12	16	12
32	16	12	12	12	12
32	12	12	12	20	20
32	24	12	12	20	16

$25\sqrt{8}\ \mathbb{A}_{24}$					
75	7	-25	9	25	11
3	1	13	17	13	17
5	1	13	15	23	13
5	3	11	15	15	15

$30\sqrt{8}\ \mathbb{E}_8^3$					
90	12	-30	12	30	12
2	4	16	14	20	14
8	4	16	20	20	20
2	-2	16	20	20	20

$30\sqrt{8}\ \mathbb{D}_{16}\ \mathbb{E}_8$					
16	24	20	16	20	16
44	20	16	16	16	16
44	16	16	16	28	24
44	32	16	16	28	24

$46\sqrt{8}\ \mathbb{D}_{24}$					
24	36	28	24	32	24
68	32	24	24	24	28
68	24	24	24	40	40
68	48	24	24	44	36

Die Kopfzeile gibt das Diagramm der betreffenden Klasse an. Dabei haben wir der Übersichtlichkeit halber die Sternchen bei der Bezeichnung der erweiterten Dynkingraphen weggelassen.

Die Vorfaktoren der Repräsentantenvektoren wurden stets einheitlich gleich $(h+1)\cdot\sqrt{8}$ gesetzt. Dadurch werden die Koeffizienten in der MOG-Matrix ganzzahlig, wenn auch in einigen wenigen Fällen nicht teilerfremd.
Die Tatsache, daß die Diagramme der 23 Klassen tiefer Löcher bijektiv denen der 23 **Niemeiergitter** entsprechen, ist alles andere als zufällig. Es ist möglich, eine direkte Verbindung zwischen beiden herzustellen. Conway & al. [1982] benutzen sie, um Λ aus einem beliebigen Niemeiergitter zu konstruieren.
Wir können aber auch den umgekehrten Weg gehen und aus dem Leechgitter alle übrigen unimodularen geraden 24-dimensionalen Gitter ableiten. Da wir Λ explizit kennen, die Niemeiergitter aber nur etwas summarisch behandelt haben, erscheint diese Richtung der Argumentation für uns natürlicher.
Allerdings erlaubt es der verfügbare Platz nicht, alle Details der fraglichen Prozedur zu erörtern; hierfür sei auf die Fachliteratur verwiesen. Wegen der Bedeutung der relevanten Ideen soll aber wenigstens eine knappe Skizze der Verhältnisse gegeben werden.
Wir wählen ein tiefes Loch des Leechgitters aus, z.B. $x \in \mathbb{R}^{24}$. Sein Diagramm $\Delta^* = \Delta^*(x)$ setzt sich aus einer gewissen Anzahl K von (erweiterten) Dynkingraphen der Typen $\mathbb{A}^*, \mathbb{D}^*, \mathbb{E}^*$ zusammen, etwa nach dem Schema

$$\Delta^* = \Delta^*(x) = \mathbb{X}^*_1 \oplus \dots \oplus \mathbb{X}^*_K$$

Es treten aber immer nur solche $\mathbb{X}^*_s$ gemeinsam auf, die die gleiche Coxeterzahl h haben, die wir somit auch als eine Invariante h(x) des Lochs selbst ansehen können.
Aus dem vorher Gesagten geht unmittelbar hervor, daß jedes zusammenhängende Teildiagramm vom Rang d gerade soviele Nachbarn zusammenfaßt wie die Anzahl seiner Knoten angibt, also d+1. Daraus folgt leicht die Anzahl aller Nachbarn, nämlich 24 + K. Wir numerieren sie mit $N_1, \dots, N_{24+K}$ durch. Die nach den N_i zu x nächstgelegenen Gitterpunkte $W_1, \dots, W_M$ seien entsprechend als **weitere Nachbarn** des Lochs x bezeichnet. Ihre Anzahl M lassen wir unbestimmt.
Dann bilden die Differenzvektoren $N_i - x$ ein Wurzelsystem vom Typ Δ^* und erzeugen das dem gesuchten Niemeiergitter $\Gamma = \Gamma(x)$ zugeordnete Wurzelgitter. Sein Diagramm ergibt sich durch Übergang zu den assoziierten gewöhnlichen Dynkingraphen:

$$\Delta = \Delta(x) = \mathbb{X}_1 \oplus \dots \oplus \mathbb{X}_K$$

Wir nehmen noch die weiteren Nachbarn hinzu, die wir ebenfalls auf x beziehen: $W_j - x$. Die Normen der auf x als Zentrum reduzierten Vektoren sind

$$\langle N_i-x, N_i-x\rangle = 2$$

entsprechend dem Lochradius $\sqrt{2}$, während sich andererseits für die weiteren Nachbarn der nur wenig größere Wert

$$\langle W_j-x, W_j-x\rangle = 2 + 2\, h^{-1}$$

ergibt. Das ursprüngliche Leechgitter Λ besteht aus den Vektoren der Form

$$\sum k_i\, N_i + \sum m_j\, W_j$$

mit ganzen Zahlen k_i und m_j, die der Bedingung

$$\sum k_i + \sum m_j = 0$$

unterworfen sind, während das Niemeiergitter vom Typ Δ durch dieselbe Formel, aber eine andere Nebenbedingung, und zwar

$$\sum m_j = 0$$

charakterisiert ist. Damit haben wir die in Abschnitt 19.4 offengebliebene Frage nach der genauen Struktur der 23 Niemeiergitter beantwortet.

Zu den flachen Löchern in Λ begnügen wir uns mit einer kurzen Anmerkung; mehr über ihre wesentlichen Eigenschaften steht in Conway & Sloane [1988]. Es gibt bis auf Äquivalenz unter der Raumgruppe $Rm(\Lambda) = \cdot\infty$ genau 284 Klassen von flachen Löchern, deren Diagramme sich aus lauter gewöhnlichen Dynkindiagrammen der Typen $\mathbb{A}$, $\mathbb{D}$ und $\mathbb{E}$ zusammensetzen. Es besteht aber anscheinend keine ähnlich elegante Beschreibung wie bei den 23 tiefen Löchern; zumindest ist keine bekannt.

Die Vollständigkeit der Liste ergibt sich, nebenbei bemerkt, aus der elementaren Beobachtung, daß jeder Vektor aus $\mathbb{R}^{24}$ im Inneren oder auf dem Rand eines Loches liegt. Alle in einem Fundamentalbereich enthaltenen Löcher schöpfen diesen somit aus, und ihre Volumina summieren sich folglich wegen der Unimodularität von Λ zu 1.

21.5. Invarianten der Conwaygruppe

Unsere systematischen Untersuchungen numerischer Integrationsverfahren auf höherdimensionalen Sphären (Kap. 25) verlangen u.a. nach einer Kenntnis der niedriggradigen Invarianten der Conwaygruppe. Insbesondere benötigen wir die Anfangsglieder ihrer **Molienreihe** $M(\tau)$.

Um sie zu bestimmen, muß man allerdings fast denselben Aufwand treiben wie für die vollständige Angabe von $M(\tau)$ als rationale Funktion des formalen Parameters τ. Daher (und weil die Molienreihe der $\cdot 0$ allem Anschein nach in der Literatur nicht publiziert ist) wollen wir $M(\tau)$ komplett berechnen. Die elementaren technischen Details lassen wir dabei weitgehend aus; wir beschränken uns auf die Angabe der wesentlichen Schritte und teilen anschließend das Ergebnis der Bemühungen mit.

Zum Verständnis des Folgenden rekapitulieren wir zuerst einige wohlvertraute Begriffe aus Algebra und Zahlentheorie.

Eine **zahlentheoretische Funktion** $F: \mathbb{N} \longrightarrow \mathbb{Z}$ heißt **multiplikativ**, falls für alle zueinander teilerfremden M und N die Beziehung

$$F(MN) = F(M)\,F(N)$$

gilt. (Das impliziert $F(1) = 1$, wenn $F \not\equiv 0$ ist).

Der Wert $\varphi(N)$ der **Eulerschen Funktion** φ gibt an, wieviele unter den Zahlen $1,\dots,N$ zu N teilerfremd sind ($N \in \mathbb{N}$). Er läßt sich explizit ausrechnen, sofern die Primfaktorzerlegung von N, z.B.

$$N = p_1^{a_1} \cdot \ldots \cdot p_f^{a_f}$$

bekannt ist. Man findet

$$\varphi(N) = p_1^{a_1-1} \cdot (p_1-1) \cdot \ldots \cdot p_f^{a_f-1} \cdot (p_f-1) = \frac{p_1-1}{p_1} \cdots \frac{p_f-1}{p_f} N$$

Sehr eng mit φ verwandt ist die **Möbiusfunktion** μ: $\mathbb{N} \longrightarrow \mathbb{Z}$. Sie verschwindet, wenn ihr Argument durch das Quadrat einer Primzahl teilbar ist. Sonst, d.h. für **quadratfreie** N, ist $\mu(N)$ gleich +1 oder -1, je nachdem, ob die Anzahl der Primteiler von N gerade oder ungerade ist.

Beide Funktionen sind **multiplikativ**. Die Bedeutung von $\mu(N)$ liegt vor allem in der berühmten **Möbiusschen Umkehrformel**, die weitgehend dem **Satz von Fourier** entspricht. Sie besagt, daß die beiden Gleichungen

$$g(n) = \sum_{d|n} f(d)$$

und

$$f(n) = \sum_{d|n} \mu(d)\, g\left(\frac{n}{d}\right) = \sum_{d|n} \mu\left(\frac{n}{d}\right) g(d)$$

einander äquivalent sind.

Eine **n-te Einheitswurzel** ist ein $\zeta \in \mathbb{C}$, das $\zeta^n = 1$ erfüllt, d.h. eine der Zahlen

$$\zeta = e^{2\pi i k/n}$$

mit $k = 0,\ldots,n-1$. Wenn es kein $m < n$ gibt mit $\zeta^m = 1$, ist ζ eine **primitive** n-te Einheitswurzel. Das tritt genau dann ein, wenn k und n teilerfremd sind. Es gibt also genau $\varphi(n)$ primitive Einheitswurzeln des Grades n.

Durch Multiplikation von Linearfaktoren der Form $(\tau-\zeta)$, wobei ζ alle primitiven Einheitswurzeln des Grades n durchläuft, erhalten wir das **n-te Kreisteilungspolynom**. Es wird mit $\Phi_n(\tau)$ bezeichnet und hat (in der Hilfsvariablen τ) den Grad $\varphi(n)$.

Die triviale Bemerkung, daß jede n-te Einheitswurzel eine primitive m-te Wurzel zu einem bestimmten Teiler m von n ist, führt auf die elementare Identität

$$\prod_{d|n} \Phi_d(\tau) = \tau^n - 1$$

aus der wir mit Hilfe der Möbiusformel die äußerst nützliche explizite Darstellung

$$\Phi_n(\tau) = \prod_{d|n} \left(\tau^{n/d} - 1\right)^{\mu(d)}$$

herleiten. Hieraus folgt u.a. die Ganzzahligkeit (der Koeffizienten) aller Kreisteilungspolynome. Darüber hinaus ist die Gleichung auch für die direkte Berechnung der $\Phi_n(\tau)$ bequem.

Die Φ_n sind über $\mathbb{Z}$ bzw. $\mathbb{Q}$ irreduzibel und ihre Nullstellen, also die primitiven n-ten Einheitswurzeln, somit **algebraisch konjugiert**.

Diese wenigen Eigenschaften der Einheitswurzeln reichen für die Berechnung der Molienreihe von ·O bereits aus. Wir wollen aber zunächst eine unwesentlich allgemeinere Situation betrachten.

Sei D eine rationale **Darstellung** des Grades g der endlichen Gruppe G. Das bedeutet, daß alle Bildmatrizen D(x) der $x \in G$ Koeffizienten in $\mathbb{Q}$ haben. Die Eigenwerte von D(x) nennen wir $\varepsilon_1, \ldots, \varepsilon_g$. Das charakteristische Polynom von D(x) ist dann

$$P_x(\tau) = (\tau-\varepsilon_1) \ldots (\tau-\varepsilon_g)$$

Die Determinante der Darstellungsmatrix ist

$$\det D(x) = \varepsilon_1 \ldots \varepsilon_g = (-1)^g P_x(0)$$

während der **Charakter** χ_D der Darstellung per definitionem jedem x die Spur von D(x) zuordnet:

$$\chi_D(x) = \mathrm{Spur}\ D(x) = \varepsilon_1 + \ldots + \varepsilon_g$$

Der Grad der Darstellung ist $g = \chi_D(1)$. Die Molienreihe, vgl. Abschn. 15.2, reduziert sich auf

$$M_G(\tau) = \frac{(-1)^g}{\# G} \sum_{x \in G} \frac{P_x(0)}{P_x(\tau)}$$

Da konjugierte Elemente dieselben charakteristischen Polynome besitzen, brauchen wir aus jeder Konjugationsklasse X von G jeweils nur einen Vertreter $x \in X$ zu betrachten. Bekanntlich enthält X just so viele Elemente, wie der Index des Zentralisators $C_G(x)$ in G angibt. Das vereinfacht die obige Summe auf

$$M_G(\tau) = (-1)^g \sum_{X\in\mathfrak{K}} \frac{1}{\#C_G(x)} \frac{P_x(0)}{P_x(\tau)}$$

mit der Abkürzung $\mathfrak{K} = \mathfrak{K}(G)$ für die Menge aller Konjugationsklassen und der naheliegenden Interpretation, x solle ein beliebiges Element aus X sein.
Im Gegensatz zur Ausgangsgleichung ist die zuletzt gefundene Beziehung auch für große Gruppen wirklich auswertbar. Während etwa die Summation über alle 8315553613086720000 Elemente der Conwaygruppe ein Ding der Unmöglichkeit ist, brauchen wir jetzt nur, der Klassenzahl von Co_0 entsprechend, 167 Terme zu berücksichtigen, von denen sogar eigentlich nur 101 wirklich unabhängig voneinander berechnet werden müssen, nämlich für jede Klasse der Faktorgruppe $Co_1 = Co_0/(\pm 1)$ einer.
Um dies zu tun, spezialisieren wir jetzt auf $G = Co_0$ und wählen D als die (treue) irreduzible Darstellung des Grades 24 von G als Punktgruppe des Leechgitters: $D(G) = \cdot 0$; $g = 24$. Ferner lassen wir den Index "G" weg, wo keine Mißverständnisse zu befürchten sind.
Wir benötigen für alle Klassen $X \in \mathfrak{K}$ folgende Informationen:

(1) Die Ordnung des Zentralisators von $x \in X$ in G;

(2) die Eigenwerte von x; sowie

(3) zu jedem $k \leq 24$ die k-te Potenz X^k, d.i. die x^k enthaltende Klasse.

Glücklicherweise ist die Hauptarbeit bereits getan: die komplette Liste aller Konjugationsklassen und die Ordnungen der Zentralisatoren entnehmen wir, gemeinsam mit den zugehörigen $\chi(X) = \chi(x)$, aus der **Charaktertafel** von Co_0, die beispielsweise in Conway & al. [1985] abgedruckt oder in computerlesbaren Datenbanken (Plesken [1984]) niedergelegt und öffentlich zugänglich gemacht ist.
Die Potenzklassen kann man aus der Charaktertafel mit einigen elementaren Betrachtungen ebenfalls leicht ermitteln, was wir hier nicht diskutieren müssen.
Als Ausgangspunkt der Berechnungen haben wir also die übersichtshalber in Tab. 21.5.1 zusammengetragenen Daten. Wir bedienen uns der in der endlichen Gruppentheorie üblichen Nomenklatur.

Tab. 21.5.1 (Teil 1 von 4)

± 1.a	± 2.a	2.b	2.c	± 3.a
8315553613086720000	178362777600	2012774400	389283840	2690072985600
Φ_1^{24} Φ_2^{24}	$\Phi_1^{16}\ \Phi_2^{8}$ $\Phi_1^{8}\ \Phi_2^{16}$	Φ_4^{12}	$\Phi_1^{12}\ \Phi_2^{12}$	Φ_3^{12} Φ_6^{12}

± 3.b	± 3.c	± 3.d	± 4.a	4.b	± 4.c	4.d	4.e
117573120	25194240	1088640	743178240	1179648	1474560	294912	48384
$\Phi_1^{12}\ \Phi_3^{6}$ $\Phi_2^{12}\ \Phi_6^{6}$	$\Phi_1^{6}\ \Phi_3^{9}$ $\Phi_2^{6}\ \Phi_6^{9}$	$\Phi_1^{8}\ \Phi_3^{8}$ $\Phi_2^{8}\ \Phi_6^{8}$	$\Phi_1^{8}\ \Phi_4^{8}$ $\Phi_2^{8}\ \Phi_4^{8}$	$\Phi_1^{4}\ \Phi_2^{4}\ \Phi_4^{8}$	$\Phi_1^{10}\ \Phi_2^{6}\ \Phi_4^{4}$ $\Phi_1^{6}\ \Phi_2^{10}\ \Phi_4^{4}$	$\Phi_1^{8}\ \Phi_2^{8}\ \Phi_4^{4}$	Φ_8^{6}

4.f	± 5.a	± 5.b	± 5.c	± 6.a	6.b	± 6.c	± 6.d
15360	6048000	72000	30000	19906560	483840	311040	311040
$\Phi_1^{6}\ \Phi_2^{6}\ \Phi_4^{6}$	Φ_5^{6} Φ_{10}^{6}	$\Phi_1^{8}\ \Phi_5^{4}$ $\Phi_2^{8}\ \Phi_{10}^{4}$	$\Phi_1^{4}\ \Phi_5^{5}$ $\Phi_2^{4}\ \Phi_{10}^{5}$	$\Phi_3^{8}\ \Phi_6^{4}$ $\Phi_3^{4}\ \Phi_6^{8}$	Φ_{12}^{6}	$\Phi_1^{6}\ \Phi_3^{5}\ \Phi_6^{4}$ $\Phi_2^{6}\ \Phi_3^{4}\ \Phi_6^{5}$	$\Phi_1^{6}\ \Phi_2^{6}\ \Phi_3^{5}\ \Phi_6$ $\Phi_1^{6}\ \Phi_2^{6}\ \Phi_3\ \Phi_6^{5}$

± 6.e	± 6.f	6.g	6.h	6.i	± 7.a	± 7.b	8.a
41472	31104	3456	1440	576	35280	2352	92160
$\Phi_1^{8}\ \Phi_2^{4}\ \Phi_3^{4}\ \Phi_6^{2}$ $\Phi_1^{4}\ \Phi_2^{8}\ \Phi_3^{2}\ \Phi_6^{4}$	$\Phi_1^{4}\ \Phi_2^{2}\ \Phi_3^{6}\ \Phi_6^{3}$ $\Phi_1^{2}\ \Phi_2^{4}\ \Phi_3^{3}\ \Phi_6^{6}$	$\Phi_1^{6}\ \Phi_2^{6}\ \Phi_3^{3}\ \Phi_6^{3}$	$\Phi_4^{4}\ \Phi_{12}^{4}$	$\Phi_1^{4}\ \Phi_2^{4}\ \Phi_3^{4}\ \Phi_6^{4}$	Φ_7^{4} Φ_{14}^{4}	$\Phi_1^{6}\ \Phi_7^{3}$ $\Phi_2^{6}\ \Phi_{14}^{3}$	$\Phi_4^{4}\ \Phi_8^{4}$

± 8.b	8.c	8.d	± 8.e	8.f	± 9.a	± 9.b
12288	6144	2048	1536	768	3888	972
$\Phi_1^{4}\ \Phi_4^{2}\ \Phi_8^{4}$ $\Phi_2^{4}\ \Phi_4^{2}\ \Phi_8^{4}$	$\Phi_1^{4}\ \Phi_2^{4}\ \Phi_8^{4}$	$\Phi_1^{2}\ \Phi_2^{2}\ \Phi_4^{2}\ \Phi_8^{4}$	$\Phi_1^{6}\ \Phi_2^{4}\ \Phi_4^{3}\ \Phi_8^{2}$ $\Phi_1^{4}\ \Phi_2^{6}\ \Phi_4^{3}\ \Phi_8^{2}$	$\Phi_1^{4}\ \Phi_2^{4}\ \Phi_4^{4}\ \Phi_8^{2}$	$\Phi_3^{3}\ \Phi_9^{3}$ $\Phi_6^{3}\ \Phi_{18}^{3}$	$\Phi_1^{4}\ \Phi_3\ \Phi_9^{3}$ $\Phi_2^{4}\ \Phi_6\ \Phi_{18}^{3}$

Tab. 21.5.1 (Teil 2 von 4)

± 9.c	± 10.a	10.b	10.c	± 10.d	± 10.e	10.f	± 11.a
972	19200	1200	1200	1200	1200	160	132
$\Phi_1^2\Phi_3^2\Phi_9^3$ $\Phi_2^2\Phi_6^2\Phi_{18}^3$	$\Phi_5^4\Phi_{10}^2$ $\Phi_5^2\Phi_{10}^4$	$\Phi_4^4\Phi_{20}^2$	Φ_{20}^3	$\Phi_1^4\Phi_5^3\Phi_{10}^2$ $\Phi_2^4\Phi_5^2\Phi_{10}^3$	$\Phi_1^4\Phi_2^4\Phi_5^3\Phi_{10}$ $\Phi_1^4\Phi_2^4\Phi_5\Phi_{10}^3$	$\Phi_1^4\Phi_2^4\Phi_5^2\Phi_{10}^2$	$\Phi_1^4\Phi_{11}^2$ $\Phi_2^4\Phi_{22}^2$

± 12.a	12.b	12.c	± 12.d	± 12.e	12.f
276480	9216	4608	5184	3456	864
$\Phi_3^4\Phi_{12}^4$ $\Phi_6^4\Phi_{12}^4$	$\Phi_3^2\Phi_6^2\Phi_{12}^4$	$\Phi_3^4\Phi_6^4\Phi_{12}^2$	$\Phi_1^2\Phi_3^3\Phi_4^2\Phi_{12}^3$ $\Phi_2^2\Phi_4^2\Phi_6^3\Phi_{12}^3$	$\Phi_1^4\Phi_3^2\Phi_4^4\Phi_{12}^2$ $\Phi_2^4\Phi_4^4\Phi_6^2\Phi_{12}^2$	Φ_{24}^3

12.g	± 12.h	± 12.i	12.j
576	576	576	288
$\Phi_1^2\Phi_2^2\Phi_3\Phi_4^4\Phi_6\Phi_{12}^2$	$\Phi_1^2\Phi_3\Phi_4^2\Phi_6^2\Phi_{12}^3$ $\Phi_2^2\Phi_3^2\Phi_4^2\Phi_6\Phi_{12}^3$	$\Phi_1^4\Phi_2^4\Phi_3^3\Phi_4^2\Phi_6\Phi_{12}$ $\Phi_1^4\Phi_2^4\Phi_3\Phi_4^2\Phi_6^3\Phi_{12}$	$\Phi_1^4\Phi_2^4\Phi_3^2\Phi_4^2\Phi_6^2\Phi_{12}$

± 12.k	12.l	12.m	± 13.a	14.a	± 14.b	± 15.a
576	72	48	312	168	112	10800
$\Phi_1^4\Phi_2^2\Phi_3^3\Phi_6^2\Phi_{12}^2$ $\Phi_1^2\Phi_2^4\Phi_3^2\Phi_6^3\Phi_{12}^2$	$\Phi_8^2\Phi_{24}^2$	$\Phi_1^2\Phi_2^2\Phi_3^2\Phi_4^2\Phi_6^2\Phi_{12}^2$	Φ_{13}^2 Φ_{26}^2	Φ_{28}^2	$\Phi_1^4\Phi_2^2\Phi_7^2\Phi_{14}$ $\Phi_1^2\Phi_2^4\Phi_7\Phi_{14}^2$	Φ_{15}^3 Φ_{30}^3

± 15.b	± 15.c	± 15.d	± 15.e	± 16.a	16.b
1800	360	180	60	128	64
$\Phi_3^4\Phi_{15}^2$ $\Phi_6^4\Phi_{30}^2$	$\Phi_5^2\Phi_{15}^2$ $\Phi_{10}^2\Phi_{30}^2$	$\Phi_1^4\Phi_3^2\Phi_5^2\Phi_{15}$ $\Phi_2^4\Phi_6^2\Phi_{10}^2\Phi_{30}$	$\Phi_1^2\Phi_3\Phi_5\Phi_{15}^2$ $\Phi_2^2\Phi_6\Phi_{10}\Phi_{30}^2$	$\Phi_1^2\Phi_4\Phi_8\Phi_{16}^2$ $\Phi_2^2\Phi_4\Phi_8\Phi_{16}^2$	$\Phi_1^2\Phi_2^2\Phi_8\Phi_{16}^2$

Tab. 21.5.1 (Teil 3 von 4)

± 18.a	± 18.b	± 18.c	± 20.a	20.b
432	108	108	960	40
$\Phi_3^2\Phi_6\Phi_9^2\Phi_{18}$ $\Phi_3\Phi_6^2\Phi_9\Phi_{18}^2$	$\Phi_1^2\Phi_3\Phi_6\Phi_9^2\Phi_{18}$ $\Phi_2^2\Phi_3\Phi_6\Phi_9\Phi_{18}^2$	$\Phi_1^2\Phi_2^2\Phi_3\Phi_9^2\Phi_{18}$ $\Phi_1^2\Phi_2^2\Phi_6\Phi_9\Phi_{18}^2$	$\Phi_5^2\Phi_{20}^2$ $\Phi_{10}^2\Phi_{20}^2$	$\Phi_1^2\Phi_2^2\Phi_4^2\Phi_5\Phi_{10}\Phi_{20}$

± 20.c	± 21.a	± 21.b	± 21.c	± 22.a	± 23.a	± 23.b
40	504	126	42	44	46	46
$\Phi_1^2\Phi_2^2\Phi_5^2\Phi_{10}\Phi_{20}$ $\Phi_1^2\Phi_2^2\Phi_5\Phi_{10}^2\Phi_{20}$	Φ_{21}^2 Φ_{42}^2	$\Phi_7^2\Phi_{21}$ $\Phi_{14}^2\Phi_{42}$	$\Phi_1^2\Phi_3^2\Phi_7\Phi_{21}$ $\Phi_2^2\Phi_6^2\Phi_{14}\Phi_{42}$	$\Phi_1^2\Phi_2^2\Phi_{11}\Phi_{22}$ $\Phi_1^2\Phi_2^2\Phi_{11}\Phi_{22}$	$\Phi_1^2\Phi_{23}$ $\Phi_2^2\Phi_{46}$	$\Phi_1^2\Phi_{23}$ $\Phi_2^2\Phi_{46}$

24.a	± 24.b	24.c	24.d	24.e
576	384	144	96	48
$\Phi_{12}^2\Phi_{24}^2$	$\Phi_3^2\Phi_{12}\Phi_{24}^2$ $\Phi_6^2\Phi_{12}\Phi_{24}^2$	$\Phi_4^2\Phi_8^2\Phi_{12}\Phi_{24}$	$\Phi_3^2\Phi_6^2\Phi_{12}^2\Phi_{24}$	$\Phi_1^2\Phi_2^2\Phi_3\Phi_6\Phi_8^2\Phi_{24}$

± 24.f	26.a	± 28.a	± 28.b	± 30.a	30.b	30.c
48	52	56	56	240	60	60
$\Phi_1^2\Phi_2^2\Phi_3^2\Phi_4\Phi_6\Phi_{12}\Phi_{24}$ $\Phi_1^2\Phi_2^2\Phi_3\Phi_4\Phi_6^2\Phi_{12}\Phi_{24}$	Φ_{52}	$\Phi_1^2\Phi_4^2\Phi_7\Phi_{28}$ $\Phi_2^2\Phi_4^2\Phi_{14}\Phi_{28}$	Φ_{56} Φ_{56}	$\Phi_{15}^2\Phi_{30}$ $\Phi_{15}\Phi_{30}^2$	$\Phi_{20}\Phi_{60}$	$\Phi_{12}^2\Phi_{60}$

± 30.d	± 30.e	± 33.a	± 35.a	± 36.a
60	60	66	70	72
$\Phi_1^2\Phi_2^2\Phi_3\Phi_5\Phi_6\Phi_{10}\Phi_{15}$ $\Phi_1^2\Phi_2^2\Phi_3\Phi_5\Phi_6\Phi_{10}\Phi_{30}$	$\Phi_1^2\Phi_3\Phi_5\Phi_{15}\Phi_{30}$ $\Phi_2^2\Phi_6\Phi_{10}\Phi_{15}\Phi_{30}$	$\Phi_3^2\Phi_{33}$ $\Phi_6^2\Phi_{66}$	Φ_{35} Φ_{70}	$\Phi_3\Phi_9\Phi_{12}\Phi_{36}$ $\Phi_6\Phi_{12}\Phi_{18}\Phi_{36}$

Tab. 21.5.1 (Teil 4 von 4)

± 39.a	± 39.b	± 40.a	42.a	± 60.a
78	78	80	84	120
Φ_{39}	Φ_{39}	Φ_{20} Φ_{40}	Φ_{84}	Φ_{15} Φ_{60}
Φ_{78}	Φ_{78}	Φ_{20} Φ_{40}		Φ_{30} Φ_{60}

Jede Klasse X der einfachen Faktorgruppe $Co_1 = Co_0/Z(Co_0)$ bekommt einen aus einer Zahl und einem Buchstaben kombinierten Namen. Erstere gibt die Ordnung der in X enthaltenen Elemente an, letzterer dient zur weiteren Unterscheidung. Das hierbei benutzte Schema variiert geringfügig zwischen der in diesem Buch übernommenen "ATLAS"-Notation (Conway & al. [1985]) und der des **"CAS"-Systems**, aber das braucht uns nicht weiter zu kümmern.
Zu X gehören eine oder zwei Klassen der Schurerweiterung $Co_0 = 2{\wedge}Co_1$. Im ersten Fall übernehmen wir die Bezeichnung auch für die Co_0-Klasse, im anderen fügen wir ein Vorzeichen "+" oder "-" hinzu, um die beiden Urbilder von X zu unterscheiden.
Die Zentralisatorordnung einer nichtspaltenden Klasse in Co_0 stimmt mit der des Bildes in Co_1 überein; dagegen haben beide Urbilder ± X einer verzweigenden Klasse X jeweils einen doppelt so großen Zentralisator wie X selbst.
In der Liste angegeben sind jeweils die Co_1-Klassen. Mit diesen Erläuterungen dürfte die Tabelle verständlich sein.
Die Summation der 167 bzw. 101 Terme, die zur Molienreihe $M(\tau)$ beitragen, kann jetzt ohne weiteres ausgeführt werden. Es ergibt sich eine rationale Funktion, die wir nach Kürzung als Quotienten zweier teilerfremder Polynome $Z(\tau)$ und $N(\tau)$ schreiben:

$$M(\tau) = M_G(\tau) = \frac{Z(\tau)}{N(\tau)}$$

Dabei hat der Zähler $Z(\tau)$ den Grad 844 in τ; der Nenner den Grad 868. Die Differenz von 24 erklärt sich aus der Struktur der Einzelterme.

Tab. 21.5.2 (Teil 1 von 2)

K	Z_K	Z_{K+2}	Z_{K+4}	Z_{K+6}	Z_{K+8}
0	1	-2	0	3	-2
10	-2	4	-2	-3	5
20	0	-5	3	3	-4
30	-1	6	-2	-5	6
40	2	-7	5	4	-2
50	-3	9	8	-3	1
60	41	-7	21	70	57
70	46	226	169	318	553
80	807	1016	1947	2510	3878
90	5747	8600	11866	18206	25266
100	36566	51618	73620	101354	143592
110	196677	271939	370733	506899	681218
120	921611	1228740	1639177	2166849	2862272
130	3744343	4898003	6354626	8227848	10585276
140	13587636	17330778	22058265	27918914	35240395
150	44265714	55451102	69137243	85971606	106448470
160	131430217	161639321	198242182	242221630	295158006
170	358404026	434022645	523865581	630637725	756777514
180	905813732	1080958727	1286708534	1527259158	1808327311
190	2135263639	2515284201	2955177735	3463904754	4050001148
200	4724525901	5498036935	6384082578	7395609657	8549006683
210	9860026592	11348322885	13032810890	14936904123	17083081545
220	19498924945	22210969272	25251382866	28651116796	32447468567
230	36676132091	41379883972	46599646341	52383950176	58779156826
240	65840027354	73618451848	82175530420	91569020066	101866298818
250	113130845581	125436573863	138852325218	153458180381	169328385852
260	186548585011	205197677100	225388759140	247100095007	270600060748
270	295861568542	322997486086	352103362486	383280238005	416615685617
280	452211279889	490153759228	530543249157	573463184900	619011236360
290	667265221329	718317514705	772239114220	829114617322	889004958113
300	951985728221	1018105171032	1087426387690	1159983701250	1235825163140
310	1314967487903	1397442636413	1483247313506	1572393694824	1664857702833

Tab. 21.5.2 (Teil 2 von 2)

K	Z_K	Z_{K+2}	Z_{K+4}	Z_{K+6}	Z_{K+8}
320	1760629708246	1859661244040	1961920561548	2067333304287	2175842269786
330	2287347458934	2401765437885	2518967631725	2638845314828	2761241419070
340	2886019539474	3012995847675	3142007310777	3272841610527	3405311661315
350	3539178780156	3674230787687	3810206107672	3946870658260	4083939682922
360	4221161473001	4358232383704	4494883450326	4630797208420	4765692664504
370	4899239556674	5031150494696	5161088546257	5288761353165	5413831421786
380	5536008153601	5654955274842	5770390168441	5881985004689	5989466936927
390	6092522802030	6190896831940	6284292242747	6372476142388	6455175409525
400	6532181254641	6603249492326	6668202257135	6726824992460	6778975068449
410	6824473853030	6863213729371	6895055321797	6919931390329	6937740712734
420	6948458417561	6952025916322	...	...	...
...	$Z_k = Z_{844-k}$	$Z_k = Z_{844-k}$	$Z_k = Z_{844-k}$	$Z_k = Z_{844-k}$	$Z_k = Z_{844-k}$

Allerdings brauchen wir nur einen Bruchteil aller Koeffizienten von Z und N wirklich mitzuteilen, da wegen der zentralen Involution -1 in ·0 nur Invarianten existieren, deren Grad durch 2 teilbar ist, Z und N also sogar Polynome (vom halben Grad) in τ^2 sind.

Außerdem können wir noch die **Palindromie** beider Polynome ausnutzen: Es ist nämlich

$$Z_K = Z_{844-K}$$

und

$$N_K = N_{868-K}$$

für alle K.

Dies folgt aus der Rationalität der Darstellung, die es mit sich bringt, daß mit jedem Eigenwert ε eines $x \in \cdot 0$ auch der konjugierte, $\bar{\varepsilon} = \varepsilon^{-1}$, auftritt (mit gleicher Multiplizität). Wir geben die Entwicklungsparameter Z_K und N_K von

$$Z(\tau) = Z_0 + Z_2 \tau^2 + Z_4 \tau^4 + \dots$$

$$N(\tau) = N_0 + N_2 \tau^2 + N_4 \tau^4 + \dots$$

in den Tabellen 21.5.2 und 21.5.3 nur soweit an, bis die Wiederholung in umgekehrter Reihenfolge einsetzt, d.h. bis Z_{422} bzw. N_{434}.

Tab. 21.5.3

K	N_K	N_{K+2}	N_{K+4}	N_{K+6}	N_{K+8}	N_{K+10}	N_{K+12}	N_{K+14}	N_{K+16}	N_{K+18}
0	1	-3	2	3	-5	0	5	-3	-4	7
20	0	-8	3	11	-12	-7	22	-7	-23	26
40	6	-32	15	23	-29	-8	35	-10	-35	33
60	21	-52	13	45	-42	-18	56	-21	-36	35
80	15	-36	1	33	-16	-26	28	12	-31	0
100	28	-5	-33	18	35	-39	-27	71	-16	-74
120	67	46	-110	22	108	-94	-61	148	-30	-146
140	134	62	-182	56	152	-156	-55	187	-58	-149
160	149	54	-175	49	141	-127	-57	144	-25	-107
180	62	66	-68	-48	77	43	-119	-2	153	-79
200	-144	179	64	-253	86	239	-248	-114	349	-97
220	-320	316	139	-426	130	351	-351	-132	434	-138
240	-346	344	126	-397	110	306	-274	-125	306	-38
260	-253	148	165	-198	-86	222	16	-247	90	229
280	-208	-164	328	17	-392	203	333	-445	-88	547
300	-246	-440	542	116	-631	276	469	-557	-145	646
320	-239	-491	516	187	-617	180	478	-428	-216	510
340	-60	-439	255	295	-367	-123	412	-55	-404	241
360	326	-420	-137	516	-118	-506	423	302	-627	37
380	644	-420	-425	690	30	-726	393	505	-695	-91
400	743	-345	-529	639	144	-685	239	519	-500	-228
420	578	-67	-510	309	344	-469	-116	516	...	...
...	$N_k = N_{868-k}$		$N_k = N_{868-k}$		$N_k = N_{868-k}$		$N_k = N_{868-k}$		$N_k = N_{868-k}$	

Durch einfaches Abdividieren erhalten wir den Anfang der Molienreihe, soweit wir es nur wünschen:

$$M(\tau) = M_G(\tau) = 1 + \tau^2 + \tau^4 + \tau^6 + \tau^8 + \tau^{10} + \ldots$$

Die hundert ersten nichttrivialen Koeffizienten der Entwicklung stehen in Tab. 21.5.4.

Tab. 21.5.4

K	M_K	M_{K+2}	M_{K+4}	M_{K+6}	M_{K+8}
0	1	1	1	1	1
10	1	2	2	3	4
20	5	6	9	10	13
30	17	22	27	37	45
40	59	76	98	125	169
50	214	283	373	496	653
60	893	1192	1637	2247	3131
70	4368	6239	8874	12849	18672
80	27423	40341	59911	88888	132532
90	197412	294395	437905	651023	964188
100	1424717				

Wichtiger als $M(\tau)$ selbst ist jedoch die sogenannte **reduzierte Molienreihe**

$$m(\tau) = m_G(\tau) = (1-\tau^2)\cdot M(\tau)$$

Ihr K-ter Koeffizient gibt die Dimension des Raumes aller unter der Gruppe invarianten **Kugelflächenfunktionen** des Grades $\leq$ K an; sie "zählt" also gewissermaßen nur die auf der Sphäre Ω_{24} linear unabhängigen Polynome.
Wir geben auch sie bis einschließlich τ^{100} an (Tab. 21.5.5). Die erste Hälfte dieser Terme wurde auch von Huffman & Sloane [1979] berechnet; ihre Ergebnisse stimmen mit den unseren überein, was wiederum eine unabhängige Rechenkontrolle darstellt.

Tab. 21.5.5

K	m_K	m_{K+2}	m_{K+4}	m_{K+6}	m_{K+8}
0	1	0	0	0	0
10	0	1	0	1	1
20	1	1	3	1	3
30	4	5	5	10	8
40	14	17	22	27	44
50	45	69	90	123	157
60	240	299	445	610	884
70	1237	1871	2635	3975	5823
80	8751	12918	19570	28977	43644
90	64880	96983	143510	213118	313165
100	460529				

Aus den Anfangsgliedern

$$m(\tau) = m_G(\tau) = 1 + \tau^{12} + \tau^{16} + \tau^{18} + \tau^{20} + \dots$$

der reduzierten Molienreihe von $\cdot 0$ entnehmen wir, daß die einfachste auf der 23-Sphäre nichtkonstante Invariante den Grad 12 hat. Man kann sie als die Summe der 12. Potenzen der Skalarprodukte mit den Minimalvektoren des Leechgitters definieren:

$$P_{12}(x) = \sum_{y \in \Lambda_2} \langle x, y \rangle^{12}$$

Ähnliches gilt auch für die nächsten Glieder der Reihe, die wir aber nicht benötigen werden.

21.6. Lorentzgitter und sporadische Gruppen

Wir lösen jetzt unser Versprechen ein und berichten kurz über einige in den letzten Jahren entdeckte Verbindungen zwischen den sporadischen Gruppen und dem Inhalt der Teile D und E dieses Buches (Coxetertheorie und Gitter).
Jahrzehntelang bestand das wichtigste Problem der Gruppentheorie darin, alle (endlichen) einfachen Gruppen zu ermitteln. Erst durch die gemeinsamen Anstrengungen Dutzender von Mathematikern gelang es um das Jahr 1980, diese Aufgabe vollständig zu lösen.
Die Klassifikation liefert eine natürliche Einteilung der einfachen Gruppen in drei Kategorien:

(a) **Gruppen vom Lietyp**;

(b) **alternierende** und

(c) **sporadische Gruppen**.

Die unter (a) genannten Objekte wurden in Abschn. 6.8 bereits angesprochen; wir geben noch ein paar Erläuterungen, ohne jedoch ins Detail zu gehen.
Den Ausgangspunkt zu ihrer Konstruktion bildet die von Chevalley vorgeschlagene Verbesserung der Killing-Cartan-Theorie der einfachen komplexen **Liealgebren**. Wir wählen ein **Dynkindiagramm** des Rangs n, das der "kristallographischen" Bedingung genügt, d.h. ein Element der Menge

$$\left\{ \mathbb{A}_n\ (n \geq 1),\ \mathbb{B}_n\ (n \geq 2),\ \mathbb{C}_n\ (n \geq 3),\ \mathbb{D}_n\ (n \geq 4),\ \mathbb{E}_6,\ \mathbb{E}_7,\ \mathbb{E}_8,\ \mathbb{F}_4,\ \mathbb{G}_2 \right\}$$

und nennen es $\mathbb{X}_n$. Chevalley zeigt, wie man in systematischer Weise eine aus 3n Erzeugenden bestehende Basis

$$\mathfrak{B} = \left\{ b_1, \ldots, b_{3n} \right\}$$

der betreffenden einfachen komplexen Liealgebra $\mathfrak{L}$ erhalten kann, so daß die **Kommutatoren** zweier Vektoren $b_i, b_j \in \mathfrak{B}$ stets ganzzahlige Linearkombinationen der b_k sind:

$$[b_i, b_j] = \sum_{k=1}^{3n} C_{ijk}\, b_k$$

Die **Strukturkonstanten** C_{ijk} von $\mathfrak{L}$ bezüglich $\mathfrak{B}$ liegen also sämtlich in $\mathbb{Z}$. Wir bestimmen als nächstes einen beliebigen Grundkörper $\mathbb{K}$ und definieren die $\mathbb{K}$-Liealgebra $\mathfrak{L}(\mathbb{K})$ mit denselben Rechenregeln.

Die Übertragung der **Liekorrespondenz** ist bei positiver Charakteristik von $\mathbb{K}$ allerdings nur nach einer leichten Abwandlung der **Exponentialabbildung** möglich. Die Anwendung von exp auf die nilpotenten Elemente in $\mathfrak{L}(\mathbb{K})$ ergibt einen Satz von unipotenten Matrizen, die eine Gruppe $\mathbb{X}_n(\mathbb{K})$ erzeugen. Sie reduziert sich für $\mathbb{K} = \mathbb{C}$ auf die gewöhnliche Liegruppe zu $\mathfrak{L} = \mathfrak{L}(\mathbb{C})$.

Insbesondere läßt sich die skizzierte Prozedur auf **Galoisfelder** (= endliche Körper) $\mathbb{K}$ anwenden. In diesem Fall ist auch $\mathbb{X}_n(\mathbb{K})$ endlich und wird als **Chevalleygruppe** bezeichnet.

Eine zweite, nahe verwandte Serie von Gruppen ist auf Diagramme $\mathbb{X}_n$ mit von 1 verschiedener Automorphismengruppe, nämlich

$$\mathbb{X}_n \in \left\{ \mathbb{A}_n\ (n \geq 2),\ \mathbb{B}_2,\ \mathbb{D}_n\ (n \geq 4),\ \mathbb{E}_6,\ \mathbb{F}_4,\ \mathbb{G}_2 \right\}$$

beschränkt. Für geeignete (aber beileibe nicht alle) Galoisfelder $\mathbb{K}$ kann man eine nichttriviale Symmetrie von $\mathbb{X}_n$ zu einem äußeren Automorphismus α der Gruppe "fortsetzen". Die Fixelemente in $\mathbb{X}_n(\mathbb{K})$ unter α bilden dann eine sogenannte **Twisted-Type-Gruppe**. Wir verwenden das Symbol ${}^m\mathbb{X}_n(\mathbb{K})$, wobei m die Ordnung des zugrundegelegten Graphenautomorphismus ist.

Chevalleygruppen und Twisted Types haben viele Gemeinsamkeiten; u.a. besitzen sie sehr ähnliche Präsentationen und Matrixdarstellungen und verhalten sich auch in geometrischer Hinsicht weitgehend parallel zueinander. Sie werden deshalb als **Gruppen vom Lietyp** zusammengefaßt.

Zu den Chevalleygruppen zählen u.a. einige klassische Familien wie lineare, orthogonale und symplektische Gruppen, während die unitären als Twisted Types interpretierbar sind. Die aus unserer Sicht weitaus wichtigste Eigenschaft der Gruppen vom Lietyp ist aber, daß die Faktorgruppe G/Z(G) eines solchen G nach seinem Zentrum fast immer, d.h. mit wenigen angebbaren Ausnahmen, einfach ist. Das sind die oben unter (a) aufgeführten Objekte.

Zu den wohlbekannten alternierenden Gruppen brauchen wir nichts weiter zu sagen; sie sind, abgesehen von den ersten vier, alle einfach. Nur A_5, A_6 und A_8 sind zu Gruppen vom Lietyp isomorph, die übrigen nicht.

Tab. 21.6.1

G	Gruppe	$\mathcal{M}(G)$	Ä	#(G)
M_{11}	Mathieu	1	1	$2^4\cdot3^2\cdot5\cdot11$
M_{12}	Mathieu	2	2	$2^6\cdot3^3\cdot5\cdot11$
J_1	Janko	1	1	$2^3\cdot3\cdot5\cdot7\cdot11\cdot19$
M_{22}	Mathieu	12	2	$2^7\cdot3^2\cdot5\cdot7\cdot11$
J_2	Hall-Janko	2	2	$2^7\cdot3^3\cdot5^2\cdot7$
M_{23}	Mathieu	1	1	$2^7\cdot3^2\cdot5\cdot7\cdot11\cdot23$
HS	Higman-Sims	2	2	$2^9\cdot3^2\cdot5^3\cdot7\cdot11$
J_3	Janko	3	2	$2^7\cdot3^5\cdot5\cdot17\cdot19$
M_{24}	Mathieu	1	1	$2^{10}\cdot3^3\cdot5\cdot7\cdot11\cdot23$
Mc	McLaughlin	3	2	$2^7\cdot3^6\cdot5^3\cdot7\cdot11$
He	Held	1	2	$2^{10}\cdot3^3\cdot5^2\cdot7^3\cdot17$
Ru	Rudvalis	2	1	$2^{14}\cdot3^3\cdot5^3\cdot7\cdot13\cdot29$
Sz	Suzuki	6	2	$2^{13}\cdot3^7\cdot5^2\cdot7\cdot11\cdot13$
ON	O'Nan	3	2	$2^9\cdot3^4\cdot5\cdot7^3\cdot11\cdot19\cdot31$
Co_3	Conway	1	1	$2^{10}\cdot3^7\cdot5^3\cdot7\cdot11\cdot23$
Co_2	Conway	1	1	$2^{18}\cdot3^6\cdot5^3\cdot7\cdot11\cdot23$
F_{22}	Fischer	6	2	$2^{17}\cdot3^9\cdot5^2\cdot7\cdot11\cdot13$
Ha	Harada	1	2	$2^{14}\cdot3^6\cdot5^6\cdot7\cdot11\cdot19$
Ly	Lyons	1	1	$2^8\cdot3^7\cdot5^6\cdot7\cdot11\cdot31\cdot37\cdot67$
Th	Thompson	1	1	$2^{15}\cdot3^{10}\cdot5^3\cdot7^2\cdot13\cdot19\cdot31$
F_{23}	Fischer	1	1	$2^{18}\cdot3^{13}\cdot5^2\cdot7\cdot11\cdot13\cdot17\cdot23$
Co_1	Conway	2	1	$2^{21}\cdot3^9\cdot5^4\cdot7^2\cdot11\cdot13\cdot23$
J_4	Janko	1	1	$2^{21}\cdot3^3\cdot5\cdot7\cdot11^3\cdot23\cdot29\cdot31\cdot37\cdot43$
F'_{24}	Fischer	3	2	$2^{21}\cdot3^{16}\cdot5^2\cdot7^3\cdot11\cdot13\cdot17\cdot23\cdot29$
F_2	Babymonster	2	1	$2^{41}\cdot3^{13}\cdot5^6\cdot7^2\cdot11\cdot13\cdot17\cdot19\cdot23\cdot31\cdot47$
F_1	Monster	1	1	$2^{46}\cdot3^{20}\cdot5^9\cdot7^6\cdot11^2\cdot13^3\cdot17\cdot19\cdot23\cdot29\cdot31\cdot41\cdot47\cdot59\cdot71$

Per definitionem bezeichnet man jede endliche einfache Gruppe, die weder vom Lietyp noch alternierend ist, als sporadisch. Die eingangs erwähnte Klassifikation kann so formuliert werden:

Satz 21.6.1:
Es gibt genau 26 Isomorphieklassen von sporadischen Gruppen, und zwar die in Tab. 21.6.1 angegebenen.

Die erste Spalte der Tabelle enthält ein in der Literatur übliches Kürzel, darauf folgt der Name der betreffenden Gruppe G, der in den meisten Fällen mit dem des Erstentdeckers identisch ist (offensichtliche Ausnahmen bilden die beiden letzten Gruppen). Außerdem sind der **Schurmultiplikator** $\mathcal{M}(G)$, die **äußere Automorphismengruppe** $\ddot{A} = \ddot{A}(G)$ und die Ordnung von G vermerkt.
Etliche der sporadischen Gruppen sind uns bereits begegnet: die von Mathieu ($M_{11}, M_{12}, M_{22}, M_{23}, M_{24}$) in Verbindung mit ihren **Steinersystemen** und dem **Golaycode** (Abschn. 20.6), die Co_1, Co_2, Co_3 von Conway im Zusammenhang mit dem **Leechgitter** Λ.
Auch einige andere sporadische Gruppen beschreibt man am besten als (Faktorgruppen von) Untergruppen in $\cdot 0 = \mathrm{Pkt}(\Lambda)$. Hierzu gehören die bereits in Abschn. 21.3 kurz beschriebenen Gruppen Mc und HS, die wir als Stabilisatoren von Teilstrukturen im Leechgitter erkannten.
An gleicher Stelle wurde auch der sporadischen Gruppen von Hall und Janko (J_2) bzw. Suzuki (Sz) gedacht. Sie sind zwar nicht selbst Untergruppen von $\cdot 0$, wohl aber ihre Schurüberlagerungen $2 \wedge J_2$ und $6 \wedge Sz$, die sich als Zentralisatoren bestimmter Elemente der Ordnungen 2 und 3 in $\mathrm{Aut}(\Lambda)$ identifizieren lassen.
Damit sind 12 von 26 sporadischen Gruppen explizit beschrieben, also fast die Hälfte. Von den anderen interessieren uns besonders die von Fischer gefundenen, die wir uns etwas genauer ansehen.
Man sagt, G besitze eine Klasse D von 3-Transpositionen, wenn die nachstehenden Bedingungen erfüllt sind:

(1) D ist eine aus Involutionen bestehende Konjugationsklasse in G;
(2) G wird von D erzeugt;
(3) Das Produkt je zweier nichtvertauschbarer 3-Transpositionen (= Elemente aus D) hat die Ordnung 3.

Die Bezeichnung rührt daher, daß die **Transpositionen** in der **symmetrischen**

Gruppe S_n dieser Definition genügen.
Es gelang Fischer [1971], alle Gruppen mit 3-Transpositionen zu klassifizieren, welche außerdem noch einer nicht sehr einschränkenden technischen Zusatzforderung unterworfen sind, die wir hier nicht erörtern wollen. Überraschend entdeckte er neben den symmetrischen und einigen anderen bekannten Gruppen (symplektischen, orthogonalen und unitären über den Grundkörpern $\mathbb{F}_2$, $\mathbb{F}_3$ und $\mathbb{F}_4$) drei weitere Möglichkeiten.
Es handelt sich um die in Tab. 21.6.1 (in heutiger Terminologie) F_{22} und F_{23} aufgelisteten Objekte sowie eine weitere Gruppe F_{24}, die zwar selbst nicht einfach ist, aber eine sporadische Kommutatorgruppe (F'_{24}) vom Index 2 enthält.
Die Anzahl der 3-Transpositionen in F_{22}, F_{23} und F_{24} beträgt 3510, 31671 bzw. 306936. Außer den genannten existiert noch eine weitere Gruppe mit 3-Transpositionen. Sie hat die Struktur

$$3\cdot F_{24} \;=\; 3 \wedge F'_{24} : 2$$

und wird in der Arbeit von Fischer nicht erwähnt, weil sie der oben angesprochenen Zusatzbedingung zum Opfer fällt. In ihr liegen dreimal so viele 3-Transpositionen wie in F_{24}, also $3\cdot 306936 = 920808$.
Die restlichen elf sporadischen Gruppen wurden im Rahmen des Klassifikationsprogramms entdeckt und (zumeist über die Struktur des Zentralisators einer geeignet ausgewählten Involution) algebraisch charakterisiert. Für sie alle sind inzwischen auch Geometrien bekannt, die den **Titsgebäuden** der Chevalleygruppen ähneln; s. Buekenhout [1982] bezüglich der Details.
Es kommt relativ häufig vor, daß eine sporadische Gruppe A in einer größeren, B, als (Faktor einer) Untergruppe enthalten ist. In diesem Fall ist es meist möglich, A über die Einbettung in B zu definieren und zu untersuchen. Alle derartigen Paare (A,B) sind in Tab. 21.6.2 übersichtlich zusammengestellt. Die Zeilen des Schemas entsprechen A, die Spalten korrespondieren mit B. Steht am Kreuzungspunkt (A,B) eine Zahl, etwa k, bedeutet dies die Existenz einer zu $N\cdot A$ isomorphen Untergruppe von B, wobei k die Ordnung des Normalteilers N angibt.
Dabei ist N immer zyklisch und die Erweiterung schursch: $N\cdot A = N\wedge A$; ausgenommen für $k = 2^{11}$. In diesen 3 Fällen ist $N \cong 2^{11}$ elementar-abelsch, und die Aktion der Mathieugruppe $A \in \{M_{23}, M_{24}\}$ ergibt sich aus Abschn. 20.6.
Wir haben immer nur einen Wert von k (und zwar den minimalen) angegeben, auch wenn gelegentlich unterschiedliche Erweiterungen von A in B liegen.

Tab. 21.6.2

		a	b	c	d	e	f	g	h	i	j	k	l	m	n	o	p	q	r	s	t	u	v	w	x	y	z
a	M_{11}	1																									
b	M_{12}	1	1																								
c	J_1	.	.	1																							
d	M_{22}	.	.	.	1																						
e	J_2	.	.	.	.	1																					
f	M_{23}	1	.	.	1	.	1																				
g	HS	1	.	.	1	.	.	1																			
h	J_3	.	.	.	.	.	.	.	1																		
i	M_{24}	1	1	.	1	.	1	.	.	1																	
j	Mc	1	.	.	1	.	.	.	.	.	1																
k	He	.	.	.	.	.	.	.	.	.	.	1															
l	Ru	.	.	.	.	.	.	.	.	.	.	.	1														
m	Sz	1	1	.	.	1	.	.	.	.	.	.	.	1													
n	ON	1	.	1	.	.	.	.	.	.	.	.	.	.	1												
o	Co_3	1	1	.	1	.	1	1	.	.	1	.	.	.	.	1											
p	Co_2	1	.	.	1	.	1	1	.	.	1	.	.	.	.	.	1										
q	F_{22}	1	1	.	1	.	.	.	.	.	.	.	.	.	.	.	.	1									
r	Ha	1	1	.	2	.	.	2	.	.	.	.	.	.	.	.	.	.	1								
s	Ly	1	.	.	3	.	.	.	.	.	3	.	.	.	.	.	.	.	.	1							
t	Th	.	.	.	.	.	.	.	.	.	.	.	.	.	.	.	.	.	.	.	1						
u	F_{23}	1	1	.	2	.	2^{11}	.	.	.	.	.	.	.	.	.	.	1	.	.	.	1					
v	Co_1	1	1	.	1	1	1	1	.	1	1	.	.	3	.	1	1	.	.	.	.	.	1				
w	J_4	1	1	.	1	.	1	.	.	1	.	.	.	.	.	.	.	.	.	.	.	.	.	1			
x	F'_{24}	1	1	.	2	.	2^{11}	.	.	2^{11}	.	1	.	.	.	.	.	1	.	.	.	1	.	.	1		
y	F_2	1	1	.	1	.	1	1	.	.	1	.	.	.	.	.	1	1	1	.	1	1	.	.	.	1	
z	F_1	1	1	.	1	2	1	.	.	1	1	1	.	6	.	1	1	1	1	.	1	1	2	.	3	2	1

Falls die (A,B)-Position der Tab. 21.6.2 einen Punkt ausweist, läßt sich A nicht in B einbetten.
Vom Standpunkt des Konstrukteurs sind aus den genannten Gründen die sechs **maximal-sporadischen** Gruppen J_3, Ru, ON, Ly, J_4 und F_1 besonders wichtig.
Die besten heute bekannten expliziten Beschreibungen der ersten fünf von ihnen werden durch Darstellungen über endlichen Körpern geliefert, wobei es manchmal günstiger ist, geeignete Erweiterungen zu betrachten.
Die dreifache Überlagerung der **Jankogruppe** J_3 besitzt z.B. eine von Conway & Wales [1974] entdeckte 9-dimensionale treue unitäre Darstellung über $\mathbb{F}_4$. Sie ist wegen der niedrigen Dimension leicht zu handhaben, und es sind viele geometrische Eigenschaften von $3\wedge J_3$ bzw. von J_3 selbst direkt aus ihr ablesbar.
Ähnlich verhält es sich mit der **Rudvalisgruppe** Ru. Auch ihr Schurmultiplikator ist nichttrivial. Die Erweiterung $2\wedge$Ru ist isomorph zu einer Untergruppe von $SL_{28}(\mathbb{C})$, welche ein 28-dimensionales Gitter über dem Ring $\mathbb{Z}[i]$ der **Gaußschen Zahlen** invariant läßt. Nach Reduktion modulo 2 entsteht eine ebenfalls 28-dimensionale $\mathbb{F}_2$-Darstellung von Ru. Genauere Informationen findet man in Conway & Wales [1973].
Schon das nächste Objekt auf unserer Liste, die **O'Nan-Gruppe**, ist erheblich schwerer zugänglich. Die komplexe Minimaldarstellung von $3\wedge$ON ist hoffnungslos groß (Grad 342); für ON selbst ist es noch viel schlimmer (10944). Daher ist man auf modulare Darstellungen angewiesen. Ryba [1986] gelang die Konstruktion einer 45-dimensionalen Gruppe von Matrizen mit Koeffizienten aus $\mathbb{F}_7$, die zu $3\wedge$ON isomorph ist. Nimmt man die duale (= kontragrediente) Darstellung hinzu, so existiert auf dem 90-dimensionalen Gesamtraum eine $\mathbb{F}_7$-Algebra mit $3\wedge$ON:2 als Automorphismengruppe. Ihre Konstruktion nach Ryba basiert auf den Transitivitätseigenschaften einer M_{11}-Untergruppe, wodurch die Rechnungen etwas in Grenzen gehalten werden können. Trotzdem ist über die geometrische Bedeutung von ON nicht viel bekannt.
Noch weniger weiß man über die **Lyonsgruppe** Ly. Ihre absolute Minimaldarstellung ist 111-dimensional und nur in Charakteristik 5, z.B. über $\mathbb{F}_5$ konstruierbar. Meyer & al. [1985] geben Matrizen aus $SL_{111}(\mathbb{F}_5)$ an und zeigen, daß sie eine zu Ly isomorphe Gruppe erzeugen. Auf diesem Darstellungsraum gibt es aber keine Ly-invariante Algebra, und auch sonst lassen sich keine eleganten geometrischen Eigenschaften erkennen. Dennoch weist Ly unter den sporadischen Gruppen allem Anschein nach die nächste Verwandtschaft mit den Chevalleygruppen auf, worauf zuerst von Kantor [1981] hingewiesen wurde. Die von ihm gefundene **Titsgeometrie** ist durch Meyer & Neutsch [1989] kon-

kreter untersucht worden; die in der zitierten Publikation geäußerte Vermutung bezüglich einer Präsentation für Ly bleibt bis heute unbewiesen, wurde aber auch nicht widerlegt.

Damit kommen wir zur **großen Jankogruppe** J_4. Ihre 112-dimensionale absolute Minimaldarstellung über $\mathbb{F}_2$ ist zwar ebenfalls explizit bekannt (die definierenden Matrizen sind symplektisch und stammen von Norton [1979] und Mitarbeitern); dennoch vermag man heute nicht sehr viel über ihre kombinatorische Bedeutung auszusagen. Die J_4, daran haben auch einige spätere Untersuchungen nichts geändert, ist nach wie vor (neben Ly) die mysteriöseste unter den sporadischen Gruppen.

Gleichzeitig (Ende 1973), aber unabhängig voneinander, fanden Fischer und Griess starke Hinweise auf eine "neue" sporadische Gruppe, die heute als **Monster** oder F_1 bezeichnet wird. Der Existenzbeweis gelang Griess [1982] jedoch erst einige Jahre später durch die Konstruktion einer kommutativen, aber nicht assoziativen $\mathbb{C}$-Algebra $\mathfrak{G}$ der Dimension 196884.

Die Automorphismengruppe von $\mathfrak{G}$ ist isomorph zum Monster, und es gibt ein positiv definites Skalarprodukt auf $\mathfrak{G}$, das von F_1 respektiert wird. Unter der Aktion von F_1 gibt es nur zwei nichttriviale F_1-invariante Unterräume, den von 1 aufgespannten und sein orthogonales Komplement, auf dem die komplexe Minimaldarstellung von F_1 realisiert ist.

Vor allem in einer von Conway [1985] beschriebenen Variante der **Griessalgebra** $\mathfrak{G}$ ist es trotz der immens großen Dimension möglich, "von Hand" explizite Rechnungen durchzuführen. Dabei ist eine von Norton entdeckte Ungleichung das entscheidende Hilfsmittel, auch für allgemeinere Strukturuntersuchungen, wie z.B. die in Meyer & Neutsch [1993].

Daneben ist die F_1 auch noch mit einer unendlichdimensionalen **graduierten Liealgebra** $\mathfrak{L}$ vom **Kac-Moody-Typ** verknüpft, die von Frenkel & al. [1984, 1988] eingeführt wurde. Bei ihrer Konstruktion standen zahlreiche Ideen aus der **Elementarteilchenphysik** Pate (weshalb das zitierte Buch für Mathematiker etwas schwierig zu lesen ist), und es scheint so, als ob $\mathfrak{L}$ eine zunehmend wichtiger werdende Rolle in der **Superstringtheorie** spielen sollte.

Außerdem "erklärt" die Existenz von $\mathfrak{L}$ bis zu einem gewissen Grade auch einige unter der Rubrik **"Moonshine"** in der Literatur behandelte mehr oder weniger auffällige numerische Beobachtungen; vgl. die berühmte Arbeit von Conway & Norton [1979].

Da all dies in einem engen Zusammenhang mit den in Kap. 18 erörterten **Modulformen** steht, wollen wir wenigstens einige knappe Andeutungen preisgeben. Wir suchen ein beliebiges Monsterelement $m \in F_1$ aus und lassen es auf die Graduierungsräume der kanonischen Zerlegung

$$\mathfrak{L} = \mathfrak{L}_{-1} \oplus \mathfrak{L}_1 \oplus \mathfrak{L}_2 \oplus \mathfrak{L}_3 \oplus \ldots$$

von $\mathfrak{L}$ wirken (beachte die Invarianz der L_k unter $\mathrm{Aut}(\mathfrak{L}) \cong F_1$).
Die (endlichen) Dimensionen der $\mathfrak{L}_k$ zeigen ein lediglich polynomiales Wachstum, vgl. Kac [1983], und liefern bei geeigneter Basiswahl eine Serie von Matrizen $m_0, m_1, m_2, m_3, \ldots$, deren Spuren nur von der F_1-Klasse von m abhängende ganze Zahlen sind. Aus diesen bilden wir die im Inneren des Einheitskreises konvergente **Thompsonreihe**

$$T(m,q) = \sum_{k=-1}^{\infty} \mathrm{Sp}(m_k)\, q^k$$

worin

$$q = e^{2\pi i \tau}$$

die übliche Parametrisierung (Abschn. 18.3) der **oberen Halbebene** $\mathfrak{H}$ bedeutet. Speziell für das neutrale Element m = 1 erhalten wir die zur $\mathfrak{L}$-Graduierung gehörige, aus Abschn. 15.2 geläufige Poincaréreihe

$$T(1,q) = \sum_{k=-1}^{\infty} \dim_{\mathbb{C}}(\mathfrak{L}_k)\, q^k$$

die sich bis auf eine additive Konstante als identisch mit der modularen Invarianten J herausstellt:

$$T(1,q) = J(q) - 744$$

Auf dem ersten nichttrivialen Graduierungsmodul $\mathfrak{L}_1$ (dim = 196884) läßt sich aus $\mathfrak{L}$ die Griessalgebra in invarianter Weise rekonstruieren. Auch hier werden Methoden der Theoretischen Physik herangezogen.
Von 1 verschiedene F_1-Elemente m ergeben Thompsonreihen, die ebenfalls bekannte mathematische Funktionen sind. Es handelt sich immer um sogenannte **automorphe Funktionen**, das sind Verallgemeinerungen der Modulfunktionen, bei denen an die Stelle der vollen $PSL_2(\mathbb{Z})$ eine Untergruppe von endlichem

Index tritt. Am Rande vermerken wir, daß nur bestimmte automorphe Funktionen vorkommen (**Geschlecht** 0 etc.).
Noch viel verblüffender als all dies ist eine andere Verbindung der "großen" sporadischen Gruppen zu den Teilen D und E des vorliegenden Buchs (Coxeter- und Gittertheorie).
Wir erinnern an die Hauptergebnisse des Kapitels 15. Nach Satz 15.4.2 zerfällt die Menge aller monolithischen Dynkindiagramme Δ je nach Signatur der **Cartanmatrix** $C = C(\Delta)$ in drei Abteilungen, deren zugeordnete Coxetergruppen völlig unterschiedliches Verhalten aufweisen.
Wir beschränken uns für den Rest dieses Kapitels auf solche Δ, in denen keine numerierten Kanten vorkommen, die also im Sinne der **Graphentheorie** zusammmenhängende endliche ungerichtete **Graphen** bilden.
Die positiv definiten $C(\Delta)$ liefern endliche Coxetergruppen, die wir sogar klassifizieren konnten (Satz 15.6.2). Aufgrund der gerade gemachten Einschränkung interessieren uns hiervon nur

$$\mathrm{Cox}(\mathbb{A}_n) \cong S_{n+1}$$

$$\mathrm{Cox}(\mathbb{D}_n) \cong 2^{n-1} : S_n$$

$$\mathrm{Cox}(\mathbb{E}_6) \cong O_5(3) : 2$$

$$\mathrm{Cox}(\mathbb{E}_7) \cong 2 \times Sp_6(2)$$

$$\mathrm{Cox}(\mathbb{E}_8) \cong 2 \wedge O_8^+(2) : 2$$

die wir der Tab. 16.2.1 entnehmen.
Dagegen sind die durch nichtinvertierbare semidefinite Cartanmatrizen (genau ein Eigenwert ist dann Null, die anderen sind positiv) ausgezeichneten affinen Diagramme in Satz 15.6.1 angegeben. Die Vollständigkeit der betreffenden Liste, vgl. Kac [1983], haben wir allerdings nicht bewiesen.
Wieder brauchen wir nur die Graphen unter ihnen, nämlich $\mathbb{A}_n^{(1)}$ $(n \geq 2)$; $\mathbb{D}_n^{(1)}$ $(n \geq 4)$; $\mathbb{E}_6^{(1)}$, $\mathbb{E}_7^{(1)}$ und $\mathbb{E}_8^{(1)}$. Die Coxetergruppen sind jetzt zwar unendlich, ihr Aufbau dank der treuen Weyldarstellung aber doch leicht beschreibbar.
Cox $\mathbb{X}_n^{(1)}$ setzt sich als semidirektes Produkt jeweils aus einer freien abelschen Gruppe (= Gitter) des Ranges n, die genau die unipotenten Elementen beinhaltet, und einer auf ihr operierenden endlichen Weylgruppe des Typs $\mathbb{X}_n$ zusammen. Es ist somit im einzelnen, s. Humphreys [1990],

$$\mathrm{Cox}\ \mathbb{A}_n^{(1)} \cong \mathbb{Z}^n : S_{n+1}$$

$$\mathrm{Cox}\ \mathbb{D}_n^{(1)} \cong \mathbb{Z}^n : \left[2^{n-1} : S_n\right]$$

$$\mathrm{Cox}\ \mathbb{E}_6^{(1)} \cong \mathbb{Z}^6 : \left[O_5(3) : 2\right]$$

$$\mathrm{Cox}\ \mathbb{E}_7^{(1)} \cong \mathbb{Z}^7 : \left[2 \times Sp_6(2)\right]$$

$$\mathrm{Cox}\ \mathbb{E}_8^{(1)} \cong \mathbb{Z}^8 : \left[2 \wedge O_8^+(2) : 2\right]$$

Alle übrigen Δ haben indefinite Cartanmatrizen, und über die Coxetergruppen ist so gut wie nichts bekannt.

Das gilt sogar für die **Lorentzgraphen**, die nach denen vom endlichen Typ und den affinen die nächsteinfacheren sind. Der Name bezieht sich auf die **Signatur**

$$(-;+,+,\ldots,+,+) \;=\; (+^{n-1},-^{1})$$

des unter der Weylgruppe invarianten Skalarprodukts: die Cartanmatrix hat einen negativen und sonst lauter positive **Eigenwerte**. Zu den Lorentzgraphen gehören u.a. die in Def. 15.6.1 beschriebenen **Y-Diagramme**

Y_{ijk}:

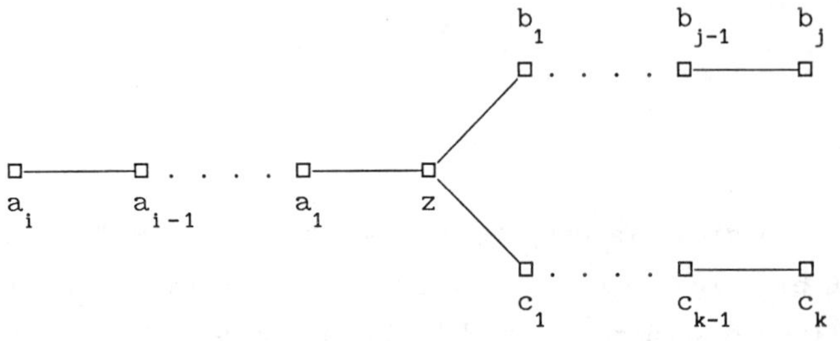

soweit sie nicht euklidisch oder affin sind. Es haben also

$$Y_{ij0} = \mathbb{A}_{i+j+1}$$

$$Y_{i11} = \mathbb{D}_{i+3}$$

$$Y_{221} = \mathbb{E}_6$$

$$Y_{321} = \mathbb{E}_7$$

$$Y_{421} = \mathbb{E}_8$$

endliche Coxetergruppen;

$$Y_{222} = \mathbb{E}_6^{(1)}$$

$$Y_{331} = \mathbb{E}_7^{(1)}$$

$$Y_{521} = \mathbb{E}_8^{(1)}$$

sind affin, während alle anderen Y_{ijk} mit $i \geq j \geq k$ vom Lorentztyp sind. Auf die Bedeutung dieser und einiger verwandter Lorentzdiagramme für die sporadischen Gruppen sowie das sogenannte **Bimonster**

$$F_0 = (F_1 \times F_1) : 2$$

kommen wir gleich ausführlicher zurück. (Der Faktor 2 vertauscht die beiden F_1-Kopien miteinander; die Erweiterung wird auch als **Kranzprodukt** von F_1 mit S_2 bezeichnet).

Es ist nicht klar, weshalb gerade die Coxetergruppen der Lorentzgraphen eine so herausgehobene Rolle spielen. Dies mag damit zusammenhängen, daß auch die Klassifikation der Gitter im (n-dimensionalen) Lorentzraum viel übersichtlicher ist als im euklidischen. Das zeigt sich schon an der Tatsache, daß es hoffnungslos ist, alle unimodularen ganzen Gitter in $\mathbb{R}^n$ (mit positiv definitem Skalarprodukt) bestimmen zu wollen, während die entsprechende Aufgabe für die (Standard-)Lorentzform

$$x_1^2 + x_2^2 + \ldots + x_{n-2}^2 + x_{n-1}^2 - x_n^2$$

lösbar ist:

Das, abgesehen von orthogonalen Transformationen, einzige unimodulare ungerade Gitter ist $\mathbb{Z}^n$. Wenn die Raumdimension $n \equiv 2 \pmod 8$ ist, gibt es auch noch ein (ebenfalls bis auf Isometrie eindeutiges) unimodulares gerades Gitter, das bei geeigneter Basiswahl aus den Vektoren $x \in \mathbb{R}^n$ besteht, deren Komponenten $x_1, \ldots, x_n$ entweder alle ganz- oder alle halbzahlig sind und die

Nebenbedingung $x_1 + \ldots + x_n \in 2\mathbb{Z}$ erfüllen. So einfach ist das.
Man beachte aber, daß die **Wurzelgitter** der $\mathrm{Cox}(Y_{ijk})$ im allgemeinen nicht unimodular sind, weil die Cartanmatrix nicht die Determinante ± 1 hat. Dennoch sind sie leichter zu untersuchen, da gewisse Methoden eingesetzt werden können, die bei allgemeineren indefiniten Coxetergruppen versagen.
Sei D eine Klasse von 3-Transpositionen in G. Jede (endliche) Teilmenge M von D definiert einen Coxetergraphen, weil die Produkte je zweier M-Elemente nur die Ordnungen 2 oder 3 haben können. Die von M erzeugte Untergruppe $\langle M\rangle \leq G$ erfüllt daher eine Coxeterpräsentation, die eventuell noch durch weitere Relationen ergänzt werden muß.
Ein Beispiel: Die 3-Transpositionsgruppe $2\times O_7(3)$ wird von 8 Elementen generiert, die den definierenden Relationen von $\mathrm{Cox}(Q_2)$ genügen, wobei Q_s das aus einem Sechseck mit einem angehängten "Schwänzchen" der Länge s bestehende Diagramm

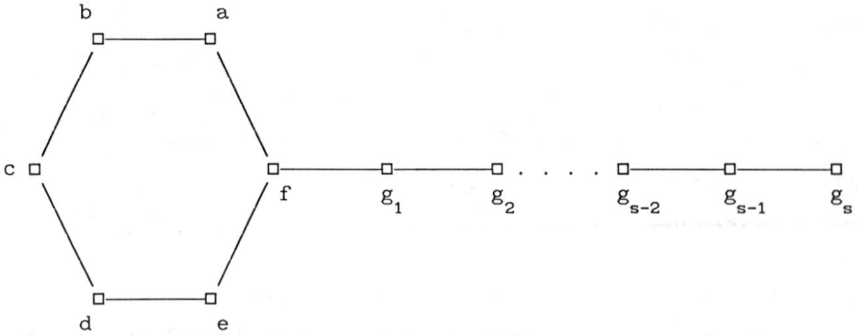

bezeichnet ($s \in \mathbb{N}_0$). Wir benennen die Knoten wie im Schema angedeutet.
Schon die Coxetergruppe zum Teilgraphen Q_0 (dem "Benzolring") ist affin vom Typ $\mathbb{A}_5^{(1)}$ und somit isomorph zu $\mathbb{Z}^5{:}S_6$ und insbesondere unendlich, während das Erzeugnis von a, b, c, d, e, f in $2\times O_7(3)$ natürlich endlich ist.
Es muß folglich bereits in $\langle a,b,c,d,e,f\rangle$ beschreibbare Zusatzrelationen geben, die eine nichttriviale Reduktion bewirken. Mittels der Weylmatrizen lassen sie sich ohne Mühe ausrechnen. Eine einfache und symmetrische Bedingung, die in $2\times O_7(3)$, aber nicht in $\mathrm{Cox}(Q_s)$ gilt, ist o = 1 mit dem Relator

$$o = (ad\cdot cf\cdot eb)^4$$

An ihrer Statt könnten wir auch jede ähnlich gebaute Beziehung verwenden, die sich von o durch den Anfangspunkt oder die Richtung unterscheidet, in der wir die Knoten numerieren. Alle derartigen Bedingungen sind in $\mathrm{Cox}(Q_0)$ gleichwertig und stutzen die $\mathbb{Z}^5$ auf 3^5 zurecht. Man erhält

$$\langle\, a,b,c,d,e,f \mid \mathrm{Cox}(Q_0) \cup \{o = 1\} \,\rangle \cong 3^4 : S_6$$

Durch Abzählen der Nebenklassen nach $\langle a,b,c,d,e,f\rangle$ mittels des Todd-Coxeter-Algorithmus leitet man daraus zunächst

$$\langle\, a,b,c,d,e,f,g_1 \mid \mathrm{Cox}(Q_1) \cup \{o = 1\} \,\rangle \cong 2 \wedge O_6^-(3) : 2$$

und weiter nach dem gleichen Muster

$$\langle\, a,b,c,d,e,f,g_1,g_2 \mid \mathrm{Cox}(Q_2) \cup \{o = 1\} \,\rangle \cong 2 \times O_7(3)$$

her. Damit haben wir allerdings den Kulminationspunkt erreicht. Hinzufügen eines weiteren Knotens vergrößert die Gruppe nicht mehr, denn es ist auch

$$\langle\, a,b,c,d,e,f,g_1,g_2,g_3 \mid \mathrm{Cox}(Q_3) \cup \{o = 1\} \,\rangle \cong 2 \times O_7(3)$$

Die Auffindung dieser Präsentationen hing entscheidend von zwei Besonderheiten ab: (1) der Fischereigenschaft der Ausgangsgruppe und (2) der Existenz eines affinen Teildiagramms zur Bestimmung der Zusatzrelationen.
Ganz ähnliche Konfigurationen lassen sich auch in anderen Gruppen nachweisen. So sind beispielsweise die erweiterten $\mathbb{E}_6$-, $\mathbb{E}_7$- und $\mathbb{E}_8$-Diagramme genausogut verwendbar wie die des Typs $\mathbb{A}$. Vor allem $\mathbb{E}_6^{(1)} = Y_{222}$ ist wegen seiner Symmetrie (und weil es weniger Erzeugende benötigt als die anderen beiden) besonders geeignet.
Wir beschränken unsere weiteren Betrachtungen zunächst auf Y_{ijk}-Graphen; es sind aber auch einige andere von Interesse. In der schon diskutierten Gruppe $2{\times}O_7(3)$ findet man acht Transpositionen, die sämtliche Relationen des Y_{322}-Diagramms realisieren. Das gleiche Argument wie vorhin garantiert die Gültigkeit von Nebenbedingungen, die bereits mit Hilfe der Erzeugenden $z;a_1,a_2;b_1,b_2;c_1,c_2$ von Y_{222} ausgedrückt werden können. Unter den zahllosen Kandidaten suchen wir uns wieder einen mit möglichst hoher Symmetrie aus, etwa $(za_1a_2\cdot zb_1b_2\cdot zc_1c_2)^{10} = 1$, von dem man (am bequemsten in der Weyldarstellung) leicht bestätigt, daß er die affine Gruppe $\mathbb{Z}^6{:}O_5(3){:}2$ auf den endlichen Faktor $3^5{:}O_5(3){:}2$ verkürzt.
Tatsächlich reicht diese eine Relation alleine schon aus, um alle Coxeter-

gruppen zu Y-Diagrammen endlich zu machen. Dabei treten viele der großen sporadischen Gruppen in Erscheinung.
Um die Übersichtlichkeit der nachstehenden Diskussion zu erhöhen, formalisieren wir das zugrundegelegte Konzept:

Definition 21.6.1:
Seien i, j, k natürliche Zahlen ≥ 2. Die **Y-Gruppe** mit den Parametern i, j, k ergibt sich aus der Coxetergruppe des Diagramms Y_{ijk} durch Hinzufügen der Relation y = 1 mit

$$y = (za_1a_2 \cdot zb_1b_2 \cdot zc_1c_2)^{10}$$

Es handelt sich also um die abstrakte Gruppe Y_{ijk} mit der Präsentation

$$Y_{ijk} = \langle\, z; a_1, \ldots, a_i; b_1, \ldots, b_j; c_1, \ldots, c_k \mid \mathrm{Cox}(Y_{ijk}) \cup \{y = 1\} \,\rangle$$

Bemerkung:
Die Restriktion von i, j, k auf Werte größer als 1 ist erforderlich, um die Zusatzbedingung überhaupt aussprechen zu können.

Sehr bald nach der Entdeckung des Zusammenhangs der Y_{ijk} mit den sporadischen Gruppen durch Fischer, Norton und andere wurde vermutet, alle Y-Gruppen seien endlich. Gleichzeitig hat man konkrete Voraussagen über ihre genaue Struktur gemacht.
Mittlerweile sind alle diesbezüglichen Behauptungen, abgesehen von minimalen Korrekturen, bewiesen. Es wurde schnell erkannt, daß, im Gegensatz zu den Coxetergruppen, die durch Anhängen weiterer Knoten immer größer werden, das Wachstum der Y-Gruppen begrenzt ist. Das liegt an der Möglichkeit, in Y_{4jk} ein Element zu bilden, nämlich

$$a_5 = (za_1a_2a_3b_1b_2c_1)^9$$

das mit den ursprünglichen Erzeugenden zusammen die Präsentation von Y_{5jk} efüllt. Daher ist $Y_{4jk} \cong Y_{5jk}$. Eine nochmalige Ausdehnung auf Y_{6jk} führt sogar zum kompletten Zusammenbruch auf die zyklische Gruppe der Ordnung 2.

Aus diesem Grund und wegen der Symmetrie unter beliebigen Vertauschungen der drei Arme brauchen wir nur die Y_{ijk} mit $4 \geq i \geq j \geq k \geq 2$ zu betrachten. Sie sind in Tab. 21.6.3 zusammengestellt.

<u>Tab. 21.6.3</u>

$$Y_{222} \cong 3^5 : O_5(3) : 2$$

$$Y_{322} \cong 2 \times O_7(3)$$

$$Y_{332} \cong 2 \times (2 \wedge F_{22})$$

$$Y_{333} \cong 2^3 \cdot {}^2E_6(2) \cong 2 \times (2^2 \wedge {}^2E_6(2))$$

$$Y_{422} \cong Y_{522} \cong O_8^+(3) : 2$$

$$Y_{432} \cong Y_{532} \cong 2 \times F_{23}$$

$$Y_{433} \cong Y_{533} \cong 2 \times (2 \wedge F_2)$$

$$Y_{442} \cong Y_{542} \cong Y_{552} \cong 3 \cdot F_{24} \cong 3 \wedge F'_{24} : 2$$

$$Y_{443} \cong Y_{543} \cong Y_{553} \cong 2 \times F_1$$

$$Y_{444} \cong Y_{544} \cong Y_{554} \cong Y_{555} \cong (F_1 \times F_1) : 2 \cong F_0$$

$$Y_{6jk} \cong Y_{7jk} \cong Y_{8jk} \cong Y_{9jk} \cong \ldots \cong 2$$

Zur Methode nur soviel: Bei den ersten Gruppen aus der Liste kann man sich wiederum der Nebenklassenabzählung bezüglich der kanonisch eingebetteten Untergruppe $Y_{i-1,j,k}$ bedienen. Das funktioniert bis Y_{442}. Der Nachweis, daß diese Gruppe wirklich $3 \cdot F_{24}$ ist, wurde von Djokovic in 16-stündiger Rechenzeit auf einem Computer geführt.

Damit ist aber auch die Grenze erreicht; der nächste Fall ist wegen des enorm zunehmenden Index so nicht mehr zu bewältigen. Deshalb muß man zu geometrischen Verfahren greifen, die teilweise in elementaren Manipulationen mit Erzeugenden und Relationen, zum Teil in sehr tiefliegenden kombinatorischen und algebraischen Betrachtungen bestehen.

Den Schlußpunkt unter diesen Teil der Theorie setzten (nach Vorarbeiten von vielen anderen, die a.a.O. zitiert sind) Ivanov [1990] und Norton [1990] mit dem Nachweis der höchst erstaunlichen Isomorphie zwischen Y_{555} und dem Bimonster $F_0 = (F_1 \times F_1):2$.

Damit ist die Theorie des Bimonsters und seiner Präsentationen keineswegs erschöpft; es bleiben offene Fragen. So ist beispielsweise ungeklärt, weshalb gerade die Y-Diagramme (oder allgemeiner die Lorentzgraphen) einen so wichtigen Part spielen.

Immerhin gibt es erste Anzeichen, die auf eine tiefergehende "Erklärung" der Zusatzbedingungen hindeuten. Die willkürliche Auswahl der o- oder y-Relationen kann letztlich nicht befriedigen.

Man weiß seit längerem, daß in Y_{555} weitere redundante Transpositionen zu den 16 Fundamentalreflexionen hinzugenommen werden können, die mit diesen gemeinsam alle Relationen eines sehr symmetrischen Diagramms Γ_3 mit 26 Knoten erfüllen.

Bei genauerer Analyse entpuppt sich Γ_3 als identisch mit dem **Inzidenzgraphen** der **projektiven Ebene** über dem Körper mit 3 Elementen. Die 26 Knoten korrespondieren also mit den je 13 Punkten und Linien aus $\mathbb{P}^2(\mathbb{F}_3)$, und zwei von ihnen sind miteinander verbunden, wenn die entsprechenden Objekte der Geometrie inzident sind; s. Kap. 7.

Γ_3 ist ein **bipartiter** Lorentzgraph der **Valenz** 4 mit der Automorphismengruppe $PSL_3(3):2 \cong SL_3(3):2$ (Symmetrien der Ebene einschließlich Dualität).

Jeder der zahlreichen in Γ_3 enthaltenen Y_{222}-Teilgraphen erlaubt nach den obigen Formeln die Konstruktion eines Relators y. Ebenso liefern alle in Γ_3 vorkommenden Sechsecke Elemente analog zu dem vorhin mit o bezeichneten. Um von $Cox(\Gamma_3)$ zur Faktorgruppe F_0 zu gelangen, genügt es bereits, nur ein einziges dieser y's oder o's gleich 1 zu setzen.

Wodurch sind diese Präsentationen ausgezeichnet ? Neben der bereits hervorgehobenen Tatsache, daß ohne Ausnahme alle in diesem Abschnitt beschriebenen Dynkindiagramme Γ, die auf Erweiterungen von sporadischen Gruppen führen, Lorentzgraphen sind, fällt vor allem eine Gemeinsamkeit der Zusatzrelatoren auf (Neutsch [1991]): Beide Elemente, o und y, werden in den Weyldarstellungen durch unipotente Matrizen wiedergegeben.

Zur Erinnerung: Eine (n,n)-Matrix M heißt **unipotent**, wenn sie eine der folgenden vier gleichwertigen Bedingungen erfüllt:

(1) Die Matrix M - 1 ist nilpotent.

(2) Das Minimalpolynom von M ist eine Potenz von (M-1).

(3) Das charakteristische Polynom von M ist $(M-1)^n$.

(4) Alle Eigenwerte von M sind gleich 1.

Aus dieser Definition geht hervor, daß die Unipotenz bei Konjugation erhalten bleibt (für Produkte gilt das i.a. jedoch nicht).
Die sich aufdrängende Vermutung, der von einem Element des Typs o oder y und seinen Konjugierten erzeugte Normalteiler, dessen Abfaktorisierung die gewünschte endliche Gruppe liefert, könne mit dem Erzeugnis U(W) aller Unipotenten in W = Weyl(Γ) übereinstimmen, bestätigt sich bei näherer Analyse nicht; im Gegenteil läßt sich zeigen, daß die von den Relatoren als Normalteiler erzeugten Untergruppen $\langle o^W \rangle$ bzw. $\langle y^W \rangle$ der Weylgruppe W echt in U(W) enthalten sind; eine explizite algebraische oder geometrische Beschreibung steht aber noch aus.
Immerhin zeichnen sich erste Zwischenergebnisse ab; so ist es möglich, alle Unipotenten in Weylgruppen von Lorentzgraphen bis auf Konjugation zu klassifizieren. Wir haben nämlich nach Neutsch [....] u.a. den

Satz 21.6.2:
Seien Γ ein zusammenhängender Lorentzgraph mit Weylgruppe W und $u \in W \setminus \{1\}$ unipotent. Dann gilt:
(a) Das Bild von u-1 ist zweidimensional, das von $(u-1)^2$ eindimensional.
(b) Es gibt einen zusammenhängenden affinen Teilgraphen $\Gamma_0 \subset \Gamma$ und ein Element $u_0 \in W(\Gamma_0)$, das in W zu u konjugiert ist.
(c) Γ_0 ist durch u eindeutig bestimmt.
(d) Alle Elemente mit denselben Eigenschaften wie u_0 sind bereits in $W(\Gamma_0)$ konjugiert.
(e) Insbesondere enthält jede unipotente Konjugationsklasse in W mindestens ein, aber immer nur endlich viele solche "affinen" u_0.

Dieser Satz hat mannigfache Anwendungen; er gestattet z.B. die Konstruktion von sehr effizienten Algorithmen, die festzustellen erlauben, ob eine gegebene Matrix in W(Γ) liegt oder nicht. Das Verfahren funktioniert nur für Lorentzgraphen.
Darüber hinaus kennt man viele weitere Besonderheiten von unipotenten Elementen in Weylgruppen von Lorentzgraphen, die sich anscheinend nicht auf beliebige indefinite Graphen übertragen lassen, und es besteht die begründete Hoffnung, daß hieraus in den nächsten Jahren ein tieferes Verständnis der "großen" sporadischen Gruppen erwachsen wird.

F. SPHÄREN

22. HARMONISCHE FUNKTIONEN

22.1. Die Sätze von Green

Die **Potentialtheorie** ist der Zweig der Mathematik, welcher sich mit der Potentialgleichung

$$\Delta u = 0$$

und ihren Lösungen befaßt. Hierin ist Δ der **Laplace-Operator**. Wir beschränken uns in diesem Buch auf die klassische Potentialtheorie, bei der u eine auf einem geeigneten Bereich in $\mathbb{R}^n$ definierte Funktion bedeutet, die gewissen, noch zu spezifizierenden Differenzierbarkeitsbedingungen genügt.
In den letzten Jahrzehnten sind jedoch erheblich verallgemeinerte Varianten entwickelt worden, von denen wir nur die **Hodgetheorie** erwähnen. Sie geht von einer auf einer kompakten Mannigfaltigkeit erklärten Differentialform u beliebiger Stufe aus, wobei natürlich Δ als **Laplace-Beltrami-Operator** zu interpretieren ist. Eine schöne und gut lesbare Einführung in den Hodgekalkül ist Warner [1983].
Für unsere Anwendungen, namentlich auf die Theorie der **Approximation** und **numerischen Integration** stetiger Funktionen (oder 0-Formen) auf Sphären, kommen wir jedoch mit der klassischen Theorie aus; deshalb wollen wir es bei diesem Literaturhinweis belassen. Wir verzichten auch sonst zuweilen darauf, die allgemeinste Form der Resultate aufzuschreiben, wenn damit eine größere Kompliziertheit der Darstellung verbunden wäre. Es sei aber betont, daß nahezu alle unsere klassischen Ergebnisse Analoga in der Hodgetheorie besitzen und viele von ihnen sogar noch weiter generalisiert werden könnten.
Im folgenden haben wir häufig mit Gebieten in euklidischen Räumen zu tun, die bestimmte Regularitätsanforderungen erfüllen. Um die Erklärungen nicht allzu langatmig werden zu lassen, erscheint es sinnvoll, eine abkürzende Notation einzuführen.

Definition 22.1.1:

(a) Ein n-dimensionales C^k-Gebiet ist ein Gebiet $\Gamma \subseteq \mathbb{R}^n$, dessen Rand eine C^k-Mannigfaltigkeit ist.

(b) Eine $C^{(r,s)}$-Funktion auf Γ (mit $r,s \in \mathbb{N}_0$) ist eine C^r-Abbildung

$$F:\quad \Gamma \cup \partial\Gamma \longrightarrow \mathbb{R}$$

die s-fach stetig differenzierbar in Γ ist.

Diese Nomenklatur ist nicht gebräuchlich, aber praktisch. Dagegen werden die nachstehenden Bezeichnungen in der Literatur einheitlich gehandhabt:

Definition 22.1.2:

(a) Unter einer **Potentialfunktion** in einem Gebiet $\Gamma \subseteq \mathbb{R}^n$ verstehen wir eine C^2-Abbildung $u: \Gamma \longrightarrow \mathbb{R}$, die in ihrem gesamten Definitionsbereich der **Potentialgleichung** $\Delta u = 0$ genügt.

(b) Als **Dirichletsches Randwertproblem** für ein (beschränktes) C^1-Gebiet Γ bezeichnet man die Aufgabe, zu einer vorgegebenen stetigen Funktion $f: \partial\Gamma \longrightarrow \mathbb{R}$ eine $C^{(1,2)}$-Potentialfunktion u zu finden, welche auf dem Rand von Γ mit f übereinstimmt.

(c) Entsprechend besteht das **Neumannsche Randwertproblem** darin, eine Potentialfunktion anzugeben, die auf $\partial\Gamma$ vorgebene Werte der Normalenableitung annimmt.

Eine "$C^{(1,2)}$-Potentialfunktion" auf Γ ist natürlich eine $C^{(1,2)}$-Abbildung $u: \Gamma\cup\partial\Gamma \longrightarrow \mathbb{R}$, die im Inneren, d.h. in Γ, die Gleichung $\Delta u = 0$ löst.
Mitunter läßt man auch **gemischte** Bedingungen zu: auf einem Teil des Randes vom Dirichlet-, auf dem Rest vom Neumann-Typ. Zu den entsprechenden Fragestellungen bei unbeschränkten Γ, die gewisse Zusatzannahmen erfordern, s.u.
Die Potentialfunktionen stimmen im wesentlichen mit den später in diesem Kapitel eingeführten **harmonischen Funktionen** überein, die durch **Mittelwerteigenschaften** ausgezeichnet sind. Das zeigt schon die immense Bedeutung der Potentialtheorie. Außerdem rechtfertigt sich damit auch die in Definition 4.7.1 eingeführte Bezeichnung "harmonisch" für Differentialformen α mit

$\Delta\alpha = 0$. Tatsächlich geht der Gebrauch beider Begriffe in der Literatur etwas durcheinander, was uns aber nicht weiter stören muß. Bis zum Beweis der Gleichwertigkeit (Satz 22.4.3) wollen wir Potential- und harmonische Funktionen säuberlich auseinanderhalten.
Den Ausgangspunkt aller potentialtheoretischen Untersuchungen bilden zwei Formeln von Green.

Satz 22.1.1:
Seien u und v zwei $C^{(1,2)}$-Funktionen auf dem C^1-Gebiet $\Gamma \subseteq \mathbb{R}^n$. Dann gelten die beiden **Sätze von Green**:

$$\int_\Gamma \langle \text{grad } u, \text{grad } v\rangle \, d\Omega + \int_\Gamma u \, \Delta v \, d\Omega = \int_{\partial\Gamma} u \text{ grad } v \cdot d\omega$$

und

$$\int_\Gamma (u \, \Delta v - v \, \Delta u) \, d\Omega = \int_{\partial\Gamma} (u \text{ grad } v - v \text{ grad } u) \cdot d\omega$$

vorausgesetzt, die Integrationen sind ausführbar (das ist u.a. dann der Fall, wenn Γ beschränkt ist).

Beweis:
Wir haben uns der in der reellen Analysis üblichen Bezeichnungen bedient, was wir auch weiterhin zumeist tun wollen. Die Symbole $d\Omega$ und $d\omega$ bedeuten, wie schon früher (Kap. 4) das Volumen- bzw. Oberflächenelement.
Um die erste Greensche Gleichung zu beweisen, übertragen wir die in ihr vorkommenden Terme der Reihe nach auf die Notation des Cartankalküls.
Die beiden auf der linken Seite stehenden Integrale reduzieren sich mit Hilfe der Definitionen 4.6.4 und 4.7.1 sowie des Satzes 4.7.2 auf

$$\int_\Gamma \langle \text{grad } u, \text{grad } v\rangle \, d\Omega = \int_\Gamma {}^*\langle du, dv\rangle = \int_\Gamma du \wedge {}^*dv$$

bzw.

$$\int_\Gamma u\ \Delta v\ d\Omega = \int_\Gamma {}^*(u\ \Delta v) = \int_\Gamma u\ {}^*\Delta v = \int_\Gamma u\ {}^{**}d^*dv = \int_\Gamma u\ d^*dv$$

während die rechte Seite übergeht in

$$\int_{\partial\Gamma} u \text{ grad } v\cdot d\omega = \int_{\partial\Gamma} {}^*(u\ dv) = \int_{\partial\Gamma} u\ {}^*dv$$

Die 1. Greensche Formel ist also äquivalent zu

$$\int_\Gamma du \wedge {}^*dv + \int_\Gamma u\ d^*dv = \int_{\partial\Gamma} u\ {}^*dv$$

Der **Stokessche Satz** (vgl. Abschn. 3.9) liefert

$$\int_{\partial\Gamma} u\ {}^*dv = \int_\Gamma d\ (u\ {}^*dv) = \int_\Gamma du \wedge {}^*dv + \int_\Gamma u\ d^*dv$$

und die erste Formel ist bewiesen. Schreiben wir sie noch einmal mit vertauschten Rollen von u und v auf, so erhalten wir durch Subtraktion auch den zweiten Greenschen Satz.

Die Anwendbarkeit der Greenschen Formeln basiert vor allem auf einer Variante, der wir uns als nächstes zuwenden:

Satz 22.1.2:

Für jede $C^{(1,2)}$-Potentialfunktion auf dem C^1-Gebiet $\Gamma \subseteq \mathbb{R}^n$ ist

$$\int_\Gamma |\text{grad } u|^2\ d\Omega = \int_\Gamma \langle \text{grad } u, \text{grad } u\rangle\ d\Omega = \int_{\partial\Gamma} u \text{ grad } u\cdot d\omega$$

sofern die beiden Integrale existieren (was z.B. bei Beschränktheit von Γ immer zutrifft).

Beweis:

Wir setzen im 1. Greenschen Satz v = u und beachten, daß in ganz Γ die Potentialgleichung $\Delta u = 0$ erfüllt ist.

Falls in jedem Randpunkt von Γ das Vektorfeld u grad u tangential zu $\partial\Gamma$ verläuft, verschwindet das Oberflächenintegral, und es folgt

$$\int_{\Gamma} |\text{grad } u|^2 \, d\Omega = 0$$

Die Stetigkeit des Integranden ergibt dann weiter grad $u \equiv 0$ und somit die Konstanz von u.
Diese Voraussetzung tritt insbesondere dann ein, wenn in allen $x \in \partial\Gamma$ eine der Größen u(x) und grad u(x) gleich Null ist. Es folgt unmittelbar der

Satz 22.1.3:
Dirichletsche und gemischte Randwertaufgaben der Potentialtheorie haben für ein beschränktes C^1-Gebiet in $\mathbb{R}^n$ höchstens eine Lösung. Das Neumannsche Randwertproblem hingegen ist nur bis auf eine willkürliche additive Konstante eindeutig.

Beweis:
Man wende die Vorbemerkung auf die Differenz $u_1 - u_2$ zweier Lösungen u_1 und u_2 an.

Wir haben mit Bedacht bisher nur Randwertprobleme für beschränkte Gebiete (sog. **"Innenraumaufgaben"** der Potentialtheorie) betrachtet. Man kann aber auch ebensogut Γ als Komplement einer kompakten Teilmenge von $\mathbb{R}^n$ zulassen (**"Außenraumaufgaben"**). Dann ist allerdings eine Annahme über das Verhalten im Unendlichen nötig, damit Satz 22.1.3 gültig bleibt.
Ohne auf die Details eingehen zu wollen, sei dies anhand eines Beispiels erläutert.
Wir wählen Γ als das Äußere der Einheitssphäre, d.h. Γ umfaßt alle Vektoren $x \in \mathbb{R}^n$, deren Betrag $r = |x|$ größer als 1 ist. Man rechnet leicht nach, daß

$$u(x) = 1 - r^{2-n}$$

in Γ der Potentialgleichung genügt und auf dem Rand, der bis auf die Orientierung gleich Ω_n ist, verschwindet. Gleichwohl ist u nicht die Nullfunktion. Die Randwerte auf Ω_n bestimmen also eine Potentialfunktion in Γ nicht eindeutig.
Wir retten die Situation durch eine Zusatzvoraussetzung, die den Grenzübergang $r \longrightarrow \infty$ betrifft.
Man braucht nur anstelle der gesuchten Funktion deren Kelvintransformierte u^T (vgl. Definition 22.1.3) zu betrachten. Dem gewünschten Limes entspricht dann die Annäherung des Arguments von u^T an den Ursprung. Die dortige Regularitätsbedingung für u^T drückt sich, mit der ursprünglichen Funktion u, in den Ungleichungen $u(x) = O(r^{2-n})$ und $|\text{grad } u| = O(r^{-2})$ für $r \longrightarrow \infty$ aus. Die angestrebte Generalisierung von Satz 22.1.3 ist somit

<u>Satz 22.1.4:</u>
Ist Γ das Komplement eines Kompaktums in $\mathbb{R}^n$, so sind die Randwertprobleme der Potentialtheorie für Γ eindeutig lösbar, wenn wir noch die Forderungen

$$u(x) = O(r^{2-n})$$

und

$$|\text{grad } u| = O(r^{-2})$$

hinzunehmen. Das soll weiterhin bei Außenraumaufgaben stets stillschweigend vorausgesetzt werden.

Wir sind noch die Erklärung schuldig, was eine "Kelvintransformation" ist.

<u>Definition 22.1.3:</u>
Die **Inversion an der Einheitssphäre** Ω_n ist die Abbildung

$$\iota: \quad \mathbb{R}^n\backslash\{0\} \longrightarrow \mathbb{R}^n\backslash\{0\}$$

die durch

$$\iota(x) = x^{\iota} = \frac{x}{\langle x, x\rangle} = r^{-2} x$$

gegeben ist ($r = |x|$).

Die **Kelvintransformierte** einer auf einem n-dimensionalen Gebiet Γ, $0 \notin \Gamma$, definierten Funktion $u\colon \Gamma \longrightarrow \mathbb{R}$ ist die Abbildung $u^T\colon \iota(\Gamma) \longrightarrow \mathbb{R}$ mit

$$u^T(x^{\iota}) = r^{n-2}\, u(x)$$

oder, anders herum,

$$u^T(x) = r^{2-n}\, u(x^{\iota})$$

Die tiefere Bedeutung der **Kelvintransformation** $u \mapsto u^T$ liegt in

Satz 22.1.5:

Ist u eine Potentialfunktion in $\Gamma \subset \mathbb{R}^n$ (mit $0 \notin \Gamma$), so gilt dasselbe von der Kelvintransformierten u^T in $\iota(\Gamma)$.

Beweis:

Einsetzen der Definition von u^T ergibt

$$\Delta^T\, u^T(x^{\iota}) = r^{n+2}\, \Delta u$$

worin Δ^T selbstverständlich die Laplaceableitung in Bezug auf die kartesischen Koordinaten x_i^T ist. Die Potentialgleichung geht also bis auf einen nirgends verschwindenden Faktor in sich über, und die Behauptung folgt.

22.2. Dirichlet's Prinzip

Während Satz 22.1.3 unter sehr allgemeinen Voraussetzungen die Eindeutigkeit von Randwertaufgaben der Potentialtheorie sicherstellt, ist die Frage nach der Existenz von Lösungen erheblich komplizierter zu beantworten.
Wir konzentrieren uns auf das **Dirichletproblem**, weil wir nur dieses später noch benötigen. Die Neumannaufgabe ist ganz ähnlich; alle Methoden lassen sich mit leichten Abwandlungen übertragen, und auch die Resultate entsprechen einander. Ein einziger geringer Unterschied ergibt sich aus der Möglichkeit, im Neumannschen Fall additive Konstanten hinzuzufügen. Die hierdurch zustandekommenden Komplikationen sind aber ganz unbedeutend.
Zur Bearbeitung der Dirichletschen Randwertaufgabe sind zahlreiche Methoden vorgeschlagen und benutzt worden, die je nach den konkret vorliegenden Verhältnissen mehr oder weniger geeignet sind.
Man kann natürlich nicht verlangen, für jedes C^1-Gebiet und jede stetige Randfunktion eine Lösung zu konstruieren. Vielmehr sind gewisse Zusatzanforderungen zu stellen. Aus Platzmangel können wir in diesem Buch nur auf einige wenige besonders wichtige Ansätze und Ergebnisse hinweisen, zumal unsere Anwendungen sich hauptsächlich auf sphärische Gebiete beziehen werden. Dem an genaueren und weitergehenden Informationen interessierten Leser seien als Quellen die Bücher von Leis [1967] und Courant & Hilbert [1968] empfohlen. Das erste enthält eine Darstellung der mathematischen Theorie, das zweite befaßt sich vor allem mit den praxisbezogenen Aspekten.
Wir betrachten (der Einfachheit halber, um die Konvergenz aller auftretenden Integrale zu gewährleisten) ein beschränktes C^1-Gebiet Γ in $\mathbb{R}^n$ und geben eine stetige Funktion

$$f:\ \partial\Gamma \longrightarrow \mathbb{R}$$

vor. Zu je zwei $C^{(1,2)}$-Funktionen u, v auf Γ erklären wir das positiv definite bilineare Funktional

$$\Phi(u,v) = \int_\Gamma \langle \operatorname{grad} u, \operatorname{grad} v \rangle \, d\Omega$$

Die von Riemann [1851] propagierte und seinem Lehrer Dirichlet zugeschriebene Methode besteht darin,

$$\Phi(u,u) \quad = \quad \int_{\Gamma} |\text{grad } u|^2 \, d\Omega$$

zu minimieren. Zur Konkurrenz zugelassen sind alle $C^{(1,2)}$-Funktionen u, die auf dem Rand von Γ mit f übereinstimmen: $u\big|_{\partial\Gamma} = f$. Daß die durch 0 nach unten beschränkte Form $\Phi(u,u)$ ein Infimum besitzt, ist klar; es muß aber keineswegs von einer Funktion u mit den verlangten Eigenschaften angenommen werden (zu der an diesem Punkt einsetzenden Kritik von Weierstraß und der weiteren historischen Entwicklung: s. Abschn. 1.3).
Setzen wir daher zunächst voraus, das Extremalproblem "$\Phi(u,u) = \min!$" habe tatsächlich eine Lösung u mit den verlangten Eigenschaften. Dann erhalten wir für alle $C^{(1,2)}$-Funktionen v, die auf $\partial\Gamma$ verschwinden, und jedes reelle ε die Ungleichung

$$0 \quad \leq \quad \Phi(u+\varepsilon v, u+\varepsilon v) - \Phi(u,u) \quad = \quad 2\,\varepsilon\,\Phi(u,v) + \varepsilon^2\,\Phi(v,v)$$

die für beliebige ε nur bestehen kann, wenn $\Phi(u,v) = 0$ ist. Das ergibt mit $v\big|_{\partial\Gamma} = 0$ unter Ausnutzung des 1. Greenschen Satzes

$$0 \quad = \quad \int_{\Gamma} \langle \text{grad } u, \text{grad } v \rangle \, d\Omega \quad = \quad - \int_{\Gamma} v \, \Delta u \, d\Omega$$

woraus wegen der Willkürlichkeit von v sofort $\Delta u = 0$ in ganz Γ folgt.
Falls das Dirichlet-Riemannsche Minimalproblem also eine Lösung hat, ist diese eine Potentialfunktion. Wir haben somit

<u>Satz 22.2.1:</u>
Wenn es unter allen $C^{(1,2)}$-Funktionen auf dem beschränkten Gebiet $\Gamma \subseteq \mathbb{R}^n$, die auf dem Rand mit einer vorgegebenen stetigen Funktion

$$f\colon \; \partial\Gamma \longrightarrow \mathbb{R}$$

übereinstimmen, eine gibt, für die

$$\int_\Gamma |\text{grad } u|^2 \, d\Omega$$

minimal ist, so ist diese die (eindeutige) Lösung der Dirichletschen Randwertaufgabe zu Γ und f (**"Dirichletsches Prinzip"**).

Aufgrund der Schwierigkeit, die Existenz der Extremalfunktion nachzuweisen, ist das Dirichletprinzip nicht ohne weiteres anwendbar; es muß stets durch eine entsprechende Zusatzbetrachtung ergänzt werden.
Trotzdem ist es von außerordentlich großer Bedeutung für die Potentialtheorie. Einerseits liefert es eine wichtige und natürliche Charakterisierung der Lösungsfunktion des Dirichtletschen Randwertproblems (wenn es sie denn gibt); außerdem wird es häufig zu heuristischen Betrachtungen herangezogen. Man kann es verwenden, um Approximationen für u zu finden. Dazu muß man Funktionen u_0 suchen, die einen möglichst nahe am Infimum liegenden Wert von $\Phi(u_0, u_0)$ ergeben.
Eine andere Möglichkeit besteht in der Restriktion der bei der Extremalaufgabe zugelassenen Funktionen auf eine geeignete Familie $\mathcal{F}$. Mitunter läßt sich zumindest beweisen, daß das Infimum von $\Phi(u,u)$ innerhalb von $\mathcal{F}$ angenommen wird. Wir können dann die Orthogonalität $\Phi(u,v) = 0$ zwar nur für $v \in \mathcal{F}$ beweisen, das reicht aber für manche Bedürfnisse bereits aus. Ein Anwendungsbeispiel wird uns in Abschn. 23.1 bei der Untersuchung der **Kugelflächenfunktionen** noch begegnen.
Die Potentialgleichung reduziert sich in $\mathbb{R}^1 = \mathbb{R}$ auf die gewöhnliche Differentialgleichung $u'' = 0$, weshalb die Potentialfunktionen in $\mathbb{R}$ einfach die Polynome des Grades ≤ 1 sind. Die Dirichletsche Randwertaufgabe, etwa für ein Intervall, wird daher durch lineare Interpolation zwischen den Randwerten gelöst.
Im weiteren Verlauf wollen wir diesen eindimensionalen Trivialfall ausschließen, um die Diskussion von Ausnahmen zu vermeiden. Viele der folgenden Ergebnisse lassen sich auf $n = 1$ übertragen; andere, vor allem die zum Thema "Singularitäten", erfordern geringfügige Modifikationen, die für uns ohne Interesse sind.
Wir setzen also ab jetzt $n \geq 2$ voraus und suchen zuerst partikuläre nichtkonstante Potentialfunktionen für die Gebiete, die aus $\mathbb{R}^n$ durch Herausnahme eines einzelnen Punktes entstehen, den wir o.B.d.A. gleich 0 wählen können. Da es nur darauf ankommt, eine einzige solche Lösung zu finden, begnügen

wir uns mit einem **sphärisch symmetrischen** Ansatz:

$$u_0(x) = u_0(x_1,\ldots,x_n) = U(r)$$

wobei

$$r = |x| = \sqrt{x_1^2+\ldots+x_n^2}$$

wie üblich den euklidischen Abstand vom Ursprung bezeichnet und $U\colon \mathbb{R}^+ \longrightarrow \mathbb{R}$ zweifach stetig differenzierbar ist. Eine kurze Rechnung ergibt

$$\Delta u_0(x) = U''(r) + \frac{n-1}{r}\,U'(r)$$

Die Hilfsfunktion U hat also eine gewöhnliche Differentialgleichung 2. Ordnung zu erfüllen, nämlich

$$U'' + \frac{n-1}{r}\,U' = 0$$

Über den Zwischenschritt

$$U' = \kappa\, r^{1-n}$$

ermitteln wir ohne Schwierigkeit die von zwei Parametern κ und λ abhängende vollständige Lösung

$$U = \begin{cases} -\kappa \ln r + \lambda & (n = 2) \\ \dfrac{\kappa}{2-n}\, r^{2-n} + \lambda & (n \geq 3) \end{cases}$$

Auf die additive Konstante λ kommt es dabei nicht an; wir wählen $\lambda = 0$ und können dann noch über den Vorfaktor $\kappa \neq 0$ nach Belieben verfügen. Es erweist sich jedoch als zweckmäßig, eine bestimmte Normierung zu verwenden.
Wir werden des öfteren Δu_0 über Bereiche B zu integrieren haben, die die Singularität von u (im Inneren) enthalten. Da der Integrand außerhalb des Ursprungs identisch verschwindet, ist $\int_B \Delta u_0 \, d\Omega$ unabhängig von B.
Es liegt deshalb nahe, κ durch die Normierungsbedingung

$$\int_{\Gamma}^{*} \Delta u_0 = \int_{\Gamma} \Delta u_0 \, d\Omega = 1$$

für ein beliebiges Gebiet $\Gamma \ni 0$ festzulegen. Dabei ist u_0 als **Distribution** im Sinne von Schwartz [1950-1951] aufzufassen. Dann ist auch Δu_0 eine Distribution, und das Integral besitzt einen wohldefinierten Wert.

Der begrenzte Umfang dieses Buches verbietet es, die Theorie der Distributionen zu erläutern; Lesern, denen die hier ausgeführten Betrachtungen etwas "unheimlich" vorkommen, sollten sie als eine kryptische Motivation der weiter unten abgeleiteten Formel für κ ansehen und diese als willkürliche Normierung akzeptieren.

Auch für Distributionen gelten, wie ein einfacher Grenzübergang lehrt, die Greenschen Formeln, deren zweite für jedes Gebiet mit den genannten Eigenschaften auf

$$\int_{\Gamma} \Delta u_0 \, d\Omega = \int_{\partial\Gamma} (\text{grad } u_0)\cdot d\omega$$

führt, wenn wir $v = -1$ in Satz 22.1.1 einsetzen. Die oben angesetzte Funktion

$$u_0(x) = U(r) = \begin{cases} -\kappa \ln r & (n = 2) \\ \dfrac{\kappa}{2-n}\, r^{2-n} & (n \geq 3) \end{cases}$$

ergibt auf der linken Seite einen nur im Rahmen der Distributionstheorie verständlichen Ausdruck, während das Oberflächenintegral völlig regulär ist. Die Normierungsbedingung vereinfacht sich nunmehr zu

$$\int_{\partial\Gamma} (\text{grad } u_0)\cdot d\omega = \kappa \int_{\partial\Gamma} r^{-n}\, x\cdot d\omega = 1$$

Da es gleichgültig ist, welches Γ wir verwenden, sofern nur $0 \in \Gamma$ gilt, dürfen wir uns die bequemste Möglichkeit aussuchen. Das ist offenbar das Innere der Einheitskugel, also der von der Standardsphäre $\partial\Gamma = \Omega_n$ begrenzte Bereich. Dann ist

$$1 = \int_{\partial\Gamma} (\text{grad } u_0)\cdot d\omega = \kappa \int_{\partial\Gamma} x\cdot d\omega = \kappa\, \omega_n$$

wenn wir zur Vereinfachung der Formeln ω_n für die Oberfläche der Standardsphäre $\Omega_n \cong \mathbb{S}^{n-1}$ schreiben. Aus Satz 4.5.3 entnehmen wir

$$\omega_n = \mathrm{vol}\ \Omega_n = \frac{2\ \pi^{n/2}}{\Gamma\left(\frac{n}{2}\right)}$$

und schließlich

$$u_0(x) = -\frac{1}{2\pi} \ln r$$

für n = 2 sowie

$$u_0(x) = \frac{\Gamma\left(\frac{n}{2}\right)}{2\ \pi^{n/2}}\ r^{2-n}$$

für $n \geq 3$. Wir bezeichnen u_0 als die **Grundlösung** der Potentialgleichung. Daß wirklich außerhalb des Koordinatenursprungs $\Delta u_0 = 0$ gilt, ergibt sich für $n \neq 2$ auch aus Satz 22.1.5, weil die Kelvintransformierte der konstanten Funktion 1:

$$1^T(x) = r^{2-n}$$

bis auf einen numerischen Faktor die Grundlösung darstellt. Die Ebene ($n = 2$) ist hier allerdings exzeptionell: sowohl $u = 1$ als auch $u = u_0$ reproduzieren sich beim Übergang $u \Rightarrow u^T$.
Die eben gefundene Integralformel liefert, zusammen mit dem Verschwinden von Δu_0 außerhalb des Ursprungs, die Gleichung

$$\Delta u_0(x) = \delta(x) = \delta(x_1)\cdot \ldots \cdot\delta(x_n)$$

Das zuletzt angegebene Produkt von n gewöhnlichen δ-Distributionen ist dabei als Definition der n-dimensionalen Distribution $\delta(x)$ anzusehen.
Partielle Differentiationen nach den Agumenten $x_1, \ldots, x_n$ kommutieren miteinander. Daraus folgt, daß auch alle (iterierten) Ableitungen von u_0 nach den x_i Potentialfunktionen in $\mathbb{R}^n\setminus\{0\}$ sind.

Verlagern wir die Singularität von 0 nach y, erhalten wir natürlich als Grundlösung der Potentialgleichung $u_0(x-y)$, während die Anwendung des Laplace-Operators

$$\Delta_x u_0(x-y) = \delta(x-y)$$

ergibt. Dabei bedeutet das Symbol Δ_x, daß die Differentiation nur in Bezug auf x auszuführen ist. Entsprechend ist die Schreibweise $d\Omega_y$ oder $d\omega_y$ für Volumen- bzw. Oberflächenelemente ein Hinweis auf die Verwendung von y als Integrationsvariable.
Die Grundlösung ist nach Definition symmetrisch:

$$u_0(x-y) = u_0(y-x)$$

woraus seinerseits

$$\Delta_x u_0(x-y) = \Delta_y u_0(x-y)$$

folgt.
Wir setzen wieder u als eine $C^{(1,2)}$-Potentialfunktion auf dem beschränkten C^1-Gebiet $\Gamma \subset \mathbb{R}^n$ voraus. In jedem Punkt $x \in \Gamma$ gilt nach Definition von "δ" die Integraldarstellung

$$u(x) = \int_\Gamma u(y)\ \delta(x-y)\ d\Omega_y = \int_\Gamma u(y)\ \Delta_x u_0(x-y)\ d\Omega_y$$

Wir interpretieren x als Parameter, den wir einstweilen festhalten, und schreiben zur Abkürzung $v(y) = u_0(x-y) = u_0(y-x)$. Es entsteht

$$u(x) = \int_\Gamma u\ \Delta v\ d\Omega$$

was wir wegen $\Delta u = 0$ in Γ auch als

$$u(x) = \int_\Gamma (u\ \Delta v - v\ \Delta u)\ d\Omega$$

ausdrücken dürfen.
Die Singularität von v an der Stelle x, die derjenigen von u_0 für $x = y$

entspricht, beeinträchtigt die Anwendbarkeit des zweiten Greenschen Satzes nicht, wie eine einfache und elementare Abschätzung bestätigt. Man muß dazu nur eine ε-Kugel um x aus dem Integrationsgebiet Γ "herausstanzen" und separat behandeln. Der Grenzübergang $\varepsilon \to 0$ erweist dann die Zulässigkeit der fraglichen Umformung. Wir lassen die Einzelheiten aus, vgl. hierzu das bereits zitierte Buch von Leis [1967], und notieren als Zwischenergebnis

$$u(x) \;=\; \int_{\partial\Gamma} (u \text{ grad } v - v \text{ grad } u)\cdot d\omega$$

Wenn wir zur Grundlösung u_0 zurückkehren, erhalten wir

Satz 22.2.2:
Jede $C^{(1,2)}$-Potentialfunktion u auf einem beschränkten C^1-Gebiet Γ besitzt die Integraldarstellung

$$u(x) \;=\; \int_{\partial\Gamma} u(y) \text{ grad}_y\Big[u_0(x-y)\Big]\cdot d\omega_y \;-\; \int_{\partial\Gamma} u_0(x-y) \text{ grad}_y\Big[u(y)\Big]\cdot d\omega_y$$

für alle $x \in \Gamma$.

Leider können wir diese Formel nicht direkt zur Lösung von Randwertaufgaben verwenden, weil z.B. im Dirichletschen Fall die Normalenableitungen nicht zur Verfügung stehen. Deshalb ist eine geringe Modifikation des Verfahrens erforderlich.
An der Aussage des Satzes ändert sich nichts, wenn wir die Grundlösung $u_0(x-y)$ durch eine Funktion G(x,y) ersetzen, die sich von ihr lediglich um eine $C^{(1,2)}$-Potentialfunktion für das Gebiet Γ unterscheidet:

$$G(x,y) \;=\; u_0(x-y) + \gamma(x,y)$$

mit

$$\Delta_x\, \gamma(x,y) \;=\; 0$$

für alle $x \neq y$ im topologischen Abschluß von Γ. Wenn wir γ so wählen kön-

nen, daß darüber hinaus $G(x,y) = 0$ ist, falls einer der beiden Punkte x,y auf dem Rand liegt, entfällt der zweite Summand in der Darstellung des Satzes 22.2.2. Es bleibt ein Integral, das nur noch die Randwerte von u enthält und somit die Dirichletaufgabe löst.
Die geforderten Eigenschaften von G stellen wir noch einmal zusammen:

Definition 22.2.1:
Sei $\Gamma \subseteq \mathbb{R}^n$ ein C^1-Gebiet. Eine $C^{(1,2)}$-Abbildung $G(x,y)$, wobei x,y den topologischen Abschluß $\Gamma^- = \Gamma \cup \partial\Gamma$ durchlaufen ($x \neq y$), heißt **Greensche Funktion** zu Γ, wenn sie folgende Bedingungen erfüllt:

(a) Die Differenz $G(x,y) - u_0(x-y)$ ist eine Potentialfunktion, die auch für $x \to y$ zweifach stetig differenzierbar bleibt;

(b) Für $x \in \partial\Gamma$ oder $y \in \partial\Gamma$ ist $G(x,y) = 0$.

Die Differenz $G_1 - G_2$ zweier Greenfunktionen zum selben Gebiet verschwindet auf dem Rand und genügt im Inneren der Potentialgleichung, löst also das Dirichletproblem für verschwindende Randwerte. Nach Satz 22.1.3 ist sie daher identisch Null. Kombinieren wir dies noch mit der Integraldarstellung aus Satz 22.2.2, erhalten wir

Satz 22.2.3:
Ein beschränktes C^1-Gebiet $\Gamma \subset \mathbb{R}^n$ besitzt höchstens eine Greensche Funktion. Wir bezeichnen sie, um die Abhängigkeit von Γ hervorzuheben, mit G_Γ. Wenn G_Γ existiert, ist

$$u(x) = \int_{\partial\Gamma} u(y) \operatorname{grad}_y \left[G_\Gamma(x,y) \right] \cdot d\omega_y$$

die Lösung der Dirichletaufgabe mit der stetigen Randfunktion $f\colon \partial\Gamma \longrightarrow \mathbb{R}$.

Man kann diese Darstellung als **Fredholmsche Integralgleichung** für die Randwerte auffassen, indem man x über $\partial\Gamma$ laufen läßt. Hieraus ergeben sich wichtige Existenzsätze, die wir aber nicht weiter erörtern, da unsere Anwendungen sich auf Bereiche konzentrieren, die von Sphären begrenzt sind.

Wir erwähnen nur ohne Beweis, daß jedes beschränkte C^1-Gebiet Γ ein solches G_Γ hat.

Für allgemeinere Gebiete, etwa solche mit stückweise stetig differenzierbarem Rand, kann es prinzipiell durch einen Grenzübergang gefunden werden, bei dem man Γ mit C^1-Teilgebieten $\Gamma_1, \Gamma_2, \Gamma_3, \ldots$ ausschöpft, für die die Aufgabe bereits gelöst ist, und anschließend die Konvergenz der Greenfunktionen gegen G_Γ nachweist (**"Balayage-Methode"**; auch das **Schwarzsche Alternierende Verfahren** ist in diesem Zusammenhang verwendbar). Näheres findet sich mit allen erforderlichen Einzelheiten z.B. in Leis [1967].

22.3. Das Poisson-Integral

Die Asymmetrie in der Definition einer Greenfunktion $G_\Gamma(x,y)$ zwischen **Aufpunkt** x und **Quellpunkt** y ist nur scheinbar:

<u>Satz 22.3.1:</u>

Die Greenfunktion G_Γ eines C^1-Gebiets $\Gamma \subseteq \mathbb{R}^n$ ist gegenüber einer Vertauschung der Argumente invariant:

$$G_\Gamma(x,y) = G_\Gamma(y,x)$$

<u>Beweis:</u>

Liegt mindestens einer der beiden Punkte auf dem Rand, verschwinden beide Seiten der Gleichung, und die Behauptung ist trivial erfüllt. Wir setzen daher o.B.d.A. $x, y \in \Gamma$ und $x \neq y$ voraus und lassen einfachheitshalber den Index "Γ" bei G weg.

Sei $\varepsilon > 0$ so gewählt, daß die Kugeln $K_x = K(\varepsilon, x)$ und $K_y = K(\varepsilon, y)$ vom Radius ε um die Zentren x bzw. y disjunkt sind und ganz in Γ liegen.

Sowohl $G_x(z) = G(z,x)$ als auch $G_y(z) = G(z,y)$ sind dann im Restgebiet $\Gamma_\varepsilon = \Gamma \setminus (K_x^- \cup K_y^-)$ Potentialfunktionen. Der zweite Greensche Satz liefert

$$\int_{\partial\Gamma_\varepsilon} \left[G_x \operatorname{grad} G_y - G_y \operatorname{grad} G_x\right] \cdot d\omega = \int_{\Gamma_\varepsilon} \left[G_x \, \Delta G_y - G_y \, \Delta G_x\right] d\Omega = 0$$

Es gilt aber (die Ränder sind orientiert!)

$$\partial\Gamma_\varepsilon = \partial\Gamma - \partial K_x - \partial K_y$$

und aus dem Verschwinden der Greenfunktion auf $\partial\Gamma$ folgt

$$\int_{\partial K_x} \left[G_y \operatorname{grad} G_x - G_x \operatorname{grad} G_y\right]\cdot d\omega + \int_{\partial K_y} \left[G_y \operatorname{grad} G_x - G_x \operatorname{grad} G_y\right]\cdot d\omega = 0$$

Im Limes $\varepsilon \to 0$ geht das erste Integral in $G_y(x) = G(x,y)$ über, das zweite hingegen in $-G_x(y) = -G(y,x)$, und der Beweis ist komplett.

Die Aufstellung der Greenfunktion eines sphärischen (d.h. von einer Sphäre begrenzten) Bereichs macht keinerlei Schwierigkeiten.
Wir beginnen mit dem von der Standardsphäre Ω_n in $\mathbb{R}^n$ umschlossenen Gebiet, der offenen Einheitskugel $K = K(1,0)$, und beschränken uns vorübergehend auf den generischen Fall $(n \neq 2)$.
Zu jedem $y \in K$ konstruieren wir die **Grundlösung**

$$u(x) = u_0(x-y)$$

die auf der Einheitssphäre $\partial K = \Omega_n$ mit ihrer **Kelvintransformierten**

$$u^T(x) = r^{2-n}\, u_0(x^\iota - y)$$

übereinstimmt. Dabei haben wir wieder die bereits aus Definition 22.1.3 geläufigen Kürzel $r = |x|$ und $x^\iota = xr^{-2}$ benutzt. Die einzige Singularität von u^T liegt im **Spiegelpunkt** y^ι, also außerhalb von $K \cup \partial K$. Die Differenz

$$G(x,y) = u(x) - u^T(x) = u_0(x-y) - r^{2-n}\, u_0(x^\iota - y)$$

hat somit eine Singularität der verlangten Form bei $y = x$ und verschwindet auf $\partial K = \Omega_n$. Die Eindeutigkeit der Greenfunktion gewährleistet die Korrektheit der Interpretation $G_K = G$. In der angegebenen Fassung ist allerdings die Symmetrie von G, die ja nach Satz 22.3.1 vorliegen muß, nicht ohne weiteres zu erkennen. Die nachstehende Umformung bestätigt aber, daß alles seine Richtigkeit hat.
Zunächst erlaubt die Proportionalität der Grundlösung zur (2-n)-ten Potenz des Argumentbetrages über

$$u^T(x) = u_0\left[r(x^\iota - y)\right]$$

die etwas bequemere Darstellung

$$G(x,y) = u_0(x-y) - u_0\left[r(x^\iota - y)\right]$$

die sich noch vereinfachen läßt. Mit $\rho = |y|$ ist das Quadrat von $\rho \cdot |x-y^\iota|$, nämlich

$$\rho^2 \langle x-y^\iota, x-y^\iota \rangle = \rho^2 \left[\langle y^\iota, y^\iota \rangle + \langle x,x \rangle - 2 \langle x, y^\iota \rangle\right] = 1 + r^2 \rho^2 - 2 \langle x,y \rangle$$

symmetrisch in x und y. Es stimmt daher mit dem durch Vertauschen $x \Leftrightarrow y$ gewonnenen Ausdruck überein. Ziehen wir noch die Wurzel, entsteht die Identität

$$\rho \, |x-y^\iota| = r \, |y-x^\iota|$$

und da die Grundlösung nur vom Betrag der in ihr auftretenden Variablen abhängt, ist

$$G(x,y) = u_0(x-y) - u_0\left[\rho(x-y^\iota)\right]$$

oder auch

$$G(x,y) = u_0(x-y) - \rho^{2-n} \, u_0(x-y^\iota)$$

Mittels der gerade bewiesenen Formel $\rho \, |x-y^\iota| = r \, |y-x^\iota|$ bestätigt man leicht die Symmetrie von G:

$$G(x,y) = G(y,x)$$

Die bislang ausgenommenen kreisförmigen Bereiche in der Ebene $(n = 2)$ lassen sich in ähnlicher Weise behandeln. Der logarithmische Charakter des Potentials bedingt jedoch gewisse geringfügige Modifikationen.
Wie wir bereits früher festgestellt haben, ist die Grundfunktion

$$u_0(x) = -\frac{1}{2\pi} \ln r$$

identisch mit ihrer Kelvintransformierten, so daß der ursprüngliche Ansatz $u_0(x-y) - u_0^T(x-y)$ für $G(x,y)$ überall verschwindet und somit unbrauchbar ist. Stattdessen genügt die einfache Lösung

$$G(x,y) = \frac{1}{2\pi} \ln \frac{|x-y|}{\rho|x-y^{\iota}|} = \frac{1}{2\pi}\left[\ln |x-y| - \ln |x-y^{\iota}| - \ln \rho\right]$$

allen Ansprüchen an eine Greenfunktion. Im Besonderen ist das Verschwinden auf dem Rand offenkundig. Die Symmetrie ergibt sich wieder aus der schon mehrfach benutzten Relation:

$$G(x,y) - G(y,x) = \frac{1}{2\pi} \ln \frac{r\ |y-x^{\iota}|}{\rho\ |x-y^{\iota}|} = \frac{1}{2\pi} \ln 1 = 0$$

Wir haben den ersten Teil des nachstehenden Satzes bewiesen; der zweite folgt durch eine elementare lineare Substitution.

<u>Satz 22.3.2:</u>

(a) Die Greensche Funktion der offenen Einheitskugel

$$K = K(0,1) = \left\{ x \in \mathbb{R}^n \;\middle|\; |x| < 1 \right\}$$

ist

$$G_K(x,y) = G_K(y,x) = u_0(x-y) - |y|^{2-n}\, u_0(x-y^{\iota})$$

oder, entwickelt,

$$G_K(x,y) = \frac{1}{(2-n)\,\omega_n}\left[|x-y|^{2-n} - |y|^{2-n}\, |x-y^{\iota}|^{2-n}\right]$$

falls $n \geq 3$ ist; für $n = 2$ hingegen haben wir

$$G_K(x,y) = G_K(y,x) = \frac{1}{2\pi} \ln \frac{|x-y|}{\rho|x-y^{\iota}|}$$

also

$$G_K(x,y) = \frac{1}{2\pi}\left[\ln |x-y| - \ln |x-y^{\iota}| - \ln \rho\right]$$

(b) Die allgemeinen Formeln für die n-dimensionale Kugel $K = K(R,z)$ mit Radius R und Zentrum z sind nur unwesentlich komplizierter. Sie lauten in Dimension $n \geq 3$:

$$G_K(x,y) = u_0(x-y) - R^{n-2} \, |y-z|^{2-n} \, u_0(x-y^{\iota})$$

$$G_K(x,y) = \frac{1}{(2-n)\,\omega_n} \left[|x-y|^{2-n} - R^{n-2} \, |y-z|^{2-n} \, |x-y^{\iota}|^{2-n} \right]$$

und für die Ebene, $n = 2$:

$$G_K(x,y) = \frac{1}{2\pi} \ln \frac{R\,|x-y|}{|y-z|\,|x-y^{\iota}|}$$

$$G_K(x,y) = \frac{1}{2\pi} \left[\ln|x-y| - \ln|x-y^{\iota}| + \ln R - \ln|y-z| \right]$$

In diesen Gleichungen ist y^{ι} natürlich der an der Sphäre $\partial K = \partial K(R,z)$ gespiegelte Punkt:

$$y^{\iota} = z + \frac{R^2}{|y-z|^2}(y-z)$$

Im Zweidimensionalen gibt es noch eine andere Möglichkeit, Greenfunktionen zu konstruieren. Dazu identifizieren wir den umgebenden Raum $\mathbb{R}^2$ mit dem Körper $\mathbb{C}$ der komplexen Zahlen.

<u>Satz 22.3.3:</u>

Sei $\Gamma \subset \mathbb{C}$ ein einfach zusammenhängendes Gebiet. Zu jedem $y \in \Gamma$ bilden wir die Riemannsche Abbildung $F_y : \Gamma \longrightarrow \mathbb{C}$, die Γ **konform** auf $K = K(1,0)$, das Innere des Einheitskreises, abbildet und den Normierungsbedingungen $F_y(y) = 0$ sowie $F_y'(y) = 1$ genügt. Dann ist die durch

$$G(x,y) = -\frac{1}{2\pi} \ln |F_y(x)|$$

definierte Abbildung die Greenfunktion von Γ.

Beweis:

Nach dem **Riemannschen Abbildungssatz** (Satz 6.6.3) existiert F_y und ist eindeutig bestimmt. Der Ausdruck für G(x,y) ist deshalb wohldefiniert.
Die alternative Schreibung

$$G(x,y) = -\frac{1}{2\pi} \operatorname{Re} \ln F_y(x)$$

zeigt, daß es sich bei G (in Abhängigkeit von x) um den Realteil der holomorphen Funktion $-\frac{1}{2\pi} \ln F_y$ handelt, der wegen des Satzes 6.5.7 die **Cauchy-Riemannschen Bedingungen** und damit auch die Potentialgleichung erfüllt:

$$\Delta G(x,y) = 0$$

Eine Ausnahme bildet nur die singuläre Stelle bei x = y, wo der Logarithmus nicht analytisch ist. In ihrer Umgebung verhält sich G folgendermaßen: Wir setzen $\xi = x - y$ und finden

$$F_y(x) = F_y(y+\xi) = F_y(0) + \xi \cdot F_y'(y) + O(\xi^2) = \xi + O(\xi^2)$$

$$G(x,y) = -\frac{1}{2\pi} \operatorname{Re} \ln \left[\xi + O(\xi^2)\right] = -\frac{1}{2\pi} \ln |\xi| + O(\xi^2)$$

Für $x \to y$ wird G also genau in der Weise unendlich, wie es von einer Greenschen Funktion verlangt wird.
Bei Annäherung an einen Randpunkt $z \in \partial\Gamma$ finden wir schließlich

$$\lim_{x \to z} G(x,y) = -\frac{1}{2\pi} \lim_{x \to z} \ln |F_y(x)| = -\frac{1}{2\pi} \ln |F_y(z)| = 0$$

weil $F_y(z)$ auf dem Rand des Bildgebietes K liegt und damit den Betrag 1 hat.

Wir bemerken noch, daß es aufgrund des Satzes 6.6.4 genügt, F_y für ein einziges $y \in \Gamma$ zu kennen; die anderen können wir daraus ganz elementar durch

Nachschalten einer gebrochen linearen Transformation gewinnen.
Mit der Greenfunktion der Einheitskugel läßt sich auch die zugehörige Dirichletsche Randwertaufgabe leicht bewältigen:

Satz 22.3.4:
Sei f: $\Omega_n \longrightarrow \mathbb{R}$ stetig. Dann wird das Dirichletproblem für das Innere der Einheitskugel durch das **Poissonintegral**

$$u(x) \;=\; \omega_n^{-1}\,(1-|x|^2)\int_{\Omega_n} u(y)\;|x-y|^{-n}\;dO_y$$

erfüllt.

Beweis:
In diesem Ausdruck wurde das "skalare" Oberflächenelement $dO_y = y\cdot d\omega_y$ verwendet (nach Voraussetzung ist y ein Einheitsvektor).
Wir brauchen nur in der Greenfunktion aus Satz 22.3.2 die Argumente x und y zu vertauschen, was wegen der Symmetrie (Satz 22.3.1) nichts ändert, und das Ergebnis in die Formel des Satzes 22.2.3 einzusetzen. Das führt auf

$$u(x) \;=\; \int_{\partial\Gamma} u(y)\;\mathrm{grad}_y\Big[u_0(y-x)\Big]\cdot d\omega_y \;-\; \int_{\partial\Gamma} r^{2-n}\;u(y)\;\mathrm{grad}_y\Big[u_0(y-x^{\iota})\Big]\cdot d\omega_y$$

Die Gradienten sind

$$\mathrm{grad}_y\;u_0(y-x) \;=\; \omega_n^{-1}\;|y-x|^{-n}\;(y-x)$$

und entsprechend

$$\mathrm{grad}_y\;u_0(y-x^{\iota}) \;=\; \omega_n^{-1}\;|y-x^{\iota}|^{-n}\;(y-x^{\iota})$$

womit man unter Beachtung der sich auch hier als nützlich erweisenden Regel $\rho\;|x-y^{\iota}| = r\;|y-x^{\iota}|$ sofort

$$u(x) = \omega_n^{-1} \int_{\Omega_n} u(y) \; |x-y|^{-n} \left[(y-x) - (r^2 y-x)\right] \cdot d\omega_y$$

erhält. Dieser Ausdruck reduziert sich auf die zu beweisende Formel

$$u(x) = \omega_n^{-1} \, (1-r^2) \int_{\Omega_n} u(y) \; |x-y|^{-n} \; y \cdot d\omega_y$$

Das Poissonintegral ist für die Potentialtheorie von eminenter Bedeutung. Es stellt die Grundlage praktisch aller weitergehenden Betrachtungen dar, wie sich u.a. in den folgenden Abschnitten erweisen wird.

22.4. Potentialfunktionen

Als erste Anwendung des Poissonintegrals beweisen wir den

Satz 22.4.1:

Potentialfunktionen sind in ihrem gesamten Definitionsgebiet analytisch.

Beweis:

Ist u: $\Gamma \longrightarrow \mathbb{R}$ eine Potentialfunktion und $x \in \Gamma$, so suchen wir ein beliebiges $\varepsilon > 0$ aus, für das die abgeschlossene ε-Kugel $K = K(\varepsilon,x)$ ganz in Γ liegt.

Aus Satz 22.3.4 entnehmen wir (nach trivialem Umskalieren) die für alle im Inneren von K liegenden Punkte ξ geltende Darstellung

$$u(\xi) = \varepsilon^{-1}\,\omega_n^{-1}\,(\varepsilon^2-|\xi-x|^2)\int_{\partial K} u(\eta)\,|\xi-\eta|^{-n}\,dO_\eta$$

Im Inneren von K ist der Integrand analytisch, und das Integral konvergiert absolut. Daraus folgt die Analytizität von u in einer Umgebung des willkürlich gewählten Punktes x, und die Behauptung ist bewiesen.

Außerdem lassen sich die Potentialfunktionen durch gewisse **Mittelwerteigenschaften** charakterisieren, denen wir uns als nächstes zuwenden:

Definition 22.4.1:

Eine in einem Gebiet $\Gamma \subseteq \mathbb{R}^n$ stetige reellwertige Funktion F heißt **harmonisch**, wenn sie eine der beiden nachstehenden, einander gleichwertigen Bedingungen erfüllt:

(a) Für jede vollständig in Γ liegende Kugel $K = K(R,x)$ ist

$$\langle F\rangle_K = (\mathrm{vol}\ K)^{-1} \int_K F(x)\, d\Omega = F(x)$$

(b) Für jede ganz in Γ enthaltene Kugel $K = K(R,x)$ gilt

$$\langle F\rangle_{\partial K} = (\mathrm{vol}\ \partial K)^{-1} \int_{\partial K} F(x)\, d\omega = F(x)$$

Die Mittelwerte von F über Kugeln oder Sphären in Γ sind also beide gleich dem Funktionswert im Mittelpunkt.

Die Äquivalenz von (a) und (b) ist leicht einzusehen:
Aus (a), angewandt auf zwei konzentrische Kugeln der Radien R und $R-\varepsilon$, erhalten wir die entsprechende Aussage für Kugelschalen. Der Grenzübergang $\varepsilon \to 0$ impliziert dann (b).
Setzen wir (b) voraus, so ergibt sich (a) sofort durch schalenweise Integration (in Polarkoordinaten).
Harmonische Funktionen genügen dem **Maximumsprinzip** (oder **Minimumsprinzip**), das wir vorläufig in einer eingeschränkten Fassung formulieren:

Satz 22.4.2:
Eine nichtkonstante harmonische Funktion hat keine Extrema.

Beweis:
Es sei F auf dem Gebiet Γ harmonisch und besitze das Maximum M, das an der Stelle $x_0 \in \Gamma$ angenommen werde. Wir konstruieren eine in Γ liegende Kugel $K = K(\varepsilon, x_0)$ um x_0. Für alle $x \in K$ gilt $F(x) \le M$; also ist auch der Mittelwert $\langle F\rangle_K \le M$.
Wenn es einen Punkt $x_1 \in K$ mit $F(x_1) < M$ gäbe, wäre sogar die strikte Ungleichung $\langle F\rangle_K < M$ wahr. Das geht aber nicht, da $\langle F\rangle_K = F(x_0)$ sein muß. F ist somit in einer Umgebung von x_0 konstant.
Wir haben gezeigt, daß $F^{-1}(M)$ nichtleer und offen ist. Andererseits impliziert die Stetigkeit von F die Abgeschlossenheit des Urbilds von $\{M\}$ unter F, und wir schließen $F^{-1}(M) = \Gamma$, da Γ als Gebiet zusammenhängend ist. Minima von F in Γ sind analog zu behandeln.

Man beachte, daß hier ein globales Maximum oder Minimum von F vorausgesetzt wurde. Die entsprechende Behauptung bleibt auch für lokale Extrema richtig, was aber wir erst später zeigen können (am Ende des Abschnitts). Einstweilen genügt die eingeschränkte Version.
Der Hauptsatz der Theorie der harmonischen Funktionen ist

Satz 22.4.3:
Potentialfunktionen sind harmonisch, und umgekehrt.

Beweis:
Insbesondere sind harmonische Funktionen nicht nur stetig, sondern sogar analytisch.
Zum Beweis selbst: Sei zunächst $u\colon \Gamma \longrightarrow \mathbb{R}$ eine Potentialfunktion. Zu jedem $x \in \Gamma$ konstruieren wir eine abgeschlossene ε-Umgebung $K = K(\varepsilon, x)$, in der das **Poissonintegral**

$$u(\xi) = \varepsilon^{-1}\,\omega_n^{-1}\,(\varepsilon^2 - |\xi - x|^2) \int_{\partial K} u(y)\,|\xi - y|^{-n}\,dO_y$$

Gültigkeit hat (vgl. die Argumente, die zu Satz 22.4.1 geführt hatten). Wir spezialisieren auf $\xi = x$ und erhalten

$$u(x) = \varepsilon\,\omega_n^{-1} \int_{\partial K} u(y)\,|x - y|^{-n}\,dO_y = \varepsilon^{1-n}\,\omega_n^{-1} \int_{\partial K} u(y)\,dO_y = \langle u \rangle_{\partial K}$$

Das ist die zweite Mittelwerteigenschaft aus Definition 22.4.1.
Zum Nachweis des Umkehrsatzes nehmen wir jetzt an, H sei harmonisch in Γ. Wir betrachten wieder eine kompakte Kugel $K \subset \Gamma$ mit dem Zentrum x. Die Werte von H auf ∂K benutzen wir, um im Inneren von K mit Hilfe des Poissonintegrals

$$u(\xi) = \varepsilon^{-1}\,\omega_n^{-1}\,(\varepsilon^2 - |\xi - x|^2) \int_{\partial K} u(\eta)\,|\xi - \eta|^{-n}\,dO_\eta$$

eine Potentialfunktion u zu erklären, die auf ∂K mit H übereinstimmt.

Der schon bewiesene Teil des Satzes zeigt, daß H harmonisch ist. Die letzte Aussage trifft auch auf die Differenzfunktion $f = H-u$ zu, die auf ∂K Null ist. Da K kompakt ist, nimmt f aus Stetigkeitsgründen seine Extrema in K wirklich an. Wäre aber f in irgendeinem Punkt $x \in K$ positiv, so gälte dies auch für das Maximum, welches im Widerspruch zum Maximumsprinzip im Inneren erreicht würde. Daraus folgt $f \leq 0$ in ganz K. Ebenso erhält man $f \geq 0$, und f muß identisch verschwinden.
Demnach haben wir $f \equiv 0$, und $H|_K = u$ ist Potentialfunktion in K. Damit ist $\Delta H = 0$ in K und a fortiori auch im gesamten Gebiet Γ.

Als Korollar notieren wir noch die angekündigte schärfere Variante des Maximumsprinzips:

Satz 22.4.4:
Eine harmonische Funktion, die lokale Maxima oder Minima besitzt, ist konstant.

Beweis:
Zu einem Extremum der harmonischen Funktion $f: \Gamma \longrightarrow \mathbb{R}$ an der Stelle x suchen wir eine hinreichend kleine offene Umgebung U, in der f nach oben durch f(x) begrenzt ist. Auf die Restriktion $f|_U$, die bei x ein globales Maximum aufweist, wenden wir Satz 22.4.2 an und finden $f|_U$ = konstant.
Da, wie gerade nachgewiesen, u eine Potentialfunktion und somit analytisch ist, folgt aus der Konstanz von f in der nichtleeren offenen Menge U und dem Zusammenhang von Γ direkt die Behauptung.

23. KUGELFLÄCHENFUNKTIONEN

23.1. Sphärische Harmonische

Die einfachsten Funktionen auf $\mathbb{R}^n$ sind die **Polynome** in den natürlichen Koordinaten. Die Polynome eines festen Grades bilden eine unter allen linearen Transformationen des $\mathbb{R}^n$ invariante Funktionenklasse.
Entsprechend sind die Restriktionen der Polynome auf die (n-1)-dimensionale **Standardsphäre** $\Omega_n \subset \mathbb{R}^n$ von herausragender Bedeutung für **Approximation (Interpolation)** und **numerische Integration** von reellen Funktionen sphärischer Bereiche.
Wir benötigen einige Bezeichnungen.

<u>Definition 23.1.1:</u>
Eine n-dimensionale **Kugelflächenfunktion** ist eine Abbildung $f\colon \Omega_n \longrightarrow \mathbb{R}$, die sich als Einschränkung eines Polynoms $P \in \mathrm{Pol}(\mathbb{R}^n)$ darstellen läßt. Jedes solche P wird **Repräsentant** von f genannt.
Der **Grad** von f ist gleich dem Minimum aller Repräsentantengrade.

Kugelflächenfunktionen sind also immer analytisch. Da die Einheitssphäre

$$\Omega_n = \left\{ x = (x_1,\dots,x_n) \in \mathbb{R}^n \;\middle|\; |x|^2 = x_1^2 + \dots + x_n^2 = 1 \right\}$$

durch eine algebraische Gleichung (nämlich $E_n = 1$) definiert ist, wobei

$$E(x) = E_n(x) = E_n(x_1,\dots,x_n) = x_1^2 + \dots + x_n^2$$

für die **euklidische Form** des $\mathbb{R}^n$ gesetzt wurde, besitzt jede Kugelflächenfunktion unendlich viele Repräsentanten. Ist P einer von ihnen, so lassen sich alle übrigen in der Form

$$P^* = P + (E_n - 1)\cdot Q$$

mit $Q \in \mathrm{Pol}(\mathbb{R}^n)$ darstellen. Das drängt die Frage auf, ob es möglich ist, ein bestimmtes P^* in mathematisch sinnvoller Weise auszuzeichnen. Das geht tatsächlich, wie der folgende Satz lehrt:

Satz 23.1.1:

(a) Unter allen Repräsentanten einer Kugelflächenfunktion $f\colon \Omega_n \longrightarrow \mathbb{R}$ gibt es genau einen harmonischen. Wir nennen ihn den **Standard-** oder **Hauptrepräsentanten** von f und bezeichnen ihn mit dem Symbol H_f.

(b) Der (Polynom-)Grad von H_f ist gleich dem Grad von f selbst.

Beweis:

Wir lösen das Versprechen aus Abschn. 22.2 ein und argumentieren mit Hilfe des **Dirichletprinzips**.

Dazu wählen wir einen beliebigen Repräsentanten P von f aus und setzen $k = \mathrm{Grad}(P)$. Ferner betrachten wir die Funktionenfamilie

$$\mathcal{F} = \mathrm{Pol}_{\le k}(\mathbb{R}^n)$$

aller Polynome in n reellen Variablen, deren Grad den von P nicht übersteigt. Sie bildet einen endlichdimensionalen $\mathbb{R}$-Vektorraum, auf dem wir die schon zum Beweis des Satzes 22.2.1 herangezogene positiv definite symmetrische Bilinearform Φ durch

$$\Phi(u,v) = \int_\Gamma \langle \mathrm{grad}\, u, \mathrm{grad}\, v\rangle \, d\Omega$$

erklären. Dabei ist Γ das Innere der Kugel vom Radius 1 um das Zentrum 0, also der von $\partial\Gamma = \Omega_n$ umschlossene Bereich. Die Differenzierbarkeitsbedingung, daß alle beteiligten Funktionen stetige zweite Ableitungen besitzen müssen, ist jetzt natürlich erfüllt, weil wir es nur mit Polynomen zu tun haben. Die Ungleichung

$$\Phi(u,u) \le \Phi(P,P)$$

definiert ein Ellipsoid $\mathcal{E}$ in $\mathcal{F}$. Die Menge $\mathcal{M}$ aller Polynome $u \in \mathcal{E}$, die auf dem Rand Ω_n mit P übereinstimmen, d.h.

$$u\Big|_{\partial\Gamma} = P\Big|_{\partial\Gamma} = f$$

erfüllen, ist abgeschlossen in $\mathcal{E}$ und damit kompakt. Außerdem ist $\mathcal{M} \ni P$ nicht leer. Die stetige Abbildung $u \mapsto \Phi(u,u)$ nimmt folglich ihr Minimum in $\mathcal{M}$ wirklich an, etwa in H.

Die Vorbemerkung zu Satz 22.2.1 impliziert $\Phi(H,v) = 0$ und daher auch

$$\int_\Gamma v\, \Delta H\, d\Omega = -\int_\Gamma \langle \text{grad } H, \text{grad } v\rangle\, d\Omega = -\Phi(H,v) = 0$$

für alle $v \in \mathcal{F}$. Das gilt insbesondere, wenn wir $v = (1-E_n)\cdot\Delta H$ wählen. Wir haben

$$\int_\Gamma (1-E_n)\, (\Delta H)^2\, d\Omega = 0$$

Im gesamten Integrationsbereich ist $1-E_n > 0$. Die Stetigkeit des Integranden liefert sodann $\Delta H = 0$ in Γ. Da aber H ein Polynom ist, muß diese Gleichung sogar in $\mathbb{R}^n$ universell richtig bleiben.

Das Ausgangspolynom P war als ein beliebiger Repräsentant von f vorausgesetzt. Suchen wir ein P mit möglichst niedrigem Grad aus, ergibt sich unmittelbar $\text{Grad}(H) \le \text{Grad}(P) = \text{Grad}(f)$, also

$$\text{Grad } H = \text{Grad } f$$

Die Eindeutigkeit von H schließlich steht bereits in Satz 22.1.3.

Ein alternativer Beweis kann auch aus der **Poissonformel** (Abschn. 22.3) hergeleitet werden. Wir brauchen nur die durch sie gegebene explizite Darstellung von $H = H_f$ als eindeutige Lösung der Dirichletschen Randwertaufgabe zu Γ und f zu verwenden und, z.B. durch Ableiten nach den kartesischen Koordinaten, zu bestätigen, daß H ein Polynom von nicht höherem Grad als f ist. Die Ausführung der Details überlassen wir dem Leser als leichte Übung.

Das Poissonintegral gibt zugleich auch ein Verfahren zur direkten Berech-

nung von H_f an die Hand, das allerdings nicht sehr bequem ist.
Der letzte Satz läßt sich auch noch anders ausdrücken, was zu einer wichtigen Besonderheit von H_f führt:

Satz 23.1.2:
Unter allen Polynomen, die eine gegebene Kugelflächenfunktion f: $\Omega_n \longrightarrow \mathbb{R}$ repräsentieren, ist H_f dasjenige, welches im Innenraum Γ der Einheitskugel den kleinsten **Erwartungswert** des Gradienten hat:

$$\int_\Gamma |\text{grad } H_f|^2 \, d\Omega \;<\; \int_\Gamma |\text{grad } P|^2 \, d\Omega$$

für jedes Polynom P, das auf $\partial\Gamma = \Omega_n$ mit f übereinstimmt.

Beweis:
Ergibt sich ohne weiteres aus den Greenschen Formeln; vgl. Satz 22.2.1.

Die entsprechende Aussage ist auch für alle anderen von Sphären begrenzten Gebiete in $\mathbb{R}^n$ wahr.
H_f ist also gewissermaßen der **"zahmste"** (oder am wenigsten **"wilde"**) Repräsentant von f. Aus den Eigenschaften von H_f erklärt sich auch die vor allem im angelsächsischen Schriftgut übliche Bezeichnung **"sphärische Harmonische"** ("spherical harmonics") für Kugelflächenfunktionen.
Wir werden gerade für Satz 23.1.1 zahlreiche Anwendungen, zumeist im Zusammenhang mit der Approximation oder Integration von stetigen Funktionen auf Sphären, diskutieren. Vorher wollen wir aber den für die Praxis bedeutendsten Fall der 2-Sphäre (Raumdimension = 3) noch etwas eingehender betrachten.

23.2. Legendrepolynome

Zu den für technische und naturwissenschaftliche Probleme typischsten, weil in der Praxis am häufigsten auftretenden mathematischen Aufgaben gehört unzweifelhaft die Konstruktion einer Funktion $f: \mathbb{R} \longrightarrow \mathbb{R}$ aus endlich vielen Werten $f_1 = f(t_1),\dots,f_n = f(t_n)$.
Man denke etwa an eine physikalische Größe, die von der Zeit t abhängt o.dgl. Die $f(t_i)$ wären dann Meßpunkte, an die die gesuchte Funktion anzupassen ist. Man möchte entweder **Zwischenwerte** von f einschalten oder einen analytischen Ausdruck für f(t).
Dabei kommen zwei miteinander verwandte, aber doch leicht verschiedene Fragestellungen in Betracht, je nachdem, ob die vorgegebenen f_i exakt oder nur innerhalb der unvermeidlichen Beobachtungsfehler durch die Funktion repräsentiert werden sollen. Im ersten Fall spricht man von **Interpolation**, im zweiten von **Approximation** der f_i durch f.
Man wird sich aus naheliegenden Gründen auf stetige f beschränken. Da es aber unendlich viele (sogar analytische) Funktionen gibt, die die f_i interpolieren, müssen Zusatzannahmen gemacht werden, um ein mathematisch wohlbestimmtes Problem zu erhalten.
Oft weiß man, z.B. aufgrund allgemeiner physikalischer oder sonstiger Erwägungen, etwas über den analytischen Charakter der gesuchten Funktion; dann kann man einen entsprechenden Ansatz machen, der eventuell nur noch von endlich vielen Parametern abhängt, die sich durch ein Ausgleichsverfahren bestimmen lassen.
Wir beschäftigen uns nur mit der anderen Möglichkeit, bei der nichts Näheres über f bekannt ist. Dann wird man daran interessiert sein, eine möglichst einfache Interpolations- oder Approximationsfunktion zu finden.
Einen generellen Konsens darüber, was "möglichst einfach" bedeutet, kann es naturgemäß nicht geben; das hängt von den jeweiligen Erfordernissen ab. Aus diesem Grund können wir auch keine erschöpfende Theorie vorstellen und begnügen uns mit der Diskussion einiger in der Praxis sehr bewährter Verfahren, die f als **Polynom** in einer oder mehreren Variablen voraussetzen.
Das führt uns unmittelbar auf die sogenannten **orthogonalen Polynome** (eigentlich sollte man besser: "Orthonormalfamilien von Polynomen" sagen, aber das ist vielleicht etwas zu schwerfällig). Wir stellen sie aber in einen

etwas allgemeineren Rahmen.

Definition 23.2.1:

(a) Unter einer **Vektorraumkette** über $\mathbb{K}$ mit Skalarprodukt $<.,.>$ verstehen wir eine Folge von ineinandergeschachtelten Vektorräumen

$$V_1 \subset V_2 \subset V_3 \subset \ldots$$

mit gemeinsamem Grundkörper $\mathbb{K}$ und $\dim V_k = k$. Alle V_k sind mit nicht ausgearteten Skalarprodukten $<.,.>_k$ ausgestattet, die für $f,g \in V_n$ die Verträglichkeitsbedingung

$$<f,g>_n = <f,g>_{n+1} = <f,g>_{n+2} = \ldots = <f,g>$$

erfüllen sollen.

(b) Ein System von Vektoren $f_1, f_2, f_3, \ldots$ mit $f_k \in V_k$ heißt **Orthogonalfolge**, wenn für alle $j \neq k$ die Gleichung

$$<f_j, f_k> = 0$$

besteht.

(c) Gilt zudem noch

$$<f_k, f_k> = 1$$

so sprechen wir von einer **Orthonormalfolge**.

Jedes V_k hat also in seinem Nachfolger die Kodimension 1.
Der Ausdruck $<f,g>$ ist nur definiert, wenn f und g in einem gewissen V_n enthalten sind; das reicht für unsere Zwecke völlig aus und erspart uns die lästige Diskussion von Konvergenzfragen. Das erklärt die etwas umständlich anmutende Konstruktion des Skalarprodukts.
Die Existenz einer orthonormalen Folge von Vektoren läßt sich unter sehr allgemeinen Voraussetzungen sicherstellen:

Satz 23.2.1:

Zu jeder Vektorraumkette $V_1 \subset V_2 \subset V_3 \subset \ldots$ über $\mathbb{R}$ mit positiv definitem Skalarprodukt $<.,.>$ gibt es eine Orthonormalfolge $f_1, f_2, f_3, \ldots$
Dabei liegt f_k in V_k, aber nicht in V_{k-1}, und alle Folgenglieder sind bis auf das Vorzeichen eindeutig bestimmt.

Beweis:

Wir bauen die gewünschte Folge rekursiv auf. Seien alle f_j mit $j < k$ bereits gefunden. Das nächste Glied f_k liegt nach Voraussetzung im orthogonalen Komplement von V_{k-1} in V_k. Dieses ist eindimensional und enthält einen von Null verschiedenen Vektor f. Wir setzen $f_k = \alpha f$ an mit einer reellen Zahl α und erhalten aus der Normierungsbedingung

$$\alpha^2 <f,f> \;=\; <\alpha f, \alpha f> \;=\; <f_k, f_k> \;=\; 1$$

genau zwei Lösungen $\pm\, \alpha \in \mathbb{R}^{\#}$.

Nun, wie angekündigt, zu den orthogonalen Polynomen! Der Raum aller Polynome des Grades $< n$ in einer reellen Variablen x hat die Dimension n.
Statten wir noch den Definitionsbereich von x mit einer Riemannschen Metrik aus, so liegen genau die Voraussetzungen der obigen Definition vor. Das gibt Anlaß zu

Definition 23.2.2:

(a) Es sei M einer der folgenden vier eindimensionalen Riemannschen Räume:

(1) Das **Intervall** $\mathcal{I} = [-1,+1]$; versehen mit der durch das Bogenlängenelement

$$ds \;=\; \frac{1}{2}\, dx$$

definierten Metrik. Dabei ist x die natürliche Koordinate auf $\mathcal{I}$.

(2) Die **Halbgerade** $\mathcal{H} = [0,\infty]$ mit der **exponentiellen Metrik**:

$$ds \;=\; e^{-x}\, dx$$

(3) Die **Gerade** $\mathcal{G} = \mathbb{R}$, wobei wir die **Gaußsche Metrik**

$$ds = \frac{1}{\sqrt{\pi}} e^{-x^2} dx$$

verwenden.

(4) Die **Kreisperipherie** $\mathcal{K} = \Omega_2 \cong \mathbb{S}^1$, bestehend aus allen Punkten (x,y) in $\mathbb{R}^2$, die der Bedingung $x^2 + y^2 = 1$ genügen. Der **Zentriwinkel**

$$\varphi = \text{arc tg } \frac{y}{x}$$

der durch

$$(x,y) = (\cos\varphi, \sin\varphi)$$

charakterisiert ist, erlaubt die Darstellung des Längenelements in der Form

$$ds = \frac{1}{2\pi} d\varphi$$

Auf die Variable x umgerechnet, ergeben sich als Definitionsbereich das abgeschlossene Intervall von -1 bis +1 und das Differential

$$ds = \frac{dx}{\pi \sqrt{1-x^2}}$$

In allen Fällen ist das Volumen von M auf 1 normiert:

$$\text{vol } M = \int_M ds = 1$$

(b) Für zwei Funktionen $f, g\colon M \longrightarrow \mathbb{R}$ erklären wir in naheliegender Weise ein positiv definites Skalarprodukt

$$\langle f,g \rangle_M = \int_M{}^{*}(fg) = \int_M f\, g\, ds$$

sofern das Integral existiert (wenn f und g Polynome in x sind, trifft das zu).

Nunmehr betrachten wir die Vektorraumkette $V_1 \subset V_2 \subset V_3 \subset \ldots$, wobei $V_k = \mathrm{Pol}_{<k}(M)$ die Menge aller Polynome in x mit Grad < k bedeutet. Die Ambiguität der zugehörigen Orthonormalfolge $p_0, p_1, p_2, \ldots$ (Index = Grad, d.h. $p_k \in V_{k+1}$) beheben wir durch die Vereinbarung, daß die führenden Terme aller Polynome einen positiven Vorfaktor haben sollen.

Es ist allerdings üblich, nicht die orthonormierten Polynome p_n selbst, sondern die durch Umskalieren mit geeigneten positiven Zahlen N_n daraus gewonnenen $P_n = N_n^{1/2}\, p_n$ zu verwenden, um unnötige Unbequemlichkeiten zu vermeiden. Die Norm von P_n ist dann

$$\langle P_n, P_n \rangle_M = \int_M {}^*P_n^2 = \int_M P_n^2(x)\, ds = N_n$$

Die so gefundenen **Orthogonalpolynome** tragen eigene Bezeichnungen, welche wir gemeinsam mit den definierenden Faktoren N_n kurz zusammenstellen:

(1) $M = \mathcal{I}$: **Legendrepolynome** $P_n(x)$;

$$N_n = (2n+1)^{-1}$$

(2) $M = \mathcal{H}$: **Laguerrepolynome** $L_n(x)$;

$$N_n = 1$$

(3) $M = \mathcal{G}$: **Hermitepolynome** $H_n(x)$;

$$N_n = 2^n\, n!$$

(4) $M = \mathcal{K}$: **Tschebyscheffpolynome** $T_n(x)$;

$$N_n = \frac{\pi}{2}\,(1+\delta_{0n}) = \begin{cases} \pi & (n = 0) \\ \frac{\pi}{2} & (n \neq 0) \end{cases}$$

Die Mitglieder dieser vier Familien wollen wir als **klassische Orthogonalpolynome** bezeichnen. Die konstanten unter ihnen sind

$$P_0(x) = L_0(x) = H_0(x) = T_0(x) = 1$$

und $P_n(x), L_n(x), H_n(x), T_n(x)$ haben alle den Grad n.

Neben den hier betrachteten klassischen Polynomen gibt es noch viele weitere, die in der Literatur eine mehr oder weniger bedeutende Rolle spielen. Auch sind die obigen Familien lediglich Spezialfälle von größeren Klassen orthogonaler Polynome; z.B. sind sowohl die Legendre- als auch die Tschebyscheffpolynome Modifikationen der umfassenderen **Jacobipolynome** (unter denen wiederum die **Gegenbauerpolynome** eine wichtige Teilmenge bilden). Wir wollen sie jedoch nicht in voller Allgemeinheit definieren.
Es sei ausdrücklich betont, daß die folgenden Aussagen sich entsprechend generalisieren lassen. Eine umfassende Diskussion der theoretischen Aspekte steht im Buch von Szegö [1975]; die wichtigsten Formeln können aus Abramowitz & Stegun [1968] entnommen werden. In beiden zitierten Werken findet man zahlreiche weitere Literaturhinweise, insbesondere auch auf die Originalarbeiten.
Wir wollen die nachstehenden Betrachtungen so knapp wie möglich halten und führen deshalb die Beweise zumeist nur für die Legendrepolynome $P_n(x)$ aus; die analogen Behauptungen in Bezug auf die übrigen klassischen Orthogonalpolynome lassen sich (von einigen wenigen ganz unwesentlichen Modifikationen abgesehen) genauso bestätigen, was als eine leichte Verständnisübung dienen mag. Auch müssen wir uns auf die allerwichtigsten Eigenschaften beschränken. Zu diesen gehören unzweifelhaft die folgenden.

Satz 23.2.2:

Wir betrachten eine Riemannsche Mannigfaltigkeit M, deren Grundmenge ein Intervall ist. Bogenelement ds und Skalarprodukt $\langle .,. \rangle_M$ sind, ebenso wie die zugehörige orthogonale Polynomfamile $P_0(x), P_1(x), P_2(x), \ldots$, in der üblichen Weise erklärt.

(a) Unter allen Polynomen P(x) des Grades n mit vorgegebenem führendem Glied, z.B. $a \cdot x^n$, liefert das zu P_n proportionale (und nur dieses) den Minimalwert des Integrals $\int_M P^2(x)\, ds$.
(b) Alle n Nullstellen von P_n sind einfach und reell. Sie liegen sogar im Definitionsintervall M.
(c) Zwischen je drei aufeinanderfolgenden P_k besteht eine lineare Rekursionsbeziehung der Gestalt

$$P_{n+1}(x) = \left[a_n + b_n x\right] P_n(x) - c_n P_{n-1}(x)$$

mit reellen Koeffizienten a_n, b_n, c_n, die wir in den vier klassischen Fällen (nach Beseitigung der Nenner) explizit aufschreiben:

(1) $M = \mathcal{J}$; Legendrepolynome:

$$(n+1)\, P_{n+1}(x) = (2n+1)\, x\, P_n(x) - n\, P_{n-1}(x)$$

(2) $M = \mathcal{J}$; Laguerrepolynome:

$$(n+1)\, L_{n+1}(x) = (2n+1-x)\, L_n(x) - n\, L_{n-1}(x)$$

(3) $M = \mathcal{J}$; Hermitepolynome:

$$H_{n+1}(x) = 2\, x\, H_n(x) - 2\, n\, H_{n-1}(x)$$

(4) $M = \mathcal{J}$; Tschebyscheffpolynome:

$$T_{n+1}(x) = 2\, x\, T_n(x) - T_{n-1}(x)$$

Beweis:

Das Vielfache von $P_n(x)$, welches das verlangte Anfangsglied $a \cdot x^n$ besitzt, sei $P(x)$. Alle übrigen Polynome, die zur Konkurrenz zugelassen werden, sind dann von der Form $P + Q$ mit $\mathrm{Grad}(Q) < n$.

Aus der Orthogonalitätsrelation $\langle P, Q\rangle_M = 0$ ergibt sich unter dieser Voraussetzung

$$\langle P+Q, P+Q\rangle_M = \langle P,P\rangle_M + 2\,\langle P,Q\rangle_M + \langle Q,Q\rangle_M = \langle P,P\rangle_M + \langle Q,Q\rangle_M \geq \langle P,P\rangle_M$$

mit Gleichheit nur bei $Q = 0$; das ist (a).

Behauptung (b) ist für $n = 0$ trivial; wir betrachten also $n \geq 1$. Als Polynom des Grades n hat P_n nicht mehr als n Nullstellen im Intervall M. Diejenigen, in denen P_n das Vorzeichen wechselt, nennen wir $\alpha_1, \ldots, \alpha_k$.

Angenommen, es sei $k < n$. Das Polynom $R(x) = (x-\alpha_1) \cdot \ldots \cdot (x-\alpha_k)$ des Grades k ist dann zu P_n orthogonal:

$$0 = \langle P_n, R\rangle_M = \int_M P_n(x)\, R(x)\, ds$$

was unmöglich ist, weil der Integrand entweder im gesamten Intervall ≥ 0 oder überall ≤ 0 ist, aber nicht identisch verschwindet.
Es bleibt noch Aussage (c) zu bestätigen. Wir bestimmen b_n so, daß

$$P_{n+1}(x) - b_n\, x\, P_n(x)$$

ein Polynom des Grades $\leq n$ ist. Das geht auf genau eine Weise. Die Differenz schreiben wir als Linearkombination von $P_0, \ldots, P_n$:

$$P_{n+1}(x) - b_n\, x\, P_n(x) = \alpha_0\, P_0(x) + \ldots + \alpha_n\, P_n(x)$$

Die linke Seite ist zu allen P_k mit $k \leq n-1$ orthogonal; daher ist

$$\alpha_0 = \alpha_1 = \ldots = \alpha_{n-3} = \alpha_{n-2} = 0$$

und mit $c_n = -\alpha_{n-1}$ sowie $a_n = \alpha_n$ haben wir die allgemeine Rekursionsformel. Die Spezialfälle ergeben sich durch eine simple Betrachtung der führenden Terme.

Sowohl aus der Orthogonalitätsrelation als auch aus der Rekursionsbedingung lassen sich explizite Darstellungen der klassischen Polynomfamilien gewinnen. Sie sind jedoch, außer für die Tschebyscheffpolynome, nicht allzu praktisch. Vor allem sind sie wegen mangelnder numerischer Stabilität den Rekursionsformeln unterlegen, sofern wir uns auf das jeweilige Definitionsintervall M beschränken.
Die Regeln des Satzes 23.2.2 sind besonders bei größeren Werten von n sehr geeignet, um $P_n(x)$ auszurechnen. Die vorhin ausgenommenen T_n lassen sich allerdings auch direkt ermitteln. Es gilt nämlich, wie man entweder durch direktes Nachprüfen der definierenden Bedingung $\langle T_m, T_n\rangle_M = \frac{\pi}{2}(1+\delta_{0n})$ oder durch Vergleich mit der rekursiven Beziehung ohne Mühe beweist,

$$T_n(x) = \cos(n \cdot \arccos x)$$

oder, etwas eleganter,

$$T_n(\cos\varphi) = \cos(n\varphi)$$

für alle φ.
Aber auch in den restlichen Fällen kann man einen Überblick über alle Polynome der gesamten Serie erhalten, indem man sie in geeigneter Weise kombiniert:

Definition 23.2.3:
Zu einer Folge $P_0(x), P_1(x), P_2(x), \ldots$ von Polynomen in einer Variablen x gehört die **erzeugende Funktion**

$$F(t,x) = \sum_{n=0}^{\infty} t^n P_n(x)$$

die außer von x noch von einem Parameter t abhängt.

Dabei ist die Entwicklung als formale Reihe zu interpretieren; vgl. die Situation mit der des Abschnitts 15.2. Wechselbeziehungen zwischen den aufeinanderfolgenden Gliedern der Reihe spiegeln sich in Differentialgleichungen von F wieder.
Die partielle Ableitung der erzeugenden Funktion nach t ist z.B.

$$\partial_t F(t,x) = \sum_{n=0}^{\infty} n\, t^{n-1} P_n(x) = t^{-1} \sum_{n=0}^{\infty} n\, t^n P_n(x)$$

und gleichwertig hierzu

$$\sum_{n=0}^{\infty} n\, t^n P_n(x) = t\, \partial_t F(t,x)$$

Das ist die erzeugende Funktion von $\{n \cdot P_n\}$. Wenden wir dieses Ergebnis etwa auf die klassischen Orthogonalpolynome an, so erhalten wir aus der allgemeinen Rekursionsformel des Satzes 23.2.2 zunächst durch formale Summation

$$\sum_{n=0}^{\infty} (n+1)\, t^n\, P_{n+1}(x) = \sum_{n=0}^{\infty} (2n+1)\, t^n\, x\, P_n(x) - \sum_{n=0}^{\infty} n\, t^n\, P_{n-1}(x)$$

und damit eine partielle Differentialgleichung für F, nämlich

$$\partial_t F(t,x) = 2\,x\,t\,\partial_t F(t,x) + x\,F(t,x) - t^2\,\partial_t F(t,x) - t\,F(t,x)$$

die sich nach Umordnung auf

$$\partial_t \left[\ln F(t,x)\right] = \frac{x-t}{1-2xt+t^2}$$

reduziert. Die Lösung mit den korrekten Anfangswerten für t = 0 stellen wir mit den entsprechenden für die übrigen klassischen Polynome, die man genauso leicht findet, zusammen in

Satz 23.2.3:

Die erzeugenden Funktionen sind für die

(a) Legendrepolynome $P_n(x)$:

$$\sum_{n=0}^{\infty} t^n\, P_n(x) = \left[1-2xt+t^2\right]^{-1/2}$$

(b) Laguerrepolynome $L_n(x)$:

$$\sum_{n=0}^{\infty} t^n\, L_n(x) = (1-t)^{-1} \exp\left[\frac{-xt}{1-t}\right]$$

(c) durch n! dividierten Hermitepolynome $H_n(x)$:

$$\sum_{n=0}^{\infty} t^n\, \frac{H_n(x)}{n!} = e^{t(2x-t)}$$

(d) Tschebyscheffpolynome $T_n(x)$:

$$\sum_{n=0}^{\infty} t^n T_n(x) = \frac{1-xt}{1-2xt+t^2}$$

Die letzte Formel ergibt sich auch sofort aus der oben gefundenen expliziten Beschreibung der Tschebyscheffpolynome.
Alle genannten Reihen konvergieren für $x \in M$ zumindest in einer gewissen Umgebung von $t = 0$.
Darüber hinaus sind noch viele andere Fakten über Orthogonalpolynome (auch die nichtklassischen) bekannt (Szegö [1975]). Wir erwähnen nur noch einen, dessen Beweis mit den hier entwickelten Argumenten ohne Probleme erbracht werden kann, worauf wir aber aus Platzgründen verzichten.

Satz 23.2.4:
Die Ableitungen orthogonaler Polynome lassen sich rational durch die benachbarten Glieder der Serie ausdrücken, Beispielsweise haben wir für die vier klassischen Folgen:

$$P_n'(x) = \frac{n}{1-x^2} \left[P_{n-1}(x) - x\, P_n(x)\right]$$

$$L_n'(x) = \frac{n}{x} \left[L_n(x) - L_{n-1}(x)\right]$$

$$H_n'(x) = 2\, n\, H_{n-1}(x)$$

$$T_n'(x) = \frac{n}{1-x^2} \left[T_{n-1}(x) - x\, T_n(x)\right]$$

23.3. Orthogonalfunktionen auf der 2-Sphäre

Wir benötigen noch eine konkrete Basis für den Raum der **Kugelflächenfunktionen**. Dabei nutzen wir die nach Satz 23.1.1 bestehende kanonische Bijektion mit den harmonischen Polynomen in drei Variablen aus, indem wir jeweils die **Hauptrepräsentanten** verwenden.
Da sie ihrer Definition gemäß Lösungen der Potentialgleichung sind, liegt es nahe, die gesuchte Basis aus Eigenfunktionen von Differentialoperatoren aufzubauen. Diese Idee erweist sich auch wirklich als tragfähig; sie bedarf aber einiger allgemeiner Vorbereitungen.

Definition 23.3.1:

Wir statten den euklidischen Raum $\mathbb{R}^n$ mit kartesischen Koordinaten $x_1,\dots,x_n$ aus. Ferner bedeutet ∂_i wie üblich die partielle Ableitung nach x_i. Wir verwenden das Symbol r für die euklidische Länge des Vektors $(x_1,\dots,x_n)$:

$$r^2 = x_1^2 + \dots + x_n^2$$

(a) Die Menge aller **harmonischen Polynome** in $x_1,\dots,x_n$ mit Koeffizienten aus dem Grundkörper $\mathbb{K}$ bezeichnen wir mit

$$H(\mathbb{K}^n) = \left\{ h \in \mathrm{Pol}(\mathbb{K}^n) \;\middle|\; \Delta h = 0 \right\}$$

Der von den in $H(\mathbb{K}^n)$ enthaltenen **homogenen Polynomen** des Grades g gebildete Unterraum ist entsprechend

$$H_g(\mathbb{K}^n) = H(\mathbb{K}^n) \cap \mathrm{Pol}_g(\mathbb{K}^n) = \left\{ h \in \mathrm{Pol}_g(\mathbb{K}^n) \;\middle|\; \Delta h = 0 \right\}$$

und selbstverständlich ist mit $r^{2k}\, H_m(\mathbb{K}^n)$ die Menge

$$\left\{ r^{2k}\, h \;\middle|\; h \in H_m(\mathbb{K}^n) \right\}$$

gemeint; ähnlich für $r^{2k} \operatorname{Pol}_g(\mathbb{K}^n)$ usw. $(k, m \in \mathbb{N}_0)$.

(b) Der **Gradoperator** auf $\operatorname{Pol}(\mathbb{K}^n)$ wird durch

$$G = x_1 \partial_1 + \ldots + x_n \partial_n$$

definiert.

(c) Eine lineare Abbildung $L: \operatorname{Pol}(\mathbb{K}^n) \longrightarrow \operatorname{Pol}(\mathbb{K}^n)$ heißt **homogen** vom **Grad** s, wenn ihre Anwendung auf ein homogenes Polynom dessen Grad um s erhöht:

$$L(\operatorname{Pol}_g(\mathbb{K}^n)) \subseteq \operatorname{Pol}_{g+s}(\mathbb{K}^n)$$

für alle $g \in \mathbb{N}_0$.

Als Beispiele mögen die Multiplikation mit einem festen homogenen Polynom des Grades g und die Differentiation nach x_i dienen (die Grade sind g bzw. -1).

Satz 23.3.1:

(a) Das Spektrum des Gradoperators G ist $\{0,1,2,3,\ldots\}$. Der zum Eigenwert $g \in \mathbb{N}_0$ gehörige Eigenraum besteht aus den homogenen Polynomen des Grades g:

$$ER(g, G) = \operatorname{Pol}_g(\mathbb{R}^n)$$

(b) Die lineare Abbildung L von $\operatorname{Pol}(\mathbb{R}^n)$ in sich ist dann und nur dann homogen vom Grad s, wenn die Kommutatorbeziehung

$$[G, L] = s\, L$$

gilt.

Beweis:

Aussage (a) ist eine einfache äquivalente Umformung des **Eulerschen Homogenitätssatzes** 2.5.1.

Wenn die im Satz genannte Vertauschungsrelation gilt und $P \in \operatorname{Pol}_g(\mathbb{R}^n)$ ist, ergibt sich

$$G(L(P)) = L(G(P)) + s\,L(P) = L(gP) + s\,L(P) = (g+s)\,L(P)$$

also $L(P) \in Pol_{g+s}(\mathbb{R}^n)$. Das ist die in (b) verlangte Implikation in einer Richtung; die Umkehrung erhalten wir durch Rückwärtsverfolgen der Argumentationskette.

Der erste Teil dieses Satzes motiviert die Bezeichnung "Gradoperator". Aus dem zweiten leiten wir u.a. ab, daß die mit G vertauschbaren Endomorphismen von $Pol(\mathbb{R}^n)$ genau die homogenen des Grades 0 sind.
Der **Laplaceoperator** Δ ist homogen vom Grad -2. Es ist zweckmäßig, ihn durch einen etwas angenehmeren zu ersetzen:

Satz 23.3.2:
(a) Der durch anschließende Multiplikation mit der euklidischen Form **modifizierte Laplaceoperator** $r^2\Delta$ ist homogen vom Grad 0 und kommutiert mit G.
(b) $Pol_g(\mathbb{R}^n)$ zerfällt gemäß

$$Pol_g(\mathbb{R}^n) = r^0\,H_g(\mathbb{R}^n) \oplus r^2\,H_{g-2}(\mathbb{R}^n) \oplus r^4\,H_{g-4}(\mathbb{R}^n) \oplus \ldots$$

in eine direkte Summe von Unterräumen.
(c) Dabei ist $r^{2k}\,H_{g-2k}(\mathbb{R}^n)$ der Eigenraum von $r^2\Delta$ zum Eigenwert

$$2\,k\,(n+2g-2k-2)$$

(d) Die Dimensionen ergeben sich aus den Formeln

$$\dim Pol_g(\mathbb{R}^n) = \binom{n+g-1}{g} = \binom{n+g-1}{n-1} = \frac{(n+g-1)!}{g!\,(n-1)!}$$

und

$$\dim H_m(\mathbb{R}^n) = \binom{n+m-2}{n-2} + \binom{n+m-3}{n-2} = (n+2m-2)\,\frac{(n+m-3)!}{m!\,(n-2)!}$$

Beweis:

Teil (a) ist trivial.

Jedes homogene Polynom des Grades g in $x_1, \ldots, x_n$ besitzt eine eindeutige Zerlegung in einen von x_n unabhängigen Anteil und das Produkt von x_n mit einem Element aus $\mathrm{Pol}_{g-1}(\mathbb{R}^n)$. Da die beiden Summanden beliebig sein können, ergibt sich die Aufspaltung

$$\mathrm{Pol}_g(\mathbb{R}^n) \cong \mathrm{Pol}_g(\mathbb{R}^{n-1}) \oplus \mathrm{Pol}_{g-1}(\mathbb{R}^n)$$

die die Rekursionsbeziehung

$$\dim \mathrm{Pol}_g(\mathbb{R}^n) = \dim \mathrm{Pol}_g(\mathbb{R}^{n-1}) + \dim \mathrm{Pol}_{g-1}(\mathbb{R}^n)$$

zur Folge hat. Durch eine simple Anwendung der Rechenregeln für die Binomialkoeffizienten (**Pascalsches Dreieck!**) erhalten wir mittels vollständiger Induktion die erste der beiden in (d) angegebenen Dimensionsformeln (deren Korrektheit in den Sonderfällen $n = 1$ bzw. $g = 0$ offensichtlich ist). Die zweite erhalten wir dann aus Satz 23.1.1, und (d) ist bewiesen.

Sei weiter h ein harmonisches Polynom vom Grad m, also $h \in H_m(\mathbb{R}^n)$. Eine direkte Berechnung liefert

$$r^2 \Delta \left[r^{2k} h \right] = 2\,k\,(n+2k+2m-2)\, r^{2k} h$$

$(k, m \in \mathbb{N}_0)$. Substituieren wir noch $m = g-2k$, so finden wir Aussage (c).

Die Eigenwerte von $r^2\Delta$ auf den Unterräumen $r^{2k} H_{g-2k}(\mathbb{R}^n)$ sind paarweise verschieden. Deshalb ist die in (b) erwähnte Summe direkt. Aus Dimensionsgründen schöpft sie ganz $\mathrm{Pol}_g(\mathbb{R}^n)$ aus.

Wir sind jetzt in der Lage, den Zusammenhang mit dem **Drehimpuls** zu formulieren.

Satz 23.3.3:

Über dem Grundraum $\mathbb{R}^n$ gelten die folgenden Aussagen:

(a) Zwischen den Drehimpulskomponenten

$$L_{ab} = x_a \partial_b - x_b \partial_a$$

bestehen die Kommutatorrelationen

$$[L_{ab}, L_{cd}] = \delta_{ac} L_{db} + \delta_{ad} L_{bc} + \delta_{bc} L_{ad} + \delta_{bd} L_{ca}$$

(b) Die von den L_{ab} erzeugte **orthogonale Liealgebra** $\mathfrak{so}_n(\mathbb{R})$ hat den **Casimiroperator**

$$C = \frac{1}{2} L_{ab} L_{ba}$$

der sich auch als

$$C = G^2 + (n-2) G - r^2 \Delta$$

schreiben läßt.

(c) Alle Unterräume $r^{2k} H_{g-2k}(\mathbb{R}^n)$ sind Darstellungsmoduln von $\mathfrak{so}_n(\mathbb{R})$. Dabei ist $g \in \mathbb{N}_0$ und k eine ganze Zahl mit $-g \leq k \leq +g$.
Die jeweilige Einschränkung des Casimiroperators C reduziert sich auf die Multiplikation mit $(g-2k)(n+g-2k-2)$.

Beweis:

Die Kommutatoren berechnen wir am einfachsten sukzessive. Die Elementarrelationen

$$[x_a \partial_b, x_c \partial_d] = \delta_{bc} x_a \partial_d - \delta_{ad} x_c \partial_b$$

implizieren die erste der gewünschten Gleichungen, welche wiederum auf

$$[L_{ab}, C] = \frac{1}{2} [L_{ab}, L_{cd} L_{dc}] = \frac{1}{2} \Big(L_{cd} [L_{ab}, L_{dc}] + [L_{ab}, L_{cd}] L_{dc} \Big) = 0$$

führt; C ist also Casimiroperator. Das Quadrat von $G = x_a \partial_a$ ist

$$G^2 = x_a \partial_a x_b \partial_b = x_a x_b \partial_a \partial_b + \delta_{ab} x_a \partial_b$$

woraus

$$x_a x_b \partial_a \partial_b = G^2 - G$$

folgt. Andererseits ist

$$C = \frac{1}{2} \left[x_a \partial_b - x_b \partial_a\right] \left[x_b \partial_a - x_a \partial_b\right] = x_a x_b \partial_a \partial_b - x_a x_a \partial_b \partial_b + (n-1)\, x_a \partial_a$$

Ein Vergleich mit

$$r^2 \Delta = x_a x_a \partial_b \partial_b$$

ergibt, wie behauptet,

$$C = G^2 - G - r^2 \Delta + (n-1)\, G$$

Zusammengenommen beweisen diese Formeln die ersten beiden Teile des Satzes; den dritten erhalten wir aus der Formel für C, indem wir die Eigenwerte aus Satz 23.3.2 benutzen.

Die eingehende Analyse der gerade gefundenen Darstellungen für alle n würde eine genauere Kenntnis der **Killing-Cartan-Theorie** der Liealgebren $\mathfrak{so}_n(\mathbb{R})$ erfordern, die uns nicht zu Gebote steht. Aus diesem Grunde begnügen wir uns mit der Untersuchung des praktisch allein wichtigen Falls $n = 3$ und speziell der Kugelflächenfunktionen $(k = 0)$. Das Hauptresultat ist

Satz 23.3.4:
Die von den drei Komponenten

$$L_1 = L_{23} = x_2 \partial_3 - x_3 \partial_2$$

$$L_2 = L_{31} = x_3 \partial_1 - x_1 \partial_3$$

$$L_3 = L_{12} = x_1 \partial_2 - x_2 \partial_1$$

des Drehimpulses aufgespannte Algebra $\mathfrak{so}_3(\mathbb{R})$ bewirkt auf dem Raum $H_g(\mathbb{R}^3)$ der homogenen Kugelflächenfunktionen des Grades g die irreduzible **Spin-g-**

Darstellung $\mathcal{D}(g)$.

Beweis:

Wir spezialisieren n = 3, k = 0 in der Eigenwertformel des vorangehenden Satzes und finden, daß der Casimiroperator, der jetzt die Form

$$C = - L_{23}^2 - L_{31}^2 - L_{12}^2 = - L_1^2 - L_2^2 - L_3^2$$

annimmt, alle homogenen harmonischen Grad-g-Polynome mit g(g+1) multipliziert.

In Abschn. 9.3 haben wir alle irreduziblen Darstellungen der $\mathfrak{so}_3(\mathbb{R})$ gefunden. Die einzige, in der C den Eigenwert g(g+1) besitzt, ist $\mathcal{D}(g)$. Nur sie kommt daher als Konstituent der $\mathfrak{so}_3$-Aktion auf $H_g(\mathbb{R}^3)$ in Betracht.

Schließlich erweist die Übereinstimmung von

$$\dim H_g(\mathbb{R}^3) = 2\,g + 1$$

mit Grad $\mathcal{D}(g)$ die Irreduzibilität (vgl. Satz 23.3.2).

Die $\mathcal{D}(g)$ fassen wir wieder, wie schon früher, als Darstellungen über $\mathbb{C}$ auf. Das ist erforderlich, weil nicht alle Eigenwerte der Drehimpulsoperatoren reell sind und daher auch die gewünschte Basis aus Eigenfunktionen komplexe Polynome enthalten muß.

Satz 23.3.5:

Wir erklären das hermitesche Skalarprodukt $\langle a,b\rangle_\Omega$ zweier Polynome a, b auf der Standardsphäre $\Omega = \Omega_3$ als den Mittelwert

$$\langle a,b\rangle_\Omega = \frac{1}{4\pi}\int_\Omega^* (a\bar{b}) = \frac{1}{4\pi}\int_{x\in\Omega} a(x)\,\overline{b(x)}\,d\omega_x$$

(a) Die Drehimpulskomponenten L_1, L_2, L_3 sind in der Darstellung auf $H_g(\mathbb{C}^3)$ schiefhermitesch, der Casimiroperator C hingegen hermitesch bezüglich $\langle .,.\rangle_\Omega$.

(b) In den durch die Transformationsgleichungen

$$x_1 = r \sin \vartheta \cos \varphi$$

$$x_2 = r \sin \vartheta \sin \varphi$$

$$x_3 = r \cos \vartheta$$

definierten **Polarkoordinaten** r, ϑ, φ entspricht L_3 der partiellen Ableitung nach dem Winkel φ,

$$L_3 = \frac{\partial}{\partial \varphi}$$

während der Gradoperator sich auf

$$G = r \frac{\partial}{\partial r}$$

reduziert.

Beweis:

Die Kettenregel liefert unmittelbar

$$\frac{\partial}{\partial \varphi} = \frac{\partial x_1}{\partial \varphi} \partial_1 + \frac{\partial x_2}{\partial \varphi} \partial_2 + \frac{\partial x_3}{\partial \varphi} \partial_3 = - x_2 \partial_1 + x_1 \partial_2 = L_{12} = L_3$$

und

$$\frac{\partial}{\partial r} = \frac{\partial x_1}{\partial r} \partial_1 + \frac{\partial x_2}{\partial r} \partial_2 + \frac{\partial x_3}{\partial r} \partial_3 = \frac{x_1}{r} \partial_1 + \frac{x_2}{r} \partial_2 + \frac{x_3}{r} \partial_3 = r^{-1} G$$

Das in r, ϑ, φ ausgedrückte Skalarprodukt erhalten wir mittels partieller Integration:

$$\langle L_3(a), b \rangle_\Omega = \frac{1}{4\pi} \int_{\vartheta=0}^{\pi} \int_{\varphi=0}^{2\pi} \frac{\partial a(\vartheta, \varphi)}{\partial \varphi} \overline{b(\vartheta, \varphi)} \sin \vartheta \, d\vartheta \, d\varphi$$

$$= - \frac{1}{4\pi} \int_{\vartheta=0}^{\pi} \int_{\varphi=0}^{2\pi} a(\vartheta, \varphi) \frac{\partial \overline{b(\vartheta, \varphi)}}{\partial \varphi} \sin \vartheta \, d\vartheta \, d\varphi = - \langle a, L_3(b) \rangle_\Omega$$

(Beachte, daß der integrierte Anteil aus Periodizitätsgründen Null ist). L_3 ist also schiefhermitesch; ebenso sieht man die entsprechende Behauptung bezüglich der anderen Komponenten L_1 und L_2. Schließlich haben wir noch

$$\langle L_i^2(a), b\rangle_\Omega \quad = \quad - \langle L_i(a), L_i(b)\rangle_\Omega \quad = \quad + \langle a, L_i^2(b)\rangle_\Omega$$

für alle $i \in \{1,2,3\}$, woraus die Hermitezität der L_i^2 und a fortiori die von C folgen.

Die in Abschn. 9.3 gefundenen Eigenschaften von $\mathcal{D}(g)$ rechtfertigen ferner die

<u>Definition 23.3.2:</u>
Seien $g, h \in \mathbb{Z}$ mit $g \geq 0$ und $-g \leq h \leq +g$.
Die **klassische Kugelflächenfunktion** K_{gh} ist das durch die nachstehenden Bedingungen eindeutig charakterisierte komplexe Polynom in 3 Variablen:

(a) K_{gh} ist harmonisch und homogen vom Grad g:

$$K_{gh} \in H_g(\mathbb{C}^3)$$

(b) K_{gh} ist Eigenfunktion der 3. Drehimpulskomponente zum Eigenwert ih:

$$L_3(K_{gh}) = x_1 \partial_2 K_{gh} - x_2 \partial_1 K_{gh} = i\, h\, K_{gh}$$

(c) K_{gh} ist normiert:

$$\langle K_{gh}, K_{gh}\rangle_\Omega = 1$$

(d) Der führende Term des Anteils von K_{gh} mit der höchsten x_3-Potenz ist reell und positiv.

Die Eigenwerte von L_3 im Bild von $\mathcal{D}(g)\colon \mathfrak{so}_3(\mathbb{R}) \longrightarrow \operatorname{End} H_g(\mathbb{C}^3)$ sind nach Satz 9.3.2 von der angegebenen Form und haben alle die Multiplizität 1. Zu jedem zulässigen Paar (g,h) gibt es also genau (komplex) eindimensional viele Po-

lynome, die die Forderungen (a) und (b) erfüllen.
Der noch verfügbare Zahlenfaktor wird durch (c) und (d) fixiert. Die etwas eigenartige Form der letzten Bedingung, die auf die Anordnung x_3 vor x_1 und x_2 hinausläuft, wurde gewählt, um die im folgenden Satz wiedergegebene Darstellung der K_{gh} soweit wie möglich zu vereinfachen.
Es ist uns nach diesen Vorbereitungen ein Leichtes, die Basisfunktionen K_{gh} explizit zu berechnen. Das Resultat ist

Satz 23.3.6:
Wir bezeichnen die kartesischen Standardkoordinaten von $\mathbb{R}^3$ mit (x,y,z) und die euklidische Länge von (x,y,z) mit

$$r = \sqrt{x^2+y^2+z^2}$$

(a) Die klassischen Kugelflächenfunktionen K_{gh} mit festem g bilden eine Orthonormalbasis für den Raum $H_g(\mathbb{C}^3)$ der harmonischen Polynome in drei komplexen Variablen.
(b) Für alle $g \in \mathbb{N}_0$ und $h \in \mathbb{Z}$ mit $-g \leq h \leq +g$ ergeben sich die alternativen Darstellungen

$$K_{gh} = \frac{1}{2^g\ g!} \left[(2g+1)!\ \frac{(g-h)!}{(g+h)!}\right]^{\frac{1}{2}} r^{g-h}\ Q_g^{(g+h)}\left(\frac{z}{r}\right)\ (x+iy)^h$$

und

$$K_{gh} = \frac{1}{2^g\ g!} \left[(2g+1)!\ \frac{(g+h)!}{(g-h)!}\right]^{\frac{1}{2}} r^{g+h}\ Q_g^{(g-h)}\left(\frac{z}{r}\right)\ (x-iy)^{-h}$$

wobei zur Abkürzung die Hilfsfunktion

$$Q_g(\zeta) = (\zeta^2-1)^g$$

eingesetzt wurde.
(c) Die Funktionen K_{gh} und K_{g-h} sind komplex konjugiert zueinander.

Beweis:

Die Operatoren C und L_0 sind (s. Satz 23.3.5) hermitesch bzw. schiefhermitesch, haben also paarweise orthogonale Eigenräume. Das impliziert (a).

Nun zu (b). Wir betrachten ein festes Paar (g,h) und schreiben der Einfachheit halber kurz

$$F = F_{gh} = r^{g-h} Q_g^{(g+h)}\left(\frac{z}{r}\right) (x+iy)^h$$

Die Wirkung der Drehimpulskomponenten auf $(x_1,x_2,x_3) = (x,y,z)$ ist

$$L_a x_b = -\varepsilon_{abc} x_c$$

woraus sich mit der Leibnizregel die Beziehung

$$L_a r^2 = L_a x_b x_b = 2 x_b L_a x_b = -2 x_b \varepsilon_{abc} x_c = 0$$

ergibt, aus der für alle $m \in \mathbb{Z}$

$$L_a r^m = 0$$

folgt. Hierdurch werden die Bilder von F unter den L_a sehr einfach,

$$L_1 F = r^{g-h-1} (x+iy)^{h-1} \left[-i h z r Q_g^{(g+h)} + y (x+iy) Q_g^{(g+h+1)} \right]$$

$$L_2 F = r^{g-h-1} (x+iy)^{h-1} \left[h z r Q_g^{(g+h)} - x (x+iy) Q_g^{(g+h+1)} \right]$$

$$L_3 F = r^{g-h-1} (x+iy)^{h-1} \left[i h r (x+iy) Q_g^{(g+h)} \right]$$

und wir können die Aktion der in Abschn. 9.3 eingeführten Leiteroperatoren unmittelbar ablesen:

$$L_- F = r^{g-h-1} (x+iy)^{h-1} \left[2 h z r Q_g^{(g+h)} + (z^2-r^2) Q_g^{(g+h+1)} \right]$$

$$L_0 F = i h r^{g-h} Q_g^{(g+h)} (x+iy)^h$$

$$L_+ F = r^{g-h-1} (x+iy)^{h+1} Q_g^{(g+h+1)}$$

Der Beweis der ersten Darstellung von K_{gh} kann jetzt leicht erbracht werden. Zuerst bemerken wir, daß sich F im Spezialfall h = -g zu

$$F = (z^2-r^2)^g (x+iy)^{-g} = (-x+iy)^g$$

reduziert. Diese Funktion ist offensichtlich harmonisch und liegt im Kern von L_-. Andererseits wird F_{gh} durch L_+ in F_{gh+1} transformiert:

$$L_+ F_{gh} = F_{gh+1}$$

Nach Definition 23.3.2 und Satz 9.3.2 sind daher K_{gh} und F_{gh} proportional. Das erlaubt den Ansatz

$$K_{gh} = \alpha_{gh} F_{gh}$$

mit einer geeigneten Konstanten α_{gh}. Da sowohl F_{gh} als auch K_{gh} positiv reelle Führungsterme besitzen, ist auch α_{gh} reell und positiv. Wir ermitteln seinen genauen Wert mit Hilfe der Normierung der K_{gh}:

$$1 = \langle K_{gh}, K_{gh} \rangle_\Omega = \langle \alpha_{gh} F_{gh}, \alpha_{gh} F_{gh} \rangle_\Omega = \alpha_{gh}^2 \langle F_{gh}, F_{gh} \rangle_\Omega$$

also

$$\alpha_{gh}^{-2} = \langle F_{gh}, F_{gh} \rangle_\Omega$$

Die Drehimpulskomponenten L_1, L_2, L_3 sind zufolge des Satzes 23.3.5 schiefhermitesch. Das impliziert die hermitesche Adjungiertheit der Leiteroperatoren $L_+ = iL_1 - L_2$ und $L_- = iL_1 + L_2$ und gestattet die Reduktion

$$\alpha_{gh+1}^{-2} = \langle F_{gh+1}, F_{gh+1} \rangle_\Omega = \langle L_+ F_{gh}, L_+ F_{gh} \rangle_\Omega = \langle L_- L_+ F_{gh}, F_{gh} \rangle_\Omega$$

Nun ist aber

$$L_- L_+ = - L_1^2 - L_2^2 - i\,[L_1, L_2] = C + L_0^2 + i\,L_0$$

was uns über

$$\alpha_{gh+1}^{-2} = \left[g^2+g-h^2-h\right] \langle F_{gh}, F_{gh} \rangle_\Omega = (g-h)\,(g+h+1)\,\alpha_{gh}^{-2}$$

auf

$$\alpha_{gh}^2 = (g-h)\ (g+h+1)\ \alpha_{gh+1}^2$$

führt. Schließlich erhalten wir mit

$$F_{gg} = Q_g^{(2g)}\left(\frac{z}{r}\right)\ (x+iy)^g = (2g)!\ (x+iy)^g$$

zunächst

$$\alpha_{gg}^{-2} = (2g)!^2\ (4\pi)^{-1} \int_{\vartheta=0}^{\pi} \int_{\varphi=0}^{2\pi} \sin^{2g+1}\vartheta\ d\vartheta\ d\varphi = \frac{1}{2}\ (2g)!^2 \int_{\vartheta=0}^{\pi} \sin^{2g+1}\vartheta\ d\vartheta$$

Indem wir den wohlbekannten Wert dieses **Eulerschen Integrals** einsetzen, finden wir

$$\alpha_{gg} = \frac{\sqrt{2g+1}}{2^g\ g!}$$

und mittels der obigen Rekursionsbeziehung weiter

$$\alpha_{gh}^2 = \frac{(2g+1)!\ (g-h)!}{2^{2g}\ g!^2\ (g+h)!}$$

womit die erste der beiden Darstellungen von K_{gh} bestätigt ist. Die zweite ergibt sich analog, indem wir h durch -h substituieren und die komplexe Konjugiertheit von L_+ und L_- ausnutzen.
Aus der letzten Beobachtung folgt auch unmittelbar der allein noch fehlende Teil (c) des Satzes.

Unter den K_{gh} sind also nur die mit h = 0 reell. Sie werden am bequemsten durch die **Legendrepolynome** beschrieben. Hieraus leiten sich weitere Formeln für die Kugelflächenfunktionen ab, die wir wegen ihrer häufigen Verwendung auch in Polarkoordinaten angeben:

Satz 23.3.7:

(a) Das n-te Legendrepolynom P_n genügt der als **Satz von Rodriguez** bekannten Beziehung

$$P_n(\xi) = \frac{1}{2^n\, n!} \frac{d^n}{d\xi^n} (\xi^2-1)^n$$

(b) Wenn $h \geq 0$ ist, können die klassischen (orthonormierten) Kugelflächenfunktionen über

$$K_{gh} = \left[(2g+1)!\,\frac{(g-h)!}{(g+h)!}\right]^{\frac{1}{2}} r^{g-h}\, P_g^{(h)}\left(\frac{z}{r}\right) (x+iy)^h$$

berechnet werden; für $h \leq 0$ gilt analog

$$K_{gh} = \left[(2g+1)!\,\frac{(g+h)!}{(g-h)!}\right]^{\frac{1}{2}} r^{g+h}\, P_g^{(-h)}\left(\frac{z}{r}\right) (x-iy)^{-h}$$

(c) In den durch

$$x = r \sin \vartheta \cos \varphi$$
$$y = r \sin \vartheta \sin \varphi$$
$$z = r \cos \vartheta$$

definierten sphärischen Koordinaten ausgedrückt, lauten die obigen Formeln für $h \geq 0$:

$$K_{gh} = \left[(2g+1)!\,\frac{(g-h)!}{(g+h)!}\right]^{\frac{1}{2}} r^{g}\, P_g^{(h)}(\cos \vartheta) \sin^h\vartheta\, e^{ih\varphi}$$

und für $h \leq 0$:

$$K_{gh} = \left[(2g+1)!\,\frac{(g+h)!}{(g-h)!}\right]^{\frac{1}{2}} r^{g}\, P_g^{(-h)}(\cos \vartheta) \sin^{-h}\vartheta\, e^{-ih\varphi}$$

(d) Im Spezialfall $h = 0$ erhalten wir

$$K_{g0} = \sqrt{(2g+1)!}\; r^g\, P_g\left(\frac{z}{r}\right) = \sqrt{(2g+1)!}\; r^g\, P_g(\cos\vartheta)$$

<u>Beweis:</u>

Wir brauchen nur Teil (a) zu beweisen, weil sich (b), (c) und (d) daraus durch triviales Einsetzen ergeben.

Das Polynom $Q_n(\xi) = (\xi^2-1)^n$ verschwindet gemeinsam mit seinen ersten (n-1) Ableitungen an den Grenzen des Intervalls $\mathcal{I} = [-1,+1]$. Durch n-malige partielle Integration finden wir, falls m < n ist,

$$\langle Q_m^{(m)}, Q_n^{(n)} \rangle_{\mathcal{I}} = \frac{1}{2} \int_{\xi=-1}^{+1} Q_m^{(m)}(\xi)\, Q_n^{(n)}(\xi)\, d\xi$$

$$= (-1)^n \frac{1}{2} \int_{\xi=-1}^{+1} Q_m^{(m+n)}(\xi)\, Q_n(\xi)\, d\xi = 0$$

weil der erste Faktor im zweiten Integranden verschwindet. Die $Q_n^{(n)}$ bilden also eine orthogonale Polynomfolge mit jeweils um 1 wachsendem Grad. Nach Satz 23.2.2 ist somit $Q_n^{(n)}$ ein Vielfaches von P_n, etwa

$$Q_n(\xi) = C_n\, P_n(\xi)$$

worin C_n eine nichtverschwindende reelle Konstante ist. Aus der Rekursionsrelation

$$(n+1)\, P_{n+1}(x) = (2n+1)\, x\, P_n(x) - n\, P_{n-1}(x)$$

ersehen wir, daß der führende Term von $P_n(\xi)$ gleich

$$\frac{2n-1}{n}\,\frac{2n-3}{n-1} \cdots \frac{3}{2}\,\frac{1}{1}\,\xi^n = \frac{(2n)!}{2^n\, n!^2}\,\xi^n$$

ist, wohingegen der von $Q_n^{(n)}(\xi)$ sich zu

$$(2n)\cdot(2n-1)\cdot\ldots\cdot(n+2)\cdot(n+1)\,\xi^n = \frac{(2n)!}{n!}\,\xi^n$$

ergibt. Der Quotient ist in der Tat

$$C_n = \frac{(2n)!\ 2^n\ n!^2}{n!\ (2n)!} = 2^n\ n!$$

Bemerkungen:

(1) In der Literatur sind auch andere Normierungen und die unterschiedlichsten Notationen gebräuchlich. So spaltet man häufig die hier verwendeten klassischen Kugelflächenfunktionen in ihre Real- und Imaginärteile auf, die gelegentlich als **Laplacesche Kugelfunktionen** bezeichnet werden, vgl. Gröbner & Lesky [1964-1965].

(2) Der Satz von Rodriguez ist keine Eigentümlichkeit der Legendrepolynome allein, sondern verallgemeinerungsfähig auf alle Familien von Orthogonalpolynomen (s. Szegö [1975]).

(3) Weit verbreitet ist eine Kategorisierung der Kugelflächenfunktionen K_{gh} bzw. ihrer Entsprechungen in

(a) **zonale** ($h = 0$),

(b) **sektorielle** ($h = \pm g$) und

(c) **tesserale** (alle übrigen).

23.4. Clebsch-Gordan-Koeffizienten

Ebenso wie die Polynome in 3 (oder n) Variablen bilden auch die Kugelflächenfunktionen mit der gewöhnlichen, punktweise definierten Multiplikation einen Ring.

Die Häufigkeit, mit der Entwicklungen nach der Standardbasis vorkommen, läßt es wünschenswert erscheinen, das Produkt zweier **klassischer Kugelfunktionen** wieder als Linearkombination der K_{gh} auszudrücken. Mathematisch läuft dies darauf hinaus, das Tensorprodukt zweier irreduzibler Darstellungen $\mathcal{D}(g_1)$ und $\mathcal{D}(g_2)$ bezüglich der genannten Basis explizit auszureduzieren. Dabei treten natürlich nur ganze g_k auf. Halbzahlige Werte sind aber wegen der Anwendung auf die Quantenmechanik von Teilchen mit Spin ebenfalls von großem Interesse. Deshalb lassen wir alle $g_k \in \frac{1}{2}\mathbb{N}_0$ zu. Außerdem benutzen wir nicht, wie bisher, die rellen, aber schiefhermiteschen Operatoren L_a als Erzeugende der $\mathfrak{so}_3(\mathbb{R})$, sondern ziehen statt ihrer die hermiteschen und daher physikalisch sinnvolleren $J_a = iL_a$ heran. Das entspricht der Verabredung des Abschnitts 9.3, wenn wir dort $\hbar = 1$ setzen.

Hierdurch ändern sich die definierenden Relationen in der bekannten Weise um gewisse numerische Faktoren ± 1 oder ± i ab, was in der Folge ohne nähere Erörterung berücksichtigt wird. Die meisten grundlegenden Eigenschaften der J_a wurden bereits in Abschn. 9.3 erklärt, wo wir auch die zu verwendende simultane Eigenbasis des neutralen Schiebeoperators $J_0 = J_3$ und des Casimiroperators $C = J_1^2 + J_2^2 + J_3^2$ zusammengetragen haben.

Die physikalische Interpretation der nunmehr zu lösenden Aufgabe ist die Addition zweier Spins g_1 und g_2 (in Einheiten von $\hbar$).

<u>Definition</u> <u>23.4.1:</u>

(a) Ein Zahlenpaar (g,h) heißt **zulässig**, wenn $2g \in \mathbb{N}_0$ und $g-h \in \mathbb{Z}$ gilt und zudem die Ungleichung $-g \le h \le +g$ erfüllt ist. Die zulässigen Paare sind also genau die $(g,h) \in \mathbb{R}^2$ mit $g \pm h \in \mathbb{N}_0$.

(b) Seien $V^{(1)}$ und $V^{(2)}$ zwei Vektorräume über $\mathbb{C}$ mit positiv definitem hermiteschem Skalarprodukt $\langle .,. \rangle$, auf denen irreduzible Darstellungen $\mathcal{D}^{(1)} \cong \mathcal{D}(g_1)$ bzw. $\mathcal{D}^{(2)} \cong \mathcal{D}(g_2)$ der Drehimpulsalgebra $\mathfrak{so}_3(\mathbb{R})$ mit den erzeugenden Tripeln ${}^1J_a$ bzw. ${}^2J_a$ realisiert sind; insbesondere soll also

$\dim V^{(k)} = 2g_k+1$ sein ($k = 1,2$). Die Basiskommutatoren lauten

$$[{}^1J_a, {}^1J_b] = i\, \varepsilon_{abc}\, {}^1J_c$$

$$[{}^2J_a, {}^2J_b] = i\, \varepsilon_{abc}\, {}^2J_c$$

$$[{}^1J_a, {}^2J_b] = [{}^2J_a, {}^1J_b] = 0$$

Wir vereinbaren, daß die Aktion von ${}^kJ_a$ auf $V^{(k)}$ in der üblichen Weise erfolge.

(c) Der **Gesamtdrehimpuls** wird durch die Kombinationen

$${}^3J_a = {}^1J_a + {}^2J_a$$

beschrieben, die ebenfalls eine zu $\mathfrak{so}_3(\mathbb{R})$ isomorphe Liealgebra erzeugen.

(d) Weiter definieren wir für jedes $m \in \{1,2,3\}$ die Schiebeoperatoren

$${}^mJ_+ = {}^mJ_1 + i\, {}^mJ_2$$

$${}^mJ_- = {}^mJ_1 - i\, {}^mJ_2$$

sowie ${}^mJ_0 = {}^mJ_3$ nebst den Casimirelementen

$${}^mC = \left({}^mJ_1\right)^2 + \left({}^mJ_2\right)^2 + \left({}^mJ_3\right)^2$$

(e) Schließlich konstruieren wir eine Orthonormalbasis

$$\left\{ \psi^{(k)}(g_k, h_k) \;\middle|\; (g_k, h_k) \text{ zulässig} \right\}$$

aus simultanen Eigenvektoren der vertauschbaren Operatoren ${}^kC$ und ${}^kJ_0$ mit den jeweiligen Eigenwerten $g_k(g_k+1)$ bzw. h:

$${}^kC\, \psi_k(g_k, h_k) = g_k(g_k+1)\, \psi_k(g_k, h_k)$$

$${}^kJ_0\, \psi_k(g_k, h_k) = h\, \psi_k(g_k, h_k)$$

Über die Orientierung der Vektoren verfügen wir so, daß die Leiteroperatoren nach den Regeln

$$^{k}J_{+}\ \psi_{k}(g,h) = \sqrt{g(g+1) - h(h+1)}\ \psi_{k}(g,h+1) = \sqrt{(g-h)(g+h+1)}\ \psi_{k}(g,h+1)$$

$$^{k}J_{-}\ \psi_{k}(g,h) = \sqrt{g(g+1) - h(h-1)}\ \psi_{k}(g,h-1) = \sqrt{(g+h)(g-h+1)}\ \psi_{k}(g,h-1)$$

agieren.

Nach Satz 9.3.2 ist die letzte Vereinbarung jedenfalls erlaubt. Wir gehen jetzt zum Tensorprodukt von $V^{(1)}$ und $V^{(2)}$ über. Dort haben wir zwei kanonische Orthonormalbasen, die zwei verschiedenen maximalen Systemen von je vier paarweise kommutierenden Algebraelementen zugeordnet sind.
Das erste besteht aus ^{1}C, ^{2}C, $^{1}J_{0}$, $^{2}J_{0}$; das andere aus ^{1}C, ^{2}C, ^{3}C, $^{3}J_{0}$. Unsere Aufgabe ist, zwischen den betreffenden Eigenbasen hin- und herzutransformieren.

Definition 23.4.2:
(a) Wir statten den Darstellungsmodul

$$V = V^{(1)} \otimes V^{(2)}$$

von $\mathcal{D}(g_1)\otimes\mathcal{D}(g_2)$ mit dem durch

$$\langle u_1\otimes u_2, v_1\otimes v_2\rangle = \langle u_1, v_1\rangle\ \langle u_2, v_2\rangle$$

definierten Skalarprodukt aus und führen in V neben der die Produkte

$$\psi(g_1,h_1|g_2,h_2) = \psi_1(g_1,h_1) \otimes \psi_2(g_2,h_2)$$

umfassenden Basis $\mathfrak{B}_1$ noch ein zweites Orthonormalsystem ein. Es enthält Vektoren $\omega(g_1,g_2;g_3,h_3)$, die den Bedingungen

$$^{3}C\ \omega(g_1,g_2;g_3,h_3) = g_3(g_3+1)\ \omega(g_1,g_2;g_3,h_3)$$

$$ {}^3J_0 \; \omega(g_1, g_2; g_3, h_3) = h_3 \; \omega(g_1, g_2; g_3, h_3) $$

sowie

$$ {}^3J_+ \; \omega(g_1, g_2; g_3, h_3) = \sqrt{(g-h)(g+h+1)} \; \omega(g_1, g_2; g_3, h_3+1) $$

$$ {}^3J_- \; \omega(g_1, g_2; g_3, h_3) = \sqrt{(g+h)(g-h+1)} \; \omega(g_1, g_2; g_3, h_3-1) $$

unterworfen sind. Wir betrachten fortan nur diejenigen zulässigen Paare (g_3, h_3), zu denen es nichtverschwindende Eigenvektoren $\omega(g_1, g_2; g_3, h_3)$ gibt. Die bilden dann eine zweite Orthonormalbasis $\mathfrak{B}_2$.

(b) Die **Clebsch-Gordan-Koeffizienten** sind die Skalarprodukte von Vektoren der Basen $\mathfrak{B}_1$ und $\mathfrak{B}_2$:

$$ (g_1 \; h_1 | g_2 \; h_2 \| g_3 \; h_3) = \langle \omega(g_1, g_2; g_3, h_3), \psi(g_1, h_1 | g_2, h_2) \rangle $$

Die bei der Beschreibung der $\omega(g_1, g_2; g_3, h_3)$ noch offengelassenen Phasenfaktoren legen wir durch die Forderung fest, daß die Clebsch-Gordan-Koeffizienten mit $h_3 = g_3$, also die $(g_1 h_1 | g_2 h_2 \| g_3 g_3)$, reell und positiv sein sollen.

(c) Daneben verwenden wir noch die durch

$$ (g_1 \; h_1 | g_2 \; h_2 \| g_3 \; h_3) = (-)^{g_2 - g_1 - h_3} \sqrt{2g_3+1} \begin{bmatrix} g_1 & g_2 & g_3 \\ h_1 & h_2 & -h_3 \end{bmatrix} $$

$$ \begin{bmatrix} g_1 & g_2 & g_3 \\ h_1 & h_2 & h_3 \end{bmatrix} = \frac{(-)^{g_1 - g_2 - h_3}}{\sqrt{2g_3+1}} (g_1 \; h_1 | g_2 \; h_2 \| g_3 \; -h_3) $$

definierten **Wignersymbole**.

Die Einführung der Wignerkoeffizienten ist zweckmäßig, weil sie eine höhere Symmetrie aufweisen als die Clebsch-Gordan-Zahlen. Andererseits besitzen diese etwas einfachere Orthogonalitätseigenschaften. Aus diesem Grunde verwenden wir beide Systeme nebeneinander, was wegen der trivialen Umrechnung wohl unbedenklich ist.

Satz 23.4.1:

(a) Das Tensorprodukt zweier irreduzibler $\mathfrak{so}_3$-Darstellungen zerfällt gemäß

$$\mathcal{D}(g_1) \otimes \mathcal{D}(g_2) \cong \mathcal{D}(g_1+g_2) \oplus \mathcal{D}(g_1+g_2-1) \oplus \ldots \oplus \mathcal{D}(|g_1-g_2|+1) \oplus \mathcal{D}(|g_1-g_2|)$$

in eine direkte orthogonale Summe irreduzibler Komponenten.

(b) Das Wignersymbol $\begin{bmatrix} a & b & c \\ \alpha & \beta & \gamma \end{bmatrix}$ kann nur dann von Null verschieden sein, wenn die Paare $(a,\alpha),(b,\beta),(c,\gamma)$ zulässig und die folgenden **Auswahlregeln** erfüllt sind:

(1) **Dreiecksungleichungen**:

$$|b-c| \leq a \leq b+c$$

$$|c-a| \leq b \leq c+a$$

$$|a-b| \leq c \leq a+b$$

(2) **Paritätsregel**:

$$a+b+c \in \mathbb{Z}$$

(3) **Summenregel**:

$$\alpha+\beta+\gamma = 0$$

Beweis:

Die $\psi(g_1,h_1|g_2,h_2)$ bilden eine aus lauter Eigenvektoren von ${}^3J_0$ bestehende Basis von V. Die zugehörigen Eigenwerte sind h_1+h_2. Dabei durchlaufen die h_k unabhängig voneinander die Werte der Form g_k-c_k mit nichtnegativen ganzen Zahlen $c_k \leq 2g_k$ (je einmal).

Daraus folgt, wenn wir noch o.B.d.A. $g_1 \geq g_2$ voraussetzen, daß ${}^3J_0$ u.a. die Eigenwerte

$$g_1+g_2\ ,\ g_1+g_2-1\ ,\ \ldots\ ,\ g_1-g_2+1\ ,\ g_1-g_2$$

mit den jeweiligen Multiplizitäten $1,2,\ldots,2g_2,2g_2+1$ annimmt.

Durch Vergleich mit dem Spektrum von J_0 auf $\mathcal{D}(g)$ finden wir sofort Konstituenten mit den angegebenen Spins. Die Summe ist direkt (man spalte in einen irreduziblen Bestandteil und sein orthogonales Komplement auf und setze die Betrachtung auf letzterem in der gleichen Weise fort).
Da die gefundenen Komponenten bereits alle Eigenwerte von ${}^3J_0$ ausschöpfen, treten außer den genannten keine weiteren Summanden hinzu. Das ergibt sich auch z.B. aus den Dimensionen.
Das Nichtverschwinden von $\begin{bmatrix} a & b & c \\ \alpha & \beta & \gamma \end{bmatrix}$ oder auch $(a\alpha|b\beta\|c{-}\gamma)$ bedeutet, daß der Konstituent in der Aufspaltung von $\mathcal{D}(a)\otimes\mathcal{D}(b)$ in irreduzible Komponenten vorkommt, und impliziert die erste Zeile der Dreiecksungleichungen. Die anderen beiden gehen aus ihr durch elementare Umformungen hervor.
Die Zulässigkeit der Paare $(a,\alpha),(b,\beta),(c,\gamma)$ ist nach Definition notwendig, damit die Vektoren $\omega(a,b;c,\gamma)$ und $\psi(a,\alpha|b,\beta)$ überhaupt erklärt sind.
Aus der Orthonormiertheit der Basen $\mathfrak{B}_1$ und $\mathfrak{B}_2$ erhalten wir die Zerlegung

$$\omega(a,b;c,-\gamma) = \sum (a\alpha|b\beta\|c-\gamma)\ \psi(a,\alpha|b,\beta)$$

auf die wir den Operator ${}^3J_0 = {}^3J_1 + {}^3J_2$ anwenden. Es ergibt sich

$$-\gamma\ \omega(a,b;c,-\gamma) = \sum (\alpha+\beta)\ (a\alpha|b\beta\|c-\gamma)\ \psi(a,\alpha|b,\beta)$$

was wegen der linearen Unabhängigkeit der $\psi(a,\alpha|b,\beta)$ nur bestehen kann, wenn die Summenregel erfüllt ist. Die Paritätsbedingung ist eine unmittelbare Konsequenz:

$$a + b + c \equiv \alpha + \beta + \gamma \equiv 0 \qquad (\mathrm{mod}\ 1)$$

Leider ist die Berechnung der Clebsch-Gordan-Koeffizienten kompliziert und damit aufwendig.
Am einfachsten gelingt sie wohl auf iterativem Wege. Dazu dient

Satz 23.4.2:

(a) Zwischen den Clebsch-Gordan-Koeffizienten bestehen die Rekursionsbeziehungen

$$\sqrt{c(c+1)-\gamma(\gamma+1)}\ (a\ \alpha|b\ \beta\|c\ \gamma) = \sqrt{a(a+1)-\alpha(\alpha+1)}\ (a\ \alpha+1|b\ \beta\|c\ \gamma+1) + \sqrt{b(b+1)-\beta(\beta+1)}\ (a\ \alpha|b\ \beta+1\|c\ \gamma+1)$$

$$\sqrt{c(c+1)-\gamma(\gamma-1)}\ (a\ \alpha|b\ \beta\|c\ \gamma) = \sqrt{a(a+1)-\alpha(\alpha-1)}\ (a\ \alpha-1|b\ \beta\|c\ \gamma-1) + \sqrt{b(b+1)-\beta(\beta-1)}\ (a\ \alpha|b\ \beta-1\|c\ \gamma-1)$$

(b) In den Wignersymbolen ausgedrückt, entsprechen sie den Formeln

$$\sqrt{a(a+1)-\alpha(\alpha+1)} \begin{bmatrix} a & b & c \\ \alpha+1 & \beta & \gamma-1 \end{bmatrix} + \sqrt{b(b+1)-\beta(\beta+1)} \begin{bmatrix} a & b & c \\ \alpha & \beta+1 & \gamma-1 \end{bmatrix} + \sqrt{c(c+1)-\gamma(\gamma-1)} \begin{bmatrix} a & b & c \\ \alpha & \beta & \gamma \end{bmatrix} = 0$$

und

$$\sqrt{a(a+1)-\alpha(\alpha-1)} \begin{bmatrix} a & b & c \\ \alpha-1 & \beta & \gamma+1 \end{bmatrix} + \sqrt{b(b+1)-\beta(\beta-1)} \begin{bmatrix} a & b & c \\ \alpha & \beta-1 & \gamma+1 \end{bmatrix} + \sqrt{c(c+1)-\gamma(\gamma+1)} \begin{bmatrix} a & b & c \\ \alpha & \beta & \gamma \end{bmatrix} = 0$$

(c) Wir fixieren jetzt ein spezielles Tripel a, b, c. Jede Funktion $F(\alpha,\beta,\gamma)$, welche die letzten beiden Identitäten, d.h.

$$\sqrt{a(a+1)-\alpha(\alpha+1)}\ F(\alpha+1,\beta,\gamma-1) + \sqrt{b(b+1)-\beta(\beta+1)}\ F(\alpha,\beta+1,\gamma-1) + \sqrt{c(c+1)-\gamma(\gamma-1)}\ F(\alpha,\beta,\gamma) = 0$$

und

$$\sqrt{a(a+1)-\alpha(\alpha-1)}\ F(\alpha-1,\beta,\gamma+1) + \sqrt{b(b+1)-\beta(\beta-1)}\ F(\alpha,\beta-1,\gamma+1) + \sqrt{c(c+1)-\gamma(\gamma+1)}\ F(\alpha,\beta,\gamma) = 0$$

für alle zulässigen Paare $(a,\alpha), (b,\beta), (c,\gamma)$ erfüllt, stimmt bis auf einen konstanten Faktor mit $\begin{bmatrix} a & b & c \\ \alpha & \beta & \gamma \end{bmatrix}$ überein.

Beweis:

Durch Ausrechnen des Skalarprodukts von $\psi(a,\alpha|b,\beta)$ mit seinen Bildern unter ${}^3J_+$ und ${}^3J_-$ erhalten wir (a) und nach Substitution $\gamma \longrightarrow -\gamma$ sowie einer trivialen Transformation auch (b). Behauptung (c) ist klar.

Das im dritten Teil des Satzes ausgesprochene Prinzip wird es uns gestatten, eine Reihe von Eigenschaften der Clebsch-Gordan- bzw. Wignerzahlen ohne große Mühe zu beweisen.
Ebenso wichtig ist

Satz 23.4.3:

(a) Die Clebsch-Gordan-Koeffizienten genügen den **Orthogonalitätsrelationen**

$$\sum_{\alpha=-a}^{+a} \sum_{\beta=-b}^{+b} (a\ \alpha|b\ \beta\|c\ \gamma)\ (a\ \alpha|b\ \beta\|c'\ \gamma') = \delta_{cc'}\ \delta_{\gamma\gamma'}$$

$$\sum_{c=|a-b|}^{a+b} \sum_{\gamma=-c}^{+c} (a\ \alpha|b\ \beta\|c\ \gamma)\ (a\ \alpha'|b\ \beta'\|c\ \gamma) = \delta_{\alpha\alpha'}\ \delta_{\beta\beta'}$$

(b) Gleichwertig sind die Bedingungen

$$\sum_{\alpha=-a}^{+a} \sum_{\beta=-b}^{+b} \begin{bmatrix} a & b & c \\ \alpha & \beta & \gamma \end{bmatrix} \begin{bmatrix} a & b & c' \\ \alpha & \beta & \gamma' \end{bmatrix} = (2c+1)^{-1}\ \delta_{cc'}\ \delta_{\gamma\gamma'}$$

$$\sum_{c=|a-b|}^{a+b} \sum_{\gamma=-c}^{+c} (2c+1) \begin{bmatrix} a & b & c \\ \alpha & \beta & \gamma \end{bmatrix} \begin{bmatrix} a & b & c \\ \alpha' & \beta' & \gamma \end{bmatrix} = \delta_{\alpha\alpha'}\ \delta_{\beta\beta'}$$

(c) Die Quadratsumme aller Wignersymbole mit festen a, b, c ist gleich 1:

$$\sum_{\alpha=-a}^{+a} \sum_{\beta=-b}^{+b} \sum_{\gamma=-c}^{+c} \begin{bmatrix} a & b & c \\ \alpha & \beta & \gamma \end{bmatrix}^2 = 1$$

Beweis:

Die ersten beiden Aussagen sind nichts anderes als die Orthogonalität der Übergangsmatrix von $\mathfrak{B}_1$ nach $\mathfrak{B}_2$. Die dritte folgt durch Summation der Relation

$$\sum_{\alpha=-a}^{+a} \sum_{\beta=-b}^{+b} \begin{bmatrix} a & b & c \\ \alpha & \beta & \gamma \end{bmatrix}^2 = (2c+1)^{-1}$$

über die 2c+1 möglichen Werte von γ.

Die Rekursionsbeziehungen aus Satz 23.4.2 ergeben alle $(a\alpha|b\beta\|c\gamma)$ als rationale Vielfache des Koeffizienten $(a\alpha|b\beta\|cc)$, der nach Voraussetzung reell und positiv ist. Nehmen wir noch den Spezialfall $c = c' = \gamma = \gamma'$ der ersten Formel des gerade gefundenen Satzes, d.h.

$$\sum_{\alpha=-a}^{+a} \sum_{\beta=-b}^{+b} (a\ \alpha|b\ \beta\|c\ c)^2 = 1$$

hinzu, erhalten wir

Satz 23.4.4:

Alle Clebsch-Gordan- und Wignerkoeffizienten sind reell; ihre Quadrate sogar rational.

Eine weitere äußerst wichtige Anwendung des Teils (c) von Satz 23.3.2 ist

Satz 23.4.5:

(a) Das Wignersymbol $\begin{bmatrix} a & b & c \\ \alpha & \beta & \gamma \end{bmatrix}$ ist invariant unter zyklischen Spaltenpermutationen:

$$\begin{bmatrix} a & b & c \\ \alpha & \beta & \gamma \end{bmatrix} = \begin{bmatrix} b & c & a \\ \beta & \gamma & \alpha \end{bmatrix} = \begin{bmatrix} c & a & b \\ \gamma & \alpha & \beta \end{bmatrix}$$

(b) Dagegen nimmt es den Faktor $(-)^{a+b+c}$ an, wenn wir zwei Spalten miteinander vertauschen:

$$\begin{bmatrix} a & c & b \\ \alpha & \gamma & \beta \end{bmatrix} = \begin{bmatrix} c & b & a \\ \gamma & \beta & \alpha \end{bmatrix} = \begin{bmatrix} b & a & c \\ \beta & \alpha & \gamma \end{bmatrix} = (-)^{a+b+c} \begin{bmatrix} a & b & c \\ \alpha & \beta & \gamma \end{bmatrix}$$

(c) Derselbe Multiplikator tritt bei der Substitution $(\alpha,\beta,\gamma) \mapsto (-\alpha,-\beta,-\gamma)$ auf:

$$\begin{bmatrix} a & b & c \\ -\alpha & -\beta & -\gamma \end{bmatrix} = (-)^{a+b+c} \begin{bmatrix} a & b & c \\ \alpha & \beta & \gamma \end{bmatrix}$$

Beweis:

Wir wählen ein beliebiges im Einklang mit den Dreiecksungleichungen stehendes Tripel a, b, c aus, das wir weiterhin festhalten, und fassen die beiden Rekursionsbeziehungen zu einer gemeinsamen Form zusammen. Sie lautet

$$\sqrt{a(a+1)-\alpha(\alpha+\varepsilon)} \begin{bmatrix} a & b & c \\ \alpha+\varepsilon & \beta & \gamma-\varepsilon \end{bmatrix} + \sqrt{b(b+1)-\beta(\beta+\varepsilon)} \begin{bmatrix} a & b & c \\ \alpha & \beta+\varepsilon & \gamma-\varepsilon \end{bmatrix}$$
$$+ \sqrt{c(c+1)-\gamma(\gamma-\varepsilon)} \begin{bmatrix} a & b & c \\ \alpha & \beta & \gamma \end{bmatrix} = 0$$

wobei $\varepsilon = +1$ wieder auf die erste, $\varepsilon = -1$ hingegen auf die zweite Ausgangsrelation zurückführt. Nach der Substitution

$$(a,b,c;\alpha,\beta,\gamma) \longmapsto (b,c,a;\beta,\gamma-\varepsilon,\alpha+\varepsilon)$$

geht sie in

$$\sqrt{a(a+1)-\alpha(\alpha+\varepsilon)} \begin{bmatrix} b & c & a \\ \beta & \gamma-\varepsilon & \alpha+\varepsilon \end{bmatrix} + \sqrt{b(b+1)-\beta(\beta+\varepsilon)} \begin{bmatrix} b & c & a \\ \beta+\varepsilon & \gamma-\varepsilon & \alpha \end{bmatrix}$$
$$+ \sqrt{c(c+1)-\gamma(\gamma-\varepsilon)} \begin{bmatrix} b & c & a \\ \beta & \gamma & \alpha \end{bmatrix} = 0$$

über. Die Funktion

$$F(\alpha,\beta,\gamma) \quad = \quad \begin{bmatrix} b & c & a \\ \beta & \gamma & \alpha \end{bmatrix}$$

erfüllt somit die Voraussetzung des Teils (c) von Satz 23.4.2, und es gibt eine Zahl K (die evtl. noch von a,b,c abhängt), so daß für alle α,β,γ

$$\begin{bmatrix} b & c & a \\ \beta & \gamma & \alpha \end{bmatrix} \quad = \quad K \begin{bmatrix} a & b & c \\ \alpha & \beta & \gamma \end{bmatrix}$$

gilt.

Alle Wignersymbole sind reell; ergo ist auch $K \in \mathbb{R}$. Durch Quadrieren des letzten Ansatzes und Summation über alle α,β,γ folgt mit Hilfe der Orthogonalitätsrelationen $K^2 = 1$, mithin $K = \pm 1$.

Die obige Rekursion vereinfacht sich erheblich, wenn wir $\varepsilon = -1$ und $\gamma = -c-1$ setzen. Der letzte Term fällt dann nämlich weg, und es verbleibt die zweigliedrige Beziehung

$$\sqrt{a(a+1)-\alpha(\alpha-1)} \begin{bmatrix} a & b & c \\ \alpha-1 & \beta & -c \end{bmatrix} + \sqrt{b(b+1)-\beta(\beta-1)} \begin{bmatrix} a & b & c \\ \alpha & \beta-1 & -c \end{bmatrix} = 0$$

aus der wir entnehmen, daß die Vorzeichen der Wignersymbole $\begin{bmatrix} a & b & c \\ \alpha & \beta & -c \end{bmatrix}$ für die erlaubten Werte $\alpha = a, a-1, \ldots, c-a+1, c-a$ alternieren. Nehmen wir die Phasenkonvention hinzu, die die Positivität von

$$(a\ a|b\ c-a\|c\ c) \quad = \quad (-)^{b-c-a} \sqrt{2c+1} \begin{bmatrix} a & b & c \\ a & c-a & -c \end{bmatrix}$$

zum Ausdruck bringt, so finden wir nach kurzer Rechnung

$$\operatorname{sgn} \begin{bmatrix} a & b & c \\ \alpha & c-\alpha & -c \end{bmatrix} \quad = \quad (-)^{c-b+\alpha}$$

wobei wir noch die Ganzzahligkeit von $a-\alpha$ ausgenutzt haben. Dieselbe Idee, nur mit $\varepsilon = 1$ und $\alpha = a$, liefert entsprechend

$$\operatorname{sgn} \begin{bmatrix} a & b & c \\ a & \beta & -a-\beta \end{bmatrix} \quad = \quad (-)^{c-a-\beta} \operatorname{sgn} \begin{bmatrix} a & b & c \\ a & c-a & -c \end{bmatrix} \quad = \quad (-)^{2c-b-\beta}$$

Zur Vervollständigung des Beweises von (a) müssen wir lediglich in

$$\begin{bmatrix} b & c & a \\ b & -c & c-b \end{bmatrix} = K \begin{bmatrix} a & b & c \\ c-b & b & -c \end{bmatrix}$$

auf beiden Seiten die Signumfunktion anwenden. Wir erhalten

$$(-)^{2a} = (-)^{2c-2b} K$$

also K = 1 wegen der Paritätsregel.

Dank der gerade gezeigten zyklischen Invarianz brauchen wir nur einen der drei Fälle unter (b) zu behandeln; zum Beispiel die Vertauschung der ersten beiden Spalten. Dabei bleibt die allgemeine Rekursionsformel wiederum erhalten, ebenso die Quadratsumme aller $\begin{bmatrix} a & b & c \\ \alpha & \beta & \gamma \end{bmatrix}$. Das gibt

$$\begin{bmatrix} b & a & c \\ \beta & \alpha & \gamma \end{bmatrix} = \zeta \begin{bmatrix} a & b & c \\ \alpha & \beta & \gamma \end{bmatrix}$$

mit einem von α, β, γ unabhängigen Vorzeichen $\zeta \in \{+1, -1\}$. Um dieses zu bestimmen, betrachten wir den Spezialfall $\gamma = -c$ und gehen wieder zum Signum über:

$$(-)^{c-a+\beta} = \zeta \, (-)^{c-b+\alpha}$$

also

$$\zeta = (-)^{b-a-\alpha+\beta} = (-)^{b-a-\alpha+c-\alpha} = (-)^{a+b+c}$$

Das zu Aussage (c) führende Argument verläuft ganz genauso.

Wenn auch die bisher gefundenen Resultate zur Berechnung der Clebsch-Gordan-Koeffizienten genügen, ist ihr Einsatz nicht immer angemessen. Die rekursive Methode mit anschließender Normierung ist besonders geeignet, wenn es z.B. darum geht, sämtliche $(a\alpha | b\beta \| c\gamma)$ mit gegebenen a, b, c zu ermitteln. Braucht man aber nur einen oder wenige von ihnen, ist ein expliziter Ausdruck wünschenswert.

Wir teilen einen solchen als Teil (b) des nachstehenden Satzes mit. Vorweg, in Teil (a), notieren wir aber noch eine zum Beweis benötigte Summenformel, die auch für sich genommen interessant ist.

Satz 23.4.6:

(a) Für alle $a,b,c,d \in \mathbb{N}_0$ mit $a \geq c$ und $b \geq d$ besteht die Identität

$$\sum_{k=-c}^{+d} \frac{(a+k)!\,(b-k)!}{(c+k)!\,(d-k)!} = \frac{(a-c)!\,(b-d)!\,(a+b+1)!}{(c+d)!\,(a+b-c-d+1)!}$$

(b) Die Wignersymbole besitzen die als **Racahformel** bekannte Darstellung

$$\begin{bmatrix} a & b & c \\ \alpha & \beta & \gamma \end{bmatrix} = (-)^{a-b-\gamma} \left[\frac{(b+c-a)!\,(c+a-b)!\,(a+b-c)!}{(a+b+c+1)!}\right]^{1/2} \cdot$$

$$\cdot \sqrt{(a+\alpha)!\,(a-\alpha)!\,(b+\beta)!\,(b-\beta)!\,(c+\gamma)!\,(c-\gamma)!}\; S(a,b,c;\alpha,\beta,\gamma)$$

mit der Abkürzung

$$\begin{aligned} S &= S(a,b,c;\alpha,\beta,\gamma) \\ &= \sum_m (-)^m \left[m!\,(c-b+\alpha+m)!\,(c-a-\beta+m)!\,(a+b-c-m)!\,(a-\alpha-m)!\,(b+\beta-m)!\right]^{-1} \end{aligned}$$

Die Fakultäten negativer ganzer Zahlen sind darin als ∞ zu interpretieren, ihre Kehrwerte als 0. Daher tragen nur die endlich vielen Summanden etwas bei, in denen alle Fakultäten Argumente ≥ 0 haben.

Beweis:

(a) In der leicht einzusehenden Gleichung

$$\sum_{m=0}^{B} \frac{(A+m)!}{m!} = \frac{(A+B+1)!}{(A+1)\; B!}$$

substituieren wir $A = a-c$, $B = d+c$, $m = k+c$. Das Ergebnis ist die gesuchte Identität im Spezialfall $b = d$. Danach schreiben wir (bei festen c und d) zur Abkürzung

$$U(a,b) = \sum_{k=-c}^{+d} \frac{(a+k)!(b-k)!}{(c+k)!(d-k)!}$$

Dann ist

$$U(a+1,b) + U(a,b+1) = (a+b+2)\, U(a,b)$$

und durch Auflösen nach $U(a,b+1)$ erhalten wir mittels vollständiger Induktion über b die Behauptung.

(b) Wir halten die Parameter a, b, c ein für allemal fest und machen den Ansatz

$$\begin{bmatrix} a & b & c \\ \alpha & \beta & \gamma \end{bmatrix} = (-)^{a-b-\gamma} \left[\frac{(b+c-a)!(c+a-b)!(a+b-c)!}{(a+b+c+1)!}\right]^{1/2} \cdot$$

$$\cdot \sqrt{(a+\alpha)!(a-\alpha)!(b+\beta)!(b-\beta)!(c+\gamma)!(c-\gamma)!}\; R(\alpha,\beta,\gamma)$$

Zu zeigen ist natürlich $R(\alpha,\beta,\gamma) = S(a,b,c;\alpha,\beta,\gamma)$.

Wir transformieren die erste Rekursionsbeziehung der Wignerkoeffizienten aus Satz 23.4.2 in eine ebensolche für $R(\alpha,\beta,\gamma)$. Nach einigen einfachen Manipulationen entsteht die Bedingung

$$(a+\alpha+1)\, R(\alpha+1,\beta,\gamma-1) + (b+\beta+1)\, R(\alpha,\beta+1,\gamma-1) - (c+\gamma)\, R(\alpha,\beta,\gamma) = 0$$

Wir wählen ein Tripel α,β,γ und führen die Abkürzung

$$X(m) = \left[m!(c-b+\alpha+m)!(c-a-\beta+m)!(a+b-c-m)!(a-\alpha-m)!(b+\beta-m)!\right]^{-1}$$

ein. Mit ihr schreibt sich die in der Racahgleichung vorkommende Summe

$$S(\alpha,\beta,\gamma) = S(a,b,c;\alpha,\beta,\gamma) = \sum_m (-)^m X(m)$$

aus der wir durch Substitution die Ausdrücke

$$S(\alpha+1,\beta,\gamma-1) = \sum_m (-)^m \frac{a-\alpha-m}{c-b+\alpha+m+1} X(m)$$

$$S(\alpha,\beta+1,\gamma-1) = \sum_m (-)^m \frac{c-a-\beta+m}{b+\beta-m+1} X(m)$$

ableiten. Wir benötigen noch die offensichtliche Beziehung

$$X(m+1) = \frac{(a+b-c-m)\,(a-\alpha-m)\,(b+\beta-m)}{(m+1)\,(c-b+\alpha+m+1)\,(c-a-\beta+m+1)} X(m)$$

Alles zusammen ergibt

$$(a+\alpha+1)\,S(\alpha+1,\beta,\gamma-1) + (b+\beta+1)\,S(\alpha,\beta+1,\gamma-1) - (c+\gamma)\,S(\alpha,\beta,\gamma)$$

$$= \sum_m (-)^m \left[\frac{(a+\alpha+1)\,(a-\alpha-m)}{c-b+\alpha+m+1} + \frac{(b+\beta+1)\,(c-a-\beta+m)}{b+\beta-m+1} - c + \alpha + \beta\right] X(m)$$

$$= \sum_m (-)^m \left[\frac{(a+b-c-m)\,(a-\alpha-m)}{c-b+\alpha+m+1} + \frac{m\,(c-a-\beta+m)}{b+\beta-m+1}\right] X(m)$$

$$= \sum_m \left[- (-)^{m+1} \frac{(m+1)\,(c-a-\beta+m+1)}{b+\beta-m} X(m+1) + (-)^m \frac{m\,(c-a-\beta+m)}{b+\beta-m+1} X(m)\right]$$

$$= - \sum_m (-)^m \frac{m\,(c-a-\beta+m)}{b+\beta-m+1} X(m) + \sum_m (-)^m \frac{m\,(c-a-\beta+m)}{b+\beta-m+1} X(m) = 0$$

Die Funktion $S(\alpha,\beta,\gamma)$ erfüllt zufolgedessen die Rekursionsbedingung für $R(\alpha,\beta,\gamma)$. Damit dürfen wir uns auf den Spezialfall $\gamma = -c$ beschränken. Unter dieser Voraussetzung reduziert sich die Racahsumme auf einen einzigen Term (den mit $m = a-\alpha$), nämlich

$$S(a,b,c;\alpha,c-\alpha,-c) = (-)^{a-\alpha} \left[(a-\alpha)!\,(c-b+a)!\,(b-c+\alpha)!\,(b+c-a)!\right]^{-1}$$

und es bleibt nur noch

$$\begin{bmatrix} a & b & c \\ \alpha & c-\alpha & -c \end{bmatrix} = (-)^{c-b+\alpha} \left[\frac{(a+b-c)!\,(2c)!}{(b+c-a)!\,(c+a-b)!\,(a+b+c+1)!} \frac{(a+\alpha)!\,(b+c-\alpha)!}{(a-\alpha)!\,(b-c+\alpha)!}\right]^{1/2}$$

zu beweisen.

Da das Verhältnis dieses Ausdrucks zu dem durch die Substitution

$\alpha \mapsto \alpha+1$ daraus hervorgehenden genau den Wert hat, der von der letzten Rekursion aus Satz 23.4.2 (mit $\gamma = -c-1$) gefordert wird, stimmt die Formel bis auf einen konstanten Multiplikator, und es reicht schon die Überprüfung der Normierung und eines Vorzeichens aus.

Tatsächlich ist unter Berücksichtigung der oben bereits verifizierten Identität die Quadratsumme aller Wignersymbole der hier vorliegenden Form gleich

$$\sum_{\alpha} \begin{bmatrix} a & b & c \\ \alpha & c-\alpha & -c \end{bmatrix}^2 = \sum_{\alpha} \frac{(a+b-c)!(2c)!(a+\alpha)!(b+c-\alpha)!}{(b+c-a)!(c+a-b)!(a+b+c+1)!(a-\alpha)!(b-c+\alpha)!} = \frac{1}{2c+1}$$

wie es die Orthogonalitätsbedingungen verlangen. Die Korrektheit des Vorzeichens ist unmittelbar klar.

Die Racah-Formel ist bei weitem nicht so schlimm, wie sie auf den ersten Blick erscheinen mag. Die Anzahl der in der Summe zu berücksichtigen Terme ist nämlich, wie man sich leicht klarmacht, gleich

$$1 + \min \left\{ b+c-a,\ c+a-b,\ a+b-c,\ a+\alpha,\ a-\alpha,\ b+\beta,\ b-\beta,\ c+\gamma,\ c-\gamma \right\}$$

und wird bei den in der Praxis benötigten Parameterwerten nicht allzu groß. Der ungünstigste Fall liegt vor, wenn $a = b = c$ und $\alpha = \beta = \gamma = 0$ ist ($a+1$ Summanden).

24. Gitterintegration

24.1. Stützstellen und Gewichte

Die exakte Berechnung des Integrals

$$\int_M F(x)\, d^n x = \int_M {}^{*}F$$

über eine auf dem Riemannschen Raum M definierte stetige Funktion F: M ⟶ ℝ ist im allgemeinen nicht möglich. Daher ist man auf numerische Näherungsmethoden angewiesen.

Neben der selbstverständlich zu fordernden Endlichkeit der Prozedur (wir wollen ja irgendwann einmal das Ergebnis sehen!) verlangen wir dabei noch, daß die Approximation linear vom Integranden, also von F, abhängt, da dies auch auf den wirklichen Wert des Integrals zutrifft.

Wir lassen außerdem nur integrable Funktionen F zu; wenn M kompakt ist, bedeutet das keine Einschränkung.

<u>Definition</u> <u>24.1.1:</u>

(a) Sei M eine Riemannsche Mannigfaltigkeit. Unter einem K-punktigen **Integrationsverfahren** $\mathfrak{I} = \mathfrak{I}(\mathfrak{X},\mathfrak{W})$ auf M verstehen wir eine Abbildung, die jeder (integrablen) stetigen Funktion F: M ⟶ ℝ die reelle Zahl

$$\mathfrak{I}(F) = \mathfrak{I}(\mathfrak{X},\mathfrak{W};F) = \sum_{i=1}^{K} w_i\, F(x_i)$$

zuordnet. Dabei ist $\mathfrak{X} = \{x_1,\dots,x_K\} \subseteq M$ eine endliche Menge von Punkten aus M, den **Stützstellen**, während $\mathfrak{W}$ die diesen zugeordneten **Gewichte** $w_1,\dots,w_K \in \mathbb{R}$ umfaßt. Als einzige Bedingung verlangen wir die Positivität aller w_i.

(b) Besteht für eine Funktion F die Gleichheit

$$\mathfrak{I}(\mathfrak{X},\mathfrak{W};F) = \int_M^* F$$

so sagen wir, F werde durch das Verfahren $\mathfrak{I}$ **exakt integriert.**

Bemerkungen:

(1) Negative Gewichte schließen wir aus, um zu vermeiden, daß die "Approximation" für Integrale positiver Funktionen u.U. auf negative Schätzwerte führt, was numerische Unliebsamkeiten (Instabilitäten) zur Folge hätte. Punkte mit Gewicht Null könnten wir erlauben; sie tragen aber nichts zur Summe bei, und wir lassen sie einfach weg.

(2) Die Menge aller durch ein $\mathfrak{I}(\mathfrak{X},\mathfrak{W})$ exakt integrierten Funktionen bildet einen linearen Unterraum von $C^0(M,\mathbb{R})$.

Die Definition ist noch zu allgemein, um etwas Sinnvolles damit anzufangen; sie umfaßt aber sämtliche in der Literatur diskutierten Methoden.
Vor allem fehlt uns noch eine Möglichkeit, die Qualität eines Integrationsverfahrens zu beurteilen. In den uns besonders interessierenden Fällen, bei denen M ein Intervall oder die Oberfläche einer Kugel in einem euklidischen Raum ist, gibt es jeweils eine ausgezeichnete Funktionenfamilie, nämlich die Polynome (bzw. Kugelflächenfunktionen). Das legt die folgende Bezeichnung nahe:

Definition 24.1.2:

Dem Integrationsverfahren $\mathfrak{I}$ auf einem Intervall oder einer Sphäre ordnen wir als **(Approximations-)Grad** $g(\mathfrak{I})$ das größte $k \in \mathbb{N}_0$ zu, für das alle Polynome des Grades $\leq k$ exakt integriert werden.

Da die Polynomräume eines festen Maximalgrades immer endlichdimensional sind, kann man versuchen, Verfahren beliebig hohen Grades konstruieren. Normalerweise sind die Approximationen um so besser, je höher ihr Grad ist. Dem steht allerdings ein mitunter drastisches Anwachsen der Stützstellenzahl entgegen, die ja letztlich den numerischen Aufwand bestimmt. Man wird daher Kompromisse zwischen den einander widerstreitenden Bedürfnissen "Genauigkeit" und "Geschwindigkeit" eingehen müssen. Eine einfache Abschätzung zeigt, was wir erhoffen dürfen.

Satz 24.1.1:
Die Stützstellenzahl K eines beliebigen Integrationsverfahrens des Grades g auf M ist mindestens so groß wie die Dimension des Raums aller Polynome vom Grad $\le \frac{1}{2}$ g:

$$K \ge \dim \mathrm{Pol}_{\le g/2}(M)$$

Beweis:
Wir setzen $h = \frac{1}{2} g$ (bei ungeradem g ist nach unten zu runden) und kürzen die im Satz genannte Dimension mit D ab.
Angenommen, wir hätten eine Methode $\mathfrak{J} = \mathfrak{J}(\mathfrak{X}, \mathfrak{W})$ gefunden, die mit weniger als D Punkten auskommt. Dann bilden die Polynome P(x) vom Grad $\le$ h, die in allen $x_i \in \mathfrak{X}$ verschwinden, einen Raum der Dimension $\ge D - K$. Wir können also ein Polynom $P \ne 0$ vom Grad höchstens h finden, das in allen Stützstellen von $\mathfrak{J}$ verschwindet. Das Integral über P^2 ist dann aber positiv, während sich doch $\mathfrak{J}(P^2) = 0$ ergibt.

Für Intervalle ist diese Abschätzung scharf, wie das **Gaußsche Integrationsverfahren** zeigt, das wir in Abschn. 24.2 ausführlicher vorstellen.
Zuvor aber teilen wir noch zwei Formeln mit, die bei der Konstruktion numerischer Integrationsmethoden auf höherdimensionalen Sphären gebraucht werden. Die erste lautet

Satz 24.1.2:
Seien $a_1, \ldots, a_n$ nichtnegative ganze Zahlen. Das Integral des Polynoms

$$F(x_1, \ldots, x_n) = x_1^{2a_1} \ldots x_n^{2a_n}$$

über die Einheitskugel

$$K_n = \left\{ x \in \mathbb{R}^n \;\middle|\; |x| \leq 1 \right\}$$

ist

$$\int\limits_{K_n}{}^{*}F = \frac{\Gamma\left(a_1+\frac{1}{2}\right) \;\ldots\; \Gamma\left(a_n+\frac{1}{2}\right)}{\Gamma\left(a_1+\ldots+a_n+\frac{n}{2}+1\right)}$$

Beweis:

Wir wollen das Prinzip der vollständigen Induktion anwenden und definieren dazu für jedes $m \leq n$:

$$F_m(x_1,\ldots,x_m) = x_1^{2a_1} \ldots x_m^{2a_m}$$

$$J_m = \int\limits_{K_m}{}^{*}F_m$$

sowie zur Abkürzung

$$s_m = a_1 + \ldots + a_m$$

Die Vollkugel mit Radius $\rho > 0$ um den Koordinatenursprung in $\mathbb{R}^m$ ist

$$\rho\, K_m = \left\{ y \in \mathbb{R}^m \;\middle|\; |y| \leq \rho \right\} = \left\{ \rho\, x \;\middle|\; x \in K_m \right\}$$

Es gilt dann die Skalierungsformel

$$\int\limits_{\rho K_m}{}^{*}F_m = \int\limits_{x \in K_m} (\rho x_1)^{2a_1} \ldots (\rho x_m)^{2a_m} (\rho dx_1) \ldots (\rho dx_m) = \rho^{2s_m+m} J_m$$

die uns die rekursive Berechnung der J_m erlaubt. Zu diesem Zweck setzen wir

$$\rho = \sqrt{1-x_m^2}$$

und erhalten

$$J_m = \int_{x_m=-1}^{1} x_m^{2a_m} \int_{\rho K_{m-1}} F^*_{m-1}\, dx_m = \int_{x_m=-1}^{1} x_m^{2a_m} \rho^{2s_{m-1}+m-1} J_{m-1}\, dx_m$$

Die Substitution $x_m = \cos\varphi$, $\rho = \sin\varphi$ liefert das Eulersche Beta-Integral

$$\frac{J_m}{J_{m-1}} = \int_{\varphi=0}^{\pi} (\cos\varphi)^{2a_m} (\sin\varphi)^{2s_{m-1}+m} dx_m = B\left(a_m+\frac{1}{2}, s_{m-1}+\frac{m+1}{2}\right)$$

was wir mit der Gammafunktion auf die Form

$$\frac{J_m}{J_{m-1}} = \frac{\Gamma\left(a_m+\frac{1}{2}\right)\Gamma\left(s_{m-1}+1+\frac{m-1}{2}\right)}{\Gamma\left(s_m+1+\frac{m}{2}\right)}$$

bringen können. Multiplizieren wir diese Quotienten mit 1,2,...,n-1,n anstelle von m und beachten noch die triviale Beziehung $J_0 = 1$, erhalten wir die gewünschte Gleichung.

Nebenbei bemerkt, reduziert sich das Integral J_n, wie es sein muß, auf den uns schon aus Satz 4.5.3 bekannten Ausdruck für das Volumen von K_n, nämlich

$$\text{vol } K_n = \int_{K_n} {}^*1 = \frac{\Gamma\left(\frac{1}{2}\right)^n}{\Gamma\left(\frac{n}{2}+1\right)} = \frac{\pi^{n/2}}{\Gamma\left(\frac{n}{2}+1\right)}$$

wenn wir alle $a_i = 0$ setzen.
Um den Approximationsgrad eines numerischen Integrationsverfahrens auf Ω_n ermitteln zu können, bedarf es der Kenntnis der exakten Mittelwerte von Polynomen. Wir erhalten sie als Korollar zu den in Satz 24.1.2 gefundenen K_n-Integralen.

Satz 24.1.3:

(a) Der Mittelwert des Monoms

$$F(x_1,\dots,x_n) = x_1^{2a_1} \dots x_n^{2a_n}$$

auf der Standardsphäre $\Omega_n \subset \mathbb{R}^n$ errechnet sich zu

$$\langle F\rangle_{\Omega_n} = \frac{\Gamma\left(\frac{n}{2}\right)}{\pi^{n/2}} \frac{\Gamma\left(a_1+\frac{1}{2}\right) \dots \Gamma\left(a_n+\frac{1}{2}\right)}{\Gamma\left(a_1+\dots+a_n+\frac{n}{2}\right)}$$

(b) Ist n = 2k gerade, so liefert

$$\langle F\rangle_{\Omega_{2k}} = 2^{-2(a_1+\dots a_n)} \frac{(k-1)!}{(a_1+\dots+a_n+k-1)!} \frac{(2a_1)!}{a_1!} \dots \frac{(2a_n)!}{a_n!}$$

einen von der Gammafunktion und allen Irrationalitäten befreiten äquivalenten, aber in der Praxis bequemeren Ausdruck.

(c) Bei ungeradem n = 2k+1 tritt

$$\langle F\rangle_{\Omega_{2k+1}} = \frac{(a_1+\dots+a_n+k)!}{(2a_1+\dots+2a_n+2k)!} \frac{(2k)!}{k!} \frac{(2a_1)!}{a_1!} \dots \frac{(2a_n)!}{a_n!}$$

an seine Stelle.

Beweis:

Wir verwenden weiter die im Beweis des vorhergehenden Satzes eingeführte Nomenklatur. Den Abstand eines Punktes vom Ursprung nennen wir wie immer r. Sei außerdem H: $\mathbb{R}^n \longrightarrow \mathbb{R}$ stetig und homogen vom Grad g. Dann ist

$$\int_{K_n} {}^*H = \int_{r=0}^{1} \mathrm{vol}(r\Omega_n) \langle H\rangle_{r\Omega_n} \, dr = \int_{r=0}^{1} r^{n-1} \mathrm{vol}(\Omega_n) \, r^g \langle H\rangle_{r\Omega_n} \, dr$$

$$= \mathrm{vol}(\Omega_n) \langle H\rangle_{\Omega_n} \int_{r=0}^{1} r^{n+g-1} \, dr = \frac{\mathrm{vol}\ \Omega_n}{n+g} \langle H\rangle_{\Omega_n}$$

Durch Auflösen erhalten wir somit

$$\langle H\rangle_{\Omega_n} = \frac{n+g}{\mathrm{vol}\ \Omega_n} \int_{K_n} {}^{*}H$$

Wir substituieren jetzt $H \longrightarrow F$, $g \longrightarrow 2(a_1+\ldots+a_n)$, und setzen die Volumenformel aus Satz 4.5.3 sowie den in Satz 24.1.2 gefundenen Integralwert ein:

$$\langle F\rangle_{\Omega_n} = \left[n+2a_1+\ldots+2a_n\right] \frac{\Gamma\left(\frac{n}{2}\right)}{2\ \pi^{n/2}} \frac{\Gamma\left(a_1+\frac{1}{2}\right)\ \ldots\ \Gamma\left(a_n+\frac{1}{2}\right)}{\Gamma\left(a_1+\ldots+a_n+\frac{n}{2}+1\right)}$$

was aufgrund der Funktionalgleichung der Γ-Funktion mit der behaupteten Beziehung (a) identisch ist; (b) und (c) ergeben sich daraus durch triviale Umformungen mittels der leicht einzusehenden Identität

$$\pi^{-1/2}\ \Gamma\left(a+\frac{1}{2}\right) = \frac{(2a)!}{2^{2a}\ a!}$$

24.2. Numerische Integration nach Gauß

Gauß [1814] war der erste, der ein numerisches Integrationsverfahren ersann, welches die in Satz 24.1.1 gefundene Schranke wirklich erreicht. Seine Methode läßt sich auf alle übrigen eindimensionalen Riemannschen Räume M (also Intervalle oder die 1-Sphäre = Kreislinie) mit positiver Metrik übertragen.

Die Menge aller Polynome auf M, deren Grad die Schranke g nicht übersteigt, ist ein (g+1)-dimensionaler Vektorraum. Nach dem im vorhergehenden Abschnitt bewiesenen Satz können wir daher mit einer n-punktigen Integrationsvorschrift höchstens den Approximationsgrad 2n-1 erreichen.

Daß dies immer, und zwar nur auf eine Weise, geht, wollen wir weiter unten zeigen. Die Berechnung der Gewichte erfordert dabei aber noch die Kenntnis der **Interpolationsmethode von Lagrange**, die auch von eigenständiger Bedeutung ist. Wir formulieren sie als

Satz 24.2.1:

(a) Zu n paarweise verschiedenen reellen Punkten $x_1, \ldots, x_n$ und vorgeschriebenen Funktionswerten $y_1, \ldots, y_n \in \mathbb{R}$ existiert ein eindeutig bestimmtes Polynom F vom Grad < n mit $F(x_i) = y_i$. F heißt der **Lagrange-Interpolator** zu den gegebenen x_i und y_i.

(b) Die explizite Darstellung von F lautet

$$F = y_1 J_1 + \ldots + y_n J_n$$

wobei die **Basisinterpolatoren** $J_i \in \mathrm{Pol}_{<n}(M)$ die spezielle Interpolationsaufgabe

$$J_i(x_j) = \delta_{ij}$$

lösen $(1 \le i \le n)$.

(c) Der Berechnung von J_i dient die Formel

$$J_i(x) = \frac{P(x)}{(x-x_i)P'(x_i)}$$

in welcher P irgendein Grad-n-Polynom bezeichnet, dessen Nullstellenmenge $\{x_1,\ldots,x_n\}$ ist, z.B.

$$P(x) = (x-x_1)\cdot\ldots\cdot(x-x_n)$$

Beweis:

Angenommen, es gäbe zwei verschiedene Polynome F_1 und F_2, die denselben Datensatz x_i, y_i interpolieren. Dann wäre F_1-F_2 ein Polynom mit Grad < n, das nicht identisch verschwände, aber n Nullstellen hätte, was natürlich unmöglich ist. Wenn es also überhaupt einen Lagrange-Interpolator gibt, ist er eindeutig.

Der unter (c) genannte Ausdruck für $J_i(x)$ ist offensichtlich ein Polynom des Grades (n-1). Es verschwindet in allen x_j $(j \neq i)$. Wir müssen also nur noch $J_i(x_i) = 1$ nachweisen; damit ist J_i tatsächlich als i-ter Basisinterpolator geeignet, woraus auch die Aussagen (a) und (b) unmittelbar folgen. Als Polynom ist J_i stetig, worauf wir die fragliche Berechnung gemäß

$$J_i(x_i) = \lim_{\varepsilon\to 0} J_i(x_i+\varepsilon) = \lim_{\varepsilon\to 0} \frac{P(x_i+\varepsilon)}{\varepsilon\, P_i'(x_i)} = \lim_{\varepsilon\to 0} \frac{P(x_i+\varepsilon)-P(x_i)}{\varepsilon\, P_i'(x_i)} = 1$$

gründen.

Wir wenden uns jetzt wieder der ursprünglichen Fragestellung in ihrer allgemeinsten Form zu.

Satz 24.2.2:

Sei M ein Intervall mit positiver Metrik, beschrieben durch das Bogenlängenelement ds. Die zugehörige **orthonormale Polynomfamilie** bezeichnen wir mit $\{P_0, P_1, P_2, \ldots\}$.

(a) Die P_m genügen den Identitäten

$$P_0(x)\,P_0(y) + \ldots + P_n(x)\,P_n(y) = \frac{k_n}{k_{n+1}}\;\frac{P_{n+1}(x)P_n(y) - P_n(x)P_{n+1}(y)}{x - y}$$

und

$$P_0^2(x) + \ldots + P_n^2(x) = \frac{k_n}{k_{n+1}}\left[P'_{n+1}(x)\,P_n(x) - P'_n(x)\,P_{n+1}(x)\right]$$

(b) Unter allen n-punktigen Integrationsvorschriften auf M gibt es genau eine, die den maximal möglichen Approximationsgrad 2n-1 besitzt **(Gauß-integration** auf M).

(c) Die Stützstellen $x_1,\ldots,x_n$ dieser Methode $\mathfrak{J} = \mathfrak{J}(\mathfrak{X},\mathfrak{W})$ sind die Lösungen von

$$P_n(x_i) = 0$$

(d) Die Gewichte $w_1,\ldots,w_n$ lassen sich unter Zuhilfenahme der Lagrangeinterpolatoren J_i (bezogen auf die Integrationspunkte $x_1,\ldots,x_n$) durch einen der folgenden gleichwertigen Ausdrücke ermitteln:

$$w_i = \int_M^* J_i = \int_M J_i(x)\,ds = \int_M \frac{P_n(x)}{(x-x_i)\,P'_n(x_i)}\,ds$$

$$w_i = \int_M^* J_i^2 = \int_M J_i(x)\,ds = \int_M \left[\frac{P_n(x)}{(x-x_i)\,P'_n(x_i)}\right]^2 ds$$

$$w_i^{-1} = P_0^2(x_i) + \ldots + P_n^2(x_i)$$

$$w_i^{-1} = \frac{k_{n-1}}{k_n}\,P_{n-1}(x_i)\,P'_n(x_i)$$

Dabei ist k_n der Koeffizient des führenden Terms in der expliziten Entwicklung

$$P_n(x) = k_n\,x^n + \ldots + k_0\,x^0$$

Beweis:

Wir schließen aus der Rekursionsbeziehung (Satz 23.2.2)

$$P_{m+1}(x) = \left[a_m + b_m x\right] P_m(x) - c_m P_{m-1}(x)$$

mit geeigneten Koeffizienten a_m, b_m, c_m auf

$$P_{m+1}(x) P_m(y) - P_m(x) P_{m+1}(y) =$$

$$= b_m (x-y) P_m(x) P_m(y) + c_m \left[P_m(x) P_{m-1}(y) - P_{m-1}(x) P_m(y)\right]$$

Durch Vergleich der Anfangsglieder in der Reihenentwicklung erhalten wir

$$b_m = \frac{k_{m+1}}{k_m}$$

$$c_m = \frac{b_m}{b_{m-1}} = \frac{k_{m+1} k_{m-1}}{k_m^2}$$

und weiter

$$\frac{k_m}{k_{m+1}} \left[P_{m+1}(x) P_m(y) - P_m(x) P_{m+1}(y)\right] =$$

$$= (x-y) P_m(x) P_m(y) + \frac{k_{m-1}}{k_m} \left[P_m(x) P_{m-1}(y) - P_{m-1}(x) P_m(y)\right]$$

Substitution von 0,...,n anstelle von m und Addition liefert die erste Identität aus (a); die zweite erhalten wir durch den Grenzübergang $y \to x$. Es sei P ein Polynom des Grades n, das alle Integrationspunkte x_k als Nullstellen hat. Für jedes Polynom Q mit Grad(Q) < n wird P·Q exakt integriert. Die Gaußmethode liefert aber nach Wahl von P als Schätzwert

$$\sum_{k=1}^{n} w_k P(x_k) Q(x_k) = 0$$

Daher muß auch

$$\langle P,Q\rangle_M = \int_M^* (PQ) = 0$$

gelten. P ist folglich zu allen Polynomen niedrigeren Grades orthogonal und somit ein Vielfaches von P_n. Insbesondere sind $x_1,\dots,x_n$ als die Nullstellen von P_n eindeutig bestimmt. Das impliziert Teil (c) des Satzes.

Ein vorgelegtes Polynom F, dessen Grad nicht größer als 2n-1 ist, zerfällen wir durch Division modulo P_n gemäß

$$F = P_n Q + R$$

wobei Quotient Q und Rest R beide Grad < n haben. Daß $P_n \cdot Q$ unabhängig von der Fixierung der Gewichte w_k exakt integriert wird, wissen wir schon. Wir brauchen also nur noch die entsprechende Forderung in Bezug auf R zu erfüllen.

Es reicht aus, dies für $P_0,\dots,P_{n-1}$ zu tun, da diese bekanntlich eine Basis von $Pol_{<n}(\mathcal{I})$ bilden. Das führt auf ein lineares System von n Gleichungen in ebensovielen Unbekannten, das wir in Matrixform schreiben:

$$w\,K = v$$

Hier ist der Gewichtsvektor

$$w = (w_0,\dots,w_{n-1})$$

gesucht; die Matrix K hat die Koeffizienten

$$K_{ij} = P_j(x_i)$$

und die des Hilfsvektors v sind

$$v_j = \int_M^* P_j(x) = \delta_{j0}$$

wenn wir noch die Orthogonalität der P_k berücksichtigen. Wir betrachten ein n-Tupel $\lambda_0,\dots,\lambda_{n-1}$ von reellen Zahlen, das

$$\sum_{k=0}^{n-1} \lambda_k P_k(x_i) = 0$$

für alle $i \in \{1,\dots,n\}$ erfüllt. Das Polynom

$$\lambda_0 P_0(x) + \dots + \lambda_{n-1} P_{n-1}(x)$$

hat dann einen Grad $< n$, aber die n Nullstellen x_i. Es ist daher identisch Null, was wegen der linearen Unabhängigkeit der P_i das Verschwinden sämtlicher λ's bedeutet. Zwischen den Zeilen der Matrix K können daher keine nichttrivialen linearen Beziehungen statthaben:

$$\det K \neq 0$$

Das beweist die Existenz wie die Eindeutigkeit des Vektors w als Lösung von $w\,K = v$; wir wissen allerdings noch nicht, ob die Gewichte positiv sind. Außerdem brauchen wir sie ja explizit, um damit rechnen zu können!

Die ersten beiden Gleichungen für die w_i ergeben sich aus der Tatsache, daß die Lagrangepolynome J_i und ihre Quadrate, weil vom Grad $n-1$ bzw. $2n-2$, exakt integriert werden müssen. Die Gaußregel gibt aber für beide Integrale den gemeinsamen Wert w_i. Nebenbei ergibt sich wegen $J_i^2(x) \geq 0$ und $J_i \not\equiv 0$ die zum Beweis von (b) noch fehlende Positivität der w_i.

Um die letzte unter (d) genannte Gleichung herzuleiten, setzen wir $y = x_i$ in unserer ersten Identität, was

$$P_0(x_i)\, P_0(x) + \dots + P_n(x_i)\, P_n(x) = - \frac{k_n}{k_{n+1}} \frac{P_n(x)\, P_{n+1}(x_i)}{x - x_i}$$

liefert. Integration über M führt auf die zur gesuchten äquivalente Beziehung

$$1 = - \frac{k_n}{k_{n+1}} P_{n+1}(x_i) \int_M \frac{P_n(x)}{x - x_i}\, ds = - \frac{k_n}{k_{n+1}} P_{n+1}(x_i)\, P_n'(x_i)\, w_i$$

wobei wir noch die erste Formel für w_i benutzt haben. Daraus folgt schließlich ohne weiteres die einzige noch ausstehende Relation durch Kombination mit der zweiten im Satz genannten Identität.

Es mag noch von Interesse sein, eine alternative Berechnungsmöglichkeit für die Gaußgewichte zu besitzen, die numerisch vielleicht etwas bequemer ist. Sie hat allerdings für verschiedene Metriken leicht abweichende Gestalt, weil die Koeffizienten der Rekursionsrelation in die Rechnung eingehen; daher geben wir die fraglichen Formeln nur für die vier Mannigfaltigkeiten des Abschnitts 23.2 an (die wegen der Verwendung der nur orthogonalen, nicht jedoch normierten "klassischen" Polynome erforderlichen Korrekturfaktoren sind dabei ohne Kommentar berücksichtigt):

Satz 24.2.3:

Ist M einer der Riemannschen Räume $\mathcal{J}, \mathcal{H}, \mathcal{G}$ oder $\mathcal{K}$, so sind die jeweiligen Integrationspunkte x_i der (klassischen) **Gaußintegration** die Nullstellen des n-ten zugeordneten Orthogonalpolynoms, während die Gewichte w_i sich mit der Ableitung des (n-1)-ten wie folgt ausdrücken lassen:

(a) M = $\mathcal{J}$ (Legendrepolynome):

$$P_n(x_i) = 0$$

$$w_i = (1-x_i^2)^{-1} \left[P'_n(x_i)\right]^{-2}$$

(b) M = $\mathcal{H}$ (Laguerrepolynome):

$$L_n(x_i) = 0$$

$$w_i = x_i^{-1} \left[L'_n(x_i)\right]^{-2}$$

(c) M = $\mathcal{G}$ (Hermitepolynome):

$$H_n(x_i) = 0$$

$$w_i = 2^{n+1}\, n! \left[H'_n(x_i)\right]^{-2}$$

(d) M = $\mathcal{K}$ (Tschebyscheffpolynome):

$$T_n(x_i) = 0$$

$$w_i = \frac{1}{n}$$

Der Tschebyscheff-Fall ist wegen der Gleichheit aller Gewichte besonders bemerkenswert; wir werden alsbald darauf zurückkommen und diese Situation noch von einer anderen Seite her beleuchten (Abschn. 25.1).

Die Gaußintegration stellt ein in der Praxis außerordentlich gut bewährtes numerisches Verfahren dar; wir können dies hier aber leider nicht genauer ausführen und verweisen deshalb auf Szegö [1975] und die dort zitierten Originalarbeiten, u.a. Gauß [1814] und Jacobi [1826].

24.3. Einfache Beispiele

Ein nicht zu unterschätzendes Problem bei der Anwendung numerischer Integratoren ist die Berechnung, Übermittlung und Speicherung der benötigten Stützstellen und Gewichte. Deren Anzahl wächst mit steigenden Genauigkeitsanforderungen und der Dimension des Definitionsbereichs immens an. Aus diesem Grunde ist es ratsam, sich auf solche Verfahren zu beschränken, die einfache Beschreibungen der genannten Größen zulassen.
Einen sehr eleganten Weg zu diesem Ziel bilden die Gitterintegrationsmethoden, denen wir uns zuerst zuwenden wollen; eine alternative Methode stellen wir einstweilen (bis zum nächsten Kapitel) zurück.

Definition 24.3.1:

Wir geben ein n-dimensionales Gitter $\Gamma \subset \mathbb{R}^n$ und eine natürliche Zahl m vor.

(a) Unter einem **Gitterintegrationsverfahren** des **Rangs** m zu Γ, oder kurz: einem (m,Γ)-Verfahren, verstehen wir eine Integrationsmethode $\mathfrak{J}(\mathfrak{X},\mathfrak{W})$, deren Stützstellensystem

$$\mathfrak{X} = \Delta_1 \cup \dots \cup \Delta_m$$

die Vereinigung der radial auf die Einheitssphäre Ω_n projizierten ersten m Schichten von Γ, d.h. von

$$\Delta_i = \left\{ \frac{x}{|x|} \;\middle|\; x \in \Gamma^{(i)} \right\}$$

$(i \in \{1,\dots,m\})$ ist, während die Gewichte nur von i, aber nicht von der jeweiligen Auswahl des Punktes abhängen.

(b) Das (m,Γ)-Verfahren $\mathfrak{J}(\mathfrak{X},\mathfrak{W})$ heißt **optimal**, wenn sein Approximationsgrad von keinem anderen mit demselben Grundgitter Γ und dem gleichen Rang m übertroffen wird.

Wir nennen das zur Schicht i gehörende Gewicht jetzt w_i. Nach Festlegung

von Γ und m bilden die w_i ein System von m frei verfügbaren Parametern, die selbstverständlich nicht negativ sein dürfen. Wir erlauben jetzt aber ausdrücklich $w_i = 0$ für einzelne i, was dem Auslassen der betreffenden Schichten entspricht. Wenn ein Vektor $v \in \Omega_n$ durch Projektion mehrerer Schichten zustandekommt, ist er entsprechend oft zu berücksichtigen.
Jede exakt zu integrierende Funktion liefert eine lineare Beziehung zwischen den w_i. Es genügt allerdings zur Berechnung des Approximationsgrades g, diese Forderung für die unter der Punktgruppe Pkt(Γ) invarianten Polynome mit Grad $\le$ g zu betrachten, was namentlich bei hochsymmetrischen Gittern eine spürbare Erleichterung bedeutet.
Um optimale Gitterverfahren zu finden, haben wir somit ein lineares Gleichungssystem mit den Nebenbedingungen $w_i \ge 0$ zu lösen. Es handelt sich um eine typische **lineare Optimierungsaufgabe**.
Zur Illustration des Vorgehens diskutieren wir zwei besonders wichtige und zugleich wegen ihrer Einfachheit übersichtliche Spezialfälle, nämlich die drei- bzw. vierdimensionalen **kubischen Gitter**.
Wir beginnen mit $\Gamma = \mathbb{Z}^3 \subset \mathbb{R}^3$ und benutzen die Standardkoordinaten (x,y,z). Als erstes stellen wir einige allgemeine Informationen zusammen, die uns schon aus früheren Kapiteln bekannt sind.
Die Punktgruppe von Γ ist

$$G = \mathrm{Pkt}(\Gamma) = \mathrm{Pkt}(\mathbb{Z}^3) = 2^3 : S_3$$

Das ist eine **Coxetergruppe**, deren Basisinvarianten wir aus Abschn. 17.1 entnehmen. Wir entscheiden uns für die **Potenzsummen**

$$p_2(x,y,z) = x^2 + y^2 + z^2$$

$$p_4(x,y,z) = x^4 + y^4 + z^4$$

$$p_6(x,y,z) = x^6 + y^6 + z^6$$

Die einfachsten G-Invarianten auf Ω_3 sind 1, p_4, p_6, p_4^2, $p_4\,p_6$, mit den Graden 0,4,6,8,10. Es folgen zwei linear unabhängige Polynome des Grades 12 in Inv(G), nämlich p_4^3 und p_6^2.
Die **Thetafunktion** ϑ von $\mathbb{Z}^n$ ist die n-te Potenz von

$$\vartheta_{\mathbb{Z}}(q) = \sum_{i\in\mathbb{Z}} q^{i^2} = 1 + 2\,q^1 + 2\,q^4 + 2\,q^9 + 2\,q^{16} + \ldots$$

woraus wir leicht die in Tab. 24.3.1 aufgelisteten Anfangsglieder finden. Zum Vergleich geben wir auch die ersten Terme der ϑ-Funktionen von $\mathbb{Z}^2$ und $\mathbb{Z}^4$ an.

Tab. 24.3.1

k	0	1	2	3	4	5	6	7	8	9	10
$\vartheta_k(\mathbb{Z}^2)$	1	4	4	0	4	8	0	0	4	4	8
$\vartheta_k(\mathbb{Z}^3)$	1	6	12	8	6	24	24	0	12	30	24
$\vartheta_k(\mathbb{Z}^4)$	1	8	24	32	24	48	96	64	24	104	144

Die Ω_3-Mittelwerte der nichtkonstanten Basisinvarianten bis einschließlich zum Grad 12 über Ω_3 sind

Tab. 24.3.2

F	p_4	p_6	p_4^2	$p_4 p_6$	p_4^3	p_6^2
$\langle F\rangle_{\Omega_3}$	$\frac{3}{5}$	$\frac{3}{7}$	$\frac{41}{105}$	$\frac{23}{77}$	$\frac{1371}{5005}$	$\frac{241}{1001}$

Sie wurden mit Hilfe des Satzes 24.1.3 gefunden. Durch direkte Summation erhalten wir noch die in der nachstehenden Übersicht (Tab. 24.3.3) angegebenen Mittelwerte über die für uns relevanten projizierten Γ-Schichten Δ_i. Wir könnten die Listen ohne weiteres praktisch beliebig verlängern; da es uns jedoch vor allem auf eine Erläuterung des Vorgehens ankommt, mögen die hier mitgeteilten Daten genügen.

Tab. 24.3.3

	p_4	p_6	p_4^2	p_4p_6	p_4^3	p_6^2
Δ_1	1	1	1	1	1	1
Δ_2	$\frac{1}{2}$	$\frac{1}{4}$	$\frac{1}{4}$	$\frac{1}{8}$	$\frac{1}{8}$	$\frac{1}{16}$
Δ_3	$\frac{1}{3}$	$\frac{1}{9}$	$\frac{1}{9}$	$\frac{1}{27}$	$\frac{1}{27}$	$\frac{1}{81}$
Δ_4	1	1	1	1	1	1
Δ_5	$\frac{17}{25}$	$\frac{13}{25}$	$\frac{289}{625}$	$\frac{221}{625}$	$\frac{4913}{15625}$	$\frac{169}{625}$

Nehmen wir $m = 1$ an, so ist nur ein Gewicht zu berechnen, wofür die exakte Integration des konstanten Polynoms 1 sofort $w_1 = 1$ liefert. Es stellt sich heraus, daß durch diese Festsetzung ein Verfahren der Ordnung $g = 3$ definiert ist, weil bereits das erste nichttriviale G-invariante Polynom (p_4) nicht korrekt gemittelt wird.

Gehen wir also zu $m = 2$ über! Jetzt brauchen wir zwei Gleichungen, um die beiden Unbekannten w_1 und w_2 zu fixieren. Die Integrationsbedingungen der beiden einfachsten Invarianten 1 und p_4 ergeben unter Heranziehung der Tabellen das lineare System

$$\begin{aligned} w_1 + \phantom{\tfrac{1}{2}} w_2 &= 1 \\ w_1 + \tfrac{1}{2} w_2 &= \tfrac{3}{5} \end{aligned}$$

mit der Lösung

$$(w_1, w_2) = \left(\frac{1}{5}, \frac{4}{5}\right)$$

die den Grad $g = 5$ besitzt, weil bei der numerischen Integration von p_6 ein Fehler auftritt. Die Behandlung des nächsten Falles, $m = 3$, geht genauso

vonstatten, weshalb sich eine nähere Darlegung der Rechenschritte erübrigt. Bei m = 4 dagegen tritt eine Schwierigkeit auf. Die Vektoren aus $\Gamma^{(4)}$ sind nämlich genau die verdoppelten Elemente der ersten Schicht, weshalb $\Delta_4 = \Delta_1$ ist. Die Hinzunahme von Δ_4 kann also keine Verbesserung liefern.
Der folgende Schritt, weiter zu m = 5, verläuft hingegen wieder "normal", und der Grad steigt von 7 auf 9.
Die auf diesem Wege erhaltenen $(m,\mathbb{Z}^3)$-Gitterintegrationsverfahren fassen wir zu Tab. 24.3.4 zusammen. Dort sind neben dem jeweiligen Rang m und den Gewichten auch der Grad g und die Gesamtzahl N der Stützstellen angegeben.

Tab. 24.3.4

m	w_1	w_2	w_3	w_4	w_5	g	N
1	1					3	6
2	$\frac{1}{5}$	$\frac{4}{5}$				5	18
3	$\frac{2}{7}$	$\frac{16}{35}$	$\frac{9}{35}$			7	26
5	$\frac{1}{21}$	$\frac{32}{945}$	$\frac{9}{35}$	0	$\frac{125}{189}$	9	50

Die Untersuchungen, die zur Erstellung von Gitterintegrationsverfahren mit $\Gamma = \mathbb{Z}^4 \subset \mathbb{R}^4$ erforderlich sind, verlaufen parallel zu den oben wiedergegebenen. Daher wird es genügen, die wichtigsten Schritte kurz zusammenzufassen. Die Anfangsglieder der Thetafunktion kennen wir bereits aus Tab. 24.3.1. Als Basisinvariante der Punktgruppe

$$\mathrm{Pkt}(\Gamma) = \mathrm{Pkt}(\mathbb{Z}^4) = 2^4 : S_4$$

die wie zuvor aus allen monomialen Substitutionen des $\mathbb{R}^4$ besteht, verwenden wir wiederum Potenzsummen der kartesischen Koordinaten (w, x, y, z), und zwar diesmal

$$p_2(w,x,y,z) = w^2 + x^2 + y^2 + z^2$$

$$p_4(w,x,y,z) = w^4 + x^4 + y^4 + z^4$$

$$p_6(w,x,y,z) = w^6 + x^6 + y^6 + z^6$$

$$p_8(w,x,y,z) = w^8 + x^8 + y^8 + z^8$$

Nach Restriktion auf Ω_4 sind die nach Graden geordneten ersten 6 Basisinvarianten 1, p_4, p_6, p_4^2, p_8, $p_4\,p_6$, jeweils von den Graden 0,4,6,8,8,10. Vom Grad 12 gibt es drei linear unabhängige, nämlich p_4^3, p_6^2 und $p_4\,p_8$.
Die relevanten Mittelwerte über Ω_4 und die projizierten Schichten $\Delta_1,\ldots,\Delta_5$ finden wir nach dem üblichen Verfahren. Sie sind in den Tabellen 24.3.5 und 24.3.6 übersichtlich zusammengestellt.

Tab. 24.3.5

F	p_4	p_6	p_4^2	p_8	p_4p_6
$\langle F\rangle_{\Omega_4}$	$\frac{1}{2}$	$\frac{5}{16}$	$\frac{11}{40}$	$\frac{7}{32}$	$\frac{3}{16}$

Tab. 24.3.6

	p_4	p_6	p_4^2	p_8	p_4p_6
Δ_1	1	1	1	1	1
Δ_2	$\frac{1}{2}$	$\frac{1}{4}$	$\frac{1}{4}$	$\frac{1}{8}$	$\frac{1}{8}$
Δ_3	$\frac{1}{3}$	$\frac{1}{9}$	$\frac{1}{9}$	$\frac{1}{27}$	$\frac{1}{27}$
Δ_4	$\frac{1}{2}$	$\frac{3}{8}$	$\frac{3}{8}$	$\frac{11}{32}$	$\frac{11}{32}$
Δ_5	$\frac{17}{25}$	$\frac{13}{25}$	$\frac{289}{625}$	$\frac{257}{625}$	$\frac{221}{625}$

Eine Erörterung der Fälle m ≤ 3 erübrigt sich, weil hier alles ganz nach dem bekannten Schema abläuft.

Bei m = 4 tritt ein Problem auf, weil es zwei linear unabhängige Invarianten des Grades 8 gibt (p_4^2 und p_8), die wir nicht simultan exakt mitteln können. Wir haben daher eine gewisse Wahlmöglichkeit und dürfen beispielsweise verlangen, daß eines der beiden Polynome oder eine Linearkombination fehlerfrei integriert werden soll.

Besser ist aber die Forderung nach gleichzeiter Minimierung der Abweichung für alle Grad-8-Invarianten. Sie ist tatsächlich erfüllbar und liefert die in Tab. 24.3.7 notierten Gewichte. Eine Graderhöhung gegenüber m = 3 ist jedoch nicht zu erreichen.

Ein zusätzlicher Vorteil besteht in der geringeren Stützstellenzahl (48 statt 64) im Vergleich mit m = 3, weil die Schichten Δ_1 und Δ_3 nichts beitragen.

Wenn m = 5 ist, müssen wir wieder optimieren, weil die formale Lösung des linearen Gleichungssystems zum Teil negative und somit unzulässige Gewichte ergäbe. Auch jetzt erhalten wir nur g = 7; der Fehler bei Kugelflächenfunktionen des Grades 8 reduziert sich aber. Dafür müssen wir eine nicht unerhebliche Vermehrung der Integrationspunkte akzeptieren.

Im einzelnen ist das Ergebnis der skizzierten Rechnungen in der folgenden Tabelle niedergelegt.

Tab. 24.3.7

m	w_1	w_2	w_3	w_4	w_5	g	N
1	1					3	8
2	0	1				5	24
3	$\frac{3}{16}$	$\frac{1}{4}$	$\frac{9}{16}$			7	64
4	0	$\frac{1}{2}$	0	$\frac{1}{2}$		7	48
5	0	0	$\frac{27}{56}$	$\frac{1}{14}$	$\frac{25}{56}$	7	104

24.4. Integration mittels des Gossetgitters

Ein Gitter Γ ist zur Konstruktion numerischer Integrationsverfahren umso besser geeignet, je weniger Invarianten niedrigen Grades seine Punktgruppe besitzt. Im allgemeinen ist dies gleichbedeutend mit einer hohen Symmetrie. Aus diesem Grund sind die bislang diskutierten kubischen Gitter nicht ideal; es gibt, vor allem in höheren Dimensionen, günstigere Kandidaten.
Schon eine flüchtige Betrachtung der Basisgrade der endlichen Coxetergruppen (Tab. 17.4.1) deutet an, daß Gossets $\mathbb{E}_8$-Gitter besonders gute Voraussetzungen bietet. Die Wurzelsysteme der Typen $\mathbb{F}_4$, $\mathbb{H}_3$ oder $\mathbb{H}_4$, die z.T. noch weniger Invarianten besitzen, scheiden ja leider aus, da die von ihnen erzeugten $\mathbb{Z}$-Moduln in den Einbettungsräumen dicht liegen und somit keine Gitter bilden. Dennoch lassen auch sie sich (in ganz anderer Weise) zur Konstruktion von Integratoren heranziehen, wie wir im folgenden Kapitel zeigen werden.
Kallrath & Neutsch [1990] haben, durch den oben angeführten Grund ebenso motiviert wie durch das in der Teilchenphysik (Feldtheorie) gelegentlich geäußerte Bedürfnis nach effizienten Abschätzungen von Integralen über die 7-Sphäre, die Gewichte für die ersten sechs Schichten des Gossetgitters explizit ermittelt.
Historisch war dies der erste Einsatz von Gitterintegrationsmethoden, obwohl bereits früher, vgl. Goethals & Seidel [1981], in unsystematischer Weise Linearkombinationen von (maximal) zwei projizierten Schichten gewisser hochsymmetrischer Gitter wie des von Leech (s.u.) gebildet wurden.
Die in der zitierten Untersuchung von Kallrath & Neutsch [1990] erklärten Deduktionen entsprechen nahezu vollkommen dem in Abschn. 24.3 bei den kubischen Gittern eingeschlagenen Weg; daher können wir uns hier so kurz wie möglich fassen. Nur einige wesentliche Zwischenschritte und natürlich das Endresultat der Betrachtungen sollen diskutiert werden.
Dabei machen wir uns von der genannten Publikation unabhängig, indem wir uns der bereits in früheren Kapiteln des vorliegenden Buches hergeleiteten Ergebnisse bedienen. Auch passen wir Bezeichnungen und Normierungen an die hier verwendeten Verabredungen an, wodurch einige unwesentliche Unterschiede im Vergleich zur Originalarbeit bedingt sind.
Wir setzen also Γ als die Standardversion des **Gossetgitters** voraus und be-

schränken uns, wie a.a.O., auf die ersten 6 Schichten. Weil Γ gerade ist, entspricht dies eigentlich sogar 12 Schichten; die Vektoren ungerader Norm entfallen ja. Gemäß der Verabredung aus Definition 19.2.1 meinen wir, wie stets bei geraden Gittern, mit $\Gamma_k = \Gamma^{(2k)}$ die Menge der Γ-Vektoren vom Typ k, d.h. Norm 2k.
Die Anfangsterme der Thetareihe erhalten wir aus der in Abschn. 19.3 hergeleiteten Formel. Sie sind in Tab. 24.4.1 wiedergegeben, wobei wir zum Vergleich noch die analogen Entwicklungen der $\mathbb{E}_6$- und $\mathbb{E}_7$-Gitter hinzugesetzt haben.

Tab. 24.4.1

k	0	1	2	3	4	5	6	7	8	9	10
$\vartheta_k(\mathbb{E}_6)$	1	72	270	720	936	2160	2214	3600	4590	6552	5184
$\vartheta_k(\mathbb{E}_7)$	1	126	756	2072	4158	7560	11592	16704	24948	31878	39816
$\vartheta_k(\mathbb{E}_8)$	1	240	2160	6720	17520	30240	60480	82560	140400	181680	272160

Es wird sowohl bei der Berechnung der optimalen Gewichte als auch beim späteren Einsatz des Verfahrens selbst erforderlich sein, alle Vektoren der beteiligten Schichten zu kennen. Da die Struktur des Gossetgitters nicht ganz so einfach wie die von $\mathbb{Z}^n$ ist, dürfte eine etwas explizitere Beschreibung hilfreich sein. Wir geben sie in Gestalt der Tab. 24.4.2. Diese enthält aus jeder Bahn der in

$$\mathrm{Pkt}(\Gamma) = \mathrm{Weyl}(\mathbb{E}_8) \cong 2 \wedge O_8^+(2) : 2$$

liegenden monomialen Untergruppe

$$\mathrm{Weyl}(\mathbb{D}_8) \cong 2^7 : S_8$$

ein Element. Die übrigen bekommen wir durch die Kombination geradzahlig vieler Vorzeichenwechsel mit beliebigen Permutationen der Koordinaten.

Tab. 24.4.2

1	$(1,1,0,0,0,0,0,0)$	112	
	$\frac{1}{2}(1,1,0,0,0,0,0,0)$	128	240
2	$(2,0,0,0,0,0,0,0)$	16	
	$\frac{1}{2}(-3,1,1,1,1,1,1,1)$	1024	
	$(1,1,1,1,1,1,1,1)$	1120	2160
3	$(2,1,1,0,0,0,0,0)$	1344	
	$\frac{1}{2}(3,3,1,1,1,1,1,1)$	3584	
	$(1,1,1,1,1,1,0,0)$	1792	6720
4	$\frac{1}{2}(5,1,1,1,1,1,1,1)$	1024	
	$(2,2,0,0,0,0,0,0)$	112	
	$(2,1,1,1,1,0,0,0)$	8960	
	$\frac{1}{2}(3,3,3,1,1,1,1,1)$	7168	
	$(1,1,1,1,1,1,1,1)$	256	17520
5	$(3,1,0,0,0,0,0,0)$	224	
	$\frac{1}{2}(-5,3,1,1,1,1,1,1)$	7168	
	$(2,2,1,1,0,0,0,0)$	6720	
	$(2,1,1,1,1,1,1,0)$	7168	
	$\frac{1}{2}(3,3,3,3,1,1,1,1)$	8960	30240
6	$(3,1,1,1,0,0,0,0)$	4480	
	$\frac{1}{2}(5,3,3,1,1,1,1,1)$	21504	
	$(2,2,2,0,0,0,0,0)$	448	
	$(2,2,1,1,1,1,0,0)$	26880	
	$\frac{1}{2}(3,3,3,3,3,1,1,1)$	7168	60480

In den beiden Schlußspalten haben wir zur Kontrolle die jeweiligen Anzahlen hinzugefügt.

Glücklicherweise besitzt, wie wir aus Abschn. 17.2 wissen, die Coxetergruppe Weyl($\mathbb{E}_8$) ein äußerst einfaches System von **Basisinvarianten**, nämlich die über alle 240 Wurzeln von $\Sigma = \Sigma(\mathbb{E}_8)$ gemittelten k-ten Potenzen

$$P_k(x) = \frac{1}{240} q_k(x) = \frac{1}{240} \sum_{\xi\in\Sigma} \langle x,\xi\rangle^k$$

Dabei durchläuft k die acht Basisgrade 2,8,12,14,18,20,24,30.

Die für unsere Zwecke in Betracht kommenden ersten sechs invarianten **Kugelflächenfunktionen** auf Ω_8 sind, nach steigenden Graden sortiert, die Einschränkungen der Polynome P_0, P_8, P_{12}, P_{14}, P_8^2 und P_{18}.

Ihre Ω_8-Mittelwerte sind aus Tab. 24.4.3 zu entnehmen. Die Abweichung von der entsprechenden Liste aus Kallrath & Neutsch [1990] erklärt sich aus der unterschiedlichen Normierung, die natürlich auf das Endergebnis keinen Einfluß hat. Ebenso leicht erhalten wir die Schichtmittel (Tab. 24.4.4).

Tab. 24.4.3

F	P_0	P_8	P_{12}	P_{14}	P_8^2	P_{18}
$\langle F\rangle_{\Omega_8}$	1	$\frac{1}{8}$	$\frac{11}{64}$	$\frac{143}{640}$	$\frac{3303}{880}$	$\frac{221}{512}$

Tab. 24.4.4

	P_0	P_8	P_{12}	P_{14}	P_8^2	P_{18}
Δ_1	1	$\frac{13}{80}$	$\frac{173}{320}$	$\frac{137}{128}$	$\frac{507}{80}$	$\frac{2185}{512}$
Δ_2	1	$\frac{19}{160}$	$\frac{299}{2560}$	$\frac{239}{2048}$	$\frac{1083}{320}$	$\frac{3823}{32768}$
Δ_3	1	$\frac{31}{240}$	$\frac{1811}{8640}$	$\frac{3089}{10368}$	$\frac{961}{240}$	$\frac{241333}{373248}$
Δ_4	1	$\frac{2851}{23360}$	$\frac{215741}{1495040}$	$\frac{24881}{149504}$	$\frac{2676363}{747520}$	$\frac{380751103}{1530920960}$
Δ_5	1	$\frac{1273}{10000}$	$\frac{194081}{1000000}$	$\frac{543953}{2000000}$	$\frac{4861587}{1250000}$	$\frac{122295289}{200000000}$
Δ_6	1	$\frac{179}{1440}$	$\frac{3791}{23040}$	$\frac{102121}{497664}$	$\frac{32041}{8640}$	$\frac{8193095}{23887872}$

Wir heben hervor, daß die Ω_8-Integration der Polynome P_k wegen ihrer speziellen Form völlig trivial und fast ohne Rechnung durchführbar ist; lediglich P_8^2 bereitet etwas mehr Mühe, weil man ausmultiplizieren muß. Die Mittelwerte über die Γ-Schichten Γ_k bzw. die projizierten Mengen $\Delta_k \subset \Omega_8$ findet man durch direkte Summation aller Terme; wir können aber auch hierbei dank der schon bekannten Entwicklungen nach den Weyl($\mathbb{D}_8$)-Invarianten, vgl. Abschn. 17.2, erheblich abkürzen. Die praktischen Details dieser Berechnungen übergehen wir.

Im übrigen verlaufen die weiteren Betrachtungen wie bei $\mathbb{Z}^3$ und $\mathbb{Z}^4$. Nur für die Ränge 3 und 5 stellt sich eine Komplikation ein, weil die formale Lösung der Bedingungsgleichungen in beiden Fällen der ersten Schicht ein negatives Gewicht zuordnet, was bekanntlich unzulässig ist.

Beispielsweise erhalten wir mit m = 3:

$$(w_1, w_2, w_3) = \left(-\frac{1}{56}, \frac{12}{35}, \frac{27}{40}\right)$$

Der Ausweg besteht, wie schon zuvor ausführlich erörtert, in der linearen Optimierung unter der Nebenbedingung $w_k \geq 0$, die das in der dritten Zeile der Tab. 24.4.5 stehende Verfahren liefert. Ähnlich ist es im Fall m = 5.

Tab. 24.4.5

m	w_1	w_2	w_3	w_4	w_5	w_6
1	1					
2	$\frac{1}{7}$	$\frac{6}{7}$				
3	0	$\frac{2}{5}$	$\frac{3}{5}$			
4	$\frac{347}{37800}$	$\frac{16}{175}$	$\frac{81}{200}$	$\frac{2336}{4725}$		
5	0	$\frac{58864}{1761165}$	$\frac{614061}{2460040}$	$\frac{203232}{430507}$	$\frac{1084375}{4428072}$	
6	$\frac{961349573}{470869291200}$	$\frac{241040038}{22071998025}$	$\frac{1671755193}{39239107600}$	$\frac{54419456}{210209505}$	$\frac{15625}{44352}$	$\frac{817292106}{2452444225}$

Die Approximationsgrade und die benötigten Stützstellenanzahlen bilden den Inhalt der Tab. 24.4.6:

Tab. 24.4.6

m	g	N
1	7	240
2	11	2400
3	11	8880
4	15	26640
5	15	56640
6	19	117360

Schon die Verwendung zweier Schichten mit nur 2400 Punkten ergibt ein sehr gutes Verfahren; die Genauigkeit der Integration mittels aller 6 Schichten (Grad 19) ist exzellent und dürfte wohl keine Wünsche mehr offenlassen. Die Zahl von 117360 Stellen muß man in Relation zur vergleichsweise hohen Dimension sehen; mit modernen Rechnern ist der Aufwand durchaus tolerabel.

24.5. Übertragung durch Hopfabbildungen

Es ist wesentlich leichter, gute Integrationsverfahren auf Ω_4 zu entwickeln als auf Ω_3, wie schon die in Abschn. 24.3 gefundenen Beispiele der kubischen Gitter $\mathbb{Z}^3$ und $\mathbb{Z}^4$ zeigen. Die gleiche Erscheinung werden wir auch im folgenden Kapitel bei den **sphärischen Designs** wieder beobachten. Aus diesem Grunde drängt sich der Gedanke auf, die Stützstellen einer möglichst effektiven Integrationsmethode auf $\mathbb{S}^3$ mittels der **klassischen Hopfabbildung** h_2 nach $\mathbb{S}^2$ zu übertragen.

Wenn sich diese Idee auch nicht unter allen Umständen als brauchbar erweisen wird, lohnt es sich doch, sie etwas näher zu verfolgen und die hierbei wesentlichen Eigenschaften der Hopffaserung zu untersuchen.

Wir brauchen uns natürlich nicht auf h_2 zu beschränken; die erweiterten Hopfabbildungen h_4 und h_8 sind genausogut geeignet, wohingegen die **Winkelverdopplung** h_1 weniger interessant ist. Als exemplarischen Fall mag man daran denken, die aus dem Gossetgitter gewonnenen Integrationspunkte zur Konstruktion von Integratoren für die 4-Sphäre zu nutzen.

Wir erinnern uns an die in Kap. 12 eingeführten Verabredungen, insbesondere die, welche sich auf die Standardversionen der Hopffaserungen beziehen, und fassen einige für unsere gegenwärtige Fragestellung fundamentale Informationen zusammen zu

Satz 24.5.1:

Wir fixieren eine Zahl $k \in \{1,2,4,8\}$ und bezeichnen die Standardhopftransformation h_k kurz mit H. Die Komponenten des Bildes von $u = (u_1, \dots, u_{2k})$ nennen wir

$$H_m(u) = H_m(u_1, \dots, u_{2k})$$

wobei m von 0 bis k läuft. Ferner bedeute $J = DH = Dh_k$ die **Jacobimatrix** von h_k. Sie hat die Komponenten

$$J_{ab} = (DH)_{ab} = \partial_a H_b = \frac{\partial H_b(u)}{\partial u_a}$$

mit $a \in \{1,\dots,2k\}$ und $b \in \{0,\dots,k\}$. Zur Vermeidung von Mißverständnissen hängen wir noch die Raumdimension als unteren Index an den Laplaceoperator an, schreiben also

$$\Delta_n = \partial_1^2 + \dots + \partial_n^2$$

Dann gilt:

(a) Das **Pullback** $F \circ h_k$ einer homogenen Funktion $F\colon \mathbb{R}^{k+1} \longrightarrow \mathbb{R}$ unter h_k ist auch homogen, aber vom doppelten Grad. Ist F ein Polynom, so auch $F \circ h_k$.

(b) Alle Komponenten H_i von $H = h_k$ sind harmonisch,

$$\Delta_{2k} H_i(u) = 0$$

und ihre Gradienten sind paarweise orthogonal:

$$\langle \nabla H_i(u), \nabla H_j(u) \rangle = 4\,|u|^2\,\delta_{ij} = 4\,|H(u)|\,\delta_{ij}$$

(c) Die Jacobimatrix erfüllt die hierzu äquivalenten Bedingungen

$$J_{ai,a} = 0$$

$$J_{ai}\,J_{aj} = 4\,|u|^2\,\delta_{ij} = 4\,|H(u)|\,\delta_{ij}$$

(d) Jede zweifach stetig differenzierbare reellwertige Funktion in $\mathbb{R}^{k+1}$ genügt der Identität

$$\Delta_{2k}\, F \circ H(u) = 4\,|u|^2\,(\Delta_{k+1} F) \circ H(u) = 4\,|H(u)|\,(\Delta_{k+1} F) \circ H(u)$$

(e) Das Pullback $F \circ h_k$ einer harmonischen C^2-Funktion $F\colon \mathbb{R}^{k+1} \longrightarrow \mathbb{R}$ ist seinerseits harmonisch, und umgekehrt:

$$\Delta_{k+1} F = 0 \iff \Delta_{2k}\,(F \circ h_{2k}) = 0$$

<u>Beweis:</u>

Aussage (a) ist eine unmittelbare Folge der Tatsache, daß alle Komponenten $H_a(u)$ von $H(u)$ quadratische Polynome in u sind.

Teil (b) bestätigen wir ebenso leicht, indem wir die expliziten Formeln aus Abschn. 12.5 heranziehen. Alle H_i mit $i \neq 0$ sind bilinear in u; ihre zweiten Ableitungen nach den u_a verschwinden also, während in ΔH_0 nur Terme des Betrages 2 auftreten, und zwar ebensoviele positive wie negative. Das ergibt die erste Behauptung; die zweite gilt, weil in jeder Spalte der Jacobimatrix J alle u_a genau einmal vorkommen.

Die Gleichwertigkeit mit (c) ist nach Definition von J offensichtlich. Weiter liefert die Kettenregel

$$\begin{aligned} \Delta_{2k} F\circ H(u) &= \partial_a \partial_a F(H(u)) = \partial_a \left[F_{,i}(H(u))\, H_{i,a}(u)\right] \\ &= F_{,i,j}(H(u))\, H_{j,a}(u)\, H_{i,a}(u) + F_{,i}(H(u))\, H_{i,a,a}(u) \\ &= F_{,i,j}\circ H(u)\, \langle \nabla H_i, \nabla H_j \rangle + F_{,i}\circ H(u)\, \Delta_{2k} H_i(u) \end{aligned}$$

was dank des schon Bewiesenen:

$$\Delta_{2k} F\circ H(u) = 4\, |u|^2\, \delta_{ij}\, F_{,i,j}\circ H(u) = 4\, |u|^2\, (\Delta_{k+1} F)\circ H(u)$$

also die unter (d) stehende Beziehung impliziert, aus der sofort auch (e) abzulesen ist.

Eine triviale Konsequenz aus Teil (a) des Satzes 24.5.1 ist

<u>Satz 24.5.2:</u>

Sei $k \in \{1,2,4,8\}$. Jedes Integrationsverfahren $\mathfrak{I} = \mathfrak{I}(\mathfrak{X},\mathfrak{W})$ auf Ω_{2k} führt durch Anwenden der Standardhopffaserung h_k auf die Stützstellen (unter Beibehaltung der Gewichte) zu einem Verfahren

$$\mathfrak{I}^* = h_k(\mathfrak{I}) = \mathfrak{I}(h_k(\mathfrak{X}),\mathfrak{W})$$

auf $h_k(\Omega_{2k}) = \Omega_{k+1}$. Dabei sind gegebenenfalls mehrfach in $h_k(\mathfrak{X})$ auftretende Punkte entsprechend oft zu berücksichtigen. Der Approximationsgrad von $\mathfrak{I}^*$ ist mindestens halb so groß wie der von $\mathfrak{I}$:

$$g(\mathfrak{I}^*) \geq \frac{1}{2}\, g(\mathfrak{I})$$

Die hier aufgezeigte Methode hat, wie schon eingangs angedeutet, einige Nachteile, die ihre Verwendbarkeit deutlich einschränken.
Zum einen besitzt jede Hopfabbildung eine **Achse**, d.h., es ist im Bildraum eine Koordinate, und zwar die mit der Nummer 0, vor den übrigen ausgezeichnet. Daher wird das Bild einer symmetrischen Konfiguration auf Ω_{2k} im allgemeinen eine Vorzugsrichtung besitzen. Das muß allerdings nicht immer so sein; es gibt auch Teilmengen von $\mathbb{R}^{2k}$, bei denen die Symmetrie erhalten bleibt.
Ein Beispiel mag dies verdeutlichen. Die innerste Schicht des kubischen Gitters $\mathbb{Z}^4 \subset \mathbb{R}^4$ besteht aus den Vektoren $(\pm1,0,0,0)$ und den durch Koordinatenpermutation daraus entstehenden. Sie geht unter h_2 in das vierfach zu zählende Paar $(\pm1,0,0)$ über. Die Symmetrie ist in diesem Fall also gebrochen.
Anders sieht es für die zweite Schicht aus, die die Vektoren $(\pm1,\pm1,0,0)$ und deren Permutationen enthält. Je vier von ihnen werden auf einen der Punkte $(\pm2,0,0)$, $(0,\pm2,0)$, $(0,0,\pm2)$ transformiert. Jetzt ergibt sich eine Bildmenge, in der keine Achse hervorgehoben ist.
Schwerer wiegt aber die Reduktion des Grades um einen Faktor 2. Nur sehr gute Integrationsverfahren auf $\Omega_{2k} \cong \mathbb{S}^{2k-1}$ ergeben, auf $\Omega_{k+1} \cong \mathbb{S}^k$ übertragen, noch etwas Brauchbares.
Geeignet sind sicher die höheren unter den mit Hilfe des Gossetgitters entwickelten Methoden des Abschnitts 24.4, auch wenn man evtl. die direkte Konstruktion über ein 5-dimensionales Gitter bequemer finden wird.
Weitere Beispiele sind die **Wurzelsysteme** der Typen $\mathbb{F}_4$ oder $\mathbb{H}_4$, bei denen, nebenbei bemerkt, auch die Symmetrie erhalten bleibt. Letzteres liegt an der in Abschn. 25.5 diskutierten Gruppeneigenschaft dieser Mengen und an der speziellen Form der in Quaternionen ausgedrückten klassischen Hopfabbildung.

25. Sphärische Designs

25.1. Gleichgewichtige Integrationsverfahren

Die Menge aller denkbaren Integrationsverfahren auf der Sphäre Ω_n ist unüberschaubar groß. Daher sind die in der Literatur veröffentlichten Ergebnisse ziemlich unvollständig und unsystematisch.
Zumeist werden zur Erleichterung der Untersuchungen Punktsysteme betrachtet, die sich durch besondere Symmetrie auszeichnen oder mit vergleichsweise wenigen Punkten auskommen. Sie haben zugleich in praktischer Hinsicht den wesentlichen Vorzug, einfach beschreibbar zu sein. Es nützt wenig, wenn man Tausende von Integrationspunkten in Tabellenform vorliegen hat, ohne ein allgemeineres Prinzip, das zu ihrer Berechnung taugt. Wir werden darauf in den folgenden Abschnitten dieses Kapitels zurückkommen.
Zunächst aber verfolgen wir den grundlegenden Gedanken, der Symmetrie der Sphäre, auf der ja kein Punkt ausgezeichnet ist, gerecht zu werden. Im Prinzip der numerischen Integration ist zwar die Notwendigkeit enthalten, gewisse Punkte auszuwählen, wodurch die $GO_n(\mathbb{R})$-Symmetrie zwangsläufig gebrochen wird, aber wir wollen versuchen, diesen Makel - so weit es geht - zu mildern.
Ein sehr naheliegender Ansatz besteht in der Annahme, alle Gewichte sollen gleich sein. Diese Idee wurde ursprünglich in der Kombinatorik entwickelt (Delsarte & al. [1977]) und spielt dort im Zusammenhang mit bestimmten geometrischen Objekten wie **Blockplänen** auch heute noch eine Rolle.
Unser Anliegen ist jedoch der Einsatz in der numerischen Integration, um den sich vor allem Sobolev [1962] verdient gemacht hat, auch wenn er sich in der Hauptsache auf solche Konfigurationen beschränkt, die als Bahnen von Gruppen dargestellt werden können. Dieses Vorgehen führt auf die interessantesten und auch für die Anwendungen wichtigsten Integrationsverfahren, von denen wir einige noch genauer zu diskutieren haben.
Eine Weiterentwicklung dieser Gedanken bildet den Gegenstand der Erörterungen in den Abschnitten 25.3 und 25.4, in denen wir im drei- bzw. vierdimensionalen Raum jeweils die im Sinne von Neutsch [1983] optimalen Verfahren dieser Art aufsuchen.

Definition 25.1.1:

Ein **n-dimensionales (sphärisches) g-Design** ist eine endliche, sagen wir aus K Vektoren bestehende Teilmenge von Ω_n, die die Stützstellen eines Integrationsverfahrens der Ordnung mindestens g bilden, wenn wir sie alle mit dem Gewicht K^{-1} versehen.

Die entscheidende Bedingung ist die Gleichheit der Gewichte; der gemeinsame Wert darf nicht anders als K^{-1} gewählt werden, weil ansonsten nicht einmal die konstanten Funktionen exakt integriert würden, das Verfahren also keinen Grad ≥ 0 hätte.
Es drängt sich die Frage auf, für welche Paare (n,g) es so etwas gibt. Die seit längerem vermutete Antwort wurde von Seymour & Zaslavsky [1984] gefunden. Ihre Argumentation benutzt im wesentlichen topologische Überlegungen und interessiert in unserem Zusammenhang weniger als die Aussage an sich. Deshalb verzichten wir auf die Wiedergabe des Beweises, zumal er keinerlei Anhaltspunkte für die Konstruktion enthält und auch keine Abschätzung der erforderlichen Stützstellenzahl liefert.

Satz 25.1.1:

Zu jedem $n \in \mathbb{N}$ und jedem $g \in \mathbb{N}_0$ gibt es ein n-dimensionales sphärisches g-Design.

Der Nachweis, daß ein konkret vorliegendes Punktsystem auf Ω_n ein g-Design ist, erfordert grundsätzlich die Überprüfung der exakten Integration für alle Polynome des Grades $\leq$ g in n Variablen.
Wegen der Linearität von Integral- und Mittelungsoperationen reicht es selbstverständlich, sich auf eine Basis des Raums aller n-dimensionalen Kugelflächenfunktionen vom Grad $\leq$ g zu beschränken. Eine triviale Bemerkung erlaubt aber bei symmetrischen Systemen u.U. eine weitere erhebliche Reduktion des Aufwands.

Satz 25.1.2:

Eine unter der endlichen Gruppe $G \leq GO_n(\mathbb{R})$ invariante Punktmenge $M \subseteq \Omega_n$ ist bereits dann ein g-Design, wenn alle G-invarianten Polynome des Grades $\le g$ exakt integriert werden.

Beweis:

Sei $P \in \mathrm{Pol}(\mathbb{R}^n)$ vom Grad höchstens g. Das **Gruppenmittel**

$$\langle\!\langle P\rangle\!\rangle_G = (\#G)^{-1} \sum_{\gamma\in G} P^{\gamma}$$

hat die gleichen Eigenschaften wie P und ist außerdem noch invariant unter G. Wegen der vorausgesetzten Invarianz $M^G = M$ ist

$$\langle P\rangle_M = \langle\langle\!\langle P\rangle\!\rangle_G\rangle_M$$

analog mit $\Omega = \Omega_n$:

$$\langle P\rangle_\Omega = \langle\langle\!\langle P\rangle\!\rangle_G\rangle_\Omega$$

und die Behauptung folgt.

Je größer die Gruppe, desto besser. Indem wir auf den Fall spezialisieren, daß M eine Schicht des Gitters Γ ist, erhalten wir als Korollar:

Satz 25.1.3:

Wenn alle Invarianten der Punktgruppe $\mathrm{Pkt}(\Gamma)$ des Gitters $\Gamma \subseteq \mathbb{R}^n$, deren Grad g nicht übersteigt, auf Ω_n konstant sind, bildet jede Schicht von Γ ein g-Design.

Wir wenden das auf die beiden interessantesten Gitter an:

Satz 25.1.4:

(a) Jede Schicht des Gossetgitters Γ liefert ein 7-Design, wenn wir die in ihr enthaltenen Vektoren auf die Länge 1 normieren.

(b) Sämtliche Schichten des Leechgitters Λ ergeben mit derselben Reduktion 11-Designs.

Beweis:

Die Punktgruppen sind $\mathrm{Weyl}(\mathbb{E}_8) \cong 2{\wedge}O_8^+(2){:}2$ bzw. die **Conwaygruppe** Co_0, deren **Molienreihen** wir aus den Tabellen 17.4.1 und 21.5.5 entnehmen. Die einfachsten Invarianten, die nicht auf der Sphäre konstant sind, haben demnach in den beiden Fällen die Grade 8 bzw. 12.

Wir werden im nächsten Abschnitt sehen, daß die Minimalvektoren beider Gitter, d.h. die Mengen Γ_1 und Λ_2, einzigartige Strukturen sind, was die Anzahl der Stützstellen betrifft.

Dabei setzen wir eine in der Theorie der sphärischen Designs äußerst wichtige, zuerst von Sidel'nikov [1974] entdeckte Abschätzung ein, die wir als nächstes formulieren wollen.

Satz 25.1.5:

(a) Jede nichtleere endliche Teilmenge M von Ω_n genügt für alle $k \in \mathbb{N}$ der fundamentalen **Ungleichung von Sidel'nikov**. Sie lautet

$$(\#M)^{-2} \sum_{x,y\in M} \langle x,y\rangle^k \ \ge \ 0$$

wenn k ungerade ist; bei geradem k hingegen haben wir

$$(\#M)^{-2} \sum_{x,y\in M} \langle x,y\rangle^k \ \ge \ \frac{1\cdot 3\cdot\ldots\cdot(k-3)\cdot(k-1)}{n\cdot(n+2)\cdot\ldots\cdot(n+k-4)\cdot(n+k-2)}$$

(b) Notwendig und hinreichend für die Gleichheit beider Seiten der Sidel'nikov-Formel ist

$$(\#M)^{-1} \sum_{x\in M} x^{\otimes k} \ = \ (\mathrm{vol}\ \Omega_n)^{-1} \int_{\xi\in\Omega_n} \xi^{\otimes k}\, d\omega_\xi$$

wobei die iterierten Tensorprodukte gemäß

$$x^{\otimes k} = \underbrace{x \otimes \ldots \otimes x}_{k \text{ Faktoren}}$$

in naheliegender Weise abgekürzt wurden.

Beweis:

Die Komponenten des Vektors $x^{\otimes k}$ sind die lexikographisch geordneten Monome des Grades k in den Variablen $x_1, \ldots, x_n$; also z.B. mit n = 3, k = 2:

$$x^{\otimes 2} = (x_1, x_2, x_3)^{\otimes 2} = (x_1^2, x_1x_2, x_1x_3, x_2x_1, x_2^2, x_2x_3, x_3x_1, x_3x_2, x_3^2)$$

Das Skalarprodukt auf $(\mathbb{R}^n)^{\otimes k} \cong \mathbb{R}^{nk}$ ist das euklidische, woraus ohne Mühe

$$\langle x^{\otimes k}, y^{\otimes k} \rangle = \langle x, y \rangle^k$$

folgt. Nach diesen Vereinbarungen ist es ein Leichtes, die Sidel'nikovsche Ungleichung zu beweisen. Mit N = #M ergeben sich über die Zwischenschritte

$$0 \le \left| N^{-1} \sum_{x \in M} x^{\otimes k} - \omega_n^{-1} \int_{\xi \in \Omega_n} \xi^{\otimes k} \, d\omega_\xi \right|^2 =$$

$$= N^{-2} \sum_x \sum_y \langle x, y \rangle^k - 2\, N^{-1} \omega_n^{-1} \sum_x \int_\xi \langle x, \xi \rangle^k \, d\omega_\xi + \omega_n^{-2} \int_\xi \int_\eta \langle \xi, \eta \rangle^k \, d\omega_\xi \, d\omega_\eta$$

$$= N^{-2} \sum_x \sum_y \langle x, y \rangle^k - 2\, \omega_n^{-1} \int_\xi \xi_1^k \, d\omega_\xi + \omega_n^{-1} \int_\xi \xi_1^k \, d\omega_\xi$$

$$= N^{-2} \sum_x \sum_y \langle x, y \rangle^k - \omega_n^{-1} \int_\xi \xi_1^k \, d\omega_\xi$$

die gesuchte Ungleichung (a) sowie die Bedingung (b), weil das Integralmittel über $\langle x, \xi \rangle$ von x unabhängig ist. Bei geradem k haben wir dabei die aus Satz 24.1.3 bekannte Gleichung

$$\omega_n^{-1} \int_{\xi} \xi_1^k \, d\omega_\xi \quad = \quad \langle \xi_1^k \rangle_{\Omega_n} \quad = \quad \frac{\Gamma\left(\frac{n}{2}\right) \Gamma\left(\frac{k+1}{2}\right)}{\Gamma\left(\frac{1}{2}\right) \Gamma\left(\frac{k+n}{2}\right)}$$

zu benutzen und das Resultat mittels bekannter Funktionalbeziehungen der Gammafunktion zu vereinfachen.

Die Hauptanwendung des Satzes von Sidel'nikov besteht in einer eleganten Charakterisierung der sphärischen Designs.

Satz 25.1.6:

(a) Die endliche Menge $M \subset \Omega_n$ ist genau dann ein sphärisches g-Design, wenn die Sidel'nikov-Ungleichung für jedes $k \leq g$ exakt ist, d.h.

$$(\#M)^{-2} \sum_{x,y \in M} \langle x,y \rangle^k = \begin{cases} 0 & (k \text{ ungerade}) \\ \dfrac{1.3.\,....\,(k-3).(k-1)}{n.(n+2).\,....\,(n+k-4).(n+k-2)} & (k \text{ gerade}) \end{cases}$$

gilt.

(b) Es reicht schon, dies für $k \in \{g, g-1\}$ zu verlangen.

Beweis:

Ergibt sich direkt aus Satz 25.1.5 und der Tatsache, daß die Tensorpotenzen $x^{\otimes k}$ mit $x \in \mathbb{R}^n$ den Raum aller homogenen Polynome des Grades k in $x_1, \ldots, x_n$ erzeugen.

25.2. Dichte Designs

Bis heute ist es nicht gelungen, allgemein einsetzbare Verfahren zur Konstruktion sphärischer Designs, namentlich solcher mit hohem Approximationsgrad g, zu entwickeln. Man kann nicht einmal eine brauchbare oder plausible Abschätzung angeben, mit wie vielen Stützstellen man bei vorgelegten Werten von g und der Dimension n des einbettenden Raumes auskommt.
Es ist aber immerhin eine untere Schranke bekannt, die keinesfalls unterschritten und gelegentlich erreicht wird. Sie wurde anscheinend von Delsarte & al. [1977] entdeckt und läßt sich mit ganz ähnlichen Argumenten beweisen, wie wir sie bei der analogen Situation des Satzes 24.1.1 anwandten. Eine Verschärfung, die wir aber nicht benötigen, steht bei Goethals & Seidel [1981].

Satz 25.2.1:
Sei M ein n-dimensionales sphärisches g-Design.
(a) Ist g = 2k gerade, so gilt

$$\# M \geq \binom{n+k-1}{n-1} + \binom{n+k-2}{n-1}$$

(b) Dagegen haben wir für ungerades g = 2k+1, wenn M außerdem noch **antipodisch**, d.h. invariant unter der **Punktspiegelung** $x \mapsto -x$ des $\mathbb{R}^n$ ist:

$$\# M \geq 2 \binom{n+k-1}{n-1}$$

Ein Design, das die betreffende Schranke genau erreicht, heißt **dicht**.

Beweis:
Wir nehmen zuerst g = 2k an und wählen eine Orthonormalbasis $\{f_1, \ldots, f_d\}$ des Raumes aller Kugelflächenfunktionen auf $\Omega = \Omega_n$, deren Grad k nicht übersteigt. Dann ist d die Dimension der betrachteten Funktionenschar, also nach Satz 23.3.2 gerade die zu beweisende Schranke

$$d = \binom{n+k-1}{n-1} + \binom{n+k-2}{n-1}$$

Das Produkt zweier Basispolynome f_a und f_b hat höchstens den Grad 2k, und wird somit von M exakt integriert:

$$(\#M)^{-1} \sum_{x \in M} f_a(x)\, f_b(x) = \langle f_a f_b \rangle_M = \langle f_a f_b \rangle_\Omega = \delta_{ab}$$

Zu jedem $x \in \mathbb{R}^n$ bilden wir die Hilfsfunktionen

$$S_x(\xi) = \sum_{a=1}^{d} f_a(x)\, f_a(\xi)$$

und finden

$$(\#M)^{-1} \sum_{x \in M} f_a(x)\, S_x(\xi) = (\#M)^{-1} \sum_{x \in M} \sum_{b=1}^{d} f_a(x)\, f_b(x)\, f_b(\xi)$$

$$= \sum_{b=1}^{d} \langle f_a f_b \rangle_M\, f_b(\xi) = \sum_{b=1}^{d} \delta_{ab}\, f_b(\xi) = f_a(\xi)$$

Alle f_a sind somit Linearkombinationen der S_x. Die Anzahl der letzteren, nämlich #(M), ist daher mindestens d. Damit haben wir (a); der Beweis von (b) verläuft nach demselben Schema, allerdings mit einigen geringfügigen Modifikationen.

Nunmehr ist $g = 2k+1$. Weil M antipodisch ist, zerfällt es in Paare der Form $\{+x, -x\}$. Aus jedem von ihnen wählen wir einen Vertreter aus und kombinieren die so gefundenen $\frac{1}{2}$ #M Vektoren zur Teilmenge $M_0 \subset M$. Es ist M die disjunkte Vereinigung von M_0 und $-M_0$.

Homogene Polynome, deren Grad $\equiv 1 \pmod 2$ ist, werden trivialerweise durch M exakt integriert, weil sich die Beiträge entgegengesetzter Vektoren bei der Summation über M wegheben. Wir dürfen uns daher weiterhin auf Polynome beschränken, die nur gerade Anteile besitzen. Das sind genau die Invarianten unter der von der Punktspiegelung erzeugten Gruppe $G = \{1, -1\}$.

Aus der **Molienreihe** der Coxetergruppe G (vgl. die Sätze 15.2.1 und 15.3.5) oder direkt durch Rückgriff auf Abschn. 23.3 erhalten wir ohne Mühe die Dimension des Raumes der G-invarianten Kugelflächenfunktionen mit Grad $\leq 2k$.

Sie berechnet sich zu

$$e = \binom{n+k-1}{n-1}$$

Statt der f_a verwenden wir jetzt eine Orthonormalbasis $\{g_1,\ldots,g_e\}$ für die genannte Funktionenfamilie. Das oben bereits benutzte Argument liefert unter den neuen Bedingungen die Abschätzung $\#(M_0) \geq e$, da für eine G-invariante Funktion die Mittelung über M_0 offensichtlich dasselbe liefert wie die über M. Diese Ungleichung ist äquivalent zur Behauptung.

Vor allem wegen der durch die vergleichsweise geringen Stützstellenzahlen bedingten Rechenökonomie haben die dichten Designs in der Literatur einige Aufmerksamkeit erregt. Die bislang gefundenen Beispiele sind aber auch wegen ihrer geometrischen Eigenheiten von Interesse. Sie zeichnen sich meist durch hohe Symmetrie aus, wie die weiter unten diskutierten Fälle belegen. Leider sind dichte Designs recht selten; es gibt sie nur für sehr wenige Kombinationen der Parameter n und g. In der euklidischen Ebene (n = 2) ist es noch leicht, alle in Frage kommenden Strukturen vollständig zu bestimmen. Es stellt sich heraus, daß die im folgenden Satz genannten planaren g-Designs bereits (bis auf Isometrie) alle Möglichkeiten ausschöpfen.

<u>Satz 25.2.2:</u>
Jedes regelmäßige (g+1)-Eck mit Umkreisradius 1, $g \in \mathbb{N}$, ist ein dichtes 2-dimensionales g-Design. Dabei verstehen wir unter einem regulären Zweieck ein Paar zueinander antipodischer Vektoren.

<u>Beweis:</u>
Die Symmetrien der genannten Konfiguration bilden die Diedergruppe $D_{2(g+1)}$, deren Invariantenring der Coxetertheorie zufolge von der euklidischen Form und einem homogenen Polynom des Grades g+1 erzeugt wird. Eine Anwendung des Satzes 25.1.2 zeigt, daß es sich um ein g-Design handelt. Es ist dicht, da es genau die geforderte Anzahl von Punkten erhält.

Wir sind damit wiederum zur **Tschebyscheffintegration** zurückgekommen. Un-

gleich interessanter aber sind die dichten Designs in höherdimensionalen Räumen, denen wir uns jetzt zuwenden wollen. Die nachstehend mitgeteilten Informationen sind eine Zusammenfassung aus verschiedenen Publikationen (Bannai & Damerell [1979, 1980]), wo die hier aus Platzmangel unterdrückten Beweise nachgeschlagen werden können.
Die Argumente sind verhältnismäßig elementar, erfordern aber einige Kunstgriffe. Sie basieren neben der Ungleichung von Sidel'nikov auf bestimmten arithmetischen Eigenschaften der **Gegenbauerpolynome**, einer speziellen Klasse von Orthogonalfunktionen, deren Untersuchung den Rahmen dieses Buchs sprengen würde.

Satz 25.2.3:

(a) Dichte g-Designs in $\mathbb{R}^n$ mit $n \geq 3$ kann es nur für $g \in \{1,2,3,4,5,7,11\}$ geben.

(b) Wenn $g = 7$ ist, muß $n \in \{8,23\}$ sein.

(c) Ist $g = 11$, so folgt $n = 24$.

Zur Erleichterung der Berechnungen geben wir für die in Frage kommenden Werte von g in Tab. 25.2.1 die zugehörigen Mächtigkeiten #(M) als Funktionen der Dimension n an.

Tab. 25.2.1

g	1	2	3	4	5	7	11
#M	2	n+1	2n	$\frac{n(n+3)}{2}$	n(n+1)	$\frac{n(n+1)(n+2)}{3}$	$\frac{n(n+1)(n+2)(n+3)(n+4)}{60}$

Satz 25.2.4:

(a) Durch Normieren der 240 Minimalvektoren des Gossetgitters, also der $\mathbb{E}_8$-Wurzeln, entsteht ein dichtes 7-Design auf Ω_8.

(b) Die Menge Λ_2 aller 196560 Minimalvektoren des Leechgitters ergibt nach Division durch 2 ein dichtes 11-Design auf Ω_{24}.

(c) Die 4600 Vektoren aus Λ_2, die mit einem fest gewählten unter ihnen den

Winkel $\frac{\pi}{3} = 60°$ einschließen, liefern nach geeigneter Skalierung ein dichtes 7-Design auf Ω_{23}.

Beweis:

Satz 25.1.4 garantiert, daß die in (a) und (b) beschriebenen Mengen 7- bzw. 11-Designs sind. Sie sind dicht, weil die jeweiligen Mächtigkeiten mit den in Tab. 25.2.1 verlangten übereinstimmen.

Die Konfiguration des Teils (c) nennen wir M. Durch Inspektion der minimalen Leechvektoren, die wir in Abschn. 21.2 aufgelistet haben, ergibt sich leicht #(M) = 4600, also die korrekte Anzahl, und es fehlt nur noch der Nachweis der Designeigenschaft von M.

Dazu genügt es nach Satz 25.1.6, die Sidel'nikov-Relation mit k = 6 nachzuprüfen; der andere geforderte Fall (k = 7) ist trivial richtig, weil M antipodisch ist. Wir müssen also lediglich zeigen:

$$4600^{-2} \sum_{x,y \in M} \langle x,y \rangle^6 = \frac{1\cdot 3\cdot 5}{23\cdot 25\cdot 27} = \frac{1}{1035}$$

Die Conwaygruppe Co_2 permutiert die 4600 Punkte von M transitiv; deshalb können wir die Summation über y ausführen, womit sich die zu beweisende Formel zu

$$\sum_{x \in M} \langle x,y \rangle^6 = \frac{4600}{1035} = \frac{40}{9}$$

für irgendein festes $y \in M$ vereinfacht. Die Skalarprodukte von x und y nehmen nur die Werte $-1, -\frac{1}{3}, \pm 0, +\frac{1}{3}, +1$ an, und zwar mit den jeweiligen Häufigkeiten 1,891,2816,891,1. Und wirklich ist

$$2\cdot 1\cdot 1^6 + 2\cdot 891\cdot \left(\frac{1}{3}\right)^6 + 2816\cdot 0^6 = \frac{40}{9}$$

Wir erwähnen noch ohne Beweis (vgl. hierzu Conway & Sloane [1988]), daß diese drei dichten Designs durch ihre Parameter n und g bereits, abgesehen von einer orthogonalen Transformation, eindeutig bestimmt sind. Es gibt also nur die hier vorgestellten dichten g-Designs mit $g \geq 6$.

25.3. Optimale Integration auf der 2-Sphäre

Einer Idee von Neutsch [1983] zufolge läßt sich die in der Definition des Begriffs "sphärisches Design" durch die Wahl eines einheitlichen Gewichts zum Ausdruck kommende Gleichberechtigung aller Integrationsstellen noch schärfer fassen.

Wir wollen verlangen, daß die gesamte Konfiguration von jedem ihrer Punkte aus betrachtet dasselbe Aussehen hat. Die präzise mathematische Formulierung dieses Ansatzes ist

Definition 25.3.1:

(a) Eine in Ω_n enthaltene **g-Bahn** der endlichen Gruppe $G < GO_n(\mathbb{R})$ ist ein Transitivitätsbereich $M = x^G$ von G, der zugleich ein sphärisches g-Design bildet.

(b) Der maximale Wert von g, auf den dies zutrifft, ist der **Approximationsgrad** $g(M) = g(x^G) = g_G(x)$ von M bzw. x. Dementsprechend nennen wir

$$g(G) = \max\left\{ g_G(x) \;\middle|\; x \in \Omega_n \right\}$$

den **(bestmöglichen) Approximationsgrad** von G.

(c) Die stetige Funktion $F\colon \Omega_n \longrightarrow \mathbb{R}$ wird von der (endlichen) Menge $M \subset \Omega_n$ **mindestens so gut** integriert wie von M', wenn zwischen den Integrationsfehlern die Beziehung

$$\left| \langle F\rangle_M - \langle F\rangle_{\Omega_n} \right| \le \left| \langle F\rangle_{M'} - \langle F\rangle_{\Omega_n} \right|$$

besteht. Gilt sogar die strikte Ungleichung, so sagen wir, daß M die Funktion **besser** integriere als M' (oder umgekehrt M' **schlechter** als M usw.).

(d) Eine Bahn des Grades g(G) heißt **optimal**, wenn sie alle Kugelflächenfunktionen des Grades g(G)+1 mindestens so gut integriert wie jeder andere Transitivitätsbereich von G.

(e) Ein **optimales Design** auf Ω_n erfüllt die gleiche Bedingung, wobei aber sämtliche Bahnen endlicher $GO_n(\mathbb{R})$-Untergruppen, nicht nur die von G, zur Konkurrenz zugelassen sind.

Von der Existenz des bestmöglichen Grades zu einer Gruppe G kann man sich leicht überzeugen; es gibt aber Gruppen, die keine optimalen Bahnen besitzen.
Ein Beispiel ist die aus der 2-dimensionalen Punktspiegelung und der Identität bestehende $G = \{+1, -1\}$. Ihre Orbiten sind die aus zwei antipodischen Vektoren bestehenden Mengen, die sämtlich 1-Designs, aber keine 2-Designs sind. Somit haben wir $g(G) = 1$. Jede derartige Bahn integriert gewisse quadratische Polynome exakt, andere jedoch nicht. Sie kann nicht optimal sein, weil es zu jedem quadratischen Polynom eine exakt integrierende Bahn gibt.
Optimale Designs sind nicht nur wegen der relativ hohen erreichbaren Approximationsgrade von Interesse, sondern vor allem auch deshalb, weil ihre Konstruktion sehr einfach ist: man braucht nur einen Punkt der Bahn zu kennen, um alle Stützstellen durch sukzessive Anwendung von Erzeugenden der betreffenden Gruppe daraus zu gewinnen.
Dieses Vorgehen ist äußerst effizient, was den großen praktischen Erfolg der Methode begründet. Hinzu kommt, daß sehr einfach zu entscheiden ist, welchen Grad eine vorgelegte Bahn hat, wenn die Invarianten der Gruppe bekannt sind. Wir bedienen uns zu diesem Zweck der folgenden elementaren Kriterien:

Satz 25.3.1:
Seien $G < GO_n(\mathbb{R})$ endlich, x ein Einheitsvektor in $\mathbb{R}^n$ und F eine stetige auf $\Omega = \Omega_n$ definierte Funktion. Das **Gruppenmittel** $«F»_G$ bezeichnen wir weiterhin kurz mit F_G.
Ferner wählen wir für die Räume der unter der Aktion von G invarianten homogenen Kugelflächenfunktionen der Grade 0,1,2,... Basen aus und ordnen sie der Reihe nach hintereinander an. Auf diese Weise entsteht eine Polynomfolge $P_0, P_1, P_2, P_3, \ldots$ mit

$$0 = \gamma_0 < \gamma_1 \leq \gamma_2 \leq \gamma_3 \leq \ldots$$

wobei γ_i den Grad von P_i bedeutet.
(a) Die Funktion F wird genau dann durch die von x erzeugte Bahn $M = x^G$ ex-

akt integriert, wenn dasselbe auf ihr Gruppenmittel zutrifft:

$$\langle F\rangle_M = \langle F\rangle_\Omega \quad \Longleftrightarrow \quad \langle F_G\rangle_M = \langle F_G\rangle_\Omega$$

Diese beiden Bedingungen sind auch äquivalent mit der Gleichung

$$F_G(x) \;=\; \langle F_G\rangle_\Omega$$

(b) Die γ_i sind unabhängig von den jeweils ausgesuchten Basisinvarianten.

(c) Werden alle P_i mit $i < k$ durch x^G exakt integriert, nicht jedoch P_k, so ist der Approximationsgrad von x gleich

$$g_G(x) \;=\; \gamma_k - 1$$

Insbesondere ist jeder Transitivitätsbereich von G ein (γ_1-1)-Design.

(d) Es gibt (γ_2-1)-Bahnen unter G, aber keine $(2\gamma_1)$-Bahnen:

$$\gamma_2 - 1 \;\le\; g(G) \;\le\; 2\,\gamma_1 - 1$$

(e) Für jede Untergruppe U von G besteht die Ungleichung

$$g_U(x) \;\le\; g_G(x)$$

Beweis:

Der Mittelwert von F über $M = x^G$ ist identisch mit dem Gruppenmittel an der Stelle x:

$$\langle F\rangle_M \;=\; (\#M)^{-1}\sum_{y\in M} F(y) \;=\; (\#G)^{-1}\sum_{\gamma\in G} F(x\gamma) \;=\; F_G(x)$$

Wenn U die Standgruppe von x in G bezeichnet, wiederholen sich in der zweiten Summe alle Terme aus der ersten jeweils $|G{:}U|$-fach, was durch den Vorfaktor gerade kompensiert wird. Zusammen mit der Invarianz von F_G impliziert das die Aussage (a).

Die konstanten Polynome sind G-invariant und bilden einen 1-dimensionalen Vektorraum. Somit ist $\gamma_0 = 0$, während die übrigen γ_i positiv sind. Da der Raum der Invarianten eines festen Grades k endlichdimensional ist und jede

Basis gleichviele Elemente umfaßt, haben wir auch (b); (c) ist trivial.
Der Punkt $x \in \Omega$ erzeugt eine (γ_2-1)-Bahn, wenn $P_1(x) = \langle P_1\rangle_\Omega$ ist, was aus Stetigkeitsgründen auf der (kompakten und zusammenhängenden) Sphäre sicher irgendwo geschieht. Zum Nachweis von (d) brauchen wir also nur zu zeigen, daß die Polynome P_1 und P_1^2 mit den Graden γ_1 und $2\gamma_1$ durch x^G nicht gleichzeitig exakt integriert werden können, wie immer wir auch x wählen mögen.
In der Tat bestünde dann dank der Invarianz von P_1 die Gleichungskette

$$\langle P_1^2\rangle_\Omega = \langle P_1^2\rangle_M = P_1^2(x) = \left[P_1(x)\right]^2 = \langle P_1\rangle_M^2 = \langle P_1\rangle_\Omega^2$$

die per definitionem dasselbe besagt wie

$$(\mathrm{vol}\ \Omega) \int_\Omega^* P_1^2 = \int_\Omega^* 1 \int_\Omega^* P_1^2 = \left[\int_\Omega^* P_1\right]^2$$

Nach der **Schwarzschen Ungleichung** wäre das aber nur für konstante Funktionen P_1 möglich, im Widerspruch zur Voraussetzung.
Teil (e) erhalten wir durch Nebenklassenzerlegung von G modulo U, aus der sich eine Aufspaltung von x^G in lauter zu x^U konjugierte Mengen ergibt, die natürlich dasselbe Integrationsverhalten wie x^U selbst haben.

Die vollständige Klassifikation der optimalen Designs ist bislang nur in den Dimensionen 3 und 4 gelungen (Neutsch [1983]; Neutsch & al. [1985]).
Wir verschieben die Diskussion der vierdimensionalen Designs auf Abschn. 25.4 und beginnen mit n = 3. Dabei lehnen wir uns an die Originalarbeit an, nehmen aber einige geringfügige Vereinfachungen vor und korrigieren einen von Schaaf [1986] entdeckten Fehler in der Liste der Integrationspunkte.
Sei also G eine endliche Untergruppe von $GO_3(\mathbb{R})$. Falls sie reduzibel ist, gibt es eine G-invariante orthogonale Zerlegung des $\mathbb{R}^3$ in $\mathbb{R}^1 \oplus \mathbb{R}^2$. Wir definieren kartesische Koordinaten (x_1, x_2, x_3) mit der x_1-Richtung parallel zum $\mathbb{R}^1$-Summanden. Dann ist der Betrag der ersten Koordinaten für alle Vektoren aus einer G-Bahn x^G konstant, etwa $|x_1| = \xi$.
Das biquadratische Polynom $(x_1^2-\xi^2)^2$ wird von der Bahn x^G sicher nicht exakt integriert; deshalb ist $g(G) \le 3$, was keine interessanten Lösungen und erst recht nicht die optimalen Designs liefert.
Wir dürfen daher G als irreduzibel voraussetzen. Aus Satz 10.5.2 folgt, daß

G in der **Oktaedergruppe** $\mathcal{O}_3 \cong 2\times S_3$ oder der **Ikosaedergruppe** $\mathcal{J}_3 \cong 2\times A_5$ enthalten ist. Teil (e) von Satz 25.3.1 erlaubt uns die Beschränkung auf diese beiden Kandidaten; ihre echten Untergruppen brauchen wir nicht gesondert zu behandeln.
Beide, $\mathcal{O}_3$ wie $\mathcal{J}_3$, sind bekanntlich **Coxetergruppen**, die hier in der **Weyldarstellung** vorliegen:

$$\mathcal{O}_3 = \mathrm{Weyl}(\mathbb{B}_3) \cong 2 \times S_4$$

$$\mathcal{J}_3 = \mathrm{Weyl}(\mathbb{H}_3) \cong 2 \times A_5$$

vgl. Kap. 16 und 17. Beider Invariantenringe sind somit frei erzeugt; nach Tab. 17.4.1 sind die Basisgrade der Oktaedergruppe 2,4,6 und die der Ikosaedergruppe 2,6,10.
Die Abschätzung des Teils (d) von Satz 25.3.1 liefert $5 \le g(\mathcal{O}_3) \le 7$, dem andererseits $9 \le g(\mathcal{J}_3) \le 11$ gegenübersteht. Das Optimum des Approximationsgrades ist also gleich 9 oder 11 und wird von der Ikosaedergruppe erreicht. Aus diesem Grunde können wir unsere weiteren Untersuchungen auf $G = \mathcal{J}_3$ beschränken.
Da aufgrund des Satzes 25.2.1 ein 9-Design in $\mathbb{R}^3$ nicht weniger als 30 Punkte umfassen kann, kommt (bis auf Rotationen) als einzige andere Gruppe neben $\mathcal{J}_3$ nur noch deren Kommutatorgruppe $\mathcal{J}_3' \cong A_5$ in Betracht.
Wir verwenden die Standarddarstellung von $\mathcal{J}_3$ aus Abschn. 16.1. Die Gruppe wird von den Reflexionen in den skalierten $\mathbb{H}_3$-Wurzeln, nämlich den aus $(\pm1,0,0)$ und $\frac{1}{2}(\pm1,\pm\lambda,\pm\mu)$ durch zyklische Koordinatenpermutationen hervorgehenden 6+24 = 30 Vektoren, erzeugt. Dabei haben die Konstanten λ und μ wieder die Bedeutung

$$\lambda = \frac{-1+\sqrt{5}}{2}$$

$$\mu = \frac{-1-\sqrt{5}}{2}$$

Die Basisinvarianten $U = I_2$, $V = \frac{1}{6} I_6$ und $W = -\frac{5}{6} I_{10}$ sind die euklidische Form und die in geeigneter Weise normierten Produkte der 6 bzw. 10 Symmetrieebenen zwischen den antipodischen Eckenpaaren der G-invarianten Platonischen Körper (Ikosaeder und Dodekaeder).
Wir änderten die Ausdrücke I_2, I_6 und I_{10} aus Abschn. 17.3 durch geeignete

konstante Multiplikatoren ab, um bequemere Darstellungen in den x_i zu bekommen. Explizit haben wir

$$U = x_1^2 + x_2^2 + x_3^2$$

$$V = 4\, x_1^2\, x_2^2\, x_3^2 + \lambda \left[x_2^4\, x_3^2 + x_3^4\, x_1^2 + x_1^4\, x_2^2\right] + \mu \left[x_2^2\, x_3^4 + x_3^2\, x_1^4 + x_1^2\, x_2^4\right]$$

$$W = \sqrt{5} \left[x_1^4 + x_2^4 + x_3^4 - 2\, x_2^2\, x_3^2 - 2\, x_3^2\, x_1^2 - 2\, x_1^2\, x_2^2\right] \cdot \left[\left(\mu^6 - \lambda^6\right) x_1^2\, x_2^2\, x_3^2 \right.$$
$$\left. + \lambda^2 \left(x_2^2\, x_3^4 + x_3^2\, x_1^4 + x_1^2\, x_2^4\right) - \mu^2 \left(x_2^4\, x_3^2 + x_3^4\, x_1^2 + x_1^4\, x_2^2\right)\right]$$

Die Integralmittel von U, V, W über die Sphäre $\Omega = \Omega_3$ sind

$$\langle U\rangle_\Omega = +\,1$$

$$\langle V\rangle_\Omega = -\,\frac{1}{21}$$

$$\langle W\rangle_\Omega = -\,\frac{5}{77}$$

Von der in Satz 25.3.1 definierten Polynomfolge brauchen wir nur die ersten Glieder festzulegen: $P_0 = 1$, $P_1 = V$, $P_2 = W$, $P_3 = V^2$, jeweils mit den Graden $\gamma_0 = 0$, $\gamma_1 = 6$, $\gamma_2 = 10$, $\gamma_3 = 12$.
Die Sphärenpunkte $x \in \Omega$ sind durch

$$U(x) = \langle U\rangle_\Omega = 1$$

charakterisiert. Jeder von ihnen ergibt unter der Gruppenoperation ein 5-Design. Um 9-Bahnen zu erhalten, ist zudem noch

$$V(x) = \langle V\rangle_\Omega = -\,\frac{1}{21}$$

zu erfüllen. Diese Bedingung allein beschreibt eine algebraische Fläche 6. Grades in $\mathbb{R}^3$; ihr Durchschnitt mit der Sphäre ist eine kompakte algebraische Kurve K. Es sind also genau die Punkte auf K, die zu 9-Bahnen von G gehören.
Um zu entscheiden, ob sich der Approximationsgrad über 9 hinaus steigern läßt, betrachten wir die Einschränkung des dritten Basispolynoms W auf die Kurve K. Wegen der Kompaktheit von K nimmt $W|_K$ seine Extrema an. Geschieht

das in einem regulären Kurvenpunkt $x \in K$, so muß die Komponente des Gradienten von W entlang K verschwinden:

$$\langle t_x, \nabla W(x) \rangle = 0$$

worin t_x einen beliebigen Tangentialvektor bezeichnet, z.B. das äußere Produkt von ∇U und ∇V. Die Extremalbedingung ist somit

$$\langle \nabla U(x) \wedge \nabla V(x), \nabla W(x) \rangle = 0$$

Ist hingegen K in x singulär, so sind $\nabla U(x)$ und $\nabla V(x)$ linear abhängig, und wir werden wieder auf die obige Bedingung für das Spatprodukt zurückgeführt, welches auch etwas symmetrischer als Jacobische Determinante geschrieben werden kann:

$$\det \left[\nabla U(x), \nabla V(x), \nabla W(x) \right] = \det \frac{\partial(U, V, W)}{\partial(x_1, x_2, x_3)} = 0$$

Die vollständige Lösung dieser Gleichung ist uns bereits aus Satz 15.3.3 bekannt. Es handelt sich um die Vereinigung der 15 Spiegelungsebenen der Coxetergruppe $G = \mathcal{I}_3$. Da diese von G transitiv permutiert werden und wir x durch ein Konjugiertes ersetzen dürfen, ist es erlaubt, eine von ihnen auszuzeichnen. Wir entscheiden uns für $x_3 = 0$.

Durch Nullsetzen von x_3 reduzieren sich die Invarianten von G beträchtlich. Es bleibt

$$U_0 = U(x_1, x_2, 0) = x_1^2 + x_2^2$$

$$V_0 = V(x_1, x_2, 0) = x_1^2 x_2^2 \left[\lambda x_1^2 + \mu x_2^2 \right]$$

$$W_0 = W(x_1, x_2, 0) = \sqrt{5}\, x_1^2 x_2^2 \left[x_1^2 - x_2^2 \right]^2 \cdot \left[\lambda^2 x_2^2 - \mu^2 x_1^2 \right]$$

Die Sphärengleichung $U_0 = 1$ befriedigen wir durch den Ansatz

$$x_1^2 = \tfrac{1}{2} (1+\alpha)$$

$$x_2^2 = \tfrac{1}{2} (1-\alpha)$$

der die allgemeine Lösung darstellt. Nach Substitution in V_0 und W_0 ergibt sich

$$V_0 = V_0(\alpha) = -\frac{1}{8}\left[\alpha^2 - 1\right]\left[\sqrt{5}\,\alpha - 1\right]$$

$$W_0 = W_0(\alpha) = \frac{1}{8}\,\alpha^2\left[\alpha^2 - 1\right]\left[3\sqrt{5}\,\alpha + 5\right]$$

Die etwas lästigen Irrationalitäten in den Koeffizienten sind vermeidbar. Wir bekommen angenehmere Formeln, wenn wir den Faktor $\sqrt{5}$ abspalten und

$$\beta = \sqrt{5}\,\alpha$$

anstelle von α verwenden:

$$V_0 = -\frac{1}{40}(\beta-1)(\beta^2-5) = -\frac{1}{40}\left[\beta^3 - \beta^2 - 5\beta + 5\right]$$

$$W_0 = \frac{1}{200}(3\beta+5)\,\beta^2(\beta^2-5) = \frac{1}{200}\beta^2\left[3\beta^3 + 5\beta^2 - 15\beta - 25\right]$$

Die Gleichung

$$U_0(x) = \langle U\rangle_\Omega$$

der Kurve K lautet, in β ausgedrückt,

$$\beta^3 - \beta^2 - 5\beta + \frac{65}{21} = 0$$

Die drei Nullstellen erhalten wir aus der **Cardanischen Formel**, die allerdings im sogenannten **Casus irreducibilis** vorliegt, d.h. das Ausziehen dritter Wurzeln aus echt komplexen Zahlen erfordert (auf die Wiedergabe der trigonometrischen Form verzichten wir):

$$\beta_m = \frac{1}{3}\left[1 - 4\left(\frac{-1+\sqrt{-3}}{2}\right)^m\left(\frac{2+3\sqrt{-5}}{7}\right)^{1/3} - 4\left(\frac{-1-\sqrt{-3}}{2}\right)^m\left(\frac{2-3\sqrt{-5}}{7}\right)^{1/3}\right]$$

($m = 1,2,3$). Die beiden Kubikwurzeln sind darin zueinander konjugiert komplex zu wählen. Die entsprechenden Werte des Parameters α sind

$$\alpha_m = \frac{\sqrt{5}}{15}\left[1 - 4\left(\frac{-1+\sqrt{-3}}{2}\right)^m\left(\frac{2+3\sqrt{-5}}{7}\right)^{1/3} - 4\left(\frac{-1-\sqrt{-3}}{2}\right)^m\left(\frac{2-3\sqrt{-5}}{7}\right)^{1/3}\right]$$

mit der gleichen Vereinbarung. Zahlenmäßig ist auf 10 Dezimalen genau

$$\alpha_1 = +\,1.1195512973$$

$$\alpha_2 = +\,0.2640752246$$

$$\alpha_3 = -\,0.9364129263$$

Davon scheidet α_1 aus, weil nur im abgeschlossenen Intervall $[-1,+1]$ enthaltene α zu reellen Punkten gehören. Die verbleibenden beiden Lösungen α_2 und α_3 müssen auf die Extrema von $W|_K$ führen. Numerisch erhalten wir

$$W(\alpha_2) = -\,0.0549104067$$

$$W(\alpha_3) = +\,0.0172973943$$

Sowohl $W(\alpha_2)$ als $W(\alpha_3)$ sind größer als das Integralmittel von W über Ω_3,

$$\langle W\rangle_\Omega = -\frac{5}{77} = -\,0.0649350649$$

Der Approximationsgrad 9 ist zufolgedessen durch Transitivitätsbereiche von $\mathcal{I}_3$ nicht zu übertreffen. Gleichzeitig ergibt sich als optimale Bahn die den Integrationsfehler für W minimierende, also die mit $\alpha = \alpha_2$. Auf 25 Stellen exakt lautet der relevante Parameter

$$\alpha = +\,0.2640752245685982095146190$$

Nachdem wir die 60 Punkte des zugehörigen bestmöglichen Integrationsverfahrens mit der gleichen Präzision ermittelt haben, fassen wir das Bewiesene zusammen zu

<u>Satz 25.3.2:</u>

(a) Die, abgesehen von Rotationen aus $SO_3(\mathbb{R})$, einzigen endlichen dreidimensionalen Gruppen, welche 9-Bahnen besitzen, sind die Ikosaedergruppe

$$\mathcal{J}_3 = \mathrm{Weyl}(\mathbb{H}_3) \cong 2 \times A_5$$

und ihre zu A_5 isomorphe Kommutatorgruppe $\mathcal{J}'_3$. Beide lassen keine höheren Approximationsgrade zu:

$$g(\mathcal{J}_3) = g(\mathcal{J}'_3) = 9$$

(b) Es gibt eine eindimensionale Schar von 9-Bahnen x^G unter einer festen $G = \mathcal{J}_3$. In der Standarddarstellung sind sie durch die Gleichung

$$4\, x_1^2\, x_2^2\, x_3^2 + \lambda \left[x_2^4\, x_3^2 + x_3^4\, x_1^2 + x_1^4\, x_2^2\right] + \mu \left[x_2^2\, x_3^4 + x_3^2\, x_1^4 + x_1^2\, x_2^4\right] = -\frac{1}{21}$$

mit $x \in \Omega_3$ charakterisiert.

(c) Unter diesen 9-Designs gibt es genau ein optimales. Es umfaßt 60 Punkte, die bereits durch G′ transitiv permutiert werden. Sie ergeben sich aus den in Tab. 25.3.1 mit 25-stelliger Genauigkeit aufgelisteten durch zyklische Vertauschungen der Koordinaten, kombiniert mit beliebigen Vorzeichenwechseln.

Tab. 25.3.1

x_1	0.7950079322147038205344672
x_2	0.6065990337246679914486006
x_3	0.0000000000000000000000000
x_1	0.9464744446869156195382043
x_2	0.2100545559150076387437648
x_3	0.2450779653374485537010986
x_1	0.7364198887719079807944395
x_2	0.3398754109622476280896037
x_3	0.5849533762996961817907023

Zum Schluß noch eine Anmerkung: Die Kurve K selbst besteht aus 12 singularitätenfreien Zügen, deren jeder sich um eine der 12 Ikosaederecken herumwindet.

25.4. Die Hypersphäre

Die Klassifikation der optimalen Designs auf der **Hypersphäre** $\Omega = \Omega_4 \subset \mathbb{R}^4$ gelang erstmalig Neutsch & al. [1985]. Die Autoren setzen dieselben Methoden ein, die wir schon mit Erfolg auf Ω_3 anwenden konnten (Abschn. 25.3). Die Rolle der $\mathcal{J}_3$ übernimmt jetzt ihr vierdimensionales Gegenstück, die **Hyperikosaedergruppe**

$$\mathcal{J}_4 = \mathrm{Weyl}(\mathbb{H}_4)$$

mit der Ordnung 14400. Wir benutzen auch bei ihr die Standardversion aus Kap. 16, die wir H nennen. Als Basisinvarianten von H dienen uns wieder die bereits in Abschn. 17.3 gefundenen $q_2, q_{12}, q_{20}, q_{30}$, definiert durch

$$q_k(x) = q_k(x_1, x_2, x_3, x_4) = \sum_{w \in \Sigma} \langle x, w \rangle^k$$

Darin bedeutet $\Sigma = \Sigma(\mathbb{H}_4)$ das zu H gehörige Wurzelsystem vom Typ $\mathbb{H}_4$ (alle Vektoren aus Σ haben die Länge $\sqrt{2}$). Die q-Polynome haben gegenüber den I-Invarianten, die wir aus Kap. 17 kennen, oder den in der Originalarbeit von Neutsch & al. [1985] benutzten den großen Vorzug, daß ihre Mittelwerte über Ω ohne aufwendige Rechnungen verfügbar sind.

Mit Hilfe des Satzes 24.1.3 finden wir, weil alle 120 Summanden denselben Beitrag liefern, die äußerst einfache Formel

$$\langle q_{2k} \rangle_\Omega = \frac{120\ (2k)!}{2^k\ k!\,(k+1)!}$$

Von der in Satz 25.3.1 definierten Polynomfolge brauchen wir nur einige wenige Anfangsglieder, die wir als $P_0 = 1$, $P_1 = q_{12}$, $P_2 = q_{20}$, $P_3 = q_{12}^2$ wählen; die Grade sind diesmal $\gamma_0 = 0$, $\gamma_1 = 12$, $\gamma_2 = 20$, $\gamma_3 = 24$. Das zitierte Theorem ergibt für den Maximalgrad einer H-Bahn die Alternativen 19 und 23. Die Punkte der Sphäre sind durch die Mittelwertbedingung der euklidischen Invarianten q_2, nämlich

$$q_2(x) = \langle q_2 \rangle_\Omega = 60$$

charakterisiert, die natürlich gleichwertig mit

$$x_1^2 + x_2^2 + x_3^2 + x_4^2 = 1$$

ist. Jedes derartige x definiert eine 11-Bahn (die also schon besser ist als alles, was wir in $\mathbb{R}^3$ überhaupt erreichen können). Um auf einen höheren Approximationsgrad (19) zu kommen, haben wir zusätzlich noch

$$q_{12}(x) = \langle q_{12} \rangle_\Omega = \frac{495}{2}$$

zu erfüllen. Beide Gleichungen zusammen legen eine in Ω enthaltene zweidimensionale Varietät, d.h. eine Fläche, fest, die wir mit F bezeichnen. Der sphärische Mittelwert von q_{20} ist

$$\langle q_{20} \rangle_\Omega = \frac{62985}{32}$$

Wir müssen sehen, ob er auf F angenommen wird. Zu diesem Zweck betrachten wir die Restriktion von q_{20} auf Ω.

Angenommen, an der Stelle x liege ein Extremum von $q_{20}|_F$ vor. Dann sind dort die Gradienten von q_2, q_{12} und q_{20} linear abhängig. An dieser Eigenschaft ändert sich nichts, wenn wir noch ∇q_{30} hinzunehmen. Wir haben somit die notwendige (aber nicht hinreichende) Bedingung

$$\det\,(\nabla q_2, \nabla q_{12}, \nabla q_{20}, \nabla q_{30}) = 0$$

zu erfüllen. Die vollständige Nullstellenmenge dieser Funktionaldeterminante ist aber nach Satz 15.3.3 identisch mit der Vereinigung aller 60 Spiegelungshyperebenen der **Coxetergruppe** $H = \mathcal{I}_4$.

Aus Transitivitätsgründen dürfen wir uns wieder ohne Verlust an Allgemeinheit auf eine von ihnen beschränken. Wir suchen uns den bequemsten Fall aus, und zwar $x_4 = 0$.

Nach Nullsetzen von x_4 in den Basisfunktionen q_k entstehen Polynome, die nur noch von den drei Variablen x_1, x_2, x_3 abhängen. Wir bezeichnen sie zur Vermeidung von Verwechslungen mit J_k.

Die Transformationen aus H, die den Vektor (0,0,0,1) festlassen, bilden eine Untergruppe G. Sie stimmt in ihrer Aktion auf der invarianten Hyperebene

$x_4 = 0$ mit der im vorigen Abschnitt diskutierten **Ikosaedergruppe** $G \cong \mathcal{J}_3$ überein. Die G-Invarianten J_2, J_{12} und J_{20} lassen sich folglich als Polynome in U, V und W schreiben (Bezeichnungen wie in Abschn. 25.3):

$$J_2 = 60\,U$$

$$J_{12} = \tfrac{105}{8}\left[19\,U^6 + 3\,U^3\,V + U\,W + 12\,V^2\right]$$

$$J_{20} = \tfrac{85}{128}\Big[3618\,U^{10} + 13740\,U^7\,V + 4580\,U^5\,W + 55059\,U^4\,V^2 + 66\,U^2\,V\,W + 528\,U\,V^3 + 11\,W^2\Big]$$

Dasselbe trifft auch auf das von uns nicht benötigte Polynom J_{30} zu. Alle unter der Gesamtgruppe H invarianten Polynome sind gerade Funktionen von x_4. Die vierten Komponenten ihrer Gradienten verschwinden somit auf der unseren Extremalpunkt x enthaltenen Hyperebene $x_4 = 0$. Aus der linearen Abhängigkeit der Gradienten von q_2, q_{12} und q_{20} an der Stelle x folgt also die der entsprechenden (dreidimensionalen) Vektoren ∇J_2, ∇J_{12} und ∇J_{20}, die wir auch als Verschwinden der Funktionaldeterminante von J_2, J_{12} und J_{20} bei (x_1, x_2, x_3) deuten können:

$$\det(\nabla J_2, \nabla J_{12}, \nabla J_{20}) = \frac{\partial(J_2, J_{12}, J_{20})}{\partial(x_1, x_2, x_3)} = DJ(x_1, x_2, x_3) = 0$$

Die Darstellung der J_k als Funktionen von U, V, W erlaubt dank der Kettenregel die Aufspaltung

$$\frac{\partial(J_2, J_{12}, J_{20})}{\partial(U, V, W)} \; \frac{\partial(U, V, W)}{\partial(x_1, x_2, x_3)} = 228096\,V\,W \, \frac{\partial(U, V, W)}{\partial(x_1, x_2, x_3)}$$

Außerdem haben wir noch $x_4 = 0$ und die Definition der Fläche F, nämlich

$$J_{12}(x_1, x_2, x_3) = \langle q_{12} \rangle_\Omega = \frac{495}{2}$$

zu beachten. Mit der obigen Formel für J_{12} ergibt sich

$$19\,U^6 + 3\,U^3\,V + 12\,V^2 + U\,W = \frac{132}{7}$$

oder, wenn wir zusätzlich die Sphärengleichung

$$U(x_1, x_2, x_3) = 1$$

heranziehen und anschließend mit dem Hauptnenner multiplizieren,

$$21\ V + 84\ V^2 + 7\ W + 1 = 0$$

Den zugehörigen Funktionswert $q_{20}(x) = J_{20}(x_1, x_2, x_3)$ erhalten wir aus

$$J_{20} = \frac{85}{128} \left[3618 + 13740\ V + 55059\ V^2 + 528\ V^3 + 4580\ W + 66\ V\ W + 11\ W^2\right]$$

Die offensichtliche Faktorzerlegung der Bedingung

$$228096\ V\ W \frac{\partial(U, V, W)}{\partial(x_1, x_2, x_3)} = 0$$

läßt für eine Extremalstelle $x = (x_1, x_2, x_3, 0)$ der Funktion $q_{20}|_F$ drei Möglichkeiten zu, die wir der Reihe nach behandeln:

(1) Falls $V(x_1, x_2, x_3)$ gleich Null ist, erhalten wir aus $x \in F$ zunächst

$$W(x_1, x_2, x_3) = -\frac{1}{7}$$

und damit weiter

$$q_{20}(x) = J_{20}(x_1, x_2, x_3) = \frac{12344805}{6272} \approx 1968.2405931122448979591 83$$

und

$$q_{20}(x) - \langle q_{20} \rangle_\Omega = -\frac{255}{6272} \approx -0.0406568877551020408163 2653$$

(2) Verschwindet hingegen $W(x_1, x_2, x_3)$, so entsteht eine quadratische Gleichung für den zugehörigen Wert von V, und zwar

$$84\ V^2 + 21\ V + 1 = 0$$

mit den Lösungen

$$V = -\frac{1}{8} \pm \frac{1}{168}\sqrt{105}$$

zu denen die beiden Funktionswerte

$$q_{20}(x) = \frac{56431925}{28672} \pm \frac{4675}{602112}\sqrt{105}$$

gehören, die den Differenzen

$$q_{20}(x) - \langle q_{20}\rangle_\Omega = -\frac{2635}{28672} \pm \frac{4675}{602112}\sqrt{105}$$

entsprechen. Numerisch finden wir für das obere Vorzeichen:

$$q_{20}(x) \approx 1968.26890926410844016136 7$$

$$q_{20}(x) - \langle q_{20}\rangle_\Omega \approx -0.012340735891559838632084 46$$

und für das untere:

$$q_{20}(x) \approx 1968.10978772249870269577 4$$

$$q_{20}(x) - \langle q_{20}\rangle_\Omega \approx -0.171462277501297304225058 3$$

(3) Die letzte noch verbleibende Alternative ist

$$\frac{\partial(U,V,W)}{\partial(x_1,x_2,x_3)} = 0$$

Dann liegt (x_1,x_2,x_3) auf einer der 15 Reflexionsebenen von G, und wir dürfen o.B.d.A. wieder $x_3 = 0$ annehmen. Die Basisinvarianten von G reduzieren sich jetzt auf

$$U(x_1,x_2,0) = x_1^2 + x_2^2$$

$$V(x_1,x_2,0) = x_1^2\, x_2^2 \left[\left(\frac{-1+\sqrt{5}}{2}\right) x_1^2 + \left(\frac{-1-\sqrt{5}}{2}\right) x_2^2\right]$$

$$W(x_1,x_2,0) = x_1^2\, x_2^2 \left[x_1^2-x_2^2\right]^2 \left[\left(\frac{-5-3\sqrt{5}}{2}\right) x_1^2 + \left(\frac{-5+3\sqrt{5}}{2}\right) x_2^2\right]$$

Die Sphärengleichung U = 1 erfüllen wir wie im vorigen Abschnitt identisch durch den Ansatz

$$x_1^2 = \frac{1}{10}\left[5+\beta\sqrt{5}\right]$$

$$x_2^2 = \frac{1}{10}\left[5-\beta\sqrt{5}\right]$$

mit einem zwischen $-\sqrt{5}$ und $+\sqrt{5}$ liegenden Parameter β. Nach Substitution der reduzierten Basispolynome von G,

$$V(\beta) = V(x_1,x_2,0) = -\frac{1}{40}(\beta^2-5)(\beta-1)$$

$$W(\beta) = W(x_1,x_2,0) = \frac{1}{200}\beta^2(\beta^2-5)(3\beta+5)$$

in die oben hergeleitete Flächenformel und Multiplikation mit 200 entsteht

$$21\beta^6 - 119\beta^4 + 175\beta^2 - 125 = 0$$

Als kubische Gleichung in β^2 interpretiert, besitzt diese Bedingung nur eine reelle Lösung, die wir nach Cardano leicht ausrechnen können, nämlich

$$\beta^2 = \frac{17}{9} + \frac{2}{9}\left[\sqrt[3]{\frac{1177}{7}+\frac{135}{7}\sqrt{65}} + \sqrt[3]{\frac{1177}{7}-\frac{135}{7}\sqrt{65}}\right]$$

was numerisch auf

$$\beta \approx \pm 1.9830449011389281495031 34$$

führt. Der zugeordnete Wert von J_{20} bzw. q_{20} ist

$$q_{20}(x) = \frac{187}{4032000}\left[193\beta^4 - 350\beta^2 + 42437125\right]$$

$$\approx 1968.26466195057716122866 7$$

und die Abweichung vom Ω-Mittel ergibt sich zu

$$q_{20}(x) - \langle q_{20}\rangle_\Omega = \frac{17}{4032000}\left[2123\,\beta^4 - 3850\,\beta^2 - 21625\right]$$

$$\approx -0.0165880494228387713321039 3$$

Wir fassen zusammen:

Es gibt vier essentiell verschiedene, d.h. unter der Gruppe inäquivalente Kandidaten für die (lokalen) Extremalpunkte von $q_{20}|_F$. Auf allen nimmt q_{20} Funktionswerte an, die unterhalb des Mittels $\langle q_{20}\rangle_\Omega$ liegen. Der Approximationsgrad von H ist also 19.

Von den vier Lösungen kommt die unter (2) beschriebene mit dem oberen Vorzeichen am nächsten an $\langle q_{20}\rangle_\Omega$ heran. Falls sie reelle Punkte enthält, bildet sie das Optimum. Wir müssen deshalb noch untersuchen, ob und, wenn ja, welche Punkte $\xi = (x_1, x_2, x_3) \in \mathbb{R}^3$ existieren mit

$$U(\xi) = U(x_1, x_2, x_3) = 1$$

$$V(\xi) = V(x_1, x_2, x_3) = -\frac{1}{8} + \frac{1}{168}\sqrt{105}$$

$$W(\xi) = W(x_1, x_2, x_3) = 0$$

Die dritte Koordinate von ξ kann nicht Null sein, weil der Punkt sonst bereits oben unter (3) gefunden worden wäre. Wegen der Unterschiede in der Invarianten q_{20} schließen sich die oben als (1),(2),(3) bezeichneten Möglichkeiten aber gegenseitig aus.

Mit ξ haben natürlich auch alle seine Bilder unter der Aktion von G dieselben Eigenschaften, und ξ liegt auch auf keiner anderen Reflexionsebene der Coxetergruppe $G = \text{Weyl}(\mathbb{H}_3)$.

Satz 15.3.3 besagt, daß ξ der einzige Punkt in seiner Weylkammer ist, in dem U, V, W die vorgeschriebenen Werte annehmen: Alle 120 (reellen) Lösungen unserer Aufgabe bilden eine einzige G-Bahn, die aus jeder Kammer genau einen Punkt umfaßt. Für unsere Zwecke genügt deshalb die explizite Berechnung eines einzigen ξ mit den verlangten Eigenschaften; die übrigen finden wir, indem wir G anwenden.

Im allgemeinen erfordert die Berechnung von ξ aus U, V, W die nacheinander auszuführende Lösung algebraischer Gleichungen 5. und 3. Grades und ist nicht durch Wurzelziehen allein zu bewältigen. Der hier vorliegende Fall ist aber speziell, weil wir die Nullstellenmenge von W vollständig angeben können.

Nach Konstruktion zerfällt $W(\xi)$ in 10 Linearfaktoren, die jeweils eine der

10 zu den Ecken(paaren) des unter G invarianten Dodekaeders senkrechten Ebenen charakterisieren. Die Bedingung $W(\xi) = 0$ ist somit genau auf der Vereinigung dieser 10 Ebenen erfüllt, von denen wir wegen der Transitivität von G nur eine zu untersuchen brauchen. Wir wählen eine derartige Ebene E aus, für die die Rechnung besonders einfach wird. Ihre Gleichung ist

$$(1+\sqrt{5})\, x_1 + (1-\sqrt{5})\, x_2 = 0$$

Als zusätzliche Forderung haben wir $U(\xi) = 1$ zu berücksichtigen, d.h., die in E gelegenen Einheitsvektoren zu suchen. Sie lassen sich vollständig mit Hilfe eines einzigen Parameter α beschreiben, etwa in der Form

$$x_1^2 = \frac{1}{8}(3-\sqrt{5})\,\alpha$$

$$x_2^2 = \frac{1}{8}(3+\sqrt{5})\,\alpha$$

$$x_3^2 = 1 - \frac{3}{4}\alpha$$

Durch Einsetzen in den Ausdruck für V erhalten wir die kubische Gleichung

$$\alpha^3 - 2\,\alpha^2 + \alpha + V(\xi) = 0$$

Mit unserem konkreten $V(\xi)$ erweisen sich alle drei Lösungen als reell. Wir brauchen nur irgendeine von ihnen auszurechnen, z.B.

$$\alpha = \frac{2}{3} + \frac{1}{6}\left[\frac{77-9\sqrt{105}}{14} + \sqrt{\frac{135-99\sqrt{105}}{14}}\right]^{\frac{1}{3}} + \frac{1}{6}\left[\frac{77-9\sqrt{105}}{14} - \sqrt{\frac{135-99\sqrt{105}}{14}}\right]^{\frac{1}{3}}$$

oder zahlenmäßig

$$\alpha \approx 1.22827741362322418806289\,6$$

Die beiden Lösungen mit $W = 0$ wurden in der eingangs erwähnten Arbeit von Neutsch & al. [1985] übersehen. Die genannten Autoren kommen daher irrtümlich zu dem Schluß, die Bahn des Typs (3) sei optimal. Sie ist aber, besonders im Hinblick auf den extrem hohen Approximationsgrad, nur unwesentlich schlechter als die bestmögliche Approximation, wie ein Vergleich der Abweichungen der $q_{20}(x)$ von $\langle q_{20}\rangle_\Omega$ erweist. Demgegenüber hat sie den erheblichen ökonomischen Vorteil, nur halb so viele Stützstellen zu benötigen. Aus diesem Grund nehmen wir sie in die Zusammenstellung unserer Resultate mit auf:

<u>Satz 25.4.1:</u>

(a) Die **Hyperikosaedergruppe**

$$H = \mathcal{I}_4 \cong \mathrm{Weyl}(\mathbb{H}_4)$$

besitzt den maximalen Approximationsgrad 19.

(b) Jede auf der Einheitssphäre $\Omega_4 \subset \mathbb{R}^4$ liegende Bahn von H ist mindestens ein 11-Design. Erfüllt $x \in \Omega_4$ zudem noch die Mittelungsbedingung der Basisinvarianten q_{20} von H, nämlich

$$q_{20}(x) = \sum_{w \in \Sigma} \langle x, w\rangle^k = \langle q_{20}\rangle_{\Omega_4}$$

(die Summation erstreckt sich über die 120 $\mathbb{H}_4$-Wurzeln), so ist der von x erzeugte Transitivitätsbereich x^H sogar ein 19-Design.

(c) Dieser Fall tritt auf einer zweidimensionalen Teilvarietät (Fläche) F von Ω_4 ein.

(d) Die optimale 19-Bahn erhält man durch Anwendung der Standarddarstellung der Gruppe H auf einen Punkt (a,b,c,0) mit

$$a^2 = \frac{1}{8}(3-\sqrt{5})\,\alpha$$

$$b^2 = \frac{1}{8}(3+\sqrt{5})\,\alpha$$

$$c^2 = 1 - \frac{3}{4}\alpha$$

und

$$\alpha = \frac{2}{3} + \frac{1}{6}\left[\frac{77-9\sqrt{105}}{14} + \sqrt{\frac{135-99\sqrt{105}}{14}}\right]^{\frac{1}{3}} + \frac{1}{6}\left[\frac{77-9\sqrt{105}}{14} - \sqrt{\frac{135-99\sqrt{105}}{14}}\right]^{\frac{1}{3}}$$

Die auf 25 gültige Stellen korrekte Näherung lautet

$$a \approx 0.342476358450571923946554 5$$

$$b \approx 0.896614746766889571764582 2$$

$$c \approx 0.280699019917387418997763 2$$

Somit sind die 7200 Punkte des optimalen Designs durch den Ausdruck

$$x = a\,u + b\,v + c\,w$$

gegeben, worin (u,v,w) alle 120·30·2 geordneten Tripel durchläuft, die durch Anwendung von H auf die ersten drei Einheitsvektoren zustandekommen.

(e) Ein Integrationsverfahren des Grades 19 mit nur 3600 Stützstellen besteht aus den 120·30 Punkten der Form

$$x = \sigma\,u + \tau\,v$$

Hier haben u und v dieselbe Bedeutung wie vorhin, während sich die Vorfaktoren σ und τ durch

$$\sigma^2 = \frac{1}{10}\left(5+\beta\sqrt{5}\right)$$

$$\tau^2 = \frac{1}{10}\left(5-\beta\sqrt{5}\right)$$

mit der aus

$$\beta^2 = \frac{17}{9} + \frac{2}{9}\left[\sqrt[3]{\frac{1177}{7} + \frac{135}{7}\sqrt{65}} + \sqrt[3]{\frac{1177}{7} - \frac{135}{7}\sqrt{65}}\right]$$

gewonnenen Abkürzung β finden lassen. In Zahlen haben wir

$$\sigma \approx 0.971299294830434512053583 1$$

$$\tau \approx 0.237860631172753455233991 8$$

Der Fehler des optimalen Verfahrens ist im Vergleich zur 3600-Punkte-Methode bei Polynomen des Grades 20 nur um ca. 25.6 % geringer.

25.5. Numerische Integration mit sehr hoher Genauigkeit

Durch Anwenden der klassischen **Hopfabbildung** h_2 auf eine der gerade gefundenen 19-Bahnen der **Hyperikosaedergruppe** H erhalten wir, wie Satz 24.5.2 zeigt, neue sphärische Designs auf Ω_3. Sie sind aber aufgrund der dabei eintretenden Gradhalbierung von 19 auf 9 vom Standpunkt der Numerik keineswegs besser als etwa das optimale 9-Design aus Abschn. 25.3, zumal sie erheblich größere Stützstellenzahlen erfordern.

Es gibt aber noch einen alternativen Weg, aus vierdimensionalen sphärischen Designs Integrationsverfahren auf Ω_3 abzuleiten, der nicht mit einer Reduktion des Approximationsgrades verbunden ist.

Wir geben ein antipodisches g-Design $M \subset \Omega_4$ vor, statten die Sphären $\omega = \Omega_3$ und $\Omega = \Omega_4$ mit kartesischen Koordinaten (x,y,z) bzw. (x,y,z,t) aus und ordnen jeder (stetigen) Funktion $f\colon \omega \longrightarrow \mathbb{R}$ die durch

$$F(x,y,z,t) \quad = \quad \left[1-t^2\right]^k f\left(\frac{x}{\sqrt{1-t^2}}, \frac{y}{\sqrt{1-t^2}}, \frac{z}{\sqrt{1-t^2}}\right)$$

erklärte Abbildung $F\colon \Omega \longrightarrow \mathbb{R}$ zu, wobei k die größte ganze Zahl $\le \frac{1}{2}$ g bedeutet; umgekehrt ist g gleich 2k oder 2k+1. Wir behaupten:

Wenn f eine Kugelflächenfunktion vom Grad $\le$ g ist, wird F von M exakt integriert.

Da F in linearer Weise von f abhängt, genügt es, dies für Monome

$$f(x,y,z) \quad = \quad x^a\, y^b\, z^c$$

mit $a+b+c \le g$ zu beweisen. Wenn a+b+c ungerade ist, gilt

$$f(-x,-y,-z) \quad = \quad -\, f(x,y,z)$$

und folglich auch

$$F(-x,-y,-z,-t) \quad = \quad -\, F(x,y,z,t)$$

Die Beiträge zweier antipodischer Punkte zum Mittelwert $\langle F\rangle_M$ heben sich dann weg, und wir haben, wie gewünscht,

$$\langle F\rangle_M = 0 = \langle F\rangle_\Omega$$

Wir dürfen also annehmen, daß a+b+c eine gerade Zahl ist, sagen wir 2m. In diesem Fall wird F als Polynom des Grades

$$a + b + c + 2\,(k-m) = 2\,k \le g$$

in (x,y,z,t) aber auch exakt integriert. Die obige Aussage ist somit wahr. Andererseits ergibt sich aus der Definition von F unmittelbar ein Zusammenhang zwischen $\langle f\rangle_\omega$ und $\langle F\rangle_\Omega$, nämlich

$$\frac{\langle F\rangle_\Omega}{\langle f\rangle_\omega} = \frac{\text{vol }\omega}{\text{vol }\Omega} \int_{t=-1}^{+1} \left[1-t^2\right]^{k+\frac{1}{2}} dt = \frac{4\pi}{2\pi^2}\,\frac{\Gamma\left(\frac{1}{2}\right)\,\Gamma\left(k+\frac{3}{2}\right)}{\Gamma(k+2)} = \frac{(2k+1)!}{2^{2k}\,k!\,(k+1)!}$$

Den Mittelwert von f können wir somit über die Gleichung

$$\langle f\rangle_\omega = \frac{2^{2k}\,k!\,(k+1)!}{(2k+1)!}\,\langle F\rangle_\Omega$$

durch den von F ausdrücken und erhalten auf diese Weise ein Integrationsverfahren des Grades g auf der 2-Sphäre. Es handelt sich aber i.a. nicht um ein Design, weil unterschiedliche Gewichte vorkommen.

Satz 25.5.1:

Sei $M \subset \Omega_4$ ein antipodisches g-Design. Die aus Weglassen der vierten Koordinate und anschließender Normierung auf Länge 1 bestehende Transformation heiße τ. Sie bildet den typischen Vektor $(\alpha,\beta,\gamma,\delta) \in \Omega_4$ auf

$$\tau(\alpha,\beta,\gamma,\delta) = \frac{(\alpha,\beta,\gamma)}{\sqrt{1-\delta^2}} \in \Omega_3$$

ab. Ferner definieren wir

$$w(\alpha,\beta,\gamma,\delta) = C_k\,(\#M)^{-1}\left[1-\delta^2\right]^k$$

worin k die größte ganze Zahl $\le \frac{1}{2}$ g bezeichnet und

$$C_k = \frac{2^{2k}\,k!\,(k+1)!}{(2k+1)!}$$

ist. Einige öfter gebrauchte Werte von C_k sind in Tab. 25.5.1 zusammengestellt. Unter diesen Voraussetzungen ergibt die Punktmenge

$$\mathfrak{X} = \tau(M) = \left\{ \tau(\xi) \;\middle|\; \xi \in M \right\}$$

mit den Gewichten

$$\mathfrak{W} = w(M) = \left\{ w(\xi) \;\middle|\; \xi \in M \right\}$$

ein Integrationsverfahren des Approximationsgrades g.

Tab. 25.5.1

g	0 1	2 3	4 5	6 7	8 9	10 11	12 13	14 15	16 17	18 19	20 21
k	0	1	2	3	4	5	6	7	8	9	10
C_k	1	$\frac{4}{3}$	$\frac{8}{5}$	$\frac{64}{35}$	$\frac{128}{63}$	$\frac{512}{231}$	$\frac{1024}{429}$	$\frac{16384}{6435}$	$\frac{32768}{12155}$	$\frac{131072}{46189}$	$\frac{262144}{88179}$

Bemerkungen:

(1) Die Bilder der beiden Punkte $(0,0,0,\pm1)$ unter τ sind nicht definiert. Das macht aber nichts, weil die zugehörigen Gewichte Null sind. Wir müssen nur die entsprechenden Beiträge weglassen (daß dieses Vorgehen korrekt ist, sieht man durch einen simplen Grenzübergang).

(2) Kommen in M zwei Punkte x und x′ vor, die sich allein im Vorzeichen der letzten Koordinate unterscheiden, so liefern sie die gleiche Stützstelle: $\tau(x) = \tau(x')$. In diesem Fall ist es zweckmäßig, beide Beiträge zu-

sammenzuziehen (bei Addition der Gewichte).

(3) Die Beschränkung auf antipodische Designs war erforderlich, um Monome von nicht durch 2 teilbarem Grad exakt zu integrieren. Sie bedeutet keinen wesentlichen Verlust an Allgemeinheit. Wenn M nämlich ein nicht antipodisches g-Design ist, ergänzen wir es einfach durch Hinzunahme der am Ursprung punktgespiegelten Konfiguration. Die Menge $M \cup (-M)$ erfüllt dann alle Voraussetzungen des Satzes.

(4) Bahnen der Hyperikosaedergruppe $H = \mathrm{Weyl}(\mathbb{H}_4)$ sind automatisch antipodisch, weil die Negation $x \mapsto -x$ in H enthalten ist.

(5) Mit dieser Vereinfachung erhalten wir aus den 7200 Vektoren des optimalen 19-Designs in der Standardversion (Satz 25.4.1) ein System von

$$120 + \frac{1}{2}\,(7200-120) \;=\; 3660$$

Integrationspunkten, da genau ein Sechzigstel aller $x \in M$, also insgesamt 120, auf der Reflexionshyperebene $x_4 = 0$ gelegen sind. Sie begründen eine Methode des Grades 19.

(6) Bei Verwendung der 3600-punktigen 19-Bahn ergibt sich entsprechend ein Verfahren des Grades 19 mit nur

$$120 + \frac{1}{2}\,(3600-120) \;=\; 1860$$

Stützstellen, das aus diesem Grunde trotz des minimal vergrößerten Integrationsfehlers ökonomischer ist.

Um die Qualität der in den letzten beiden Abschnitten gefundenen Integrationsverfahren einschätzen zu können, wollen wir einige numerische Resultate angeben. Dazu wählen wir dasselbe Beispiel wie in Neutsch [1983], und zwar die Oberfläche eines Ellipsoids mit den Halbachsen a, b, c. Sie ist gleich

$$O(a,b,c) \;=\; \int_{\Omega_3} \sqrt{b^2c^2x^2 + c^2a^2y^2 + a^2b^2z^2}\; d\Omega_{(x,y,z)}$$

und kann auf ein (unvollständiges) Elliptisches Integral 2. Gattung reduziert werden. Diese Darstellung liefert die in Tab. 25.5.2 als "exakt" bezeichneten Werte, während die mit "60", "1860" und "3660" überschriebenen

Spalten jeweils die in Milliardsteln ausgedrückten relativen Fehler des optimalen 9-Designs aus Satz 25.3.2 und der beiden gerade vorgestellten Methoden mit den entsprechenden Punkteanzahlen enthalten. Wir haben wieder dieselben Halbachsentripel (a,b,c) wie a.a.O. verwendet.

Tab. 25.5.2

a	b	c	exakt	rel.F. 60 $[10^{-9}]$	rel.F. 1860 $[10^{-9}]$	rel.F. 3660 $[10^{-9}]$
1.0	1.0	1.0	12.56637061	0	0	0
1.0	1.0	1.5	16.91821816	347	0	0
1.0	1.1	1.2	15.18864252	3	0	0
1.0	1.1	1.3	16.09792822	-7	0	0
1.0	1.1	1.4	17.01866113	-21	0	0
1.0	1.1	1.5	17.94935174	9	0	0
1.0	1.2	1.2	16.12200087	24	0	0
1.0	1.2	1.3	17.06968267	51	0	0
1.0	1.2	1.4	18.02976017	99	0	0
1.0	1.2	1.5	19.00064113	190	0	0
1.0	1.5	2.0	27.88644247	11140	6	5
1.0	2.0	3.0	48.88214630	160101	407	390
1.0	3.0	5.0	108.62688289	1035587	10758	11148
1.0	3.0	6.0	129.12956886	1365748	18378	19320
2.0	3.0	5.0	134.77517672	35830	83	70
2.0	4.0	5.0	166.85562602	83590	119	108
3.0	4.0	5.0	199.45505936	1639	0	0
3.0	4.0	6.0	231.24821501	6155	7	6
3.0	5.0	8.0	345.82070672	66000	139	123
3.0	6.0	8.0	396.81332987	106479	182	170
4.0	5.0	7.0	352.83157682	1409	1	1
4.0	5.0	8.0	393.86965963	4467	9	7

Schon die Güte des 9-Designs mit seinen 60 Punkten ist frappierend; die beiden Verfahren des Grades 19 liefern fast perfekte Approximationen.

25.6. Vierdimensionale Wurzelsysteme und Quaternionen

Zwischen der in Satz 10.5.3 formulierten Klassifikation aller endlichen Gruppen von Quaternionen und den vierdimensionalen Wurzelsystemen besteht ein enger Zusammenhang, den wir seinerzeit noch nicht aussprechen konnten, weil uns die Grundbegriffe der Coxetertheorie noch nicht zur Verfügung standen. Wir wollen das jetzt nachholen.

Satz 25.6.1:

Wie üblich identifizieren wir den vierdimensionalen euklidischen Raum $\mathbb{R}^4$ mit der Quaternionenalgebra $\mathbb{H}$, indem wir die vier Vektoren der Standardbasis der Reihe nach gleich $1, i, j, k$ setzen.

Sei G eine endliche Untergruppe von $\mathbb{H}^\times$. Dann gilt:

(a) Falls die Ordnung von G ungerade ist, ist G zyklisch und seine Elemente bilden ein reguläres (und insbesondere planares) Vieleck.

(b) Wenn hingegen G eine gerade Ordnung hat, ist die durch Multiplikation mit $\sqrt{2}$ aus G entstehende Menge

$$\Sigma = \sqrt{2}\, G = \left\{ \sqrt{2}\, u \;\middle|\; u \in G \right\} \subset \mathbb{R}^4$$

ein **Wurzelsystem**. Dabei sind die folgenden fünf Alternativen möglich:

(1) G ist zyklisch, $\#(G) = 2k$ und $\Sigma \cong \mathbb{I}_2(k)$;

(2) $G \cong 2{\wedge}D_{2k}$ (binäre Diedergruppe), $\#(G) = 4k$ und $\Sigma \cong \mathbb{I}_2(k) \oplus \mathbb{I}_2(k)$;

(3) $G \cong 2{\wedge}A_4$ (binäre Tetraedergruppe), $\#(G) = 24$ und $\Sigma \cong \mathbb{D}_4$;

(4) $G \cong 2{\wedge}S_4$ (binäre Oktaedergruppe), $\#(G) = 48$ und $\Sigma \cong \mathbb{F}_4$;

(5) $G \cong 2{\wedge}A_5$ (binäre Ikosaedergruppe), $\#(G) = 120$ und $\Sigma \cong \mathbb{H}_4$.

Beweis:

Aus Abschn. 10.5 entnehmen wir, daß G jedenfalls eine der angeführten Gruppen ist. Alle, außer den zyklischen, haben gerade Ordnungen, was unmittelbar zu Teil (a) des Satzes führt. Wir dürfen daher von nun an $\#(G)$ als gerade voraussetzen.

Dann enthält G die einzige involutorische Quaternion, nämlich -1. Wie man leicht sieht, läßt sich die Reflexion in einem Gruppenelement $u \in G$ mit Hilfe von Quaternionenmultiplikation und -konjugation in der Form

$$r_u : \quad x \longmapsto r_u(x) = -\,u\,\bar{x}\,u$$

ausdrücken. Wenn x die Norm 1 hat, können wir hierfür auch

$$r_u(x) \;=\; -\,u\,x^{-1}\,u$$

schreiben. G ist daher unter unter der von allen r_u erzeugten Weylgruppe invariant und somit, bis auf Normierung, ein Wurzelsystem. Damit fehlt zum Beweis von (b) nur noch die Identifikation der Σ in den fünf denkbaren Fällen, die wir nacheinander betrachten.

Wenn G zyklisch von der Ordnung 2k ist, ergeben die Gruppenelemente ein reguläres Polygon. Das Gleiche trifft auf die Σ-Wurzeln zu, und nach Abschn. 16.1 haben wir $\Sigma \cong \mathbb{D}_2(k)$.

Etwas komplizierter ist die Behandlung der binären Diedergruppe $2\wedge D_{2k}$. Wir suchen zwei Elemente $a, b \in G$ aus, deren Bilder die zu D_{2k} isomorphe Faktorgruppe G/<-1> erzeugen und involutorisch sind. Für a und b selbst bedeutet dies, daß beide die Ordnung 4 haben. Sollte -1 keine Potenz des Produkts ab sein, ersetzen wir b durch -b. Die von ab aufgespannte zyklische Untergruppe vom Index 2 in G ergibt nach dem gerade Bewiesenen ein $\mathbb{D}_2(k)$-Teilsystem in Σ. Alle übrigen Vektoren aus Σ erhalten wir, indem wir mit b multiplizieren.

Nun gilt aber für das Skalarprodukt von ab und b die Beziehung

$$2\,\langle ab, b\rangle \;=\; ab\,\bar{b} + b\,\overline{(ab)} \;=\; a\,b\,\bar{b} + b\,\bar{b}\,\bar{a} \;=\; a + \bar{a} \;=\; 0$$

weil aus ord(a) = 4 zunächst $a^2 = -1$ und damit

$$\bar{a} \;=\; a^{-1} \;=\; a^3 \;=\; -\,a$$

folgt. Ebenso für b. Der Gruppengenerator b steht also auf dem Einselement und auf ab senkrecht. Da alle Potenzen von ab Linearkombinationen von 1 und ab sind, ist b orthogonal zu zum gesamten bislang gefundenen $\mathbb{D}_2(k)$.

Somit ist Σ reduzibel (nicht monolithisch), und die noch fehlenden 2k Wurzeln bilden ebenfalls ein $\mathbb{D}_2(k)$, das durch Anwendung von b aus dem ersten

hervorgeht. Somit ist $\Sigma \cong \mathbb{I}_2(k)\oplus\mathbb{I}_2(k)$.
Die restlichen drei Alternativen für G, nämlich $2\wedge A_4$, $2\wedge S_4$ und $2\wedge A_5$, sind alle irreduzibel. Dasselbe gilt dann trivialerweise auch von Σ.
Ein kurzer Blick auf die Listen in Abschn. 16.1 zeigt, daß es nur 5 irreduzible Wurzelsysteme des Ranges 4 gibt, und zwar $\mathbb{A}_4$, $\mathbb{B}_4$, $\mathbb{D}_4$, $\mathbb{F}_4$ und $\mathbb{H}_4$. Sie enthalten jeweils 20, 32, 24, 48 und 120 Wurzeln, und ein Vergleich mit den in Frage kommenden Gruppenordnungen reicht zur Vervollständigung des Beweises aus.

Inwieweit ist Satz 25.6.1 umkehrbar ? Während die Anwendung einer beliebigen Drehung aus $SO_4(\mathbb{R})$ auf $\Sigma \in \{\mathbb{D}_4, \mathbb{F}_4, \mathbb{H}_4\}$ stets wieder ein gleichartiges Wurzelsystem ergibt und so wegen der Isometrie auch alle Möglichkeiten ausgeschöpft werden, wäre die entsprechende Aussage für die zugehörigen Gruppen unrichtig.
Nicht alle in $\mathbb{H}$ liegenden Wurzelsysteme der genannten Typen liefern (nach Division durch $\sqrt{2}$) Gruppen. Eine notwendige Bedingung hierfür ist das Enthaltensein des Vektors (1,0,0,0), der die Quaternion 1 repräsentiert.
Jede Drehung in $\mathbb{H}$ kann (vgl. Satz 10.3.2) mit festen Norm-1-Quaternionen u und v in der Form

$$x \longmapsto u\,x\,v$$

dargestellt werden. Das Bild der Gruppe G unter dieser Rotation ist die Nebenklasse uGv. Sie enthält das Einselement nur, wenn es ein $g \in G$ gibt mit

$$u\,g\,v = 1$$

Wir lösen nach v auf und erhalten

$$v = (ug)^{-1} = g^{-1}\,u^{-1} = \bar{g}\,\bar{u}$$

Die Transformation muß demnach von der speziellen Form

$$x \longmapsto u\,x\,g^{-1}\,u^{-1} = {}^{u}(xg^{-1})$$

sein, was für die Gruppe einfach

$$G \longmapsto u\,G\,g^{-1}\,u^{-1} = u\,G\,u^{-1} = {}^{u}G$$

bedeutet. Das Bild von G ist also einfach die Linkskonjugierte mit u und automatisch selbst eine Gruppe. Die Menge aller auf diese Weise zustandekommenden Gruppen wird somit durch die Drehungen von $\mathbb{H}$ parametrisiert, die auf Konjugationen mit von Null verschiedenen Quaternionen zurückgeführt werden können. Diese bilden, wiederum nach Abschn. 10.3, eine $SO_3(\mathbb{R})$. Wir haben somit

<u>Satz</u> <u>25.6.2:</u>
Ein Wurzelsystem Σ in der Quaternionenalgebra $\mathbb{H}$ ergibt nach Skalieren aller Vektoren auf Einheitslänge, d.h. Division durch $\sqrt{2}$, genau dann eine Gruppe, wenn es den Vektor $(\sqrt{2},0,0,0)$ enthält und isomorph zu einem der nachstehend angegebenen ist:

$$\Sigma \in \left\{ \mathbb{I}_2(k),\ \mathbb{I}_2(k)\oplus\mathbb{I}_2(k),\ \mathbb{D}_4,\ \mathbb{F}_4,\ \mathbb{H}_4 \right\}$$

Nebenbei haben wir einen neuen Beweis für die Konjugiertheit aller endlichen $\mathbb{H}^{\times}$-Untergruppen einer bestimmten Isomorphieklasse gefunden.
Das in Satz 25.6.2 ausgesprochene Kriterium zeigt, daß z.B. die Standardvarianten der Wurzelsysteme $\mathbb{F}_4$ und $\mathbb{H}_4$, wie wir sie in Abschn. 16.1 definierten, auf Gruppen führen, nicht jedoch $\mathbb{D}_4$.
Um die Tetraedergruppe zu bekommen, müssen wir erst noch eine geeignete Drehung anwenden.
Das $\mathbb{D}_4$-Standardsystem besteht aus den Wurzeln $\pm e_m \pm e_n$ mit $1 \le m \le n \le 4$. Die gesuchte Rotation können wir z.B. sehr einfach durch Multiplikation mit $\frac{1}{2}\sqrt{2}\,(1+i)$ bewerkstelligen, die den in Σ liegenden Vektor $(1,-1,0,0)$ nach $(\sqrt{2},0,0,0)$ bringt. Die binäre Tetraedergruppe enthält nach dieser Transformation die 24 Elemente

$$\left\{ \pm 1,\ \pm i,\ \pm j,\ \pm k,\ \tfrac{1}{2}(\pm 1 \pm i \pm j \pm k) \right\}$$

Die Elemente der zum Standard-$\mathbb{H}_4$-System gehörigen binären Ikosaedergruppe heißen auch **Hurwitzzahlen** (Conway & Sloane [1988]).

G. KOORDINATENSYSTEME

26. Lineare und reduzible Koordinaten

26.1. Kartesische und schiefwinklige Bezugssysteme

Die **natürlichen** oder **kartesischen Koordinaten** des n-dimensionalen euklidischen Raums ergeben sich unmittelbar aus der Interpretation des $\mathbb{R}^n$ als direkte orthogonale Summe von n Kopien der Menge $\mathbb{R}$ der reellen Zahlen:

$$\mathbb{R}^n \cong \mathbb{R} \oplus \ldots \oplus \mathbb{R}$$

(n Faktoren). Der typische Vektor $x \in \mathbb{R}^n$ wird singularitätenfrei mittels der **Komponenten** oder **kontravarianten Koordinaten** $x^1,\ldots,x^n$ relativ zu einer **Orthonormalbasis**

$$\mathfrak{E} = \left\{ e_1,\ldots,e_n \right\}$$

beschrieben, die nur bis auf eine orthogonale Transformation (Drehung oder Umlegung) bestimmt ist:

$$x = (x^1,\ldots,x^n) = x^1 e_1 + \ldots + x^n e_n = x^i e_i$$

(Einsteinkonvention). Die j-te Komponente von e_i ist also gleich δ_{ij}, und die **Basismatrix** E, die sich durch Untereinanderschreiben der e_i ergibt, stimmt mit der Einheitsmatrix überein. Das euklidische Skalarprodukt zweier Vektoren x und y ist einfach

$$\begin{aligned} \langle .,. \rangle : \ \mathbb{R}^n \times \mathbb{R}^n &\longrightarrow \mathbb{R} \\ (x,y) &\longmapsto \langle x,y \rangle \end{aligned}$$

mit

$$\langle x,y \rangle = x\,{}^t y = \delta_{ij}\, x^i y^j$$

Relativ zur **dualen Basis**

$$\mathfrak{E}^* = \left\{ e^1, \ldots, e^n \right\}$$

die nach Definition durch die Bedingungen

$$\langle e^i, e_j \rangle = \delta^i{}_j$$

festgelegt ist, erhalten wir die **kovarianten Koordinaten** x_i gemäß des Ansatzes

$$x = x_1 e^1 + x_2 e^2 + \ldots = x_i e^i$$

die aber im vorliegenden Fall wegen der Wahl eines orthonormierten Bezugssystems,

$$\langle e_i, e_j \rangle = \delta_{ij}$$

oder äquivalent in der dualen Version

$$\langle e^i, e^j \rangle = \delta^{ij}$$

numerisch die gleichen Werte annehmen. Diese Eigenschaft ist charakteristisch für kartesische Koordinaten. Sie besagt, daß die **Metrik** einfach durch das Kroneckersymbol gegeben ist:

$$g_{ij} = \delta_{ij}$$

und selbstverständlich auch

$$g^{ij} = \delta^{ij}$$

Trotz dieser Übereinstimmung von x^i und x_i sollte man auch bei Verwendung kartesischer Koordinaten stets sorgfältig auf die Stellung der Indizes achten, um Mißverständnissen und Fehlern vorzubeugen, die sonst bei Umrechnungen auf andere Basen etc. unweigerlich auftreten. Bei anderen Parametrisie-

rungen muß sowieso strikt zwischen kontra- und kovarianten Größen unterschieden werden.
Aus der Konstanz von g_{ij} und g^{ij} folgt das Verschwinden aller partiellen Ableitungen der Metrikkoeffizienten und damit auch das der **Christoffelsymbole**:

$$\Gamma^{a}{}_{bc} = 0$$

Außerdem sind auch sämtliche Komponenten des **Riemannschen Krümmungstensors** gleich Null, ebenso die daraus berechneten **Ricci-** und **Einsteintensoren** sowie der **Krümmungsskalar**:

$$R^{a}{}_{bcd} = 0$$

$$R_{ab} = G_{ab} = 0$$

$$R = 0$$

Diese Aussagen gelten als Tensorgleichungen auch bezüglich jeder anderen Karte; vgl. Kap. 3 und 4. Die Bedingung $R^{a}{}_{bcd} = 0$ besagt, daß der Raum flach ist. Sie stellt eine nichttriviale Einschränkung der Christoffelsymbole dar, die wir bei komplizierteren Koordinatensystemen gelegentlich zur Kontrolle der Tabellen in Teil H benutzt haben.
Viele Eigenschaften bleiben unverändert oder leicht modifiziert erhalten, wenn wir von den kartesischen zu allgemeineren **linearen** oder, wie man meist sagt, **schiefwinkligen** Koordinaten übergehen.
Der einzige Unterschied in der Definition ist der Verzicht auf die Orthogonalität des Bezugssystems.
Wir wählen eine beliebige Basis

$$\mathfrak{B} = \left\{ b_1, \ldots, b_n \right\}$$

anstelle von $\mathfrak{E}$ aus, die wir durch die duale Basis

$$\mathfrak{B}^* = \left\{ b^1, \ldots, b^n \right\}$$

ergänzen. Zur Unterscheidung schreiben wir u^i und u_i für die Entwicklungskoeffizienten unseres Punkts x nach den b_j bzw. b^j:

$$x = x^i e_i = u^i b_i = x_i e^i = u_i b^i$$

und verwenden die Basismatrizen B und B^*, deren Felder die Werte

$$B_i{}^j = \langle b_i, e^j \rangle$$

(das ist die j-te kartesische Komponente von b_i) und analog

$$B^{*i}{}_j = \langle b^i, e_j \rangle$$

aufnehmen. Beachte die Indexstellung! Aus der Definition folgt unmittelbar

$$B_i{}^j B^{*k}{}_j = \langle b_i, e^j \rangle \langle b^k, e_j \rangle = \langle b_i, e^j \rangle \langle e_j, b^k \rangle = \langle b_i, b^k \rangle = \delta_i{}^k$$

Die Matrizen B und B^* sind somit invers-transponiert zueinander,

$$B^* = {}^tB^{-1}$$

sonst jedoch keinerlei weiteren Beschränkungen unterworfen.
Die Umrechnung zwischen den schiefwinkligen Koordinaten u^i, u_i und den kartesischen erfolgt dann offensichtlich nach den Formeln

$$x^i = \langle e^i, x \rangle = \langle e^i, u^j b_j \rangle = u^j \langle e^i, b_j \rangle = u^j B_j{}^i$$

$$x_i = \langle e_i, x \rangle = \langle e_i, u_j b^j \rangle = u_j \langle e_i, b^j \rangle = u_j B^{*j}{}_i$$

die wir auch als Matrixgleichungen schreiben können:

$$x = u B = u \, {}^tB^{*-1}$$

oder, nach u aufgelöst,

$$u = x B^{-1} = x \, {}^tB^*$$

Für die Differentiale ergibt sich aus der Ortsunabhängigkeit von B und B^*:

$$dx^i = du^j B_j^{\ i}$$

Die (kovariante) Metrik bezüglich der u-Koordinaten errechnet sich mit Hilfe des Bogenlängenelements ds aus

$$g_{ab}\, du^a\, du^b = ds^2 = \delta_{ij}\, dx^i\, dx^j = \delta_{ij}\, du^a\, B_a^{\ i}\, du^b\, B_b^{\ j}$$

durch Vergleich zu

$$g_{ab} = \delta_{ij}\, B_a^{\ i}\, B_b^{\ j}$$

woraus durch Dualisieren noch

$$g^{ab} = \delta^{ij}\, B^{*a}_{\ \ i}\, B^{*b}_{\ \ j} = \delta^{ij}\, (B^{-1})_i^{\ a}\, (B^{-1})_j^{\ b}$$

hervorgeht. Aus diesen Gleichungen erkennt man auch die selbstverständlich notwendige positive Definitheit und die Symmetrie der Metrik.
Durch das Hinzutreten der B-Faktoren ändern sich die Standarddifferentialoperatoren gegenüber der simplen Gestalt, die sie in kartesischen Koordinaten annehmen, geringfügig. Wir teilen nur das Ergebnis der diesbezüglichen trivialen Berechnung mit:
Der **Gradient** behält seine vertraute Form bei,

$$\text{grad } F = F_{,a}\, du^a$$

Das gilt in jedem beliebigen Bezugssystem und ist keineswegs typisch für lineare Koordinaten. Hier erweist sich unsere Konvention, den Gradienten als Komponentenvektor des Differentials aufzufassen, gegenüber in der Literatur häufig benutzten Alternativvorschlägen, die z.T. noch Umrechnungen auf Orthonormalbasen u.dgl. beinhalten, als sehr zweckmäßig.
Dagegen erleiden die übrigen Operatoren, namentlich rot und div, eine Erweiterung, die in der Hauptsache darauf beruht, daß sie nicht allein durch die **Cartanableitung** ausgedrückt werden können, sondern auch noch die **Hodge-Dualität** erfordern. Das Volumenelement ist aber

$$^*1 = dx^1 \wedge \ldots \wedge dx^n = (\det B)\, du^1 \wedge \ldots \wedge du^n$$

Beim Anwenden des Hodge-Sterns treten somit Determinantenfaktoren auf. Umgekehrt ist

$$^*(du^1\wedge\ldots\wedge du^n) = \det B^{-1}\,{}^*(dx^1\wedge\ldots\wedge dx^n) = \det B^{-1}$$

In der Ebene (n = 2) erhalten wir daraus sofort die **Rotation**:

$$\mathrm{rot}\left[F_1\,du^1 + F_2\,du^2\right] = (\det B)^{-1}\left[F_{2,1} - F_{1,2}\right]$$

(wobei die Ableitungen bezüglich der u-Koordinaten zu nehmen sind), während sie im dreidimensionalen Raum

$$\mathrm{rot}\left[F_a\,du^a\right] = (\det B)^{-1}\,g_{am}\,\varepsilon^{abc}\,F_{c,b}\,du^m$$

lautet. Die **Divergenz** ist für alle n durch den Ausdruck

$$\mathrm{div}\left[F_a\,du^a\right] = \delta^{bc}\,(B^{-1})_c{}^a\,F_{a,b}$$

gegeben, aus dem schließlich mit der bekannten Formel Δ = div grad der **Laplaceoperator**

$$\Delta F = \delta^{bc}\,(B^{-1})_c{}^a\,F_{,a,b}$$

hervorgeht. Diese Darstellung gilt ebenfalls in jeder Dimension.
In die Formelsammlung (Teil H) nehmen wir nur die kartesischen Koordinaten auf, weil die schiefwinkligen vergleichsweise unbedeutend sind und wir die wesentlichen Informationen über sie mit den obigen Beziehungen bereits diskutiert haben (sogar in beliebigen euklidischen Räumen, nicht nur in $\mathbb{R}^2$, $\mathbb{R}^3$ und $\mathbb{R}^4$).

26.2. Polarkoordinaten

Wir hatten schon öfter Gelegenheit, auf die besondere Bedeutung sphärischer Bereiche für die Anwendungen, vor allem in naturwissenschaftlichen und technischen Umfeldern, hinzuweisen.

Um sie bequem beschreiben zu können, benötigt man Bezugssysteme in $\mathbb{R}^n$, bei denen eine Koordinate auf Ω_n und den dazu konzentrischen Sphären konstant ist. Besonders geeignet ist hierfür natürlich der Zentralabstand

$$r = \sqrt{x_1^2 + \ldots + x_n^2}$$

In der Ebene sind uns vom fraglichen Typ bereits die mit den kartesischen (x_1, x_2) über die Beziehungen

$$x_1 = r \cos \alpha$$

$$x_2 = r \sin \alpha$$

verknüpften Polarkoordinaten (r, α) begegnet, die sich ohne weiteres auf höherdimensionale Räume übertragen lassen. Wir müssen lediglich anstelle des einen **Peripheriewinkels** α mehrere (und zwar, der Dimension der Sphäre entsprechend, genau n-1) Winkelkoordinaten $\alpha_1, \ldots, \alpha_{n-1}$ einführen.

Das kann auf mehrere Arten geschehen, die sich alle voneinander nur geringfügig unterscheiden; dementsprechend ist es natürlich egal, welche Wahl wir treffen. In Lehrbüchern und Tabellenwerken sind deshalb mannigfache Notationen gebräuchlich. Bei Vergleichen ist Vorsicht geboten.

Wir entscheiden uns hier für eine möglichst systematische Nomenklatur, die für alle Raumdimensionen brauchbar ist, und definieren unter Ausnutzung der wohlbekannten Identität

$$\cos^2\alpha + \sin^2\alpha = 1$$

die auch schon in den zweidimensionalen Ansatz eingeht, in $\mathbb{R}^3$ eine Parametrisierung gemäß

$$x_1 = r \cos \alpha_1$$
$$x_2 = r \sin \alpha_1 \cos \alpha_2$$
$$x_3 = r \sin \alpha_1 \sin \alpha_2$$

Die Ausdehnung auf den allgemeinen Fall ist offensichtlich: Mit den **Polarkoordinaten** $(\alpha_1,\ldots,\alpha_{n-1},r)$ erhalten wir die Umrechnungsformeln

$$\begin{aligned}
x_1 &= r \cos \alpha_1\\
x_2 &= r \sin \alpha_1 \cos \alpha_2\\
x_3 &= r \sin \alpha_1 \sin \alpha_2 \cos \alpha_3\\
\ldots &= \ldots\ldots\ldots\ldots\ldots\ldots\ldots\ldots\\
x_{n-1} &= r \sin \alpha_1 \sin \alpha_2 \sin \alpha_3 \ldots \sin \alpha_{n-2} \cos \alpha_{n-1}\\
x_n &= r \sin \alpha_1 \sin \alpha_2 \sin \alpha_3 \ldots \sin \alpha_{n-2} \sin \alpha_{n-1}
\end{aligned}$$

die allerdings etwas mißverständlich ist, weil wir die α's mit unteren Indizes versehen haben. Ihrer Bedeutung nach sind sie aber als kontravariante Größen zu verstehen. Dasselbe gilt für die x-Komponenten, die jedoch als kartesische Komponenten in beiden Varianten die gleichen Werte haben. Wir hätten also strenggenommen z.B.

$$(u^1,u^2,\ldots,u^{n-1},u^n) = (\alpha_1,\alpha_2,\ldots,\alpha_{n-1},r)$$

substituieren müssen, was auf die korrekte Transformation

$$\begin{aligned}
x^1 &= u^n \cos u^1\\
x^2 &= u^n \sin u^1 \cos u^2\\
x^3 &= u^n \sin u^1 \sin u^2 \cos u^3\\
\ldots &= \ldots\ldots\ldots\ldots\ldots\ldots\ldots\ldots\\
x^{n-1} &= u^n \sin u^1 \sin u^2 \sin u^3 \ldots \sin u^{n-2} \cos u^{n-1}\\
x^n &= u^n \sin u^1 \sin u^2 \sin u^3 \ldots \sin u^{n-2} \sin u^{n-1}
\end{aligned}$$

hinausgelaufen wäre. Mit diesem Wissen im Hintergrund wollen wir es aber bei der üblicheren Festsetzung belassen und die α_i verwenden.
Das Gleichungssystem ist leicht nach den Polarkoordinaten aufzulösen. Durch

Quadrieren aller Teilformeln und Addition erhalten wir

$$r^2 = x_1^2 + \dots + x_n^2$$

woraus wir r entnehmen, während die Winkel mittels

$$tg^2\alpha_i = x_i^{-2}\left[x_{i+1}^2 + \dots + x_n^2\right]$$

bestimmt werden können. Wir berechnen (im folgenden keine Summation über doppelt vorkommende Indizes!) für alle i und j mit i < j < n zunächst die Skalarprodukte der Gradienten von $tg^2\alpha_i$ und $tg^2\alpha_j$, was

$$<\nabla tg^2\alpha_i, \nabla tg^2\alpha_j> = \left[2x_j x_i^{-2}\right]\left[-2x_j^{-3}(x_{j+1}^2+\dots+x_n^2)\right] + \sum_{k=j+1}^{n}\left[2x_i^{-2}x_k\right]\left[2x_j^{-2}x_k\right]$$

also

$$<\nabla tg^2\alpha_i, \nabla tg^2\alpha_j> = 0$$

liefert. Dank der Kettenregel folgt daraus

$$g^{ij} = <\nabla u^i, \nabla u^j> = <\nabla\alpha_i, \nabla\alpha_j> = 0$$

Darüber hinaus ist tg α_i, und damit auch $u^i = \alpha_i$ selbst, offensichtlich homogen vom Grad 0 in den x^i. Das impliziert nach Satz 23.3.1

$$g^{in} = g^{ni} = <u^n, u^i> = <\nabla r, \nabla\alpha_i> = 0$$

Mithin verschwinden alle außerhalb der Diagonalen liegenden Terme der Metrik: Polarkoordinaten sind **orthogonal**. Die Diagonalglieder lauten

$$\begin{aligned} g^{11} &= <\nabla u^1, \nabla u^1> = r^{-2} \\ g^{22} &= <\nabla u^2, \nabla u^2> = r^{-2}\sin^{-2}\alpha_1 \\ g^{33} &= <\nabla u^3, \nabla u^3> = r^{-2}\sin^{-2}\alpha_1\sin^{-2}\alpha_2 \\ \dots &= \dots = \dots\dots\dots\dots \\ g^{nn} &= <\nabla u^n, \nabla u^n> = 1 \end{aligned}$$

Die kovariante Metrik ist noch etwas einfacher. Sie ergibt sich durch (völlig triviale) Inversion der gerade gefundenen Diagonalmatrix zu

$$g_{11} = r^2$$
$$g_{22} = r^2 \sin^2\alpha_1$$
$$g_{33} = r^2 \sin^2\alpha_1 \sin^2\alpha_2$$
$$\ldots = \ldots\ldots\ldots\ldots\ldots\ldots$$
$$g_{nn} = 1$$

Das Volumenelement ist infolgedessen gleich

$$dx^1 \ldots dx^n = r^{n-1} \sin^{n-2}\alpha_1 \sin^{n-3}\alpha_2 \ldots \sin^2\alpha_{n-3} \sin\alpha_{n-2}$$

Die Christoffelsymbole, von denen wegen der Orthogonalität alle Null sind, die drei verschiedene Indizes aufweisen, sind jetzt mit Hilfe der üblichen Formeln leicht zu gewinnen; wir verzichten indes auf die Wiedergabe der etwas weitschweifigen Resultate. Für die praktisch wohl allein relevanten Dimensionen 2, 3 und 4 finden sich alle benötigten Daten (einschließlich der Differentialoperatoren grad, div, rot und Δ) im Tabellenanhang.
Dabei haben wir allerdings geringfügige Änderungen der Bezeichnung vorgenommen. Im einzelnen wurde die Verwendung von Indizes vermieden, wodurch auch das oben aufgetretene Kontra-/Kovarianzproblem entfällt; außerdem haben wir die Koordinaten zyklisch permutiert und r an die erste Position gebracht (das muß bei der Verwendung der Christoffelsymbole unbedingt beachtet werden).
In Geographie, Astronomie und vielen anderen Zweigen der physikalischen Wissenschaften ist es gebräuchlich, den **Polarwinkel** α_1 durch $90°-\alpha_1$ zu ersetzen (in $\mathbb{R}^3$). Das läuft auf eine Zählung vom Äquator des Bezugssystems hinaus, wohingegen α_1 ja die Abweichung von einem der beiden Pole bedeutet. Die entsprechenden Formeln und ihre vierdimensionalen Gegenstücke firmieren in Teil H als **geographische Koordinaten**. In der Ebene (n = 2) stimmen sie mit den Polarkoordinaten überein, so daß sich ein gesonderter Abschnitt erübrigt.
Eine weitere äußerst wichtige Eigenschaft der hier diskutierten Ansätze werden wir im Rahmen der **Stäckeltheorie** noch kennenlernen (Kap. 27).

26.3. Klassische Zylinderkoordinaten

Wenn eine Konfiguration (wie z.B. ein Strömungsfeld) in $\mathbb{R}^3$ rotationssymmetrisch um eine feste Achse A ist, kann man sie gelegentlich mit Hilfe von Polarkoordinaten geeignet beschreiben, deren Winkel relativ zu A gemessen werden. Zumeist ist aber zweckmäßiger, auf A bezogene **(klassische) Zylinderkoordinaten** (r,φ,z) zu benutzen.

Dabei sind r der Abstand des darzustellenden Raumpunkts P von A und φ der zugehörige **Azimutal-** oder **Orientierungswinkel**, während z eine parallel zu A gemessene Länge repräsentiert. Die Umrechnung auf die Standardkoordinaten (x^1,x^2,x^3) ergibt sich sofort aus dieser Definition:

$$x^1 = r\cos\varphi$$
$$x^2 = r\sin\varphi$$
$$x^3 = z$$

wenn wir die Achse parallel zu x^3 wählen, den Nullpunkt der z-Zählung in den Ursprung legen und φ von der x^1-Richtung aus messen (das ist am einfachsten). Die ersten beiden Parameter, r und φ, bilden für sich betrachtet ein Polarkoordinatensystem in der (x^1,x^2)-Ebene.

Diese Beobachtung können wir verallgemeinern, indem wir von einer nichttrivialen Zerlegung des n-dimensionalen euklidischen Raums $\mathbb{R}^n$ in eine direkte orthogonale Summe

$$\mathbb{R}^n = \mathbb{R}^k \oplus \mathbb{R}^{n-k}$$

ausgehen und auf beiden Komponenten jeweils einen beliebigen Satz von Koordinaten $(u^1,\ldots,u^k)$ bzw. $(u^{k+1},\ldots,u^n)$ definieren. Die Kombination von beiden liefert eine Karte $(u^1,\ldots,u^n)$ des Gesamtraums.

Solchermaßen zustandekommende Koordinatensysteme nennen wir **reduzibel** vom Typ $(k,n-k)$ oder auch kurz $(k,n-k)$-reduzibel.

Alle ihre Eigenschaften lassen sich unmittelbar aus denen der beiden Bestandteile ablesen. So zerfällt beispielsweise die Metrik in eine direkte Summe:

$$(g_{ab}) = (g_{ab})_{a,b=1,\dots,k} \oplus (g_{ab})_{a,b=k+1,\dots,n}$$

Entsprechendes gilt für die Christoffelsymbole. Die Γ^a_{bc}, deren sämtliche Indizes a, b, c demselben Teilraum zugehören, stimmen mit denen der jeweiligen Partialmetrik überein; alle "gemischten" dagegen verschwinden.
Daraus folgt schließlich auch eine analoge Zerfällung der Differentialoperatoren grad, rot, div und Δ, während sich das Volumenelement multiplikativ aus zwei Beiträgen zusammensetzt, usw.
Vom mathematischen Standpunkt aus betrachtet sind reduzible Kartierungen naturgemäß nicht allzu ergiebig; sie spielen jedoch bei vielen physikalischen Fragen eine außerordentlich wichtige Rolle.
Das trifft vor allem auf die **(verallgemeinerten) Zylinderkoordinaten** zu, die sich durch Zusammenfügen eines kartesischen Bezugssystems auf dem Summanden $\mathbb{R}^k$ mit einem polaren oder geographischen auf $\mathbb{R}^{n-k}$ ergeben.
Ihr Prototyp ist die am Anfang konstruierte Karte von $\mathbb{R}^3 = \mathbb{R}^1 \oplus \mathbb{R}^2$, nämlich

$$(u^1 | u^2, u^3) = (z | r, \varphi) = (z) \oplus (r, \varphi)$$

In der Formelsammlung beschreiben wir neben den Zylindersystemen der Typen (1,2), (2,2) und (1,3) auch noch die als **Doppelpolarkoordinaten** angesprochenen, deren Konstruktion sich aus dem Namen ergibt.
Einige weitere im Rahmen der Stäckeltheorie wichtige reduzible Koordinatensysteme, die ebenfalls in Teil H aufgelistet sind, werden wir im folgenden Abschn. 26.4 noch etwas näher zu betrachten haben.

26.4. Separable isotherme Systeme

Unter allen **Differentialoperatoren zweiter Ordnung**, die man auf einem Riemannschen Raum definieren kann, ist der Laplacesche nicht nur der einfachste, sonderen auch der weitaus wichtigste. Das liegt u.a. an seiner schon in der Definition

$$\Delta = {}^{*}d\,{}^{*}d$$

zum Ausdruck gebrachten **Invarianz** gegenüber Kartenwechseln und der **Selbstadjungiertheit** (Satz 4.7.2).

Von größtem Interesse ist daher die Bestimmung der **Eigenfunktionen** von Δ, d.h. der Lösungen von

$$\Delta F = k F$$

mit einer Konstanten k (**"Eigenwert"**). Diese Beziehung tritt in der Physik als **Wellengleichung** auf, oder besser als deren räumlicher Anteil, der nach dem Abspalten einer sinusförmigen Zeitabhängigkeit übrigbleibt. Im Spezialfall $k = 0$ kommen wir wieder auf die schon verschiedentlich diskutierte **Potentialgleichung** zurück.

Zur Lösung der Wellengleichung stehen uns bisher nur die Greenschen Funktionen zur Verfügung, vgl. Def. 22.2.1. Sie sind aber leider nicht universell einsetzbar, weil vor allem bei komplizierter berandeten Gebieten ihre Aufstellung häufig von unüberwindlichen Schwierigkeiten begleitet ist.

Aus diesem Grund ist es wichtig, noch eine alternative Methode zu besitzen. Das einzige bekannte Verfahren, das nicht nur partikuläre Lösungen liefert, ist die **Separation der Variablen**, deren Grundlagen wir uns am besten anhand eines einfachen Beispiels klarmachen.

Wir betrachten die Eigenbedingung $\Delta F = k F$ in $\mathbb{R}^n$. In einem kartesischen Bezugssystem lautet sie

$$\frac{\partial^2 F}{\partial x_1^2} + \ldots + \frac{\partial^2 F}{\partial x_n^2} = k F$$

Die gesuchte Funktion F setzen wir als Produkt aus Funktionen je einer Koordinate an,

$$F(x_1,\ldots,x_n) = X_1(x_1) \ldots X_n(x_n)$$

substituieren dies in die Ausgangsformel und teilen durch F. Dann entsteht

$$\sum_{i=1}^{n} X_i^{-1} X_i'' = k$$

worin der i-te Term auf der linken Seite nur von der einen Variablen x_i abhängt, die in allen übrigen Beiträgen nicht vorkommt. Das impliziert

$$X_i^{-1} X_i'' = \alpha_i = \text{konst.}$$

für alle i. Wir haben somit die Wellengleichung durch die obige Faktorisierung auf ein System von n gewöhnlichen Differentialgleichungen 2. Ordnung reduziert, die ungleich leichter zu bewältigen sind als das ursprüngliche Problem. Dabei mußten wir n **Separationskonstanten** α_i eingeführen, die jedoch noch über die Bedingung

$$\alpha_1 + \ldots + \alpha_n = k$$

miteinander verknüpft sind. Insgesamt hängt unsere Lösung also von (n-1) freien Parametern ab.

Koordinatensysteme, die wie die kartesischen eine (n-1)-dimensionale Schar von Produktlösungen der Wellengleichung zulassen, werden als **separabel** bezeichnet.

Von besonderer parakticher Bedeutung sind die orthogonalen separablen Koordinaten in $\mathbb{R}^3$, denen wir uns im folgenden Kapitel ausführlich widmen wollen.

Als Vorbereitung untersuchen wir aber zuerst die analoge Aufgabe für die Ebene, was nebenbei auch die Klassifikation der separablen Zylinderkoordinaten in $\mathbb{R}^3 = \mathbb{R}^1 \oplus \mathbb{R}^2$ einschließt. Der Laplaceoperator zerfällt nämlich in **reduziblen Koordinaten**, die etwa einer direkten orthogonalen Aufspaltung des $\mathbb{R}^n$ in $U \oplus V$ entsprechen mögen, nach der Formel

$$\Delta = \Delta_U + \Delta_V$$

in die Summe der zu den Teilräumen U und V gehörigen Δ-Operatoren. Daher sind reduzible Systeme, zu denen die zylindrischen ja gehören, genau dann separabel, wenn dies für alle ihre irreduziblen Komponenten einzeln gilt. Befassen wir uns also etwas näher mit den separablen Koordinaten des $\mathbb{R}^2$! Wir beschränken uns aber auf solche, die aus den kanonischen vermittels einer winkeltreuen Transformation hervorgehen und insbesondere orthogonal sind. Derartige Koordinaten heißen aus unerfindlichen Gründen **"isotherm"**. Die Wellengleichung lautet jetzt, zunächst kartesisch,

$$\frac{\partial^2 F}{\partial x^2} + \frac{\partial^2 F}{\partial y^2} = k\, F$$

wenn wir einfachheitshalber (x,y) anstelle von (x^1,x^2) bzw. (x_1,x_2) verwenden. Die zu konstruierenden Koordinaten seien (u,v). Den Übergang von (x,y) nach (u,v) beschreiben wir am besten, indem wir x und y zu einer komplexen Variablen

$$z = x + i\, y$$

zusammenbauen und dasselbe mit u und v tun:

$$w = u + i\, v$$

Wegen der **Cauchy-Riemann-Bedingungen** (vgl. Abschn. 6.5) besagt die verlangte Konformität der Abbildung $(x,y) \mapsto (u,v)$, daß w eine komplex-analytische Funktion von z sein muß. Um dies auszunutzen, haben wir die Wellengleichung zunächst auf die Variable z umzurechnen. Die Differentiale

$$dz = dx + i\, dy$$

$$d\bar{z} = dx - i\, dy$$

sind über $\mathbb{R}$ linear unabhängig, und eine kurze Betrachtung ergibt

$$\Delta F(x,y) = 4 \frac{\partial^2}{\partial z \partial \bar{z}} F(z,\bar{z})$$

woraus wir die komplexe Version der Wellengleichung ablesen;

$$4 \frac{\partial^2}{\partial z \partial \bar{z}} F(z,\bar{z}) = k F(z,\bar{z})$$

Darin sind z und $\bar{z}$ als formal unabhängige Größen anzusehen. Die Kettenregel

$$\frac{\partial}{\partial z} = \frac{dw}{dz} \frac{\partial}{\partial w}$$

und ihre Konjugierte,

$$\frac{\partial}{\partial \bar{z}} = \frac{d\bar{w}}{d\bar{z}} \frac{\partial}{\partial \bar{w}}$$

liefern weiter

$$\frac{\partial^2 F}{\partial u^2} + \frac{\partial^2 F}{\partial v^2} = 4 \frac{\partial^2}{\partial w \partial \bar{w}} F = 4 \frac{dz}{dw} \frac{d\bar{z}}{d\bar{w}} \frac{\partial^2}{\partial z \partial \bar{z}} F = \frac{k F}{|w'(z)|^2}$$

Bis auf einen Maßstabsfaktor transformiert sich der Laplaceoperator demnach forminvariant. Wenn k = 0 ist, ergibt sich in u und v wieder genau dieselbe Beziehung wie bezüglich x und y. Das beweist: Die zweidimensionale Potentialgleichung kann in allen Koordinatensystemen, die konform äquivalent zu den kartesischen sind, separiert werden.

Produktdarstellungen von harmonischen Funktionen der Ebene gibt es also in Hülle und Fülle. Für die Lösungen der allgemeineren Wellengleichung ist die Situation wegen des Multiplikators $|w'(z)|^{-2}$ allerdings etwas anders.

Nach Division der zuletzt gefundenen Relation durch F entsteht

$$F^{-1} \frac{\partial^2 F}{\partial u^2} + F^{-1} \frac{\partial^2 F}{\partial v^2} = k \frac{dz}{dw} \frac{d\bar{z}}{d\bar{w}}$$

Separabilität liegt nur vor, wenn dies gleich einer Summe aus Funktionen von u und v allein ist. Die Transformation $z \mapsto w$ unterliegt somit einer

Bedingung der Gestalt

$$k \left|\frac{dz}{dw}\right|^2 = k \frac{dz}{dw}\frac{d\bar{z}}{d\bar{w}} = U(u) + V(v)$$

Zweimalige partielle Differentiation nach u und v liefert

$$\frac{\partial^2}{\partial u \partial v}\left|\frac{dz}{dw}\right|^2 = 0$$

Es stört noch das gemeinsame Auftreten der reellen und komplexen Variablen; wir rechnen also vermöge der direkt aus der Definition folgenden Identität

$$\frac{\partial^2}{\partial u \partial v} = i \frac{\partial^2}{\partial w^2} - i \frac{\partial^2}{\partial \bar{w}^2}$$

alles auf w und $\bar{w}$ um. Das Resultat ist

$$i \frac{d\bar{z}}{d\bar{w}} \frac{d^2}{dw^2}\left(\frac{dz}{dw}\right) - i \frac{dz}{dw} \frac{d^2}{d\bar{w}^2}\left(\frac{d\bar{z}}{d\bar{w}}\right) = 0$$

und endlich, etwas umgeräumt,

$$\left(\frac{dz}{dw}\right)^{-1} \frac{d^3z}{dw^3} = \left(\frac{d\bar{z}}{d\bar{w}}\right)^{-1} \frac{d^3\bar{z}}{d\bar{w}^3}$$

Die linke Seite ist von $\bar{w}$, die rechte von w unabhängig. Also sind beide konstant, z.B. gleich C. Da beide Ausdrücke zudem durch komplexe Konjugation auseinander hervorgehen, ist $C = \bar{C}$, d.h. $C \in \mathbb{R}$. Somit bleibt lediglich die Differentialgleichung

$$\frac{d^3z}{dw^3} = C \frac{dz}{dw}$$

mit einer reellen Konstanten C zu befriedigen.
Wenn C = 0 ist, lautet die Lösung

$$z = \alpha w^2 + \beta w + \gamma$$

Ist darüber hinaus auch $\alpha = 0$, so geht das (u,v)-System aus dem alten durch eine euklidische Transformation (Kombination aus Drehung, Streckung und Verschiebung) hervor, was natürlich wiederum auf **kartesische Koordinaten** führt.
Andererseits können wir, falls α nicht verschwindet, eine derartige Abbildung nachschalten, um auf die Normierung $(\alpha,\beta,\gamma) = (\frac{1}{2},0,0)$, d.h.

$$z = \frac{1}{2} w^2$$

zu kommen. Der Faktor $\frac{1}{2}$ wird üblicherweise eingefügt, um die kartesischen Differentiale und mit ihnen die Metrikkomponenten so einfach wie möglich zu machen. Die letzte Formel entspricht in reeller Schreibweise dem Übergang

$$x = \frac{1}{2} (u^2-v^2)$$

$$y = u\, v$$

Die u-Linien sind nach links, die v-Linien nach rechts geöffnete Parabeln, die zur x-Achse symmetrisch sind und alle den Ursprung als Brennpunkt haben. Nach ihnen benennt man (u,v) als **parabolische Koordinaten**.
Wir haben damit alle Möglichkeiten mit $C = 0$ ausgeschöpft und nehmen weiterhin $C = 1$ an (das läßt sich durch triviales Umskalieren erreichen). Auch in diesem Fall macht die Integration unserer Gleichung, die jetzt

$$\frac{d^3z}{dw^3} = \frac{dz}{dw}$$

lautet, keine Schwierigkeiten. Es ergibt sich die allgemeine Lösung

$$z = C_1\, e^w + C_2\, e^{-w} + C_3$$

mit geeigneten $C_i \in \mathbb{C}$. Die Integrationskonstante C_3 ist irrelevant, da sie nur eine Translation bewirkt, und darf daher gleich Null gesetzt werden.
Wir nehmen zuerst an, auch C_2 verschwinde. Dann ist es o.B.d.A. erlaubt, C_1 auf Eins zu normieren:

$$z = e^w = e^{u+iv} = e^u (\cos v + i \sin v) = x + i\, y$$

oder in Komponenten

$$x = e^u \cos v$$

$$y = e^u \sin v$$

Das sind im wesentlichen die uns wohlbekannten **Polarkoordinaten** (bei denen nur e^u die Stelle der radialen Variablen vertritt, wodurch sich der Separationsansatz geringfügig anders darstellt als sonst).

Im einzigen noch ausstehenden Fall haben wir simultan $C_1 \neq 0$ und $C_2 \neq 0$. Indem wir gegebenenfalls noch eine Konstante zu w addieren, was natürlich nichts Wesentliches ändert, erreichen wir $C_1 = C_2$ und hernach mit einem geeigneten Multiplikator die Normierung auf $C_1 = \frac{1}{2}$,

$$z = \frac{1}{2}(e^w + e^{-w})$$

Das ist nach Zerlegung in Real- und Imaginärteil

$$x = \cosh u \cos v$$

$$y = \sinh u \sin v$$

Die so erklärten Größen u und v werden als **elliptische Koordinaten** bezeichnet. Die Linien u = konst. genügen der Gleichung

$$\frac{x^2}{\cosh^2 u} + \frac{y^2}{\sinh^2 u} = 1$$

und sind daher Ellipsen mit den Halbachsen $A = \cosh u$ und $B = \sinh u$. Zwischen diesen besteht noch die Beziehung

$$A^2 - B^2 = \cosh^2 u - \sinh^2 u = 1$$

Der Brennpunktabstand vom Ursprung ist also, unabhängig von u, immer gleich 1. Ähnlich verhält es sich mit den Kurven v = konst. Sie gehorchen der Bedingung

$$\frac{x^2}{\cos^2 v} - \frac{y^2}{\sin^2 v} = 1$$

und sind zufolgedessen Hyperbeln mit den Halbachsen cos v und sin v. Auch sie haben dieselben Brennpunkte (±1,0) wie die Ellipsen, wie die Identität

$$\cos^2 v + \sin^2 v = 1$$

zeigt; alle u- und v-Linien zusammen bilden eine Schar **konfokaler Kegelschnitte**. Diese Tatsache legt es nahe, durch Umbeziffern der Koordinaten zu einer algebraischen Beschreibung zu kommen. Wir erreichen dies, indem wir zwei neue Variable λ und μ über

$$\lambda = +\sinh^2 u$$

$$\mu = -\sin^2 v$$

einführen. Die Parameter λ und μ sind nichts anderes als die beiden Lösungen der in s quadratischen Gleichung

$$\frac{x^2}{1+s} + \frac{y^2}{s} = 1$$

die den Sonderfall a = 1, b = 0 von

$$\frac{x^2}{a^2+s} + \frac{y^2}{b^2+s} = 1$$

darstellt und (λ,μ) als **konfokale Koordinaten** ausweist. Ihre eingehende Untersuchung stellen wir bis Kap. 28 zurück; dort werden wir auch die sehr wichtigen höherdimensionalen Verallgemeinerungen gebührend würdigen.
Wir fassen die Hauptergebnisse dieses Abschnitts noch einmal kurz zusammen: Die Potentialgleichung kann in beliebigen zweidimensionalen isothermen Koordinaten (und den zugehörigen Zylindersystemen des $\mathbb{R}^3$) separiert werden, während die entsprechende Aussage über die Wellengleichung nur auf vier spezielle Klassen isothermer Koordinaten zutrifft.
Um das Nachschlagen zu erleichtern, stellen wir diese vier Typen übersichtlich zusammen:

Tab. 26.4.1

Typ:	kartes.	parabolisch	polar	elliptisch
Zylinder:	kartes.	parabolisch	klassisch	ellipt. Zyl.
Definition:	$z = w$	$z = \frac{1}{2} w^2$	$z = e^w$	$z = \frac{1}{2} (e^w + e^{-w})$
Umrechnung:	$x = u$ $y = v$	$x = \frac{1}{2} (u^2 - v^2)$ $y = u\ v$	$x = e^u \cos v$ $y = e^u \sin v$	$x = \cosh u \cos v$ $y = \sinh u \sin v$
u = konst.: v = konst.:	Geraden Geraden	Parabeln Parabeln	Kreise Halbgeraden	Ellipsen Hyperbeln

In die Liste aufgenommen wurden auch die Bezeichnungen der zugehörigen Zylindersysteme, die sich durch Hinzufügen einer dritten (kartesischen) Koordinate ergeben. Auch sie erlauben, wie wir bereits sahen, eine Separation der Wellengleichung.
Sämtliche in diesem Abschnitt gefundenen Parameterisierungen sind zudem in der Formelsammlung (Teil H) ausführlich tabuliert.

27. Dreidimensionale Stäckelkoordinaten

27.1. Rotationssymmetrie

Außer den zylindrischen Koordinatensystemen des dreidimensionalen Raumes, die (Abschn. 26.4) durch triviales Hinzufügen einer dritten Komponente entstehen, gibt es noch eine weitere sehr allgemeine Klasse von Karten des $\mathbb{R}^3$, die nach folgender Konstruktion direkt von solchen der Ebene abstammen.
Wir versehen den $\mathbb{R}^2$ mit den **natürlichen Koordinaten** (ξ,η) und nehmen ein weiteres C^∞-Koordinatensystem (u,v) als gegeben an. Dieses soll so beschaffen sein, daß eine der Variablen u,v entlang einer Geraden $g \subset \mathbb{R}^2$ konstant ist (im Prinzip genügt es, dies "stückweise" zu fordern).
Ohne wesentlichen Verlust an Allgemeinheit können wir g mit der ξ-Achse identifizieren.
Die Transformation zwischen beiden Karten (ξ,η) und (u,v) soll durch die Gleichungen

$$\xi = \xi(u,v)$$
$$\eta = \eta(u,v)$$

explizit bekannt sein. Wir schränken die Untersuchung auf die positive Seite der ξ-Achse, d.h. das Gebiet $\eta \geq 0$, ein und definieren ein Koordinatensystem (u,v,φ) in $\mathbb{R}^3$, indem wir u und v durch eine dritte Größe, den **Azimut** φ, ergänzen.
Die Umrechnung auf die natürlichen Koordinaten (x,y,z) erfolgt dabei nach den Regeln

$$x = \xi(u,v) \cos \varphi$$
$$y = \xi(u,v) \sin \varphi$$
$$z = \eta(u,v)$$

Wir sagen, das Koordinatensystem (u,v,φ) sei **rotationssymmetrisch** und durch **Drehung** um g aus (u,v) hervorgegangen. Die Flächen φ = konst. sind immer von der z-Achse ausgehende Halbebenen.

Die auf (u,v,φ) bezogene Metrik erhalten wir mit der üblichen Methode, indem wir das Längenelement ds ausrechnen. Die kartesischen Differentiale sind, wenn Indizes partielle Ableitungen nach der betreffenden Variablen bedeuten,

$$dx = \cos\varphi\, \xi_u\, du + \cos\varphi\, \xi_v\, dv - \xi \sin\varphi\, d\varphi$$

$$dy = \sin\varphi\, \xi_u\, du + \sin\varphi\, \xi_v\, dv + \xi \cos\varphi\, d\varphi$$

$$dz = \eta_u\, du + \eta_v\, dv$$

woraus sich durch Substitution in

$$ds^2 = dx^2 + dy^2 + dz^2$$

unmittelbar

$$ds^2 = \left(\xi_u^2 + \eta_u^2\right) du^2 + \left(\xi_v^2 + \eta_v^2\right) dv^2 + \xi^2\, d\varphi^2 + 2\left(\xi_u\, \xi_v + \eta_u\, \eta_v\right) du\, dv$$

ergibt. Die rotationssymmetrischen Koordinaten (u,v,φ) sind also genau dann orthogonal, wenn dies auf (u,v) zutrifft. In diesem Fall verschwindet der gemischte Term, und die Metrikformel reduziert sich auf

$$ds^2 = \left(\xi_u^2 + \eta_u^2\right) du^2 + \left(\xi_v^2 + \eta_v^2\right) dv^2 + \xi^2\, d\varphi^2$$

Damit haben wir auch die kovariante Metrik:

$$g_{11} = \left(\xi_u^2 + \eta_u^2\right)$$
$$g_{22} = \left(\xi_v^2 + \eta_v^2\right)$$
$$g_{33} = \xi^2$$

Zur Unterscheidung kennzeichnen wir die Laplaceoperatoren in $\mathbb{R}^2$ und $\mathbb{R}^3$ durch einen angehängten Index. In den **Zylinderkoordinaten** (ξ,η,φ) ist die **Wellengleichung**

$$\Delta_3 F = k F$$

vollständig separabel (und zwar für jedes k). Wir begnügen uns indes momentan mit der partiellen Reduktion, die durch

$$F(\xi,\eta,\varphi) \;=\; H(\xi,\eta)\;\Phi(\varphi)$$

erreicht wird. Eine kurze Rechnung ergibt

$$\Delta_3 F \;=\; F_{\xi\xi} + F_{\eta\eta} + \xi^{-1} F_\xi + \xi^{-2} F_{\varphi\varphi}$$

woraus durch Vergleich mit

$$\Delta_2 F \;=\; F_{\xi\xi} + F_{\eta\eta}$$

(in $\mathbb{R}^2$ sind ξ und η kartesische Koordinaten!) die etwas bequemere Darstellung

$$\Delta_3 F \;=\; \Delta_2 F + \xi^{-1} F_\xi + \xi^{-2} F_{\varphi\varphi}$$

hervorgeht. Wir substituieren $F = H\,\Phi$ in die durch F dividierte Wellengleichung und erhalten

$$k \;=\; F^{-1}\,\Delta_3 F \;=\; H^{-1}\,\Delta_2 H + \xi^{-1} H^{-1} H_\xi + \xi^{-2}\,\Phi^{-1}\,\Phi_{\varphi\varphi}$$

Jetzt müssen wir nur noch mit ξ^2 multiplizieren und ein wenig umordnen, um zur separierten Form

$$\xi^2 H^{-1}\,\Delta_2 H + \xi\, H^{-1} H_\xi - k\,\xi^2 \;=\; -\,\Phi^{-1}\,\Phi_{\varphi\varphi}$$

zu gelangen. Beide Seiten sind konstant, weil die eine von φ, die andere aber von ξ und η unabhängig ist. Mit einem geeigneten reellen α spaltet die Wellengleichung also, wie verlangt, in zwei Teilprobleme auf,

$$\xi^2 H^{-1}\,\Delta_2 H + \xi\, H^{-1} H_\xi - k\,\xi^2 \;=\; \alpha$$

sowie

$$-\,\Phi^{-1}\,\Phi_{\varphi\varphi} \;=\; \alpha$$

In der letzten Bedingung dürfen wir auch statt der partiellen Ableitungen gewöhnliche schreiben, weil Φ nur ein Argument hat. Sie lautet dann

$$\Phi'' + \alpha\,\Phi = 0$$

mit der allgemeinen Lösung

$$\Phi(\varphi) = A\cos(\sqrt{\alpha}\,\varphi) + B\sin(\sqrt{\alpha}\,\varphi)$$

Soll sie im ganzen Raum Gültigkeit behalten, muß $n = \sqrt{\alpha}$ eine ganze Zahl sein. Sämtliche Werte $\alpha = n^2$ mit $n \in \mathbb{Z}$ und alle Funktionen

$$\Phi(\varphi) = A\cos(n\varphi) + B\sin(n\varphi)$$

sind aber auch zulässig.
Einige Umformungen sind noch angebracht. In den Variablen (u, v, φ) nimmt der Laplaceoperator die Gestalt

$$\Delta_3\, F(u,v,\varphi) = \gamma^{-1}\left[\left(\gamma\, g_{11}^{-1}\, F_u\right)_u + \left(\gamma\, g_{22}^{-1}\, F_v\right)_v + \left(\gamma\, g_{33}^{-1}\, F_\varphi\right)_\varphi\right]$$

an, worin γ die Jacobideterminante

$$\gamma = \det \frac{\partial(x,y,z)}{\partial(u,v,\varphi)} = \sqrt{g_{11}\, g_{22}\, g_{33}}$$

bedeutet. Die Formel gilt noch in beliebigen orthogonalen Koordinaten, mögen sie rotationssymmetrisch sein oder nicht. Unter den hier vorliegenden Bedingungen ist mit Hilfe von $g_{33} = \xi^2$ und der daraus folgenden Beziehung

$$\gamma = \xi\sqrt{g_{11}\, g_{22}}$$

(ξ ist positiv!) noch eine erhebliche Vereinfachung möglich:

$$\Delta_3\, F(u,v,\varphi) = \gamma^{-1}\left[\left(\gamma\, g_{11}^{-1}\, F_u\right)_u + \left(\gamma\, g_{22}^{-1}\, F_v\right)_v\right] + \xi^{-2}\, F_{\varphi\varphi}$$

Dabei wurde auch die φ-Unabhängigkeit der Metrik berücksichtigt. Die Wellengleichung ist somit für die oben beschriebene Aufspaltung $F = H\,\Phi$:

$$k = F^{-1} \Delta_3 F = \gamma^{-1} H^{-1} \left[\left(\gamma g_{11}^{-1} H_u \right)_u + \left(\gamma g_{22}^{-1} H_v \right)_v \right] + \xi^{-2} \Phi^{-1} \Phi_{\varphi\varphi}$$

oder

$$\xi^2 \gamma^{-1} H^{-1} \left[\left(\gamma g_{11}^{-1} H_u \right)_u + \left(\gamma g_{22}^{-1} H_v \right)_v \right] - k \xi^2 = - \Phi^{-1} \Phi_{\varphi\varphi}$$

Links steht ein von φ, rechts ein von u und v unabhängiger Ausdruck. Definieren wir α wieder wie vorhin, haben wir für H die Differentialgleichung

$$\gamma^{-1} H^{-1} \left[\left(\gamma g_{11}^{-1} H_u \right)_u + \left(\gamma g_{22}^{-1} H_v \right)_v \right] - k = \alpha \xi^{-2}$$

Interessant ist vor allem die Frage, welche Koordinaten eine weitergehende (vollständige) Separation durch Produkte wie

$$F(u,v,\varphi) = U(u)\ V(v)\ \Phi(\varphi)$$

d.h.

$$H(u,v) = U(u)\ V(v)$$

erlauben. Wie in Abschn. 26.4, wo wir die entsprechende Aufgabe in $\mathbb{R}^2$ gelöst hatten, nehmen wir auch jetzt an, (u,v) seien **isotherme** Koordinaten. Dadurch gewinnen wir den Vorteil, funktionentheoretische Verfahren einsetzen zu können. Wir fügen wieder u und v bzw. ξ und η zu komplexen Variablen

$$z = \xi + i\eta$$
$$w = u + iv$$

zusammen und versuchen, die analytische Transformationsfunktion w(z) näher zu bestimmen.
Der Maßstab ändert sich beim Kartenwechsel von z nach w um einen Skalierungsfaktor, der gleich dem Betrag der Ableitung ist und mit

$$h = g_{11} = g_{22} = |z'(w)|^2$$

parametrisiert wird. Die Jacobideterminante reduziert sich auf

$$\gamma = \xi h$$

und die Wellengleichung ergibt

$$h^{-1} \xi^{-1} U^{-1} V^{-1} \left[(\xi U' V)_u + (\xi U V')_v \right] = k + \alpha \xi^{-2}$$

und folglich

$$\frac{U''}{U} + \frac{V''}{V} + \frac{\xi_u}{\xi} \frac{U'}{U} + \frac{\xi_v}{\xi} \frac{V'}{V} = h \left[k + \alpha \xi^{-2} \right]$$

Unsere Annahme kann nur zutreffen, wenn diese Gleichung bereits separiert ist, was u.a. bedingt, daß

$$\xi^{-1} \xi_u = \partial_u (\ln \xi)$$

nur von u abhängt; ebenso

$$\xi^{-1} \xi_v = \partial_v (\ln \xi)$$

nur von v. Das impliziert die Darstellbarkeit von ln ξ als Summe und von ξ selbst als Produkt zweier Funktionen von u bzw. v allein. Wir schreiben

$$\xi = A(u) B(v)$$

Dies ist eine sehr starke Einschränkung. Satz 6.5.7 zufolge ist $\xi(u,v)$ als Realteil der analytischen Funktion z(w) **harmonisch**:

$$\Delta_2 \xi(u,v) = \xi_{uu} + \xi_{vv} = A''(u) B(v) + A(u) B''(v) = 0$$

Wir trennen die Variablen:

$$\frac{A''}{A} = - \frac{B''}{B}$$

und schließen in der üblichen Weise auf die Existenz einer Konstanten $\lambda \in \mathbb{R}$ mit

$$A''(u) = +\lambda\, A(u)$$

$$B''(v) = -\lambda\, B(v)$$

Durch geeignete Festlegung des Maßstabs ist noch $\lambda \in \{-1, 0, +1\}$ erreichbar, wodurch einige lästige Skalierungsfaktoren ohne Verlust an Allgemeinheit eliminiert werden. Wir betrachten die drei Möglichkeiten im einzelnen:

(1) Wenn $\lambda = 0$ ist, finden wir

$$A = \alpha_1\, u + \alpha_2$$

$$B = \beta_1\, v + \beta_2$$

(2) Ist dagegen $\lambda = 1$, lautet die Lösung

$$A = \alpha_1 \cosh u + \alpha_2 \sinh u$$

$$B = \beta_1 \cos v + \beta_2 \sin v$$

(3) Im letzten Fall, $\lambda = -1$, ergibt sich dasselbe mit vertauschten Rollen,

$$A = \alpha_1 \cos u + \alpha_2 \sin u$$

$$B = \beta_1 \cosh v + \beta_2 \sinh v$$

Für ξ kommen damit lediglich die Funktionen

$$\xi(u,v) = \left[\alpha_1\, u + \alpha_2\right] \left[\beta_1\, v + \beta_2\right]$$

$$\xi(u,v) = \left[\alpha_1 \cosh u + \alpha_2 \sinh u\right] \left[\beta_1 \cos v + \beta_2 \sin v\right]$$

$$\xi(u,v) = \left[\alpha_1 \cos u + \alpha_2 \sin u\right] \left[\beta_1 \cosh v + \beta_2 \sinh v\right]$$

in Frage. Als komplex-analytische Funktion ist $z(w)$ nach Abschn. 6.5 durch den Realteil ξ bis auf eine additive rein imaginäre Konstante eindeutig bestimmt; man findet leicht, daß die erste Möglichkeit auf ein Polynom des Grades 1 oder 2 führt,

$$z(w) = C_0 + C_1\, w + C_2\, w^2$$

während die anderen beiden Fälle exponentielle Ausdrücke der Gestalt

$$z(w) = C_0 + C_1 e^{w} + C_2 e^{-w}$$

liefern; jeweils mit gewissen $C_0, C_1, C_2 \in \mathbb{C}$.
Die linke Seite der Wellengleichung hat nach unserer Konstruktion bereits die geforderte Form; wir müssen noch überprüfen, ob das auch auf die beiden zu h bzw. $h\,\xi^{-2}$ proportionalen Terme der rechten Seite zutrifft.
Dank der **Cauchy-Riemannschen Differentialgleichungen** können wir h berechnen, ohne den Imaginärteil η der analytischen Funktion z(w) zu kennen. Das beruht auf der ersten der vier Relationen

$$h = |z'(w)|^2 = \xi_u^2 + \xi_v^2 = \eta_u^2 + \eta_v^2 = \xi_u^2 + \eta_u^2 = \xi_v^2 + \eta_v^2$$

Mit der Aufspaltung $\xi = AB$ erhalten wir sofort

$$h = \xi_u^2 + \xi_v^2 = (A'B)^2 + (AB')^2 = A'^2 B^2 + A^2 B'^2$$

und nach Division durch ξ^2 weiter

$$h\,\xi^{-2} = \frac{A'^2}{A^2} + \frac{B'^2}{B^2}$$

d.h. eine Summe zweier Funktionen von u bzw. v allein.
Die Bestätigung der analogen Zerlegung von h macht nur unwesentlich mehr Arbeit. Wir differenzieren h nach u und v:

$$\begin{aligned} h_{uv} &= \partial_v \partial_u \left[A'^2 B^2 + A^2 B'^2\right] = 4\,A'\,A''\,B\,B' + 4\,A\,A'\,B'\,B'' \\ &= 4\,A'\,B'\left[A''\,B + A\,B''\right] = 0 \end{aligned}$$

Das ist gleichbedeutend damit, daß auch h sich als Summe von u- und v-Funktionen schreiben läßt. Alle drei Kandidaten für $\xi(u,v)$ separieren also die Wellengleichung.
Ihre geometrischen Eigenschaften ergeben sich aus einer Betrachtung der Koordinatenflächen:
Wenn $\lambda = 0$ ist, bilden (u,v) nach Abschn. 26.4 ein kartesisches oder para-

bolisches Koordinatenpaar, je nachdem, ob C_2 verschwindet oder nicht. Im ersten Fall ist das durch Drehung konstruierte (u,v,φ)-System vom klassischen Zylindertypus (Abschn. 26.3).

Für $C_2 \neq 0$ sind die Flächen, auf denen u oder v konstant ist, Rotationsparaboloide mit gemeinsamer Achse $z = 0$. Aus diesem Grunde bezeichnen wir (u,v,φ) als **Paraboloidkoordinaten**. (Eigentlich wäre noch ein Zusatz **"zirkular"** o.dgl. nötig, der auf die Symmetrie hinweist, weil es auch, wie wir im Rahmen der Stäckeltheorie sehen werden, **"elliptische" Paraboloidkoordinaten** gibt).

Sei von jetzt an $\lambda \neq 0$ angenommen. Falls nur eine der Konstanten C_1 und C_2 ungleich Null ist - egal welche -, sind (u,v) ein zweidimensionales und (u,v,φ) ein dreidimensionales **Polarkoordinatensystem**.

Falls dagegen C_1 und C_2 beide von Null verschieden sind, liegt ein elliptisches Bezugssystem in $\mathbb{R}^2$ vor.

Die Linien u = konst. stellen eine Schar konfokaler Ellipsen dar. Je nachdem, ob wir die längere oder die kürzere Achse als Bezugslinie der φ-Koordinate nehmen, entstehen **gestreckte** oder **abgeplattete Ellipsoidkoordinaten**; bei anderer Bezifferung der u- und v-Flächen die mathematisch gleichwertigen, aber formal anders aussehenden **Sphäroidkoordinaten**.

Eine ausführlichere Diskussion der insgesamt fünf Typen separabler rotationssymmetrischer Koordinaten, die durch Drehung isothermer Karten zustandekommen, erübrigt sich; alle wichtigen Informationen sind en détail in der Formelsammlung zu finden; der leichteren Übersicht wegen stellen wir sie aber noch tabellarisch zusammen.

Die Notation ist identisch mit der des vorhergehenden Abschnitts und bedarf wohl auch keiner weiteren Erläuterung.

Tab. 27.1.1

Ebene:	kartes.	parabol.	2D-polar	elliptisch	elliptisch
3-dimens.:	kl. Zyl.	Paraboloid	3D-Polar	Ellipsoid	Ellipsoid
Umrechnung:	$z = w$	$z = w^2$	$z = e^w$	$z = \cosh w$	$z = \cos w$
u = konst.: v = konst.:	Ebenen Ebenen	Parabol. Parabol.	Sphären Halbkegel	gestr. Ell. Hyperboloide	abgepl. Ell. Hyperboloide

27.2. Stäckelräume

Die in den letzten beiden Abschnitten entwickelten Methoden sind, wie zuerst von Stäckel bemerkt wurde, nicht auf zylindrische und rotationssymmetrische Systeme beschränkt, sondern auch unter etwas allgemeineren Voraussetzungen anwendbar.

Der Nachweis dieser Behauptung und die Klassifikation der betreffenden Koordinaten beruht auf einer sorgfältigen Analyse der einzelnen Reduktionsschritte.

Seien (u^1, u^2, u^3) zunächst beliebige orthogonale Koordinaten des $\mathbb{R}^3$. Da wir häufig mit den Wurzeln aus den Diagonalkomponenten der Metrik zu tun haben werden, lohnt es sich, für sie eigene Abkürzungen einzuführen:

$$h_m = \sqrt{g_{mm}}$$

Die Aktion des **Laplaceoperators** ist, wie die in Abschn. 27.1 durchgeführte elementare Rechnung zeigt, bezüglich der u^m durch

$$\Delta F = (h_1 h_2 h_3)^{-1} \left[\partial_1 \left(\frac{h_2 h_3}{h_1} \partial_1 F \right) + \partial_2 \left(\frac{h_3 h_1}{h_2} \partial_2 F \right) + \partial_3 \left(\frac{h_1 h_2}{h_3} \partial_3 F \right) \right]$$

gegeben, woraus sich mit der Jacobideterminanten

$$\gamma = h_1 h_2 h_3 = \sqrt{g_{11} g_{22} g_{33}}$$

die bequemere Alternativschreibweise

$$\Delta F = \gamma^{-1} \left[\partial_1 \left(\gamma h_1^{-2} \partial_1 F \right) + \partial_2 \left(\gamma h_2^{-2} \partial_2 F \right) + \partial_3 \left(\gamma h_3^{-2} \partial_3 F \right) \right]$$

ergibt. Wir nehmen weiter an, die **Wellengleichung**

$$\Delta F(u^1, u^2, u^3) + \alpha F(u^1, u^2, u^3) = 0$$

sei durch Produktlösungen

$$F(u^1,u^2,u^3) = F_1(u^1)\, F_2(u^2)\, F_3(u^3)$$

vollständig zu separieren.
Um die an (u^1,u^2,u^3) neben der Orthogonalität noch zu stellenden Bedingungen zu finden, müssen wir sozusagen "das Pferd von hinten aufzäumen". Das Ergebnis der zur Variablentrennung notwendigen Transformationen sind drei Gleichungen

$$a_1^{-1}\, F_1^{-1}\, \partial_1 \left[a_1\, \partial_1\, F_1\right] + \alpha_1\, M_{11} + \alpha_2\, M_{12} + \alpha_3\, M_{13} = 0$$

$$a_2^{-1}\, F_2^{-1}\, \partial_2 \left[a_2\, \partial_2\, F_2\right] + \alpha_1\, M_{21} + \alpha_2\, M_{22} + \alpha_3\, M_{23} = 0$$

$$a_3^{-1}\, F_3^{-1}\, \partial_3 \left[a_3\, \partial_3\, F_3\right] + \alpha_1\, M_{31} + \alpha_2\, M_{32} + \alpha_3\, M_{33} = 0$$

deren m-te nur u^m, nicht jedoch die beiden übrigen Koordinaten enthalten darf. Die Separationskonstanten sind $\alpha_1, \alpha_2, \alpha_3$, während a_m und M_{mn} noch näher zu bestimmende Funktionen (von u^m) bedeuten. Die **Stäckelmatrix**

$$M = \begin{bmatrix} M_{11} & M_{12} & M_{13} \\ M_{21} & M_{22} & M_{23} \\ M_{31} & M_{32} & M_{33} \end{bmatrix}$$

wird als regulär vorausgesetzt. Anschließend wählen wir eine Lösung mit $\alpha_1 = \alpha$, die jedenfalls existiert, da zwei Separationskonstanten frei verfügbar sind. Wir multiplizieren die drei Gleichungen der Reihe nach mit den Komponenten

$$K_1 = (\det M)^{-1} \left[M_{22}\, M_{33} - M_{32}\, M_{23}\right]$$

$$K_2 = (\det M)^{-1} \left[M_{32}\, M_{13} - M_{12}\, M_{33}\right]$$

$$K_3 = (\det M)^{-1} \left[M_{12}\, M_{23} - M_{22}\, M_{13}\right]$$

der ersten Zeile von

$$M^{-1} = (\det M)^{-1} \begin{pmatrix} M_{22}M_{33}-M_{32}M_{23} & M_{32}M_{13}-M_{12}M_{33} & M_{12}M_{23}-M_{22}M_{13} \\ M_{23}M_{31}-M_{33}M_{21} & M_{33}M_{11}-M_{13}M_{31} & M_{13}M_{21}-M_{23}M_{11} \\ M_{21}M_{32}-M_{31}M_{22} & M_{31}M_{12}-M_{11}M_{32} & M_{11}M_{22}-M_{21}M_{12} \end{pmatrix}$$

und addieren. Es ergibt sich

$$\sum_{m=1}^{3} K_m \, a_m^{-1} \, F_m^{-1} \, \partial_m \left[a_m \, \partial_m \, F_m \right] = - \alpha$$

Dies ist von derselben Bauart wie die unter Benutzung des Separationsansatzes leicht umgeformte Wellengleichung,

$$\sum_{m=1}^{3} \gamma^{-1} \, F_m^{-1} \, \partial_m \left[\gamma \, h_m^{-2} \, \partial_m \, F_m \right] = - \alpha$$

Beide Beziehungen sind nur miteinander verträglich, wenn die einander entsprechenden Summanden übereinstimmen. Lassen wir noch den überflüssigen, weil beiden Seiten gemeinsamen Faktor F_m^{-1} weg, entsteht

$$K_m \, a_m^{-1} \, \partial_m \left[a_m \, \partial_m \, F_m \right] = \gamma^{-1} \, \partial_m \left[\gamma \, h_m^{-2} \, \partial_m \, F_m \right]$$

Damit unser Separationsalgorithmus, wie angenommen, erfolgreich sein kann, muß dies eine Identität in F_m sein. Die Entwicklung der Differentialquotienten liefert zunächst

$$F''_m \, K_m + F'_m \, K_m \, a_m^{-1} \, \partial_m \, a_m = F''_m \, h_m^{-2} + F'_m \, \gamma^{-1} \, \partial_m \left[\gamma \, h_m^{-2} \right]$$

und danach durch Koeffizientenvergleich

$$K_m = h_m^{-2} = g_{mm}^{-1} = g^{mm}$$

sowie

$$a_m^{-1} \, \partial_m \, a_m = K_m^{-1} \, \gamma^{-1} \, \partial_m \left[\gamma \, h_m^{-2} \right] = h_m^{2} \, \gamma^{-1} \, \partial_m \left[\gamma \, h_m^{-2} \right]$$

Aus der ersten Relation lesen wir die **Stäckelmetrik** ab:

$$g_{11} = \det M \left[M_{22} M_{33} - M_{32} M_{23}\right]^{-1}$$

$$g_{22} = \det M \left[M_{32} M_{13} - M_{12} M_{33}\right]^{-1}$$

$$g_{33} = \det M \left[M_{12} M_{23} - M_{22} M_{13}\right]^{-1}$$

oder, wenn wir das euklidische Linienelement ds bevorzugen, die **Stäckelform**

$$ds^2 = \frac{\det M \,(du^1)^2}{M_{22}M_{33}-M_{32}M_{23}} + \frac{\det M \,(du^2)^2}{M_{32}M_{13}-M_{12}M_{33}} + \frac{\det M \,(du^2)^2}{M_{12}M_{23}-M_{22}M_{13}}$$

Für jedes $m \in \{1,2,3\}$ ist die Hilfsfunktion

$$b_m = a_m^{-1} \gamma h_m^{-2}$$

wegen der letzten noch nicht berücksichtigten Bedingung von u^m unabhängig. Die gleiche Eigenschaft hat $(\det M)\, h_m^{-2} = (\det M)\, g_{mm}^{-1}$, wie wir aus den obigen Formeln entnehmen. Folglich kommt u^m auch im Quotienten

$$\frac{\gamma}{\det M} a_m^{-1} = b_m (\det M)^{-1} h_m^2$$

nicht vor; ebensowenig in

$$\frac{\gamma}{\det M} a_1^{-1} a_2^{-1} a_3^{-1}$$

Aus Symmetriegründen ist dieser Ausdruck eine Konstante, die wir o.B.d.A. gleich 1 setzen dürfen, da die a_m nur bis auf Zahlenfaktoren bestimmt sind. Das ist äquivalent zur **"Robertson-Bedingung"** in Morse & Feshbach [1953]. Wegen der ziemlich involvierten Argumentation geben wir unseren Hauptresultaten noch eine etwas übersichtlichere Fassung:

<u>Satz 27.2.1 (Stäckel):</u>
Die dreidimensionalen orthogonalen Koordinaten (u^1,u^2,u^3) lassen die Separation der Wellengleichung

$$\Delta F + \alpha F = 0$$

durch Produkte $F = F_1(u^1)\ F_2(u^2)\ F_3(u^3)$ zu, wenn die zugehörige Metrik vom Stäckeltyp ist, d.h. über

$$g_{11} = \det M \left[M_{22}\ M_{33} - M_{32}\ M_{23}\right]^{-1}$$

$$g_{22} = \det M \left[M_{32}\ M_{13} - M_{12}\ M_{33}\right]^{-1}$$

$$g_{33} = \det M \left[M_{12}\ M_{23} - M_{22}\ M_{13}\right]^{-1}$$

von einer invertierbaren Matrix

$$M = \begin{bmatrix} M_{11}(u^1) & M_{12}(u^1) & M_{13}(u^1) \\ M_{21}(u^2) & M_{22}(u^2) & M_{23}(u^2) \\ M_{31}(u^3) & M_{32}(u^3) & M_{33}(u^3) \end{bmatrix}$$

herrührt, und zudem eine Zerlegung der Form

$$\det M = (M_{22}M_{33}-M_{32}M_{23})\ (M_{32}M_{13}-M_{12}M_{33})\ (M_{12}M_{23}-M_{22}M_{13})\ a_1^2\ a_2^2\ a_3^2$$

besteht, in der die a_m jeweils reine Funktionen des entsprechenden u^m sind. Diese Forderung bestimmt a_m bis auf einen von Null verschiedenen konstanten Faktor. Durch die Variablentrennung ergeben sich drei gewöhnliche Differentialgleichungen zweiten Grades, und zwar

$$a_m^{-1}\ F_m^{-1}\ \partial_m \left[a_m\ \partial_m\ F_m\right] + \alpha_1\ M_{m1} + \alpha_2\ M_{m2} + \alpha_3\ M_{m3} = 0$$

mit den Separationskonstanten $\alpha_1, \alpha_2, \alpha_3$.

27.3. Klassifikation der Stäckelmetriken

Trotz der starken Einschränkungen, denen separable Koordinaten in $\mathbb{R}^3$ durch die **Stäckelbedingungen** unterworfen sind, fällt es uns nicht schwer, eine große Klasse von Lösungen zu finden.

Wir behalten die Bezeichnungen des letzten Abschnitts im wesentlichen bei, wollen aber um der Übersichtlichkeit willen Indizes nach Möglichkeit vermeiden und deshalb anstelle von (u^1, u^2, u^3) lieber (u, v, w) schreiben.

Es liegt nahe, die **Stäckelmatrix** M so anzusetzen, daß die drei Koordinaten gleichberechtigt in die Formeln eingehen, d.h. eine zyklische Vertauschung von (u, v, w) eine entsprechende Zeilenpermutation von M bedeutet. Dann ist

$$M = \begin{pmatrix} A(u) & B(u) & C(u) \\ A(v) & B(v) & C(v) \\ A(w) & B(w) & C(w) \end{pmatrix}$$

mit geeigneten Funktionen A,B,C. Wir spezialisieren aber noch weiter, indem wir unserer Analyse die von einer einzigen willkürlichen Funktion abhängige Matrix

$$M = \begin{pmatrix} u^2\,F(u) & u\,F(u) & F(u) \\ v^2\,F(v) & v\,F(v) & F(v) \\ w^2\,F(w) & w\,F(w) & F(w) \end{pmatrix}$$

zugrundelegen. Ihre Determinante faktorisiert, wie aus der Darstellung

$$M = \begin{pmatrix} F(u) & 0 & 0 \\ 0 & F(v) & 0 \\ 0 & 0 & F(w) \end{pmatrix} \begin{pmatrix} u^2 & u & 1 \\ v^2 & v & 1 \\ w^2 & w & 1 \end{pmatrix}$$

klar ist, in einfache Funktionen,

$$\det M = (u - v)\,(u - w)\,(v - w)\,F(u)\,F(v)\,F(w)$$

Die Inverse von M errechnet sich zu

$$M^{-1} = \begin{pmatrix} \dfrac{1}{(u-v)(u-w)F(u)} & \dfrac{1}{(v-w)(v-u)F(v)} & \dfrac{1}{(w-u)(w-v)F(w)} \\ \dfrac{-v-w}{(u-v)(u-w)F(u)} & \dfrac{-w-u}{(v-w)(v-u)F(v)} & \dfrac{-u-v}{(w-u)(w-v)F(w)} \\ \dfrac{v\,w}{(u-v)(u-w)F(u)} & \dfrac{w\,u}{(v-w)(v-u)F(v)} & \dfrac{u\,v}{(w-u)(w-v)F(w)} \end{pmatrix}$$

aus deren erster Zeile wir unmittelbar die Metrikkoeffizienten ablesen:

$$g_{11} = (u - v)\ (u - w)\ F(u)$$

$$g_{22} = (v - w)\ (v - u)\ F(v)$$

$$g_{33} = (w - u)\ (w - v)\ F(w)$$

Die **Skalenfaktoren** sind somit

$$h_1 = \sqrt{g_{11}} = \sqrt{(u-v)(u-w)F(u)}$$

$$h_2 = \sqrt{g_{22}} = \sqrt{(v-w)(v-u)F(v)}$$

$$h_3 = \sqrt{g_{33}} = \sqrt{(w-u)(w-v)F(w)}$$

und

$$\gamma = h_1\, h_2\, h_3 = |(u-v)(v-w)(w-u)|\ \sqrt{-F(u)F(v)F(w)}$$

Als Faktor des Volumenelements

$$dx^1\, dx^2\, dx^3 = \gamma\ du\ dv\ dw$$

darf γ nicht Null werden. Die Koordinaten sind daher paarweise verschieden voneinander, und wir können sie der Größe nach ordnen:

$$u > v > w$$

Dann läßt sich die zuletzt gefundene Formel auch ohne Betragstriche ausdrücken,

$$\gamma = h_1 h_2 h_3 = (u-v)\ (u-w)\ (v-w)\ \sqrt{-F(u)F(v)F(w)}$$

Die **Robertsonbedingung** des Satzes 27.2.1 ist automatisch erfüllt, denn es ist

$$\frac{\gamma}{\det M} = \frac{(u-v)(u-w)(v-w)\ \sqrt{-F(u)F(v)F(w)}}{(u-v)(u-w)(v-w)\quad F(u)F(v)F(w)} = \left[-\ F(u)\ F(v)\ F(w)\right]^{-\frac{1}{2}}$$

in ein Produkt zerlegbar:

$$\frac{\gamma}{\det M} = a_1\ a_2\ a_3$$

Wir erhalten nebenbei die **Separationsfaktoren**

$$a_1(u) = |F(u)|^{-1/2}$$

$$a_2(v) = |F(v)|^{-1/2}$$

$$a_3(w) = |F(w)|^{-1/2}$$

die, wie es zu erwarten stand, ebenfalls völlig symmetrisch in u, v, w sind. Jede beliebige glatte Funktion F erfüllt alle Bedingungen des Stäckelschen Satzes 27.2.1. Die positive Definitheit der Metrik schränkt allerdings die erlaubten Möglichkeiten noch geringfügig ein. Aus den obigen Gleichungen für g_{11}, g_{22}, g_{33} und unserer Annahme $u > v > w$ folgt nämlich, daß F(u) positiv, F(v) negativ und F(w) wieder positiv ist.
Eine besonders einfache Wahl, die dies erreicht, ist die von drei (o.B.d.A. positiven) Parametern a^2, b^2, c^2 abhängende rationale Funktion

$$F(\xi) = \frac{1}{4}\ (a^2+\xi)^{-1}\ (b^2+\xi)^{-1}\ (c^2+\xi)^{-1} = \left[4(a^2+\xi)(b^2+\xi)(c^2+\xi)\right]^{-1}$$

Dabei setzen wir, was aus Symmetriegründen erlaubt ist, stets $a > b > c > 0$ voraus. Der Faktor $\frac{1}{4}$ ist an sich belanglos, erleichtert aber die nachstehenden Betrachtungen und korrespondiert zudem mit dem im nächsten Kapitel geübten Brauch. Die Stäckelmatrix ist mit diesem F explizit

$$M = \begin{bmatrix} \dfrac{u^2}{4(a^2+u)(b^2+u)(c^2+u)} & \dfrac{u}{4(a^2+u)(b^2+u)(c^2+u)} & \dfrac{1}{4(a^2+u)(b^2+u)(c^2+u)} \\[2ex] \dfrac{v^2}{4(a^2+v)(b^2+v)(c^2+v)} & \dfrac{v}{4(a^2+v)(b^2+v)(c^2+v)} & \dfrac{1}{4(a^2+v)(b^2+v)(c^2+v)} \\[2ex] \dfrac{w^2}{4(a^2+w)(b^2+w)(c^2+w)} & \dfrac{w}{4(a^2+w)(b^2+w)(c^2+w)} & \dfrac{1}{4(a^2+w)(b^2+w)(c^2+w)} \end{bmatrix}$$

Sie hat die Determinante

$$\det M = \frac{(u-v)(u-w)(v-w)}{64\ (a^2+u)(a^2+v)(a^2+w)(b^2+u)(b^2+v)(b^2+w)(c^2+u)(c^2+v)(c^2+w)}$$

Statt der Koordinaten u,v,w hätten wir auch jede andere Parametrisierung verwenden können, die sich durch **Umbeziffern** aus ihnen ergibt. Ganz allgemein hängt nämlich die Separabilität nicht direkt von (u,v,w) selbst ab, sondern lediglich von Geometrie und räumlicher Lage der **Koordinatenflächen** u = konst., v = konst., w = konst.

Es ändert sich also nichts Wesentliches, wenn wir u durch eine andere Variable u^* ersetzen, die mit u über eine glatte streng monotone (und daher invertierbare) Beziehung verbunden ist; ebenso für v und w. Diese Freiheit läßt sich ausnutzen, um zu zweckmäßig normierten Standardkoordinaten zu kommen.

Dabei sind allerdings die mathematisch einfachsten Funktionen nicht immer am besten geeignet. Beispielsweise ist es oft günstiger, anstelle algebraischer Ausdrücke elementar-transzendente zu wählen, weil die zahlreichen Identitäten zwischen den hyperbolischen und trigonometrischen Funktionen meist auf kürzere Darstellungen führen. Wir werden dies in unserer weiteren Analyse stillschweigend berücksichtigen.

Nach diesem Intermezzo zu den vorhin definierten Stäckelkoordinaten zurückkehrend, stellen wir noch ein paar wichtige Informationen zusammen. Die Metrik lautet im vorliegenden Fall

$$g_{11} = \det M \left[M_{22}\, M_{33} - M_{32}\, M_{23}\right]^{-1} = \frac{(u-v)(u-w)}{4(a^2+u)(b^2+u)(c^2+u)}$$

$$g_{22} = \det M \left[M_{32}\, M_{13} - M_{12}\, M_{33}\right]^{-1} = \frac{(v-w)(v-u)}{4(a^2+v)(b^2+v)(c^2+v)}$$

$$g_{33} = \det M \left[M_{12}\, M_{23} - M_{22}\, M_{13}\right]^{-1} = \frac{(w-u)(w-v)}{4(a^2+w)(b^2+w)(c^2+w)}$$

Der **Volumenfaktor** γ ist

$$\gamma = \frac{(u-v)(u-w)(v-w)}{8\sqrt{-(a^2+u)(b^2+u)(c^2+u)(a^2+v)(b^2+v)(c^2+v)(a^2+w)(b^2+w)(c^2+w)}}$$

woraus sich noch

$$\frac{\gamma}{\det M} = 8\sqrt{(a^2+u)(b^2+u)(c^2+u)}\ \sqrt{(a^2+v)(b^2+v)(c^2+v)}\ \sqrt{(a^2+w)(b^2+w)(c^2+w)}$$

ergibt, was seinerseits die nach der Stäckeltheorie erforderliche Produktzerlegung

$$\frac{\gamma}{\det M} = a_1\, a_2\, a_3$$

mit den Separationsfunktionen

$$a_1(u) = |F(u)|^{-1/2} = 2\sqrt{+(a^2+u)(b^2+u)(c^2+u)}$$

$$a_2(v) = |F(v)|^{-1/2} = 2\sqrt{-(a^2+v)(b^2+v)(c^2+v)}$$

$$a_3(w) = |F(w)|^{-1/2} = 2\sqrt{+(a^2+w)(b^2+w)(c^2+w)}$$

nach sich zieht.

Es gibt tatsächlich Koordinaten, die diese Metrik liefern. Sie sind als die drei Nullstellen der nach Beseitigung der Nenner in s kubischen Gleichung

$$\frac{x^2}{a^2+s} + \frac{y^2}{b^2+s} + \frac{z^2}{c^2+s} = 1$$

definiert, wenn wir das kartesische Standardbezugssystem (x,y,z) des $\mathbb{R}^3$ verwenden. Die geometrischen und analytischen Eigenschaften dieser **konfokalen Koordinaten** bilden den Inhalt von Kap. 28. Wir untersuchen dort auch ihre n-dimensionale Verallgemeinerung.

Überhaupt kann man offenbar alle in diesem Kapitel diskutierten Belange sinngemäß auf $\mathbb{R}^n$ ausdehnen, wobei sich die Beweise praktisch wörtlich übernehmen lassen. Wir wollen diese einfache Generalisierung aber nicht ausführlich durchrechnen, da sie keinerlei Probleme bereitet und nicht besonders interessant ist.

In Kap. 28 wird auch die durch Variablentrennung aus der Wellengleichung hervorgehende **Lamégleichung**

$$\frac{d}{du}\left[\sqrt{(a^2+u)(b^2+u)(c^2+u)}\; V'(u)\right] = \frac{(Au+B)\; V(u)}{4\sqrt{(a^2+u)(b^2+u)(c^2+u)}}$$

detailliert zu würdigen sein. Unter ihren Lösungen ragen, vor allem wegen der Verwandtschaft mit den **Kugelflächenfunktionen**, die **Laméfunktionen** heraus.

Es ist noch zu klären, worin der Zusammenhang zwischen den konfokalen und den früher in Abschn. 26.4 und 27.1 klassizizierten separablen Zylinder- bzw. rotationssymmetrischen Koordinaten besteht.

Letztere ergeben sich durch gewisse Grenzübergänge als Ausartungen der "generischen" konfokalen Systeme, die wir wegen ihrer geringen Bedeutung aber nicht explizit durchführen.

Wir belassen es bei einer kurzen Beschreibung der Grundidee und geben zudem in Tab. 27.3.1 eine Übersicht der insgesamt 11 verschiedenen Typen. Die einzusetzenden Transformationen sind aus den folgenden Angaben leicht zu rekonstruieren; außerdem sei auf das Buch von Morse & Feshbach [1953] verwiesen, in dem die Übergänge explizit, wenn auch nicht sehr systematisch und mit anderer Notation, angegeben werden.

Tab. 27.3.1

Nr.	Symm.	Typ	Koordinatenflächen u, v, w = konst.		
1	Z -	kartesisch	Ebenen	Ebenen	Ebenen
2	Z R	klass. Zylinder	Kreiszylinder	Halbebenen	Ebenen
3	Z -	parabol. Zylinder	parab. Zyl.	parab. Zyl.	Ebenen
4	Z -	ellipt. Zylinder	ellipt. Zyl.	hyperb. Zyl.	Ebenen
5	- R	zirkul. Paraboloid	Paraboloide	Paraboloide	Halbebenen
6	- R	sphärisch	Sphären	Kreiskegel	Halbebenen
7	- R	gestr. Sphäroid	lg. Sphäroide	Hyperboloide	Halbebenen
8	- R	abgepl. Sphäroid	fl. Sphäroide	Hyperboloide	Halbebenen
9	- -	ellipt. Paraboloid	ell. Parabol.	ell. Parabol.	hyp. Parabol.
10	- -	Kegel	Sphären	ellipt. Kegel	ellipt. Kegel
11	- -	dreiachs. konfokal	Ellipsoide	Hyperboloide	Hyperboloide

Mitgeteilt sind jeweils neben der Zugehörigkeit zu den schon eingehend behandelten Zylinder- oder rotationssymmetrischen Klassen (Z/R) die übliche Bezeichnung der jeweiligen Systeme sowie die allgemeine Form der Flächen, auf denen eine der Koordinaten konstant ist. Nur diese sind von der speziellen Normierung unabhängig.

Wir skizzieren zum Abschluß noch kurz die nötigen Grenzübergänge, soweit sie nicht unmittelbar klar sind. Sie werden am besten verständlich, wenn wir nicht die konkreten Parametersubstitutionen betrachten, sondern uns stattdessen die Koordinatenflächen ansehen.

Diese sind "generisch" Ellipsoide (u = konst.) und Hyperboloide, die aus einer (v = konst.) oder zwei (w = konst.) Zusammenhangskomponenten bestehen; vgl. Abschn. 28.1. Alle diese Quadriken sind zueinander konfokal. Unter den Ellipsoiden ist das durch u = 0 charakterisierte hervorzuheben. Es hat die Halbachsen a, b, c.

Die erlaubten Wertebereiche der Koordinaten sind durch die Ungleichungen

$$u > -c^2 > v > -b^2 > w > -a^2$$

festgelegt.

Wenn wir den Grenzübergang $a \longrightarrow b$ ausführen, wird w gewissermaßen zwischen den sich annähernden Zahlen $-a^2$ und $-b^2$ "eingeklemmt" und verliert im Limes seine Eignung als Koordinate. Wir ersetzen sie dann durch den Azimutalwinkel φ um die Symmetriegerade des bei dieser Prozedur entstehenden Sphäroids, das die Halbachsen $a = b > c$ besitzt. Das Ergebnis sind, je nach Konvention über die benutzten Parameter, **abgeplattete Sphäroid-** oder **Rotationsellipsoidkoordinaten**.

Analog bekommen wir **gestreckte Sphäroid-** oder **Rotationsellipsoidkoordinaten**, wenn wir den Grenzfall $a > b = c$ betrachten. Dann muß φ natürlich das bedeutungslose v ersetzen.

Durch Kombination beider Übergänge und Inkorporieren zweier Winkel entstehen die **sphärischen**, d.h. die **Polar-** oder **geographischen Koordinaten**. Alle diese Typen haben wir schon in Abschn. 27.1 behandelt; daher ist kein weiterer Kommentar nötig.

Eine andere Möglichkeit erhalten wir, indem wir die größte Halbachse (a) über alle Grenzen wachsen lassen. Bei fixiertem Mittelpunkt gehen die Ellipsoide u = konst. in Zylinder mit zwei ungleichen Halbachsen b und c über; wir haben so die ebenfalls schon bekannten **elliptischen Zylinderkoordinaten** wiedergewonnen, aus denen wir bei anschließenden Übergang zu $b = c$ in der beschriebenen Weise wieder die **(klassischen) Zylinderkoordinaten** ableiten.

Lassen wir simultan oder nacheinander alle Halbachsen $a, b, c \longrightarrow \infty$ streben, kommen die **kartesischen Koordinaten** oder etwas hierzu Äquivalentes heraus.

Andererseits können wir a auch gegen Unendlich gehen lassen, indem wir einen der beiden **Brennpunkte** der Schnittellipse von $u = 0$ mit $y = 0$ oder $z = 0$ fixieren und den anderen verschieben.

Dann ergeben sich bei geschickter Wahl der Parametrisierung die **Koordinaten des elliptischen** oder **rotationssymmetrischen Paraboloids**. Letztere ($b = c$) kennen wir bereits; erstere unterscheiden sich lediglich darin, daß die Koordinatenflächen Paraboloide mit elliptischem statt zirkularem Querschnitt sind.

Damit haben wir 10 der 11 Typen gefunden: 4 zylindrische und 5 rotationssymmetrische (wobei die klassischen Zylindersysteme als beiden Kategorien zugeordnet nur einmal gezählt werden dürfen), die allgemeinen konfokalen oder **ellipsoidischen Koordinaten** und die parabolischen.

Es bleibt noch eine einzige weitere Alternative, die der Zerfällung der hyperbolischen Schnittfiguren mit den Ebenen $y = 0$ bzw. $z = 0$ in ein Geradenpaar entspricht. Wir sahen in Kap. 7 schon, wie das vor sich geht und welche geometrische Bedeutung diesem Fall zukommt.

Die auf diese Weise definierten **Kegel-** oder **Konuskoordinaten** weichen nicht nur vom affinen, sondern auch vom projektiven Standpunkt aus betrachtet von den übrigen ab.

Näheres, insbesondere die wichtigsten Informationen betreffs Metrik, Zusammenhang, Differentialoperatoren etc., mag man aus der Formelsammlung in Teil H ersehen.

27.4. Bipolarkoordinaten

Die übergroße Dominanz der **Stäckeltypen** (mit einem "Marktanteil" von sicher weit mehr als 90 % in der anwendungsorientierten Literatur) fußt auf zwei Haupteigenschaften:

(1) der Separabilität von **Laplace-** und **Helmholtzgleichungen** und

(2) der womöglich noch wichtigeren Tatsache, daß die Koordinatenlinien bzw. -flächen bei allen konfokalen Systemen und ihren Grenzfällen stets **Quadriken**, also die einfachsten Varietäten in $\mathbb{R}^n$ sind.

Ab und an begegnet man aber, vor allem in der Physik, geometrischen Anordnungen, die durch Stäckelsysteme nicht gut beschrieben werden können. Die einfachste derartige Konfiguration besteht aus zwei Kreisen $\mathcal{K}_1$ und $\mathcal{K}_2$ in der euklidischen Ebene $\mathbb{R}^2$.

Nur wenn beide denselben Mittelpunkt besitzen, sind **Polarkoordinaten** ideal, weil der Zentralabstand r auf jeder der beiden Kurven konstant ist. Liegen die Kreise jedoch exzentrisch, kann man diese wünschenswerte Vereinfachung höchstens für einen von beiden erzielen. Auch andere Stäckelsysteme verhalten sich in dieser Hinsicht nicht besser. Deshalb benötigen wir (wenn möglich, orthogonale) Koordinaten, die der vorgelegten geometrischen Anordnung angemessener sind.

Wir verlangen, daß alle Koordinatenlinien Kreise seien, worin natürlich Einzelpunkte und Geraden als Kreise des Radius 0 bzw. ∞ eingeschlossen sind. Jedes der beiden Teilsysteme ξ = konst. bzw. η = konst. muß die Ebene vollständig und einfach überdecken, wobei nur isolierte Singularitäten zugelassen werden. Außerdem sollen die beiden Kreisscharen sich jeweils senkrecht durchsetzen (damit die Koordinaten orthogonal werden).

Dies sind nicht eigentlich Forderungen an die Parameter ξ und η selbst, sondern Einschränkungen, denen die Menge der gesuchten Kreise unterliegen soll. Auf die Bezifferung kommt es deshalb nicht an.

Gibt es Kreissysteme, die alle diese Bedingungen erfüllen, und wie können wir sie finden ?

Mit unseren aus Kap. 7 stammenden Kenntnissen der **projektiven** Geometrie und insbesondere der in Abschn. 9.6 ausführlich untersuchten **stereographischen Projektion** ist es sehr leicht, Parametrisierungen (ξ,η) des $\mathbb{R}^2$ zu finden, die allen unseren Ansprüchen genügen.

Wir interpretieren gemäß $(u,v) \Longleftrightarrow u+iv$ die euklidische Ebene als den Körper $\mathbb{C}$ der komplexen Zahlen und kompaktifizieren durch Hinzunahme des Punktes ∞. Es entsteht die projektive Linie $\mathbb{P}^1(\mathbb{C}) \cong \mathbb{C} \cup \{\infty\}$, die durch die zueinander inversen stereographischen Abbildungen σ: $\mathbb{P}^1\mathbb{C} \longrightarrow \mathbb{S}^2$ und π: $\mathbb{S}^2 \longrightarrow \mathbb{P}^1\mathbb{C}$, die in Satz 7.6.1 definiert sind, bijektiv auf die **Riemannsche Zahlkugel** $\mathbb{S}^2$ bezogen wird.

Nach den Sätzen 7.6.2 und 7.6.3 sind π und σ **kreis-** und **winkeltreu**. Daher entspricht der gesuchten Anordnung von Kreisen in $\mathbb{P}^1\mathbb{C}$ eine geometrisch ganz ähnliche Konfiguration auf der Riemann-Sphäre. So etwas ist uns aber schon lange bekannt; die **Meridiane** und **Breitenkreise** der dreidimensionalen Polar- oder geographischen Koordinaten bilden ein Kreissystem der verlangten Art.

Wir brauchen daher nur die Sphäre durch zwei Winkel wie die **Kobreite** ϑ und die **Länge** η zu parametrisieren und hernach die stereographische Projektion π anzuwenden. Der zum Koordinatenpaar (ϑ,η) gehörige Punkt hat, wenn wir die Beschreibung relativ zur **Nord-Süd-Achse** benutzen, die kartesischen Komponenten

$$x = \sin\vartheta \cos\eta$$

$$y = \sin\vartheta \sin\eta$$

$$z = \cos\vartheta$$

Diese Orientierung ist aber für unsere gegenwärtigen Absichten ungeeignet, weil wir als Projektionszentrum den **Südpol** $(0,0,-1)$ bestimmt hatten, d.h. eine der beiden Singularitäten. Wenn wir nämlich die Projektion π benutzen, um auf $\mathbb{P}^1(\mathbb{C})$ überzuwechseln, geht dieser nach ∞, während der zweite **Fokus**, der **Nordpol** $(0,0,+1)$, in den Ursprung von $\mathbb{R}^2$ transformiert wird, der der komplexen Zahl 0 entspricht.

In diesem Fall entdecken wir durch die Anwendung von π erneut die uns schon lange bekannten Polarkoordinaten in $\mathbb{R}^2$, die mit den kartesischen (u,v) durch

$$(u,v) = \pi(x,y,z)$$

also

$$u = \frac{x}{1 + z} = \frac{\sin \vartheta \cos \eta}{1 + \cos \vartheta}$$

$$v = \frac{y}{1 + z} = \frac{\sin \vartheta \sin \eta}{1 + \cos \vartheta}$$

verknüpft sind. Diese Darstellung ist in der Tat der durch Polarkoordinaten (r, η) äquivalent; wir brauchen nur

$$r = \frac{\sin \vartheta}{1 + \cos \vartheta}$$

zu substituieren. Um etwas Neues zu erhalten, müssen wir die Bezugsachse der sphärischen Kartierung so drehen, daß der Südpol keine Singularität ist.

Ansonsten ist es gleichgültig, wohin wir unsere Brennpunkte A und B legen; wir dürfen noch zweckmäßig darüber verfügen. Am bequemsten ist die Festsetzung

$$A = (+1,0)$$

$$B = (-1,0)$$

oder in komplexer Schreibweise $A = +1$, $B = -1$. Die zugehörigen Punkte der Sphäre sind

$$\sigma(A) = \sigma(+1) = (+1,0,0)$$

$$\sigma(B) = \sigma(-1) = (-1,0,0)$$

sozusagen **"Ostpol"** und **"Westpol"**. Die erforderliche Rotation ist somit um die y-Achse auszuführen mit einem Drehwinkel von ± 90°. Wir entscheiden uns für - 90°. Die Umrechnung erfolgt somit entweder auf S^2 mittels der linearen Transformation

$$(x,y,z) \longmapsto (z,y,-x)$$

oder, wenn wir es bevorzugen, in der projektiven Linie zu arbeiten, durch die **Möbiustransformation**

$$w \longmapsto \mu(w) = \frac{1 + w}{1 - w}$$

(Die Korrektheit der letzten Formel bestätigt man am leichtesten durch Nachprüfen der Spezialfälle $w \in \{\infty, 0, 1\}$ unter Beachtung von Satz 7.3.1).
Das auf die **Ost-West-Achse** bezogene Gitternetz ist jetzt durch die, abgesehen von zwei Stellen ($\vartheta = 0$ entspricht dem Ost-, $\vartheta =$ dem Westpol), überall reguläre Karte

$$x = \cos \vartheta$$

$$y = \sin \vartheta \sin \eta$$

$$z = - \sin \vartheta \cos \eta$$

bestimmt. Der diesem Tripel (x,y,z) zugeordnete Punkt in $\mathbb{P}^1(\mathbb{C})$ ist

$$w = u + i v = \pi(x,y,z) = \frac{x + i y}{1 + z} = \frac{\cos \vartheta + i \sin \vartheta \sin \eta}{1 - \sin \vartheta \cos \eta}$$

woraus

$$u = \frac{\cos \vartheta}{1 - \sin \vartheta \cos \eta}$$

$$v = \frac{\sin \vartheta \sin \eta}{1 - \sin \vartheta \cos \eta}$$

hervorgeht. Die zu lösende Aufgabe haben wir damit zwar im Prinzip erfolgreich bewältigt; allein der dreimal auftretende Faktor $\sin \vartheta$ stört noch etwas. Wir bekommen eine einfachere Parametrisierung, wenn wir (unter Beibehaltung von η) die Kobreite durch eine besser geeignete Variable ersetzen. Der Wertebereich von $\sin \vartheta$ ist das abgeschlossene Intervall von 0 bis 1; der Kehrwert $\sin^{-1}\vartheta$ ist also immer ≥ 1. Wir schreiben ihn $\cosh \xi$ mit einer neuen reellen Veränderlichen ξ. Das Ergebnis lautet

$$u = \frac{\sinh \xi}{\cosh \xi - \cos \eta}$$

$$v = \frac{\sin \eta}{\cosh \xi - \cos \eta}$$

Die so erklärten Größen (ξ,η) heißen **(ebene) Bipolarkoordinaten** mit Zentren A und B.

Die Linien ξ = konst. bilden eine Schar von Kreisen, die die Ebene vollständig und lückenlos überdecken. Sie beginnt und endet mit je einem Kreis des Radius 0, der in A bzw. B fällt. Die Orthogonaltrajektorien η = konst. dagegen sind die Kreise durch A und B, bilden also ein **Büschel**. Diese Aussagen bedürfen keines weiteren Beweises, da sie unmittelbare Folgerungen aus den analogen Eigenschaften der Breitengrade bzw. Meridiane auf der Sphäre sind.

Von praktischem Wert ist allerdings noch die Klärung der Frage, wie man bei Vorlage von zwei Kreisen $\mathcal{K}_1$ und $\mathcal{K}_2$ die **Brennpunkte** A und B geometrisch findet. Den singulären Fall, daß sich $\mathcal{K}_1$ und $\mathcal{K}_2$ **berühren**, d.h. einen Schnittpunkt mit gemeinsamer Tangente besitzen, schließen wir aus.

Dann sind im Sinne der reellen affinen Auffassung zwei Möglichkeiten denkbar. Wenn die Kreise zwei reelle Schnittpunkte haben, sind diese die Foci, und eine simple euklidische Transformation erlaubt die oben angenommene Spezialisierung A = +1 = (+1,0), B = -1 = (-1,0).

Sonst liegen beide Kurven $\mathcal{K}_1$ und $\mathcal{K}_2$ getrennt voneinander. Das gilt aber nur im reellen Bild; komplex-projektiv haben zwei Kegelschnitte als Kurven 2. Grades nach dem **Satz von Bézout** (Satz 7.4.5) immer $2\cdot 2 = 4$ gemeinsame Punkte. Da es sich um Kreise handelt, sind zwei von ihnen vorab bekannt: die beiden imaginären **Kreispunkte** $(1,\pm i,0)$, die definitionsgemäß auf jedem Kreis liegen.

Interessant sind nur die beiden übrigen, die ein komplex-konjugiertes Paar bilden. Wir nennen sie P und Q. Das durch die vierpunktige Menge $\mathcal{K}_1 \cap \mathcal{K}_2$ festgelegte Kegelschnittbündel besteht genau aus den (komplexen) Kreisen, die durch P und Q laufen. Es ist eindimensional, und die Gleichung eines typischen in ihm enthaltenen Kreises $\mathcal{K}$ erhalten wir als Linearkombination

$$K = \alpha K_1 + \beta K_2 = 0$$

wenn K_i die Quadrik mit der Nullstellenmenge $\mathcal{K}_i$ ist $(i \in \{1,2\})$. Konkret seien die Ausgangskreise

$$K_i = K_i(u,v) = A_i\,(u^2+v^2) + 2\,B_i\,u + 2\,C_i\,v + D_i = 0$$

Der Radius r des Kreises $\mathcal{K}$ ist aus der Beziehung

$$(\alpha A_1+\beta A_2)^2 r^2 = (\alpha B_1+\beta B_2)^2 + (\alpha C_1+\beta C_2)^2 - (\alpha A_1+\beta A_2)(\alpha D_1+\beta D_2)$$

zu entnehmen. Die Bedingung r = 0 für die Brennpunkte ergibt daher eine quadratische Gleichung für das Verhältnis $\alpha:\beta$,

$$\alpha^2 \left[B_1^2 + C_1^2 - A_1 D_1\right] + \beta^2 \left[B_2^2 + C_2^2 - A_2 D_2\right]$$
$$+ \alpha\beta \left[2 B_1 B_2 + 2 C_1 C_2 - A_1 D_2 - A_2 D_1\right] = 0$$

mit der die beiden gesuchten Punkte ohne Schwierigkeit berechenbar sind.
Die Abstandsquadrate des Punkts mit den bipolaren Koordinaten (ξ,η) von den beiden Zentren A und B sind

$$d_1^2 = \frac{2\, e^{-\xi}}{\cosh \xi - \cos \eta}$$

bzw.

$$d_2^2 = \frac{2\, e^{\xi}}{\cosh \xi - \cos \eta}$$

Der Quotient

$$d_1 : d_2 = e^{-\xi}$$

ist somit eine reine Funktion von ξ: Die Kreise ξ = konst. sind die geometrischen Örter aller Punkte, deren Abstände von A und B in einem festen Verhältnis stehen (dessen natürlicher Logarithmus gleich $-\xi$ ist). Das hängt mit der Invarianz des **Doppelverhältnisses** unter Möbiustransformationen und stereographischen Projektionen zusammen. Wir werden daher erwarten, daß sich eine ähnliche Beschreibung auch für η finden läßt. Während ξ jedoch mit den Logarithmen der Beträge (oder Realteilen der Logarithmen) von $w \mp 1$ verbunden ist, sollte η etwas mit den Imaginärteilen der Logarithmen zu tun haben, also mit den Winkeln der beiden Brennstrahlen.
Und so ist es auch. Eine kurze Berechnung liefert für den von $w = u+iv$ aus

gemessenen Winkel zwischen den Richtungen nach A und nach B den Wert η. Dahinter verbirgt sich der schon im Altertum bekannte **Satz vom Peripheriewinkel**.

Aus den bipolaren Koordinaten der Ebene erhalten wir einige wichtige Kartierungen des dreidimensionalen Raumes, indem wir die in den Abschnitten 26.4 und 27.1 entwickelten Methoden anwenden.

Durch Hinzufügen einer dritten (kartesischen) Koordinate z ergibt sich ein System mit Zylindersymmetrie. Wir bezeichnen (ξ, η, z) folgerichtig als **Bizylinderkoordinaten**. In der Literatur laufen sie meist unter dem Namen **räumliche Bipolarkoordinaten**, der aber den geometrischen Gegebenheiten nicht entspricht, weil im Gegensatz zum ebenen Fall nicht zwei isolierte Punkte ausgezeichnet sind, sondern die Spuren von A und B unter der Translation parallel zur z-Achse.

Die Flächen ξ = konst. und η = konst. sind Kreiszylinder. Aus diesem Grund sind Bizylinderkoordinaten immer dann zweckmäßig, wenn Randbedingungen auf den Oberflächen zweier Rotationszylinder vorgegeben sind, beispielsweise bei der Berechnung des von zwei Leitern mit kreisförmigem Querschnitt erzeugten elektromagnetischen Feldes usw. Allerdings ist die Potentialgleichung in (ξ, η, z) nicht separierbar.

Daneben existieren zwei Wege, um aus den bipolaren rotationssymmetrische Koordinaten des $\mathbb{R}^3$ zu entwickeln. Die erste Möglichkeit ist die Drehung um die u-Achse. Die Umrechnungsformeln lauten dann

$$x = \frac{\sin \eta \cos \varphi}{\cosh \xi - \cos \eta}$$

$$y = \frac{\sin \eta \sin \varphi}{\cosh \xi - \cos \eta}$$

$$z = \frac{\sinh \xi}{\cosh \xi - \cos \eta}$$

Die Größen (ξ, η, φ) heißen **bisphärische Koordinaten**. Konstanthalten von ξ liefert Sphären, Fixieren von η hingegen selbstdurchdringende Kreisringe (Tori). Dementsprechend werden diese Parametrisierungen verwendet, wenn durch zwei Sphären berandete Gebiete zu untersuchen sind (elektrisches Feld zweier Kugelladungen o.dgl.).

Schließlich können wir unsere Bipolarkoordinaten auch um die v-Achse rotieren lassen. In diesem Fall entsteht ein etwas anderer Typ von drehsymmetrischen Karten, die **Toruskoordinaten**. Die Transformationsregeln sind unmittelbar klar;

$$x = \frac{\sinh \xi \cos \varphi}{\cosh \xi - \cos \eta}$$

$$y = \frac{\sinh \xi \sin \varphi}{\cosh \xi - \cos \eta}$$

$$z = \frac{\sin \eta}{\cosh \xi - \cos \eta}$$

Die ξ- und η-Flächen sind reguläre **Kreisringe** (**Tori** ohne Selbstdurchdringung) bzw. Sphären. Physikalische Anwendungen betreffen die Feldberechnung nahe Ringleitern oder die mathematisch äquivalente Aufgabe, das Gravitionspotential einer toroidalen Massenverteilung zu bestimmen (**Saturnringe**).
Allen in diesem Abschnitt konstruierten Koordinaten haftet allerdings der Makel an, daß die Potentialgleichung nicht vollständig separiert werden kann. Dennoch sind manche Probleme, die mit geometrischen Konfigurationen der beschriebenen Art zusammenhängen, mit ihrer Hilfe besser zu lösen als mit Stäckelsystemen.

28. Konfokale Koordinaten

28.1. Orthogonale Quadrikenscharen

Die **Brennpunkte** der in kartesischen Koordinaten $(x,y) \in \mathbb{R}^2$ durch

$$\frac{x^2}{a^2} + \frac{y^2}{b^2} = 1$$

beschriebenen **Ellipse** $\mathcal{E}_2$ sind, wenn wir $a > b$ annehmen,

$$F = \left(+\sqrt{a^2-b^2}, 0\right)$$

und

$$F' = \left(-\sqrt{a^2-b^2}, 0\right)$$

Sie liegen symmetrisch zum Ursprung auf der x-Achse. Jede andere Ellipse, die zu $\mathcal{E}_2$ **konfokal** ist, d.h. dieselben Brennpunkte besitzt, etwa

$$\frac{x^2}{A^2} + \frac{y^2}{B^2} = 1$$

erfüllt daher die Bedingung

$$A^2 - B^2 = a^2 - b^2$$

die wir auch als

$$A^2 - a^2 = B^2 - b^2$$

ausdrücken können. Den gemeinsamen Wert dieser Differenz nennen wir s. Dann hat die zweite Ellipse die Gleichung

$$\frac{x^2}{a^2+s} + \frac{y^2}{b^2+s} = 1$$

Es sind diejenigen Parameterwerte erlaubt, für die die Achsenquadrate positiv sind, also alle $s > -b^2$. Bekanntlich sind diese Ellipsen mit Brennpunkten F und F′ genau die geometrischen Örter aller Punkte, deren Abstandssummen von F und F′ konstant, und zwar gleich der jeweiligen großen Achse 2A, sind. Geben wir also einen Punkt

$$P = (x,y) \in \mathbb{R}^2$$

vor, können wir A und das zugehörige s eindeutig berechnen. Daraus folgt, daß die konfokale Ellipsenschar die Ebene vollständig und einfach überdeckt.

Am bequemsten finden wir den mit (x,y) korrespondierenden Wert von s durch Multiplikation der Ellipsengleichung mit dem Hauptnenner, was nach Umordnen auf eine quadratische Bedingung für s führt:

$$s^2 + (a^2+b^2-x^2-y^2)\, s + (a^2b^2-b^2x^2-a^2y^2) = 0$$

Sie hat noch eine zweite, ebenfalls reelle, Lösung, welche im (offenen) Intervall zwischen $-a^2$ und $-b^2$ liegt. Substituieren wir diesen Wert von s in die obige Kegelschnittgleichung, erhalten wir eine Hyperbel, die auch die Brennpunkte F und F′ besitzt und durch P hindurchgeht. Auf diese Weise erhalten wir eine neue Überdeckung der Ebene mit konfokalen Hyperbeln.

Bevor wir uns einer genaueren geometrischen Analyse der so gewonnenen Kegelschnittscharen widmen, erscheint noch eine Anmerkung über die projektive Interpretation unseres Kurvensystems angebracht.

Wir führen **homogene (Punkt-)Koordinaten** (ξ,η,ζ) gemäß der Proportion

$$\xi : \eta : \zeta = x : y : 1$$

ein und erhalten die Kegelschnittgleichung in der homogenen Varianten

$$\frac{\xi^2}{a^2+s} + \frac{\eta^2}{b^2+s} - \zeta^2 = 0$$

In **Linienkoordinaten** (u,v,w) gilt dann nach Abschn. 7.5 die **duale Darstel-**

lung

$$(a^2+s)\ u^2 + (b^2+s)\ v^2 - w^2 = 0$$

in der wir eine Linearkombination der Ausgangsellipse

$$a^2\ u^2 + b^2\ v^2 - w^2 = 0$$

mit dem imaginären Kegelschnitt

$$u^2 + v^2 = 0$$

erkennen. Letzterer definiert ein Punktepaar, und zwar die beiden **Kreispunkte**. An seine Stelle können wir ebensogut den Spezialfall $s = -b^2$ treten lassen, d.i.

$$(a^2-b^2)\ u^2 - w^2 = 0$$

gleichfalls ein Punktepaar (F und F'). Wie auch immer, die Ellipsen und Hyperbeln mit festen Brennpunkten gehören einer durch s parametrisierten **Kegelschnittschar** an (vgl. Kap. 7 oder Clebsch [1968]).
Kehren wir zur affinen Betrachtung zurück! Eine wichtige Eigenschaft der **Brennlinien** PF und PF' haben wir noch nicht erwähnt. Sie betrifft die Winkel α und α', die diese mit der Normalen an die durch $P = (x,y)$ gehende Ellipse $\mathcal{E}_2$ bilden. Beide sind gleich, wie eine simple Rechnung zeigt, d.h., der von den Brennlinien aufgespannte Winkelraum wird von der Normalen halbiert (genauer gesagt: zwei gegenüberliegende der vier Winkelräume; die anderen beiden halbiert die auf der Normalen senkrechte Tangente).
Ein vom Brennpunkt F ausgesandter Strahl, der an der Ellipsenperipherie gespiegelt wird, läuft also nach der festen Wegstrecke 2a durch F'. Dieses Phänomen wird in der Architektur bei der Konstruktion der sogenannten **Flüstergalerien** ausgenutzt.
Dieselbe Symmetrieeigenschaft besitzt auch die durch P laufende Hyperbel aus unserem konfokalen Kegelschnittsystem, allerdings mit vertauschten Rollen von Tangente und Normale. Daraus folgt, daß die beiden Teilscharen (Ellipsen und Hyperbeln) sich immer orthogonal schneiden.
Es liegt deshalb nahe, die beiden Nullstellen der quadratischen Gleichung

$$s^2 + (a^2+b^2-x^2-y^2)\ s + (a^2b^2-b^2x^2-a^2y^2)$$

zur Parametrisierung des Punktes P heranzuziehen. Sie werden üblicherweise mit λ und μ bezeichnet, wobei $\lambda > \mu$ sein soll. Man nennt das Paar (λ,μ) die **konfokalen Koordinaten** von P. Sind sie bekannt, können wir ohne Schwierigkeit die kartesischen Quadrate x^2 und y^2 durch Auflösen des (in diesen Größen) linearen Gleichungssystems

$$\frac{x^2}{a^2+\lambda} + \frac{y^2}{b^2+\lambda} = 1$$

$$\frac{x^2}{a^2+\mu} + \frac{y^2}{b^2+\mu} = 1$$

gewinnen. Das Ergebnis lautet

$$x^2 = \frac{(a^2+\lambda)(a^2+\mu)}{a^2-b^2}$$

$$y^2 = \frac{(b^2+\lambda)(b^2+\mu)}{b^2-a^2}$$

Die Koordinaten x,y selbst sind nicht bestimmbar; vielmehr korrespondiert der Satz (λ,μ) mit den vier Punkten $(\pm x,\pm y)$, die sich aus P durch fortgesetzte Spiegelungen an den Koordinatenachsen erzeugen lassen.

Konfokale Koordinaten sind also **orthogonal**, aber nur innerhalb eines Quadranten eindeutig; auf den Rändern $x = 0$ bzw. $y = 0$ sind sie singulär, weil die Koeffizientenmatrix des obigen linearen Gleichungssystems verschwindet.

Ganz ähnliche Verhältnisse ergeben sich im dreidimensionalen Raum $\mathbb{R}^3$. Hier definieren wir wieder ein kartesisches Bezugssystem (x,y,z) und gehen statt von einer Ellipse von einem Ellipsoid $\mathcal{E}_3$ mit der Gleichung

$$\frac{x^2}{a^2} + \frac{y^2}{b^2} + \frac{z^2}{c^2} = 1$$

(mit $a > b > c$) aus. Die zu $\mathcal{E}_3$ **konfokalen Quadriken** sind durch

$$F_s(x,y,z) = \frac{x^2}{a^2+s} + \frac{y^2}{b^2+s} + \frac{z^2}{c^2+s} = 1$$

mit festgehaltenem s erklärt. Je nachdem, in welchem Bereich der Parameter s liegt, erhalten wir drei verschiedene Flächentypen:

(1) Falls $s > -c^2$ ist, stellt die angegebene Bedingung ein **dreiachsiges Ellipsoid** dar; die Ausgangsfläche $\mathcal{E}_3$ selbst entspricht $s = 0$;

(2) Für $-c^2 > s > -b^2$ entsteht ein **einschaliges Hyperboloid**;

(3) Gilt hingegen die Ungleichung $-b^2 > s > -a^2$, ergibt sich ein **zweischaliges Hyperboloid**.

Nur diese s und die Grenzfälle $s \in \{-a^2,-b^2,-c^2\}$, die auf Teile der Koordinatenebenen führen, sind erlaubt; zu $s < -a^2$ existieren keine reellen Punkte.

Die linke Seite $F_s(x,y,z)$ der Flächengleichung fällt, als Funktion von s aufgefaßt, streng monoton, da ihre s-Ableitung

$$\frac{d}{ds} F_s(x,y,z) = -\frac{x^2}{(a^2+s)^2} - \frac{y^2}{(b^2+s)^2} - \frac{z^2}{(c^2+s)^2}$$

strikt negativ ist. Zwischen zwei aufeinanderfolgenden Polen, also in den Intervallen $(-a^2,-b^2)$ und $(-b^2,-c^2)$, gibt es daher jeweils genau ein s, das die Flächenbedingung erfüllt. Eine dritte Lösung liegt oberhalb von $-c^2$, wie der Grenzübergang

$$\lim_{s\to\infty} F_s(x,y,z) = 0$$

zeigt. Zu jedem Tripel $(x,y,z) \in \mathbb{R}^3$ gehören mithin drei reelle s, die wiederum als konfokale Koordinaten von P bezeichnet und, üblichem Brauch folgend, durch die Symbole λ, μ, ν beschrieben werden. Dabei nehmen wir analog zum früher diskutierten ebenen Fall immer $\lambda > \mu > \nu$ an.

Wir multiplizieren die Relation $F_s(x,y,z) = 1$ mit dem Hauptnenner. Nach elementarer Umformung entsteht die kubische Gleichung

$$s^3 + \left[a^2 + b^2 + c^2 - x^2 - y^2 - z^2\right] s^2 + \left[b^2c^2 + c^2a^2 + a^2b^2 - (b^2+c^2)\, x^2 - (c^2+a^2)\, y^2 - (a^2+b^2)\, z^2\right] s + a^2b^2c^2 - b^2c^2x^2 - c^2a^2y^2 - a^2b^2z^2 = 0$$

mit den Lösungen $s = \lambda, \mu, \nu$.
Wie schon in der Ebene, können wir auch im Dreidimensionalen die Quadrate der kartesischen Komponenten von P aus den konfokalen Koordinaten (λ, μ, ν) leicht rekonstruieren. Anstatt das in x^2, y^2, z^2 lineare Gleichungssystem

$$\frac{x^2}{a^2+\lambda} + \frac{y^2}{b^2+\lambda} + \frac{z^2}{c^2+\lambda} = 1$$

$$\frac{x^2}{a^2+\mu} + \frac{y^2}{b^2+\mu} + \frac{z^2}{c^2+\mu} = 1$$

$$\frac{x^2}{a^2+\nu} + \frac{y^2}{b^2+\nu} + \frac{z^2}{c^2+\nu} = 1$$

direkt zu lösen, ist es jedoch weitaus zweckmäßiger, einen einfachen Kunstgriff anzuwenden, der auch für höherdimensionale Räume funktioniert und unmittelbar das gewünschte Resultat liefert. Wir multiplizieren abermals die Flächengleichung

$$1 - \frac{x^2}{a^2+s} - \frac{y^2}{b^2+s} - \frac{z^2}{c^2+s} = 0$$

mit dem Hauptnenner, beachten, daß das Ergebnis ein kubisches Polynom mit den Nullstellen λ, μ, ν ist:

$$(a^2+s)\,(b^2+s)\,(c^2+s)\left[1 - \frac{x^2}{a^2+s} - \frac{y^2}{b^2+s} - \frac{z^2}{c^2+s}\right] = (s-\lambda)\,(s-\mu)\,(s-\nu)$$

und substituieren darin nacheinander $-a^2, -b^2, -c^2$ für s. Das liefert sofort

$$x^2 = \frac{(a^2+\lambda)(a^2+\mu)(a^2+\nu)}{(a^2-b^2)(a^2-c^2)}$$

$$y^2 = \frac{(b^2+\lambda)(b^2+\mu)(b^2+\nu)}{(b^2-c^2)(b^2-a^2)}$$

$$z^2 = \frac{(c^2+\lambda)(c^2+\mu)(c^2+\nu)}{(c^2-a^2)(c^2-b^2)}$$

Durch Addition entsteht eine vielfach nützliche Formel, nämlich

$$x^2 + y^2 + z^2 = a^2 + b^2 + c^2 + \lambda + \mu + \nu$$

was wir auch mit Hilfe des **Vietaschen Wurzelsatzes** aus der kubischen Gleichung für λ, μ, ν hätten entnehmen können.

Die Verallgemeinerung auf beliebig hochdimensionale $\mathbb{R}^n$ macht keinerlei Schwierigkeiten. Wir betrachten als Ausgangskonfiguration das n-dimensionale Ellipsoid $\mathcal{E}_n$, dessen Oberflächenpunkte

$$P = (x_1, \ldots, x_n) \in \mathbb{R}^n$$

durch die Gleichung

$$\frac{x_1^2}{a_1^2} + \ldots + \frac{x_n^2}{a_n^2} = 1$$

charakterisiert sind. Die Halbachsen $a_1, \ldots, a_n$ seien dabei als paarweise verschieden und o.B.d.A. in fallender Folge angeordnet, d.h.

$$a_1 > a_2 > \ldots > a_{n-1} > a_n$$

vorausgesetzt. Zu $\mathcal{E}_n$ konfokal sind die Flächen

$$\frac{x_1^2}{a_1^2+s} + \ldots + \frac{x_n^2}{a_n^2+s} = 1$$

Bei festen $x_1, \ldots, x_n$ ist das eine Bestimmungsgleichung für s, die (wie man wieder durch Hochmultiplizieren aller Nenner sieht) einer algebraischen Bedingung n-ten Grades äquivalent ist. Mit dem oben für n = 3 bereits benutzten Argument (Monotonie der linken Seite) beweisen wir auch im allgemeinen Fall die Existenz je einer Wurzel zwischen zwei benachbarten Polstellen $-a_1^2, -a_2^2, \ldots, -a_{n-1}^2, -a_n^2$ und einer weiteren, die größer als $-a_n^2$ ist. Alle Lösungen sind somit wiederum reell und als Koordinaten geeignet. Wir nennen sie zweckmäßig $\lambda_1, \ldots, \lambda_n$ in der Anordnung

$$\lambda_1 > -a_n^2 > \lambda_2 > \ldots > \lambda_{n-1} > -a_2^2 > \lambda_n > -a_1^2$$

Je nachdem, welche der konfokalen Koordinaten $\lambda_1,\ldots,\lambda_n$ wir konstant halten, erhalten wir n topologisch unterschiedliche Flächentypen. Das entspricht ganz dem Verhalten bei n = 2 (Ellipsen und Hyperbeln) und n = 3 (Ellipsoide und ein- bzw. zweischalige Hyperboloide). Wir machen uns aber nicht die Mühe einer eingehenderen Diskussion.

Den auch für n = 3 noch ausstehenden Nachweis, daß die Koordinatenflächen λ_k = konst. paarweise aufeinander senkrecht stehen, verschieben wir auf den nächsten Abschnitt, in dem wir auch die Metrik und einige weitere differentialgeometrisch wichtige Parameter bestimmen werden.

An dieser Stelle begnügen wir uns mit der Berechnung der Quadrate der x_k, die nach dem schon bekannten Verfahren erfolgen kann:

$$x_k^2 = \frac{(a_k^2+\lambda_1)\,(a_k^2+\lambda_2)\,\ldots\,(a_k^2+\lambda_{n-1})\,(a_k^2+\lambda_n)}{(a_k^2-a_1^2)\,\ldots\,(a_k^2-a_{k-1}^2)\,(a_k^2-a_{k+1}^2)\,\ldots\,(a_k^2-a_n^2)}$$

Die Aktion der in kanonischer Weise dargestellten **Coxetergruppe** $A \cong 2^n$, die von den Reflexionen in den Koordinatenebenen $x_i = 0$ erzeugt wird, läßt die λ_k invariant.

Alle durch A aus $P = (x_1,\ldots,x_n)$ hervorgehenden Punkte $(\pm x_1,\ldots,\pm x_n)$ haben mithin dieselben konfokalen Koordinaten.

Damit beschränkt sich die Brauchbarkeit der λ_k als Koordinatensystem auf das Innere einer **Weylkammer** von A. Auf ihrem Rand, also auf den Hyperebenen $x_i = 0$, sind sie singulär (s. Kap. 15, insbesondere Satz 15.3.4).

Innerhalb einer bestimmten Kammer, z.B. der durch $x_i > 0$ für alle i definierten **Hauptkammer**, stehen die zulässigen n-Tupel $(\lambda_1,\ldots,\lambda_n)$ in einer bijektiven Beziehung zu den Punkten.

(Die Weylkammern der Ebene sind die vier **Quadranten**, die in $\mathbb{R}^3$ die acht **Oktanten**).

28.2. Metrik und Differentialoperatoren

Alle differentialgeometrischen Untersuchungen eines Riemannschen Raums basieren auf den Eigenschaften der **Metrik**. Die Berechnung der Koeffizienten g_{ab} bzw. g^{ab} in n-dimensionalen konfokalen Koordinaten $(\lambda_1,\dots,\lambda_n)$ wird deshalb unsere nächste Aufgabe sein.

Um Komplikationen zu vermeiden, suspendieren wir die Einsteinkonvention bis zum Ende dieses Abschnitts.

Gemäß ihrer Definition als Nullstellen eines für "generische" Punkte $x \in \mathbb{R}^n$ irreduziblen Polynoms sind die λ_i algebraisch ununterscheidbar. Dementsprechend mußten wir zur Festlegung der Numerierung ja auch zu arithmetischen Betrachtungen Zuflucht nehmen und die λ_i der Größe nach ordnen.

Diese algebraische Gleichberechtigung aller λ_i macht das Arbeiten mit konfokalen Koordinaten vergleichsweise angenehm; alle Formeln sind vollständig symmetrisch unter beliebigen Permutationen der Indizes. Aus diesem Grund brauchen wir auch in beliebig hochdimensionalen Räumen nur sehr wenige Metrikkoeffizienten, Christoffelsymbole etc. auszurechnen.

Auf die Metrik g_{ab} bezogen, kommt es nur darauf an, ob die Indizes a und b gleich oder verschieden voneinander sind, d.h., ob wir Diagonal- oder Nichtdiagonalterme vor uns haben.

Wir leiten die in Abschn. 28.1 gefundene Formel für x_k^2 logarithmisch ab und erhalten das Differential

$$2\,\frac{dx_k}{x_k} = \sum_{a=1}^{n} \frac{d\lambda_a}{a_k^2+\lambda_a}$$

aus dem sich die **Jacobimatrix** in "gemischter" Notation:

$$\frac{\partial(x_1,\dots,x_n)}{\partial(\lambda_1,\dots,\lambda_n)} = \frac{1}{2}\begin{pmatrix} \dfrac{x_1}{a_1^2+\lambda_1} & \dots & \dfrac{x_n}{a_n^2+\lambda_1} \\ \dots & \dots & \dots \\ \dfrac{x_1}{a_1^2+\lambda_n} & \dots & \dfrac{x_n}{a_n^2+\lambda_n} \end{pmatrix}$$

sowie das **Bogenlängenelement** ds via

$$ds^2 = \sum_{k=1}^{n} dx_k^2 = \frac{1}{4} \sum_{k=1}^{n} x_k^2 \sum_{a=1}^{n} \sum_{b=1}^{n} \frac{d\lambda_a}{a_k^2+\lambda_a} \frac{d\lambda_b}{a_k^2+\lambda_b}$$

errechnen lassen. Der Koeffizientenvergleich mit

$$ds^2 = \sum_{a=1}^{n} \sum_{b=1}^{n} g_{ab}\, d\lambda_a\, d\lambda_b$$

zeitigt unmittelbar

$$g_{ab} = \frac{1}{4} \sum_{k=1}^{n} \frac{x_k^2}{(a_k^2+\lambda_a)(a_k^2+\lambda_b)}$$

Betrachten wir zunächst die außerhalb der Hauptdiagonalen liegenden Komponenten ($a \neq b$)! Die Partialbruchzerlegung

$$\frac{x_k^2}{(a_k^2+\lambda_a)(a_k^2+\lambda_b)} = \frac{1}{\lambda_b-\lambda_a} \left[\frac{x_k^2}{a_k^2+\lambda_a} - \frac{x_k^2}{a_k^2+\lambda_b} \right]$$

liefert

$$g_{ab} = \frac{1}{4} (\lambda_b-\lambda_a)^{-1} \left[\sum_{k=1}^{n} \frac{x_k^2}{a_k^2+\lambda_a} - \sum_{k=1}^{n} \frac{x_k^2}{a_k^2+\lambda_b} \right]$$

Beide Summen haben nach der Definition der λ_i den gemeinsamen Wert 1 und heben sich gegenseitig weg:

$$g_{ab} = 0$$

für $a \neq b$. Damit haben wir die bereits in Abschn. 28.1 behauptete Orthogonalität der konfokalen Koordinaten in allen Dimensionen bewiesen. Aber auch die Diagonalglieder

$$g_{aa} = \frac{1}{4} \sum_{k=1}^{n} \frac{x_k^2}{(a_k^2+\lambda_a)^2}$$

der Metrik lassen sich noch anders ausdrücken. Wir können sie nämlich mittels der Ableitungen von

$$\Phi = \Phi(s) = 1 - \left[\frac{x_1^2}{a_1^2+s} + \ldots + \frac{x_n^2}{a_n^2+s}\right]$$

beschreiben:

$$g_{aa} = \frac{1}{4} \Phi'(\lambda_a) = \frac{1}{4} \left(\frac{d\Phi}{ds}\right)_{s=\lambda_a}$$

Um die gewünschte Reduktion zu erzielen, bringen wir die rationale Funktion $\Phi(s)$ auf die Standardform

$$\Phi(s) = \frac{(s-\lambda_1) \ldots (s-\lambda_n)}{(a_1^2+s) \ldots (a_n^2+s)}$$

(Der Nenner ist offensichtlich; der Zähler ergibt sich aus der Tatsache, daß $\Phi(s)$ die Nullstellen $\lambda_1,\ldots,\lambda_n$ hat, und einem Vergleich der führenden Terme). Nach Differenzieren und Einsetzen finden wir

$$g_{aa} = \frac{(\lambda_a-\lambda_1) \ldots (\lambda_a-\lambda_{a-1}) (\lambda_a-\lambda_{a+1}) \ldots (\lambda_a-\lambda_n)}{4 (a_1^2+\lambda_a) \ldots (a_n^2+\lambda_a)}$$

und damit das Quadrat des Bogenlängenelements

$$ds^2 = \frac{1}{4} \sum_{k=1}^{n} \frac{(\lambda_k-\lambda_1) \ldots (\lambda_k-\lambda_{k-1}) (\lambda_k-\lambda_{k+1}) \ldots (\lambda_k-\lambda_n)}{(a_1^2+\lambda_k) \ldots (a_n^2+\lambda_k)} d\lambda_k^2$$

Diese multiplikative Darstellung ist häufig besser geeignet als die additive. Das gilt vor allem für die Berechnung der kontravarianten Metrik,

$$g^{aa} = g_{aa}^{-1}$$

und der **Christoffelsymbole**, denen wir uns jetzt zuwenden.
Aus Abschn. 4.2 übernehmen wir die Formel für die Komponenten des **Levi-Cività-Zusammenhangs**, schreiben aber die Summe explizit hin (die Einsteinkonvention ist ja vorläufig aufgehoben):

$$\Gamma^a_{\ bc} = \frac{1}{2} \sum_{k=1}^{n} g^{ak} \left[g_{kc,b} + g_{bk,c} - g_{bc,k} \right]$$

Aufgrund der Diagonalität der Metrik trägt nur der Term mit k = a etwas bei, und der Ausdruck reduziert sich auf

$$\Gamma^a_{\ bc} = \frac{1}{2} g^{-1}_{aa} \left[g_{ac,b} + g_{ba,c} - g_{bc,a} \right]$$

Wenn unter den Indizes a, b, c keine zwei einander gleich sind, verschwinden die in der Klammer stehenden Metrikkomponenten einzeln, und es wird

$$\Gamma^a_{\ bc} = 0$$

Wir brauchen somit lediglich die Möglichkeiten $\Gamma^a_{\ aa}$, $\Gamma^a_{\ ab} = \Gamma^a_{\ ba}$ sowie $\Gamma^a_{\ bb}$ mit $a \neq b$ zu weiterzuverfolgen. Auch sie vereinfachen sich noch:

$$\Gamma^a_{\ aa} = + \frac{1}{2} g^{-1}_{aa} g_{aa,a} = + \frac{1}{2} \partial_a \ln g_{aa}$$

$$\Gamma^a_{\ ab} = \Gamma^a_{\ ba} = + \frac{1}{2} g^{-1}_{aa} g_{aa,b} = + \frac{1}{2} \partial_b \ln g_{aa}$$

$$\Gamma^a_{\ bb} = - \frac{1}{2} g^{-1}_{aa} g_{bb,a} = - \frac{1}{2} g^{-1}_{aa} g_{bb} \partial_a \ln g_{bb}$$

Die partiellen Ableitungen sind leicht auszurechnen;

$$g^{-1}_{aa} g_{aa,a} = \sum_{\substack{b=1 \\ b\neq a}}^{n} (\lambda_a - \lambda_b)^{-1} - \sum_{b=1}^{n} (a_b^2 + \lambda_a)^{-1}$$

$$g^{-1}_{aa} g_{aa,b} = (\lambda_a - \lambda_b)^{-1}$$

und die von Null verschiedenen Christoffelsymbole lauten

$$\Gamma^a_{aa} = \frac{1}{2}\sum_{\substack{b=1\\ b\neq a}}^{n} (\lambda_a-\lambda_b)^{-1} - \frac{1}{2}\sum_{b=1}^{n} (a_b^2+\lambda_a)^{-1}$$

$$\Gamma^a_{ab} = \Gamma^a_{ba} = \frac{1}{2}(\lambda_a-\lambda_b)^{-1}$$

$$\Gamma^a_{bb} = \frac{1}{2} g^{-1}_{aa}\, g_{bb}\, (\lambda_a-\lambda_b)^{-1}$$

Das **Volumenelement** ist nach Satz 4.5.4 von der Form

$$\omega = \gamma\, d\lambda_1 \wedge \ldots \wedge d\lambda_n$$

mit der Abkürzung

$$\gamma = \sqrt{|\det(g_{ab})|}$$

die sich bei einer (positiv definiten) orthogonalen Metrik, wie sie hier vorliegt, zu

$$\gamma = \sqrt{g_{11}\cdots g_{nn}}$$

vereinfacht.

Für den **Gradienten** einer glatten Funktion = 0-Form besteht nach unserer früher getroffenen und auch im gegenwärtigen Kontext besonders nützlichen Übereinkunft, die Koordinatendifferentiale als Basis des Raums der 1-Formen zu verwenden, die allgemeine Beziehung

$$\operatorname{grad} F = F_{,1}\, d\lambda_1 + \ldots + F_{,n}\, d\lambda_n$$

die ihn im wesentlichen mit dem **Differential** (Abschn. 3.5) identifiziert.

Die Berechnung der beiden anderen Hauptdifferentialoperatoren erster Ordnung (Rotation und Divergenz) hingegen erfordert neben der Cartanableitung auch die explizite Kenntnis der **Hodgedualität**. In Definition 4.6.1 wurde sie lediglich bezüglich orthonormierter Basen von Λ^1 erklärt; deshalb müssen wir zunächst eine solche konstruieren. Wir wählen die 1-Formen

$$\sqrt{g_{11}}\, d\lambda_1 \,,\ \ldots\ ,\ \sqrt{g_{nn}}\, d\lambda_n$$

denen die verlangte Eigenschaft offenkundig zukommt.

Die **Rotation** ist nur in 2- und 3-dimensionalen Räumen von Interesse, weshalb wir uns auf diese beiden Fälle beschränken.

In der Ebene (n = 2) ist, wenn wir wieder a, b, λ, μ statt $a_1, a_2, \lambda_1, \lambda_2$ schreiben, die Metrik gleich

$$g_{11} = \frac{\lambda-\mu}{4(a^2+\lambda)(b^2+\lambda)}$$

$$g_{22} = \frac{\mu-\lambda}{4(a^2+\mu)(b^2+\mu)}$$

woraus

$$\gamma = \frac{\lambda-\mu}{4\sqrt{-(a^2+\lambda)(b^2+\lambda)(a^2+\mu)(b^2+\mu)}}$$

folgt, während die oben eingeführte Orthonormalbasis von $\Lambda^1(\mathbb{R}^2)$ die Rechenregeln des Sternoperators liefert:

$$^*1 = \sqrt{g_{11}}\, d\lambda \wedge \sqrt{g_{22}}\, d\mu$$

$$^*\left(\sqrt{g_{11}}\, d\lambda\right) = +\sqrt{g_{22}}\, d\mu$$

$$^*\left(\sqrt{g_{22}}\, d\mu\right) = -\sqrt{g_{11}}\, d\lambda$$

$$^*\left(\sqrt{g_{11}}\, d\lambda \wedge \sqrt{g_{22}}\, d\mu\right) = 1$$

oder auch, etwas bereinigt,

$$^*1 = \gamma\ (d\lambda\wedge d\mu)$$

$$^*d\lambda = +\gamma\, g^{11}\, d\mu = +\gamma\, g_{11}^{-1}\, d\mu$$

$$^*d\mu = -\gamma\, g^{22}\, d\lambda = -\gamma\, g_{22}^{-1}\, d\lambda$$

$$^*(d\lambda\wedge d\mu) = \gamma^{-1}$$

Damit wird

$$\text{rot}\ (F\ d\lambda + G\ d\mu) \;=\; {}^{*}d\ (F\ d\lambda + G\ d\mu) \;=\; {}^{*}\left[(G_{,1}-F_{,2})\ d\lambda \wedge d\mu\right]$$

$$\text{rot}\ (F\ d\lambda + G\ d\mu) \;=\; \gamma^{-1}\ (G_{,1}-F_{,2})$$

Ebenso verfahren wir im 3-dimensionalen Raum. Die Ellipsoidhalbachsen nennen wir, wie üblich, a, b, c, und die konfokalen Koordinaten λ, μ, ν. Die Diagonalkomponenten der Metrik sind

$$g_{11} = \frac{(\lambda-\mu)(\lambda-\nu)}{4(a^2+\lambda)(b^2+\lambda)(c^2+\lambda)}$$

$$g_{22} = \frac{(\mu-\nu)(\mu-\lambda)}{4(a^2+\mu)(b^2+\mu)(c^2+\mu)}$$

$$g_{33} = \frac{(\nu-\lambda)(\nu-\mu)}{4(a^2+\nu)(b^2+\nu)(c^2+\nu)}$$

Mithin erhalten wir

$$\gamma = \frac{(\lambda-\mu)(\lambda-\nu)(\mu-\nu)}{8\sqrt{-(a^2+\lambda)(b^2+\lambda)(c^2+\lambda)(a^2+\mu)(b^2+\mu)(c^2+\mu)(a^2+\nu)(b^2+\nu)(c^2+\nu)}}$$

und die Aktion des Hodgesterns bestimmt sich aus den Formeln

$${}^{*}1 = \gamma\ (d\lambda\wedge d\mu\wedge d\nu)$$

$${}^{*}d\lambda = \gamma\ g_{11}^{-1}\ (d\mu\wedge d\nu)$$

$${}^{*}d\mu = \gamma\ g_{22}^{-1}\ (d\nu\wedge d\lambda)$$

$${}^{*}d\nu = \gamma\ g_{33}^{-1}\ (d\lambda\wedge d\mu)$$

$${}^{*}(d\mu\wedge d\nu) = \gamma^{-1}\ g_{11}\ d\lambda$$

$${}^{*}(d\nu\wedge d\lambda) = \gamma^{-1}\ g_{22}\ d\mu$$

$${}^{*}(d\lambda\wedge d\mu) = \gamma^{-1}\ g_{33}\ d\nu$$

$$^{*}(d\lambda\wedge d\mu\wedge d\nu) = \gamma^{-1}$$

Die Rotation in $\mathbb{R}^3$ liest sich dann so:

$$\text{rot}\,(F\,d\lambda + G\,d\mu + H\,d\nu) = {}^{*}d\,(F\,d\lambda + G\,d\mu + H\,d\nu)$$

$$= {}^{*}\Big[(H_{,2}-G_{,3})(d\mu\wedge d\nu) + (F_{,3}-H_{,1})(d\nu\wedge d\lambda) + (G_{,1}-F_{,2})(d\lambda\wedge d\mu)\Big]$$

$$= \gamma^{-1}\Big[g_{11}\,(H_{,2}-G_{,3})\,d\lambda + g_{22}\,(F_{,3}-H_{,1})\,d\mu + g_{33}\,(G_{,1}-F_{,2})\,d\nu\Big]$$

Auf demselben Wege erhalten wir die **Divergenz** einer n-dimensionalen 1-Form

$$\alpha = \alpha_1\,d\lambda_1 + \ldots + \alpha_n\,d\lambda_n$$

in konfokalen Koordinaten. Wir ersparen uns die Zwischenrechnungen und notieren nur als Resultat:

$$\text{div}\,\alpha = \gamma^{-1}\sum_{k=1}^{n}\frac{\partial}{\partial\lambda_k}\Big[\gamma\,g_{kk}^{-1}\,\alpha_k\Big]$$

oder den äquivalenten Ausdruck

$$\text{div}\,\alpha = \sum_{k=1}^{n}\Big[g_{kk}^{-1}\,\alpha_k\,\gamma^{-1}\frac{\partial\gamma}{\partial\lambda_k} + \frac{\partial}{\partial\lambda_k}\Big(g_{kk}^{-1}\,\alpha_k\Big)\Big]$$

28.3. Separation der Potentialgleichung

Das Hauptergebnis der in den Kapitel 26 und 27 dargestellten **Stäckeltheorie** war die Erkenntnis, daß die konfokalen Koordinaten in $\mathbb{R}^2$ und $\mathbb{R}^3$ eine **Separation der Potentialgleichung**

$$\Delta U = 0$$

und sogar der etwas allgemeineren **Wellengleichung**

$$\Delta U + K U = 0$$

(K = konst.) erlauben und daß alle übrigen orthogonalen separablen Koordinatensysteme aus ihnen als Spezial- und Grenzfälle hervorgehen.
Einer Ausdehnung dieser Untersuchung auf höherdimensionale euklidische Räume steht grundsätzlich zwar nichts im Wege; die Zahl der zu betrachtenden Möglichkeiten wächst aber in unüberschaubarer Weise an.
Daher mögen die a.a.O. diskutierten Beispiele genügen, zumal die praktische Bedeutung einer Generalisierung gering wäre. Das gilt auch für die Stäckelmetriken selbst, die ebenfalls verallgemeinerungsfähig sind.
Sehr wichtig ist hingegen die Frage, ob konfokale Koordinaten in allen $\mathbb{R}^n$ eine Separation der genannten Differentialgleichungen zulassen und wie diese aussieht.
Um dies zu untersuchen, greifen wir auf Abschn. 28.2 zurück, wo wir u.a. Gradient und Divergenz in konfokalen Bezugssystemen berechnet haben. Daraus folgt mit der wohlbekannten Beziehung

$$\Delta = \text{div grad}$$

sofort ein expliziter Ausdruck für Δ, und zwar

$$\Delta U = \gamma^{-1} \sum_{k=1}^{n} \frac{\partial}{\partial \lambda_k} \left[\gamma\, g_{kk}^{-1} \frac{\partial U}{\partial \lambda_k} \right] = \gamma^{-1} \sum_{k=1}^{n} \frac{\partial}{\partial \lambda_k} \left[\gamma\, g^{kk} \frac{\partial U}{\partial \lambda_k} \right]$$

wobei wir neben der Metrik g_{ij} die seinerzeit eingeführte **Jacobideterminante** γ benutzen und aus Übersichtlichkeitsgründen wiederum auf eine Anwendung der Einsteinsummation verzichten. Wir bringen den **Produktansatz**

$$U = U(\lambda_1, \ldots, \lambda_n) = U_1(\lambda_1) \ldots U_n(\lambda_n)$$

in die Wellengleichung ein und dividieren (nach Ausschluß der uninteressanten Nullösung) durch U. Es entsteht

$$K + \sum_{k=1}^{n} U_k^{-1} \gamma^{-1} \frac{\partial}{\partial \lambda_k} \left[\gamma \, g^{kk} \, U_k'(\lambda_k) \right] = 0$$

weil die U_j mit $j \neq k$ von λ_k unabhängig sind. Striche bedeuten Ableitungen nach dem jeweiligen Argument.

Die so gefundene Beziehung ist aber noch nicht ganz von der richtigen Gestalt, weil der Faktor $\gamma \, g_{kk}^{-1}$ noch alle Koordinaten enthält. Wir müssen deshalb noch einige weitere Transformationen vornehmen.

Zu diesem Zweck betrachten wir den k-ten Beitrag zur auf der linken Seite stehenden Summe, nämlich

$$B_k = U_k^{-1} \gamma^{-1} \frac{\partial}{\partial \lambda_k} \left[\gamma \, g_{kk}^{-1} \, U_k'(\lambda_k) \right]$$

gesondert und zerlegen den Determinantenfaktor γ in ein Produkt:

$$\gamma = 2^{-n} D(\lambda_1, \ldots, \lambda_n) \, \gamma_1(\lambda_1) \ldots \gamma_n(\lambda_n)$$

aus der **Diskriminanten**

$$D = D(\lambda_1, \ldots, \lambda_n) = \prod_{i<j} (\lambda_i - \lambda_j)$$

und den Hilfsfunktionen

$$\gamma_k = \gamma_k(\lambda_k) = \left[(-1)^{k-1} (a_1^2 + \lambda_k) \ldots (a_n^2 + \lambda_k) \right]^{-1/2}$$

Das Vorzeichen macht den Radikanden, wie es sein muß, positiv.

Wir ziehen aus γ alle von λ_k unabhängigen Faktoren heraus und erhalten das Zwischenresultat

$$B_k = U_k^{-1} \gamma_k^{-1} D^{-1} \frac{\partial}{\partial\lambda_k} \left[\gamma_k D g_{kk}^{-1} U'_k(\lambda_k)\right]$$

das sich weiter vereinfachen läßt, weil

$$D g_{kk}^{-1} = \gamma_k^{-2} \, \mathrm{Fkt}(\lambda_1,\ldots,\lambda_{k-1},\lambda_{k+1},\ldots,\lambda_n)$$

mit einer uns nicht weiter interessierenden Funktion der von λ_k verschiedenen Parameter ist. Das liefert

$$B_k = U_k^{-1} \gamma_k^{-1} g_{kk}^{-1} (D g_{kk}^{-1})^{-1} \frac{\partial}{\partial\lambda_k} \left[\gamma_k D g_{kk}^{-1} U'_k(\lambda_k)\right]$$

$$= U_k^{-1} \gamma_k^{-1} g_{kk}^{-1} (\gamma_k^{-2})^{-1} \frac{\partial}{\partial\lambda_k} \left[\gamma_k \gamma_k^{-2} U'_k(\lambda_k)\right]$$

also einfach

$$B_k = g_{kk}^{-1} \gamma_k U_k^{-1} \frac{d}{d\lambda_k} \left[\gamma_k^{-1} U'_k(\lambda_k)\right]$$

Wir substituieren den in Abschn. 28.2 hergeleiteten Ausdruck für g_{kk} und erhalten

$$B_k = \frac{H_k(\lambda_k)}{(\lambda_k-\lambda_1)\ldots(\lambda_k-\lambda_{k-1})(\lambda_k-\lambda_{k+1})\ldots(\lambda_k-\lambda_n)}$$

mit der allein von λ_k abhängigen Hilfsfunktion

$$H_k = H_k(\lambda_k) = 4\,(a_1^2+\lambda_k) \ldots (a_n^2+\lambda_k)\, \gamma_k U_k^{-1} \frac{\partial}{\partial\lambda_k} \left[\gamma_k^{-1} U'_k(\lambda_k)\right]$$

Die H_k sind aber keineswegs willkürlich, sondern wegen der aus der Wellengleichung unmittelbar folgenden Nebenbedingung

$$\sum_{k=1}^{n} \frac{H_k(\lambda_k)}{(\lambda_k-\lambda_1)\ldots(\lambda_k-\lambda_{k-1})(\lambda_k-\lambda_{k+1})\ldots(\lambda_k-\lambda_n)} = -K$$

sehr starken Einschränkungen unterworfen. Die gerade gefundene Beziehung muß eine Identität in den λ_i sein. Wir wählen zwei Indizes $k \neq m$ aus, multiplizieren mit $(\lambda_k-\lambda_m)$ und setzen anschließend $\lambda_m = \lambda_k$. Es bleiben nur zwei Terme der Summe stehen, und nach Wegheben des gemeinsamen Nenners ergibt sich $H_k(\lambda_k) = H_m(\lambda_k)$. Die Funktionen H_i sind also alle gleich, und wir dürfen den irrelevanten Unterscheidungsindex weglassen:

$$H_1(\lambda) = H_2(\lambda) = \dots = H_{n-1}(\lambda) = H_n(\lambda) = H(\lambda)$$

Das ist aber noch nicht alles. Die jetzt zu

$$\sum_{k=1}^{n} \frac{H(\lambda_k)}{(\lambda_k-\lambda_1)\dots(\lambda_k-\lambda_{k-1})(\lambda_k-\lambda_{k+1})\dots(\lambda_k-\lambda_n)} = -K$$

vereinfachte Wellengleichung fixiert nämlich die Struktur der bislang unbestimmten Funktion H weitgehend. Um dies einzusehen, isolieren wir den ersten Summanden:

$$K + \frac{H(\lambda_1)}{(\lambda_1-\lambda_2)\dots(\lambda_1-\lambda_n)} = -\sum_{k=2}^{n} \frac{H(\lambda_k)}{(\lambda_k-\lambda_1)\dots(\lambda_k-\lambda_{k-1})(\lambda_k-\lambda_{k+1})\dots(\lambda_k-\lambda_n)}$$

Wir halten für den Augenblick die Parameter $\lambda_2,\dots,\lambda_n$ fest und betrachten diese Gleichung in Abhängigkeit von λ_1. Nach Multiplikation mit dem Hauptnenner $(\lambda_1-\lambda_2)\dots(\lambda_1-\lambda_n)$ steht rechter Hand ein Polynom des Grades $\leq n-2$. Dasselbe muß auch für die linke Seite,

$$K\,(\lambda_1-\lambda_2)\ \dots\ (\lambda_1-\lambda_n) + H(\lambda_1)$$

gelten. Damit ist $H(\lambda)$ ebenfalls polynomial, und es bestehen zwei Möglichkeiten:

(1) $K \neq 0$ ("allgemeine" Wellengleichung): Dann ist $H(\lambda)$ ein Polynom des genauen Grades $(n-1)$ mit dem führenden Glied $-K\,\lambda^{n-1}$;

(2) $K = 0$ (Potentialgleichung): Dann ist der Grad von $H(\lambda)$ höchstens $(n-2)$.

Durch **Partialbruchzerlegung** von

$$\frac{H(\lambda_k)}{(\lambda_k-\lambda_1)\dots(\lambda_k-\lambda_{k-1})(\lambda_k-\lambda_{k+1})\dots(\lambda_k-\lambda_n)}$$

erkennt man übrigens leicht, daß sämtliche derartigen $H(\lambda)$ die verlangten Eigenschaften wirklich besitzen und daher zulässig sind. Die Differentialgleichung für die U_k ist dann auch lösbar, was wir aber nicht in voller Allgemeinheit weiterverfolgen wollen.
Lediglich auf den allereinfachsten Sonderfall der Potentialgleichung in $\mathbb{R}^3$ ($n = 3$, $K = 0$), der nebenbei die in den Kapiteln 26 und 27 dargestellte **Stäckeltheorie** abrundet, kommen wir im nächsten Abschnitt noch einmal zurück.
Unsere Ergebnisse bezüglich der Separabilität der Eigenfunktionen des n-dimensionalen Laplaceoperators in elliptischen Koordinaten lauten also:

Satz 28.3.1:
Ein Produkt

$$U = U(\lambda_1,\dots,\lambda_n) = U_1(\lambda_1) \dots U_n(\lambda_n)$$

von Funktionen je einer konfokalen Koordinate des $\mathbb{R}^n$ befriedigt dann und nur dann die Wellengleichung

$$\Delta U + K U = 0$$

wenn alle Partialfunktionen $U_i(\lambda_i)$ Lösungen der **verallgemeinerten Lamégleichung**

$$\frac{d}{d\lambda}\left[\sqrt{(a_1^2+\lambda)\dots(a_n^2+\lambda)}\; U_i'(\lambda)\right] = \frac{H(\lambda)\, U_i(\lambda)}{4\sqrt{(a_1^2+\lambda)\dots(a_n^2+\lambda)}}$$

sind. Dabei ist

$$H(\lambda) = -K\lambda^{n-1} + H_0(\lambda)$$

mit einem beliebigen Polynom $H_0(\lambda)$ des Grades $\leq$ n-2.

28.4. Laméfunktionen

Die Komplexität der **(verallgemeinerten) Lamégleichung** nimmt mit wachsender Dimension n des Grundraums $\mathbb{R}^n$ stark zu. Das hat zwei Ursachen. Einerseits wird der Grad des Hilfspolynoms H mit n immer größer; zum anderen, und das ist noch entscheidender, wird auch der Wurzelfaktor entsprechend länger.
Aus diesem Grund beschränken die meisten Autoren ihre Untersuchungen der Lamégleichung auf den einfachsten Fall, n = 3. Wir wollen uns später diesem Brauch anschließen, zuvor aber noch einige allgemeine Bemerkungen machen, die für jedes n gelten. Wir betrachten jedoch nur die **Potentialgleichung** (K = 0 und somit H höchstens vom Grad n-2).
Gesucht sind also **harmonische Funktionen** mit einer Produktzerlegung der Form

$$U(x_1,\ldots,x_n) \;=\; U_1(\lambda_1)\;\ldots\;U_n(\lambda_n)$$

Wie wir schon in Abschn. 23.1 erkannten, sind vor allem in den kartesischen Koordinaten x_i polynomiale Lösungen wichtig. Wir setzen daher noch

$$U \;\in\; \mathrm{Pol}(x_1,\ldots,x_n)$$

voraus. Da bekanntlich die homogenen Anteile einer harmonischen Funktion gleichfalls harmonisch sind, dürfen wir o.B.d.A. annehmen, U(x) sei homogen, etwa vom Grad g.
Zu jedem n-Tupel $(\lambda_1,\ldots,\lambda_n)$ gehören (generisch) 2^n Punkte, die sich in den Vorzeichen der x_i unterscheiden. Wir können deshalb U in eine Summe aus 2^n Einzelbeiträgen aufspalten,

$$U \;=\; \sum_{\alpha_1=0}^{1}\ldots\sum_{\alpha_n=0}^{1} x_1^{\alpha_1}\;\ldots\;x_n^{\alpha_n}\,F(x_1^2,\ldots,x_n^2)$$

die, je nachdem ob α_i gleich 0 oder 1 ist, gerade oder ungerade bezüglich der Spiegelung an der $(x_i = 0)$-Ebene ist.
Weil sich alle zu diskutierenden Eigenschaften auf die einzelnen Summanden

übertragen, genügt es, den Spezialfall

$$U = U_1(\lambda_1) \dots U_n(\lambda_n) = x_1^{\alpha_1} \dots x_n^{\alpha_n} F(x_1^2,\dots,x_n^2)$$

mit geeigneten $\alpha_i \in \{0,1\}$ zu behandeln. Ein solches harmonisches Polynom heißt eine (n-dimensionale) **Ellipsoidale Harmonische** des Typs $x_1^{\alpha_1}\dots x_n^{\alpha_n}$. Diese Einteilung nach Typen ist allerdings für theoretische Zwecke ein wenig zu fein, weil es dank der Symmetrie unter Permutationen der x_i im wesentlichen nur auf die Zahl der Vorfaktoren x_i, d.h. die Exponentensumme

$$\gamma_0 = \alpha_1 + \dots + \alpha_n$$

ankommt. Wir bezeichnen sie als die **Gattung** von U.
Es gibt also insgesamt 2^n den möglichen Kombinationen der α_i entsprechende Typen, die sich auf (n+1) Gattungen (0-te bis n-te) verteilen. Nach Abschn. 28.1 ist

$$x_i = \text{konst.} \sqrt{a_i^2+\lambda_1} \dots \sqrt{a_i^2+\lambda_n}$$

ein Produkt von n algebraischen, aber irrationalen Funktionen je einer konfokalen Koordinate. Ihre Quadrate hingegen sind Polynome in den λ's. Wir nehmen das Aggregat der kartesischen Vorfaktoren in die Partialfunktionen U_i auf. Dann ist

$$U_k = U_k(\lambda_k) = \left[\sqrt{a_1^2+\lambda_k}\right]^{\alpha_1} \dots \left[\sqrt{a_n^2+\lambda_k}\right]^{\alpha_n} W_k(\lambda_k)$$

mit Polynomen W_k. Nur solche Lösungen der Lamégleichung

$$\frac{d}{d\lambda}\left[\sqrt{(a_1^2+\lambda)\dots(a_n^2+\lambda)}\; U_k'(\lambda)\right] = \frac{H(\lambda)\; U_k(\lambda)}{4\sqrt{(a_1^2+\lambda)\dots(a_n^2+\lambda)}}$$

brauchen wir weiterhin zu betrachten. Sie sind als **Laméfunktionen** bekannt. Der Grad von $W_k(\lambda_k)$ als Funktion von λ_k sei ω. Ein Vergleich ergibt unmittelbar

$$g = \alpha_1 + \dots + \alpha_n + 2\,\omega = \gamma_0 + 2\,\omega$$

Folglich hat ω, wie die Notation schon andeutet, für alle k denselben Wert. Es läßt sich aber noch erheblich mehr schließen. Angenommen, das Polynom W_1 habe u.a. die eventuell komplexe Nullstelle s. Dann enthält U den Linearfaktor (λ_1-s).

Betrachten wir die kartesischen Komponenten von x als primär gegeben und leiten die λ_k aus ihnen ab, so sind die letzteren als Lösungen einer für generische Punkte irreduziblen Polynomgleichung **algebraisch konjugiert** zueinander. Ein bezüglich der x_i rationaler Ausdruck, wie es U ist, muß daher auch die Faktoren $(\lambda_2-s),\ldots,(\lambda_n-s)$ enthalten, und zwar alle mit der gleichen Multiplizität.

Die Polynome $W_1,\ldots,W_n$ stimmen mithin sämtlich überein, und $U_1,\ldots,U_n$ könnten sich allenfalls um konstante Multiplikatoren unterscheiden. Wir haben es aber in der Hand, diese auf Eins zu normieren und erhalten somit

$$W_1(\lambda) = \ldots = W_n(\lambda)$$

wofür wir der Einfachheit zuliebe kurz $W(\lambda)$ schreiben.

Aus dieser Beobachtung ergibt sich noch eine andere Auffassung der Ellipsoidalen Harmonischen. Der **Fundamentalsatz der Algebra** (Satz 6.5.5) erlaubt die vollständige Faktorisierung von W über dem Körper der komplexen Zahlen. Es liegt nahe, die einander entsprechenden Linearfaktoren (λ_i-s) für jede Nullstelle gesondert zu gruppieren. Teilen wir noch durch den in Bezug auf die λ's konstanten Ausdruck

$$(a_1^2-s)\ \ldots\ (a_n^2+s)$$

so entsteht das Produkt

$$\Theta(s) = \frac{(\lambda_1-s)\ldots(\lambda_n-s)}{(a_1^2-s)\ldots(a_n^2-s)} = \frac{x_1^2}{(a_1^2-s)} + \ldots + \frac{x_n^2}{(a_n^2-s)} - 1$$

Die Korrektheit dieser Identität bestätigen wir so: Nach Multiplikation des zuletzt gegebenen Ausdrucks mit dem Hauptnenner entsteht ein Polynom in s, das den führenden Term $(-s)^n$ und nach Definition der konfokalen Koordinaten die Nullstellen $\lambda_1,\ldots,\lambda_n$ hat und daher gleich $(\lambda_1-s)\ldots(\lambda_n-s)$ ist.

Wir haben nach Berücksichtigung aller ω Nullstellen $s_1,\ldots,s_\omega$ von W eine neue Darstellung unserer Harmonischen U gefunden. Bis auf einen unwichtigen numerischen Faktor C, der sich aus den hinzugefügten Nennern errechnet, ist

$$U = C\, x_1^{\alpha_1} \ldots x_n^{\alpha_n}\, \Theta(s_1) \ldots \Theta(s_\omega)$$

Diese Version wird u.a. von Whittaker & Watson [1927] als Ausgangspunkt für die Untersuchung der Laméfunktionen genommen; allerdings wird die eigenartige Form des Ansatzes dort nicht motiviert. Eine Begründung erhalten wir aber aus unseren obigen Deduktionen.

Zudem hat die Whittaker-Watson-Theorie den Nachteil, daß zur Bestimmung, welche Faktoren $\Theta(s)$ in Betracht kommen, umfangreiche und schwierige Eigenwertprobleme zu bewältigen sind, die letztlich sehr schwerfällige algebraische Umformungen erfordern. So ist es beispielsweise selbst im a.a.O. allein diskutierten Fall $n = 3$ keineswegs einfach, die Dimension des Raums aller homogenen Harmonischen des Grades g auszurechnen.

Bei Verwendung unserer Methode, die Lamégleichung, die im $\mathbb{R}^3$ die Gestalt

$$\frac{d}{d\lambda}\left[\sqrt{(a^2+\lambda)(b^2+\lambda)(c^2+\lambda)}\; V'(\lambda)\right] = \frac{(A\lambda+B)\, V(\lambda)}{4\sqrt{(a^2+\lambda)(b^2+\lambda)(c^2+\lambda)}}$$

mit gewissen Konstanten A und B (und V statt U_i) annimmt, in den Vordergrund zu stellen, ist das alles viel übersichtlicher. Eine komplette Liste der polynomialen Lösungen des (mäßig großen) Grades g finden wir leicht, indem wir ein Polynom mit unbestimmten Koeffizienten einsetzen und das so gefundene lineare Gleichungssystem lösen.

Wenn wir den Gang der Rechnung systematisch verfolgen, erhalten wir ohne Mühe die maximale Anzahl linear unabhängiger U(x) des Grades g. Wir überlassen die praktische Durchführung dem geneigten Leser und notieren nur das Resultat, aufgeschlüsselt nach den verschiedenen Typen. Dabei ist zu unterscheiden, ob g gerade oder ungerade ist.

Im ersten Fall, $2|g$, kommen nur Funktionen 0. und 2. Gattung in Betracht, und zwar $\frac{1}{2}(g+2)$ vom Typ 1 und je $\frac{1}{2}g$ der Typen xy, xz, yz. Das sind insgesamt

$$\frac{1}{2}(g+2) + \frac{1}{2}g + \frac{1}{2}g + \frac{1}{2}g = 2g + 1$$

Ist andererseits $2\nmid g$, treten allein die Laméfunktionen 1. und 3. Gattung in

Erscheinung, nämlich jeweils $\frac{1}{2}$ (g+1) der Typen x,y,z sowie $\frac{1}{2}$ (g-1) vom Typ xyz, zusammen also auch

$$\frac{1}{2}(g+1) + \frac{1}{2}(g+1) + \frac{1}{2}(g+1) + \frac{1}{2}(g-1) = 2g + 1$$

Diese Zahlen stimmen mit den in Whittaker & Watson [1927] benannten überein.

Die Gesamtdimension ist zudem gleich der des Raums aller homogenen polynomialen Potentialfunktionen des Grades g in n Variablen, vgl. Satz 23.3.2. Das impliziert die etwas überraschende Tatsache, daß die Laméfunktionen trotz ihres speziellen Charakters bereits ausreichen, um beliebige harmonische Polynome darzustellen.

Erst hierdurch werden sie als mathematisches Hilfsmittel zur Beschreibung von Feldgrößen im Raum wertvoll. Nebenbei bemerken wir noch, daß die entsprechende Behauptung in allen $\mathbb{R}^n$ richtig bleibt, wie sich mittels einer genaueren Betrachtung der Argumentation erweist.

Die beschriebene Methode, die Lamépolynome durch Koeffizientenvergleich direkt aus der Differentialgleichung zu entnehmen, ist natürlich ebenfalls verallgemeinerungsfähig.

Wir erwähnen noch, daß die Konstante A den Wert g(g+1) hat, wenn wir polynomiale Lösungen des Grades g betrachten.

Häufig begegnet man der (dreidimensionalen) Lamégleichung nicht in der hier vorgestellten, sondern in einer modifizierten Form. Es ist daher nützlich, einige Varianten zur Verfügung zu haben, die durch einfache Transformationen gewonnen werden. Aus der Originalform

$$4\sqrt{(a^2+\lambda)(b^2+\lambda)(c^2+\lambda)}\,\frac{d}{d\lambda}\left[\sqrt{(a^2+\lambda)(b^2+\lambda)(c^2+\lambda)}\;V'(\lambda)\right] = (A\lambda+B)\,V(\lambda)$$

erhalten wir durch teilweises Ausdifferenzieren des Klammerausdrucks die **algebraische Form der Lamégleichung**,

$$V''(\lambda) + \frac{1}{2}\left[(a^2+\lambda)^{-1} + (b^2+\lambda)^{-1} + (c^2+\lambda)^{-1}\right] V'(\lambda) = \frac{(A\lambda+B)\,V(\lambda)}{4\,(a^2+\lambda)(b^2+\lambda)(c^2+\lambda)}$$

Eine andere Möglichkeit bildet die Substitution

$$\lambda = \wp(u)$$

in der $\wp$ die zum Polynom

$$4\,(a^2+\lambda)\,(b^2+\lambda)\,(c^2+\lambda) \;=\; 4\,(\lambda-e_1)\,(\lambda-e_2)\,(\lambda-e_3)$$

gehörige **Weierstraßfunktion** mit den **Invarianten**

$$e_1 = \frac{1}{3}\,(b^2+c^2-2a^2)$$

$$e_2 = \frac{1}{3}\,(c^2+a^2-2b^2)$$

$$e_3 = \frac{1}{3}\,(a^2+b^2-2c^2)$$

ist, s. Abschn. 18.2. Durch diese Umformung entsteht eine wegen ihrer Einfachheit besonders hübsche Form der Lamégleichung, nämlich

$$V''(u) = \left[A\,\wp(u) + M\right]\,V(u)$$

mit der neuen Konstanten

$$M = B - \frac{1}{3}\,A\,(a^2+b^2+c^2)$$

Ähnlich kann man auch an Stelle der Weierstraßschen die **Jacobischen elliptischen Funktionen** heranziehen, usw.

28.5. Geodäten auf dem Ellipsoid

Die Verwendung konfonkaler Koordinaten ist immer dann erfolgversprechend, wenn ein Ellipsoid (oder Hyperboloid) geometrisch ausgezeichnet ist. Das trifft beispielsweise auf die Berechnung des Gravitationspotentials einer ellipsoidischen Massenverteilung oder die mathematisch äquivalente Bestimmung des von einem entsprechend geformten Leiter erzeugten elektromagnetischen Feldes zu.

Allgemein gesprochen läuft dies auf Dirichletsche oder Neumannsche Randwertaufgaben für ein von Quadriken begrenztes Raumgebiet hinaus. Die konfokalen Koordinaten spielen dabei eine ähnliche Rolle wie die Polarkoordinaten bei sphärischen Randbedingungen. An die Stelle der Kugelflächenfunktionen treten die Ellipsoidalen Harmonischen bzw. die Laméfunktionen.

Aber auch viele die innere Geometrie der Fläche selbst betreffende Fragen gehören in diese Kategorie. Wir wollen hier zur Illustration der Vorgehensweise nur ein sachlich und historisch äußerst wichtiges Problem behandeln, nämlich die Konstruktion der **Geodäten** auf einem dreiachsigen Ellipsoid. Sie galt lange Zeit als unangreifbar, weil die Differentialgleichungen für die Kurven außerordentlich verwickelt sind.

Der erste, dem eine Reduktion auf Quadraturen gelang, war Jacobi [1839], dem wir auch die konfokalen Koordinaten selbst verdanken. Seine physikalisch motivierte Methode ist weiter unten ausführlich dargestellt. Später sind andere, z.T. einfachere Herleitungen desselben Resultats gefunden worden, u.a. von Weierstraß [1915].

Die analoge Aufgabe für (abgeplattete) zweiachsige Ellipsoide (Sphäroide) wird uns in Kap. 29 noch beschäftigen. Die dort benötigten Formeln könnten durch Grenzübergang aus den Erörterungen dieses Abschnitts gewonnen werden; es wird sich allerdings als einfacher erweisen, die Rechnung unter den neuen Bedingungen zu wiederholen und die Vereinfachungen, die durch die Rotationssymmetrie bedingt sind, direkt auszunutzen.

Aber bleiben wir zunächst beim dreiachsigen Ellipsoid, das wieder die Halbachsen a, b, c haben möge!

Seine Oberfläche ist in den konfokalen Koordinaten (λ, μ, ν) durch die Bedingung $\lambda = 0$ charakterisiert. Wir setzen sie in die Gleichung für das Linienelementquadrat einer Flächenkurve ein. Es entsteht

$$ds^2 = \frac{\mu\ (\mu-\nu)}{4(a^2+\mu)(b^2+\mu)(c^2+\mu)}\, d\mu^2 + \frac{\nu\ (\nu-\mu)}{4(a^2+\nu)(b^2+\nu)(c^2+\nu)}\, d\nu^2$$

woraus wir die Flächenmetrik, bezogen auf die beiden verbleibenden Koordinaten (μ,ν), ablesen:

$$g_{11} = \frac{\mu\ (\mu-\nu)}{4(a^2+\mu)(b^2+\mu)(c^2+\mu)} = \frac{\mu(\mu-\nu)}{4\ f(\mu)}$$

$$g_{22} = \frac{\nu\ (\nu-\mu)}{4(a^2+\nu)(b^2+\nu)(c^2+\nu)} = \frac{\nu(\nu-\mu)}{4\ f(\nu)}$$

mit der Hilfsfunktion

$$f(\xi) = (a^2+\xi)\ (b^2+\xi)\ (c^2+\xi)$$

Jacobis Überlegung basiert auf der Tatsache, daß die Bahnkurve eines sich kräftefrei auf dem Ellipsoid bewegenden Teilchens eine Geodäte ist. (Das Wort "kräftefrei" bezieht sich nur auf die Tangentialkomponenten; in Normalenrichtung treten wegen der Flächenkrümmung automatisch Zwangsbeschleunigungen auf).

Die **Hamilton-Jacobi-Theorie** (Abschn. 5.1) bildet die adäquate mathematische Umsetzung dieser Idee. Da der zu beschreibende Massenpunkt keinen äußeren Einflüssen unterworfen ist, reduziert sich die **Lagrangefunktion** L auf die kinetische Energie:

$$L = \frac{1}{2}\left[\left(\frac{dx}{dt}\right)^2 + \left(\frac{dy}{dt}\right)^2 + \left(\frac{dz}{dt}\right)^2\right] = \frac{1}{2}\left(\frac{ds}{dt}\right)^2$$

die nach Umrechung auf μ und ν die Form

$$L = \frac{\mu(\mu-\nu)}{8\ f(\mu)}\,\dot{\mu}^2 + \frac{\nu(\nu-\mu)}{8\ f(\nu)}\,\dot{\nu}^2 = \frac{1}{8}\,(\mu-\nu)\left[\frac{\mu\ \dot{\mu}^2}{f(\mu)} - \frac{\nu\ \dot{\nu}^2}{f(\nu)}\right]$$

annimmt. Die **kanonisch konjugierten Impulse** sind

$$p_\mu = \frac{\partial L}{\partial \dot{\mu}} = \frac{\mu(\mu-\nu)}{4\ f(\mu)}\,\dot{\mu}$$

$$p_\nu = \frac{\partial L}{\partial \dot{\mu}} = \frac{\nu(\nu-\mu)}{4\ f(\nu)}\,\dot{\nu}$$

was durch Substitution der Geschwindigkeiten

$$\dot{\mu} = \frac{4\ f(\mu)}{\mu(\mu-\nu)}\,p_\mu$$

$$\dot{\nu} = \frac{4\ f(\nu)}{\nu(\nu-\mu)}\,p_\nu$$

unmittelbar die **Hamiltonfunktion** liefert,

$$H = \frac{2\ f(\mu)}{\mu(\mu-\nu)}\,p_\mu^2 + \frac{2\ f(\nu)}{\nu(\nu-\mu)}\,p_\nu^2 = 2\ (\mu-\nu)^{-1}\left[\mu^{-1}\ f(\mu)\ p_\mu^2 - \nu^{-1}\ f(\nu)\ p_\nu^2\right]$$

Die Dynamik wird durch die stationäre Hamilton-Jacobi-Gleichung

$$H\left(\mu,\nu;\frac{\partial W}{\partial \mu},\frac{\partial W}{\partial \nu}\right) = \frac{2\ f(\mu)}{\mu(\mu-\nu)}\left(\frac{\partial W}{\partial \mu}\right)^2 + \frac{2\ f(\nu)}{\nu(\nu-\mu)}\left(\frac{\partial W}{\partial \mu}\right)^2 = 2\ h$$

also

$$\mu^{-1}\ f(\mu)\left(\frac{\partial W}{\partial \mu}\right)^2 - \nu^{-1}\ f(\nu)\left(\frac{\partial W}{\partial \nu}\right)^2 = h\ (\mu-\nu)$$

festgelegt, in der wir zwecks Vermeidung unnötiger numerischer Faktoren die halbe Energie mit h bezeichnet haben. Mit dem additiven Separationsansatz

$$W = W(\mu,\nu) = M(\mu) + N(\nu)$$

für die **Prinzipalfunktion** W ergibt sich (h ist nach Definition positiv)

$$\mu^{-1}\ f(\mu)\left[M'(\mu)\right]^2 - h\ \mu = \nu^{-1}\ f(\nu)\left[N'(\nu)\right]^2 - h\ \nu$$

Die linke Seite ist von ν, die andere von μ unabhängig. Somit sind beide gleich einer Konstanten, die wir α h nennen, und nach geringfügiger Vereinfachung erhalten wir

$$f(\mu) \left[M'(\mu)\right]^2 = h\,\alpha\,\mu + h\,\mu^2 = h\,\mu\,(\alpha+\mu)$$

$$f(\nu) \left[N'(\nu)\right]^2 = h\,\alpha\,\nu + h\,\nu^2 = h\,\nu\,(\alpha+\nu)$$

beide Differentialgleichungen sind von der gleichen Form und ergeben zusammen die Lösung

$$W(\mu,\nu) = M(\mu) + N(\nu) = \sqrt{h} \int \left[\frac{\mu(\alpha+\mu)}{f(\mu)}\right]^{\frac{1}{2}} d\mu + \sqrt{h} \int \left[\frac{\nu(\alpha+\nu)}{f(\nu)}\right]^{\frac{1}{2}} d\nu$$

das ist, wenn wir die Definition von f berücksichtigen, explizit

$$W = \sqrt{h} \int \left[\frac{\mu(\alpha+\mu)}{(a^2+\mu)(b^2+\mu)(c^2+\mu)}\right]^{\frac{1}{2}} d\mu + \sqrt{h} \int \left[\frac{\nu(\alpha+\nu)}{(a^2+\nu)(b^2+\nu)(c^2+\nu)}\right]^{\frac{1}{2}} d\nu$$

Hierbei handelt es sich um zwei **Abelsche Integrale** der einfachsten Art, die sich nicht auf elliptische zurückführen läßt.

Nach den allgemeinen Prinzipien der Jacobischen Mechanik sind die Geodäten selbst durch Konstanthalten der partiellen Ableitung von W nach dem Parameter α bestimmt (Neutsch & Scherer [1982]).

Wir finden, indem wir noch einen unwesentlichen numerischen Faktor hinauswerfen, die gewünschte, nur von zwei Quadraturen abhängende Lösung

$$\int \frac{\sqrt{\mu}\, d\mu}{\sqrt{(a^2+\mu)(b^2+\mu)(c^2+\mu)(\alpha+\mu)}} + \int \frac{\sqrt{\nu}\, d\nu}{\sqrt{(a^2+\nu)(b^2+\nu)(c^2+\nu)(\alpha+\nu)}} = \text{konst.}$$

Die Länge eines Geodätenabschnitts erweist sich als proportional zu W:

$$s = \frac{W}{2\sqrt{h}} = \frac{1}{2} \int \left[\frac{\mu(\alpha+\mu)}{(a^2+\mu)(b^2+\mu)(c^2+\mu)}\right]^{\frac{1}{2}} d\mu + \frac{1}{2} \int \left[\frac{\nu(\alpha+\nu)}{(a^2+\nu)(b^2+\nu)(c^2+\nu)}\right]^{\frac{1}{2}} d\nu$$

29. Gauß-Krüger-Koordinaten

29.1. Soldner's Parametrisierung des Sphäroids

Viele geodätische Aufgaben, wie die **Landesvermessung** oder die genaue **Kartierung** (von Teilen) der **Erdoberfläche**, hängen entscheidend von der Einführung geeigneter Koordinaten ab. Dabei pflegt man die Erde als **Rotationsellipsoid** vorauszusetzen, was für nahezu alle Zwecke ausreicht.
Es sind verschiedene Systeme in Gebrauch, von denen wir zwei der wichtigsten und zugleich mathematisch interessantesten ausführlich darstellen werden. Zuvor aber wollen wir, um die Diskussion durchsichtiger zu machen, einige (gängige) Bezeichnungen einführen und die elementargeometrischen Zusammenhänge zwischen den betreffenden Begriffen klären.
Unser Untersuchungsobjekt ist ein abgeplattetes Rotationsellipsoid $\mathcal{E}$, das wir i.a. als "Erde" ansprechen, auch wenn die Theorie natürlich auf alle abgeplatteten Sphäroide in gleicher Weise anwendbar ist. Nur die später entwickelten speziellen Formeln, in denen die numerischen Werte der Erddimensionen bereits eingetragen sind, bilden hiervon eine Ausnahme.
Die halben Hauptachsen von $\mathcal{E}$ nennen wir a und b, wobei $a \geq b$ vorausgesetzt wird.
Der Erdkörper ist symmetrisch um die **Figurenachse**, die die Oberfläche in zwei antipodischen Punkten (**Nord-** und **Südpol**) durchstößt. Wir führen positiv orientierte kartesische Koordinaten x, y, z ein, deren Ursprung 0 in den Erdmittelpunkt fällt. Die z-Achse soll zum Nordpol weisen.
Die Orientierung der x- und y-Richtungen ist für uns wegen der Rotationssymmetrie irrelevant. Man fixiert sie in der Geographie durch Auszeichnen eines Basispunkts B auf der Erdoberfläche (der **Sternwarte von Greenwich**, oder genauer: einer bestimmten Stelle auf deren Gelände) und die Forderung, daß dort $y = 0$ und x positiv seien.
Die Gleichungen z = konst. definieren eine Parallelschar von Ebenen, die mit $\mathcal{E}$ zirkulare Schnittlinien, die **Breitenkreise**, bilden. Der größte unter ihnen ist der **Äquator** ($z = 0$).
Ebenen, die beide Pole und damit auch deren Verbindungsgerade, die z-Achse, enthalten, schneiden das Sphäroid hingegen in zueinander kongruenten **Meridianellipsen**, deren Halbachsen nach obiger Festsetzung a (am Äquator) und b

(an den Polen) sind. Die Gleichung von $\mathcal{E}$ lautet damit

$$\frac{x^2+y^2}{a^2} + \frac{z^2}{b^2} = 1$$

Die Invarianz der Fläche $\mathcal{E}$ unter Drehungen um die Figurenachse suggeriert die Einführung von Zylinderkoordinaten (r,λ,z), die durch die Transformationsregeln

$$x = r \cos \lambda$$

$$y = r \sin \lambda$$

mit den kartesischen verknüpft sind; z hat in beiden Systemen dieselbe Bedeutung.

Die durch einen Punkt $P \in \mathcal{E}$ hindurchlaufende Meridianellipse ist eindeutig bestimmt, wenn P nicht gerade der Nord- oder Südpol ist. Sie wird von den Polen in zwei Hälften geteilt, deren eine P enthält. Wir nennen sie den **Meridian** von P. Der **Fundamental-** oder **Nullmeridian** schließlich ist der, welcher durch den Basispunkt B verläuft.

Die Gestalt der Erde ist allein durch das Achsenverhältnis a:b bestimmt. Die Rechnungen werden aber wesentlich übersichtlicher, wenn man statt seiner die **Exzentrizität** (der Meridianellipsen) ε benutzt, die sich aus

$$\varepsilon^2 = \frac{a^2-b^2}{a^2} = 1 - \frac{b^2}{a^2}$$

berechnet. Üblich ist auch die Verwendung der **Abplattung**

$$f = \frac{a-b}{a} = 1 - \frac{b}{a}$$

Wegen des offensichtlichen Zusammenhangs

$$\varepsilon^2 = f\,(2-f) = 2\,f - f^2$$

zwischen beiden ist es prinzipiell egal, welchen der beiden Parameter wir bevorzugen; der praktischere ist die Exzentrizität.

Im Grenzfall a = b geht das Ellipsoid $\mathcal{E}$ in eine Kugeloberfläche über. Es liegt daher nahe, die in Abschn. 26.2 eingeführten Polarkoordinaten zu verallgemeinern.

Die **geographische Länge** λ eines Punktes P auf $\mathcal{E}$ bestimmen wir als den entlang des Äquators in mathematisch positiver Richtung gezählten Winkel zwischen den Meridianen durch B und P.

Etwas komplizierter ist die Situation in Bezug auf die zweite Koordinate. Es sind mehrere Verallgemeinerungen möglich und sinnvoll, welche zu unterschiedlichen Breitenwinkeln führen. Wir benötigen drei von ihnen.

Der erste ergibt sich, indem wir die Gleichung einer Kugel des Radius a in geographischen Koordinaten hinschreiben und eine affine Transformation, nämlich eine Verkürzung um den Faktor $\frac{b}{a}$, auf die z-Koordinate anwenden. Das ergibt die Parameterdarstellung

$$x = a \cos \beta \cos \lambda$$

$$y = a \cos \beta \sin \lambda$$

$$z = b \sin \beta$$

von $\mathcal{E}$. Der hierin neu auftretende Winkel β heißt **reduzierte Breite**.

Ein anderer Kandidat ist der Winkel ψ, den die Richtung nach P vom Ursprung aus gesehen mit der Äquatorebene einschließt. Er wird in der Geodäsie folgerichtig als **geozentrische Breite** bezeichnet.

Beide Möglichkeiten haben den Nachteil, daß sie einer direkten Messung unzugänglich sind. Ein auf der Erdoberfläche befindlicher Beobachter kann ja nicht ohne theoretische Zusatzüberlegungen feststellen, in welcher Richtung der Erdmittelpunkt liegt. Andererseits läßt sich die Lage der **Tangentialebene** an $\mathcal{E}$ (**Horizont**) im jeweiligen Standort durch astronomische und Schweremessungen ermitteln, wenn auch bei sehr hohen Ansprüchen an die Genauigkeit gewisse Korrekturen (Schwereanomalien etc., s. Abschn. 1.4) angebracht werden müssen. Der Winkel, den die Normale auf $\mathcal{E}$ mit der Richtung zum Nordpol bildet, ist die **geographische Breite** φ. In der Astronomie ist aus naheliegenden Gründen auch der Name **"Polhöhe"** gebräuchlich.

Alle drei soeben eingeführten Größen reduzieren sich im Limes $\varepsilon \longrightarrow 0$ auf die gewöhnliche geographische Breite für die Kugel.

Die Umrechnung von einer Darstellung zur anderen ist leicht möglich. Aus Symmetriegründen ist klar, daß der Zusammenhang zwischen den Breiten auf jedem Meridian derselbe ist, also nicht von λ abhängt. Wir dürfen uns daher o.B.d.A. auf den Fundamentalmeridian $\lambda = 0$ beschränken. Ein typischer Punkt auf ihm hat die kartesischen Koordinaten

$$(x,y,z) \;=\; (a \cos \beta,\ 0,\ b \sin \beta)$$

Nach Definition der geozentrischen Breite muß dieser Vektor proportional zu

$$(\cos \psi,\ 0,\ \sin \psi)$$

sein. Die Auflösung ist

$$\operatorname{tg} \psi \;=\; \frac{b}{a} \operatorname{tg} \beta \;=\; \sqrt{1-\varepsilon^2}\, \operatorname{tg} \beta$$

Ein Normalenvektor in (x,y,z) ergibt sich durch Differentiation zu

$$(-\ a \sin \beta,\ 0,\ b \cos \beta)$$

und der Vergleich mit dem hierzu parallelen

$$(-\ \sin \varphi,\ 0,\ \cos \varphi)$$

liefert unmittelbar

$$\operatorname{tg} \beta \;=\; \frac{b}{a} \operatorname{tg} \varphi \;=\; \sqrt{1-\varepsilon^2}\, \operatorname{tg} \varphi$$

Die Tangenten der drei Breitenwinkel stehen somit in der fortlaufenden Proportion

$$\operatorname{tg} \varphi : \operatorname{tg} \beta : \operatorname{tg} \psi \;=\; a^2 : ab : b^2$$

Zur Erleichterung der nachstehenden Betrachtungen führen wir noch eine Funktion $S(\varphi)$ ein, die die Länge des Meridianbogens vom Äquator bis zu einem Punkt der geographischen Breite φ angibt.
Sie ist am einfachsten auf dem Umweg über die reduzierte Breite zu gewinnen. Wir schreiben die Gleichung des Meridians in der Form

$$r \;=\; a \cos \beta$$

$$z \;=\; b \sin \beta$$

und leiten ab:

$$dr = - a \sin \beta \, d\beta$$

$$dz = + b \cos \beta \, d\beta$$

Diese Ausdrücke substituieren wir gemeinsam mit der Definition λ = konst., d.h. $d\lambda = 0$, in das Bogenelementquadrat:

$$ds^2 = dr^2 + r^2 \, d\lambda^2 + dz^2 = \left[a^2 \sin^2\beta + b^2 \cos^2\beta\right] d\beta^2$$

Integration liefert

$$s = S(\varphi) = \int_0^\beta \sqrt{a^2 \sin^2\beta + b^2 \cos^2\beta} \, d\beta = a \int_0^\beta \sqrt{1-\varepsilon^2\cos^2\beta} \, d\beta$$

Das ist ein unvollständiges elliptisches Integral zweiter Gattung, dessen numerische Auswertung uns in Abschn. 29.2 beschäftigen wird. Für den Moment genügt uns die Definition, der wir noch die hilfswinkelfreie, aber etwas kompliziertere Variante

$$S(\varphi) = a \left[1-\varepsilon^2\right] \int_0^\varphi \left[1-\varepsilon^2\sin^2\varphi\right]^{-3/2} d\varphi$$

hinzufügen.

Die Verwendung global erklärter Winkel wie λ, φ oder β ist unzweckmäßig, wenn man nur begrenzte Teile der Erdoberfläche kartieren möchte. Wesentlich besser geeignet sind Koordinaten, die im betrachteten Bereich einer isometrischen Abbildung möglichst nahe kommen.

Eine längentreue Transformation zwischen Flächen mit unterschiedlichen Gaußkrümmungen existiert zwar nicht, man kann aber versuchen, die Verzerrung innerhalb des fraglichen Gebiets zu minimieren. Insbesondere kann sie auf gewissen Kurven zum Verschwinden gebracht werden.

Eine Methode, die diese Ziele erreicht, ist die von Soldner eingeführte, die u.a. bei der Preußischen Landesvermessung Anwendung fand.

Soldner zeichnet einen möglichst zentral liegenden Fundamentalmeridian aus, auf den wir die Länge λ beziehen wollen. (Wenn man bevorzugt, auf dem Zentralmeridian $\lambda = \lambda_0$ = konst. zu haben, braucht man nur in allen Formeln λ durch die Differenz $\lambda-\lambda_0$ zu ersetzen).
Jedem Punkt P auf $\mathcal{E}$ ordnen wir zwei Parameter p und q zu, die durch folgende Bedingungen eindeutig charakterisiert werden:
Die Koordinatenlinien p = konst. sind Geodäten, die den Zentralmeridian orthogonal durchsetzen; q ist die auf ihnen (vom Nullmeridian aus nach Osten positiv) gemessene Bogenlänge. Diese Kurven werden also **längentreu** abgebildet. Dabei bedeutet p an einer Stelle P_0 des Fundamentalmeridians ($\lambda = 0$, $\varphi = \varphi_0$) einfach die Bogenlänge $S(\varphi_0)$ vom Äquator bis P_0. Hierdurch erreichen wir Isometrie auch entlang des Zentralmeridians.
Die **Soldnerkoordinaten** von P_0 sind also

$$(p_0, q_0) = (S(\varphi_0), 0)$$

Schwieriger ist die Berechnung von p und q für allgemeine P mit $\lambda \neq 0$. Sie läßt sich nicht geschlossen ausführen, ebensowenig wie die umgekehrte Aufgabe, aus den Soldnerparametern Länge und Breite zu bestimmen. Man ist deshalb wiederum auf Reihenentwicklungen angewiesen, wie wir sie in Abschn. 29.2 diskutieren.
Dazu brauchen wir die Gleichung der von P_0 genau nach Osten verlaufenden Geodäten $p = p_0$ = konst., auf der q nach Definition die Bogenlänge mit Anfangswert $q_0 = 0$ ist.
Das Sphäroid ist in unseren Zylinderkoordinaten (r, λ, z) durch die einfache Bedingung

$$\frac{r^2}{a^2} + \frac{z^2}{b^2} = 1$$

gegeben, die sich, nach z^2 aufgelöst, auch als

$$z^2 = \left[1-\varepsilon^2\right] \left[a^2-r^2\right]$$

schreiben läßt. Differentiation liefert

$$dz = -\frac{b^2}{a^2}\frac{r}{z}\,dr = -\left[1-\varepsilon^2\right]\frac{r}{z}\,dr$$

Wir eliminieren z zugunsten von r und berechnen das Quadrat des Bogenlängenelements ds in Abhängigkeit von den verbleibenden Variablen r und λ über

$$ds^2 = dr^2 + r^2\, d\lambda^2 + dz^2$$

zu

$$ds^2 = \frac{a^2-\varepsilon^2 r^2}{a^2-r^2}\, dr^2 + r^2\, d\lambda^2$$

Jede auf der Erdoberfläche verlaufende Kurve genügt dieser Differentialbedingung, die nach Division durch die linke Seite und Umsortieren auf

$$\frac{a^2-\varepsilon^2 r^2}{a^2-r^2}\, r'^2 + r^2\, \lambda'^2 = 1$$

führt. Dabei kennzeichnen die Striche Ableitungen nach der Bogenlänge. Aus der Formel für ds lesen wir darüber hinaus auch ohne weiteres die Flächenmetrik bezüglich $u^1 = r$ und $u^2 = \lambda$ ab:

$$g_{11} = \frac{a^2-\varepsilon^2 r^2}{a^2-r^2}$$

$$g_{12} = g_{21} = 0$$

$$g_{22} = r^2$$

Die beiden Komponenten der Geodätengleichung lauten

$$r'' + \frac{a^2\,(1-\varepsilon^2)\,r}{(a^2-r^2)\,(a^2-\varepsilon^2 r^2)}\, r'^2 - \frac{(a^2-r^2)\,r}{a^2-\varepsilon^2 r^2}\, \lambda'^2 = 0$$

$$\lambda'' + \frac{2}{r}\, r'\, \lambda' = 0$$

Die erste von ihnen ist eine Konsequenz aus der zweiten und der Ableitung der vorhin gefundenen allgemeinen Kurvengleichung nach q. Wir brauchen deshalb nicht mehr auf sie zurückzugreifen und verwenden lieber die integrier-

te Form, die nicht nur einfacher gebaut ist, sondern auch etwas mehr Information (in Gestalt einer Integrationskonstanten) enthält.
Auch der λ-Part der Geodätenbedingung ist integrierbar, wie man sehr leicht einsieht. Es ist nämlich $r^2\lambda'$ konstant:

$$\frac{d}{dq}(r^2\lambda') = (r^2\lambda')' = r^2\lambda'' + 2\, r\, r'\, \lambda' = 0$$

Bislang haben wir die besondere Lage der p-Linien noch nicht berücksichtigt. Die Orthogonalität zum Nullmeridian bedeutet $r'(0) = 0$, was in Kombination mit der Kurvengleichung $\lambda'(0) = r^{-1}(0) = r_0^{-1}$ liefert. Endlich erhalten wir unter Verwendung von

$$\lambda' = r_0\, r^{-2}$$

die Differentialgleichung der Soldnerkurve $p = p_0$:

$$r'^2 = \frac{a^2-r^2}{a^2-\varepsilon^2 r^2}\,\frac{r^2-r_0^2}{r^2}$$

Diese Schreibweise ist allerdings für unsere Absichten noch nicht geeignet, weil Soldner- und "gewöhnliche" Koordinaten nebeneinander auftreten.
Dieses Manko läßt sich aber ohne Schwierigkeiten beheben. Wir ziehen die Wurzel und erhalten mit der Kettenregel

$$\varphi' = \frac{d\varphi}{d\lambda} = \frac{d\varphi}{d\beta}\,\frac{d\beta}{dr}\,\frac{dr}{d\lambda}$$

was nach Einsetzen und einigen anschließenden Kürzungen

$$\frac{d\varphi}{d\lambda} = -\frac{\cos\varphi\,\sqrt{1-\varepsilon^2\sin^2\varphi}\,\sqrt{\sin^2\varphi_0-\sin^2\varphi}}{\sqrt{1-\varepsilon^2}\,\cos\varphi_0}$$

ergibt. Diese Differentialgleichung, in der nur noch die geographischen Koordinaten vorkommen, hat die durch Separation der Variablen gefundene Lösung

$$\lambda = -\sqrt{1-\varepsilon^2}\cos\varphi_0 \int\limits_{\varphi_0}^{\varphi} \frac{d\varphi}{\cos\varphi\ \sqrt{1-\varepsilon^2\sin^2\varphi}\ \sqrt{\sin^2\varphi_0-\sin^2\varphi}}$$

Das Ganze wird etwas schöner, wenn wir die naheliegende Substitution

$$\sigma = \sin^2\varphi$$

$$d\sigma = 2\sin\varphi\cos\varphi\, d\varphi$$

anwenden:

$$\lambda = -\frac{1}{2}\sqrt{1-\varepsilon^2}\cos\varphi_0 \int\limits_{\sin^2\varphi_0}^{\sin^2\varphi} \frac{d\sigma}{(1-\sigma)\sqrt{\sigma(1-\varepsilon^2\sigma)(\sin^2\varphi_0-\sigma)}}$$

Die Bogenlänge q auf dieser Geodäten kann gleichfalls durch eine einfache Quadratur berechnet werden. Hierzu bedienen wir uns abermals der bekannten Differentialbeziehungen, diesmal in der Form

$$\frac{dq}{d\varphi} = -\frac{a\sqrt{1-\varepsilon^2}\sqrt{1-\varepsilon^2\sin^2\varphi_0}\cos\varphi}{\left[1-\varepsilon^2\sin^2\varphi\right]^{3/2}\sqrt{\sin^2\varphi_0-\sin^2\varphi}}$$

oder (mit dem bereits vertrauten Kunstgriff) integriert

$$q = -\frac{1}{2}a\sqrt{1-\varepsilon^2}\sqrt{1-\varepsilon^2\sin^2\varphi_0} \int\limits_{\sin^2\varphi_0}^{\sin^2\varphi} \frac{d\sigma}{(1-\varepsilon^2\sigma)\sqrt{\sigma(1-\varepsilon^2\sigma)(\sin^2\varphi_0-\sigma)}}$$

Um die auf dem Zentralmeridian verschwindende, aber mit zunehmendem Abstand stark anwachsende Verzerrung der nach Soldners Verfahren konstruierten Karten in erträglichen Grenzen zu halten, beschränkt man sich i.a. auf schmale Streifen, z.B. $|\lambda| \le 1°$ und setzt gegebenenfalls mehrere solcher Gebiete nebeneinander (mit einer gewissen Überlappung).
Unter dieser Voraussetzung konvergieren die Reihenentwicklungen nach Potenzen von λ (Abschn. 29.2) sehr gut.

29.2. Reihenentwicklungen

Wir verwenden auch weiterhin die Bezeichnungen und Verabredungen des vorigen Abschnitts und geben einen durch Länge λ und Breite φ charakterisierten Punkt P auf der Erde vor. Wenn wir im folgenden von "Breite" sprechen, meinen wir stets die geographische, d.h. φ; die Hilfswinkel β und ψ brauchen wir nicht mehr.

Sofern es gelingt, den Fußpunkt P_0 des **geodätischen Lotes** von P auf den Nullmeridian, d.h. dessen Breite φ_0, zu bestimmen, sind sowohl die Soldnerkoordinaten (p,q) als auch die geographische Länge λ von P durch elliptische Integrale gegeben, die außer vom Parameter ε nur von φ_0 und φ abhängen (Abschn. 29.1).

Damit ist die Aufgabe, Beziehungen zwischen (λ,φ) und (p,q) herzustellen, zwar in mathematischer Hinsicht erledigt, unsere Lösung bedarf aber noch einiger Erläuterungen, um sie praktisch nutzen zu können.

Die numerisch weitaus beste Methode zur Berechnung elliptischer Integrale besteht in einer fortgesetzten Anwendung von **Gauß-Landen-Transformationen**, was letzten Endes auf das berühmte **arithmetisch-geometrische Mittel (AGM)** hinausläuft. In jeder guten Softwarebibliothek gibt es Programme, die dies in effizienter Weise leisten.

Theoretische Untersuchungen, namentlich der differentiellen Abbildungseigenschaften wie Verzerrung oder Orientierung der Koordinatenachsen, erfordern aber eine explizitere Darstellung, z.B. mit Hilfe von Reihenentwicklungen.

Das einfachste unserer Integrale ist das für p, das den Winkel φ nicht enthält. Nach Abseparation des konstanten Vorfaktors schreibt es sich als

$$\frac{pa^{-1}}{1-\varepsilon^2} = \int_0^{\varphi} \left[1-\varepsilon^2\sin^2\tau\right]^{-3/2} d\tau$$

Wir entwickeln den Integranden mit Hilfe des **verallgemeinerten binomischen Lehrsatzes**

$$(1-\xi^2)^{-3/2} = 1 + \frac{3}{2}\xi^2 + \frac{15}{8}\xi^4 + \frac{35}{16}\xi^6 + \frac{315}{128}\xi^8 + \frac{693}{256}\xi^{10} + O(\xi^{12})$$

setzen hierin $\xi = \varepsilon \sin \tau$ und integrieren gliedweise. Die so gefundene Reihe schreitet nach Potenzen von $\sigma_0 = \sin^2\varphi_0$ fort. Besser ist aber die äquivalente Fourierdarstellung, die aus ihr über den **Satz von Moivre** folgt. Wir überspringen die Einzelheiten und teilen gleich das Resultat mit:

$$\frac{pa^{-1}}{1-\varepsilon^2} = \left[1 + \frac{3}{4}\varepsilon^2 + \frac{45}{64}\varepsilon^4 + \frac{175}{256}\varepsilon^6 + \frac{11025}{16384}\varepsilon^8 + \frac{43659}{65536}\varepsilon^{10}\right]\varphi_0$$

$$- \frac{3}{131072}\left[16384 + 20480\,\varepsilon^2 + 22400\,\varepsilon^4 + 23520\,\varepsilon^6 + 24255\,\varepsilon^8\right]\varepsilon^2 \sin(2\varphi_0)$$

$$+ \frac{15}{65536}\left[256 + 448\,\varepsilon^2 + 588\,\varepsilon^4 + 693\,\varepsilon^6\right]\varepsilon^4 \sin(4\varphi_0)$$

$$- \frac{35}{786432}\left[256 + 576\,\varepsilon^2 + 891\,\varepsilon^4\right]\varepsilon^6 \sin(6\varphi_0)$$

$$+ \frac{315}{524288}\left[4 + 11\,\varepsilon^2\right]\varepsilon^8 \sin(8\varphi_0) - \frac{693}{1310720}\varepsilon^{10} \sin(10\varphi_0) + O(\varepsilon^{12})$$

Die schwache Abplattung der Erde,

$$\varepsilon^2 \approx \frac{1}{149} \approx 6.7\cdot 10^{-3}$$

garantiert eine ausgezeichnete Konvergenz. Die ersten vernachlässigten Terme sind von der Größenordnung

$$\varepsilon^{12} \approx 9\cdot 10^{-14}$$

was einer weit unterhalb heutiger Meßgenauigkeit liegenden Strecke von

$$a\,\varepsilon^2 \approx 5.7\cdot 10^{-5}\ \text{cm} = 0.57\ \mu\text{m}$$

auf der Erdoberfläche entspricht.

Komplizierter verhält sich die zweite Koordinate, q, die neben ε und φ_0 auch noch von φ abhängt. Das im vorigen Abschnitt gefundene Integral bringen wir mit den Hilfsvariablen

$$\sigma = \sin^2\varphi$$

$$\sigma_0 = \sin^2\varphi_0$$

auf die Form

$$q = \frac{1}{2}\, a \sqrt{1-\varepsilon^2}\, \sqrt{1-\varepsilon^2\sigma_0} \int_{\sigma}^{\sigma_0} \frac{d\tau}{(1-\varepsilon^2\tau)\, \sqrt{\tau(1-\varepsilon^2\tau)(\sigma_0-\tau)}}$$

Wegen der Singularität an der oberen Grenze $\tau = \sigma_0$ spalten wir den Faktor $(\sigma_0-\tau)$ vom Integranden ab und entwickeln den Rest in eine Taylorreihe bezüglich $\sigma_0-\tau$. Danach fügen wir den weggelassenen Multiplikator $(\sigma_0-\tau)^{-1/2}$ wieder hinzu und integrieren Term für Term. Es entsteht schließlich

$$q = \frac{a}{1-H^2} \left[\frac{(1-\varepsilon^2)(\sigma_0-\sigma)}{\sigma_0}\right]^{1/2} \left[1 + \frac{1}{6}\left(1 + 2\,H^2\right) S + \frac{3}{40}\left(1 + 4\,H^4\right) S^2\right.$$

$$+ \frac{1}{112}\left(5 - 6\,H^2 + 12\,H^4 + 24\,H^6\right) S^3 + \frac{5}{1152}\left(7 - 16\,H^2 + 24\,H^4 + 48\,H^8\right) S^4$$

$$\left. + \frac{3}{2816}\left(21 - 70\,H^2 + 120\,H^4 - 80\,H^6 + 80\,H^8 + 160\,H^{10}\right) S^5 + \ldots\right]$$

worin die neu eingeführten Abkürzungen H und S die Bedeutung

$$H = \varepsilon \sin\varphi_0 = \varepsilon\, \sigma_0^{1/2}$$

bzw.

$$S = \frac{\sigma_0-\sigma}{\sigma_0(1-H^2)} = \frac{\sigma_0-\sigma}{\sigma_0(1-\varepsilon^2\sigma_0)}$$

haben.

Noch länger wird die Reihe für λ als Funktion von φ und φ_0, die wir auf dem gleichen Wege erhalten. Es ist zweckmäßig, als Entwicklungsparameter die Größe

$$K = \frac{\sqrt{\sin^2\varphi_0 - \sin^2\varphi}}{\sin\varphi_0 \cos\varphi_0 \sqrt{1 - \varepsilon^2 \sin^2\varphi_0}}$$

heranzuziehen, deren Quadrat übrigens gleich

$$K^2 = \frac{\sigma_0 - \sigma}{\sigma_0(1-\sigma_0)(1-H^2)}$$

ist. Die Darstellung von λ lautet dann, bis aufs Vorzeichen, das aus Symmetriegründen unbestimmt bleibt,

$$\begin{aligned}
\lambda = \sqrt{1-\varepsilon^2}\, K \Big[1 &+ \tfrac{1}{6} K \Big[\big(1 - 3\sigma_0\big) - 2 H^2 \big(1 - 2\sigma_0\big)\Big] + \tfrac{1}{40} K^2 \Big[\big(3 - 10\sigma_0 \\
&+ 15\sigma_0^2\big) - 4 H^2 \big(2 - 7\sigma_0 + 9\sigma_0^2\big) + 8 H^4 \big(1 - 3\sigma_0 + 3\sigma_0^2\big)\Big] \\
&+ \tfrac{1}{112} K^3 \Big[\big(5 - 21\sigma_0 + 35\sigma_0^2 - 35\sigma_0^3\big) - 2 H^2 \big(9 - 38\sigma_0 + 65\sigma_0^2 - 60\sigma_0^3\big) \\
&+ 8 H^4 \big(3 - 13\sigma_0 + 22\sigma_0^2 - 18\sigma_0^3\big) - 16 H^6 \big(1 - 4\sigma_0 + 6\sigma_0^2 - 4\sigma_0^3\big)\Big] \\
&+ \tfrac{1}{1152} K^4 \Big[\big(35 - 180\sigma_0 + 378\sigma_0^2 - 420\sigma_0^3 + 315\sigma_0^4\big) - 8 H^2 \big(20 - 103\sigma_0 \\
&+ 217\sigma_0^2 - 245\sigma_0^3 + 175\sigma_0^4\big) + 48 H^4 \big(6 - 31\sigma_0 + 66\sigma_0^2 - 75\sigma_0^3 \\
&+ 50\sigma_0^4\big) - 64 H^6 \big(4 - 21\sigma_0 + 45\sigma_0^2 - 50\sigma_0^3 + 30\sigma_0^4\big) + 128 H^8 \big(1 \\
&- 5\sigma_0 + 10\sigma_0^2 - 10\sigma_0^3 + 5\sigma_0^4\big)\Big] + \tfrac{1}{2816} K^5 \Big[\big(63 - 385\sigma_0 + 990\sigma_0^2 \\
&- 1386\sigma_0^3 + 1155\sigma_0^4 - 693\sigma_0^5\big) - 2 H^2 \big(175 - 1070\sigma_0 + 2754\sigma_0^2 \\
&- 3864\sigma_0^3 + 3255\sigma_0^4 - 1890\sigma_0^5\big) + 16 H^4 \big(50 - 306\sigma_0 + 789\sigma_0^2 \\
&- 1113\sigma_0^3 + 945\sigma_0^4 - 525\sigma_0^5\big) - 32 H^6 \big(30 - 184\sigma_0 + 477\sigma_0^2 - 678\sigma_0^3 \\
&+ 575\sigma_0^4 - 300\sigma_0^5\big) + 128 H^8 \big(5 - 31\sigma_0 + 81\sigma_0^2 - 115\sigma_0^3 + 95\sigma_0^4 \\
&- 45\sigma_0^5\big) - 256 H^{10} \big(1 - 6\sigma_0 + 15\sigma_0^2 - 20\sigma_0^3 + 15\sigma_0^4 - 6\sigma_0^5\big)\Big] + \ldots \Big]
\end{aligned}$$

Diese Formel haben wir nur der Vollständigkeit zuliebe mitgeteilt; man benötigt sie (zum Glück!) normalerweise nicht. Das Problem besteht ja in der Berechnung von φ_0 zu vorgelegten Werten von λ und φ, wohingegen die letzte

Gleichung vice versa λ als Funktion von φ_0 und φ liefert.
Immerhin sehen wir, daß λ^2 im Unterschied zur Länge selbst als rasch konvergente Summe von $(\sigma_0-\sigma)$-Potenzen ausgedrückt werden kann, die keinen konstanten Term besitzt. Durch Reihenumkehr ergibt sich eine Entwicklung für $\sigma_0-\sigma$ nach λ oder eigentlich sogar λ^2:

$$\sigma_0 = \sigma + A_1 \lambda^2 + A_2 \lambda^4 + A_3 \lambda^6 + A_4 \lambda^8 + A_5 \lambda^{10} + O(\lambda^{12})$$

mit gewissen Koeffizienten A_i, die aber zunächst außer ε noch die gesuchte Größe φ_0 enthalten. Dieser Mangel läßt sich beheben, indem wir unsere Reihe in die Identität $\sigma_0 = \sigma + (\sigma_0-\sigma)$ einsetzen und nach λ-Potenzen ordnen. Ein Vergleich erlaubt es, sukzessive $A_1, A_2, A_3, \ldots$ in Abhängigkeit von den bekannten Variablen ε und φ zu ermitteln.
Dieses sehr aufwendige und umständliche Verfahren führt zwar zum Erfolg; es gibt aber einen erheblich direkteren Weg. Wir brauchen nur die gerade beschriebene Darstellung mit freien Koeffizienten A_i in die Differentialgleichung

$$\frac{d\varphi}{d\lambda} = - \frac{\cos\varphi \sqrt{1 - \varepsilon^2 \sin^2\varphi} \sqrt{\sin^2\varphi_0 - \sin^2\varphi}}{\sqrt{1 - \varepsilon^2} \cos\varphi_0}$$

oder, besser noch, die gleichwertige Variante

$$(1-\varepsilon^2)\ (1-\sigma_0) \left(\frac{d\sigma}{d\lambda}\right)^2 = 4\ \sigma\ (1-\sigma)^2\ (1-\varepsilon^2\sigma)\ (\sigma_0-\sigma)$$

zu substituieren. $A_1, A_2, A_3, \ldots$ ergeben sich der Reihe nach durch Lösen linearer Gleichungen. Auch dieses Vorgehen ist noch ziemlich beschwerlich, aber mit einiger Beharrlichkeit wenigstens ausführbar. Wir notieren die ersten 5 Koeffizienten:

$$A_1 = \left[1 - \varepsilon^2\right]^{-1} \sigma \left[1 - \sigma\right] \left[1 - \varepsilon^2\ \sigma\right]$$

$$A_2 = \frac{1}{3} \left[1 - \varepsilon^2\right]^{-2} \sigma \left[1 - \sigma\right] \left[1 - \varepsilon^2\ \sigma\right] \left[\left(2 - 3\ \sigma\right) + \varepsilon^2\ \sigma \left(- 4 + 5\ \sigma\right)\right]$$

$$A_3 = \frac{1}{45} \left[1 - \varepsilon^2\right]^{-3} \sigma \left[1 - \sigma\right] \left[1 - \varepsilon^2 \sigma\right] \left[\left(17 - 60\sigma + 45\sigma^2\right) + 2\varepsilon^2 \sigma \left(-46 + 131\sigma - 87\sigma^2\right) + 2\varepsilon^4 \sigma^2 \left(46 - 118\sigma + 73\sigma^2\right)\right]$$

$$A_4 = \frac{1}{315} \left[1 - \varepsilon^2\right]^{-4} \sigma \left[1 - \sigma\right] \left[1 - \varepsilon^2 \sigma\right] \left[\left(62 - 378\sigma + 630\sigma^2 - 315\sigma^3\right) + 3\varepsilon^2 \sigma \left(-220 + 1044\sigma - 1508\sigma^2 + 85\sigma^3\right) + 3\varepsilon^4 \sigma^2 \left(536 - 2248\sigma + 2988\sigma^2 - 1277\sigma^3\right) + \varepsilon^6 \sigma^3 \left(-1072 + 4176\sigma - 5256\sigma^2 + 2153\sigma^3\right)\right]$$

$$A_5 = \frac{1}{14175} \left[1 - \varepsilon^2\right]^{-5} \sigma \left[1 - \sigma\right] \left[1 - \varepsilon^2 \sigma\right] \cdot$$

$$\cdot \left[\left(1382 - 12720\sigma + 34965\sigma^2 - 37800\sigma^3 + 14175\sigma^4\right) + 2\varepsilon^2 \sigma \left(-12512 + 86812\sigma - 202779\sigma^2 + 196425\sigma^3 - 67950\sigma^4\right) + 3\varepsilon^4 \sigma^2 \left(36592 - 220432\sigma + 468079\sigma^2 - 422736\sigma^3 + 138501\sigma^4\right) + 2\varepsilon^6 \sigma^3 \left(-84752 + 468888\sigma - 935106\sigma^2 + 804313\sigma^3 - 253347\sigma^4\right) + 2\varepsilon^8 \sigma^4 \left(42376 - 221456\sigma + 422430\sigma^2 - 350498\sigma^3 + 107149\sigma^4\right)\right]$$

In Abschn. 29.4 werden wir anhand numerischer Beispiele erkennen, daß man fast immer mit sehr viel weniger Termen als hier angegeben auskommt, selbst wenn man Punkte betrachtet, die relativ weitab vom Zentralmeridian liegen.

29.3. Transversale Merkatorprojektion

Abgesehen von der Umständlichkeit der Reihenentwicklungen besitzen die Soldnerparameter noch den zweiten Nachteil, nicht isotherm zu sein. Aus Karten, in denen p und q dargestellt sind, kann man daher Winkel und relative Orientierungen nicht ohne mathematische Berechnungen ablesen.

Gauß [1844-1847] schlug vor, eine andere Parametrisierung des Erdsphäroids einzuführen, die diese Schwierigkeiten vermeidet. Er hat aber zeit seines Lebens nichts Endgültiges zu diesem Gegenstand publiziert; erst bei der Bearbeitung des Nachlasses wurden seine verstreuten Aufzeichnungen von Krüger wiedergefunden, systematisiert, vervollständigt und schließlich in erweiterter Form veröffentlicht (Krüger [1912]).

Bei den heute als **Gauß-Krüger-Koordinaten** bekannten Größen handelt es sich um ein Zahlenpaar (x,y), das einem Punkt mit (geographischer) Länge λ und Breite φ auf der Erdoberfläche so zugeordnet wird, daß

(1) (x,y) isotherm sind;

(2) Äquator und Nullmeridian den x- und y-Achsen entsprechen; und

(3) die Abbildung auf dem Zentralmeridian $\lambda = 0$ **längentreu** ist.

Durch diese drei Forderungen sind x und y, wie wir zeigen werden, eindeutig bestimmt.

Die Konstruktion erfolgt in zwei Schritten. Zuerst suchen wir Hilfskoordinaten (ξ,η), die die ersten beiden Bedingungen erfüllen, nicht jedoch die dritte. Anschließend geben wir die Umrechnung zwischen (ξ,η) und (x,y) an.

Die kartesischen Komponenten eines typischen Punkts der Erdoberfläche sind, in den geographischen Koordinaten λ und φ ausgedrückt,

$$x = a \frac{\cos\varphi \cos\lambda}{\sqrt{1-\varepsilon^2 \sin^2\varphi}}$$

$$y = a \frac{\cos\varphi \sin\lambda}{\sqrt{1-\varepsilon^2 \sin^2\varphi}}$$

$$z = a \frac{(1-\varepsilon^2) \sin\varphi}{\sqrt{1-\varepsilon^2 \sin^2\varphi}}$$

Das Quadrat des **Bogenlängenelements** ds ergibt sich durch Differentiation dieser Darstellung oder aus den Formeln des Abschnitts 29.1 durch Transformation auf λ und φ:

$$ds^2 = a^2 \frac{\cos^2\varphi}{1-\varepsilon^2\sin^2\varphi} d\lambda^2 + a^2 \frac{(1-\varepsilon^2)^2}{(1-\varepsilon^2\sin^2\varphi)^3} d\varphi^2$$

Die Schreibweise

$$ds^2 = \frac{a^2\cos^2\varphi}{1-\varepsilon^2\sin^2\varphi} \left[d\lambda^2 + \left[(1-\varepsilon^2)\ (1-\varepsilon^2\sin^2\varphi)^{-1} \cos^{-1}\varphi\right]^2 d\varphi^2\right]$$

läßt die Zweckmäßigkeit der Festsetzung

$$\xi = \lambda$$

erkennen. Die zweite Koordinate η ist dann durch die Isothermieforderung eindeutig bestimmt, welche der Differentialgleichung

$$ds^2 = \frac{a^2\cos^2\varphi}{1-\varepsilon^2\sin^2\varphi} \left[d\xi^2 + d\eta^2\right]$$

oder

$$\frac{d\eta}{d\varphi} = (1-\varepsilon^2)\ (1-\varepsilon^2\sin^2\varphi)^{-1} \cos^{-1}\varphi$$

äquivalent ist, vgl. Strubecker [1964-1969]. Integration liefert

$$\eta = \int_0^{\varphi} \frac{(1-\varepsilon^2)\ d\varphi}{(1-\varepsilon^2\sin^2\varphi)\cos\varphi} = \int_{s=0}^{\sin\varphi} \frac{(1-\varepsilon^2)\ ds}{(1-\varepsilon^2 s^2)\ (1-s^2)}$$

Mit der offensichtlichen Partialbruchzerlegung

$$\frac{1-\varepsilon^2}{(1-\varepsilon^2 s^2)(1-s^2)} = \frac{1}{2}\left(\frac{1}{1+s} + \frac{1}{1-s} - \frac{\varepsilon^2}{1+\varepsilon s} - \frac{\varepsilon^2}{1-\varepsilon s}\right)$$

erhalten wir den geschlossenen Ausdruck

$$\eta = \frac{1}{2} \ln \left[\frac{1 + \sin \varphi}{1 - \sin \varphi}\right] - \frac{\varepsilon}{2} \ln \left[\frac{1 + \varepsilon \sin \varphi}{1 - \varepsilon \sin \varphi}\right]$$

Von praktischen Interesse ist auch die inverse Transformation, die sich allem Anschein nach nicht durch eine endliche Formel in elementar-transzendenten Funktionen beschreiben läßt und deshalb Näherungsverfahren erfordert.

Zwei Möglichkeiten bieten sich an: die Entwicklung von η nach Potenzen von φ (oder $\sin \varphi$) mit anschließender formaler Reihenumkehr sowie eine iterative Methode wie z.B. die Newtonsche.

Die wohlbekannte Logarithmusdarstellung

$$\frac{1}{2} \ln \left(\frac{1+s}{1-s}\right) = \sum_{n=1}^{\infty} \frac{s^{2n-1}}{2n-1} = s + \frac{1}{3} s^3 + \frac{1}{5} s^5 + \frac{1}{7} s^7 + \ldots$$

ergibt sofort

$$\eta = \sum_{n=1}^{\infty} (2n-1)^{-1} \left[1 - \varepsilon^{2n}\right] \sin^{2n-1}\varphi$$

$$= (1-\varepsilon^2) \sin \varphi + \frac{1}{3} (1-\varepsilon^4) \sin^3\varphi + \frac{1}{5} (1-\varepsilon^6) \sin^5\varphi + \frac{1}{7} (1-\varepsilon^8) \sin^7\varphi + \ldots$$

mit der inversen Entwicklung

$$\sin \varphi = \eta (1-\varepsilon^2) - \frac{1}{3} \eta^3 (1-\varepsilon^2)^3 \left[1 + \varepsilon^2\right]$$

$$+ \frac{1}{15} \eta^5 (1-\varepsilon^2)^5 \left[2 + 7 \varepsilon^2 + 2 \varepsilon^4\right]$$

$$- \frac{1}{315} \eta^7 (1-\varepsilon^2)^7 \left[17 + 129 \varepsilon^2 + 129 \varepsilon^4 + 17 \varepsilon^6\right]$$

$$+ \frac{2}{2835} \eta^9 (1-\varepsilon^2)^9 \left[31 + 412 \varepsilon^2 + 888 \varepsilon^4 + 412 \varepsilon^6 + 31 \varepsilon^8\right] + \ldots$$

Indem wir die Taylorreihe von $\sin \varphi$ berücksichtigen, können wir auch Potenzreihen für φ selbst erhalten; indes sind diese merklich umständlicher

als die obigen Sinusdarstellungen. Das liegt z.T. daran, daß sin φ eine "natürlichere" Variable darstellt als der Winkel φ.
Die logarithmische Beziehung zwischen sin φ und η besitzt komplexe Singularitäten an den Stellen ± 1 und ± ε^{-1}. Der Konvergenzradius unserer Reihen ist also nach Satz 6.3.4 genau gleich 1. Die gefundenen Darstellungen konvergieren deshalb in tropischen und gemäßigten Zonen sehr rasch, während sie in den Polargebieten nicht verwendbar sind.
Um η als Funktion von φ auszurechnen, wird man aber sowieso die explizite Formel gegenüber den unendlichen Summen bevorzugen. Bei der umgekehrten Aufgabe verhält es sich anders, weil keine geschlossene Formel zur Verfügung steht. Hier kann man sich der Reihe bedienen; aber, wie oben bereits angedeutet, existiert auch in diesem Fall ein schnellerer Weg.
Wir verwenden das **Newtonverfahren**, das wir zweckmäßig nicht mit dem Winkel, sondern mit seinem Sinus

$$s = \sin\varphi$$

durchführen. Die Transformation zwischen φ und η gestalten wir um, indem wir Hyperbel- und Areafunktionen einbringen:

$$\eta = \operatorname{artgh} \sin\varphi - \varepsilon \operatorname{artgh} (\varepsilon \sin\varphi)$$

Vernachlässigen wir hierin die ε-abhängigen Terme, was einem Fehler zweiter Ordnung in der Exzentrizität entspricht, so bleibt nur der erste Summand übrig, den wir nach φ auflösen können. Dadurch erhalten wir einen bis auf einen Beitrag der Größe $O(\varepsilon^2)$ korrekten Schätzwert φ_1, nämlich

$$\varphi_1 = \arcsin \operatorname{tgh} \eta = \operatorname{arctg} \sinh \eta$$

Wir haben somit

$$\operatorname{tg} \varphi_0 = \sinh \eta$$

und die erste Näherung, mit der wir die Iteration beginnen wollen, lautet

$$s_1 = \sin \varphi_1 = \operatorname{tgh} \eta$$

Die zu lösende exakte Gleichung ist

$$F(s) = \text{artgh}\,\sin\varphi - \varepsilon\,\text{artgh}\,(\varepsilon\sin\varphi) = 0$$

Newtons Methode ergibt, ausgehend von s_1, als verbesserte Näherung

$$s_2 = s_1 - \frac{F(s_1)}{F'(s_1)}$$

oder explizit

$$s_2 = s_1 + \frac{(1-s_1^2)(1-\varepsilon^2 s_1^2)}{1-\varepsilon^2}\left[\eta - \frac{1}{2}\ln\left(\frac{1+s_1}{1-s_1}\right) + \frac{\varepsilon}{2}\ln\left(\frac{1+\varepsilon s_1}{1-\varepsilon s_1}\right)\right]$$

$$= s_1 + \frac{(1-s_1^2)(1-\varepsilon^2 s_1^2)}{1-\varepsilon^2}\left[\eta - \text{artgh}\, s_1 + \varepsilon\,\text{artgh}(\varepsilon s_1)\right]$$

Wir iterieren und gewinnen so eine Folge von immer besseren Approximationen $s_1, s_2, s_3, s_4, \ldots$, die quadratisch gegen φ konvergiert. Der zu erwartende Fehler ist

$$|s_i - s| = O\left(\varepsilon^{2^i}\right)$$

weswegen selbst bei extremen Genauigkeitsansprüchen nur zwei oder drei Wiederholungen der Rechnung erforderlich sind. Hierdurch hebt sich Newtons Verfahren positiv von den früheren Reihenentwicklungen ab, die wesentlich mehr Arbeitsaufwand bedeuten.

Damit haben wir den Übergang von (λ, φ) zu (ξ, η) oder umgekehrt in theoretisch wie numerisch sehr befriedigender Weise durchgeführt; die gefundenen Hilfsgrößen ξ und η sind aber nicht die eingangs dieses Abschnitts definierten Gauß-Krüger-Koordinaten (x,y), weil sie zwar die ersten beiden seinerzeit gestellten Bedingungen erfüllen, nicht jedoch die dritte (Längentreue auf dem 0°-Meridian).

Die Transformation $(\xi, \eta) \Longleftrightarrow (x, y)$ ist nach unserer Voraussetzung winkeltreu. Es empfiehlt sich, ihre Konstruktion mit funktionentheoretischen Mitteln zu suchen. Wir kombinieren ξ und η zu einer komplexen Variablen

$$\zeta = \xi + i\,\eta$$

und verfahren ebenso mit den gesuchten Gauß-Krüger-Parametern x und y:

$$z = x + i\,y$$

Die Sätze 6.5.2 und 6.6.3 besagen, daß ζ und z wechselseitig holomorphe und damit (Satz 6.5.5) auch komplex-analytische Funktionen voneinander sind. Wir setzen

$$z = w(\zeta)$$

und bestimmen den Verlauf von w auf der imaginären Achse, die dem Zentralmeridian $\xi = \lambda = 0$ entspricht. Das Längenelement reduziert sich entlang dieser Linie wegen der dort statthabenden Nebenbedingung $d\xi = 0$ auf

$$dy = ds = \frac{a \cos \varphi}{\sqrt{1-\varepsilon^2 \sin^2 \varphi}}\, d\eta$$

wenn wir die definierende Eigenschaft von z berücksichtigen. Wir haben infolgedessen die Differentialgleichung

$$\frac{dy}{d\eta} = \frac{a \cos \varphi}{\sqrt{1-\varepsilon^2 \sin^2 \varphi}}$$

die noch auf einheitliche Variable umgerechnet werden muß. Wir entscheiden uns für die Breite, weil dann alle benötigten Beziehungen in geschlossener Form vorliegen. Es entsteht nach kurzer Rechnung

$$\frac{dy}{d\varphi} = \frac{a\,(1-\varepsilon^2)}{(1-\varepsilon^2 \sin^2 \varphi)^{3/2}}$$

Wohlgemerkt, dies gilt nur für $\lambda = \xi = x = 0$. Wir integrieren:

$$y = a \left[1-\varepsilon^2\right] \int_0^{\varphi} \left[1-\varepsilon^2 \sin^2 \varphi\right]^{-3/2} d\varphi$$

Das ist identisch mit der in Abschn. 29.1 eingeführten Funktion $S(\varphi)$. Die

Taylorentwicklung um 0 (Schnittpunkt des Nullmeridians mit dem Äquator) bis zur 10. Ordnung (einschließlich) lautet

$$y = s + \frac{1}{6} s^3 \left[1 - 3\,\varepsilon^2\right] + \frac{3}{40} s^5 \left[1 - \varepsilon^2\right]^2 + \frac{1}{112} s^7 \left[1 - \varepsilon^2\right]^2 \left[5 + \varepsilon^2\right]$$
$$+ \frac{1}{1152} s^9 \left[1 - \varepsilon^2\right]^2 \left[35 + 10\,\varepsilon^2 + 3\,\varepsilon^4\right] + \ldots$$

wenn wir uns wieder des Sinus als unabhängiger Variabler bedienen. Durch Einsetzen von $s(\eta)$ erhalten wir die gewünschte Darstellung:

$$y = (1-\varepsilon^2)\,\eta - \frac{(1-\varepsilon^2)^3}{6}\left[1 + 5\,\varepsilon^2\right]\eta^3 + \frac{(1-\varepsilon^2)^5}{120}\left[5 + 78\,\varepsilon^2 + 85\,\varepsilon^4\right]\eta^5$$
$$- \frac{(1-\varepsilon^2)^7}{5040}\left[61 + 1951\,\varepsilon^2 + 5891\,\varepsilon^4 + 2705\,\varepsilon^6\right]\eta^7$$
$$+ \frac{(1-\varepsilon^2)^9}{362880}\left[1385 + 74908\,\varepsilon^2 + 434358\,\varepsilon^4 + 536348\,\varepsilon^6 + 134185\,\varepsilon^8\right]\eta^9 + \ldots$$

Wir beschränken uns weiterhin auf den Zentralmeridian $\xi = x = 0$ und substituieren η und y durch ζ/i bzw. z/i. Die so entstehende Reihe

$$z = (1-\varepsilon^2)\,\zeta + \frac{(1-\varepsilon^2)^3}{6}\left[1 + 5\,\varepsilon^2\right]\zeta^3 + \frac{(1-\varepsilon^2)^5}{120}\left[5 + 78\,\varepsilon^2 + 85\,\varepsilon^4\right]\zeta^5$$
$$+ \frac{(1-\varepsilon^2)^7}{5040}\left[61 + 1951\,\varepsilon^2 + 5891\,\varepsilon^4 + 2705\,\varepsilon^6\right]\zeta^7$$
$$+ \frac{(1-\varepsilon^2)^9}{362880}\left[1385 + 74908\,\varepsilon^2 + 434358\,\varepsilon^4 + 536348\,\varepsilon^6 + 134185\,\varepsilon^8\right]\zeta^9 + \ldots$$

ist nicht nur für rein imaginäre Argumente gültig; nach dem **Prinzip der analytischen Fortsetzung** (Abschn. 6.4) gibt sie für alle komplexen ζ die gesuchte Gauß-Krüger-Koordinate $z = x+iy$.

Aus der Abfolge der führenden Terme in den Vorfaktoren der η-Potenzen ist schon die außerhalb der Tropen relativ schwache Konvergenz erkennbar, die schon in der gemäßigten Zone die Mitnahme vieler Summanden erforderlich macht.

Etwas schneller konvergierende Reihen entstehen, wenn wir als unabhängige Variable nicht ζ selbst, sondern eine geeignete (geschlossen angebbare) analytische Funktion von ζ verwenden, z.B.

$$\psi = i \operatorname{arctg} \sinh \zeta$$

mit der Umkehrung

$$\zeta = i \operatorname{arctg} \sinh \psi$$

Im Limes $\varepsilon \longrightarrow 0$ geht ψ in die Breite φ über, und es wird $z = \psi$.
Der Vorteil dieser Variante liegt hauptsächlich darin, daß alle Beiträge höheren Grades den Faktor ε^2 enthalten:

$$\begin{aligned} z = \; & (1-\varepsilon^2)\,\psi + \frac{1}{6}\,\varepsilon^2\,(1-\varepsilon^2)\left[3 - 9\,\varepsilon^2 + 5\,\varepsilon^4\right]\psi^3 \\ & + \frac{1}{120}\,\varepsilon^2\,(1-\varepsilon^2)\left[28 - 107\,\varepsilon^2 + 58\,\varepsilon^4 + 203\,\varepsilon^6 - 262\,\varepsilon^8 + 85\,\varepsilon^{10}\right]\psi^5 \\ & + \frac{1}{5040}\,\varepsilon^2\,(1-\varepsilon^2)\Big[80 + 420\,\varepsilon^2 - 7501\,\varepsilon^4 + 26925\,\varepsilon^6 - 39176\,\varepsilon^8 \\ & \qquad + 19645\,\varepsilon^{10} + 7180\,\varepsilon^{12} - 10339\,\varepsilon^{14} + 2705\,\varepsilon^{16}\Big]\psi^7 \\ & + \frac{1}{362880}\,\varepsilon^2\,(1-\varepsilon^2)\Big[960 + 40848\,\varepsilon^2 - 398808\,\varepsilon^4 + 1347417\,\varepsilon^6 \\ & \qquad - 1537860\,\varepsilon^8 - 1804446\,\varepsilon^{10} + 7189176\,\varepsilon^{12} - 8209917\,\varepsilon^{14} \\ & \qquad + 3876208\,\varepsilon^{16} - 99246\,\varepsilon^{18} - 537132\,\varepsilon^{20} + 134185\,\varepsilon^{22}\Big]\psi^9 + \ldots \end{aligned}$$

Nahe den Polen wird aber auch diese Reihe völlig unbrauchbar. Daher ist eine alternative Methode mit besseren numerischen Eigenschaften unverzichtbar.
Wir wählen einen nicht allzuweit von ζ entfernt liegenden Hilfspunkt

$$\zeta_0 = \xi_0 + i\,\eta_0 \in \mathbb{C}$$

aus, den wir später genauer fixieren. Seine geographischen und Gauß-Krüger-Koordinaten seien λ_0 und φ_0 bzw.

$$z_0 = w(\zeta_0) = x_0 + i\,y_0$$

Ferner erinnern wir uns an die Definition der komplex-analytischen Funktion $w\colon \mathbb{C} \longrightarrow \mathbb{C}$, nämlich $z = w(\zeta)$. Nach dem Satz 6.3.3 von Taylor ist

$$z = z_0 + \sum_{k=1}^{\infty} \frac{w^{(k)}(\zeta_0)}{k!} (\zeta-\zeta_0)^k$$

$$= z_0 + w'(\zeta_0)\,(\zeta-\zeta_0) + \frac{1}{2}\,w''(\zeta_0)\,(\zeta-\zeta_0)^2 + \frac{1}{6}\,w^{(3)}(\zeta_0)\,(\zeta-\zeta_0)^3 + \ldots$$

Da wir den Verlauf von w bislang nur auf der imaginären Achse kennen, beschränken wir uns weiterhin auf den Spezialfall $\xi_0 = 0$.
Außerdem verfügen wir über den noch freien Imaginärteil von ζ_0 so, daß $\varphi_0 = \varphi$ wird. Unter diesen Voraussetzungen ist $\eta_0 = \eta$ und $\zeta_0 = i\,\eta$. Die Differenz

$$\zeta - \zeta_0 = (\xi-\xi_0) + i\,(\eta-\eta_0) = \xi = \lambda$$

reduziert sich auf die geographische Länge und ist mithin reell. Dann läßt sich z_0 mit der **Soldnerfunktion** S ausdrücken,

$$z_0 = w(i\eta) = i\,S = i\,S(\varphi) = i\,a\left[1-\varepsilon^2\right]\int_0^{\varphi}\left[1-\varepsilon^2\sin^2\varphi\right]^{-3/2} d\varphi$$

und numerisch berechnen. Die geraden Ableitungen von w sind an der Stelle ζ_0 allesamt rein imaginär, die ungeraden reell:

$$w^{(k)}(\zeta_0) = w^{(k)}(i\eta) = \frac{d^k(iS)}{d(i\eta)^k} = i^{1-k}\,\frac{d^kS}{d\eta^k}$$

Sie können aus denen von $S(\varphi)$ gefunden werden. Wir zerlegen jedoch zunächst die Taylorformel in Real- und Imaginärteil, um die Gauß-Krüger-Koordinaten (x,y) direkt zu erhalten:

$$x = \frac{dS}{d\eta}\,\lambda - \frac{d^3S}{d\eta^3}\,\frac{\lambda^3}{6} + \frac{d^5S}{d\eta^5}\,\frac{\lambda^5}{120} - \frac{d^7S}{d\eta^7}\,\frac{\lambda^7}{5040} + - \ldots$$

$$y = y_0 - \frac{d^2S}{d\eta^2}\,\frac{\lambda^2}{2} + \frac{d^4S}{d\eta^4}\,\frac{\lambda^4}{24} - \frac{d^6S}{d\eta^6}\,\frac{\lambda^6}{720} + \frac{d^8S}{d\eta^8}\,\frac{\lambda^8}{40320} - + \ldots$$

Damit ist die Berechnung der Gauß-Krüger-Koordinaten auf die der höheren Differentialquotienten von S zurückgeführt. Das Argument der Soldnerfunkti-

on ist allerdings nicht η, sondern φ.
Wir können φ nicht als geschlossene Funktion von η hinschreiben. Das ist aber auch unwesentlich, weil φ als die primär gegebene Größe ohnehin bekannt ist. Wir verwenden die Kettenregel in der Operatorform

$$\frac{\partial}{\partial\eta} = \frac{\partial\varphi}{\partial\eta}\frac{\partial}{\partial\varphi} = \left[\frac{\partial\eta}{\partial\varphi}\right]^{-1}\frac{\partial}{\partial\varphi} = \frac{1-\varepsilon^2\sin^2\varphi}{1-\varepsilon^2}\cos\varphi\,\frac{\partial}{\partial\varphi}$$

und erhalten so für die erste Ableitung

$$\frac{dS}{d\eta} = \frac{1-\varepsilon^2\sin^2\varphi}{1-\varepsilon^2}\cos\varphi\,\frac{\partial S}{\partial\varphi} = a\cos\varphi\left[1-\varepsilon^2\sin^2\varphi\right]^{-1/2}$$

Es ist zweckmäßig, eine Abkürzung einzuführen:

$$N = \frac{a}{\sqrt{1-\varepsilon^2\sin^2\varphi}}$$

Wir haben damit den ersten der folgenden Ausdrücke; die übrigen ergeben sich nach genau dem gleichen Schema durch fortgesetzte Anwendung des Differentialoperators $\partial/\partial\varphi$, was wohl keines weiteren Kommentars bedarf.

$$\frac{dS}{d\eta} = N\cos(\varphi)$$

$$\frac{d^2S}{d\eta^2} = -\tfrac{1}{2}N\sin(2\varphi)$$

$$\frac{d^3S}{d\eta^3} = -\tfrac{1}{16}N\left[1-\varepsilon^2\right]^{-1}\left[2\left(4+\varepsilon^2\right)\cos(\varphi)+\left(8-3\,\varepsilon^2\right)\cos(3\varphi) + \varepsilon^2\cos(5\varphi)\right]$$

$$\frac{d^4S}{d\eta^4} = \tfrac{1}{32}N\left[1-\varepsilon^2\right]^{-2}\left[\left(32-19\,\varepsilon^2+\varepsilon^4\right)\sin(2\varphi)+2\left(12-6\,\varepsilon^2 + \varepsilon^4\right)\sin(4\varphi)+3\,\varepsilon^2\left(3-\varepsilon^2\right)\sin(6\varphi)+\varepsilon^4\sin(8\varphi)\right]$$

$$\frac{d^5S}{d\eta^5} = \frac{1}{256} N \left[1-\varepsilon^2\right]^{-3} \left[2 \left(128 + 16 \varepsilon^2 - 45 \varepsilon^4 + 6 \varepsilon^6\right) \cos(\varphi) + 2 \left(320 - 256 \varepsilon^2 + 98 \varepsilon^4 - 15 \varepsilon^6\right) \cos(3\varphi) + \left(384 - 64 \varepsilon^2 - 44 \varepsilon^4 + 15 \varepsilon^6\right) \cos(5\varphi) + \varepsilon^2 \left(288 - 139 \varepsilon^2 + 20 \varepsilon^4\right) \cos(7\varphi) + \varepsilon^4 \left(77 - 24 \varepsilon^2\right) \cos(9\varphi) + 7 \varepsilon^6 \cos(11\varphi)\right]$$

$$\frac{d^6S}{d\eta^6} = - \frac{1}{1024} N \left[1-\varepsilon^2\right]^{-4} \left[\left(4352 - 3008 \varepsilon^2 + 1252 \varepsilon^4 - 304 \varepsilon^6 + 51 \varepsilon^8\right) \sin(2\varphi) + 10 \left(768 - 576 \varepsilon^2 + 304 \varepsilon^4 - 89 \varepsilon^6 + 11 \varepsilon^8\right) \sin(4\varphi) + 15 \left(256 + 192 \varepsilon^2 - 238 \varepsilon^4 + 104 \varepsilon^6 - 17 \varepsilon^8\right) \sin(6\varphi) + 8 \varepsilon^2 \left(600 - 230 \varepsilon^2 + \varepsilon^4 + 11 \varepsilon^6\right) \sin(8\varphi) + 5 \varepsilon^4 \left(450 - 216 \varepsilon^2 + 29 \varepsilon^4\right) \sin(10\varphi) + 6 \varepsilon^6 \left(77 - 23 \varepsilon^2\right) \sin(12\varphi) + 35 \varepsilon^8 \sin(14\varphi)\right]$$

$$\frac{d^7S}{d\eta^7} = - \frac{1}{8192} N \left[1-\varepsilon^2\right]^{-5} \left[2 \left(17408 + 11520 \varepsilon^2 - 12400 \varepsilon^4 + 7636 \varepsilon^6 - 2325 \varepsilon^8 + 326 \varepsilon^{10}\right) \cos(\varphi) + 2 \left(78848 - 62720 \varepsilon^2 + 52560 \varepsilon^4 - 27269 \varepsilon^6 + 8335 \varepsilon^8 - 1134 \varepsilon^{10}\right) \cos(3\varphi) + 2 \left(107520 - 38144 \varepsilon^2 + 8776 \varepsilon^4 + 5271 \varepsilon^6 - 3971 \varepsilon^8 + 784 \varepsilon^{10}\right) \cos(5\varphi) + 2 \left(46080 + 109440 \varepsilon^2 - 107800 \varepsilon^4 + 54718 \varepsilon^6 - 14415 \varepsilon^8 + 1547 \varepsilon^{10}\right) \cos(7\varphi) + 2 \varepsilon^2 \left(86400 + 1160 \varepsilon^2 - 32242 \varepsilon^4 + 16035 \varepsilon^6 - 2583 \varepsilon^8\right) \cos(9\varphi) + 2 \varepsilon^4 \left(61800 - 29327 \varepsilon^2 + 3015 \varepsilon^4 + 532 \varepsilon^6\right) \cos(11\varphi) + 2 \varepsilon^6 \left(21213 - 10195 \varepsilon^2 + 1322 \varepsilon^4\right) \cos(13\varphi) + \varepsilon^8 \left(7042 - 2043 \varepsilon^2\right) \cos(15\varphi) + 455 \varepsilon^{10} \cos(17\varphi)\right]$$

$$
\begin{aligned}
\frac{d^8S}{d\eta^8} = \frac{1}{8192} N \left[1-\varepsilon^2\right]^{-6} & \Bigl[\Bigl[253952 - 72192\ \varepsilon^2 + 107904\ \varepsilon^4 - 74887\ \varepsilon^6 \\
& + 36585\ \varepsilon^8 - 10875\ \varepsilon^{10} + 1417\ \varepsilon^{12}\Bigr] \sin(2\varphi) + 84 \Bigl[9216 - 5632\ \varepsilon^2 \\
& + 6206\ \varepsilon^4 - 3957\ \varepsilon^6 + 1626\ \varepsilon^8 - 389\ \varepsilon^{10} + 41\ \varepsilon^{12}\Bigr] \sin(4\varphi) \\
& + 21 \Bigl[40960 + 18304\ \varepsilon^2 - 30144\ \varepsilon^4 + 27957\ \varepsilon^6 - 14523\ \varepsilon^8 + 4123\ \varepsilon^{10} \\
& - 501\ \varepsilon^{12}\Bigr] \sin(6\varphi) + 84 \Bigl[3840 + 18560\ \varepsilon^2 - 13976\ \varepsilon^4 + 5956\ \varepsilon^6 \\
& - 1003\ \varepsilon^8 - 126\ \varepsilon^{10} + 53\ \varepsilon^{12}\Bigr] \sin(8\varphi) + 105\ \varepsilon^2 \Bigl[8064 + 6080\ \varepsilon^2 \\
& - 8875\ \varepsilon^4 + 4645\ \varepsilon^6 - 1165\ \varepsilon^8 + 115\ \varepsilon^{10}\Bigr] \sin(10\varphi) + 6\ \varepsilon^4 \Bigl[142100 \\
& - 38318\ \varepsilon^2 - 23252\ \varepsilon^4 + 15122\ \varepsilon^6 - 2469\ \varepsilon^8\Bigr] \sin(12\varphi) + 21\ \varepsilon^6 \Bigl[20489 \\
& - 10823\ \varepsilon^2 + 1560\ \varepsilon^4 + 62\ \varepsilon^6\Bigr] \sin(14\varphi) + 2\ \varepsilon^8 \Bigl[58227 - 28062\ \varepsilon^2 \\
& + 3571\ \varepsilon^4\Bigr] \sin(16\varphi) + 63\ \varepsilon^{10} \Bigl[257 - 73\ \varepsilon^2\Bigr] \sin(18\varphi) \\
& + 910\ \varepsilon^{12} \sin(20\varphi)\Bigr]
\end{aligned}
$$

Hoschek [1969] gibt die Terme, die keine höheren ε-Potenzen als die sechste enthalten, in Übereinstimmung mit unseren Resultaten.

In der Praxis werden nur einige wenige Anfangsglieder gebraucht, weil man die Verwendung von Gauß-Krüger-Koordinaten auf schmale Streifen beiderseits des Hauptmeridians begrenzt. Wie gut die Konvergenz der Reihen ist, wird im nächsten Abschnitt anhand einiger numerischer Beispiele (auch für die Soldnerparameter) untersucht.

Die häufig gebrauchte Bezeichnung **"transversale Merkatorprojektion"** für die Abbildung $(\lambda,\varphi) \longrightarrow (x,y)$ ist im übrigen strenggenommen nicht ganz korrekt, wie sich aus dem Vorangehenden ablesen läßt. Wir haben sie deshalb zugunsten der historisch angemesseneren Benennung nach den Autoren vermieden.

29.4. Erdfigur nach Bessel

Es ist im allgemeinen nicht erforderlich, die volle Schärfe der Entwicklungen in Anspruch zu nehmen; meist reichen schon sehr wenige Terme aus, um die gewünschte Genauigkeit zu erzielen. Man erkennt dies am besten anhand eines numerischen Beispiels, das nicht nur eine Einschätzung der Konvergenzgeschwindigkeit ermöglicht, sondern zugleich auch den Rechengang deutlich macht.

Im Folgenden sind in allen Rechnungen einige Dezimalen mehr angegeben, als die heutigen Meßgenauigkeiten zu bestimmen erlauben; alle Zahlwerte dienen nur der Illustration der Gleichungen und sind daher als rein formale Größen zu betrachten.

Aus dem gleichen Grund kommt es auch nicht darauf an, welches Erdmodell wir verwenden; wir entscheiden uns für das Besselsche, dessen historische Bedeutung bereits in Abschn. 1.4 diskutiert wurde. Es hat den Äquatorradius

$$a = 6377397.155 \text{ m}$$

und die Exzentrizität

$$\varepsilon = 0.081696831195264$$

Weitere Parameter, auch für andere Erdsphäroide, geben wir in Abschn. 29.5 an.

Als erstes Beispiel bestimmen wir die **Soldnerkoordinaten** (p, q) des Punktes P mit den geographischen Koordinaten

$$\varphi = 51°11'56''.37 \text{ Nord}$$

$$\lambda = 6°22'19''.28 \text{ Ost}$$

der nicht ganz willkürlich ausgesucht ist. Im Bogenmaß sind diese Winkel:

$$\varphi = 0.893590978284472$$

$$\lambda = 0.111212767788024$$

Die Hilfsbreite φ_0 ermitteln wir über die in Abschn. 29.2 mitgeteilte Potenzreihe für $\sigma_0 = \sin^2\varphi_0$. Zur Verdeutlichung der Annäherungsgeschwindigkeit an den Summenwert schreiben wir die im einzelnen erhaltenden Glieder separat hin:

(λ^0):	+ 0.607350475318834
(λ^2):	+ 0.002957318089807
(λ^4):	+ 0.000002136255449
(λ^6):	- 0.000000028831159
(λ^8):	- 0.000000000101897
(λ^{10}):	+ 0.000000000000079
σ_0:	+ 0.610309900731112

Trotz des relativ großen Längenunterschiedes zum Nullmeridian konvergiert diese Reihe außerordentlich schnell. In der Praxis würden die ersten drei Beiträge (bis λ^4) völlig genügen. Ins Winkelmaß übertragen, ergibt sich

$$\varphi_0 = 51°22'21''.791125 \text{ Nord}$$

was sich von φ nur um

$$\delta\varphi = \varphi_0 - \varphi = 625''.421125$$

also nicht einmal zehneinhalb Bogenminuten, unterscheidet.
Mit der so gefundenen Breite φ_0 haben wir alle Informationen, die wir benötigen, um die Soldnerparameter auszurechnen. Die p-Reihe lautet, wieder nach Summanden getrennt,

(0):	+	5708568.450174 m
(1):	-	15594.676615 m
(2):	-	7.200027 m
(3):	+	0.017111 m
(4):	+	0.000024 m
p:	+	5692966.590667 m

Der Term 5. Ordnung enthält ε^{10} als Faktor und ist selbst bei dieser extremen Präzision vernachlässigbar. Ganz analog verhält es sich mit der q-Formel:

(0):	+	444416.790901 m
(1):	+	363.573886 m
(2):	+	0.790205 m
(3):	+	0.002279 m
(4):	+	0.000008 m
q:	+	444781.157279 m

In der geodätischen Praxis vermeidet man derart große Längendifferenzen und teilt das darzustellende Gebiet lieber in mehrere schmale, nord-südlich verlaufende Streifen auf. Als Zentralmeridian wäre im vorliegenden Fall beispielsweise der bei 6° östl. Länge geeignet.
Die Konvergenz der σ_0-Reihe erfolgt dann noch wesentlich rascher, wie die nachstehenden Zahlen erweisen. Anstelle der Länge haben wir jetzt

$$\lambda = 0°22'19\overset{''}{.}28 = 0.006493012668364$$

einzusetzen, während die Breite ihren Wert behält. Die Berechnung von σ_0 ergibt sich aus dem Schema

(λ^0):	+ 0.607350475318834
(λ^2):	+ 0.000010080480681
(λ^4):	+ 0.000000000024821
(λ^6):	- 0.000000000000001
σ_0:	+ 0.607360555824335

Dem entspricht

$$\varphi_0 = 51°11'58\overset{''}{.}498905 \text{ Nord}$$

Bei "normalen" Genauigkeitsansprüchen könnte man sich bereits mit den ersten beiden Termen begnügen. Bei der Auswertung des elliptischen Integrals für p sparen wir dagegen durch die Verringerung von λ nichts, weil die betreffenden Reihen im wesentlichen nach Potenzen von ε^2 fortschreiten.
Andererseits ist die q-Entwicklung in der Hauptsache durch die Breitendif-

ferenz $\delta\varphi$ bestimmt, was eine Beschleunigung zur Folge hat, weil

$$\delta\varphi = \varphi_0 - \varphi = 2.''128905$$

winzig ist. Im einzelnen finden wir für p:

(0):	+	5689329.389704 m
(1):	-	15615.709985 m
(2):	-	7.016972 m
(3):	+	0.017353 m
(4):	+	0.000023 m
p:	+	5673706.680123 m

und für q:

(0):	+	25999.874216 m
(1):	+	0.072799 m
(2):	+	0.000001 m
q:	+	25999.947016 m

Bei der Bestimmung der **Gauß-Krüger-Koordinaten** des Punkts P beziehen wir uns gleich auf den 6°-Ost-Meridian und folgen den Anweisungen aus Abschn. 29.3.

Die Zwischenparameter ξ und η ergeben sich ohne Umschweife aus der expliziten Formel zu

$$\xi = 0.006493012668364$$

$$\eta = 1.038445533931533$$

Addition der Taylorreihen ergibt mühelos

(1):	+	26000.056217 m
(3):	-	0.039035 m
(5):	-	0.000001 m
x:	+	26000.017181 m

sowie

$$
\begin{array}{lrr}
(0): & + & 5673640.897331 \text{ m} \\
(2): & + & 65.782478 \text{ m} \\
(4): & + & 0.000316 \text{ m} \\
\hline
y: & + & 5673706.680124 \text{ m}
\end{array}
$$

Die gesuchten Gauß-Krüger-Koordinaten von P sind somit bei Bezugnahme auf die Fundamentallänge 6° Ost:

$$x = + \quad 26000.017182 \text{ m}$$

$$y = + \; 5673706.680124 \text{ m}$$

Gauß-Krüger-Koordinaten werden von vielen Staaten und internationalen Organisationen zur Erstellung offizieller Kartenwerke herangezogen. Dabei kommen unterschiedliche Referenzellipsoide zur Anwendung; vgl. Abschn. 29.5. Oft werden noch Konstanten zu x und/oder y addiert, um "bequemere" Zahlwerte zu erhalten. In Deutschland pflegt man y unverändert zu lassen, zu x hingegen $(1000 \cdot n+500)$ km zu addieren, wobei $n = 1,2,3,\ldots$ ist und der Bezugsmeridian bei $(3 \cdot n)°$ östl. Länge liegt.
Ob das wirklich so praktisch ist, mag jeder für sich selbst entscheiden; jedenfalls hat es sich eingebürgert und muß bei der Verwendung beachtet werden. Die Koordinaten unseres Punktes P (dann als **"Rechtswert"** und **"Hochwert"** bezeichnet) sind also in diesem System

$$(RW,HW) = (2526000.017, 5673706.680)$$

Nähere Informationen zu den in anderen Ländern gebräuchlichen Konventionen möge man der geodätischen Spezialliteratur entnehmen; uns interessieren lediglich die hier erörterten mathematischen Zusammenhänge.

29.5. Neuere Erdmodelle

Sphäroidische Erdmodelle werden als **Referenzflächen** zur Darstellung der Erdoberfläche gebraucht. Wegen der im Kilometerbereich (Gebirge!) liegenden Abweichungen der wirklichen Erdfigur von der Ellipsoidgestalt kommt es dabei nicht auf extreme Genauigkeit der Anpassung an; eine ungefähre Übereinstimmung genügt für alle Zwecke.

Dennoch wurden in der Vergangenheit zahlreiche Neuberechnungen derartiger ellipsoidischer Approximationen an die Erdoberfläche durchgeführt, z.T. mit erheblichem Aufwand. Wir stellen hier einige der wichtigsten tabellarisch zusammen, um die Benutzung und die Interpretation von publizierten Zahlenangaben zu erleichtern.

Man muß sich aber stets vor Augen halten, daß es ziemlich gleichgültig ist, ob man die eine oder andere Erdfigurbestimmung zugrundelegt; zumindest gilt dies, wenn die Unterschiede in den Abmessungen nur einige Meter betragen.

Wir listen die wesentlichen Parameter einiger historisch herausragender Modelle auf, gemeinsam mit neueren geodätischen Bezugsfiguren, die weithin benutzt oder von internationalen wissenschaftlichen Gesellschaften empfohlen werden. Die mitgeteilten Daten eines jeden Ellipsoids sind im einzelnen:

(1) der **Äquatorradius** a (lange Halbachse);
(2) der **Polradius** b (kurze Halbachse);
(3) die **Abplattung** f;
(4) ihr Kehrwert f^{-1};
(5) die **Exzentrizität** ε der Meridianellipsen;
(6) die Länge Q des **Meridianquadranten** (= Bogen vom Pol zum Äquator);
(7) die **Oberfläche** O der Erde sowie
(8) ihr **Volumen** V.

Als erstes betrachten wir das schon mehrfach angesprochene, auch heute noch oft herangezogene **Besselsche Ellipsoid**. Es besitzt nach Hoschek [1969] die Kenngrößen

$$a = 6377397.155000 \text{ m}$$

$$b = 6356078.963250 \text{ m}$$

$$f = 0.003342773114465$$

$$f^{-1} = 299.152818860$$

$$\varepsilon = 0.081696830396505$$

$$Q = 10000855.764771 \text{ m}$$

$$O = 509950714.1444 \text{ km}^2$$

$$V = 1082841322531 \text{ km}^3$$

Eine weitere historisch wichtige Bestimmung nahm 1866 Clarke vor. Das von ihm ermittelte Sphäroid hat der 1995er Ausgabe des **Astronomical Almanac** zufolge die Maße

$$a = 6378206.400000 \text{ m}$$

$$b = 6356583.800000 \text{ m}$$

$$f = 0.003390075303929$$

$$f^{-1} = 294.978698214$$

$$\varepsilon = 0.082271854223003$$

$$Q = 10001888.042982 \text{ m}$$

$$O = 510064030.0781 \text{ km}^2$$

$$V = 1083202176618 \text{ km}^3$$

Auf ihrer Tagung in Madrid im Jahre 1924 beschloß die Internationale Union für Geodäsie und Geophysik (IUGG), ein Ellipsoid zu empfehlen, das sich nur minimal von einer früheren Bestimmung des Erdkörpers durch Hayford [1909] unterscheidet. Es ist auch als **Internationales Ellipsoid** bekannt und bildet die Grundlage vieler offizieller Kartenwerke und Landesaufnahmen, vor allem in westlichen Ländern. Seine Daten sind

$$a = 6378388.000000 \text{ m}$$

$$b = 6356911.946128 \text{ m}$$

$$f = 0.003367003367003$$

$$f^{-1} = 297.000000000$$

$$\varepsilon = 0.081991889979030$$

$$Q = 10002288.298989 \text{ m}$$

$$O = 510100933.8583 \text{ km}^2$$

$$V = 1083319780627 \text{ km}^3$$

Dagegen wird im osteuropäischen Bereich das der wahren Erdgestalt etwas besser angepaßte Ellipsoid von Krassowski bevorzugt, das folgende Abmessungen hat:

$$a = 6378245.000000 \text{ m}$$

$$b = 6356863.018773 \text{ m}$$

$$f = 0.003352329869259$$

$$f^{-1} = 298.300000000$$

$$\varepsilon = 0.081813334016931$$

$$Q = 10002137.497542 \text{ m}$$

$$O = 510083059.3467 \text{ km}^2$$

$$V = 1083262868655 \text{ km}^3$$

Die Internationale Astronomische Union (IAU) benutzt in ihren Verlautbarungen seit 1976 ein Modell mit den Charakteristika

$$a = 6378140.000000 \text{ m}$$

$$b = 6356755.288158 \text{ m}$$

$$f = 0.003352813177897$$

$$f^{-1} = 298.257000000$$

$$\varepsilon = 0.081819221455523$$

$$Q = 10001970.421226 \text{ m}$$

$$O = 510066100.6939 \text{ km}^2$$

$$V = 1083208845552 \text{ km}^3$$

Andere moderne Erdellipsoide weichen nur um höchstens einige Meter hiervon ab; wir verzichten auf ihre Wiedergabe.

30. Koordinaten für besondere Anwendungen

30.1. Clairautkoordinaten

Nicht nur in der Geodäsie, auch in vielen anderen wissenschaftlichen Disziplinen werden gelegentlich besondere Koordinatensysteme mit begrenztem Anwendungsgebiet eingesetzt, um in bestimmten Situationen technische Vereinfachungen zu erzielen.

Von den zahlreichen Beispielen greifen wir zwei willkürlich heraus, die in der Astronomie, genauer der Doppelsternphysik, manchmal verwendet werden. Es handelt sich um die relativ einfachen **Clairautkoordinaten**, die wir in diesem Abschnitt behandeln, und die mathematisch anspruchsvolleren **Rochekoordinaten** (Abschn. 30.2).

Beide Typen wurden namentlich von Kopal [1970,1971,1989] propagiert und eingehend untersucht. Wir bescheiden uns hier mit einer knappen Darstellung der Theorie, da die Details nur dem Experten etwas sagen; die zugrundeliegenden Ideen sind aber von allgemeinem Interesse.

Die Clairautparametrisierung weicht nämlich in einigen Punkten von allen früher im Teil G dieses Buchs diskutierten Systemen ab.

Bislang hatten wir die jeweils betrachteten Koordinaten $(u^1,\dots,u^n)$ vermittels eines Satzes von Umrechnungsformeln in eine Beziehung zu den kartesischen Komponenten $(x^1,\dots,x^n)$ gesetzt, die die x^i als explizite Funktionen der u^j angibt.

Im jetzigen Fall ist es gerade umgekehrt: die u^j sind durch Gleichungen der Form $u^j = u^j(x^i)$ definiert. Aus dieser Eigenschaft ergeben sich einige Änderungen bei der Berechnung der Metrik.

Das macht aber nicht viel aus. Störender ist, daß die Funktionen $u^j(x^i)$ selbst nicht durch geschlossene Ausdrücke beschrieben sind, sondern nur numerisch ermittelt werden können. Dadurch werden Reihenentwicklungen oder andere Näherungsmethoden erforderlich, die den praktischen Nutzen begrenzen, auch wenn sie sehr rasch konvergieren.

Clairautkoordinaten dienen zur mathematischen Behandlung von Gas- oder Plasmaströmungen in der Umgebung von großen Massen wie z.B. Sternen oder Planeten. Das Material wird dabei als so dünn verteilt angenommen, daß sein Einfluß auf das Gravitationsfeld vernachlässigbar ist.

Die Bewegung erfolgt dann unter der gemeinsamen Wirkung der Schwerkraft des Zentralkörpers, beschrieben als Gradient eines **Potentials** $\psi(x,y,z)$, und interner **hydrodynamischer Kräfte**, also **Gasdruck** u.ä. Sie ist durch die klassischen hydrodynamischen Beziehungen (Abschn. 5.2) bestimmt.
Das Potential ψ hängt bekanntlich über die Poissongleichung

$$\Delta \psi(x,y,z) = -4 \pi G \rho(x,y,z)$$

von der Dichte ρ der Sternmaterie ab; G = Newtonsche Gravitationskonstante. Wir sehen ψ als vorgegebene Ortsfunktion an.
Die durch das Potential hervorgerufene Kraftwirkung auf das Gas ist dann proportional zu grad ψ, was zu dem naheliegenden Gedanken Anlaß gibt, ψ selbst oder irgendeine monotone Funktion $u = u(\psi)$ von ψ als eine der Koordinaten zu verwenden. Dann ist nämlich das Potential auf den u-Flächen konstant, die Gravitationsbeschleunigung des strömenden Mediums ist parallel zu grad u, und die Feldgleichungen vereinfachen sich.
Das wird allerdings mit einer etwas komplizierteren Struktur der Koordinaten erkauft. Wir zeigen dies anhand des einfachsten nichttrivialen Beispiels; die Methode selbst ist viel flexibler und kann auch auf allgemeinere und schwierigere Situationen angewandt werden. Zum Zweck der Exposition mag aber das Folgende genügen.
Wir untersuchen die Gashülle eines mit der von Null verschiedenen Winkelgeschwindigkeit ω um die z-Achse rotierenden, im Ursprung $(x,y,z) = (0,0,0)$ gelegenen punktförmigen Sterns. Das Potential ist dann, wenn wir unwesentliche Konstanten weglassen,

$$\psi(x,y,z) = r^{-1} + \frac{1}{2} \omega^2 (x^2+y^2)$$

wobei wie üblich

$$r = \sqrt{x^2+y^2+z^2}$$

den Zentralabstand des Aufpunkts bezeichnet. Die Funktion ψ ist rotationssymmetrisch um die z-Achse; also werden wir gut daran tun, dies durch Verwendung des **Azimuts** φ nach Abschn. 27.1 zu berücksichtigen. Nachdem wir u festgelegt haben, fehlt demnach nur noch eine weitere Koordinate, um unser System zu vervollständigen.

Es gibt viele Möglichkeiten, diese zu definieren, von denen aber nur zwei wirklich wichtig und nützlich sind. Die erste ist in einer Umgebung des Zentralkörpers brauchbar, in der die Äquipotentialflächen ψ = konst. oder auch u = konst. topologisch vom Typ der Sphäre (Geschlecht g = 0) und zwiebelschalenartig geschachtelt sind.

Diese Annahme ist nahe dem Stern erfüllt und bedeutet, daß das Potential auf den vom Ursprung ausgehenden Halbstrahlen von innen nach außen streng monoton abnimmt. Nur diesen Bereich lassen wir zu. In großer Entfernung von der Achse überwiegt der Zentrifugalterm, und die Voraussetzung bricht zusammen. Zu Struktur und Form des erlaubten Gebietes, das von einer **Hillschen Separatrix** berandet wird, findet man ausführlichere Informationen in Moulton [1903] oder Bucerius [1967].

Uns interessiert in diesem Zusammenhang aber nur, daß die beschriebene Bedingung in einem bestimmten Teil des Raums gilt.

Als letzte Koordinate ist unter den obwaltenden Umständen der **Polarwinkel** ϑ bezüglich der Symmetrieachse geeignet. Wir bezeichnen das Tripel (u,ϑ,φ) als **Clairautsche Polarkoordinaten**. Sie vereinen den Vorzug der Einfachheit in geradezu idealer Weise mit den oben gestellten Anforderungen.

Der einzige, von manchen Autoren, darunter auch Kopal [1971], als schwerwiegend eingestufte Nachteil dieser Parameter ist die Nichtorthogonalität. Dieser Mangel wird aber, wie wir am Ende dieses Abschnitts darlegen, in seiner Bedeutung stark überschätzt; es handelt sich wohl mehr um eine psychologische als eine mathematische Angelegenheit, da viele Anwender mit orthogonalen Systemen besser vertraut sind. Auf die Leserinnen oder Leser, die das vorliegende Buch bis zu dieser Stelle mit Erfolg durchgearbeitet haben, sollte das jedoch nicht mehr zutreffen.

Nach unserer Voraussetzung über $\psi(x,y,z)$ sind alle Clairautparameter u,ϑ,φ als Funktionen der kartesischen Komponenten x,y,z unmittelbar bekannt. Bei allen anderen bisher diskutierten Systemen war es hingegen umgekehrt. Es ist deshalb vielleicht angebracht, eine kurze Bemerkung zur Berechnung der Metrikkoeffizienten g^{ab} und g_{ab} einzuschieben.

Wir setzen $(u^1,u^2,u^3) = (u,\vartheta,\varphi)$ und müssen im jetzt vorliegenden Fall zuerst die kontravariante Form berechnen. Das geschieht mit Hilfe der Darstellung

$$g^{ab} = \langle \nabla u^a, \nabla u^b \rangle$$

wobei die spitzen Klammern das euklidische Skalarprodukt in $\mathbb{R}^3$ meinen. Die kovariante Metrik erhalten wir anschließend durch Matrixinversion. Alles Weitere wie die Berechnung der Christoffelsymbole oder der Standarddifferentialoperatoren ist dann wieder ganz "normal" nach den Formeln der Kapitel 3 und 4 zu erledigen.

Alle rotationssymmetrischen Koordinatensysteme, also auch die Clairautschen, sind nach Abschn. 27.1 sozusagen "semiorthogonal", d.h., der Gradient des Azimuts steht senkrecht auf ∇u und $\nabla\vartheta$.

Die Metrikterme $g^{3i} = g^{i3}$ und $g_{3i} = g_{i3}$ verschwinden somit für i = 1,2, während $g^{12} = g^{21}$ bzw. $g_{12} = g_{21}$ nicht gleich Null zu sein brauchen. Man kann aber unter Beibehaltung von u und φ die Koordinate ϑ durch eine geeignet abgewandelte, nennen wir sie v, ersetzen, so daß (u,v,φ) orthogonal sind.

Eine notwendige und hinreichende Bedingung hierfür ist das Bestehen der Differentialgleichung

$$\langle\nabla u, \nabla v\rangle = 0$$

die v selbst zwar nicht festlegt, wohl aber die Flächen v = konst. Deren Bezifferung ist beliebig wählbar. Am bequemsten ist wohl die zumeist präferierte Normierung, nach der bei der Annäherung an die Punktmasse (im Limes $r \longrightarrow 0$) die Variable v asymptotisch in ϑ übergeht.

Mit anderen Worten: v ist der Polarwinkel, unter dem die jeweilige v-Fläche in den Ursprung einmündet (beachte die Rotationssymmetrie!). Die so definierten Parameter (u,v,φ) heißen **eigentliche Clairautkoordinaten**.

Im Unterschied zu u, φ und dem Polarwinkel ϑ ist v als Funktion von x,y,z nicht direkt berechenbar, weil man die obige Differentialbedingung zu lösen hat, was im allgemeinen nur approximativ (numerisch oder durch Reihenentwicklungen) möglich ist.

Dies stellt ein nicht unbedeutendes Hindernis bei der praktischen Verwendung der Clairautkoordinaten dar. Daher ist die Frage berechtigt, inwieweit es überhaupt nötig ist, v anstelle von ϑ zu benutzen. Das essentiell einzige Argument zugunsten von v ist die mit der Orthogonalität des Systems verbundene Erleichterung.

Wir bestimmen den erforderlichen Rechenaufwand, indem wir die Metrikkomponenten und Christoffelsymbole abzählen, die man wirklich ermitteln muß. Die Ergebnisse sind in Tab. 30.1.1 notiert.

Tab. 30.1.1

	dim = 2			dim = 3			dim = 4		
	# Terme			# Terme			# Terme		
	allg.	rosy.	orth.	allg.	rosy.	orth.	allg.	rosy.	orth.
g:	4	2	2	9	5	3	16	10	4
	3	2	2	6	4	3	10	7	4
Γ:	8	4	8	27	14	21	64	36	40
	6	3	6	18	10	15	40	27	28

Mitgeteilt ist, für allgemeine, rotationssymmetrische und orthogonale Systeme getrennt, jeweils in der oberen Zeile die Zahl der Ausdrücke g^{ab} bzw. $\Gamma^{a}{}_{bc}$, die nicht automatisch verschwinden; in der unteren dagegen wurde berücksichtigt, daß dank der Symmetrien $g^{ab} = g^{ba}$ und $\Gamma^{a}{}_{bc} = \Gamma^{a}{}_{cb}$ noch einiges an Arbeit gespart werden kann.
Wegen der φ-Unabhängigkeit der Metrik fallen die Anzahlen für rotationssymmetrische Koordinaten z.T. sogar geringer aus (beim affinen Zusammenhang). Die Metrik hängt bei 3-dimensionalen rotationssymmetrischen Koordinaten von 4, bei orthogonalen von 3 Funktionen ab. Auch hier ist der Unterschied relativ unbedeutend.
Es gibt nach diesen Betrachtungen also keinen Grund, die durch die Orthogonalisierung entstehende Komplikation bei der Koordinatendefinition in Kauf zu nehmen; jedenfalls nicht, solange wir nur rechnerische Effizienz anstreben.
Das hier diskutierte Verfahren ist selbstverständlich auch auf andere Potentiale und noch allgemeinere Gegebenheiten anwendbar. Hierin liegt seine eigentliche Bedeutung, wogegen die spezielle Anwendung auf rotierende Sterne vergleichsweise zurücktritt.

30.2. Rochekoordinaten

Mehr als 50 % aller Sterne sind Mitglieder von Binär- oder Mehrfachsystemen, unter denen die **Doppelsterne** den Löwenanteil ausmachen. Von diesen sind vor allem die engen Paare wegen der häufig zu beobachtenden Wechselwirkungen zwischen den Partnern von astrophysikalischem Interesse. Sehr oft entwickeln sich Plasmaflüsse oder expandierende gemeinsame Atmosphären in der Umgebung beider Sterne.

Eine auf dynamischen Ursachen beruhende allgemeine Tendenz ist: Je dichter die beiden Komponenten benachbart sind, desto kreisförmiger werden ihre Bahnen sein. Sehr enge Doppelsterne, die sich auf Kreisen um den gemeinsamen Schwerpunkt bewegen, sind ein durchaus häufiges Phänomen. Auch wenn sie eine große räumliche Ausdehnung besitzen, ist eine Approximation ihres Gravitationspotentials durch das von Punktmassen zumeist statthaft.

Uns soll hier nur der mathematische Aspekt der koordinatenhaften Beschreibung beschäftigen. Gelegentlich verwendet man Karten, die den Clairauttypen aus Abschn. 30.1 nachgebildet sind. Der wesentliche Unterschied ist, daß nunmehr nicht nur ein Stern zum Gravitationspotential beiträgt, sondern beide.

Anders als bei rotierenden Einzelsternen kann die Gesamtkonfiguration nur noch unter Spiegelungen bezüglich der Bahnebene invariant sein, weil die durch die Drehbewegung hervorgerufenen **Zentrifugal-** und **Corioliskräfte** die Rotationssymmetrie zerstören.

Wenn wir also den im vorangehenden Abschnitt entwickelten Gedanken wieder aufgreifen wollen, das Gesamtpotential ψ oder eine bijektive Funktion $u(\psi)$ zur ersten Koordinate zu machen, sehen wir uns mit der Notwendigkeit konfrontiert, allgemeine (nichtsymmetrische) Karten zu untersuchen.

Als erstes benötigen wir einen expliziten Ausdruck für $\psi(x,y,z)$. Die Bahnebene soll durch die Gleichung $z = 0$ gegeben sein, wobei die x-Achse parallel zur Verbindungslinie der Komponenten gewählt wird. Das Ganze rotiert folglich mit derselben Winkelgeschwindigkeit (ω) wie die beiden Sterne um eine Parallele zur z-Achse.

Wir bezeichnen die beiden Sterne zur Unterscheidung mit "1" (das ist der, dessen Umgebung wir untersuchen wollen) und "2". Den Ort der ersten Komponente machen wir zum Ursprung unseres (x,y,z)-Koordinatensystems und orientieren die x-Achse so, daß der zweite Partner auf die positive x-Achse zu liegen kommt. Den Abstand wählen wir als Längeneinheit und bezeichnen die Sternmassen mit m_1 und m_2. Der gravitative Anteil des Potentials ist

$$\psi_g(x,y,z) = \frac{G\,m_1}{r_1} + \frac{G\,m_2}{r_2}$$

worin r_1 und r_2 die Distanzen des **Aufpunkts** (x,y,z) von den Sternzentren bedeuten,

$$r_1^2 = x^2 + y^2 + z^2$$

$$r_2^2 = (x-1)^2 + y^2 + z^2$$

Wir verfügen noch über die physikalische Einheit der Masse so, daß $G\,m_1 = 1$ wird, und nennen das Massenverhältnis $m_2 : m_1$, einem üblichen Brauch folgend, q. Dann ist

$$\omega^2 = 1 + q$$

Der Systemschwerpunkt liegt bei $(x_s, 0, 0)$ mit

$$x_s = \frac{q}{1 + q}$$

und das Gravitationspotential wird

$$\psi_g = \psi_g(x,y,z) = \frac{1}{\sqrt{x^2 + y^2 + z^2}} + \frac{q}{\sqrt{(x-1)^2 + y^2 + z^2}}$$

wozu wir noch das **Zentrifugalpotential** hinzufügen, das bis auf eine unwichtige additive Konstante gleich

$$\psi_z = \psi_z(x,y,z) = \frac{1}{2}\,(1+q)\left[x^2 + y^2\right] - q\,x$$

ist. Wir erhalten

$$\psi = \frac{1}{\sqrt{x^2 + y^2 + z^2}} + \frac{q}{\sqrt{(x-1)^2 + y^2 + z^2}} + \frac{1}{2}(1+q)\left[x^2 + y^2\right] - q\,x$$

Nach diesen Vorbereitungen kehren wir zu unserer mathematischen Fragestellung zurück und suchen orthogonale Koordinaten (u, v, w), deren erste eine (glatte und umkehrbare) reine Funktion von ψ sein soll.
Die genaue Festlegung von u ist prinzipiell völlig willkürlich; es ist aber doch sinnvoll, sich von Gesichtspunkten der Einfachheit und Zweckmäßigkeit leiten zu lassen. Es war die Absicht, die Umgebung der Komponente 1 zu untersuchen. Dort dominiert der r^{-1}-Term des Potentials, und zwar umso mehr, je näher wir an das Sternzentrum $(0,0,0)$ heranrücken.
Aus diesem Grunde variiert ψ im Limes $r \longrightarrow 0$ asymptotisch wie r^{-1}, und es ist sicher vernünftig,

$$u = u(\psi) = \psi^{-1}$$

zu setzen, was weiterhin auch geschieht. Dann verhält sich u in unmittelbarer Sternnähe wie die Radialkoordinate r. In größerer Entfernung treten allmählich anwachsende Abweichungen zwischen u und r auf, die man mit geeigneten Potenzreihenentwicklungen beschreiben kann (vgl. Kopal [1970]).
Wie aber haben wir die beiden restlichen Koordinaten v und w zu bestimmen ?
Wir gehen wieder nach derselben Methode vor wie in Abschn. 30.1 bei den rotierenden Sternen. Der Hauptunterschied ist, daß uns jetzt keine Symmetrieachse mehr zur Verfügung steht.
Dennoch sind die Linien, auf denen sowohl v als auch w konstant sind, bereits durch die Forderung der Orthogonalität vollkommen festgelegt; lediglich ihre Bezifferung, d.h., welche Linie zu welchen Werten von v und w gehört, ist noch frei.
Die zu erfüllende Bedingung besagt, daß in jedem Raumpunkt die Gradienten von u, v und w paarweise aufeinander senkrecht stehen. Ausnahmen bilden nur die beiden Sternzentren bei $(x,y,z) = (0,0,0)$ bzw. $(1,0,0)$, die Singularitäten von (u,v,w) sind.
Wir wählen eine der genannten Linien v = konst., w = konst. aus und nennen sie γ. Der Tangentialvektor an γ in einem Punkt P ist orthogonal zu den Gradienten von v und w, also parallel mit grad u oder, wenn wir das bevorzugen, mit grad ψ. (Man beachte, daß $\nabla u, \nabla v, \nabla w$ linear unabhängig und insbesondere ungleich Null sind, weil sonst (u,v,w) kein Koordinatentripel wäre).

Damit ist γ differentialgeometrisch charakterisiert als **Integralkurve** des Vektorfeldes grad $\psi(x,y,z)$. Diese Kurve genügt mithin dem Differentialgleichungssystem

$$dx : dy : dz = \frac{\partial\psi(x,y,z)}{\partial x} : \frac{\partial\psi(x,y,z)}{\partial y} : \frac{\partial\psi(x,y,z)}{\partial z}$$

und kann numerisch oder durch Reihenentwicklungen in Abhängigkeit von einem geeigneten Parameter, z.B. der Bogenlänge, berechnet werden.
Eine exakte analytische Integration mittels "bekannter" Funktionen wurde bisher nicht entdeckt; man kommt aber auch ohne sie aus, weil die erwähnten Reihendarstellungen sich, zumindest in dem physikalisch interessanten Bereich nahe der Hauptkomponente, durch brauchbare Konvergenz auszeichnen.
Erst wenn wir uns so weit vom Stern entfernen, daß die Gezeitenkräfte des Begleiters gegenüber den gravitativen Kräften des Körpers 1 die Oberhand gewinnen, werden derlei Ansätze unbrauchbar. Das geschieht bei den inneren **Lagrangepunkten** des Binärsystems (betreffs der Details s. Moulton [1903] oder Neutsch & Scherer [1992]).
In unmittelbarer Nähe des Ursprungs nehmen die **Äquipotentialflächen**, die auch die Koordinatenvarietäten u = konst. sind, mehr und mehr sphärische Gestalt an, während die γ-Linien radial in das Zentrum hineinlaufen. Dies suggeriert, die Parametrisierung der Integralkurven so einzurichten, daß v und w für $u \longrightarrow 0$ (d.h. $r \longrightarrow 0$) asymptotisch in die gewöhnlichen Polarkoordinaten ϑ und φ übergehen.
Das ist die in der Literatur üblicherweise verwendete Normierung. Die so definierten Parameter (u,v,w) heißen **Rochekoordinaten** zum Potential ψ.
Die Topologie der Koordinatenflächen ist, global betrachtet, ziemlich kompliziert. Nach der obigen Diskussion ähneln sie dicht bei einem jeden der beiden Sterne denen, wie wir sie von Polarkoordinaten her kennen. Im Zwischengebiet und in großer Entfernung von den Massenzentren ist die Struktur jedoch ganz anders. Wir verzichten auf eine eingehende Darstellung der hiermit zusammenhängenden geometrischen Fragen und verweisen auf Kitamura [1970], der zahlreiche Abbildungen und Näherungsformeln erörtert.
Wir merken allein noch an, daß man **verallgemeinerte Rochekoordinaten** auch für andere, mehr oder weniger beliebige, glatte Feldgrößen u(x,y,z) erklären kann, indem man sie nach dem beschriebenen Verfahren zu einem orthogonalen System ergänzt.

30.3. Ebene Weylkoordinaten

Die letzte große Koordinatenfamilie, die wir noch nicht besprochen haben, ist die der schon in Teil D (Kap. 15 bis 17) kurz angerissenen **Weylkoordinaten**. Die dortigen Angaben reichen aber nicht aus, um sinnvoll mit diesen weithin unbekannten Systemen arbeiten zu können.

Wir rekapitulieren die wichtigsten Informationen: Nach den Sätzen 15.3.5 und 15.3.6 ist der **Invariantenring** einer in der **Weyldarstellung** vorliegenden n-dimensionalen endlichen **Coxetergruppe** $G = \mathrm{Cox}(\mathcal{X}_n)$ polynomial, d.h., es gibt n algebraisch unabhängige Polynome, die ganz Inv(G) erzeugen.

Wie wir schon in Abschn. 15.4 fanden, erlaubt dies die Verwendung der n Basisinvarianten als Koordinaten $(u^1,...,u^n)$, die allerdings nur innerhalb eines **Fundamentalbereichs** der Gruppe (einer **Weylkammer**) eindeutig sind.

Wir vereinbaren die folgenden Konventionen, um uns das Leben etwas zu erleichtern:

Die erste Koordinate u^1 soll stets die **euklidische Form** sein, die, in kartesischen Komponenten $(x^1,...,x^n)$ ausgedrückt, durch den Ausdruck

$$u^1 = u^1(x) = u^1(x^1,...,x^n) = \delta_{ab}\, x^a\, x^b = (x^1)^2 + ... + (x^n)^2$$

repräsentiert wird. Die übrigen u^a setzen wir als homogene Polynome (also **Formen**) voraus.

Der **Eulersche Homogenitätssatz** erlaubt dann die Angabe der ersten Spalte bzw. Zeile der kontravarianten Metrik ohne Rechnung:

$$g^{a1} = g^{1a} = \langle \nabla u^1, \nabla u^a \rangle = 2\, x^b\, \partial_b\, u^a = 2\, \alpha\, u^a$$

wobei $\alpha = \mathrm{Grad}(u^a)$ geschrieben wurde. Die Bestimmung der übrigen Metrikkomponenten hat dagegen von Fall zu Fall zu erfolgen. Mit u^a und u^b ist auch

$$g^{ab} = \langle \nabla u^a, \nabla u^b \rangle$$

ein unter $G = \mathrm{Weyl}(\mathcal{X}_n)$ invariantes Element aus Pol(x), das sich nach Voraussetzung somit auch als Poylynom in den u^i darstellen läßt.

Alle kontravarianten Metrikkoeffizienten sind mithin polynomiale, alle kovarianten, die wir durch Matrixinversion erhalten, immerhin noch rationale Funktionen der u-Koordinaten; ebenso die Christoffelsymbole und die Standarddifferentiatoren grad, div, rot und Δ. Gerade hierin liegt der besondere Charme der Weylkoordinaten.

Als einzig mögliche **Dynkindiagramme** des Ranges 2 erhielten wir durch unsere Analyse in Satz 15.6.2 die $\mathbb{I}_2(k)$ mit $k \geq 2$.

Von diesen ist nur $\mathbb{I}_2(2) \cong \mathbb{A}_1 \oplus \mathbb{A}_1$ reduzibel; alle anderen sind irreduzibel. Die zugehörige Coxetergruppe ist bekanntermaßen (Tab. 16.2.1)

$$\mathrm{Cox}(\mathbb{I}_2(k)) \cong D_{2k}$$

während die **Wurzeln** nach Abschn. 16.1 ein reguläres (2k)-Eck bilden.

Wir schreiben zur Vermeidung unnötiger Indizes wieder (x,y) anstatt (x^1,x^2) und (u,v) für die Weylkoordinaten (u^1,u^2). Über u hatten wir bereits oben gemäß

$$u = u(x,y) = x^2 + y^2$$

verfügt (euklidische Form); die zweite Koordinate definieren wir so einfach wie möglich:

$$v = \frac{1}{2}\left[(x+iy)^k + (x-iy)^k\right]$$

Die Metrikkomponenten

$$g^{11} = 4\,u$$

$$g^{12} = g^{21} = 2\,k\,v$$

kennen wir bereits. Es fehlt somit nur noch g^{22}, das wir direkt aus der Formel für v berechnen,

$$g^{22} = k^2\,u^{k-1}$$

Die **kontravariante Metrik**

$$(g^{\bullet\bullet}) = \begin{pmatrix} 4\,u & 2\,k\,v \\ 2\,k\,v & k^2\,u^{k-1} \end{pmatrix}$$

hat die Determinante

$$D = g^{11}\,g^{22} - g^{12}\,g^{21} = 4\,k^2\left[u^k - v^2\right]$$

die in Übereinstimmung mit der theoretischen Erwartung gleich dem Quadrat der **Jacobideterminanten**

$$J = \det \frac{\partial(u,v)}{\partial(x,y)} = i\,k\left[(x+iy)^k - (x-iy)^k\right]$$

ist, wie man leicht bestätigt. Die kovariante Metrik ergibt sich durch Inversion:

$$(g_{\bullet\bullet}) = D^{-1}\begin{pmatrix} k^2\,u^{k-1} & -\,2\,k\,v \\ -\,2\,k\,v & 4\,u \end{pmatrix}$$

also im einzelnen

$$g_{11} = \frac{u^{k-1}}{4\,(u^k-v^2)}$$

$$g_{12} = g_{21} = \frac{-\,v}{2\,k\,(u^k-v^2)}$$

$$g_{22} = \frac{u}{k^2\,(u^k-v^2)}$$

Damit sind auch die Christoffelsymbole $\Gamma^a_{\ bc}$ vermittels ihrer Definitionsgleichungen (Satz 4.1.2) bekannt. Sie lauten

$$\Gamma^1_{\ 11} = -\,2\,k^2\,u^{k-1}\,D^{-1} = \frac{-\,u^{k-1}}{2\,(u^k-v^2)}$$

$$\Gamma^1{}_{12} = \Gamma^1{}_{21} = 4\ k\ v\ D^{-1} = \frac{v}{k\ (u^k - v^2)}$$

$$\Gamma^1{}_{22} = -\ 8\ u\ D^{-1} = \frac{-\ 2\ u}{k^2\ (u^k - v^2)}$$

$$\Gamma^2{}_{11} = k^3\ (k-1)\ u^{k-2}\ v\ D^{-1} = \frac{k\ (k-1)\ u^{k-2}\ v}{4\ (u^k - v^2)}$$

$$\Gamma^2{}_{12} = \Gamma^2{}_{21} = 2\ k^2\ (1-k)\ u^{k-1}\ D^{-1} = \frac{(1-k)\ u^{k-1}}{2\ (u^k - v^2)}$$

$$\Gamma^2{}_{22} = 4\ k\ (k-1)\ v\ D^{-1} = \frac{(k-1)\ v}{k\ (u^k - v^2)}$$

Das **Flächenelement** ist

$$dx\ dy = J^{-1}\ du\ dv = D^{-1/2}\ du\ dv$$

und den **Gradienten** einer differenzierbaren Funktion $F = F(u,v)$ erhalten wir selbstverständlich, wie in allen Koordinatensystemen, über das **Differential**,

$$\text{grad}\ F = F_{,1}\ du^1 + F_{,2}\ du^2 = F_{,u}\ du + F_{,v}\ dv$$

Um auch die übrigen Fundamentaloperatoren (rot und div) zu ermitteln, brauchen wir zuvor die **Hodgedualität**. Für 0-Formen entnehmen wir direkt aus der Definition

$$^*1 = dx \wedge dy = J^{-1}\ du \wedge dv$$

was mit Satz 4.6.1

$$^*(du \wedge dv) = {}^{**}J = J$$

zur Folge hat.

Die Wirkung des Sternoperators auf 1-Formen findet man am schnellsten durch Transformation der Gleichungen $^*dx = dy$ und $^*dy = -dx$ auf die Weylkoordinaten. Das Ergebnis ist

$$ {}^{*}du = + J \left[g_{21}\, du + g_{22}\, dv \right] $$

$$ {}^{*}dv = - J \left[g_{11}\, du + g_{12}\, dv \right] $$

Es macht nun keine Schwierigkeiten mehr, Rotation und Divergenz zu berechnen. Nach kurzer Umformung erhalten wir wegen rot = ${}^{*}d$ aus den eben abgeleiteten Beziehungen

$$ \mathrm{rot} \left[F\, du + G\, dv \right] = J \left[G_{,1} - F_{,2} \right] = J \left[G_{,u} - F_{,v} \right] $$

Ganz analog impliziert die Definition div = ${}^{*}d^{*}$ der Divergenz die für beliebige zweidimensionale Koordinatensysteme gültige Formel

$$ \mathrm{div} \left[F\, du + G\, dv \right] = g^{1a} F_{,a} + g^{2a} G_{,a} $$

$$ + \left[g^{1a}{}_{,a} - \frac{1}{2} g^{1a} D^{-1} D_{,a} \right] F + \left[g^{2a}{}_{,a} - \frac{1}{2} g^{2a} D^{-1} D_{,a} \right] G $$

die wir auch noch etwas übersichtlicher als

$$ \mathrm{div} \left[F_a\, du^a \right] = g^{ab} F_{a,b} + \left[g^{ab}{}_{,b} - \frac{1}{2} g^{ab} D^{-1} D_{,b} \right] F_a $$

schreiben können. In unserem Fall ist das insbesondere

$$ \mathrm{div} \left[F\, du + G\, dv \right] = 4\, u\, F_{,u} + 2\, k\, v\, F_{,v} + 2\, k\, v\, G_{,u} + k^2\, u^{k-1}\, G_{,v} + 4\, F $$

Gleichzeitig haben wir den Laplaceoperator Δ = div grad:

$$ \Delta F = 4\, u\, F_{,u,u} + k^2\, u^{k-1}\, F_{,v,v} + 4\, k\, v\, F_{,u,v} + 4\, F_{,u} $$

In der Formelsammlung (Teil H) sind die Weylkoordinaten der Typen $\mathbb{I}_2(k)$ für $k \in \{2,3,4,5,6\}$, d.h. der Reihe nach die Systeme $\mathbb{A}_1 \oplus \mathbb{A}_1, \mathbb{A}_2, \mathbb{B}_2, \mathbb{H}_2, \mathbb{G}_2$, separat aufgeführt. Damit dürfte wohl nahezu allen praktischen Bedürfnissen Rechnung getragen sein; die $\mathbb{I}_2(k)$ mit $k \geq 7$ werden nur selten gebraucht, weil siebenzählige Symmetrien oder solche von noch höherer Ordnung kaum jemals in der Natur auftreten. Falls doch, müssen die oben angegebenen Formeln benutzt werden.

30.4. Weylkoordinaten im dreidimensionalen Raum

Ungleich wichtiger als die Weylkoordinaten in der Ebene sind die des dreidimensionalen Raumes. Entgegen den Erwartungen zeichnen auch sie sich durch ein sehr einfaches Formelgebäude aus.

Die Klassifikation der euklidischen **Dynkindiagramme** (Satz 15.6.2) zeigt, daß es genau drei Isometrieklassen irreduzibler Wurzelsysteme in $\mathbb{R}^3$ gibt, und zwar $\mathbb{A}_3$, $\mathbb{B}_3$ und $\mathbb{H}_3$.

Sie sind mit den **platonischen Körpern** assoziiert, worauf auch ihre geometrischen Besonderheiten beruhen. Wir vermeiden die formale mathematische Definition des Begriffs **"Polyeder"**, die ziemlich aufwendig und kompliziert ist; uns genügt eine anschauliche Vorstellung. Danach ist ein Polyeder ein (kompakter) Bereich $\mathcal{P}$ in $\mathbb{R}^3$, der durch ebene **Seitenflächen** begrenzt ist, wodurch sich auch die Bezeichnung (deutsche Übersetzung: **"Vielflächner"**) erklärt.

Die Seitenflächen sind ihrerseits durch gerade **Kanten** berandete Vielecke, während die Endpunkte der Kanten die **Ecken** des Polyeders bilden. Die Mengen $\mathcal{E} = \mathcal{E}(\mathcal{P})$, $\mathcal{K} = \mathcal{K}(\mathcal{P})$ und $\mathcal{F} = \mathcal{F}(\mathcal{P})$ aller Ecken, Kanten bzw. Flächen von $\mathcal{P}$ gehören zur Charakterisierung des Vielflächners immer dazu. Die Elemente aus $\mathcal{E}$, $\mathcal{K}$ und $\mathcal{F}$ sind 0-, 1- und 2-dimensionale Varietäten in $\mathbb{R}^3$; dagegen ist $\mathcal{P}$ selbst 3-dimensional.

Eine **Fahne** ist ein geordnetes Quadrupel $\mathfrak{F} = (E,K,F,P)$ von linearen Varietäten der jeweiligen Dimensionen 0,1,2,3, die paarweise miteinander **inzidieren**. Das bedeutet, daß jede von ihnen ein Teil des Randes der nächsten ist und insbesondere $E \subset K \subset F \subset P$ gilt. (Zum besseren Verständnis der Inzidenzrelation schlage man in Kap. 7 nach). Dann ist $E \in \mathcal{E}(P)$, $K \in \mathcal{K}(P)$ und $F \in \mathcal{F}(P)$, und wir sprechen auch von einer **Randfahne** des Vielflächners P.

Zu zwei Fahnen $\mathfrak{F}_1$ und $\mathfrak{F}_2$ kann es höchstens eine euklidische Bewegung geben, die $\mathfrak{F}_1$ nach $\mathfrak{F}_2$ transportiert. Wenn ein Polyeder $\mathcal{P}$ eine **fahnentransitive Automorphismengruppe** besitzt, die genannte Bedingung also auf alle Randfahnenpaare von $\mathcal{P}$ zutrifft, heißt $\mathcal{P}$ **regulär**.

Diese Definition impliziert unmittelbar, daß die Seitenflächen von $\mathcal{P}$ lauter zueinander kongruente regelmäßige Vielecke sind, in jeder Ecke gleichviele Kanten und Flächen zusammenstoßen usw.

Damit ist es leicht, den schon im Altertum bekannten Satz zu beweisen, nach dem es bis auf Maßstab und räumliche Lage genau fünf verschiedene reguläre Polyeder gibt, und zwar die bereits oben angesprochenen Platonischen Körper: **Tetraeder**, **Hexaeder (Würfel)**, **Oktaeder**, **Dodekaeder** und **Ikosaeder**. Die griechischen Namen geben dabei die Anzahl der Randflächen an (4,6,8,12 und 20). Mehr hierüber steht in dem Standardwerk Coxeter [1963].

Die Isometriegruppen sind, was wohl niemanden verwundert, gerade die irreduziblen **Coxetergruppen** $\mathbb{A}_3, \mathbb{B}_3, \mathbb{H}_3$ des Rangs 3 in der **Weyldarstellung**, vgl. Kap. 16 und 17. Wir diskutieren sie der Reihe nach, vor allem im Hinblick auf die mit ihrer Hilfe zu konstruierenden Koordinatensysteme.

Zuvor registrieren wir aber noch einige Aspekte, die allen gemeinsam sind, um Wiederholungen zu vermeiden. Wir betrachten ein beliebiges Dynkindiagramm $\Delta = \Delta(\mathbb{X}_3)$ des Rangs 3, $\mathbb{X} \in \{\mathbb{A}, \mathbb{B}, \mathbb{H}\}$. Seine Weylgruppe sei

$$W = \mathrm{Weyl}(\mathbb{X}_3) \cong \mathrm{Cox}(\mathbb{X}_3)$$

Dann suchen wir uns ein System von Fundamentalwurzeln w_1, w_2, w_3. Die Numerierung erfolge dabei in der durch die Lage der Knoten im Diagramm gegebenen natürlichen Ordnung. Die Reflexion in w_i bezeichnen wir, wie schon früher, mit σ_i.

Bekanntlich ist $W = \langle \sigma_1, \sigma_2, \sigma_3 \rangle$ eine Spiegelungsgruppe mit minimalem Generatorensystem $\{\sigma_1, \sigma_2, \sigma_3\}$. Daneben brauchen wir noch die drei Untergruppen

$$U_1 = \langle \sigma_2, \sigma_3 \rangle$$

$$U_2 = \langle \sigma_1, \sigma_3 \rangle$$

$$U_3 = \langle \sigma_1, \sigma_2 \rangle$$

von W, deren k-te von allen Fundamentalreflexionen außer w_k erzeugt wird. Diese U_k sind maximal in W und stimmen mit ihren Normalisatoren überein:

$$N_W(U_k) = U_k$$

Die wirkliche Bedeutung dieser Konstruktion erschließt sich erst im Zusammenhang mit der Theorie der **algebraischen Gruppen**, auf die wir hier leider nicht ausführlicher eingehen können. Weitergehendes Material entnehme man der Literatur, z.B. Carter [1972,1985].

Der Fixraum von U_k ist eindimensional und bildet eine **Achse** A_k in $\mathbb{R}^3$. Dieses Phänomen gilt aufgrund der Ergebnisse des Teils D generell: Jede s-elementige Teilmenge eines Fundamentalsystems vom Rang n definiert eine Weylgruppe, deren Fixraum in $\mathbb{R}^n$ genau (n-s)-dimensional ist (Abschn. 15.5). Den hier vorliegenden Fall erhalten wir mit n = 3 und s = 2.

Jede der so gefundenen Achsen besitzt mithin ebensoviele Bilder unter W, wie der ohne weiteres aus Δ ablesbare Index von U_k in W angibt. Die Anzahl der Konjugierten zu einem Achsenpunkt ist genauso oder doppelt so groß, je nachdem, ob die Standgruppe einer Achse die Ordnung 1 oder 2 hat.

Nun zu den drei Systemen in Einzeldarstellung! Die meisten der folgenden Daten, wenn auch nicht alle, können wir direkt aus früheren Kapiteln übernehmen.

(1) $\Delta = \mathbb{A}_3$:

Die relevanten Informationen haben wir in Tab. 30.4.1 zusammengetragen. In der ersten Spalte ist das Dynkindiagramm in unorthodoxer Schreibweise eingezeichnet, um die Numerierung der Basiswurzeln w_i zu fixieren. Danach folgen die Angaben zur Gruppe U_k (Struktur, Ordnung und Index in W) und ein in der Achse von U_k liegender Vektor mit seiner Norm.

Tab. 30.4.1

k Δ	U_k	$\#(U_k)$	$ind_W(U_k)$	Achse	Norm
1 □	S_3	6	4	$3\,w_1 + 2\,w_2 + w_3$	12
2 □	2^2	4	6	$w_1 + 2\,w_2 + w_3$	4
3 □	S_3	6	4	$w_1 + 2\,w_2 + 3\,w_3$	12

Wir haben bei der Berechnung der Wurzeln ausgenutzt, daß $\mathbb{A}_3 = \mathbb{D}_3$ ist. Die U_k sind, da von zwei **Involutionen** erzeugt, **Diedergruppen**. Die Isomorphieklasse der Gesamtgruppe ist uns bereits aus Tab. 16.2.1 bekannt:

$$W = \mathrm{Weyl}(\mathbb{A}_3) \cong \mathrm{Cox}(\mathbb{A}_3) \cong S_4$$

Der zu W gehörige Vielflächner ist nun leicht zu identifizieren. Die vier Bilder des in Tab. 30.4.1 aufgeführten Achsenpunkts vom Typ 1 sind

$$E_1 = 3^{-1/2}\,(+1,+1,+1)$$

$$E_2 = 3^{-1/2}\,(+1,-1,-1)$$

$$E_3 = 3^{-1/2}\,(-1,+1,-1)$$

$$E_4 = 3^{-1/2}\,(-1,-1,+1)$$

Ihre konvexe Hülle ist das (reguläre) **Tetraeder** $\mathcal{T}$ mit der Eckenmenge

$$\mathcal{E}(\mathcal{T}) = \left\{ E_1 , E_2 , E_3 , E_4 \right\}$$

Seine 4 Ecken, 6 Kanten und 4 Flächen sind bijektiv den 4 + 6 + 4 Achsen zugeordnet. Die Ecken werden von der symmetrischen Gruppe $W \cong S_4$ in kanonischer Weise permutiert.

Genausogut hätten wir auch die **Antipoden** $-E_i$ und den von ihnen gebildeten Körper $-\mathcal{T}$ (auch ein Tetraeder) nehmen können; das macht keinen Unterschied.

Wir wollen vereinbaren, unter Kanten- oder Flächen(mittel)punkten eines Polyeders nicht die wirklichen Stellen im Raum zu verstehen, sondern deren radiale Projektionen auf die Einheitssphäre $\Omega_3 \cong S^2$. Dadurch vermeiden wir die für unsere Zwecke belanglose Ermittlung der Längen dieser Vektoren.

Die hier verfolgten Ziele lassen sich bereits mit dieser vereinfachenden Konvention erreichen. Der Vorteil ist, daß wir die benötigten Fakten direkt aus den Gruppeneigenschaften und der Diagrammgeometrie entnehmen können.

In diesem Sinne sind die Kantenmitten beider Tetraeder $\mathcal{T}$ und $-\mathcal{T}$ durch die 6 Bilder der Achsenpunkte repräsentiert, die sich als die mit beliebigen Vorzeichen verzierten Standardbasisvektoren erweisen:

$$\mathcal{K}(\mathcal{T}) = \left\{ \pm e_1 , \pm e_2 , \pm e_3 \right\}$$

Die Flächenzentren sind die Ecken des **dualen** Vierflächners $-\mathcal{T}$, also

$$\mathcal{F}(\mathcal{T}) = \mathcal{E}(-\mathcal{T}) = -\,\mathcal{E}(\mathcal{T})$$

(und umgekehrt). Das Wurzelsystem selbst rekonstruieren wir, indem wir die Differenzen je zweier Tetraederecken auf die Länge $\sqrt{2}$ normieren. Die Fundamentalgrade des Invariantenrings unserer Weylgruppe W sind nach Kap. 17 gleich 2,3,4, und als besonders bequeme Basispolynome haben wir die dort gefundenen, die wir auch als Koordinaten wählen,

$$u^1 = p_2(x,y,z) = x^2 + y^2 + z^2$$

$$u^2 = s_3(x,y,z) = x\,y\,z$$

$$u^3 = p_4(x,y,z) = x^4 + y^4 + z^4$$

(**"Tetraederkoordinaten"**). Die Berechnung der kontravarianten Metrik nach der schon öfter herangezogenen Formel $g^{ab} = \langle \nabla u^a, \nabla u^b \rangle$ macht keine Mühe, ebensowenig wie die der übrigen Daten, die in der Formelsammlung aufgelistet wurden. Deshalb wenden wir uns sogleich den beiden übrigen Typen zu, die wir etwas summarischer behandeln, da sich die Argumentation im wesentlichen wiederholt.

(2) $\Delta = \mathbb{B}_3$:

Die nötigen Informationen ergeben sich aus Tab. 30.4.2. Der assoziierte Platonische Körper hat im vorliegenden Fall entweder, wie die Indizes des U_k in W zeigen, 6 Ecken, 12 Kanten und 8 Flächen und ist ein **Oktaeder** $\mathcal{O}$ oder, wenn wir die Reihenfolge der Wurzeln umkehren, das dazu duale **Hexaeder** (= **Würfel**) $\mathcal{W}$ mit 8 Ecken, 12 Kanten und 6 Flächen.

Tab. 30.4.2

k Δ	U_k	$\#(U_k)$	$\mathrm{ind}_W(U_k)$	Achse	Norm
1 □	D_8	8	6	$w_1 + w_2 + \frac{1}{2}\sqrt{3}\, w_3$	1
2 □	2^2	4	12	$w_1 + 2\, w_2 + \sqrt{2}\, w_3$	2
3 □	S_3	6	8	$\sqrt{2}\, w_1 + 2\sqrt{2}\, w_2 + 3\, w_3$	6

Es ist üblich, jeweils die Konfiguration mit der geringeren Eckenzahl zu bevorzugen; deshalb spricht man i.a. von der **Oktaedergruppe**, seltener von der **Würfel-** oder **Hexaedergruppe**. Wie auch immer; die Struktur bleibt dieselbe, nämlich

$$W = \mathrm{Weyl}(\mathbb{B}_3) \cong \mathrm{Cox}(\mathbb{B}_3) \cong 2 \times S_4$$

In der vorliegenden Darstellung ergeben sich die 8 Flächenmittelpunkte von $\mathcal{O}$, d.h. die Ecken von $\mathcal{W}$, durch Kombination der beiden Tetraeder, die wir vorhin betrachtet hatten,

$$\mathcal{F}(\mathcal{O}) = \mathcal{E}(\mathcal{W}) = \mathcal{E}(\mathcal{T}) \cup \mathcal{E}(-\mathcal{T}) = \left\{ \pm E_i \;\middle|\; 1 \le i \le 4 \right\}$$

wohingegen die Ecken von $\mathcal{O}$ = Flächenmitten von $\mathcal{W}$ mit den gemeinsamen Kanten von $\mathcal{T}$ und $-\mathcal{T}$ übereinstimmen,

$$\mathcal{E}(\mathcal{O}) = \mathcal{F}(\mathcal{W}) = \mathcal{K}(\mathcal{T}) = \left\{ \pm e_i \;\middle|\; 1 \le i \le 3 \right\}$$

Die 12 Punkte, in denen sich je eine Kante von $\mathcal{O}$ und $\mathcal{W}$ (orthogonal) schneiden, bilden die Menge

$$\mathcal{K}(\mathcal{O}) = \mathcal{K}(\mathcal{W}) = \left\{ \frac{1}{\sqrt{2}}(0,\pm1,\pm1) \;;\; \frac{1}{\sqrt{2}}(\pm1,0,\pm1) \;;\; \frac{1}{\sqrt{2}}(\pm1,\pm1,0) \right\}$$

Mehr brauchen wir dazu wohl nicht anzumerken, außer, daß in Teil H aus naheliegenden Erwägungen heraus die Basispolynome

$$u^1 = p_2(x,y,z) = x^2 + y^2 + z^2$$

$$u^2 = p_4(x,y,z) = x^4 + y^4 + z^4$$

$$u^3 = p_6(x,y,z) = x^6 + y^6 + z^6$$

als **Oktaeder-** bzw. **Hexaeder-** oder **Würfelkoordinaten** benutzt werden. Die Metrik erhalten wir wieder nach dem bekannten Verfahren.

(3) $\Delta = \mathbb{H}_3$:

Der letzte verbleibende Fall ist ein bißchen komplizierter als die beiden ersten, weil die Gruppe

$$W = \mathrm{Weyl}(\mathbb{H}_3) \cong \mathrm{Cox}(\mathbb{H}_3) \cong 2 \times A_5$$

größer und nicht auflösbar ist. Grundsätzlich ändert sich jedoch nichts gegenüber unseren früheren Ausführungen. Als erstes stellen wir die wichtigsten Ergebnisse in Tab. 30.4.3 übersichtlich zusammen:

Tab. 30.4.3

k Δ	U_k	$\#(U_k)$	$\mathrm{ind}_W(U_k)$	Achse	Norm
1 □	D_{10}	10	12	$\frac{5-\sqrt{5}}{2} w_1 + 2 w_2 + \frac{1+\sqrt{5}}{2} w_3$	$10 - 4\sqrt{5}$
|					
2 □	2^2	4	30	$w_1 + 2 w_2 + \frac{1+\sqrt{5}}{2} w_3$	$3 - \sqrt{5}$
| 5					
3 □	S_3	6	20	$w_1 + 2 w_2 - 3 \frac{1-\sqrt{5}}{2} w_3$	$21 - 9\sqrt{5}$

Wir haben jetzt die Wahl, ob wir ein **Ikosaeder** $\mathcal{I}$ (12 Ecken, 30 Kanten, 20 Flächen) oder das dazu duale **Dodekaeder** $\mathcal{D}$ (20 Ecken, 30 Kanten, 12 Flächen) zu betrachten wünschen. Die ausgezeichneten Punkte sind natürlich unabhängig davon festgelegt: $\mathcal{E}(\mathcal{I}) = \mathcal{F}(\mathcal{D})$ umfaßt

$$\frac{2}{\sqrt{5}} \left[0 \, , \, \sin\frac{4\pi}{5} \, , \, \sin\frac{2\pi}{5}\right] \; ; \; \frac{2}{\sqrt{5}} \left[\sin\frac{2\pi}{5} \, , \, 0 \, , \, \sin\frac{4\pi}{5}\right] \; ; \; \frac{2}{\sqrt{5}} \left[\sin\frac{4\pi}{5} \, , \, \sin\frac{2\pi}{5} \, , \, 0\right]$$

und alle durch beliebige Vorzeichenwechsel daraus abgeleiteten Punkte. Analog ist

$$\mathcal{F}(\mathcal{I}) = \mathcal{E}(\mathcal{D}) = \left\{\frac{1}{\sqrt{3}}(\pm1,\pm1,\pm1) \; ; \; \frac{1}{\sqrt{3}}(0,\pm\lambda,\pm\mu) \; ; \; \frac{1}{\sqrt{3}}(\pm\mu,0,\pm\lambda) \; ; \; \frac{1}{\sqrt{3}}(\pm\lambda,\pm\mu,0)\right\}$$

worin wie üblich

$$\lambda = \frac{1}{2}\left[-1+\sqrt{5}\right]$$

$$\mu = \frac{1}{2}\left[-1-\sqrt{5}\right]$$

gesetzt wurde. Die Kantenmitten sind für beide Körper dieselben;

$$\mathcal{K}(\mathcal{I}) = \mathcal{K}(\mathcal{D})$$

Sie bilden das $\mathbb{H}_3$-Wurzelsystem, das aus (1,0,0) und $\frac{1}{2}(1,\lambda,\mu)$ durch Anwenden von Zeichenwechseln und zyklischen Permutationen hervorgeht; vgl. Abschn. 16.1. Als **Ikosaeder-** oder **Dodekaederkoordinaten** bestimmen wir

$$u^1 = I_2$$

$$u^2 = I_6$$

$$u^3 = 5\, I_{10}$$

weil die Originalpolynome I_2, I_6 und I_{10} aus Abschn. 17.3 im Gegensatz zu diesen in einigen Metrikkomponenten und Christoffelsymbolen vermeidbare Faktoren 5 im Nenner ergäben.

Zum Schluß noch eine Anmerkung:

Das Hauptanwendungsgebiet der Weylkoordinaten erstreckt sich auf alle mathematischen Probleme in $\mathbb{R}^3$, die nichttriviale endliche Symmetriegruppen zulassen. Dazu zählt vor allem die **Kristallographie**, wenn auch die ersten Arbeiten, in denen Weylsysteme vorkommen, der Astrophysik entstammen (Plasmaströmungen in sog. "koronalen Löchern", Neutsch & Fichtner [1988]).

30.5. Höherdimensionale Weylkoordinaten

Die Konstruktion von Weylkoordinaten zu einem **monolithischen Dynkindiagramm** beliebigen Ranges n erfolgt exakt nach dem gleichen Schema, das in den beiden letzten Abschnitten für n = 2 und n = 3 ausführlich dargestellt wurde. Es erübrigt sich daher eine detaillierte Diskussion des Verfahrens.
Die zur Auffindung der Metrik sowie zur Ableitung der Christoffelsymbole nötigen Rechnungen nehmen mit wachsendem n aber stark an Umfang und Komplexität zu, während sich die praktische Bedeutung verringert.
Wir verzichten deshalb auf die Wiedergabe der entsprechenden Formeln, wollen aber doch noch einige Anmerkungen zu den geometrischen Eigenschaften der betreffenden Wurzelsysteme und Weylgruppen machen. Sie sind letztlich das entscheidende Kriterium für oder gegen die Verwendbarkeit der Koordinaten bei der Behandlung konkreter Probleme.
An die Stelle der Vielflächner treten in $\mathbb{R}^n$ die sogenannten **Polytope**. Darunter verstehen wir einen kompakten Teilbereich V mit positivem Volumen in $\mathbb{R}^n$, der von endlich vielen Hyperebenen begrenzt ist. Die zum Rand von V gehörenden Teile dieser Hyperebenen sind die **Zellen** von V. Diese sind ihrerseits (n-1)-dimensionale Polytope, usw. rekursiv.
Auf diesem Wege fortschreitend, erhalten wir nach und nach den **Komplex** der **Randvarietäten** des **Polytops** V.
Die frühere Nomenklatur übernehmen wir soweit möglich: Randvarietäten der Dimensionen 0, 1 und 2 heißen **Ecken**, **Kanten** und **Flächen** von V. **Inzidenz** zweier Varietäten V und V′ liegt vor, wenn eine zum Randkomplex der anderen gehört (der Fall V = V′ ist erlaubt).
Eine **Fahne** ist ein maximales System paarweise inzidenter Varietäten in $\mathbb{R}^n$, d.h. ein (n+1)-Tupel $(V_0, V_1, \dots, V_{n-1}, V_n)$ mit $\dim V_i = i$, in dem jedes V_i eine Randzelle von V_{i+1} ist.
Die auf die **Fahnentransitivität** bezogenen Aussagen aus Abschn. 30.4 bleiben unverändert gültig: Es gibt höchstens eine lineare Transformation des $\mathbb{R}^n$, die zwei Fahnen $\mathfrak{F}$ und $\mathfrak{F}'$ im Sinne $\mathfrak{F} \mapsto \mathfrak{F}'$ aufeinander abbildet. Existiert eine solche euklidische Bewegung für alle Paare von Randfahnen eines Polytops $V = V_n$, so nennen wir V **regulär**.
Sei Δ ein Diagramm vom Rang n. Wir bestimmen einen Satz von Fundamentalwurzeln $w_i \in \mathbb{R}^n$ mit den Spiegelungen $\sigma_i : \mathbb{R}^n \longrightarrow \mathbb{R}^n$ und definieren wiederum die

Untergruppen $U_1,\dots,U_n$ der Weylgruppe $W = \langle \sigma_1,\dots,\sigma_n \rangle$ als Erzeugnis aller σ_k mit Ausnahme von σ_i. Sie sind sämtlich maximal in W und haben eindimensionale Fixräume (= Achsen).

Auch in der jetzigen verallgemeinerten Situation sind mit jedem monolithischen Dynkindiagramm reguläre Polytope assoziiert. Die in Tab. 30.4.1 bis 30.4.3 angedeutete Prozedur ist allerdings nur auf **kettenförmige** Diagramme, das sind $\mathbb{A}_n$ $(n \geq 1)$, $\mathbb{B}_n$ $(n \geq 2)$, $\mathbb{F}_4$, $\mathbb{G}_2$, $\mathbb{H}_2$, $\mathbb{H}_3$, $\mathbb{H}_4$ und $\mathbb{I}_2(k)$ mit $k \geq 3$, anwendbar. Schon ab Dimension 4 kommen aber in Gestalt von $\mathbb{D}_n$ und den Ausnahmetypen $\mathbb{E}_6$, $\mathbb{E}_7$ und $\mathbb{E}_8$ auch **verzweigte** Dynkingraphen vor, die sich etwas anders verhalten.

Das $\mathbb{D}_n$-Diagramm besitzt für $n \geq 5$ einen nichttrivialen Graphenautomorphismus (Vertauschung der beiden kurzen Enden). Die entsprechende Permutation der Fundamentalwurzeln läßt sich eindeutig zu einer linearen Transformation des $\mathbb{R}^n$ ausdehnen. Wenn wir etwa die Standardwurzeln aus Abschn. 16.1 zugrundelegen, handelt es sich einfach um die Vorzeichenumkehr in der letzten Koordinate,

$$(x_1, x_2, \dots, x_{n-1}, x_n) \longmapsto (x_1, x_2, \dots, x_{n-1}, -x_n)$$

Das ist eine **monomiale Substitution**, die nicht in der Weylgruppe $W = W(\mathbb{D}_n)$ enthalten ist. Die volle Automorphismengruppe des Wurzelsystems $\Sigma(\mathbb{D}_n)$ ist nach Satz 15.5.1 gleich der zerfallenden Erweiterung

$$\mathrm{Aut}\, \Sigma(\mathbb{D}_n) = \mathrm{Weyl}(\mathbb{D}_n) : \mathrm{Aut}\, \Delta(\mathbb{D}_n) \cong W : S_2 \cong 2^{n-1} : S_n : 2$$

Sie ist identisch mit der vollen monomialen Gruppe

$$2^n : S_n = \mathrm{Weyl}(\mathbb{B}_n)$$

Das korrespondiert mit der uns auch schon bekannten Inklusion

$$\Sigma(\mathbb{D}_n) \subset \Sigma(\mathbb{B}_n)$$

bei Verwendung der Standardsysteme. Die Achsen von $\mathbb{D}_n$ ergeben sich folglich unmittelbar aus denen von $\mathbb{B}_n$.

Im bislang ausgelassenen Fall $n = 4$, $\Delta = \mathbb{D}_4$, existieren drei gleichberechtigte Endknoten des Dynkindiagramms, die wir beliebig vertauschen dürfen. Die Automorphismengruppe von Δ als Graph ist also isomorph zur symmetrischen Gruppe S_3, und wie oben erhalten wir

$$\mathrm{Aut}\ \Sigma(\mathbb{D}_4) \;=\; \mathrm{Weyl}(\mathbb{D}_4) : \mathrm{Aut}\ \Delta(\mathbb{D}_4) \;\cong\; W : S_3 \;\cong\; 2^3 : S_4 : S_3$$

Diese Gruppe ist, vgl. Humphreys [1990], identisch mit der Weylgruppe von $\mathbb{F}_4$. Der Grund liegt in der Beziehung

$$\Sigma(\mathbb{D}_4) \;\subset\; \Sigma(\mathbb{F}_4)$$

Die zu den Diagrammen des Typs $\mathbb{D}$ gehörigen Polytope entspringen somit direkt aus denen der Klassen $\mathbb{B}$ und $\mathbb{F}$ und bieten wenig Neues dar.
Ähnlich verhält es sich mit den restlichen verzweigten Dynkingraphen, $\mathbb{E}_6$, $\mathbb{E}_7$ und $\mathbb{E}_8$. Auf ihre Analyse gehen wir hier aber nicht näher ein, da die betreffenden Koordinaten wohl kaum jemals Verwendung finden werden. Im übrigen ist die Untersuchung mit den verfügbaren Mitteln ohne Schwierigkeiten, wenn auch mit einigem Aufwand, zu leisten.
Wir stellen dem geneigten Leser anheim, die Einzelheiten zu ergänzen, und wenden uns den interessanteren unverzweigten Diagrammen zu, als da sind: $\mathbb{A}_n$ $(n \geq 1)$, $\mathbb{B}_n$ $(n \geq 2)$, $\mathbb{F}_4$, $\mathbb{G}_2$, $\mathbb{H}_2$, $\mathbb{H}_3$, $\mathbb{H}_4$ und $\mathbb{I}_2(k)$ mit $k \geq 3$.

Tab. 30.5.1

k Δ	U_k	$\#(U_k)$	$\mathrm{ind}_W(U_k)$
1 □	$S_1 \times S_n$	$1!\ n!$	$\binom{n+1}{1}$
2 □	$S_2 \times S_{n-1}$	$2!(n-1)!$	$\binom{n+1}{2}$
3 □	$S_3 \times S_{n-2}$	$3!(n-2)!$	$\binom{n+1}{3}$
⋮	...	...	...
n-2□	$S_{n-2} \times S_3$	$(n-2)!3!$	$\binom{n+1}{n-2}$
n-1□	$S_{n-1} \times S_2$	$(n-1)!2!$	$\binom{n+1}{n-1}$
n □	$S_n \times S_1$	$n!\ 1!$	$\binom{n+1}{n}$

Tab. 30.5.2

k Δ	U_k	$\# U_k$	$ind_W(U_k)$
1 □	$S_1 \times 2^{n-1}:S_{n-1}$	2^{n-1} 1! (n-1)!	$2^1 \binom{n}{1}$
2 □	$S_2 \times 2^{n-2}:S_{n-2}$	2^{n-2} 2! (n-2)!	$2^2 \binom{n}{2}$
3 □	$S_3 \times 2^{n-3}:S_{n-3}$	2^{n-3} 3! (n-3)!	$2^3 \binom{n}{3}$
. . .	...	...	...
n-2 □	$S_{n-2} \times 2^2:S_2$	2^2 (n-2)! 2!	$2^{n-2} \binom{n}{n-2}$
n-1 □	$S_{n-1} \times 2:S_1$	2^1 (n-1)! 1!	$2^{n-1} \binom{n}{n-1}$
n □	S_n	2^0 (n-0)! 0!	$2^n \binom{n}{n}$

Von den bereits behandelten Systemen der Ränge 2 oder 3 sehen wir ab und konzentrieren uns ganz auf $n \geq 4$. Die Tabellen 30.5.1 und 30.5.2 geben die Daten für die generischen Gruppen (Kategorien $\mathbb{A}$ und $\mathbb{B}$) in $\mathbb{R}^n$; zur Verdeutlichung haben wir in Tab. 30.5.3 die Fälle mit n = 4 gesondert aufgelistet.

Tab. 30.5.3

$\mathbb{A}_4$		
Δ	U_k	Ind.
□	S_4	5
□	$2\times S_3$	10
□	$2\times S_3$	10
□	S_4	5

$\mathbb{B}_4$		
Δ	U_k	Ind.
□	$2\times S_4$	8
□	$2\times D_8$	24
□	$2\times S_3$	32
□	S_4	16

$\mathbb{F}_4$		
Δ	U_k	Ind.
□	$2\times S_4$	24
□	$2\times S_3$	96
□	$2\times S_3$	96
□	$2\times S_4$	24

$\mathbb{H}_4$		
Δ	U_k	Ind.
□	$2\times A_5$	120
□	$2\times D_{10}$	720
□	$2\times S_3$	1200
5 □	S_4	600

Die Darstellung erfolgt nach einem ähnlichen Schema wie in Abschn. 30.4. Analog zur Benennung der Polyeder pflegt man die Polytope nach der Anzahl ihrer Randkomponenten zu klassifizieren. Mit den Gruppen $\mathbb{A}_4$ und $\mathbb{F}_4$ sind Paare von kongruenten, vom Ursprung aus gesehen einander diametral gegenüberliegenden regulären Polytopen assoziiert, von denen wir je ein beliebiges aussuchen.

Bei $\mathbb{A}_4$ ergibt sich ein vierdimensionales **Simplex** mit 5 äquidistanten Eckpunkten, 10 Kanten, 10 dreieckigen Flächen und 5 Randtetraedern. Es handelt sich also um ein reguläres **5-Zell**. Entsprechend besteht ein **24-Zell**, wie wir es für $\mathbb{F}_4$ bekommen, aus 24 Ecken, 96 Kanten, 96 Dreiecksflächen und 24 Oktaedern. (Die Struktur der i-dimensionalen Randzellen entnehmen wir aus den Dynkingraphen, indem wir die Residualdiagramme betrachten, die nach Weglassen des i-ten Knotens verbleiben).

Die beiden übrigen Geometrien lassen uns die Wahl, ob wir das Diagramm in Tab. 30.5.3 von oben nach unten lesen oder umgekehrt. So ergibt sich für $\mathbb{B}_4$ mit Numerierung wie in der Tabelle - d.h. Richtung $\downarrow$ - ein **16-Zell**, während die reverse Richtung $\uparrow$ ein **8-Zell** liefert. Da sie den dreidimensionalen 8- und 6-Flächnern entsprechen, heißen sie auch **Hyperoktaeder** und **Hyperwürfel**.

Schließlich fehlt nur noch $\mathbb{H}_4$. Die Lesart $\downarrow$ führt auf ein von Ikosaedern berandetes **600-Zell** mit 120 Ecken; dagegen kommt bei der dualen Interpretation $\uparrow$ ein **120-Zell** mit **dodekaedrischen** Randkörpern zustande, woraus sich die Alternativnamen **Hyperikosaeder** bzw. **Hyperdodekaeder** ableiten.

In den Tabellen des Abschnitts 30.4 hatten wir die geometrisch wichtigen Achsen der **Platonischen Polyeder** (= Richtungen vom Körperschwerpunkt zu den Ecken, Kanten- und Flächenmitten) kommentarlos als Linearkombinationen der Fundamentalwurzeln angegeben, anstatt sie bezüglich einer Orthonormalbasis o.dgl. auszudrücken. Hierfür gab es mehrere Gründe, die verstärkt zum Tragen kommen, wenn wir die Untersuchungen auf $\mathbb{R}^n$ ausdehnen. Dabei ist es auch ohne Belang, ob das betrachtete Diagramm Δ verzweigt ist oder nicht.

Erstens befreit uns die genannte geometrisch motivierte Festsetzung von der Willkür eines Bezugssystems; außerdem nehmen die Entwicklungskoeffizienten eine vergleichsweise einfache Form an.

Viel entscheidender ist aber die Tatsache, daß auch die Berechnung von geeigneten Achsenvektoren erheblich erleichtert wird, wenn wir uns eines Fundamentalsystems $w_1,\dots,w_n$ als Basis des $\mathbb{R}^n$ bedienen.

Die i-te Achse ist der Fixraum von U_i und kann auch als orthogonales Kom-

plement der von allen Fundamentalwurzeln mit Ausnahme von w_i aufgespannten Hyperebene charakterisiert werden. Die zu $\{w_1,\dots,w_n\}$ **duale Basis** von $\mathbb{R}^n$ - sie möge $\{a_1,\dots,a_n\}$ heißen - besteht also aus lauter Erzeugenden für die einzelnen Achsen (in der "richtigen" Reihenfolge).
Die Berechnung erfolgt am besten mit den Mitteln der Linearen Algebra. Wir bilden die (n,n)-Matrix W, deren i-te Zeile die Basiswurzel w_i darstellt, und kombinieren in gleicher Weise auch die a_i zu einer zweiten Matrix A. Die Dualität bedeutet definitionsgemäß

$$\langle a_i, w_j \rangle = \delta_{ij}$$

oder als Matrixgleichung

$$A\,{}^tW = 1$$

Die direkte Auswertung der resultierenden Formel

$$A = {}^tW^{-1}$$

ist aber meist ein wenig beschwerlich, da in den Matrixkomponenten i.a. zahlreiche Irrationalitäten vorkommen. Abhilfe schafft eine Umformung, die die **Cartanmatrix**

$$C = W\,{}^tW$$

involviert:

$$A^{-1} = {}^tW = W^{-1}\,W\,{}^tW = W^{-1}\,C$$

mit der Lösung

$$A = C^{-1}\,W$$

die nur die Inversion der symmetrischen und im Vergleich zu W handlicheren Matrix C erfordert.

H. FORMELSAMMLUNG

Berechnung und Organisation der Tabellen

Die nachstehende Sammlung spezieller Koordinaten beschränkt sich von vorneherein auf die Grundräume $\mathbb{R}^2$, $\mathbb{R}^3$ und $\mathbb{R}^4$. Andere Dimensionen oder nichteuklidische Bereiche kommen in der Praxis zu selten vor, um eine Erweiterung der ohnehin schon langen Liste zu rechtfertigen.
Gleichwohl wurde angestrebt, eine möglichst umfassende Darstellung zu geben. Daher sind neben den häufig verwendeten, wohlbekannten Systemen auch einige weniger gebräuchliche aufgenommen worden. Hierdurch dürfte wohl nahezu allen Bedürfnissen des Anwenders Rechnung getragen sein.
Das Tabellenwerk gliedert sich in drei Kapitel, die den Raumdimensionen 2, 3 und 4 entsprechen. Jedes der insgesamt 39 Koordinatensysteme ist durch einen eigenen Abschnitt repräsentiert. Die Anordnung wurde bewußt schematisch gewählt, um Vergleiche zu erleichtern und eine vorurteilsfreie Entscheidung, welche Koordinaten man benutzen möchte, zu erleichtern.
Die beschriebenen Systeme lassen sich in drei Kategorien einordnen:

(a) Stäckelkoordinaten, die eine Separation der Potential- und Wellengleichungen zulassen (Kap. 26 bis 28) und zudem orthogonal sind. In der Ebene haben wir alle 5 isothermen Parametrisierungen berücksichtigt, im Dreidimensionalen sämtliche 11 Stäckelklassen (in 15 Abschnitten, weil wir die sphärischen Systeme in Polar- und geographische geschieden und außerdem bei den Sphäroidkoordinaten außer der algebraischen auch die exponentielle Variante aufgenommen haben). In $\mathbb{R}^4$ wurde nur ein Teil der denkbaren Typen behandelt, darunter die "generischen" Konfokalsysteme.

(b) Ferner werden einige nicht zur Stäckelfamilie gehörende orthogonale Koordinaten beschrieben, nämlich die bipolaren in $\mathbb{R}^2$ und die darauf aufbauenden dreidimensionalen Gegenstücke.

(c) Schließlich kommen die Weylkoordinaten noch dazu, die nicht orthogonal sind und auch sonst geringfügig von den "normalen" Systemen abweichen. Für die Ebene haben wir unter den unendlich vielen System $\mathbb{I}_2(k)$ nur die mit $k \in \{2,3,4,5,6\}$ erörtert (die allgemeinen Formeln stehen etwas weniger explizit in Abschn. 30.3). Sie werden allerdings wahrscheinlich nur selten gebraucht, im Gegensatz zu den drei irreduziblen Weylsystemen des $\mathbb{R}^3$. Diese Tetraeder-, Oktaeder- und Ikosaederkoordinaten haben wir selbstverständlich in die Sammlung aufgenommen. Auf die Wiedergabe der 5 Klassen irreduzibler Weylkoordinaten in $\mathbb{R}^4$ mußten wir dagegen aus Platzmangel verzichten; die zu ihrer Berechnung nötige Theorie ist aber ausführlich in Abschn. 30.5 diskutiert.

Die Verteilung der 39 Abschnitte auf diese Gruppierungen ist:

	$\mathbb{R}^2$	$\mathbb{R}^3$	$\mathbb{R}^4$	Σ
Stäckelsysteme	5	15	7	27
andere orthogonale	1	3	-	4
Weylkoordinaten	5	3	-	8
Summe	11	21	7	39

Innerhalb der Gattungen erfolgt die Anordnung mehr oder weniger nach steigender Komplexität.

Welche Koordinaten sind für eine bestimmte Fragestellung am besten geeignet ? Im allgemeinen kommen nur Parametrisierungen in Betracht, die dieselben Symmetrien aufweisen wie das Problem selbst. Normalerweise wird man von diesen das in der Reihenfolge der Aufstellung erste und damit einfachste verwenden. Gelegentlich mag auch eine andere Wahl bequemer sein; das muß von Fall zu Fall untersucht werden.

In allen Abschnitten halten wir uns strikt an ein bestimmtes Schema, um die Benutzung der Tabelle zu erleichtern und insbesondere Vergleiche ohne großen Aufwand durchführen zu können.

Nach einigen Vorbemerkungen, die keiner Erläuterung bedürfen, sind jeweils die Bezeichnungen vereinbart und die Umrechnungsformeln auf die kartesischen Komponenten mit den Wertebereichen und etwaigen Singularitäten vermerkt.

Außerdem ist die Gestalt der Koordinaten(hyper)flächen kurz beschrieben; mit Ausnahme der Weylsysteme, bei denen es sich um algebraische Kurven bzw. Flächen handelt, deren nähere Charakterisierung sehr umständlich und nicht sonderlich interessant ist. In diesen Fällen geben wir stattdessen die viel grundlegendere Struktur der Coxetergruppe an.

Es folgen (bei den "normalen" Koordinaten) die durch direktes Ableiten der Definitionsformeln gewonnenen Differentiale und ihre Determinante, das Volumenelement

$$dx^1 \wedge \ldots \wedge dx^n = J^{-1}\, du^1 \wedge \ldots \wedge du^n$$

worin

$$J = \det \frac{\partial u}{\partial x}$$

die Jacobideterminante des Kartenwechsels $(x^i) \longmapsto (u^j)$ bedeutet; vgl. die Kapitel 3 und 4.

Danach sind die kontra- und kovarianten Formen der Metrik aufgelistet, gefolgt von den Christoffelsymbolen. Zur Berechnung haben wir die Standardgleichungen aus Kap. 3 herangezogen.

Den Schluß bilden die invarianten Differentialoperatoren, die wir nach folgenden Formeln ermittelt haben:

Der Gradient ist immer gleich dem Differential

$$\operatorname{grad} F = F_{,a}\, du^a$$

da wir nicht, wie es oft unnötigerweise geschieht, die Vektoren auf ein Orthonormalsystem beziehen, sondern die Koordinatendifferentiale du^a selbst als (schiefwinklige) Basis benutzen. Diese Konvention wirkt sich überall günstig aus.

Bei der Rotation, die nur in den 2- und 3-dimensionalen Räumen angegeben ist (in $\mathbb{R}^4$ wird sie nie gebraucht), kommen die Regeln

$$\operatorname{rot}\left[F_a\, du^a\right] = J\left[F_{2,1} - F_{1,2}\right]$$

in der Ebene und

$$\operatorname{rot}\left[F_a\, du^a\right] = J\, g_{1a}\left[F_{3,2} - F_{2,3}\right] du^a + J\, g_{2a}\left[F_{1,3} - F_{3,1}\right] du^a + J\, g_{3a}\left[F_{2,1} - F_{1,2}\right] du^a$$

in $\mathbb{R}^3$ zur Anwendung.

Im Gegensatz zur Rotation haben wir für die Divergenz eine einfache, in allen Dimensionen gültige Formel:

$$\operatorname{div}\left[F_a\, du^a\right] = g^{ab} F_{a,b} + \left[g^{ab}{}_{,b} - g^{ab} J^{-1} J_{,b}\right] F_a$$

aus der wir mit

$$\Delta = \operatorname{div}\operatorname{grad}$$

unmittelbar auch den Laplaceoperator ablesen.

Wir erwähnen noch die Hodgedualität in $\mathbb{R}^3$, obwohl sie in die Formelsammlung nicht aufgenommen wurde. Sie steckt aber implizit in den gerade entwickelten Berechnungen der Differentiatoren rot, div und Δ. Es ist

$$^*1 = J^{-1}\, du^1 \wedge du^2 \wedge du^3$$

Für die Differentiale haben wir

$$^*du^1 = J^{-1}\left[g^{11}\, du^2 \wedge du^3 + g^{12}\, du^3 \wedge du^1 + g^{13}\, du^1 \wedge du^2\right]$$

$$^*du^2 = J^{-1}\left[g^{21}\, du^2 \wedge du^3 + g^{22}\, du^3 \wedge du^1 + g^{23}\, du^1 \wedge du^2\right]$$

$$^*du^3 = J^{-1}\left[g^{31}\, du^2 \wedge du^3 + g^{32}\, du^3 \wedge du^1 + g^{33}\, du^1 \wedge du^2\right]$$

Die Anwendung des Hodgeoperators auf die elementaren 2-Formen ergibt

$$^*\left(du^2 \wedge du^3\right) = J\left(g_{11}\, du^1 + g_{12}\, du^2 + g_{13}\, du^3\right) = J\, g_{1a}\, du^a$$

$$^*\left(du^3 \wedge du^1\right) = J\left(g_{21}\, du^1 + g_{22}\, du^2 + g_{23}\, du^3\right) = J\, g_{2a}\, du^a$$

$$^*\left(du^1 \wedge du^2\right) = J\left(g_{31}\, du^1 + g_{32}\, du^2 + g_{33}\, du^3\right) = J\, g_{3a}\, du^a$$

und die zur Volumenform duale Funktion ist

$$^*\left[du^1 \wedge du^2 \wedge du^3\right] = J$$

Viele weitere allgemeine differentialgeometrische Relationen sind im Text, vor allem in Teil B, ausführlich behandelt.

KARTESISCHE KOORDINATEN

Namen: kartesische K., rechtwinklige K., orthogonale lineare K.

Grundraum: $\mathbb{R}^2$

Theorie: Abschn. 26.1

Bezeichnungen:

$u^1 = u$

$u^2 = v$

Definition:

$x^1 = x = u$

$x^2 = y = v$

Bereich:

$-\infty < x < +\infty$

$-\infty < y < +\infty$

Singularitäten:

keine

Koordinatenlinien:

x = konst.: parallele Geraden

y = konst.: parallele Geraden

Differentiale:

$dx = dx$

$dy = dy$

Flächenelement:

$dx\, dy = dx\, dy$

Metriktensor (kontravariant):

$g^{11} = 1$

$g^{22} = 1$

alle übrigen $g^{ij} = 0$

Metriktensor (kovariant):

$g_{11} = 1$

$g_{22} = 1$

alle übrigen $g_{ij} = 0$

Christoffelsymbole:

alle $\Gamma^{i}{}_{jk} = 0$

Gradient:

$\text{grad } F = F_{,1}\, dx + F_{,2}\, dy$

Rotation:

$$\text{rot}\left[F\,dx + G\,dy\right] = \left[G_{,1} - F_{,2}\right]$$

Divergenz:

$$\text{div}\left[F\,dx + G\,dy\right] = F_{,1} + G_{,2}$$

Laplace-Operator:

$$\Delta F = F_{,1,1} + F_{,2,2}$$

POLARKOORDINATEN

Namen: Polark., Kreisk.

Grundraum: $\mathbb{R}^2$

Theorie: Abschn. 26.2

Bezeichnungen:

$u^1 = r$ (Zentralabstand)

$u^2 = \varphi$ (Polarwinkel)

Definition:

$x^1 = x = r \cos \varphi$

$x^2 = y = r \sin \varphi$

Bereich:

$0 \leq r < \infty$

$\varphi \bmod 2\pi$

Singularitäten:

φ unbestimmt für $r = 0$

Koordinatenlinien:

$r =$ konst.: konzentrische Kreise

φ = konst.: Halbgeraden

Differentiale:

$dx = \cos\varphi \, dr - r \sin\varphi \, d\varphi$

$dy = \sin\varphi \, dr + r \cos\varphi \, d\varphi$

Flächenelement:

$dx \, dy = r \, dr \, d\varphi$

Metriktensor (kontravariant):

$g^{11} = 1$

$g^{22} = r^{-2}$

alle übrigen $g^{ij} = 0$

Metriktensor (kovariant):

$g_{11} = 1$

$g_{22} = r^{2}$

alle übrigen $g_{ij} = 0$

Christoffelsymbole:

$\Gamma^{1}{}_{22} = -r$

$\Gamma^{2}{}_{12} = \Gamma^{2}{}_{21} = r^{-1}$

alle übrigen $\Gamma^{i}{}_{jk} = 0$

Gradient:

$$\text{grad } F = F_{,1}\, dr + F_{,2}\, d\varphi$$

Rotation:

$$\text{rot}\left[F\, dr + G\, d\varphi\right] = r^{-1}\left[G_{,1} - F_{,2}\right]$$

Divergenz:

$$\text{div}\left[F\, dr + G\, d\varphi\right] = F_{,1} + r^{-2}\, G_{,2} + r^{-1}\, F$$

Laplace-Operator:

$$\Delta F = F_{,1,1} + r^{-2}\, F_{,2,2} + r^{-1}\, F_{,1}$$

PARABELKOORDINATEN

Namen: Parabelk., parabolische K.

Grundraum: $\mathbb{R}^2$

Theorie: Abschn. 26.4

Bezeichnungen:

$u^1 = \xi$

$u^2 = \eta$

Definition:

$x^1 = x = \frac{1}{2}\left[\xi^2 - \eta^2\right]$

$x^2 = y = \xi\,\eta$

Bereich:

$0 \le \xi < +\infty$

$-\infty < \eta < +\infty$

Singularitäten:

Transformation singulär für $\xi = \eta = 0$

Koordinatenlinien:

ξ = konst.: konfokale Parabeln

η = konst.: konfokale Parabeln

Differentiale:

$$dx = \xi\, d\xi - \eta\, d\eta$$

$$dy = \eta\, d\xi + \xi\, d\eta$$

Flächenelement:

$$dx\, dy = \left[\xi^2+\eta^2\right] d\xi\, d\eta$$

Metriktensor (kontravariant):

$$g^{11} = \left[\xi^2+\eta^2\right]^{-1}$$

$$g^{22} = \left[\xi^2+\eta^2\right]^{-1}$$

alle übrigen $g^{ij} = 0$

Metriktensor (kovariant):

$$g_{11} = \xi^2 + \eta^2$$

$$g_{22} = \xi^2 + \eta^2$$

alle übrigen $g_{ij} = 0$

Christoffelsymbole:

$$\Gamma^1{}_{11} = \xi \left[\xi^2+\eta^2\right]^{-1}$$

$$\Gamma^1{}_{12} = \Gamma^1{}_{21} = \eta \left[\xi^2+\eta^2\right]^{-1}$$

$$\Gamma^1_{22} = -\xi \left[\xi^2+\eta^2\right]^{-1}$$

$$\Gamma^2_{11} = -\eta \left[\xi^2+\eta^2\right]^{-1}$$

$$\Gamma^2_{12} = \Gamma^2_{21} = \xi \left[\xi^2+\eta^2\right]^{-1}$$

$$\Gamma^2_{22} = \eta \left[\xi^2+\eta^2\right]^{-1}$$

alle übrigen $\Gamma^i_{jk} = 0$

Gradient:

$$\text{grad } F = F_{,1}\, d\xi + F_{,2}\, d\eta$$

Rotation:

$$\text{rot} \left[F\, d\xi + G\, d\eta\right] = \left[\xi^2+\eta^2\right]^{-1} \left[G_{,1} - F_{,2}\right]$$

Divergenz:

$$\text{div} \left[F\, d\xi + G\, d\eta\right] = \left[\xi^2+\eta^2\right]^{-1} F_{,1} + \left[\xi^2+\eta^2\right]^{-1} G_{,2}$$

Laplace-Operator:

$$\Delta F = \left[\xi^2+\eta^2\right]^{-1} F_{,1,1} + \left[\xi^2+\eta^2\right]^{-1} F_{,2,2}$$

Elliptische Koordinaten

Namen: elliptische K., hyperbolische K.

Grundraum: $\mathbb{R}^2$

Theorie: Abschn. 26.4

Bezeichnungen:

$u^1 = \xi$

$u^2 = \eta$

Definition:

$x^1 = x = \cosh \xi \cos \eta$

$x^2 = y = \sinh \xi \sin \eta$

Bereich:

$0 \leq \xi < \infty$

$\eta \bmod 2\pi$

Singularitäten:

Transformation singulär für $\xi = 0$ und $\eta \equiv 0 \pmod{\pi}$

Koordinatenlinien:

ξ = konst.: konfokale Ellipsen

η = konst.: konfokale Hyperbeln

Differentiale:

$$dx = \sinh\xi \cos\eta \, d\xi - \cosh\xi \sin\eta \, d\eta$$

$$dy = \cosh\xi \sin\eta \, d\xi + \sinh\xi \cos\eta \, d\eta$$

Flächenelement:

$$dx\, dy = \left[\sinh^2\xi + \sin^2\eta\right] d\xi \, d\eta$$

Metriktensor (kontravariant):

$$g^{11} = \left[\sinh^2\xi + \sin^2\eta\right]^{-1}$$

$$g^{22} = \left[\sinh^2\xi + \sin^2\eta\right]^{-1}$$

alle übrigen $g^{ij} = 0$

Metriktensor (kovariant):

$$g_{11} = \sinh^2\xi + \sin^2\eta$$

$$g_{22} = \sinh^2\xi + \sin^2\eta$$

alle übrigen $g_{ij} = 0$

Christoffelsymbole:

$$\Gamma^1{}_{11} = \cosh\xi \sinh\xi \left[\sinh^2\xi + \sin^2\eta\right]^{-1}$$

$$\Gamma^1{}_{12} = \Gamma^1{}_{21} = \cos\eta \sin\eta \left[\sinh^2\xi + \sin^2\eta\right]^{-1}$$

$$\Gamma^{1}_{22} = -\cosh\xi\,\sinh\xi\,\left[\sinh^2\xi+\sin^2\eta\right]^{-1}$$

$$\Gamma^{2}_{11} = -\cos\eta\,\sin\eta\,\left[\sinh^2\xi+\sin^2\eta\right]^{-1}$$

$$\Gamma^{2}_{12} = \Gamma^{2}_{21} = \cosh\xi\,\sinh\xi\,\left[\sinh^2\xi+\sin^2\eta\right]^{-1}$$

$$\Gamma^{2}_{22} = \cos\eta\,\sin\eta\,\left[\sinh^2\xi+\sin^2\eta\right]^{-1}$$

alle übrigen $\Gamma^{i}_{jk} = 0$

Gradient:

$$\text{grad } F = F_{,1}\,d\xi + F_{,2}\,d\eta$$

Rotation:

$$\text{rot}\left[F\,d\xi + G\,d\eta\right] = \left[\sinh^2\xi+\sin^2\eta\right]^{-1}\left[G_{,1}-F_{,2}\right]$$

Divergenz:

$$\text{div}\left[F\,d\xi + G\,d\eta\right] = \left[\sinh^2\xi+\sin^2\eta\right]^{-1}\left(F_{,1}+G_{,2}\right)$$

Laplace-Operator:

$$\Delta F = \left[\sinh^2\xi+\sin^2\eta\right]^{-1}\left(F_{,1,1}+F_{,2,2}\right)$$

KONFOKALE KOORDINATEN

Namen: konfokale K.

Grundraum: $\mathbb{R}^2$

Theorie: Kap. 28

Bezeichnungen:

$u^1 = \lambda$

$u^2 = \mu$

Definition:

$$x^1 = x = \left[\frac{(a^2+\lambda)(a^2+\mu)}{a^2-b^2}\right]^{1/2}$$

$$x^2 = y = \left[\frac{(b^2+\lambda)(b^2+\mu)}{b^2-a^2}\right]^{1/2}$$

Bereich:

$-b^2 \leq \lambda < +\infty$

$-a^2 \leq \mu \leq -b^2$

Singularitäten:

Transformation singulär für $\lambda = -b^2$ oder $\mu \in \{-a^2, -b^2\}$

Jedes Paar (λ, μ) entspricht 4 Punkten $(\pm x, \pm y)$

Koordinatenlinien:

λ = konst.: konfokale Ellipsen

μ = konst.: konfokale Hyperbeln

Differentiale:

$$dx = \frac{1}{2}\left[\frac{a^2+\mu}{(a^2+\lambda)(a^2-b^2)}\right]^{1/2} d\lambda + \frac{1}{2}\left[\frac{a^2+\lambda}{(a^2+\mu)(a^2-b^2)}\right]^{1/2} d\mu$$

$$dy = \frac{1}{2}\left[\frac{b^2+\mu}{(b^2+\lambda)(b^2-a^2)}\right]^{1/2} d\lambda + \frac{1}{2}\left[\frac{b^2+\lambda}{(b^2+\mu)(b^2-a^2)}\right]^{1/2} d\mu$$

Flächenelement:

$$dx\,dy = \frac{(\lambda-\mu)\,d\lambda\,d\mu}{4\sqrt{-(a^2+\lambda)(a^2+\mu)(b^2+\lambda)(b^2+\mu)}}$$

Metriktensor (kontravariant):

$$g^{11} = \frac{4(a^2+\lambda)(b^2+\lambda)}{\lambda - \mu}$$

$$g^{22} = \frac{4(a^2+\mu)(b^2+\mu)}{\mu - \lambda}$$

alle übrigen $g^{ij} = 0$

Metriktensor (kovariant):

$$g_{11} = \frac{\lambda - \mu}{4(a^2+\lambda)(b^2+\lambda)}$$

$$g_{22} = \frac{\mu - \lambda}{4(a^2+\mu)(b^2+\mu)}$$

alle übrigen $g_{ij} = 0$

Christoffelsymbole:

$$\Gamma^1_{11} = \frac{1}{2}(\lambda-\mu)^{-1} - \frac{1}{2}(a^2+\lambda)^{-1} - \frac{1}{2}(b^2+\lambda)^{-1}$$

$$\Gamma^1_{12} = \Gamma^1_{21} = \frac{1}{2}(\lambda-\mu)^{-1}$$

$$\Gamma^1_{22} = \frac{(a^2+\lambda)(b^2+\lambda)}{2(a^2+\mu)(b^2+\mu)(\mu-\lambda)}$$

$$\Gamma^2_{11} = \frac{(a^2+\mu)(b^2+\mu)}{2(a^2+\lambda)(b^2+\lambda)(\lambda-\mu)}$$

$$\Gamma^2_{12} = \Gamma^2_{21} = \frac{1}{2}(\mu-\lambda)^{-1}$$

$$\Gamma^2_{22} = \frac{1}{2}(\mu-\lambda)^{-1} - \frac{1}{2}(a^2+\mu)^{-1} - \frac{1}{2}(b^2+\mu)^{-1}$$

alle übrigen $\Gamma^i_{jk} = 0$

Gradient:

$$\text{grad } F = F_{,1}\, d\lambda + F_{,2}\, d\mu$$

Rotation:

$$\text{rot}\left[F\, d\lambda + G\, d\mu\right] = \frac{4\sqrt{-(a^2+\lambda)(a^2+\mu)(b^2+\lambda)(b^2+\mu)}}{\lambda - \mu}\left[G_{,1} - F_{,2}\right]$$

Divergenz:

$$\operatorname{div}\left[F\,d\lambda + G\,d\mu\right] = \frac{4(a^2+\lambda)(b^2+\lambda)}{\lambda-\mu}F_{,1} + \frac{4(a^2+\mu)(b^2+\mu)}{\mu-\lambda}G_{,2}$$

$$+ \frac{2(a^2+b^2+2\lambda)}{\lambda-\mu}F + \frac{2(a^2+b^2+2\mu)}{\mu-\lambda}G$$

Laplace-Operator:

$$\Delta F = \frac{4(a^2+\lambda)(b^2+\lambda)}{\lambda-\mu}F_{,1,1} + \frac{4(a^2+\mu)(b^2+\mu)}{\mu-\lambda}F_{,2,2}$$

$$+ \frac{2(a^2+b^2+2\lambda)}{\lambda-\mu}F_{,1} + \frac{2(a^2+b^2+2\mu)}{\mu-\lambda}F_{,2}$$

Bipolarkoordinaten

Namen: Bipolark.

Grundraum: $\mathbb{R}^2$

Theorie: Abschn. 27.4

Bezeichnungen:

$u^1 = \xi$

$u^2 = \eta$

Definition:

$$x^1 = x = \frac{\sinh \xi}{\cosh \xi - \cos \eta}$$

$$x^2 = y = \frac{\sin \eta}{\cosh \xi - \cos \eta}$$

Bereich:

$-\infty < \xi < +\infty$

$\eta \bmod 2\pi$

Singularitäten:

Transformation singulär für $\xi = 0$ und $\eta \equiv 0 \pmod{2\pi}$

Koordinatenlinien:

ξ = konst.: Kreise

η = konst.: Kreise

Differentiale:

$$dx = \left[1 - \cosh\xi \cos\eta\right] \left[\cosh\xi - \cos\eta\right]^{-2} d\xi$$

$$- \sinh\xi \sin\eta \left[\cosh\xi - \cos\eta\right]^{-2} d\eta$$

$$dy = - \sinh\xi \sin\eta \left[\cosh\xi - \cos\eta\right]^{-2} d\xi$$

$$+ \left[\cosh\xi \cos\eta - 1\right] \left[\cosh\xi - \cos\eta\right]^{-2} d\eta$$

Flächenelement:

$$dx\, dy = \left[\cosh\xi - \cos\eta\right]^{-2} d\xi\, d\eta$$

Metriktensor (kontravariant):

$$g^{11} = \left[\cosh\xi - \cos\eta\right]^{2}$$

$$g^{22} = \left[\cosh\xi - \cos\eta\right]^{2}$$

alle übrigen $g^{ij} = 0$

Metriktensor (kovariant):

$$g_{11} = \left[\cosh\xi - \cos\eta\right]^{-2}$$

$$g_{22} = \left[\cosh\xi - \cos\eta\right]^{-2}$$

alle übrigen $g_{ij} = 0$

Christoffelsymbole:

$$\Gamma^1{}_{11} = \frac{-\sinh\xi}{\cosh\xi - \cos\eta}$$

$$\Gamma^1{}_{12} = \Gamma^1{}_{21} = \frac{-\sin\eta}{\cosh\xi - \cos\eta}$$

$$\Gamma^1{}_{22} = \frac{\sinh\xi}{\cosh\xi - \cos\eta}$$

$$\Gamma^2{}_{11} = \frac{\sin\eta}{\cosh\xi - \cos\eta}$$

$$\Gamma^2{}_{12} = \Gamma^2{}_{21} = \frac{-\sinh\xi}{\cosh\xi - \cos\eta}$$

$$\Gamma^2{}_{22} = \frac{-\sin\eta}{\cosh\xi - \cos\eta}$$

alle übrigen $\Gamma^i{}_{jk} = 0$

Gradient:

$$\text{grad } F = F_{,1}\, d\xi + F_{,2}\, d\eta$$

Rotation:

$$\text{rot}\left[F\, d\xi + G\, d\eta\right] = \left[\cosh\xi - \cos\eta\right]^2 \left[G_{,1} - F_{,2}\right]$$

Divergenz:

$$\text{div}\left[F\, d\xi + G\, d\eta\right] = \left[\cosh\xi - \cos\eta\right]^2 F_{,1} + \left[\cosh\xi - \cos\eta\right]^2 G_{,2}$$

Laplace-Operator:

$$\Delta F = \left[\cosh \xi - \cos \eta\right]^2 F_{,1,1} + \left[\cosh \xi - \cos \eta\right]^2 F_{,2,2}$$

ZWEIECKSKOORDINATEN

Namen: Zweiecksk., Weylk. vom Typ $\mathbb{I}_2(2) \cong \mathbb{A}_1 \oplus \mathbb{A}_1$

Grundraum: $\mathbb{R}^2$

Theorie: Abschn. 30.3

Bezeichnungen:

$$x^1 = x$$

$$x^2 = y$$

Definition:

$$u^1 = u = x^2 + y^2$$

$$u^2 = v = x^2 - y^2$$

Coxetergruppe:

$$\mathrm{Cox}(\mathbb{A}_1 \oplus \mathbb{A}_1) \cong D_4 \cong 2^2$$

Determinante:

$$D = \left[\det \frac{\partial(u,v)}{\partial(x,y)}\right]^2 = \det(g^{\bullet\bullet}) = 16 \left[u^2 - v^2\right]$$

Flächenelement:

$$dx\,dy = D^{-1/2}\,du\,dv = \frac{du\,dv}{4\sqrt{u^2 - v^2}}$$

Metriktensor (kontravariant):

$$g^{11} = 4\,u$$

$$g^{12} = g^{21} = 4\,v$$

$$g^{22} = 4\,u$$

Metriktensor (kovariant):

$$g_{11} = \frac{u}{4\,(u^2-v^2)}$$

$$g_{12} = g_{21} = \frac{-\,v}{4\,(u^2-v^2)}$$

$$g_{22} = \frac{u}{4\,(u^2-v^2)}$$

Christoffelsymbole:

$$\Gamma^1{}_{11} = \frac{-\,u}{2\,(u^2-v^2)}$$

$$\Gamma^1{}_{12} = \Gamma^1{}_{21} = \frac{v}{2\,(u^2-v^2)}$$

$$\Gamma^1{}_{22} = \frac{-\,u}{2\,(u^2-v^2)}$$

$$\Gamma^2{}_{11} = \frac{v}{2\,(u^2-v^2)}$$

$$\Gamma^2{}_{12} = \Gamma^2{}_{21} = \frac{-\,u}{2\,(u^2-v^2)}$$

$$\Gamma^2{}_{22} = \frac{v}{2\,(u^2-v^2)}$$

Gradient:

$$\text{grad } F = F_{,1}\, du + F_{,2}\, dv$$

Rotation:

$$\text{rot} \left[F\, du + G\, dv \right] = 4 \sqrt{u^2 - v^2} \left[G_{,1} - F_{,2} \right]$$

Divergenz:

$$\text{div} \left[F\, du + G\, dv \right] = 4\, u\, F_{,1} + 4\, v\, F_{,2} + 4\, v\, G_{,1} + 4\, u\, G_{,2} + 4\, F$$

Laplace-Operator:

$$\Delta F = 4\, u\, F_{,1,1} + 4\, u\, F_{,2,2} + 8\, v\, F_{,1,2} + 4\, F_{,1}$$

DREIECKSKOORDINATEN

Namen: Dreiecksk., Weylk. vom Typ $\mathbb{I}_2(3) \cong \mathbb{A}_2$

Grundraum: $\mathbb{R}^2$

Theorie: Abschn. 30.3

Bezeichnungen:

$$x^1 = x$$

$$x^2 = y$$

Definition:

$$u^1 = u = x^2 + y^2$$

$$u^2 = v = x^3 - 3\,x\,y^2$$

Coxetergruppe:

$$\mathrm{Cox}(\mathbb{A}_2) \cong D_6 \cong S_3$$

Determinante:

$$D = \left[\det \frac{\partial(u,v)}{\partial(x,y)}\right]^2 = \det\,(g^{\bullet\bullet}) = 36\left[u^3-v^2\right]$$

Flächenelement:

$$dx\,dy = D^{-1/2}\,du\,dv = \frac{du\,dv}{6\sqrt{u^3-v^2}}$$

Metriktensor (kontravariant):

$$g^{11} = 4\ u$$

$$g^{12} = g^{21} = 6\ v$$

$$g^{22} = 9\ u^2$$

Metriktensor (kovariant):

$$g_{11} = \frac{u^2}{4\ (u^3-v^2)}$$

$$g_{12} = g_{21} = \frac{-\ v}{6\ (u^3-v^2)}$$

$$g_{22} = \frac{u}{9\ (u^3-v^2)}$$

Christoffelsymbole:

$$\Gamma^1{}_{11} = \frac{-\ u^2}{2\ (u^3-v^2)}$$

$$\Gamma^1{}_{12} = \Gamma^1{}_{21} = \frac{v}{3\ (u^3-v^2)}$$

$$\Gamma^1{}_{22} = \frac{-\ 2\ u}{9\ (u^3-v^2)}$$

$$\Gamma^2{}_{11} = \frac{3\ u\ v}{2\ (u^3-v^2)}$$

$$\Gamma^2{}_{12} = \Gamma^2{}_{21} = \frac{-\ u^2}{u^3-v^2}$$

$$\Gamma^2_{22} = \frac{2\ v}{3\ (u^3-v^2)}$$

Gradient:

$$\text{grad } F = F_{,1}\ du + F_{,2}\ dv$$

Rotation:

$$\text{rot } \left[F\ du + G\ dv\right] = 6 \sqrt{u^3-v^2} \left[G_{,1} - F_{,2}\right]$$

Divergenz:

$$\text{div } \left[F\ du + G\ dv\right] = 4\ u\ F_{,1} + 6\ v\ F_{,2} + 6\ v\ G_{,1} + 9\ u^2\ G_{,2} + 4\ F$$

Laplace-Operator:

$$\Delta F = 4\ u\ F_{,1,1} + 9\ u^2\ F_{,2,2} + 12\ v\ F_{,1,2} + 4\ F_{,1}$$

VIERECKSKOORDINATEN

Namen: Viereckskoordinatensk., Weylk. vom Typ $\mathbb{I}_2(4) \cong \mathbb{B}_2$

Grundraum: $\mathbb{R}^2$

Theorie: Abschn. 30.3

Bezeichnungen:

$$x^1 = x$$

$$x^2 = y$$

Definition:

$$u^1 = u = x^2 + y^2$$

$$u^2 = v = x^4 - 6\,x^2\,y^2 + y^4$$

Coxetergruppe:

$$\mathrm{Cox}(\mathbb{B}_2) \cong D_8$$

Determinante:

$$D = \left[\det \frac{\partial(u,v)}{\partial(x,y)}\right]^2 = \det\,(g^{\bullet\bullet}) = 64\,\left[u^4 - v^2\right]$$

Flächenelement:

$$dx\,dy = D^{-1/2}\,du\,dv = \frac{du\,dv}{8\,\sqrt{u^4 - v^2}}$$

Metriktensor (kontravariant):

$$g^{11} = 4\,u$$

$$g^{12} = g^{21} = 8\,v$$

$$g^{22} = 16\,u^3$$

Metriktensor (kovariant):

$$g_{11} = \frac{u^3}{4\,(u^4-v^2)}$$

$$g_{12} = g_{21} = \frac{-\,v}{8\,(u^4-v^2)}$$

$$g_{22} = \frac{u}{16\,(u^4-v^2)}$$

Christoffelsymbole:

$$\Gamma^1{}_{11} = \frac{-\,u^3}{2\,(u^4-v^2)}$$

$$\Gamma^1{}_{12} = \Gamma^1{}_{21} = \frac{v}{4\,(u^4-v^2)}$$

$$\Gamma^1{}_{22} = \frac{-\,u}{8\,(u^4-v^2)}$$

$$\Gamma^2{}_{11} = \frac{3\,u^2\,v}{2\,(u^4-v^2)}$$

$$\Gamma^2{}_{12} = \Gamma^2{}_{21} = \frac{-\,3\,u^3}{2\,(u^4-v^2)}$$

$$\Gamma^2_{22} = \frac{3\ v}{4\ (u^4-v^2)}$$

Gradient:

$$\text{grad } F = F_{,1}\ du + F_{,2}\ dv$$

Rotation:

$$\text{rot}\left[F\ du + G\ dv\right] = 8\ \sqrt{u^4-v^2}\ \left[G_{,1}-F_{,2}\right]$$

Divergenz:

$$\text{div}\left[F\ du + G\ dv\right] = 4\ u\ F_{,1} + 8\ v\ F_{,2} + 8\ v\ G_{,1} + 16\ u^3\ G_{,2} + 4\ F$$

Laplace-Operator:

$$\Delta\ F = 4\ u\ F_{,1,1} + 16\ u^3\ F_{,2,2} + 16\ v\ F_{,1,2} + 4\ F_{,1}$$

FÜNFECKSKOORDINATEN

Namen: Fünfecksk., Weylk. vom Typ $\mathbb{I}_2(5) \cong \mathbb{H}_2$

Grundraum: $\mathbb{R}^2$

Theorie: Abschn. 30.3

Bezeichnungen:

$x^1 = x$

$x^2 = y$

Definition:

$u^1 = u = x^2 + y^2$

$u^2 = v = x^5 - 10\, x^3\, y^2 + 5\, x\, y^4$

Coxetergruppe:

$\mathrm{Cox}(\mathbb{H}_2) \cong D_{10}$

Determinante:

$$D = \left[\det \frac{\partial(u,v)}{\partial(x,y)}\right]^2 = \det\,(g^{\bullet\bullet}) = 100\,\left[u^5-v^2\right]$$

Flächenelement:

$$dx\,dy = D^{-1/2}\,du\,dv = \frac{du\,dv}{10\,\sqrt{u^5-v^2}}$$

Metriktensor (kontravariant):

$$g^{11} = 4\ u$$

$$g^{12} = g^{21} = 10\ v$$

$$g^{22} = 25\ u^4$$

Metriktensor (kovariant):

$$g_{11} = \frac{u^4}{4\ (u^5-v^2)}$$

$$g_{12} = g_{21} = \frac{-\ v}{10\ (u^5-v^2)}$$

$$g_{22} = \frac{u}{25\ (u^5-v^2)}$$

Christoffelsymbole:

$$\Gamma^1{}_{11} = \frac{-\ u^4}{2\ (u^5-v^2)}$$

$$\Gamma^1{}_{12} = \Gamma^1{}_{21} = \frac{v}{5\ (u^5-v^2)}$$

$$\Gamma^1{}_{22} = \frac{-\ 2\ u}{25\ (u^5-v^2)}$$

$$\Gamma^2{}_{11} = \frac{5\ u^3\ v}{u^5-v^2}$$

$$\Gamma^2{}_{12} = \Gamma^2{}_{21} = \frac{-\ 2\ u^4}{u^5-v^2}$$

$$\Gamma^{2}_{22} = \frac{4\,v}{5\,(u^{5}-v^{2})}$$

Gradient:

$$\text{grad } F = F_{,1}\,du + F_{,2}\,dv$$

Rotation:

$$\text{rot}\left[F\,du + G\,dv\right] = 10\,\sqrt{u^{5}-v^{2}}\,\left[G_{,1} - F_{,2}\right]$$

Divergenz:

$$\text{div}\left[F\,du + G\,dv\right] = 4\,u\,F_{,1} + 10\,v\,F_{,2} + 10\,v\,G_{,1} + 25\,u^{4}\,G_{,2} + 4\,F$$

Laplace-Operator:

$$\Delta F = 4\,u\,F_{,1,1} + 25\,u^{4}\,F_{,2,2} + 20\,v\,F_{,1,2} + 4\,F_{,1}$$

SECHSECKSKOORDINATEN

Namen: Sechsecksk., Weylk. vom Typ $\mathbb{I}_2(6) \cong \mathbb{G}_2$.

Grundraum: $\mathbb{R}^2$

Theorie: Abschn. 30.3

Bezeichnungen:

$$x^1 = x$$

$$x^2 = y$$

Definition:

$$u^1 = u = x^2 + y^2$$

$$u^2 = v = x^6 - 15\, x^4\, y^2 + 15\, x^2\, y^4 - y^6$$

Coxetergruppe:

$$\mathrm{Cox}(\mathbb{G}_2) \cong D_{12} \cong 2 \times S_3$$

Determinante:

$$D = \left[\det \frac{\partial(u,v)}{\partial(x,y)}\right]^2 = \det\,(g^{\bullet\bullet}) = 144\,\left[u^6 - v^2\right]$$

Flächenelement:

$$dx\, dy = D^{-1/2}\, du\, dv = \frac{du\, dv}{12\,\sqrt{u^6 - v^2}}$$

Metriktensor (kontravariant):

$$g^{11} = 4\ u$$

$$g^{12} = g^{21} = 12\ v$$

$$g^{22} = 36\ u^5$$

Metriktensor (kovariant):

$$g_{11} = \frac{u^5}{4\ (u^6-v^2)}$$

$$g_{12} = g_{21} = \frac{-\ v}{12\ (u^6-v^2)}$$

$$g_{22} = \frac{u}{36\ (u^6-v^2)}$$

Christoffelsymbole:

$$\Gamma^1{}_{11} = \frac{-\ u^5}{2\ (u^6-v^2)}$$

$$\Gamma^1{}_{12} = \Gamma^1{}_{21} = \frac{v}{6\ (u^6-v^2)}$$

$$\Gamma^1{}_{22} = \frac{-\ u}{18\ (u^6-v^2)}$$

$$\Gamma^2{}_{11} = \frac{15\ u^4\ v}{2\ (u^6-v^2)}$$

$$\Gamma^2{}_{12} = \Gamma^2{}_{21} = \frac{-\ 5\ u^5}{2\ (u^6-v^2)}$$

$$\Gamma^{2}_{22} = \frac{5\ v}{6\ (u^{6}-v^{2})}$$

Gradient:

$$\operatorname{grad} F = F_{,1}\ du + F_{,2}\ dv$$

Rotation:

$$\operatorname{rot}\left[F\ du + G\ dv\right] = 12\ \sqrt{u^{6}-v^{2}}\ \left[G_{,1}-F_{,2}\right]$$

Divergenz:

$$\operatorname{div}\left[F\ du + G\ dv\right] = 4\ u\ F_{,1} + 12\ v\ F_{,2} + 12\ v\ G_{,1} + 36\ u^{5}\ G_{,2} + 4\ F$$

Laplace-Operator:

$$\Delta F = 4\ u\ F_{,1,1} + 36\ u^{5}\ F_{,2,2} + 24\ v\ F_{,1,2} + 4\ F_{,1}$$

KARTESISCHE KOORDINATEN

Namen: kartesische K., rechtwinklige K., orthogonale lineare K.

Grundraum: $\mathbb{R}^3$

Theorie: Abschn. 26.1

Bezeichnungen:

$u^1 = u$

$u^2 = v$

$u^3 = w$

Definition:

$x^1 = x = u$

$x^2 = y = v$

$x^3 = z = w$

Bereich:

$-\infty < x < +\infty$

$-\infty < y < +\infty$

$-\infty < z < +\infty$

Singularitäten:

keine

Koordinatenflächen:

x = konst.: parallele Ebenen

y = konst.: parallele Ebenen

z = konst.: parallele Ebenen

Differentiale:

dx = dx

dy = dy

dz = dz

Volumenelement:

dx dy dz = dx dy dz

Metriktensor (kontravariant):

$g^{11} = 1$

$g^{22} = 1$

$g^{33} = 1$

alle übrigen $g^{ij} = 0$

Metriktensor (kovariant):

$g_{11} = 1$

$g_{22} = 1$

$g_{33} = 1$

alle übrigen $g_{ij} = 0$

Christoffelsymbole:

alle $\Gamma^{i}{}_{jk} = 0$

Gradient:

$$\text{grad } F = F_{,1}\, dx + F_{,2}\, dy + F_{,3}\, dz$$

Rotation:

$$\text{rot } \left[F\, dx + G\, dy + H\, dz\right] = \left[H_{,2} - F_{,3}\right] dx + \left[G_{,3} - F_{,1}\right] dy + \left[G_{,1} - F_{,2}\right] dz$$

Divergenz:

$$\text{div } \left[F\, dx + G\, dy + H\, dz\right] = F_{,1} + G_{,2} + H_{,3}$$

Laplace-Operator:

$$\Delta F = F_{,1,1} + F_{,2,2} + F_{,3,3}$$

Zylinderkoordinaten

Namen: (klassische) Zylinderk.

Grundraum: $\mathbb{R}^3$

Theorie: Abschn. 26.3

Bezeichnungen:

$u^1 = z$ (kartesisch)

$u^2 = r$ (Achsenabstand)

$u^3 = \varphi$ (Azimut)

Definition:

$x^1 = x = r \cos \varphi$

$x^2 = y = r \sin \varphi$

$x^3 = z = z$

Bereich:

$- \infty < z < + \infty$

$0 \leq r < \infty$

$\varphi \bmod 2\pi$

Singularitäten:

φ unbestimmt für $r = 0$

Koordinatenflächen:

z = konst.: parallele Ebenen

r = konst.: koaxiale Zylinder

φ = konst.: Halbebenen

Differentiale:

$$dx = \cos\varphi\, dr - r \sin\varphi\, d\varphi$$

$$dy = \sin\varphi\, dr + r \cos\varphi\, d\varphi$$

$$dz = dz$$

Volumenelement:

$$dx\, dy\, dz = r\, dz\, dr\, d\varphi$$

Metriktensor (kontravariant):

$$g^{11} = 1$$

$$g^{22} = 1$$

$$g^{33} = r^{-2}$$

alle übrigen $g^{ij} = 0$

Metriktensor (kovariant):

$g_{11} = 1$

$g_{22} = 1$

$g_{33} = r^2$

alle übrigen $g_{ij} = 0$

Christoffelsymbole:

$\Gamma^2{}_{33} = -r$

$\Gamma^3{}_{23} = \Gamma^3{}_{32} = r^{-1}$

alle übrigen $\Gamma^i{}_{jk} = 0$

Gradient:

$$\text{grad } F = F_{,1}\, dz + F_{,2}\, dr + F_{,3}\, d\varphi$$

Rotation:

$$\begin{aligned} \text{rot}\left[F\, dz + G\, dr + H\, d\varphi\right] &= r^{-1}\left[H_{,2} - G_{,3}\right] dz \\ &+ r^{-1}\left[F_{,3} - H_{,1}\right] dr \\ &+ r\left[G_{,1} - F_{,2}\right] d\varphi \end{aligned}$$

Divergenz:

$$\text{div}\left[F\, dz + G\, dr + H\, d\varphi\right] = F_{,1} + G_{,2} + r^{-2} H_{,3} + r^{-1} G$$

Laplace-Operator:

$$\Delta F = F_{,1,1} + F_{,2,2} + r^{-2} F_{,3,3} + r^{-1} F_{,2}$$

POLARKOORDINATEN

Namen: Polark., Kugelk.

Grundraum: $\mathbb{R}^3$

Theorie: Abschn. 26.2

Bezeichnungen:

$u^1 = r$ (Zentralabstand)

$u^2 = \vartheta$ (Polarwinkel, Kobreite)

$u^3 = \varphi$ (Azimut, Länge)

Definition:

$x^1 = x = r \sin \vartheta \cos \varphi$

$x^2 = y = r \sin \vartheta \sin \varphi$

$x^3 = z = r \cos \vartheta$

Bereich:

$0 \leq r < \infty$

$0 \leq \vartheta \leq \pi$

$\varphi \bmod 2\pi$

Singularitäten:

ϑ und φ unbestimmt für $r = 0$

φ unbestimmt für $\vartheta \in \{0, \pi\}$

Koordinatenflächen:

r = konst.:	konzentrische Sphären
ϑ = konst.:	Kegelhälften mit Spitze in 0
φ = konst.:	Halbebenen

Differentiale:

$$dx = \sin\vartheta \cos\varphi\, dr + r \cos\vartheta \cos\varphi\, d\vartheta - r \sin\vartheta \sin\varphi\, d\varphi$$

$$dy = \sin\vartheta \sin\varphi\, dr + r \cos\vartheta \sin\varphi\, d\vartheta + r \sin\vartheta \cos\varphi\, d\varphi$$

$$dz = \cos\vartheta\, dr - r \sin\vartheta\, d\vartheta$$

Volumenelement:

$$dx\, dy\, dz = r^2 \sin\vartheta\, dr\, d\vartheta\, d\varphi$$

Metriktensor (kontravariant):

$$g^{11} = 1$$

$$g^{22} = r^{-2}$$

$$g^{33} = r^{-2} \sin^{-2}\vartheta$$

alle übrigen $g^{ij} = 0$

3-dimensionale Polarkoordinaten

Metriktensor (kovariant):

$$g_{11} = 1$$

$$g_{22} = r^2$$

$$g_{33} = r^2 \sin^2\vartheta$$

alle übrigen $g_{ij} = 0$

Christoffelsymbole:

$$\Gamma^1{}_{22} = -r$$

$$\Gamma^1{}_{33} = -r \sin^2\vartheta$$

$$\Gamma^2{}_{12} = \Gamma^2{}_{21} = r^{-1}$$

$$\Gamma^2{}_{33} = -\sin\vartheta \cos\vartheta$$

$$\Gamma^3{}_{13} = \Gamma^3{}_{31} = r^{-1}$$

$$\Gamma^3{}_{23} = \Gamma^3{}_{32} = \mathrm{ctg}\,\vartheta$$

alle übrigen $\Gamma^i{}_{jk} = 0$

Gradient:

$$\mathrm{grad}\,F = F_{,1}\,dr + F_{,2}\,d\vartheta + F_{,3}\,d\varphi$$

Rotation:

$$\mathrm{rot}\left[F\,dr + G\,d\vartheta + H\,d\varphi\right] = r^{-2}\sin^{-1}\vartheta\left[H_{,2}-G_{,3}\right]dr$$

$$+ \sin^{-1}\vartheta\left[F_{,3}-H_{,1}\right]d\vartheta$$

$$+ \sin\vartheta\left[G_{,1}-F_{,2}\right]d\varphi$$

Divergenz:

$$\mathrm{div}\left[F\,dr + G\,d\vartheta + H\,d\varphi\right] = F_{,1} + r^{-2}\,G_{,2} + r^{-2}\sin^{-2}\vartheta\,H_{,3}$$

$$+ 2\,r^{-1}\,F + r^{-2}\,\mathrm{ctg}\,\vartheta\,G$$

Laplace-Operator:

$$\Delta F = F_{,1,1} + r^{-2}\,F_{,2,2} + r^{-2}\sin^{-2}\vartheta\,F_{,3,3} + 2\,r^{-1}\,F_{,1} + r^{-2}\,\mathrm{ctg}\,\vartheta\,F_{,2}$$

GEOGRAPHISCHE KOORDINATEN

Namen: geographische K., astronomische K., sphärische K.

Grundraum: $\mathbb{R}^3$

Theorie: Abschn. 26.2

Bezeichnungen:

$u^1 = r$ (Zentralabstand)

$u^2 = \varphi$ (Breite, Deklination, Höhe)

$u^3 = \lambda$ (Länge, Rektaszension, Azimut)

Definition:

$x^1 = x = r \cos\varphi \cos\lambda$

$x^2 = y = r \cos\varphi \sin\lambda$

$x^3 = z = r \sin\varphi$

Bereich:

$0 \le r < \infty$

$-\frac{\pi}{2} \le \varphi \le +\frac{\pi}{2}$

$\lambda \bmod 2\pi$

Singularitäten:

φ und λ unbestimmt für $r = 0$

λ unbestimmt für $\varphi = \pm \frac{\pi}{2}$

Koordinatenflächen:

r = konst.: konzentrische Sphären

φ = konst.: Kegelhälften mit Spitze in 0

λ = konst.: Halbebenen

Differentiale:

$$dx = \cos\varphi \cos\lambda \, dr - r \sin\varphi \cos\lambda \, d\varphi - r \cos\varphi \sin\lambda \, d\lambda$$

$$dy = \cos\varphi \sin\lambda \, dr - r \sin\varphi \sin\lambda \, d\varphi + r \cos\varphi \cos\lambda \, d\lambda$$

$$dz = \sin\varphi \, dr + r \cos\varphi \, d\varphi$$

Volumenelement:

$$dx\, dy\, dz = - r^2 \cos\varphi \, dr\, d\varphi\, d\lambda$$

Metriktensor (kontravariant):

$$g^{11} = 1$$

$$g^{22} = r^{-2}$$

$$g^{33} = r^{-2} \cos^{-2}\varphi$$

alle übrigen $g^{ij} = 0$

Metriktensor (kovariant):

$g_{11} = 1$

$g_{22} = r^2$

$g_{33} = r^2 \cos^2\varphi$

alle übrigen $g_{ij} = 0$

Christoffelsymbole:

$\Gamma^1{}_{22} = - r$

$\Gamma^1{}_{33} = - r \cos^2\varphi$

$\Gamma^2{}_{12} = \Gamma^2{}_{21} = r^{-1}$

$\Gamma^2{}_{33} = \sin \varphi \cos \varphi$

$\Gamma^3{}_{13} = \Gamma^3{}_{31} = r^{-1}$

$\Gamma^3{}_{23} = \Gamma^3{}_{32} = - \operatorname{tg} \varphi$

alle übrigen $\Gamma^i{}_{jk} = 0$

Gradient:

$\operatorname{grad} F = F_{,1}\, dr + F_{,2}\, d\varphi + F_{,3}\, d\lambda$

Rotation:

$$\operatorname{rot}\left[F\,dr + G\,d\varphi + H\,d\lambda\right] = -\,r^{-2}\cos^{-1}\varphi\left[H_{,2} - G_{,3}\right] dr$$

$$-\cos^{-1}\varphi\left[F_{,3} - H_{,1}\right] d\varphi$$

$$-\cos\varphi\left[G_{,1} - F_{,2}\right] d\lambda$$

Divergenz:

$$\operatorname{div}\left[F\,dr + G\,d\varphi + H\,d\lambda\right] = F_{,1} + r^{-2}\,G_{,2} + r^{-2}\cos^{-2}\varphi\,H_{,3}$$

$$+\,2\,r^{-1}\,F - r^{-2}\,\mathrm{tg}\,\varphi\,G$$

Laplace-Operator:

$$\Delta F = F_{,1,1} + r^{-2}\,F_{,2,2} + r^{-2}\cos^{-2}\varphi\,F_{,3,3} + 2\,r^{-1}\,F_{,1} - r^{-2}\,\mathrm{tg}\,\varphi\,F_{,2}$$

PARABOLISCHE ZYLINDERKOORDINATEN

Namen: parabolische Zylinderk., K. des parabolischen Zylinders

Grundraum: $\mathbb{R}^3$

Theorie: Abschn. 26.4

Bezeichnungen:

$u^1 = \xi$

$u^2 = \eta$

$u^3 = z$ (kartesisch)

Definition:

$x^1 = x = \frac{1}{2}\left[\xi^2 - \eta^2\right]$

$x^2 = y = \xi\,\eta$

$x^3 = z = z$

Bereich:

$0 \le \xi < +\infty$

$-\infty < \eta < +\infty$

$-\infty < z < +\infty$

Singularitäten:

Transformation singulär für $\xi = \eta = 0$

Koordinatenflächen:

ξ = konst.: konfokale Rotationsparaboloide

η = konst.: konfokale Rotationsparaboloide

z = konst.: parallele Ebenen

Differentiale:

$$dx = \xi \, d\xi - \eta \, d\eta$$

$$dy = \eta \, d\xi + \xi \, d\eta$$

$$dz = dz$$

Volumenelement:

$$dx\, dy\, dz = \left[\xi^2+\eta^2\right] d\xi \, d\eta \, dz$$

Metriktensor (kontravariant):

$$g^{11} = \left[\xi^2+\eta^2\right]^{-1}$$

$$g^{22} = \left[\xi^2+\eta^2\right]^{-1}$$

$$g^{33} = 1$$

alle übrigen $g^{ij} = 0$

Metriktensor (kovariant):

$$g_{11} = \xi^2 + \eta^2$$

$$g_{22} = \xi^2 + \eta^2$$

$$g_{33} = 1$$

alle übrigen $g_{ij} = 0$

Christoffelsymbole:

$$\Gamma^1{}_{11} = \xi \left[\xi^2+\eta^2\right]^{-1}$$

$$\Gamma^1{}_{12} = \Gamma^1{}_{21} = \eta \left[\xi^2+\eta^2\right]^{-1}$$

$$\Gamma^1{}_{22} = -\xi \left[\xi^2+\eta^2\right]^{-1}$$

$$\Gamma^2{}_{11} = -\eta \left[\xi^2+\eta^2\right]^{-1}$$

$$\Gamma^2{}_{12} = \Gamma^2{}_{21} = \xi \left[\xi^2+\eta^2\right]^{-1}$$

$$\Gamma^2{}_{22} = \eta \left[\xi^2+\eta^2\right]^{-1}$$

alle übrigen $\Gamma^i{}_{jk} = 0$

Gradient:

$$\text{grad } F = F_{,1}\, d\xi + F_{,2}\, d\eta + F_{,3}\, dz$$

Rotation:

$$\operatorname{rot}\left[F\,d\xi + G\,d\eta + H\,dz\right] = \left[H_{,2}-G_{,3}\right] d\xi + \left[F_{,3}-H_{,1}\right] d\eta$$

$$+ \left[\xi^2+\eta^2\right]^{-1} \left[G_{,1}-F_{,2}\right] dz$$

Divergenz:

$$\operatorname{div}\left[F\,d\xi + G\,d\eta + H\,dz\right] = \left[\xi^2+\eta^2\right]^{-1} F_{,1} + \left[\xi^2+\eta^2\right]^{-1} G_{,2} + H_{,3}$$

Laplace-Operator:

$$\Delta F = \left[\xi^2+\eta^2\right]^{-1} F_{,1,1} + \left[\xi^2+\eta^2\right]^{-1} F_{,2,2} + F_{,3,3}$$

Elliptische Zylinderkoordinaten

Namen: elliptische Zylinderk., K. des elliptischen Zylinders, hyperbolische Zylinderk., K. des hyperbolischen Zylinders

Grundraum: $\mathbb{R}^3$

Theorie: Abschn. 26.4

Bezeichnungen:

$u^1 = \xi$

$u^2 = \eta$

$u^3 = z$ (kartesisch)

Definition:

$x^1 = x = \cosh \xi \cos \eta$

$x^2 = y = \sinh \xi \sin \eta$

$x^3 = z = z$

Bereich:

$0 \le \xi < +\infty$

$\eta \bmod 2\pi$

$-\infty < z < +\infty$

Singularitäten:

Transformation singulär für $\xi = 0$ und $\eta \equiv 0 \pmod{\pi}$

Koordinatenflächen:

ξ = konst.: konfokale elliptische Zylinder

η = konst.: konfokale hyperbolische Zylinder

z = konst.: parallele Ebenen

Differentiale:

$$dx = \sinh \xi \cos \eta \, d\xi - \cosh \xi \sin \eta \, d\eta$$

$$dy = \cosh \xi \sin \eta \, d\xi + \sinh \xi \cos \eta \, d\eta$$

$$dz = dz$$

Volumenelement:

$$dx\, dy\, dz = \left[\sinh^2\xi + \sin^2\eta\right] d\xi\, d\eta\, dz$$

Metriktensor (kontravariant):

$$g^{11} = \left[\sinh^2\xi + \sin^2\eta\right]^{-1}$$

$$g^{22} = \left[\sinh^2\xi + \sin^2\eta\right]^{-1}$$

$$g^{33} = 1$$

alle übrigen $g^{ij} = 0$

Metriktensor (kovariant):

$$g_{11} = \sinh^2\xi + \sin^2\eta$$

$$g_{22} = \sinh^2\xi + \sin^2\eta$$

$$g_{33} = 1$$

alle übrigen $g_{ij} = 0$

Christoffelsymbole:

$$\Gamma^1{}_{11} = \cosh\xi \sinh\xi \left[\sinh^2\xi+\sin^2\eta\right]^{-1}$$

$$\Gamma^1{}_{12} = \Gamma^1{}_{21} = \cos\eta \sin\eta \left[\sinh^2\xi+\sin^2\eta\right]^{-1}$$

$$\Gamma^1{}_{22} = -\cosh\xi \sinh\xi \left[\sinh^2\xi+\sin^2\eta\right]^{-1}$$

$$\Gamma^2{}_{11} = -\cos\eta \sin\eta \left[\sinh^2\xi+\sin^2\eta\right]^{-1}$$

$$\Gamma^2{}_{12} = \Gamma^2{}_{21} = \cosh\xi \sinh\xi \left[\sinh^2\xi+\sin^2\eta\right]^{-1}$$

$$\Gamma^2{}_{22} = \cos\eta \sin\eta \left[\sinh^2\xi+\sin^2\eta\right]^{-1}$$

alle übrigen $\Gamma^i{}_{jk} = 0$

Gradient:

$$\text{grad } F = F_{,1}\, d\xi + F_{,2}\, d\eta + F_{,3}\, dz$$

Rotation:

$$\operatorname{rot}\left[F\,d\xi + G\,d\eta + H\,dz\right] = \left[H_{,2}-G_{,3}\right] d\xi + \left[F_{,3}-H_{,1}\right] d\eta$$

$$+ \left[\sinh^2\xi+\sin^2\eta\right]^{-1} \left[G_{,1}-F_{,2}\right] dz$$

Divergenz:

$$\operatorname{div}\left[F\,d\xi + G\,d\eta + H\,dz\right] = \left[\sinh^2\xi+\sin^2\eta\right]^{-1} \left(F_{,1}+G_{,2}\right) + H_{,3}$$

Laplace-Operator:

$$\Delta F = \left[\sinh^2\xi+\sin^2\eta\right]^{-1} \left(F_{,1,1}+F_{,2,2}\right) + F_{,3,3}$$

KONFOKALE ZYLINDERKOORDINATEN

Namen: konfokale Zylinderk.

Grundraum: $\mathbb{R}^3$

Theorie: Abschn. 26.4

Bezeichnungen:

$u^1 = \lambda$

$u^2 = \mu$

$u^3 = z$ (kartesisch)

Definition:

$$x^1 = x = \left[\frac{(a^2+\lambda)(a^2+\mu)}{a^2-b^2}\right]^{1/2}$$

$$x^2 = y = \left[\frac{(b^2+\lambda)(b^2+\mu)}{b^2-a^2}\right]^{1/2}$$

$$x^3 = z = z$$

Bereich:

$-b^2 \leq \lambda < +\infty$

$-a^2 \leq \mu \leq -b^2$

$-\infty < z < +\infty$

Singularitäten:

Transformation singulär für $\lambda = -b^2$ oder $\mu \in \{-a^2, -b^2\}$

Jedes Tripel (λ, μ, z) entspricht 4 Punkten $(\pm x, \pm y, z)$

Koordinatenflächen:

λ = konst.: konfokale elliptische Zylinder

μ = konst.: konfokale hyperbolische Zylinder

z = konst.: parallele Ebenen

Differentiale:

$$dx = \frac{1}{2}\left[\frac{a^2+\mu}{(a^2+\lambda)(a^2-b^2)}\right]^{1/2} d\lambda + \frac{1}{2}\left[\frac{a^2+\lambda}{(a^2+\mu)(a^2-b^2)}\right]^{1/2} d\mu$$

$$dy = \frac{1}{2}\left[\frac{b^2+\mu}{(b^2+\lambda)(b^2-a^2)}\right]^{1/2} d\lambda + \frac{1}{2}\left[\frac{b^2+\lambda}{(b^2+\mu)(b^2-a^2)}\right]^{1/2} d\mu$$

$$dz = dz$$

Volumenelement:

$$dx\,dy\,dz = \frac{(\lambda-\mu)\,d\lambda\,d\mu\,dz}{4\sqrt{-(a^2+\lambda)(a^2+\mu)(b^2+\lambda)(b^2+\mu)}}$$

Metriktensor (kontravariant):

$$g^{11} = \frac{4(a^2+\lambda)(b^2+\lambda)}{\lambda - \mu}$$

$$g^{22} = \frac{4(a^2+\mu)(b^2+\mu)}{\mu - \lambda}$$

$$g^{33} = 1$$

alle übrigen $g^{ij} = 0$

Metriktensor (kovariant):

$$g_{11} = \frac{\lambda - \mu}{4(a^2+\lambda)(b^2+\lambda)}$$

$$g_{22} = \frac{\mu - \lambda}{4(a^2+\mu)(b^2+\mu)}$$

$$g_{33} = 1$$

alle übrigen $g_{ij} = 0$

Christoffelsymbole:

$$\Gamma^1{}_{11} = \frac{1}{2}(\lambda-\mu)^{-1} - \frac{1}{2}(a^2+\lambda)^{-1} - \frac{1}{2}(b^2+\lambda)^{-1}$$

$$\Gamma^1{}_{12} = \Gamma^1{}_{21} = \frac{1}{2}(\lambda-\mu)^{-1}$$

$$\Gamma^1{}_{22} = \frac{(a^2+\lambda)(b^2+\lambda)}{2(a^2+\mu)(b^2+\mu)(\mu-\lambda)}$$

$$\Gamma^2{}_{11} = \frac{(a^2+\mu)(b^2+\mu)}{2(a^2+\lambda)(b^2+\lambda)(\lambda-\mu)}$$

$$\Gamma^2{}_{12} = \Gamma^2{}_{21} = \frac{1}{2}(\mu-\lambda)^{-1}$$

$$\Gamma^2{}_{22} = \frac{1}{2}(\mu-\lambda)^{-1} - \frac{1}{2}(a^2+\mu)^{-1} - \frac{1}{2}(b^2+\mu)^{-1}$$

alle übrigen $\Gamma^i{}_{jk} = 0$

Gradient:

$$\text{grad } F = F_{,1}\, d\lambda + F_{,2}\, d\mu + F_{,3}\, dz$$

Rotation:

$$\text{rot}\left[F\, d\lambda + G\, d\mu + H\, dz\right] = \left[-\frac{(a^2+\mu)(b^2+\mu)}{(a^2+\lambda)(b^2+\lambda)}\right]^{1/2}\left[H_{,2}-G_{,3}\right] d\lambda$$

$$-\left[-\frac{(a^2+\lambda)(b^2+\lambda)}{(a^2+\mu)(b^2+\mu)}\right]^{1/2}\left[F_{,3}-H_{,1}\right] d\mu$$

$$+\frac{4}{\lambda-\mu}\sqrt{-(a^2+\lambda)(b^2+\lambda)(a^2+\mu)(b^2+\mu)}\left[G_{,1}-F_{,2}\right] dz$$

Divergenz:

$$\text{div}\left[F\, d\lambda + G\, d\mu + H\, dz\right] = \frac{4(a^2+\lambda)(b^2+\lambda)}{\lambda - \mu} F_{,1} + \frac{4(a^2+\mu)(b^2+\mu)}{\mu - \lambda} G_{,2} + H_{,3}$$

$$+\frac{2(a^2+b^2+2\lambda)}{\lambda - \mu} F + \frac{2(a^2+b^2+2\mu)}{\mu - \lambda} G$$

Laplace-Operator:

$$\Delta F = \frac{4(a^2+\lambda)(b^2+\lambda)}{\lambda - \mu} F_{,1,1} + \frac{4(a^2+\mu)(b^2+\mu)}{\mu - \lambda} F_{,2,2} + F_{,3,3}$$

$$+\frac{2(a^2+b^2+2\lambda)}{\lambda - \mu} F_{,1} + \frac{2(a^2+b^2+2\mu)}{\mu - \lambda} F_{,2}$$

PARABOLOIDKOORDINATEN

Namen: Paraboloidk., zirkulare Paraboloidk., K. des Rotationsparaboloids

Grundraum: $\mathbb{R}^3$

Theorie: Abschn. 27.1

Bezeichnungen:

$u^1 = \xi$

$u^2 = \eta$

$u^3 = \varphi$ (Azimut)

Definition:

$x^1 = x = \xi \eta \cos \varphi$

$x^2 = y = \xi \eta \sin \varphi$

$x^3 = z = \frac{1}{2} \left[\xi^2 - \eta^2\right]$

Bereich:

$0 \leq \xi < \infty$

$0 \leq \eta < \infty$

$\varphi \bmod 2\pi$

Singularitäten:

φ unbestimmt für $\xi = 0$ oder $\eta = 0$ (z-Achse)

Transformation singulär für $\xi = 0$ oder $\eta = 0$ (z-Achse)

Koordinatenflächen:

ξ = konst.: Rotationsparaboloide

η = konst.: Rotationsparaboloide

φ = konst.: Halbebenen

Differentiale:

$$dx = \eta \cos\varphi \, d\xi + \xi \cos\varphi \, d\eta - \xi \eta \sin\varphi \, d\varphi$$

$$dy = \eta \sin\varphi \, d\xi + \xi \sin\varphi \, d\eta + \xi \eta \cos\varphi \, d\varphi$$

$$dz = \xi \, d\xi - \eta \, d\eta$$

Volumenelement:

$$dx\, dy\, dz = \xi \eta \left[\xi^2+\eta^2\right] d\xi \, d\eta \, d\varphi$$

Metriktensor (kontravariant):

$$g^{11} = \left[\xi^2+\eta^2\right]^{-1}$$

$$g^{22} = \left[\xi^2+\eta^2\right]^{-1}$$

$$g^{33} = \xi^{-2} \eta^{-2}$$

alle übrigen $g^{ij} = 0$

Metriktensor (kovariant):

$$g_{11} = \xi^2 + \eta^2$$

$$g_{22} = \xi^2 + \eta^2$$

$$g_{33} = \xi^2 \eta^2$$

alle übrigen $g_{ij} = 0$

Christoffelsymbole:

$$\Gamma^1{}_{11} = \xi \left[\xi^2+\eta^2\right]^{-1}$$

$$\Gamma^1{}_{12} = \Gamma^1{}_{21} = \eta \left[\xi^2+\eta^2\right]^{-1}$$

$$\Gamma^1{}_{22} = - \xi \left[\xi^2+\eta^2\right]^{-1}$$

$$\Gamma^1{}_{33} = - \xi \eta^2 \left[\xi^2+\eta^2\right]^{-1}$$

$$\Gamma^2{}_{11} = - \eta \left[\xi^2+\eta^2\right]^{-1}$$

$$\Gamma^2{}_{12} = \Gamma^2{}_{21} = \xi \left[\xi^2+\eta^2\right]^{-1}$$

$$\Gamma^2{}_{22} = \eta \left[\xi^2+\eta^2\right]^{-1}$$

$$\Gamma^2{}_{33} = - \xi^2 \eta \left[\xi^2+\eta^2\right]^{-1}$$

$$\Gamma^3{}_{13} = \Gamma^3{}_{31} = \xi^{-1}$$

$$\Gamma^3{}_{23} = \Gamma^3{}_{32} = \eta^{-1}$$

alle übrigen $\Gamma^i{}_{jk} = 0$

Gradient:

$$\operatorname{grad} F \;=\; F_{,1}\, d\xi + F_{,2}\, d\eta + F_{,3}\, d\varphi$$

Rotation:

$$\operatorname{rot}\left[F\, d\xi + G\, d\eta + H\, d\varphi\right] \;=\; \xi^{-1}\,\eta^{-1}\left[H_{,2}-G_{,3}\right] d\xi$$
$$+\; \xi^{-1}\,\eta^{-1}\left[F_{,3}-H_{,1}\right] d\eta$$
$$+\; \xi\,\eta\left[\xi^{2}+\eta^{2}\right]^{-1}\left[G_{,1}-F_{,2}\right] d\varphi$$

Divergenz:

$$\operatorname{div}\left[F\, d\xi + G\, d\eta + H\, d\varphi\right] \;=\; \left[\xi^{2}+\eta^{2}\right]^{-1} F_{,1} + \left[\xi^{2}+\eta^{2}\right]^{-1} G_{,2} + \xi^{-2}\,\eta^{-2}\, H_{,3}$$
$$+\; \xi^{-1}\left[\xi^{2}+\eta^{2}\right]^{-1} F + \eta^{-1}\left[\xi^{2}+\eta^{2}\right]^{-1} G$$

Laplace-Operator:

$$\Delta F \;=\; \left[\xi^{2}+\eta^{2}\right]^{-1} F_{,1,1} + \left[\xi^{2}+\eta^{2}\right]^{-1} F_{,2,2} + \xi^{-2}\,\eta^{-2}\, F_{,3,3}$$
$$+\; \xi^{-1}\left[\xi^{2}+\eta^{2}\right]^{-1} F_{,1} + \eta^{-1}\left[\xi^{2}+\eta^{2}\right]^{-1} F_{,2}$$

Elliptische Paraboloidkoordinaten

Namen: Elliptische Paraboloidk., konfokale Paraboloidk.

Grundraum: $\mathbb{R}^3$

Theorie: Abschn. 27.3

Bezeichnungen:

$$u^1 = \lambda$$

$$u^2 = \mu$$

$$u^3 = \nu$$

Definition:

$$x^1 = x = \frac{1}{2}\left[a + b + \lambda + \mu + \nu\right]$$

$$x^2 = y = \left[\frac{(a+\lambda)(a+\mu)(a+\nu)}{b-a}\right]^{1/2}$$

$$x^3 = z = \left[\frac{(b+\lambda)(b+\mu)(b+\nu)}{a-b}\right]^{1/2}$$

Bereich:

$$-\,b \le \lambda < +\,\infty$$

$$-\,a \le \mu \le -\,b$$

$$-\,\infty < \nu \le -\,a$$

Singularitäten:

Transformation singulär für $\lambda = -b$ oder $\mu \in \{-a, -b\}$ oder $\nu = -a$

Jedes Tripel (λ, μ, ν) entspricht 4 Punkten $(x, \pm y, \pm z)$

Koordinatenflächen:

λ = konst.: konfokale elliptische Paraboloide

μ = konst.: konfokale hyperbolische Paraboloide

ν = konst.: konfokale elliptische Paraboloide

Differentiale:

$$dx = \frac{1}{2}\, d\lambda + \frac{1}{2}\, d\mu + \frac{1}{2}\, d\nu$$

$$dy = \frac{1}{2}\left[\frac{(a+\mu)(a+\nu)}{(b-a)(a+\lambda)}\right]^{1/2} d\lambda + \frac{1}{2}\left[\frac{(a+\nu)(a+\lambda)}{(b-a)(a+\mu)}\right]^{1/2} d\mu + \frac{1}{2}\left[\frac{(a+\lambda)(a+\mu)}{(b-a)(a+\nu)}\right]^{1/2} d\nu$$

$$dz = \frac{1}{2}\left[\frac{(b+\mu)(b+\nu)}{(a-b)(b+\lambda)}\right]^{1/2} d\lambda + \frac{1}{2}\left[\frac{(b+\nu)(b+\lambda)}{(a-b)(b+\mu)}\right]^{1/2} d\mu + \frac{1}{2}\left[\frac{(b+\lambda)(b+\mu)}{(a-b)(b+\nu)}\right]^{1/2} d\nu$$

Volumenelement:

$$dx\, dy\, dz = \frac{(\lambda-\mu)(\lambda-\nu)(\mu-\nu)\, d\lambda\, d\mu\, d\nu}{8\sqrt{-(a+\lambda)(a+\mu)(a+\nu)(b+\lambda)(b+\mu)(b+\nu)}}$$

Metriktensor (kontravariant):

$$g^{11} = \frac{4(a+\lambda)(b+\lambda)}{(\lambda-\mu)(\lambda-\nu)}$$

$$g^{22} = \frac{4(a+\mu)(b+\mu)}{(\mu-\nu)(\mu-\lambda)}$$

$$g^{33} = \frac{4(a+\nu)(b+\nu)}{(\nu-\lambda)(\nu-\mu)}$$

alle übrigen $g^{ij} = 0$

Metriktensor (kovariant):

$$g_{11} = \frac{(\lambda-\mu)(\lambda-\nu)}{4(a+\lambda)(b+\lambda)}$$

$$g_{22} = \frac{(\mu-\nu)(\mu-\lambda)}{4(a+\mu)(b+\mu)}$$

$$g_{33} = \frac{(\nu-\lambda)(\nu-\mu)}{4(a+\nu)(b+\nu)}$$

alle übrigen $g_{ij} = 0$

Christoffelsymbole:

$$\Gamma^1{}_{11} = \frac{1}{2}\left[(\lambda-\mu)^{-1} + (\lambda-\nu)^{-1} - (a+\lambda)^{-1} - (b+\lambda)^{-1}\right]$$

$$\Gamma^1{}_{12} = \Gamma^1{}_{21} = \frac{1}{2}(\mu-\lambda)^{-1}$$

$$\Gamma^1{}_{13} = \Gamma^1{}_{31} = \frac{1}{2}(\nu-\lambda)^{-1}$$

$$\Gamma^1{}_{22} = \frac{(a+\lambda)(b+\lambda)(\mu-\nu)}{2(a+\mu)(b+\mu)(\lambda-\mu)(\lambda-\nu)}$$

$$\Gamma^1{}_{33} = \frac{(a+\lambda)(b+\lambda)(\nu-\mu)}{2(a+\nu)(b+\nu)(\lambda-\mu)(\lambda-\nu)}$$

$$\Gamma^2{}_{11} = \frac{(a+\mu)(b+\mu)(\lambda-\nu)}{2(a+\lambda)(b+\lambda)(\mu-\nu)(\mu-\lambda)}$$

$$\Gamma^2{}_{12} = \Gamma^2{}_{21} = \frac{1}{2}(\lambda-\mu)^{-1}$$

$$\Gamma^2{}_{22} = \frac{1}{2}\left[(\mu-\nu)^{-1} + (\mu-\lambda)^{-1} - (a+\mu)^{-1} - (b+\mu)^{-1}\right]$$

$$\Gamma^2_{23} = \Gamma^2_{32} = \frac{1}{2}(\nu-\mu)^{-1}$$

$$\Gamma^2_{33} = \frac{(a+\mu)(b+\mu)(\nu-\lambda)}{2(a+\nu)(b+\nu)(\mu-\nu)(\mu-\lambda)}$$

$$\Gamma^3_{11} = \frac{(a+\nu)(b+\nu)(\lambda-\mu)}{2(a+\lambda)(b+\lambda)(\nu-\lambda)(\nu-\mu)}$$

$$\Gamma^3_{13} = \Gamma^3_{31} = \frac{1}{2}(\lambda-\nu)^{-1}$$

$$\Gamma^3_{22} = \frac{(a+\nu)(b+\nu)(\mu-\lambda)}{2(a+\mu)(b+\mu)(\nu-\lambda)(\nu-\mu)}$$

$$\Gamma^3_{23} = \Gamma^3_{32} = \frac{1}{2}(\mu-\nu)^{-1}$$

$$\Gamma^3_{33} = \frac{1}{2}\left[(\nu-\lambda)^{-1} + (\nu-\mu)^{-1} - (a+\nu)^{-1} - (b+\nu)^{-1}\right]$$

alle übrigen $\Gamma^i_{jk} = 0$

Gradient:

$$\text{grad } F = F_{,1}\, d\lambda + F_{,2}\, d\mu + F_{,3}\, d\nu$$

Rotation:

$$\text{rot}\left[F\, d\lambda + G\, d\mu + H\, d\nu\right] =$$

$$2\,(\mu-\nu)^{-1}\left[\frac{-(a+\mu)(b+\mu)(a+\nu)(b+\nu)}{(a+\lambda)(b+\lambda)}\right]^{1/2}\left[H_{,2}-G_{,3}\right] d\lambda$$

$$+\, 2\,(\nu-\lambda)^{-1}\left[\frac{-(a+\nu)(b+\nu)(a+\lambda)(b+\lambda)}{(a+\mu)(b+\mu)}\right]^{1/2}\left[F_{,3}-H_{,1}\right] d\mu$$

$$+\, 2\,(\lambda-\mu)^{-1}\left[\frac{-(a+\lambda)(b+\lambda)(a+\mu)(b+\mu)}{(a+\nu)(b+\nu)}\right]^{1/2}\left[G_{,1}-F_{,2}\right] d\nu$$

Divergenz:

$$\operatorname{div}\left[F\,d\lambda + G\,d\mu + H\,d\nu\right] = \frac{4(a+\lambda)(b+\lambda)}{(\lambda-\mu)(\lambda-\nu)} F_{,1} + \frac{4(a+\mu)(b+\mu)}{(\mu-\nu)(\mu-\lambda)} G_{,2}$$

$$+ \frac{4(a+\nu)(b+\nu)}{(\nu-\lambda)(\nu-\mu)} H_{,3} + \frac{2(a+b+2\lambda)}{(\lambda-\mu)(\lambda-\nu)} F + \frac{2(a+b+2\mu)}{(\mu-\nu)(\mu-\lambda)} G + \frac{2(a+b+2\nu)}{(\nu-\lambda)(\nu-\mu)} H$$

Laplace-Operator:

$$\Delta F = \frac{4(a+\lambda)(b+\lambda)}{(\lambda-\mu)(\lambda-\nu)} F_{,1,1} + \frac{4(a+\mu)(b+\mu)}{(\mu-\nu)(\mu-\lambda)} F_{,2,2} + \frac{4(a+\nu)(b+\nu)}{(\nu-\lambda)(\nu-\mu)} F_{,3,3}$$

$$+ \frac{2(a+b+2\lambda)}{(\lambda-\mu)(\lambda-\nu)} F_{,1} + \frac{2(a+b+2\mu)}{(\mu-\nu)(\mu-\lambda)} F_{,2} + \frac{2(a+b+2\nu)}{(\nu-\lambda)(\nu-\mu)} F_{,3}$$

Ellipsoidkoordinaten (gestreckt)

Namen: gestreckte Ellipsoidk., längliche Ellipsoidk.

Grundraum: $\mathbb{R}^3$

Theorie: Abschn. 27.1

Bezeichnungen:

$u^1 = \xi$

$u^2 = \eta$

$u^3 = \varphi$ (Azimut)

Definition:

$x^1 = x = \sinh \xi \sin \eta \cos \varphi$

$x^2 = y = \sinh \xi \sin \eta \sin \varphi$

$x^3 = z = \cosh \xi \cos \eta$

Bereich:

$0 \le \xi < \infty$

$0 \le \eta \le \pi$

$\varphi \bmod 2\pi$

Singularitäten:

φ unbestimmt für $\xi = 0$ oder $\eta \in \{0, \pi\}$

Transformation singulär für $\xi = \eta = 0$ oder $\xi = 0$ und $\eta = \pi$ (z-Achse)

Koordinatenflächen:

ξ = konst.: gestreckte Rotationsellipsoide

η = konst.: zweischalige Rotationshyperboloide

φ = konst.: Halbebenen

Differentiale:

$$dx = \cosh\xi \sin\eta \cos\varphi \, d\xi + \sinh\xi \cos\eta \cos\varphi \, d\eta - \sinh\xi \sin\eta \sin\varphi \, d\varphi$$

$$dy = \cosh\xi \sin\eta \sin\varphi \, d\xi + \sinh\xi \cos\eta \sin\varphi \, d\eta + \sinh\xi \sin\eta \cos\varphi \, d\varphi$$

$$dz = \sinh\xi \cos\eta \, d\xi - \cosh\xi \sin\eta \, d\eta$$

Volumenelement:

$$dx\,dy\,dz = \sinh\xi \sin\eta \left[\sinh^2\xi + \sin^2\eta\right] d\xi \, d\eta \, d\varphi$$

Metriktensor (kontravariant):

$$g^{11} = \left[\sinh^2\xi + \sin^2\eta\right]^{-1}$$

$$g^{22} = \left[\sinh^2\xi + \sin^2\eta\right]^{-1}$$

$$g^{33} = \sinh^{-2}\xi \, \sin^{-2}\eta$$

alle übrigen $g^{ij} = 0$

Metriktensor (kovariant):

$$g_{11} = \sinh^2\xi + \sin^2\eta$$

$$g_{22} = \sinh^2\xi + \sin^2\eta$$

$$g_{33} = \sinh^2\xi \sin^2\eta$$

alle übrigen $g_{ij} = 0$

Christoffelsymbole:

$$\Gamma^1{}_{11} = \sinh\xi \cosh\xi \left[\sinh^2\xi+\sin^2\eta\right]^{-1}$$

$$\Gamma^1{}_{12} = \Gamma^1{}_{21} = \sin\eta \cos\eta \left[\sinh^2\xi+\sin^2\eta\right]^{-1}$$

$$\Gamma^1{}_{22} = -\sinh\xi \cosh\xi \left[\sinh^2\xi+\sin^2\eta\right]^{-1}$$

$$\Gamma^1{}_{33} = -\sinh\xi \cosh\xi \sin^2\eta \left[\sinh^2\xi+\sin^2\eta\right]^{-1}$$

$$\Gamma^2{}_{11} = -\sin\eta \cos\eta \left[\sinh^2\xi+\sin^2\eta\right]^{-1}$$

$$\Gamma^2{}_{12} = \Gamma^2{}_{21} = \sinh\xi \cosh\xi \left[\sinh^2\xi+\sin^2\eta\right]^{-1}$$

$$\Gamma^2{}_{22} = \sin\eta \cos\eta \left[\sinh^2\xi+\sin^2\eta\right]^{-1}$$

$$\Gamma^2{}_{33} = -\sinh^2\xi \sin\eta \cos\eta \left[\sinh^2\xi+\sin^2\eta\right]^{-1}$$

$$\Gamma^3{}_{13} = \Gamma^3{}_{31} = \mathrm{ctgh}\,\xi$$

$$\Gamma^3{}_{23} = \Gamma^3{}_{32} = \mathrm{ctg}\,\eta$$

alle übrigen $\Gamma^{i}{}_{jk} = 0$

Gradient:

$$\operatorname{grad} F = F_{,1}\, d\xi + F_{,2}\, d\eta + F_{,3}\, d\varphi$$

Rotation:

$$\begin{aligned}\operatorname{rot} \left[F\, d\xi + G\, d\eta + H\, d\varphi\right] &= \sinh^{-1}\xi \, \sin^{-1}\eta \left[H_{,2} - G_{,3}\right] d\xi \\ &+ \sinh^{-1}\xi \, \sin^{-1}\eta \left[F_{,3} - H_{,1}\right] d\eta \\ &+ \sinh \xi \, \sin \eta \left[\sinh^2\xi + \sin^2\eta\right]^{-1} \left[G_{,1} - F_{,2}\right] d\varphi\end{aligned}$$

Divergenz:

$$\begin{aligned}\operatorname{div} \left[F\, d\xi + G\, d\eta + H\, d\varphi\right] &= \left[\sinh^2\xi + \sin^2\eta\right]^{-1} F_{,1} + \left[\sinh^2\xi + \sin^2\eta\right]^{-1} G_{,2} \\ &+ \sinh^{-2}\xi \, \sin^{-2}\eta \, H_{,3} + \operatorname{ctgh} \xi \left[\sinh^2\xi + \sin^2\eta\right]^{-1} F \\ &+ \operatorname{ctg} \eta \left[\sinh^2\xi + \sin^2\eta\right]^{-1} G\end{aligned}$$

Laplace-Operator:

$$\begin{aligned}\Delta F = &\left[\sinh^2\xi + \sin^2\eta\right]^{-1} F_{,1,1} + \left[\sinh^2\xi + \sin^2\eta\right]^{-1} F_{,2,2} \\ &+ \sinh^{-2}\xi \, \sin^{-2}\eta \, F_{,3,3} + \operatorname{ctgh} \xi \left[\sinh^2\xi + \sin^2\eta\right]^{-1} F_{,1} \\ &+ \operatorname{ctg} \eta \left[\sinh^2\xi + \sin^2\eta\right]^{-1} F_{,2}\end{aligned}$$

ELLIPSOIDKOORDINATEN (ABGEPLATTET)

Namen: abgeplattete Ellipsoidk., flache Ellipsoidk.

Grundraum: $\mathbb{R}^3$

Theorie: Abschn. 27.1

Bezeichnungen:

$u^1 = \xi$

$u^2 = \eta$

$u^3 = \varphi$ (Azimut)

Definition:

$x^1 = x = \cosh \xi \cos \eta \cos \varphi$

$x^2 = y = \cosh \xi \cos \eta \sin \varphi$

$x^3 = z = \sinh \xi \sin \eta$

Bereich:

$0 \leq \xi < +\infty$

$-\frac{\pi}{2} \leq \eta \leq +\frac{\pi}{2}$

$\varphi \bmod 2\pi$

Singularitäten:

φ unbestimmt für $\eta = \pm \frac{\pi}{2}$ (z-Achse)

Transformation singulär für $\xi = \eta = 0$ oder $\eta = \pm \frac{\pi}{2}$

Koordinatenflächen:

ξ = konst.: abgeplattete Rotationsellipsoide

η = konst.: einschalige Rotationshyperboloide

φ = konst.: Halbebenen

Differentiale:

$$dx = \sinh\xi \cos\eta \cos\varphi \, d\xi - \cosh\xi \sin\eta \cos\varphi \, d\eta - \cosh\xi \cos\eta \sin\varphi \, d\varphi$$

$$dy = \sinh\xi \cos\eta \sin\varphi \, d\xi - \cosh\xi \sin\eta \sin\varphi \, d\eta + \cosh\xi \cos\eta \cos\varphi \, d\varphi$$

$$dz = \cosh\xi \sin\eta \, d\xi + \sinh\xi \cos\eta \, d\eta$$

Volumenelement:

$$dx\,dy\,dz = \cosh\xi \cos\eta \left[\sinh^2\xi + \sin^2\eta\right] d\xi\,d\eta\,d\varphi$$

Metriktensor (kontravariant):

$$g^{11} = \left[\sinh^2\xi + \sin^2\eta\right]^{-1}$$

$$g^{22} = \left[\sinh^2\xi + \sin^2\eta\right]^{-1}$$

$$g^{33} = \cosh^{-2}\xi \cos^{-2}\eta$$

alle übrigen $g^{ij} = 0$

Metriktensor (kovariant):

$$g_{11} = \sinh^2\xi + \sin^2\eta$$

$$g_{22} = \sinh^2\xi + \sin^2\eta$$

$$g_{33} = \cosh^2\xi \cos^2\eta$$

alle übrigen $g_{ij} = 0$

Christoffelsymbole:

$$\Gamma^1{}_{11} = \cosh\xi \sinh\xi \left[\sinh^2\xi+\sin^2\eta\right]^{-1}$$

$$\Gamma^1{}_{12} = \Gamma^1{}_{21} = \cos\eta \sin\eta \left[\sinh^2\xi+\sin^2\eta\right]^{-1}$$

$$\Gamma^1{}_{22} = -\cosh\xi \sinh\xi \left[\sinh^2\xi+\sin^2\eta\right]^{-1}$$

$$\Gamma^1{}_{33} = -\cosh\xi \sinh\xi \cos^2\eta \left[\sinh^2\xi+\sin^2\eta\right]^{-1}$$

$$\Gamma^2{}_{11} = -\cos\eta \sin\eta \left[\sinh^2\xi+\sin^2\eta\right]^{-1}$$

$$\Gamma^2{}_{12} = \Gamma^2{}_{21} = \cosh\xi \sinh\xi \left[\sinh^2\xi+\sin^2\eta\right]^{-1}$$

$$\Gamma^2{}_{22} = \cos\eta \sin\eta \left[\sinh^2\xi+\sin^2\eta\right]^{-1}$$

$$\Gamma^2{}_{33} = \cosh^2\xi \cos\eta \sin\eta \left[\sinh^2\xi+\sin^2\eta\right]^{-1}$$

$$\Gamma^3{}_{13} = \Gamma^3{}_{31} = \mathrm{tgh}\,\xi$$

$$\Gamma^3{}_{23} = \Gamma^3{}_{32} = -\mathrm{tg}\,\eta$$

alle übrigen $\Gamma^{i}_{jk} = 0$

Gradient:

$$\text{grad } F = F_{,1}\, d\xi + F_{,2}\, d\eta + F_{,3}\, d\varphi$$

Rotation:

$$\text{rot}\left[F\, d\xi + G\, d\eta + H\, d\varphi\right] = \cosh^{-1}\xi \cos^{-1}\eta \left[H_{,2} - G_{,3}\right] d\xi$$

$$+ \cosh^{-1}\xi \cos^{-1}\eta \left[F_{,3} - H_{,1}\right] d\eta$$

$$+ \cosh \xi \cos \eta \left[\sinh^{2}\xi + \sin^{2}\eta\right]^{-1} \left[G_{,1} - F_{,2}\right] d\varphi$$

Divergenz:

$$\text{div}\left[F\, d\xi + G\, d\eta + H\, d\varphi\right] = \left[\sinh^{2}\xi + \sin^{2}\eta\right]^{-1} F_{,1} + \left[\sinh^{2}\xi + \sin^{2}\eta\right]^{-1} G_{,2}$$

$$+ \cosh^{-2}\xi \cos^{-2}\eta\, H_{,3} + \text{tgh}\, \xi \left[\sinh^{2}\xi + \sin^{2}\eta\right]^{-1} F$$

$$- \text{tg}\, \eta \left[\sinh^{2}\xi + \sin^{2}\eta\right]^{-1} G$$

Laplace-Operator:

$$\Delta F = \left[\sinh^{2}\xi + \sin^{2}\eta\right]^{-1} F_{,1,1} + \left[\sinh^{2}\xi + \sin^{2}\eta\right]^{-1} F_{,2,2}$$

$$+ \cosh^{-2}\xi \cos^{-2}\eta\, F_{,3,3} + \text{tgh}\, \xi \left[\sinh^{2}\xi + \sin^{2}\eta\right]^{-1} F_{,1}$$

$$- \text{tg}\, \eta \left[\sinh^{2}\xi + \sin^{2}\eta\right]^{-1} F_{,2}$$

SPHÄROIDKOORDINATEN (GESTRECKT)

Namen: gestreckte Sphäroidk., längliche Sphäroidk.

Grundraum: $\mathbb{R}^3$

Theorie: Abschn. 27.1

Bezeichnungen:

$u^1 = \xi$

$u^2 = \eta$

$u^3 = \varphi$ (Azimut)

Definition:

$$x^1 = x = \sqrt{(\xi^2-1)(1-\eta^2)} \cos \varphi$$

$$x^2 = y = \sqrt{(\xi^2-1)(1-\eta^2)} \sin \varphi$$

$$x^3 = z = \xi \eta$$

Bereich:

$1 \le \xi < \infty$

$-1 \le \eta \le +1$

$\varphi \bmod 2\pi$

Singularitäten:

φ unbestimmt für $\xi = 1$ oder $\eta = \pm 1$ (z-Achse)

Transformation singulär für $\xi = 1$ und $\eta = \pm 1$ (z-Achse)

Koordinatenflächen:

ξ = konst.: gestreckte Rotationsellipsoide

η = konst.: zweischalige Rotationshyperboloide

φ = konst.: Halbebenen

Differentiale:

$$dx = \frac{\xi\,(\eta^2-1)\cos\varphi}{\sqrt{(\xi^2-1)(1-\eta^2)}}\,d\xi + \frac{(\xi^2-1)\,\eta\cos\varphi}{\sqrt{(\xi^2-1)(1-\eta^2)}}\,d\eta - \sqrt{(\xi^2-1)(1-\eta^2)}\,\sin\varphi\,d\varphi$$

$$dy = \frac{\xi\,(\eta^2-1)\sin\varphi}{\sqrt{(\xi^2-1)(1-\eta^2)}}\,d\xi + \frac{(\xi^2-1)\,\eta\sin\varphi}{\sqrt{(\xi^2-1)(1-\eta^2)}}\,d\eta + \sqrt{(\xi^2-1)(1-\eta^2)}\,\cos\varphi\,d\varphi$$

$$dz = \eta\,d\xi + \xi\,d\eta$$

Volumenelement:

$$dx\,dy\,dz = \left[\xi^2-\eta^2\right]\,d\xi\,d\eta\,d\varphi$$

Metriktensor (kontravariant):

$$g^{11} = \left[\xi^2-1\right]\left[\xi^2-\eta^2\right]^{-1}$$

$$g^{22} = \left[1-\eta^2\right]\left[\xi^2-\eta^2\right]^{-1}$$

$$g^{33} = \left[\xi^2-1\right]^{-1}\left[1-\eta^2\right]^{-1}$$

alle übrigen $g^{ij} = 0$

Metriktensor (kovariant):

$$g_{11} = \left[\xi^2-\eta^2\right] \left[\xi^2-1\right]^{-1}$$

$$g_{22} = \left[\xi^2-\eta^2\right] \left[1-\eta^2\right]^{-1}$$

$$g_{33} = \left[\xi^2-1\right] \left[1-\eta^2\right]$$

alle übrigen $g_{ij} = 0$

Christoffelsymbole:

$$\Gamma^1{}_{11} = \xi \left[\eta^2-1\right] \left[\xi^2-\eta^2\right]^{-1} \left[\xi^2-1\right]^{-1}$$

$$\Gamma^1{}_{12} = \Gamma^1{}_{21} = -\eta \left[\xi^2-\eta^2\right]^{-1}$$

$$\Gamma^1{}_{22} = \xi \left[\xi^2-1\right] \left[\xi^2-\eta^2\right]^{-1} \left[\eta^2-1\right]^{-1}$$

$$\Gamma^1{}_{33} = \xi \left[\xi^2-1\right] \left[\eta^2-1\right] \left[\xi^2-\eta^2\right]^{-1}$$

$$\Gamma^2{}_{11} = -\eta \left[\eta^2-1\right] \left[\xi^2-\eta^2\right]^{-1} \left[\xi^2-1\right]^{-1}$$

$$\Gamma^2{}_{12} = \Gamma^2{}_{21} = \xi \left[\xi^2-\eta^2\right]^{-1}$$

$$\Gamma^2{}_{22} = -\eta \left[\xi^2-1\right] \left[\xi^2-\eta^2\right]^{-1} \left[\eta^2-1\right]^{-1}$$

$$\Gamma^2{}_{33} = -\eta \left[\xi^2-1\right] \left[\eta^2-1\right] \left[\xi^2-\eta^2\right]^{-1}$$

$$\Gamma^3{}_{13} = \Gamma^3{}_{31} = \xi \left[\xi^2-1\right]^{-1}$$

$$\Gamma^{3}_{23} = \Gamma^{3}_{32} = \eta \left[\eta^{2}-1\right]^{-1}$$

alle übrigen $\Gamma^{i}_{jk} = 0$

Gradient:

$$\operatorname{grad} F = F_{,1}\, d\xi + F_{,2}\, d\eta + F_{,3}\, d\varphi$$

Rotation:

$$\operatorname{rot}\left[F\, d\xi + G\, d\eta + H\, d\varphi\right] = \left[\xi^{2}-1\right]^{-1} \left[H_{,2}-G_{,3}\right] d\xi$$

$$+ \left[1-\eta^{2}\right]^{-1} \left[F_{,3}-H_{,1}\right] d\eta$$

$$+ \left[\xi^{2}-1\right] \left[1-\eta^{2}\right] \left[\xi^{2}-\eta^{2}\right]^{-1} \left[G_{,1}-F_{,2}\right] d\varphi$$

Divergenz:

$$\operatorname{div}\left[F\, d\xi + G\, d\eta + H\, d\varphi\right] = \left[\xi^{2}-1\right] \left[\xi^{2}-\eta^{2}\right]^{-1} F_{,1} + \left[1-\eta^{2}\right] \left[\xi^{2}-\eta^{2}\right]^{-1} G_{,2}$$

$$- \left[\xi^{2}-1\right]^{-1} \left[\eta^{2}-1\right]^{-1} H_{,3} + 2\,\xi \left[\xi^{2}-\eta^{2}\right]^{-1} F - 2\,\eta \left[\xi^{2}-\eta^{2}\right]^{-1} G$$

Laplace-Operator:

$$\Delta F = \left[\xi^{2}-1\right] \left[\xi^{2}-\eta^{2}\right]^{-1} F_{,1,1} + \left[1-\eta^{2}\right] \left[\xi^{2}-\eta^{2}\right]^{-1} F_{,2,2}$$

$$+ \left[\xi^{2}-1\right]^{-1} \left[1-\eta^{2}\right]^{-1} F_{,3,3} + 2\,\xi \left[\xi^{2}-\eta^{2}\right]^{-1} F_{,1} - 2\,\eta \left[\xi^{2}-\eta^{2}\right]^{-1} F_{,2}$$

Sphäroidkoordinaten (abgeplattet)

Namen: abgeplattete Sphäroidk., flache Sphäroidk.

Grundraum: $\mathbb{R}^3$

Theorie: Abschn. 27.1

Bezeichnungen:

$u^1 = \xi$

$u^2 = \eta$

$u^3 = \varphi \qquad$ (Azimut)

Definition:

$$x^1 = x = \sqrt{(\xi^2+1)(1-\eta^2)}\ \cos\varphi$$

$$x^2 = y = \sqrt{(\xi^2+1)(1-\eta^2)}\ \sin\varphi$$

$$x^3 = z = \xi\,\eta$$

Bereich:

$$0 \le \xi < \infty$$

$$-1 \le \eta \le +1$$

$$\varphi \bmod 2\pi$$

Singularitäten:

φ unbestimmt für $\eta = \pm 1$ (z-Achse)

Transformation singulär für $\xi = 0$ und $\eta = \pm 1$

Koordinatenflächen:

ξ = konst.: abgeplattete Rotationsellipsoide

η = konst.: zweischalige Rotationshyperboloide

φ = konst.: Halbebenen

Differentiale:

$$dx = \frac{\xi\,(1-\eta^2)\cos\varphi}{\sqrt{(\xi^2+1)(1-\eta^2)}}\,d\xi - \frac{(\xi^2+1)\,\eta\cos\varphi}{\sqrt{(\xi^2+1)(1-\eta^2)}}\,d\eta - \sqrt{(\xi^2+1)(1-\eta^2)}\,\sin\varphi\,d\varphi$$

$$dy = \frac{\xi\,(1-\eta^2)\sin\varphi}{\sqrt{(\xi^2+1)(1-\eta^2)}}\,d\xi - \frac{(\xi^2+1)\,\eta\sin\varphi}{\sqrt{(\xi^2+1)(1-\eta^2)}}\,d\eta + \sqrt{(\xi^2+1)(1-\eta^2)}\,\cos\varphi\,d\varphi$$

$$dz = \eta\,d\xi + \xi\,d\eta$$

Volumenelement:

$$dx\,dy\,dz = \left[\xi^2+\eta^2\right]\,d\xi\,d\eta\,d\varphi$$

Metriktensor (kontravariant):

$$g^{11} = \left[\xi^2+1\right]\left[\xi^2+\eta^2\right]^{-1}$$

$$g^{22} = \left[1-\eta^2\right]\left[\xi^2+\eta^2\right]^{-1}$$

$$g^{33} = \left[\xi^2+1\right]^{-1}\left[1-\eta^2\right]^{-1}$$

alle übrigen $g^{ij} = 0$

Metriktensor (kovariant):

$$g_{11} = \left[\xi^2+\eta^2\right] \left[\xi^2+1\right]^{-1}$$

$$g_{22} = \left[\xi^2+\eta^2\right] \left[1-\eta^2\right]^{-1}$$

$$g_{33} = \left[\xi^2+1\right] \left[1-\eta^2\right]$$

alle übrigen $g_{ij} = 0$

Christoffelsymbole:

$$\Gamma^1{}_{11} = \xi \left[1-\eta^2\right] \left[\xi^2+1\right]^{-1} \left[\xi^2+\eta^2\right]^{-1}$$

$$\Gamma^1{}_{12} = \Gamma^1{}_{21} = \eta \left[\xi^2+\eta^2\right]^{-1}$$

$$\Gamma^1{}_{22} = -\ \xi \left[\xi^2+1\right] \left[1-\eta^2\right]^{-1} \left[\xi^2+\eta^2\right]^{-1}$$

$$\Gamma^1{}_{33} = -\ \xi \left[\xi^2+1\right] \left[1-\eta^2\right] \left[\xi^2+\eta^2\right]^{-1}$$

$$\Gamma^2{}_{11} = -\ \eta \left[1-\eta^2\right] \left[\xi^2+1\right]^{-1} \left[\xi^2+\eta^2\right]^{-1}$$

$$\Gamma^2{}_{12} = \Gamma^2{}_{21} = \xi \left[\xi^2+\eta^2\right]^{-1}$$

$$\Gamma^2{}_{22} = \eta \left[\xi^2+1\right] \left[1-\eta^2\right]^{-1} \left[\xi^2+\eta^2\right]^{-1}$$

$$\Gamma^2{}_{33} = \eta \left[\xi^2+1\right] \left[1-\eta^2\right] \left[\xi^2+\eta^2\right]^{-1}$$

$$\Gamma^3{}_{13} = \Gamma^3{}_{31} = \xi \left[\xi^2+1\right]^{-1}$$

$$\Gamma^{3}_{23} = \Gamma^{3}_{32} = -\eta \left[1-\eta^{2}\right]^{-1}$$

alle übrigen $\Gamma^{i}_{jk} = 0$

Gradient:

$$\text{grad } F = F_{,1}\, d\xi + F_{,2}\, d\eta + F_{,3}\, d\varphi$$

Rotation:

$$\text{rot}\left[F\, d\xi + G\, d\eta + H\, d\varphi\right] = \left[\xi^{2}+1\right]^{-1} \left[H_{,2}-G_{,3}\right] d\xi$$

$$+ \left[1-\eta^{2}\right]^{-1} \left[F_{,3}-H_{,1}\right] d\eta$$

$$+ \left[\xi^{2}+1\right] \left[1-\eta^{2}\right] \left[\xi^{2}+\eta^{2}\right]^{-1} \left[G_{,1}-F_{,2}\right] d\varphi$$

Divergenz:

$$\text{div}\left[F\, d\xi + G\, d\eta + H\, d\varphi\right] = \left[\xi^{2}+1\right] \left[\xi^{2}+\eta^{2}\right]^{-1} F_{,1} + \left[1-\eta^{2}\right] \left[\xi^{2}+\eta^{2}\right]^{-1} G_{,2}$$

$$+ \left[\xi^{2}+1\right]^{-1} \left[1-\eta^{2}\right]^{-1} H_{,3} + 2\, \xi \left[\xi^{2}+\eta^{2}\right]^{-1} F - 2\, \eta \left[\xi^{2}+\eta^{2}\right]^{-1} G$$

Laplace-Operator:

$$\Delta F = \left[\xi^{2}+1\right] \left[\xi^{2}+\eta^{2}\right]^{-1} F_{,1,1} + \left[1-\eta^{2}\right] \left[\xi^{2}+\eta^{2}\right]^{-1} F_{,2,2}$$

$$+ \left[\xi^{2}+1\right]^{-1} \left[1-\eta^{2}\right]^{-1} F_{,3,3} + 2\, \xi \left[\xi^{2}+\eta^{2}\right]^{-1} F_{,1} - 2\, \eta \left[\xi^{2}+\eta^{2}\right]^{-1} F_{,2}$$

KEGELKOORDINATEN

Namen: Kegelk., Konusk.

Grundraum: $\mathbb{R}^3$

Theorie: Abschn. 27.3

Bezeichnungen:

$u^1 = \lambda$

$u^2 = \mu$

$u^3 = \nu$

Definition:

$$x^1 = x = \sqrt{(b-c)(a+\lambda)(a+\mu)(c+\nu)}$$

$$x^2 = y = \sqrt{(c-a)(b+\lambda)(b+\mu)(c+\nu)}$$

$$x^3 = z = \sqrt{(a-b)(c+\lambda)(c+\mu)(c+\nu)}$$

Bereich:

$-c \leq \lambda < +\infty$

$-b \leq \mu \leq -c$

$-a \leq \nu \leq -b$

Singularitäten:

Transformation singulär für $\lambda = -c$ oder $\mu \in \{-b, -c\}$ oder $\nu \in \{-a, -b\}$

Jedes Tripel (λ, μ, ν) entspricht 8 Punkten $(\pm x, \pm y, \pm z)$

Koordinatenflächen:

λ = konst.: konzentrische Sphären

μ = konst.: elliptische Kegel

ν = konst.: elliptische Kegel

Differentiale:

$$dx = \frac{1}{2}\left[\frac{(b-c)(a+\mu)(c+\nu)}{a+\lambda}\right]^{1/2} d\lambda + \frac{1}{2}\left[\frac{(b-c)(c+\nu)(a+\lambda)}{a+\mu}\right]^{1/2} d\mu + \frac{1}{2}\left[\frac{(b-c)(a+\lambda)(a+\mu)}{c+\nu}\right]^{1/2} d\nu$$

$$dy = \frac{1}{2}\left[\frac{(c-a)(b+\mu)(c+\nu)}{b+\lambda}\right]^{1/2} d\lambda + \frac{1}{2}\left[\frac{(c-a)(c+\nu)(b+\lambda)}{b+\mu}\right]^{1/2} d\mu + \frac{1}{2}\left[\frac{(c-a)(b+\lambda)(b+\mu)}{c+\nu}\right]^{1/2} d\nu$$

$$dz = \frac{1}{2}\left[\frac{(a-b)(c+\mu)(c+\nu)}{c+\lambda}\right]^{1/2} d\lambda + \frac{1}{2}\left[\frac{(a-b)(c+\nu)(c+\lambda)}{c+\mu}\right]^{1/2} d\mu + \frac{1}{2}\left[\frac{(a-b)(c+\lambda)(c+\mu)}{c+\nu}\right]^{1/2} d\nu$$

Volumenelement:

$$dx\,dy\,dz = \frac{(a-b)^{3/2}\,(a-c)^{3/2}\,(b-c)^{3/2}\,(\lambda-\mu)\sqrt{c+\nu}}{8\sqrt{-(a+\lambda)(b+\lambda)(c+\lambda)(a+\mu)(b+\mu)(c+\mu)}}\,d\lambda\,d\mu\,d\nu$$

Metriktensor (kontravariant):

$$g^{11} = \frac{4(a+\lambda)(b+\lambda)(c+\lambda)}{(a-b)(a-c)(b-c)(\mu-\lambda)(c+\nu)}$$

$$g^{22} = \frac{4(a+\mu)(b+\mu)(c+\mu)}{(a-b)(a-c)(b-c)(\lambda-\mu)(c+\nu)}$$

$$g^{33} = \frac{4(c+\nu)}{(a-b)(a-c)(b-c)}$$

alle übrigen $g^{ij} = 0$

Metriktensor (kovariant):

$$g_{11} = \frac{(a-b)(a-c)(b-c)(\mu-\lambda)(c+\nu)}{4(a+\lambda)(b+\lambda)(c+\lambda)}$$

$$g_{22} = \frac{(a-b)(a-c)(b-c)(\lambda-\mu)(c+\nu)}{4(a+\mu)(b+\mu)(c+\mu)}$$

$$g_{33} = \frac{(a-b)(a-c)(b-c)}{4(c+\nu)}$$

alle übrigen $g_{ij} = 0$

Christoffelsymbole:

$$\Gamma^1{}_{11} = \frac{1}{2}\left[(\lambda-\mu)^{-1} - (a+\lambda)^{-1} - (b+\lambda)^{-1} - (c+\lambda)^{-1}\right]$$

$$\Gamma^1{}_{12} = \Gamma^1{}_{21} = \frac{1}{2}(\mu-\lambda)^{-1}$$

$$\Gamma^1{}_{13} = \Gamma^1{}_{31} = \frac{1}{2}(c+\nu)^{-1}$$

$$\Gamma^1{}_{22} = \frac{(a+\lambda)(b+\lambda)(c+\lambda)}{2(a+\mu)(b+\mu)(c+\mu)(\lambda-\mu)}$$

$$\Gamma^2{}_{11} = \frac{(a+\mu)(b+\mu)(c+\mu)}{2(a+\lambda)(b+\lambda)(c+\lambda)(\mu-\lambda)}$$

$$\Gamma^2_{12} = \Gamma^2_{21} = \frac{1}{2}\,(\lambda-\mu)^{-1}$$

$$\Gamma^2_{22} = \frac{1}{2}\left[(\mu-\lambda)^{-1} - (a+\mu)^{-1} - (b+\mu)^{-1} - (c+\mu)^{-1}\right]$$

$$\Gamma^2_{23} = \Gamma^2_{32} = \frac{1}{2}\,(c+\nu)^{-1}$$

$$\Gamma^3_{11} = \frac{(\lambda-\mu)(c+\nu)}{2(a+\lambda)(b+\lambda)(c+\lambda)}$$

$$\Gamma^3_{22} = \frac{(\mu-\lambda)(c+\nu)}{2(a+\mu)(b+\mu)(c+\mu)}$$

$$\Gamma^3_{33} = \frac{1}{2}\,(c+\nu)^{-1}$$

alle übrigen $\Gamma^i_{jk} = 0$

Gradient:

$$\text{grad } F = F_{,1}\, d\lambda + F_{,2}\, d\mu + F_{,3}\, d\nu$$

Rotation:

$$\text{rot}\left[F\, d\lambda + G\, d\mu + H\, d\nu\right] =$$

$$2\left[\frac{-(a+\mu)(b+\mu)(c+\mu)(c+\nu)}{(a-b)(a-c)(b-c)(a+\lambda)(b+\lambda)(c+\lambda)}\right]^{1/2}\left[H_{,2}-G_{,3}\right] d\lambda$$

$$-\,2\left[\frac{-(a+\lambda)(b+\lambda)(c+\lambda)(c+\nu)}{(a-b)(a-c)(b-c)(a+\mu)(b+\mu)(c+\mu)}\right]^{1/2}\left[F_{,3}-H_{,1}\right] d\mu$$

$$+\,2\,(\mu-\lambda)^{-1}\,(c+\nu)^{-1}\left[\frac{-(a+\lambda)(b+\lambda)(c+\lambda)(a+\mu)(b+\mu)(c+\mu)}{(a-b)(a-c)(b-c)(c+\nu)}\right]^{1/2}\left[G_{,1}-F_{,2}\right] d\nu$$

Divergenz:

$$\operatorname{div}\left[F\,d\lambda + G\,d\mu + H\,d\nu\right] =$$

$$\frac{2}{(a-b)(a-c)(b-c)}\left[\frac{2(a+\lambda)(b+\lambda)(c+\lambda)}{(\mu-\lambda)(c+\nu)}F_{,1} + \frac{2(a+\mu)(b+\mu)(c+\mu)}{(\lambda-\mu)(c+\nu)}G_{,2} + 2\,(c+\nu)\,H_{,3}\right.$$

$$+\frac{(a+\lambda)(b+\lambda)(c+\lambda)}{(\mu-\lambda)(c+\nu)}\left[(a+\lambda)^{-1} + (b+\lambda)^{-1} + (c+\lambda)^{-1}\right]F$$

$$\left.+\frac{(a+\mu)(b+\mu)(c+\mu)}{(\lambda-\mu)(c+\nu)}\left[(a+\mu)^{-1} + (b+\mu)^{-1} + (c+\mu)^{-1}\right]G + 3\,H\right]$$

Laplace-Operator:

$$\Delta F = \frac{2}{(a-b)(a-c)(b-c)}\left[\frac{2(a+\lambda)(b+\lambda)(c+\lambda)}{(\mu-\lambda)(c+\nu)}F_{,1,1} + \frac{2(a+\mu)(b+\mu)(c+\mu)}{(\lambda-\mu)(c+\nu)}F_{,2,2}\right.$$

$$+ 2\,(c+\nu)\,F_{,3,3} + \frac{(a+\lambda)(b+\lambda)(c+\lambda)}{(\mu-\lambda)(c+\nu)}\left[(a+\lambda)^{-1} + (b+\lambda)^{-1} + (c+\lambda)^{-1}\right]F_{,1}$$

$$\left.+\frac{(a+\mu)(b+\mu)(c+\mu)}{(\lambda-\mu)(c+\nu)}\left[(a+\mu)^{-1} + (b+\mu)^{-1} + (c+\mu)^{-1}\right]F_{,2} + 3\,F_{,3}\right]$$

KONFOKALE KOORDINATEN

Namen: konfokale K., elliptische K., Ellipsoidk., Hyperboloidk.

Grundraum: $\mathbb{R}^3$

Theorie: Kap. 28

Bezeichnungen:

$$u^1 = \lambda$$

$$u^2 = \mu$$

$$u^3 = \nu$$

Definition:

$$x^1 = x = \left[\frac{(a^2+\lambda)(a^2+\mu)(a^2+\nu)}{(a^2-b^2)(a^2-c^2)}\right]^{1/2}$$

$$x^2 = y = \left[\frac{(b^2+\lambda)(b^2+\mu)(b^2+\nu)}{(b^2-c^2)(b^2-a^2)}\right]^{1/2}$$

$$x^3 = z = \left[\frac{(c^2+\lambda)(c^2+\mu)(c^2+\nu)}{(c^2-a^2)(c^2-b^2)}\right]^{1/2}$$

Bereich:

$$-c^2 \le \lambda < +\infty$$

$$-b^2 \le \mu \le -c^2$$

$- a^2 \le \nu \le - b^2$

Singularitäten:

Transformation singulär für $\lambda = -c^2$ oder $\mu \in \{-b^2, -c^2\}$ oder $\nu \in \{-a^2, -b^2\}$

Jedes Tripel (λ, μ, ν) entspricht 8 Punkten $(\pm x, \pm y, \pm z)$

Koordinatenflächen:

λ = konst.: konfokale Ellipsoide

μ = konst.: konfokale einschalige Hyperboloide

ν = konst.: konfokale zweischalige Hyperboloide

Differentiale:

$$dx = \frac{1}{2}\left[\frac{(a^2+\mu)(a^2+\nu)}{(a^2+\lambda)(a^2-b^2)(a^2-c^2)}\right]^{1/2} d\lambda + \frac{1}{2}\left[\frac{(a^2+\nu)(a^2+\lambda)}{(a^2+\mu)(a^2-b^2)(a^2-c^2)}\right]^{1/2} d\mu$$

$$+ \frac{1}{2}\left[\frac{(a^2+\lambda)(a^2+\mu)}{(a^2+\nu)(a^2-b^2)(a^2-c^2)}\right]^{1/2} d\nu$$

$$dy = \frac{1}{2}\left[\frac{(b^2+\mu)(b^2+\nu)}{(b^2+\lambda)(b^2-c^2)(b^2-a^2)}\right]^{1/2} d\lambda + \frac{1}{2}\left[\frac{(b^2+\nu)(b^2+\lambda)}{(b^2+\mu)(b^2-c^2)(b^2-a^2)}\right]^{1/2} d\mu$$

$$+ \frac{1}{2}\left[\frac{(b^2+\lambda)(b^2+\mu)}{(b^2+\nu)(b^2-c^2)(b^2-a^2)}\right]^{1/2} d\nu$$

$$dz = \frac{1}{2}\left[\frac{(c^2+\mu)(c^2+\nu)}{(c^2+\lambda)(c^2-a^2)(c^2-b^2)}\right]^{1/2} d\lambda + \frac{1}{2}\left[\frac{(c^2+\nu)(c^2+\lambda)}{(c^2+\mu)(c^2-a^2)(c^2-b^2)}\right]^{1/2} d\mu$$

$$+ \frac{1}{2}\left[\frac{(c^2+\lambda)(c^2+\mu)}{(c^2+\nu)(c^2-a^2)(c^2-b^2)}\right]^{1/2} d\nu$$

Volumenelement:

$$dx\, dy\, dz = \frac{(\lambda-\mu)(\lambda-\nu)(\mu-\nu)\, d\lambda\, d\mu\, d\nu}{8\sqrt{-(a^2+\lambda)(a^2+\mu)(a^2+\nu)(b^2+\lambda)(b^2+\mu)(b^2+\nu)(c^2+\lambda)(c^2+\mu)(c^2+\nu)}}$$

Metriktensor (kontravariant):

$$g^{11} = \frac{4(a^2+\lambda)(b^2+\lambda)(c^2+\lambda)}{(\lambda-\mu)(\lambda-\nu)}$$

$$g^{22} = \frac{4(a^2+\mu)(b^2+\mu)(c^2+\mu)}{(\mu-\nu)(\mu-\lambda)}$$

$$g^{33} = \frac{4(a^2+\nu)(b^2+\nu)(c^2+\nu)}{(\nu-\lambda)(\nu-\mu)}$$

alle übrigen $g^{ij} = 0$

Metriktensor (kovariant):

$$g_{11} = \frac{(\lambda-\mu)(\lambda-\nu)}{4(a^2+\lambda)(b^2+\lambda)(c^2+\lambda)}$$

$$g_{22} = \frac{(\mu-\nu)(\mu-\lambda)}{4(a^2+\mu)(b^2+\mu)(c^2+\mu)}$$

$$g_{33} = \frac{(\nu-\lambda)(\nu-\mu)}{4(a^2+\nu)(b^2+\nu)(c^2+\nu)}$$

alle übrigen $g_{ij} = 0$

Christoffelsymbole:

$$\Gamma^1{}_{11} = \frac{1}{2}\left[(\lambda-\mu)^{-1} + (\lambda-\nu)^{-1} - (a^2+\lambda)^{-1} - (b^2+\lambda)^{-1} - (c^2+\lambda)^{-1}\right]$$

$$\Gamma^1{}_{12} = \Gamma^1{}_{21} = \frac{1}{2}(\lambda-\mu)^{-1}$$

$$\Gamma^1_{13} = \Gamma^1_{31} = \frac{1}{2}(\lambda-\nu)^{-1}$$

$$\Gamma^1_{22} = \frac{(a^2+\lambda)(b^2+\lambda)(c^2+\lambda)(\nu-\mu)}{2(a^2+\mu)(b^2+\mu)(c^2+\mu)(\lambda-\mu)(\lambda-\nu)}$$

$$\Gamma^1_{33} = \frac{(a^2+\lambda)(b^2+\lambda)(c^2+\lambda)(\mu-\nu)}{2(a^2+\nu)(b^2+\nu)(c^2+\nu)(\lambda-\mu)(\lambda-\nu)}$$

$$\Gamma^2_{11} = \frac{(a^2+\mu)(b^2+\mu)(c^2+\mu)(\nu-\lambda)}{2(a^2+\lambda)(b^2+\lambda)(c^2+\lambda)(\mu-\nu)(\mu-\lambda)}$$

$$\Gamma^2_{12} = \Gamma^2_{21} = \frac{1}{2}(\mu-\lambda)^{-1}$$

$$\Gamma^2_{22} = \frac{1}{2}\left[(\mu-\nu)^{-1} + (\mu-\lambda)^{-1} - (a^2+\mu)^{-1} - (b^2+\mu)^{-1} - (c^2+\mu)^{-1}\right]$$

$$\Gamma^2_{23} = \Gamma^2_{32} = \frac{1}{2}(\mu-\nu)^{-1}$$

$$\Gamma^2_{33} = \frac{(a^2+\mu)(b^2+\mu)(c^2+\mu)(\lambda-\nu)}{2(a^2+\nu)(b^2+\nu)(c^2+\nu)(\mu-\nu)(\mu-\lambda)}$$

$$\Gamma^3_{11} = \frac{(a^2+\nu)(b^2+\nu)(c^2+\nu)(\mu-\lambda)}{2(a^2+\lambda)(b^2+\lambda)(c^2+\lambda)(\nu-\lambda)(\nu-\mu)}$$

$$\Gamma^3_{13} = \Gamma^3_{31} = \frac{1}{2}(\nu-\lambda)^{-1}$$

$$\Gamma^3_{22} = \frac{(a^2+\nu)(b^2+\nu)(c^2+\nu)(\lambda-\mu)}{2(a^2+\mu)(b^2+\mu)(c^2+\mu)(\nu-\lambda)(\nu-\mu)}$$

$$\Gamma^3_{23} = \Gamma^3_{32} = \frac{1}{2}(\nu-\mu)^{-1}$$

$$\Gamma^3_{33} = \frac{1}{2}\left[(\nu-\lambda)^{-1} + (\nu-\mu)^{-1} - (a^2+\nu)^{-1} - (b^2+\nu)^{-1} - (c^2+\nu)^{-1}\right]$$

alle übrigen $\Gamma^i_{jk} = 0$

Gradient:

$$\operatorname{grad} F = F_{,1}\, d\lambda + F_{,2}\, d\mu + F_{,3}\, d\nu$$

Rotation:

$$\operatorname{rot}\left[F\, d\lambda + G\, d\mu + H\, d\nu\right] =$$

$$2\,(\mu-\nu)^{-1}\left[\frac{-(a^2+\mu)(b^2+\mu)(c^2+\mu)(a^2+\nu)(b^2+\nu)(c^2+\nu)}{(a^2+\lambda)(b^2+\lambda)(c^2+\lambda)}\right]^{1/2}\left[H_{,2}-G_{,3}\right] d\lambda$$

$$+\,2\,(\lambda-\nu)^{-1}\left[\frac{-(a^2+\nu)(b^2+\nu)(c^2+\nu)(a^2+\lambda)(b^2+\lambda)(c^2+\lambda)}{(a^2+\mu)(b^2+\mu)(c^2+\mu)}\right]^{1/2}\left[F_{,3}-H_{,1}\right] d\mu$$

$$+\,2\,(\lambda-\mu)^{-1}\left[\frac{-(a^2+\lambda)(b^2+\lambda)(c^2+\lambda)(a^2+\mu)(b^2+\mu)(c^2+\mu)}{(a^2+\nu)(b^2+\nu)(c^2+\nu)}\right]^{1/2}\left[G_{,1}-F_{,2}\right] d\nu$$

Divergenz:

$$\operatorname{div}\left[F\, d\lambda + G\, d\mu + H\, d\nu\right] = \frac{4(a^2+\lambda)(b^2+\lambda)(c^2+\lambda)}{(\lambda-\mu)(\lambda-\nu)}\, F_{,1}$$

$$+\,\frac{4(a^2+\mu)(b^2+\mu)(c^2+\mu)}{(\mu-\nu)(\mu-\lambda)}\, G_{,2} + \frac{4(a^2+\nu)(b^2+\nu)(c^2+\nu)}{(\nu-\lambda)(\nu-\mu)}\, H_{,3}$$

$$+\,\frac{2(a^2+\lambda)(b^2+\lambda)(c^2+\lambda)}{(\lambda-\mu)(\lambda-\nu)}\left[(a^2+\lambda)^{-1} + (b^2+\lambda)^{-1} + (c^2+\lambda)^{-1}\right] F$$

$$+\,\frac{2(a^2+\mu)(b^2+\mu)(c^2+\mu)}{(\mu-\nu)(\mu-\lambda)}\left[(a^2+\mu)^{-1} + (b^2+\mu)^{-1} + (c^2+\mu)^{-1}\right] G$$

$$+\,\frac{2(a^2+\nu)(b^2+\nu)(c^2+\nu)}{(\nu-\lambda)(\nu-\mu)}\left[(a^2+\nu)^{-1} + (b^2+\nu)^{-1} + (c^2+\nu)^{-1}\right] H$$

Laplace-Operator:

$$\Delta F = \frac{4(a^2+\lambda)(b^2+\lambda)(c^2+\lambda)}{(\lambda-\mu)(\lambda-\nu)} F_{,1,1}$$

$$+ \frac{4(a^2+\mu)(b^2+\mu)(c^2+\mu)}{(\mu-\nu)(\mu-\lambda)} F_{,2,2} + \frac{4(a^2+\nu)(b^2+\nu)(c^2+\nu)}{(\nu-\lambda)(\nu-\mu)} F_{,3,3}$$

$$+ \frac{2(a^2+\lambda)(b^2+\lambda)(c^2+\lambda)}{(\lambda-\mu)(\lambda-\nu)} \left[(a^2+\lambda)^{-1} + (b^2+\lambda)^{-1} + (c^2+\lambda)^{-1}\right] F_{,1}$$

$$+ \frac{2(a^2+\mu)(b^2+\mu)(c^2+\mu)}{(\mu-\nu)(\mu-\lambda)} \left[(a^2+\mu)^{-1} + (b^2+\mu)^{-1} + (c^2+\mu)^{-1}\right] F_{,2}$$

$$+ \frac{2(a^2+\nu)(b^2+\nu)(c^2+\nu)}{(\nu-\lambda)(\nu-\mu)} \left[(a^2+\nu)^{-1} + (b^2+\nu)^{-1} + (c^2+\nu)^{-1}\right] F_{,3}$$

BIZYLINDERKOORDINATEN

Namen: Bizylinderk., Bipolark.

Grundraum: $\mathbb{R}^3$

Theorie: Abschn. 27.4

Bezeichnungen:

$u^1 = \xi$

$u^2 = \eta$

$u^3 = z$ (kartesisch)

Definition:

$$x^1 = x = \frac{\sinh \xi}{\cosh \xi - \cos \eta}$$

$$x^2 = y = \frac{\sin \eta}{\cosh \xi - \cos \eta}$$

$$x^3 = z = z$$

Bereich:

$- \infty < \xi < + \infty$

$\eta \bmod 2\pi$

$- \infty < z < +\infty$

Singularitäten:

Transformation singulär für $\xi = 0$ und $\eta \equiv 0 \mod 2\pi$ (entspricht z-Achse)

Koordinatenflächen:

ξ = konst.: Kreiszylinder

η = konst.: Kreiszylinder

z = konst.: parallele Ebenen

Differentiale:

$$dx = \left[1 - \cosh\xi \cos\eta\right] \left[\cosh\xi - \cos\eta\right]^{-2} d\xi - \sinh\xi \sin\eta \left[\cosh\xi - \cos\eta\right]^{-2} d\eta$$

$$dy = - \sinh\xi \sin\eta \left[\cosh\xi - \cos\eta\right]^{-2} d\xi + \left[\cosh\xi \cos\eta - 1\right] \left[\cosh\xi - \cos\eta\right]^{-2} d\eta$$

$$dz = dz$$

Volumenelement:

$$dx\, dy\, dz = \left[\cosh\xi - \cos\eta\right]^{-2} d\xi\, d\eta\, dz$$

Metriktensor (kontravariant):

$$g^{11} = \left[\cosh\xi - \cos\eta\right]^{2}$$

$$g^{22} = \left[\cosh\xi - \cos\eta\right]^{2}$$

$$g^{33} = 1$$

alle übrigen $g^{ij} = 0$

Metriktensor (kovariant):

$$g_{11} = \left[\cosh \xi - \cos \eta\right]^{-2}$$

$$g_{22} = \left[\cosh \xi - \cos \eta\right]^{-2}$$

$$g_{33} = 1$$

alle übrigen $g_{ij} = 0$

Christoffelsymbole:

$$\Gamma^1{}_{11} = \frac{-\sinh \xi}{\cosh \xi - \cos \eta}$$

$$\Gamma^1{}_{12} = \Gamma^1{}_{21} = \frac{-\sin \eta}{\cosh \xi - \cos \eta}$$

$$\Gamma^1{}_{22} = \frac{\sinh \xi}{\cosh \xi - \cos \eta}$$

$$\Gamma^2{}_{11} = \frac{\sin \eta}{\cosh \xi - \cos \eta}$$

$$\Gamma^2{}_{12} = \Gamma^2{}_{21} = \frac{-\sinh \xi}{\cosh \xi - \cos \eta}$$

$$\Gamma^2{}_{22} = \frac{-\sin \eta}{\cosh \xi - \cos \eta}$$

alle übrigen $\Gamma^i{}_{jk} = 0$

Gradient:

$$\text{grad } \bar{F} = F_{,1}\, d\xi + F_{,2}\, d\eta + F_{,3}\, dz$$

Rotation:

$$\operatorname{rot}\left[F\,d\xi + G\,d\eta + H\,dz\right] = \left[H_{,2}-G_{,3}\right] d\xi + \left[F_{,3}-H_{,1}\right] d\eta$$

$$+ \left[\cosh\xi - \cos\eta\right]^2 \left[G_{,1}-F_{,2}\right] dz$$

Divergenz:

$$\operatorname{div}\left[F\,d\xi + G\,d\eta + H\,dz\right] = \left[\cosh\xi - \cos\eta\right]^2 F_{,1}$$

$$+ \left[\cosh\xi - \cos\eta\right]^2 G_{,2} + H_{,3}$$

Laplace-Operator:

$$\Delta F = \left[\cosh\xi - \cos\eta\right]^2 F_{,1,1} + \left[\cosh\xi - \cos\eta\right]^2 F_{,2,2} + F_{,3,3}$$

BISPHÄRISCHE KOORDINATEN

Namen: bisphärische K.

Grundraum: $\mathbb{R}^3$

Theorie: Abschn. 27.4

Bezeichnungen:

$u^1 = \xi$

$u^2 = \eta$

$u^3 = \varphi$ (Azimut)

Definition:

$$x^1 = x = \frac{\sin\eta \cos\varphi}{\cosh\xi - \cos\eta}$$

$$x^2 = y = \frac{\sin\eta \sin\varphi}{\cosh\xi - \cos\eta}$$

$$x^3 = z = \frac{\sinh\xi}{\cosh\xi - \cos\eta}$$

Bereich:

$-\infty < \xi < +\infty$

$\eta \bmod 2\pi$

$\varphi \bmod 2\pi$

Singularitäten:

Transformation singulär für $\xi = 0$ und $\eta \equiv 0 \pmod{2\pi}$ (entspricht z-Achse)

Koordinatenflächen:

ξ = konst.: Sphären

η = konst.: selbstdurchdringende Kreisringe

φ = konst.: Halbebenen

Differentiale:

$$dx = -\sinh\xi \sin\eta \cos\varphi \left[\cosh\xi - \cos\eta\right]^{-2} d\xi + \left[\cosh\xi \cos\eta - 1\right] \cos\varphi \left[\cosh\xi - \cos\eta\right]^{-2} d\eta - \sin\eta \sin\varphi \left[\cosh\xi - \cos\eta\right]^{-1} d\varphi$$

$$dy = -\sinh\xi \sin\eta \sin\varphi \left[\cosh\xi - \cos\eta\right]^{-2} d\xi + \left[\cosh\xi \cos\eta - 1\right] \sin\varphi \left[\cosh\xi - \cos\eta\right]^{-2} d\eta + \sin\eta \cos\varphi \left[\cosh\xi - \cos\eta\right]^{-1} d\varphi$$

$$dz = \left[1 - \cosh\xi \cos\eta\right] \left[\cosh\xi - \cos\eta\right]^{-2} d\xi - \sinh\xi \sin\eta \left[\cosh\xi - \cos\eta\right]^{-2} d\eta$$

Volumenelement:

$$dx\, dy\, dz = \sin\eta \left[\cosh\xi - \cos\eta\right]^{-3} d\xi\, d\eta\, d\varphi$$

Metriktensor (kontravariant):

$$g^{11} = \left[\cosh \xi - \cos \eta\right]^2$$

$$g^{22} = \left[\cosh \xi - \cos \eta\right]^2$$

$$g^{33} = \sin^{-2}\eta \left[\cosh \xi - \cos \eta\right]^2$$

alle übrigen $g^{ij} = 0$

Metriktensor (kovariant):

$$g_{11} = \left[\cosh \xi - \cos \eta\right]^{-2}$$

$$g_{22} = \left[\cosh \xi - \cos \eta\right]^{-2}$$

$$g_{33} = \sin^2 \eta \left[\cosh \xi - \cos \eta\right]^{-2}$$

alle übrigen $g_{ij} = 0$

Christoffelsymbole:

$$\Gamma^1{}_{11} = \frac{-\sinh \xi}{\cosh \xi - \cos \eta}$$

$$\Gamma^1{}_{12} = \Gamma^1{}_{21} = \frac{-\sin \eta}{\cosh \xi - \cos \eta}$$

$$\Gamma^1{}_{22} = \frac{\sinh \xi}{\cosh \xi - \cos \eta}$$

$$\Gamma^1{}_{33} = \frac{\sin^2\eta \sinh \xi}{\cosh \xi - \cos \eta}$$

$$\Gamma^2{}_{11} = \frac{\sin \eta}{\cosh \xi - \cos \eta}$$

$$\Gamma^2_{12} = \Gamma^2_{21} = \frac{-\sinh\xi}{\cosh\xi - \cos\eta}$$

$$\Gamma^2_{22} = \frac{-\sin\eta}{\cosh\xi - \cos\eta}$$

$$\Gamma^2_{33} = \frac{(1 - \cosh\xi\cos\eta)\sin\eta}{\cosh\xi - \cos\eta}$$

$$\Gamma^3_{13} = \Gamma^3_{31} = \frac{-\sinh\xi}{\cosh\xi - \cos\eta}$$

$$\Gamma^3_{23} = \Gamma^3_{32} = \frac{\cosh\xi\cos\eta - 1}{(\cosh\xi - \cos\eta)\sin\eta}$$

alle übrigen $\Gamma^i_{jk} = 0$

Gradient:

$$\operatorname{grad} F = F_{,1}\,d\xi + F_{,2}\,d\eta + F_{,3}\,d\varphi$$

Rotation:

$$\begin{aligned}\operatorname{rot}\left[F\,d\xi + G\,d\eta + H\,d\varphi\right] &= \sin^{-1}\eta\left[\cosh\xi - \cos\eta\right]\left[H_{,2}-G_{,3}\right]d\xi\\ &+ \sin^{-1}\eta\left[\cosh\xi - \cos\eta\right]\left[F_{,3}-H_{,1}\right]d\eta\\ &+ \sin\eta\left[\cosh\xi - \cos\eta\right]\left[G_{,1}-F_{,2}\right]d\varphi\end{aligned}$$

Divergenz:

$$\begin{aligned}\operatorname{div}\left[F\,d\xi + G\,d\eta + H\,d\varphi\right] &= \left[\cosh\xi - \cos\eta\right]^2 F_{,1} + \left[\cosh\xi - \cos\eta\right]^2 G_{,2}\\ &+ \sin^{-2}\eta\left[\cosh\xi - \cos\eta\right]^2 H_{,3} - \sinh\xi\left[\cosh\xi - \cos\eta\right] F\\ &+ \sin^{-1}\eta\left[\cosh\xi\cos\eta - 1\right]\left[\cosh\xi - \cos\eta\right] G\end{aligned}$$

Laplace-Operator:

$$\Delta F = \left[\cosh \xi - \cos \eta\right]^2 F_{,1,1} + \left[\cosh \xi - \cos \eta\right]^2 G_{,2,2}$$

$$+ \sin^{-2}\eta \left[\cosh \xi - \cos \eta\right]^2 F_{,3,3} - \sinh \xi \left[\cosh \xi - \cos \eta\right] F_{,1}$$

$$+ \sin^{-1}\eta \left[\cosh \xi \cos \eta - 1\right] \left[\cosh \xi - \cos \eta\right] F_{,2}$$

Toruskoordinaten

Namen: Torusk., Ringk.

Grundraum: $\mathbb{R}^3$

Theorie: Abschn. 27.4

Bezeichnungen:

$u^1 = \xi$

$u^2 = \eta$

$u^3 = \varphi$ (Azimut)

Definition:

$$x^1 = x = \frac{\sinh \xi \cos \varphi}{\cosh \xi - \cos \eta}$$

$$x^2 = y = \frac{\sinh \xi \sin \varphi}{\cosh \xi - \cos \eta}$$

$$x^3 = z = \frac{\sin \eta}{\cosh \xi - \cos \eta}$$

Bereich:

$0 \le \xi < \infty$

$\eta \bmod 2\pi$

$\varphi \bmod 2\pi$

Singularitäten:

Transformation singulär für $\xi = 0$ (entspricht z-Achse)

Koordinatenflächen:

ξ = konst.: Kreistori

η = konst.: Sphären

φ = konst.: Halbebenen

Differentiale:

$$dx = \left[1 - \cosh\xi\cos\eta\right]\cos\varphi\left[\cosh\xi - \cos\eta\right]^{-2} d\xi$$
$$- \sinh\xi\sin\eta\cos\varphi\left[\cosh\xi - \cos\eta\right]^{-2} d\eta$$
$$- \sinh\xi\sin\varphi\left[\cosh\xi - \cos\eta\right]^{-1} d\varphi$$

$$dy = \left[1 - \cosh\xi\cos\eta\right]\sin\varphi\left[\cosh\xi - \cos\eta\right]^{-2} d\xi$$
$$- \sinh\xi\sin\eta\sin\varphi\left[\cosh\xi - \cos\eta\right]^{-2} d\eta$$
$$+ \sinh\xi\cos\varphi\left[\cosh\xi - \cos\eta\right]^{-1} d\varphi$$

$$dz = - \sinh\xi\sin\eta\left[\cosh\xi - \cos\eta\right]^{-2} d\xi$$
$$+ \left[\cosh\xi\cos\eta - 1\right]\left[\cosh\xi - \cos\eta\right]^{-2} d\eta$$

Volumenelement:

$$dx\,dy\,dz = \sinh\xi\left[\cosh\xi - \cos\eta\right]^{-3} d\xi\,d\eta\,d\varphi$$

Metriktensor (kontravariant):

$$g^{11} = \left[\cosh \xi - \cos \eta\right]^2$$

$$g^{22} = \left[\cosh \xi - \cos \eta\right]^2$$

$$g^{33} = \sinh^{-2}\xi \left[\cosh \xi - \cos \eta\right]^2$$

alle übrigen $g^{ij} = 0$

Metriktensor (kovariant):

$$g_{11} = \left[\cosh \xi - \cos \eta\right]^{-2}$$

$$g_{22} = \left[\cosh \xi - \cos \eta\right]^{-2}$$

$$g_{33} = \sinh^2\xi \left[\cosh \xi - \cos \eta\right]^{-2}$$

alle übrigen $g_{ij} = 0$

Christoffelsymbole:

$$\Gamma^1{}_{11} = \frac{-\sinh \xi}{\cosh \xi - \cos \eta}$$

$$\Gamma^1{}_{12} = \Gamma^1{}_{21} = \frac{-\sin \eta}{\cosh \xi - \cos \eta}$$

$$\Gamma^1{}_{22} = \frac{\sinh \xi}{\cosh \xi - \cos \eta}$$

$$\Gamma^1{}_{33} = \frac{(\cosh \xi \cos \eta - 1) \sinh \xi}{\cosh \xi - \cos \eta}$$

$$\Gamma^2{}_{11} = \frac{\sin \eta}{\cosh \xi - \cos \eta}$$

$$\Gamma^2_{12} = \Gamma^2_{21} = \frac{-\sinh\xi}{\cosh\xi - \cos\eta}$$

$$\Gamma^2_{22} = \frac{-\sin\eta}{\cosh\xi - \cos\eta}$$

$$\Gamma^2_{33} = \frac{\sinh^2\xi \sin\eta}{\cosh\xi - \cos\eta}$$

$$\Gamma^3_{13} = \Gamma^3_{31} = \frac{1 - \cosh\xi \cos\eta}{(\cosh\xi - \cos\eta)\sinh\xi}$$

$$\Gamma^3_{23} = \Gamma^3_{32} = \frac{-\sin\eta}{\cosh\xi - \cos\eta}$$

alle übrigen $\Gamma^i_{jk} = 0$

Gradient:

$$\operatorname{grad} F = F_{,1}\, d\xi + F_{,2}\, d\eta + F_{,3}\, d\varphi$$

Rotation:

$$\begin{aligned}\operatorname{rot}\left[F\, d\xi + G\, d\eta + H\, d\varphi\right] &= \sinh^{-1}\xi \left[\cosh\xi - \cos\eta\right]\left[H_{,2} - G_{,3}\right] d\xi \\ &+ \sinh^{-1}\xi \left[\cosh\xi - \cos\eta\right]\left[F_{,3} - H_{,1}\right] d\eta \\ &+ \sinh\xi \left[\cosh\xi - \cos\eta\right]\left[G_{,1} - F_{,2}\right] d\varphi\end{aligned}$$

Divergenz:

$$\begin{aligned}\operatorname{div}\left[F\, d\xi + G\, d\eta + H\, d\varphi\right] &= \left[\cosh\xi - \cos\eta\right]^2 \left[F_{,1} + G_{,2} + \sinh^{-2}\xi\, H_{,3}\right] \\ &+ \sinh^{-1}\xi \left[1 - \cosh\xi \cos\eta\right]\left[\cosh\xi - \cos\eta\right] F \\ &- \sin\eta \left[\cosh\xi - \cos\eta\right] G\end{aligned}$$

Laplace-Operator:

$$\Delta F = \left[\cosh \xi - \cos \eta\right]^2 \left[F_{,1,1} + F_{,2,2} + \sinh^{-2}\xi \, F_{,3,3}\right]$$

$$+ \sinh^{-1}\xi \left[1 - \cosh \xi \cos \eta\right] \left[\cosh \xi - \cos \eta\right] F_{,1}$$

$$- \sin \eta \left[\cosh \xi - \cos \eta\right] F_{,2}$$

TETRAEDERKOORDINATEN

Namen: Tetraederk., Weylk. vom Typ $\mathbb{A}_3$

Grundraum: $\mathbb{R}^3$

Theorie: Abschn. 30.4

Bezeichnungen:

$x^1 = x$

$x^2 = y$

$x^3 = z$

Definition:

$u^1 = u = x^2 + y^2 + z^2$

$u^2 = v = x\,y\,z$

$u^3 = w = x^4 + y^4 + z^4$

Coxetergruppe:

$\mathrm{Cox}(\mathbb{A}_3) \cong S_4$

Determinante:

$$D = \left[\det \frac{\partial(u,v,w)}{\partial(x,y,z)}\right]^2 = \det\,(g^{\bullet\bullet})$$

$$= 16\left[-u^6 + 4u^4 w + 20u^3 v^2 - 5u^2 w^2 - 36uv^2 w - 108v^4 + 2w^3\right]$$

Volumenelement:

$$dx\,dy\,dz = D^{-1/2}\,du\,dv\,dw$$

Metriktensor (kontravariant):

$$g^{11} = 4u$$

$$g^{12} = g^{21} = 6v$$

$$g^{13} = g^{31} = 8w$$

$$g^{22} = \frac{1}{2}\left[u^2 - w\right]$$

$$g^{23} = g^{32} = 4uv$$

$$g^{33} = -8\left[u^3 - 3uw - 6v^2\right]$$

Metriktensor (kovariant):

$$g_{11} = 4D^{-1}\left[-u^5 + 4u^3 w + 2u^2 v^2 - 3uw^2 - 6v^2 w\right]$$

$$g_{12} = g_{21} = 16D^{-1}v\left[3u^3 - 7uw - 18v^2\right]$$

$$g_{13} = g_{31} = 4D^{-1}\left[-u^2 w + 6uv^2 + w^2\right]$$

$$g_{22} = 32D^{-1}\left[-u^4 + 3u^2 w + 6uv^2 - 2w^2\right]$$

$$g_{23} = g_{32} = 16D^{-1}v\left[-u^2 + 3w\right]$$

$$g_{33} = 2\ D^{-1} \left[u^3 - u\ w - 18\ v^2\right]$$

Christoffelsymbole:

$$\Gamma^1{}_{11} = 8\ D^{-1} \left[u^5 - 4\ u^3\ w - 2\ u^2\ v^2 + 3\ u\ w^2 + 6\ v^2\ w\right]$$

$$\Gamma^1{}_{12} = \Gamma^1{}_{21} = -\ 32\ D^{-1}\ v \left[3\ u^3 - 7\ u\ w - 18\ v^2\right]$$

$$\Gamma^1{}_{13} = \Gamma^1{}_{31} = 8\ D^{-1} \left[u^2\ w - 6\ u\ v^2 - w^2\right]$$

$$\Gamma^1{}_{22} = 64\ D^{-1} \left[u^4 - 3\ u^2\ w - 6\ u\ v^2 + 2\ w^2\right]$$

$$\Gamma^1{}_{23} = \Gamma^1{}_{32} = 32\ D^{-1}\ v \left[u^2 - 3\ w\right]$$

$$\Gamma^1{}_{33} = -\ 4\ D^{-1} \left[u^3 - u\ w - 18\ v^2\right]$$

$$\Gamma^2{}_{11} = -\ 8\ D^{-1}\ v \left[3\ u^4 - 6\ u^2\ w - 24\ u\ v^2 - w^2\right]$$

$$\Gamma^2{}_{12} = \Gamma^2{}_{21} = 16\ D^{-1} \left[u^5 - 3\ u^3\ w - 8\ u^2\ v^2 + 2\ u\ w^2 + 6\ v^2\ w\right]$$

$$\Gamma^2{}_{13} = \Gamma^2{}_{31} = 4\ D^{-1}\ v \left[3\ u^3 - 7\ u\ w - 18\ v^2\right]$$

$$\Gamma^2{}_{22} = -\ 128\ D^{-1}\ v \left[u^3 - 2\ u\ w - 9\ v^2\right]$$

$$\Gamma^2{}_{23} = \Gamma^2{}_{32} = -\ 8\ D^{-1} \left[u^4 - 3\ u^2\ w - 6\ u\ v^2 + 2\ w^2\right]$$

$$\Gamma^2{}_{33} = -\ 4\ D^{-1}\ v \left[u^2 - 3\ w\right]$$

$$\Gamma^3{}_{11} = -\ 48\ D^{-1} \left[u^4\ w - 2\ u^2\ w^2 - 8\ u\ v^2\ w - 36\ v^4 + w^3\right]$$

$$\Gamma^3{}_{12} = \Gamma^3{}_{21} = 192\ D^{-1}\ v \left[u^2\ w - 6\ u\ v^2 - w^2\right]$$

$$\Gamma^3{}_{13} = \Gamma^3{}_{31} = 24\ D^{-1} \left[u^5 - 2\ u^3\ w - 14\ u^2\ v^2 + u\ w^2 + 6\ v^2\ w\right]$$

$$\Gamma^3{}_{22} = 768\ D^{-1}\ v^2 \left[u^2 - 3\ w\right]$$

$$\Gamma^3_{23} = \Gamma^3_{32} = -96\ D^{-1}\ v \left[u^3 - u\ w - 18\ v^2\right]$$

$$\Gamma^3_{33} = -24\ D^{-1} \left[u^4 - 2\ u^2\ w - 12\ u\ v^2 + w^2\right]$$

Gradient:

$$\text{grad } F = F_{,1}\ du + F_{,2}\ dv + F_{,3}\ dw$$

Rotation:

$$\text{rot} \left[F\ du + G\ dv + H\ dw\right] =$$

$$D^{-1/2} \left[-4 \left(u^5 - 4\ u^3\ w - 2\ u^2\ v^2 + 3\ u\ w^2 + 6\ v^2\ w\right) du + 16\ v \left(3\ u^3 - 7\ u\ w - 18\ v^2\right) dv - 4 \left(u^2\ w - 6\ u\ v^2 - w^2\right) dw\right] \left[H_{,2} - G_{,3}\right]$$

$$+ D^{-1/2} \left[16\ v \left(3\ u^3 - 7\ u\ w - 18\ v^2\right) du - 32 \left(u^4 - 3\ u^2\ w - 6\ u\ v^2 + 2\ w^2\right) dv - 16\ v \left(u^2 - 3\ w\right) dw\right] \left[F_{,3} - H_{,1}\right]$$

$$+ D^{-1/2} \left[-4 \left(u^2\ w - 6\ u\ v^2 - w^2\right) du - 16\ v \left(u^2 - 3\ w\right) dv + 2 \left(u^3 - u\ w - 18\ v^2\right) dw\right] \left[G_{,1} - F_{,2}\right]$$

Divergenz:

$$\text{div} \left[F\ du + G\ dv + H\ dw\right] = 4\ u\ F_{,1} + 6\ v\ F_{,2} + 8\ w\ F_{,3} + 6\ v\ G_{,1}$$

$$+ \frac{1}{2} \left[u^2 - w\right] G_{,2} + 4\ u\ v\ G_{,3} + 8\ w\ H_{,1} + 4\ u\ v\ H_{,2}$$

$$- 8 \left[u^3 - 3\ u\ w - 6\ v^2\right] H_{,3} + 6\ F + 12\ u\ H$$

Laplace-Operator:

$$\Delta F = 4\,u\,F_{,1,1} + 12\,v\,F_{,1,2} + 16\,w\,F_{,1,3} + \frac{1}{2}\left[u^2 - w\right] F_{,2,2}$$

$$+ 8\,u\,v\,F_{,2,3} - 8\left[u^3 - 3\,u\,w - 6\,v^2\right] F_{,3,3} + 6\,F_{,1} + 12\,u\,F_{,3}$$

OKTAEDERKOORDINATEN

Namen: Oktaederk., Hexaederk., Würfelk., Weylk. vom Typ $\mathbb{B}_3$

Grundraum: $\mathbb{R}^3$

Theorie: Abschn. 30.4

Bezeichnungen:

$x^1 = x$

$x^2 = y$

$x^3 = z$

Definition:

$u^1 = u = x^2 + y^2 + z^2 = I_2$

$u^2 = v = x^4 + y^4 + z^4 = I_4$

$u^3 = w = x^6 + y^6 + z^6 = I_6$

Coxetergruppe:

$\mathrm{Cox}(\mathbb{B}_3) \cong 2 \wedge S_4$

Determinante:

$$D = \left[\det \frac{\partial(u,v,w)}{\partial(x,y,z)}\right]^2 = \det\,(g^{\bullet\bullet})$$

$$= 64\left[- u^9 + 12\,u^7\,v - 10\,u^6\,w - 48\,u^5\,v^2 + 78\,u^4\,v\,w + 66\,u^3\,v^3\right.$$

$$\left. - 34\,u^3\,w^2 - 150\,u^2\,v^2\,w - 9\,u\,v^4 + 126\,u\,v\,w^2 + 6\,v^3\,w - 36\,w^3\right]$$

Volumenelement:

$$dx\;dy\;dz = D^{-1/2}\;du\;dv\;dw$$

Metriktensor (kontravariant):

$$g^{11} = 4\,u$$

$$g^{12} = g^{21} = 8\,v$$

$$g^{13} = g^{31} = 12\,w$$

$$g^{22} = 16\,w$$

$$g^{23} = g^{32} = 4\left[u^4 - 6\,u^2\,v + 8\,u\,w + 3\,v^2\right]$$

$$g^{33} = 6\left[u^5 - 5\,u^3\,v + 5\,u^2\,w + 5\,v\,w\right]$$

Metriktensor (kovariant):

$$g_{11} = 16\,D^{-1}\left[- u^8 + 12\,u^6\,v - 10\,u^5\,w - 42\,u^4\,v^2 + 66\,u^3\,v\,w + 36\,u^2\,v^3\right.$$

$$\left. - 34\,u^2\,w^2 - 48\,u\,v^2\,w - 9\,v^4 + 30\,v\,w^2\right]$$

$$g_{12} = g_{21} = 48\,D^{-1}\left[- u^5\,v + u^4\,w + 5\,u^3\,v^2 - 11\,u^2\,v\,w + 8\,u\,w^2\right.$$

$$\left. - 2\,v^2\,w\right]$$

$$g_{13} = g_{31} = 32\ D^{-1}\left[u^4 v - 6 u^2 v^2 + 8 u v w + 3 v^3 - 6 w^2\right]$$

$$g_{22} = 24\ D^{-1}\left[u^6 - 5 u^4 v + 5 u^3 w + 5 u v w - 6 w^2\right]$$

$$g_{23} = g_{32} = 16\ D^{-1}\left[- u^5 + 6 u^3 v - 8 u^2 w - 3 u v^2 + 6 v w\right]$$

$$g_{33} = 64\ D^{-1}\left[u w - v^2\right]$$

Christoffelsymbole:

$$\Gamma^1{}_{11} = 32\ D^{-1}\left[u^8 - 12 u^6 v + 10 u^5 w + 42 u^4 v^2 - 66 u^3 v w - 36 u^2 v^3 \right.$$
$$\left. + 34 u^2 w^2 + 48 u v^2 w + 9 v^4 - 30 v w^2\right]$$

$$\Gamma^1{}_{12} = \Gamma^1{}_{21} = 96\ D^{-1}\left[u^5 v - u^4 w - 5 u^3 v^2 + 11 u^2 v w - 8 u w^2 \right.$$
$$\left. + 2 v^2 w\right]$$

$$\Gamma^1{}_{13} = \Gamma^1{}_{31} = - 64\ D^{-1}\left[u^4 v - 6 u^2 v^2 + 8 u v w + 3 v^3 - 6 w^2\right]$$

$$\Gamma^1{}_{22} = - 48\ D^{-1}\left[u^6 - 5 u^4 v + 5 u^3 w + 5 u v w - 6 w^2\right]$$

$$\Gamma^1{}_{23} = \Gamma^1{}_{32} = 32\ D^{-1}\left[u^5 - 6 u^3 v + 8 u^2 w + 3 u v^2 - 6 v w\right]$$

$$\Gamma^1{}_{33} = - 128\ D^{-1}\left[u w - v^2\right]$$

$$\Gamma^2{}_{11} = - 192\ D^{-1}\left[u^7 v - 9 u^5 v^2 + 10 u^4 v w + 21 u^3 v^3 - 6 u^3 w^2 \right.$$
$$\left. - 36 u^2 v^2 w - 9 u v^4 + 34 u v w^2 + 6 v^3 w - 12 w^3\right]$$

$$\Gamma^2{}_{12} = \Gamma^2{}_{21} = - 96\ D^{-1}\left[9 u^2 v^3 - 16 u^2 w^2 - u^8 + 9 u^6 v - 10 u^5 w \right.$$
$$\left. - 21 u^4 v^2 + 42 u^3 v w - 24 u v^2 w + 12 v w^2\right]$$

$$\Gamma^{2}_{13} = \Gamma^{2}_{31} = -384\,D^{-1}\Big[3\,u\,v^{3} + 2\,u\,w^{2} + u^{4}\,w - u^{3}\,v^{2} - 3\,u^{2}\,v\,w - 2\,v^{2}\,w\Big]$$

$$\Gamma^{2}_{22} = 144\,D^{-1}\Big[3\,u\,v^{3} - 16\,u\,w^{2} - u^{7} + 9\,u^{5}\,v - 10\,u^{4}\,w - 19\,u^{3}\,v^{2} + 36\,u^{2}\,v\,w - 2\,v^{2}\,w\Big]$$

$$\Gamma^{2}_{23} = \Gamma^{2}_{32} = -192\,D^{-1}\Big[u^{4}\,v - 3\,u^{3}\,w - 3\,u^{2}\,v^{2} + 11\,u\,v\,w - 6\,w^{2}\Big]$$

$$\Gamma^{2}_{33} = 128\,D^{-1}\Big[u^{5} - 6\,u^{3}\,v + 2\,u^{2}\,w + 9\,u\,v^{2} - 6\,v\,w\Big]$$

$$\Gamma^{3}_{11} = -480\,D^{-1}\Big[u^{7}\,w - u^{6}\,v^{2} - 6\,u^{5}\,v\,w + 6\,u^{4}\,v^{3} + 4\,u^{4}\,w^{2} + 5\,u^{3}\,v^{2}\,w - 9\,u^{2}\,v^{4} - 12\,u^{2}\,v\,w^{2} + 12\,u\,v^{3}\,w + 4\,u\,w^{3} - 4\,v^{2}\,w^{2}\Big]$$

$$\Gamma^{3}_{12} = \Gamma^{3}_{21} = -240\,D^{-1}\Big[u^{7}\,v - 3\,u^{6}\,w - 6\,u^{5}\,v^{2} + 22\,u^{4}\,v\,w + 9\,u^{3}\,v^{3} - 12\,u^{3}\,w^{2} - 39\,u^{2}\,v^{2}\,w + 40\,u\,v\,w^{2} - 12\,w^{3}\Big]$$

$$\Gamma^{3}_{13} = \Gamma^{3}_{31} = -160\,D^{-1}\Big[27\,u^{2}\,v^{3} - 4\,u^{2}\,w^{2} - u^{8} + 9\,u^{6}\,v - 4\,u^{5}\,w - 27\,u^{4}\,v^{2} + 24\,u^{3}\,v\,w - 36\,u\,v^{2}\,w + 12\,v\,w^{2}\Big]$$

$$\Gamma^{3}_{22} = 120\,D^{-1}\Big[u^{8} - 6\,u^{6}\,v + u^{5}\,w + 9\,u^{4}\,v^{2} - 2\,u^{2}\,w^{2} - 9\,u\,v^{2}\,w + 6\,v\,w^{2}\Big]$$

$$\Gamma^{3}_{23} = \Gamma^{3}_{32} = 240\,D^{-1}\Big[3\,u\,v^{3} - 4\,u\,w^{2} - u^{7} + 7\,u^{5}\,v - 4\,u^{4}\,w - 13\,u^{3}\,v^{2} + 14\,u^{2}\,v\,w - 2\,v^{2}\,w\Big]$$

$$\Gamma^{3}_{33} = 320\,D^{-1}\Big[u^{6} - 7\,u^{4}\,v + 5\,u^{3}\,w + 12\,u^{2}\,v^{2} - 17\,u\,v\,w + 6\,w^{2}\Big]$$

Gradient:

$$\operatorname{grad} F = F_{,1}\,du + F_{,2}\,dv + F_{,3}\,dw$$

Rotation:

$$\operatorname{rot}\left[F\,du + G\,dv + H\,dw\right] =$$

$$D^{-1/2}\left[-16\left(u^8 - 12u^6v + 10u^5w + 42u^4v^2 - 66u^3vw - 36u^2v^3 + 34u^2w^2 + 48uv^2w + 9v^4 - 30vw^2\right)du - 48\left(u^5v - u^4w - 5u^3v^2 + 11u^2vw - 8uw^2 + 2v^2w\right)dv + 32\left(u^4v - 6u^2v^2 + 8uvw + 3v^3 - 6w^2\right)\right]dw\left[H_{,2}-G_{,3}\right]$$

$$+ D^{-1/2}\left[-48\left(u^5v - u^4w - 5u^3v^2 + 11u^2vw - 8uw^2 + 2v^2w\right)du + 24\left(u^6 - 5u^4v + 5u^3w + 5uvw - 6w^2\right)dv - 16\left(u^5 - 6u^3v + 8u^2w + 3uv^2 - 6vw\right)\right]dw\left[F_{,3}-H_{,1}\right]$$

$$+ D^{-1/2}\left[32\left(u^4v - 6u^2v^2 + 8uvw + 3v^3 - 6w^2\right)du - 16\left(u^5 - 6u^3v + 8u^2w + 3uv^2 - 6vw\right)dv + 64\left(uw - v^2\right)dw\right]\left[G_{,1}-F_{,2}\right]$$

Divergenz:

$$\operatorname{div}\left[F\,du + G\,dv + H\,dw\right] = 4\,u\,F_{,1} + 8\,v\,F_{,2} + 12\,w\,F_{,3} + 8\,v\,G_{,1}$$

$$+ 16\,w\,G_{,2} + 4\left[u^4 - 6\,u^2\,v + 8\,u\,w + 3\,v^2\right] G_{,3} + 12\,w\,H_{,1}$$

$$+ 4\left[u^4 - 6\,u^2\,v + 8\,u\,w + 3\,v^2\right] H_{,2}$$

$$+ 6\left[u^5 - 5\,u^3\,v + 5\,u^2\,w + 5\,v\,w\right] H_{,3} + 6\,F + 12\,u\,G + 30\,v\,H$$

Laplace-Operator:

$$\Delta F = 4\,u\,F_{,1,1} + 16\,v\,F_{,1,2} + 24\,w\,F_{,1,3} + 16\,w\,F_{,2,2}$$

$$+ 8\left[u^4 - 6\,u^2\,v + 8\,u\,w + 3\,v^2\right] F_{,2,3}$$

$$+ 6\left[u^5 - 5\,u^3\,v + 5\,u^2\,w + 5\,v\,w\right] F_{,3,3} + 6\,F_{,1} + 12\,u\,F_{,2}$$

$$+ 30\,v\,F_{,3}$$

IKOSAEDERKOORDINATEN

Namen: Ikosaederk., Dodekaederk., Weylk. vom Typ $\mathbb{H}_3$

Grundraum: $\mathbb{R}^3$

Theorie: Abschn. 30.4

Bezeichnungen:

$$x^1 = x$$

$$x^2 = y$$

$$x^3 = z$$

Definition:

$$u^1 = u = x^2 + y^2 + z^2 = I_2$$

$$u^2 = v = \frac{-1+\sqrt{5}}{2}\left[x^4\,y^2 + x^2\,z^4 + y^4\,z^2\right] + \frac{-1-\sqrt{5}}{2}\left[x^4\,z^2 + x^2\,y^4 + y^2\,z^4\right] + 4\,x^2\,y^2\,z^2 = I_6$$

$$u^3 = w = \sqrt{5}\left[y^2\,\frac{3+\sqrt{5}}{2} - z^2\,\frac{3-\sqrt{5}}{2}\right]\cdot\left[z^2\,\frac{3+\sqrt{5}}{2} - x^2\,\frac{3-\sqrt{5}}{2}\right]\cdot\left[x^2\,\frac{3+\sqrt{5}}{2} - y^2\,\frac{3-\sqrt{5}}{2}\right]\cdot\left[x^4 + y^4 + z^4 - 2\,y^2\,z^2 - 2\,z^2\,x^2 - 2\,x^2\,y^2\right] = 5\,I_{10}$$

Coxetergruppe:

$$\mathrm{Cox}(\mathbb{H}_3) \cong 2 \times A_5$$

Determinante:

$$D = \left[\det \frac{\partial(u,v,w)}{\partial(x,y,z)}\right]^2 = \det\,(g^{\bullet\bullet}) = 32\,\Big[360\,u^9\,v^2 - 720\,u^7\,v\,w$$

$$+ 1365\,u^6\,v^3 + 72\,u^5\,w^2 - 2385\,u^4\,v^2\,w + 1720\,u^3\,v^4 + 975\,u^2\,v\,w^2$$

$$- 1800\,u\,v^3\,w + 720\,v^5 - 75\,w^3\Big]$$

Volumenelement:

$$dx\,dy\,dz = D^{-1/2}\,du\,dv\,dw$$

Metriktensor (kontravariant):

$$g^{11} = 4\,u$$

$$g^{12} = g^{21} = 12\,v$$

$$g^{13} = g^{31} = 20\,w$$

$$g^{22} = -\,6\,\Big[7\,u^2\,v - w\Big]$$

$$g^{23} = g^{32} = -\,2\,u\,\Big[15\,u^3\,v - 9\,u\,w + 20\,v^2\Big]$$

$$g^{33} = -\,10\,\Big[9\,u^6\,v - 15\,u^4\,w + 24\,u^3\,v^2 - 24\,u\,v\,w + 16\,v^3\Big]$$

Metriktensor (kovariant):

$$g_{11} = 32\,D^{-1}\,\Big[90\,u^8\,v^2 - 180\,u^6\,v\,w + 240\,u^5\,v^3 + 18\,u^4\,w^2 - 315\,u^3\,v^2\,w$$

$$+ 160\,u^2\,v^4 + 45\,u\,v\,w^2 - 30\,v^3\,w\Big]$$

$$g_{12} = g_{21} = 40\,D^{-1}\,\Big[27\,u^6\,v^2 - 60\,u^4\,v\,w + 72\,u^3\,v^3 + 9\,u^2\,w^2$$

$$- 92\,u\,v^2\,w + 48\,v^4\Big]$$

$$g_{13} = g_{31} = -24\ D^{-1}\left[15\ u^4\ v^2 - 44\ u^2\ v\ w + 20\ u\ v^3 + 5\ w^2\right]$$

$$g_{22} = -40\ D^{-1}\left[9\ u^7\ v - 15\ u^5\ w + 24\ u^4\ v^2 - 24\ u^2\ v\ w + 16\ u\ v^3 + 10\ w^2\right]$$

$$g_{23} = g_{32} = 8\ D^{-1}\left[15\ u^5\ v - 9\ u^3\ w + 20\ u^2\ v^2 + 30\ v\ w\right]$$

$$g_{33} = -24\ D^{-1}\left[7\ u^3\ v - u\ w + 6\ v^2\right]$$

Christoffelsymbole:

$$\Gamma^1{}_{11} = -64\ D^{-1}\left[90\ u^8\ v^2 - 180\ u^6\ v\ w + 240\ u^5\ v^3 + 18\ u^4\ w^2 - 315\ u^3\ v^2\ w + 160\ u^2\ v^4 + 45\ u\ v\ w^2 - 30\ v^3\ w\right]$$

$$\Gamma^1{}_{12} = \Gamma^1{}_{21} = -80\ D^{-1}\left[27\ u^6\ v^2 - 60\ u^4\ v\ w + 72\ u^3\ v^3 + 9\ u^2\ w^2 - 92\ u\ v^2\ w + 48\ v^4\right]$$

$$\Gamma^1{}_{13} = \Gamma^1{}_{31} = 48\ D^{-1}\left[15\ u^4\ v^2 - 44\ u^2\ v\ w + 20\ u\ v^3 + 5\ w^2\right]$$

$$\Gamma^1{}_{22} = 80\ D^{-1}\left[9\ u^7\ v - 15\ u^5\ w + 24\ u^4\ v^2 - 24\ u^2\ v\ w + 16\ u\ v^3 + 10\ w^2\right]$$

$$\Gamma^1{}_{23} = \Gamma^1{}_{32} = -16\ D^{-1}\left[15\ u^5\ v - 9\ u^3\ w + 20\ u^2\ v^2 + 30\ v\ w\right]$$

$$\Gamma^1{}_{33} = 48\ D^{-1}\left[7\ u^3\ v - u\ w + 6\ v^2\right]$$

$$\Gamma^2{}_{11} = 960\ D^{-1}\ v\left[36\ u^7\ v^2 - 72\ u^5\ v\ w + 96\ u^4\ v^3 + 12\ u^3\ w^2 - 117\ u^2\ v^2\ w + 64\ u\ v^4 - 5\ v\ w^2\right]$$

$$\Gamma^2{}_{12} = \Gamma^2{}_{21} = -160\ D^{-1}\ v\left[72\ u^8\ v - 144\ u^6\ w + 192\ u^5\ v^2 - 279\ u^3\ v\ w + 128\ u^2\ v^3 + 105\ u\ w^2 - 60\ v^2\ w\right]$$

$$\Gamma^2_{13} = \Gamma^2_{31} = -96\,D^{-1}\,v\left[24\,u^4\,w + 45\,u^3\,v^2 - 115\,u\,v\,w + 60\,v^3\right]$$

$$\Gamma^2_{22} = -80\,D^{-1}\left[72\,u^9\,v - 144\,u^7\,w + 327\,u^6\,v^2 - 579\,u^4\,v\,w + 488\,u^3\,v^3 + 150\,u^2\,w^2 - 520\,u\,v^2\,w + 240\,v^4\right]$$

$$\Gamma^2_{23} = \Gamma^2_{32} = -48\,D^{-1}\left[24\,u^5\,w - 30\,u^4\,v^2 + 105\,u^2\,v\,w - 40\,u\,v^3 - 25\,w^2\right]$$

$$\Gamma^2_{33} = 48\,D^{-1}\,v\left[24\,u^5 + 17\,u^2\,v - 15\,w\right]$$

$$\Gamma^3_{11} = 2880\,D^{-1}\,w\left[48\,u^7\,v^2 - 80\,u^5\,v\,w + 46\,u^4\,v^3 + 8\,u^3\,w^2 - 13\,u^2\,v^2\,w - 4\,u\,v^4 + 5\,v\,w^2\right]$$

$$\Gamma^3_{12} = \Gamma^3_{21} = 480\,D^{-1}\,w\left[24\,u^8\,v + 203\,u^5\,v^2 - 279\,u^3\,v\,w + 188\,u^2\,v^3 + 30\,u\,w^2 - 60\,v^2\,w\right]$$

$$\Gamma^3_{13} = \Gamma^3_{31} = -288\,D^{-1}\left[120\,u^8\,v^2 - 160\,u^6\,v\,w + 295\,u^5\,v^3 + 16\,u^4\,w^2 - 305\,u^3\,v^2\,w + 180\,u^2\,v^4 + 40\,u\,v\,w^2 - 60\,v^3\,w\right]$$

$$\Gamma^3_{22} = 240\,D^{-1}\,w\left[24\,u^9 + 123\,u^6\,v + 11\,u^4\,w + 328\,u^3\,v^2 - 220\,u\,v\,w + 240\,v^3\right]$$

$$\Gamma^3_{23} = \Gamma^3_{32} = -240\,D^{-1}\left[24\,u^9\,v + 155\,u^6\,v^2 - 105\,u^4\,v\,w + 272\,u^3\,v^3 + 12\,u^2\,w^2 - 156\,u\,v^2\,w + 144\,v^4\right]$$

$$\Gamma^{3}_{33} = 144\ D^{-1} \left[80\ u^7\ v - 8\ u^5\ w + 250\ u^4\ v^2 - 167\ u^2\ v\ w + 180\ u\ v^3 + 15\ w^2\right]$$

Gradient:

$$\text{grad } F = F_{,1}\ du + F_{,2}\ dv + F_{,3}\ dw$$

Rotation:

$$\text{rot} \left[F\ du + G\ dv + H\ dw\right] =$$

$$D^{-1/2} \left[32 \left(90\ u^8\ v^2 - 180\ u^6\ v\ w + 240\ u^5\ v^3 + 18\ u^4\ w^2 - 315\ u^3\ v^2\ w + 160\ u^2\ v^4 + 45\ u\ v\ w^2 - 30\ v^3\ w\right) du + 40 \left(27\ u^6\ v^2 - 60\ u^4\ v\ w + 72\ u^3\ v^3 + 9\ u^2\ w^2 - 92\ u\ v^2\ w + 48\ v^4\right) dv - 24 \left(15\ u^4\ v^2 - 44\ u^2\ v\ w + 20\ u\ v^3 + 5\ w^2\right) dw\right] \left[H_{,2} - G_{,3}\right]$$

$$+ D^{-1/2} \left[40 \left(27\ u^6\ v^2 - 60\ u^4\ v\ w + 72\ u^3\ v^3 + 9\ u^2\ w^2 - 92\ u\ v^2\ w + 48\ v^4\right) du - 40 \left(9\ u^7\ v - 15\ u^5\ w + 24\ u^4\ v^2 - 24\ u^2\ v\ w + 16\ u\ v^3 + 10\ w^2\right) dv + 8 \left(15\ u^5\ v - 9\ u^3\ w + 20\ u^2\ v^2 + 30\ v\ w\right) dw\right] \left[F_{,3} - H_{,1}\right]$$

$$+ D^{-1/2} \left[- 24 \left(15\ u^4\ v^2 - 44\ u^2\ v\ w + 20\ u\ v^3 + 5\ w^2\right) du + 8 \left(15\ u^5\ v - 9\ u^3\ w + 20\ u^2\ v^2 + 30\ v\ w\right) dv - 24 \left(7\ u^3\ v - u\ w + 6\ v^2\right) dw\right] \left[G_{,1} - F_{,2}\right]$$

Divergenz:

$$\operatorname{div}\left[F\,du + G\,dv + H\,dw\right] = 4\,u\,F_{,1} + 12\,v\,F_{,2} + 20\,w\,F_{,3} + 12\,v\,G_{,1}$$

$$- 6\left[7\,u^2\,v - w\right]G_{,2} - 2\,u\left[15\,u^3\,v - 9\,u\,w + 20\,v^2\right]G_{,3} + 20\,w\,H_{,1}$$

$$- 2\,u\left[15\,u^3\,v - 9\,u\,w + 20\,v^2\right]H_{,2} - 10\left[9\,u^6\,v - 15\,u^4\,w + 24\,u^3\,v^2\right.$$

$$\left. - 24\,u\,v\,w + 16\,v^3\right]H_{,3} + 6\,F - 12\,u^2\,G + 60\,u\left[u^3 + v\right]H$$

Laplace-Operator:

$$\Delta\,F = 4\,u\,F_{,1,1} + 24\,v\,F_{,1,2} + 40\,w\,F_{,1,3} - 6\left[7\,u^2\,v - w\right]F_{,2,2}$$

$$- 4\,u\left[15\,u^3\,v - 9\,u\,w + 20\,v^2\right]F_{,2,3}$$

$$- 10\left[9\,u^6\,v - 15\,u^4\,w + 24\,u^3\,v^2 - 24\,u\,v\,w + 16\,v^3\right]F_{,3,3}$$

$$+ 6\,F_{,1} - 12\,u^2\,F_{,2} + 60\,u\left[u^3 + v\right]F_{,3}$$

KARTESISCHE KOORDINATEN

Namen: kartesische K., rechtwinklige K., orthogonale lineare K.

Grundraum: $\mathbb{R}^4$

Theorie: Abschn. 26.1

Bezeichnungen:

$u^1 = u$

$u^2 = v$

$u^3 = w$

$u^4 = s$

Definition:

$x^1 = x = u$

$x^2 = y = v$

$x^3 = z = w$

$x^4 = t = s$

Bereich:

$-\infty < x < +\infty$

$-\infty < y < +\infty$

$-\infty < z < +\infty$

$-\infty < t < +\infty$

Singularitäten:

keine

Koordinatenhyperflächen:

x = konst.: parallele Hyperebenen

y = konst.: parallele Hyperebenen

z = konst.: parallele Hyperebenen

t = konst.: parallele Hyperebenen

Differentiale:

$dx = dx$

$dy = dy$

$dz = dz$

$dt = dt$

Volumenelement:

$dx\,dy\,dz\,dt = dx\,dy\,dz\,dt$

Metriktensor (kontravariant):

$g^{11} = 1$

$g^{22} = 1$

$g^{33} = 1$

$g^{44} = 1$

alle übrigen $g^{ij} = 0$

Metriktensor (kovariant):

$g_{11} = 1$

$g_{22} = 1$

$g_{33} = 1$

$g_{44} = 1$

alle übrigen $g_{ij} = 0$

Christoffelsymbole:

alle $\Gamma^{i}{}_{jk} = 0$

Gradient:

$$\text{grad } F = F_{,1}\, dx + F_{,2}\, dy + F_{,3}\, dz + F_{,4}\, dt$$

Divergenz:

$$\text{div} \left[F\, dx + G\, dy + H\, dz + K\, dt \right] = F_{,1} + G_{,2} + H_{,3} + K_{,4}$$

Laplace-Operator:

$$\Delta F = F_{,1,1} + F_{,2,2} + F_{,3,3} + F_{,4,4}$$

Zylinderkoordinaten vom Typ (1,3)

Namen: Zylinderk. vom Typ (1,3)

Grundraum: $\mathbb{R}^4$

Theorie: Abschn. 26.3

Bezeichnungen:

$u^1 = r$ (Achsenabstand)

$u^2 = \vartheta$ (Polarwinkel)

$u^3 = \varphi$ (Azimut)

$u^4 = t$ (kartesisch)

Definition:

$x^1 = x = r \sin\vartheta \cos\varphi$

$x^2 = y = r \sin\vartheta \sin\varphi$

$x^3 = z = r \cos\vartheta$

$x^4 = t = t$

Bereich:

$0 \le r < \infty$

$0 \le \vartheta \le \pi$

$\varphi \bmod 2\pi$

$-\infty < t < +\infty$

Singularitäten:

ϑ und φ unbestimmt für $r = 0$

φ unbestimmt für $\vartheta \in \{0, \pi\}$

Koordinatenhyperflächen:

r = konst.:	zylindrische Hyperflächen
ϑ = konst.:	halbkegelförmige Hyperflächen
φ = konst.:	halbe Hyperebenen
t = konst.:	Hyperebenen

Differentiale:

$$dx = \sin\vartheta\cos\varphi\,dr + r\cos\vartheta\cos\varphi\,d\vartheta - r\sin\vartheta\sin\varphi\,d\varphi$$

$$dy = \sin\vartheta\sin\varphi\,dr + r\cos\vartheta\sin\varphi\,d\vartheta + r\sin\vartheta\cos\varphi\,d\varphi$$

$$dz = \cos\vartheta\,dr - r\sin\vartheta\,d\vartheta$$

$$dt = dt$$

Volumenelement:

$$dx\,dy\,dz\,dt = r^2\sin\vartheta\,dr\,d\vartheta\,d\varphi\,dt$$

Metriktensor (kontravariant):

$g^{11} = 1$

$g^{22} = r^{-2}$

$g^{33} = r^{-2} \sin^{-2}\vartheta$

$g^{44} = 1$

alle übrigen $g^{ij} = 0$

Metriktensor (kovariant):

$g_{11} = 1$

$g_{22} = r^{2}$

$g_{33} = r^{2} \sin^{2}\vartheta$

$g_{44} = 1$

alle übrigen $g_{ij} = 0$

Christoffelsymbole:

$\Gamma^{1}{}_{22} = - r$

$\Gamma^{1}{}_{33} = - r \sin^{2}\vartheta$

$\Gamma^{2}{}_{12} = \Gamma^{2}{}_{21} = r^{-1}$

$\Gamma^{2}{}_{33} = - \sin \vartheta \cos \vartheta$

$\Gamma^{3}{}_{13} = \Gamma^{3}{}_{31} = r^{-1}$

$\Gamma^3_{23} = \Gamma^3_{32} = \operatorname{ctg} \vartheta$

alle übrigen $\Gamma^i_{jk} = 0$

Gradient:

$$\operatorname{grad} F = F_{,1}\, dr + F_{,2}\, d\vartheta + F_{,3}\, d\varphi + F_{,4}\, dt$$

Divergenz:

$$\operatorname{div} \left[F\, dr + G\, d\vartheta + H\, d\varphi + K\, dt \right] = F_{,1} + r^{-2} G_{,2} + r^{-2} \sin^{-2}\vartheta\, H_{,3} + K_{,4} + 2 r^{-1} F + r^{-2} \operatorname{ctg} \vartheta\, G$$

Laplace-Operator:

$$\Delta F = F_{,1,1} + r^{-2} F_{,2,2} + r^{-2} \sin^{-2}\vartheta\, F_{,3,3} + F_{,4,4} + 2 r^{-1} F_{,1} + r^{-2} \operatorname{ctg} \vartheta\, F_{,2}$$

ZYLINDERKOORDINATEN VOM TYP (2,2)

Namen: Zylinderk. vom Typ (2,2)

Grundraum: $\mathbb{R}^4$

Theorie: Abschn. 26.3

Bezeichnungen:

$u^1 = x$ (kartesisch)

$u^2 = y$ (kartesisch)

$u^3 = r$ (Axialebenenabstand)

$u^4 = \varphi$ (Azimutalwinkel)

Definition:

$x^1 = x = x$

$x^2 = y = y$

$x^3 = z = r \cos \varphi$

$x^4 = t = r \sin \varphi$

Bereich:

$- \infty < x < + \infty$

$- \infty < y < + \infty$

$0 \leq r < \infty$

$\varphi \bmod 2\pi$

Singularitäten:

φ unbestimmt für $r = 0$

Koordinatenhyperflächen:

x = konst.: Hyperebenen

y = konst.: Hyperebenen

r = konst.: konzentrische 3-Sphären

φ = konst.: halbe Hyperebenen

Differentiale:

$$dx = dx$$

$$dy = dy$$

$$dz = \cos\varphi\, dr - r \sin\varphi\, d\varphi$$

$$dt = \sin\varphi\, dr + r \cos\varphi\, d\varphi$$

Volumenelement:

$$dx\, dy\, dz\, dt = r\, dx\, dy\, dr\, d\varphi$$

Metriktensor (kontravariant):

$$g^{11} = 1$$

$g^{22} = 1$

$g^{33} = 1$

$g^{44} = r^{-2}$

alle übrigen $g^{ij} = 0$

Metriktensor (kovariant):

$g_{11} = 1$

$g_{22} = 1$

$g_{33} = 1$

$g_{44} = r^{2}$

alle übrigen $g_{ij} = 0$

Christoffelsymbole:

$\Gamma^{3}_{\ 44} = - r$

$\Gamma^{4}_{\ 34} = \Gamma^{4}_{\ 43} = r^{-1}$

alle übrigen $\Gamma^{i}_{\ jk} = 0$

Gradient:

$$\text{grad } F = F_{,1}\, dx + F_{,2}\, dy + F_{,3}\, dr + F_{,4}\, d\varphi$$

Divergenz:

$$\text{div}\left[F\, dx + G\, dy + H\, dr + K\, d\varphi\right] = F_{,1} + G_{,2} + H_{,3} + r^{-2} K_{,4} + r^{-1} H$$

Laplace-Operator:

$$\Delta F = F_{,1,1} + F_{,2,2} + F_{,3,3} + r^{-2} F_{,4,4} + r^{-1} F_{,3}$$

POLARKOORDINATEN

Namen: Polark., Kugelk.

Grundraum: $\mathbb{R}^4$

Theorie: Abschn. 26.2

Bezeichnungen:

$u^1 = r$ (Zentralabstand)

$u^2 = \alpha$ (1. Polarwinkel)

$u^3 = \beta$ (2. Polarwinkel)

$u^4 = \gamma$ (Azimut)

Definition:

$x^1 = x = r \sin\alpha \sin\beta \cos\gamma$

$x^2 = y = r \sin\alpha \sin\beta \sin\gamma$

$x^3 = z = r \sin\alpha \cos\beta$

$x^4 = t = r \cos\alpha$

Bereich:

$0 \le r < \infty$

$-\frac{\pi}{2} \le \alpha \le +\frac{\pi}{2}$

$-\frac{\pi}{2} \leq \beta \leq +\frac{\pi}{2}$

$\gamma \mod 2\pi$

Singularitäten:

α, β und γ unbestimmt für $r = 0$

β und γ unbestimmt für $\alpha = \pm\frac{\pi}{2}$

γ unbestimmt für $\beta = \pm\frac{\pi}{2}$

Koordinatenhyperflächen:

r = konst.:	konzentrische Hypersphären
α = konst.:	dreidimensionale Halbkegel
β = konst.:	Regelhyperflächen
γ = konst.:	halbe Hyperebenen

Differentiale:

$$dx = \sin\alpha \sin\beta \cos\gamma \, dr + r \cos\alpha \sin\beta \cos\gamma \, d\alpha + r \sin\alpha \cos\beta \cos\gamma \, d\beta - r \sin\alpha \sin\beta \sin\gamma \, d\gamma$$

$$dy = \sin\alpha \sin\beta \sin\gamma \, dr + r \cos\alpha \sin\beta \sin\gamma \, d\alpha + r \sin\alpha \cos\beta \sin\gamma \, d\beta + r \sin\alpha \sin\beta \cos\gamma \, d\gamma$$

$$dz = \sin\alpha \cos\beta \, dr + r \cos\alpha \cos\beta \, d\alpha - r \sin\alpha \sin\beta \, d\beta$$

$$dt = \cos\alpha \, dr - r \sin\alpha \, d\alpha$$

Volumenelement:

$$dx\ dy\ dz\ dt = -r^3 \sin^2\alpha \sin\beta\ dr\ d\alpha\ d\beta\ d\gamma$$

Metriktensor (kontravariant):

$$g^{11} = 1$$

$$g^{22} = r^{-2}$$

$$g^{33} = r^{-2} \sin^{-2}\alpha$$

$$g^{44} = r^{-2} \sin^{-2}\alpha \sin^{-2}\beta$$

alle übrigen $g^{ij} = 0$

Metriktensor (kovariant):

$$g_{11} = 1$$

$$g_{22} = r^2$$

$$g_{33} = r^2 \sin^2\alpha$$

$$g_{44} = r^2 \sin^2\alpha \sin^2\beta$$

alle übrigen $g_{ij} = 0$

Christoffelsymbole:

$$\Gamma^1{}_{22} = -r$$

$$\Gamma^1{}_{33} = -r \sin^2\alpha$$

$$\Gamma^1{}_{44} = -r \sin^2\alpha \sin^2\beta$$

$\Gamma^2_{12} = \Gamma^2_{21} = r^{-1}$

$\Gamma^2_{33} = -\sin\alpha\cos\alpha$

$\Gamma^2_{44} = -\sin\alpha\cos\alpha\sin^2\beta$

$\Gamma^3_{13} = \Gamma^3_{31} = r^{-1}$

$\Gamma^3_{23} = \Gamma^3_{32} = \operatorname{ctg}\alpha$

$\Gamma^3_{44} = -\sin\beta\cos\beta$

$\Gamma^4_{14} = \Gamma^4_{41} = r^{-1}$

$\Gamma^4_{24} = \Gamma^4_{42} = \operatorname{ctg}\alpha$

$\Gamma^4_{34} = \Gamma^4_{43} = \operatorname{ctg}\beta$

alle übrigen $\Gamma^i_{jk} = 0$

Gradient:

$$\operatorname{grad} F = F_{,1}\,dr + F_{,2}\,d\alpha + F_{,3}\,d\beta + F_{,4}\,d\gamma$$

Divergenz:

$$\operatorname{div}\left[F\,dr + G\,d\alpha + H\,d\beta + K\,d\gamma\right] = F_{,1} + r^{-2}\,G_{,2} + r^{-2}\sin^{-2}\alpha\,H_{,3}$$
$$+ r^{-2}\sin^{-2}\alpha\sin^{-2}\beta\,K_{,4} + 3\,r^{-1}F + 2\,r^{-2}\operatorname{ctg}\alpha\,G + r^{-2}\sin^{-2}\alpha\operatorname{ctg}\beta\,H$$

Laplace-Operator:

$$\Delta F = F_{,1,1} + r^{-2}F_{,2,2} + r^{-2}\sin^{-2}\alpha\,F_{,3,3} + r^{-2}\sin^{-2}\alpha\sin^{-2}\beta\,F_{,4,4}$$
$$+ 3\,r^{-1}F_{,1} + 2\,r^{-2}\operatorname{ctg}\alpha\,F_{,2} + r^{-2}\sin^{-2}\alpha\operatorname{ctg}\beta\,F_{,3}$$

GEOGRAPHISCHE KOORDINATEN

Namen: geographische K., astronomische K., sphärische K.

Grundraum: $\mathbb{R}^4$

Theorie: Abschn. 26.2

Bezeichnungen:

$u^1 = r$ (Zentralabstand)

$u^2 = \alpha$ (1. Breitenwinkel)

$u^3 = \beta$ (2. Breitenwinkel)

$u^4 = \gamma$ (Azimut, Länge)

Definition:

$x^1 = x = r \cos\alpha \cos\beta \cos\gamma$

$x^2 = y = r \cos\alpha \cos\beta \sin\gamma$

$x^3 = z = r \cos\alpha \sin\beta$

$x^4 = t = r \sin\alpha$

Bereich:

$0 \le r < \infty$

$-\frac{\pi}{2} \le \alpha \le +\frac{\pi}{2}$

$-\frac{\pi}{2} \le \beta \le +\frac{\pi}{2}$

$\gamma \bmod 2\pi$

Singularitäten:

α, β und γ unbestimmt für $r = 0$

β und γ unbestimmt für $\alpha = \pm\frac{\pi}{2}$

γ unbestimmt für $\beta = \pm\frac{\pi}{2}$

Koordinatenhyperflächen:

r = konst.: konzentrische Hypersphären

α = konst.: dreidimensionale Halbkegel

β = konst.: Regelhyperflächen

γ = konst.: halbe Hyperebenen

Differentiale:

$$dx = \cos\alpha \cos\beta \cos\gamma \, dr - r \sin\alpha \cos\beta \cos\gamma \, d\alpha - r \cos\alpha \sin\beta \cos\gamma \, d\beta - r \cos\alpha \cos\beta \sin\gamma \, d\gamma$$

$$dy = \cos\alpha \cos\beta \sin\gamma \, dr - r \sin\alpha \cos\beta \sin\gamma \, d\alpha - r \cos\alpha \sin\beta \sin\gamma \, d\beta + r \cos\alpha \cos\beta \cos\gamma \, d\gamma$$

$$dz = \cos\alpha \sin\beta \, dr - r \sin\alpha \sin\beta \, d\alpha + r \cos\alpha \cos\beta \, d\beta$$

$$dt = \sin\alpha \, dr + r \cos\alpha \, d\alpha$$

Volumenelement:

$dx\ dy\ dz\ dt \;=\; - r^3 \cos^2\alpha \cos\beta \, dr\, d\alpha\, d\beta\, d\gamma$

Metriktensor (kontravariant):

$g^{11} \;=\; 1$

$g^{22} \;=\; r^{-2}$

$g^{33} \;=\; r^{-2} \cos^{-2}\alpha$

$g^{44} \;=\; r^{-2} \cos^{-2}\alpha \cos^{-2}\beta$

alle übrigen $g^{ij} = 0$

Metriktensor (kovariant):

$g_{11} \;=\; 1$

$g_{22} \;=\; r^2$

$g_{33} \;=\; r^2 \cos^2\alpha$

$g_{44} \;=\; r^2 \cos^2\alpha \cos^2\beta$

alle übrigen $g_{ij} = 0$

Christoffelsymbole:

$\Gamma^1{}_{12} \;=\; \Gamma^1{}_{21} \;=\; - r$

$\Gamma^1{}_{33} \;=\; - r \cos^2\alpha$

$\Gamma^1{}_{44} \;=\; - r \cos^2\alpha \cos^2\beta$

$\Gamma^2_{12} = \Gamma^2_{21} = r^{-1}$

$\Gamma^2_{33} = \sin\alpha\cos\alpha$

$\Gamma^2_{44} = \sin\alpha\cos\alpha\cos^2\beta$

$\Gamma^3_{13} = \Gamma^3_{31} = r^{-1}$

$\Gamma^3_{23} = \Gamma^3_{32} = -\operatorname{tg}\alpha$

$\Gamma^3_{34} = \Gamma^3_{43} = \sin\beta\cos\beta$

$\Gamma^4_{14} = \Gamma^4_{41} = r^{-1}$

$\Gamma^4_{24} = \Gamma^4_{42} = -\operatorname{tg}\alpha$

$\Gamma^4_{34} = \Gamma^4_{43} = -\operatorname{tg}\beta$

alle übrigen $\Gamma^i_{jk} = 0$

Gradient:

$$\operatorname{grad} F = F_{,1}\,dr + F_{,2}\,d\alpha + F_{,3}\,d\beta + F_{,4}\,d\gamma$$

Divergenz:

$$\operatorname{div}\left[F\,dr + G\,d\alpha + H\,d\beta + K\,d\gamma\right] = F_{,1} + r^{-2}\,G_{,2} + r^{-2}\cos^{-2}\alpha\,H_{,3}$$

$$+ r^{-2}\cos^{-2}\alpha\cos^{-2}\beta\,K_{,4} + r^{-1}\,F + -\,2\,r^{-2}\operatorname{tg}\alpha\,G + -\,r^{-2}\cos^{-2}\alpha\operatorname{tg}\beta\,H$$

Laplace-Operator:

$$\Delta F = F_{,1,1} + r^{-2}\,F_{,2,2} + r^{-2}\cos^{-2}\alpha\,F_{,3,3} + r^{-2}\cos^{-2}\alpha\cos^{-2}\beta\,F_{,4,4}$$

$$+ r^{-1}\,F_{,1} - 2\,r^{-2}\operatorname{tg}\alpha\,F_{,2} - r^{-2}\cos^{-2}\alpha\operatorname{tg}\beta\,F_{,3}$$

DOPPELPOLARKOORDINATEN

Namen: Doppelpolark.

Grundraum: $\mathbb{R}^4$

Theorie: Abschn. 26.3

Bezeichnungen:

$u^1 = r$ (Abstandskoordinate)

$u^2 = \varphi$ (Azimutalwinkel)

$u^3 = s$ (Abstandskoordinate)

$u^4 = \psi$ (Azimutalwinkel)

Definition:

$x^1 = x = r \cos \varphi$

$x^2 = y = r \sin \varphi$

$x^3 = z = s \cos \psi$

$x^4 = t = s \sin \psi$

Bereich:

$0 \leq r < \infty$

$0 \leq \varphi < \pi$

$0 \leq s < \infty$

$0 \leq \psi \leq \pi$

Singularitäten:

φ unbestimmt für $r = 0$

ψ unbestimmt für $s = 0$

Koordinatenhyperflächen:

r = konst.:	zylindrische Hyperflächen
φ = konst.:	halbe Hyperebenen
s = konst.:	zylindrische Hyperflächen
ψ = konst.:	halbe Hyperebenen

Differentiale:

$$dx = \cos\varphi \, dr - r \sin\varphi \, d\varphi$$

$$dy = \sin\varphi \, dr + r \cos\varphi \, d\varphi$$

$$dz = \cos\psi \, ds - s \sin\psi \, d\psi$$

$$dt = \sin\psi \, ds + s \cos\psi \, d\psi$$

Volumenelement:

$$dx \, dy \, dz \, dt = r \, s \, dr \, ds \, d\varphi \, d\psi$$

Metriktensor (kontravariant):

$g^{11} = 1$

$g^{22} = r^{-2}$

$g^{33} = 1$

$g^{44} = s^{-2}$

alle übrigen $g^{ij} = 0$

Metriktensor (kovariant):

$g_{11} = 1$

$g_{22} = r^{2}$

$g_{33} = 1$

$g_{44} = s^{2}$

alle übrigen $g_{ij} = 0$

Christoffelsymbole:

$\Gamma^{1}{}_{22} = - r$

$\Gamma^{2}{}_{12} - \Gamma^{2}{}_{21} = r^{-1}$

$\Gamma^{3}{}_{44} = - s$

$\Gamma^{4}{}_{34} = \Gamma^{4}{}_{43} = s^{-1}$

alle übrigen $\Gamma^{i}{}_{jk} = 0$

Gradient:

$$\operatorname{grad} F = F_{,1}\,dr + F_{,2}\,d\varphi + F_{,3}\,ds + F_{,4}\,d\psi$$

Divergenz:

$$\operatorname{div}\left[F\,dr + G\,d\varphi + H\,ds + K\,d\psi\right] = F_{,1} + r^{-2}\,G_{,2} + H_{,3} + s^{-2}\,K_{,4} + r^{-1}\,F + s^{-1}\,H$$

Laplace-Operator:

$$\Delta F = F_{,1,1} + r^{-2}\,F_{,2,2} + F_{,3,3} + s^{-2}\,F_{,4,4} + r^{-1}\,F_{,1} + s^{-1}\,F_{,3}$$

KONFOKALE KOORDINATEN

Namen: konfokale K., elliptische K., Ellipsoidk.

Grundraum: $\mathbb{R}^4$

Theorie: Kap. 28

Bezeichnungen:

$u^1 = \lambda$

$u^2 = \mu$

$u^3 = \nu$

$u^4 = \rho$

Definition:

$$x^1 = x = \left[\frac{(a^2+\lambda)(a^2+\mu)(a^2+\nu)(a^2+\rho)}{(a^2-b^2)(a^2-c^2)(a^2-d^2)}\right]^{1/2}$$

$$x^2 = y = \left[\frac{(b^2+\lambda)(b^2+\mu)(b^2+\nu)(b^2+\rho)}{(b^2-a^2)(b^2-c^2)(b^2-d^2)}\right]^{1/2}$$

$$x^3 = z = \left[\frac{(c^2+\lambda)(c^2+\mu)(c^2+\nu)(c^2+\rho)}{(c^2-a^2)(c^2-b^2)(c^2-d^2)}\right]^{1/2}$$

$$x^4 = t = \left[\frac{(d^2+\lambda)(d^2+\mu)(d^2+\nu)(d^2+\rho)}{(d^2-a^2)(d^2-b^2)(d^2-c^2)}\right]^{1/2}$$

Bereich:

$-d^2 \le \lambda < +\infty$

$-c^2 \le \mu \le -d^2$

$-b^2 \le \nu \le -c^2$

$-a^2 \le \rho \le -b^2$

Singularitäten:

Transformation singulär für $\lambda = -d^2$ oder $\mu \in \{-c^2,-d^2\}$ oder $\nu \in \{-b^2,-c^2\}$ oder $\rho \in \{-a^2,-b^2\}$

Jedes Quadrupel (λ,μ,ν,ρ) entspricht 16 Punkten $(\pm x,\pm y,\pm z,\pm t)$

Koordinatenhyperflächen:

λ = konst.: konfokale Quadriken

μ = konst.: konfokale Quadriken

ν = konst.: konfokale Quadriken

ρ = konst.: konfokale Quadriken

Differentiale:

$$dx = \frac{1}{2}\left[\frac{(a^2+\mu)(a^2+\nu)(a^2+\rho)}{(a^2+\lambda)(a^2-b^2)(a^2-c^2)(a^2-d^2)}\right]^{1/2} d\lambda + \frac{1}{2}\left[\frac{(a^2+\lambda)(a^2+\nu)(a^2+\rho)}{(a^2+\mu)(a^2-b^2)(a^2-c^2)(a^2-d^2)}\right]^{1/2} d\mu + \frac{1}{2}\left[\frac{(a^2+\lambda)(a^2+\mu)(a^2+\rho)}{(a^2+\nu)(a^2-b^2)(a^2-c^2)(a^2-d^2)}\right]^{1/2} d\nu + \frac{1}{2}\left[\frac{(a^2+\lambda)(a^2+\mu)(a^2+\nu)}{(a^2+\rho)(a^2-b^2)(a^2-c^2)(a^2-d^2)}\right]^{1/2} d\rho$$

$$dy = \frac{1}{2}\left[\frac{(b^2+\mu)(b^2+\nu)(b^2+\rho)}{(b^2+\lambda)(b^2-a^2)(b^2-c^2)(b^2-d^2)}\right]^{1/2} d\lambda + \frac{1}{2}\left[\frac{(b^2+\lambda)(b^2+\nu)(b^2+\rho)}{(b^2+\mu)(b^2-a^2)(b^2-c^2)(b^2-d^2)}\right]^{1/2} d\mu + \frac{1}{2}\left[\frac{(b^2+\lambda)(b^2+\mu)(b^2+\rho)}{(b^2+\nu)(b^2-a^2)(b^2-c^2)(b^2-d^2)}\right]^{1/2} d\nu + \frac{1}{2}\left[\frac{(b^2+\lambda)(b^2+\mu)(b^2+\nu)}{(b^2+\rho)(b^2-a^2)(b^2-c^2)(b^2-d^2)}\right]^{1/2} d\rho$$

$$dz = \frac{1}{2}\left[\frac{(c^2+\mu)(c^2+\nu)(c^2+\rho)}{(c^2+\lambda)(c^2-a^2)(c^2-b^2)(c^2-d^2)}\right]^{1/2} d\lambda + \frac{1}{2}\left[\frac{(c^2+\lambda)(c^2+\nu)(c^2+\rho)}{(c^2+\mu)(c^2-a^2)(c^2-b^2)(c^2-d^2)}\right]^{1/2} d\mu + \frac{1}{2}\left[\frac{(c^2+\lambda)(c^2+\mu)(c^2+\rho)}{(c^2+\nu)(c^2-a^2)(c^2-b^2)(c^2-d^2)}\right]^{1/2} d\nu + \frac{1}{2}\left[\frac{(c^2+\lambda)(c^2+\mu)(c^2+\nu)}{(c^2+\rho)(c^2-a^2)(c^2-b^2)(c^2-d^2)}\right]^{1/2} d\rho$$

$$dt = \frac{1}{2}\left[\frac{(d^2+\mu)(d^2+\nu)(d^2+\rho)}{(d^2+\lambda)(d^2-a^2)(d^2-b^2)(d^2-c^2)}\right]^{1/2} d\lambda$$
$$+ \frac{1}{2}\left[\frac{(d^2+\lambda)(d^2+\nu)(d^2+\rho)}{(d^2+\mu)(d^2-a^2)(d^2-b^2)(d^2-c^2)}\right]^{1/2} d\mu$$
$$+ \frac{1}{2}\left[\frac{(d^2+\lambda)(d^2+\mu)(d^2+\rho)}{(d^2+\nu)(d^2-a^2)(d^2-b^2)(d^2-c^2)}\right]^{1/2} d\nu$$
$$+ \frac{1}{2}\left[\frac{(d^2+\lambda)(d^2+\mu)(d^2+\nu)}{(d^2+\rho)(d^2-a^2)(d^2-b^2)(d^2-c^2)}\right]^{1/2} d\rho$$

Volumenelement:

$$dx\ dy\ dz\ dt = \frac{1}{16}\Big[(a^2+\lambda)(a^2+\mu)(a^2+\nu)(a^2+\rho)(b^2+\lambda)(b^2+\mu)(b^2+\nu)(b^2+\rho)$$
$$\cdot(c^2+\lambda)(c^2+\mu)(c^2+\nu)(c^2+\rho)(d^2+\lambda)(d^2+\mu)(d^2+\nu)(d^2+\rho)\Big]$$
$$\cdot\Big[(\lambda-\mu)(\lambda-\nu)(\lambda-\rho)(\mu-\nu)(\mu-\rho)(\nu-\rho)\Big]\ d\lambda\ d\mu\ d\nu\ d\rho$$

Metriktensor (kontravariant):

$$g^{11} = \frac{4(a^2+\lambda)(b^2+\lambda)(c^2+\lambda)(d^2+\lambda)}{(\lambda-\mu)(\lambda-\nu)(\lambda-\rho)}$$

$$g^{22} = \frac{4(a^2+\mu)(b^2+\mu)(c^2+\mu)(d^2+\mu)}{(\mu-\lambda)(\mu-\nu)(\mu-\rho)}$$

$$g^{33} = \frac{4(a^2+\nu)(b^2+\nu)(c^2+\nu)(d^2+\nu)}{(\nu-\lambda)(\nu-\mu)(\nu-\rho)}$$

$$g^{44} = \frac{4(a^2+\rho)(b^2+\rho)(c^2+\rho)(d^2+\rho)}{(\rho-\lambda)(\rho-\mu)(\rho-\nu)}$$

alle übrigen $g^{ij} = 0$

Metriktensor (kovariant):

$$g_{11} = \frac{(\lambda-\mu)(\lambda-\nu)(\lambda-\rho)}{4(a^2+\lambda)(b^2+\lambda)(c^2+\lambda)(d^2+\lambda)}$$

$$g_{22} = \frac{(\mu-\lambda)(\mu-\nu)(\mu-\rho)}{4(a^2+\mu)(b^2+\mu)(c^2+\mu)(d^2+\mu)}$$

$$g_{33} = \frac{(\nu-\lambda)(\nu-\mu)(\nu-\rho)}{4(a^2+\nu)(b^2+\nu)(c^2+\nu)(d^2+\nu)}$$

$$g_{44} = \frac{(\rho-\lambda)(\rho-\mu)(\rho-\nu)}{4(a^2+\rho)(b^2+\rho)(c^2+\rho)(d^2+\rho)}$$

alle übrigen $g_{ij} = 0$

Christoffelsymbole:

$$\Gamma^1_{\ 11} = \frac{1}{2}\Big[(\lambda-\mu)^{-1} + (\lambda-\nu)^{-1} + (\lambda-\rho)^{-1} - (a^2+\lambda)^{-1} - (b^2+\lambda)^{-1} - (c^2+\lambda)^{-1} - (d^2+\lambda)^{-1}\Big]$$

$$\Gamma^1_{\ 12} = \Gamma^1_{\ 21} = \frac{1}{2}(\lambda-\mu)^{-1}$$

$$\Gamma^1_{\ 13} = \Gamma^1_{\ 31} = \frac{1}{2}(\lambda-\nu)^{-1}$$

$$\Gamma^1_{\ 14} = \Gamma^1_{\ 41} = \frac{1}{2}(\lambda-\rho)^{-1}$$

$$\Gamma^1_{\ 22} = \frac{-(a^2+\lambda)(b^2+\lambda)(c^2+\lambda)(d^2+\lambda)(\mu-\nu)(\mu-\rho)}{2(a^2+\mu)(b^2+\mu)(c^2+\mu)(d^2+\mu)(\lambda-\mu)(\lambda-\nu)(\lambda-\rho)}$$

$$\Gamma^1_{\ 33} = \frac{-(a^2+\lambda)(b^2+\lambda)(c^2+\lambda)(d^2+\lambda)(\nu-\mu)(\nu-\rho)}{2(a^2+\nu)(b^2+\nu)(c^2+\nu)(d^2+\nu)(\lambda-\mu)(\lambda-\nu)(\lambda-\rho)}$$

$$\Gamma^1_{\ 44} = \frac{-(a^2+\lambda)(b^2+\lambda)(c^2+\lambda)(d^2+\lambda)(\rho-\mu)(\rho-\nu)}{2(a^2+\rho)(b^2+\rho)(c^2+\rho)(d^2+\rho)(\lambda-\mu)(\lambda-\nu)(\lambda-\rho)}$$

$$\Gamma^2_{11} = \frac{-(a^2+\mu)(b^2+\mu)(c^2+\mu)(d^2+\mu)(\lambda-\nu)(\lambda-\rho)}{2(a^2+\lambda)(b^2+\lambda)(c^2+\lambda)(d^2+\lambda)(\mu-\lambda)(\mu-\nu)(\mu-\rho)}$$

$$\Gamma^2_{12} = \Gamma^2_{21} = \frac{1}{2}(\mu-\lambda)^{-1}$$

$$\Gamma^2_{22} = \frac{1}{2}\Big[(\mu-\lambda)^{-1} + (\mu-\nu)^{-1} + (\mu-\rho)^{-1} - (a^2+\mu)^{-1} - (b^2+\mu)^{-1} - (c^2+\mu)^{-1} - (d^2+\mu)^{-1}\Big]$$

$$\Gamma^2_{23} = \Gamma^2_{32} = \frac{1}{2}(\mu-\nu)^{-1}$$

$$\Gamma^2_{24} = \Gamma^2_{42} = \frac{1}{2}(\mu-\rho)^{-1}$$

$$\Gamma^2_{33} = \frac{-(a^2+\mu)(b^2+\mu)(c^2+\mu)(d^2+\mu)(\nu-\lambda)(\nu-\rho)}{2(a^2+\nu)(b^2+\nu)(c^2+\nu)(d^2+\nu)(\mu-\lambda)(\mu-\nu)(\mu-\rho)}$$

$$\Gamma^2_{44} = \frac{-(a^2+\mu)(b^2+\mu)(c^2+\mu)(d^2+\mu)(\rho-\lambda)(\rho-\nu)}{2(a^2+\rho)(b^2+\rho)(c^2+\rho)(d^2+\rho)(\mu-\lambda)(\mu-\nu)(\mu-\rho)}$$

$$\Gamma^3_{11} = \frac{-(a^2+\nu)(b^2+\nu)(c^2+\nu)(d^2+\nu)(\lambda-\mu)(\lambda-\rho)}{2(a^2+\lambda)(b^2+\lambda)(c^2+\lambda)(d^2+\lambda)(\nu-\lambda)(\nu-\mu)(\nu-\rho)}$$

$$\Gamma^3_{13} = \Gamma^3_{31} = \frac{1}{2}(\nu-\lambda)^{-1}$$

$$\Gamma^3_{22} = \frac{-(a^2+\nu)(b^2+\nu)(c^2+\nu)(d^2+\nu)(\mu-\lambda)(\mu-\rho)}{2(a^2+\mu)(b^2+\mu)(c^2+\mu)(d^2+\mu)(\nu-\lambda)(\nu-\mu)(\nu-\rho)}$$

$$\Gamma^3_{23} = \Gamma^3_{32} = \frac{1}{2}(\nu-\mu)^{-1}$$

$$\Gamma^3_{33} = \frac{1}{2}\Big[(\nu-\lambda)^{-1} + (\nu-\mu)^{-1} + (\nu-\rho)^{-1} - (a^2+\nu)^{-1} - (b^2+\nu)^{-1} - (c^2+\nu)^{-1} - (d^2+\nu)^{-1}\Big]$$

$$\Gamma^3_{34} = \Gamma^3_{43} = \frac{1}{2}(\nu-\rho)^{-1}$$

$$\Gamma^3_{44} = \frac{-(a^2+\nu)(b^2+\nu)(c^2+\nu)(d^2+\nu)(\rho-\lambda)(\rho-\mu)}{2(a^2+\rho)(b^2+\rho)(c^2+\rho)(d^2+\rho)(\nu-\lambda)(\nu-\mu)(\nu-\rho)}$$

$$\Gamma^4_{11} = \frac{-(a^2+\rho)(b^2+\rho)(c^2+\rho)(d^2+\rho)(\lambda-\mu)(\lambda-\nu)}{2(a^2+\lambda)(b^2+\lambda)(c^2+\lambda)(d^2+\lambda)(\rho-\lambda)(\rho-\mu)(\rho-\nu)}$$

$$\Gamma^4_{14} = \Gamma^4_{41} = \frac{1}{2}(\rho-\lambda)^{-1}$$

$$\Gamma^4_{22} = \frac{-(a^2+\rho)(b^2+\rho)(c^2+\rho)(d^2+\rho)(\mu-\lambda)(\mu-\nu)}{2(a^2+\mu)(b^2+\mu)(c^2+\mu)(d^2+\mu)(\rho-\lambda)(\rho-\mu)(\rho-\nu)}$$

$$\Gamma^4_{24} = \Gamma^4_{42} = \frac{1}{2}(\rho-\mu)^{-1}$$

$$\Gamma^4_{33} = \frac{-(a^2+\rho)(b^2+\rho)(c^2+\rho)(d^2+\rho)(\nu-\lambda)(\nu-\mu)}{2(a^2+\nu)(b^2+\nu)(c^2+\nu)(d^2+\nu)(\rho-\lambda)(\rho-\mu)(\rho-\nu)}$$

$$\Gamma^4_{34} = \Gamma^4_{43} = \frac{1}{2}(\rho-\nu)^{-1}$$

$$\Gamma^4_{44} = \frac{1}{2}\Big[(\rho-\lambda)^{-1} + (\rho-\mu)^{-1} + (\rho-\nu)^{-1} - (a^2+\rho)^{-1} - (b^2+\rho)^{-1} - (c^2+\rho)^{-1} - (d^2+\rho)^{-1}\Big]$$

alle übrigen $\Gamma^i_{jk} = 0$

Gradient:

$$\text{grad } F = F_{,1}\, d\lambda + F_{,2}\, d\mu + F_{,3}\, d\nu + F_{,4}\, d\rho$$

Divergenz:

$$\operatorname{div}\left[F\,d\lambda + G\,d\mu + H\,d\nu + K\,d\rho\right] =$$

$$\frac{4(a^2+\lambda)(b^2+\lambda)(c^2+\lambda)(d^2+\lambda)}{(\lambda-\mu)(\lambda-\nu)(\lambda-\rho)} F_{,1} + \frac{4(a^2+\mu)(b^2+\mu)(c^2+\mu)(d^2+\mu)}{(\mu-\lambda)(\mu-\nu)(\mu-\rho)} G_{,2}$$

$$+ \frac{4(a^2+\nu)(b^2+\nu)(c^2+\nu)(d^2+\nu)}{(\nu-\lambda)(\nu-\mu)(\nu-\rho)} H_{,3} + \frac{4(a^2+\rho)(b^2+\rho)(c^2+\rho)(d^2+\rho)}{(\rho-\lambda)(\rho-\mu)(\rho-\nu)} K_{,4}$$

$$+ \frac{2(a^2+\lambda)(b^2+\lambda)(c^2+\lambda)(d^2+\lambda)}{(\lambda-\mu)(\lambda-\nu)(\lambda-\rho)} \left[(a^2+\lambda)^{-1} + (b^2+\lambda)^{-1} + (c^2+\lambda)^{-1} + (d^2+\lambda)^{-1}\right] F$$

$$+ \frac{2(a^2+\mu)(b^2+\mu)(c^2+\mu)(d^2+\mu)}{(\mu-\lambda)(\mu-\nu)(\mu-\rho)} \left[(a^2+\mu)^{-1} + (b^2+\mu)^{-1} + (c^2+\mu)^{-1} + (d^2+\mu)^{-1}\right] G$$

$$+ \frac{2(a^2+\nu)(b^2+\nu)(c^2+\nu)(d^2+\nu)}{(\nu-\lambda)(\nu-\mu)(\nu-\rho)} \left[(a^2+\nu)^{-1} + (b^2+\nu)^{-1} + (c^2+\nu)^{-1} + (d^2+\nu)^{-1}\right] H$$

$$+ \frac{2(a^2+\rho)(b^2+\rho)(c^2+\rho)(d^2+\rho)}{(\rho-\lambda)(\rho-\mu)(\rho-\nu)} \left[(a^2+\rho)^{-1} + (b^2+\rho)^{-1} + (c^2+\rho)^{-1} + (d^2+\rho)^{-1}\right] K$$

Laplace-Operator:

$$\Delta F = \frac{4(a^2+\lambda)(b^2+\lambda)(c^2+\lambda)(d^2+\lambda)}{(\lambda-\mu)(\lambda-\nu)(\lambda-\rho)} F_{,1,1} + \frac{4(a^2+\mu)(b^2+\mu)(c^2+\mu)(d^2+\mu)}{(\mu-\lambda)(\mu-\nu)(\mu-\rho)} F_{,2,2}$$

$$+ \frac{4(a^2+\nu)(b^2+\nu)(c^2+\nu)(d^2+\nu)}{(\nu-\lambda)(\nu-\mu)(\nu-\rho)} F_{,3,3} + \frac{4(a^2+\rho)(b^2+\rho)(c^2+\rho)(d^2+\rho)}{(\rho-\lambda)(\rho-\mu)(\rho-\nu)} F_{,4,4}$$

$$+ \frac{2(a^2+\lambda)(b^2+\lambda)(c^2+\lambda)(d^2+\lambda)}{(\lambda-\mu)(\lambda-\nu)(\lambda-\rho)} \left[(a^2+\lambda)^{-1} + (b^2+\lambda)^{-1} + (c^2+\lambda)^{-1} + (d^2+\lambda)^{-1}\right] F_{,1}$$

$$+ \frac{2(a^2+\mu)(b^2+\mu)(c^2+\mu)(d^2+\mu)}{(\mu-\lambda)(\mu-\nu)(\mu-\rho)} \left[(a^2+\mu)^{-1} + (b^2+\mu)^{-1} + (c^2+\mu)^{-1} + (d^2+\mu)^{-1}\right] F_{,2}$$

$$+ \frac{2(a^2+\nu)(b^2+\nu)(c^2+\nu)(d^2+\nu)}{(\nu-\lambda)(\nu-\mu)(\nu-\rho)} \left[(a^2+\nu)^{-1} + (b^2+\nu)^{-1} + (c^2+\nu)^{-1} + (d^2+\nu)^{-1}\right] F_{,3}$$

$$+ \frac{2(a^2+\rho)(b^2+\rho)(c^2+\rho)(d^2+\rho)}{(\rho-\lambda)(\rho-\mu)(\rho-\nu)} \left[(a^2+\rho)^{-1} + (b^2+\rho)^{-1} + (c^2+\rho)^{-1} + (d^2+\rho)^{-1}\right] F_{,4}$$

LITERATURHINWEISE

Abramowitz, M., Stegun, I. A. [1968]:
Handbook of Mathematical Functions
Dover Publications, New York

Alexandrov, P. S. [1971]:
Die Hilbertschen Probleme (Ostwalds Klassiker der exakten Wissenschaften, Bd. 252)
Akad. Verlagsges. Geest & Portig, Leipzig

Apostol, T. M. [1976]:
Modular Functions and Dirichlet Series in Number Theory (Graduate Texts in Mathematics, vol. 41)
Springer-Verlag New York, Heidelberg, Berlin

Arnol'd, V. I. [1978]:
Mathematical Methods of Classical Mechanics
Springer-Verlag, New York, Heidelberg, Berlin

Bannai, E., Damerell, R. M. [1979]:
Tight spherical designs I
J. Math. Soc. Japan 31, 199-207

Bannai, E., Damerell, R. M. [1980]:
Tight spherical designs II
J. London Math. Soc. 21, 13-30

Batchelor, G. K. [1967]:
An Introduction to Fluid Dynamics
Cambridge University Press. Cambridge, London, New York, Melbourne

Bézout, E. [1769]:
Théorie générale des équations algébriques
Paris

Born, M. [1972]:
Optik
Springer-Verlag Berlin, Heidelberg, New York

Bott, R., Tu, L. [1982]:
Differential Forms in Algebraic Topology (Graduate Texts in Mathematics, vol. 82)
Springer-Verlag New York, Heidelberg, Berlin

Braun, H., Koecher, M. [1966]:
Jordan-Algebren
Springer-Verlag Berlin, Heidelberg, New York

Bucerius, H. [1967]:
Himmelsmechanik (BI Hochschultaschenb. Bd. 143 & 144)
Bibliographisches Institut, Mannheim

Buekenhout, F. [1982]:
Diagram geometries for sporadic groups
in: McKay [1985], 1-32

Burnside, W. [1904]:
On groups of order $p^a q^b$
Proc. London Math. Soc. 2, 388-392, 432-437

Cartan, É. [1952-1953]:
Œuvres Complètes 1 - 3
Gauthier Villars, Paris

Cartan, H. [1966]:
Elementare Theorie der analytischen Funktionen einer oder mehrerer komplexen Veränderlichen (BI Hochschultaschenb. Bd. 112)
Bibliographisches Institut, Mannheim

Carter, R. W. [1972]:
Simple Groups of Lie Type (Pure and Applied Mathematics, vol. 28)
John Wiley & Sons, London, New York, Sydney, Toronto

Carter, R. W. [1985]:
Finite Groups of Lie Type: Conjugacy Classes and Complex Characters
John Wiley & Sons, Chichester, New York, Brisbane

Cayley, A. [1889-1897]:
Collected Mathematical Papers, vol. 1 - 11
Cambridge Univ. Press, Cambridge

Chevalley, C. [1946]:
Theory of Lie Groups
Princeton Univ. Press, Princeton

Chevalley, C. [1948]:
Sur la Classification des algèbres de Lie simples et de leurs representations
Comptes Rendus 227, 1136-1138

Chevalley, C. [1955]:
Invariants of finite groups generated by reflections
Amer. J. Math. 77, 778-782

Clebsch, A. [1968]:
Vorlesungen über Geometrie
Johnson Reprint Corporation, New York, London

Coleman, A. J. [1958]:
The Betti numbers of the simple Lie groups
Canad. J. Math. 10, 349-356

Coleman, A. J.[1989]:
The greatest mathematical paper of all time
Math. Intelligencer 11 (3), 29-38

Conway, J. H. [1968]:
A perfect group of order 8,315,553,613,086,720,000 and the sporadic simple groups
Proc. Nat. Acad. of Sci. USA 61, 398-400

Conway, J. H. [1969.1]:
A group of order 8,315,553,613,086,720,000
Bull. London Math. Soc. 1, 79-88

Conway, J. H. [1969.2]:
A characterisation of Leech's lattice
Invent. Math. 7, 137-142 ≡ Kap. 12 (pp. 331-336) in Conway & Sloane [1988]

Conway, J. H. [1971]:
Three lectures on exceptional groups
in: Powell & Higman [1971], 215-247 ≡ Kap. 10 (pp. 267-298) in Conway & Sloane [1988]

Conway, J. H. [1977]:
The miracle octad generator
in: Curran [1977], 62-68

Conway, J. H. [1985]:
A simple construction for the Fischer-Griess monster group
Invent. Math. 79, 513-540

Conway, J. H., Curtis, R. T., Norton, S. P., Parker, R. A., Wilson, R. A. [1985]:
ATLAS of Finite Groups
Clarendon Press, Oxford

Conway, J. H., Norton, S. P. [1979]:
Monstrous moonshine
Bull. London Math. Soc. 11, 308-339

Conway, J. H., Parker, R. A., Sloane, N, J, A. [1982]:
The covering radius of the Leech lattice
Proc. Royal Soc. A380, 261-290 ≡ Kap. 23 in Conway & Sloane [1988]

Conway, J. H., Sloane, N. J. A. [1988]:
Sphere Packings, Lattices and Groups
(Grundlehren der mathematischen Wissenschaften, Bd. 290)
Springer-Verlag, Berlin, Heidelberg, New York

Conway, J. H., Wales, D. B. [1973]:
The construction of the Rudvalis simple group of order 145926144000
J. Algebra 27, 538-548

Conway, J. H., Wales, D. B. [1974]:
Matrix generators for J_3
J. Algebra 29, 474-476

Cooke, R. [1984]:
The Mathematics of Sonya Kovalevskaya
Springer-Verlag, Berlin, Heidelberg, New York

Cooperstein, B., Mason, J. [1980]:
The Santa Cruz Conference on Finite Groups
Proc. Symp. Pure Math. of the AMS 37
Amer. Math. Soc., Providence

Courant, R., Hilbert, D. [1968]:
Methoden der Mathematischen Physik (Heidelberger Taschenbücher Bd. 30 & 31)
Springer-Verlag, Berlin, Heidelberg, New York

Coxeter, H. S. M. [1951]:
Extreme Forms
Canad. J. Math. 3, 391-441

Coxeter, H. S. M. [1963]:
Regular Polytopes
Macmillan Co., New York

Coxeter, H. S. M., Moser, W. [1965]:
Generators and Relations for Discrete Groups (Erg. d. Math. Bd. 14)
Springer-Verlag, Berlin, Heidelberg

Curran, M. P. J. [1977]:
Topics in Group Theory and Computation
Academic Press, New York

Curtis. R. T. [1976]:
A new combinatorial approach to M_{24}
Math. Proc. Cambridge Philos. Soc. 79, 25-42

Curtis, R. T. [1973]:
On subgroups of ·0. Part I: Lattice stabilizers
J. of Algebra 27, 549-573

Curtis, R. T. [1980]:
On subgroups of ·0. Part II: Local structure
J. of Algebra 63, 413-434

Davis, C., Grünbaum, B., Sherk, F. A. [1981]:
The Geometric Vein: The Coxeter Festschrift
Springer-Verlag, Berlin, Heidelberg, New York

Deahna, F. [1840]:
Über die Bedingungen der Integrabilität linearer Differentialgleichungen erster Ordnung zwischen einer beliebigen Anzahl veränderlicher Größen
J. Reine Angew. Math. 20, 340-349

Delsarte, P., Goethals, J.-M., Seidel, J. J. [1977]:
Spherical codes and designs
Geom. Dedic. 6, 363-388

Dirac, P. A. M. [1958]:
The Principles of Quantum Mechanics
At the Clarendon Press, Oxford

Ebbinghaus, H.-D., Hermes, H., Hirzebruch, F., Koecher, M., Mainzer, K., Prestel, A., Remmert, R. [1983]:
Zahlen
Springer-Verlag, Berlin, Heidelberg, New York

Eichler, M. [1963]:
Einführung in die Theorie der algebraischen Zahlen und Funktionen (Mathematische Reihe Bd. 27)
Birkhäuser-Verlag, Basel, Stuttgart

Erwe, F. [1962]:
Differential- und Integralrechnung (BI Hochschultaschenb. Bd. 30 & 31)
Bibliographisches Institut, Mannheim

Euler, L. [1758]:
Du mouvement de rotation des corps solides autour d'un axe variable
Mémoires de l'Académie des Sciences de Berlin 14, 154-193

Euler, L. [1911-....]:
Opera Omnia 1 - ...
B. G. Teubner, Leipzig, Berlin

Fischer, B. [1971]:
Finite groups generated by 3-transpositions I
Invent. Math. 13, 232-246

Flatto, L. [1968]:
Basic sets of invariants for finite reflection groups
Bull. Amer. Math. Soc. 74, 730-734

Flatto, L. [1978]:
Invariants of finite reflection groups
L'Enseignement Math. 24, 237-292

Frenkel, I. B., Lepowsky, J., Meurman, A. [1984]:
A natural representation of the Fischer-Griess Monster with the modular function J as character
Proc. Nat. Acad. Sci. 81, 3256-3260

Frenkel, I. B., Lepowsky, J., Meurman, A. [1988]:
Vertex Operator Algebras and the Monster
Academic Press, Boston, San Diego, New York

Freund, P. G. O. [1986]:
Introduction to Supersymmetry
Cambridge Univ. Press, Cambridge

Fricke, R. [1916-1922]:
Die elliptischen Funktionen und ihre Anwendungen, Bd. 1 & 2
B. G. Teubner, Leipzig, Berlin

Frobenius, G. [1877]:
Über das Pfaffsche Problem
J. reine u. angew. Math. 82, 230-315 ≡ Frobenius [1968], Bd. 1, 249-334

Frobenius, G. [1878]:
Über lineare Substitutionen und bilineare Formen
J. reine u. angew. Math. 84, 1-63 ≡ Frobenius [1968], Bd. 1, 343-405

Frobenius, G. [1968]:
Gesammelte Abhandlungen Bd. 1 - 3
Springer-Verlag, Berlin, Heidelberg, New York

Galois, É. [1897]:
Oeuvres mathematiques d'Évariste Galois
Gauthier-Villars, Paris

Gauß, C. F. [1799]:
Demonstratio nova theorematis omnem functionem algebraicam rationalem integram unius variabilis in factores reales primi vel secundi gradus resolvi posse
C. G. Fleckeisen, Helmstedt ≡ Gauß [1981], Bd. 3, 1-64

Gauß, C. F. [1814]:
Methodus nova integralium valores per approximationem inveniendi
Comm. soc. reg. scient. Gottingensis rec. 3 ≡ Gauß [1981], Bd. 3, 163-196

Gauß, C. F. [1819]:
Mutationen des Raumes
(unveröffentlicht) ≡ Gauß [1981], Bd. 8, 357-362

Gauß, C. F. [1823]:
Theoria combinationis observationum erroribus minimis obnoxiae, pts. 1 & 2
Comm. soc. reg. scient. Gottingensis rec. 5 ≡ Gauß [1981], Bd. 4, 1-53

Gauß, C. F. [1827]:
Disquisitiones generales circa superficies curvas
Comm. soc. reg. scient. Gottingensis rec. 6 ≡ Gauß [1981], Bd. 4, 217-258

Gauß, C. F. [1844-1847]:
Untersuchungen über Gegenstände der Höheren Geodäsie; 1. & 2. Abhandlung
Abh. d. Königl. Ges. d. Wissenschaften 2 & 3 ≡ Gauß [1981], Bd. 4, 259-340

Gauß, C. F. [1863-1929]:
Werke, Bd. 1 - 12
Königl. Ges. der Wissenschaften zu Göttingen = Gauß [1981]

Gauß, C. F. [1981]:
Werke, Bd. 1 - 12
Georg Olms Verlag, Hildesheim, New York

Gleason, A. M. [1952]:
Groups without small subgroups
Ann. Math. 56, 193-212

Goethals, J.-M., Seidel, J. J. [1981]:
Cubature formulae, polytopes and spherical designs
in: Davis & al. [1981], 203-218

Gorenstein, D. [1968]:
Finite Groups
Harper & Row Publ., New York, Evanston, London

Gosset, T. [1900]:
On the regular and semi-regular figures in space of n dimensions
Messenger Math. 29, 43-48

Graßmann, H. G. [1844]:
Die lineale Ausdehnungslehre
Leipzig

Griess, R. L. [1980]:
Schur multipliers of the known finite simple groups
in: Cooperstein & Mason [1980], 279-282

Griess, R. L. [1982]:
The friendly giant
Invent. Math. 69, 1-102

Gröbner, W., Lesky, P. [1964-1965]:
Mathematische Methoden der Physik Bd. 1 & 2 (BI Hochschultaschenb. 89 & 90)
Bibliographisches Institut, Mannheim

Gurnette, B. L., Woolley, R. v. d. R. [1974]:
Explanatory Supplement to the Astronomical Ephemeris
Her Majesty's Stationery Office, London

Hamilton, W. R. [1931-1967]:
Mathematical Papers, vol. 1 - 3
Cambridge Univ. Press, Cambridge

Hartshorne, R. [1977]:
Algebraic Geometry
Springer-Verlag, New York, Heidelberg, Berlin

Hawkins, T. [1982]:
Wilhelm Killing and the Structure of Lie Algebras
Arch. Hist. Exact Sci. 26, 126-192

Hayford, J. F. [1909]:
The figure of the earth and isostasy from measurements in the United States
US Govt. Printing Office, Washington

Hecke, E. [1940]:
Analytische Arithmetik der positiven quadratischen Formen
Kgl. Danske Vid. Selsk. Mat.-fys. Medd. 13, # 12 ≡ Hecke [1970], 789-918

Hecke, E. [1970]:
Mathematische Werke
Vandenhoek & Ruprecht, Göttingen

Hilbert, D. [1900]:
Mathematische Probleme
Vortrag, gehalten am 8.8.1900 vor dem 2. Internat. Mathematikerkongreß zu Paris ≡ Nachr. Kgl. Ges. d. Wiss. Göttingen, math.-phys. Klasse [1900], Heft 3, 253-297

Hirzebruch, F. [1983]:
Divisionsalgebren und Topologie
≡ Kap. 10 (S. 190-209) in: Ebbinghaus & al. [1983]

Hopf, H. [1935]:
Über die Abbildungen von Sphären auf Sphären niedrigerer Dimension
Fundam. Math. 25, 427-440

Hopf, H. [1941]:
Ein topologischer Beitrag zur reellen Algebra
Comm. Math. Helv. 13, 219-239

Hopf, H. [1964]:
Selecta Heinz Hopf (Herausg.: B. Eckmann)
Eidgenössische Techn. Hochschule Zürich, Springer-Verlag, Berlin, Göttingen, Heidelberg, New York

Hoppe, E. [1966]:
Mathematik und Astronomie im klassischen Altertum
Sändig, Wiesbaden

Hoschek, J. [1969]:
Mathematische Grundlagen der Kartographie (BI Hochschultaschenb. Bd. 443)
Bibliographisches Institut, Mannheim, Zürich

Huffman, W. C., Sloane, N. J. A. [1979]:
Most primitive groups have messy invariants
Adv. Math. 32, 118-127

Humphreys, J. E. [1975]:
Linear Algebraic Groups (Graduate Texts in Mathematics 21)
Springer-Verlag, Berlin, Heidelberg, New York

Humphreys, J. E. [1990]:
Reflection Groups and Coxeter Groups (Cambridge Studies in advanced mathematics 29)
Cambridge Univ. Press, Cambridge

Huppert, B. [1967]:
Endliche Gruppen (Grundlehren d. math. Wissenschaften Bd. 134)
Springer-Verlag, Berlin, Heidelberg

Hurwitz, A., Courant, R. [1964]:
Allgemeine Funktionentheorie und Elliptische Funktionen
Springer-Verlag Berlin, Heidelberg, New York

Ivanov, A. A. [1990]:
A geometric characterization of the monster
in: Liebeck & Saxl [1992], 46-62

Jacobi, C. G. J. [1826]:
Über Gauss' neue Methode, die Werthe der Integrale näherungsweise zu finden
J. reine u. angew. Math. 1, 301-308 ≡ Jacobi [1969], Bd. 6, 3-11

Jacobi, C. G. J. [1828]:
Vorlesungen über Dynamik ≡ Jacobi [1969], Bd. 8

Jacobi, C. G. J. [1839]:
Note von der geodätischen Linie auf einem Ellipsoid und den verschiedenen Anwendungen einer merkwürdigen analytischen Substitution
J. reine u. angew. Math. 19, 309-313 ≡ Jacobi [1969], Bd. 2, 59-63

Jacobi, C. G. J. [1848]:
Über unendliche Reihen, deren Exponenten zugleich in zwei verschiedenen quadratischen Formen enthalten sind
J. reine u. angew. Math. 37, 61-94, 221-254 ≡ Jacobi [1969], Bd. 2, 217-288

Jacobi, C. G. J. [1969]:
Gesammelte Werke, Bd. 1 - 8
Kgl. Preuss. Akad. Wiss. Berlin (1881), Herausg.: A. Clebsch
Chelsea Publ. Comp., New York

Jacobson, N. [1962]:
Lie Algebras
John Wiley & Sons, New York, London, Sidney

Kac, V. G. [1983]:
Infinite Dimensional Lie Algebras (Progress in Mathematics, vol. 44)
Birkhäuser-Verlag, Boston, Basel, Stuttgart

Kallrath, J., Neutsch, W. [1990]:
Lattice Integration on the 7-sphere
J. of Comp. and Appl. Math. 29, 9-14

Kamke, E. [1964]:
Differentialgleichungen, Bd. 1 & 2
Akadem. Verlagsgesellschaft, Leipzig

Kantor, W. [1981]:
Some geometries that are almost buildings
Eur. J. Combinatorics 2, 239-247

Kervaire, M. [1958]:
Non-parallelizability of the n-sphere for n > 7
Proc. Nat. Acad. Sci. USA 44, 280-283

Killing, W. [1888-1890]:
Die Zusammensetzung der stetigen endlichen Transformationsgruppen, Teile I-IV
Math. Ann. 31, 252-290; 33, 1-48; 34, 57-122; 36, 161-189

Kitamura, M. [1970]:
The geometry of the Roche coordinates
Astroph. Sp. Sci. 7, 272-358

Klein, F. [1979]:
Vorlesungen über die Entwicklung der Mathematik im 19. Jahrhundert
Springer-Verlag, Berlin, Heidelberg, New York

Klein, F. [1893]:
Nicht-Euklidische Geometrie, I. Vorlesungen, gehalten während des Wintersemesters 1889-1890
Göttingen

Klein, F. [1921-1930]:
Mathematische Abhandlungen, Bd. 1 - 3
J. Springer, Berlin

Klein, F., Fricke, R. [1890-1892]:
Vorlesungen über die Theorie der elliptischen Modulfunctionen, Bd. 1 & 2
B. G. Teubner, Leipzig

Klein, F., Sommerfeld, A. [1897-1910]:
Theorie des Kreisels, Bd. 1 - 4
B. G. Teubner, Leipzig

Kneser, M. [1957]:
Klassenzahlen definiter quadratischer Formen
Arch. Math. 8, 241-250

Kopal, Z. [1970]:
The Roche coordinates in three dimensions and their application to problems of double-star astronomy
Astroph. Sp. Sci. 8, 149-171

Kopal, Z. [1971]:
The Roche coordinates for the rotational problem
Astroph. Sp. Sci. 10, 328-331

Kopal, Z. [1989]:
The Roche Problem
Kluwer Acad. Publ., Dordrecht

Kowalewskaja, S. W. [1890]:
Mémoire sur un cas particulier du problème de la rotation d'un corps solide autour d'un point fixe, où l'intégration s'éffectue à l'aide de fonctions ultraélliptiques du temps
Mémoires Présentés par Divers Savants 31, 1-62

Kronecker, L. [1968]:
Werke, Bd. 1 - 5
Chelsea Publishing Comp., New York

Krüger, L. [1912]:
Konforme Abbildung des Erdellipsoids in der Ebene
Berlin

Landau, L. D., Lifschitz, E. M. [1962-1967]:
Lehrbuch der theoretischen Physik, Bd. 1 - 9
Akademie-Verlag, Berlin

Laplace, P. S. [1799]:
Traité de Mécanique Céleste, t. 1 - 4
Duprat, Paris

Leech, J. [1965]:
Notes on sphere packings
Canad. J. Math. 19, 251-267

Leis, R. [1967]:
Vorlesungen über partielle Differentialgleichungen zweiter Ordnung (BI Hochschultaschenb. Bd. 28, 36, 37)
Bibliographisches Institut, Mannheim

Lie, S. [1934-1960]:
Gesammelte Abhandlungen 1 - 7, Herausg.: F. Engel, P. Heegaard
B. G. Teubner, Leipzig

Lie, S. [1970]:
Transformationsgruppen, Bd. 1 - 3
Chelsea Publ. Comp., New York = Lie [1934-1960], Bd. 6

Liebeck, M. W., Saxl, J. [1992]:
Groups, Combinatorics and Geometry
London Math. Soc. Lecture Note Series 165
Cambrdige Univ. Press, Cambridge

Lighthill, M. J. [1966]:
Einführung in die Theorie der Fourier-Analysis und der verallgemeinerten Funktionen (BI Hochschultaschenb. 139)
Bibliographisches Institut, Mannheim

Lorentz, H. A. [1895]:
Versuch einer Theorie der electrischen und optischen Erscheinungen in bewegten Körpern
Brill, Leiden

Mathieu, E. [1861]:
Mémoire sur l'étude des fonctions de plusieurs quantités
J. Math. Pures Appl. 6, 241-243

Mathieu, E. [1873]:
Sur la fonction cinq fois transitif de 24 quantités
J. Math. Pures Appl. 18, 25-46

McKay, J. [1985]:
Finite Groups - Coming of Age
(Proc. Canad. Math. Soc. Conf. June 1982) = Contemp. Math. 45
Amer. Math. Soc., Providence

Messiah, A. [1972]:
Quantum Mechanics, vol. 1 & 2
North-Holland Publ. Comp., Amsterdam

Meyer, W., Neutsch, W. [1989]:
A root system for the Lyons group
Math. Ann. 283, 285-299

Meyer, W., Neutsch, W. [1993]:
Associative Subalgebras of the Griess Algebra
J. Algebra 158, 1-17

Meyer, W., Neutsch, W., Parker, R. A. [1985]:
The minimal 5-representation of Lyons' sporadic group
Math. Ann. 272, 29-39

Milnor, J. [1958]:
Some consequences of a theorem of Bott
Ann. of Math. 68, 444-449

Montgomery, D., Zippin, L. [1952]:
Small subgroups of finite-dimensional groups
Ann. Math. 56, 213-241

Morse, P. M., Feshbach, H. [1953]:
Methods of Theoretical Physics
McGraw-Hill, New York

Moulton, F. R. [1903]:
An Introduction to Celestial Mechanics
Macmillan Co., New York

Neutsch, W. [1983]:
Optimal Spherical Designs and Numerical Integration on the Sphere
J. of Comp. Physics 51, 313-325

Neutsch, W. [1991]:
Bemerkungen über das Bimonster (unveröffentlicht)

Neutsch, W. [....]:
Weylgruppen von Lorentzgraphen (in Vorbereitung)

Neutsch, W., Fichtner, H. [1988]:
Coronal Holes and Icosahedral Symmetry
Solar Physics 115, 161-169

Neutsch, W., Kallrath, J. [1990]:
Lattice integration on the 7-sphere
J. of Comput. and Appl. Math. 29, 9-14

Neutsch, W., Scherer, K. [1992]:
Celestial Mechanics
Bibliograph. Inst. (Wissenschaftsverlag), Mannheim, Leipzig, Wien, Zürich

Neutsch, W., Schrüfer, E., Jessner, A. [1985]:
Efficient Integration on the Hypersphere
J. of Comp. Physics 59, 167-175

Niemeier, H.-V. [1973]:
Definite quadratische Formen der Dimension 24 und Diskriminante 1
J. Number Th. 5, 142-178

Norton, S. P. [1979]:
The construction of J_4
in: Cooperstein & Mason [1980], 271-277

Norton, S. P. [1982]:
A bound for the covering radius of the Leech lattice
Proc. Royal Soc. London A380, 259-260 ≡ Kap. 22 in Conway & Sloane [1988]

Norton, S. P. [1990]:
Constructing the monster
in: Liebeck & Saxl [1992], 63-76

Ogg, A. [1969]:
Modular Forms and Dirichlet Series
Benjamin, New York

Peschl, E. [1967]:
Funktionentheorie I (BI Hochschultaschenb. Bd. 131)
Bibliographisches Institut, Mannheim

Pickert, G. [1955]:
Projektive Ebenen
Springer-Verlag, Berlin, Göttingen, Heidelberg

Plesken, W. [1984]:
Charaktertafeln von sporadischen Gruppen und ihren Schurerweiterungen
(priv. Mitteilung)

Pontrjagin L. [1934]:
Sur les groupes topologiques compacts et le cinquième problème de M. Hilbert
Comptes Rendus 198, 238-240

Powell, M. B., Higman, G. [1971]:
Finite Simple Groups
Acad. Press, New York

Riemann, G. F. B. [1851]:
Grundlagen für eine allgemeine Theorie der Functionen einer veränderlichen complexen Grösse (Inaugural-Dissertation Göttingen) ≡ Riemann [1892], 3-45

Riemann, G. F. B. [1854]:
Über die Hypothesen, welche der Geometrie zu Grunde liegen
Abh. Kgl. Ges. d. Wiss. zu Göttingen 13 = Riemann [1892], # 13, 272-287

Riemann, G. F. B. [1892]:
Gesammelte mathematische Werke, wissenschaftlicher Nachlaß und Nachträge, Herausg.: H. Weber, R. Dedekind
B. G. Teubner, Leipzig; [1953]: Dover Publ., New York

Ryba, A. J. E. [1986]:
The existence of a 45-dimensional 7-modular representation of 3·O'N
(Vorabdruck)

Sard, A. [1942]:
The measure of the critical points of differentiable maps
Bull. Amer. Math. Soc. 48, 883-890

Schaaf, R. [1986]:
Korrektur zu Neutsch [1983] (priv. Mitteilung)

Schneider, M. [1992-1993]:
Himmelsmechanik, Bd. 1 & 2
Bibliograph. Inst. (Wissenschaftsverlag), Mannheim, Leipzig, Wien, Zürich

Scholz, E. [1980]:
Geschichte des Mannigfaltigkeitsbegriffs von Riemann bis Poincaré
Birkhäuser-Verlag, Boston, Basel, Stuttgart

Schur, I. [1911]:
Über die Darstellung der symmetrischen und der alternierenden Gruppe durch gebrochene lineare Substitutionen
J. reine u. angew. Mathematik 139, 155-250 ≡ Schur [1973], 1, 346-441

Schur, I. [1973]:
Gesammelte Abhandlungen, Bd. 1 - 3
Springer-Verlag, Berlin, Heidelberg, New York

Schwartz, L. [1950-1951]:
Théorie des distributions, t. 1 & 2
Hermann & Cie., Paris

Seymour, P. D., Zaslavsky, T. [1984]:
Averaging sets: a generalization of mean values and spherical designs
Adv. Math. 52, 213-240

Sidel'nikov, V. M. [1974]:
New bounds for the density of sphere packings in an n-dimensional Euclidean space
Math. Sbornik USSR 24, 147-157

Siegel, C. L. [1935]:
Über die analytische Theorie der quadratischen Formen
Ann. Math. 36, 527-606 ≡ Siegel [1966-1979], Bd. 1, 326-405

Siegel, C. L. [1954]:
A simple proof of $\eta(-1/\tau) = \eta(\tau)\sqrt{\tau/i}$
Mathematika 1, 4 ≡ Siegel [1966-1979], Bd. 3, 188

Siegel, C. L. [1966-1979]:
Gesammelte Abhandlungen, Bd. 1 - 4
Springer-Verlag, Berlin, Heidelberg, New York

Skljarenko, E. G. [1971]:
Zum fünften Hilbertschen Problem
≡ Alexandrov [1971], 126-144

Sobolev, S. L. [1962]:
Cubature formulae on the sphere invariant under finite groups of rotations
Dokl. Akad. Nauk SSR 146 (2), 310-313 ≡ Sov. Math. Dokl. 3, 1307-1310

Steinberg, R. [1959]:
Finite reflection groups
Trans. Amer. Math. Soc. 91, 493-504

Steiner, J. [1852]:
Combinatorische Aufgabe
J. reine u. angew. Mathematik 45, 181-182 ≡ Steiner [1971], Bd. 2, 435-437

Steiner, J. [1971]:
Gesammelte Werke, Bd. 1 & 2
Chelsea Publ. Comp, Bronx, New York

Strubecker, K. [1964-1969]:
Differentialgeometrie, Bd. 1 - 3 (Sammlung Göschen, Bd. 1113, 1179, 1180)
Walter de Gruyter & Co., Berlin

Szegö, G. [1975]:
Orthogonal Polynomials
Amer. Math. Soc., Providence

Toda, H. [1962]:
Composition Methods in Homotopy Groups of Spheres
Princeton Univ. Press, Princeton

du Val, P. [1973]:
Elliptic Functions and Elliptic Curves
Cambridge Univ. Press, Cambridge

Venkov, B. B. [1978]:
The classification of integral even unimodular 24-dimensional quadratic forms
Trudy Matem. Inst. Sim. V. A. Steklova 148, 65-76 ≡ Proc. Steklov Inst. Math. 4, 63-74 [1980] ≡ Kap. 18 (pp. 427-438) in Conway & Sloane [1988]

Voigt, W. [1887]:
Über das Dopplersche Prinzip
Göttinger Nachrichten 1887, 41-51 ≡ Phys. Zeitschr. 16, 381-386 (1915)

van der Waerden, B. L. [1966-1967]:
Algebra (Heidelberger Taschenbücher Bd. 12 & 23)
Springer-Verlag, Berlin, Heidelberg, New York

Warner, F. W. [1983]:
Foundations of Differentiable Manifolds and Lie Groups (Graduate Texts in Mathematics, vol. 94)
Springer-Verlag New York, Berlin, Heidelberg, Tokyo

Wegener, A. [1915]:
Die Entstehung der Kontinente und Ozeane
Vieweg & Sohn, Braunschweig

Weierstraß, K. [1915]:
Vorlesungen über die Theorie der elliptischen Funktionen
≡ Weierstraß [1894-1927], Bd. 5

Weierstraß, K. [1894-1927]:
Werke 1 - 7
Maier & Müller, Berlin; Nachdruck: Georg Olms Verlag, Hildesheim

Weizel, W. [1962-1966]:
Physikalische Formelsammlung (BI Hochschultaschenb. Bd. 28, 36, 37)
Bibliographisches Institut, Mannheim

Weyl, H. [1955]:
Die Idee der Riemannschen Fläche
B. G. Teubner Verlagsges., Stuttgart

Weyl, H. [1968]:
Gesammelte Abhandlungen 1 - 4
Springer Verlag, Berlin, Heidelberg

Whittaker, E. T. [1937]:
A Treatise on the Analytical Dynamics of Particles and Rigid Bodies
Cambridge Univ. Press, Cambridge

Whittaker, E. T., Watson, G. N. [1927]:
A Course of Modern Analysis
Cambridge Univ. Press, London, New York

Witt, E. [1938.1]:
Die 5-fach transitiven Gruppen von Mathieu
Abhandl. Math. Sem. Univ. Hamburg 12, 256-264

Witt, E. [1938.2]:
Über Steinersche Systeme
Abhandl. Math. Sem. Univ. Hamburg 12, 265-275

Wolf, R. [1973]:
Handbuch der Astronomie, ihrer Geschichte und Literatur, Bd. 1 & 2
Georg Olms Verlag, Hildesheim

Yaglom, I. M. [1988]:
Felix Klein and Sophus Lie; Evolution of the Idea of Symmetry in the Nineteenth Century
Birkhäuser-Verlag, Boston, Basel

Register